U0291597

国家自然科学基金项目
批准号：50978236，51378476，51478439

新中国城市规划发展史研究

——总报告及大事记

邹德慈 等 著

中国建筑工业出版社

图书在版编目（CIP）数据

新中国城市规划发展史研究——总报告及大事记 / 邹德慈
等著 . — 北京：中国建筑工业出版社，2014.10
ISBN 978-7-112-17231-3

Ⅰ . ①新… Ⅱ . ①邹… Ⅲ . ①城市规划－城市史－研
究－中国 Ⅳ . ① TU984.2

中国版本图书馆 CIP 数据核字（2014）第 208123 号

责任编辑：王莉慧 李 鸽
书籍设计：肖晋兴
责任校对：李欣慰 陈晶晶

新中国城市规划发展史研究
——总报告及大事记

邹德慈 等 著

*

中国建筑工业出版社出版、发行（北京西郊百万庄）
各地新华书店、建筑书店经销
晋兴抒和文化传播有限公司制版
北京中科印刷有限公司印刷

*

开本：787×1092 毫米 1/16 印张：44¼ 字数：840 千字
2014 年 10 月第一版 2014 年 10 月第一次印刷
定价：188.00 元
ISBN 978-7-112-17231-3
（26011）

序

新中国成立以来，中国城市规划建设取得了一系列建设成就，也走过了十分曲折的道路，总结经验，以史为鉴，对于进一步提高城市规划工作水平，推动城乡规划学科发展，都是大有裨益的。中国城市规划发展经历了"文革"前后两个大的阶段，就学术发展而言这两个阶段都非常重要，学术研究不能留有空白，特别是新中国到"文革"这一阶段，甚为重要，需要将过去的史料文献进行系统梳理，找出脉络。

由于城市规划本身就比较综合复杂，往往难以简单地说得清楚明白，再放到复杂的历史环境之中，与政治、社会、经济发生关联，就更难以还原事物本来面貌。举个小例子，1960年国家提出"调整、巩固、充实、提高"八字整顿方针后，高等学校教育要求重新编写教材，其中包括一本《城乡规划》。当时建设部教育司司长数度和我洽商，希望我来组织编写，但是清华党委认为这个课题"政策性太强"，坚决不同意我接受此任务。我对清华党委异常坚决的意见，当时也心存困惑，直到"文革"后才知道，这是因为国务院副总理李富春在1960年11月第九次全国计划会议上提出"城市规划三年不搞"。后来在建设部曹洪涛同志组织下，几经磨难，终于编写完成了新中国第一本《城乡规划》教学用书，1961年由中国工业出版社出版。2013年中国建筑工业出版社又重印了半个多世纪前出版的《城乡规划》，我在重印版序言中回顾了这本教科书编写的复杂经过。《城乡规划》教学用书只是新中国城乡规划发展的一个侧面、一个片段，但是其中涉及方方面面，今天想来仍然感慨万千，深深体会到规划要有一个正确的政治纲领，这是先决条件。这个前提性的纲领不能超前，从新中国成立之初到"一五"、"二五"期间，国民经济建设成绩斐然，后期在"大跃进"、"高指标"、"浮夸风"等影响下，带来了巨大的灾害，就是因为过度超前了。规划也不能滞后，否则建设走在前面，规划就边缘化了，不能起到指导、引导、督导的作用。城市规划必须立足于现实基础，做到理想与实际的统一。

在看到这本书时我不由想起已经离开我们的周干峙同志，他从1951年参加规划工作，一直到不久前辞世，是位十分难得的全程参与并比较清楚地了解新中国成立以来城市规划发展整个过程的人，我曾经多次与干峙同志谈到，他有这么丰富的规划经历，并且积累了比较完整的规划资料，有条件开展新中国的城市规划发展史研究。他多次与我说起这项工作的困难，而且因为他有更着急的事情要做，最终还没有开展这项研究就离我们而去了，这真是中国规划事业发展包括城市规划史研究的一个重大损失。所幸他为我们留下了1950年代早期到现在的20多箱城乡规划的文献，这是无价之宝。因为"文革"前后机构的变迁，城市建设的文献档案大量遗失（各地情况不一），1970年代后期我参加毛主席纪念堂和天安门广场扩建规划设计时，重新启动的北京市规划局竟不能提供设计需要的相关资料，由此可见佚失情况之严重。

十分难得的是，在中国城市规划设计研究院迎来60周年院庆之际，由邹德慈同志主持，中国城市规划设计研究院、中国城市规划学会及部分高校专家学者包括周干峙同志在内，共同完成的关于新中国城市规划发展史研究第一阶段的成果即将公开出版，这是非常值得高兴的工作！由于城市规划历史研究的难度，再加上当时在政治上还有很多一般人无法理解的情况，而且工作时间也有限，读罢此书仍有意犹未尽之感，我也期待新的研究成果早日问世！

邹德慈同志嘱我为此书作序，我亦将其当作一项专业工作，本应努力以赴，但不凑巧的是我前一段时间忙于在中国美术馆举行的"人居艺境"展览，事后医生又一度限制我的工作强度，不得已推迟至今，仍感到本文尚不能作为本书的序言，只作为随感与作者和读者分享。

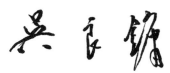

二〇一四年九月

前　言

　　新中国城市规划发展已走过一个甲子的历程，对这段历史进行总结，不仅是城市规划理论研究的重要内容，是城市规划学科建设的内在要求，也是以史为鉴、促进我国城市规划事业改革发展的必要途径，对于丰富和完善"国史"研究也具有特殊的意义。在邹德慈院士的主持下，中国城市规划设计研究院于 2009 年 3 月向国家自然科学基金委员会提交了"新中国城市规划发展史（1949—2009 年）"项目申请书，同年 9 月正式获得批准立项。

　　项目获准后，特别聘请两院院士周干峙先生担任顾问。在周院士和中国城市规划设计研究院李晓江院长及陈锋书记等的关心支持下，中国城市规划设计研究院召开了专门的课题研究思路座谈会，并特别邀请中国城市规划学会、同济大学、东南大学等单位的专家学者共同参与，成立 1 个总体组、1 个大事记组，以及"社会经济发展及城市规划指导思想和管理体制、政策演变的历程"、"各时期的重大规划设计回顾"、"城市规划科学研究及重要论著的发展历程"、"历史文化保护及发展的历程"、"城市规划教育事业的发展历程"及"二战后西方城市规划发展与新中国城市规划发展的比较"等 6 个专题报告组。经过 3 年时间的联合攻关，完成约 60 万字的"新中国城市规划发展历史编年史（大事记）"以及 6 份专题研究报告，并公开发表专业论文 10 余篇，在此基础上形成课题研究"总报告"。

　　城市规划发展史不同于城市发展史或城市建设史，城市发展或城市建设虽然与城市规划密切相关，但并非城市规划发展史的直接研究对象。城市规划发展史也不同于城市规划史，它的研究任务，并不是要详尽地记述各方面的城市规划史实，而是要以城市规划发展的兴衰变迁过程为主要对象，以城市规划的指导思想、方针政策、工作内容、技术方法、行政法制等方面的发展状况为重点内容，以揭示城市规划发展的演变规律为基本宗旨。基于这样的认识，课题研究紧扣城市规划的"发展"这一主线，通过对城市规划发展史实的搜集、整理，解析影响城市规划发展演化的深层机制，试图初步建构起新中国城市规划发展的整体历史框架。

对于近现代史而言，由于诸多事物仍处于不断发展变化之中，无形中给研究工作增加了难度。另一方面，"真正影响城市规划的，是深刻的政治和经济的变革"，城市规划发展的历史研究离不开国家政治经济等方面的统筹分析，加之城市规划内容的综合性，城市规划实施过程中的矛盾性与复杂性，城市规划发展史研究存在认识和实践上的诸多困难。在有限的 3 年时间内，课题组充分认识到本项研究任务的艰巨性，并将该项研究定位于初步的框架性和探索性研究，工作重点主要放在相关史料的搜集整理以及对新中国建立以来城市规划发展基本脉络的梳理方面。本课题完成后，现正在开展进一步的持续性研究。

目 录

序

前言

第一部分：总报告

第二部分：新中国城市规划发展大事记

第 一 部 分

总报告

1 　课题研究背景

　　自 2008 年纪念改革开放 30 周年、2009 年纪念新中国成立 60 周年以来，有关新中国的历史研究在国内一度掀起热潮。不论政治界、经济界、社会界或文化艺术界，都把对近现代历史的回顾和反思作为一项重大工作，作为谋划行业发展的一个新起点。就城市规划行业而言，也在积极地自觉行动，特别是北京市规委和规划学会组织众多老一代首都城市规划工作者编写的《岁月回响——首都城市规划事业 60 年纪事》，在业内引起强烈的反响。然而，在整体上，我国城市规划界尚缺乏针对新中国 60 年特殊国情和城市规划发展历程的较为全面的系统性研究，这是一项极具重要意义且需尽快启动的研究工作。

1.1 新中国城市规划发展史研究的意义

　　"历史者，记载已往社会之现象，以垂视将来者也"（蔡元培），"欲知大道，必先为史"（龚自珍）。研究新中国城市规划发展的历史，正是自觉地认识我国城市规划发展的历史和现实，进而把握其未来发展趋势的内在需要。

1.1.1 丰富和完善新中国发展的历史研究

　　我国已经迎来改革开放 30 周年（2008）和国庆 60 周年（2009），在新的历史起点上，对新中国发展的历史进行耙梳，具有重要的社会意义，正如胡锦涛总书记的讲话要求"对改革开放进行系统回顾总结，以生动的事实、伟大的成就、成功的经验对全党全国人民进行坚持改革开放的教育"。[1] 作为在国家建设和发展过程中占有举足轻重地位的行业部门之一，城市规划及建设事业发展的历史应是新中国发展历史的重要组成部分，对新中国城市规划发展史的研究有利于丰富和完善新中国发展的历史研究。

1.1.2 促进城市规划的理论建设，推动城市规划的学科发展

研究本学科的发展史，实现自我创新、自我完善的需要，是一门学科成熟与否的重要体现[2]，正因如此，很多学科都重视历史方面的研究工作，如建筑学中历来就有"建筑历史与理论"的分支学科。然而，就城市规划学科而言，虽然近年来我国城市规划与建设活动得到迅猛发展，社会各界对于城市规划的重视程度也得到空前的提高，甚至中国的城市规划在国际规划学界也达到了一个空前的、有影响的地位[3]，但是与此相反的却是，我国城市规划界长期以来忽视了历史方面的研究，并且该类课题一直是在中国建筑史的研究中进行的，即使有一些对中国现代城市规划历史的研究成果，也多为志书、回忆录或零散的文章，未见全面系统的成果出现（李百浩等，2000；黄立，2006），这种状况不仅影响城市规划学科的发展定位，也影响城市规划学科应有的社会功能的发挥。开展新中国城市规划发展史的研究，有利于促进城市规划的理论建设，有利于更好地进行城市规划学科发展的合理定位，进而推动城市规划学科体系的不断发展与完善。

1.1.3 以史为鉴，促进我国城市规划事业的健康发展

新中国成立至今的城市规划发展史，虽然只有短短的近 60 年时间，且带有鲜明的过渡性、初创性和调整性特征，其结构、功能和运行等尚不健全，然而，这段时期却是中国现代城市规划事业的开端，也是未来我国城市规划发展的重要历史基础。认识和研究新中国的城市规划发展史，有利于我们厘清城市规划发展同国家、社会发展的历史脉络及其辩证关系，有利于"以史为鉴"，促进未来我国城市规划事业的健康发展。不仅如此，由于新中国的城市规划发展经历了计划经济时期和改革开放时期两个不同的历史阶段，具有鲜明的独特性，其发展经验对于世界上其他的一些发展中国家和社会主义国家而言也具有非常重要的借鉴价值。

[1] 胡锦涛.在全国政协新年茶话会上的讲话（2008 年 1 月 1 日）[N/OL].人民网，2008-01-01.[2008-01-03].http://politics.people.com.cn/GB/1024/6721430.html.
[2] 于鸣镝.亟待创新的图书馆学 [J].图书馆学刊，2003（4）：6.
[3] 吴志强，于泓.城市规划学科的发展方向 [J].城市规划学刊，2005（6）：2-11.

1.1.4 研究的紧迫性

对于新中国城市规划发展史的研究，最有发言权的当属亲历新中国城市规划发展历史的一些当事人——我国老一辈的城市规划专家，他们是新中国城市规划历史活动的重要参与者和积极推动者。在梳理新中国城市规划发展史的工作过程中，应当对老一辈城市规划专家进行深入的访谈，全面倾听他们的看法、意见和观点，以尽可能客观、真实而全面地还原历史的本来面貌。然而近几年来，不少老一辈城市规划专家的身体每况愈下，甚至常有不幸辞世之噩耗（如刚离开我们不久的周干峙先生、曹洪涛先生、任震英大师、王文克先生、王景慧先生、徐循初先生、冯纪忠先生和黄光宇先生等），设想在老一辈专家的支持下开展新中国城市规划发展史的研究工作，将随着时间的推移而愈加困难。新中国城市规划发展史研究已迫在眉睫。

1.2 国内外研究现状

1.2.1 国外相关研究

从西方来看，关于城市规划历史的研究一直是学术界关注的焦点之一。英国的城市规划史研究会（Planning History Group）、皇家城市规划学会（Royal Town Planning Institute）和美国的城市和区域规划历史协会（Society for American City and Regional Planning History）等学术机构十分关注于城市规划的历史研究；《Planning History》和《Planning Perspectives》等是以城市规划历史研究为主题的国际学术刊物；Peter Hall 所著的《明日城市：20世纪城市规划与设计的历史》（Cities of Tomorrow：An Intellectual History of Urban Planning and Design in the Twentieth Century，2002）和《文明中的城市》（Cities in Civilization，1998）、John W. Reps 所著的《美国的城市化：美国城市规划历史》（The Making of Urban America：A History of City Planning in the United States，1965）、Mel Scott 所著的《1890年后的美国城市规划》（Amercian City Planning Since 1890，1985）、M. Christine Boyer 所著的《理性城市的梦想：美国城市规划的神话》（Dreaming the Rational City：The Myth of American City Planning，1986）等都是西方城市规划历史研究的经典之作。

国外学者关于城市规划历史的研究工作，对中国的问题也有所涉及。Gregory Eliyu Guldin 主编的《Farewell to Peasant China：Rural Urbanization and Social Change in the Late Twentieth》开展了中国大陆、中国台湾和日本、韩国等地城市化进程的比较研究，选取天津、上海、广州等典型城市进行了深入探讨（Gregory Eliyu Guldin，1997）；George C. S. Lin 主编的《Red Capitalism in South China：Growth and Development of the Pearl River Delta》研究了中国从计划经济向市场经济转变的历史进程，并就珠三角地区经济和社会发展及其对香港的影响等进行了讨论（George C. S. Lin，2000）；John R. Logan 主编的《The New Chinese City Globalization and Market Reform》文集囊括了国内外众多学者对中国的城市化和全球化问题的研讨，主要议题包括新中国的城市、全球化与城市发展、市场经济改革与城市的新发展、移民的冲击、乡村城市化等多个方面（John R. Logan，2000）；Christopher J. Smith 主编的《China in the Post-Utopian Age》从地理学角度考察了当代的中国城市，并针对中国的巨大人口基数、较少的自然资源、城市发展状况以及人们移居城市生活的原因等进行了深入研究；John Friedmann 所著的《China's Urban Transition》一书对中国城市化的多层次含义和进程进行了综合性、多领域的整合性研究，内容包括区域政策、乡村工业的崛起、移民、居民自治以及城市建筑的管理等，同时分析了这些迅猛转变所产生的原因（John Friedmann，2005）……不过总的来讲，尽管国外学者十分重视城市规划的历史研究，但其研究重点主要聚焦于西方国家，特别是欧洲和美国等发达国家，而对于中国城市规划历史的关注和深入研究则相对较少。

1.2.2 国内相关研究

从国内来看，关于城市规划历史的研究最早是在中国建筑史的研究中进行的。1962 年在《中国近代建筑简史》一书中，董鉴泓主编了其中的城市规划部分，这是中国第一次真正接触近代城市规划史（李百浩，2000）。此后国内学者陆续开始从事城市规划历史的研究工作：董鉴泓出版的《中国城市建设史》（1984；1989；2004）一书系统地阐述了中国的城市发展、城市建设与城市规划的发展过程，此外以博士生培养的方式，开展了东北、台湾等地区近代城市规划的历史研究；杨秉德主编的《中国近代城市与建筑》分别对 1840 ~ 1949 年间中国有代表性的 13 个城市在近代的发展以及近代建筑的兴建情况作了系统的论述（杨秉德，1993）；汤士安主编的《东北城市规划史》对东北三省的 37 个大中城市，从古代到现代的城市形成与发展以及城市规划与建设情况进行了系统的分析总结，其中近代时期的东北城市规划部分主要记述了日本侵占城市的发展与城市规划建设（汤士安，1995）；顾朝林在完成博士学位论文的基础上出版了《中国城镇体系——历史·现状·展望》一书，论述了城镇体系形成、发展的基本规律，中国城镇体系的现状组织结构，中国城镇体系的总体发展模式及分区体系建立等重大理论、实践问题（顾朝林，1996）；香港中文大学的 J. W. Cody 在《Building in China：Henry K. Murphy's "Adaptive Architecture"，1949—1965》一书中讨论了从 1911 年清朝灭亡到 1937 年抗日战争爆发这段时期内美国规划师以及曾在美国接受过培训的中国同行在中国的几个城市（广州、南京、上海等）所开展的规划设计项目（J. W. Cody, 2001）；李芸在《都市计划与都市发展》一书中系统地介绍了现代都市计划理论的出现以及都市计划在各国的城市建设实践中具体应用的方式和方法（李芸, 2002）；王俊雄从政治、经济和意识形态的角度探讨了 1928 ~ 1937 年间国民政府编制南京首都计划的历史（王俊雄, 台湾成功大学博士论文, 2002）；吕俊华等在《中国现代城市住宅: 1840—2000》一书中分三个部分回顾了 160 年间中国住宅类型的发展和转变，探索了其影响和意义（吕俊华等, 2003）；刘岚的硕士学位论文《晚清中国城市规划与建设管理机制的变迁研究（1840—1911）》考察了晚清中国城市规划与建设管理机制的历史，从中国原生城市建设与规划管理机制、口岸城市规划与建设管理机制、清末新政与城市规划建设管理的革新等三个方面研究了城市规划机构、法规的发展过程与演变特征（刘岚, 2005）……

针对中国近现代时期的城市规划历史，国内学者也开展了相关的一些研究工作，主要包括：华揽洪在《重建中国城市规划三十年（1949—1979）》一书中对新中国成立后直至 20 世纪 70 年代末中国的城市规划和城市建设实践进行了回顾，总结了新中国历次社会运动在城市规划与建设领域所造成的各种影响（华揽洪, 1981〔法文版〕; 2006〔中文版〕）；朱文一在硕士论文《苏联城市规划设计若干理论评述》中对苏联城市规划理论的传入以及对我国城市规划的影响进行了研究（朱文一, 1988）；吴良镛的《城市规划设计论文集》对新中国成立以来我国城市规划的发展历史多有评述（吴良镛, 1988），在考察南通的近代城市发展情况后提出"中国近代第一城"的论断，进而指导研究生完成了《南通近代城市规划建设历史与张謇城市规划思想》的博士学位论文，以张謇城市规划思想形成和发展为线索着重研究了南通的近代城市规划活动，探讨了中国近代城市规划建设的本土模式（于海漪, 2005）；曹洪涛、储传亨等组织城市规划与建设领域的大批专家学者编写了《当代中国的城市建设》一书，按照年代顺序，综合性地叙述了 1949 ~ 1986 年间我国城市建设的历程、所取得的成就及经验教训，并选择了 49 个不同类型、各有一定代表性的城市的规划和建设情况进行了分析，如实地展现了新中国城市规划与建设的近 40 年历史；汪德华在《城市规划四十年》一书中较全面地回顾了新中国成立以来 40 年间中国城市规划的发展历程，重点讨论了城市规划技术的发展，并就部分城市作了较全面的分析讨论（汪德华, 1990），其后又出版《中国城市规划史纲》一书，对我国现代城市规划的发展历程有所叙述（汪德华, 2005）；王玉琨在《中国: 世纪之交的中国城市》一书中从经济学的角度研究了近 50 年来我国的城市发展情况，以及城市发展与政治、经济等因素的关系（王玉琨，1992）；高世明的博士学位论文《新中国城市化制度变迁与城市规划发展（1949—1999）》从新制度经济学的角度对新中国 50 年的发展作了历史分析，较为系统地总结了在不同时期内新中国城市规划的发展状况（高世明，2001）；中国城市规划学会组织一批专家学者编写了《五十年回眸——新中国的城市规划》一书，通过对城市规划工作历史事件的回忆与整理，对新中国的城市规划发展进行了多视角的个体描述，较完整地再现了其历史过程（中国城市规划学会，1999），此后又借中国城市规划学会成立 50 周年的时机，再次邀请一批专家学者撰写了许多纪念文章（中国城市规划学会，2006）；李百浩在完成博士论文《日本在中国的占领地城市规划历史研究》（1997）后，又陆续完成了博士后研究报告《中国近现代城市规划历史研究》（2003）和国家社会科学基金项目《中国近代城市规划史（1840—1949）》（2005），全面翔实地论述了近代城市规划的社会性质、主要矛盾、发展脉络等重大问题，提出了"近现代整体论"的研究思路，并且指导研究生开展了武汉、广州、南京、北京、上海、济南、天津、深圳等地的近现代城市规划研究（向葳，2000；黄立，2002；熊浩，2003；薛春莹，2003；黄亚平，2003；王西波，2003；吕婧，2005；王玮，2005；等），特别是指导博士研究生完成的《中国现代城市规划历史研究（1949—1965）》，深入剖析了 1949～1965 年间中国现代城市规划发展的历史轨迹和基本特征（黄立，2006）；何一民主编的《近代中国城市发展与社会变迁（1840—1949）》系统地研究了近代中国城市发展与社会变迁的互动关系，探讨了城市发展的特点和社会变迁的一般规律，分析了近代城市规划发展的历史背景和内在规律（何一民，2004），此外还指导硕士研究生全面开展了 1949～1957 年中国现代城市、城市规划、城市化以及典型城市类型的研究（鲍成志，2002；付春，2005；李益彬，2005；等）；李东泉等以青岛为例，结合现代城市规划在中国近代的发展轨迹，讨论了中国现代城市规划思想形成的历史基础（李东泉，2005）；武廷海在《中国近现代区域规划》一书中梳理了鸦片战争后中国区域规划的发展历史（武廷海，2006）；刘先觉以澳门申请世界文化遗产为契机，指导博士研究生进行了澳门地区的城市建设史研究（童乔慧，2007）……

1.2.3 国内外相关研究的简要评价

综上所述，国内外关于城市规划历史的相关研究，已经取得了丰硕的成果，可以将相关研究工作的一些特点主要归纳为：①关于中国城市规划历史的相关研究以国内为主，国外学者的研究成果相对较少；②国内学者关于城市规划历史的研究相对于城市规划其他领域的研究而言较为薄弱，就中国近现代城市规划历史的研究而言，尚处于起步期，相关研究的广度和深度有待进一步扩展；③关于中国近现代城市规划历史的研究，相当一部分工作是以新中国成立之前的历史研究为主，对新中国成立以后的城市规划历史研究相对缺乏；④就新中国成立后的城市规划历史研究而言，多局限在某一时间段或某一地区，且成果形式多为志书、回忆录或零散的文章，全面而系统的研究相对缺乏，尚未有专门以1949年新中国成立以来的城市规划历史为分析对象的综合研究。

1.3 课题研究定位

综上，"新中国城市规划发展史（1949—2009）"课题旨在针对新中国城市规划发展的独特历史时期，对我国城市规划发展的历史进行系统研究，阐述城市规划方针政策、思想内容、技术方法、行政法制等方面的发展轨迹及其演变规律，初步建构起新中国城市规划发展的整体历史框架。在此基础上，剖析当前我国城市规划发展的现实特征，预测其未来的发展趋势，从而为推动我国城市规划事业的健康发展提供历史借鉴。

城市规划发展史的研究不同于城市发展史或城市建设史的研究，它主要是以城市规划事业的发展历程和城市规划的实践活动为研究客体，以城市规划的方针政策、思想内容、技术方法、行政法制等方面的发展状况为主要研究内容，以揭示城市规划发展的演变规律为研究宗旨。本项目关于新中国城市规划发展史的研究不仅关注于对城市规划发展历史事实的整理、描述，更力求对历史事件的产生背景、发展过程及对各方面的影响加以分析，对城市规划发展同政治、经济、社会、文化等因素的相互关系进行总结和梳理，在可能的情况下对我国城市规划未来进一步发展的方向和可能性也作一些探讨。

2 新中国城市规划发展的历史分期

在漫长的历史画廊里，由各种画面所构成的整体历史图景是错综复杂的，必先对整个历史有了认识，才有可能更好地认识单个的历史事件，为了克服对整个历史认识上的困难，人们常常采取的一个最有效的办法就是将整个历史划分为若干个阶段，即历史分期（启良，1994）。历史分期虽不能说是解开历史之谜的"钥匙"，但可以说是"入手"的门径，为我们解读遥远陌生的历史提供了便利条件（谢荫明、陈静，2001）。对新中国的城市规划发展进行历史分期，既是城市规划历史研究的基本方法和必要手段，也是从整体上认识和把握城市规划发展脉络的一项前提性工作。

2.1 相关研究综述

由于中国近现代城市规划历史研究工作近年来刚刚起步，有关新中国城市规划发展历史研究及其历史分期的文献尚较少见。既有研究的代表性观点主要是：黄立（2006）对 1949 ～ 1965 年中国城市规划发展历史进行了深入研究，将这一时期的城市规划发展划分为 3 个阶段：1949 ～ 1952 年城市规划的恢复与起步阶段，1953 ～ 1957 年城市规划的引入与调整阶段，1958 ～ 1965 年城市规划的波动与徘徊阶段。原建设部城市规划司（1989）将新中国成立后 40 年城市规划事业的发展归纳为 3 个主要发展时期，即 20 世纪 50 年代创建时期、20 世纪 60 ～ 70 年代坎坷时期、20 世纪 80 年代发展和改革时期。徐巨洲（1999）对新中国成立后 50 年城市规划的发展道路进行了回顾，将其划分为 4 个阶段：1950 ～ 1957 年中国城市规划的起步阶段，1958～1965年中国城市规划的动荡阶段，1966～1978年城市规划发展的停滞阶段，1979～1999年城市规划迅速发展阶段（也可称开放式的规划时期，可细分为前十年和后十年），指出中国的城市规划正进入一个大转折时期。邹德慈（2002）在回顾新中国成立后50年城市化历程的基础上，分析了现代城市规划在中国的初期影响，指出1951～1966年计划经济时期和1978年以后社会主义市场经济时期是新中国城市规划两个重要的发展阶段。李芸（2002）将新中国成立后50年我国城市规划发展变革概括为三个主要阶段，即20世纪50年代的"行政性照搬型"规划模式、1958～1978年间城市规划的无政府状态、1979年之后的城市规划全面复兴时期。黄鹭新等（2009）将改革开放30年以来中国城市规划的发展历程划分为6个阶段：恢复重建期（1978～1986），摆脱计划经济约束的过程；摸索学习期（1986～1992），走向市场经济，在实践中发展；加速推进期（1992～1996），市场化资本和土地制度改革的推动；调整壮大期（1996～2000），宏观调控和建设引导控制作用的显现；反思求变期（2000～2004），适应协调多变形势和多元发展；更新转型期（2004～2008），向和谐社会、多值决策和科学发展迈进。

从既有研究来看，对于"一五"时期城市规划的初步建立、"文革"时期城市规划发展的停滞等，已形成一定的共识；对于历史分期的标准（或依据）、分期标志、分期阶段划分数量等问题，尚缺少专门的讨论；对于某些历史时期，特别是改革开放以后城市规划发展的历史分期，在认识上仍显模糊。总体而言，既有研究对新中国城市规划发展的历史分期较多属于概略性描述，其研究深度和广度都难以满足认识新中国城市规划发展历史这一复杂对象的科学活动需要。

2.2 若干问题的讨论

2.2.1 历史分期的指导思想

历史分期虽为认识历史提供方法或手段，但其本质却是一种历史认识活动，对历史作出分期，也就是对历史的认识（启良，1994）。因此，弄清楚历史研究对象的确切内涵，是正确地进行历史分期的前提。

历史有通史和专门史之分。相对于社会经济发展的整体而言，城市规划行业的历史研究无疑具有专门史属性。然而，"新中国城市规划发展史（1949—2009）"课题的研究目标旨在"初步建构起新中国城市规划发展的整体历史框架"（国家自然科学基金项目申请书，经批准），对于城市规划行业而言，该项研究则具有一定的"通史"性质，研究所要重点关注的，并非城市规划某一方面或某一领域的发展变化，如规划思潮、技术方法、政策制度等，而是城市规划事业的整体发展进程。相应地，历史分期必然也要重点反映对城市规划整体发展进程具有突出影响的重大变化或重大事件。

立足什么样的视角进行历史分期，是指导思想层面的另一重要论题。在课题讨论过程中，一些专家主张基于国家政治、经济发展的脉络进行城市规划发展的历史分期。其原因正如芒福德所言，"真正影响城市规划的，是深刻的政治和经济的变革"；另一方面，某些历史事件从城市规划行业来看极为重大，但仍然从属于国家社会经济和政治变革的大背景。当然，也有人主张立足于城镇化与城市建设等方面较为"客观、实在"的发展变化（同时也是城市规划工作的主要对象）来进行城市规划发展的历史分期。然而，城市规划发展史不同于城市发展史或城市建设史，城市发展或城市建设虽然与城市规划密切相关，但并非城市规划发展史的直接研究对象；城市规划发展史也不同于城市规划史，它的研究任务，并不是要详尽地记述各方面的城市规划史实，而是要以城市规划发展的兴衰变迁过程为主要对象，以城市规划的指导思想、方针政策、工作内容、技术方法、行政法制等方面的发展状况为重点内容，以揭示城市规划发展的演变规律为基本宗旨（李浩，2011）。作为一门具有鲜明独特性的学科门类，城市规划专业应该有自己的相对"独立性"，应该有属于自己的"发展史"。不论从政治经济或城镇化与城市建设的视角进行历史分期，都无法回应城市规划自身"主体性"丧失的问题。在"城乡规划学"已上升为独立的国家一级学科的时代背景下，这一观念尤其需要加以强调。

无独有偶，不止城市规划界，其他领域的历史分期工作也有类似的情形。以中华人民共和国国史和中共党史的历史分期为例，中国共产党是中华人民共和国的执政党，是国家建设事业的领导核心，执政党的路线、方针和政策决定和直接影响着国家建设事业的发展，这是毫无疑义的，但这是党的领导和国家建设事业的关系，而不是中共党史和中华人民共和国史的关系，社会主义时期中共党史和中华人民共和国史是两个各不相同的研究范畴，这就决定了两者的历史分期也不可能完全相同，因此，以新中国成立后中共党史的历史分期取代中华人民共和国史的分期是不妥当的（葛仁钧，1996）。总之，从"专门史"研究出发，主张立足于城市规划行业自身发展重大事件的视角来进行城市规划发展的历史分期。当然，鉴于政治和社会经济发展对城市规划发展的深刻影响，在城市规划发展历史分期的过程中，需要对政治和社会经济发展的情况作为辅助性因素加以充分考虑，则是毫无疑问的。

2.2.2 历史分期的依据（标准）

对历史进行分期，必然要有科学的依据。所谓"依据"即根据，或称"标准"；所谓"科学"，也就是使人们对历史进行分期的主观行为尽可能与客观的历史存在相符合。新中国城市规划发展历史研究的主要任务在于揭示城市规划发展的动态演化过程及其内在规律，那么，历史分期的依据就应当以反映和体现城市规划事业发展的跌宕起伏过程及城市规划内在属性的演化为重点。

对于不同的历史时期（或阶段），是否采取同样的分期标准？这是需要加以讨论的一个重要问题。粗略思考通常会认为，对一段历史进行研究，当然要采取同一个标准，这样才能够前后一致、整体统一。但问题是，在不同的历史时期，城市规划的内在属性或许已经发生了截然不同的深刻变化，那么，能否沿用以前的（已经"过时"的）分期标准对新的历史阶段加以分期？具体而言，新中国的城市规划发展同许多其他行业一样，经历了计划经济和改革开放两个不同的时期，就计划经济时期的城市规划发展而言，大致经历了"一五"时期的初步建立、"大跃进"和"三年困难时期的起伏动荡"、"文革"时期的长期停滞，这是相当明确的阶段性变化，历史分期已取得较大的共识；然而，当我们把目光转向改革开放时期，总体而言，它呈现出相对"单一"的"正向"演化过程，除了早期（20世纪70年代末至80年代）可以用"城市规划的恢复"加以概括外，对于其他时段，能够延续计划经济时期的用语而采用"发展"、"繁荣"、"衰退"、"停滞"等概念进行归纳吗？回答自然是否定的。既然城市规划的内在属性已经极大改变，就应当允许历史分期以一种有所差别（但整体统一）的标准来进行，这也符合实事求是的基本精神。

近30多年来我国社会经济发展以经济建设为中心任务，以"改革"和"开放"为基本主线，包括土地、住房、企业管理、金融、财税等各领域的改革，以及以经济特区、经济技术开发区、沿海开放城市、沿江沿边和内陆开放城市等为重点的对外开放步伐的推进，从实行有计划的商品经济到逐步建立和完善社会主义市场经济体制。受此影响，城市规划从计划经济时期较为单一的设计性质转变为政府宏观调控资源配置的工具，从过去的"被动式"转向了"主动式"，它既是指导城市发展的战略，又是城市建设的蓝图，也是城市管理的依据（邹德慈，2002）。从根本上说，对改革开放时期城市规划发展的历史分期，应当对这些城市规划性质的改变加以突出反映。如果要对改革开放时期的城市规划发展情况进行主题性概括，我们的观点是"市场化"与"法制化"：市场化——既包括为适应市场经济体制而实施的规划改革，如土地有偿使用的规划控制、城市竞争和全球化背景下战略规划的兴起等，也包括城市规划行业自身的市场化变革，如规划收费、设计和咨询市场向国际开放、建立注册城市规划师执业资格制度和规划专业教育评估制度等；法制化——一方面，市场经济体制的建立本身就需要健全、公平的法制环境，另一方面，城市规划法律法规体系的完善也是真正构建城市规划制度并保障其社会功能有效发挥的必然要求。城市规划"市场化"与"法制化"发展的结果，从深层次上讲正在于建立起了一整套有关城市规划的国家制度，包括城市规划的编制、审批和实施管理，城市规划的公众参与、监督检查和责任追究，城市规划师的专业教育和执业认证等，尽管各项制度在实际运作中仍有这样那样的问题，但不可否认的是，基本的制度和规则是已经客观存在的。它们是城市规划事业发展十分重要的"文明"结晶成果，也是促使城市规划事业不断向前发展的动力机制所在，这正是改革开放时期城市规划发展显著有别于计划经济时期的关键所在。一旦有了这样的认识，对改革开放时期的城市规划发展进行历史分期，也就可以将城市规划"市场化"与"法制化"的演化进程作为主要的标准和依据。

2.2.3 分期标志的选择

标志是依据的外在表现，是表明依据具有某种特征的标识（张世飞，2004）。纵观城市规划发展的重大历史事件，大致包括以下几种类型：重要规划机构（如全国城市规划工作主管部门）的建立及调整、重大会议（如全国城市工作会议、城市规划工作会议，相关的专题座谈会、研讨会等）的召开、重要文件（或方针、政策）的出台、重大规划设计或科研实践、城市规划领域的重大立法，等等。其中，重大会议的召开往往具有政治性、方向性特点，即明确某一时期内城市规划领域的方针政策，且常常伴随重要文件或决定的出台，并进行相关的工作部署等，对城市规划事业发展的影响极为深刻。例如，1978 年 3 月 6～8 日国务院主持召开第三次全国城市工作会议，会议制定《关于加强城市建设工作的意见》，强调城市在国民经济发展中的重要地位与作用，提出"控制大城市规模，多搞小城镇"的城市发展方针，要求认真抓好城市规划工作，明确了规划审批要求及规划实施保障[1]，同年 4 月 4 日中共中央同意并批转第三次全国城市工作会议《关于加强城市建设工作的意见》中发［78］13 号文。这次城市工作会议对于"文革"之后城市规划工作的恢复、启动等具有重大转折性意义，对相当长一段时期内城市规划工作的指导思想和方针政策具有指南作用，可以作为计划经济和改革开放条件下

---

[1]《关于加强城市建设工作的意见》要求全国各城市，包括新建城镇，都要根据国民经济发展计划和各地区的具体条件，认真编制和修订城市的总体规划、近期规划和详细规划；规定中央直辖市、省会城市、50 万人口以上的大城市的总体规划，报国务院审批，其他城市的总体规划，由省、直辖市、自治区审批，报国务院备案；并决定从 1979 年起在 47 个城市试行每年从上年工商利润中提成 5% 作为城市维护和建设资金，加速住宅及市政公用设施的建设，推行民用建筑"六统一"，加强城市人防和城防建设、旧城区的改造、环境保护、城市管理等。

城市规划发展历史分期的重要标志。

　　此外，城市规划领域的重要立法往往是以法律、法规的形式确立城市规划工作的各项制度，赋予相关部门规划职权，明确各类规划活动的行为规则，并赋予相关法定规划以法律效应和权威，也是规划管理、监督检查及责任追究的文书依据，这对于城市规划发展的影响也就极为关键，历史分期应当给予充分重视。例如，1990 年 4 月 1 日《中华人民共和国城市规划法》正式施行，这是我国第一部城市规划领域的法律，对于依靠法律权威、运用法律手段，保证科学、合理地制定和实施城市规划，实现城市的经济和社会发展目标，具有重要历史意义；同年还建立了"一书两证"制度[1]、颁布我国城市规划行业的第一项国家标准《城市用地分类与规划建设用地标准》，各省（自治区、直辖市）还陆续制定了"城市规划条例"或《城市规划法》实施办法"，建立健全了城市规划机构及各项规章制度，这就从根本上改变了我国长期以来城市规划建设领域无基本法可依的状况，标志着城市规划工作全面走上了法制化的新轨道，是我国城市规划发展的重要里程碑，必然是城市规划历史分期的重要标志。当然，每一历史事件对城市规划发展的影响要具体分析，不能一概而论。例如，同样都是全国城市规划工作会议，但可能由于其召开的时代背景、会议形成的主要决策以及会议精神的落实情况等的不同，在城市规划发展进程中占据各不相同的历史地位。

　　在通常的历史研究，特别是专门史研究中，作为历史分期直接依据的标志性事件往往只有一个，如党史分期中较多采用的党代会、党的有关指示或决议的文件等，十分明确。城市规划发展的历史分期能否如此？以 1984 年 1 月国务院颁发《城市规划条例》为例，一方面，作为《城市规划法》的前身，它是我国城市规划方面的第一部基本法规，初步建立起我国城市规划的法律体系，譬如当前规划实践中十分重要的"一书两证"制度，早在《城市规划条例》中已有雏形（明确了建设项目的规划许可和竣工验收制度），《城市规划条例》的颁布对我国的城市规划发展当然有十分重要的影响；但另一方面，作为"条例"，《城市规划条例》在我国法律体系中的地位及相应的法律效力要显著低于作为"法律"的《城市规划法》，并且从当时的社会背景来看，拨乱反正刚刚结束，计划经济体制的烙印仍较突出，全社会的法制意识和法制环境尚不健全，《城市规划条例》的实际作用及对城市规划发展的内在影响就会大打折扣。那么，《城市规划条例》的颁布能否作为我国城市规划发展历史分期的重要标志？

　　实际上，如果我们能够跳出"单一标志性事件"的思维局限，就会获得不同

---

　　[1]　1990 年 2 月建设部下发《关于统一实行建设用地规划许可证和建设工程规划许可证的通知》。

的认识——同样是在 1984 年，中共十二届三中全会作出《中共中央关于经济体制改革的决定》，对开展以城市为重点的经济体制全面改革进行研究和部署，综合体制改革试点城市从沙市、常州、重庆等少数城市扩大到 58 个，并开放 14 个沿海港口城市和海南岛，全国第一个开发区（大连经济技术开发区）经国务院批准正式投入建设；就规划工作而言，1984 年国家环境保护局和 1986 年国家土地管理局的成立（二者均由城乡建设环境保护部归口管理），形成了规划、国土和环境保护"三位一体"的统一管理体制，在大规模完成城市总体规划编制工作的基础上，国家于 1984 年启动《上海经济区城镇布局规划》、《长江三峡库区城镇迁建规划》和第一部《全国国土总体规划纲要》编制工作及"2000 年全国城镇布局战略设想要点"等专项研究；此外，以 1984 年 8 月召开的城市规划设计单位试行技术经济责任制座谈会为标志，城市规划设计单位实行技术经济责任制的改革开始起航，以 1984 年 4 月中国城市规划设计研究院连续举办二期微型计算机学习班为代表，城市规划领域的新技术发展逐步提速……如果考虑到这些因素，那么 1984 年前后我国的城市规划发展就具有了一定的标志性意义。

同样的情形又如 2000 年，在这一年度，广州市组织开展广州城市总体发展概念规划的咨询工作，此后全国各主要大中城市迅速掀起战略规划、概念规划的编制热潮。战略规划的兴起，反映出地方政府将城市规划作为强化城市经济功能、提高中心城市竞争力、带动城市地区快速发展的重要手段之一，是城市规划从计划经济时期的"被动式"走向改革开放"主动式"（邹德慈，2002）以及市场化发展的重要标志。但是，也有专家认为，战略规划并非法定规划类型，对城市规划发展的影响有限。然而，2000 年前后还有诸多事件：中国于 2001 年正式加入世界贸易组织，在规划设计单位全面推行技术经济责任制的基础上，中国的规划设计和咨询服务市场进一步开始向国际开放，城市规划专业教育评估制度和注册城市规划师执业资格制度也在 2000 年前后正式建立并付诸实施；在全球化发展显著加速的背景下，"十五"计划（2001～2005）首次提出"推进城镇化的条件已渐成熟，要不失时机地实施城镇化战略"，随着住房改革货币化、国企改革深化等的推进，城镇化进入空前的加速发展时期，建设部首次启动"全国城镇体系规划"编制工作，继 1999 年 9 月国务院批准第一个省级城镇体系规划《浙江省城镇体系规划》之后，2000 年开始又批准了安徽、山东、福建等一大批省域城镇体系规划，同时，其他如城市群或都市圈等非法定区域规划类型也大量开展起来，而 2000 年 4 月《县域城镇体系规划编制要点》的颁布则进一步掀起县域城镇体系规划的编制热潮；不仅如此，"跨入新世纪"这一重大时间节点，其本身就给全社会以及城市规划界带来一股强烈的"思想冲击"……这样，就不得不承认，2000 年前后也可以视作我国城市规划发展的一个重要标志点。

总之，我们主张将某一重要时间节点前后的若干重要历史事件以一种整体的方式（而非单一事件），作为新中国城市规划发展历史分期的主要标志。之所以能够且应该如此，从理论上讲，正是由于城市规划内在属性的独特性，包括城市规划内容的综合性、城市规划实施的矛盾性与复杂性，这是城市规划有别于其他学科门类的重要方面，历史分期工作只有综合考虑多方面的影响要素，才有利于更准确地反映城市规划复杂系统的实际变化；另一方面，正如上文所讨论的，国家政治和社会经济发展对城市规划发展的影响也至关重要，历史分期的标志选择也必须将政治和社会经济方面的重大事件予以统筹考虑。

2.2.4 历史分期（阶段）的划分数量

新中国的城市规划经历了漫长、曲折的发展过程，历史分期究竟划分为多少个时期（或阶段）比较合适？史学研究中有一个重要而敏感的话题，即"宜粗不宜细"，这一原则是 1980 年 3 月邓小平在主持《关于建国以来党的若干历史问题的决议》起草工作时提出的："对历史问题，还是要粗一点、概括一点，不要搞得太细"。[1] 该原则的基础是实事求是，其内涵则表现在：概括总结，即从具体事物中抽象出事情的本质，以总结经验教训；抓大放小，即抓主要矛盾和矛盾的主要方面，细要有度，不可纠缠细节（张世飞，2004）。从这一原则出发，新中国城市规划发展的历史分期应当采取一种大胸怀和大思路，历史分期或阶段不宜划得过多、过细。在当前新中国城市规划发展历史研究刚刚起步，相关研究有待深化的今天，这一原则具有特别的意义。

但是，对于专门的历史分期研究而言，我们的认识却不能仅停留于"宜粗不宜细"的层面。从邓小平的论述可以看出，邓小平只是针对处理重大历史问题提出这一原则，并没有明确提出历史研究"宜粗不宜细"，这一原则是特殊历史条件下处理特殊问题的特殊原则，不能笼统地套用（张世飞，2004）。因而，在运用"宜粗不宜细"原则时，应具体问题具体分析，不可泛泛而谈。对于波澜壮阔的城市规划发展史，历史研究者应当详细研究其方方面面，这是还原历史真实性的客观要求；即使我们只对历史进行粗略的少数阶段划分，随着研究活动的不断深入，一个个更为细致的历史时段必然会在我们的脑海中一一浮现。

不难理解，历史分期是我们认识历史、研究历史的一种结构性分析手段，既

---

[1] 1980 年 3 月 19 日邓小平对起草《关于建国以来党的若干历史问题的决议》的意见同中央负责同志的谈话。参见：邓小平 . 对起草《关于建国以来党的若干历史问题的决议》的意见 [A] // 邓小平文选（第二卷）[M]. 北京：人民出版社，1994：292-298.

然如此，历史分期工作能否也采取一种"结构性"的方式？所谓"结构性"的历史分期，也就是从宏观、中观、微观等不同层面，将新中国的城市规划发展划分为不同数量的时期或阶段，这样就能做到有"粗"有"细"，"粗""细"结合，有利于满足不同层次和不同类型的认识活动需要。纵观各类历史分期研究工作，这其实也是较为常见的做法，例如葛仁钧（1996）将新中国成立后40多年的历史划分为1949 ~ 1956年、1957 ~ 1978年、1978年以后等三个时期，每个时期又分别划分为两个、五个和三个不同的发展阶段；张世飞（2004）以1992年为界，将1978年中共十一届三中全会以后我国发展的"新时期"划分为两个阶段，每个阶段又进一步划分为两个亚阶段；等等。这也正如有关学者所言，"合理的历史分期应该呈现为一个金字塔结构"（雷戈，1999）。当然，历史分期的研究是一回事，历史著作的呈现是另一回事，在各类史学著作中，我们还很少看到将历史分期搞得十分复杂的情况。有鉴于此，我们可以在历史研究成果的表述方式上加以技术性处理，即突出中间、弱化"两端"——以中观层面"不粗不细"的历史分期为主体，将宏观层面的"大分期"作为统领，将微观层面的历史分期融入中观层面的历史分期之中加以描述，这样也就能做到历史叙述逻辑的清晰明了。

2.2.5 "过渡"阶段的归属

事物的矛盾处于不断的发展变化之中，在不同的历史时期之间往往会有一些兼具前后两段时期特征的"过渡性"阶段，这是历史分期中较难处理的又一问题。以20世纪70年代为例，它既在总体上处于十年"文革"期间，城市规划工作整体上陷入停滞，但是，熟悉"文革"这段历史的人们都清楚，真正的"文革"只是集中在1966 ~ 1969年；就城市规划发展而言，1971年6月北京市率先召开城市建设和城市管理工作会议，同年11月国家建委召开城市建设座谈会，在万里、谷牧等老一辈革命家的支持下，被废弛多年的城市规划工作逐渐开始复苏；特别是1976年发生唐山大地震后，唐山、天津等地的灾后重建规划迅速启动，1977年下半年国家建委组织赴西北、中南和华中等地区调研并召开座谈会，为1978年第三次城市工作会议作各项准备……这些事件对于改革开放后城市规划工作的恢复都起到了十分重要的推动作用。那么，这段时期应如何划分？

从根本上讲，应对这一问题的原则，只能是实事求是，具体问题具体分析，以主要矛盾及矛盾的主要方面来决定。就对城市规划发展的影响而言，20世纪70年代城市规划复苏的各项事件，都不足以与1978年的第三次城市工作会议相提并论；同时，就20世纪70年代城市规划的复苏而言，只是局部性的现象，也缺乏实质性的规划应对措施和体制机制方面的实施保障，因此，将其划入"文革"城市规划停滞阶段，应该是合适的。另外，对于这段时期的独特性，可以通过亚阶段再细分的手段予以客观表述。

2.2.6 "首、尾"的处理

对于新中国成立初期城市规划发展的历史起点应如何界定？客观上讲，新中国城市规划的兴起，主要是由"一五"计划时期大规模的工业化建设活动所推动，在新中国成立后的前3年，国家的精力主要放在以抑制通货膨胀、统一财经、恢复城市生产为重点的国民经济恢复，以土地改革、镇压反革命、"三反""五反"运动、"三大改造"为核心的社会秩序整顿，以及耗费大量人力、物力和财力的抗美援朝战争，基本上无暇顾及城市规划工作。那么，是否应将新中国城市规划发展的起点定位于"一五"计划之时？如此一来，新中国成立初的前几年就成了十分尴尬的空白点。然而，需要注意的是，早在新中国成立之前，以首都建设为推动，北京（时称北平）市就于1949年5月成立了都市计划委员会，各项规划设计及科学研究工作陆续启动，这不能不说是新中国城市规划发展的里程碑事件。一方面，作为一个国家最重要的城市，首都的城市规划应当是国家城市规划活动的重要内容，其地位举足轻重；另一方面，首都建设及规划设计工作受到社会的广泛关注，上至国家主席、国务院总理，下至各行业、各部门乃至普通社会大众，或主导、参与有关规划决策，或进行自发的社会讨论，都深受影响，这对于有关城市规划知识的普及、城市规划思想的传播，乃至整个社会城市规划意识的增强等，无疑具有重要奠基性意义。基于这样的考虑，将北平都市计划委员会的成立作为新中国城市规划发展的历史起点，应当是合乎情理的。至于新中国成立初期前几年与"一五"时期在城市规划发展方面的显著差异，则可以通过历史阶段再细分予以明确。

关于新中国成立初期城市规划发展阶段的称谓，也有必要加以讨论。这主要是由于一些专家对"初创"的提法表示异议，因为新中国城市规划发展并非是从"零"开始的，我国不仅在古代有悠久的城市规划历史，即使到了20世纪上半叶，还有大量的以首都城市和殖民地租界城市为重点的城市规划活动；在新中国成立之前，国内还有不少学者曾远赴美、英、德等国家学习城市规划理论，后陆续回国投身国家建设与城市规划实践。那么，"初创"一词的使用是否妥当？我们认为，古代和近现代中国的诸多城市规划活动，都是新中国城市规划发展的重要历史基础，历史研究和历史分期工作必然要对此有清醒的认识。但是，在另一方面，这里所谓"初创"，针对的是"新中国"的城市规划发展而言，只是一个相对的概念，中华人民共和国的成立是中华民族历史上开天辟地的大事件，各方面的历史研究，包括城市规划在内，应当有以"新中国"为主体对象的历史观和认识论。并且，就新中国成立后的城市规划活动而言，其思想观念和理论方法主要源于"一边倒"政治和外交背景下的"苏联模式"，城市规划的对象主要是"工业城市"，城市规划因大规模的工业化建设而在全国范围内铺开，这些情况都是历史上所不曾发生过的。因此，即使使用"初创"概念，也并不为过。

对于 2008 年《城乡规划法》实施至今的这段"最新"的历史时期如何界定？这是另一个争议性问题。一种观点认为，这段时间非常短暂，且仍处于不断发展之中，很难成其为一个历史分期，同时，《城乡规划法》是在继承原《城市规划法》基础上的修订和完善，其对我国城市规划发展的影响有限。对此，我们有另外的看法。首先，关于《城乡规划法》的重大意义，原建设部部长汪光焘向全国人大常委会所作《关于〈中华人民共和国城乡规划法（草案）〉的说明》和原城乡规划司司长唐凯就认真贯彻《城乡规划法》答记者问以及相关研究已有大量论述，它并非只是对原《城市规划法》的简单补充，而是有诸多的开拓性与变革举措；其次，以 2008 年的国际金融危机、北京奥运会、汶川地震等为标志，国际国内形势发生了复杂而深刻的变化，以城镇化率首次超过 50% 和新生代农民工成为人口迁移主体为代表，中国的城镇化与城市发展也进入一个新阶段，城市规划发展所依托的政治和社会经济背景发生了极为深刻的改变；再次，就城市规划自身发展而言，随着二三十年来市场化和法制化的深入推进，城市规划理论和实践对社会经济与城乡协调发展的不适应性问题也日渐突出，低碳生态城市规划、城乡统筹规划、社区规划等的社会诉求日益强烈，规划改革的呼声日益高涨，而汶川、玉树、舟曲等灾区，新疆、西藏等边疆地区以及区域性特困地区等援建规划的大规模展开，无疑正是对城市规划发展的重要"洗礼"，甚至于国务院曾设想于 2012 年 6 月召开全国层面的城市规划与建设工作会议，这些均足以表明当前城市规划发展进入一个特殊的转型时期，而 2011 年城乡规划学升格为一级学科，也对城市规划的理论思想和技术方法提出了全新的发展要求。虽然 2008 年至今的这段时间较为短暂，但我们完全可以在历史研究中采取"厚古薄今"的原则予以技术性处理；既然它仍处于不断的发展之中，也不妨将其作为我国城市规划发展的当前阶段，如此处理反而有利于以史为鉴，更好地认识当前我国城市规划发展的形势和状况，从而汲取以往城市规划发展的历史经验和教训，谋求未来城市规划的创新改革与可持续发展之道。

2.3 历史分期方案

科学的历史分期必须建立在对历史事件充分掌握的基础之上。在本课题研究中，通过对诸多历史文献的搜集和整理，已按照编年史的体例初步编辑完成约 60 万字的《新中国城市规划发展大事记》，这就为新中国城市规划发展的历史分期提供了较为可靠的史料保障。以此为基础，根据上文讨论的历史分期思路和方法，课题组提出"二、六、十一"的新中国城市规划发展历史分期方案："二"即宏观层次的计划经济（1949～1977）和改革开放（1978～今）两个历史时期，"六"即中观层次的六个主要发展阶段，"十一"即微观层次上对六个主要发展阶段进一步再细分所形成的十一个亚阶段。在具体表述上，则建议以中观层次的六个主要发展阶段为主体，它们分别是：第一个阶段为新中国城市规划的初创期（1949～1957），包含 1949～1951 年、1952～1957 年两个亚阶段，分别以首都建设规划和重点工业城市规划为主导；第二个阶段为城市规划发展的波动期（1958～1965），包含 1958～1960 年、1961～1965 年两个亚阶段，前一亚阶段以城市规划的"大跃进"为主线，后一亚阶段为"三年不搞城市规划"提出后城市规划逐渐开始走"下坡路"；第三个阶段为城市规划工作的停滞期（1966～1977），包含 1966～1970 年、1971～1977 年两个亚阶段，前一亚阶段除了少数三线建设城市的城市规划外，城市规划发展基本处于停滞状态，后一亚阶段城市规划工作开始逐步恢复；第四个阶段为城市规划发展的恢复期（1978～1989），包含 1978～1983 年、1984～1989 年两个亚阶段，前一亚阶段从计划经济往市场经济的过渡性质较为突出，后一亚阶段城市规划的市场化和法制化开始起步；第五个阶段为城市规划发展的建构期（1990～2007），包含 1990～1999 年、2000～2007 年两个亚阶段，前一亚阶段城市规划的法制化建设较为突出，后一亚阶段城市规划的市场化改革逐步深化，随着市场化与法制化的深入发展，城市规划作为一项国家社会制度而建立起相对完整的框架体系；第六个阶段为城市规划发展的转型期（2008 年以后），也是当前城市规划发展所处的历史阶段，新形势下规划改革的要求已迫在眉睫。

历史是连续发展的整体，历史分期只是出于历史认识和历史研究活动的工作需要，它绝不是要割裂历史，而是为了更好地认识历史整体，因此，以整体、系统的观念看待历史分期和历史发展问题至关重要。同时，历史发展的阶段性是客观存在的，但历史工作者划分历史阶段的依据和标志等却是主观设定的，由于历史分期的主观性，加之对新中国城市规划发展历史这一复杂对象的认识尚处于不成熟的阶段，这就决定了本文的有关讨论必然具有一定的局限性，它只能代表课题组当前的认识水平。随着历史研究的逐步深入，认识水平的不断提高，未来我国城市规划发展的历史分期也将进一步修正与完善。

3　各时期城市规划发展的历史回顾

作为一个历史悠久的文明古国，中国自古以来就有丰富的城市规划与建设实践。在3000多年的封建社会里，城市作为各级政权的驻地，以防御和贸易为主要职能，相应地，城市规划也较多地体现皇权至上、等级森严以及传统文化支配下的天人合一、道法自然等"本土特色"鲜明的观念，城市规划工作具有突出的"工程技术"属性。自1840年鸦片战争以来，中国从独立国家逐步沦为半殖民地半封建社会，近代中国社会的城市建设也进入一个以殖民租界地和首都计划为主导的发展阶段，西方的近现代城市规划理论与方法逐渐被引入中国，并在城市建设实践中留下深刻烙印，如上海、南京、大连等地。中、西方城市规划思想产生碰撞，乃至逐渐交织与融合发展。而1949年中华人民共和国成立以来，随着国家建设与社会经济发展的推进，中国的城市建设掀开崭新的一页，城市规划也因之而蓬勃发展起来。

3.1 新中国城市规划的初创期（1949 ~ 1957）

这一时期大致为新中国成立后的三年国民经济恢复及实施第一个五年计划（1953 ~ 1957）时期。在新中国成立后的前3年，国家的精力主要放在以抑制通货膨胀、统一财经、恢复城市生产为重点的国民经济恢复，以土地改革、镇压反革命、"三反""五反"运动、"三大改造"为核心的社会秩序整顿方面。经过全面整顿，满目创伤的国民经济得到基本恢复，并在一些方面超过战前最高水平。自1953年起，我国开始在苏联的援助下实施以重工业建设为主要内容的"一五"计划。到 1957 年年底,"一五"计划超额完成,苏联援建的 156 个重点工业项目中大部分已建成投产或正在施工建设,我国已能自行生产飞机、汽车、重型机床、无缝钢管等代表性工业产品。同时,初步建立起社会主义的经济制度,基本改变了旧中国贫穷落后的面貌,为新中国的社会主义建设打下了良好基础。

就城市规划而言,新中国成立后,我国城市规划发展开创了一个既不同于中国古代,也显著有别于 20 世纪上半叶的崭新局面。城市规划的思想观念和理论方法主要源于"一边倒"政治和外交背景下的"苏联模式",城市规划的对象主要是"工业城市",城市规划因大规模的工业化建设而在全国范围内铺开……这些情况都是历史上所不曾发生过的。就此意义而言,1949 ~ 1957 年的这段时期,可称之为"新中国城市规划的初创期"。具体又可划分为 1949 ~ 1951 年和 1952 ~ 1957 年两个不同的亚阶段,分别以首都建设规划和重点工业城市规划为主导。

●首都城市规划工作的率先启动

在三年国民经济恢复整顿时期,连年战乱之后的中国尚是满目疮痍、百废待兴、民生困苦的局面,加之西南、华南等大片国土需要全面解放,并发生耗费大量人力、物力和财力的抗美援朝战争(1950 ~ 1951),基本上无暇顾及城市规划工作。然而,早在新中国成立之前,北京(时称北平)市于 1949 年 5 月成立了都市计划委员会,与首都建设有关的各项科学研究及规划设计工作陆续启动,这不能不说是新中国城市规划发展的里程碑事件。一方面,作为一个国家最重要的城市,首都的城市规划应当是国家城市规划活动的重要内容,其地位举足轻重;另一方面,首都建设及规划设计工作受到社会的广泛关注,上至国家主席、国务院总理,下至各行业、各部门乃至普通社会大众,或主导、参与有关规划决策,或进行自发的社会讨论,都深受影响,这对于有关城市规划知识的普及、城市规划思想的传播,乃至整个社会城市规划意识的增强等,无疑具有十分重要的奠基性意义。

●苏联专家对城市规划工作的援助

在新中国城市规划的初创期,苏联专家的援助有着不容忽视的作用。早在1949 年 6 ~ 8 月,刘少奇率中共中央代表团离北平赴苏联访问,与苏联达成贷款援助等初步协议并携 220 名苏联专家一起回国。9 月 16 日,成立由阿布拉莫夫为组长的 17 人市政专家小组,主要帮助研究北京的市政建设,草拟城市规划方案。经过考察研究,苏联专家于 1949 年年底提出了一份关于北京市未来发展计划的报告,内容包括首都建设目标、用地面积、行政中心位置等,并主张基本不改变原行政中心设置的位置。该报告引起了关心首都建设的各方人士的广泛热烈的讨论,而有关首都行政中心位置的问题引起较大争议，以梁思成、陈占祥为代表的专家提出将行政中心设于西郊新市区的思路，即"梁陈方案"。尽管存在争议，但北京市的城市建设正是在有城市规划指导的情况下进行的，从而在极大程度上避免了盲目无序性。也正是由于苏联专家的重视和建议，城市规划工作在国家建设的一开始就被重视和开展起来，这是新中国城市规划"初创"的独特历史背景。

●城市规划工作的全面展开

经过 3 年整顿和恢复，国民经济状况有了极大的改善，从而进入大规模工业化建设的"一五"计划时期。相应地，城市规划工作也从以北京为主而转向在全国范围内广泛开展。伴随"一五"计划各项筹备工作的展开，1952 ~ 1957 年间我国城市规划工作也全面发展起来，主要体现在以下方面：

（1）相关机构的建立。1952 年 9 月中央人民政府成立建筑工程部，1953 年 3 月建筑工程部设立城市建设局，下设城市规划处；1953 年 7 月国家计委设立城市建设计划局，下设城市规划处，从而形成国家计委和建筑工程部"双重管理"的体制。此后城市规划的主管部门有多次调整并逐渐升格。[1]

（2）重要会议的召开。1952 年 9 月 1 ~ 9 日，中财委主持召开第一次全国城市建设座谈会，会议对我国城市进行了分类，酝酿了各类城市建设的重点，要求加强规划设计工作。1954 年 6 月 10 ~ 28 日，建工部召开第一次全国城市建设会议，提出城市规划的要求，明确城市建设的方针。1956 年 2 月 22 日至 3 月 4 日，国家建委召开全国基本建设会议，会议讨论了城市规划工作问题，拟定了《关于加强新工业区和新工业城市建设工作几个问题的决定》，《决定》经 5 月 8 日国务院常务会议审议通过并批转执行。

（3）重要法规文件的出台。1952 年 9 月第一次全国城市建设座谈会上所讨论的《中华人民共和国编制城市规划设计程序（草案）》成为"一五"初期编制城市规划的主要依据。1954 年 6 月第一次全国城市建设会议印发了《城市规划编制程序暂行办法（草案）》、《关于城市建设中几项定额问题（草稿）》、《城市建筑管理暂行条例（草案）》三个文件。1956 年 7 月国家建设委员会正式颁布《城市规划编制暂行办法》，这是中国第一个关于城市规划的技术性法规。

（4）城市规划人才培养。1952 年 9 月全国院系调整结束后，同济大学、清华

---

[1] 这一时期内的调整主要是：1954 年 10 月，建工部城市建设局改称建工部城市建设总局，1955 年 4 月，城市建设总局从建筑工程部划出而成为国务院的直属机构。1954 年 11 月，国家建设委员会成立，国家计委城市建设计划局划归国家建委，改名为城市建设局。1956 年 5 月，国家建委将城市建设局划分为城市规划局、区域规划局和民用建筑局等 3 个部门；同时，国务院撤销城市建设总局，成立城市建设部，内设城市规划局等职能部门，部下设城市设计院。

大学等高校开始城市规划类人才培养工作。除此以外，还有各种类型的苏联专家讲课班、培训班和学习班等。

●联合选厂及重点工业城市规划

总的来说，"一五"时期城市规划的全面启动，主要源于配合工业化建设的实际需要。1953 年开始实施的"一五"计划，确立了以重工业优先发展为主导的新中国工业化发展的主要方向，即"集中主要力量进行以苏联帮助我国设计的 156 个建设单位为中心的、由限额以上的 694 个建设单位组成的工业建设，建立我国的社会主义工业化的初步基础"。就城市规划工作而言，则主要包括"联合选厂"和"重点工业城市的规划"两个阶段（或内容）。

首先是联合选厂工作。从 1950 年开始，中央人民政府各工业部就派出人员在全国 200 多个城镇搞摸底调查，搜集相关资料，为工业项目选择合适建厂地点作前期的准备工作。1953 年开始，由苏联援建的重点工程的选厂工作普遍展开，为了解决在选厂中出现的各种矛盾，1953 年 4 月至 1954 年年初，在李富春副总理亲自率领下，国家计委先后组织了由各工业部和铁道、卫生、水利、电力、公安、文化、城建等部的领导、技术人员和苏联专家近百人组成西北、华北、中南和西南联合选厂工作组前往各地，通过联合选厂，确定项目的选址布局。到 1954 年年底，国家计委相继批准了 156 项工程及为其配套的 694 个限额以上项目的厂址方案。

其次是重点工业城市的规划工作。随着 1954 年各项重点工程的厂址多数已经确定，各城市面临着编制城市规划、勘察测量和各种市政工程设计的繁重任务。1953 年 7 月 12 日，中共中央中南局向中共中央报告《中南局对城市建设工作几项建议的请示》[1]，反映因缺少城市规划而造成的城市建设混乱局面。针对此报告，中共中央于 1953 年 9 月 4 日下发《关于城市建设中几个问题的指示》，明确指出"为适应国家工业建设的需要及便于城市建设工作的管理，重要工业城市规划工作必须加紧进行，对于工业建设比重较大的城市更应迅速组织力量，加强城市规划设计工作，争取尽可能迅速地拟订城市总体规划草案，报中央审查"[2]。1954 年 6

---

　　[1] 中南局在报告中指出："现在国家建设中存在着一个极大的矛盾，就是工厂建设有计划，城市建设无计划，工厂建设有人管，城市建设无人管。因而产生两种情况：一种是盲目冒进，为适应主观想象的大规模的工厂建设与商业发展，过早地拆房子，修大马路；另一种是消极等待，心中无数，只知道自己的城市要在现在的基础上建设成为具有规模的工业城市，究竟规模怎样，现在的部署如何，将来的远景如何，都不知道；有一点城市建设也是无计划的，完全被动的。前一种情况，因为有经费的控制与技术的限制，只是个别的，不是普遍的、主要的。后一种情况则是普遍存在的"。参见：中南局对城市建设工作几项建议的请示（1953-7-12）[A]//中共中央文献研究室.建国以来重要文献选编（第四卷）[M].北京：中央文献出版社，1993：341-343.
　　[2] 中共中央关于城市建设中几个问题的指示（1953-9-4）[A]//中共中央文献研究室.建国以来重要文献选编（第四卷）[M].北京：中央文献出版社，1993：338-340.

月建筑工程部召开第一次全国城市建设会议，提出"城市规划是国民经济计划工作的继续和具体化"，明确城市建设必须为工业化、为生产、为劳动人民服务以及采取与工业建设相适应的"重点建设，稳步前进"的方针。1954 年 10 月建工部城市建设局升格为城市建设总局[1]，专门负责城市建设的长远计划和年度建设计划的编制和实施，参与重点工程的厂址选择，指导城市规划的编制，同时正式组建我国第一个城市规划专业部门——建工部城市设计院（中国城市规划设计研究院的前身），协助重点城市编制城市规划设计。大量城市规划工作因此而开展起来。

●城市规划的"苏联模式"

就"一五"时期的城市规划工作而言，苏联专家的援助发挥了重要作用，城市规划工作的理论和方法也更多地表现为"苏联模式"，这主要是由新中国成立初期我国政治外交"一边倒"的格局所决定的。正如 1949 年 6 月毛泽东发表的《论人民民主专政》所指出的："积（孙中山）四十年和（共产党）二十八年的经验，中国不是倒向帝国主义一边，就是倒向社会主义一边，绝无例外。骑墙是不行的，第三条道路是没有的"。[2] 1953 年 9 月，中共中央下发《中共中央关于加强发挥苏联专家作用的几项规定》，强调"正确地学习与运用苏联先进经验，是胜利完成我国各项建设任务的一个重要因素"，要求"必须在苏联专家帮助之下有计划地加强各机关在职干部的业务教育，请专家有系统地讲解各种专业方面的苏联先进经验，并综合研究苏联专家所介绍的各种材料，如报告、讲演等，然后以本部门名义整理编印，供各地同业干部学习之用"。[3]

早在 1952 年 4 月，中财委聘请穆欣等一批苏联城市规划专家来华工作，同年 12 月转聘到建筑工程部。在与中国专家的合作中，苏联专家的援助起到了"导师"的作用。而一大批苏联译著的相继出版，如《城市规划工程经济基础》、《城市规划：技术经济指标及计算》、《苏联城市规划中几项定额汇集》、《城市规划中的工程问题》、《城市规划与修建法规》、《工程地质勘测：城市规划与建设的指南》、《关于使用标准设计来修建城市的一些问题》、《区域规划问题》、《公共卫生学》、《关于莫斯科的规划设计》等，则成为城市规划工作的科学理论指南。

苏联是世界上的第一个社会主义国家，自 1917 年十月革命胜利后，通过消灭旧的地主贵族阶级、城乡资产阶级，大规模引进先进技术的工业化与农业社会主

---

[1] 1955 年 4 月从建筑工程部划出而成为国务院直属机构，1956 年 5 月撤销城市建设总局并成立城市建设部。
[2] 毛泽东. 毛泽东选集（第四卷）[M].北京：人民出版社，1991：1472-1473,1475.
[3] 转引自：黄立. 中国现代城市规划历史研究（1949—1965）[D].武汉理工大学博士学位论文，2006：53.

义集体化，开辟了一条社会主义建设的现代化新路。苏联工业化发展的一个重要经验在于实施"五年计划"，即按照预先编制的详细计划进行各项建设的安排和实施，以政府行政计划代替市场经济调节分配社会资源，集中国家所有力量发展工业。自1928年开始，经过几个五年计划的连续实施，二战前后的苏联已发展到很高的工业化水平，成为代表社会主义阵营与美国（代表资本主义阵营）相抗衡的两大世界强国之一。工业化发展带动了苏联的城市化，1950年苏联的城市化水平已达到44.2%。

苏联模式的重要特征在于一个高度集中的计划经济体制与一个高度集权的行政命令体制相结合。这样的特殊体制，形成了有关城市发展的基本理论。从苏联城市化发展的特点来看，鲜明地表现为以一个或多个大型的生产基地为基础建立起来的新型工业城市，如汽车工业城市陶里亚蒂、聂伯罗德尼、采思，石油化工城安加尔斯克、新波罗斯克以及科学城新西伯利亚。特殊的体制和城市发展理论也就决定了城市规划的指导思想和理论基础：城市被看作是布置国家生产力的基地；工业是城市发展的主要因素和动力；城市的生活设施是因工业发展而建设的，也是为工业生产服务的；各种设施的规划和建设标准由国家制订；城市规划的主要任务是在空间上安排（或布置）好这些要素；选定适当标准，搞好规划布局等（邹德慈，2002）。

●城市规划的编制内容与技术方法

"一五"时期，城市规划的编制原则、技术经济分析方法、构图手段以至编制程序等，基本上都是借鉴苏联的做法。作为国民经济计划的继续和具体化，城市规划更多地表现为一种"设计"性质的工作。有关城市规划的编制内容和技术方法，集中体现在1956年国家建委颁布的《城市规划编制暂行办法》中。城市规划设计按总体规划和详细规划两个阶段进行。对于新建工业城市，在进行城市规划设计以前，可以由选厂工作组或联合选厂工作组会同城市规划部门提出厂址和居住区布置草图，经国家建设委员会和各有关部门同意后作为城市规划设计的依据。

编制总体规划，以国家计划部门提供的建设项目作为城市发展的基础，同时由省、市提出相应的配套项目，通过国家计划部门的综合平衡，确定下来后就成为制订城市规划的依据。其主要内容包括：拟定城市发展的技术经济根据，确定城市性质；拟定近期和远期的人口发展规模；正确地选择城市发展用地，合理地布置城市功能分区和市中心、区中心的位置、街道和广场系统、绿化和河湖系统；拟定城市各项用地的技术经济指标，估算城市各项建设用地，编制城市土地使用平衡表；拟定有关城市规划的经济、技术、艺术、卫生、安全等方面的原则。[1] 由于当时各地区普遍存在基础资料不全、设计力量不足、修建任务紧迫等现实问题，编制完整的总体规划存在困难，城市规划设计程序采取一定的变通处理，即首先编制城市初步规划，并在初步规划的基础上编制城市近期修建地区的详细规划，此后条件具备时再编制完整的总体规划。

对于"一五"时期的城市总体规划工作而言，西安、兰州、洛阳、包头、太原、大同、成都和武汉等八大重点工业城市的初步规划具有典型代表性。其中，西安市城市总体规划中运用了法国建筑师戈涅 1917 年提出的工业城市理论及 1933 年《雅典宪章》中的现代城市理论，依据城市产业的发展需要，严格划分了城市功能区，形成了现代化城市的空间框架，全国人大常委会委员长刘少奇和国务院总理周恩来等专门听取了西安市城市总体规划的汇报；洛阳市城市总体规划中采取"脱开旧城建新城，新城建成回过头来改造旧城"的模式，有效保证了国家重点工业建设和城市新区的及时建成，并为历史文化名城的保护创造了十分有利的城市空间结构，被誉为城市规划的"洛阳模式"。

详细规划是总体规划的深化和具体化，是规划管理、划分用地的依据，其主要任务是解决城市建设中局部性、近期性和具体的建设布置问题。"一五"计划期间，城市规划配合重点建设进行，建设项目比较具体，建设期限比较集中，建设投资比较落实，详细规划与总体规划往往交叉进行。工厂范围内的详细规划由工厂设计部门统一进行，工厂范围外的详细规划由城市规划部门负责协调，并统一各项工程的坐标、标高，称为"厂外工程综合"。

就指导思想而言，城市规划设计文件的编制主要强调贯彻城市建设为工业、为生产和为居民服务的方针，以及"适用、经济、在可能条件下注意美观"的原则。其基本要求主要包括：根据国民经济发展计划，保证城市有相应发展的可能；保证为工业企业和交通运输业的生产活动及其发展创造便利的条件；保证为居民的劳动和生活创造良好的条件；合理地布置住宅、公共建筑和公用事业设施等。[2]

"一五"计划时期，全国共完成 150 个城市的初步规划。其中，建设要求最为紧迫的 15 个城市，包括太原、西安、兰州、洛阳、包头、成都、大同、湛江、石家庄、郑州、哈尔滨、吉林、沈阳、抚顺、邯郸等，其总体规划先后获得国家计委（建委）的审批。与此同时，许多城市也完成了一些企业厂区和居民生活区的详细规划。

---

[1] 第十七条 [S] // 中华人民共和国国家建设委员会批准. 城市规划编制暂行办法，1956.
[2] 第一条 [S] // 中华人民共和国国家建设委员会批准. 城市规划编制暂行办法. 1956 年.

●城市规划的实践效果

从这一时期城市规划的实践效果来看，主要体现在规划和建设了一批规整有序的重点工业城市，包括新建了八大重点工业城市，改建、新建了一批工业城市。同时，还建成了一批"街坊式"的居住小区，如上海的曹杨新村、北京的百万庄、沈阳的铁西、陵北和黎明等工人村等。在此情况下，1949～1957年我国城镇化呈现平稳较快发展的态势，城镇化率从1949年的10.6%提高到1957年的15.4%，年均提高0.53个百分点（其中"一五"期间则年均提高0.59个百分点），城镇人口从1949年的5765万增加到1957年的近1亿，华北地区和东北地区为国家工业化和城镇化发展的重点地区。

就科学水平而论，"一五"时期的城市规划工作非但在当年起到了有效配合工业建设的重要作用，即使是在今天看来，局部上也并不逊色。联合选厂的工作机制，既有利于各方面（中央与地方、各部门之间等）相互沟通，取得共识，也有利于及时暴露问题并及时解决，提高工作效率，成为老一辈城市规划工作者所传颂的一段佳话。[1] 当然，由于在体制、经济实力乃至观念认识上的某些历史局限性，在关于大城市经济、旧城更新改造、交通、环境、社会、生态等很多城市问题的研究和规划上比较缺乏甚至几乎是空白。[2]

● "反四过"

初创时期的城市规划工作，其成就和贡献是巨大的，但从社会反响来看，批评之声也是接连不断的。客观地说，城市规划和城市建设工作确实存在一些包括盲目贪大、形式主义严重、过于分散的城市布局造成浪费等的问题。[3] "一五"计划接近尾声之际，在整风运动[4]等的背景下，掀起了一场"反四过"的运动。1957年3月31日、5月8日和5月24日，人民日报连续发表了题为《在基本建设中节约用地》、《再论基本建设中节约用地的问题》和《城市建设必须符合节约

---

[1] 参见：中国城市规划学会. 五十年回眸—新中国的城市规划 [M]. 北京：中国建筑工业出版社，1999.
中国城市规划学会. 规划50年—中国城市规划学会成立50周年纪念文集 [M]. 北京：中国建筑工业出版社，2006.
[2] 邹德慈. 中国现代城市规划发展和展望 [J]. 城市，2002（4）：3-7.
[3] 如1954年8月11日的《人民日报》社论指出："有一些同志，虽然他们所在的城市并没有多少工业建设，甚至本来城市就不大，人口就不多，但他们也拟订了庞大的计划，把房屋拆掉，马路放宽，大兴土木，浪费了很多资金。有些同志过分强调现有城市中很多旧社会遗留下来的不合理的地方，而脱离了当前的经济的可能和现实的条件，企图一下子把它全部改造过来，马上变成理想的社会主义城市。有些在重点工业建设城市中工作的同志，觉得自己既然是重点，便处处都应该像个'重点'的样子，什么都想办，都想'齐头并进'。在城市的规划上，一心想搞得大，搞得新，不注意利用旧城市现有的基础，甚至企图把旧城市完全撇开，一切从平地上新建；而且把摊子铺得很大，把城市建设得很分散，增加了各种市政建设的费用。"
[4] 以正确处理人民内部矛盾问题为主题，以及对官僚主义、宗派主义和主观主义为主要内容。

原则》等的多篇社论，批评了基本建设中"规模过大"、"标准过高"、"占地过多"及在城市改建、扩建中存在的"求新过急"现象，严词指明"这都是同'勤俭建国'的方针相违背的，是一种脱离实际、脱离群众的不良倾向"，即"反四过"。"四过"现象的发生，既反映出城市规划的前瞻性与现实操作性（远景规划与近期规划）之间的内在矛盾，也折射出"苏联规划模式"（特别是有关城市规划的定额标准）在实践中的某些不适应性，同时也为之后城市规划发展的动荡与衰退埋下了隐患。

3.2 城市规划发展的波动期（1958 ～ 1965）

继"一五"计划超额完成的良好开局之后，新中国社会经济发展发生了一个重要的转折。在"鼓足干劲、力争上游、多快好省"的社会主义建设"总路线"的指引下，1958 年开始中国迅速掀起一场声势浩大的"大跃进"和"人民公社化运动"。以大炼钢铁为中心的"大跃进"打乱了正常的经济秩序，随着"三年困难时期"及中苏关系恶化，中国社会经济发展旋即陷入极度艰难境地，在此情况下进行"调整、巩固、充实、提高"的国民经济大调整（1961 ～ 1963）。之后，随着国际关系的进一步紧张及战争威胁的加剧，中央开始部署以"备战"为中心的"三线建设"。总的来说，这段时期我国政治及社会经济发展起伏波动的特征比较鲜明。

在强烈的政治形势下，自 1958 年开始，城市规划领域也进入了盲目的"大跃进"和人民公社规划时期。由此，在经历了"一五"时期的"第一个春天"之后，新中国的城市规划发展迎来了一段较为特殊的波动时期。以 1960 年提出"三年不搞城市规划"为界，这一时期又可进一步划分为 1958 ～ 1960 年和 1961 ～ 1965 年两个亚阶段，前一亚阶段以城市规划的"大跃进"为主要内容，在后一亚阶段，城市规划开始走向"下坡路"。

●城市规划的"大跃进"

城市规划领域对"大跃进"的响应，主要由三次重要的会议所推动。1958 年4 月，新组建的建筑工程部[1] 召开全国设计施工会议，刘秀峰部长作《鼓足干劲，力争上游，多快好省地完成国家建设任务》的报告，提出"用城市建设的大跃进来适应工业建设的大跃进"，这就为一定时期内包括城市规划工作在内的城市建设

---

[1]　1958 年 2 ～ 3 月，建筑工程部与城市建设部、建筑材料工业部合并。

工作确定了基本的指导思想。1958 年 7 月，建筑工程部在山东省青岛市召开城市规划工作座谈会，会议围绕城市规划如何适应全国大跃进的形势，讨论了城市规划工作的原则和具体方法，提出"凡是要建设的城市都应该进行规划"，"过去的规划定额偏低，以及只搞当前建设，不搞远景，不敢想，不敢说，不敢做"[1]，以及建立"现代化城市的问题"，并形成《城市规划工作纲要三十条（草案）》。

1958 年工业战线的"大跃进"是以钢铁工业为核心的，所谓"以钢为纲"。就城市规划工作而言，对"大跃进"精神的响应和落实主要体现在如下方面：

（1）在区域规划指导下建设卫星城市。"进行城市规划和建设，决不能只从城市本身着眼，而必须从一个地区的经济建设的总体规划着眼，从全面出发，在区域的总体规划的指导下进行城市规划"[2]，"大城市，应该有计划地建设卫星城市。这些卫星城市既要在生产协作方面和中心城市建立直接的联系，又要具有一定的独立性"，"建立卫星城市对于减少大城市的交通、市政设施、住宅以及城市生活供应方面的压力都有很大好处……应当作为大城市继续发展的方向"，"不仅大城市，有些中等城市由于地形的限制，或者是为了更好地利用资源和水源、交通条件，也可以建立卫星城市"。[3]

（2）重视并开展远景规划。"正确的远景规划，反映着客观事物的发展规律，它在一定程度上指导近期规划，为近期规划指出方向。在目前全国大跃进的新形势下，国家建设正以'一日千里'的速度向前发展，如果没有远景规划，就会盲目地进行建设，就会对今后的发展造成不利的后果"，"远景规划必须做，而且能做，不能等待资料齐全，有了长远的国民经济计划的依据才做。远景规划只能是个粗线条的轮廓性的规划。有资料当然最好，资料不足也可以做"。[4]

（3）倡导"快速规划"的基本方法。"在规划方法上，可以采取先粗后细，点面结合的做法。先做粗线条的规划"，"现在有很多地方，如山东、浙江都采取快速办法，做了一些县城的规划。虽然是轮廓性的规划，但是大致都解决了工业布局问题，保证了工业建设的进行。这是首要的问题"，"要洋办法和土办法并举，有的甚至完全采用土办法，也能大体搞出规划，虽然粗糙一些，但是能够解决问

［1］赵锡清.我国城市规划工作三十年简记（1949—1982）[J].城市规划，1984（1）：42-48.
［2］刘秀峰.在城市规划工作座谈会上的总结报告（1958 年 7 月）[M] // 袁镜身，王弗.建筑业的创业年代.北京：中国建筑工业出版社，1988：164.
［3］刘秀峰.在城市规划工作座谈会上的总结报告（1958 年 7 月）[M] // 袁镜身，王弗.建筑业的创业年代.北京：中国建筑工业出版社，1988：167-168.
［4］刘秀峰.在城市规划工作座谈会上的总结报告（1958 年 7 月）[M] // 袁镜身，王弗.建筑业的创业年代.北京：中国建筑工业出版社，1988：178.

题。城市规划并没有什么神秘。有的县已经作出榜样，大家可以大胆地去做"。[1]

（4）提高城市规划的定额指标。"现在有的城市人均居住面积是 $3m^2$，有的稍高一些，平均是 $3.5m^2$。这次会上，最后研究的结果，认为居住面积以每人 $4 \sim 6m^2$ 比较适合。我们认为可以在这个范围以内，由省市委决定。在特殊的情况下，也可以超过 $6m^2$，也可以低于 $4m^2$"，"前国家建委和原城建部的联合通知中规定，远景规划的生活用地，控制在 $35m^2$ 以内，近期建设用地规定为 $18 \sim 28m^2$，现在看来，这个指标也低了一些。我们认为，可以在 $30 \sim 60m^2$ 范围以内，各地灵活采用，近期多少，远期多少由各地省（市）委研究，分别决定"。[2]

青岛会议充满激情地指出："我们相信，如果把这次总结和交流的经验，在会后工作中很好地运用起来，再加以快速规划、快速设计、快速施工等具体办法，我们就一定能够多快好省地完成城市的规划和建设任务，一定能够保证国家社会主义建设事业的需要"。[3]

1960 年 4 月，建筑工程部又在广西桂林市召开了第二次全国城市规划工作座谈会，会议提出："要在十年到十五年左右的时间内，把我国的城市基本建设成为社会主义的现代化的新城市"，对于旧城市，也要求"在十年到十五年内基本上改建成为社会主义的现代化的新城市"。[4]

在两次城市规划座谈会后，各地在群众运动中修改或编制城市规划的速度显著加快。据 1958 年的统计，全国编制或修改规划的大中小城市有 1200 多个，143 个大中城市和 1087 个县镇完成初步规划，进行农村居民点规划试点的有 2000 多个，还有一些地区进行了区域规划。同时，两次会议的有关"精神"得到了一定程度的贯彻执行。例如，上海开辟了以机电和重型机械工业为主的闵行、以煤化学工业为主的吴泾、以科研和轻纺工业为主的嘉定等卫星城，北京市开辟了昌平、大兴等卫星城，天津市开辟了杨柳青、咸水沽、军粮城等卫星城，南京市开辟了大厂镇、板桥、栖霞镇等卫星城，等等；在建筑工程部区域规划部门[5]的指导和帮助下，辽宁省朝阳地区、河南省郑州地区、江苏省徐州地区等编制了初步的区

---

[1]　快速规划的有关内容，是刘秀峰部长在谈到"关于县镇规划与建设问题"时指出的。参见:刘秀峰.在城市规划工作座谈会上的总结报告（1958 年 7 月）[M] // 袁镜身，王弗.建筑业的创业年代.北京:中国建筑工业出版社，1988 : 181-185.

[2]　刘秀峰.在城市规划工作座谈会上的总结报告（1958 年 7 月）[M] // 袁镜身，王弗.建筑业的创业年代.北京:中国建筑工业出版社，1988 : 172-175.

[3]　快速规划的有关内容，是刘秀峰部长在谈到"关于县镇规划与建设问题"时指出的。参见:刘秀峰.在城市规划工作座谈会上的总结报告（1958 年 7 月）[M] // 袁镜身，王弗.建筑业的创业年代.北京:中国建筑工业出版社，1988 : 181-185.

[4]　王凯.我国城市规划五十年指导思想的变迁及影响[J].规划师，1999（4）：23-26.

[5]　1959 年 5 月，建工部城市建设局设立了区域规划处。

域规划[1];西安市规划把城市规模扩大到 220 万人,人均城市用地指标 72m²,人均居住面积指标 9m²,广东省海口市编制了 80 万 ~ 100 万人的大规划,山东省规划配合 1959 年兖州煤田开发而在济宁和兖州之间建设一个规模为 80 万 ~ 100 万人、用地达 170 多平方公里的大城市。[2]

●天安门广场改建规划

在"大跃进"时期,城市规划领域内的一项同样具有"跃进"色彩,但其性质却完全不同的活动,即天安门广场的改建规划。作为为迎接 1959 年国庆十周年而开展的十大工程之一,天安门广场的改建规划工作是在国家主要领导人的直接关心和全国各地的建筑师和规划师的踊跃参与下进行的。从工作性质来看,它更多地属于"城市设计"的工作,是我国计划经济时期最为著名和最具代表性的城市设计案例。

就功能而言,改建天安门广场主要是满足大规模群众集会及国庆游行的需要。在规划设计工作启动时,军方曾对天安门广场改建规划提出三点要求:广场和长安街要无轨无线;路面要经得住 60 吨重的坦克;道路和广场要求"一块板",不能有任何"沟沟坎坎"。广场规划的空间尺度即东西宽 500m(即长安左门至长安右门的距离)[3]、南北长 800m(即天安门城楼至正阳门城楼之间的距离),其长宽比与"黄金比率"(1.168)几近相合。天安门广场的改建规划设计前后经历了短暂的一个多月时间,期间曾经历多轮的征稿和评选。经过几轮方案征集,人民大会堂及天安门广场的设计一直没有理想的方案,1958 年 9 月底,周恩来下达指示:要进一步解放思想,发动青年同志参加国庆工程各大项目的方案设计。在此情形下,前几轮中作为"审核机关"而没有参与具体设计的北京市规划局,也正式加入到人民大会堂及天安门广场的设计工作中,很快作出一个扇形平面和两层深挑台的人民大会堂设计方案,并得到周恩来等领导的认可。由于人民大会堂"体型"的确定,使得天安门

---

[1] 据统计,1959 ~ 1960 年河北、山西、内蒙古、江苏、安徽、四川、贵州等省、自治区有 39 个相当于专区的地区编制了区域规划。参见:曹洪涛,储传亨.当代中国的城市建设[M].北京:中国社会科学出版社,1990:75.

[2] 曹洪涛,储传亨.当代中国的城市建设[M].北京:中国社会科学出版社,1990:75.

[3] 这一宽度要求是毛主席确定的,主要是为了紧急时刻能在长安街上起降飞机。时任全国人大常委会副委员长兼秘书长的彭真是指导天安门广场改建工作的重要领导之一,曾指出:"天安门广场是首都的中心,首都人民的集会场所。这次改建、扩建天安门广场,一定要设计好。如何设计,我向毛泽东同志作了请示,他指出:要反映出我国历史悠久、地大物博、人口众多的特点。设计的指导思想是庄严宏伟,气魄要大,使它成为能容纳一百万人集会的世界上最大的广场。天安门前的马路要一百几十米宽,马路上的电线要改为地下,有轨电车要换为公共汽车。路面要修得坚固,要经得起最重的坦克通过。天安门广场北起天安门,南至正阳门,东起公安街,西至西皮市大街。广场西面建设人民大会堂,东面建设革命博物馆和历史博物馆,东西相距为五百米。"参见:马句.彭真和天安门广场建设[J].百年潮,2000(10):47-49.

广场的规划设计也得以顺利完成：广场北部东西两侧分别安排革命历史博物馆和人民大会堂，两座建筑均采用柱廊结构，形成"廊"一实一虚、"柱"一圆一方的对比关系，它们共同烘托起了天安门广场壮丽威严的宏大气势。

天安门广场的改建工程于1958年10月正式动工，和"十大建筑"一样，在短短的10个月时间内如期完工，保证了国庆10周年各项庆祝活动的顺利进行。经过改建，天安门广场的西侧建起了17万 m^2 的人民大会堂，东侧建起了6.5万 m^2 的中国革命历史博物馆，北侧扩建了观礼台。东西长安街分别展宽到80～180m，宽阔的游行大道可以供120列游行队伍同时通行。

1958年的天安门广场改建是天安门广场建设史上规模最大的一次，通过这次改建，面积从原来的11ha扩大到40ha。建成后的天安门广场规模宏大，气势磅礴，奠定了它在北京城市空间格局中的中心地位。郭沫若曾于1959年9月14日作诗《天安门广场》一首[1]，表达了人们对天安门广场改建的欢欣鼓舞心情。侯仁之院士则认为，天安门广场的改建可视为继紫禁城建成后北京城市发展史上的第二个里程碑，"它赋予具有悠久传统的全城中轴线以崭新的意义，显示出在城市建设上'古为今用，推陈出新'的时代特征，在文化传统上有着承前启后的特殊含义"。[2]天安门广场改建规划和"一五"时期的城市规划工作一样，在新中国城市规划发展史上留下了璀璨的一页。

●人民公社规划

响应人民公社化运动而开展人民公社规划，是"大跃进"期间城市规划发展的另一项重要内容。所谓人民公社，是农村合作社的一种高级形式，旨在有秩序地把工（工业）、农（农业）、商（商业）、学（教育）、兵（民兵，即全民武装）组成一个大公社，从而构成我国社会的基本单位。1958年中共中央政治局扩大会议通过的《中共中央关于在农村建立人民公社问题的决议》指出"建立农林牧副渔全面发展、工农商学兵互相结合的人民公社，是指导农民加速社会主义建设，提前建成社会主义并逐步过渡到共产主义所必须采取的基本方针"，"人民公社将是建成社会主义和逐步向共产主义过渡的最好的组织形式，它将发展成为未来共产主义社会的基层单位"，"看来，共产主义在我国的实现，已经不是什么遥远将来的事情了，我们应该积极地运用人民公社的形式，摸索出一条过渡到共产主义

---

[1]《天安门广场》：天安门外大广场，坦坦荡荡何汪洋！大厦煌煌周八面，丰碑岳岳建中央。一城花雨山河壮，满苑松风天地香。领袖诗词形象化，大同基业正堂堂。参见：天安门广场更加宏伟壮观[N].北京日报，1959-09-27.

[2] 侯仁之.试论北京城市规划建设中的三个里程碑[J].北京联合大学学报（人文社会科学版），2003（1）：24-28.

的具体途径"。[1] 在毛主席的倡导和中共中央决议的推动下，只用一个多月的时间，就把全国 74 万多个农业合作社组成为 26500 多个人民公社，参加人民公社的各族农民共 12690 多万户，占农民总数的 99.1%，从而基本上实现了人民公社化[2]。"大跃进"轰轰烈烈地搞了 3 年时间，而"人民公社"的体制却延续长达 1/4 世纪之久，一直到 1983 年五届全国人大五次会议审议宪法修改草案并决定在农村设立乡政权才最终消失。

人民公社的特点，主要是"一大二公"和"政社合一"。所谓"一大二公"，即规模大、公有化程度高；所谓"政社合一"，则是把基层政权机构（乡人民委员会）和集体经济组织的领导机构（社管理委员会）合为一体，统一管理全乡、全社的各种事务。从人民公社的性质出发，相应的城市规划工作涉及的主要问题包括：怎样适应"工农商学兵"和"农林牧副渔"的要求，既便利人民生产生活，又便于集中领导和民主管理？如何体现出消灭工农差别、城乡差别以及体力劳动和脑力劳动的差别，使农村逐渐城市化？如何进行农业机械化、工厂化和园林化的规划？公共福利建筑设计的布局如何便利人民的工作和生活？[3]

就各地的规划实践来看，人民公社规划是新中国成立后有关新农村建设和城乡统筹规划的最早探索。在技术方法上，主要沿袭"一五"时期的规划模式，包括总体规划和详细规划等不同层次。但是，由于规划对象的不同，规划内容也就发生了全新的变化。人民公社的总体规划实际上是小范围的区域规划，主要解决农林牧业、工业交通水利以及居民点的分布等问题，规划工作的重点通常放在工业布局、农业作业分区和居民点布局等方面。从人民公社的基本精神出发，规划工作中还提出了设立田间工作站、大地园林化等设想[4]。人民公社的详细规划主要以居民点的布局为核心，涉及人口发展、村庄合并和公共服务设施建设等问题。就居民点规划而言，为体现人民公社的发展要求而探索的规划思想主要体现在：适应全民所有制的大生产要求而推行新居民点组织的高度集体化[5]；发展地方工

[1] 中共中央关于在农村建立人民公社问题的决议（1958 年 8 月 29 日）[M] // 中共中央文献研究室. 建国以来重要文献选编（第十一卷）. 北京：中央文献出版社，1996：446-450.

[2] 金春明. 中华人民共和国简史（1949—2007）[M]. 北京：中共党史出版社，2008：90.

[3] 建筑科学研究院准备举行专门的学术讨论 [N]. 人民日报，1958-12-27（7）.

[4] 所谓田间工作站是由于居民集中后便于田间作业而产生的新的生产组织形式（田间工作场所），其性质不同于居民点，通常包括粮食加工活动（如打谷）的临时安排、季节性生产时驻留、储存农具、生产间隙中的休息和躲避风雨等；大地园林化则主要强调园田化与林园、果园相结合，与改造自然、美化全社相结合，使劳动在一个优美舒适的环境之中。参见：吴洛山. 关于人民公社规划中几个问题的探讨 [J]. 建筑学报，1959（1）：1-3.

[5] 包括建立比较集中的农业生产基地（打谷场、粗仓、地窖、粮食加工厂、饲料加工厂、拖拉机站等），大型的牲畜养殖场、配种站、饲料基地等；为了解放妇女劳动力，努力实现食堂化、托儿化、缝纫集体化。

业，工农业互相结合，消灭城乡差别[1]；发展文化教育卫生事业，逐步提高居民的物质文化生活水平[2]；军事化与全民武装。[3]

　　早期的人民公社建设主要在农村进行，1960 年 1 月中央政治局扩大会议以后，人民公社的做法进一步向城市试办和推广。1960 年 4 月的桂林城市规划座谈会明确要求根据城市人民公社的组织形式和发展前途来编制城市规划，体现工、农、兵、学、商五位一体的原则，会议还对天津、郑州、哈尔滨等城市为全面组织人民公社的生产和生活的"十网"[4]、"五化"[5]、"五环"[6]进行了鼓励和宣扬。这样，城市人民公社规划也陆续开展起来。

　　但是，随着 1960 年前后国民经济困难问题的出现，人民公社规划工作也就逐渐停止。同时，由于社会经济发展水平等时代条件的限制，"大跃进"时期所开展的大量人民公社规划，并没有太多切实付诸实践的"现实条件"，其对城市建设发展的实际指导作用也就十分局限。

● "三年不搞城市规划"

　　正是由于"大跃进"和人民公社化运动在实践中的诸多问题，到 1960 年时，我国的国民经济迅速陷入极度艰难境地。在国家领导人的反思和自我批评盛行[7]、中苏关系恶化以及国民经济大调整等背景下，城市规划方面发生了一个具有转折性意义的重要事件：1960 年 11 月 18 日，在国家计委召开的第九次全国计划会议上，国务院副总理李富春宣布"三年不搞城市规划"。

---

　　[1]　在公社范围内进行工业用地布局，以保证工业有充分发展的可能。其布局，或在住宅区内安排一些为学生半工半读或勤工俭学用的工厂，或在学校附近布置一些生产用地，或进行相对独立的安排。
　　[2]　广泛开展政治文化社会活动，消灭脑力劳动与体力劳动的差别。主要涉及医疗卫生、文化娱乐以及给水排水、集中供热等设施的布置。
　　[3]　主要涉及军事演习场地和管理用房等的布置。参见:沛旋等.人民公社的规划问题[J].建筑学报，1958（9）：9-14.
　　[4]　十网:生产网、食堂网、托儿网、服务网、教育网、卫生保健网、商业网、文体网、绿化网、车库网。
　　[5]　五化：家务劳动社会化、生活集体化、教育普及化、卫生经常化、公社园林化。
　　[6]　五环：环形供水、环形供电、环形交通运输、环形供煤气、环形供热。
　　[7]　1960 年 6 月，毛泽东撰写《十年总结》一文，对"大跃进"经验教训进行总结和反思；1961 年 1 月，他在中央工作会议上进一步强调："搞社会主义建设不要那么十分急。十分急了办不成事，越急就越办不成，不如缓一点，波浪式地向前发展"，"我看我们搞几年慢腾腾的，然后再说。今年、明年、后年搞扎实一点、不要图虚名而招实祸"。在 1960 年 6 月中央政治局会议上，李富春指出："我们一些同志的老观点，以为多快好省就是搞多一点、搞快一点。实际经验证明，不一定搞得多、搞得快，就可以多快好省；一味求多、求快，许多工作跟不上，反而少慢差费"；针对国民经济计划工作，李富春在 1960 年 7～8月的中央工作会议上又指出："大家都感到基本建设战线拉长了；基本建设拉长了，结果是基本建设的项目层层扩大，基建层层扩大，生产就不能不层层加码，我们必须接受教训，下决心缩短基本建设战线"，并郑重建议"从明年起，年度计划只搞一本账，只搞一个计划，不搞第二本账，把一本账搞好，按一本账搞计划"。李富春在第九次全国计划会议上所作的报告，题为《经济工作的十条经验教训》，涉及国民经济发展的基础及总体关系、工业和农业的比例、劳动力的安排、国民经济计划、基本建设的统一安排、工业生产组织等 10 个方面的内容，实质上也就是对我国国民经济发展和各项建设活动的全面总结和反思。

虽然"三年不搞城市规划"的提出只是领导同志的一次口头指令，自始至终从未见诸正式文件或报端，但却得到了"切实"的"落实"。1961 年 1 月，国家计委根据中央"调整发展速度的决定"，压缩建设规模，并指示大力压缩城市规划人员，城市规划局和城市设计院共下放 100 多人到地方的城市规划部门，还剩 300 多人。1964 年 4 月，中央决定将基本建设工作转由国家经委领导，城市规划局从国家计委转归国家经委基本建设办公室领导，改成城市规划局，同时撤销了城市规划设计研究院，院领导干部和一部分技术骨干补充到城市规划局，编制 100 人，这次变动使得城市规划的力量大为削弱。1965 年 4 月，第三届国家建委成立，城市规划再次划归建委领导，100 人的编制被压缩为 30 人，这对城市规划来说，更是一次伤筋动骨的大变动。

"三年不搞城市规划"的提出，受诸多的政治和社会经济因素影响，城市规划行业自身的问题也客观存在，在某种程度上，它是特殊历史背景和客观条件下的一种"历史必然"。[1] 然而，它的发生却导致大量人才流失，机构撤销，并引发连锁反应，成为致使城市规划事业走向衰落的直接导火索。"三年不搞城市规划"的提出，造成中国城市规划事业无可挽回的重大损失。

● 新中国第一本《城乡规划》教科书的编写

与"三年不搞城市规划"相伴发生，新中国第一本《城乡规划》教科书的编写工作同样于 1960 年启动。编写工作同样也是在李富春的授意下进行的，并于 1961 年暑期完成书稿，同年底正式出版。《城乡规划》教科书分上下两册，分别包括总论与总体规划、详细规划与农村人民公社规划等 4 篇，共 21 章内容。

在提出"三年不搞城市规划"之际，同时部署《城乡规划》教材编写工作，显然是希望通过总结经验教训，从而改进城乡规划工作，更好地为国民经济发展和城市建设服务。"一五"时期的城市规划工作主要采取的是"苏联模式"，这虽然对实际的规划工作有重要的指导作用，但是，苏联与中国的国情存在巨大差异，特别是在规划标准和定额指标方面，由于苏联所处的纬度比较高，国土辽阔，人口稀少，规划指标偏高，照搬"苏联模式"必然会导致所谓规模过大、用地过多等问题。在"一边倒"的政治形势下，这种局面势必难以扭转。而 1960 年中苏关系的恶化却创造了摆脱苏联模式、实现自我变革的时机。《城乡规划》教科书对社会主义国家和新中国成立十年来城市建设和城市规划工作的经验与教训进行了

---

[1] 李浩. 历史回眸与反思——写在"三年不搞城市规划"提出 50 周年之际[J]. 城市规划, 2012(1): 73-79.

较为系统的总结，试图建立起具有中国特色的城乡规划理论体系。该书前言中写道："城乡规划是一门年轻的学科。新中国成立以来，我国在城市规划与建设上，进行了巨大的实践，取得了不少经验。但对于中国的、社会主义的城乡建设规律还需要一定时期的探索……本书的编写，是在目前的条件下，企图比较系统地介绍城乡规划工作的一些必要的理论知识"。

第一本《城乡规划》教科书的编写是在时间短促、经验缺乏、人力有限的情况下完成的，正如该书前言所指出的："编写一本成熟的、中国的城乡规划原理教材，还需要进行巨大的科学研究工作，进行长期的努力"，但毕竟从无到有，总算有了一本我国自己编写的城市规划专业教材，它对于提高城市规划的教学质量，传播城市规划的专业知识产生了良好的影响与作用。[1]同时，对于1978年的第二次城市规划专业教材编写工作而言，《城乡规划》教科书无疑也起到了十分重要的奠基性作用。然而遗憾的是，"三年不搞城市规划"提出后，大量人员流失、机构撤销，以及相继发生"三线建设"和"文化大革命"等重大政治活动与社会变迁，城市规划工作的恢复无从谈起，《城乡规划》教科书在出版后也就被束之高阁，未能发挥其对城市规划实践的应有的重要指导作用。

● "大庆模式"

1959年新中国建国10年大庆前夕，黑龙江省的一个草原牧场喷出了工业油流，因油田开发而崛起一座新兴石油城市——大庆。在当时经济十分困难的形势下，大庆油田的勘探和开发，粉碎了"中国贫油论"[2]，对国民经济的恢复和整顿提供了强有力的支持，树立起我国工业战线的一面旗帜。由于这样的特殊意义，中国迅速掀起"工业学大庆"的热潮。相应地，大庆工矿区的建设模式也迅速成为城市建设和城市规划的重要"范型"。

"大庆是我国社会主义建设中出现的第一个新型工矿区。这里不仅是一个现代化的石油生产基地，而且是一个现代化的大农场，是一个工业和农业的共同体"，"它是乡村型的城市，也是城市型的乡村，是一个崭新的社会组织。"[3]大庆在城市建设方面的特色，突出地体现为"工农结合、城乡结合、有利生产、方便生活"的基本方针——这个16字方针是1962年6月21日周恩来首次视察大庆油田时归纳提出的。

---

[1] 黄光宇.我国城市规划专业教材建设二三事[M]//中国城市规划学会.五十年回眸——新中国的城市规划.北京：中国建筑工业出版社，1999：128.

[2] 国外一些学术权威认为"中国贫油"，而我国又长期依赖进口"洋油"，石油工业是制约我国国民经济发展的一个突出问题。

[3] 大庆建成工农结合城乡结合的新型矿区[N].人民日报，1966-04-02（1）.

从城市规划的角度，分散化（不建集中城市）、低标准（"干打垒"）则是大庆矿区在建设布局上的突出特色。自 1960 年会战开始，工矿区建设就确定了"上生产，适当安排生活；生产质量第一，生活设施因陋就简"的建设方针，并根据油田面广、点多的特点和当地有大量可耕地的有利条件，提出分散建设居民点的原则。一般情况下，居民点布置都是由一个中心居民点和三五个一般居民点围绕组成一个生活基地，兼有城市和乡村的特点，既有利于工业生产，又发展了农业生产。油田大会战需要在极短时间内解决数万名职工在荒草原上过冬的住房问题，在当地既无砖瓦水泥，又无专业建设队伍的情况下，大胆采用了当地农民盖夯土墙"干打垒"式房屋的经验，利用就地可取的土、草、渣油等作为主要建筑材料，用群众运动的方法解决了住房问题。

客观来说，大庆工矿区的建设模式，并没有专业的城市规划师的全面参与和技术指导，而完全是基于各方面的现实条件，从实际出发而来。分散化、低标准、"干打垒"的特点，较好地适应了油田生产作业的要求，极度困难条件下发展生产和提供生活的经济条件，以及消除城乡差别、建设共产主义的政治形势和愿望，因而很快成为全国学习的样板，成为对各地城乡发展和城市建设具有普遍指导意义的基本方针。更有一名日本留学生将其上升到工业化和城市化发展的理论高度，称其走出了一条"非城市化的工业化道路"。[1]

● 三线建设

调整"一线"，建设"三线"[2]，改善工业布局，是"三五"计划至"五五"计划期间中国社会经济发展的一个重大战略部署。国民经济实行三年大调整之后，中国的经济状况有了很大的好转，但国际关系却陷入全面紧张状况：美国不断地深入中国腹地拍摄军事情报并多次进行以中国为假想敌的大型核战争演习，对越南的侵略战争逐步升级，台湾蒋介石政权试图反攻大陆，印度军队不断入侵中国领土，苏联在中苏边境不断挑起侵占中国领土并派重兵进驻蒙古。东南西北，虎视眈眈。正是在这样的情形下，毛泽东等中央领导从 1964 年逐步开始提出以"备

---

［1］ http://blog.sina.com.cn/s/blog_5149ded6010095yi.html.
［2］ 所谓一、二、三线，是按我国地理区域划分的，沿海地区为一线，中部地区为二线，后方地区为三线。三线分两大片，一是包括云、贵、川三省的全部或大部分及湘西、鄂西地区的西南三线；一是包括陕、甘、宁、青四省区的全部或大部分及豫西、晋西地区的西北三线。三线又有大小之分，西南、西北为大三线，中部及沿海地区省区的腹地为小三线。薄一波. 若干重大决策与事件的回顾[M]. 北京：中共党史出版社，2008：843-844.

战、备荒、为人民"[1]为指导思想、以"三线"建设为重点的"三五"计划。据不完全统计，1964 年下半年到 1965 年，在西南、西北三线部署的新建和扩建、续建的大中型项目达 300 余项，从一线搬迁到三线的工厂约有 400 个。[2] 军事工业方面，在西南地区规划建设了以重庆为中心的常规兵器工业基地、以成都为中心的航空工业基地、以重庆至万县为中心的造船工业基地，在西北地区则规划建设了航天工业、航空工业、常规兵器、电子和光学仪器等工业基地。

　　三线建设是一种以国防建设和"备战"为中心的战略部署，基本建设方针为"分散、靠山、隐蔽"。这一方针的提出[3]，是根据毛泽东提出的"大分散、小集中"和"依山傍水扎大营"的指示，以及西南三线的地貌条件确定的。[4] 此后，随着备战气氛日益趋重，担任国防部长的林彪极力主张重要的军事企业不仅越分散越好，而且要进山洞。这样，三线建设的基本方针又被发展为"靠山、分散、进洞"。与之并提的，还有"大分散，小集中"、"不建集中城市"等建设方针，它们与"靠山、分散、进洞"的指导思想是基本一致的。

　　三线建设的有关部署和政策安排，大多是通过中央直接指示或 1965 年 2 月成立的三线建设委员会而决策的。与大庆工矿建设一样，很多城镇的选址和规划并没有充分的城市规划安排。而四川攀枝花钢铁基地则是其中的例外。在"（1960 年底至 1973 年的）13 年中，各地做过城市规划的，唯有攀枝花一家"。[5] 攀枝花之所以能够"一枝独秀"地开展起城市规划工作，一方面在于毛主席一直对攀枝花颇

　　[1]　"备战、备荒、为人民"的基本方针是对毛泽东"三五"时期国家建设思想的概括。1965 年 6 月 16 日，毛泽东在听取国家计委关于"三五"计划初步设想的汇报时，对三线建设和农业、战备和吃穿用的关系作了比较全面的综合考虑，指出："总而言之，第一是老百姓，不能丧失民心；第二是打仗；第三是灾荒。计划要考虑这三个因素。脱离老百姓，毫无出路，搞那么多，就会脱离群众。"8 月 23 日，周恩来在国务院第 158 次全体会议上的讲话将毛泽东的思想进行归纳，指出："主席要我们注意三句话，注意战争，注意灾荒，注意一切为人民。这三句话，我把它合在一起顺嘴点，就是备战、备荒、为人民"。"三五"计划实质上是一个以国防建设为中心的备战计划，要从准备应付帝国主义早打、大打出发，把国防建设放在第一位，抢时间把三线建设成具有一定规模的战略大后方。
　　[2]　薄一波. 若干重大决策与事件的回顾 [M]. 北京：中共党史出版社，2008：845.
　　[3]　"分散、靠山、隐蔽"的原则最早是周恩来提出的。1964 年 1 月 31 日，周恩来主持的中央专门委员会在向中共中央和毛泽东的报告中提出：为了国防安全，应该尽快地调整我国核工业的战略布局，根据"靠山、分散、隐蔽"的方针，建设后方基地。参见：陈东林. 三线建设：备战时期的西部开发 [M]. 北京：中共中央党校出版社，2003：164.
　　[4]　不分散，如果把新建企业都布置在内地的少数大城市，就会重复沿海大城市工业过于集中，在战时易于被毁，并发生与城市争水、争电等矛盾；不靠山，如果把企业布置在西南、西北山区为数不多的平原上，就会占用大片耕地；至于隐蔽，是同分散、靠山相联系的，主要是考虑到遇到战争时不容易被敌机侦察到，以免遭到破坏。参见：薄一波. 若干重大决策与事件的回顾 [M]. 北京：中共党史出版社，2008：855.
　　[5]　曹洪涛. 攀枝花：一枝独秀的硕果 [J]. 城市发展研究，2005（1）：9.

有"厚爱"[1]，另一方面则在于西南局和四川省对三线建设中城市规划工作的特别支持。"三年不搞城市规划"提出后，国内许多规划机构被调整或取消，唯有"四川省规划院仍保留着，内中原因之一是当时任西南局书记处书记、原国家计委副主任的程子华同志以及四川省委分管工业的书记杨超同志的坚持和保护，他们认为三线建设要有城市规划的紧密配合"。[2]

攀枝花地区不仅有丰富的铁矿资源、较多的煤炭资源和取之不竭的金沙江水资源，并且靠近林区，距离成昆铁路和贵州六盘水大型煤炭基地较近，地点也较隐蔽，又不占农田，是建钢铁厂的一个理想地区。攀枝花工业区的城市规划由国家计委牵头，组织中央有关部委和四川、云南两省有关部门共同参与，是一次从选择厂址到总体规划的综合性规划。1964年9月，联合工作组编制完成《攀枝花矿区总体规划草案》，确定了规划的原则和标准。1965年3~7月，国家建委城市规划局和四川省城市规划设计院等单位进一步编制《渡口市工业区总体规划》。总体规划的范围约300平方公里，人口规模12万人，职工5.1万人。由于攀枝花复杂的山地地形环境，可建设用地紧张是当时遇到的首要矛盾，规划根据资源分布和山区地形条件，采取分区组团式的布局方案。规划强调不占或少占农田，为节约用地，坚持充分利用荒山和"上山、上坡"的原则，如灵活采取多种运输方式和台阶式布局，居住建筑等尽可能地提高了层数。

应该讲，攀枝花工业区总体规划有着深深的"不建集中城市"的烙印，但这样的用地布局，又是基于当地十分特殊的山区地理环境条件而产生的，是符合客观实际的。同时，通过攀枝花规划实践，积累了十分宝贵的山地城市规划经验，这对于中国这样一个多山的国家而言，无疑具有特别重要的历史意义。

● **城市规划的实践效果**

作为毛主席亲自主导的两项最大的实验之一（另一项即"文化大革命"），"大跃进"和人民公社化运动是在"一五"计划超额完成的乐观形势下，从良好的愿望出发，企图用高速度发展国民经济和建设社会主义，"但采取了错误的方针和方法，而遭到严重挫折的一次失败的尝试"，"从本质上说，是由于主观愿望违反

---

[1] 1964年6月6日，在提出三线建设主张的中央工作会议上，毛泽东指出："三线建设的开展，首先要把攀枝花钢铁工业基地以及相联系的交通、煤、电建设起来。建设要快，但不要毛草。攀枝花搞不起来，睡不着觉"。1964年9月，毛泽东在杭州谈到建西南铁路时，又一次说："不搞攀枝花，这是没有道理的。不是早知道攀枝花有矿嘛，为什么不搞？你们不去安排，我要骑着毛驴下西昌（即指攀枝花）。如果说没有投资，可以拿我的稿费去搞。"

[2] 参见：张启成. 我在四川十九年——城市规划事业变迁的一个小侧面[M] // 中国城市规划学会. 规划50年——中国城市规划学会成立50周年纪念文集. 北京：中国建筑工业出版社，2006：116-119.

客观实际的盲动，而受到一次严重惩罚"。[1]由于这样的性质，城市规划领域对于"大跃进"和人民公社化运动的积极响应，必然会导致一些脱离实际的后果。"用城市建设的大跃进来适应工业建设的大跃进"和"快速规划"的方法，导致许多地方盲目地追求发展大城市，出现很多"大规划"；"快速规划"既背离科学，也更助长大上项目。由于工业建设的盲目冒进，许多城市不切实际地扩大城市规模，过早地改建旧城，建设一条街，急于改变城市面貌，并借迎接 1959 年国庆 10 周年的机会，不顾财力大小、不计成本，大建楼、堂、馆、所，也造成了极大的浪费。1960 年桂林城市规划座谈会后一些城市提出"苦战 3 年，基本改变城市面貌"、"3 年改观，5 年大变，10 年全变"的口号，当时国家已进入经济困难时期，这些提法显然是严重脱离实际而不合时宜的。这样的城市规划，已"丧失民意"，不能说是"有比没有好"。正是被中央领导认为有错误，青岛和桂林两次会议提交给中央和国务院的报告均未获得批复。[2]

　　就人民公社规划而言，尽管包含有城乡统筹、工农结合、环境美化和追求共产主义等积极因素，但却更多地表现为一种脱离实际的空想主义，对城乡建设实践的指导作用就十分有限。特别是在 1960 年 1 月以后人民公社的做法进一步向城市试办和推广，在城市规划工作中脱离实际的做法进一步扩大化。

　　"三年不搞城市规划"提出后，大庆工矿区和三线建设等"不建集中城市"的观念，作为特殊地域对象、特殊社会经济条件和特殊时代背景下的产物，作为极个别的特例，但却成为相当长一段时期内对全国城市发展和城市建设具有普遍指导意义的指导思想，可以说是"下坡路"上城市规划发展的进一步扭曲；而大量的城市建设却处于"无规划指导"的状况，则必然导致布局不合理、功能不协调和建设不经济等问题，这也正是三线建设的主要教训之一。

　　总之，1958 ～ 1965 年间城市规划的实践效果，主要是完成了一大批粗线条的轮廓性规划和人民公社规划，在区域规划、远景规划以及工农结合、城乡统筹方面有所探索。同时，政治性或口号性色彩强烈，由于定额标准过高、规划工作不够深入等原因，除个别城市外，往往脱离实际，丧失对城市建设活动的指导作用。

　　在这一时期，我国城镇化和城市发展情况也呈现出起伏波动的特点。1958 ～ 1965 年间的前几年城市发展失控，"骨头"与"肉"的比例关系失调，然后大力压缩城镇人口，调整市镇建制；城镇化率从 1957 年的 15.39% 到 1960 年的 19.75%，再到 1963 年的 16.84% 和 1965 年的 17.98%。在城乡发展的动荡时期，出

---

[1]　金春明. 中华人民共和国简史（1949—2007）[M]. 北京：中共党史出版社，2008：85.
[2]　曹洪涛. 与城市规划结缘的年月 [J]. 城市规划，1999（10）：11-13.

于人口调控目的的户籍制度在高度集中的行政体制下得以建立，并出台有关"计划生育"的政策，中国长达数十年的城乡二元结构体制初步形成。

● **"设计革命"**

正当三线建设轰轰烈烈地展开之际，全国范围内掀起了一场声势浩大的"设计革命"运动。"设计革命"运动是在"左"的思想指导下开展起来的，目的在于批判所谓"一部分技术骨干和设计人员严重的资产阶级思想"，解决"许多设计单位的领导权"问题。从背景来看，备战和三线建设、"四清"运动[1]以及"人的正确思想是从哪里来的？"的大讨论，是引发"设计革命"运动的主要社会因素。

"设计革命"揭露了新中国成立 15 年来我国设计工作的突出问题，包括贪大求全、不符合勤俭建国的方针、不重视采用新技术、缺乏战争观念以及设计方法烦琐、效率低、周期长等，并对苏联模式进行了批判，指出"苏联的'框框'，严重地束缚着设计人员的头脑和手脚……是我们的设计工作发生许多缺点、错误的一个重要原因"。"设计革命"提出必须很好地改造思想、改进作风，冲破苏联"框框"和资产阶级老的框框的束缚，提倡设计人员下楼出院，参加劳动，深入实际，深入群众，进行调查研究，开展现场设计。

针对城市规划工作，"设计革命"批判城市规划"只考虑远景，不照顾现实，规模过大，人口过多，过分讲究构图美观，设计了许多大广场、大建筑、大马路，建筑密度过低"，实际是对城市规划的又一次否定。在"设计革命"运动中，不仅许多规划技术人员受到错误的批判，而且城市规划机构再次被精减。1965 年成立国家基本建设委员会时，便没有设立城市规划局，后来才给了 30 个人的编制，并且规定其任务是只作调查研究，不得编制城市规划，也不对地方进行业务指导。这样，城市规划工作就几乎名存实亡了。

"设计革命"中对城市规划工作的批判，在某种程度上是"反四过"、"三年不搞城市规划"的一种延续，而对苏联模式的批判则又在无形中继承了编写《城乡规划》教科书的初衷，有关城市规划设计的思想方法和价值观的大讨论对于改进城市规划工作具有重要的科学价值。但是，由于"文化大革命"的发生，"设计革命"却戛然而止，其实际的社会影响便如"昙花一现"般很快终结。

---

[1] 这场运动在农村被称为"四清"（清账目、清仓库、清工分、清财物），在城市被称为"五反"（反对贪污盗窃、反对投机倒把、反对铺张浪费、反对分散主义、反对官僚主义），统称社会主义教育运动，后来又改称四清运动。

3.3 城市规划发展的停滞期（1966 ～ 1977）

自 1966 年 5 月开始，我国掀起一场"无产阶级文化大革命"的政治大风暴，它持续十年之久，成为新中国历史上一个十分特殊的时期。作为这场风暴的发动者，毛泽东的出发点是防止资本主义复辟、维护党的纯洁性并寻求中国自己的社会主义建设道路。但是，由于对党和国家政治状况非常严重的错误估计，使这场运动成为"一场由领导者错误发动，被反革命集团利用，给党、国家和各族人民带来严重灾难的内乱"。"文革"的推进，大致经历了三个阶段：1966 年 5 月至 1969 年 4 月"九大"期间为"全面发动"、"全面夺权"和"全面内战"的第一阶段；1969 年 4 月至 1973 年 8 月"十大"期间为第二阶段，林彪集团策动反革命武装政变的阴谋失败，客观上宣告"文化大革命"理论和实践的失败，后周恩来主持中央日常工作，各方面工作有了转机；1973 年 8 月至 1976 年 10 月为第三阶段，以"批林批孔"运动和"批邓、反击右倾翻案风"运动为标志，全国再度陷入混乱，直至 1976 年 9 月毛泽东逝世，同年 10 月江青反革命集团被粉碎，"文革"宣告结束。在这 10 年左右的时间内，政治斗争成为主旋律，社会经济秩序陷入一片混乱。

●城市规划的停滞

"文化大革命"发生后，国家城市规划和建设的主管机构（国家建委城市规划局和建筑工程部城市建设局）即停止了工作，各城市也纷纷撤销城市规划、建设管理机构，下放工作人员，使城市建设、城市管理形成了极为混乱的无政府状态。在极左思想影响下，城市规划被批判为修正主义的黑纲领，城市规划工作的专家被批判为资产阶级的反动学术权威，城市管理被说成是"管、卡、压"，建设城市被理解为扩大城乡差别，各地城市规划机构被撤销，人员被解散，资料被销毁，规划管理废弛，造成不可挽回的重大损失。

●城市规划工作的艰难复苏

"文化大革命"进入中期以后，政治运动的高潮有所减弱，城市建设盲目无序的问题严重凸显。1971 年，周恩来针对北京城市建设和城市管理中的许多问题，指示北京市负责人要加强城市建设的管理和整顿。1971 年 6 月，在万里的主持下，北京市召开了城市建设和管理工作的会议，会后即恢复了北京市城市规划局的建制。1971 年 11 月，国家建委召开了城市建设座谈会，研究当时城市建设中存在的问题；1972 年 5 月，国务院批转国家计委、国家建委、财政部《关于加强基本建设管理的几项意见》，规定"城市的改建和扩建，要做好规划，经过批准，纳入国家计划"。在此背景下，一些城市的规划技术人员由"五七"干校归队，桂林、南宁、合肥、广州、沈阳、沙市和乌鲁木齐等的城市规划工作，也先后开展起来。

1973年9月国家建委在合肥召开城市规划座谈会，交流了合肥、杭州、沙市、丹东等城市开展城市规划的经验，征求了对《关于加强城市规划工作的意见》、《关于编制与审批城市规划的暂行规定》、《城市规划居住区用地控制指标》3个文件稿的意见，这次会议对全国城市规划工作的恢复是一次有力的推动。1974年5月，在全国基本建设会议期间，专门座谈开展城市规划工作的问题，并把《关于城市规划编制和审批意见》和《城市规划居住用地控制指标》修改稿下发试行，这使十几年来被废弛的城市规划有了一个编制和审批的依据。同时，同济大学、南京大学、北京大学、中山大学、重庆建工学院开办了城市规划专业培训班，加上黑龙江、辽宁、广东、福建、湖北、河南、河北、陕西、贵州、天津等省市自办的培训班，城市规划专业人员队伍得到一定程度的恢复。

1976年7月28日，河北省唐山市发生了大地震，使唐山市遭到毁灭性的破坏，并波及天津、北京等地。唐山大地震发生后，国家建委城市建设局立即组织规划力量帮助唐山制定震后重建的城市规划，1976年年底完成唐山市总体规划，1977年5月14日中共中央、国务院电告唐山市，批复河北省《关于恢复和建设唐山规划的报告》。1980年国家建委组织城市规划设计研究所、中国科学院地理研究所等单位，协助天津市修订城市总体规划并具体安排地震后恢复重建三年规划，规划工作于1981年完成。唐山、天津灾后重建规划工作的展开，是对城市规划工作恢复的一次有力推动。

与此同时，城市研究和城市规划工作得到进一步恢复，城市规划方面的科研著作也逐步开始大量出版，仅1976年出版的著作就包括《城市供电规划》、《城市用地选择及方案比较》、《城市用地分析及工程措施》、《城市园林绿地规划》、《城市规划基础资料的搜集和应用》、《地形图应用》、《城市管线工程综合》、《城市道路规划》、《城市给水排水工程规划》、《风玫瑰图与气温》等。这样，就为城市规划工作的正式恢复创造了客观的现实条件。

●城镇化与城市发展状况

十年"文革"期间，由于城市建设处于无人管理的状态，到处呈现乱拆乱建、乱挤乱占的局面。国家建委1967年1月关于北京地区建房计划的一份文件甚至明确指示北京市"旧的规划暂停执行"，"凡安排在市区内的（房屋建设），应尽量采取'见缝插针'的办法，以少占土地和少拆民房"，要求"干打垒"建房，给北京市的城市建设带来极大危害。在破"四旧"（旧思想、旧文化、旧风俗、旧习惯）

的运动中，城市园林和文物古迹被列为"四旧"，遭受空前的破坏，同时，各城市还发生了破坏法制的抄家和挤占私人住房的活动。

此外，始于三年困难时期的知青上山下乡运动（旨在缩小以至消灭城乡之间、脑体之间的差别）进一步扩大化，上山下乡的知青数量约 1700 万人。"文革"期间，中国的城镇化发展长期处于停滞状态，城镇化率连续 10 余年保持在 17% 的水平，城镇化发展与工业化发展的关系严重脱节。

3.4 城市规划发展的恢复期（1978 ~ 1989）

"文革"结束后，中国社会经济发展迎来实行改革开放的新时期。1977 年 8 月党的"十一大"宣布"文革"的结束，1978 年 5 月《光明日报》的一篇评论掀起"实践是检验真理的唯一标准"的大讨论，解脱了人们的思想禁锢，同年 12 月党的十一届三中全会作出把全党工作重点转移到社会主义现代化建设上来的决策。随着政治领域的"拨乱反正"和经济领域的国民经济第二次大调整，联产承包责任制的探索，农村改革取得突破，在较短时间内解决了人民群众的温饱问题。1982 年党的"十二大"基本确立了具有中国特色的社会主义道路，1984 年十二届三中全会通过《中共中央关于经济体制改革的决定》，把经济体制改革的重点从农村转移到城市并进行全面部署，确定计划体制改革的目标是建立"公有制基础上的有计划的商品经济"，1987 年党的"十三大"提出社会主义初级阶段理论，明确了"一个中心、两个基本点"的基本路线（即以经济建设为中心，坚持四项基本原则，坚持改革开放）。以扩大企业自主权，实行经济责任制为重点的城市经济体制改革和所有制结构调整逐步推进，工农业经济繁荣发展，城乡面貌发生巨变，同时对外开放步伐不断加快。在新旧两种体制的转换过程中，社会经济发展各方面的问题和矛盾也不断出现，形成推动社会变革与发展的压力。

在实行改革开放的时代背景下，以 1978 年全国城市工作会议为主要标志，新中国的城市规划在 20 世纪 80 年代迎来一个恢复发展时期。这一时期又可进一步细分为 1978 ~ 1983 年和 1984 ~ 1989 年两个亚阶段，前一亚阶段城市规划发展从计划经济的过渡性质较为突出，后一亚阶段城市规划适应改革开放的市场化和法制化发展开始起步。

●城市规划工作的全面恢复

第三次全国城市工作会议由国务院主持，于 1978 年 3 月召开，时间上要早于同年 12 月召开的党的十一届三中全会。会议制定了《关于加强城市建设工作的意见》，强调城市在国民经济发展中的重要地位与作用，提出"控制大城市规模，多搞小城镇"的城市发展方针，要求认真抓好城市规划工作[1]，明确了规划审批要求[2]及规划实施保障。同年4月4日，中共中央同意并批转第三次全国城市工作会议《关于加强城市建设工作的意见》（中发［78］13号文）；8月，国家建委在兰州召开城市规划工作座谈会，宣布全面恢复城市规划工作。经国务院批准，国家建委进一步于1980年10月5～15日召开全国城市规划工作会议，总结交流城市规划工作经验，讨论制定了《中华人民共和国城市规划法（草案）》，研究了城市规划工作的方针、政策和措施；同年12月，国务院批转《全国城市规划工作会议纪要》。

第三次全国城市工作会议和全国城市规划工作会议的召开，对于城市规划工作的恢复、启动等具有重大转折性意义，对相当长一段时期内城市规划工作的指导思想和发展方针具有里程碑作用。两次会议召开后，全国各地的城市规划工作大量开展起来，包括规划机构的恢复、规划编制工作的展开、规划管理的加强等。

●新一轮城市总体规划工作

改革开放初期城市规划工作中最重要的一项内容，即继"一五"时期后一大批城市总体规划的大规模开展。早在1978年2月，国家建委组织全国29个单位的规划人员修订唐山市总体规划。1979年10月，国务院又批准了兰州市和呼和浩特市的总体规划。至1983年年底，全国共有226个市完成了总体规划的编制工作，占全国设市城市的78%，其中124个市的总体规划已经过批准（国务院批准21个，省、自治区人民政府批准103个）；共有800个县城完成了总体规划的编制工作，占全国县城的38%。

在新一轮城市总体规划工作中，首都北京的规划工作再度引发社会的广泛关注。1980年4月，中共中央书记处对首都新时期建设规划问题作出4点重要指示[3]，明确"今后北京人口任何时候都不要超过1000万"。[4]1982年12月，北京市编制完成《北京城市建设总体规划方案》并上报国务院，规划明确了北京的城市性质为"全国的政治中心和文化中心"，不再提"经济中心"和"现代化工业基

---

［1］ 全国各城市，包括新建城镇，都要根据国民经济发展计划和各地区的具体条件，认真编制和修订城市的总体规划、近期规划和详细规划。

［2］ 中央直辖市、省会城市、50万人口以上的大城市的总体规划，报国务院审批，其他城市的总体规划，由省、直辖市、自治区审批，报国务院备案。

［3］ 第一，要把北京建设成为全中国、全世界社会秩序、社会治安、社会风气和道德风尚最好的城市。第二，要把北京变成全国环境最清洁、最卫生、最优美的第一流的城市。第三，要把北京建成全国科学、文化、技术最发达，教育程度最高的第一流的城市。第四，要使北京经济上不断繁荣，人民生活方便、安定。

［4］ 刘欣葵等.首都体制下的北京规划建设管理[M].北京：中国建筑工业出版社，2009：144.

地"；规划提出到 2000 年全市常住人口规模控制在 1000 万左右，其中市区常住人口 400 万左右，城市建设用地规模控制在 440 平方公里；城市空间布局延续以旧城为中心向外扩建的方式，形成市区、原有城镇和郊区卫星城镇"子母城"主导的"分散集团式"布局。1983 年 7 月，中共中央、国务院原则批准《北京城市建设总体规划》并作重要批复，同时为加强对首都规划建设的领导而成立首都规划建设委员会，强调中央一级党、政、军、群驻京各单位在建设上必须服从首都规划建设委员会的统一领导。

总的来看，改革开放后的新一轮城市总体规划，在规划编制内容和技术方法等方面沿袭了计划经济时期的思想和方法，但是，在一定的时期内，它们较好地适应了改革开放初期我国城市发展和城市建设的实际需要，因而是相当成功的。

●城市环境整治及历史文化和风景名胜区保护

重视住宅区建设、旧城改造以及历史文化和自然遗产保护，是改革开放初期我国城市规划工作的一个重要特点。"文革"时期城市建设陷入停滞，历史文化和风景名胜等资源遭受破坏，客观上形成城市环境综合整治的社会诉求，而改革开放新局面的开拓，1978 年中共中央《关于加强城市建设工作的意见》明确要求加速住宅及市政公用设施的建设，加强城市人防和城防建设、旧城区的改造、环境保护、城市管理等，则进一步创造了现实的推动力。

1982 年国务院公布首批共 24 座历史文化名城和首批共 44 处国家重点风景名胜区，后陆续出台《关于加强历史文化名城规划工作的通知》和《关于在建设中认真保护文物古迹和风景名胜的通知》等重要文件，历史文化名城和风景名胜区的保护规划制度得以建立，北京、四川、江苏等地区陆续开始历史文化名城保护规划和风景名胜区保护规划的实践探索。

●城市规划科学研究的繁荣

城市规划科学研究的空前繁荣，是改革开放初期我国城市规划工作的一个重要现象。1982 年城乡建设环境保护部成立时，为加强科研工作而组建中国城市规划设计研究院，同年近 20 个省（自治区、直辖市）相继建立了省级的规划设计研究机构，均以公益性的规划研究和设计工作为核心任务，同时还有十余所高等院校建立了城市规划专业和专门化教育制度。就城市规划方面的重点科研项目而言，主要包括"全国城乡建设技术政策"、"现代海港城市规划和港区合理布局"、"城市规划定额指标"、"发展我国城市交通的技术政策"等共 40 余项。此外，由中组部、中央党校、建设部和中国科协联合主办的市长研究班，自然辩证法研究会主办的"城市发展战略"座谈会，城市规划学会举办的中国城市化问题首次主题讨论会，以及《当代中国的城市建设》的编写工作等，均在 1982 ~ 1983 年间启动（或举行）。《城市规划》、《城市规划汇刊》（后改名《城市规划学刊》）、《城市规划研究》（后改名《国外城市规划》、《国际城市规划》）、《城市规划》杂志通讯（后改名《城市规划杂志通讯》、《城市规划通讯》）、《城市规划》（英文版）和《规划师》等规划类重点刊物于 1977 ~ 1985 年间相继创刊（或复刊）。这一时期还有一大批规划著作问世，如全国统编教材《城市规划原理》（1981 年），《城市规划资料集》（1982 年第 1 册，1983 年第 2 册）和《现代海港城市规划》（1985 年）等。

改革开放初期我国城市规划发展之所以出现科学研究活动的繁荣现象，首先是由于国家对城市发展和城市规划工作的高度重视，大量城市规划编制任务的展开，以及改革开放政策的实施，存在对各方面问题进行深入探讨的科学研究诉求。另一方面，也与整个社会当时对科学技术和教育的重视密切相关。特别是 1978 年3 月中共中央召开全国科学大会，在邓小平科技思想指导下，国家作出实施科教兴国战略的重大决策，迎来了科学的春天，从而为城市规划的科学研究创造了良好的外部环境。正是由于一系列城市规划科学研究活动的开展，对于城市规划科学性的提高、城市规划工作机制的改进、规划法制和管理的加强等，起到了关键性的内在推动作用。

●欧美现代城市规划思想的全面引入

随着改革开放战略的推进，我国城市规划方面的国际交流活动日益增多，从计划经济时期的全面学习苏联转向全面学习西方，以西欧、美国等发达国家为代表的现代城市规划思想、理论和方法逐渐被引入中国。1980 年美国女建筑师协会来华进行学术交流，带来了土地分区规划管理（区划法，zoning）的新概念；1982年《世界大城市》和 1985 年《城市和区域规划》（第 1 版）的翻译出版，大大拓展了国内城市规划界的视野。同时，广泛开展与美国、加拿大、日本、荷兰和中国香港等的学术交流活动，并举办了多次国外城市规划理论与实践的研讨会议。

改革开放政策的实施，不仅对城市规划的实际业务工作产生了重要影响，也深刻地改变了指导城市规划工作的思想理念。"开放政策对中国城市规划的影响是广泛而深远的，既带来城市规划工作范围、学科领域、信息交流等方面的扩展，也包括思想的活跃和解放。计划经济时期城市规划的'神秘性'被消除了，某些'禁区'（如城市和区域的割裂、城市和农村的割裂等）被打破了"。[1]

---

[1] 邹德慈.中国现代城市规划发展和展望[J].城市，2002（4）：3-7.

●**《城市规划条例》的颁布及配套法规建设**

正是由于改革开放初期城市规划工作的全面恢复和发展，极大地促进了城乡建设的协调发展，城市规划工作的社会价值日益凸显，在此背景下，国务院于1984年1月正式颁布施行《城市规划条例》。这是我国城市建设和城市规划方面的第一部基本法规，包括总则、城市规划的制定、旧城区的改建、城市土地使用的规划管理、城市各项建设的规划管理、处罚、附则等7章内容。

作为《中华人民共和国城市规划法》的前身，《城市规划条例》的起草（《城市规划法［草案]》）始于1979年5月国务院直属的国家城市建设总局成立之时。经过多轮的研讨、论证，在国务院颁布时，因财政来源条款涉及体制改革、暂时难以执行等因素，更名为"条例"。《条例》的颁布，初步建立起我国城市规划的法律体系，还明确了建设项目的规划许可证和竣工验收等各项基本制度，对于加强我国城市规划、建设和管理，开创城市规划工作的新局面等，具有深远影响。

继全国层面的《城市规划条例》之后，各省（自治区、直辖市）也陆续制定了本地方、本城市的实施办法，如北京市1984年2月颁布《北京市城市建设规划管理暂行办法》，1987年进一步颁布《北京市城市建设工程规划管理审批程序暂行办法》和《关于审定城市建设工程设计方案和核发建设工程许可证工作周期的规定》等。同时，城市规划相关法律法规和标准规范建设继续稳步推进。1985年6月发布《风景名胜区管理暂行条例》；1986年9月成立《城市规划法》起草工作领导小组；1986年以后开始启动《城市规划编制办法》、《城市用地分类与建设用地标准》、《居住区规划设计规范》、《村镇规划标准》、《县域规划编制办法》等研究工作，制定有关草案。1988年12月召开第一次全国城市规划法规体系研讨会，讨论《关于建立和健全城市规划法规体系的意见》，首次提出建立我国包括有关法律、行政法规、部门规章、地方性法规和地方规章在内的城市规划法规体系。在此背景下，城市规划的各项工作逐步走向法制化的轨道，同时，城市规划的管理机构、政策制度等逐步建立和完善，城市规划的专业教育和人才培养等得到进一步加强，有力地推动了城市规划的发展步伐。

●**城市规划市场化发展的起步**

伴随从计划经济向有计划的商品经济以及社会主义市场经济的转轨，城市规划也开始市场化发展。一方面，土地有偿使用的观念被引入城市规划，城市土地的经济价值日益凸显，城市规划管理和控制性详细规划得到重视。1982年，为适应外资建设的国际惯例要求，上海虹桥开发区规划编制了土地出让规划，首先采用8项指标对用地建设进行规划控制。1987年1月《中华人民共和国土地管理法》

施行，同年9月深圳市首次土地有偿使用拍卖，1988年4月宪法修正案规定"土地的使用权可以依照法律的规定转让"，1988年11月《中华人民共和国城镇土地使用暂行条例》施行。在此背景下20世纪80年代末期国内掀起一股土地有偿使用控制及规划管理体制改革的学术研讨和规划探索热潮。1987年5月城市规划管理专业座谈会达成"三分规划、七分管理"的共识，同年10月建设部主持召开第一次全国城市规划管理工作会议。规划管理的加强，大大促进了城市规划实施、实效的变革，为城市规划发展注入十分重要的内生动力。

另一方面，受企业改革等方面的影响，城市规划设计单位推行技术经济责任制的改革探索逐渐起步。自1984年8月首次召开城市规划设计单位试行技术经济责任制座谈会，经多年的讨论、研究，1986年建设部、国家计委、财政部联合颁发的《关于城市规划设计单位按工程勘察设计单位办法试行技术经济责任制的通知》；1988年1月国家计委颁发的《城市规划设计收费标准（试行）》正式试行。当然，由于各方面的改革探索刚刚起步，在20世纪80年代，土地有偿使用、规划设计收费等市场化发展对城市规划实践的直接影响尚不十分突出。

●经济特区、沿海、沿江地区的城市和区域规划

我国实行对外开放，其空间部署是以5个经济特区、14个沿海开放城市和3个经济开放区（长江三角洲、珠江三角洲和闽南厦漳泉三角地区）等为主体。相应地，有关特区、沿海和沿江地区的城市和区域规划实践是改革开放时期我国城市规划工作发展的重要领域。不论特区、沿海开放城市或经济开放区，都是我国对外开放的窗口，是改革经济体制的一种试验，通过吸收侨资、外资，引进国外先进技术和管理经验，促进优势地区经济率先发展。而兴办经济技术开发区正是开放政策的一个重要内容，即划定相对集中的区域，集中举办中外合资、合作、外商独资经营的各类企业和事业，发展外向型经济。

开放地区城市规划工作的开展，引起城市规划工作思想理念和技术方法的重要变革。特区、沿海和沿江地区的城市规划更加注重城市土地的商业价值，注重城市规划的灵活性和弹性，注重区域发展的整体性。首先是社会经济发展的依据，计划经济时期主要根据国民经济计划，而开放条件下面对国际市场的外部环境具有突出的不确定性；其次是开发区的规模，如果过小难以形成局面，如果过大则基础设施投入难以负担，且容易出现浪费现象；再者，无论特区或开放城市，都是对外开放的一个据点，因此必须考虑其与内陆腹地的区域关系；此外，开发区和城市建设还要考虑外商交往、形象展示等功能。

作为开发最早、面积最大的特区，深圳特区的城市规划具有典型代表性。自

1979 年筹建蛇口工业区，1980 年更名经济特区，1981 年中央明确特区的性质，深圳的城市规划经历了不断修订和调整的动态编制过程。其规划特点主要是：在规划指导思想上突出了为特区经济发展服务，从特区实际出发的基本原则，城市性质服从经济特区的特点，既放眼于长远，又立足于现实；在规划理论上，把规划作为一个动态的设计过程，改变原来的阶段规划为滚动式规划，规划布局和控制指标上不框得太死，而是根据发展的需要及时调整修改，以适应市场经济多变的复杂情况；根据特区经济发展的特点和地形条件，采用带状多中心组团式布局结构，使规划富有弹性，留有发展变化的充分余地；从实际出发，根据深圳特点确定规划定额和建设标准。

正是在科学规划的引导和调控下，深圳特区从一个人口只有 2 万多人、面积不到 3 平方公里的边陲农业小镇，迅速成长为一个以电子工业为主导，包括机械、纺织、轻工、医药、建材、食品等多种行业的现代化新兴产业城市，1984 年时常住人口已近 20 万，国民收入从 1978 年的 1.79 亿元迅速增长到 12.53 亿元。

●城市规划发展的小结

总的来看，1978 ~ 1989 年作为我国城市规划发展的恢复时期，计划经济的色彩一定程度存在，城市规划从计划经济体制下的"苏联模式"向逐渐适应社会主义市场经济的过渡和转轨特点比较突出，同时规划与计划在一定程度上相结合。在法制化建设的推动下，城市规划的各方面工作逐渐步入正轨，而城市规划科学研究的繁荣，又极大地提高了城市规划工作的科学性和适应性。各类城市规划工作的蓬勃开展，基本适应了改革开放和经济体制改革的需要，城乡人居环境面貌有了较大改善，推动了城镇化的发展进程。全国城镇化率稳步提升，从 1978 年初的 17.55% 提高到 1989 年年底的 26.21%，年均提高 0.72 个百分点。城市规划实践对于推动城市建设和城镇化健康发展的社会价值得到较充分的体现。正是在这个意义上，这段时期又被誉为继"一五"时期之后新中国城市规划发展的第二个"春天"。

3.5 城市规划发展的建构期（1990 ~ 2007）

自 1990 年开始，中国的社会经济在经历了 20 世纪 80 年代末期的动荡和整顿恢复之后，重新走向稳定并实现持续发展。在这一时期，中央领导层实现从第二代向第三、第四代的顺利交接，社会主义市场经济体制逐步建立和完善。1992 年小平南巡讲话推动了"文革"之后的第二次思想解放运动，坚定了改革开放的发展方向，党的十四大（1992 年）阐明了中国特色社会主义理论，明确提出建立和完善社会主义市场经济体制的改革目标和"三步走"的现代化发展战略。自 1988 年宪法修正案（规定"土地的使用权可以依照法律的规定转让"）之后，土地有偿使用制度改革逐步深化，房地产异军突起，同时住房改革、国企改革和金融体制改革大力推进，分税制改革（1994 年）显著激发了地方追求经济发展的积极性，汽车产业政策（1994 年）实施促进了机动化发展，20 世纪 90 年代中期的中国进入一个工业化和城镇化飞速发展的新阶段。而 2000 年前后，中国在成功应对亚洲金融危机之后顺利加入世界贸易组织，实现了全方位的对外开放和经济全球化的大发展。伴随经济腾飞中的新问题，国家发展战略调整步伐逐步加快。2003 年党的十六届三中全会提出科学发展观和五个统筹的发展要求，2006 年十六届六中全会进一步明确构建社会主义和谐社会的重大战略任务，2007 年党的十七大对全面建设小康社会作出全面部署。在此背景下，城镇化发展进入国家战略，区域协调发展和新农村建设大力推进，中国城乡发展迈上一个新的台阶。

伴随着社会经济和城镇化的快速发展，20 世纪 90 年代我国城市规划发展迎来一个法制化和市场化的新时期。城市规划"市场化"与"法制化"发展的结果，从深层次上讲正在于建立起了一整套有关城市规划的国家制度，包括城市规划的编制、审批和实施管理，城市规划的公众参与、监督检查和责任追究，城市规划师的专业教育和执业认证等。这一时期又可细分为 1990 ～ 1999 年和 2000 ～ 2007 年两个亚阶段，前一亚阶段城市规划的法制化建设较为突出，后一亚阶段城市规划的市场化发展更为显著。

●《城市规划法》的颁布及配套法规体系的完善

1990 年 4 月 1 日，《中华人民共和国城市规划法》正式施行（1989 年颁布）。这是我国第一部城市规划领域的法律，是城乡规划法规体系的主干法和基本法，对于依靠法律权威、运用法律手段，保证科学、合理地制定和实施城市规划，实现城市的经济和社会发展目标，具有重要历史意义。《城市规划法》的实施，从根本上改变了我国长期以来城市规划建设领域无基本法可依的状况，标志着城市规划工作全面走上了法制化的新轨道。

《城市规划法》实施后，相应的宣传教育、地方立法及配套法规和技术规范建设得到大力推进。在宣传教育方面，1990 年摄制完成 8 集电视系列宣传片《城市之魂》，1995 年 3 月在人民大会堂召开了高规格的规划法实施座谈会，1995 年 4 月至 1996 年 4 月被确定为"城市规划年"，1996 年 7 月举办了全国性的大型城市规划展览，通过宣传教育，扩大了城市规划工作的社会影响，增强了社会公众遵守城市规划的自觉意识，促进了城市规划的实施。

同时，各省（自治区、直辖市）及有立法权的城市大多及时颁布了地方性的"城市规划条例"或《城市规划法》实施办法"，设立（或加强）了城市规划管理机构，建立健全了各项规章制度，形成了多层次的城市规划工作体系。为加强城市规划管理，颁布了"一书两证"、"土地开发管理"、"地下空间管理"、"建设项目选址"等方面的法规文件；为加强村镇规划建设管理，颁布《村庄和集镇规划建设管理条例》（1993 年）、《关于印制和使用〈村镇规划选址意见书〉的通知》（1993 年）和《建制镇规划建设管理办法》（1995 年）等文件；为加强城市规划编制工作，颁布了《城市规划编制办法》（1991 年）及其"实施细则"（1995 年）、《城镇体系规划编制办法》（1994 年）等技术法规；为提高规划工作的科学性，出台了《城市用地分类与规划建设用地标准》（1990 年，城市规划行业的第一项国家标准）以及"城市规划基本术语标准"、"居住区规划设计"、"道路交通规划"、"工程管线综合"、"竖向规划"等一批技术规范，从而建立起相对完善的城市规划法律法规体系和技术规范体系。

●开发区规划热潮

20 世纪 90 年代初期，国家进一步开放一批边境城市、长江沿岸城市及内陆省会城市，我国基本形成"经济特区—沿海开放城市—沿海经济开放区—内地"梯度推进的全方位对外开放格局。在此背景下，作为对外开放战略的关键性空间载体，不同层次和多种类型的开发区建设兴起高潮。据国家土地管理局的统计，截至 1992 年年底，全国共有 2700 多个开发区，是历年总数量的 20 多倍，其中国家级经济技术开发区共 95 个。

源于经济特区思想的开发区建设，为改革开放政策的实施和推进提供了重要的空间平台，有力促进了经济社会发展及城市面貌的改善，但也形成了诸多问题。特别是对外开放的国际市场资源有限，全国性的、"运动式"的开发区建设热潮造成圈地热，土地出让过快、价格过低，许多地方的土地圈而不用，造成极大浪费。就城市规划工作而言，许多地方无视城市规划集中统一管理的内在要求，纷纷将开发区的规划管理权下放，或实行特殊的规划管理（脱离《城市规划法》的要求），严重干扰了城市规划的实施；同时，许多地方在大搞开发区建设和追求经济发展效益的同时，不重视生态环境和历史文化遗产的保护，建设性破坏时有发生。

●房地产发展及其对城市规划的影响

住宅是面向全体国民的庞大社会需求。改革开放初期，全国 190 个城市的人均居住面积仅为 3.6m², 低于新中国成立初期的水平（4.5m²）。自 1978 年开始, 国家开始推动企业自筹资金统一建设、引进外资建设和个人建造等多种方式的住宅和小区建设。进入 1990 年以后, 住房改革逐步深化, 从而带来房地产市场的繁荣。房地产市场的飞速发展, 加速了城市住房建设进度, 提供了多元化的住房市场, 大大提高了城乡居民的居住生活条件, 然而却对城市规划发展造成严重的冲击。

房地产建设偏重于"商品性"（特别是高经济效益）住宅开发, 适应中低收入人群需求的住宅建设相对缓慢, 而需要大量经济投入的公共服务设施（尤其是中小学、文化设施等）和绿化环境等建设滞后, 同许多开发区建设一样, 侵占绿地、破坏生态环境和历史文化遗产的现象屡见不鲜。不仅如此, 由于强大的经济利益驱使, 房地产开发在城市中的区位选择上, 更加关注于投入产出的经济效益, 较多选择或"强势占领"自然和历史资源优越地区, 以及各种社会配套和基础设施条件有利地区, 其结果, 城市土地更多地受"市场"需求所影响和左右, 难以按照科学合理的城市规划进行配置, 造成城市空间格局及公共服务设施布局的畸形发展, 致使城市规划被房地产开发"牵着鼻子走"的被动局面。在金融体制改革、房价不断上涨的形势下, 个人购房又成为一个十分重要的融资手段, 出现诸多的投资、投机行为, 又形成对城市规划工作的新的冲击。

针对各种问题, 国家陆续出台了一系列政策文件, 如《城市国有土地使用权出让转让规划管理办法》（1992 年）、《关于搞好规划加强管理正确引导城市土地出让转让和开发活动的通知》（1992 年）、《关于加强城市规划工作的通知》（国发 [1996] 18 号）、《关于做好城市规划工作促进住宅和基础设施建设的通知》（1998 年）、《关于加强房地产市场宏观调控促进房地产市场健康发展的若干意见》（2002 年）等, 然而, 由于政治经济体制方面缺乏相应的、有效的重大制度改革, 而城市规划部门则又缺乏强有力的综合调控手段, 长期以来, 各种不利局面难以得到切实扭转。

●跨世纪城市总体规划编制工作

《城市规划法》实施后, 由于加强城市规划工作的实际要求, 以及即将跨入新世纪的时代形势, 20 世纪 90 年代中期前后国内掀起一场大规模的跨世纪城市总体规划编制工作。仅 1999 年国务院就审批了抚顺、南宁、武汉等 20 多个城市的总体规划, 全国大部分城市于 2000 年之前完成了城市总体规划的编制（或修编）工作（规划期至 2005 年或 2010 年）。为加强此项工作, 颁布了《城市总体规划审查工作规则》（1998 年）, 并建立起城市规划部际联席会制度（1998 年）。

如果说"一五"时期的城市总体规划以重点工业项目建设为中心任务, 20 世纪80年代的城市总体规划以城市建设为特征，重点是弥补基础设施建设欠账，为后来的大规模发展奠定基础，那么跨世纪城市总体规划的编制工作则是在改革开放逐步走向深化、城市规划法制逐步完善、社会经济和城镇化迅猛发展的新形势下开展的，规划指导思想更多地体现在确立城市现代化的战略目标、保证城市持续健康协调发展等方面。当然，由于社会主义市场经济体制尚处于不断发展之中，政治、经济、财税体制等方面的潜在而深刻的变革也在不断变化，城市规划难以适应新形势的迅速发展需要，表现出一定的局限性。而"跨入新世纪"这一重大时间节点，其本身就给全社会以及城市规划界带来一股强烈的"思想冲击"，致使规划创新改革的呼声此起彼伏。这样，就为战略规划等非法定规划的兴起创造了重要的思想条件。

●战略规划的兴起

战略规划的兴起，是进入21世纪后我国城市规划发展的一个新动向。早在20世纪80年代，北京、上海等曾开展过城市发展战略的研究，自然辩证法学会也召开过"城市发展战略"的学术研讨会（1982），但作为一种规划类型，战略规划的大规模开展则是在2000年以后。以广州、南京等城市为代表和起步，国内数十个重要城市（特别是省会城市和一些经济实力较强的中心城市）纷纷开始编制战略规划。到2009年，广州新版战略规划出台，广州市领导在项目评审会上甚至提出："战略规划要统领主体功能区规划、土地利用总体规划、城市规划和其他所有专项规划"。[1]

作为一种非法定规划，战略规划侧重于"城市空间发展战略规划研究"，即对城市空间发展具有长远性、战略性影响的重大问题开展研究，并可作为城市总体规划的一项前期工作，将有关成果纳入法定规划实施体系。就产生背景来看，战略规划的兴起主要是面对持续、高速的经济增长和城镇化发展，传统城市规划工作方法表现出很大的不适应性，而政治经济体制改革的不断推进和深化，又对城市发展产生诸多新问题和新挑战，迫切需要城市规划思想理念和技术方法的创新突破，同时，加入世贸组织（2001）后的经济全球化发展，则起到了进一步的"催化"和促进作用。

战略规划大多由城市政府委托，与以往的规划相比，体现出较强的"自下而上"的特点，是中央—地方政府财税体制改革后，随着地方政府追求经济发展动力的显著增强，"城市经营"观念的逐步深化，期望通过重点反映自身发展利益诉

---

[1] 转引自：杨保军.城市规划30年回顾与展望［J］.城市规划学刊，2010（1）：14-23.

求的战略规划等规划工作的展开，作为提高城市竞争力、带动地区社会经济快速发展的施政手段之一，这就深刻体现出城市规划市场化发展以及从"被动式"转向"主动式"的重要演化趋势。

战略规划的开展，对于深化城市发展认识，开拓城市规划思维，提高城市规划的前瞻性和科学性等，具有重要意义。然而，战略规划思想的最终实现，必然需要一系列与之相配套的"战略性"实施体制的强有力保障，同时，对于处在不同发展阶段的城市而言，某些重大的"战略"构想（如空间结构的战略性调整）也并非具有普遍适用性，当战略规划在各地区、各级城市中普遍开展的时候，规划实践中却产生另一种不良倾向，即借战略规划之名去突破法定的城市规划，以期达到"超前"或"超量"圈占土地的目的，从而为土地财政提供手段。

●规划设计收费及向国际市场开放

城市规划行业规划设计及咨询服务收费，是 20 世纪 90 年代以后影响我国城市规划发展的一个重要方面。虽然早在 20 世纪 80 年代关于规划收费的改革探索已经起步，《城市规划设计收费标准（试行）》也于 1988 年正式施行，但在最初的一定时期内，大量城市规划工作尚未实际收费，或者规划收费的金额相对较低。对城市规划实际工作产生巨大影响，主要是在 20 世纪 90 年代中期以后。从规划收费改革的社会背景来看，主要是改革开放初期国家推进城市经济体制改革，而以扩大自主经营权为重点的企业改革为其核心内容之一，涉及医疗卫生、科技事业等诸多领域，"打破大锅饭，试行经济责任制"也就成为规划设计单位的共同呼声。随着 20 世纪 90 年代中期分税制改革以后地方政府"土地财政"的快速增长，规划收费标准也不断提高。2002 年施行的《工程勘察设计收费管理规定》决定勘察设计收费由政府定价改为政府指导价，则进一步促进了规划收费标准的市场化发展。

规划收费改革的推行，极大地调动了规划设计单位及有关人员的积极性和主动性，改善了规划行业及规划师队伍的工作生活条件，而规划行业收入水平的提高、良好的就业形势又吸引着大量的青年学子不断投身城市规划行业。我国的规划院校数量和规模在 2000 年以来进入了高速增长，每年新办规划院校数量达到两位数，毕业生数量年均增长 20% 以上，这就为我国城市规划事业的发展注入了强大的内生动力，然而，随着"经济利益"在城市规划工作中的逐步强化，也滋生了城市规划服务质量下降、规划师不遵守职业道德等相关问题。我国加入世贸组织后，以 2003 年颁布《外商投资城市规划服务企业管理规定》为主要标志，我国城市规划编制和咨询服务市场进一步向国际开放，则进一步促进了城市规划服务市场的多元化和复杂化。同时，政府采购、招标投标等工程项目的组织管理方式也逐渐在城市规划市场得到推广。

规划市场的开放，在一定程度上促进了以往城市规划行业服务内容不清、管理滞后以及政府方面法制观念不强等问题的逐步改善，但也加剧了规划市场秩序的混乱，规划成果"质量"与服务"价格"的制约性矛盾凸显。在一些情况下，规划成果良莠不齐、华而不实，制约了规划行业整体服务水平的提升，并造成诸多的负面性社会影响。

●城市规划执业资格认证及专业教育评估制度

在规划收费及市场开放的过程中，城市规划执业资格制度和专业教育评估制度逐步建立起来。在《注册城市规划师执业资格制度暂行规定》和《注册城市规划师执业资格认定办法》颁布（1999 年）后，2000 年 10 月，我国举行了第一次全国性的注册城市规划师执业资格考试。此后，国家每年连续进行注册城市规划师执业资格考试。在 10 年左右的时间内，全国通过考试并取得注册城市规划师职业资格证书的人员已达 1 万余名。执业资格制度的建立，旨在明确城市规划师在城市规划工作中的权利、义务及相应的法律责任，从而保证和提高城市规划工作的服务质量和科学水平。

同时，高等城市规划教育专业评估制度也是注册城市规划师制度的一个重要组成部分，由于（各类）注册师（如律师、医生等）承担着重要的社会责任，世界上不少国家都对注册师的执业资格制定了严格的准入条件，包括需要具有经过评估的高等专业教育学历、获得一定的专业工作经验积累并通过执业资格考试等。自 1994 年颁布《高等学校建筑类专业教育评估暂行规定》之后，我国于 1998 年首次对同济、清华、东南、重建大、哈建大等 5 所高校进行了评估视察。通过专业教育评估，提高了城市规划专业的教学质量和办学水平，大大促进了城市规划专业的人才培养和素质提升。

●区域及城镇体系规划编制热潮

20 世纪 90 年代中期特别是进入 21 世纪后，随着住房改革货币化、国企改革深化等的推进以及全球化发展，我国城镇化进入空前的加速发展时期。"十五"计划（2001 ~ 2005）首次提出"推进城镇化的条件已渐成熟，要不失时机地实施城镇化战略"，建设部于 2000 年和 2005 年两次启动"全国城镇体系规划"编制工作，2005 年 9 月中共中央政治局集体学习"国外城市化发展模式和中国特色的城镇化道路"。继 1999 年 9 月国务院批准第一个省域城镇体系规划《浙江省城镇体系规划》之后，2000 年开始又批准了安徽、山东、福建等一大批省域城镇体系规划，2003 年年底时全国 27 个省区中有 25 个编制完成省域城镇体系规划，近半数的省域城镇体系规划得到批复。同时，其他如珠三角、长株潭、武汉城市群或都市圈等非法定区域规划类型也大量开展起来，而 2000 年 4 月《县域城镇体系规划编制要点》的颁布则进一步掀起县域城镇体系规划的编制热潮。城镇体系规划的开展，适应了城市区域化和区域城市化深入发展的形势，扩大了城市规划的区域视野，对于区域协调发展、生态环境保护和空间管制等起到了积极的促进作用。

●城市规划编制类型的多元化

规划编制类型的多元化是 20 世纪 90 年代以来我国城市规划发展的一个重要现象。在《城市规划法》实施的初期，许多城市在 20 世纪 80 年代已编制完成的城市总体规划的指导下，进一步编制分区规划和修建性详细规划，给水排水、电力电信、燃气、热力等各专项规划也逐步加强。在土地有偿使用改革不断深化的背景下，控制性详细规划开始在各地区、各城市付诸实践，温州、上海等地的控制性详细规划编制经验逐步向全国推广。由于县域经济和小城镇发展得到重视，促进了县域规划和小城镇规划的开展。随着高新技术产业区建设的推进，在开发区规划兴起的同时，有关智密区（智力密集区）规划、产业园区规划的研究和编制工作广泛展开；在高等教育改革、高校合并的背景下，兴起科学城规划、大学园区（校园）规划。随着房地产开发、旧城改造工作的推进以及城市经营理念的加强，兴起城中村改造规划、城市风貌特色规划、CBD（中央商务区）规划、城市广告规划、城市色彩规划等。随着对城市设计重要性的认识的提高，城市中心区、滨江地区等的城市设计工作蓬勃展开；由于新区、新城建设往往是地方政府推进城镇化发展的主要手段，新区规划、新城规划等也大量开展。

在快速城镇化发展过程中，由于城市交通问题日益凸显，城市综合交通规划受到重视并逐渐成为相对独立的规划类型；由于城市环境污染问题日益突出，有关园林绿地系统规划、生态城市规划、城市生态环境规划、非建设用地规划等各类"生态规划"纷纷启动；由于地下空间开发逐渐得到重视，各地纷纷启动地下空间开发规划工作；由于城市安全事故的多发，城市安全规划、消防规划也开展起来。进入 21 世纪后，伴随城市总体规划改革的大讨论，针对高速城镇化的时代背景，为加强城市规划的现实指导性，近期建设规划引起高度的关注；由于住房建设日益得到重视，兴起相应的住房建设规划编制热潮；随着历史文化保护工作的加强和内容拓展，兴起历史街区保护规划、历史文化名镇保护规划、历史文化名村保护规划……如果考虑相关行业的规划工作，则规划类型更加繁多。

城市规划编制类型的多元化，反映出伴随地方政府分权的加强，纷纷将城市规划作为城市管理和城市建设等施政手段，城市开发、经营和宣传等投融资手段，以及向上级政府争取项目等意图，是城市规划市场化发展及从"被动式"向"主动式"转变的重要表现之一。

● 城市规划依法行政的加强

城市规划依法行政的加强，是进入 21 世纪后我国城市规划发展的另一个重要现象。2002 年 8 月，建设部印发《城市规划强制性内容暂行规定》；2002 ~ 2005 年先后颁布《城市绿线管理办法》、《城市紫线管理办法》、《城市黄线管理办法》和《城市蓝线管理办法》；2005 年 5 月，建设部发布《关于建立派驻城乡规划督察员制度的指导意见》，并于 2006 年 9 月向各地派遣第一批城乡规划督察员；2005 年 9 月建设部、监察部联合下发《关于开展城乡规划效能监察的通知》；2006 年 2 月对《城市规划编制办法》进行了修订，进一步明确了城市规划工作中的强制性规定等内容。从背景来看，全国范围内政府依法行政工作改革，2004 年 7 月正式施行《中华人民共和国行政许可法》，是城市规划强化依法行政的社会背景；而《国务院关于加强城乡规划监督管理的通知》（国发〔2002〕13 号文），则明确指出了城市规划强化依法行政的具体要求。依法行政的强化，对于加强城乡规划的编制、审批、实施管理工作进行事前和事中的监督，及时发现、制止和查处违法违规行为，保证城乡规划的有效实施，起到了重要的促进作用。

● 城市规划发展小结

总的来看，1990 ~ 2007 年的这段时期，伴随着社会主义市场经济体制改革的逐步深化，我国城市规划的法律、法规和技术规范体系不断建立和完善，城市规划编制、审批、监督检查和公众参与等基本制度和管理程序、机制等日趋完善；为有效适应社会主义市场经济体制，城市规划也不断改革，在开放城市规划、土地有偿使用及控制性规划调控、全球化发展及城镇体系规划等方面取得创新突破。同时，在市场经济的建设过程中，城市规划自身的市场化发展，如市场经济观念的确立、规划设计和咨询服务市场的建立及开放等，也取得长足的进步。在此背景下，城市规划行业不断发展壮大，人才队伍茁壮成长，大量城市规划活动的开展，"主动式"地配合国家的快速工业化和城镇化进程，对于社会经济和城镇化的健康发展，起到了重要的促进作用。在这一时期，我国城镇化率从 1990 年年初的 26.21%，增长至 2007 年年底的 45.89%，年均提高 1.2 个百分点。同时，由于种种原因，快速城镇化发展中，城乡、环境、社会矛盾日益积累，城市规划理论与实践中的问题和矛盾也日益凸显,特别是建立在城乡二元结构上的规划制度已经不适应现实需要,农村无序建设和浪费土地严重,规划的科学性和严肃性需要提高,这就引发了《城市规划法》向《城乡规划法》的转变。

3.6 城市规划发展的转型期（2008 年以后）

2008 年以来,国际国内政治经济形势发生深刻变化,我国的社会经济和城镇化发展进入一个新的阶段。以 2008 年国际金融危机为主要标志,全球经济体系发生了深刻重组,我国长期以外向型为主导的经济发展模式难以持续。随着城镇化率首次超过 50%,新生代农民工成为我国人口流动和迁移的主体,他们在成长环境、就业技能、价值取向、社会需求等方面与第一代农民工截然不同,中国的城镇化与城市发展也进入一个新阶段。2012 年 11 月党的"十八大"的召开,进一步推动政治和社会经济发展的转型步伐,为了实现 2020 年全面建成小康社会的奋斗目标,当前的中国社会正处于"承前（历史）启后（未来）"的重要战略机遇期。

受政治和社会经济变革的影响,2008 年以后中国的城市规划发展也进入一个重要的转型期。从外部环境来看,随着二三十年来市场化和法制化的深入推进,城市规划理论和实践对社会经济与城乡协调发展的不适应性问题也日渐突出,低碳生态城市规划、城乡统筹规划、社区规划等的社会诉求日益强烈,规划改革的呼声日益高涨。而四川汶川、青海玉树、甘肃舟曲等灾区,新疆、西藏等边疆地区以及区域性特困地区等援建规划的大规模展开,无疑正是对城市规划工作的重要"洗礼"。

就城市规划自身发展而言,城市规划的转型有两个主要的标志。首先是 2008年 1 月 1 日开始实施的《中华人民共和国城乡规划法》（2007 年 10 月 28 日十届全国人大常委会审议通过）。《城乡规划法》是在原《城市规划法》和《村庄和集镇规划建设管理条例》的基础上修订的,最突出的变化体现在法律名称从"城市"到"城乡"的转变,一字之差反映出规划理念的全新转变,城乡统筹被明确写入城市规划工作的指导思想,城镇体系规划、乡规划和村庄规划与城市规划、镇规划一起被纳入统一的城乡规划体系。同时,《城乡规划法》突出公共政策属性,强调城乡规划的综合调控地位,维护城乡规划的权威性,规划编制、修改及审批的各项程序更加严格,监督检查和公众参与的工作力度显著提高。它并非只是对原《城市规划法》的简单补充,而是有诸多的开拓性与变革举措,是中国城市规划发展史上的里程碑式事件。其次是 2011 年"城乡规划学"正式从传统的"建筑学"中独立出来,升格为国家一级学科。这是继 2005 年《国家中长期科学和技术发展规划纲要（2006—2020）》首次将"城镇化和城市发展"列为重要领域之后，我国城市规划学科发展的另一重大事件，对于推进当代我国城乡规划发展的理论与实践，促进城乡统筹、区域协调和社会和谐稳定，具有重要的现实意义。同时，一级学科的设立，也对城市规划的理论思想和技术方法提出了全新的发展要求。

此外，2011年年初春时节，吴良镛先生荣获中国的国家最高科学技术奖，这不仅是建筑学科领域，也是整个人文社会科学领域首次获得国家最高科学技术奖，这不仅仅是对吴先生本人重大学术成就的肯定，也是国家层面对人居环境和城乡规划学科的一种认可，更代表着全国13亿多人民对于良好人居环境的渴求和向往。在中国持续推进城镇化进程中，作为国家对城镇化和城乡发展实行宏观调控的重要手段，城市规划肩负着促进城镇化健康发展的重要职责和历史使命。在城镇化发展的新阶段，城镇化面临转变发展方式、着力提升城镇化质量的战略性调整要求，城市规划发展只有与时俱进，同步推进转型变革，才能充分发挥其应有的社会作用。总之，新形势下城市规划改革的要求已迫在眉睫。

4   简要的总结

4.1 新中国城市规划发展的历史轨迹

新中国 60 多年的发展，经历了计划经济和改革开放两个鲜明的历史时期。城市规划的发展同样具有如此的结构性特征，大致以 1978 年为界，前 30 年和后 30 年具有截然不同的特点。从动力来看，前一时期城市规划发展主要受国家大规模工业化建设所推动。而后一时期，从有计划的商品经济到社会主义市场经济体制的各项改革，从沿海到内陆的对外开放，则成为推动城市规划发展的根本动力。在前 30 年，城市规划的思想、理论和方法主要是学习和借鉴苏联，城市规划属于设计性质的工作，体现为"国民经济计划的继续和具体化"。在后 30 年，随着改革开放政策的实施，欧、美等西方国家的城市规划理论逐渐被广泛引入，在土地有偿使用、中央—地方政府分税制改革和房地产发展、开发区建设等的深刻影响下，城市规划从以往较为单一的设计性质转变为政府宏观调控资源配置的工具。计划经济和改革开放时期城市规划发展的显著不同还在于，前者受到频繁的政治运动和十分薄弱的国民经济条件的重要牵制，城市规划发展存在很大的起伏波动，后者则呈现出相对"单一"的"正向"演化过程，并建立起一套相对完整的制度体系，当然有关制度尚不能完全适应时代不断发展的新要求。

●计划经济时期城市规划发展的主线

回顾 1949 ~ 1977 年间新中国城市规划发展的历程，"冷""热"特征鲜明。正如自然界的四季变化一样，城市规划发展大致也可归纳为春（1949 ~ 1957）、夏（1958～1960）、秋（1961～1965）和冬（1966～1977）几个不同的时段，其中，春季缓慢发生，夏、秋急促，冬季漫长。30年间，城市规划的任务和工作重点有所变化，但作为国民经济计划的继续和具体化，城市规划的性质却保持了相对稳定。

总结计划经济时期我国城市规划发展的起伏变化，主要受到以下三个方面主导因素的影响：

（1）以苏联为重点的国际关系。新中国城市规划之所以创立，很大程度上得益于苏联模式下配合大规模工业化建设和国民经济计划的实际需要。城市规划的指导思想、编制内容和程序方法，均主要源自苏联。在中苏联盟的蜜月期，城市规划蓬勃发展；中苏关系陷入恶化后，城市规划发展也经历了反思批判苏联模式的"去苏联化"过程，以及创建中国特色城市规划理论的探索和努力。而三线建设规划，则更是国际关系高度紧张下"备战"思想主导下的一种战略部署。

（2）起伏波折的政治和社会运动。城市规划发展的许多重大事件，譬如"反四过"、"大跃进"、人民公社规划、"设计革命"等，都有强烈的政治和社会运动的大背景（如"三反""五反"运动、"大跃进"和人民公社化运动、"四清"运动等）。就城市规划的"大跃进"而言，"追根求源，两次（青岛、桂林）会议出现冒进错误，都是在大跃进的大气候下产生的。那时提倡'敢想敢说、大干快上'，谁的脑袋不热呢？"[1]

（3）艰苦、落后的国民经济状况。"一五"时期"先生产、后生活，因陋就简"，大庆工矿区"低标准、分散化、干打垒"和三线建设"不建集中城市"等建设方针的提出，主要源于一穷二白的国民经济状况。"反四过"、"设计革命"所批判的很多内容，正是针对"背离勤俭建国方针"、"三年不搞城市规划"的提出，也是国民经济陷入极度艰难境地后国民经济进行整顿和大调整的一项部署。

●改革开放时期城市规划发展的主线

近30多年来我国社会经济发展以经济建设为中心任务，以"改革"和"开放"为基本主线，包括土地、住房、企业管理、金融、财税等各领域的改革，以及以经济特区、经济技术开发区、沿海开放城市、沿江沿边和内陆开放城市等为重点的对外开放步伐的推进，从实行有计划的商品经济到逐步建立和完善社会主义市场经济体制。受此影响，城市规划从过去的"被动式"转向了"主动式"，它

---

[1]　曹洪涛.与城市规划结缘的年月 [J].城市规划，1999（10）：11–13.

既是指导城市发展的战略，又是城市建设的蓝图，也是城市管理的依据。[1]

总结改革开放时期的城市规划发展，主要以"市场化"与"法制化"为主线：

（1）市场化。既包括为适应市场经济体制而实施的规划改革，如土地有偿使用的规划控制、城市竞争和全球化背景下战略规划的兴起等；也包括城市规划行业自身的市场化变革，如规划收费、设计和咨询市场向国际开放、建立注册城市规划师执业资格制度和规划专业教育评估制度等。

（2）法制化。一方面，市场经济体制的建立本身就需要健全公平的法制环境；另一方面，城市规划法律法规体系的完善也是真正构建城市规划制度并保障其社会功能有效发挥的必然要求。

城市规划"市场化"与"法制化"发展的结果，从深层次上讲正在于建立起了一整套有关城市规划的国家制度，包括城市规划的编制、审批和实施管理，城市规划的公众参与、监督检查和责任追究，城市规划师的专业教育和执业认证等，尽管各项制度在实际运作中仍有这样那样的问题，但不可否认的是，基本的制度和规则是已经客观存在的。它们是城市规划事业发展十分重要的"文明"结晶成果，也是促使城市规划事业不断向前发展的动力机制所在，这正是改革开放时期城市规划发展显著有别于计划经济时期的关键所在。

4.2 城市规划发展的经验和教训

●不同的政治经济体制下，城市规划都是改善国家宏观调控、促进经济社会协调发展、加强城市治理和不断改善生活环境质量的重要手段

前30年计划经济体制下，城市规划作为国民经济计划的继续和具体化，是国家治理的重要手段，城市规划工作的开展，有力地配合了国家大规模的工业化建设进程。后30年市场经济体制建立和完善，打破了城市规划过去只是国民经济计划继续和具体化的工作思路，但市场经济体制下公众利益与集团利益、个人利益的冲突也更加尖锐，城市规划作为城市整体利益的代表，其作用在这一条件下能够起到综合平衡的作用。

改革开放以来，国务院连续发布了一系列关于城市规划工作的重要指示文件，这些文件要求是我国数十年城市建设、发展和城市规划实践的经验结晶，同时也反映出对城市规划工作的重要性的认识不断深化的过程，深刻反映出城市规划工作对于改善国家宏观调控、促进经济社会协调发展、加强城市治理的极端重要性。

---

[1] 邹德慈.中国现代城市规划发展和展望［J].城市，2002（4）：3-7.

- 1980 年国务院批转《全国城市规划工作会议纪要》（国发［1980］299 号文），强调"城市规划是一定时期内城市发展的蓝图，是建设城市和管理城市的依据。要建设好城市，必须有科学的城市规划，并严格按照规划进行建设"，"城市市长的主要职责，是把城市规划、建设和管理好"。

- 1992 年国务院批转《关于进一步加强城市规划工作的请示》（国发［1992］3 号文），提出"在城市的建设和发展过程中，城市规划是'龙头'，要把城市建设好、管理好，首先要把城市规划搞好。城市规划是一项战略性、综合性很强的工作，是国家指导城市合理发展和建设、管理城市的重要手段。各级人民政府尤其是城市人民政府应当高度重视城市规划工作，充分发挥城市规划对城市建设和发展的综合指导作用"。

- 1996 年国务院《关于加强城市规划工作的通知》（国发［1996］18 号文）明确"城市规划是指导城市合理发展，建设和管理城市的重要依据和手段，应进一步加强城市规划工作。城市建设和发展要严格按照经批准的城市总体规划，量力而行、逐步实施，对城市总体规划进行局部调整或重大变更的，必须依法报原审批机关备案或审批。各地人民政府及其主要负责人要充分认识城市规划工作的重要性，认真贯彻执行《城市规划法》，并加强对城市规划工作的领导，带头执行城市规划，切实维护城市规划的严肃性"。

- 2000 年国务院办公厅《关于加强和改进城乡规划工作的通知》（国办发［2000］25 号文）指出"城乡规划是政府指导和调控城乡建设和发展的基本手段，是关系我国社会主义现代化建设事业全局的重要工作。加强城乡规划工作，对于实现城乡经济、社会和环境协调发展具有重要意义"，"城乡规划工作是各级人民政府的重要职责。各级人民政府要把城乡规划纳入国民经济和社会发展规划，把城乡规划工作列入政府的重要议事日程，及时协调解决城乡规划中的矛盾和问题"，"地方人民政府的主要领导，特别是市长、县长，要对城乡规划负总责。对城乡规划工作领导或监管不力，造成重大失误的，要追究主要领导和有关责任人的责任"。

- 2002 年国务院《关于加强城乡规划监督管理的通知》（国发［2002］13 号文）明确"城乡规划是政府指导、调控城乡建设和发展的基本手段。各类专门性规划必须服从城乡规划的统一要求，体现城乡规划的基本原则"，"要加强和完善城乡规划的法制建设，建立和完善城乡规划管理监督制度，形成完善的行政检查、行政纠正和行政责任追究机制，强化对城乡规划实施情况的督查工作"，"对于地方人民政府及有关行政主管部门违反规定调整规划、违反规划批准使用土地和项目建设的行政行为，除应予以纠正外，还应按照干部管理权限和有关规定对直接责任人给予行政处分。对于造成严重损失和不良影响的，除追究直接责任人责任外，还应追究有关领导的责任，必要时可给予负有责任的主管领导撤职以下行政处分；触犯刑律的，依法移交司法机关查处"。

● 正确的指导思想是搞好城市规划工作的前提，城市研究、城市设计和城市管理是现代城市规划的三个重要支柱

城市规划工作的特殊性，决定了树立正确的指导思想是基本的前提。新中国的城市规划发展，既继承了某些中国传统的城市规划思想，也吸收了大量国外的理论和方法，几十年的实践发展经验表明，城市研究、城市设计和城市管理是现代城市规划的三个重要"支柱"，它们需要各方面、各领域的大量专门人才来共同研究和完成（邹德慈，1991）。

中国的城市规划与城市研究的结合，有其独特的需要和依据，主要是：近十年中国经济体制的改革，财政体制的变化以及一系列经济政策的推行，对各级城市的职能和地位，起着比较深刻的影响，这一系列新情况的出现，促使人们必须对中国现阶段城市发展所涉及的大量基础理论问题进行研究。城市规划，尤其是大城市的规划，只有建立在摸清城市主要问题和提出对策的基础上，才能得出比较切合实际的方案。

城市设计是一种需要多学科知识（包括社会科学）、多专业参与进行的综合环境设计，它既创造了城市实体环境的"形"，也同时创造了它们的"神"（包括风格在内）。随着人们生活水平和对环境质量要求的提高，城市设计在现代城市规划中愈来愈显得重要，现代城市规划愈来愈离不开城市设计。如果说城市研究是城市规划的"战略"基础，那么城市设计就是"战术"基础。只有战略和战术的密切结合，才能取得规划目标的全面实现。

规划需要管理，管理要靠规划。城市管理包括宏观与微观两方面。城市的规划绝非有了规划方案（或经过批准）就算完结，而规划无时无刻不在继续进行着。只有通过微观管理，规划才能不断"滚动"，不断完善，不断付诸实施。另一方面，只有严格的微观管理而宏观失控，会造成严重后果，而且有时对城市的损害更大。为保证战略目标的实现，必须加强城市的宏观管理，即采取科学的评估和"法"等控制手段，控制（或驾驭）影响城市发展的关键性要素。近年来，随着城镇化的飞速发展，政治和社会经济的深层变革，给城市管理带来很多新课题，城市规划也必须密切结合城市管理深化改革，否则将"寸步难行"。

●**经济社会发展的诉求是城市规划事业发展的根本动力，城镇化的稳步推进为城市规划事业大发展创造了条件**

综观新中国城市规划 60 多年的发展历程和兴衰变迁，与国家社会经济和城镇化发展的形势紧密相关。正如芒福德[1] 所言，"真正影响城市规划的，是深刻的政治和经济的变革"。在新中国成立之初和"一五"时期，由于城市规划与国民经济计划紧密结合，取得了显著的效果。20 世纪六七十年代脱离了社会经济的发展实际，城市规划只能成为无本之木。改革开放后，国家持续推进城镇化为城市规划事业的发展创造了历史机遇期，而通过城市规划促进城镇化健康发展，创造良好的人居环境，则又是城市规划师的职责和使命所在。在城镇化发展的不同时期和不同阶段，社会经济发展的诉求存在明显差异，这就迫切需要城市规划工作及时调整指导思想，从而更好地为国家的城镇化和现代化服务。

●**人才是城市规划事业发展的根本，城市规划教育和专业人才队伍建设是保障城市规划事业长期健康稳定发展的关键所在**

拥有一批懂科学、能实干的专业技术人员队伍，是城市规划事业具有核心竞争力并不断蓬勃发展的重要原因所在。据不完全统计，我国城市规划行业的从业人数已经从改革开放初期的 3000 多人，快速增加到目前的 10 万多人。到 2006 年年底，我国规划设计机构有甲级院 120 个、乙级院 214 个、丙级院 566 个，还有各类事务所（中资、合资、外资）或其代表处、设计工作室等，取得设计资质的机构约 1000 家。我国规划教育经过多年的发展和积累，已形成了比较发达和有一定规模的城市规划教育体系。我国的规划教育从小到大，从弱而强，取得了巨大的进步，但是在规划教育的认证制度、规划院系的准入条件、研究的国际化、师资、办学特色、学生的个性化培养、学生的社会服务和公益活动参与等方面仍有一些不足。

●**城市规划的理论和方法要适应新形势不断变革，地方实践探索对于城市规划发展与国家制度建设具有重要的促进作用**

在计划经济时期，苏联的城市规划理论为新中国城市规划事业的发展作出了历史性贡献，但是城市建设发展的历史表明，中国的城市规划理论必须以中国的国情为基础，简单照搬不能解决根本的问题，兰州、洛阳、包头的规划之所以经

---

[1]　刘易斯·芒福德（Lewis Mumford，1895～1990 年），美国著名城市规划理论家、历史学家。1961年出版《城市发展史：起源、演变与前景》一书。

得起时间的考验，就是坚持了因地制宜的原则。改革开放 30 年来，中国城市规划理论有了很大的发展，之所以 30 年来城市及城市规划工作取得很大的成绩，一个重要的原因就在于城市规划理论能够实事求是、因地制宜地不断探索。此外，地方实践探索对于城市规划发展与国家制度建设具有重要的促进作用。以控制性详细规划工作为例，温州市于 1988 年年初率先启动控制性规划编制工作；建设部 1992 年 11 月发出《关于搞好规划加强管理正确引导城市土地出让转让和开发活动的通知》，将温州市土地出让和转让规划的图纸及其内容说明以附件形式印发各地，作为各地城市提高城市土地出让转让规划工作科学性、规范性的参考，为各地加强对城市土地出让转让和开发活动的规划管理提供了科学范型。

●城市规划的权威性建立在学科自身的科学性和为公众服务的社会属性基础上，为全社会创造良好的人居环境是城市规划的最高理想

城市规划权威性的基础是科学性，只有科学的规划，才有规划的权威。提高城市规划的科学性，是确立城市规划权威地位的基础。如果规划编得不科学，就无法树立规划的权威。中国现代城市规划的发展变化，最重要的莫过于近 10 年来规划理念的发展，经过 20 多年的实践，包括一些重大失误的教训，以吴良镛先生为代表的中国有见识的城市规划学者提出以"创造优化的人居环境"作为城市规划的最高理念，符合城乡绝大多数人民的根本利益；"宜居"不仅指住房本身，而且还指一个完整的、完善的居住环境，广义地说，也包括人的工作权利，包括就业岗位的提供，包括经济的发展和繁荣等。[1] 为全社会创造良好的人居环境是城市规划的最高理想，而这样的理想又必须建立在学科自身的科学性和为公众服务的社会属性基础上。

4.3 若干重大议题

当前，中国的城镇化水平已超过 50%。虽然对于城镇化率数据仍有争议，但并不能因为城镇化进程中某些问题的存在而否定我国已有半数以上人口聚居于城镇，且拥有国际公认的城镇人口基本特征的事实。[2] 国际经验表明，在城镇化率达到 50% 左右的时期，往往既是城镇化的持续发展期，也是城市建设矛盾凸显期和城市病集中爆发阶段，这就迫切需要发展模式的转变，通过区域政策、城市规划

---

[1] 邹德慈.中国现代城市规划发展和展望 [J].城市，2002（4）：3-7.
[2] 朱宇.51.27% 的城镇化率是否高估了中国城镇化水平：国际背景下的思考 [J].人口研究，2012（2）：31-36.

等有效的政府干预和综合调控手段，促进城镇化与社会经济的健康协调发展。从城镇化发展规律判断，未来 10 ~ 20 年仍将是我国城镇化的持续发展时期，也是城市规划发挥综合调控职能，促进城镇化和城乡协调发展的重要战略机遇期。借鉴历史经验，未来制约我国城市规划发展的若干重大问题如下。

●中国特色的现代城市规划理论的构建

作为一种公共政策和城市治理手段，城市规划的理论与实践发展与城镇化密切相关。纵观英国、德国和美国的快速城镇化发展，都为现代城市规划理论的创立提供了生长的"土壤"，而各国国情条件的差异，又使其现代城市规划理论各具特色。譬如，英国、德国和美国分别于 1850 年、1892 年和 1918 年城镇化率首次超过 50%，而"现代城市规划始于 1830 年至 1850 年之间，起源于英国和法国这两个工业化已经取得长足发展的国家"（G· 阿尔伯斯，2000）[1]；1891 年法兰克福市颁布"分级建筑规则"，是国际上采用"区划法规"进行土地利用规划管理的开端，开创了现代城市规划理论起源的一个重要分支；以 1906 年的《芝加哥规划》和 1917 年美国城市规划师学会（AIP）的成立为主要标志，美国现代化城市规划的基本观念也得以创立，在对社会问题的关注、动态更新规划、公众参与等方面具有显著特色。[2]

回顾新中国城市规划发展的历程，前 30 年以学习和模仿"苏联模式"为主，后 30 年则广泛借鉴欧美等国的规划理论和方法，60 多年来的城市规划发展，虽然也在规划体系、规划程序和内容方法上形成一套基本制度，但正如有关学者所言："一流的实践，二手的理论"（石楠），城市规划实践与社会经济和城镇化持续、健康发展的要求之间存在着显著的差距，适应时代发展诉求的、具有中国特色的现代城市规划理论亟待建立。

●社会主义市场经济条件下城市规划宏观调控职能的加强

我国经济体制改革的目标是建立社会主义市场经济体制。市场经济具有盲目性、滞后性，加强宏观调控是建立社会主义市场经济体制的一项重要内容。城市规划管理是政府职能，是城市政府建设城市和管理城市的基本依据，因此，城市规划是城市政府对城市建设和发展进行宏观调控的重要手段，只能加强不能削弱。当前，我国城市规划发展存在宏观调控职能不断下降的不良倾向。就《城乡规划

［1］［德］G· 阿尔伯斯著 . 城市规划理论与实践概论［M］. 吴唯佳译 . 北京：科学出版社，2000：24.
［2］李浩 . 城镇化率首次超过 50%——国际现象观察与中国现状思考［J］. 城市规划学刊，2013（1）.

法》而言，与原《城市规划法》相比，《城乡规划法》的一个显著变化在于新增加了"监督检查"独立章节，完善了人大监督、公众监督及城乡规划的层级监督等基本制度，立法背景针对各类城乡规划违法违纪行为，立法目的旨在维护城乡规划的严肃性和权威性，明确人大、公众等的监督地位并发挥监督作用，制约政府的公权力。但是，从《城乡规划法》实施评估情况来看，城乡规划编制审批过程中的行政干预仍然很多，政府文件、领导指示等凌驾于城乡规划之上的现象时有发生，这也是各地反映最为突出的一个问题。

以昆明市为例，2009 年 4 月 28 日，住房和城乡建设部驻昆明城乡规划督察员曾给云南省主要领导提交一封"建议信"，反映部分省级部门和驻昆部队在项目建设中屡屡不服从城市规划管理的严重违规行为，如乱占乱建、未批先建、批小建大、批矮建高，擅自改变规划确定的用地性质和容积率指标等。2009 年 7 月 3 日，云南省委、省政府办公厅联合发出《关于进一步支持昆明市加强城乡规划管理和生态文明建设工作的通知》，7 月 6 日，召开了专门的动员大会，要求各单位一切建设活动必须严格遵守相关法律法规及昆明城市建设规划、建设和管理规定，违法违章建设项目将不予批准立项、不提供资金支持、不办理相应行政许可。现实是一面镜子，遵守城乡规划本应是个人和社会单位的一项基本义务，居然发展到要以省委、省政府办公厅的名义下发通知并召开动员大会来加强城乡规划管理，足见城乡规划的权威性所面临的巨大挑战。法律的权威就是国家的权威，而法律没有尊严，实际上是国家的宏观调控能力下降的反映。[1] 在社会主义市场经济条件下，如果城市规划的宏观调控职能不能得到切实加强，城市规划的社会作用和社会价值必然难以切实地发挥。

● 城市规划体系的优化

《城乡规划法》确立了从城镇体系规划、城市规划、镇规划到乡规划和村庄规划的新的城乡规划体系，这一规划体系突出体现了一级政府、一级规划、一级事权的规划编制要求和城乡统筹的基本理念，这是我国城市规划体系发展的重要特色。但是，在实践中也存在着一些突出的问题。一方面，由于在国家层面上尚缺少有关城乡规划与国民经济和社会经济发展规划、区域规划、主体功能区规划及土地利用总体规划等相互关系的总体性制度设计，导致这些规划之间互不衔接甚至相互矛盾的现象时有发生。相关规划互不衔接，严重削弱了城乡规划的权威性和实效性。另一方面，我国的政府体制具有较强的包含或交叉特征，如在城市政

---

[1] 葛洪义 . 法理学 [M]. 北京：中国政法大学出版社，2002：297.

府相应的城市规划区内，下面还有区级和乡镇级政府，根据一级政府、一级规划、一级事权的原则，它们都有相应的规划权，在规划事权并不明晰的情况下，以某一级规划的编制突破上一级规划要求的现象已屡见不鲜。另就许多特殊管理区域而言，如"自然保护区"、"风景名胜区"、"旅游度假区"、"历史文化保护区"等，其空间范围相互交叉的现象也十分常见，且多依据不同的法律法规编制了各不相同的规划。由于对各类相关规划之间相互关系的"顶层设计"的缺失，实践中"各自为政"、"莫衷一是"的现象层出不穷。

此外，就《城乡规划法》确立的城乡规划体系自身而言，城市总体规划与控制性详细规划的关系，分区规划、各类专项规划及城市设计等非法定规划的编制审批要求等，也需要更深入的制度设计。当前，国家政治经济体制面临深层次的改革压力，对于城市规划发展而言，既是机遇，也是挑战。一方面，立足长远发展目标，必须在城市规划运行的外部环境机制方面寻求突破；另一方面，也需要着力进行城市规划体系内部结构的优化调整，以适应形势不断发展的要求。

●城市规划科学研究的加强

城镇化和城市发展是一项重大的社会系统工程，各类城乡发展问题单靠一两门学科难以解决，必须通过城市科学研究，统一规划、统一部署，综合协调。当前，城镇化发展已成为事关国家社会经济发展的重大战略问题，但尚存在亟待研究和解决的诸多问题。作为促进城镇化健康发展的重要手段，城市规划工作需要统筹解决近期和远期，局部和整体，自然、经济和社会等多方面的问题和矛盾，具有既不同于自然学科，也显著有别于人文和社会学科的独特学科特性。学科特点决定了城市规划必须重视和加强科学研究特别是基础科学的研究工作。纵观新中国的发展历程，城市规划的每一个"春天"，都有科学研究繁荣的社会背景依托；国内大量的城市规划设计研究机构，其之所以成立也大多是基于加强科学研究的初衷。当前城市规划工作中存在着忽视或无视科学研究工作的突出问题，不仅公益性基础研究十分薄弱，而且城市规划科学研究的投入和评价机制缺失；目前国家级的科学研究基金虽然名目众多，但评价机制尚不能很好地针对城市规划的学科特点；一些规划设计单位内部虽然有一些规划研究的激励政策，但却更多地出于实现单位"自我发展"的功利性目的，对行业发展的促进作用十分有限。只有切实加强城市规划的科学研究工作，未来的城市规划发展才能迎来新的春天。

●城市规划市场秩序的整顿

回顾改革开放后我国城市规划的发展，市场化进程造就了城市规划的广阔舞台和创新动力，但过分以市场为导向、以经济建设为中心的发展模式，也导致了城市规划宏观调控能力的持续下降、漠视自然环境和社会公平代价、科学研究工作极为被动，以及规划师精神世界扭曲、职业道德下降等诸多问题。就规划设计及咨询服务而言，在招标投标等运行机制下，城市规划市场已经出现"按质论价"的新格局，而"谷贱伤农"，长期的收费低迷，损害的是行业本身；由于利益链条的分配和监督机制的缺失，规划市场中的"转包"、"盖章"（借用"资质"）等乱象丛生。此外，还有诸多"迷信"于国外规划机构和"国际招标"的城市领导，一些"假洋鬼子"甚至业外人士打着"国际知名"城市规划师的旗号"趁火打劫"，其不良影响不仅在于委托方的实际利益受损，更在于更深层次上对规划行业的整体的社会声誉的败坏。"在某些情况下，城市规划已成为权钱交易的'中介'。规划图纸可以使官商夺地牟利的计谋合法化。于是城乡一体化规划、市域规划、城市群规划、区域规划……纷纷出台，不一而足。圈地规模之大远胜于清初的圈地令和英国的圈地运动。规划行业也就成为有利可图的香饽饽"。[1] 就制度建设而言，注册城市规划师制度的建立正是出于城市规划市场秩序的保障需要，但却由于缺乏对注册城市规划师实质性的权利、义务和责任等的界定和约束，致使"注册城市规划师"充其量不过是一个没有什么实质意义的"名片"而已，未能发挥其应有的制度性作用。在未来城市规划发展过程中，只有对城市规划的市场秩序进行大刀阔斧的整顿，才能为城市规划的长期持续稳定发展创造可能。

●市民城市规划意识的普及

城市规划只有被接受，才能被遵守。城市规划的编制和实施工作，不只是简单的法律文本普及阅读及法律规则的执行过程，而是一种现代城市规划思想的社会化过程，是涉及各方面关系和多方面利益的深层的社会制度重构过程。城市规划的实践效果，在根本上取决于城市规划精神的社会内化程度。随着我国城镇化水平首次超过 50% 而迈入城市型社会，人们的生活方式和经济社会结构发生深刻变化，市民社会意识正在不断发展，必将成为国家民主和法制建设进程中不可或缺的重要力量。纵观新中国城市规划的发展，主要以政府自上而下的规划模式为主导，市民和公众在城市规划活动中的重要作用尚未充分发挥。尽管规划委员会和公众参与制度在近些年得到较快发展，但它们作为一种"制度内"的制度设计，在制衡政府权力方面存在固有局限性。市民社会意识是制约和限制人治的重要自觉力量，是制约权力、维护权利、推动依法治国的重要环节。只有广大市民的城

---

[1] 金经元. 生态的警示与以地生财的盛宴 [J]. 城市规划，2006（10）：64-68，79.

市规划意识得到某种程度的提高，全社会具有了一种广泛基础的市民文化，达成某种共识，城市规划的社会价值才能得到更充分的实现。

●新的科学技术发展与应用

进入 21 世纪以来，信息化、智能化等新技术广泛应用，已经渗透到当今城市经济、社会、文化、生活、管理等活动的方方面面，对城市的空间发展和变化起着越来越重要的作用。

在经济活动方面，现代信息技术的发展大大降低了企业内部管理和信息传递成本，使原来局限于某一固定地区进行的一体化生产过程可以分布在不同的地域，促使生产组织形式向分散化和广域化转变；在居住生活方面，信息和通信技术为人们提供了全方位的信息交换功能，移动办公使更多的人摆脱了有形空间和距离的束缚；在交通组织方面，智能交通的建设使道路、使用者和交通系统之间紧密、活跃和稳定的相互信息传递与处理成为可能，使市民能够获得安全、便捷的出行；对于公共服务而言，远程医疗、远程教育，网上娱乐、购物、文化交流等的互联互通、数据共享平台的实现，可以在更大的范围内合理配置资源，为城市居民提供更为便捷的服务。总之，信息化、智能化发展对人类的影响是全方位和深层次的，它们不仅为城市居民提供了各种各样的便利，还在深刻地改变着人们的活动方式和生活方式。新的科技发展与社会变革，必然也对城市空间组织模式产生新的内在推动力，要求城市规划与城市建设适时进行相应的调整。

4.4 深化城市规划改革的建议

第一，发挥全国人大作用，研究建立适合我国国情的规划法规体系（如研究制定国家"规划法"，对与城市规划相关但其性质又显著不同的各类规划行为进行有效规范），理顺内外关系，为城市规划工作营造良好的外部环境。

第二，适时推进体制改革，进一步理顺我国城市规划的运行体制，成立国家层面以城市规划工作为重点的综合管理机构（比如可结合"大部制改革"，设立"规划、国土和环境保护部"），加强国家层面的宏观调控职能。

第三，建立国家层面城镇化发展和城市规划领域高层次的、公益性的综合研究机构，形成"四大院"的"国家思想库"智囊格局，即：中国科学院、中国工程院、中国社会科学院、中国城市研究院（可考虑在中国城市规划设计研究院的基础上整合相关力量共同筹建）。此举旨在城市规划市场化的大背景下，使涉及国家发展战略和社会公共利益等有关重大问题的研究得到切实的加强，为国家层面的科学决策提供有力支撑。

第四，进一步完善"城乡规划学"的学科体系，尤其是二级学科的设置，鼓励不同高校建立起具有自身特色的城市规划教育体系，提高城市规划教育质量，为城市规划事业发展提供强有力的人才保障。

第五，切实建立起"注册城市规划师"的权利、义务和责任追究制度，强化城市规划工作的严肃性，提高执业人员的素质，提高城市规划管理、设计水平。

第六，探索建立"城市规划（设计）大师"[1]评选制度，更好地凝聚行业精神、弘扬科学正气、促进人才发展。

第七，适应"市民社会"发展趋势，以社区层面的规划工作为重点，积极扶持自下而上的市民规划力量，推动城市规划的公众参与向纵深发展。

第八，研究一套为政府决策服务的城市信息智能系统，实用、简明、易于操作，主要供领导直接使用，提高科学决策水平和城市治理能力。

---

[1] 1990年9月建设部"首次全国勘察设计大师评选活动"，任震英为城市规划行业唯一一名勘察设计大师。近些年来，河北、江苏等省已开展省级规划大师评选的试点。

5 主要参考文献

[1]《当代中国》丛书编辑部．当代中国的城市建设［M］．北京：中国社会科学出版社，1990．

[2] "城乡规划"教材选编小组．城乡规划（上、下册）［M］．北京：中国建筑工业出版社，1961．

[3] 薄一波．若干重大决策与事件的回顾［M］．北京：中共中央党校出版社，1991．

[4] 北京市规划委员会，北京城市规划学会．岁月回响——首都城市规划事业 60年纪事［R］，2009．

[5] 曹洪涛，刘金声．中国近现代城市的发展［M］．北京：中国城市出版社，1998．

[6] 曹洪涛．我国城市规划指导思想的发展［J］．城市规划，1984（5）：12−15．

[7] 陈晓丽．加快和深化城市规划体制改革的基本构想［J］．城市规划，1988（4）．

[8] 陈晓丽．WTO 与中国的城市规划——我的一点认识［J］．城市规划，2002（6）．

[9] 陈为邦．城市规划改革的回顾和展望［J］．江苏城市规划，2008（8）．

[10] 陈为邦．城市探索：陈为邦城市论述［M］．北京：知识产权出版社，2004．

[11] 储传亨，杨华锋．我与首都城市规划工作的不解之缘［J］．北京党史，2012（3）．

[12] 储传亨．在全国城市规划工作座谈会上的讲话［J］．城市规划，1986（4）．

[13] 董鉴泓．城市规划历史与理论研究［M］．上海：同济大学出版社，1999．

[14] 董鉴泓．中国城市建设史［M］第 3 版．北京：中国建筑工业出版社，2004．

[15] 高世明．新中国城市化制度变迁与城市规划发展（1949—1999）［D］．天津：天津大学博士学位论文，2001．

[16] 顾朝林．中国城镇体系——历史·现状·展望［M］．北京：商务印书馆，1996．

[17] 胡序威.区域和城市研究 [M].北京：科学出版社，1998.

[18] 胡序威.中国区域规划的演变与展望 [J].城市规划，2006（12）.

[19] 黄立.中国现代城市规划历史研究（1949—1965）[D].武汉：武汉理工大学博士学位论文，2006.

[20] 黄鹭新等.中国城市规划三十年（1978—2008）纵览 [J].国际城市规划，1999（10）：1-8.

[21] 建设部城市规划司.继往开来·开拓前进—我国城市规划四十年回顾 [J].城市规划，1989（6）：3-8.

[22] 李百浩，韩秀.如何研究中国近代城市规划史 [J].城市规划，2000（12）：34-36，50.

[23] 李百浩.中国近现代城市规划历史研究 [R].南京：东南大学博士后研究报告，2003.

[24] 李浩.关于新中国城市规划发展史研究的思考 [J].规划师，2011（9）：102-107.

[25] 李浩.历史回眸与反思——写在"三年不搞城市规划"提出 50 周年之际 [J].城市规划，2012（1）：73-79.

[26] 宁越敏，张务栋，钱今昔.中国城市发展史 [M].合肥：安徽科学技术出版社，1994.

[27] 沈玉麟.外国城市建设史 [M].北京：中国建筑工业出版社，1989.

[28] 孙施文.中国城市规划的发展 [J].城市规划汇刊，1999（5）：1-8.

[29] 唐凯.市场经济与城市规划 [J].城市规划，1993（2）.

[30] 同济大学.城市规划原理 [M].北京：中国建筑工业出版社，1981.

[31] 汪德华.城市规划 40 年 [M].沈阳：东北城市规划信息中心，1990.

[32] 汪德华.中国城市规划史纲 [M].南京：东南大学出版社，2005.

[33] 王凯.我国城市规划五十年指导思想的变迁及影响 [J].规划师，1999（4）：23-26.

[34] 王瑞珠.国外建筑史学的缘起和趋向 [A].建筑历史与理论第五辑，1993.

[35] 王瑞珠.国外历史环境的保护和规划 [M].台北：淑馨出版社，1993.

[36] 吴良镛.城市规划设计论文集 [M].北京：中国建筑工业出版社，1988.

[37] 吴良镛.面对城市规划"第三个春天"的冷静思考 [J].城市规划，2002（2）.

[38] 吴良镛.人居环境科学导论 [M].北京：中国建筑工业出版社，2001.

[39] 吴良镛.中国城市史研究的几个问题 [J].城市发展研究，2006（2）.

[40] 吴志强.对规划原理的思考 [J].城市规划学刊，2007（6）.

[41] 武廷海 . 中国近现代区域规划 [M]. 北京：清华大学出版社，2006.

[42] 徐巨洲 . 中国当代城市规划进入了一个大转折时期 [J]. 城市规划，1999（10）：5–6.

[43] 张京祥 . 西方城市规划思想史纲 [M]. 南京：东南大学出版社，2005.

[44] 赵宝江 . 认清形势，振奋精神，做好总体规划实施工作 [J]. 城市规划，2000（1）.

[45] 赵宝江 . 在实践中丰富城乡规划理论 [N]. 光明日报，2011–09–21.

[46] 赵士修 . 城市规划两个"春天"的片断回忆 [J]. 城市规划，1999（10）.

[47] 赵士修 . 城市规划体制重在理顺 [J]. 国外城市规划，1999（11）.

[48] 赵锡清 . 我国城市规划工作三十年简记（1949—1982）[J]. 城市规划，1984（1）：42–48.

[49] 赵知敬 . 改革开放 30 年：回顾与展望 [J]. 城市规划，2008（12）.

[50] 赵知敬 . 开拓首都城市规划工作新局面—北京市城市规划系统工作回顾与展望 [J]. 北京规划建设，1998（1）.

[51] 中国城市规划学会 . 规划 50 年——中国城市规划学会成立 50 周年纪念文集 [M]. 北京：中国建筑工业出版社，2006.

[52] 中国城市规划学会 . 五十年回眸——新中国的城市规划 [M]. 北京：中国建筑工业出版社，1999.

[53] 周干峙 . 关于经济特区和沿海经济技术开发区的规划问题 [J]. 城市规划，1985（5）.

[54] 周干峙 . 论城市化 [M]. 北京：中国建筑工业出版社，2011.

[55] 周干峙 . 西安首轮城市总体规划回忆 [A] // 城市规划面对面——2005 城市规划年会论文集，2005.

[56] 周干峙 . 迎接城市规划的第三个春天 [J]. 城市规划，2002（1）.

[57] 庄林德，张京祥 . 中国城市发展与建设史 [M]. 南京：东南大学出版社，2002.

[58] 邹德慈 . 刍议改革开放以来中国城市规划的变化 [J]. 北京规划建设，2008（5）：16–17.

[59] 邹德慈 . 邹德慈文集（中国建筑名家文库）[M]. 武汉：华中科技大学出版社，2013.

[60] 邹德慈 . 中国现代城市规划发展和展望 [J]. 城市，2002（4）：3–7.

[61] 邹时萌 . 城市发展与城市的科学规划和管理 [J]. 瞭望周刊，1992（3）.

[62] 邹时萌 . 进一步完善城市规划实施管理机制 [J]. 规划师，1998（3）.

[63] John Friedmann. China's Urban Transition [M]. Minneapolis : University of Minnesota Press，2005.

6 总报告研究人员名单

●顾问

[周干峙] 中国科学院院士，中国工程院院士，原建设部副部长

●负责人

邹德慈 中国工程院院士，教授级高级城市规划师，中国城市规划设计研究院学术顾问

●主要成员

王 凯 博士，教授级高级城市规划师，中国城市规划设计研究院副院长

刘仁根 教授级高级城市规划师，中国城市规划设计研究院顾问总规划师

李 浩 博士，高级城市规划师，中国城市规划设计研究院邹德慈院士工作室

●执笔人

李 浩

第 二 部 分

新中国
城市规划发展
大事记

1　引言

史料是历史研究工作的基础所在。作为"新中国城市规划发展史（1949—2009）"课题的研究成果之一，《新中国城市规划发展大事记》（以下称《大事记》）研究工作旨在力所能及地对新中国城市规划发展所涉及的各类史料进行搜集和整理。本项工作在邹德慈院士的指导下完成，其中前 30 年（1949～1977）的史料搜集整理工作具体由刘仁根同志负责，后 30 年（1978 年至今）的史料搜集整理工作具体由李浩同志负责。

《大事记》的编写有几点基本考虑：实事求是，尊重历史；依据充分，出处明确；每事一条，每条一记；宁多勿少，宁宽勿窄。《大事记》的主要内容涉及以下几个方面：①党中央、国务院有关城市规划的重要会议、文件；②国务院关于城市规划的批复；③党和国家主要领导人的有关重要讲话和批示；④城市规划机构设置、体制变动情况；⑤国家城市规划行政主管部门的重要会议、文件；⑥首都规划建设中的重大问题；⑦其他重要事项。

《大事记》的主体由时间和事件两部分组成。编撰的主要原则是：①严格按照大事发生的先后顺序按年、月、日依次排列；②每件大事年、月、日齐备；③先排有确切日期的大事，后排接近准确日期的大事，日期不清者附于月末，月份不清者附于年末；④事件是指重要工作活动和重大事件。

《大事记》按照 2 个历史时期、6 个发展阶段进行汇编。2 个历史时期是指计划经济时期（1949～1977）和改革开放时期（1978～2009）。6 个发展阶段主要包括：第一阶段：初创期（1949～1960），第二阶段：波动期（1958～1965），第三阶段：停滞期（1966～1977），第四阶段：恢复期（1978～1989），第五阶段：

建构期（1990～2007），第六阶段：转型期（2008～2009）。

衷心感谢中国城市规划设计研究院信息中心、图书馆、档案馆和中国城乡规划行业网等单位，以及金晓春、郭磊、王雅丽、肇颖等同志在本项工作中给予的帮助和支持！

《大事记》的编写，由于时间紧迫和资料的局限，还有一些遗漏之处，收集到的内容在"繁""简"取舍上，也有一些不如人意的地方。但无论怎么看，《大事记》的编写都是一件好事，至少具有一定的史料价值，能起到录以备查的作用。由此，广大读者是会谅解的。

2 计划经济时期（1949 ~ 1977）

2.1 新中国城市规划的初创期（1949 ~ 1957）

1949 年

一月

月初，东北局城市工作部部长王稼祥到西柏坡看望毛泽东期间，毛泽东曾与他讨论定都问题，形成定都北平的初步意向。

30 日，国民党华北"剿总"总司令傅作义宣布接受和平改编。

31 日，北平和平解放，为定都北平创造了重要的现实条件。

三月

5 ~ 13 日，党中央在西柏坡召开七届二中全会。毛泽东在报告中指出"从现在起，党的工作重心由农村移到了城市，必须用极大的努力去学会管理城市和建设城市"，城市中其他的工作，"都是围绕着生产建设这一个中心工作并为这个中心工作服务的。""只有将城市的生产恢复起来和发展起来了，将消费的城市变成生产的城市了，人民政权才能巩固起来。""我们希望四月或五月占领南京，然后在北平召集政治协商会议，成立联合政府，并定都北平"。毛泽东的讲话奠定了制定新中国城市建设方针的思想基础和理论基础。

五月

22 日，中共中央决定成立北平市都市计划委员会，聂荣臻任主任。

八月

下旬，中财委召开计划会议。会议主要讨论编制 1951 年计划和三年奋斗目标。要求在三年内必须做好以下几项工作：改变工业生产过分集中于沿海地区的不合理现象，将一部分工厂适当迁移到接近原料、市场的地区。

本月，刘少奇率中共中央代表团赴苏联访问结束，与苏联达成贷款援助等初步协议，并携 220 名苏联专家一起回国。

九月

16 日，成立由阿布拉莫夫为组长的 17 人市政专家小组，主要帮助研究北京的市政建设，草拟城市规划方案。

27 日，中国人民政治协商会议第一届全体会议一致通过《关于中华人民共和国国都、纪年、国歌、国旗的决议》，明确"中华人民共和国的国都定于北平。自即日起，改名北平为北京"。

十月

1 日，中华人民共和国成立，揭开了我国历史的新篇章。

21 日，中央人民政府政务院财政经济委员会成立。陈云任主任，薄一波、马寅初、李富春任副主任。委下设计划局，局下设基本建设计划处，主管全国基本建设、城市建设和地质工作。

本年底，苏联专家在考察研究的基础上，提出了一份关于北京市未来发展计划的报告，内容包括首都建设目标、用地面积、行政中心位置等，并主张基本不改变原行政中心设置的位置。

1950 年

一月

6 日，政务院发布省、市、县人民政府组织通则，对各级地方政权的隶属关系、组成、职权、机构等作了明确规定，使地方各级政权的建立有了初步的法规依据。

二月

14日，中苏两国签订《中苏友好同盟互助条约》、《关于中国长春铁路、旅顺口及大连的协定》和《关于贷款给中华人民共和国的协定》等多项协议，苏联开始帮助我国进行工业化建设。

本月，梁思成、陈占祥完成《关于中央人民政府中心区位置的建议》（简称"梁陈方案"）及有关图纸10余张。

三月

24日，政务院颁布《关于统一管理一九五〇年度财政收支的决定》。《决定》明确乡村各项经费包括乡村小学、文娱活动、修建、县简师、教育馆、医院设备、农场、苗圃、修路、优待革命军人家属、民兵训练等经费在内，可由县人民政府随国家公粮征收地方附加公粮解决，但地方附加公粮，不得超过国家公粮的15%。各城市的市政建设费、小学教育文化卫生费、郊区行政教育费等开支，可征收城市附加政教事业费解决。

四月

3日，政务院颁布《契税暂行条例》。《条例》规定，凡土地房屋买卖、典当、赠予或交换，均应凭土地房屋所有证，并由当事人双方订立契约，由承受人依照本条例完纳契税。

30日，北京市劳动人民文化宫正式揭幕，宫门悬挂毛泽东主席写的"北京市劳动人民文化宫"匾额。文化宫本年1月由中央人民政府拨给北京市总工会，作为劳动人民休息和提高政治、文化及技术水平的场所。

六月

28日，中央人民政府委员会第八次会议讨论并通过了《中华人民共和国土地改革法》，30日公布施行。《土地改革法》规定："废除地主阶级封建剥削的土地所有制，实行农民的土地所有制，借以解放农村生产力，发展农业生产，为新中国的工业化开辟道路。"

七月

6日，新华社报道，政务院颁发《保护古迹、文物办法》及《古文化遗址及古墓葬调查发掘暂行办法》。

6日，新华社报道，政务院发出《关于保护古文物建筑的指示》：（一）凡全国各地具有历史价值及有关革命史实的文物建筑，如：革命遗迹及古城郭、宫阙、关塞、堡垒、陵墓、楼台、书院、庙宇、园林、废墟、住宅、碑塔、石刻等以及上述各建筑物内之原有附属物，均应加意保护，严禁毁坏。（二）凡因事实需要，不得不暂时利用者，应尽量保持旧观，经常加以保护，不得堆存有容易燃烧及有爆炸性的危险物。（三）如确有必要拆除或改建时，必须经由当地人民政府逐级呈报各大行政区文教主管机关后始得动工。（四）对以上所列文物建筑保护有功者，得由各大行政区文教主管机构予以适当之奖励。盗卖、破坏或因疏于防范而致损坏者，应予以适当之处罚。

八月

31 日，中央政法公报刊载内务部地政司对目前城市房产问题的意见。主要内容包括：（1）加强城市房屋政策的宣传解释工作。在现阶段除应没收的某些汉奸、卖国贼、官僚资本家及战争罪犯等的房产外，其余城市房屋皆应受到保护，并允许房产所有人对其房产有出卖、租赁、典当、赠予等自由，使有房屋者释去疑虑。（2）政府应制定保护房产办法，说明出租房屋应收租金，住房应交租，租金不宜过高也不宜过低。租约在自由协议的基础下议定后，必须切实遵守。对于过去的房屋纠纷，给以适当的清理，以便建立租赁中的正常关系，只有如此，城市房屋才能得到保护与修建新房的可能，也才能解决无房人的住房问题。（3）干部在房屋问题上的错误观点必须纠正，应该将私人房产看做国家财富的一部分进行爱护，并应经常了解城市房屋情况，以便及时解决。（4）各城市领导机关，应加强房产管理委员会的领导，无管理委员会的迅速成立管理委员会，以统一对公房的管理。

下旬，中财委召开计划会议，讨论编制 1951 年计划和 3 年奋斗目标。根据党的七届三中全会的精神和美国发动侵朝战争的情况，会议着重研究了全国经济形势，认为我国仍面临着争取财经情况根本好转的艰巨任务。由于财力、物力和人力的限制，加强国防建设的需要，工业本身半殖民地的影响还没有根本消除，在 2、3 年内不可能立即进行大规模的经济建设，主要任务是搞好经济的调整与恢复，为将来大规模的经济建设做好准备。3 年内要求改变工业生产过分集中于沿海地区的不合理现象，将一部分工厂适当迁移到接近原料、市场的地区。在工业方面新的建设应放在加强国防力量上。

十一月

10 日，政务院第十八次会议通过《城市郊区土地改革条例》，22 日正式发布。《条例》规定，凡使用城市郊区国有土地从事耕种者，除依法向国家缴纳农业税外，一律不再交地租。但经营人不得以国有土地出租、出卖或荒废。原经营人如不需用该项土地时，必须交还国家。国家为市政建设及其他需要收回由农民耕种的国有土地时，应给耕种该项土地的农民以适当的安置，并对其在该项土地上的生产投资（如凿井、植树等）及其他损失予以公平合理的补偿。凡需用城市郊区国有土地以从事房屋、工厂及其他建筑者，应依据人民政府规定的办法向市人民政府请示领用，该项办法另订之。城市郊区一切可耕荒地，在不妨碍城市建设及名胜古迹风景的条件下，经市人民政府批准后，应统一分配给无地少地的农民耕种使用。垦种荒地者，免征农业税 1 年至 3 年。

15 日，中财委召开全国财政会议。由于 6 月爆发了朝鲜战争，10 月中国人民志愿军赴朝参战，抗美援朝成为全国工作的中心。会议提出，1951 年财政工作的总方针是：国防第一，稳定市场第二，其余的只能排在第三位。在经济建设与文化建设中，除对直接与战争有关的军工投资、对财政收入直接的帮助的投资以及对稳定市场有密切关系的投资基本满足外，其余都应当削减和收缩。中共中央于12 月 31 日批准了这一方针，并强调，各级党委要严守财政纪律，注意节约，力减浪费。

23 日，我国第一辆国产无轨电车试制成功。

1951 年

一月

8 日，政务院公布《城市房地产税暂行条例》。主要规定条文是：下列房地产免纳房地产税:（一）军政机关及人民团体自有自用之房地。（二）公立及已立案之私立学校自有自用之房地。（三）公园、名胜、古迹及公共使用之房地。（四）清真寺、喇嘛庙本身使用之房地。（五）省（市）以上人民政府核准免税之其他宗教寺庙本身使用之房地。下列房地产得减纳或免纳房地产税:（一）新建房屋自落成之月份起，免纳 3 年房地产税。（二）翻修房屋超过新建费用1/2者，自竣工月份起，免纳 2 年房地产税。（三）其他有特殊情况之房地，经省（市）以上人民政府核准者，减纳或免纳房地产税。

二月

18 日，中共中央发出《政治局扩大会议决议要点》的党内通报。通报提出"三年准备，十年计划经济建设"的思想。强调在城市建设计划中，应贯彻为生产、为工人服务的观点，成为城市建设工作的基本方针。

三月

13 日，政务院发布《关于土地房产所有证收费的决定》。

中旬，中央财政部召开全国城市财政会议。由于日寇、国民党的长期破坏，各城市普遍存在着下水道、自来水管、马路、河道和房屋等年久失修，医院病床不够，消防设备不足，公共厕所太少，失学儿童太多等严重问题，如不解决，对城市人民生活影响很大。

28 日，中财委发布《基本建设工作程序暂行办法》。这是新中国成立后我国第一个全国性的基本建设管理办法。对基本建设的范围、组织机构、设计施工以及计划的编制与批准等作了明文规定。

31 日，政务院批准公布《关于进一步整理城市地方财政的决定》。《决定》对全国省辖市以上的城市财政收入中的税收、地方企业收入及各种附加，特别是附加种类和附加率第一次作了明确统一的规定，并允许城市地方财政收入用于市政公用设施的修建。这个规定对于城市的恢复与建设，发挥了很大作用。

八月

8 日，政务院公布《城市房地产税暂行条例》，规定开征房地产税之城市，由中央人民政府财政部核定，未经核定者，不得开征。

十一月

下旬，中财委召开全国计划会议。提出 1952 年基本建设投资的重点是重工业、铁路和水利。

十二月

15 日，中央税务总局对新建房屋和翻修房屋的免税规定为：一、凡在平地新建房屋或在原有房屋上添建房屋以及将原有房屋全部拆除，重新建筑房屋者，不论材料新旧，有无改变房屋类型或在原址移动房屋位置，均属新建范围，应免征此项房地城市房地产税三年。二、将原有房屋拆除一部，加以修缮、修理或改装者（以一自然间为计划单位，不能分自然间者，可依栋计算）均属翻修范围。如其所耗工料费（使用旧料者估计计算）超过该房屋新建价格二分之一，应免征此项房地的城市房产税二年。

24 ~ 31 日，全国财经会议在北京召开。会议提出，1952 年的工作方针是：深入"三反"，增产节约，改进工作，迎接建设。

1952 年

一月

9 日，中财委颁布《基本建设工作暂行办法》（财经计建字第 24 号）。《办法》规定：凡固定资产扩大再生产的新建、改建、恢复工程及与之连带的工作为基本建设。如工矿、交通、农林、水利、财政、贸易、文化、教育、卫生、城市建设及大行政区以上政府机关部门所属单位的事业建设、住宅建设、文教建设、科学试验研究建设、卫生建设及公共事业建设均属之。中央各主管部及大行政区财委颁发基本建设控制数字时，应依据下列原则办理：一、应遵照政府规定的建设方针与任务，集中力量于最主要的环节和建设事项，以期尽速完成，开始使用，增加生产，早收成效。二、应依据主观力量及客观条件，使核定之工作量及财务预算在本年度内确能完成，避免建设单位计划庞大及过量地储备器材，呆置国家资金。三、应加强设计工作，并注意设计文件可能完成的情况。

四月

本月，中财委聘请苏联城市规划专家穆欣等来华工作。同年 12 月转聘到建筑工程部。

五月

24 日，内务部发出《关于加强城市公有房地产管理的意见》。内务部提出：今后为真正达到节约用房：第一，必须切实实行集体办公制度（集体办公还可大大提高工作率）；第二，各地应具体拟订机关用房标准，超过标准者退交房地产管理机关，少者适当地给以补充。各地可在财力许可下，有计划、有领导地建筑一部分房屋；公私企业可抽出一定的资金，建筑职工宿舍。在公房租金中，除用于以租养房者外，用来建筑一部分简单耐用的民房，以解决贫苦市民住房问题。

六月

本月至 9 月，全国高等学校进行院系调整，同济大学创办"都市建筑与经营"专业（1955 年经高教部批准改称城市规划专业），重庆建筑工程学院开展建筑学专业的"城市规划专门化"教育（1959 年正式创办城乡规划专业）。

八月

7 日，中央人民政府委员会第十七次会议通过《关于调整中央人民政府机构的决议》。会议决定成立中央人民政府建筑工程部，任命陈正人为部长，周荣鑫、宋裕和、万里、刘秀峰为副部长。

九月

1日，中央人民政府建筑工程部正式成立。

1~9日，中财委召开第一次全国城市建设座谈会，会议对几年来城市恢复和建设工作进行了总结，对我国城市进行了分类，强调今后要根据国家长远建设计划，分别对不同性质的城市进行有重点、有步骤的改建和新建，酝酿了各类城市建设的重点，会议提出了有重点地进行城市建设的方针，并要求39个城市成立市的建设委员会。会议要求加强规划设计工作，会上所讨论的《中华人民共和国编制城市规划设计程序（草案）》成为"一五"初期编制城市规划的主要依据。

十月

22~23日，中财委召开会议，讨论1953年的基建问题。陈云在会上讲话。他指出：（1）1953年将是大规模经济建设的一年，基建工作将在整个国家工作中占头等重要的地位。（2）目前我们基建中的主要矛盾是任务十分繁重，而力量十分薄弱。地质勘探、设计和施工力量，都不能满足大规模建设的需要，有的差1倍、2倍甚至几十倍，个别地方连基本建设机构还没有建立。因此，必须迅速加强这方面的力量，建立和充实设计施工机构，配备坚强的领导骨干、先进的技术人员和技术工人。下决心调集人员建立各部的专业设计和施工组织。

十一月

15日，中央人民政府委员会第十九次会议任命陈正人为中央人民政府建筑工程部部长，万里为副部长。

18日，《人民日报》发表社论《把基本建设放在首要地位》。社论指出，目前我国国民经济的恢复阶段即将宣告结束，新的大规模的建设即将开始。一切忽视基本建设的观点和做法，都必须受到严格的批判。把基本建设放在首要地位，必须成为今后全国共同执行的方针。

十二月

本月，中财委颁发《一九五三年度人民经济计划表格》。将基本建设用途分为十类，其中第八类为公用事业建设，第九类为住宅建设。公用事业建设：以国家基本建设资金进行的非生产用自来水、下水道、煤气、照明、道路、暖气、锅炉及建筑公共食堂、理发馆、俱乐部等专用房屋的建筑或购置，及其他增加固定资产的购置，均属于该事业的公用事业建设。住宅建设：是指一切用国家基本建设资金进行的专为居住使用的住宅建设。包括文教、科学试验研究、卫生等建设中的住宅建设。

1953 年

二月

4～7日，中国人民政治协商会议全国委员会第四次会议在北京举行。在会议结束前，毛泽东主席专门讲了向苏联学习的问题。他强调，我们要进行伟大的五年计划建设，工作很艰苦，经验又不够，因此要学习苏联的先进经验。应该在全国掀起一个学习苏联的高潮，来建设我们的国家。

三月

本月，建筑工程部城市建设局成立，孙敬文任局长。下设城市规划处，主管全国的城市规划工作。

五月

15日，中苏两国政府签订《关于苏维埃社会主义共和国联盟政府援助中华人民共和国中央人民政府发展中国国民经济的协定》。协定规定，苏联政府援助中华人民共和国建设与改建91个企业，连同以前已签订的中苏协定所规定的对建设与改建50个企业所给予的援助一同进行。上述141项将在1953年至1959年期间分别开工。

本月，国家计划委员会成立基本建设联合办公室，下设城市建设组、设计组和施工组。

六月

10日，周恩来总理在听取参加波兰建筑师代表大会的汇报时提出，从建筑工程的适用、经济、美观三个条件来看，目前应着重于适用和经济，但也要求在可能条件下的美观。

10～28日，全国第一次城市建设会议在北京召开。会议检查了过去城市建设工作中存在的盲目性、分散建设的缺点与错误，明确了城市建设必须贯彻国家过渡时期的总路线、总任务，为国家社会主义工业化、为生产、为劳动人民服务，采取与工业建设相适应的重点建设、稳步前进的方针。

13 日至 8 月 13 日，全国财经工作会议对第一个五年计划草案进行了讨论（1955 年 7 月 5 日一届全国人大二次会议正式通过），"一五"计划采取边编制、边实施的方式，大规模的基本建设开始在全国进行，建工部城市建设局开始组织设计人员对当时确定的 156 项重点工程展开城市规划工作。

七月

12 日，中共中央中南局向中共中央报告《中南局对城市建设工作几项建议的请示》。

13 日，国家计委设立城市建设计划局，曹言行任局长，局下设城市规划处。

八月

11 日，《人民日报》发表题为《贯彻重点建设城市的方针》的社论，提出，在社会主义城市中，一切建设都是为劳动人民的利益服务的。保证劳动者物质文化水平的不断提高，是社会主义城市的基本特征。社会主义城市的发展速度要由社会主义工业发展的速度来决定。这个客观规律决定我国城市建设的方针是重点建设、稳步前进。

28 日，中共中央发出《关于增加生产、增加收入、厉行节约、紧缩开支、平衡国家预算》的紧急通知。

九月

4 日，中共中央发出《关于城市建设中几个问题的指示》。中央针对城市建设无计划所造成的混乱现象，要求工业建设比重较大的城市应迅速组织力量，加强城市规划设计工作，并根据第一个五年计划对工业布局的初步意见，拟订城市总体规划草案，报中央审查；中小城市，不再扩大基本建设。除重要工业城市由中央建筑工程部城市建设局直接帮助设计外，其他城市的设计工作，全部由大区城市建设部门直接领导，中央在技术上给予指导。要求各中央局、分局及有关的市委、市政府必须建立和健全大区财委的城市建设局（处）及工业建设比重较大城市的城市建设委员会。

7 日，中共中央作出《关于中央建筑工程部工作的决定》。据反映，建筑工程部成立 9 个月以来，由于盲目发展，职工队伍迅速扩大到 69.5 万人，超过需要约 12 万人。且队伍杂乱，劳动力弱，还混进了一些政治上不纯的分子。另外，建筑力量组织使用不合理，设计工作薄弱，施工管理混乱。针对这些情况，中共中央指出：建筑工程部的基本任务应当是工业建设。建筑力量的使用方向，应当首先保证工业建设，特别是重工业建设，其次才是一般建筑。为了使建筑工程部集中力量执行工业建设任务，决定将该部担负的国防工程任务，移交军委有关部门；一般民用建筑企业的管理，移交地方。同意建筑工程部报告中提出的整顿队伍的意见。

9 日，中共中央印发了《关于加强发挥苏联专家作用的几项规定》，进一步掀起了向苏联学习的高潮。

24 日，苏联城市规划专家穆欣在上海指导编制《上海市总体规划示意图》，并作《关于上海城市规划的报告》，这是新中国成立以后上海首次编制的总体规划方案。

十月

12 日，政务院发出《关于在基本建设工程中保护历史及革命文物的指示》。

23 日，中国建筑学会在京成立。

十一月

5 日，政务院发布《关于国家建设征用土地办法》（政务院第 192 次政务会议通过）。《办法》规定，凡因国家建设的需要，在城市市区内征用土地时，地上的房屋及其他附着物等，应根据当地人民政府、用地单位及原所有人和原使用人（或原所有人和原使用人推出之代表）会同勘定之现状，按公平合理的代价予以补偿。地基与房屋的产权同属一人者，地基部分不另补偿；分属两人者，视地基所有人的生活情况酌情补偿之。市区内的空地得无偿征用。地主在市区内出租的农地得无偿征用，但对租种此项土地的农民，应对其在此项租入土地上的农作物及附着物按第八条第二项的规定予以补偿。征用农民在市区内自耕的农地时，补偿办法按第八条规定办理。市区内农民自耕或租种的土地被征用后，其生产、生活问题应按第十三条的规定予以妥善安置。凡征用之土地，产权属于国家，用地单位不需用时，应交还国家，不得转让。私营经济企业和私营文教事业用地，得向省（市）以上人民政府提出申请，获得批准后由当地人民政府援用本办法，代为征用。各地已颁行的征用土地办法于本办法公布后即行废止。

8 日，国家建设委员会正式成立。薄一波任主任，王世泰、孔祥祯、孙志远、安志文任副主任。

8 日，中共中央同意国家计委《关于新厂建设的城市中组成城市规划与工业建设委员会的建议》。国家计委认为，在各重点城市中，各个新建、改建厂的各项准备工作都有一些共同的问题与互相关联的问题，必须按地区作统一的考虑解决，而这些问题又大都与城市建设的规划有关。为此，建议各中央局和同时有三个或三个以上新厂建设的城市的市委，应立即成立城市规划与工业建设委员会。其主要任务为：（一）统一考虑与合理安排各新建企业的厂址和住宅区，并制定有关的城市规划。（二）组织各企业相互交换、校正与检查设计基础资料；组织地区性共同资料的统一提供。（三）组织新建企业之间和新建企业之间在建设过程中的协作，例如共同建设与使用水源、上下水道、铁路专用线等。（四）根据各企业已定的初步规模，统一考虑当地水量、电力、蒸汽、运输以及当地生产的建筑材料的平衡。

22日，《人民日报》发表题为《改进和加强城市建设工作》的社论，提出，随着国家工业化建设的逐步开展，如何改进和加强城市建设工作，有计划地建设新城市和改进旧城市的重大任务，现在已迫切地摆在我们面前，成为当前经济建设中的一个重要问题。为此，需要解决下列几个主要问题：一、必须认真贯彻国家"重点建设，稳步前进"的方针，把城市建设的投资，首先用在工业建设比较大的城市；二、必须迅速加强重要工业城市的总体规划设计工作；三、必须加强城市建设的领导。

十二月

3日，建筑工程部党组向国家计委、中共中央提出《关于城市建设的当前情况与今后意见的报告》。《报告》提出，当前城市建设工作落后于国家经济建设的需要，城市规划设计满足不了工业建厂的需要，城市建设中存在着盲目性与分散性，在建筑艺术上也尚未有明确的方针。

5日，政务院颁布《关于国家建设征用土地办法》。这个办法是为了适应国家建设的需要，慎重地、妥善地处理国家建设征用土地问题而制定的。其中规定，国家建设征用土地的基本原则是：应照顾当地人民的切身利益，对土地被征用者的生产和生活有妥善的安置。凡属有荒地、空地可资利用的，应尽量利用，而不征用或少征用人民的耕地良田。凡属目前并不十分需要的工程，不应举办。

本年，国家计委发布《一九五四年度国民经济计划表格》。建设单位的规定：编制基本建设计划的基层单位为建设单位。城市公用事业的基本建设项目指定为：自来水、下水道、道路、公共汽车、有轨电车、无轨电车、煤气、轮渡、桥梁等九项。

本年度出版的城市规划类相关著作主要有:《城市规划工程经济基础》([苏]维·格·达维多维奇著,程应铨选译)、《城市规划:技术经济指标及计算》([苏]列甫琴柯著,刘宗唐译)。

1954 年

二月

2 日,国家计委城市建设计划局局长曹言行提出报告,建议建筑工程部城市建设局成立城市规划设计院、上下水道设计院和城市勘察测量队。1954 年 3 月 1 日,计委办公厅通知建筑工程部,报告已经李富春副主席批示同意,送建工部筹划。

24 日,政务院对国营企业、机关、部队、学校等占用市政土地征收土地使用费或租金问题作出批复。《批复》指出:一、由于市的发展,市郊土地的需要将日渐增多。因此,市郊土地必须有统一的管理和有计划的合理的分配使用原则。二、为了防止随便占用或任意多占土地,对未经批准而占用的土地或占用较原批准多的部分,可以征收租金。三、凡国营企业使用业经市人民政府指定的市场区内(如东四人民市场)的土地,应缴纳租金或使用费。四、凡旧有企业(如接管的敌伪企业)已经占用的土地,虽未经市人民政府明令批准,但均应承认其继续使用。如个别企业用地发生纠葛时,可根据该企业的具体需要和发展前途,由市人民政府正式批准之。

26 日,国家计委发布《关于职工宿舍居住面积和造价的暂行规定(草案)》。规定城市职工宿舍居住面积定额:规定为单身每人 $3m^2$,家属宿舍不分大小每人平均为 $4.5m^2$。家属平均每户以 3 口人计算。矿山职工宿舍,一般应以建筑平房为原则。对宿舍建筑量与全体职工人数比例和家属宿舍与单身宿舍建造比例等作了规定。规定机关及企业单位办公人员每人办公室使用面积为 $3m^2$,设计人员使用面积为每人 $4.5m^2$。

27 日,国家计委发布《对于基本建设中若干项目投资划分的规定(草案)》((54)计办马字第 51 号)。

三月

8 日,内务部答复关于国营企业、公私合营企业及私营企业等征用私有土地及使用国有土地交纳契税或租金的几个问题。一、国营企业、公私合营企业及私营企业或私营文教事业等经批准按照《国家建设征用土地办法》(1953 年)之土地及房屋,应根据第十八条的规定,产权均属于国家,并根据第十五条的规定,其产权转移时，一律免纳契税。二、国营企业、国家机关、学校、团体及公私合营企业使用国有土地时，应一律由当地政府无偿拨给使用，均不须再交纳租金。三、私营企业或私营文教事业使用国有土地时，应向政府交纳租金（不必称为使用费），其合于减免条件者，并得酌情予以减免租金。四、国营企业、公私合营企业及私营企业等在本办法颁布以前征用之土地，已经分别税契，确定产权归各该企业所有或已作为各该企业的投资者，应不再作变动。其中，属于国营企业及公私合营企业所使用者，虽已分别税契或核资，皆仍系国有土地，应由当地政府依照规定统一进行管理，以便合理调配使用。其属于私营企业所使用者，可依照各地过去规定办法处理。

五月

4日，内务部发出《关于调整市郊区行政区划应行注意事项的通知》。《通知》指出，随着国家计划建设的开展和国家工业化的逐步实现，几年来不但涌现了一些新的城市，而且原有的许多旧城市，也需要加以扩建和改建，因而适当地扩大郊区是必要的。但直到目前为止，在扩大市郊问题上，也曾发生过很多不合理现象。如有的市为了提高等级增加编制而将与市无关的农村并为市的郊区，以图增加人口数字；有的市为了准备若干年后才能实现的扩建计划，现在就要并入很多农村；有的市在解放初期对于邻近市的县，因地区接壤，关系密切，为便于治安管理及其他原因，划归市辖。这样做的结果，使很多城市郊区大于市区，分散领导力量，往往是放松对农村的领导而影响了农业生产。为了防止类似情况的发生，今后扩大市郊，必须从当前几年内的城市建设的实际需要出发，范围应限于在政治、经济、文化和国防事业发展上与市区有密切联系的区域，并应采取随着建设的需要逐步扩充的办法，避免一开始就任意扩大，以致造成郊区过大，领导不便的困难。各地申请扩大市的郊区时，必须详叙该市在政治、经济、文化和国防等方面的有关情况，拟划进的区域与市政发展的关系，土地使用计划，各级政府的意见以及各项基础数字和区划地图，依照关于处理行政区划变更事项的规定，呈报中央，以便审核。

4~21日，国家计委组织燃料部、建工部、铁道部、水利部的苏联专家及有关局、处长，赴包头协助重工业部、二机部研究与建厂有关的问题。这些问题是：（一）关于包头钢铁公司的厂址问题；（二）关于包头工业与城市供水问题；（三）关于包头电力问题；（四）关于铁路运输方面的问题；（五）关于城市规划问题。

12日，李富春副总理在第二次全国宣传工作会议上作《关于社会主义工业化问题的报告》。《报告》指出，只有社会主义工业化不断增长，才能够领导对私营工业的社会主义改造和把小农经济改造成为合作的集体经济。我国实现社会主义工业化，要经过逐步的、相当的时间，毛泽东提出大致 15 年左右。实现社会主义工业化的标志，从数量上看是社会主义工业产值占工农业总产值的 60% 左右；从质量上看，要有独立的工业体系和农业相应的协调发展。由于我国资源有限，资金不足和缺乏技术人才，要搞社会主义工业化，就必须加强计划性，把大量存在的小农经济、手工业生产者和还占相当比重的私人工商业逐步纳入计划的轨道。《报告》提出，要实现工业化，必须把新建企业和利用现有企业结合起来，在第一个五年计划期间，我国社会主义工业化以新建企业为主。工业的重点是发展重工业；工业地区布局实行尽可能利用现有工业基地和基础，着手建立新的工业基地和基础的原则。《报告》论述了"一五"期间建设"141"项工程对我国社会主义工业化的作用。这"141"项工程主要是准备建立新的工业基地。这 141 个建设项目全部建成需要 140 亿元投资，建成以后将奠定我国社会主义工业化的基础。

本月，中共中央发出《关于批准中央工业八部一九五三年工作总结和一九五四年工作部署报告的指示》。中央认为，1953 年重工业部、燃料工业部、一机部、二机部、建工部、地质部、轻工部、纺织部 8 个工业部门，在完成各项计划任务，建立和健全企业的各种管理制度，提高工业企业的技术水平，以及加强党对工业企业的领导方面取得了一定成绩，但仍需不断地揭发和改进工作中的缺点和错误，不倦地学习工业科学和技术。对 1954 年工作的部署，中央着重指出：（一）切实改进和提高工业计划的工作质量。整理统计资料，定期修正和提高技术经济定额，逐步摸清国家建设在各方面的需要，切实做好产、供、销计划的平衡工作。（二）切实加强工业基本建设工作。继续集结并提高基本建设力量，贯彻以"141"项工程及与其直接有关的国内或其他兄弟国家设计的建设项目为重点的建设方针。加强地质勘察、设计、施工与设备、材料供应工作，加强工业城市的规划和新工业区各项准备工作，加强新建厂矿的生产准备，使之赶上工业建设的要求；继续整顿企业，抓紧工程质量和建设进度的检查和督促。（三）加强企业的管理工作。

六月

3 日，中共中央批转中央农村工作部《关于第二次全国农村工作会议的报告》。中共中央指出：1953 年冬到 1954 年春互助合作运动有了很大发展，农业生产合作社（注：系初级社）由 1.4 万多个发展到 9 万多个。各地要积极努力把这些社切实办好，为迎接即将到来的合作社大发展的新形势做好准备工作。中共中央强调，在发展工业特别是发展重工业的同时，必须相应发展农业生产。鉴于我国进入有计划的经济建设才一年，即暴露出某些产品供不应求的紧张情况，各方面要加紧努力，使农业生产真正达到与工业发展相适应的程度。中共中央责成中央农村工作部协同国家计委和农林水利等有关部门，研究制定出切实可行的计划，避免可能发生的农业发展赶不上工业发展需要的问题。报告提出：我国人口众多、已耕土地不足、荒地限于财力难于大量开发的情况，将使某些农产品供不应求的紧张关系更加严重。为了努力使农业生产赶上工业发展的需要，达到国家对农业方面所提出的最低限度要求，第一个五年计划，到 1957 年要做到：粮食年产 4000亿到 4200 亿斤，棉花年产 3800 万担，食料作物、畜产品、木材等原料作物也要保持相应增长。农业生产合作社 1955 年计划发展到 30 万个或 35 万个；1957 年计划发展到 130 万个或 150 万个；参加合作社的农户发展到占全国总农户的 35% 左右，合作化的耕地发展到占全国总耕地的 40% 以上；1960 年前后，在全国主要地区争取基本上实现合作化。

10 ～ 28 日，经中共中央批准，建筑工程部召开全国第一次城市建设会议。会议检查了过去城市建设工作中盲目、分散建设的缺点与错误，明确了城市建设必须贯彻国家过渡时期的总路线和总任务，为国家社会主义工业化、为生产、为劳动人民服务，采取与工业建设相适应的重点建设，稳步前进的方针。会议提出，第一个五年计划期间，城市建设必须把力量集中在"141"项工程所在地的重点工业城市，以保证这些重要工业建设的顺利完成。在重点工业城市，市政建设也应把力量集中在工业区以及配合工业建设的主要工程项目上面。除北京应积极建设外，包头、太原、兰州、西安、武汉、洛阳、成都等是"一五"计划的重点工业城市，必须采取积极步骤，使城市建设工作能赶上工业建设的需要。上海、鞍山、沈阳、广州等城市，过去有一定的工业基础和一些近代化的市政设施，同时今后还要建设一些新的工业，城市建设可以进行必要的改建和扩建。南京、济南等旧的大城市或省的行政中心，有一些小型或地方工业及文教、卫生、行政机关的建设，只能在经济条件许可的情形下进行局部改建、扩建及维修工作。一般中小城市在最近期间没有什么新的建设，只进行一些维修工作。会议还研究了城市建设的组织机构与组织领导，城市建筑的管理制度等问题，建议中央人民政府成立城市建设委员会或城市建设部，负责领导全国城市建设工作。本次会议提出"城市规划是国民经济计划工作的继续和具体化"，"城市规划要贯彻全面规划、分期建设、由内向外、填空补实"的原则，并印发《城市规划编制程序暂行办法（草案）》、《关于城市建设中几项定额问题（草稿）》、《城市建筑管理暂行条例（草案）》。

19 日，中央人民政府第 32 次会议通过了关于撤销大区一级行政机构和合并若干省、市建制的决定。决定指出，自中华人民共和国成立以来，大区一级行政机构代表中央人民政府领导和监督地方政府，在国家建设的各项工作中起了很重要的作用。现在国家有计划的经济建设要求进一步加强中央集中统一的领导。为了中央直接领导省市，以便于更能切实地了解下面的情况，减少组织层次，提高工作效率，克服官僚主义，节约干部，加强中央、省市和厂矿企业的领导，中央人民政府决定：撤销大区一级行政机构。辽东、辽西合并为辽宁省，松江与黑龙江合并为黑龙江省，宁夏与甘肃合并为甘肃省。沈阳、旅大、鞍山、抚顺、本溪、哈尔滨、长春、武汉、广州、西安、重庆 11 个中央直辖市，均改为省辖市。

七月

8 ～ 18 日，孙敬文局长和苏联专家穆欣等 14 人去包头勘察第一个五年计划中各有关工业部门厂址的选择情况及结合第二个五年计划包头地区的工业发展远景，研究如何进行城市规划。包头地区的建筑任务很大，开始施工必有大量建筑工人云集，其中首先要解决的问题是工人宿舍问题。根据以往各城市的经验，都是先盖些临时性的工棚，有的造价也很贵，待工程完成后拆掉，为长期生产工人再盖宿舍，此种办法造成国家巨大的浪费（数以千亿元计），对此，穆欣专家不止一次地指出，必须予以改正。

17 日，国家计委副主任彭涛在《关于检查东北地区基本建设工作的报告》中提出，无论新建或改建的基本建设单位，应有尽有，样样俱全，像个小社会。边设计、边施工，盲目性很大。《报告》指出，东北的新建和改建厂，大多是苏联帮助我国设计，在技术上是先进的，在经济上是合理的，这点应当肯定。但由于苏联一部分专家对中国人民生活习惯、生活水平了解不够，因此在民用建筑中设计标准很高，远远超过了我国人民目前的生活水平，如有些宿舍每户有面包房、生活间每人有 3 个挂衣钩，有的宿舍造价高达每平方米 167 元。

本月，建工部给水、排水设计院成立，郑大堃、林枫为负责人。

八月

11 日，《人民日报》社论《贯彻重点建设城市的方针》提出：在社会主义城市中，一切建设都是为劳动人民的利益服务的。保证劳动者物质文化生活水平的不断提高，是社会主义城市的基本特征。社会主义城市的发展速度要由社会主义工业发展的速度来决定。这个客观规律决定我国的城市建设方针是重点建设、稳步前进。

本月，建工部城市建设局改为建工部城市建设总局。

本月，国家计委向中央报告有关城市建设问题，指出"第一，及早开始'区域规划'的研究工作。原则上，在城市规划之前，应先编制区域规划。第二，加紧进行重点工业城市的规划工作。第三，注意城市造价的计算工作。第四，明确城市规划的审批程序"，并建议北京、包头、西安、上海、天津、广州、重庆等26 个城市的规划报中央审批。

九月

8 日，国家计委颁发《关于新工业城市规划审查工作的几项暂行规定》。

15 日，中央人民政府委员会第三十四次会议通过，刘秀峰为中央人民政府建筑工程部副部长并代理部长。

15 ~ 28 日，第一届全国人民代表大会第一次会议在北京召开。会议通过了《中华人民共和国宪法》。宪法第十三条规定："国家为了公共利益的需要，可以依照法律规定的条件，对城乡土地和其他生产资料实行征购、征用或者收归国有。"第九十条规定："中华人民共和国公民的住宅不受侵犯，通信秘密受法律的保护。中华人民共和国公民有居住和迁徙的自由。"周恩来总理在《政府工作报告》中指出：我国经济建设的基本目的，是满足人民的物质和文化生活的需要。按照宪法规定，自第一届全国人民代表大会第一次会议起，原政务院改为国务院。中央人民政府建筑工程部改称为中华人民共和国建筑工程部。

19 日，毛泽东主席为天津人民公园书写匾额："人民公园"。

29 日，根据第一届全国人民代表大会第一次会议决定，毛泽东主席任命国务院组成人员。薄一波为国家建设委员会主任；刘秀峰为建筑工程部部长。

十月

8 日，国家计委颁发《关于新工业城市规划审查工作的几项暂行规定》。

12 日，苏联政府又增加设计和帮助建设 15 个项目。至此，中苏共签订了 156 个苏联援助我国的建设项目。同时，聘请了北京市规划顾问、铁道设计与施工专家。对此双方签订了备忘录。

19 日，国家计委发出《关于厂外工程投资划分的规定》，对重点建设城市中的共同性工程投资和具体建设项目投资划分作了明确规定。

22 日，国家计委发出《关于办理城市规划中重大问题协议文件的通知》，对城市与有关部门取得协议的问题作了明确规定。

24 日，《人民日报》发表社论《我们战胜了洪水》。自 6 月起，长江中下游、淮河流域雨量集中，持续时间长，发生我国数十年来罕见的洪水。在党和政府领导下，长江中下游和淮河两岸人民展开了英勇的抗洪斗争。几年来建设的水利工程，如荆江分洪工程、淮河水利工程等在蓄洪和分洪方面发挥了显著作用，保住了沿江城市和荆江大堤，减轻了广大农村的灾情。

本月，建工部城市建设总局城市设计院（中国城市规划设计研究院的前身）组建成立，李正冠、史克宁为负责人。这是我国第一个城市规划专业部门，主要负责全国重点城市的规划设计工作。

十一月

1日，国家统计局发表《关于全国人口调查登记结果报告的公报》。1953年，根据中央人民政府政务院的指示，结合全国普选，进行了全国人口调查。调查的标准时间是1953年6月30日24时，有250余万人参加这次调查登记工作。调查结果，全国人口总数为601 938 350人，其中直接调查登记的人口为574 205 940人。直接调查登记的人口中，男子297 553 518人，占51.82%，女子276 652 422人，占48.18%；年龄在18岁以上的338 339 892人，占58.92%，17岁以下的235 866 148人，占41.08%。在全国人口中，汉族占93.94%，其他民族占6.06%；城镇人口占13.26%，乡村人口占86.74%。这是新中国成立以来的第一次全国人口普查，为我国经济和社会发展提供了重要的比较可靠的资料。

8日，国家建设委员会成立，薄一波任主任。国家计委城市建设计划局划归国家建委领导，改名国家建委城市建设局。

10日，国务院发出《关于设立、调整中央和地方国家行政机关及其有关事项的通知》。其主要内容是：一、经人大常委会第二次会议批准，国务院设立20个直属机构，主办各项专门业务。二、国务院设立八个办公室协助总理分别掌管国务院所属各部门的工作。其中，建筑工程部的工作归第三办公室（重工业）负责掌管。

本年度出版的城市规划类相关著作主要有：《关于莫斯科的规划设计》（北京市人民政府都市计划委员会资料研究组编）、《苏联城市规划中几项定额汇集》（中央人民政府建筑工程部城市建设局编译）、《城市规划设计参考资料：关于莫斯科的规划设计》（北京市人民政府都市计划委员会编辑）、《城市规划：技术经济指标及计算》（[苏] 列甫琴柯著，岂文彬译）。

1955 年

一月

19 日，任命张霖之为城市建设总局局长，并兼任国家建设委员会副主任。

三月

12 日，刘秀峰部长、万里副部长在给国务院《关于城市建设总局任务及组织机构的报告》中提出，城市建设总局暂编 550 人左右，来源：建工部城市建设局（局内行政干部 182 人，城市设计院 620 人，给水排水设计院 308 人，测量队 200 人）和地方管理局（32 人）的全部干部，再从建工部协调行政干部。

28 日，《人民日报》发表题为《反对建筑中的浪费现象》的社论。提出，"当前建筑中的主要错误倾向，就是不重视建筑的经济原则。"浪费的表现：不分轻重缓急，盲目建筑，毫无限制地提高建筑标准，提高建筑造价。浪费的来源是形式主义和复古主义的建筑思想。

四月

5 日，北京市聘请的苏联专家组一行 7 人到达北京，帮助首都的城市规划工作。

9 日，第一届全国人民代表大会常务委员会第十一次会议根据国务院提出的议案，批准国务院设立城市建设总局，作为国务院的一个直属机构。原建工部城市建设总局撤销。

21 日，中华人民共和国国务院任命万里为城市建设总局局长，孙敬文、贾震为副局长。

30 日，中共中央同意中共北京市委报告，将苏联城市规划专家勃得列夫等单独编组，专门帮助北京市的规划工作，归北京市政府领导。苏联城市规划专家于 4 月 5 日到达北京，他们是：专家组组长、规划专家勃得列夫，曾任莫斯科总体规划学院建筑规划工作室主任；上下水道专家雷勃尼珂夫，曾任莫斯科地下工程机构设计工作室负责人；煤气供应专家诺阿洛夫，曾任莫斯科地下工程设计院副总工程师；城市电气交通专家斯米尔诺夫，曾任莫斯科电气交通托拉斯指导人；规划专家兹米也夫斯基，曾任莫斯科总体规划机构技术科负责人；施工专家施拉姆珂夫，曾任建筑总机构安装托拉斯指导人；建筑设计专家阿谢也夫，曾任莫斯科设计院建筑施工科负责人。

30 日，国务院发出通知，明确城市建设总局负责统一领导全国的城市勘察测量、城市规划、民用建筑的设计和施工、公用事业的设计、建筑和管理工作。

本月，经中央批准，北京市政府正式聘请的苏联专家工作组（包括有城市规划、城市经济、建筑设计、建筑施工、公共交通、供水、排水、集中供热、煤气供应等各专业的 9 位苏联专家）来京指导工作。北京市委从城市建设各方面抽调技术人员，专门成立了专家工作室，在苏联专家指导下工作。并成立都市规划委员会，与专家工作室是一套人马，两块牌子。经过两年多的努力，于 1957 年春拟订了《北京城市建设总体规划初步方案》。

五月

4 日，国家建委召开有关工业布局与城市建设问题座谈会，研究了发展中、小城市，不发展大城市等 20 个问题。国务院有关部委的党员司（局）长出席了会议。

14 日，国家计委、城建总局发出通知，今后有关城市公共事业的各项计划由城建总局主管。

31 日，国家建委、国家计委联合发出《关于选择今年下半年用职工宿舍图纸的通知》。《通知》指出，为贯彻中央指示节约基本建设投资的方针，职工住宅、宿舍的经济指标应首先予以降低，并争取 1955 年下半年尽可能按最经济的图纸施工。

六月

9 日，国务院全体会议第十一次会议通过《国务院关于设置市、镇建制的决定》。《决定》针对几年来各地在设置市、镇建制中的不合理现象，对于市、镇建制的设置作如下决定：一、市，是属于省、自治区、自治州领导的行政单位。聚居人口 10 万以上的城镇，可以设置市的建制。聚居人口不足 10 万的城镇，必须是重要工矿基地、省级地方国家机关所在地、规模较大的物资集散地或者边远地区的重要城镇，并确有必要时方可设置市的建制。市的郊区不宜过大。人口在 20 万以上的市，如确有分设区的必要，可以设市辖区。人口在 20 万以下的市，一般不应设市辖区；已经设了的，除具有特殊情况，经省人民委员会或者自治区自治机关审查批准保留以外，均应撤销，分别设立街道办事处，作为市人民委员会的派出机关。需要设市辖区的，也不应多设。二、镇，是属于县、自治县领导的行政单位。县级或者县级以上地方国家机关所在地，可以设置镇的建制。不是县级或者县级以上地方国家机关所在地，必须是聚居人口在 2000 以上，有相当数量的工商业居民，并确有必要时方可设置镇的建制。少数民族地区如有相当数量的工商业居民，聚居人口虽不及 2000，确有必要时，亦得设置镇的建制。镇以下不再设乡。三、工矿基地，规模较大、聚居人口较多，由省领导的，可设置市的建制。工矿基地，规模较小、聚居人口不多，由县领导的，可设置镇的建制。工矿基地，规模小、人口不多，在市的附近，且在经济建设上与市的联系密切的，可划为市辖区。

30 日，薄一波副总理作《反对铺张浪费，保证基本建设工程又好又省又快地完成》的广播讲话。提出：为纠正基本建设中的铺张浪费现象，必须改进设计和施工两方面的工作。根据党中央的号召，在全国开展以反对基本建设中的铺张浪费为中心的节约运动。现在基本建设中的铺张浪费现象是很严重的，为纠正这一点，必须改进设计和施工两方面的工作。根据党中央的号召，在全国开展以反对基本建设中的铺张浪费为中心的节约运动。

本月，中共中央发出《坚决降低非生产性建筑标准》的指示，要求"在城市规划和建筑设计中，应做到适用、经济、在可能条件下美观"。

七月

3 日，国务院发出关于 1955 年下半年在基本建设中如何贯彻节约方针的指示。国务院指出，为了节约国家建设资金和适应国家经济水平和人民生活水平，今后宿舍和民用建筑应当根据各地建筑用地多少、建筑量大小和就地取材的原则，在办公室与高等学校每平方米的造价 45 ~ 70 元和宿舍造价每平方米 20 ~ 60 元的范围内。目前，对有些新工业城市在规划中存在的规模偏大、标准偏高和对现有城市利用不够的偏向，应作必要的和适当的修改。民用建筑部分，由于标准和层数改变，需要修改规划时，亦应首先将第一期建筑的住宅区和街坊规划作适当的安排，以便不耽误目前施工的准备和进行，然后再进一步研究整个城市规划的修改。在进行第一期建筑的规划时，为了计算规划区的用地面积，暂规定平均每一居民的居住面积不超过 $4.5m^2$。

4 日，中共中央发出《关于厉行节约的决定》，要求在非生产性建设上，必须严格控制，削减非急需建设的项目，认真地降低设计标准和工程造价。

5 ~ 30 日，李富春副总理在第一届全国人大第二次会议上作了《关于发展国民经济的第一个五年计划的报告》。第一个五年计划的基本任务，是集中主要力量进行以苏联帮助我国设计的 156 项建设单位为中心的、由限额以上的 694 个建设单位组成的工业建设，建立我国的社会主义工业化的初步基础。在基本建设投资中，工业是重点，占 58.2%；城市公用事业占 3.7%。

23 日，根据中央的指示，国家建委副主任王世泰在西安主持召开了关于西安市城市建设中几个问题的会议。会议研究了关于西安和鄠县工业区的房屋层数问题；关于西安市的供、排水问题；西安地区的工程进度问题。

30 日，第一届全国人大第二次会议通过了中华人民共和国发展国民经济的第一个五年计划，并同意李富春副总理作的《关于发展国民经济的第一个五年计划的报告》。第一个五年计划的基本任务是：集中主要力量进行以苏联帮助我国设计的"156"个建设项目为中心的、由限额以上的 694 个建设单位组成的工业建设，建立我国的社会主义工业化的初步基础；发展部分集体所有制的农业合作社，并发展手工业生产合作社，建立对于农业和手工业的社会主义改造的初步基础；基本上把资本主义工商业分别纳入各种形式的国家资本主义轨道，建立对于私营工商业的社会主义改造的基础。计划提出，在生产发展的基础上，逐步改善和提高人民的物质文化生活水平。

下旬，中共中央同意并批转李富春 6 月 13 日在中央各机关、党派、团体的高级干部会议上所作的关于《厉行节约，为完成社会主义建设任务而奋斗》的报告。《报告》指出，两年来在各方面存在着严重浪费现象。最突出的是非生产性的建设的浪费。如大礼堂、办公楼和其他非生产性的建筑搞得过多、过好了，有的还搞得过早了。在生产性的建设中，由于急于求成，就不按基建的程序办事，盲目备料，仓促施工等，因此发生不少浪费资金、积压器材等严重现象。在工矿企业和其他经济事业的生产和经营管理中，也有人员过多、机构臃肿、产品质量低、经营管理不善等浪费现象。

八月

4 日，国务院发出《关于工业和民用建筑贯彻防空措施的指示》。

5 日，国务院批转国家建设委员会《关于在基本建设中贯彻中共中央和国务院节约方针的措施》，在改善城市机制和城市建设工作，降低非生产建筑造价等方面提出了具体措施。

6 ～ 13 日，以城建总局副局长王文克为组长，由城建总局、重工业部、卫生部、人防、铁道部、水利部以及内蒙古、包头市、包钢负责人组成的专门工作组，赴包头研究了包头钢铁公司住宅区位置及包头市规划方案。同去的还有以苏联城市规划专家巴拉金为组长的苏联城市规划专家工作组。

九月

7 日，国家计委、国家建委联合发布《关于新工业区中、小学校、商店、医院、影剧院等的投资划分问题》（ 55 计发未字第 118 号 ）。新工业区的中、小学校、商店、医院、影剧院、图书馆、新华书店等的投资问题，过去虽然经多次研究，但因投资划分不明确，主管部门尚未积极进行部署。今明两年许多城市的新工业区将进行大规模施工，如不积极予以解决，工业建设将受到影响。经本委召集教育部、卫生部、商业部及合作总社的有关同志对上述问题进行座谈后认为：1. 新工业区的中、小学建设投资应统由教育部负责；2. 职工 5000 人以下之厂矿，其医院之投资应该由卫生部负责，5000 人以上的厂矿，医院由该工厂、矿山自行投资；门诊所由厂矿自建；3. 新工业区之商店，由商业部负责建设，按中央关于城市供应的分工，新工业区副食品的供应亦由商业部负责；4. 新工业区的影剧院、图书馆、新华书店之建设，由文化部负责。

本月，根据中央领导的指示，国家建委向中央报告，提出"今后新建的城市原则上以建设小城市及工人镇为主，并在可能的条件下建设少数中等城市，没有特殊原因，不建设大城市"。

十月

9 日，国家计委、国家建委颁发 1956 年民用建筑（办公室、住宅、宿舍）经济指标。

24 日，城市建设总局召开重点工业城市会议，参加会议的有：甘肃、陕西、山西、河南、湖北、四川省及内蒙古自治区城建局负责人，兰州、西安、太原、大同、洛阳、武汉、成都、包头市城建局负责人，以及沈阳、旅大、北京、上海、天津、青岛市建工局负责人。会议全面检查了各重点城市的城建工作情况，安排市政工程设计、城市规划和市政工程的施工准备工作的进展，确定施工力量的组织方案，并逐项讨论解决上述各项工作中存在的具体问题，以期按时完成市政工程建设，保证工业生产用水的需要。

26 日，国务院常务会议批准《中华人民共和国国家计划委员会暂行工作条例》，12 月 7 日正式发布执行。《条例》明确规定：国家计委是国务院在国民经济计划工作方面的职能机构，在国务院领导下进行工作。在工作中必须注意下列原则：（一）、（二）、（三）（略），（四）根据经济合理与国防安全的原则，正确地分布生产力，尽量使新建工业企业分布在安全地区，并照顾到靠近原料产地和消费地区，减少不合理运输；适当地规划建设规模，注意大、中、小企业的结合；适当地规定城市的发展规模，城市建设规模不要过分集中，也不要过分分散。

十一月

7 日，国务院全体会议第二十次会议通过《国务院关于城乡划分标准的规定》。《规定》明确城镇标准主要包括两种情况：一是设置市人民委员会的地区和县（旗）以上人民委员会所在地（游牧区流动的行政领导机关除外）；二是常住人口在 2000 人以上，居民 50% 以上是非农业人口的居民区。《规定》明确，工矿企业、铁路站、工商中心、交通要口、中等以上学校、科学研究机关的所在地和职工住宅区等，常住人口虽然不足 2000，但是在 1000 以上，而且非农业人口超过 75% 的地区，列为城镇型居民区。具有疗养条件，而且每年来疗养或休息的人数超过当地常住人口 50% 的疗养区，也可以列为城镇型居民区。上列城镇和城镇型居民区以外的地区列为乡村。《规定》同时明确，为了适应某些业务部门工作上的需要，城镇可以再区分为城市和集镇。凡中央直辖市、省辖市的都列为城市，常住人口在 20000 人以上的县以上人民委员会所在地和工商业地区也可以列为城市，其他地区都列为集镇。个别部门因为工作需要有另订城市与集镇区分标准的必要的时候，应当报告本院批准。为了利于各项工作的进行，责成内务部在 1956 年内，对我国现有的城镇和城镇型居民区尽速作一次统一的审定，并编制"全国城镇和城镇型居民区一览表"报送国务院核准使用。

8 日，国务院常务会议通过《关于结合民用建筑修建二级防空洞的规定》。《规定》指出，凡现有的主要大城市和工业城市、新建和重大扩建的工业城市、沿海省会和随时遭受敌机威胁的港口，例如：北京、天津、上海、沈阳、重庆、武汉、广州、西安、哈尔滨、旅大、长春、鞍山、安东、本溪、抚顺、齐齐哈尔、吉林、阜新、保定、石家庄、唐山、包头、太原、大同、兰州、洛阳、郑州、成都、长沙、湘潭、株洲、济南、青岛、南京、杭州、宁波、福州、厦门、南昌、昆明、南宁、汕头、湛江、塘沽、海口等地所修建的民用建筑（包括办公楼、宿舍、学校、医院、招待所、礼堂、俱乐部、影剧院等），以及在其他地区所修建的列入防空等级工厂的住宅区，凡具有下列条件之一的，都应该结合基本建设修建二级防空洞。《规定》要求各有关城市的城市建设部门，应该建立兼职的人民防空工作机构（一般可设 3 ~ 5 人），在市人民防空委员会的领导下，负责监督各建设单位，切实根据这一规定，不失时机地结合民用建筑修建二级防空洞；并且应该按照城市规划和城市建设计划，通盘考虑全市人民防灾掩体的合理分布，提出统一的计划方案。

19 日，中共中央对包头城市规划方案等问题作出批示。中共中央指出，包头城市规划方案、建筑基地的建设、水源及防洪等问题，对保证包头工业基地的建设均甚重要。中央原则同意该两个报告的内容和国家建设委员会党组的审查意见。

19 日，国务院发布《基本建设工程设计任务书审查批准暂行办法》。

本月，城市建设总局召开省、市、自治区建设局长会议，副局长孙敬文在会上阐述城市建设的根本方针是："为工业建设、为生产、为劳动人民服务，保证工业建设和生产的需要，并适当地满足劳动人民物质文化生活的要求"。

十二月

2日，中共中央发出《关于如何进行建筑学术思想批判的通知》。《通知》指出：近几月来某些报刊展开反对建筑学中的形式主义、复古主义等资产阶级唯心主义思想的批判，对于厉行节约，促进国家工业化有重要意义。

12日，中共中央对中共北京市委关于北京市河道规划问题批复如下：（一）北京市河道规划及等级的选择，请水利部和交通部党组根据水源的可能，并从经济、文化、国防和首都需要等方面作充分的考虑研究。（二）北京市河道的规划，水利部和交通部应正式划入海河流域总体规划内统一解决。所需首都资料由北京市委负责提交。通过市区的主要河道规划，应会同北京市委解决。（三）为了解决海河流域总体规划和首都市规划的进度协调和配合，指定李葆华同志负责召集交通部和北京市委研究解决。

17日，中共中央对侯马城市规划作出批复。中共中央指出，基于侯马将来只能发展成为一个工人镇或小的工业城市，八七四厂厂址不再变动。侯马镇今后可再摆些工业，发展为一个工人镇或小的工业城市。至于城市规模多大，放些什么工厂，可由计委、建委在进行区域规划和厂址选择时加以考虑。侯马镇的城市规划可由国务院城市建设总局协助办理。

本年，国家计委印发《关于一九五六年度国民经济计划表格（草案）的通知》，将基本建设投资主要用途分为十类。其中第六类为住宅建设，第九类为公用事业建设。住宅建设：是指各种事业中专供居住使用的房屋及其附属设施等工程项目的建设。学校教职员工及学生宿舍以及列入建设预算为建筑工人建造的宿舍（是指建设单位竣工后，不拆除部分）亦属于此项。住宅建设中包括附属在住宅建筑内或与之相连专为几户住宅居民使用的厨房、厕所、浴室等。但不包括为全部住宅区居民服务的厕所、浴室及公共食堂等工程项目的建设，该项建设应分别列入公用事业建设、贸易和采购建设内。公用事业建设：是指公用的供水、排水、道路、电车、公共汽车、煤气、轮渡和各部门为工人和职员生活服务的供水和排水工程、城市及各部门环境绿化、公用的旅馆、理发馆、浴室等工程项目的建设。但各事业部门生产专用的供水、排水（如工业供水及排水管道的建设），厂区有特殊意义的绿化（如厂区防尘、铁路两旁的造林等），则列入各部门的事业建设内。行政机关建设：是指国家各级行政机关（包括各经济部门管理机构）及各民主党派、人民团体的办公室、附属房屋等工程项目的建设及银行营业用房的建设均属于此项。但行政机关附设的学校、住宅等，应分别其性质列入文教建设、住宅建设项内。各部及各省（市）人民委员会在编制计划草案时，并应将上述各项事业的建设，按其性质分成生产性建设、流通性建设以及非生产性建设三大类。生产性建设是指直接用于生产的建设，包括工业建设，农业、林业、水利、气象建设，科学试验研究及设计机构建设；流通性建设包括运输和邮电建设，贸易和采购建设；所有不属于以上两类建设者，均为非生产性建设，包括住宅建设、文化教育建设、卫生保健建设、公用事业建设及行政机关建设。

本年度出版的城市规划类相关著作主要有：《城市规划问题》（建筑工程出版社编辑）、《城市规划中的铁路运输问题》（［苏］霍达塔也夫著）、《城市规划：工程经济基础（上册）》（［苏］大维多维奇著，程应铨译）、《城市规划》（胡汉文编著）、《城市规划中的工程问题》（［苏］斯特拉明托夫著，中华人民共和国建筑工程部城市建设总局译）、《乌拉尔各城市规划和修建中的几个问题》（［苏］伊·阿·奚思根、勒·埃·皮留柯夫著，中华人民共和国建筑工程部城市建设总局译）、《城市街道设计》（［苏］斯特拉霍夫著，上海市市政工程局俄文学习委员会道路编译组译）。

1956 年

一月

18 日，中共中央批转中央书记处第二办公室《关于目前城市私有房产基本情况及进行社会主义改造的意见》。中共中央指出，中央基本上同意书记处第二办公室"关于目前城市私有房产基本情况及进行社会主义改造的意见"，望各地参照执行。对城市房屋私人占有制的社会主义改造，必须同国家的社会主义建设和国家对资本主义工商业的社会主义改造相适应。这是完成城市全面的社会主义改造的一个组成部分。各级城市党委，必须予以重视。一切私人占有的城市空地、街基等地产，经过适当的办法，一律收归国有。

24 日，国务院发出《关于纠正与防止国家建设征用土地中浪费现象的通知》。为了纠正与防止浪费土地现象，《通知》规定，一、各级人民委员会在审核和批准征用土地计划时，要本着节约用地的原则确定建设单位的用地数量，根据当地建设发展的全面规划核定用地的位置，并应审核建设单位所提出的土地补偿和居民安置计划是否合理。凡是没有按照规定程序办理申请手续并得到批准的，不得征用土地。二、各建设单位在征用土地以前，必须认真地本着节约用地原则，按照实际需要，分别轻重缓急，详细拟订计划。必须做到需要多少征用多少，可征用可不征用的不征用，暂时不施工的不必过早征用，可分期分批征用的分期分批征用。各建设单位的上级领导机关必须对所属单位提出的用地计划和征用土地的使用情况，进行严格的审核和监督。三、各级人民委员会必须对已征用土地的使用情况经常检查，发现浪费土地的现象，应当及时纠正。对建设单位因建设计划更变，不再使用或使用后尚有多余的土地，都应当无偿收回，另行调拨给其他建设单位使用或组织农民耕种。对不经申请批准擅自占用土地及严重浪费土地、损害群众利益的建设单位应当追究责任，并作适当处理。四、各建设单位对于已征用的土地，应当根据实际需要详加审核，将多余的土地主动交给当地人民委员会处理，不得自行转租，转让或径自进行农业生产。

二月

14 日，毛泽东主席召集煤炭、石油、国家建委等重工业各部门开会。会上，毛泽东主席指出，一个城市的设计资料，应统一由城市建设局管，但各部门也要管一点，把你自己的资料拿出来，同他们的对一对，可靠不可靠，就更有把握了。

22 日至 3 月 4 日，国家建委在北京召开第一次全国基本建设工作会议。会上，国家城市建设总局万里局长作了《关于城市建设工作的报告》。他提出：必须全面规划，认真贯彻执行"为工业、为生产、为劳动人民服务"的城市建设方针，把主要力量使用在新建与重大扩建的工业城市上，以保证工业建设的需要。为了争取提前完成第一个五年计划的基本建设任务，做好第二个五年计划基本建设工作的准备，会议着重讨论了今后若干年内设计、建筑、城市建设的初步规划以及改进基本建设工作的基本措施。会议拟定了《关于加强新工业区和新工业城市建设工作几个问题的决定》、《关于加强和发展建筑工业的决定》、《关于加强设计工作的决定》等文件草案，5 月 8 日经国务院常务会议批准下达。其主要内容是：一、做好城市规划，按照经济和安全兼顾的原则进行区域规划，布置工业和新工业城市；注意加强城市和工人镇的规划，统一组织厂外工程和公用事业工程的建设，加强民用建筑的管理，提高质量。二、要求建筑工业积极地、有步骤地实行工厂化、机械化施工，实现建筑安装组织的专业化，提高建筑安装企业的管理水平，同时要扩大建筑材料的生产，积极开展建筑科学的研究工作，培养技术力量。三、要求加速编制并广泛采用标准设计；按照专业化原则逐步调整现有的设计机构，增设必要的、新的设计机构；加强设计机构的领导工作和计划工作，建立和健全设计机构的管理制度，注意培养设计人员，提高设计人员的政治业务水平和工作效率。

23 日，全国基本建设工作会议印发国家建委苏联顾问克拉夫秋克《关于在中国开展区域规划工作问题的建议》。克拉夫秋克分析了在中国条件下开展区域规划工作的特点和任务，他建议，最好由城市建设总局所属勘察设计机构吸收有关部及主管部门参加，在国家计委和国家建委领导下，开始进行区域规划的准备工作。

本月，城市建设总局将城市设计院调整为城市设计院和民用建筑设计院。鹿渠清任城市设计院院长，李正冠任民用建筑设计院院长。

四月

11 日，国家城市建设总局万里局长在城市规划训练班结束时作了题为《城市规划工作中的几个问题》的讲话。

25 日，毛泽东在中央政治局扩大会议上作了关于《论十大关系》的重要报告。《报告》以苏联的经验为鉴戒，总结了我国的经验，论述了社会主义革命和社会主义建设中的十大关系，提出了适合我国情况的多快好省地建设社会主义的基本思想。其主要内容是：在重工业和轻工业、农业的关系问题上，提出用多发展一些农业、轻工业的办法来发展重工业。在沿海工业和内地工业的关系问题上，提出必须充分利用和发展沿海的工业基地，以便更有力量来发展和支持内地工业。在国家、生产单位和生产者个人的关系问题上，提出三个方面都必须兼顾，不能只顾一头，要给生产单位一定的独立性和权益，要关心群众生活，特别要使工人、农民在增产的基础上增加收入。在中央和地方的关系问题上，提出在巩固中央统一领导的前提下，扩大地方的权力，让地方办更多的事情，发挥中央与地方两个积极性。在汉族和少数民族的关系问题上，提出要着重反对大汉族主义，要对少数民族地区的经济管理体制和财政体制好好研究，诚心诚意地积极帮助少数民族发展经济建设和文化建设。在中国和外国的关系问题上，提出每一个民族、国家都有它的长处，要学习它的长处，包括学习资本主义国家的先进的科学技术和企业管理方法中合理的方面，要有分析有批判地学，不能盲目地学，不能一切照抄，机械搬用。学习苏联和其他社会主义国家的经验，也应当采取这样的态度。

本月，国家建委城市建设局分为城市规划局、区域规划局和民用建筑局。

五月

8 日，国务院颁布《关于加强新工业区和新工业城市建设工作几个问题的决定》。（一）社会主义建设，要求正确地配置国家的生产力。积极开展区域规划，合理地布置第二个和第三个五年计划时期内新建的工业企业和居民点，是正确地配置生产力的一个重要步骤。区域规划就是在将要开辟成为新工业区和将要建设新工业城市的地区，根据当地的自然条件、经济条件和国民经济的长远发展计划，对工业、动力、交通运输、邮电设施、水利、农业、林业、居民点、建筑基地等建设和各项工程设施，进行全面规划；使一定区域内国民经济的各个组成部分之间和各个工业企业之间有良好的协作配合，居民点的布置更加合理，各项工程的建设更有秩序，以保证新工业区和新工业城市建设的顺利发展。进行区域规划，布置工业和新工业城市时，必须贯彻经济和安全兼顾的原则，既要便于工业的协作，缩短原料、燃料和产品的运输距离，力求经济合理；又应该十分注意安全问题，加以适当的分散，避免在一个工业区内集中过多的重要工厂。重要的工厂同工厂之间要保持必要的距离，工业区同工业区之间要保持更大的距离。根据工业不宜过分集中的情况，城市发展的规模也不宜过大。今后新建城市的规模，一般地可以控制在几万至十几万人口的范围内；在条件适合的地方，可以建设 20、30万人口的城市；因特殊需要，个别地可考虑建设 30 万以上人口的城市；有特殊要求的厂矿或因限于地形条件，可以建设单独的工人镇。为了避免工业的过分集中，在规模已经比较大的工业城市中应该适当地限制再增建新的重大的工业企业。如果必须增建时，也应该同原来的城区保持必要的距离。国家计划委员会应该及早提出第二个、第三个五年计划工业建设项目分布的资料，作为区域规划的根据。区域规划工作的步骤，应该是普遍准备，重点进行。根据我国工业建设的情况，应该从 1956 年开始进行 10 个地区的区域规划。（二）加强城市和工人镇的规划工作，是保证工业建设顺利进行的重要条件。在新建的工业城市和工人镇选择工业企业厂址的时候，应该同时确定住宅区的位置，及早进行规划。在进行城市规划时，对工业企业的厂址、住宅、公共建筑、交通运输、邮电、道路、绿化、供水、排水和其他工程管线应该作合理的布置，以便有计划地进行建设。在城市规划中，必须把远期规划和近期规划很好地结合起来，只注重远期规划而忽视近期规划的做法是不对的，正确的做法应该是，在初步规划的轮廓大致确定的基础上，着重编制近期建设计划和即将修建地区的详细规划。必须注意规划的综合性和合理性，避免过分注意城市的美化，而忽视适用和经济的偏向。应该采取分期分区、成街成片集中建设的办法，克服城市建设中的紊乱现象。凡扩建的旧城市，必须充分利用现有建筑物和设备，避免拆迁过早和过多的现象。为了使城市规划工作能够适应工业建设的需要，城市建设部应该组织有关省（市）、自治区迅速完成第一个五年计划时期内新建工业城市的初步规划。将要在第二个五年计划时期内建设的新工业城市，也应该积极进行准备，以便及早完成初步规划。对于已有初步规划的新建和扩建的工业城市，应该逐步地、有重点地进行总体规划的编制工作。为了有计划地、逐步地把我国原有的大中城市，加以必要的和可能的改造，城市建设部应该积极协助有关省（市）、自治区，对原有各大城市、省会、自治区首府以及其他重要城市开始初步规划的编制工作。对于建设任务大的城市，同时应该编制近期修建地区的详细规划。在加强新工业城市规划工作的同时，还应该有计划地开展为一两个企业（如工厂、矿区、水电站、国营农场、林业采伐区等）服务的各种类型的工人镇的规划工作。工人镇的规划确定由主要建设部门所属的或委托的建筑设计机构编制，由城市建设部和省（市）、自治区的城市建设部门给予必要的协助。为了便于城市规划工作的进行，国家计划委员会应该根据国民经济长远发展计划和各个城市的实际情况，提出城市发展的技术经济和城市人口发展规模的资料，作为城市规划的依据。（三）厂外工程和公用事业工程的建设，对于保证工业企业的建设和开工生产关系极大，而厂外工程和公用事业工程在建设中的协作配合问题，又是一个很复杂的组织工作。因此，各有关部门都应该在全面规划、分工合作的原则下共同完成此项任务。为了统一组织厂外工程的协作，在各个新工业区内应该由国家建设委员会指定一个主要的建设单位担任总甲方，总甲方和其他建设单位的职权分工，由国家建设委员会予以规定。各总甲方的主管部应该切实加强对这一工作的领导。为了明确各项厂外工程和公用事业工程中各部门的责任，决定厂外工程和公用事业工程的设计综合工作由各该地区的负责城市规划或工人镇规划的设计部门负责，施工时期的全面规划由国家建设委员会指定该地区的一个主要施工部门负责。各单项厂外工程的设计、施工，一般应按专业系统分工，即供水（包括水源工程）、排水、道路、桥梁、防洪、厂区以外的绿化、电车道等由城市建设部和主管省（市）、自治区的城市建设部门负责，热力管道、输电变电工程由电力工业部负责，铁路专用线由铁道部负责，电话由邮电部负责，工业供水的水库工程由水利部负责，水用码头和航道由交通部负责。为了保证厂外工程和公用事业的建设能够有秩序地进行，第一，必须编好厂外工程总体设计计划任务书，将各项工程的设计委托、建设进度和平面布置的轮廓，作一个全面安排，以便各有关建设部门均能据此进行工作。第二，进入设计阶段以后，抓紧进行厂外工程的设计综合工作，以便进一步发展并解决各项设计之间的矛盾问题，使各项工程的布置更加合理。第三，在施工准备阶段，应该把同一地区内各项工程的施工现场、施工次序、地方材料和共同性的加工预制厂等，加以全面布置，避免在施工过程中互相干扰和返工浪费的情况发生。（四）在城市和工人镇的建设中，必须加强民用建筑的管理工作，提高民用建筑的质量。为了使新工业城市和工人镇的住宅和商店、学校、邮电支局、托儿所、门诊所、电影院等文化福利设施建设得经济合理，克服某些混乱现象，应该逐步地实行统一规划、统一投资、统一设计、统一施工、统一分配和统一管理的方针。今后除新建工人镇的住宅和文化福利设施由主要建设部门统一建设和管理外，新工业城市和其他重要城市，应该由当地人民委员会负责建设和管理。（五）勘察测量是新工业城市建设中的一个重要工作，目前在这方面所存在的主要问题是技术力量不足，组织协作也不够好。为了迅速改变这种情况，在统一的勘察测量办法未制定前，关于区域规划、城市规划和工人镇规划所需要的地形测量、工程地质和地下水源勘测等工作，均由城市建设部统一组织各有关部门分工进行。关于各工业企业和其他工种在编制设计时所需要的地形测量和工程地质资料，除尽量利用统一勘测所得的资料外，不足部分均由各建设部门自行解决。在同一地区内必须使用统一的水准基点及坐标系统，该项水准基点及坐标系统，都由当地城市建设部门统一规定。为了保证各种资料的质量，一切勘测资料在供给建设部门使用前，都应该由提供资料的部门进行技术鉴定。城市建设部应该在 1956 年年底前制定出勘测测量技术规范，送国家建设委员会核定。为了使各项资料能够被充分利用，各建设单位所搜集的资料，都应该送交当地城市建设部门统一管理。

12 日，第一届全国人民代表大会常务委员会第四十次会议通过《关于调整国务院所属组织机构的决议》，决定成立中华人民共和国城市建设部，撤销城市建设总局。任命王鹤寿为国家建设委员会主任；万里为城市建设部部长。

30 日，城市建设部颁发《城市建筑管理试行条例》。

六月

20 日，《人民日报》发表了题为《既要反对保守主义，又要反对急躁冒进》的社论。社论指出：任何人不可以无根据地胡思乱想，不可超越客观的情况所许可的条件去计划自己的行动，不要勉强去做那些实在做不到的事情。社论还进一步指出，"急躁冒进之所以成为严重的问题，是因为它不但是存在在下面的干部中，而且首先存在在上面各系统的领导干部中，下面的急躁冒进有很多就是上面逼出来的。"

26 日，《人民日报》社论《解决职工住宅问题》指出，房子问题不只是职工个人的生活问题，也是一个社会问题。各个部门、各个企业都应着手编制解决职工住宅问题的规划，并且把规划向群众宣布，动员群众来监督规划的实施。

七月

20 日，国家建委颁发《区域规划编制审批暂行办法》（草案）和《关于 1956 年开展区域规划工作的计划》（草案）。

23 日，国家建委颁发《城市规划编制暂行办法》。

本月，发出《关于开展工人镇规划工作的通知》，适用于总人口在 5 万以下，为 1 个或几个企业服务的新建或扩建的工人镇分别规定了总体规划与近期修建地区详细规划图纸与文件的内容。

八月

9 日，国家经委、国家建委颁布《关于颁发 1957 年民用建筑造价指标的通知》（（56）建民安字第 824 号）。本造价指标是根据各地区的气候条件和材料工资差价的情况，以某些城市为中心，将全国暂分为 6 个造价指标地区：（1）北京、天津、西安、太原等地区；（2）长春、哈尔滨、齐齐哈尔等地区；（3）沈阳、包头等地区；（4）兰州地区；（5）济南、洛阳等地区；（6）上海、武汉、南京、重庆、广州等地区。凡本指标未列地区，均请各省、市、自治区人民委员会，根据当地实际情况，参照国家颁发的指标水平，拟定适于本地区的造价指标，报国家经委和国家建委备查。本指标不包括室外工程费和防空、防震等费用，街坊内的上下水道、化粪池、道路、外线照明、变压器等费用。楼房建筑按每平方米建筑面积造价的 3%～5% 计算。在采暖地区室外的锅炉房、锅炉、烟囱、暖气管沟等费用按每平方米建筑面积的 5%～7% 计算。关于防空费用按国家规定办理。至于防震、土地收购、拆迁补偿、土方平整、基础特殊处理等费用，可根据具体情况计算，并报主管部门审核。本指标内上海、武汉、南京、重庆、广州及长江以南地区的各种建筑和各区的平房一律没有暖气工程费。

14 日，国家建委颁发《城市规划编制暂行办法》，这是新中国第一部重要的城市规划规章。

29 日至 9 月 8 日，城市建设部召开城市测量工作会议。会议的主要议题是制定统一的技术规范和各省市测量业务的管理办法，迅速培养力量，以适应城市建设发展的需要。

十月

9 日，苏联地下铁道专家组一行 5 人到京。11 日正式上班，16 日提出了半年工作计划。24 日，国家建委副主任王世泰召集铁道、地质部和北京市相关部门开会，决定由三家成立"北京地下铁筹备处"，刘德义为主任。

本月，国家建委颁发《关于标准设计的编制审批、使用暂行办法》，包括对服务性设施所要求的机械化程度；按不同条件或要求提出编制设计的若干技术方案，并说明其特征；主要的技术经济指标（概略指标）；设计阶段及设计报送审批日期；必要时还应列有房屋等级及其他特殊条件。注：生产房屋、辅助房屋，以及畜牧场、拖拉机站、修配工厂等所包括的公共建筑，其标准设计任务书分别按本办法所列工业房屋和公共建筑任务书的内容要求进行编制。住宅和公共建筑：1. 适用地区（如拟编制的设计系用来代替某些现行设计时，应注明所代替的设计）；2. 成套的住宅房屋应列出房屋层数、房间数目及其大小，各层高度；3. 公共建筑及宿舍的设计容纳量（医院的床位数、学校的学生数、影剧院的座位数等）、房屋层数及房间组成；4. 医院、学校、儿童保育机构及类似房屋（必要时还包括居住房屋）应指出其采光方向；5. 墙和承重结构的主要材料；6. 房屋主要安装构件的重量；7. 房屋卫生工程和工程设备的性质；8. 对房屋的装修要求；9. 按不同条件或要求提出的编制设计的若干技术方案，并说明其特征；10. 主要的技术经济指标（概略指标）；11. 设计阶段及设计报送审批日期；12. 必要时还应列有房屋等级及其他特殊条件。

十一月

2 ~ 12 日，城市建设部在北京召开全国城市建设工作会议，万里部长作了报告，内容包括：关于城市规划方面的问题、关于原有城市的建设方针问题、关于公用事业问题、关于民用建筑设计问题、关于城市建设管理问题、关于今后工作的意见。会议讨论了编制总体规划、详细规划和城市规划定额指标等问题，总结了城市建设工作的经验，明确了城市建设中的方针问题，提出了今后城市建设工作的意见。

10 ~ 15 日，中国共产党举行八届二中全会，毛泽东和周恩来等在会上讲了话。毛泽东说，我们的计划经济，又平衡又不平衡。平衡是暂时的，有条件。不打破平衡，那是不行的。我们的经济问题，究竟是进，还是退？有进有退，主要的还是进，但不是直线前进，而是波浪式地前进。要促进，不要促退。从前四年的情况看，第一个五年计划是正确的。至于错误，确实有，这也是难免的，因为我们缺少经验。前几年光注意"骨头"，不大注意"肉"，厂房、机器设备等搞起来了，而市政建设和服务性的设施没有相应地搞起来。要保护干部和人民群众的积极性，不要在他们头上泼冷水。

十二月

1 日，卫生部和国家建委颁布《饮用水水质标准》，即日起在全国执行。

本年，中国建筑学会城乡学术委员会（中国城市规划学会的前身）成立。

本年度出版的城市规划类相关著作主要有:《城市规划及设备》(同济大学城

市规划教研组编）、《城市规划编制暂行办法》（中华人民共和国国家建设委员会批准）、《城市规划与修建法规》（苏联建筑科学院城市建设研究所编，中华人民共和国城市建设部译）、《城市规划：工程经济基础（下册）》（［苏］大维多维奇著，程应铨译）、《工程地质勘测：城市规划与建设的指南》（［苏］普里克隆斯基等编，中华人民共和国重工业部有色冶金设计院翻译科译）、《关于使用标准设计来修建城市的一些问题》（［苏］格拉考济诺夫著，中华人民共和国城市建设部办公室专家工作科译）、《区域规划问题》（［苏］B·阿胡廷著，中华人民共和国城市建设部办公室专家工作科译）。

1957 年

一月

11 日，国务院发出《关于职工生活方面若干问题的指示》。《指示》指出，对于现在一部分职工所缺少的住宅，应该本着艰苦朴素、厉行节约的精神，采取有效措施逐步地加以解决。今后中央各部门和各省、自治区、直辖市人民委员会在根据国家核定的基本建设计划分配基本建设投资的时候，应该适当地注意建筑住宅的投资，逐年为缺房的职工增建一部分住宅。企业中历年积存下来的奖励基金和今后每年提取奖励基金，都可以拨出一部分用来建筑职工住宅。对于现有的职工住宅，地方人民委员会和各企业、事业单位都应该注意充分地和合理地加以使用，做好房屋的维修工作，限期修整有倒塌危险的房屋。在职工自愿的原则下，可以把职工的住宅作合理的调整。今后新建和扩建企业，必须根据国家计划和批准的初步设计，同时修建新增加职工所必需的住宅。

18 日，中共中央召开省、市、自治区党委书记会议，讨论思想动向问题、农村问题和经济问题。会上，陈云作了关于财政经济问题的发言。陈云还提议要研究各种经济之间的比例关系，如重工业、轻工业、农业的投资比例；建设中的"骨头"和"肉"的关系。

23 日，国家计委赴东北工作组在《关于东北地区基本建设情况的报告》中提出，黑龙江省建设银行对 101 厂的检查表明，该厂民用建筑标准过高，家属宿舍每平方米 147 元，有的达 167 元。1956 年辽宁省地方工业原计划增加 7000 人，实际增加了 72000 人，为原计划的 10 倍多，给城市带来了巨大压力。住宅严重不足，辽宁省 1953 年住宅和福利设施投资占地方工业总投资的 19.3%，1955 年则下降至 2.35%。吉林市人口比解放时增加了 1 倍多，住宅只增加了 13%。

本月，城市建设部在天津召开第一次全国供水会议。

二月

15 日，中共中央发出《关于一九五七年开展增产节约运动的指示》。中央指出，由于 1956 年的年度计划进展过快，并且在计划执行的某些方面放松了应有的控制，因而在物资供应和财政支出方面，造成了紧张局面。为了缓和目前经济生活和财政收支的紧张局面，必须适当地调整 1957 年度基本建设的规模。原定在 1957 年开工建设的项目，应当进行具体分析，重新排队，把那些在今年和明年都有可能和有必要施工的项目，列入年度计划；把那些 1957 年虽有可能施工，但是明年没有可能继续施工的项目，从年度计划中取消；把那些需要建设、已经设计，但是目前限于物力和财力，还不可能施工的项目，列为预备项目。同时，在工业、农业的生产中，在运输、邮电和商业的经营中，都必须想尽一切办法，广泛地开展增产节约运动。《指示》还要求，在 1957 年的增产节约运动中，必须大量节减各行政部门、事业单位和企业单位的行政管理费用，严格限制人员的增加，合理调整现有的机构和人员，逐步改变某些不合理的工资福利制度，并且彻底地消灭铺张浪费现象。

27 日，毛泽东在最高国务会议第十一次（扩大）会议上作《关于正确处理人民内部矛盾问题》的讲话。在他的讲话中，直接与经济工作有关的重要论述，有以下 4 个问题：一、农业合作化问题。二、统筹兼顾、适当安排。三、关于节约问题。四、中国工业化的道路问题。我国的经济建设是以重工业为中心，但是同时必须充分注意发展农业和轻工业。他说，我们要求在取得经济建设方面的经验，比较取得革命经验的时间要缩短一些，同时不要花费那么高的代价。关于节约问题。我们要进行大规模的经济建设，但是我国还是一个很穷的国家，这是一个矛盾。全面地、持久地厉行节约，就是解决这个矛盾的一个办法。中国工业化的道路问题。我国的经济建设是以重工业为中心，这一点必须肯定。但是同时必须充分注意发展农业和轻工业。我国是一个大农业国，农村人口占全国人口的 80% 以上，发展工业必须和发展农业同时并举，工业才有原料和市场，才有可能为建立强大的重工业积累较多的资金，没有农业，就没有轻工业。农业和轻工业发展了，重工业有了市场，有了资金，它就会更快地发展。这样看起来工业化的速度似乎慢些，但是实际上不会慢，或者反而可能快一些。

本月，据城市服务部房产局调查，对城市房屋的管理情况，各地很不一致。城市房屋的管理情况，比较复杂。军事部门和企业用房，一般由各单位自行管理；机关、团体、学校、医院等用房的管理情况，各地则不同，有的基本上统一由市房地产部门管理（如东北几个大城市），有的仅对市属各单位用房统一由市房地产部门管理（如北京、天津、济南、青岛）；多数城市未进行统一管理，分别由各用房单位自管。民用公房均由市房地产部门管理或由其他部门兼管。对于私房，大、中城市在不同程度上进行了管理，但在较小的市、镇，目前仍多处于自流。据过去了解，在全国 166 个市中，设有房地产专管机构的有 83 个市。他们所做的工作，虽然项目很多，但归纳起来有：（1）公房的管理修缮、经租、新建（部分的、零星的）和调拨（部分的）等；（2）私房产权、租赁、交易的管理、推动修缮，及处理私人捐献等；（3）公、私房地产测量、登记、发证工作；（4）国家建设征用土地工作；（5）代管房地产的管理；（6）特殊房产，如祠堂、庙宇、会馆、公所等房产问题的处理。目前，许多市房地产部门正在市的私改办公室领导下，进行着对私房的社会主义改造工作。

三月

本月，陈云在政协第二届三次会议上指出，在城市建设中，必须纠正规模过大、标准过高、占地过多、要求过急的偏向。

四月

5～18 日，城市服务部召开城市房产工作座谈会。出席座谈会的有北京、天津、上海、沈阳、长春、哈尔滨、吉林等 17 个城市的房地产管理局（处）及江苏、吉林、黑龙江 3 省的房产管理部门负责干部。这次座谈会除了了解情况，交流经验外，对房租等问题也进行了初步研究。新中国成立初期大中城市一般私房多于公房，目前则一般公房多于私房，这说明社会主义财富在不断增长。

11 日，《人民日报》社论《少花钱多办事是可能的——谈我国基本建设的初步经验》。这个经验是：建设事业的发展，必须和我国经济发展的基本特点相适应，也就是说，我国的建设要从我国的具体情况出发，必须是实事求是的。同时，在城市建设和非生产性的建设方面，则应该适当地降低标准，更多地考虑我国人民当前的生活水平。

16 日，国务院副总理李富春召集北京市委、北京市地铁筹备处、国家建委及军委张爱萍座谈北京市委所提关于北京市地下铁道的第一期工程问题。17 日，李富春向中央报告：从最近 15 年的情况来看，不必建地下铁道。城市的发展和建设必须加以控制，如果北京附近需要发展，不如就现有城市周围再建一些卫星城市更为合适。这几年的建设经验是，城市太庞大了其管理及服务事业也不易办好。

26 日至 5 月 15 日，遵照李富春副总理的指示，国家建委、城市建设部组织工作组，会同陕西省、西安市城市建设部门的同志，根据中央关于增产节约的指示和勤俭建国的方针，检查了西安市城市规划、城市建设方面的问题。

本月，城市建设部在北京召开第一次全国公共交通会议。

五月

1 日，李富春、薄一波给中共中央的报告，提出了对解决目前经济建设和文化建设方面存在的一些问题的意见。报告针对他们在西安、成都了解的执行勤俭建国方针不力等情况向中共中央建议：（一）严格控制建设用地。（二）适当降低建设标准。（三）在城市的住宅建设方面，应集中力量解决职工的集体宿舍和家属宿舍，原则上不再新建，由现有的城市住宅中适当调剂。（四）今年各单位计划建设的修理厂，机修和木工等辅助车间以及试验室等，凡未动工者，应一律停建；已经动工的，应改作他用。（五）现有的中等技术学校和技工学校一律停止扩建；未动工的一律停止建筑。（六）加强经济部门基层组织的领导力量。下决心抽调一部分现在集中在北京的副部长、司局长到大的厂矿、商店任厂长（经理）或党委书记。（七）城市的公共和服务性的建筑要大大降低建筑标准。

16 日，李富春、薄一波在重庆谈勤俭建国的方针。李富春提出了基本建设的 10 个政策问题，批评了基本建设征地过多、新工业城市规划过大、标准过高等问题。

19 日，中共中央批转李富春、薄一波《关于解决目前经济建设和文化建筑方面一些问题的意见的报告》。如建设用地过大、建设标准过高、各搞一套等。这些巨大浪费的现象，必须坚决加以纠正。建设用地过大；建设标准过高；每个建设单位都要求"全能""单干"，真是"机器之声相闻，老死不相往来"；中等技术学校发展过多和建设标准过高；经济部门、特别是工业企业的基层干部过弱。根据这些情况，李富春、薄一波建议：（1）严格控制建设用地。（2）适当降低建设标准。（3）在城市的住宅建设方面，应集中力量解决职工的集体宿舍，职工的家属宿舍原则上不再新建，由已有的城市住宅中适当调剂。（4）城市的公共和服务性的建筑（包括商店、电影院、旅馆、银行、邮电局等）应该大大地降低建筑标准，如需新建的时候，也不要完全建在市中心，而应分别建筑在工厂区域。

24 日，《人民日报》发表《城市建设必须符合节约原则》的社论，批评城市建设规模过大、标准过高、占地过多及城市改扩建中的"求新过急"现象，即"反四过"。

31 日至 6 月 7 日，国家计委、国家建委、国家经委联合召开全国设计工作会议，动员全国设计人员用整风精神检查和总结第一个五年计划的经验教训，研究了城市规划和城市建设工作中存在的主要问题，并提出了改进意见，要求"城市建设工作必须实事求是地从我国具体条件和情况出发，贯彻勤俭建国的方针"。

本月，国家建委建筑科学院筹备成立了区域规划与城市规划研究室（1958 年合并到城市设计院）。

六月

3 日，国务院发出《关于进一步开展增产节约运动的指示》，提出民用建筑应该提倡简易房屋，坚决制止脱离经济、适用，追求豪华的倾向。

7 ~ 8 日，城市建设部召开省、市、自治区城市建设厅（局）长座谈会，讨论了在城市规划和设计工作中如何贯彻勤俭建国的方针。万里部长在讲话中提出：城市规划是门科学，是一项工作，根本取消不了的。城市建设工作很复杂，出现缺点、错误是难免的。出了问题，城市规划只能负规划上的责任。城市规划工作不是要收缩，而是要发展和深化。

7 ~ 8 日，城市建设部邀请参加全国设计工作会议的各省、市、自治区城建局负责同志召开座谈会，听取对部领导工作和几年来城市建设工作的意见。会上，代表们对这次设计会议上对城市规划的提法反应强烈，提出了许多意见和批评。座谈会结束时，万里部长对代表们提出的问题作了解答，并提出一般城市的远景规划，每人居住面积应采用 9m^2 来考虑城市的布局和功能分区，以保证城市的合理发展，但在旧城市或某些土地面积狭窄的新城市中则不能机械采用；至于近期规划与建设的居住面积，则应根据国家投资可能来制定相应的定额。

七月

15 日，人民日报发表马寅初的《新人口论》。早在 2 月的最高国务会议上，马寅初对人口问题就提出了一些看法。在 6 月一届人大四次会议期间，他系统地阐述了自己的观点，认为：人多固然是一个极大的资源，但也是一个极大的负担，如果不加控制任其盲目增长，势必严重影响国民经济的发展和人民生活的提高。他主张提高人口质量、控制人口数量，并建议采取以下措施：一、进行人口普查；二、宣传晚婚节育的好处；三、实行计划生育是控制人口最有效的办法。在反右派斗争中，马寅初的观点受到批评，他的许多正确的意见和建议被错误地当做新马尔萨斯人口论进行批判。这次错误的批判，对我国的经济建设和人口问题的解决带来极不利的影响。

本月，城市建设部在北京成立市政工程研究所。

九月

5 日，周恩来在国务院劳动工资座谈会上作报告。周恩来指出，在劳动工资方面要考虑的，一是国情，二是从 6 亿人民出发统筹安排，也就是要把积累与消费、建设与生活安排好，实质上就是建设、就业、生活三者要结合。建设是为了发展生产，解决就业，改善人民生活。当前劳动工资方面存在的突出问题是：（一）许多劳动工资制度，不是从 6 亿人民出发，而是从 2400 万人（指全民所有制职工人数——编者）出发。（二）许多规定刺激了人口增长，特别是城市人口的增加。不是鼓励人们上山下乡，而是鼓励人们进城。（三）多注意了城市的建设，而对农村建设注意不够。（四）照搬苏联经验，而结合中国实际情况不够，有些标准搞高了。

22 日至 10 月 9 日，中共八届三中全会（扩大）在北京举行。会上，周恩来总理作《关于劳动工资和劳保福利问题的报告》。周总理指出，第一个五年计划期间，国家对职工住宅基建投资 44 亿元，建设职工住宅共约 0.8 亿 m²（平均每平方米单价为 53 元），职工住宅的建设速度这样快，但是仍感不足，至 1956 年年底，还有约 250 万职工要求解决住房问题。发生住宅紧张的原因，从全国情况分析，大致有以下几点：1. 由于职工某些福利待遇过高和规定的不合理，影响职工家属大量涌入城市。2. 在工业企业和城市建设中大量拆除原有房屋，根据国家统计局的调查，仅 1956 年北京、武汉、太原、兰州等 175 个城市就拆除旧房 248 万 m²。3. 一般房屋造价高了，影响建筑面积的增加。4. 城区房租政策和住宅管理制度很不合理，公房房租偏低、管理不善、制度不严，根据国家统计局 1956 年职工家庭收支调查，住公房的职工平均每户每月负担房租 2.1 元，占家庭收入的 2.4%，占本人工资的 3.2%，国家收回的租金，一般只达应收租金的 1/3 ~ 1/2 左右。为了缓和职工住宅的紧张，除了整顿各种福利待遇和采取其他措施以加强控制城市人口的增长，并且根据可能适当地增建职工住宅……同时还必须适当地提高职工住公房的收费标准。租金一般地应该包括折旧、维护、管理三项费用。据财政部按照三项费用计算，一般平均每平方米每月应收租金为 0.25 元，按照每户 16 ~ 20m² 的居住面积计算，每月房租 4 ~ 5 元，一般占职工工资收入的 6% ~ 10%，平均 8% 左右。调整公房房租办法拟分步骤进行。第一步，凡未收租的一律收租，收租太少的应该提高，最高不超过平均每平方米 0.2 元的水平。第二步，达到应收租金的水平。什么时候开始实行，待第一步行之有效，一年后再议。对住民房的职工房租补贴，也应该采取措施，逐步取消。关于调整房租的具体做法，可以由各省、市人民委员会自己决定。住房不够的问题，需要经过相当长时期的努力，才能逐步解决，必须制定严格的房屋分配制度和管理制度，并且运用群众路线的办法，依靠群众力量来监督这些制度的贯彻执行。

十月

8 日，国家计委、国家经委、国家建委联合发出《关于一九五八年住宅、宿舍经济指标的几项规定（草案）》。

28 日，城市服务部负责人在第二次全国厅局长会议上指出，为解决职工住宅问题，国家拿出巨额资金，修建了大量房屋，满足了许多职工的需要。新中国成立以来至 1956 年年底据不完全的统计，国家修建了职工住宅 0.81 亿 m²（建筑面积），投资总额为 44 亿元。其中仅第一个五年计划前四年即修建了 0.6515 亿 m²，投资 364400 万元，占基本建设投资总额的 9.32%。修建的住宅面积超过了五年计划规定的面积 601 万 m² 的 41% 以上。这四年修建的职工住宅，按编制五年计划时规定的定额，即每个职工平均占建筑面积 20 m²（带家属的职工占 60%，每户平均居住面积 18 m²，合建筑面积 30m²；单身职工占 40%，每人平均居住面积 3m²，合建筑面积 5m²）计算，可供 320 多万职工居住，而五年计划规定增加职工的人数不过 422 万，除去一部分家属原住在乡村或在城市已有房住不需要国家供给住房的以外，这些房屋本来是可以够用的。但仍然有住宅供求紧张的问题。其原因主要是：城市人口增加过快。尽管住宅面积的增加也很快，但赶不上人口增加的速度。根据沈阳、长春、吉林、北京、西安等市的调查，1956 年比新中国成立初期人口增加都在一倍以上，但住宅面积的增加，在沈阳、长春、吉林仅为新中国成立初期的 24% ~ 36%，北京为 49%，西安增加得较多，为 118%，但也没有人口增加得快（人口增加为 128%）。随着建设事业的发展，城市人口增加是必然的趋势，但是近几年来，城市人口增加的情况极不正常。其原因很多，职工福利待遇过高和规定的不合理是刺激职工家属大量涌入城市的主要原因之一。据了解，带家属的职工，一般在 70% 左右，少数厂矿达 80%。此外，1956 年劳动计划控制不严，许多单位吸收职工过多，总计比原定计划超过 120 余万人，也大大增加了住宅的需要量。其次，在工业企业和城市建设中，大量拆除房屋，使原有住宅面积减少。几年来，北京、武汉、太原、兰州等 4 个城市，据不完全统计，拆除原有房屋达 200 多万平方米。拆房过多的原因，主要是城市规划过大，追求所谓"轴线对称"，街道过宽，许多新建工业企业和事业机关，不愿利用旧房。城市服务部负责人指出，国家今后还是要根据可能适当地增建一部分职工住宅，但不可能过多，多了就要影响国家建设。根据国家统计局 1956 年 9 月对全国 99 个城市的调查，职工要求解决住宅问题的 110 万户；加上到 1956 年年底截止新增加的缺房职工，估计共约 250 万人，这些职工所需的住宅，如果全部由国家投资修建，按上述编制五年计划时规定的定额计算，还要修建 5000 万 m²（建筑面积），若按五年计划前四年职工住宅平均造价每平方米 57 元计算，共需投资 28.5 亿元。这些钱相当于 1956 年工业建设投资的 44%。国家如果拿出这样多的钱来修建职工住宅，就势必挤掉工业化，挤掉社会主义建设，这样做是不符合全国人民最高利益的。

十二月

31 日，国家计委传达毛泽东关于经济计划工作的几点指示。指示要求，（一）省市县都要搞规划。工业、交通、农业、商业、手工业、大专院校、培养工农知识分子、科学文化、城市规划等都搞一个像农业发展纲要四十条那样的远景规划，有比没有好，无精无粗，由粗而精。（二）协作、联省办法，逐步过渡到经济中心。是否考虑按过去的大区，以一个大城市为经济中心结合周边省市考虑通盘的协作规划。如以沈阳为中心的东北地区；以西安、兰州为中心的西北地区；以天津为中心的华北地区；以武汉为中心的中南地区；以广州为中心的华南地区；以重庆为中心的西南地区等协作区域。在此基础上逐渐形成经济区。（三）体制下放有好处，文教卫生事业也要快些下放，中央可以进行监督指导，大问题还要中央解决。（四）中央的领导方法：大权独揽，小权分散；中央决定，各方去办；办也有决，不离原则；工作检查，中央有责。（五）1956 年有些东西是搞多了，但不能说是冒进，一反冒进就松劲。还要促进，今冬明春还要来一股劲头。（六）第二个五年计划先搞出一个框框来，拿到中央讨论讨论，不要等都搞好了，来个一大本，看不了。

本年，《城乡规划资料汇编》创刊。

本年度出版的城市规划类相关著作主要有：《城市规划》（胡汉文编著）。

2.2 城市规划发展的波动期（1958 ～ 1965）

1958 年

一月

6 日，国务院公布施行《国家建设征用土地办法》。《办法》于 1953 年 11 月 5 日政务院第一百九十二次会议通过，经中央人民政府主席批准，1953 年 12 月 5 日政务院公布施行。1957 年 10 月 18 日国务院全体会议第五十八次会议修正，1958 年 1 月 6 日全国人民代表大会常务委员会第九十次会议批准。《办法》规定，国家进行市政建设和其他建设，需要征用土地的时候，都按照本办法的规定办理。国家建设征用土地，必须贯彻节约用地的原则，一切目前可以不举办的工程，都不应该举办；需要举办的工程，在征用土地的时候，必须精打细算，严格掌握设计定额，控制建筑密度，防止多征、早征，杜绝浪费土地，凡有荒、劣、空地可以利用的，应该尽量利用；尽可能不征用或者少征用耕地良田，不拆或者少拆房屋。被征用土地的补偿费或者补助费以及土地上房屋、水井、树木等附着物和农作物的补偿费，都由用地单位支付。征用农业生产合作社的土地，土地补偿费或者补助费发给合作社；征用私有土地，补偿费或者补助费发给所有人。征用农业生产合作社的土地，如果社员大会或者社员代表大会认为对社员生活没有影响，不需要补偿，并经当地县级人民委员会同意，可以不发给补偿费。征用农业生产合作社使用的非社员的土地，如果土地所有人不从事农业生产，又不以土地收入维持生活，可以不发给补偿费，但必须经本人同意。征用城市市区内的房屋基地，如果房屋和地基同属一人，地基部分不另补偿；如果分属两人，可以根据地基所有人的生活情况酌情补偿。市区内没有收益的空地，可以无偿征用。《办法》还明确，对因土地征用而需要安置的农民，当地乡、镇或者县级人民委员会应该负责尽量就地在农业上予以安置，对在农业上确实无法安置的，当地县级以上人民委员会劳动、民政等部门予以安置。

6 日，国家经委办公厅印制《毛主席在五省一市会议上指示——薄一波主任传达记录》。毛主席指出：今后各省、市都要搞规划，不一定搞 10 年、5 年的，但总要有个规划，不搞不行。要搞工业规划（包括交通）、农业规划、商业规划、劳动工资规划、教育规划、卫生规划、文化规划、科学规划、城市规划，哪怕粗糙些也好，可以由简到繁。

9 日，第一届全国人民代表大会常务委员会第九十一次会议通过《中华人民共和国户口登记条例》，同日中华人民共和国主席令公布，自公布之日起施行。《条例》规定，公民应当在经常居住的地方登记为常住人口，一个公民只能在一个地方登记为常住人口。公民由农村迁往城市，必须持有城市劳动部门的录用证明，学校的录取证明，或者城市户口登记机关的准予迁入的证明，向常住地户口登记机关申请办理迁出手续。公民因私事离开常住地外出、暂住的时间超过 3 个月的，应当向户口登记机关申请延长时间或者办理迁移手续；既无理由延长时间又无迁移条件的，应当返回常住地。

11 日，中共中央在南宁召开会议。这次会议对于 1956 年的反冒进，进行了严厉的批评。毛泽东强调指出，一反冒进，人民就泄气，这是个政治问题，以后不要再提反冒进的口号了。这次会议还讨论了工作方法和 1958 年国民经济计划以及财政预算问题。

25 日至 2 月 8 日，第二商业部召开第一次全国房产工作会议。会议对私房改造工作、公房住宅租金、组织领导、规划目标等问题进行了研究。私房改造的进展情况大致可分以下 3 种：第一种，基本上已完成，如黑龙江、吉林、辽宁 3 个省除沈阳市外所有城市（包括小城镇）和武汉、西安、南昌、成都、秦皇岛等市。第二种，改造了一部分或者已进行试点，如上海、天津、无锡、苏州、济南、郑州等市。第三种，尚未开始的，这是多数城市。其中有的做了准备工作，如北京、南京、广州、青岛、太原、杭州、长沙、兰州等市，有的还没有做准备工作。会议提出，在房产工作上的奋斗目标是：要求大中小城市将现在每人住房平均 2、3、4m² 的水平，在 15 年内一律提高到每人平均居住面积 4、5、6m²。

25 日至 2 月 11 日，第一届全国人民代表大会第五次会议在京召开。会议通过《关于调整国务院所属组织机构的决定》，决定撤销国家建设委员会，国家建设委员会管理的工作分别交由国家计划委员会、国家经济委员会和建筑工程部管理；建筑材料工业部、建筑工程部和城市建设部合并成为建筑工程部；免去王鹤寿兼任的国家建设委员会主任职务，免去万里的城市建设部部长职务。

31 日，国家建委、城市建设部发出《关于城市规划几项控制指标的通知》。

二月

2 日，《人民日报》发表题为《我们的行动口号——反对浪费，勤俭建国！》的社论。社论根据南宁会议的精神，提出国民经济"全面大跃进"的口号，并强调指出："我们国家现在正面临着一个全国大跃进的新形势，工业建设和工业生产要大跃进，文教生产要大跃进，农业卫生事业也要大跃进。"

25 日，城市建设部召开第一次全国城市绿化会议，提出城市绿化的重点是首先发展苗圃，普遍植树，必须和生产相结合。

26 日，建筑工程部、城市建设部联合发出通知，自 3 月 1 日起，城市建设部撤销，与建筑工程部合并办公。

三月

7 ~ 26 日，中央召开成都会议。这次会议讨论了建设路线问题，确定把"鼓足干劲，力争上游，多快好省"的口号作为党的社会主义建设总路线。会议继续批评 1956 年的反冒进，把反冒进说成是非马克思主义的，而把冒进却说成是马克思主义的。毛泽东认为，新中国成立以后，我们在经济工作中，特别是工业和计划方面照搬苏联的经验和一些管理制度，产生了教条主义。在建设路线上不能迷信苏联，不破除迷信，就要妨碍正确贯彻我们的建设路线。

四月

5 日，中共中央成都会议通过的《关于发展地方工业问题的意见》，得到了政治局会议批准。会议提出了发展中央工业和发展地方工业同时并举的方针。建设新企业一般应以中、小型为主，尤其县以下则应以小型为主。地方工业的布局，应该依托现有工业城市作为技术中心。积极发展规模小、投资少、建设快、收效大的农业机械、开采有色金属、小煤窑等小型企业。

6 日，国家经委召集冶金部、一机部、二机部、三机部、建筑工程部、财政部、监察部等单位开会，研究工业区厂外工程建设完成后由谁负责维修的问题。

10 日，国务院常务会议决定：今后中央各机关在北京市、郊区内的办公用房和干部宿舍，除中南海地区范围以外，一律交由北京市统一建筑、管理、调剂和分配。责成北京市房地产管理局办理这项工作。

14 日，中共中央在中发〔1958〕314 号文件中指出，根据毛主席的指示：今后几年内，应当彻底改变北京市的都市面貌。4 月 7 日国务院讨论了这个问题，并且商定：1. 今后每年由国家经济委员会增加一定数量的基本建设投资，首先把东西长安街建设起来。今年先拨款在西长安街建筑一两栋机关办公用的楼房，即请北京市进行安排和列入规划，建成以后由北京市统一分配使用。2. 今后中央各机关所在北京市区、郊区的办公用房和干部宿舍，除中南海地区范围以外，一律交由北京市统一建筑、管理、调剂和分配。中央各机关在这次精简机构和干部下放的时候，应当按国务院 1957 年 8 月 26 日的通知，将多余的房屋腾出，交由北京市统一调剂、分配，各单位之间不得私相授受。同时，请北京市对于全面调整中央机关用房问题，加以研究，在今年第二季度内提出计划。

五月

5～23 日，中国共产党第八届全国代表大会第二次会议在北京召开。在会议上，刘少奇作了关于党中央委员会的工作报告，邓小平作了关于各国共产党和工人党的莫斯科会议的报告，谭震林作了关于农业发展纲要（第二次修正草案）的说明，毛泽东在会上讲了话。会议正式提出了党的工作重点转移的问题，强调指出：在过去几年中，党的领导力量主要放在社会主义革命方面，从现在起，必须集中更大的力量放在社会主义建设方面。同时，会议正式通过把"鼓足干劲、力争上游、多快好省"作为党的社会主义建设总路线，要求每个工厂、机关、部队、学校和农村合作社都要"插红旗，拔白旗"，实现"全面大跃进"。会议通过了关于中央委员会工作报告的决议，通过了关于各国共产党和工人党的莫斯科会议的决议，通过了全国农业发展纲要（第二次修正草案）。关于中央委员会的工作报告的决议中提出：会议一致同意党中央根据毛泽东的创议而提出的鼓足干劲、力争上游、多快好省地建设社会主义的总路线。会议号召全党同心同德，团结全国人民，在继续完成整风运动的基础上，贯彻执行这条社会主义建设的总路线，在继续进行经济战线、政治战线和思想战线的社会主义革命的同时，积极进行技术革命和文化革命，争取在 15 年内，或者在更短的时间内，在主要的工业产品产量方面赶上和超过英国，争取提前实现《全国农业发展纲要》，为尽快地把我国建成为一个具有现代工业、现代农业和现代科学文化的伟大社会主义国家而奋斗。毛泽东在会议上作了多次讲话，他要求大大缩短超英赶美的时间。这次会议以后，国民经济"大跃进"的浪潮以更大的规模在全国各地展开，以高指标、瞎指挥、浮夸风和"共产风"为主要内容的左倾错误泛滥起来。

本月，建筑工程部对内部组织机构进行了调整，调整后的机构包括城市规划局、市政建设局等。

六月

21 日，《人民日报》发表社论《力争高速度》。社论提出：在党的社会主义建设总路线的光辉照耀下，目前我国的工业、农业和整个建设事业都在以高速度前进。用最高的速度来发展我国的社会生产力，实现国家工业化和农业现代化，是总路线的基本精神。它像一根红线，贯穿在总路线的各个方面。如果不要求高速度，当然没有什么多快好省的问题；那样，也就不需要鼓足干劲，也就无所谓力争上游了。因此可以说，速度是总路线的灵魂。社论还提出：速度问题是建设路线问题，是我国社会主义事业的根本方针，快是多快好省的中心环节。

26 日至 7 月 9 日，国家统计局在保定召开全国统计工作现场会议。这次会议改变了统计工作的科学性质和基本任务，提出统计工作必须实行"为政治服务"的方针。按照这个方针，政治运动开展到哪里，统计工作就要跟到哪里；党政领导需要什么，就统计什么。否则，就是所谓"脱离政治、脱离实际"，"为统计而统计"。这些观点，在统计工作中造成了很大的混乱。

27 日至 7 月 4 日，全国城市规划工作座谈会在青岛召开，围绕城市建设和城市规划工作如何适应全国大跃进的形势，讨论了城市规划工作的原则和具体方法，提出"凡是有建设的城市都要进行规划"，"过去的规划定额偏低，以及只搞当前建设，不搞远景，不敢想，不敢说，不敢做"，以及建立"现代化城市的问题"，并形成《城市规划工作纲要三十条（草案）》，会后全国各地在群众运动中修改或编制城市规划的速度显著加快（据该年度统计，全国编制或修改规划的大中小城市有1200多个，进行农村居民点规划试点的有2000多个，还有一些地区进行了区域规划）。

八月

5日，新华社报道，全国许多城市正在对资本主义经济的残余部分——私有出租房屋，加紧进行社会主义改造。到目前为止，辽宁、吉林、黑龙江3省和北京、南京、青岛、济南、成都、苏州等10多个城市已经基本上完成了对私有出租房屋的社会主义改造，上海、广州、兰州、石家庄等城市也正在积极进行；还有许多城市正在进行试点或做准备工作。根据不少地区的规划，今年年底以前全国城市的私有出租房屋都将基本上完成改造。

23日，国家计委向中央报送了关于第二个五年计划的意见书。这个意见书，是在国民经济"全国大跃进"的形势下提出的。按照国家计委的设想，经过短短五年的时间，即到1962年，我们国家不仅可以提前建设成为一个具有现代工业、现代农业和现代科学文化的社会主义国家，并且可以为开始向共产主义过渡创造条件。

28日，中央政治局北戴河扩大会议批准了国家计委关于第二个五年计划的意见书。

28日，中央决定改进计划管理体制。中共中央和国务院发出《关于改进计划管理制度的决定》，提出了实行在中央集中领导下，以地区综合平衡为基础的、专业部门和地区相结合的计划管理制度，并根据统一计划、分级管理、加强协作、共同负责的原则，对中央和地方的计划权限重新作了规定。一、国家计划必须统一，各地方、各部门的经济、文化建设都应当纳入全国统一计划之内。中央负责编制全国的年度计划和远景计划，安排地区经济的合理布局和进行全国计划的综合平衡。中央管理的主要是：主要工农业产品的生产指标；全国基本建设投资；主要产品的新增生产能力和重大建设项目；重要的原材料、设备和消费品的平衡和调拨；进出口的贸易总额和主要商品量；全国财政收支和地方财政收入的上缴、支出的补助以及信贷的平衡和资金调拨；工资总额、职工总数和全国范围内的科学技术力量、劳动力的培养和调配；铁路的货运量和货物运输周转量；各部直接管理的企业和事业单位的计划和主要技术力量。二、在国家的统一计划的前提下，实行分级管理的计划制度，充分发挥地方的积极性。各省、市、自治区计划工作的主要任务是：根据中央所确定的方针，负责综合编制本地区内全部企业、事业（包括中央管理、地方管理的企业、事业单位在内）的计划，并在确保国家规定的生产任务的条件下，对本地区的工农业生产指标进行调整和安排；在确保新增生产能力和重大建设项目以及不增加国家投资的条件下，对本地区内的建设规模、建设项目、投资使用等方面进行统筹安排；在确保国家对重要的原料、设备和消费品的调拨计划的条件下，对本地区内的物资可以调剂使用；在确保财政收入上缴任务或不增加国家补助的条件下，超收分成和支出结余部分，由地方支配；在确保国家的劳动计划和技术力量调配任务的条件下，对本地区内的劳动力和技术力量可以统筹安排于商业、地方交通、邮电、文教卫生、城市建设等，都由地方统筹安排。各协作区计划工作的主要任务是：组织本协作区内各省、自治区、直辖市采取积极措施，保证完成和超额完成国家计划；根据各省、自治区、直辖市所编制的计划草案，进行综合平衡和必要的调整。三、实行在中央集中领导下，以地区综合平衡为基础的、专业部门和地区相结合的计划管理制度。自下而上地逐级编制计划和进行综合平衡；在保证重点和保证完成国家计划的条件下，应当加强协作，互相支援，共同发展，重大的、经常的协作关系，应当纳入计划，进行管理。

29日，中共中央政治局北戴河扩大会议通过了《中共中央关于在农村建立人民公社的决议》。《决议》要求全国各地尽快地将小社并大社，转为人民公社。决议宣布：共产主义在我国的实现，已经不是什么遥远将来的事情了。

月底，毛主席主持召开了中央政治局扩大会议，会上经过讨论，正式通过了《关于建立农村人民公社问题的决议》。

九月

19日，中共中央作出成立国家基本建设委员会、计划委员会、经济委员会的决定。并任命陈云、李富春、薄一波分别担任这3个委员会的主任。

本月，为了迎接国庆10周年大庆，中共中央决定在北京新建一批大型公共建筑。最初设想的内容有：人民大会堂、革命历史博物馆、军事博物馆、农业展览馆、民族文化宫、工人体育场、美术馆、科技馆、国家剧院、电影室，号称十大建筑。为了搞好这些工程设计，在北京市委领导下组织了北京地区34个设计单位进行设计，并电请了全国各大城市的30多位知名建筑师，对征集来的设计方案进行评选。到11月中旬，大部分国庆工程建筑的选址和设计方案的审查工作基本完成。这些工程的位置，基本上是根据城区改建规划安排的。当时，电影室和国家剧院也选定了位置，做了设计方案，但由于力量有限未能施工；科技馆也因受施工力量限制，开工不久就下了马。因而把当时已经设计施工的华侨大厦、民族饭店和北京火车站补列为国庆工程。同时，为了迎接国外贵宾，又决定在玉渊潭公园东侧钓鱼台旧址建设迎宾馆。经过仅 10 个月左右的艰苦努力，除了美术馆未能如期竣工以外，人民大会堂、革命历史博物馆、军事博物馆、农业展览馆、民族文化宫、工人体育场、民族饭店、北京站、华侨大厦、迎宾馆十大建筑，于国庆 10 周年前夕如期建成。

十月

12 日，第一届全国人民代表大会常务委员会根据国务院的建议，决定设立中华人民共和国国家基本建设委员会，陈云副总理兼任国家基本建设委员会主任。

本月，国家计委机构和任务又有变化。根据中共中央 9 月 19 日关于成立基本建设委员会，国家经济委员会的主要任务是管理工业生产，年度计划工作移交国家计划委员会，国家计划委员会管理长期计划和年度计划工作的决定，国家计委的组织机构也相应地发生变化。

十一月

11 日，中央在南宁召开会议。这次会议对于 1956 年的反冒进，进行了严厉的批评。毛泽东提出，一反冒进，人民就泄气，这是个政治问题，以后不要再提反冒进的口号了。这次会议是一个转折点，以后经济工作中急躁冒进的"左"的错误日益发展。

14 日，李富春副总理传达毛泽东主席在郑州会议上的讲话。毛主席说：住宅的建筑一定要适合于一家男女老幼的团聚。毛主席说：城市的人民公社，大城市建立社应该放慢一些。小城市，单纯生产的城市，如鹤岗、鸡西是生产煤的，可搞快些。大城市慢一些，无非是"机会主义"。

28 日，党的八届六中全会在武昌举行，12 月 10 日结束。全会全盘肯定了1958 年的国民经济大跃进，要求 1959 年继续"大跃进"。

本月，根据工作需要和机构精简的精神，建筑工程部对组织机构进行了调整，将市政建设局与城市规划局合并为城市建设局。

本年度出版的城市规划类相关著作主要有：《区域规划编制理论与方法的初步研究》（建筑科学研究院区域规划与城市规划研究室编）、《中、小城市规划的一般原则和办法》（建筑工程部城市规划局编）、《城市规划参考图例》（建筑工程部城市设计院资料室编）、《区域规划编制理论与方法的初步研究》（建筑科学研究院区域规划与城市规划研究室编）、《区域规划》（震河著）。

1959 年

一月

1 日,《人民日报》发表社论《迎接新的更伟大的胜利》。社论认为:1958 年是一个伟大的转折。1958 年我国的社会主义建设的大跃进和人民公社化运动,是一个伟大的实践。通过这个实践,我们不但找到了一条多快好省地建设社会主义的康庄大道,而且在这条康庄大道上取得了丰富的经验。这就使得我们不但可能在 1959 年继续跃进,而且可能跃进得更好。社论还说:1959 年的国民经济计划是一个伟大的跃进计划,同时又是一个建筑在客观可能性基础上的可靠的计划。在执行这个计划的时候,在战略上要藐视困难,敢想敢说敢做,同时又要在战术上重视困难,提倡实干、苦干、巧干的精神,把冲天干劲和科学分析结合起来。

5 日,中共中央发出《关于立即停止招收新职工和固定临时工的通知》。据国家统计局统计,1958 年全国工业和建筑企业共增加新职工 1900 多万人,相当于原有职工的两倍。在新增加的职工中,有 1000 多万人来自农村。为了控制职工队伍的增长,中央要求各个企业、事业单位立即停止招收新职工和固定临时工。某些单位确实需要增加职工的,应从本地区内其他单位的多余职工中进行调剂。各省、市、自治区 1959 年的劳动力计划,必须报告中共中央批准,批准以后,要严格按照计划招工。中共中央指示下达后,不少地区增加职工的现象并未停止。为此,4 月 4 日,国家计划委员会向各省、市、自治区计委发出通知,要求对此情况进行查清上报。通知指出:中共中央 1 月 5 日通知发出后,许多省市着手压缩职工人数,精简多余人员,但是有些省市的职工没有减少,反而增加。今年 3 月召开的全国劳动计划会议,提出全国今年减少职工 509 万人的建议数字,已报国务院同意后分省下达。为此,增人情况更是值得注意的。国家计委通知要求凡增加职工的省市都要将增加的人数、原因查清,上报国家计委。

下旬,中央召开省、市、自治区党委书记会议,讨论 1959 年国民经济计划问题,以及工农业生产和财政贸易问题。这次会议全盘肯定了 1958 年的"大跃进",认为在我们的国家"大跃进"不是临时现象,以后年年都会"大跃进"。

二月

4 日,中共中央发出《制止农村劳动力向外流动的指示》。《指示》指出,据河北、山东、河南、山西、辽宁、吉林、安徽、浙江、湖北、湖南等省的不完全统计,外流的农民约有 300 万人。农民流动的原因主要是:(1)有一些单位违反招工规定,任意录用农民。(2)对群众的生产、生活安排得不好。(3)城市对用人和户口管理不严，粮食供应较宽。现在春耕就要到来，冬季生产任务也很繁重，工矿企业招工已经有些过多，农民盲目流动的现象如果继续下去，对于农业和工业生产很有妨碍，对于巩固人民公社也是不利的。为此，必须立即采取有效措施，予以制止。立即停止招工，已经使用的，除确实不能离开的，其余在做好工作以后，一律遣送回乡。对已经流入城市、工矿区而尚未找到工作的农民，尽速遣返原籍。没有迁移证件不准报户口，没有户口不供应粮食。(4)各级党委应结合整社工作，加强对社员安心农业生产和积极建设农村的教育。人民公社必须同时抓生产、抓生活、抓思想，调节劳逸，办好食堂和其他公共福利事业。

本月至3月，建工部召开全国厅局长扩大会议。

三月

1日，《红旗》杂志第五期发表了陈云题为《当前基本建设工作中的几个重大问题》的文章。关于工业布局，文章强调指出，建立完整的工业体系，不是短时间所能解决的。我们的建设力量有限，建立工业体系不能首先从协作区或省、自治区开始，全面铺开，齐头并进，而只能首先从全国范围开始，然后才是各个协作区，再后才是一些有条件的省、自治区。现代工业不能没有分工和协作，在一个省、自治区内企图建立完整无缺、万事不求人的独立的工业体系是不切实际的。在企业的布点上，不能把企业集中地建设在一些大中城市，而应该把多数企业分散地建设在中小城镇或者有矿产资源的地方。在企业的规模上，不应该集中兴建大型企业，而应该大量地兴办中小型的企业。

11日，中共中央和国务院发出《关于制止农村劳动力盲目外流的紧急通知》。《通知》指出，目前劳动力盲目流动的现象仍未停止，甚至又有新的发展。为了迅速制止这种不正常的现象，必须采取下列紧急措施：(1)广泛宣传党和政府制止农村劳动力外流的方针，劝告在乡农民安心生产，不要盲目外流；(2)当地政府机关应当立即在交通要道派出专门人员负责进行说服教育，动员他们返回原籍；(3)对外流回乡农民，当地人民公社应当表示欢迎，一律不许斗争、责罚或歧视；(4)某些城市还存在着的劳动力自由市场，必须严加取缔；(5)对流入内蒙古、青海、甘肃、新疆、宁夏和东北三省的农民，一般不要遣返，算作支援上述地区的任务。

四月

28日，中华人民共和国第二届全国人民代表大会第一次会议决定：任命陈云为国务院副总理，兼国家基本建设委员会主任，刘秀峰为建筑工程部部长。

六月

4 日，在建筑工程部和中国建筑学会联合召开的住宅标准及建筑艺术座谈会上，刘秀峰部长作《创造中国的社会主义的建筑新风格》的报告。

18～23 日，全国大中城市副食品和手工业品生产会议在上海召开。会议提出，发展副食品生产应当实行城乡并举的方针，一方面在广大农村大力发展副食品生产，支援城市，另一方面在大中城市实行"自力更生为主，力争外援为辅"的原则，积极发展副食品生产。城市郊区都应当建立强大的副食品生产基地。

29 日，毛泽东主席在庐山同一些领导同志谈经济工作。他说：过去安排经济计划的次序是重轻农，今后恐怕要倒过来，现在是否提农轻重？也是要强调把农业搞好，要把重、轻、农、商、交的次序改为农、轻、重、交、商。毛泽东还指出，过去陈云提过：要先安排好市场，再安排基建，有的同志不赞成，现在看来，陈云的意见是对的，要把衣、食、住、用、行五个字安排好，这是关系到 6.5 亿人安定不安定的问题。

七月

3 日，国家经委邀集有关部门开会，研究工业产品归口管理问题。会议认为，由于目前在国家生产计划和物资分配计划以外，还有很多工业产品没有安排生产和组织供应，以致造成产销脱节，影响工业生产的正常进行。为此，会议决定：（1）工业产品必须由各主管部门组织供产销的平衡，由工业或商业部门负责分配销售工作。（2）农副产品中的工业原料，由商业部门收购和组织供应，或由商业部门收购，再由工业部门收购和组织供应，或由商业部门收购，由工业部门分配。（3）地方产品，由地方组织生产供应，但有关省、市、自治区之间的调整，分别按上述管理原则，由中央部门和大协作区办公厅协助地方组织协作，建立固定供应关系。（4）管理办法：一是每年进行一次平衡组织订货。二是分配办法，采取由主管分配部门进行平衡，按需要的行业归口交各主管需要部门包干，再由各归口部门进行具体分配。

4 日，中共中央发出《关于在大中城市郊区发展副食品生产的指示》。中央指出，蔬菜、食油、家禽、水产等副食品，在城市人民日常经济生活中占有十分重要的地位。城市人民的消费总额，用于吃的方面一般占 60%，其中副食品又占很大比重。1958 年冬季以来，全国大中城市副食品供应出现程度不同的紧张情况。为早日缓和供应紧张的局面，中央要求：（1）要城乡并举，积极发展副食品的生产。（2）凡是城市郊区，都应当为城市生产副食品，加强郊区副食品生产基地的建设。（3）郊区副食品生产应当以蔬菜和猪肉为纲，全面发展。（4）实行公私并举，两条腿走路的政策，既发展国营和集体经营的副食品生产，又要允许社员个人饲养家畜家禽。（5）依靠群众，解决副食品生产发展中的饲料、肥料不足等困难。（6）必须做好副食品收购供应工作。（7）实行农工交商并举的方针。

八月

2 日，党的八届八中全会在庐山举行。这次庐山会议，本来是要纠正当时经济工作中存在的"左"倾错误，而且会议前期也是按照这个宗旨进行的。可是，后来会议的主题发生了完全相反的变化。由纠"左"变成了反右，集中地批判了所谓的"彭德怀为首的右倾机会主义反党集团"。八届八中全会以后，在全党范围内开展了一场反对"右倾机会主义"的运动。

九月

18 日，人民大会堂建成。此外，革命历史博物馆、军事博物馆、农业展览馆、民族文化宫、工人体育场、北京火车站、钓鱼台国宾馆、民族饭店、华侨大厦也相继建成。这十大建筑，是党中央决定建设的国庆十周年工程项目，总建筑面积为 64 万 m^2。

十月

10 日，建工部城市建设局调整为城市建设局和城市规划局。

15 日，党中央同意并批转了建工部《关于解决城市住宅问题的报告》。报告提出力争在 3、5 年内基本缓和居住紧张的局面。今后凡是新建大中型企业，都应建设相应的住宅，原有企业的超额分成，除用于技术措施外，主要应用于修建职工宿舍。各省、市、自治区应从地方自筹资金中抽出一部分，用于城市住宅建设。

十一月

23 日，国家计委主任李富春在《关于一九六〇年计划问题向中央的汇报提纲》中提出：这几年，在经济建设上的大跃进中，"骨头"长得很快，"肉"长得慢一些。所谓"肉"的问题，主要是城市供水、排水、职工宿舍、城市交通、文教卫生事业。这个问题确实应当注意。城市建设投资和工业建设投资的比例，第一个五年为 1:17，1958 年和 1959 年下降为 1:30。许多城市因为供水能力不足，已经影响到工业生产。明年城市建设投资初步安排为 8 亿元，比今年增长 63.3%，主要用于供水、排水和城市交通建设。李富春提出：在城市建设问题上，还要注意（1）控制大城市人口的增加，尽可能不要在市区再安排新建企业；（2）在建设新企业时，就要注意有关"肉"的建设；（3）工矿企业含毒污水的处理，在设计时即应考虑自行解决，未解决的要补课；（4）城市公用事业的建设要统一规划、统一管理。

27 日，国家计委党组在关于 1960 年国民经济计划（草案）的报告中提出，在城市建设方面，1960 年的重点是解决城市供水问题，并且适当解决城市的交通问题。基本建设投资初步安排 8 亿元，比 1959 年增长 64%，限额以上项目共 65 个，其中供水项目 35 个，全国各城市将增加供水能力每天 700 万 t。1960 年城建投资的安排，尽量照顾了工业多而城市建设方面存在的问题又较严重的地区，如东北三省、河北、北京、上海等。

本月，建筑工程部、农业部、卫生部在武汉联合召开工业废水处理和污水综合利用会议。

本年度出版的城市规划类相关著作主要有：《居住区修建方式》（建筑工程部城市设计院资料室译）、《城市供电规划》（建筑工程部城市设计院资料室编）、《城市道路规划》（建筑工程城市设计院资料室编）、《城市规划基础资料的搜集和应用》（建筑工程部城市设计院资料室编）、《城市规划参考资料：1959 年元旦献礼文章选集》（建筑工程部城市设计院资料室编）、《风向玫瑰图》（建筑工程部城市设计院资料室编）、《城市用地工程准备》（建筑工程部城市设计院资料室编）、《城市给水排水工程规划》（建筑工程部城市设计院资料室编）、《城市规划与公用设施》（[苏] 斯特腊托夫·А·Е、布嘉庚·В·А 著，同济大学城市建设系译）、《城市规划与修建》（[苏] 巴布洛夫·В·В 等著，都市规划委员会翻译组译）。

1960 年

二月

15 日，建筑工程部杨春茂副部长在全国建筑工程厅、局长扩大会议上作《以城市建设的大跃进来适应国民经济的大跃进》的报告。报告指出，1958 年以来，全国城市每年建成的工厂、住宅和公共建筑面积达 1 亿 m² 以上，相当于两个上海的建筑面积。1959 年，城市供水总量达到 18 亿 t，比 1958 年的 12.6 亿 t 增长了 42.8%。城市公共交通客运量达到 45 亿人次，比 1958 年的 34 亿人次增长了 32%。自来水和公共交通企业完成上缴利润 2 亿多元，相当这两项企业全年基本建设投资的 80%。在基本建设方面，全年完成基本建设投资 7.1 亿元，为国家计划 4.9 亿元的 144.9%，比 1958 年增长了 22.4%，为第一个五年计划城市建设投资总数的一半，是新中国成立十年来完成基建任务最多的一年。

三月

9 日，中共中央发出《关于城市人民公社问题的批示》，要求各地采取积极的态度建立城市人民公社。

本月，中共中央批转建筑工程部党组《关于工业废水危害情况和加强处理利用的报告》。中共中央指出，从现在起，必须积极进行工业废水的处理利用，今后新建企业，都应当把废水处理利用作为生产工艺的一个组成部分，在设计和建设中加以保证。

四月

23 日至 5 月 3 日，建筑工程部在桂林市召开全国城市规划工作座谈会。会议的任务，主要是总结交流"大跃进"以来，城乡规划和建设的经验，根据新的形势讨论今后的方针和任务，以便更好地组织和推动城乡规划和建设工作的跃进。杨春茂副部长和刘秀峰部长分别在开幕式和闭幕式上讲了话。杨春茂副部长总结了 1958 年 6 月青岛会议以来全国城乡规划和建设工作取得的成绩和经验，分析了城乡规划工作者面临的新形势和新任务，他说，无论城市规划、农村规划还是区域规划，都要求能适应新的形势，有新的方针、政策和规划思想作指导，用新的规划方针法来完成新的任务。用城乡规划和建设工作的跃进来适应社会主义建设的继续跃进。会议提出"要在 10 年到 15 年左右的时间内，把我国的城市基本建设成为社会主义现代化的新城市"，会议要求根据城市人民公社的组织形式和发展前途来编制城市规划，要体现工、农、兵、学、商五位一体的原则。

五月

15 日，中共中央发出《关于农村劳动力安排的指示》。中央指出：一、从 1958 年以来，在我国农村兴起的大规模的农业基本建设，一年比一年扩大，这是一桩大好事，对我国农业生产持续跃进将起着重大作用。这是广大群众迫切要求改变我国农村面貌的反映。但在同时，也出现了一个值得注意的情况，就是由于基本建设工程浩大，需用劳动力逐步增多，农村的劳动力，特别是青壮年过多地投入了基本建设前线，以至后方有些空虚。在田间生产和多种经营方面，就出现了劳力紧张的局面。这种紧张局面，在冬期施工季节表现得尤为显著。劳动力不足的紧张局面在某些方面还在有增无减。农村人民公社各方面都应当按照一定的比例高速度发展，不应有所偏废。农业生产，特别是粮食生产更不能丝毫放松，无论如何，6.5 亿人的吃饭问题还是头等大事。不能抓一头，丢一头。二、适当安排农村劳动力，不仅在冬季是一个重要问题，在全年都是一个重要问题。全年算大账，情况大体是：农村全劳动力大约占农村人口的 1/3，其中：用于生活服务、文教卫生和生产行政管理的约占 10%，林渔副业和社办工业约占 15%，基本建设约占 10%～15%，农业和牧业生产应该不少于 60%～65%，在农忙季节用于农业生产的则应该达到 80% 以上。要求各地大体上根据上述比例和当地的实际需要，定出劳力安排的全年规划。

六月

1 日，国家建委党组转发邓小平总书记、李富春副总理关于建厂选址原则的指示。邓小平指示：这个问题应予重视，重要厂址原则应是：（一）利用山地；（二）占地较少，特别不要占好地。过去各部都是不照顾这两点的。李富春指示：送建委子华、树藩同志和计委安志文同志，在安排选择厂址和设计时严格注意占地问题。

中旬，中央政治局在上海召开扩大会议。这次会议，主要是讨论 1960 年国民经济计划，总结几年来的经济建设工作。会议期间，毛泽东写了《十年总结》一文，简要地回顾了新中国成立以来经济建设的发展过程，提到了"大跃进"、人民公社化中的某些教训。最后，他强调指出：我们对于社会主义建设经验还不足，在我们面前，还有一个很大的未被认识的必然王国。我们要在今后的实践中，继续调查它、研究它，从而找出它固有的规律。

七月

16 日，苏联政府突然照会中国政府，单方面决定召回苏联专家。7 月 25 日，没等我方答复，苏方又通知中国政府：自 7 月 28 日至 9 月 1 日期间，将撤回全部在华专家 1390 人；并撕毁了 343 个专家合同和合同补充书，废除了 257 个科学技术合作项目。据统计，第一个五年计划以来，苏联援助中国的项目共 304 项。至 1960 年上半年，已建成 103 项，还有 201 项正在建设中。苏联在华专家分布在我国经济、国防、文化教育和科学研究等部门的 250 多个企事业单位，担负着重要任务。苏联背信弃义，单方面中断合同、撤走专家的行径，扰乱了我国正在进行的经济建设工作。

八月

14 日，中共中央发出《关于开展以保粮、保钢为中心的增产节约运动的指示》。1960 年以来，国民经济出现越来越被动的局面。突出表现在：一是工业生产困难很大，并出现生产下降的趋向；二是基本建设规模过大，施工项目过多；三是农业水旱灾情继续扩大，农业生产第一线劳动力严重不足，粮食生产连年减产，粮食供应更加紧张。面对上述情况，中共中央要求集中力量保证实现原定的钢、粮等高指标，并且提出：（一）立即发动群众讨论今后 5 个月的增产节约指标及其具体实施措施。（二）必须坚决执行缩短基本建设战线，保证重点生产和重点建设的方针，根据先中央，后地方；先重点，后一般；先采掘、材料工业，后加工工业的原则安排生产建设任务。一切非生产性建设，除职工宿舍和一部分学校的基本建设外，今年下半年都不得开工。（三）大量精简企业、事业单位中的非生产人员以及一部分直接生产人员，充实和加强粮食、钢铁生产战线。（四）所有工业和交通运输部门都要加强对农业的支援，支农机械设备务必按计划如期制造出来并送到农村去。（五）加强技术革新成果的推广工作。要迅速推广对解决当前生产关键有直接作用的、收效量大的和有普遍意义的革新项目。（六）加强企业管理。对原有规章制度不要轻率地废止，已经废止的合理规章制度应当恢复。同时，厂矿企业领导必须既抓生产，又抓生活。

九月

1 日，建筑工程部城市规划局及其城市设计院划归国家基本建设委员会领导，国家基本建设委员会内设城市规划局和研究室。

1 日，交通部、建筑工程部发出《关于港口规划、建设与城市规划、建设密切配合的联合指示》。《指示》包括 6 个方面的主要内容：一、港口是城市的重要组成部分，不论改建与新建的城市，对于港口码头的建设都应当在城市统一规划、全面安排的原则下进行。水运部门与城市规划部门都必须密切配合协作，统一合理地加以安排。二、港口是为城市、为工矿企业、为国防服务的。凡是现有或未来沿江（包括人工运河）沿海的城市，在城市规划中都应该考虑港口的设置问题。其远近规模应根据交通部门的规划，结合地区经济发展规划予以考虑。对于河港、海港位置的安排，既要适应运输的需要，也要符合城市总体规划的要求。三、城市中港口作业的布置，应根据城市大小、地理条件和运量多少，采取集中发展与分散发展相结合的原则。四、城市港口的各项建设必须适应城市建设的要求。港口地区建筑物的布置，要符合城市规划总体布局的要求。各项建筑在经济、适用的原则下，应尽可能注意美观，港区建设设计应取得城市规划部门的同意，以便与城市其他建筑物取得协调。五、城市的道路系统和绿化系统的规划，要密切与现有港区和新建港区结合，不仅应保证港口有方便的交通运输条件，而且也要尽可能做到港口地区有美好的绿化环境。在货物港区与城市的生活居住区之间要留有必要的防护地带。六、规划中应考虑在城市工业区建设必要的专门码头，以便为工矿区提供方便。对工矿区专用码头的布置，必须密切结合城市发展的远景规划全面安排。

10 日，建筑工程部党组就城市规划问题向中央写出报告，提出今后城市建设的基本方针应以发展中小城市为主，尽可能地把城市搞得好些、美些，努力实现城市园林化。

26 日，中共中央转发国家计委、劳动部《关于当前劳动力安排和职工工资问题的报告》,《报告》认为，为了实现中央提出的保粮、保钢为中心的增产节约任务，今后安排劳动力的方针是:（一）坚决迅速地从多方面抽调劳动力加强农业战线，首先是粮食生产;（二）城市必须坚决停止从农村招工，紧缩基本建设队伍;（三）从现有职工中调剂劳动力，充实工业生产第一线，首先保证钢铁生产的需要;（四）切实安排好农村人民的生活，适当压低城市人民的生活水平，以利巩固农村的劳动力和工农团结。根据上述方针，《报告》提出:（一）关于控制职工人数问题。1960 年原计划增加职工 200 万人，至 8 月底，实际增加人数超过原计划144 万，职工总数达到 4905 万人。为此，今后三五年内，一切企业、事业、机关都必须停止从农村招工。今冬明春，基本建设职工应该减少 150 万 ~ 200 万人。各类企业现有的非生产人员以及事业单位和机关团体的工作人员，都必须大大精简。1960 年和 1961 年，除安排大专、中专、技工学校毕业生，少数复员军人以及为以后几年培养新技工所必需的学徒之外，不再增加新职工。（二）关于职工工资问题。鉴于农业生产情况不好，市场商品供应紧张，今后三五年内，不提高职工工资标准，而且从今年 10 月份开始，要逐步地不同程度地降低 17 级以上党员干部的工资标准，以缩小高低工资之间的差距。

30 日，中共中央基本同意并批转国家计委《关于 1961 年国民经济计划控制数字的报告》。《报告》认为: 1961 年是我国实现三年连续跃进以后的一年，是农业在连续两年受灾以后必须大发展的一年，也是我们在外援减少的情况下自力更生进行建设的一年。《报告》还提出，在这一年，我们必须更好地贯彻执行党的总路线和一套"两条腿走路"的方针，更好地发挥城乡人民公社的优越性，更好地发扬自力更生、发奋图强、埋头苦干、勤俭建国、增产节约的精神，把农业放在首位，使各项生产、建设事业在发展中得到调整、巩固、充实、提高，争取国民经济在更加牢固的基础上更好地继续跃进。根据上述精神，国家计委提出了 1961年国民经济计划安排的方针和控制数字的建议。主要是:一、更好地贯彻执行以农业为基础的方针，全党大办农业，大办粮食，各行各业要尽可能地支持农业。

1961 年，农业增长速度安排为 10% 左右。为了加强对农业的支援，国内拟生产化肥 450 万 t，比上年增长 50%，同时进口化肥 100 万 t，用于农业的钢材拟安排 150 万 t。二、工业的发展，要着重注意增加品种，提高质量，搞好填平补齐，抓紧设备维修和产品配套，加强新产品的研制，加快国防新技术的发展。1961 年主要工业产品产量的增长速度开始放慢，工业总产值拟比上年预计增长 23% 左右。三、基本建设必须以中小为主，要继续缩短战线，保证重点。1961 年国家预算内投资安排 275 亿元，比上年预计减少 20.3%。建设的重点应放在补配套、补缺门方面，并且着重进行采掘工业的、支援农业的、铁路交通的建设。建设项目以中小建设规模为主或推迟建设进度。非生产性建设，除必要的职工住宅、学校和营房以外，一律停止。自筹资金的基本建设要统一纳入国家计划。四、在全面安排劳动力和人民生活的条件下，安排好生产和建设，保证群众过好日子，保证灾区群众休养生息。在发展生产的同时，必须坚决控制社会购买力，保证市场的稳定。1961 年职工总数至少减少 300 万人，工资总额必须控制在 250 亿元以内。全国集团购买力至少比上年预计的 81 亿元减少 20 亿元。五、各项文化教育事业必须有控制地发展，着重进行巩固、提高。为了贯彻执行发挥地方积极性同遵守国家统一计划相结合的方针，国家计委提出，1961 年计划只搞一本账。各地区、各部门在执行计划时，不要层层加码。

十月

15 日，中共中央同意并批转建筑工程部提出的《关于解决城市住宅问题的报告》。《报告》指出，新中国成立以来，城市里修建了大量的住宅，改善了职工的居住条件。但是，由于"大跃进"以来城市人口急剧增加，城市住宅面积远远落后于实际需要。许多大中城市的平均住宅面积逐年下降。各地都有无房不能结婚、婚后不能同住、几户同住一屋的现象。针对这种情况，《报告》提出：要调动国家的、地方的、工矿企业和广大群众的力量，分期分批地建设住宅，力争三五年内基本缓和居住紧张的局面。今后凡是新建大中型企业，都应建设相应的住宅；原有企业的超额分成，除用于技术措施外，主要应该用于修建职工宿舍。各省、市、自治区应从地方自筹资金中抽出一部分，用于城市住宅建设。国家应该每年拨出一定投资和材料，帮助重点城市修建一部分机动房屋，以便调剂周转。

本月，国家建委在上海召开设计工作会议，会议指出我国设计已由学习苏联逐步走向独创设计的道路，强调两条腿走路、土洋结合，贯彻群众路线，注意三结合。

十一月

15日，中共中央同意并批转国务院财贸办公室《关于大中城市副食品生产情况和今后意见的报告》。中央要求，大中城市必须继续大搞副食品生产，要努力增产副食品，特别要努力增产蔬菜。机关、团体、厂矿、企业、事业、学校、部队的副食品自给生产，应当在继续发展的过程中进行整顿、巩固工作。在肯定成绩的前提下，纠正某些缺点和错误，特别要彻底纠正那些侵害群众利益，借口建立副食品基地，"平调"或者以物易物地调换农村人民公社的土地、牲畜、房屋和雇用农村劳动力的现象。"平调"或者调换的土地、牲畜和房屋必须退还，农村劳动力必须返回农村。各大中城市的市委要加强对机关团体自给生产的统一领导。

15日至12月23日，国家计委召开第九次全国计划会议，李富春副总理作《经济工作的十条经验教训》的报告，提出"三年不搞城市规划"，此后各地城市规划部门相继被精简削弱以至撤销，高校城市规划专业停办，城市规划事业受到严重损失。

本月，建筑工程部城市建设局丁秀局长在第三次全国公共交通会议上作报告。1960年，全国设有公共汽车的城市，比1959年增加了9%，设有无轨电车的城市增加了1倍多；公共交通车辆比1959年增长将近10%，其中，公共汽车增长9%，无轨电车增长30%；运营线路总长度增长7%，其中公共汽车线路增长7%，无轨电车线路增长40%。

十二月

17日，中共中央关于劳动力安排和干部下放五人小组提出《关于一九六一年劳动计划的安排要点》。《要点》认为：大跃进使人力资源获得了更广泛的利用，但劳动力的分配使用有重大缺点。首先是城乡劳动力没有通盘安排，农业第一线的劳动力严重削弱，两年来减少整、半劳动力2300万人（如果计入辅助劳动力，共减少3900万人），种粮人与吃粮人的比例由1：4.2扩大到1：4.5；其次，企、事业单位用人过多，全国职工由1957年的2450万人增加到现在的5023万人，两年半时间内翻了一番还多。《要点》提出：根据1961年生产要贯彻执行调整、巩固、充实、提高的方针和当前劳动力的状况，1961年劳动力安排的方针是：按照首先保证生产（首先是农业生产）的需要，其次基本建设的需要，第三服务行业的需要，第四其他非生产性建设需要的原则，全面地、合理地分配劳动力。要进一步从各方面压缩劳动力，加强农业第一线。农业第一线的整、半劳动力数量，恢复到1957年的水平，即1.55亿人左右。要进一步精简下放国营企业、事业单位的职工，从现有职工中精减502万人。

本年度出版的城市规划类相关著作主要有:《城市规划的任务和编制方法》(建筑工程部城市设计院资料室编)、《城市园林规划》(建筑工程部城市设计院资料室编)、《城市用地选择方案比较》(建筑工程部城市设计院资料室编)、《地形图的应用》(建筑工程部城市设计院资料室编)、《城市管线工程综合》(建筑工程部城市设计院资料室编)、《城市规划与修建法规 》(CH 41—58)(苏联部长会议国家建设事务委员会批准,清华大学建筑系等译)、《城市规划与修建设计定线放样对城市控制测量的精度要求》(周秉公著)。

1961 年

一月

8 日,中共中央作出《关于国家建委与计委和国务院工业交通办公室与经委合并的决定》,指出,为了更好地集中力量,加强计划工作和工业、交通工作,决定国家建设委员会与国家计划委员会合并,国务院工业交通办公室与国家经济委员会合并。

12 日,据建筑工程部城市建设局统计,城市公共交通事业有了很大发展。有公共交通设施的城市,1957 年为 68 个,现在发展到 130 个。其中有无轨电车的城市从 5 个发展到 22 个。公共交通车辆(包括电车、公共汽车、出租汽车和拖车)从 6174 辆发展到 10833 辆。

14 ~ 18 日,党的八届九中全会在北京举行。会议向全党和全国人民宣布了国民经济调整、巩固、充实、提高的方针。会议审定了 1961 年的主要计划指标。鉴于农业生产连续两年遭到严重自然灾害,会议指出,1961 年全国必须集中力量加强农业战线,贯彻执行以农业为基础的方针,大办农业、大办粮食。会议鉴于现有的经济协作区委员会工作范围和权力有限,决定成立华北、东北、华东、中南、西南、西北 6 个中央局,加强对 6 个地区各项工作的领导。毛泽东主席在会上讲了话。他指出,一定要缩短重工业和基建战线,延长农业和轻工业战线。要着重搞质量、品种规格。他指出,做工作要情况明,决心大,方向对。情况明是第一条,是工作的基础,情况不明,一切无从谈起。他还说,1961 年大家都去作调查研究。

27 日,国务院转发国家档案局《关于加强管理城市基本建设档案的意见》和《关于如何加强管理城市基本建设档案的报告》。国务院指出,城市基本建设档案的管理工作是很重要的,它涉及的范围很广,又是一项新的工作,经验还不够。除直辖市试行以外,各省、自治区可先选择一两个城市试行,等到取得经验后,再逐步推广。城市建设档案包括下列五个方面的内容：1. 工业建筑工程（如工厂、矿山、电站）方面的档案；2. 交通运输工程（如车站、码头、港口、机场、道路、桥梁）方面的档案；3. 市政工程（如给水、排水、供电、供热、煤气、电信等各种地上和地下管线，以及防洪、污水综合利用等工程）方面的档案；4. 民用建筑工程（如办公楼、礼堂、展览馆、招待所、体育馆、影剧院等公共建筑、住宅和古建筑）方面的档案；5. 城市规划方面的档案（包括城市规划图、现状图以及为了进行城市规划和城市建设而形成的经济、人口、历史沿革、城市面貌、地质、测绘、水文、气象等基础材料）。《意见》要求城市规划、城市建设管理部门（城市建委、城市建设局、城市规划局）应该把本单位在业务工作中所形成的规划文件和各个建设单位按照规定报送的设计文件、竣工图纸以及其他有关材料，全部集中到档案室统一管理起来。

30 日，第二届全国人大常委会第 35 次会议通过决议，撤销国家基本建设委员会，其业务合并到国家计划委员会。

二月

8 日，中共中央作出国家建委与国家计委合并、工交政治部与国家经委合并的决定，明确国家建委的工作由国家计委负责。国家经委设置基本建设办公室，负责处理日常事宜。

三月

4 日，国务院发布《关于进一步加强文物保护和管理工作的指示》。

四月

9 日，中共中央转发中央精简干部和安排劳动力 5 人小组关于调整农村劳动力和精简下放职工问题的报告。报告指出，根据 26 个省、市、自治区的报告，从 1960 年秋天到 11 月底，各方面抽调到农业第一线的劳动力约为 2500 万人，农村人民公社净增的劳动力约为 600 万人。农村劳动力占农村人口的比重，已由去年上半年的 38.3% 增长到 39%，接近中央要求的 40% 的指标，固定归生产队支配的劳动力占农村劳动力总数的比重，已由去年上半年的 82.3% 增长到 89.1%，还没有达到中央规定的 95% 的要求。农业劳动力占农村劳动力总数的比重，已由去年上半年的 57.4% 增长到 67.4%，也未达到中央规定的 80% 的要求。为了减轻国家负担和加强农业生产战线，报告提出必须继续精简职工，动员部分在外的民工和自流农民回乡。原定的全国精简职工 502 万人的计划已接近完成。5 人小组根据当时的经济状况对原定精简职工的指标作了调整，计划到1961年年底，将精简职工人数增加到800万，其中带工资和不带工资精简回农村的各为400万人。对带工资下放农村的职工，要登记造册，今后需用农村劳动力时可优先录用。除精简下放职工外，争取在两年内有200万左右城镇人口下乡。

五月

下旬，中共中央在北京召开工作会议，研究农村工作、商业和手工业工作。会上，毛泽东主席着重就农村工作问题讲了话。他指出，只有总路线还不够，还必须有一整套具体政策。现在要好好地总结经验，逐步地把各方面的具体政策制定出来。陈云也就精减职工和城市人口下乡问题讲了话。他指出，城市人口过多有困难，动员城市人口下乡也有困难。但这两方面的困难相比，还是城市人口过多的困难更严重。要下决心动员城市人口下乡，这个决心早下比晚下好。只有这样，才能稳定全局，并且保证农业上去。

六月

16日，中央发出关于减少城镇人口和压缩城镇粮食销量的9条办法。28日，中央又发出关于精减职工工作若干问题的通知。这是党中央为调整国民经济、克服经济困难而采取的一项极其重要的措施。中央要求：在这一年里，城镇口粮标准只能适当降低，不许提高；城镇人口，3年内必须比1960年年底减少2000万人以上。其中，1961年争取至少减1000万人，1962年至少减800万人，1963年上半年扫尾。

28日，中共中央转发国务院副总理兼秘书长习仲勋《关于中央机关精简情况的报告》，毛泽东在《报告》上批示说，此件很好，应当批发给各中央局、各省、市、自治区党委，照此《报告》，坚决执行。如果中央24万人中，共减12万人，占总数的一半，肯定工作效率会再为提高。《报告》的主要内容是：自去年9月以后，中央机关进行了比较认真的精简。中央各部门的在京单位原有24万余人，已经精简了8万余人，减少了33%。中央各部门的司局机构撤销、合并了89个，精简了15%；事业机构合并了111个，精简了26%。中央各部门的精简工作已取得了一定的成绩，主要表现在：(1) 改善了工作作风，提高了工作效率。如建工部北京设计院人员精简了40%，但完成的设计任务比精简前还多。(2) 充实了基层，加强了生产第一线。目前已有3.8万余名干部下放到农村基层和中央各部门直属的厂矿企业单位。下放到农业生产第一线的干部，有7800余名，绝大多数担任了公社和生产大队的领导职务。(3) 纯洁了组织。为了更好地完成精简工作任务，目前急需抓紧以下几项工作:(1)中央各部门设在外地机构的精简工作,现在应该以省、市、区党委为主,商同中央部门彻底进行精简。(2)对精简的人员,要根据不同情况,分别加以妥善安排。(3)为了坚决贯彻中央的精简方针,应规定中央各部门的编制,在精简后的 3、5 年内,只能减少,不许增加。个别需要增加的,必须经过国务院编制委员会审核批准。

七月

17 日,国家计委在北戴河召开全国计划会议,8 月 12 日结束。会议分析了当前的经济形势,讨论了 1961 年的计划执行情况和 1962 年的计划控制数字。会议认为,过去 3 年在计划安排上,指标过高,战线过长,力量分散,没有搞好综合平衡,使农轻重之间和重工业内部各行业之间出现了新的不平衡。会议提出,今明两年经济战线上的主要任务是:在尽可能多生产粮食和煤炭的基础上,有步骤地恢复和发展农业生产和工业生产,进一步活跃城乡交流,安定人民生活,改进国民经济各部门之间的比例关系,为在第三个五年计划期间工农业生产的全面恢复和新的跃进创造条件。为了完成上述任务,这两年的计划安排,必须以调整为中心,坚决缩短重工业战线和基本建设战线,优先安排农业,其次是轻工业和手工业,在重工业内部逐步加强采掘和采伐工业,讲究经济效果,精简职工和压缩城镇人口。根据会议讨论的意见和中央书记处指示的"坚决退够、留有机动、保证重点、打歼灭战"的原则,国家计委对 1962 年的计划控制数字重新作了研究,并且对工业的生产和建设拟定了方案。嗣后,国家计委对两年补充计划的主要指标又作了调整,确定 1962 年粮食增产 8% ~ 10%、棉田播种面积 6600 万亩,工业总产值 950 亿元,铁路货运量 3.7 亿 t。基本建设投资作了较大压缩,1961 年预计完成 78.3 亿元左右,1962 年暂定为 42.3 亿元。社会商品可供量,1962 年拟安排 599.7 亿元,与社会购买力差额为 13.6 亿元,加上 1961 年可能发行的 30 亿元货币将转为 1962 年的购买力,实际差额在 40 亿元以上。1962 年拟再减少城镇人口 600 万人,精简职工 436 万人。国家预算收入,1962 年拟定为 300 亿元。对文教卫生事业进行全面调整,注意控制和减少城镇中等以上学校的在校学生人数,着重提高质量。9 月 29 日,国家计委将上述安排情况向党中央写了《关于第二个五年计划后两年补充计划(控制数字)的报告》。10 月 6 日,中共中央批转了这个报告,要求各地区、各部门依照控制数字的报告编制 1962 年计划。

八月

19 日,建筑工程部部长刘秀峰率调查组与沈阳共同搞城市调查。关于沈阳市城市建设问题的调查报告的主要内容：12 年来，市城市建设事业有了相当的发展，取得很大成绩，但建设事业的供需矛盾越来越突出，当前集中表现为缺、破、脏；煤气设备残破，产量少，质量差，供应很不正常；日缺水量 19 万 t，住宅面积逐年下降，同 1949 年相比下降 2.75m²；乘客多、车辆少、坏车多、好车少，东西交通拥挤，南北交通不畅；采取的措施要按照谁缺谁建、谁管谁修的原则解决住房问题，要解决资金和材料问题。此调查报告并报中共中央。

十二月

5 日，中共中央印发了 761 号文件，同意沈阳市从企业利润总额中提取 5% 作为城市建设资金。其主要内容：提取利润范围，从国营和地方工业、零售商业（包括三级批发站）、城市公用事业的利润中提取 5%；不提取铁路、邮电、银行和商业一级、二级批发站的利润；资金应使用于给水、排水、道路、桥梁、防洪、市内公共车辆、煤气、环境卫生、城建企业、绿化等 10 项公用事业，专款专用；城市建设资金，不采用向企业逐一收款的办法，而从年计划利润净额中提取，列入沈阳市年度支出预算中，统一由市财政掌握拨付，年终如有结余，可结转下年继续使用；区和街道不能向企业提取利润。此办法从 1962 年开始，只在沈阳市试点。沈阳由试点至 1966 年的 4 年时间提取城市建设资金占同期基本建设总投资的 11.3%，当时的"骨肉"关系基本协调。

11 日，新华社报道，著名的 1000 多年前的历史名城——唐代京都长安城遗址已被发掘出来。中国科学院专门组织的唐城发掘队，从 1957 年开始发掘。发掘勘测结果证明：长安城当时周围有 70 多里，比今天的西安旧城大 5 倍；而唐代的皇宫——大明宫，方圆达 15 平方里，比北京故宫的面积要大 2 倍多。

本年度出版的城市规划类相关著作主要有：《城乡规划·上册》（"城乡规划"教材选编小组选编）、《城市道路设计》（上海市城市建设工程学校、北京建筑工程学校合编）、《城乡规划与城市道路设计》（湖南大学、成都工学院编）。

1962 年

一月

下旬，党中央在北京召开了有 7000 人参加的扩大的中央工作会议，对当时的经济困难和工作指导上的错误，作了比较实事求是的分析。

二月

14 日，中共中央决定，1962 年上半年继续减少城镇人口 700 万人。决定说，自从 1961 年 6 月中央工作会议作出了关于减少城镇人口的决定以来，由于各级党委认真贯彻执行，这项工作业已取得了显著的成绩。1961 年，全国减少了城镇人口 1300 万人（减少吃商品粮的人口还多于此数，约有 1600 余万人），精简职工 950 万人，其中大部分是 6 月以后减下去的。这一措施，促进了企业、事业单位的调整工作，加强了农业战线，减少了城镇粮食销量，节省了工资基金，给改善国家当前的经济状况带来了许多益处。但是还没有完全解决，国家财政经济困难仍很严重，城镇人口和职工仍然过多。为此，中共中央要求，1962 年上半年全国再减少城镇人口 700 万人，其中职工应占 500 万人以上，争取在春耕或夏收前完成，以便在这个基线上拟定下半年继续减少城镇人口 600 万人的计划。各企业单位，应当根据今明两年的生产任务，结合“五定”工作，实事求是地确定职工的定员，以便进一步整顿劳动组织和精简人员。这次精简的主要对象是：（1）1958 年以来来自农村的新工人，仍然是精简的主要对象，应当尽可能地动员回乡（原籍是灾区的，精简后安置到非灾区的农村），参加农业生产。（2）1957 年年底以前来自农村的工人，可以调剂给其他单位（包括国营农场，下同），顶替出那些可以回乡的工人回乡。有些能够回乡生产的技术等级较低的工人，可以是家居城市的工人，有些也可以调剂给其他单位，顶替可以回乡的工人回乡。有些可以发给 20%～30% 的工资，让其暂时回乡生产。有些自愿下乡回家的，可以精简回家。家居城市的工人，如果自愿下乡，也可以让其到农村安家落户。各级机关、事业单位和各企业中的管理机构，也应当切实精简多余的干部，并按照上述原则妥善安置，坚决克服人多政繁的现象，提高工作效率。中共中央这一决定下达后，各地都认真贯彻执行。由于措施坚决、有力，精简职工和减少城镇人口的工作取得很大成效。从 1961 年 1 月到 1963 年 6 月这两年半的时间里，全国共精简职工 1940 万人，扣除新安排就业的人数，净减少职工 1744 万人，同期，全国城镇人口共减少 2600 万人左右。

26 日，在国务院各部、委党组成员会议上，陈云作了《目前财政经济的情况和克服困难的若干办法》的重要讲话。陈云指出，目前我们在财政经济方面是困难的。主要表现在，一是农业在近几年有很大的减产，要恢复过来，大约需要 3 年到 5 年的时间。二是已经摆开的建设规模，超过了国家财力、物力的可能性。不仅农业负担不了，而且也超过了工业的基础。这两个方面的困难，导致钞票发得太多，通货膨胀；城市的钞票大量向乡村转移；城市人民生活下降。针对当时的经济情况，陈云提出了克服困难的 6 条有力措施：（一）把今后 10 年分为两个阶段，前一阶段是恢复经济的阶段，后一阶段是发展阶段。恢复阶段是一个"非常时期"。这个时期的主要任务是克服困难，恢复农业，恢复工业，争取财政经济状况的根本好转。在经济工作中，一方面要有更多的集中统一；另一方面一切步骤要稳扎稳打。（二）减少城市人口，"精兵简政"。这是克服困难的一项根本性的措施。要精减的职工，不单是来自农村的人，还有一部分城市的人。（三）要采取一切办法制止通货膨胀。包括严格管理现金，节约现金支出，尽可能增产人民需要的生活用品，增加几种高价商品，坚决同投机倒把活动作斗争。（四）尽力保证城市人民的最低生活。办法是：分几步做到城市每人每月供应 3 斤大豆；拿出4000 万 ~ 5000 万元的高级副食品，用来扩大高价饭馆。（五）把一切可能的力量用于农业增产。（六）计划机关的主要注意力应当从工业、交通方面，转移到农业增产和制止通货膨胀方面来，并且要在国家计划里得到体现。他强调指出：增加农业生产，解决吃、穿问题，保证市场供应，制止通货膨胀，在目前是第一位的问题。

三月

14 日，中共中央、国务院作出《关于厉行节约的紧急规定》，指出，所有办公用房、集体宿舍和个人宿舍，除因漏塌必须维修的以外，一律不得扩建、改建、粉刷和油饰。

20 日，中共中央发出《关于严禁各地进行计划外工程的通知》。中央指出，这种不顾国家困难，继续扩大计划缺口的分散主义行为，必须严格禁止。正在建设的所有计划外的工程，一律停止施工，特别是楼、馆、堂、所，不论建设到什么程度，必须立即停止施工。中央重申，建设大中型项目，都要报中央批准；地方小型项目由中央局批准，中央各部直属的小型项目由国家计委批准。凡未经批准的项目，各级财政部门和银行不得付款。

27 日，第二届全国人大第三次会议在北京举行，4 月 16 日结束。会议听取并批准了周恩来总理所作的政府工作报告。周恩来的报告，对 1958 年以来的经济建设进行了初步总结。他在肯定这几年取得的成绩的同时，比较多地检查了政府工作中存在的严重缺点、错误。周恩来指出：几年来工农业生产的计划指标过高，基本建设规模过大，使国民经济各部门的比例关系，特别是农业、轻工业、重工业之间的关系以及积累和消费之间的比例关系，发生了严重不协调的现象；在生产和建设中实行了一些不切实际的、违反科学的措施，废除了一些不应该废除的规章制度，给各项经济事业造成不小的浪费和损失；职工人数和城市人口不适当地大量增加，加重了城市供应和农业生产的困难。文教卫生事业的发展，也有规模过大、要求过高过急、对质量重视不够的毛病。周恩来强调指出，要改变国民经济不协调的状况，并为以后的发展创造条件，必须坚持用几年的时间，实行调整、巩固、充实、提高的方针，对国民经济进行大幅度的调整。1962年，应当抓好的十大任务之一，就是压缩城镇人口，精减职工。

四月

2日，在中央财经小组讨论调整1962年计划的会议上，周恩来总理讲了话。他指出，当前国民经济各个部门、各个环节都存在着严重不平衡的状况，完成调整任务，要争取快，准备慢；争取好，准备差。对1962年的计划，必须作大幅度调整。有些问题如果情况弄清楚了，就要断然处置。在谈到调整的措施时，周恩来着重指出，精简城市人口，必须同"拆庙"、"拆架子"结合起来。这样，精兵简政才有出路。

10日，国务院转发内务部《关于北京、天津两市国家建设征用土地使用情况的报告》。《报告》指出，近几年来，由于基本建设占地过多，浪费了大量的好地，给农业生产和群众生活带来了很大的困难。现在有些地方对于征而不用的土地还不坚决退回，对于被迁移群众的居住和生产还不很好安置，这是非常脱离群众的，也是不利于农业生产的。对此，国务院指出，报告中反映的情况，虽不是全部的、确切的调查，但是已经可以看出占用浪费土地的情况是严重的，有些地区和城市可能更为严重。各地应当立即对基本建设征用的土地使用情况和对迁出群众的安置情况，进行一次认真的检查，并按以下规定，严肃处理：（一）对于征而不用、多征少用、早征迟用的土地，应当一律退还当地的人民公社和生产大队，处理得愈快愈好，不要耽误生产，多占的土地不许用来搞机关副食品生产，已经用了的也必须退还。（二）因征用土地被迁移群众的居住和生产，还未作适当安置的，限期由用地单位会同当地人民委员会妥善处理。（三）为了严格控制征用土地，目前基本建设征用土地的审批权，可暂时统一收归各省、自治区、直辖市人民委员会掌握。

29日，国家计委向各省、市、自治区计委、中央局计委发出《关于地方城市规划设计机构的精简问题》，答复各地询问。4月26～28日，建筑工程部召开各省、市设计院长会议，研究精简设计机构问题，要求省级设计机构精简为30～90人（改为设计处、室）；市级设计机构撤销。各地询问这个方案是否包括城市规划设计机构在内。对此，国家计委提出：（一）不包括城市规划机构在内；（二）城市规划设计机构如何精简，各省、市拟订方案，报省、市委审批，并报计委备案。

五月

3日，中共中央再次指示，要求楼、馆、堂、所和一切计划外的工程必须立即停止施工。

11日，刘少奇、周恩来、朱德、邓小平等中央领导在中央工作会议上讲话。这次会议集中讨论了《关于讨论一九六二年调整计划的报告》。周恩来讲了中央商定的意见。他指出，现在口粮标准这样低，重点放在按劳分配上则有危险，少数人分得多，他的积极性就不在增加粮食，而在自由市场，而多数人基本口粮都不够，积极性也差。必须以基本口粮为先，然后结合按劳分配。工业必须有一个大幅度的调整，采取关厂、并厂、缩小规模、改变任务、转业这5个办法，全国6万多工业企业可能关掉一半以上。征购粮退到700亿斤，上调中央粮食退到60亿斤，但中央节约支出也要140亿斤，有80亿斤赤字，增加进口又不可能，出路只能是把城市人口下放到农村。

19日，教育部确定进一步调整教育事业和精简教职工。经过1961年的调整，全国教育事业，特别是高等教育和中等专业教育的规模有了一定的收缩，但是仍然超过国民经济的负担能力，也超过教育事业本身的发展条件，需要进一步压缩。教育部提出：（一）大幅度裁并高等学校，特别是裁并急剧发展起来的、条件很差的专科学校。高等学校原有845所，保留400所，减少学生12万人。（二）大幅度裁并中等专业学校。原有2724所，保留1265所，减少学生32万人。（三）进一步精简教职工。中等以上各级学校共精简教职工34万人，其中教师7.3万人。这些职工适合教学工作的，拟调到同级学校任教或者充实下一级学校的师资力量，但不降低他们的工资。这个报告经中共中央批转执行。

26日，中共中央同意财经小组对当前经济形势的分析和对1962年经济调整的意见。前段时间，中央财经小组在讨论1962年调整计划时指出，目前最困难的时期基本上过去了，但是财政经济的困难还是很严重的，我们仍然处在一个非常时期。主要表现在：（一）粮食供应还很紧张，经济作物还在继续减产。整个农业经济要恢复到1957年的水平需要5年多的时间。（二）重工业内部各个行业之间、各个行业内部的比例关系，特别是采掘工业同加工工业之间的比例关系严重不协调。（三）基本建设规模缩小以后，必须踏步两三年，做好调整工作，才能创造条件，继续前进。（四）铁路运输的紧张状况暂时缓和下来了，但是目前短途运输的能力严重不足。（五）职工人数大大超过目前的经济水平，特别是农业的生产水平。（六）市场商品特别是吃的和穿的商品的供应情况，在今后三五年内很难有大的改善。（七）今后5年，外汇收入不可能增加多少，而外汇支出的一半左右必须用于进口粮食。（八）财政严重亏空，货币发行过多，主要商品占用了库存，生产资料大量积压。根据上述情况，财经小组指出，在今后的一段时间里，必须对国民经济进行大幅度的调整。要把建设的规模调整到同经济的可能性相适应、同工农业生产水平相适应的程度；把工业生产战线调整到同农业提供粮食和原料的可能性相适应、同工业本身提供原材料和燃料动力的可能性相适应的程度；把文教事业的规模和行政管理的机构缩减到同经济水平相适应的程度；把城镇人口减少到同农村提供商品粮食、副食品相适应的程度。只有这样，才能完全摆脱现在的被动局面。财经小组认为，在重工业生产指标和基本建设规模已经作了较大幅度的调整以后，坚决缩短工业生产建设战线，继续大量减少职工和城镇人口，是继续进行经济调整的至关重要的一个步骤。为此，（一）对没有生产任务和生产任务不足的企业，分别实行停产关闭、适当合并、缩小规模、改变任务。城乡人民公社，在今后一个时期内，一般地不要再直接经营工业企业。（二）减少更多的职工。建议在 1962 年内，减少职工 900 万人，减少城镇人口 1300 万人。（三）所有停工的企业和下马的建设单位的一切物资，都必须由国家物资部门和商业部门统一接受和处理，不许擅自转让、出卖和损坏。

27 日，中共中央、国务院作出《关于进一步精简职工和减少城镇人口的决定》。中央要求：全国职工人数要在 1961 年年末 4170 万人的基础上，再减少 1056 万～1072 万人。全国城镇人口要在 1961 年年末 1.2 亿人的基础上，再减少 2000 万人。上述精简任务，要求在 1962、1963 年内基本上完成，1964 年上半年扫尾。中央强调指出，精简职工的工作，必须与国民经济的调整和企事业、机关机构的裁并结合起来进行。县办工业企业现有 320 万人，要迅速进行清理，至少关掉 2/3；少数保留下来的企业，职工也要大加精简。省辖市和专区所属的企业现有 486 万人，也必须关一批企业，大减一批职工。省、市、自治区和中央直属的工业企业现有 800 万人，必须按行业统一排队调整，该关闭的坚决关闭，该合并的坚决合并，该缩小的缩小，该改变任务的坚决改变任务。除此之外，农村社办工业企业现有 126 万多人，摊子多，人数多，生产落后，一般地应当停办。城市公社工业企业现有 154 万人，应当基本上停办。城市手工业企业现有 365 万人，也要加以清理，凡是适宜个体生产的，应当退回到个体手工业或家庭副业。这一年，各部门、各地区坚决贯彻中央的指示，企业的关停并转工作取得了显著成绩。据统计，1962 年前 9 个月，全国共减少职工 940 多万人，但由于第 4 季度又陆续增加了 81 万人，到年底净减少职工 862 万人；城镇人口由上年的 12707 万人减为 11659 万人，净减少 1048 万人。

28 日，建筑工程部发出《关于加强供水管理、降低漏失率、节约用水的通知》。本月，全国开展进一步精简职工和减少城镇人口的工作，经城市建设计划局曹洪涛局长的争取，计委主任李富春同意保留城市规划设计院的规划力量，"目前不搞规划，可以进行科学研究，将城市规划设计院改为城市规划设计研究院"。

六月

8日，第二届全国人民代表大会常务委员会第五十五次会议通过决议，批准设立国家房产管理局，作为国务院的直属机构。

12日，国家计委、财政部《关于一九六二年基本建设投资和建设项目划分的决定》（（1962）计基范字第1054号）。《决定》指出，用自筹资金安排的基本建设，是指用农垦、劳改等以收抵支的企业收入、工商业税附加、城市公用事业附加以及省、市、自治区以上财政部门同意动用的其他资金安排的基本建设。用自筹资金安排的基本建设投资总额由中央确定，分配给各部门、各地区，按国家规定的程序编制基本建设计划。国营农牧场以收抵支进行林木培育、修建牛棚猪圈等，劳改企业以收抵支进行临时性警戒设施等支出，均不作为基本建设。城市公用事业附加和房地产收入（或公房房租收入），主要应当用于原有市政工程和房屋的维修，一般不搞基本建设；如确有结余的资金用于急需的市政工程和住宅等基本建设时，应当作为自筹资金安排的基本建设办理。

15日，中共中央、国务院发出《关于加强公路养护和管理工作的指示》，对于大、中城市的郊区公路，由交通部门与城市建设部门具体分工，明确责任，负责管好养好。一、维修资金。1.房屋维修。制定城市房屋的租金标准，应当贯彻以租养房的原则，专款专用，保证用于房屋的经常维修。不足时，由市财政的附加收入和房地产税予以补助。在保证了维修仍有结余时，可适当改建、扩建部分房屋，但要纳入国家基本建设计划。2.公用事业的大修。为了保证企业设备大修理的需要，在原定的综合折旧率之内，适当提高大修折旧提取率。公用事业综合大修理折旧率，凡低于2.4%的，可以提高至2.4%（分行业为：自来水1.5%，煤气2%，电车3%，公共汽车4%），原来已高于以上规定的，也暂不变动，根据大修理计划，大修理资金周转困难时，可向当地人民银行申请大修理贷款。大修理资金不得移作他用，不足时，由市财政的附加收入和房地产税予以补助。3.市政工程设施维修资金，由市财政的附加收入和房地产税解决。另外，财政部分配各地预算内的城市维护费，也必须优先考虑市政工程设施的养护维修。二、维修材料。凡属中央安排的材料，各省、市、自治区计委须按中央下达的指标，适当安排城市建设、公用事业和市政工程设施的维修需要，并将分配的材料指标下达到同级各事业的主管厅（局），所需要的地方材料，应由地方妥善安排生产计划和分配计划，并积极组织实现。

21 日，周恩来总理视察大庆时，对矿区建设经验进行了归纳总结，提出了"城乡结合，工农结合，有利生产，方便生活"的 16 字方针。1966 年 4 月 2 日的《人民日报》在头版发表了《大庆建成工农结合城乡结合的新型矿区》的社论。

22 日，国务院批转《国家档案局关于加强管理城市基本建设档案试行情况的报告》。《报告》指出，自从 1961 年 1 月 27 日国务院转发国家档案局《关于加强管理城市基本建设档案的意见》和《关于如何加强管理城市基本建设档案的报告》的文件下达以后，引起了有关方面对基本建设档案的重视。全国共确定了 42 个试点城市（除直辖市试行以外，各省区一般都确定了 1 ~ 2 个试点城市），有一些城市已经积极地进行了试行工作，取得了一些初步的经验。国务院指出，城市基本建设档案的管理工作，除直辖市继续试行，各省、自治区选择 1、2 个城市继续试行并于今年内将初步试行的经验加以总结外，目前还应该注意加强大城市和重要的工厂、矿井、市政工程、车站、港口、码头、机场、桥梁和其他重要建筑物等方面的基本建设档案的检查，把这些档案清理、归档，逐步集中到档案室统一管理起来，并应做到每一个重要工程都有 1、2 份档案保存在安全的地方。

七月

19 日，国家计委发出《关于城市住宅维修的注意事项（草稿）》的通知（计城程字 1369 号）。为了切实贯彻中央和国务院 1962 年 3 月 14 日《关于厉行节约的紧急规定》第九条"所有办公用房、集体宿舍和个人宿舍，除因漏塌必须维修的以外，一律不得扩建、改建、粉刷和油饰"的指示，参照国家计划委员会和财政部发出的《关于 1962 年基本建设投资和建设项目划分的规定的通知》，对目前城市住宅的维修提出以下注意事项：（一）城市住宅必须加强维修，充分利用。但在目前国家资金、材料等比较困难的情况下，住宅维修应首先解决严重危险的和急需维修的破漏住宅，保证不倒、不塌、不漏，而不宜把维修的范围铺得过宽。凡是经过维修可以不塌、不漏的住宅，都要维修利用，严禁拆迁；凡是可以用局部补漏、加固等维修办法解决的，暂时就不要采取换顶、拆墙、换柱、换梁或就地翻修等大修的办法。（二）住宅基础、墙身、梁、柱、楼板、楼梯、房架、屋顶或烟囱、院墙等发生歪斜、下沉、开裂、变形、酥碱、朽料以及门窗残缺，阳台、栏杆、扶手破损，影响安全或漏风、漏雨的，均应根据上述原则进行必要的维修。房外经常积水，侵蚀房基，使房产有坍塌危险的，应及时采取简易的措施，排出积水，保证房屋安全。房屋用电线路，如有走火、漏电等危险情况的，应及时修理。室内外水暖设备毁损，有漏水、漏气、管道阻塞等现象的，可进行修理，或必要时更换局部已毁的零件。少数过分阴暗、潮湿、严重影响居民健康的住宅，在花钱、用工、用料不多的原则下，也可进行一些简易的改善或修理（如垫高地面、加开气孔小窗等）。（三）某些年久失修危险住宅的翻修，如果大部分旧料（包括梁、柱、房架、檩条、隔断、门窗、砖瓦等）还可使用，在基本上利用旧料的基础上，按原有结构、原有规模就地进行翻修的，应属于维修工程范围，并按大修理处理；如果旧料损坏较多，需要增换大部分新料或改变结构、改变规模、移地重建的，则属于改建、扩建、新建工程的范围，并作为基本建设办理。凡遭受火灾、风灾、水灾的住宅，如果因局部被损坏进行修复时，即属于维修工程的范围，并按大修理处理，如大部或全部损坏，需要重建或改建，则属于改建、新建工程的范围，并作为基本建设办理。凡利用非居住房屋，改为居住房屋而需要添改门窗、隔断、楼梯或其他设备的，以及原有住房的加层工程，都属于改建、扩建工程的范围，并作为基本建设办理。上述属于改建、扩建、新建的住宅，均应列入国家年度基建计划，按照基建审批程序办理。（四）编制住宅维修计划，必须做好调查研究工作，区别必需维修的程度、先后和季节要求，并按照国家调拨的材料和旧料利用等可能条件，进行排队，有步骤、有重点地进行维修。（五）进一步加强爱护和保养住宅的宣传教育工作，总结过去的经验，并订出或修订住宅的养护和维修制度，使住户提高责任心，减少住宅和设备的损毁，延长使用年限。

八月

25 日，国家计委发出《基本建设计划草案编制办法》（（1962）计长英字第 1808 号）。文件内容包括：1. 国家投资的基本建设（即国家预算内的基本建设），其中包括动员库存材料、设备等内部资源完成的工作量，国家投资的基本建设，按国家下达的控制数字编制，不得突破。2. 自筹资金的基本建设（即国家预算外的基本建设），应单独编制计划，按照规定的基本建设程序审查批准。

十月

6 日，中共中央、国务院发出《关于当前城市工作若干问题的指示》。指出，今后大中城市的工商业附加税、公用事业附加税和房地产税，统一划为市财政，由市人民委员会掌握，保证使用于城市的公用事业、公共设施以及房屋等维修和保养，不要上交，也不能移作他用。这些维修和保养所需要的材料，要列入国家计划。为了逐步改善城市人民的居住条件，城市房屋的租金，应当贯彻实行专款专用、以租养房的原则，保证使用于房屋的经常维修和改建、扩建；同时，国家应当根据可能的条件，在统一计划的安排下，逐步新建一些居民住宅。对于过去被拆除房屋的居民，凡是没有妥善安置的，都应当尽可能利用这次"精兵简政"

后多余的房屋，或者利用一些中途停建而适合于居住的房屋，加以安置。今后，所有城市，在建设中应当尽可能地不拆除民房，凡是必须拆除民房的，都要事先把居民安置好，否则一律不许拆除。城市中的企业、机关、学校的房屋及其附属的服务性的机构和设施，都应当有计划地、逐步地交给市人民委员会统一经营和管理，并由这些单位缴纳一定的房租和市政经费。在这方面，各大中城市可以先行试点，以便取得经验，逐步推广。

30 日，国务院批转内务部《关于各地方各部门检查征用土地使用情况的综合报告》。《报告》指出，自从今年 4 月 10 日国务院批转内务部《关于北京、天津两市国家建设征用土地使用情况的报告》以后，引起了许多部门和单位的重视，采取了坚决措施，及时地将征而未用的土地退回给社队耕种。但是，也还有一些部门和单位对这项工作没有抓紧进行，至今行动不迅速，不坚决，利用种种借口不愿意把土地退给群众，这是很不好的，为了贯彻发展国民经济应以农业为基础和全党全民支援农业的方针，为了进一步调动广大农民的生产积极性，国务院重申：一、一切征而不用、多征少用、早征迟用的土地，应当坚决退还生产队。征用来的土地，不许用作机关副食品生产基地，如果有的已经作了机关副食品生产基地的，只要生产队提出要求，即应退还。有的部门、单位为了进行副食品生产而占用的生产队土地和国营农场土地，即应退还生产队和国营农场。二、因征用土地被拆迁房屋的居民的住房问题，凡是没有妥善解决的，请各部门、各省、自治区、直辖市人民委员会督促有关部门迅速妥善处理。三、在退还征而不用的土地时，一律不许向生产队收回补偿费或赔偿投资拆旧等费用。四、国务院各部门和各地区对征而不用的土地和为了副食品生产而占用生产队土地和国营农场土地，凡应退未退的，都要责成用地部门、单位认真检查，迅速把土地退还。对于那些坚持不退还的部门、单位，应当查明情况，予以严肃处理。

十一月

6 日，国家计委、财政部、建筑工程部、国家房产管理局发出《加强城市房屋、公用事业和市政工程设施维修工作的通知》。

十二月

15 日，国务院全体会议第一百二十四次会议通过，任命赵鹏飞为国家房产管理局局长。

20 日，国家计委、财政部发出《关于六十四个大中城市房地产税划给市财政用于城市建设和维护费用的通知》。

本年，中共中央、国务院召开第一次全国城市工作会议，提出贯彻中央压缩基本建设，减少城市人口的计划，并正式确定了对公有住房实行"统一管理，统一分配，以租养房"的住房实物分配制度。

1963 年

一月

23 日，中央下达 1963 年国民经济计划。要求 1963 年再减少职工 600 万人左右，到年底，职工人数要控制在 3100 万人左右；城镇人口控制在 11500 万人左右。

三月

2 日，国家计委、财政部发出《关于一九六三年用自筹资金安排基本建设投资的补充通知》（（1963）计基李字 647 号）。一、关于自筹资金安排基本建设的范围问题。1. 用自筹资金安排基本建设时非经中央批准不得动用上年结余，不得解冻存款，也不得动用各级预备费。2. 城市的工商附加税、公用事业附加税、房租收入和大中城市的房地产税，按照《中共中央、国务院关于当前城市工作若干问题的指示》，用于切实保证城市的公用事业、公共设施和房屋等维修和养护开支以后，确有多余的，可以用于城市的公用事业、公共设施和房屋等方面的建设。3. 农业税附加应当用于农村公益事业，不得用于进行基本建设。4. 工会会费必要时可以作为自筹资金安排一些解决集体福利事业的基本建设，但工会经费和劳保基金不得用于进行基本建设。二、关于自筹资金基本建设计划的编报和审批问题。各省、市、自治区用自筹资金安排基本建设时，应由省（市、自治区）计委负责审查项目是否必需，并对材料、设备和劳动力进行落实。

26 日，建筑工程部发出《关于试行〈城市建设工作条例（草案）〉和市政工程、公用事业、园林绿化等三个专业规定（草案）的通知》。

四月

14 日，国务院批转华侨事务委员会、国家房产管理局《关于对华侨出租房屋进行社会主义改造问题的报告》。《报告》提出了如下意见：（一）新中国成立前华侨在国内集资或独资经营的房地产公司（置业公司）的产业，一律进行社会主义改造。一般华侨出租房屋的改造起点，应比当地私房改造起点略为放宽。非住宅用房与住宅用房分不清的，按住宅用房处理。与自住房屋结构相连的出租房屋，数量超过改造起点不很多的、经机关团体动员并通过我们安排而出租的、所收房屋租金用于公益事业的，一般不予改造。符合改造规定的房屋，在给业主保留自住房时，应当照顾到国内、国外人口，留给的自住房屋数量应当高于一般房主的居住水平。（二）新中国成立后华侨用侨汇购建的房屋，不论是住宅或非住宅，不论出租多少，也不论在城市或城镇，一律不进行改造。（三）各地如有不应改造而已经改造了的华侨房屋，应退还给业主，明确业主的产权，由业主自行经营管理。

五月

4 日，国家计委发出《关于城市维护和建设问题的通知》（（1963）计城李字1430 号）。根据中央和国务院《关于当前城市工作若干问题的指示》，今后用于城市维护和建设的资金，将有较多的增加。初步计算，1963 年可以用于城市维护和建设的地方资金，有工商业附加税、公用事业附加税、房地产税、房屋租金、公用事业大修理综合折旧、财政部拨付的城市维护费和城市建设投资等 7 项。在今后几年内，只要严格遵照中央的规定办事，不把这些资金挪用于其他方面，并就材料和劳动力的供应做好安排，这样，城市房屋和市政设施失修的问题，是可以逐步得到改善的。现就 1963 年城市维护资金的使用和城市建设项目的安排，提出以下意见:（一）城市维护资金，应当用于城市房屋和市政设施的维修或改建，必须专款专用，不得挪作别用。各城市对今后城市维护和一般改建项目所需的资金，应逐步做到由划归市财政收入的三笔资金中解决。国家的城市建设投资，着重用于重大市政项目的建设。大中型工业项目所需要的职工宿舍和福利设施，应包括在该项目的设计中，由国家在各部门投资中解决。（二）优先安排维修项目，特别是保证房屋（首先是危险房屋）的正常维修，对于恢复各项市政设施的原有能力，也要区别轻重缓急，分期分批地进行，首先是保持各项设施的现有水平，并且注意充实维修力量，加强经常性的维修工作，以便延长各项设施的使用年限。（三）安排维修以后，如果资金有余裕，材料和劳动力有保证，根据经济合理的原则，可以进行一些房屋和市政设施的改建、扩建和新建。安排这些项目时，应当注意: 1. 配合 1963 年投产的工业企业的城市建设项目。2. 新建一些住宅，安置几年来遗留的拆迁户，适当解决部分缺房户的住房。3. 安排以污水、粪便、垃圾作肥源的支援农业生产的项目。4. 适当安排一些稍加补缺配套，就能更好地发挥现有市政设施能力的项目。（四）住宅和各项市政设施维修工作，应当纳入国家计划，按照计划程序和分级管理办法上报批准。用城市维护资金进行房屋和市政设施的改建、扩建、新建，以及添置设备、车辆时，一律要按照基本建设程序办理。这部分资金一律要先筹后用，从城市维护资金中分期划转建设银行专户存储，按照批准的计划监督拨付。（五）1963 年城市维护和建设所需的钢材、木材和水泥等主要材料，已在国家计划中单独列出，但数量不多，各地应精打细算，节约代用。（六）各城市应当结合长期计划的编制工作，对城市维护和建设作一个长期的安排，以便有重点、有步骤地把事情办好。

25日，财政部、建筑工程部颁布《关于企业绿化费用资金来源的规定》（（1963）财经制曾字第613号）。一、新建企业的绿化费用和老企业自行建设经济林场的造林费用，应列入基本建设计划由基本建设投资解决。二、老企业厂区以内的零星绿化费用，应当本着节约原则，在企业管理费内列支。三、地方城市建设部门布置绿化种树任务时，应根据企业的负担能力适当安排。企业如认为任务过大，应向城市建设部门提出意见，或者根据企业本身力量，在今后几年内，逐步完成企业的绿化任务，这部分绿化费用可以在企业管理费开支，但不能专门雇用临时工搞绿化工作。

六月

5日，财政部、建筑工程部发布《关于"公用事业""公共设施"具体范围划分问题》（（1963）财预王字第36号）。中央、国务院关于当前城市工作若干问题的指示第十一条中所提城市"公用事业"、"公共设施"的具体范围，现解答如下，希依照执行。一、公用事业，主要包括：城市自来水、公用煤气、供热、公共交通（有轨电车、无轨电车、公共汽车、出租汽车、城市轮渡）等事业。二、公共设施，主要包括：1.市政工程设施：系指城市的道路、桥涵、防洪、下水道、排水沟渠、污水处理等设施；2.园林绿化设施：系指城市公共绿地、公园、动物园、植物园、苗圃及风景区绿地等设施；3.环境卫生设施：系指公共厕所、清扫垃圾粪便、街道洒水、扫雪等设施；4.其他公共设施：系指公用消防设施、一般的人民防空设施（灯火管制和警报设备等）、交通标志（路标、路灯）等设施。至于广播电台、影院、剧场、音乐厅、俱乐部、博物馆、图书馆、文化馆（站）、各种纪念馆、体育场、防疫站、市内电话和学校、幼儿园等，系文化、教育、卫生、邮电事业，不属于公用事业和公共设施的范围。但中小学校的房屋修缮，除了在学校的修缮费或房租收入中（已对学校收取房租的城市）解决外，不足之数，各地在安排市政维护费用（即工商业附加税、公用事业附加税和房地产税）时，可以酌情补助。

20日，国家计委发出《关于单独列出天津、沈阳、武汉、广州、重庆、西安6大城市计划指标的通知》。要求各有关省上报或抄送建议数字和计划草案，国家计委和中央各部下达控制数字、正式计划和分地区统计数字时，都要将6大城市的指标和数字单独列出；这6大城市向省报送建议数字和计划草案，应当抄送国家计委和中央有关部；召开有各省、市、自治区参加的确定计划指标和计划工作的各项会议，应当邀请 6 大城市参加，发往各省、市、自治区的文件，应同样加发 6 大城市；同时，要求 6 大城市和有关省报送计划基础资料和历年统计资料。11 月 23 日，国家计委又决定从 1964 年开始，对哈尔滨市也单独列出计划指标。

七月

3 日，李富春在第二届全国人大常委会第九十九次会议上作《关于第二个五年计划后两年的调整计划和计划执行情况的报告》。《报告》指出："二五"计划的前 3 年，计划指标过高，基本建设规模过大，国民经济比例关系不协调，国家计委是有责任的。由于这两年的调整计划是边编制、边执行，而且是不断修改的，因此没有及时地提请人大常委会审查批准。《报告》中说，过去两年的调整工作和收到的成效主要是：（一）集中主要力量，加强了农业战线，使农业生产有了恢复。粮食征购量，1960 年度为 856 亿斤，1962 年度减为 639 亿斤。全国农业劳动力 1960 年曾减为 1.7 亿人，到 1962 年年底已增加到 2.1 亿人左右。（二）降低了某些重工业品的生产量，增加了农业生产资料、日用工业品、某些重要的原材料的生产。钢产量由 1960 年的 1845 万 t，下降到 1962 年的 667 万 t。（三）缩小了基本建设规模，调整了投资分配比例，提高了工程质量。全国基本建设投资总额，由 1960 年的 384 亿元，减少到 1962 年的 68 亿元。农业和支农工业的投资比重，由 1960 年的占 16.6% 提高到 1962 年的 24.7%。（四）大量地减少了职工和城镇人口。这两年，全国净减少职工 1719 万人，净减少城镇人口 1414 万人，城镇粮食销量减少了 115 亿斤。（五）改进了国营商业的购销工作，恢复了供销合作社，加强了集市贸易管理，使市场供应状况一天一天地好起来。（六）在努力组织出口货源、减少进口的情况下，这两年贸易顺差 18 亿元左右，按期偿还苏联借款和利息 52.89 亿元。（七）调整了财政收支，加强了财政金融的管理。1962 年财政有 8.07 亿元的结余，年底货币流通量比上年减少 15% 左右。（八）适当缩小了文教和科研事业的规模，提高了工作质量。李富春指出，我国国民经济开始出现全面好转的局面，但农业还没有恢复到 1957 年的水平，采掘、采伐工业还比较落后，原材料工业还是薄弱环节，还必须用很大的力量来解决吃穿用问题，还必须用一段时间，继续对国民经济进行调整、巩固、充实、提高的工作。

31 日，中共中央同意中央精简小组的报告，决定基本结束精简职工工作。据统计，从 1961 年 1 月开始精简职工和城镇人口工作以来，到 1963 年 6 月两年半的时间里，全国共减少职工 1887 万人，其中从 1962 年 1 月到 1963 年 6 月共减了 1034 万人，基本完成中央 1962 年 5 月规定的 2 年减少 1056 万人到 1072 万人的任务。全国职工人数从 1960 年年末的 5043.8 万人减为 3183 万人。全国城镇人口从 1961

年 1 月到 1963 年 6 月，总共减少 2600 万人，其中从 1962 年 1 月到 1963 年 6 月共减少约 1600 万人。这次精简职工和城镇人口，加强了农业战线，减少了工资开支和粮食销量，对于改善城乡关系、争取财政经济状况的好转起了很大作用。对此，报告提出：全国性的压缩城镇人口工作任务已基本完成，可以基本结束此项工作。

九月

16 日至 10 月 12 日，中共中央和国务院召开第二次城市工作会议。北京、天津、上海等 39 个城市的市委书记（或市长）、各中央局安置工作领导小组组长、大区经委主任（或副主任）参加了会议。会议的主要议题是：（一）关于工业调整中的几个问题；（二）关于控制城市人口的增长和劳动力的安排问题；（三）关于进一步改进城市和商品供应和加强城乡物资交流和健全商业队伍的问题；（四）关于城市建设问题。关于城市建设问题中，包括公用事业的维修和管理问题；工矿企业污水、废气、废渣的处理问题；住宅、校舍的建设、维修和统一管理问题；城市维护费的来源、用途和管理问题。会议提出，当前城市工作的主要任务是：（一）进一步做好工业的调整工作。在三年调整期间，应当把所有企业的产品方向、生产规模确定下来，把企业的协作关系基本上固定下来。（二）努力做好商业工作，更好地为生产和生活服务。一定要按照经济区划合理地组织商品流通，克服环节过多、机构重叠、迂回运输、商品倒流，以及地区之间互相封锁的种种不合理的现象。要把代替私商、改造私商、取缔投机倒把、取缔私商长途贩运的工作进行到底；对郊区的农村集市贸易要实行严格管理，做到"活而不乱，管而不死"。（三）大力发展城市郊区的农业生产。要建立稳定高产的蔬菜和猪、禽、蛋、奶、果等主要副食品生产基地，保证城市副食品供应。（四）加强房屋和其他市政设施的维修，逐步进行填平补齐。今后新建、扩建的企业、事业单位在编制设计任务书的时候，就要把住宅、校舍以及生活服务和有关的市政设施包括进去；在工厂设计和建设中就要解决废水、废气、废渣的处理和利用问题。（五）积极开展计划生育。争取在三年调整时期，把城市人口的自然增长率降到 20‰以下；在第三个五年计划期间降到 15‰以下；在第四个五年计划期间降到 10‰以下。会议提出，要加强城市的管理工作。应根据集中领导和分级管理相结合的原则，加强城市工业、交通、商业、郊区农业、文化教育、市政建设和生活服务事业等方面工作的领导。大中城市的工业企业，除中央直属企业外，一般都交给市管理。凡是生产国家统一分配产品和部管产品的全民所有制企业，全部改为中央直属企业，按行业组织专业公司，分属中央有关工业部门直接管理。其余的企业，由市管理。

会议提出，要"结合第三个五年计划的编制工作，编制城市的近期规划，并且修改现有的总体规划"。

十月

22 日，全国城市工作会议筹备组组长谷牧在给周恩来总理的报告中说，第二次城市工作会议结束以后，我和荣鑫（即周荣鑫，筹备组副组长）约松辽油田、伊春林区、中条山铜矿的同志开了两天会，讨论了这些工矿区的市政建设问题。

22 日，中共中央、国务院下发《中共中央、国务院批准〈第二次城市工作会议纪要〉的指示》。《纪要》指出，去年城市工作会议以后，许多城市加强了市政设施的维修和管理工作，市政设施的状况，开始有所好转。但是由于过去几年"欠账"过多，市政设施不能适应生产发展和人民生活基本需要的矛盾仍然比较突出，住宅、中、小学校舍，以及其他市政设施破漏不足的情况，还相当严重。城市的废水、废气、废渣，也没有得到适当的处理。解决这些问题，需要用较长的时间，并且要适当照顾城乡关系，本着勤俭办一切事业的精神，采取较低的标准。在最近两三年内，应当以加强现有设施的维修和经营管理为主，根据可能条件，有计划地、有重点地进行补缺配套，填平补齐。为了进一步加强住宅、中、小学校舍和其他市政设施的维修，必须确定和增辟经常的、固定的资金来源；同时，也要适当地增拨一些城市维修和建设费用。会议议定，采取以下的措施：①房地产税划归市财政的规定，今年已有 66 个大中城市实行。明年扩大到全国所有设市的城市实行。②把公用事业大修理基金的提取率，由今年全国平均的 2.4% 提高到 3%。③公用事业附加税，某些城市，开征项目过少，可以增开一些项目；个别项目附加率过低的，可以适当提高。具体办法由财政部另行规定。④贯彻实行"以租养房"的原则，调整住宅的租金标准，在有条件的城市，试行机关、学校等公用房屋收租的办法。⑤城市在完成国家规定的地方预算收入任务以后，对于超收的部分，除按原定的收入分成比例提成以外，再增加提成 5% ~ 10%。⑥为了解决某些城市房屋、市政设施的维护和防洪供水、公共卫生等方面的急切需要，经有关方面批准，这次会议还安排了 7200 万元的城市建设费用。以上各项资金，均应当规定使用范围，由市掌握，专款专用。对于市政设施补缺配套、填平补齐的大中型项目，应当在国家年度的或者长期的基本建设计划中，加以安排。过去几年，在基本建设投资当中，市政建设的投资，特别是建设住宅和中、小学校舍的投资，占的比重低了，今后要适当地加以调整。今后新建、扩建的企业、事业单位，在编制设计任务书的时候，就要把住宅、校舍以及生活服务和有关的市政设施包括进去。各个城市对于废水、废气、废渣的处理和合理利用，应当经过调查研究，订出具体规划，由国家计委和有关部门，有重点地分期分批地安排解决。新建的工业企业，在工厂设计和建设中，就要解决废水、废气、废渣的处理和利用问题。住宅、中、小学校舍和其他市政设施维修和建设所需要的材料、设备，应当列入国家物资分配计划，由物资部门按计划供应；维修所需要的建筑施工力量，在劳动计划内适当调整。市政企业、事业单位，必须努力改善经营管理，提高服务质量，更好地利用现有设施为生产和人民生活服务。目前，不少单位的经营管理工作，漏洞很多，浪费很大，有的还有污损，必须切实改进。城市的公有住宅、中、小学校舍和机关、事业单位的房屋，应当逐步由市人民委员会统一经营管理。第一步可以先把市属的公用房屋，由市人民委员会统一经营管理起来，统一规章制度，统一租金标准，统一调剂和分配，统一组织维修，统一建设。考虑到房屋统一经营管理问题比较复杂，需要经过试点，逐步推广。目前，城市公有房屋，不少是由使用单位分散经营管理的，这些单位，应当执行市人民委员会有关房屋管理的规定，并且在房屋管理的业务上接受市房产管理部门的指导和监督。所有城市都要继续抓紧进行房屋的调剂工作，尽可能调剂出一些房屋改作中、小学校舍。城市私有房屋的管理急需改进。应当督促房主维修房屋。在已经进行了私房社会主义改造的地方，要认真处理改造工作中遗留的问题。改造起点定得不合理的，应当加以调整。对于改造起点以下的小量出租房屋，可以宣布属于个人所有，允许出租和买卖，以调动房主维修房屋的积极性。具体办法，由国务院有关部门规定。为了有计划地进行市政建设，各大、中城市应当根据我国的实际情况，结合第三个五年计划的编制工作，编制城市的近期建设计划，并且修改现有的总体规划。在进行这项工作的时候，必须总结过去的经验教训，防止和克服把城市规划搞得过大、占地过多、建设标准定得过高、不符合勤俭建国方针的偏向。目前，企业、事业单位和机关自办的普通中学、小学、托儿所以及其他服务性事业，除了工厂生产区内的哺乳室、浴室、食堂、俱乐部、保健室等生活福利设施，仍由企业自办以外，其余的都应当逐步移交给市人民委员会的有关部门，统一经营管理。在步骤上，条件成熟的先移交，条件还不成熟的，可以先进行试点，创造条件，逐步移交。各企业、事业单位和机关，在把这些服务事业移交给市管理的时候，房屋、设备、人员编制等应当同时移交，这些事业所需要的费用，仍然由原单位照旧拨付。市人民委员会的有关部门接管以后，应当在不增加职工负担的原则下，把这些事业认真办好，提高工作质量，使这些事业更好地为生产服务，为职工生活服务。北京市正在石景山地区建立相当于区一级政权的办事处，对于区内各工厂的生活福利事业，试行统一管理。这种做法，在其他有条件的城市，也可以试行。今后在大、中城市新建和扩建的企业、事业单位，要把住宅、校舍以及其他生活服务和有关市政设施方面的投资，拨交所在城市实行统一建设、统一管理，或者在统一规划下，实行分建统管。《纪要》要求"各大、中城市，应当根据我国的实际情况，结合第三个五年计划的编制工作，编制城市的近期建设规划，并且修改现有的总体规划。在进行这项工作的时候，必须总结过去的经验教训，防止和克服把城市规模搞得过大、占地过多、建设标准定得过高、不合勤俭建国方针的偏向"。

25 日，国务院下发《关于适当改用自筹资金安排的基本建设审批权限的通知》（国计字 714 号）。《通知》指出，各地区、各部门一再反映，用自筹资金安排的基本建设的审批权限，《国务院关于加强基本建设计划管理的几项规定（草案）》中规定得过死，要求适当改变。现作如下改变：一、用自筹资金安排的小型建设项目，可以按隶属关系分别由各省、自治区、直辖市人民委员会和中央各部、委、国务院各直属机构自行审查批准，报国家计委、财政部备案，各省、自治区、直辖市并应同时报送大区计委、财办备案。除有关省认为必要时，对天津、沈阳、广州、武汉、重庆、西安 6 大城市可以适当下放部分审批权限外，各省、自治区、直辖市和中央各部门不得再行下放审批权限。凡是用自筹资金安排的大中型建设项目，应由国家计委审查批准。二、地方用自筹资金安排的基本建设，资金来源是否落实，由财政厅（局）负责审查；项目是否需要，材料、设备是否落实，由省、自治区、直辖市计委负责审查。三、各项自筹资金，各地区、中央各部门首先必须保证国家规定的各项正常开支，确有多余时，才能用来安排基本建设。

31 日，国家计委、财政部发出《关于印发〈基本建设投资和各项费用划分的规定〉的通知》（（1963）计基安字第 3556 号）。《通知》指出，各类事业单位的设备购置和零星土建工程，中国科学院所属科学研究机构、教育部门中小学校和原有卫生机构购置的设备、仪器、器具，仍按现行规定由事业费开支，不列入基本建设投资；其他各类事业单位，凡是新建项目、新建教学楼、研究楼、附属工厂等主要单项工程，在按照设计建成移交使用前，所需的设备、仪器、器具等固定资产和土建工程，应该列入基本建设投资；原有事业单位需要增添的设备、仪器、器具和土建工程，凡是不超过零星固定资产和零星土建工程规定额度的，由事业费开支；超过规定额度的应列入基本建设投资。零星固定资产和零星土建工程单项价值的最高额度不应超过 1 万元，具体额度由各部门、各地区在 0.5 万 ~ 1 万元范围内自行确定，报国家计委和财政部备案。行政机关建设（包括地方海关建设），地方用地方资金进行行政机关建房，由省、市、自治区人民委员会审查批准，纳入地方基本建设计划，但行政机关的零星土建工程，可以由行政经费开支，不作为基本建设投资。公共厕所、城市消防设施、公园和街道绿化等公共卫生设施，由市政事业费、园林费开支，不列入基本建设投资。

十一月

8日，国家计划委员会、财政部颁发《关于使用各种专项资金安排基本建设投资的几项规定》((1963)财预王字第950号)。（一）各地方、各部门的专项资金，系指根据国家现行财政制度规定留给各地方、各部门自行管理的各种资金。（二）各地方、各部门使用专项资金安排基本建设投资的计划管理:（略）。

十二月

7日，中共中央、国务院发出《关于调整市镇建制、缩小城市郊区的指示》。《指示》指出，前几年，我国城镇人口增加过猛，市镇建制增加过多，超过了农业生产的负担能力，给社会主义带来不少困难。经过两年多的调整，压缩城镇人口的工作取得了巨大的成绩，市镇数目有所减少。全国城镇人口到1963年6月底止，净减了1600万人。市的数目，由1961年年底的208个，减少到1963年6月底的179个。县属镇的数目，由1961年年底的4429个，减少到1962年年底的4219个。但是，从我国当前农业生产水平和工业建设的实际需要来看，城镇人口占全国总人口的比重仍然过大；市镇建制仍然过多；市的郊区仍然偏大。这种状况，对于国民经济的发展是不利的，必须加以改变。为此，中共中央、国务院对于调整市镇建制、缩小城市郊区问题，作如下的指示：一、撤销不够设市条件的市。各省、自治区应该根据中共中央、国务院1962年10月《关于当前城市工作若干问题的指示》中有关调整市镇建制的原则，和国务院1955年6月《关于设置市、镇建制的决定》中规定的设市条件，对现有的市逐个进行审查，凡是在完成精简职工、减少城镇人口任务和缩小郊区以后，聚居人口仍然在10万人以上的，一般可以保留市的建制（没有必要保留市建制的，也应该撤销）；聚居人口不足10万的，必须是省级国家机关所在地，或者是重要工矿基地，或者是规模较大的物资集散地，或者是边疆地区的重要城镇，并且确有必要由省、自治区领导的，才可以保留市的建制。其他一切不符合上述条件的市，都应该撤销。市建制撤销以后，应该根据不同情况，恢复原来的县，或者改为县属的镇。如果新改的和原有的县属镇规模较大、居民委员会数量过多，在必要时，经过省、自治区人民委员会批准，可以建立街道办事处，作为镇人民委员会的派出机构。二、缩小市的郊区。市的郊区是指这样的地区：（1）当前城市建设所必须的地区;（2）紧靠市区的职工聚居区;（3）设在市区附近的必需的蔬菜等主要副食生产基地;（4）无法从市区划出的插花性质的农业区;（5）受地形限制，划归市比较有利的地区;（6）群众经济生活与城市关系密切的地区。凡是不符合上述原则的地区，都不应该划为郊区。市辖县应当按县的建制进行领导和管理，不得划为远郊区。市的郊区应该尽量缩小。市总人口中农业人口所占比重一般地不应当超过20%，不及20%的，一般不动;超过20%的，应该压缩，确实有必要超过20%的，必须由省、自治区人委报国务院批准。为了统一市的人口统计口径，规定:市总人口包括市区人口和郊区人口;市区和郊区的非农业人口列入市的城市人口，市区和郊区的农业人口列入乡村人口。各地在缩小城市郊区的同时，应该对城市所需要的蔬菜等主要副食的供应问题，作出统一安排。郊区解决不了的部分，由附近的县负责支援。三、调整镇的建制。设置镇的建制，应该是工商业和手工业相当集中，绝大多数居民从事这些行业，确实有必要由县领导才有利于经济发展和物资交流的地方。国务院1955年6月《关于设置市、镇建制的决定》中，曾经规定:"县级或者县级以上地方国家机关所在地，可以设置镇的建制。不是县级或者县级以上地方国家机关所在地，必须是聚居人口在2000以上、有相当数量的工商业居民并确有必要时，方可设置镇的建制。少数民族地区如有相当数量的工商业居民，聚居人口虽不及2000，确有必要时，亦得设置镇的建制。"这个标准在当时还是恰当的;从目前的情况来看，显得宽一些，需要加以改变。现在重新规定:（一）工商业和手工业相当集中、聚居人口在3000人以上，其中非农业人口占70%以上，或者聚居人口在2500人以上不足3000，其中非农业人口占85%以上，确有必要由县级国家机关领导的地方，可以设置镇的建制。少数民族地区的工商业和手工业集中地，聚居人口虽然不足3000，或者非农业人口不足70%，但是确有必要由县级国家机关领导的，也可以设置镇的建制。现有的镇建制，凡是不符合上述条件的，或者虽然符合上述人口条件，但是以改归乡村人民公社领导为有利的，都应该撤销;即使是县级或者县级以上地方国家机关所在地，也应该撤销。（二）现在由农村人民公社领导的集镇，凡是以保持原有领导关系更为有利的，即使符合设镇的人口条件，也不要设置镇的建制。在撤销了镇建制的地方，原镇属居民一律列为乡村人口。四、调整林场、农场、矿山、油田等地区的市镇建制。林场、农场、矿山、油田等地区，很多是产品单一、生产场地分散、不宜于建设集中的市镇。因此，中央指定冶金工业部协同安徽省人民委员会在马鞍山矿区，煤炭工业部协同河南省人民委员会在平顶山矿区，林业部、石油工业部、农垦部协同黑龙江省人民委员会分别在伊春林区、萨尔图油区、密山国营农场，根据城乡结合、工农结合、利于生产、方便生活的原则，重新调整市镇建制。经过试点总结经验，改变现在沿袭一般设置市镇建制的做法。并要求于1964年3月底提出方案，报告中共中央、国务院作出专门规定。因此，这类地区市镇建制的调整，可暂缓进行。这次调整市镇建制、缩小城市郊区的工作，要求在 1964 年 3 月底以前完成。市建制的调整和市郊区的变动，应该报国务院批准。镇建制的调整，应该报省、自治区、直辖市人民委员会批准，并报国务院备案。

26 日，国务院副总理李富春向邓小平、彭真、罗瑞卿、杨尚昆提出《关于建筑北京市地下铁道工程的请示报告》。《报告》提出，北京市的地下铁道，在调整时期已经停止筹建，一些重要机关的集中地和建筑群的防护工程也尚未开始建设。从长远来看，特别是考虑到战争情况，地下铁道和一些重要建筑群的防护工程都需要及早筹划建设，拖下去不利。仍由铁道部负责，恢复北京市地下铁道筹建机构，积极进行筹建工作，并做好第一段工程的设计和施工准备工作。

本年度出版的城市规划类相关著作主要有:《日本城市规划与建设发展概况》（建筑工程部技术情报局编）。

1964 年

一月

13 日，国务院批转《国家房产管理局关于私有出租房屋社会主义改造问题的报告》。国务院指出：对私有房屋进行社会主义改造是我国社会主义革命的一部分。同时，私房管理工作与广大人民的生活密切相关。因此，做好对私有出租房屋社会主义改造和私房管理工作，是当前城市工作中的一项重要任务。现在，实际工作中存在的问题很多，也很复杂，望各地组织一定的力量，进行调查研究和试点工作，有计划地、分期分批地加以解决，以巩固私房改造工作的成果，加强对私房的维修和管理工作，充分利用这一笔巨大的社会财富，为社会主义建设服务。《报告》提出，自 1956 年起至 1963 年年底，全国各城市和 1/3 的镇进行了私房改造工作。纳入改造的私房共约有 1 亿 m²。为了巩固私房改造工作的成果，加强对私房的维修和管理，（一）进一步明确国家经租房屋的性质。凡是由国家经租的房屋，除了过去改造起点定得不合理、给房主自住房留得不够和另有规定的以外，房主只能领取固定租金，不能收回已由国家经租的房屋。符合私房改造的规定而过去漏改的房屋，应当补改。给房主的固定租金额，只要符合规定，一般应当稳定不变；低于原房租 20% 的，应当按规定调整。国家经租的房屋，因国家建设而被拆除或因修缮管理不善等人为事故而损毁，应当继续付给房主应得的固定租金。如果因水灾、地震等人力不可抗拒的自然灾害而损毁的，应当停止付给房主固定租金，对生活有困难的房主，可以酌情给予一次性的补助。对于有反攻倒算行为的房主，应当按照不同情况区别对待：情节轻微的进行批评、教育；有严重违法行为，造成损失，民愤很大的，应当经过法院给予必要的制裁。各地在今后工作中，对于一些依靠房租为主要生活来源的房主，应当继续加强教育和改造，使他们逐渐地由剥削者改造成为自食其力的劳动者。大中城市改造起点在 100 ~ 200m² 之间或者稍多一些的，一般可不再变动。小城市（包括镇）改造起点低于 50m² 的，应当按照省、自治区、直辖市的统一规定，提高改造起点，退还不应由国家经租的房屋。（二）对于改造起点以下的小量私有出租房屋，可以宣布属于个人所有，允许出租或买卖。如果今后有些房主从自住房中挤出一部分出租，即使超过改造起点，也应当允许。（三）禁止高租、押租以及其他形式的非法剥削。同时，又要保障房主合理的房租收入。现在租金过高、过低的，允许适当调整。（四）对于私有房屋的买卖，应当加强管理，禁止投机倒把和以买卖房屋盈利。私房买卖必须向房产管理部门登记，经过审查批准，才能成交。（五）房主不愿意自己直接经营出租房屋的，可以委托房管部门代为经营，用房租维修房屋，定期结算，结余部分交给房主。房主不愿继续委托经营时，可以在结清账目以后，将房屋退还房主。（六）加强对私有出租房屋维修的管理工作，提倡建立房屋修缮基金，从每月房租中提取适当数量储存起来，专门用于维修房屋。对于那些生活并不困难而只收租不修房的房主，房管部门应当督促他们修房；拒不修房的，应当由法院判决，强制他们修房。对于那些严重失修、房主无力继续经营、愿意出卖的房屋，房管部门可以作价收购。（七）目前，不少房主确实无力修房，建议从城市征收的房地产税中拨出一部分，作为私房修缮的贷款。同时，对于私房修缮所需要的材料和劳力，有关部门也给予适当的安排。

二月

5 日，中央发出《传达石油工业部〈关于大庆石油会战情况的报告〉的通知》。《通知》发出后，全国工交战线开始了学习大庆经验的运动。

10 日，《人民日报》登载了大寨大队在贫瘠的山梁上，艰苦奋斗、发展生产的报导，并发表了题为《用革命精神建设山区的好榜样》的社论。这个报导和社论发表以后，全国农业战线，开始了学习大寨经验的运动。

三月

6 日，中共中央同意并批转《李富春同志关于北京城市建设工作的报告》。《报告》总结了新中国成立 14 年以来北京城市建设的经验，概括了城市建设中存在的 4 个主要矛盾，即，国家建设占用近郊农田同农民和城市蔬菜供应之间的矛盾；城市发展规模同各单位发展计划之间的矛盾；统一规划同分散建设之间的矛盾；建筑任务同施工力量和地方建筑材料之间的矛盾。针对上述情况和问题，李富春同志建议"采取革命的措施，克服城市建设工作的分散现象，各级国家机关和企、事业单位必须继续实行精简政策，严格控制城市人口的规模，切实贯彻执行调整、巩固、充实、提高"的方针；实行房屋的统一建设和统一调配；在现有的基础上，填平补齐，有计划地、有重点地进行地区改建，逐步把首都建设成为一个庄严、美丽、现代化的城市。《报告》还提出了六项具体建议。中央的批转指示中指出："必须下决心改变北京市现在这种分散建设、毫无限制、各自为政和大量占用农田的不合理现象。凡是不应该在北京建设的单位，不要挤在北京进行建设。凡是不应该扩大建设的单位，不许进行扩大建设。要切实做到有计划地、多快好省地进行首都建设。"为了有计划地、有重点地进行城区改建，逐步把首都建设成为一个庄严、美丽、现代化的城市，李富春在《报告》中建议：（一）中央各部门新建企事业单位，除十分必要、经国家计委批准摆在北京的以外，其余一律不准摆在北京；已摆在北京的企事业单位，一般不再扩建，必须扩建的只能利用现有的房屋和基地来解决。（二）应当充分利用城区和近郊区现有的空地进行建设，使之逐渐形成街道，原则上不该再占用近郊区农田。东西长安街两侧已拆了房子的空地，应尽量先安排适当的建设项目，多建一些办公楼和大型公共建筑，但其他城市不得仿效。（三）实行房屋的统一建设和统一调配。今后中央各部所需住宅、办公用房和其他生活服务设施，一律由各部门提出用房计划，经国务院各办和军委分口审查后，由国家计委综合平衡，制订统一的建房计划，并将投资、材料统一下达给北京市，由北京市统一规划、统一设计、统一调配和统一经营管理。（四）为了有效地贯彻上述各项措施，在中央和国务院领导下，成立由 23 位同志组成的北京房屋统一建设与统一调配领导小组，李富春任组长。

四月

2 日，《人民日报》发表了《大庆建成工农结合城乡结合的新型矿区》的社论。

本月，国家计委城市建设计划局划归国家经委领导，改称国家经委城市规划局，撤销城市设计院。

五月

7 日，国务院发布了《关于严格禁止楼堂馆所建设的规定》。《规定》指出，中央自 1960 年 11 月以来，曾经多次发出指示，禁止继续进行楼馆堂所的建设。这些指示，一般说得到了严格的遵守。但是，据最近了解，还有一些地方和少数部门并没有执行中央的指示，仍然继续进行这类工程的建设。特别是 1963 年国民经济情况开始全面好转以来，有更多的地方和部门又在开始进行或者准备进行这类工程的建设。这种现象，必须引起严重注意。应当指明，楼馆堂所的建设，不但在经济困难时期必须严格禁止，就是今后经济好转了、发展了，也必须严加控制。大量地兴建楼馆堂所工程，不但同我国的经济状况很不适应，而且严重地脱离群众，违反勤俭建国的原则，破坏党和人民政府艰苦朴素的优良传统。在中央三令五申之后，有些地方、有些部门还进行楼馆堂所的建设，这是严重的错误。为了制止继续进行楼馆堂所建设的现象，国务院特作以下规定：一、自今以后，从中央直到基层单位，包括一切党政机关、军队、学校、团体、企业、事业单位和人民公社，不经批准，都不得以任何资金、任何名义，进行宾馆、招待所、别墅、大会堂、大礼堂、展览馆、剧院以及干部高级宿舍等楼馆堂所的建设。既不许新建，也不许改建和扩建。办公楼，原有单位一律禁止新建，新成立的单位必须从现有的办公楼中调剂使用。新建企业必须建设办公楼的，一律采取低标准。二、现有的楼堂馆所，一律禁止继续购置高级的家具、陈设品和用品。三、在城市规划和城市建设中，必须贯彻执行艰苦奋斗、勤俭建国的方针，非经国务院正式批准任何地方都不得进行高标准的城市建设工程，不得成片地拆迁房屋。四、因特殊原因必需建设的楼堂馆所，不论大型、中型、小型项目，都必须由各省、自治区、直辖市和中央各部门向国务院写正式的专题报告，取得国务院的正式批准文件，并且列入国家计划以后，才能动工。现在正在施工而没有得到国务院正式批准文件的建设工程，一律停止施工。并在 1964 年 6 月底以前，正式向国务院作专题报告，由国务院审查确定是否继续施工。五、今后凡是没有得到国务院正式批准的和没有列入当年国家计划的楼堂馆所工程，都不得施工。擅自动工，就是违法。对于这类违法建设的工程，各级人民委员会不得拨给土地；建设银行和其他财务部门不得拨款；物资部门、制造部门不得供应材料和设备；设计部门不得设计；施工单位不得施工。否则，不仅兴建单位违反规定，其他有关部门也没有尽到自己应尽的职责。对于这类违法建设的工程，监察机关要进行严肃的处理。六、凡是以自筹资金、工会会费和企业留成进行的、属于人民群众迫切需要的旅馆、浴室、医疗所等服务性设施和公共福利设施，必要的职工宿舍、学校校舍、军队营房，不视为楼堂馆所建设工程，可以同一般基建项目一样，按照规定的审批权限审查批准，列入计划。但是，所有这些建设，都必须注意俭朴、实用，不能采取高标准。七、各部门和各地区，应当结合这次"五反"运动，对于所属单位 1962 年以来违反中央指示进行的楼堂馆所建设，作一次认真的检查，并且加以严肃的处理。八、这个规定，应当传达到所有基层单位。

8 日，国务院决定基本建设管理工作由国家经济委员会负责。

中旬至 6 月 17 日，中共中央在北京召开工作会议，提出了一、二、三线的战略布局和建设大三线的方针。

六月

26 日，财政部作出《关于征收城市公用事业附加的几项规定》。《规定》要求：（一）目前各城市征收公用事业附加的情况是不平衡的，附加的项目有多有少，附加率有高有低，附加收入也有大有小，需要逐步地作一些调整……调整的原则应当是：根据当前国家财力和人民负担能力，进行局部的调整，即某些城市公用事业附加项目过少的，可以适当增加一些项目；个别项目附加率过低的，可以适当提高附加率，以改变目前城市之间高低过分悬殊的情况。（二）按照上述调整原则，征收城市公用事业附加的项目和附加率，分别规定为：1.工业用电、工业用水附加，原则上全国各城市都可以开征。这两项附加率：东北地区各城市因电费、水费较低，定为 10%；其他地区的城市，参照现在多数地区的执行情况，定为 5% ~ 8%。在这个幅度内，由各省、自治区、直辖市人民委员会具体规定，并报财政部备案。2.公共汽车、公共电车、民用自来水、民用照明用电、电话、煤气等 6 项附加，主要是对城市居民征收的（是采取提高票价或者对用水用电加成收费等办法征收的）。这些附加涉及人民负担问题，而且目前各城市也只是开征其中的部分项目，并不是 6 个项目一齐开征的。为了避免过分加重人民负担，今后对开征这些附加应当从严控制。附加率应当从低，最高的不得超过 10%。

七月

13 日，国家房产管理局在《关于加强全民所有制房产管理工作的报告》中提出，第二次城市工作会议纪要中指出：城市公有住宅、中、小学校舍和机关、事业单位的办公用房等能用房屋，应当逐步由市人民委员会统一经营。在实行的步骤上，第一步可以先把市属的住宅、中、小学校舍和机关、事业单位的办公用房等通用房屋统一经营起来，统一规章制度，统一租金标准，统一调剂和分配，统一组织维修，统一建设。

15 日，国务院对国家经委行政机构编制作出批复。国家经委共有城市规划局等 17 个厅、局（室）。城市规划局编制定为 100 人，比 1964 年 3 月底，减少 47 人。

24 日，国务院发出《关于严格禁止楼堂馆所建设的补充规定》。国务院关于严格禁止楼堂馆所建设的规定发出以后，不少地区和部门提出一些具体问题，现补充规定如下。一、关于楼堂馆所的范围。除已经规定的宾馆、招待所、别墅、大会堂、大礼堂、展览馆、剧院以及干部高级宿舍等都属于楼堂馆所外，其他如纪念馆、高标准的电影院、俱乐部、文化宫，也应视同楼堂馆所处理。食堂兼礼堂，视同礼堂处理。二、属于下列生产、事业用的房屋，服务性的设施和公共福利设施，不应视为楼堂馆所。（一）城、乡和企业事业单位建设的医院、诊疗所和门诊部，以及采取低标准建设的疗养院；（二）事业单位按业务需要建设的低标准的教学楼、研究楼、实验楼、资料楼、图书馆、档案馆以及运动员练习用的房屋和演员排演用的房屋；（三）企业或工矿区建设的劳动保护福利用房、阅览室、运动场和低标准的小型俱乐部、电影院等文化福利设施；（四）城镇服务性行业为适应群众需要，建设的低标准的旅馆、浴室、理发馆、公共食堂和商业零售门市部等；（五）职工宿舍、学校校舍和部队营房以及在宿舍或营房中附设接待来客或探亲家属的简易招待所。三、关于办公房屋的建设。原有的党、政机关、部队、团体一律禁止新建办公楼。新成立的单位，必须先从现有的办公房屋中调剂使用。经过调剂确实不能解决，必须建设低标准的办公用房时，中央和省一级机关要经过国务院批准，专区及相当专区以下的机关由省、自治区和直辖市人民委员会批准。新建企业必须建设办公房屋的，应当采取低标准，并视同一般基本建设工程处理。四、关于建筑标准。一切非生产性建设的建筑标准，都不应当超过当地一般职工宿舍的建筑标准。在这个标准以下的为低标准，超过这个标准的为高标准。高标准的城市建设工程是指超过当地近期需要的大广场、大公园、大马路和其他城市建设工程。五、关于楼堂馆所的翻修。现有楼堂馆所和办公房屋的日常维修，以及危险房屋必要的翻修，仍按一般房屋的维修和翻修处理。严格禁止借口维修、翻修，扩大现有楼堂馆所的建筑面积，或提高现有建筑的标准。

本月，国家房管局召开全国房管工作会议。

八月

中旬，中央书记处召开会议，研究内地建设问题。8 月 17 日、20 日，毛泽东在谈话中指出，要准备，帝国主义可能发动侵略战争。现在工厂都集中在大城市和沿海地区，不利于备战。工厂可以一分为二，要抢时间迁到内地去。而且学校、科学院、设计院、北京大学都要搬家。成昆、川黔、滇黔这三条铁路要抓紧修好，铁轨不够，可以拆其他线路的。根据这一指示精神，会议决定：首先集中力量建设内地，在人力、物力、财力上给予保证。新建的项目都要摆在内地，现在就要搞勘察设计，不要耽误时间。沿海能搬的项目要搬迁；明后年不能见效的续建项目一律缩小建设规模；沿海所有部门要求增加的投资一律要顶住。后来的事实证明，当时对战争爆发的可能性和紧迫性作了过分的估计，以致对内地建设要求过急，投入了过多的力量。

21日，国家建委在北京召开全国搬迁工作会议。会议提出：搬迁工作必须立足于帝国主义发动侵略战争，从准备大打、准备早打出发，对搬迁项目要实行大分散、小集中的原则。少数国防尖端项目，要按照"分散、靠山、隐蔽"的原则建设，有的还要进洞。会议确定了第三个五年计划期间搬迁的项目。

九月

1日，中共中央、国务院转发《关于检查和整顿泸州天然气化工厂建厂工作报告》及西南局的批语。泸州天然气化工厂是我国从资本主义国家引进的第一个生产合成氨和尿素的先进企业，年产10万吨合成氨和16万吨尿素，要求在1966年年底建成投产。该厂的设计原来是照搬依据苏联样板建成的吉林、兰州化工厂进行的，改从英国、荷兰购进比苏联先进的技术设备后，要对建厂设计作一些修改。由于在许多具体问题上跳不出苏联的框框，准备了4年多，主体工程还没有建设。为了解决这个问题，化工部、西南局经委、四川省计委组成联合工作组，于5月22日到泸州天然气化工厂调查研究，根据勤俭建国、少花钱多办事的精神，重新研究和修改了建厂规划和设计方案，基本纠正了求大、求全、求高的思想。初步匡算：工厂定员由原3014人压缩到1000人以下，占地面积由95.6hm^{2}减少到50hm^{2}以下，建厂投资由1.8亿元减少到1.5亿～1.6亿元。中共中央西南局认为他们跳出了苏联经验的束缚，找到了一条适合中国建设的建厂途径。中共中央转发这个文件时指出，现在还有许多部门、单位的基本建设工作，仍然被外国那一套"框框"束缚着，而不能解放出来。我们必须创造一套适合我国情况的、真正体现勤俭建国精神的、多快好省的办法。在工业基本建设方面，要多建中、小型企业，多建专业化生产的企业，多安排协作，尽可能采用新技术和新工艺，坚决纠正那种贪大求全的错误。今后，一切工业基本建设项目，都要根据这一新的精神进行设计。凡是不符合这一精神的项目，已经设计出来的要坚决修改，正在施工的要力求改进。此后两三个月，有14个设计院开展了群众性的设计改革运动。11月1日，毛泽东指示所有的设计院都投入群众性的设计革命运动中去。

13日，李富春向毛泽东汇报经济工作和计划工作问题，并要求国家计委按照汇报提纲精神定明年计划。主要内容是：（一）根据毛泽东提出的调整第一线，集中力量建设第三线的战略思想，争取用7年到10年时间，改变目前工业布局的面貌。具体设想和安排是，加快成昆铁路建设，争取1968年年底全线通车，同时把湘黔线的勘察设计力量抽出,从明年开始着手川汉线的勘察和设计;准备分别建立以重钢、酒钢、攀钢为中心的3个工业基地;对第一线的调整,采用"停、缩、搬、分、帮"5种办法,沿海各省都要建设后方;对于大中城市的老企业,有计划地进行技术改造,以利于整个工业技术的发展和帮助三线的建设;凡是新建的工厂,必须是"小而分",而不是"大而全",必须尽可能采用新技术、新工艺,非生产建设要因陋就简;此外,还要加强三线公路、地质勘探、煤、电和水源的建设工作,并在西昌地区、河西走廊用军垦为主的办法解决农业问题;有些生产民用品的工厂要做好转产军用品的准备,有些军工厂也要生产一些民用品;为了保证三线建设,明年农业的投资和地方投资只能维持今年水平。(二)积极研究和采用新技术,进行工业革命。明年要首先抓住氧气转炉炼钢、矿山机械化、电子工业、精密机械、光学仪表和掌握翻版石油化工新技术,并加强内燃机车和工程机械的制造,分别集中技术力量去突破,同时,有计划地、有重点地进口新技术,反对只注意苏联技术而不注意资本主义新技术的倾向。(三)按专业化和协作原则改组工业,先在上海、天津、沈阳、北京、武汉、重庆6个城市试行,并加强产品的标准化、系列化、通用化,逐步推行"托拉斯"。(四)改革劳动工资政策,1965年选择有条件的技校、中专、农中试行半工半读,在季节性工厂试行亦工亦农,在某些矿山试行轮换制。(五)改革设计、施工和基本建设程序工作。废除甲乙方对立的办法,施工现场统一指挥,减少审批层次和不必要的技术内容。(六)改进财政体制和制度,对非生产性的东西控制严些,对生产事业以促进生产为原则。拟用三四年时间,把基本折旧费从财政支出和基本建设支出中抽出,用于企业的设备更新和技术改造。(七)建议中央成立国民经济工作的统帅部,由毛泽东和刘少奇挂帅,以利于中央决策后雷厉风行地行动起来。(八)彻底改革计划工作,克服从苏联框框出发的错误。计委减免表报、基建任务书的审批、物资分配和其他日常工作,认真搞调查研究,提出重要的、带有方针政策性的、远见性的意见,起到中央的经济工作参谋部的作用。必须认真进行综合平衡,全面安排,并同干部、群众和中央商量。各级计委领导必须加强和调整,人员必须精简。

21日至10月19日,全国计划会议召开。会议集中讨论了计划工作如何革命化问题,提出计划工作的主要错误是教条主义、分散主义和官僚主义,会议提出:(一)必须彻底改革我国的计划工作。明年首先是要把战略布局和组织生产高潮的任务贯彻到计划中去,并且为第三个五年计划的发展打下基础。(二)拥护中央成立由两位主席挂帅的国民经济统帅部,实现中央对计划、经济工作的高度集中领导。同时建议加强国家计委,使国家计委真正成为中央领导下的经济工作方面的总参谋部。(三)充分发挥大区计委的作用,加强各地方、各部门的计划机构。（四）根据"大权独揽、小权分散"，"统一领导、分级管理"的原则，改进计划管理体制。中央各部直属企业、事业的计划，由中央主管部门安排。地方管理的企业、事业单位的计划由省、市、自治区统筹安排。（五）改革财政管理制度。用三四年的时间把基本折旧费从财政收入中划出来，完全用于原有企业的更新改造；地方基本建设所需资金，在年度计划批准以后，纳入地方财政预算，由地方安排。（六）简化设计任务书的内容和审批手续，实行设计工作的革命化。（七）取消基本建设现场的甲、乙方，实行一个单位的统一领导，简化调整基本建设计划的审批手续，改进基本建设计划的考核办法。（八）主要物资仍然编制年度计划，其余物资，由主管物资分配部门结合订货工作，按年或季分配，或随时申请、随时分配。（九）改进劳动工资计划和劳动力的管理制度，精简管理机构。今后劳动工资计划，国家只控制工资总额和固定职工的年末人数。（十）简化计划程序和计划表格，改进计划方法，加强综合平衡工作。会议还讨论拟订了 1965 年计划纲要（草案）。

十月

10 日，李富春、薄一波、罗瑞卿给毛主席、中共中央提出《关于一九六四年搬厂问题的请示报告》。《报告》提出：为了防止迁建的工厂过分集中到少数大城市，造成工业布局上新的不合理现象，我们确定，迁建的工厂，除了个别特殊情况外，都不准进入成都、重庆、昆明、贵阳、西安、宝鸡、兰州、玉门 8 个城市。10 月 26 日，中共中央批准了上述报告。

19 日，国家物资管理总局发出《关于物资系统供应国家房管部门维修材料作价的通知》。《通知》规定，自 1965 年 1 月 1 日起，（一）凡国家各级房管部门管理的国家房产（包括已由国家社会主义改造的房产）所需要的房屋维修材料，按国家计划委员会批准的计划实行物资调拨价（即出厂价加费用或供应价供应）。（二）虽属房管部门统一管理，但房产属于私人的，所需房屋维修材料应按市场价格供应。（三）非经批准（指中央和省、自治区、直辖市计委）、计划外的和零星房屋维修材料，一律按市场价格供应。

26 日，国家计委、国家经委、国防工办在给毛主席、党中央《关于一九六五年计划搬迁工厂问题的报告》中提出，迁入内地的工厂（或车间），绝大多数是摆在中小城市或大城市的远郊区，重庆等 8 个市区，原则上不允许搬进。非生产性的建设必须因陋就简。征收公用事业附加的城市，只限于经国务院批准设市的城市，县镇一律不准征收。批准设市所属县镇，已经发展为工业区的可以征收，非工业区一律不准征收。

29 日，国务院批转华侨事务委员会、国家房产管理局《关于对港澳同胞出租房屋进行社会主义改造问题的报告》。《报告》指出，为了在政治上进一步团结港澳同胞，并且争取他们汇款兴建房屋，我们认为，对港澳同胞新中国成立后以外汇购建的房屋，在对私有出租房屋进行社会主义改造时，原则上应予适当照顾。但是考虑到广州、上海等地港澳同胞出租的房屋较多，而有些已经按对国内一般出租房屋改造的规定进行了改造，因此，采取因地制宜、略加照顾的原则，比较合适，以免变动过大，造成不良影响。对此，我们的意见是：一、对港澳同胞出租的新中国成立前购建的房屋，应当按照对国内一般出租房屋改造的规定，进行改造。如果过去改造时留给房主的自住房太少，以致港澳同胞无法回乡定居，则应酌情退还供自住所需的房屋。二、对港澳同胞出租的新中国成立后用外汇购建的住宅和非住宅，应当按照 1963 年 4 月 14 日国务院批转华侨事务委员会、国家房产管理局《关于对华侨出租房屋进行社会主义改造问题的报告》中第二项的规定处理，即一律不进行改造；已经进行了改造的，应当退还给业主，明确业主的产权，由业主自行经营管理。

30 日，中央批准和下达 1965 年国民经济计划。1965 年计划的基本指导思想是，争取时间，大力建设战略后方，防备帝国主义发动侵略战争。

十一月

1 日，毛泽东在国家经委召开的设计院院长会议纪要上作出批示："要在明年 2 月开全国设计会议之前，发动所有的设计院，都投入群众性的设计革命运动中去，充分讨论，畅所欲言。以三个月时间，可以得到很大成绩"，此后开始了全国性的设计革命运动。

5 日，中华人民共和国主席刘少奇根据第二届全国人民代表大会常务委员会第一百二十九次会议的决定，任命李人俊为中华人民共和国建筑工程部部长。

12 日，建筑工程部发出《关于开展设计革命运动的指示和规划》。

30 日，国务院转发国家计委、国家经委、财政部、物资部《关于改进基本建设计划管理的几项规定（草案）》。规定城市建设等 18 个部门的投资，继续划归地方统筹安排，中央各部门不再下达建设项目和投资指标。

十二月

7 日，经毛泽东同意，国家计委将拟定的编制长期计划的程序印发政治局、书记处、各中央局和有关部委党组，并准备按此程序同有关部门着手进行工作。为了加强内地建设，"三五"期间已确定增加的基本建设投资有：加快以攀枝花、酒泉和重庆为中心的建设，约需增加投资 38 亿元。

本年度出版的城市规划类相关著作主要有:《城市排水设计规范》(建筑工程部图书编辑部编)。

1965 年

一月

4 日，第三届全国人民代表大会第一次会议决定，任命李人俊为建筑工程部部长。

二月

26 日，中共中央、国务院发布《关于西南三线建设体制问题的决定》，成立西南三线建设委员会，以加强对整个西南三线建设的领导。

三月

16 日至 4 月 4 日，国家建委召开全国设计工作会议。

27 日，中共中央发出《关于成立建筑工程部和建筑材料工业部的决定》，将建筑工程部加以改组，按照建筑工程施工和建筑材料生产的分工，成立建筑工程和建筑材料两个部。原建筑工程部担负的国防工程施工任务，仍由新成立的建筑工程部负责。

3 月 31 日，第三届全国人民代表大会常务委员会第五次会议决定，设立中华人民共和国基本建设委员会，将中华人民共和国建筑工程部分为建筑工程部和建筑材料工业部。任命谷牧为中华人民共和国基本建设委员会主任，刘裕民为建筑工程部部长。国家建委的任务之一是管理城市建设和城市规划方面的工作。国家建委内设城市规划局。

四月

14 日，财政部、国家房产管理局发出《关于一九六五年对办公用房和中、小学校舍进行租金制试点工作的通知》。

24 日，国务院批转《国家房产管理局〈关于制止降低公有住宅租金标准问题〉的报告》。《报告》提出，目前，大多数地方和机关、企、事业单位的公有住宅租金标准很低，也很不一致。每平方米使用面积月租金平均在 1 角左右，最低的只有几分钱；职工的房租负担，一般占家庭收入的 2% ~ 3%，有些只占 1%。租金低，不能解决维修房屋的最低需要，是房屋严重失修的一个重要原因。最近，根据各地房管部门反映，有几个省和 10 多个市、县以减轻职工的经济负担为理由，降低了租金标准。有的大城市机关公有住宅，从平均每平方米使用面积月租金 1 角 3 分 5 厘，降为 4 分 9 厘，降低了 63.7%；有的城市的公有住宅，平均每平方米使用面积月租金，最好的一级住宅由 1 角 5 分降为 9 分，降低了 40%，较次的住宅只有 3 分 6 厘，还降为 2 分，降低了 44%。这些降租的地方房租收入在大大减少，维修费更加不足，房屋失修状况将更加严重，国家财产将会遭到更大的损失。同时，由于房屋严重失修，也给住户带来很大的不便。有些地方甚至发生了租金低，没钱修房，房屋严重失修后，住户拒不缴房租的混乱局面。因此，我们认为：公有住宅租金标准，应当按照中央第二次城市工作会议的规定，贯彻实行"以租养房"的原则。现行的公有住宅租金标准，符合"以租养房"原则的，不能降低；不能做到"以租养房"的，更不能降低。

29 日，国家建委党组向中共中央提出《关于严格控制沿海地区大中城市非生产性建设的报告》，中共中央同意并批转该报告。国家建委根据李富春提出的立即停止沿海地区非生产性建设的指示，邀请北京、天津、上海 3 个市的负责人进行座谈，大家认为今年沿海地区大中城市的非生产性建设确实安排多了，与备战形势不相适应，有必要适当调整。为此，国家建委在报告中提出，对于沿海地区大中城市的非生产性建设，除了即将竣工的工程可以继续建设外，其他刚开工和尚未开工的非生产性建设工程，凡不属下列范围内的，都不应当继续建设：（一）原属非生产性建设，但与备战直接有关的，应因陋就简地进行建设；（二）直接为生产服务而又急需的；（三）有关涉外急需的工程；（四）必需的中小学校舍；（五）对外贸易和疏散物资所必不可少的仓库；（六）其他特殊、需要经中共中央或国务院批准的工程。虽属上述范围的工程，但材料设备等条件不具备的，也不应开工。5 月 6 日，中共中央将这个报告批转各地区、各部门执行。

六月

14 日，中共中央批转谷牧《关于设计革命运动的报告》。谷牧报告的主要内容有：（1）设计工作中存在的问题：贪大求全，许多建筑设计不符合勤俭建国的方针；因循保守，不重视采用新技术；设计方法烦琐，效率低、周期长，影响建设进度。（2）设计革命运动需要解决的主要问题有五个，即从我国的实际情况出发，按毛泽东思想办事；树立深入实际、联系群众的革命化的作风；改革不合理的规章制度；整顿设计队伍；健全领导班子。

16日，毛泽东关于编制第三个五年计划和长期计划作了一些指示。主要内容是：（一）基建投资5年搞八九百亿元。三线建设也要压缩一二十亿元。建设项目不要搞得那么多，少搞些项目就能打歼灭战。要根据客观可能办事，还要留有余地。1970年钢搞到1600万t就行了。要留点余地在老百姓那里。（二）农轻重的次序要违反一下，吃、穿、用每年略有增加就好。搞农业要靠大寨精神，农业投资不要那么多，要减少下来。（三）三线建设鉴于过去的经验欲速则不达，还不如小一点、慢一点能达到。（四）工业布局不能分散了。（五）对老百姓不能搞得太紧张，把老百姓搞翻了不行，这是个原则问题。总之，第一是老百姓，不要丧失民心，第二是打仗，第三是灾荒。计划要考虑这三个因素。

16日，毛泽东在杭州听取余秋里关于编制第三个五年计划和长期计划的一些问题的汇报。毛泽东提出：基建投资太多，指标定得过高；工业布局不能分散了。总之，第一对老百姓不要丧失民心，第二是打仗，第三是灾荒。计划要考虑这三个因素。根据毛泽东的指示精神，国家计委对第三个五年计划进行了修改。

26日，毛泽东提出要把医疗卫生工作的重点放到农村去。毛泽东认为：卫生部的工作主要是给城市老爷服务，而广大农民却得不到医疗，他们一无医，二无药。城市里的医院应该留下一些毕业1、2年，本事不大的医生，其余的都到农村去，把医疗卫生工作的重点放到农村去。

八月

21日，国家建委在北京召开全国搬迁工作会议。会议对1966年的搬迁计划和第三个五年计划期间的搬迁规划交换了意见。会议提出：搬迁工作必须立足于帝国主义发动侵略战争。从准备大打、准备早打出发。对搬迁项目要实行大分散、小集中的原则。少数国防尖端项目，要按照"分散、靠山、隐蔽"的原则建设，有的还要进洞。会议认为，大规模的搬迁，实质上是一次国民经济的大调整，要把搬迁、建设战略后方和当前生产很好地结合起来。会议确定了第三个五年计划期间搬迁的项目。

28日，国务院颁发试行《关于改进设计工作的若干规定（草案）》。《规定》指出，城市规划要根据城市为生产建设、为劳动人民服务的方针和工农结合、城乡结合、有利生产、方便生活的原则进行，并以安排当前建设需要为主，适当考虑远景的发展。反对重远景，轻近期，追求大城市、大广场、大建筑、大马路的错误倾向。对原有的城镇，还要注意充分利用现有的房屋和市政设施。坚持节约的原则。对设计方案，要做好全面的经济分析比较，力求节约人力、物力、财力，合理地使用建设资金，做到少花钱多办事，最大限度地发挥投资效果。采用设计标准，要根据固本简末的原则，分清主次，区别对待，对生产工艺、主要设备和主体工程，应当尽可能采用高标准。反对片面降低标准、降低质量，造成不良后果；同时，也要防止不适当地提高工艺要求、安全系数、不均衡系数、备用系数等，造成浪费。对辅助生产工程，要在保证发挥主要工程生产能力的前提下，力求节约。对非生产性的建设，要同我国现有的经济水平和人民的生活水平相适应，坚持适用、经济、在可能条件下注意美观的原则，因地制宜，力求俭朴。反对讲排场，摆阔气，片面追求美观。对改建、扩建的项目，应当最大限度地利用原有建筑物、构筑物、设备和各种设施，反对盲目地大拆大迁。节约用地，建设地点的选择，在注意工程建设经济合理的同时，还必须力求少占耕地、不占好地，尽可能利用坏地、荒地。总平面布置要紧凑合理，提高建筑系数。不要不切实地预留发展用地，更不得过早地征用土地。节约劳动力，对于工矿企业和交通运输的设计要合理地选择工艺流程、线路，适当提高装备水平，合理确定生产和非生产定员。坚决反对定员过多、浪费劳动力的现象。

九月

2日，国家计委根据毛泽东杭州谈话的精神和各大区的意见，草拟了第三个五年计划安排情况的汇报提纲。汇报提纲提出：第三个五年计划必须积极备战，把国防建设放在第一位，加快内地建设，逐步改变工业布局；发展农业生产，相应地发展轻工业，逐步改善人民生活；加强基础工业和交通运输的建设；充分发挥沿海地区的生产能力；积极地、有目标、有重点地发展新技术，努力赶上和超过世界先进技术水平。

18日至10月12日，中共中央在北京举行工作会议，会议同意了"以国防建设第一，加速三线建设，逐步改变工业布局"的思想。

十月

13日，全国计划会议召开。会议讨论和安排了1966年国民经济计划。根据积极备战、加快国防工业和内地建设的方针，会议提出了1966年各行业的建设重点。钢铁工业重点建设攀枝花、酒泉、武汉、包头、太原5大钢铁基地以及为国防工业服务的10个迁建和续建项目。1966年计划的主要指标:计划迁建项目152个，其中继续迁建的61个，新迁建的91个。

20日至11月8日，全国基本建设工作会议在北京召开。会议总结了一年来基本建设工作经验，研究讨论了基本建设工作革命和1966年基本建设要抓的几项主要工作。其中包括做好工业布点和城市建设工作，实行大分散、小集中。

十一月

13～19 日，毛泽东先后到山东、安徽、江苏、上海等省、市视察。在视察过程中，毛泽东强调要做好备战工作。他说，打起仗来，不要靠中央，要靠地方自力更生。要争取快一点把后方建设起来，3、5 年内要把这件事情搞好。要修工事、设防，多挖些防空洞。

24 日，周恩来总理接见全国机械产品设计工作会议的部分代表时指出，说设计人员是非生产人员，这个名字不当。要通知劳动部、统计局，我们定了，是生产人员，要他们跟着改。

30 日，国务院印发国家计委与国家建委、财政部、物资部共同拟定的基建计划、物资使用、工交财务管理方面的 3 个规定（草案），同意在 1966 年试行 1 年，然后根据试行情况进行修订。《关于改进基本建设计划管理的几项规定（草案）》中提出：1965 年已实行的由地方负责安排的地方农牧业、农业机械站和修理网、农垦、林业、水利、气象、水产、交通、商业、银行、高教、教育、卫生、文化、广播、体育、科学、城市建设等 18 个部门的投资，继续划归地方统筹安排，中央各部门不再下达建设项目和投资指标。农田水利事业费允许地方作为水利投资使用，中小学投资也允许用来搞民办公助的学校。部门安排的地方建设项目，地方可以因地制宜地进行调整，节约的投资归地方调剂使用。地方自筹的基建投资由省、市、自治区自行安排，但大中型项目应报国家计委审批。为鼓励利用库存的积压设备，原来估价高的应合理作价，设备差价和加工改制、修理费用可以向财政报销；库存积压设备按隶属关系调剂使用，首先用于计划内项目，超额完成计划进度不扣减当年预算拨款。城市范围以外建设新的工矿点，其生活福利设施由工矿企业投资建设，或有关企业分摊投资、统筹建设。从此，城市建设在国家计划中投资户头就被取消了。

本月，中共中央批准了国家计委提出的 1966 年国民经济计划纲要和关于第三个五年计划的方针。第三个五年计划的方针是：立足于战争，从准备大打、早打出发，积极备战，把国防建设放在第一位，加快三线建设，逐步改变工业布局。

十二月

17 日，国务院批转《矿产资源保护试行条例》。《条例》规定，重要城市和工业基地等所有开采利用地下水的单位或部门，都应当对地下水水源地进行水文地质勘察，全面评价勘察区内的水文地质条件，制订合理的开采方案，以防止地下水源遭受破坏；还应当根据当地水文地质条件，选择一定的生产井进行地下水水位、水量、水质的定期观测，掌握地下水动态，研究地下水在自然的和人为的因素综合影响下所发生的变化，以指导地下水的合理开发利用。《条例》规定，工矿企业、医疗卫生部门和城市建设部门，对于排出的工业、医疗和生活污水，必须采取有效措施，防止污染地下水的水质。

20 日，北京市万里副市长传达中央工作会议精神，第三个五年计划发展国民经济的总方针必须立足于战争，积极备战，把国防建设放在第一位。因而，不能把国防工厂放在沿海城市，包括北京在内，必须建设三线，主要工业布局应放到西南、西北去，改善工业布局。

2.3 城市规划发展的停滞期（1966 ～ 1977）

1966 年

一月

27 日，全国工业交通工作会议和全国工业交通政治工作会议在北京举行，3月 5 日会议结束。会议提出，要加强工业对农业的支援，特别是地方工业应当把为农业服务放在第一位。积极发展地方的钢铁厂、煤矿、电站、机械厂、化肥厂等"五小"企业。试行以厂带社、厂社结合。

28 日，中央批发了卫生部部长钱信忠有关计划生育的几个问题的报告。中央请各地党委按照中央、国务院 1962 年 12 月关于认真提倡计划生育的指示，认真总结经验，逐步推广，在城市和人口稠密的农村，积极开展计划生育工作，使人口增长的幅度继续下降。

二月

1 日，国家基本建设委员会转发建筑工程部《关于住宅、宿舍建筑标准的意见》。国家建委指出，在非生产性建设上，发扬延安作风，贯彻大庆"干打垒"精神，适当降低民用建筑标准，是节约国家建设投资、执行勤俭建国方针的一项革命性措施，在经济上和政治上具有深远的意义，一切基本建设部门，都必须认真做好这方面的工作。

6 日，国家计委在《汇报提纲》中提出三线建设中的主要问题：（一）有的工厂还不够隐蔽。（二）设计革命问题，一般生活设施方面的革命收获比较显著，不少单位在搞"干打垒"。1965 年西南三省共搞了 34 万 m^2，平均每平方米 30 元左右，比 1964 年降低了一半。（三）对于如何使正在建设中的新工矿区，不致形成新的大城市的问题，还没有完全解决。在三线地区建设新的工矿区，一定要坚持亦工亦农的方针，除了必要的技术骨干外，要严格控制外来人口的增加，尽可能吸收当地农民为轮换工，同时，要广泛组织职工家属参加农业生产。只有坚持这两条，按照大庆加大寨的精神来建设新工矿区，才能避免出现新的大城市。（四）工业产品的协作配套问题越来越突出。解决办法最主要的，是大力发展上海、北京式的街道公社工业。

23 日，中共中央西南局、西北局陆续召开会议，研究加强三线建设问题。2 月 23 日至 3 月 7 日间，西南局在成都市召开西南建设会议。会议认为三线建设的经验是：（1）基本建设管理工作革命化，中心环节是实行党委一元化领导，取消甲、乙方承发包制度（特别是大型项目），成立现场统一领导机构，书记由工厂书记担任，厂长参加现场指挥部。指挥部由施工单位负责。（2）集中力量打歼灭战。（3）队伍革命化，发挥工人的作用。

25 日至 3 月 1 日，财政部、国家房产管理局召开沈阳、天津、西安、南京、武汉、成都 6 个试点城市座谈会，研究加强中、小学校舍和办公用房实行统管试点工作的问题。1966 年 3 月 9 日，财政部、国家房产管理局印发了会议纪要。

28 日至 3 月 9 日，建筑工程部城市建设局召开了第一次全国城市排水会议。

本月，国家建委转发建筑工程部《关于住宅、宿舍建筑标准的意见》，对面积定额、层数、厨房、单位造价等作了降低标准的规定。

四月

29 日，国务院批转中央安置城市下乡知识青年领导小组的《关于安置工作座谈会纪要》。《纪要》说，这次座谈会是 3 月 23 日到 4 月 7 日举行的。自 1962 年到 1965 年年底，全国上山下乡的城市知识青年和闲散劳动力共 158 万人，其中知识青年近百万，这是一个很大的成绩。

五月

16 日，中央发出通知（即《五·一六通知》），决定撤销 1966 年 2 月 12 日批转的《文化革命五人小组关于当前学术讨论的汇报提纲》，撤销原来的"文化革命五人小组"及其办事机构，重新设立文化革命小组，隶属于政治局常委之下。《五·一六通知》动员批判和清洗所谓党内资产阶级代表人物、赫鲁晓夫那样的人物，宣告了"文化大革命"的正式开始。

本月，"文化大革命"开始，在极左思想影响下，城市规划被批判为修正主义，规划管理被说成是"管、卡、压"，建设城市被理解为扩大城乡差别，各地城市规划机构被撤销，人员被解散，资料被销毁，规划管理废弛，造成不可挽回的重大损失。

六月

13 日，中共中央、国务院批转国家建委党组《关于严格控制北京地区房屋建设问题的报告》，指出，北京地区的房屋建设要坚决贯彻备战方针和"干打垒"精神。随着"文化大革命"的深入开展和机关逐步实现革命化，一部分在京机构应有计划、有步骤地精简和外迁。今后除特殊情况外，各部门不再新建房屋。需添用房屋的，尽量调剂解决。建委党组的《报告》说：一、北京地区房屋越建越多，城市规模越来越大，不适应当前备战形势的要求。房屋建筑标准高，不符合勤俭建国的方针，不利于缩小三大差别。据 1962 年统计，北京市人均居住面积为 3.67m^2，全国大中城市人均 3.2m^2，而国务院各部门人均 6.4m^2，北京市党政机关、人民团体人均 5.3m^2。在这种情况下，现在仍有不少国家机关继续要求建设房屋。二、新中国成立以来，由于在城市建设上接受了修正主义和资产阶级的影响，所以在解决办公和生活用房时忘掉了党的艰苦朴素的传统。同时，人员也不断增加，房屋建设和管理体制也比较混乱。为此，建议今后城市建设要实行工农结合、城乡结合和生活设施从简的方针，停止扩大城市规模；严格控制大中城市的非生产性建设，积极改造旧城市，建设新型的居民点。

七月

25 日，中共中央西北局三线建设委员会在兰州市召开座谈会，研究加强西北地区三线建设问题。会议提出：坚决贯彻执行"靠山、分散、隐蔽"的方针。在施工管理体制方面，认真实行现场党委一元化领导，消除甲、乙方承发包制度。为了加强三线建设的组织领导，党中央 1966 年 1 月批准成立西北局三线建设委员会。

八月

1 ～ 12 日，党的八届十一中全会在北京举行。毛泽东 8 月 5 日写了《炮打司令部（我的一张大字报）》。全会讨论并通过了中国共产党中央委员会《关于无产阶级文化大革命的决定》（即《十六条》）。

1967 年

一月

2 日，中共中央、国务院决定天津市由省辖市改为直辖市。

4 日，国家基本建设委员会在《关于北京地区一九六六年房屋建设审查情况和对一九六七年建房的意见》中提出："经与北京市有关部门研究后初步商定：旧的规划暂停执行；在新的规划未制定前，某些主要街道如东西长安街等，应本着慎重处理的原则，暂缓建设，以免造成今后首都建设上的被动；1967 年的建设，凡安排在市区内的，应尽量采取见缝插针的办法，以少占土地和少拆民房；今后除了对现有的居住小区进行填平补齐外，不再开辟新的小区"。

五月

14 日，中共中央发出《关于无产阶级文化大革命中保护文物图书的几点意见》。中央认为我国是一个历史悠久而又富于革命传统和优秀遗产的国家，保存下来的文物图书极为丰富。这些文物图书都是国家的财产，应当加强保护和管理工作。为此，中央提示：（一）全国各地革命遗址和革命纪念建筑物必须坚决保护，并且应当保持原状，不要进行大拆大改。（二）各地重要的有典型性的古建筑、古窟寺、石刻及雕塑壁画等都应当加以保护，不宜开放的，可以暂行封闭。（三）各地古文化遗址、古墓葬要注意保护，要严禁以搞副业生产或其他为名挖掘古墓。地下文物概归国有，出土文物应一律交当地文化部门保管。（四）对有毒的书籍不要随便烧掉。（五）各地应当结合对查抄物资的清理，尽快组织力量成立图书清理小组，对破"四旧"过程中查抄的文物和书籍、文献、资料进行清理，流失、分散的要收集起来，集中保存，要改善保管条件，勿使损坏。（六）各炼铜厂、造纸厂、供销社废品收购站对收到的文物图书一律不要销毁，应当经过当地文化部门派人鉴定，拣选后，再行处理。（七）各地博物馆、图书馆、文管会、文物工作队（组）、文化馆、文物商店、古籍书店所藏文物图书都是国家财产，一律不要处理或销毁，应当妥善保管。

六月

6 日，中共中央、国务院、中央军委、中央"文革"针对最近出现的打、砸、抢、抄、抓歪风，发出以下通令：（1）除国家专政机关奉命依法执行必要的逮捕拘留任务外，任何团体和个人，都不准抓人，都不准私设公堂和变相地私设公堂。（2）各级党政军机关的档案文件和印章，任何团体和个人，都不准抢夺、窃取和破坏。（3）社会主义的国家财产和集体财产，任何团体和个人，都不准侵占，不准砸抢，不准用任何借口进行破坏。（4）严禁武斗、行凶打人、抢夺个人所有的财物。（5）除国家专政机关奉命依法执行任务外，任何团体和个人，都不准对任何团体和个人，进行搜查和抄家。（6）由各地卫戍部队和驻军负责保证上述各条的执行。对违犯上述各条的，都应该严加处理。（7）各革命群众组织应该成为执行本通令的模范。

1968 年

二月

16 日，国务院批转华侨事务委员会《关于处理侨户被查抄财物的请示》，对于没收归公的华侨房屋，凡属自住的房屋（包括空房），除地、富、反、坏、右或其他不法分子的应按中央规定的第一条处理外，其他应一律退还本人。对归侨、侨眷的自住房屋，在归公期间缴纳过房租的，在退还房屋时，应将收取的租金一并如数退还本人。

三月

6 日，国防工办、国家计委、国家建委于 3 月 6 日至 5 月 8 日在北京召开小三线建设工作会议。会议认为，3 年来小三线建设取得了显著的成绩，初步形成了各地区军工生产后方基地，改善了全国轻兵器工业的布局。但是，由于武斗，生产建设遭到破坏，原定的 3 年建设规划，要拖到 1969 年才能完成。会议讨论了 1968 年的小三线生产、试制、建设计划。全年计划投资 8 亿元，安排原则仍以地方军工为骨干，集中力量突击已开工项目，力争尽快建成投产。已建成的工厂，着重组织试制和成批生产。会议还对以后 3 年小三线建设的任务、方针和布局等问题提出了意见。

六月

10 日，国家建委印发《一九六八年京、津地区抗震工作规划要点》，传达了周恩来总理"要保卫大城市、大水库、电力枢纽、铁路干线"，"要密切注视京津地区地震动向"等指示。

十月

5 日，《人民日报》在发表《柳河"五七"干校为机关革命化提供了新的经验》一文时加了编者按，引述了毛泽东关于"广大干部下放劳动，这对干部是一种重新学习的极好机会，除老弱病残者外都应这样做。在职干部也应分批下放劳动"的指示。此后全国大批干部下放到"五七"干校，长期进行体力劳动。

十一月

5 日，国家计委、国家建委向国务院业务小组提出《关于建设城市战备电源问题的报告》。建设战备电源问题，是根据"备战，备荒，为人民"的方针提出来的。《报告》指出，鉴于过去对大型进洞电厂的建设，由于规划不周而造成大批停建的教训，对 8 月 26 日水电部提出的《关于 1968 年基本建设计划中的一些重要城市战备电站安排意见》，国家计委和国家建委认为有的设备还应当进一步试验。但为了不误工作，拟先同意上海、青岛、大同、徐州、大连、南京等地的 6 个项目作为技术性的试点项目进行建设，以便取得经验。两委要求水电部继续研究并提出建设战备电源的各项具体政策和规划，以便报请中共中央审批。

十二月

22 日，《人民日报》在第一版显著位置刊登《我们也有两只手，不在城市里吃闲饭！》的报道，并加了按语。按语发表了毛泽东关于知识青年上山下乡问题的指示："知识青年到农村去，接受贫下中农的再教育，很有必要。要说服城市干部和其他人，把自己初中、高中、大学毕业的子女，送到乡下去，来一个动员。各地农村的同志应当欢迎他们去。"这篇报道说，甘肃省会宁县部分长期脱离劳动的城镇居民，纷纷奔赴农业生产第一线，到农村安家落户。从 7 月中旬到 12 月中旬，全县 680 户城镇居民中已有 191 户、995 人分别到 13 个公社的生产队安家落户。《人民日报》在按语中说，这是一种值得大力提倡的新风尚，希望广大知识青年和脱离劳动的城镇居民到农业生产第一线去。随即在全国开展了知识青年上山下乡运动。

1969 年

五月

30 日，国家建委发出《关于成立地区三线建委向中共中央的报告》。《报告》提出三线建委的主要任务是：（一）协助各省制定三线地区的发展规划，进行地区基本建设的综合平衡和协作配合。（二）组织各省执行经中共中央批准的三线建设计划。对三线地区的施工力量、设备材料和物资运输等各项工作，统一指挥，统一调度。（三）根据"靠山、分散、隐蔽"的方针，审批重点建设项目的选厂定点。（四）抓典型，树"样板"，以点带面，推动三线地区的基本建设工作。

本月，建筑工程部城市建设局被撤销，干部下放到河南省修武县"五七"干校。

六月

10 日，根据周恩来总理的指示，国家建委同建工部、建材部合并为国家基本建设委员会。新成立的国家建委是国务院具体管理全国基本建设工作的一个综合部门。它的主要任务有 9 项，其中有关计划方面的内容有：（一）参与国家长期、年度基本建设计划的编制工作，组织国家基本建设计划的实现。（二）采取各项措施，加快三线建设的进度，并按照"靠山、分散、隐蔽"的方针，和经济合理的要求，搞好新建工业区的规划、布局和重要工业项目的选厂定点工作。（三）负责建筑材料和新型金属材料工业的长期规划、年度计划的编制和组织执行工作。

十月

28 日，国务院批转一机部《关于加速第二汽车厂建设的报告》。国务院在批示中指出，这个厂是毛主席亲自批准的一项战备工程，是国家三线建设的重点项目。要动员各方面的力量，大力协同，紧密配合，保证 1972 年按期完成成批生产军用越野汽车的任务。一机部在《报告》中指出，根据中共中央军委的要求，确定二汽产品，以军为主，军民结合，主要生产两种军用越野车。为了合理利用生产线的设备能力，相应地生产一种同系列的民用载重车（载重 5t）。二汽的总规模定为年产汽车 10 万辆。二汽的总体布置，按照"靠山、分散、隐蔽"的原则，将专业厂分布在面积约 200km² 的范围内。报告认为，二汽建成后，不仅在内地有了一个军、民结合的汽车生产基地，汽车的生产能力将有较大幅度增长，而且中型越野汽车能基本满足装备部队的需要。《报告》还强调了二汽是一个多品种大量生产的工厂，产品、工艺、设计、工艺装备等都是我国自行设计、制造的，共约需各种设备 2.1 万台。这些设备需要全国 20 多个省、市，几百个企业来承担设计和制造任务。由于动乱的环境和施工的艰难等原因，施工计划未能如期完成。为了尽快形成生产能力，1978 年国家批准给二汽工程进口 5300 万美元的生产设备。以后，1980 ~ 1985 年第 2 期续建方案得到批准，追加投资 3.3 亿元。截至 1984 年年底，国家用于二汽建设的投资共计 20.9 亿元，年生产能力为 8 万辆。

本月，北京建成了中国第一条城市地下铁道。

本月，国家基本建设委员会城市规划局被撤销，干部下放到江西省清江县"五七"干校。

十一月

22 日，国务院批转建工部《关于支援内地建设的沿海建筑力量问题的请示报告》，并同意《报告》中所提出的参加三线建设的 10 个省、市的基本建设队伍的处理原则。《报告》认为，为落实"备战、备荒、为人民"的战略方针，加速三线建设，建工部在 1965 年经国家计委、经委、劳动部同意从北京、河北等 10 个省、市借调了 11 个建筑公司，24000 名职工，到西南、西北地区参加建设。由于当时建工部领导曾宣布支援内地建设的职工，为期 3 ~ 5 年，家属仍留原地。因此，近几年有不少职工提出借调期已满，并离开建设岗位，要求调回原单位，影响了生产和建设，有的建筑公司也要求回原省、市。《报告》指出，在借调时曾将一些不宜进三线和不能坚持劳动的老弱病残职工，也借调到三线建设岗位。另外，由于单位和家属身处两地，家属的医疗、住房等问题没有得到妥善解决，一部分职工因两地分居，经济开支增大，生活困难。为解决上述问题建工部提出下列建议：（一）三线建设是相当长时期的任务，因此，凡是所在地区需要继续长期留下来，而职工又基本上安心在那里工作和承担任务的，就应改变借调关系，按长期调遣处理，不再调回原省、市。其中确有困难的职工，应同意调回原省、市适当安排。这些公司留在内地后的隶属关系，原则上应下放给所在地区领导。（二）有的三线建设地区，建筑力量发展比较快，对借调去的建筑公司不很必需而原调出省又同意这些单位调回去的，仍可以维持原来的借调关系。（三）对于目前留居在原地的职工家属，请有关省、市协助解决一些生活困难问题。

1970 年

一月

20 ~ 29 日，国家建委、一机部等单位在湖北襄樊召开了全国基本建设现场会。学习和推广走政治建厂道路的经验；把设计、施工、安装、生产有机地结合起来和先生产、后生活，先厂房、后宿舍的经验；发扬"穷棒子"革命精神，大搞施工革命，推广土模、"干打垒"节约木材、红砖的经验。

二月

5 日，中共中央发出《关于反对铺张浪费的通知》。《通知》规定：一、严禁新建、扩建和改建楼、堂、馆、所，已施工的要一律暂停下来，由省、市、自治区革命委员会根据当地情况，分别移作他用，然后重订节约施工计划，付诸实施。二、任何地方不许新建高标准的城市建设工程，不许随意拆迁房屋。目前已在施工的责成省、市、自治区革命委员会重新审查，酌情处理。三、一切新建、扩建企业和"五七"干校，应当发扬艰苦朴素的优良作风，一切非生产性建筑和生活设施必须从简、提倡延安精神。

5日，中共中央继1月31日发出《关于打击反革命破坏活动的指示》后，又发出《关于反对贪污盗窃破坏活动的指示》，而后又发出《关于反对贪污盗窃、投机倒把的指示和反对铺张浪费的通知》。中共中央认为，在经济领域内，一小撮阶级敌人与暗藏在国家财经部门的坏人相勾结，利用派性和无政府主义倾向，煽动经济主义妖风，破坏社会主义经济基础；另一方面，有些单位大兴土木，挥霍浪费国家资财。为此，中共中央提出，要在全国掀起一个大检举、大揭发、大批判、大清理的高潮，坚决打击贪污盗窃、投机倒把活动；要雷厉风行地开展反对铺张浪费的斗争，坚决刹住这股歪风。中共中央还重申：一切按照规定不许上市的商品，一律不准上市；除经过当地主管部门许可以外，任何单位不准到集市和农村社队自行采购物品；不准以协作为名，以物易物，不准"走后门"；一切地下工厂、商店、包工队、运输队必须坚决取缔；严禁新建、扩建和改建楼、堂、馆、所，已施工的要一律暂停下来；任何地方不许兴建高标准的城市建设工程；一切机关、部队、团体、学校、企业、事业单位，一律停止添置非生产性设备。中共中央的指示和通知发出后，全国范围内开展了声势浩大的"一打三反"运动。

15日至3月21日，全国计划会议在北京召开。各地区、各部门以及11个大军区的代表参加了会议。会议讨论拟定了1970年国民经济计划和第四个五年国民经济计划纲要（草案），专题座谈了军工、劳动工资、基本建设、体制改革等问题。会议是在我国国民经济稍有好转的形势下，以备战为指导思想召开的。会议提出第四个五年计划期间国民经济发展的任务是：狠抓备战，集中力量建设大三线强大的战略后方，改善布局；大力发展农业，加速农业机械化的进程；狠抓钢铁、军工、基础工业和交通运输的建设；加强协作，大搞综合利用，积极发展轻纺工业；建立经济协作区和各有特点、不同水平的经济体系，做到各自为战、大力协同；大力发展新技术，赶超世界先进水平；初步建成我国独立的、比较完善的工业体系和国民经济体系，促进国民经济新飞跃。会议提出，1970年和第四个五年计划，是一个加强国防实力的备战计划，是一个在科学技术上赶超世界先进水平的计划，是根本改变我国经济布局、迅速壮大经济实力和国防力量的关键时期。目前战略基地骨干项目的建设已经铺开，为了更好地集中力量打歼灭战，必须在建设上进一步采取强有力的革命化措施。第一，实行一元化领导。重点建设地区建立三线建设领导小组，统一规划，统一调度，统一组织施工。第二，加强区域规划。加强地区平衡，成套地进行建设。第三，交通、燃料、动力和建筑材料的建设，必须先行一步。这是多快好省地建设战略基地的必由之路。第四，工业布点要"靠山、分散、隐蔽"，特殊、重要工厂的关键设备或车间，有的要"进洞"，实行大分散、小集中。多利用原有的中小城镇，不搞大城市。要多搞中小，少搞大项目。这样，才能有利于工农结合、城乡结合、平战结合。会议提出，计划在"四五"期间，将内地建成一个部门比较齐全、工农业协调发展的强大战略后方。根据经济发展和备战的需要，要划分西南、西北、中原、华南、华东、华北、东北、山东、闽赣、新疆10个经济协作区。"四五"规划纲要（草案）虽然没有正式下达，但对以后的经济工作产生了很大影响。

28日，中共中央召开了各省、市、自治区和各部代表参加的基本建设座谈会。会议形成了《关于当前基本建设工作中几个问题的报告》。《报告》的主要内容是：一切设计必须贯彻毛主席的革命路线和党的方针、政策，必须体现毛主席"备战、备荒、为人民"的伟大战略思想和多快好省的要求；设计院要搬到生产、建设基地去，要求在今年内90%以上的设计院离开大城市。

五月

20日，中共中央在北京召开工作会议，31日结束。会议讨论了批陈整风问题、修改党章问题和党的第十次全国代表大会代表产生的决定草案。会议还检查了国民经济计划，讨论了国家计委起草的关于1973年计划会议讨论的问题和今后三五年经济设想的报告。会议期间，周恩来传达了毛泽东对经济工作的指示要点：（一）项目多了，计划工作至今没有走上轨道。（二）搞计划要依靠地方，以省、市、自治区为主。（三）要把协作区搞起来，一旦有事好办。（四）只注意生产，不注意上层建筑、路线，不对。根据这些指示和会议讨论的意见，周恩来在会上作了多次讲话，他强调要把铺开的大中型建设项目由1500个减少到1000～1200个，体制要下放，条条要协助地方；搞协作区，首先是东北和华北积极筹备，半年搞起来；华东、中南一年准备，明年下半年实现；西南、西北，中央要大力帮助。此外，他还提出了整顿国防工业、生产建设兵团实行工分制等问题。

六月

7日，中共中央批准国务院的报告，同意国务院在经过精简、合并之后，成立23个部、委，两个组（文化组、科教组）和一个办公室，并在各部委建立党的核心小组和革命委员会。报告规定，各部委党的核心小组直属中共中央领导；各部委革委会中群众代表应占 50% 左右；党的核心小组成员应为革委会主任、副主任和委员；革委会对本部门的工作方针、政策、计划有讨论、建议之权，对人事、财务有审查之权，对工作实施有监督之权。

22 日，中共中央决定将国家基本建设委员会、建筑工程部、建筑材料工业部和中央基本建设政治部 4 个单位合并，成立新的国家基本建设革命委员会。

七月
本月，建筑工程部、建筑材料工业部并入国家建委。

九月
8 日，国务院提出第四个五年国民经济计划纲要（草案），主要内容：工业建设，要大分散、小集中，不搞大城市，工厂布点要"靠山、分散、隐蔽"。特殊重要工厂的关键设备或车间，有的要"进洞"。要多搞中小项目，少搞大型项目。

本月，上海黄浦江隧道建成通车，这是中国第一条过江隧道。

十月
19 日，财政部财政业务组对契税问题规定：城镇居民在对私房改造后保留下来的私人房屋（包括因不够改造条件和达不到改造起点而未进行改造的），在国家法律保护范围的，此项私人房屋，经房管部门批准，不论居民和社员、居民和居民、社员和社员，可以发生买卖、典当、赠予、交换。如果发生上述变动，应根据契税暂行条例规定征收契税。城镇居民的土地问题，1956 年 1 月 18 日中共中央批转中央书记处第二办公室《关于目前城市私有房产基本情况及进行社会主义改造的意见》中规定"一切私人占有的城市空地、街基等地产，经过适当办法，一律收归国有"。根据中央这个规定的精神，城镇居民的宅基地、果园和菜地，仍不应有买卖行为，也不应征收契税。

十二月
27 日，《人民日报》刊载新华社报道:《我国地方中小型工业蓬勃发展》。报道说，全国有近 300 个县、市办起了小钢铁厂，有 20 多个省、市、自治区建起了手扶拖拉机厂、小型动力机械厂和各种小型农机具、配件厂，有 90% 左右的县建立了农机修造厂。1970 年是继 1958 年以后，我国小型工业又一次大发展的一年，这当中盲目性很大，造成许多损失和浪费。

1971 年

四月

19 日，《人民日报》发表了国家建委写作小组《狠抓两条路线斗争，深入开展设计革命》的文章。文章提出：设计是一种意识形态，属于上层建筑。设计院"一家独办"实质上是资产阶级在设计领域里对无产阶级实行专政，旧的设计院知识分子成堆，"三脱离"，形成一套建设、施工、设计"三足鼎立"的修正主义制度。设计院独霸设计大权，广大工人无权过问，只依靠少数资产阶级专家权威，实行"专家治院"，因此，必须改革设计体制，下放设计机构。

五月

1 日，周恩来总理在天安门城楼上对北京市负责人讲：对城市建设管理问题要加强要大加整顿。

六月

15 日，万里同志在"文革"后期恢复工作，首先发现了城市建设和城市管理中存在许多问题，率先召开了北京城市建设和城市管理工作会议，城市规划工作出现复苏迹象。

20 日，《人民日报》发表题为《工业学大庆》的社论。社论提出，要做头脑冷静的促进派。学大庆，不要生搬硬套，不要搞形式主义，不要一有成绩就翘尾巴。把革命精神和科学态度结合起来，才是头脑冷静的促进派。

本月，为了贯彻周恩来总理的指示，北京市召开城市建设和城市管理工作会议。

七月

14 日，国务院、中央军委批转国家计委、国家建委《关于内迁工作中几个问题的报告》。1964 年以来，已经内迁的 14.5 万名职工中，家属随迁的只占 20% ~ 30%，大部分职工同家属长期两地分居，生活上带来许多困难，而且每年探亲，增加国家开支，耽误生产。针对上述情况，《报告》要求，已定的内迁项目必须按原计划执行，有些需要调整的，由主管部门与迁出、迁入地区商定，报国家计委和国家建委备案。《报告》还规定，国家规定内迁职工的家属都允许随迁。原来户口在农村的直系亲属，生活确有困难的，可以落城镇户口。迁入地区要对家属内迁工作作出规划，自己解决房子问题，分期分批内迁。《报告》还对内迁职工家属的工作安排作了原则上的规定。

十一月

22 ~ 29 日，国家建委召开城市建设座谈会，对放松城建工作提出了批评，并要求设置机构，加强城市规划、城市房屋、市政设施、园林绿化等工作。会后，桂林、南宁、广州、沈阳、沙市、乌鲁木齐等的城市规划工作，先后开展起来。

1972 年

三月

30 日，国务院发布《中华人民共和国工商税条例（草案）》，扩大税制改革试点。几年来，各地区对改革工商税制进行了一些试点。这次确定扩大试行的工商税制，基本内容是简化税制。即在保持原税负的前提下，主要在四个方面作了改革。第一，把工商统一税及附加、城市房地产税、车船使用牌照税、盐税、屠宰税合并为工商税（盐税暂按原办法征收），合并以后，对国营企业只征收工商税；对集体企业只征收工商税和所得税；城市房地产税、车船使用牌照税和屠宰税，只对个人和外侨等继续征收。第二，税目由过去的 108 个，减为 44 个；税率由过去的 141 个减为 82 个，实际上不相同的税率只有 16 个，多数企业可以简化到只用一个税率征收。第三，地方有权对当地的新兴工业、"五小"企业、社队企业、综合利用、协作生产等确定征税或者减免税。第四，降低农机、农药、化肥、水泥的税率，适当提高印染、缝纫机的税率。按新的税制收税，国家的工商税收入比原税制的征收额减少 0.5%，多数地区税收没有增加或者略有减少。这次税制改革，对于调动地方积极性起了一定的作用，但由于税种、税目、税率过于简化，难以适应各地区、各行业的不同情况，税收对调节各方面经济利益的作用也有缩小。同时，由于税收管理权一再下放，造成混乱。

五月

30 日，国务院批转国家计委、国家建委、财政部《关于加强基本建设管理的几项意见》。针对长期存在的基本建设战线长、浪费大、制度松弛和贪大求洋等问题，两委一部提出 8 项改进意见：（一）基本建设要加强计划管理。按照统一计划、分级管理的原则，国家预算内的投资，由国家统一安排。地方自筹资金安排的基本建设，纳入省、市、自治区计划。各地区、各部门一律不准搞计划外工程。城市的改建和扩建，要做好规划，经过批准，纳入国家计划。大中城市的建设规划，报国家批准，小城市的建设规划，由省、市、自治区审定，并报国家计委、国家建委。（二）用自筹资金安排的基本建设所需资金，要贯彻先收后用的原则。不能用流动资金和银行贷款，不能向企业摊派，不能向社队平调和用赊销、预付贷款等办法来搞基本建设。所需材料和设备，由各省自力更生解决。（三）建设项目要认真按照基建程序办事。要根据资源条件和国民经济长期计划的要求，制订建设项目的计划任务书（有些大中型水利工程，要编制流域规划；新建的工业基地，要有区域规划）；没有编好初步设计和工程概算的建设项目，不能列入年度基建计划；工程完毕，必须进行竣工验收，作出竣工报告和竣工决算。（四）建设项目的选址，要贯彻执行靠山、近水、扎大营和搞小城镇的方针。既要考虑战备的要求，又要注意经济合理。非生产性建设，要发扬延安精神，因地制宜，就地取材，不搞高标准建筑。严禁楼堂馆所。没有经过批准，不准乱拆房子。（五）基建项目所需设备，实行成套供应。首先要努力做到按项目成套供应，并逐步做到按经济区组织成套生产，成套供应。（六）加强施工管理，提高投资效果。加强质量检查和工程验收，施工企业要把提高劳动生产率作为考核指标之一。（七）加强经济核算，做到消耗有定额、开支按标准、成本有核算，努力降低工程造价。（八）积极进行基建投资大包干的试点。

六月

12 日，国务院批转国家计委、国家建委、财政部《关于处理基本建设报废工程的报告》。《报告》指出，根据 1970 年基建决算，15 个部门提出要求报废 239 项基建工程，金额达 1.2 亿元。这些工程报废原因大体有三种：（一）由于工程停建、厂址变更报废 133 项。（二）由于勘察设计不周报废 63 项。（三）由于洪水侵袭等灾害事故和其他原因报废 43 项。《报告》认为，上述报废工程，有的已经实施了多年，现在作一次清理是必要的。但是，一次报废国家财产 1.2 亿元，应当采取慎重态度。因此，《报告》提出如下处理意见：（一）凡要求报废的工程，应由各地区或主管部门逐项审查，提出处理意见，报国家建委和财政部审查。（二）对要求报废的工程，要进行分析，凡是可利用的部分，要千方百计地加以改造利用；残存的设备、材料要回收利用，不能一笔勾销。（三）对于确实需要报废的工程，财务处理要经本单位群众经济监督组织和当地建设银行审查签证。（四）今后，一切基本建设工程，都要按国家统一计划办事，加强管理，精心设计，精心施工。

十二月

10 日，中共中央在转发《国务院关于粮食问题的报告》时，传达了毛泽东关于"深挖洞，广积粮，不称霸"的指示。在"深挖洞"的号召下，全国人防工程规模迅速扩大，工程标准不断提高。从 1972 年到 1980 年，仅国家财政拨付的人防专款就达几十亿元。

26 日，国家建委决定成立城市建设局。

1973 年

一月

7 日，国务院在北京召开全国计划会议，要求把 1972 年超过国家计划自行招收的职工减下来，并且动员一部分 1970 年以来从农村来的临时工回农村去，还要动员绝大部分基本建设占用的常年民工和不符合国家规定进入城镇的人口回农村去，争取从这几个方面减下 500 万人。1973 年不再招收新职工。

三月

27 ～ 31 日，国家建委城市建设局召开城市公共交通座谈会，研究当前存在的问题和需要采取的具体措施。

四月

本月，国家建委主持召开解决城市供水紧张问题的会议，重点解决北京、天津、西安等 13 个城市的缺水问题。

五月

本月，谷牧任国家基本建设委员会主任。

六月

18 日，国家计划革命委员会、国家基本建设革命委员会发出《关于贯彻执行国务院有关在基本建设中节约用地的指示的通知》。《通知》指出，最近，国务院领导同志又一次指示，要认真抓好节约建设用地的工作。为此，《通知》指出，一、基本建设征用土地，要认真贯彻执行节约用地的原则。凡是可利用荒地、空地、劣地进行建设的，就不得占用耕地、良田。必须占用耕地时，也要精打细算，尽可能少占，并帮助群众采取造田、改土、旱地变水田等措施，努力做到占田不减产。要坚决纠正片面强调建设需要，征好不征次和多征少用、早征晚用等浪费土地的现象。二、基本建设项目从选择厂址、工程设计到组织施工的各个环节，都要注意节约用地，新建项目选择厂址，要把占地多少作为方案取舍的重要条件。建设项目的总平面布置，要紧凑合理。老企业的改建、扩建，要充分利用原有场地。必须严格控制城市特别是大城市的规模。大城市要有计划地搞些高层建筑。施工现场，要加强管理，防止乱堆乱放，乱铺摊子，多占耕地。三、基本建设单位应积极支援农业。有条件的地方，要结合现场施工，进行开荒、改土、造田。对危害农田或占地数量大的工业废渣、废气、废水和矿山尾矿、电厂煤灰等要采取切实可行的办法，综合利用，积极治理，尽量减少占地和不占良田，兴利除害，支援农业。要发展废渣制砖和砌块，逐步代替黏土砖，避免损坏农田。四、对基本建设征用土地，各地区、各部门必须加强管理，严格执行征地审批制度，认真办理征地手续。在审查工程设计时，要严格审查建设用地是否合理，切实把好关，凡是初步设计未经批准的项目，不许征用土地。初步设计批准后，也要根据工程的建设进度，分期分批办理征地手续。征地审批权限，应严格按照 1964 年 7 月 20 日《国务院关于国家建设征用土地审批权限适当下放的通知》的规定办理。征地 10 亩以上，须经省、市、自治区审批。在人多地少的地方和城市郊区，以及征用经济价值高的农田，征地虽在 10 亩以下，也应根据具体情况，由省、市、自治区作出具体规定，从严掌握。地方发展"五小"工业用地和农村人民公社、生产队建设以及社员盖房用地，也要经过审查批准后才可占用，具体办法由省、市、自治区制定。五、基本建设征用土地，要做好被征地社队群众的安置工作。征用土地的补偿费，一般土地应以最近 2～4 年的产量的总值为标准。补偿费应用于发展农业生产。六、请各省、市、自治区和国务院各部门对过去征地的使用情况进行一次检查清理。对于征而不用、多征少用、早征迟用的土地，都要退还当地人民公社及生产队耕种。退还时不要收回补偿费，但土地所有权仍属于国家。今后，各地区、各部门要认真贯彻执行国务院有关基本建设中节约用地的指示和有关规定，加强对征地工作中的领导，总结征地工作中的经验教训，切实抓好这项工作。

本月，国家建委建筑科学研究院设置城市建设研究所。

七月

1 日，国家计委根据中央工作会议对"四五"计划提出的轮廓，拟订了《第四个五年国民经济计划纲要（修正草案）》。《纲要修正草案》指出：由于林彪反党集团的干扰破坏，给国民经济发展带来了一定的影响，其后果在 1972 年明显地表现出来。因此，从当前实际情况出发，对原《纲要草案》进行适当的修改和调整是必要的。与原《纲要草案》相比，《纲要修正草案》提出若干重要的方针性问题，主要有：（一）适当改变了以备战和三线建设为中心的经济建设指导思想，提出在重点建设内地战略后方的同时，必须充分发挥沿海工业基地的生产潜力，并且适当发展。（二）从正确处理农轻重比例关系出发，提出：农业是国民经济的基础，要把发展农业放在第一位。（三）要求第四个五年把钢铁的品种、质量放在第一位。（四）经济协作区由 10 个，又改为 6 个。《纲要修正草案》对"四五"计划指标进行了调整。

八月

5 ~ 20 日，国家计委召开全国环境保护会议。这次会议是在长期以来只重视工业生产建设，忽视"三废"治理，出现了严重的环境污染的情况下召开的。会议检查了我国环境保护情况，讨论并制定了《关于保护和改善环境的若干规定》（试行草案）。《规定》要求各省、市、自治区要把制订本地区保护和改善环境的规划，作为长期计划和年度计划的组成部分。城市的规模和人口必须严格控制；现有大城市一般不再新建大型工业，必须新建的，要放在远郊区。《规定》还提出：新建工业、科研等项目，必须把"三废"治理设施与主体工程同时设计，同时施工，同时投产，否则，不准建设；对现有城市、河流、港口、工矿企业和事业单位，要迅速作出治理规划，分期分批地加以解决，并在资金、材料、设备上给以保证。为了加强对环境保护的检查和监督，要求各地区、各有关部门设立精干的环保机构，并建立必要的规章制度。11 月 13 日，国务院批转了国家计委关于这次会议的情况报告，要求各级领导把保护和改善环境的工作认真抓起来。此后，国务院和各省、市、自治区都成立了环保机构，提出了一些保护和改善环境的措施，收到了一定的效果。

九月

8 ~ 20 日，国家建委城市建设局在合肥召开城市规划座谈会，会议交流了合肥、杭州、沙市、丹东等城市开展城市规划的经验，征求了对《关于加强城市规划工作的意见》、《关于编制与审批城市规划的暂行规定》、《城市规划居住区用地控制指标》3 个文件稿的意见。本次会议对开展城市规划工作是一次有力的推动。

十月

本月，国家建委城市建设局召开城市煤气工作座谈会，讨论了城市煤气的发展方向。

十一月

13 日，国务院批转《国家计划委员会关于全国环境保护会议情况的报告》。国务院指出，保护和改善环境，是关系到保护人民健康和为子孙后代造福的大事，关系到巩固工农联盟和多快好省地发展工农业生产的大事，要把这项工作提到路线的高度，认真重视，认真对待。我国是一个发展中的社会主义国家，工业和各项事业都要有很大的发展。过去由于对"三废"的危害性认识不足，缺乏经验，一些地区已经出现了环境污染总量。这就要求我们十分注意和切实做好保护和改善环境的工作。现在就抓，为时不晚。事实证明，只要加强领导，广泛发动群众，采取有力措施，环境污染的问题并不难解决。各级革命委员会必须把保护和改善环境的工作列入重要议事日程，把这项工作认真抓起来。要做好环境保护的规划工作，使工业和农业，城市和乡村，生产和生活，经济发展和环境保护，同时并进，协调发展，新建工业、科研等项目，必须把"三废"治理设施与主体工程同时设计，同时施工，同时投产。否则，不准建设。对现有城市、河流、港口、工矿企业、事业等单位的污染，要迅速作出治理规划，分期分批加以解决。要在资金、材料、设备上给以保证。国务院同时转发了会议拟定的《关于保护和改善环境的若干规定（试行草案）》，要求各地区、各部门要贯彻执行大分散、小集中、多搞小城镇的方针，建设城乡结合、工农结合、有利生产、方便生活的新型城镇和工矿区。城市的规模和人口，必须严格控制。现有大城市一般不再新建大型工业，必须新建的，要放在远郊区。厂址的选择，要注意到环境的保护。排放有毒废气、废水的企业，不得设在城镇的上风向和水源上游。城市居民稠密区，不准设立有害环境的工厂；已经设立的要改造，少数危害严重的要迁移。新建工矿区和居住区之间要设置一定的卫生防护地带。为了取得经验，要重点抓好 18 个城市的环境保护。这些城市是：北京、上海、天津、沈阳、大连、吉林、哈尔滨、青岛、南京、杭州、武汉、长沙、广州、成都、重庆、兰州、西安、太原。

20 日，新华社报道，新中国民航事业从 1950 年创办起，到目前为止，国内已建立了以北京为中心的 80 多条民用航线，连接着全国 70 多个城市。在国际上，已同 100 多家外国航空公司建立了业务往来。

十二月

22 日，国家计委、国家建委、财政部发出《关于加强城市维护费管理工作的通知》。《通知》指出，从 1963 年起，将工商业附加税、公用事业附加和城市房地产税，作为城市维护的固定资金来源。这项规定实施之后，市政设施失修状况有所改善。但是，近几年，这项资金被大量挪用，有的用于地方工业、郊区水利等基本建设，有的甚至搞了楼、堂、馆、所。同时，城市维护所需要的材料设备安排也不落实。目前，城市房屋、市政设施和公用事业设备普遍失修，危房增多，水、气漏损率上升，车辆完好率下降。为了进一步加强城市维护费的管理工作，特作如下通知:(一) 严格贯彻执行中共中央和国务院关于城市维护费要保证使用于城市的公用事业、公共设施以及房屋等的维修和保养，不能挪作他用的指示，所需材料设备，要按照现行物资管理体制，由省、市、自治区纳入计划，统筹安排，保证供应。(二) 贯彻工商税制改革后城市维护费执行办法。根据国发(1972) 24 号文件《国务院批转财政部关于扩大改革工商税制试点的报告》的指示，从 1973 年开始全面试行税制改革方案。为此，对城市维护费来源作了相应的调整。税制改革后没有减少城市维护所需的专用资金。今后城市维护费的来源是:(1) 城市公用事业附加;(2) 从"工商税"收入中提取的 1% 和随同"工商所得税"征收的 1% 的附加;(3) 国家预算拨款（原由城市房地产税解决的城市维护费，税制改革后改为纳入国家预算支出，即在国家预算内相应增列一笔城市维护费。今后继续征收的城市房地产税，作为国家预算收入统一上缴财政，不再专项留给地方）。有的小城市维护费，因专用资金较少，可由省、自治区在"国家预算拨款"项内统筹安排解决。(三) 加强城市维护费的计划、财政管理工作。城市维护费的安排和使用，由城市建设部门统一归口，计划、财政、城建等部门要密切合作。认真贯彻"勤俭建国"和"自力更生"的方针，少花钱多办事。建立健全必要的计划、财政管理制度，使有限的资金发挥更大的效益，进一步发挥市政设施等在社会主义建设中的积极作用。

26 日，国家基本建设委员会的机构设置中，包括了城市建设局。

1974 年

四月

25 日，国家计委发出《1974 年基本建设计划（草案）》((1974)计计字 145 号附件二)。《计划》指出，在基本建设工作中，要坚决贯彻执行独立自主、自力更生、艰苦奋斗、勤俭建国的方针。现在，我们的工业建设已经有了一个相当的基础，但生产能力还没有充分发挥出来，在今后的一段时间内，扩大生产，应当主要靠挖掘现有企业的潜力，一般不要铺新摊子。这要作为一条重要的方针。一切基本建设单位，都要认真克服贪大求洋、铺张浪费、大手大脚、不讲经济核算、不讲投资效果的不良倾向。要依靠群众，勤俭办一切事业，反对等、靠、要的依赖思想。修建楼堂馆所，一定要严加控制，未经中央、国务院批准，一律不准动工。已经批准的工程，必须按照审定的设计文件施工，不能任意扩大规模，提高标准。发展新技术，要立足于国内，依靠我国工人阶级的智慧和创造精神，走自己工业发展的道路。

五月

6 日至 6 月 7 日，国家建委在北京召开全国基本建设会议。会议的主要任务是交流抓革命、促生产的经验。会议揭批林彪反党集团对抗毛主席关于基本建设必须"集中力量打歼灭战"的方针，乱铺摊子，乱上项目，破坏国家统一计划；对抗毛主席关于"靠山、近水、扎大营"、"要搞小城镇"和"大分散、小集中"的指示，鼓吹"山、散、洞"、"羊拉屎"的反动谬论。

本月，国家建委下发《关于城市规划编制和审批意见》和《城市规划居住区用地控制指标（试行）》，这使十多年来被废弛的城市规划有了新的规范性依据。

八月

15 日，新华社报道，在郑州市商代城墙遗址内，最近发掘出大面积的商代夯土台基和成堆的奴隶头骨。郑州商代城遗址，是我国目前发现最早的一座古城，距今已有 3500 多年。据鉴定，这次发掘出来的夯土台基，属于比安阳殷墟要早的商代前期。

九月

12 ～ 18 日，国家建委在沈阳召开全国消烟除尘经验交流会，重点推广沈阳开展消烟除尘工作的经验。

十二月

15 日，国务院环境保护领导小组办公室发出《环境保护规划要点和主要措施》。文件明确指出，新建、扩建、改建的企业，应符合国家规定的《工业企业设计卫生标准》、《工业"三废"排放试行标准》、《放射防护规定》；要把住建设关，一切新建、改建、扩建的工业、交通、科研等项目，认真执行"三废"治理设施与主体工程同时设计、同时施工、同时投产的规定，否则不准建设。各级计划、建设和主管部门要严格把关。

1975 年

一月

3 日，财政部、国家计委、国家建委发出《请纠正旅大市征收建房动迁费问题的函》（（1974）财基字第 385 号）。辽宁省革命委员会：交通部反映，旅大市基本建设委员会规定"凡于城建区内新建住宅……从计划批准下达的建房投资总额中提取动迁费20%以及材料，交'统建'办公室，统一安排动迁使用。"……在投资计划中无此项资金来源，未予缴纳，而旅大市建委竟采取了不给新建住宅接通水、电的措施，为此，给已经搬进新房的50多户职工造成生活上的极大不便。我们认为，城市建设所需投资，应按其建设程序报批，纳入基本建设计划，不能向企业、建设单位摊派，这种不给新建住宅接通水、电的做法，是不适当的。为此，请辽宁省革命委员会做好思想工作，尽快予以纠正。

17日，中华人民共和国第四届全国人民代表大会第一次会议，根据中国共产党中央委员会的提议，任命谷牧为国务院副总理，兼国家基本建设委员会主任。

二月

4日，辽宁省南部地区营口、海城一带发生7.3级地震，受灾面积约1200km²，财产等损失10亿元以上。地震发生后，党中央很关怀灾区人民生活和生产的情况，立即派出工作组奔赴灾区抢险救灾，帮助灾区恢复生产，重建家园。这次地震使不少农田排灌站、灌渠、水库、桥梁、铁路、公路和各种管道遭受破坏，不少大牲畜死亡。大辽河、浑河大堤断裂，塌方也较严重。辽阳、鞍山、营口、盘锦地区共倒塌厂房186万m²、大烟囱573个。各种设备8000台件急待修理。农村倒塌和严重损坏的房屋约90万间，城镇倒塌和严重破坏的房屋约500万m²。在恢复生产中，中共辽宁省委狠抓了春耕的各项准备工作和工厂恢复生产工作。这次灾情严重，1975年国家给予救灾和恢复生产、重建家园资金2亿元。物资方面，1975年拨给木材10万m³，钢材1万t。

4日，国务院批转北京市革命委员会《关于密云县组织闲散居民亦工亦农建设社会主义新城镇的调查报告》。《调查报告》说，1970年，密云县城关公社把城镇闲散居民组织起来，成立了"五七"大队，进行以农业为主、亦工亦农的生产劳动，实行农、工、副业统一管理，统一核算和统一分配。为此，国务院在批转《调查报告》时要求各地区、各部门根据自己的情况，因地制宜地把闲散居民和职工家属组织起来，进行集体生产。在组织闲散居民和职工家属进行集体生产劳动时，要注意贯彻执行党的各项经济政策。要实行集体所有，划清两种所有制的界限，不要随意把集体所有制转为全民所有制，也不要把全民所有制改为集体所有制；要按照按劳分配的原则，实行评工记分；所经营的工业、农业、副业都要尽可能地纳入当地经济计划。

17日，中共中央转发国家计委《关于一九七五年国民经济计划的报告》。《报告》中有关基本建设的部分提出，要确保重点，集中力量打歼灭战。要严格控制新上项目，严禁搞计划外项目。严禁擅自兴建楼、堂、馆、所，再有违反，就要给予纪律处分。今后所有擅自建造的楼、堂、馆、所，一律没收。

四月

5 日，全国基本建设会议在北京召开，26 日结束。会议针对长期存在的基本建设效果差的问题，决定在基本建设管理上推行大包干的办法，1975 年先选择一批项目试行，争取 1980 年全面铺开。会议确定，1975 年基本建设的主攻方向，是进口成套设备项目，港口建设项目以及燃料、动力、矿山、重要铁路枢纽、国防军工等骨干项目。要求全部建成投产的大中型项目为 170 个，投产单项工程为 350 个。会议提出，争取 1980 年以前，全国主要城市和部门的施工实现机械化；1985 年以前，全国大中城市新建房屋基本甩掉小块黏土砖，代之以新型墙体材料。

中旬，国家建委城市建设局在湛江召开小城镇建设座谈会，征求了对《关于加强小城镇建设的意见》和《关于城市规划的编制、审批和管理意见》两个文件稿的意见。

六月

11 日，国务院对北京市交通市政公用设施等问题作出批复。国务院指出，北京是我国的首都，一定要建设好。应该结合我国在本世纪内发展国民经济两步设想的宏伟目标，把北京逐步建成一个新型的现代化的社会主义城市。一、首都建设应该由北京市委实行一元化领导。今后，在北京进行的各项建设，都应该接受北京市的统一管理，执行统一的城市建设规划。从 1976 年起，每年由北京市编制首都建设的综合计划，经国务院审查批准后实施。一般民用建筑，实行统一投资、统一建设、统一分配，并逐步实行统一管理。二、要严格控制城市发展规模。凡不是必须建在北京的工程，不要在北京建设；必须建在北京的，尽可能安排到远郊区县，发展小城镇，必须安排在市区的建设工程，要和城市的改造密切结合起来，注意节约用地，一般不能再占近郊农田。三、建设中要注意处理好"骨头"和"肉"的关系。对于公共交通、市政工程、职工宿舍以及其他生活服务设施方面的"欠账"问题，应在近几年内认真加以解决。今后新建、扩建计划都应该把职工宿舍等必要的生活服务设施包括进去。国务院同意在第五个五年计划期间，每年在国家计划内给北京市安排专款 1.2 亿元和相应的材料设备，用于改善交通市政公用设施。四、为了解决北京市建筑市政施工力量不足的问题，国务院同意1975 年增加 1 万人；但主要应该挖掘潜力，提高机械化施工水平，不断提高劳动生产率。地方建筑材料要大力发展，争取在两三年内做到自给。发展建筑材料和施工机械化，北京要走在全国的前面，所需投资、材料、设备，由国家计委、国家建委给予必要的帮助，并纳入国家计划。五、要认真执行勤俭建国的方针。要考虑国家的经济条件，区别不同地点、不同性质的工程，采用不同的建筑标准。要依靠群众，自力更生，勤俭办一切事业，切实做到多快好省地进行首都建设。

九月

25 日，交通部《公路养护管理暂行规定》规定，大、中城市的郊区公路，由交通部门与城市建设部门共同商定，明确责任，养好管好。

十月

8 日，国家建委发出《关于加强城市房产管理工作的通知》。《通知》说，遵照国务院关于将城市房产交由国家建委管理的指示，国家建委已责成城市建设局管理这项业务工作，各地城市房产管理工作，由各省、市、自治区建委（基建局）归口管理。

本年，国家建委在北京西郊百万庄国家建委展览馆，组织以"纪念毛主席号召开展群众性的设计革命运动十周年"为题的"设计上采用先进技术成果展览会"。

1976 年

二月

28 日，全国人民防空领导小组、国家计委、国家建委、财政部联合发出《关于在基本建设和城市建设中加强人防战备工程建设的几点意见》（（1976）人防字第 1 号），自 1976 年 3 月 1 日起试行。《意见》要求担负城市防卫作战任务的重点城镇，要修建打防结合的人防工事；工业布局要贯彻大分散、小集中和多搞小城镇的方针，今后新建、扩建战时必须坚持生产的重要工业交通项目和住宅、重要公共建筑，要修建必要的人防工程。在基本建设中，人防工程规划要纳入总体规划，统筹安排，全面规划。为了进一步搞好人防战备工程的建设，《意见》提出如下几点意见：一、结合基本建设和城市建设修建的人防工程要根据战备的需要，贯彻区别对待的原则。结合基本建设和城市建设，修建打防结合的人防工事和有利于机动的地下通道。在有条件时，可结合城市建设，逐步修建一些地下建筑。二、工业布局要贯彻大分散、小集中和多搞小城镇的方针。今后，在大型水库、重要交通枢纽、重要港口、机场，以及重要军事目标附近，一般不再摆新建项目。要严格控制城市规模。今后，大城市和已经摆了很多工业企业的中等城市，除非十分必要，一般不宜再摆新的大中型项目。现有大、中城市中，凡属易燃、易爆或者剧毒的工厂、车间，应根据战备要求，由主管部门负责，有计划、有步骤地搬离市区；一时不能搬迁的，应作出规划，采取必要的防护措施。三、坚守城市为战时服务所必须的武器、弹药修造设备以及必要的广播、通信、照明、物资供应设施，确实需要下地入洞的，由国务院有关部门和省、市、自治区革委会结合长远规划，报经国家计委批准，分别列入年度基本建设计划，逐步实施；重要的铁路枢纽、大型桥梁、港口、水库等应采取有效的防护措施，制订战时保障方案，以便在遭到破坏时能够及时抢修；一般工矿企业，主要是搞好人员的掩蔽，不搞地下工厂、地下车间，但对少数特别重要的精密仪器、设备等，应搞好战时的防护或安全措施。四、基本建设要与人防工程建设密切结合。今后，新建、扩建战时必须坚持生产的重要工业、交通项目和住宅、重要的公共建筑，要相应修建必要的人防工程，并和疏散干道连通。编制和审查计划任务书时，应包括人防工程。设计部门在承担基本建设项目的设计时，要同时承担人防工程的设计任务，做到地上、地下统一规划、统一设计、统一建设。在审查设计时，各级基本建设主管部门要会同人民防空部门共同审查人防工程的设计。五、城市建设与人防战备建设要密切结合。城市建设部门和人民防空部门要在地方党委统一领导下，通力合作，协调配合。人防工程规划要纳入城市总体规划，统筹安排，全面规划。城市建设，要根据平战结合的原则，充分考虑战时防空的要求。城市新建、扩建大型地下管网时，要考虑人民防空的需要，有条件时，应尽可能同时建成能隐蔽人员的防空工事，有的可以预留位置。人防工程建设，要考虑城市现有地下管网与地上建筑物的现状以及城市的总体规划，对地下地上做到合理安排，避免互相影响。全国人防工作重点城镇，特别是位于"三北"和沿海地区的重点城镇和工业集中的大城市，对水源、电源、通信系统等重要公用设施，要根据战备需要，制订战时抢修和应急措施。经省、市、自治区审查后，有计划地逐步实施，以利保障战时的水、电供应和通信需要。六、人防工程建设，要力求做到平战结合。在保障战时使用的前提下，要创造必要的条件，尽可能做到平时能够充分利用，这样既有利于人防工程的经常维护管理，又能相应地增加使用面积，发挥效益。有条件的一些大城市修建地下交通干线时，应考虑战时防空的需要，使战时能作为人员隐蔽工事使用。七、结合基本建设和城市建设修建的人防工程，要参照全国人防领导小组颁发的《人民防空工程战术技术要求》等有关规定进行设计，其投资、材料统一纳入基本建设计划，不得向企、事业单位摊派。今后凡是新建和在建的基本建设项目的人防工程，应统一纳入基建计划；地方自筹的项目，由地方自筹解决投资、材料；军队投资的项目，由军队拨给投资、材料。坚守城市的地面作战工事，应纳入军队的建设计划；全国人防工作重点城镇中，原有的生产企、事业单位，无防空设施，需要专门修建的人员掩蔽工程，应统一纳入人防费计划。八、在基本建设中，结合民用建筑与多层厂房修建的人防工程，其建筑面积，一般可按地面建筑物设计容纳人数的百分之四十至六十，每人一平方米考虑（不包括通道、进出口和设备房间）。不同的民用建筑应区别对待。战时必须坚持工作的通信、广播、医院及其他重要建筑，人防工程建设面积，可以适当增加。九、人防工程建设必须贯彻勤俭建国的方针，做到坚固、安全、适用、经济。既要满足战时防空隐蔽的需要，又要努力降低工程造价，力争少花钱多办事，尽量节约国家投资。人防工程建设，要贯彻工程有设计，施工有检查，经费、材料有定额，竣工有验收的要求，切实保证工程质量。对现有的人防工程，要加强维护，搞好经常性的维修管理。质量差的，要采取补救、加固措施；漏水、积水的，要认真解决防、排水问题，以保证战时能够使用。质量太差，确实无法补救，而要报废的，应报经省、市、自治区人防领导小组批准。对已建的人防工程，不能随意拆除，必须拆除的应报经城镇人防领导小组批准，由拆除单位补建。

四月

21日，北京、上海、杭州同轴电缆1800路载波通信干线建成投产。全线路长1700多公里，纵贯8个省市，穿过黄河、长江等200多条大小河流。它能使沿途主要城市之间数千人同时通电话。这条线路是1969年开始研制设备，1973年冬季开始施工建设的，共花费投资和科研费1.9亿元。

五月

24日，国务院对北京市1976年基本建设综合计划作出批复，要求国务院各部委积极支持北京市对一般民用建筑实行统一规划、统一投资、统一建设、统一分配、统一管理的办法。民用建筑标准，由北京市根据勤俭建国的方针，按不同地点、不同性质的工程，自行确定。基本建设所需物资，由国家物资总局和北京市具体安排落实。

24日，北京对民用建筑实行统建。按照北京市提出的城市建设计划，自1976年开始，在前三门大街和西二环路进行成街成片的房屋统建，东郊、南郊工业区附近也开始建设成片的居住区，并相应地改善城市交通和供气、供热、供水等设施。北京市对一般民用建筑实行统建，有利于城市的统一规划，有利于地皮面积的合理利用。

七月

28 日，河北省唐山—丰南一带发生 7.8 级强烈地震，并波及天津市、北京市。死亡 24.2 万多人，重伤 16.4 万多人。唐山市夷为一片废墟。地震发生后，党中央成立抗震救灾指挥部，国务院向灾区派出了工作组，十几万解放军指战员、2 万多名医务工作者和数万名支援人员立即赶赴灾区，展开了抢险救灾斗争。在地方党委的统一组织和各方面的大力支援下，经过 20 多天的努力，抢救出大批受难人员，安顿了受灾群众的吃穿住。为了帮助灾区恢复生产，重建家园，1976 年到1980 年，国家通过多种形式和渠道，给唐山拨款 33.7 亿元，其中救灾款 11.6 亿元，基本建设投资 22.1 亿元；给天津拨款 17 亿元，其中救灾款 6.7 亿元，基本建设投资 10.3 亿元。由于国家的大力支援和两市人民的努力，生产和生活恢复很快。

本月，唐山地震发生后，国家建委城建局规划人员立即全部出动，并调集全国各地规划人员共 60 多人赴唐山开展震后重建规划工作，于年底完成总体规划。

十月

6 日，"四人帮"被粉碎，"文化大革命"结束。

8 日，中共中央、全国人大常委会、国务院、中央军委作出关于建立毛主席纪念堂的决定。

本年度出版的城市规划类相关著作主要有：《城市供电规划》（中国建筑工业出版社编辑部修订）、《城市用地选择及方案比较》（中国建筑工业出版社编辑部修订）、《城市用地分析及工程措施》（中国建筑工业出版社编辑部修订）、《城市园林绿地规划》（云南林学院园林系修订）、《城市规划基础资料的搜集和应用》（中国建筑工业出版社编辑）、《地形图应用》（中国建筑工业出版社编辑部修订）、《城市管线工程综合》（中国建筑工业出版社编辑部修订）、《城市道路规划》（中国建筑工业出版社编辑部修订）、《城市给水排水工程规划》（中国建筑工业出版社编辑部修订）、《风玫瑰图与气温》（朱瑞兆、丁国安修订）。

1977 年

一月

31 日，国务院、中央军委下发《关于进一步加强人防工程建设计划管理的通知》（国发［1977］7 号）。通知的主要内容是：一、人民防空工程建设的任务和要求。各地应结合本地区重点城镇的战略地位和实际情况，突出重点，区别对待，提出不同要求，制定或调整五年规划和年度计划。二、人防工程建设必须全面纳入计划。为使人防工程建设有计划、有步骤地实施，必须经过综合平衡，统筹安排，将其全面地纳入国家和地方计划。人防工程建设计划的制定，要条块结合，以块为主，主要依靠地方搞好综合平衡。各地区在制定人防工程长远和年度计划时，应根据人防工程建设的任务和要求，考虑到国家可能补助的人防经费和材料，本地区财力、物力的实际情况，以及结合基本建设可能修建的人防工程数量等，进行统筹安排。三、基本建设、城市建设与人防工程建设要密切结合。今后新建、扩建的战时必须坚持生产的重要工业、交通项目和住宅、旅馆以及重要的公共建筑等，都要同时修建必要的地下人防工程，尤其是地震活动区的大、中城市，要更好地结合基本建设搞好人防地下室的建设。把人防与防震、抗震结合起来，以便战时作为人员掩蔽，震时作为人员的避震、疏散和重要物资的贮备场所。

四月

3 日，国务院下发《关于批转全国基本建设会议纪要的通知》（国发［1977］32 号）。《通知》指出，要维护计划的严肃性，向一切破坏国家统一计划的行为作斗争。用各种资金搞的基本建设，都要纳入统一计划，做到全国一盘棋，上下一本账。任何地区、部门和单位，对计划内建设项目，都不得任意扩大建设规模，增加工程内容，提高建设标准，更不准擅自上计划外项目。用自筹资金安排的基本建设，不能突破国家规定的控制指标。资金来源要正当，材料、设备要落实，不得占用国家计划项目的材料和设备。严禁擅自搞楼堂馆所。建设银行要加强对基本建设拨款的监督，坚持按照国家计划、国家预算、基本建设程序和工程进度，办理拨款。

4 日，国务院批转国家建委《关于减少基本建设占用农村劳动力的报告》。《报告》说，1976 年，经各省、市、自治区革委会纳入计划，批准外出参加基建的民工和农村建筑队，全国约有 200 万人，加上计划外的共约 250 万人。拟将 1976 年计划内使用的民工和农村外出建筑队减少 100 万人，计划外的全部减下来。两项合计减少 150 万人，全部回农村参加农业生产建设，为普及大寨县作贡献。今后，要充分发挥专业施工力量的作用，尽量少用民工和农村建筑队。

14 日，国家计委、国家建委、财政部、国务院环境保护领导小组下发《关于治理工业"三废"开展综合利用的几项规定》（（1977）国环字 3 号）。《规定》指出，城市污水处理等设施的建设费用及维护费用在城市基本建设投资和城市维护费中解决。集体企业治理"三废"的资金，应在企业"公积金"、"合作事业基金"或更新改造资金中开支。企业排放污染环境的"三废"，在没有利用和治理以前，其他单位可以利用的，一般应免费供应。对经过加工处理的"三废"，可以收取加工费。"三废"的装卸、运输和管理费用，一般应由利用单位负担，对"三废"的处理，供需单位要建立固定的协作关系；已建立固定协作关系的，按原协议执行，未经双方同意，不再改变。

15 日，我国新开辟的上海—兰州—乌鲁木齐航线，已试航成功，正式通航。这条航线全程 3600km^2，是我国国内最长的航线之一。16 日，新开辟的上海—杭州—长沙—桂林航空线也正式通航。

26 日，国家计委下达 1977 年地方自筹投资计划。为了缩短基本建设战线，集中力量打好歼灭线，尽快发挥投资效果，要求各地做好四项工作：（一）自筹资金来源必须正当。上年财政结余、预备费、超收分成等机动财力，以及其他资金，应按国家规定的用途使用。（二）要贯彻先筹后支的原则。地方机动财力，首先应当解决预算安排的不足和必要的支农资金，以及原先预料不到的各项紧急需要，然后才能安排建设。（三）自筹资金的基本建设，必须按照农轻重的次序进行安排，着重用于农业和支援农业，以及轻工市场、职工宿舍、商业网点、教育卫生、抗震防震措施等人民生活福利设施方面的建设。在燃料紧张的地区，要认真注意优先安排中小煤矿和小水电建设，石煤和煤矸石等的综合利用，以及节约和降低煤、油、电、材料等方面的基建措施工程。要控制加工工业的建设。严禁搞楼堂馆所。（四）自筹基建所需材料、设备，以及建成投产后所需要的原材料、燃料动力，由省、市、自治区自己平衡解决，不准挪用国家计划项目的材料、设备，不要挤占生产维修、支援农业和供应市场的材料。新上项目要严格控制。

本月，国家建委发出《关于厂矿企业职工住宅、宿舍建筑标准的几项意见》。

五月

4 日，国务院副总理余秋里在全国工业学大庆会议上指出，城市工作要坚决执行为生产、为工人群众服务的方针，努力把教育、卫生、城市公用事业、商业和服务行业办好。所有城市要进行一次检查，凡是违反这个方针的，都要坚决改正过来。从国务院各部委到地方的各级领导机关，都要树立全局观念，遵守国家计划和财经纪律，不经省、市、自治区党委批准，不得任意向企业抽调人力、物力、财力。

14 日，中共中央、国务院电告唐山市，批复河北省《关于恢复和建设唐山规划的报告》。为唐山市的恢复建设提出了明确的目标，这对于唐山市的震后重建工作是一个很大的鼓舞。

24 日，毛主席纪念堂的建筑工程胜利完成（1976 年 10 月 8 日中共中央、全国人大常委会、国务院、中央军委作出关于建立毛泽东主席纪念堂的决定；1976年 11 月 24 日奠基）。

八月

12 ~ 18 日，中国共产党第十一次全国代表大会在北京召开。这次大会宣布了"文化大革命"结束，我国社会主义革命和社会主义建设进入了新的发展时期。

九月

本月，《城市规划》杂志创刊（作为内部资料试发行，1982 年 2 月改为双月刊并向国内公开发行）。

本月，教育部在北京召开全国高等学校招生工作会议，决定恢复已经停止了10 年的全国高等院校招生考试，以统一考试、择优录取的方式选拔人才上大学，这是具有转折意义的全国高校招生工作。

十一月

9 日，国家建委拟定城市建设各项专业主要技术经济指标。1. 公共交通：车（船）完好率 95% 以上，工作车率 90% 以上，职工出勤率 95% 以上；油耗解放单车百公里不超过 20 公升，解放铰接车不超过 28 公升。无轨电车电耗百公里不超过 100kW·h（北方严寒地区解放单车油耗不超过 25 公升，铰接车不超过 33 公升，电车不超过 120kW·h）；千车公里成本：公共汽车不超过 370 ~ 400 元，无轨电车不超过 420 ~ 450 元；全面完成运营计划和上缴利润计划；要做到方便及时，安全准点，车辆整洁，服务热情。2. 城市供水：水质达到"生活饮用水卫生标准"的要求；完成供水计划；漏失率在 5% 以下；单位成本：地下水每千吨 40 元以下，地表水每千吨 55 元以下；设备完好率达到 98% 以上；职工出勤率 95% 以上。3. 城市煤气：全面完成供气计划；不断降低杂质含量、原材料消耗和单位成本；煤气管网损失率在 5% 以下，安全供气，无责任事故。4. 市政工程：施工队伍（包括新建和维修）全员劳动生产率不低于 3000 元 / 人；设备完好率 95% 以上；劳动出勤率 95% 以上；道路维修养护，要保证城市的主、次干道路面平整，无塌陷；城市排水管道要畅通。桥梁和防洪堤坝，经常检查维修，消灭隐患，保证安全。5. 城市房产：公房维修，保证居住安全，达到不塌、不漏、庭院不积水；大修工程合格率 100%；房租收缴率达到 99%。6. 园林绿化：要全面贯彻普遍绿化和园林结合生产的方针；不断提高城市绿化的覆盖率，努力做到市内无荒地，市区无荒山；要做到苗木自给；全年植树成活率 90% 以上；公园要保持设施整洁完好；动物园要精心饲养动物，消除由于管理不善造成的动物死亡。7. 城市建设的勘测、设计、科研、教育部门，按国家建委设计局、科教局的统一标准执行。城市建设各行各业，都要为无产阶级政治服务、为社会主义生产服务、为劳动人民生活服务，努力把城市建设工作搞好。

本年度出版的城市规划类相关著作主要有:《城市规划参考图例》(武汉市城市规划设计院编)。

3　改革开放时期（1978 年至今）

3.1 城市规划发展的恢复期（1978 ～ 1989）

1978 年

二月

11 日，国务院批复《加快重建唐山的报告》，提出要积极采用新技术、新材料，布局力求科学、合理，体现中国 20 世纪 70 年代水平。

26 日至 3 月 5 日，第五届全国人民代表大会第一次会议在北京召开。大会选举叶剑英为人大常委会委员长，继续任命华国锋为国务院总理。根据国务院总理华国锋的提议，决定谷牧为国家基本建设委员会主任。

本月，国家建委组织全国 29 个单位的规划人员修订唐山市总体规划，编制唐山市建设规划，并进行了部分市政工程设计。

三月

6 ～ 8 日，国务院在北京召开第三次全国城市工作会议。本次会议对于城市建设领域的拨乱反正意义极大，各省、市、自治区和国家有关部门的主要负责人参加了这次会议。会议制定了《关于加强城市建设工作的意见》。4 月 4 日，中共中央批转第三次全国城市工作会议《关于加强城市建设工作的意见》（中共中央[1978] 13 号文）。《意见》主要包括四个方面的内容：一是强调城市在国民经济发展中的重要地位与作用，明确提出了"控制大城市规模，多搞小城镇"的城市发展方针，要求今后百万以上人口的特大城市，一般不要再在市区和近郊安排新的建设项目和大的扩建项目，不再扩大人口和用地规模。其他大中城市也要防止进一步膨胀。二是要"认真抓好城市规划工作"，全国各城市，包括新建城镇，都要根据国民经济发展计划和各地区的具体条件，认真编制和修订城市的总体规划、近期规划和详细规划；大中城市和重点建设的小城镇，二三年内都要做出城市规划；中央直辖市、省会、50万人口以上的大城市的总体规划，报国务院审批，其他城市的总体规划，由省、市、自治区审批，报国务院备案。三是强调要"正确处理'骨头'与'肉'的关系"，加速住宅及市政公用设施的建设。《意见》决定从 1979 年起，在所有省会城市和人口在 50 万以上的大城市（不含京津沪）以及对外接待和旧城改造任务大、环境污染严重的遵义、延安、桂林、洛阳、苏州、无锡等 6 个城市，共计 47 个城市，试行每年从上年工商利润中提成百分之五，作为城市维护和建设资金。四是强调"为了把城市建设迅速搞上去，必须加强城建队伍的建设"，并要加强党对城市工作的领导。城市各项建设，都要按照国家建设征用土地办法办理用地手续，领取施工执照。各项建设都要精打细算，节约用地，防止多征少用或早征晚用；要尽量利用荒地、山地、劣地，不占良田，有条件的还要尽可能改土造田；对于征而未用、多征少用的土地，超过规定时间，城市规划部门有权收回，按照城市规划的要求，统一调整，合理安排使用；工厂设计要把节约用地作为一项指标。《意见》提出切实做好城市的整顿工作，大力整顿社会治安、交通秩序、市容卫生、市场管理、户籍管理及消防工作等；有步骤地推行民用建筑"六统一"，即：统一规划，统一投资，统一设计，统一施工，统一分配，统一管理。《意见》还就城市人防和城防建设、旧城区的改造、住宅及市政公用设施的建设、环境保护、城市管理等方面，提出了具体要求。

18 ~ 31 日，中共中央在北京召开全国科学大会。会议讨论、制定了《一九七八——九八五年全国科学技术发展规划纲要（草案）》。在中央颁布的科技奖中，建筑科学共 176 项。邓小平作重要讲话，阐明了马克思主义关于科学技术在社会发展中的地位、作用的基本原理，强调在我国造就更宏大的科学技术队伍的必要性。

四月

22 日，国家计委、国家建委、财政部发出《关于试行加强基本建设管理几个规定的通知》。这几个规定是:《关于加强基本建设管理的几项规定》、《关于基本建设程序的若干规定》、《关于基本建设项目和大中型划分标准的规定》、《关于加强自筹基本建设管理的规定》和《关于基本建设投资和各项费用划分的规定》。

在《关于加强基本建设管理的几项规定》中规定，选择建设地点，要贯彻执行工业布局大分散、小集中，多搞小城镇的方针。既要考虑战略的要求，又要注意经济合理。要注意工农结合、城乡结合。要注意保护环境。各地区、各部门要认真调查研究，根据原料、地质、交通、电力、水源等建设条件，提出几个方案进行比较，以便选择确定。新建的工业区和大型建设项目的具体厂址，报国家建委审定。一般中小型建设项目的具体厂址，按隶属关系由国务院主管部门和省、市、自治区审定，国务院各部门直属项目的具体厂址，应取得所在省、市、自治区同意。《规定》要求，新老城市都要加强规划，有计划地进行建设和改造。现有的大城市，一般不新建大工业项目。所有工业建设项目的设计，都要认真考虑资源的综合利用，都要认真解决废水、废气、废渣的处理，防止污染环境。在搞生产性建设的同时，要相应安排好急需的非生产性建设。要发扬延安精神，艰苦奋斗，勤俭节约，因地制宜，就地取材，不搞高标准建筑。严禁擅自建设楼堂馆所。要节约用地，尽量不占良田，少占农田；在有条件的地方，要帮助改土造田，支援农业。由征地而引起的费用应纳入设计概算。

在《关于基本建设项目和大中型划分标准的规定》的附件中，对楼堂馆所和一般房屋建筑的界限作出划分。楼堂馆所，是指建设规模大，建筑标准高（高于当地一般民用建筑标准），或规模虽不大，但标准很高，设有高级附属设施和器具的宾馆、招待所、大会堂、大礼堂、办公楼、疗养院、大剧院、展览馆等。现有楼堂馆所的日常维修和危房翻修，按一般房屋维修和翻修处理。如以维修、翻修为名，扩大楼堂馆所建筑面积，提高建筑标准的，按楼堂馆所建设处理。各部门、各地区必须继续严格禁止楼堂馆所的建设，不论任何单位，不得用任何资金，借任何名义擅自进行楼堂馆所的新建、扩建和改建。如有特殊原因必须建设的，应报国务院批准。下列房屋建设不作为楼堂馆所：文教、卫生、教育、科研等部门根据事业发展和业务需要建设的影剧院、排演场、医院、门诊所、一般疗养院、运动场、低标准的小型体育馆，以及实验楼、资料楼、图书馆、档案馆等；大中型企业或工矿区建设低标准的办公楼、简易招待所，以及劳保福利用房和文化福利设施，如幼儿园、小型俱乐部、阅览室、食堂（或食堂兼礼堂）和工矿区的电影院等；城镇服务性行业，为解决广大工农群众需要建设的旅馆、饭店、商场和综合性商业服务楼等；机关、学校等事业单位和部队建设的职工住宅、学校校舍、部队营房，以及附设的简易招待所或接待站等；城镇各单位为了节约用地和根据城市规划的要求，建设一些楼房。这些房屋建设，虽不属楼堂馆所范围，但必须按隶属关系报经省、市、自治区和国务院主管部门审查批准，纳入国家计划，才能施工。这类项目的审批权限，不能层层下放。这些房屋的建筑标准，应严格控制在当地一般民用建筑标准范围以内，不得超过。如超过标准，应按楼堂馆所处理。

6～11日，国家建委设计局、中国建筑学会、河北省建委和唐山市委在唐山召开了有192人参加的"唐山市民用建筑设计方案讨论会"。

五月

11日，《光明日报》刊登题为《实践是检验真理的唯一标准》的特约评论员文章。当天，新华社转发了这篇文章。12日，《人民日报》和《解放军报》同时转载。文章论述了马克思主义的实践第一的观点，指出任何理论都要接受实践的考验。从6月到11月，全国范围内掀起实践是检验真理的唯一标准的大讨论，讨论冲破了长期以来"左"倾错误思想的束缚，促进了全国性的马克思主义的思想解放运动，为党的十一届三中全会的召开准备了思想条件。

本月，国家建委城市建设局在常州召开了城市建设科技工作会议。

六月

6日，中央转发国家建委《基本建设汇报提纲》的批语。批语指出，各级建委要按照国家长远计划和整个工业布局的要求，协同有关部门和地区搞好厂址选择、工矿区规划、新城镇规划、勘察设计、征地拆迁等工作。从工业布局到一个项目的选厂定点，都要首先考虑支援农业、为农业服务的问题。要严格控制大城市的规模，认真执行多搞小城镇的方针。除个别特殊项目外，其他项目都要尽可能摆到小城镇去，并且尽量利用劣地、山地，不占或少占农田，有条件的地方，还应造田、造地。不要看不起这件事，搞基本建设真正做到用劣地、山地，不占或少占农田，甚至还造田、造地，农民会多么感激嘛！批语指出，要集中力量打歼灭战，首先要使基本建设规模同国家可能提供的人力、物力、财力相适应，同时，各地区、各部门必须注意把有限财力、物力用到最重要的项目上去。从全国来说，就是要集中力量，把煤、电、油、运等重点项目搞上去。还要把水泥、玻璃等建筑材料项目搞上去。对列入计划的其他项目，也要统筹兼顾，妥善安排，努力完成。要按照隶属关系，认真清理在建项目，坚决把那些不急需、建设条件又不具备的项目停缓下来。从明年起，安排基本建设规模，要切实做到投资计划、财务拨款、材料、设备和施工力量五落实。在安排主体工程的同时，对配套项目、协作项目、三废治理以及必要的生活福利设施，也要作出相应的安排。对建设周期长的项目，每年给的材料、设备、资金，要保证能够实现长远计划确定的规模和进度。要认真贯彻第三次全国城市工作会议精神，处理好"骨头"和"肉"的关系，搞好城市建设。

七月

3 日，新华社报道，《中共中央关于加快工业发展若干问题的决定（草案）》开始试行。《决定》提出：所有城市，都要贯彻为生产、为职工群众服务的方针，努力把文化、教育、卫生、城市公用事业、商业和服务行业办好，做到有利生产，方便生活。国家规定用于城市建设方面的资金，不能挪用。城市的机动财力，要有比较多的部分用于城市建设。

6 日，国务院召开务虚会，主题是研究加快中国四个现代化的速度问题。由于对形势的估计、认识不足，会议提出要组织国民经济的新的大跃进。

25 ~ 31 日，国家建委城市建设局召开全国动物园工作会议。

八月

3 日，新华社报道，在河北省平山县三汲公社，发现距今两千多年的中山国都城遗址。

12 ~ 16 日，"中国建筑学会城市规划学术委员会"在兰州召开成立大会。这个学术委员会由 87 位委员组成，曹洪涛任主任委员。这次会议，结合评议兰州市的总体规划，进行了总体规划的学术交流活动。会议开幕时，兰州军区第一政委肖华同志出席了会议并讲了话，会议期间甘肃省委第一书记宋平同志接见了会议代表。会议贯彻了"百花齐放，百家争鸣"的方针，整个会议开得生动活泼。这是粉碎"四人帮"后我国城市规划学术界的一次盛会。

九月

5 日，国家计委、国家建委、财政部、国家物资总局联合发出《关于自筹资金建设职工住房的通知》（［1978］建发城字第 381 号）。《通知》指出，遵照中央关于"职工住房问题，要由国家、地方、企业共同努力，有计划地逐步加以解决"的指示，除国家补助投资加快住宅建设外，地方和企业都必须有计划地增建职工住房。各级主管部门都要关心所属企业、事业单位的职工住房问题，在编制年度基建计划时要把职工住宅作为一个重要内容，并积极采取各种有效措施，帮助解决住房建设所需的资金和材料。各城市和工矿区要在调查研究的基础上，作出 3年、8 年职工住房建设的具体规划，逐年实施。首先要抓紧解决目前职工缺房问题，使职工住房紧张状况逐步缓和。《通知》要求，各省、市、自治区和各城市每年必须在自筹资金中安排一部分资金建设职工住房。建房所需材料，必须切实给予保证。现有的全民所有制企业职工住房建设资金应在企业基金中优先安排，也可以用企业提取的一部分职工宿舍的更新改造资金建设职工住房。集体所有制企业职工住房建设资金从"税后积累"中解决。企业自筹资金建设职工住房所需的材料，主要由地方自筹，并纳入各级物资平衡、分配和供应计划。国家只对少数困难较多的省、自治区补助一部分钢材，由国家建委城市建设局提出分配意见，物资总局统一下达。职工住房建设要列入基本建设自筹资金计划。认真贯彻执行勤俭建国的方针，因地制宜，就地取材，建设标准要注意经济、实用，充分发挥资金的效益。

7～13日，国家建委召开城市住宅建设工作会议。这次会议提出了七年规划和两年设想，制订了加快住宅建设的措施。今后7年用于建设全国城市住宅的投资总额相当于新中国成立后28年建设住宅投资的总和。到1985年城市平均每人居住面积，要从1977年的3.6m²增加到5m²，比新中国成立初期的4.5m²提高0.5m²。会议认为，为了加快城市住宅建设，必须充分发挥国家、地方、企业和群众各个方面的积极性。国家要增加用于住宅建设的投资；地方财力除了用于发展农业外，今后几年应当主要用于城市住宅建设；企业应当从自筹资金中多拿出一些钱建设职工住宅。此外，有条件的城市和工矿区，可以试行"自建公助"、"分期付款"等办法，鼓励和组织个人集资建房。1978年，由于国家、地方和企业共同努力，城市住宅建设有了较大进展。全年竣工的住宅面积为3752万m²，比上年的2828万m²增长32.7%。会后，城建总局在西安、柳州、南宁、桂林、梧州市进行了由国家建房出售给私人的首次试点。同时，许多城市组织了私人建造住宅。

19日，党中央批发《关于全部摘掉右派分子帽子决定的实施方案》。到11月，全国各地摘掉右派分子帽子的工作，已全部完成。随后，对错划右派的改正工作在1980年基本结束，改正的占原划"右派分子"总数的97%以上。

十月

16日，国家计委、国家经委、国家建委、国务院环境保护领导小组发出《关于基建项目必须严格执行"三同时"的通知》。《通知》提出，1973年以来，中共中央、国务院曾三令五申，凡新建、扩建、改建项目必须实行"三同时"（治理污染设施与主体工程同时设计、同时施工、同时投产）的规定。但是，近几年来，大部分投产项目没有执行"三同时"的规定，致使许多地区的污染不仅没有得到控制，而且在继续发展，加重了对人民健康和工农业生产的危害。这种片面追求生产不顾污染危害的现象决不容许再继续下去。为此，1978年计划投产的项目一定要严格按照"三同时"的规定进行验收，凡是没有治理污染措施的，一律不准投产，限期解决。1979年起，凡没有防治污染措施的项目，不予列入计划。

17日，国家计委、国家经委、国务院环境保护领导小组会同有关部门研究确定了 167 个限期治理污染的工矿企业名单。治理这批企业所需的资金、材料，各部直供企业由各部列入计划，地方企业由各省、市、自治区列入计划。按规定期限，到期治理不好的，坚决停下来，解决了再生产，并要追究企业领导和上级主管部门的责任。

19 日，国务院批转国家建委 9 月 25 日《关于加快城市住宅建设的报告》(国发〔1978〕222 号)。《报告》指出，全国现有城镇 3400 个，人口 1.1 亿。其中设市城市 190 个，人口 7600 万。新中国成立以来，全国城镇新建住宅建筑面积 4.93 亿 m^2，千百万群众住进了新房。但是，绝大多数城镇，包括一些新建工矿区，目前住房仍然很紧张，特别是人口集中、工业发展较快的大、中城市，住房紧张情况更为突出。一是平均居住水平低，据 1977 年年底统计，全国 190 个城市平均每人居住面积仅为 $3.6m^2$，比新中国成立初期的 $4.5m^2$ 下降 $0.9m^2$；二是缺房户的数量多，据不完全统计，目前全国城市中，缺房户共 123 万户，占居民总户数的 17%；三是危房棚户改造慢，各城市都有一批危房急待维修，许多城市还有旧社会遗留下来的棚户没有得到改造。为了落实邓小平副主席关于到 1985 年城市平均每人居住面积要达到 $5m^2$ 的重要指示，《报告》提出了今后 7 年住宅建设的目标，并明确在具体安排上，头两年步子可以小一些，着重用于解决无房户、居住面积在 $2m^2$ 以下的拥挤户的住房问题，以及改造危房、棚户。执行上述规划设想，对 190 个城市，要统筹安排、区别对待。近期重点是大力抓好唐山重建，百万人口以上城市和省会城市，革命圣地延安、遵义，以及对外接待任务特别繁重的开放城市。《报告》要求，各地区、各城市，要立即着手制定城市住宅建设的 7 年规划，对住宅建设的规模、步骤、用地、投资、材料和施工力量等，进行全面安排。住宅建设规划要纳入国民经济计划，做到投资有渠道、材料有保证。住宅建设规划要和城市规划结合起来。住宅建设必须严格按照城市规划进行，不得各行其是，乱拆乱建。要结合住宅建设逐步改造旧城区，首先要抓好危房和棚户区的改造。有条件的城市，要有计划地成街成片地进行改造和建设。兴建住宅要十分注意节约土地，尽量不占或少占良田。要因地制宜，充分利用工业废料和当地资源，发展多种建筑材料。大规模的住宅建设必须走建筑工业化的道路。《报告》要求，城市住宅设计，要贯彻"适用、经济、在可能条件下注意美观"的原则。住宅设计标准，按国家建委《关于厂矿企业职工住宅、宿舍建筑标准的几点意见》，每户平均建筑面积一般不超过 $42m^2$。各城市应根据各自情况确定住宅层数，一般以四五层和五六层为宜，大、中城市可视具体条件，在临街或繁华地段建造一些高层住宅。各城市"应当积极创造条件，有步骤地推行民用建筑'六统一'，即：统一规划，统一投资，统一设计，统一施工，统一分配，统一管理。""房屋统建的方法，一是把国家、地方、企业投资都交给城市房管部门，实行统一建设；二是把国家、地方投资捏在一起，实行局部统建和组织企业集资统建。"今后住宅建设必须贯彻这一原则。

22 日，中国建筑学会建筑创作委员会召开恢复活动大会，会上对建筑现代化和建筑风格问题进行了座谈。经有关领导指示，委员会改名为建筑设计委员会。

十一月

6 ~ 12 日，国家建委城建局和广东省建委在肇庆召开风景旅游城市规划建设座谈会。会后向国务院写了报告，建议将肇庆、苏州、杭州、桂林和承德等几个城市列为国家级风景名胜旅游城市，并在保护经费上给予支持。

十二月

4 ~ 10 日，国家建委城市建设局召开全国城市园林绿化工作会议。

5 日，国家计委、国家建委、财政部下发《关于颁发工业比较集中的县镇开征公用事业附加的几项规定的通知》（[1978] 建发城字第 584 号等）。《通知》明确，公用事业附加开征范围主要是一些工业比较集中的县镇和工矿区：全县或相当于县的镇、工矿区，工业产值（包括中央、省、市、地区在本县境内的工矿企业，下同）在 5000 万元以上的；少数民族地区、全县（旗）或相当于县（旗）的镇、工矿区，工业产值在 2000 万元以上的；地区所在地（包括自治州、盟）及经国家正式批准对外开放的县镇。开征项目主要是工业用电和工业用水附加。公用事业附加是由使用（消耗）单位（户）负担由生产（销售）单位代征代交，不得由正常营业收入中提取。《通知》明确，县、镇开征的公用事业附加和过去批准征收的工商税附加等，都属于城镇维护资金，要保证用于城镇现有各项公共设施的维护，包括：城镇给水、排水、公共交通、煤气、道路、桥涵、防洪、污水处理、园林绿化、环境卫生、公共消防、交通标志、路灯等设施的维护以及城镇房屋维修（包括中小学校房屋修缮补助）等，不得挪作他用。

12 日，国家计委、国家建委发出《关于城市建设的一部分大中型项目计划任务书由国家建委审批的通知》。《通知》指出，今后对有些协作关系比较简单、没有什么原材料燃料供应问题的城市，一般供水、排水、桥梁、公共交通、防洪等工程的计划任务书，由国家建委商国家计委审批。对协作关系比较复杂、原材料燃料平衡问题较多的一些供水和城市煤气等项目或投资特别大的城市建设项目，由国家计委会同国家建委审批。《通知》要求，今后城市建设大中型项目的计划任务书要同时报送国家计委和国家建委。计划任务书批准后，何时开始建设，在年度计划中确定。

18 ~ 22 日，中共十一届三中全会在北京举行。全会作出了把全党工作的着重点和全国人民的注意力转移到社会主义现代化建设上来，并作出实行改革开放的重大战略决策。全会在总结新中国成立以来农业发展的经验教训的基础上，深入讨论并原则同意关于农业问题的两个文件：《中共中央关于加快农业发展若干问题的决定（草案）》和《农村人民公社工作条例（试行草案）》，一方面启动了农村改革的新进程，同时也使城市在商品经济和工业化过程中的积极作用逐渐被认知。十一届三中全会是新中国成立以来中国共产党历史上具有深远意义的伟大转折。这次全会从根本上冲破了长期"左"倾错误的严重束缚，开始了系统的拨乱反正，结束了 1976 年 10 月以来党的工作在徘徊中前进的局面，端正了全党的指导思想，重新确立了马克思主义的思想路线、政治路线和组织路线，成为新的历史时期的开端。经过这次全会，邓小平实际上成为中央领导集体的核心。

22 日，中共中央指示，人防工程建设和基本建设、城市建设都要认真贯彻"平战结合"的原则（战时能够适应对付敌人的空中袭击和坚持城市斗争的需要，平时大多数工事能够为社会主义建设和生活服务），做到"一物多用"。这样做，虽然投资多一点，但从长远考虑，是合算的、必要的。指示明确，结合基本建设、城市建设修建人防工程，是解决人员掩蔽和疏散的重要途径。各地都要按照中央、国务院、中央军委的指示和有关规定，搞好防空地下室和其他专项工程的建设。今后，各重点城镇，要按照平战结合的要求，结合人防工程建设、基本建设、城市建设修建一些地下仓库、车库、医院、电站、水源和其他公共工程，有条件的大中城市也可以考虑在人口稠密区和商业区修建地下街和服务网点，做到平时用得上，战时用得着。人防工程建设和结合基本建设、城市建设修建的人防工事，一定要在地方党委的统一领导下，将其纳入城市建设总体规划和相关的基本建设计划，各级计划、建设、人防部门要按规定严格把关，地上地下统一安排。

26 日，国务院、中央军委作出《关于在基本建设、城市建设、农田水利建设和人防工程建设中贯彻平战结合方针的暂行规定》（国发 [1978] 276 号）。《规定》要求，结合基本建设、城市建设、农田水利建设修建的人防设施，要纳入国家、地方和军队相关的基本建设计划。经批准新建的地下铁路、公路、人行过街道，不仅要与人防工程的疏散机动干道、连通工事紧密结合，而且还要与地下商业街、地下停车场的出入口、进排风口有机结合起来。城区和郊区新建、改建、扩建、翻建的街道、公路、十字路口、桥梁、立交路以及新建城市等，都要尽可能考虑战时人员掩蔽、疏散和城市防卫作战的需要。《规定》明确，全国人防重点城镇的工业与民用、军用建筑修建防空地下室，其面积按能修建地下室的地面建筑总面积的百分之八左右修建地下防空室和成街、成片建筑的连接通道。成街、成片建设和旧城改造时，要把防空地下室和连接通道同时建起来。结合成街、成片的高层建筑修建防空地下室和连接通道时，要提倡建成地下街。在人口稠密区、商业街、火车站、机场候机楼、港口码头、体育馆、影剧院，提倡结合地下人行过道修建地下商店（商业街）、饭店、旅馆、车库、候车室、影剧院和其他地下公共建筑。住宅的地下防空室，在设计时应创造平时能住人的条件。在山地和丘陵地各级建委要设立专职部门或专人管理这项工作。

28 日，国家计委、国家建委、财政部颁布《关于四十七个城市试行从工商利润中提取百分之五作为城市维护和建设资金的有关规定》（［1978］建发城字第630 号），对提取范围和办法、使用范围、计划体制和材料、设备供应以及资金管理等方面都作了明确规定。《规定》明确，凡在城市范围内的国营工业（包括中央和地方各工业部门的工业企业和非工业部门的附属工业企业）、零售商业（包括商业部门和供销社的零售商店、三级批发站）、城市公用企业，都按其实现利润计提5%，作为城市维护和建设资金。铁路、交通、邮电、民航营运收入，石油管道运输、外贸购销、粮食购销、物资供销、商业一、二级批发站以及其他非工商性质的企业、事业单位的利润，均不包括在计提范围之内。此项资金，要保证使用于城市的给水、排水、道路、桥梁、防洪、市内公共交通、煤气、环境卫生、园林绿化以及直接为城市维护和建设服务的城建企业。城市的工业"三废"治理，应根据"谁污染，谁治理"的原则，按照规定的资金渠道解决，但城市中公共"三废"（如市内臭水沟、渠、湖、坑，城市生活污水等）的治理和城建部门利用城市废渣等制作新型建筑材料所需投资，可以从中开支。同时，为了尽快改变目前职工住宅十分紧张的状况，也可拿出一部分用于城市住宅建设。本项资金是城市维护和建设的专项资金，要坚持专款专用，不得挪作他用。各城市使用本项资金进行城市维修时，要列入城市维修计划，维修材料由省市组织供应；用于基本建设时，建设项目要按照基本建设程序办理，经批准后列入基建计划，并由建设银行监督拨款。

28 日，国务院通知，决定在全国恢复增设 169 所普通高等学校，进一步发展高等教育，以逐步适应四个现代化的需要。

本月，同济大学《城市规划汇刊》复刊。

1979 年

一月

1 日，中美两国正式建交。美国政府宣布与台湾断交，终止美台"共同防御条约"，从台湾撤出美国军队。

11 日，中共中央将经过十一届三中全会原则通过的《中共中央关于加快农业发展若干问题的决定（草案）》和《农村人民公社工作条例（试行草案）》印发各省、市、自治区讨论和试行。《决定》提出实现农业现代化，要有计划地发展小城镇和加强城市对农村的支援，并以调动广大农民群众的积极性为首要出发点，制定了包括建立生产责任制在内的发展农业的 25 条政策措施。

本月，国家建委召开全国设计工作会议，在会议文件中最后一次提到设计革命。

二月

6 日，中共安徽省委鉴于该省肥西县山南公社已经出现包产到户，召开常委会专门讨论包产到户问题。省委第一书记万里说：过去批判过的东西，有的可能是正确的，有的也可能是错误的，必须在实践中加以检验；十一届三中全会制定的政策，也毫无例外地需要接受实践检验，我主张在山南公社进行包产到户试验。万里的意见得到省委的同意。此前，在十一届三中全会召开的前夕，该省凤阳县小岗生产队农民也自发地悄悄采取了包产到户的做法。

8 日，国家建委颁发实施《城市房产和城市建设各行业劳动定员试行标准》。《标准》对城市房产维修、城市公用事业（包括自来水企业、公共交通企业、煤气企业）、市政工程、城市园林绿化和城市规划等行业的劳动定员进行了规定。其中，城市规划包括城镇规划的设计、科研和管理工作，其定员标准应按各城镇非农业人口总数的万分之一配置；各省、自治区按各省、区城镇非农业人口总数的万分之零点五的定员设置省、区级的城镇规划设计、科研和管理机构。

三月

12 日，国务院发出《关于成立国家建工、城建两个总局的通知》。《通知》明确国家建筑工程总局和国家城市建设总局直属国务院，由国家建委代管。国家城市建设总局的业务范围为：负责制定全国城市建设的制度、标准、法规等立法性工作；指导和组织城市规划工作，参与经济建设的区域规划工作；组织管理公用事业和市政工程的生产、建设与维护；负责住宅建设、房屋管理（包括私有房产）、城市园林绿化和自然风景区的建设与维护，以及城市的环境卫生；管理城建专用机械设备的生产和分配；组织协调城市建设方面的科学研究和学校教育工作；负责城建业务的对外交流和援外等工作。行政编制为 250 人。

20 ～ 25 日，大城市交通规划学组在北京成立。会议讨论了大城市交通存在的主要问题，分析了交通紧张的原因并从规划和管理方面提出了一些建设性意见。

25日，陈云在国务院财经委员会第一次会议上讲话，他说，中央工作会议可能要争论一些问题。安排2000万人就业，增加城市人口居住面积，解决夫妻两地分居问题，等等，这些属于还欠账。城市建设经费过去是1.5%，后来不到1%。

31日，国家建委党组作出为中国建筑学会和《建筑学报》平反的决定。

本月，国家建委在杭州召开风景区工作座谈会，研究了重点风景区的保护和规划工作。

四月

1日，中国建筑学会在杭州召开常务理事会扩大会议，会议讨论了落实政策、拨乱反正，建筑学会召开第五次代表大会等问题。会议肯定了中国建筑学会在"文化大革命"前执行的路线、方针、政策基本上是正确的，成绩是主要的。

五月

10日，国务院直属的国家城市建设总局正式成立，邵井蛙任局长。《城市规划法（草案）》起草工作同时启动。

10日，国家计委、国家建委发出《关于做好基本建设前期工作的通知》。《通知》提出：（一）开展基本建设前期工作，必须以国家的长远计划作为依据。建设项目在长远计划中一经确定，即应着手进行建设的前期工作。（二）要认真编制计划任务书并及时审批，对技术复杂和建设规模特别大，需要做三段设计的工程项目，至少要在工程开工前两年下达计划任务书。（三）新建大型项目的具体厂址，由主管部门会同有关单位和地区组成联合选厂组进行选择，报国家建委审批，特大项目还要报国务院审批。（四）认真做好工矿区规划，重视环境保护工作。除主体工程外，还要相应做好配套项目、市政设施和其他生活服务设施的规划。搞好建厂前的环境综合调查，提出建厂对环境影响的预评价报告。（五）保证设计周期，提高设计质量。（六）搞好设备预安排。（七）做好施工准备，建立基本建设项目开工报告制度。（八）建立基本建设前期工作计划制度。（九）凡编制上报的基建前期工作项目及各项目的前期工作进度表，应按隶属关系分别由各主管部门和省、市、自治区认真审查后，报送国家计委、国家建委。

25日，国家建工总局党组召开第一次扩大会议。会议分析研究了建筑业面临的新形势，讨论了贯彻执行调整、改革、整顿、提高方针和措施，提出了今后的奋斗目标。

本月，国家建委建筑科学研究院城市建设研究所改为城市规划设计研究所，隶属国家城市建设总局领导。

六月

17日，陈云给中央有关负责人写了一封信。他在信中说，有两个问题，我们必须尽早注意。一是全国各地的水力资源情况。农业要用水，工业要用水，人民生活要用水。有些地区水力资源已很紧张，如天津、北京等地。今后工厂的设立必须注意到用水量。有些工厂因为矿藏关系只能在当地开办，有些工厂可以而且应该在有水的地方办。即使有水力资源的工厂，也应该有节约用水的办法。二是工业污染问题。现已办了的工厂，哪些还未处理污染问题的，我们应该心中有数，逐步加以改变。今后办厂必须把处理污染问题放在设计的首要位置，真正做到防害于先，这是重大问题。

18日至7月1日，五届全国人大二次会议在北京举行。会议通过了全国工作重点转移和对国民经济实行"调整、改革、整顿、提高"八字方针的重大决策。

七月

15日，中共中央、国务院原则同意并批转广东省委、福建省委《关于对外经济活动实行特殊政策和灵活措施的两个报告》。决定对广东、福建两省的对外经济活动给以更多的自主权，同时决定，先在深圳、珠海两市划出部分地区试办出口特区，待取得经验后，再考虑在汕头、厦门设置特区。广东省委《报告》的主要内容是：试办出口特区。在深圳、珠海两市划出部分地区试办出口特区。特区管理原则是，既要维护我国主权，执行中国法律、法令，遵守我国的外汇管理和海关制度；又要在经济上实行开放政策。

八月

22日，国家建筑工程局在大连召开全国勘察设计工作会议，讨论研究三年调整期间，建筑勘察设计部门的工作。会议进行了一系列拨乱反正工作，提出要繁荣建筑创作。

九月

1日，国家旅游总局召开了全国旅游工作会议。会议研究、确定了旅游发展规划，提出对国家投资兴建的旅游饭店要确保重点，加快建设速度。要积极利用外资，分期建造一批旅游饭店，并学习外国建筑和管理饭店的先进技术和经验。

13 日，第五届全国人大常委会第十一次会议原则通过了《中华人民共和国环境保护法（试行）》。

28 日，《中共中央关于加快农业发展若干问题的决定》中指出：我们一定要十分注意加强小城镇的建设，逐步用现代工业交通业、现代商业服务业、现代教育科学文化卫生事业把它们武装起来，作为改变全国农村面貌的前进基地。

十月

8 日，国务院发出《通知》，印发经第五届全国人民代表大会常务委员会第十一次会议原则通过的《中华人民共和国环境保护法（试行）》。《环境保护法（试行）》共分七章三十三条。其中规定：在老城市改造和新城市建设中，应当根据气象、地理、水文、生态等条件，对工业区、居民区、公用设备、绿化地带等作出环境影响评价，全面规划，合理布局，防治污染和其他公害，有计划地建设成为现代化的清洁城市。在城镇生活居住区、水源保护区、名胜古迹、风景游览区、温泉、疗养区和自然保护区，不准建立污染环境的企业、事业单位；已建成的，要限期治理、调整或者搬迁。

29 日，国务院在批准唐山重建规划后，又批准了兰州市和呼和浩特市的总体规划，这是自第一个五年计划以来，国家重新审批城市规划的第一批城市，是城市规划工作重新步入正轨的重要标志。

十二月

8 日，国家城市建设总局、中央爱卫会、卫生部发出《关于改变城市环境卫生体制问题的通知》，要求各设市城市环境卫生部门归由市基本建设委员会或城市建设局领导。

30 日，国家城市建设总局发出《关于加强市政工程工作的意见》，就市政工程工作的方针和任务、管理体制、定员标准等 18 个方面的工作提出了意见。

本月，胡耀邦主持召开了全国地县宣传工作座谈会，在会上指出："我的意见是要从明年开始好好考虑建设小城镇的问题，使我们国家几千上万个小城镇，主要不是靠国家投资，主要靠集体投资的办法、集体所有制的办法，把我国几千上万个小城镇建设成为农村里面政治的、经济的、文化的中心场所。"

本年度出版的城市规划类相关著作主要有：《城市交通和城市规划（新版）》（［日］加藤晃、竹内传史著，江西省城市规划研究所译）、《国外城市规划动态》（北京市城市规划局综合处情报组编）。

1980 年

二月

本月，受国家建委、农委委托，国家建委农村房屋建设办公室和中国建筑学会联合举办全国农村住宅设计竞赛，并发出通知。此次竞赛得到积极响应，各地提出 6500 多个设计方案。

三月

1 日，经国务院批准，国家建委、中央爱卫会、国家城市建设总局发出《关于加强城市环境卫生工作的报告》的通知。

2 ~ 8 日，第二次大城市交通规划学术讨论会在上海举行。会议结合国家重点科研项目"改善利用现有道路系统、提高通行能力"进行了讨论，发出了《关于全面规划，综合治理大城市的倡议书》。

2 ~ 11 日，国家城市建设总局召开全国城市房产住宅工作会议。会后，国家建委转发了《关于加强住宅建设工作的几点意见》。

14、15 日，中央书记处召开西藏工作座谈会，讨论西藏建设的方针、任务和若干政策问题。4 月 7 日，中共中央发出《关于转发〈西藏工作座谈会纪要〉的通知》。

四月

2 日，邓小平同中央负责人谈长期规划问题。在谈到建筑业和住宅问题时，邓小平指出：建筑业发展起来，可以解决大量人口的就业问题，可以多盖房，更好地满足城乡人民的需要。随着建筑业的发展，也就带动了建材工业的发展。在长期规划中必须把这个问题放在重要地位。邓小平还说：要考虑城市建筑住宅、分配房屋的一系列政策。城镇居民个人可以购买房屋，也可以自己盖。不但新房子可以出售，老房子也可以出售。可以一次付款，也可以分期付款，10 年、15 年付清。

6 ~ 27 日，美国女建筑师协会来华进行学术交流，带来了土地分区规划管理（区划法，zoning）的新概念。

8 ~ 16 日，第五届全国人大常委会第十四次会议在北京举行。会议决定任命赵紫阳、万里为国务院副总理。

21 日，中共中央书记处专门开会，讨论首都新时期建设规划问题，并下达了重要指示：第一，要把北京建设成为全中国、全世界社会秩序、社会治安、社会风气和道德风尚最好的城市。第二，要把北京建成全国环境最清洁、最卫生、最优美的第一流的城市。第三，要把北京建成全国科学、文化、技术最发达，教育程度最高的第一流的城市。第四，要使北京经济上不断繁荣，人民生活方便、安定。

五月

4日，王任重在"五四"青年节报告会上发表讲话，传达中央书记处对北京市工作方针的四点指示。

15日，国务院批转国家文物局、国家建委《关于加强古建筑和文物古迹保护管理工作的请示报告》，要求各级人民政府和有关部门，采取有力措施，制止破坏，切实把古建筑和文物古迹保护管理工作抓起来。

16日，中共中央和国务院批准《广东、福建两省会议纪要》，决定在广东省的深圳市、珠海市、汕头市和福建省的厦门市各划出一定范围的区域，试办经济特区。《纪要》认为，中央决定对广东、福建两省在对外经济活动中实行特殊政策和灵活措施，是改革经济体制的一种试验，其特点：一是财政和外汇收入实行定额包干；二是物资、商业在国家计划指导下适当利用市场的调节；三是在计划、物价、劳动工资、企业管理和对外经济活动等方面，扩大地方权限；四是试办经济特区，积极吸收侨资、外资，引进国外先进技术和管理经验。试办经济特区，必须采取既积极、又慎重的方针，逐步实施。经济特区的管理，在坚持四项基本原则和不损害主权的条件下，可以采取与内地不同的体制和政策。特区主要是实行市场调节。

20日，国家建委同意并批转国家城市建设总局4月16日上报的《关于加强住宅建设工作的意见》。《意见》指出当前住宅建设的主要问题是：住宅建设的增长速度仍然赶不上实际需要；住宅建设投资在全国基建投资总额中，没有一个适当的比例，建筑材料缺口大；组织企业用自筹资金建设住宅工作的发展很不平衡；住宅建设竣工率只有51%左右，不少城市由于配套设施建设的资金、材料没有着落，致使很多住宅竣工以后长期不能交付使用；住宅建设造价上升很快。《意见》提出住宅建设的任务和措施是：（一）广开门路，落实计划。要争取以更多的自筹资金建设住宅，继续把住宅建设列为重点工程项目。（二）编制和修订城市住宅建设规划。对住宅建设的资金来源、构成，在国民经济计划中应占多大比例，要进行调查研究，提出方案。（三）要抓住宅建设短线材料的生产和供应。各种自筹资金、建设住宅所需材料，由地方统筹安排。（四）加快建设进度，提高竣工率。要抓住加快进度的几个关键环节，一是认真做好建设的前期工作。住宅建设必须严格按照城市规划进行，要有周密的、远近期相结合的布局规划，不要搞见缝插针。成街成片建设的住宅都要有小区规划，把绿化面积和必需的生活、文化设施安排好。小区布局要力求适用、经济、为居民创造方便的生活环境，既能适应目前的要求，又能照顾将来发展的需要。要确定合理的建筑密度，并保留一定的预留地。二是抓早抓好征地、拆迁工作。三是设计要切实贯彻"适用、经济、在可能条件下注意美观"的原则，提高设计质量。设计既要标准化，又要多样化，适当讲究艺术性，防止千篇一律，没有特色。四是住宅设计和施工都要逐步实行合同制。五是要抓好工程质量，坚持"百年大计、质量第一"。（五）狠抓配套工程建设，提高交付使用率。从编制计划的时候开始，就要注意搞好配套工程。（六）切实抓好新建住宅的分配工作。（七）大力加强房产管理和维修工作。

22 日，中共中央、国务院批转国家建委党组《全国基本建设工作会议汇报提纲》，指出：基本建设战线过长，浪费大，效果不好，已经成为国民经济中的一个突出问题。在这个问题上，全党必须认识一致，如果犹豫不决，拖延时日，势必妨碍国民经济的发展。

六月

7 日，国家建工总局颁发《直属勘察设计单位试行企业化收费暂行实施办法》。这是中国设计行业改革依靠国家财政拨款作为经费来源，打破大锅饭的第一个法定文件。

七月

16 日，国务院批转宗教事务局、国家建委等单位《关于落实宗教团体房屋政策等问题的报告》。

17 日，国家建委召开全国城市规划专家座谈会，会议总结了城市规划工作的历史经验，研究了今后城市规划工作的指导方针、如何实施规划，以及发展小城镇问题。

19 日，国家建工总局颁发《优秀建筑设计奖励条例（试行）》。要求建工系统逐级推荐优秀设计，规定每两年评选一次，并在 1981 年开展了全国优秀设计评选活动。

26 日，国务院发布《关于中外合营企业建设用地的暂行规定》。

八月

26 日，第五届全国人大常委会第十五次会议决定：批准国务院提请审议的《广东省经济特区条例》，决定在广东省深圳、珠海、汕头和福建省厦门设置经济特区。国务院随即相继批准上述 4 个特区的位置和区域范围。以后经过多次调整，至 1993 年，深圳为 327.5km^2，珠海为 121.3km^2，汕头为 234km^2，厦门为 131km^2。

九月

18 日，国家经委、国家计委、国家建委、财政部、国家城市建设总局发出《关于节约用水的通知》，针对企业用水管理不善的问题，对节约用水提出了具体意见。

23 日，国家城市建设总局颁发《城市供水工作暂行规定》。

25 日，中共中央发出《关于控制我国人口增长问题致全体共产党员、共青团员的公开信》，强调：为了争取在本世纪末把我国人口总数控制在 12 亿以内，国务院已经向全国人民发出号召，提倡一对夫妇只生育一个孩子。

26 ～ 29 日，第五届全国人大常委会第十六次会议在北京举行。根据最高人民检察院和最高人民法院的建议，全国人大常委会决定成立最高人民检察院特别检察厅和最高人民法院特别法庭，对林彪、江青两个反革命集团案公开进行审判。11 月 20 日至 1981 年 1 月 25 日，最高人民法院特别法庭开庭公审林彪、江青两个反革命集团的 10 名主犯，判处江青、张春桥死刑，缓期二年执行，剥夺政治权利终身；判处王洪文无期徒刑，剥夺政治权利终身；判处其他 7 名罪犯有期徒刑，其中姚文元为 20 年。

十月

5 ～ 15 日，经国务院批准，国家建委在北京召开全国城市规划工作会议，参加会议的有各省、市、自治区建委和城市规划、城市建设部门的负责同志，部分城市的副市长，城市规划专家，国务院有关部门和有关高等院校、设计科研单位的代表，共 290 多人。会议遵照党的十一届三中全会以来的路线、方针、政策和五届全国人大三次会议精神，总结交流了经验，讨论制定了《中华人民共和国城市规划法（草案）》，研究了城市规划工作的方针、政策和措施。国务院副总理谷牧出席会议并作重要讲话，他指出，要建设好城市，应当先有一个好的城市规划。会议提出了"控制大城市规模，合理发展中等城市，积极发展小城市"的城市发展方针，要求全国各城市在 1982 年年底以前完成城市总体规划和详细规划的编制。会议强调，要搞好居住区规划，加快住宅建筑建设，加强城市规划的编制审批和管理工作，尽快建立中国的城市规划法制。

18 日，中国建筑学会在北京召开第五次全国代表大会。会议贯彻党的十一届三中全会的路线，中国科协二大精神，总结学会工作，明确今后任务，动员广大会员和建筑科技工作者为实现城乡建筑的新任务而奋斗。会议还举办了 20 世纪 80 年代建筑发展方向的学术年会。

本月，日本国土厅顾问、综合开发研究机构理事长下河边淳来华访问，介绍了日本的国土规划、城市规划与工业布局的情况与经验，并就我国该方面的问题发表了意见。

十一月

15 日，国务院在北京召开全国省长、市长、自治区主席会议，同时召开全国计划会议。这两个会议讨论了经济形势，而对发展中潜在的危险，提出要下大决心进一步抓好调整，压缩基本建设，适当控制消费，稳定经济。

18 日，国务院批转国家计委等单位《关于实行基本建设拨款改贷款的报告》。

23 日，胡耀邦同志在各省、市、自治区思想政治工作座谈会上说：我们的一些大城市、中城市，特别是小城镇，破烂不堪。如果我们的国家只有大城市、中城市，没有小城镇，农村里的政治中心、经济中心、文化中心就没有腿。要搞试点，摸索经验，把小城镇的建设搞起来。

十二月

3 日，国家建工总局发布《建筑科学研究成果奖励试行条例》。

9 日，国务院批转《全国城市规划工作会议纪要》，指出"这次全国城市规划工作会议提出的'控制大城市规模，合理发展中等城市，积极发展小城市'的方针是好的，各地区、各有关部门应当认真执行"，强调"城市规划是一定时期内城市发展的蓝图，是建设城市和管理城市的依据。要建设好城市，必须有科学的城市规划，并严格按照规划进行建设"，"城市市长的主要职责，是把城市规划、建设和管理好"。

16 日，国家建委颁发《城市规划编制审批暂行办法》和《城市规划定额指标暂行规定》。

本年度出版的城市规划类相关著作主要有：《城市规划译文集》（北京城市规划管理局科技处情报组编）。

1981 年

一月

本月，国家城市建设总局城市规划局组织编写的《城市规划资料集》第 1 册正式出版。

三月

5 日，国家建筑工程总局在北京召开全国建工局长会议。会议分析了经济工作中"左"的错误在建筑业的表现和影响，强调指出，只有肃清"左"的影响，才能坚定不移地贯彻调整方针。在此前后，《人民日报》围绕国民经济调整，发表文章《量力而行，循序前进》、《好事要有计划、有步骤地办》和《下马项目要做好善后工作》等。

17 日，国务院批转国家城建总局等部门《关于加强风景名胜保护管理工作的报告》。

30 日至 4 月 3 日，国家城建总局在北京召开京、津、沪三城市规划座谈会，研究了三市的规模、城市用地、规划管理等问题，并于 5 月 11 日向国务院提交《关于京、津、沪三市城市规划座谈会的报告》，建议国家组织京、津、唐地区的区域规划，强调要控制城市规模，实施统一征地、综合开发，整顿市区违章建筑等。

四月

3 ~ 16 日，全国基本建设会议在北京召开。会议着重讨论了贯彻 1980 年 12 月中央工作会议精神，继续严格控制基本建设规模的问题。

10 日，国务院办公厅转发国家城建总局、全国总工会《关于组织城镇职工居民建造住宅和国家向私人出售住宅经验交流会情况报告》，指出：必须调动个人建造和购买住宅的积极因素。

本月，中共中央、国务院作出了在我国开展国土开发整治工作的决定。

五月

6 日，国家城市建设总局、国家劳动总局、公安部、国家工商行政管理总局发出《关于解决发展城镇集体经济和个体经济所需场地问题的通知》。

11 日，国家城市建设总局在青岛召开第一次城市污水处理厂管理工作座谈会。

29 日，国务院批准长沙市城市总体规划。

六月

13 日，国务院批准沈阳市城市总体规划。

18 ～ 23 日，国家城市建设总局召开全国城市建设厅（局）长座谈会，座谈如何发挥城市现有设施、队伍的作用和加强城建行政管理的问题，征求对编制全国"六五"计划和十年设想中有关城市规划、建设和管理方面的意见。会议总结指出"编制城市规划要注意城市经济，讲究经济效果"，"城市规划还要从我国国情出发，结合城市的特点"，"发挥民族建筑艺术风格"，"体现中国的色彩"，"不能一个模式，千篇一律，城市应该各具特点，丰富多彩，发挥各自的优势和特色，以更加适应城市发展的需要"。

23 日，国家建工总局在全国范围内组织进行了评选优秀设计项目活动。在各省、市、自治区推荐的 68 个项目中评选出 9 项优秀设计，13 项受到表扬。

24 日，全国农村房屋设计竞赛结果在北京揭晓。

27 ～ 29 日，中共十一届六中全会在北京举行。全会审议和通过《关于建国以来党的若干历史问题的决议》，对新中国成立以来党的重大历史事件特别是"文化大革命"，对毛泽东的功过是非和毛泽东思想的基本内容与指导意义作出总结和评价。

七月

31 日，国务院批准《关于在湖北省沙市市进行经济体制改革综合试点的报告》。沙市成为我国第一个进行经济体制改革综合试点的城市。

本月，国务院批准建立武汉城市建设学院。

本月，中央明确指示，深圳经济特区要建成以工业为主，兼营商、农、牧、住宅、旅游等多功能的综合性经济特区，明确了特区的性质。

九月

15 日，北京地铁第一期工程经国家验收正式交付运营。

十月

7 日，国务院批转国家建委《关于开展国土整治工作的报告》，并指出，国土资源和生态平衡遭受破坏的情况相当严重，迫切需要加强国土整治工作。

17 日，中共中央、国务院颁发《关于广开门路，搞活经济，解决城镇就业问题的若干决定》，要求严格控制农村劳动力流入城镇。对农村多余劳动力，要通过发展多种经营和兴办社队企业，就地适当安置，不使其流入城镇。根据目前我国的经济情况，对于农村人口、劳动力迁入城镇，应当按照政策从严掌握。

19 日，由中国建筑学会接待的阿卡·汗建筑奖第六次国际学术研讨会"变化中的乡村居住建筑"在北京召开，来自 20 多个国家的学者、专家宣读、讨论了论文，会议并组织代表赴西安、乌鲁木齐等地参观访问。

十一月

9 日，国家建委在北京召开全国优秀设计总结表彰会议。会议向评选出的 20 世纪 70 年代国家优秀设计项目授了奖。会上，有关领导讲话指出，现行体制不能很好地发挥设计人员的力量，把"大锅饭"打破是非常重要的，要求在设计体制改革上努力奋斗。

30 日，在第五届全国人大四次会议上提出的《政府工作报告》指出，从当年起再用五年或更多一点时间，继续贯彻执行调整、改革、整顿、提高的方针。

本月，深圳特区首先开始对部分土地使用征收费用。

本月，国务院批准公布首批博士和硕士授予单位及学科、专业名单。

十二月

12 ~ 17 日，国家建委、国家档案局、国家城市建设总局召开城市建设档案工作座谈会。

本月，国家建委、国家经委、国家城市建设总局先后召开北方 15 个城市和南方 10 个城市用水会议。

本年度出版的城市规划类相关著作主要有：《工业布局与城市规划》（中国地理学会经济地理专业委员会编）、《城市规划原理》（同济大学编）、《城市煤气规划》（章庭笏编）、《城市环境与规划》（林亚真编著）、《城市的发展过程》（[英]鲍尔著，倪文彦译）。

1982 年

一月

7 日，国务院批转第二次全国农村房屋建设工作会议纪要，提出今后村镇建设的指导思想应当是：在党的统一领导下，充分调动农村社队和广大农民的积极性，走自己动手、建设家园的路子。

二月

5 日，国务院发布《征收排污费暂行办法》。

8 日，国务院批转《国家建委、国家城建总局、国家文物局关于保护我国历史文化名城的请示的通知》，公布北京等 24 座城市为我国第一批历史文化名城，标志着我国历史文化名城保护制度的创立。国务院要求各级人民政府切实加强领导，搞好名城规划，做好保护和管理工作。

13 日，国务院发布《村镇建房用地管理条例》，要求村镇建房必须统一规划、节约用地，凡能利用荒地的，不得占用耕地；凡能利用坡地、薄地的，不得占用平地、好地、园地；凡是就地改造的，应充分利用原有的宅基地和村镇空闲地。

三月

本月，国家城市建设总局发出《关于加强城市（镇）房地产产权产籍管理工作通知》。

四月

17 日，国务院对国家建委、国家城市建设总局《关于城市出售住宅试点工作座谈会情况的报告》加以批复，要求经过各部门共同努力，搞好试点，为在全国城市实行这项改革积累经验创造条件。

24 日，中国建筑学会设计学术委员会在合肥召开全国居住建设多样化和居住小区规划、环境关系学术交流会。

五月

4 日，全国五届人大常委会第二十三次会议通过了《关于国务院部委机构改革实施方案的决定》，决定将国家基本建设委员会、国家城市建设总局、建工总局、测绘总局合并，成立城乡建设环境保护部，李锡铭任部长，撤销国家建委、国家城市建设总局等单位；全国城市规划业务工作由原来的国家城市建设总局改归城乡建设环境保护部领导，具体工作由部属城市规划局负责。为加强科研工作，城乡建设环境保护部决定新设置中国城市规划设计研究院。

14 日，国务院公布《国家建设征用土地条例》，对征用土地的程序、审批权限、用地单位支付补偿费和安置费的标准，以及对违反条例者应负的责任内容，都作了明确规定。

20 日，湖南省委、省人民政府联合发出《关于加强城市管理的指示》。《指示》强调，城市规划是城市各项建设和管理的依据，要充分发挥城市规划的综合指导作用。各城市的总体规划，经上级领导机关批准后，必须保证实施，任何部门和单位不得擅自改变规划建设的布局。凡是在城市新建或扩建的项目，都必须由所在城市规划部门统一安排，不得各自为政。

本月，中共江苏省委在常州市召开全省第二次城市工作会议。江苏省现有 11 个城市，1958 个公社以上集镇。会议提出要根据城市特点确定城市性质，把城市规划好、建设好、管理好。

六月

4 ~ 11 日，福建省在邵武县召开"公园规划设计"学术交流会。

5 日，国务院批准南宁、武汉、合肥三个城市的总体规划。

15 ~ 23 日，全国城乡建设环境保护工作会议在北京召开。会议要求各地"抓紧搞好城市规划，按照城市规划建设和管理城市"，"探讨必要的改革措施，通过各有关方面的共同努力，使城市规划同国家经济和社会发展中、长期计划，有机地、紧密地结合起来"，"争取全国城市总体规划的编审工作，在 1983 年年底全部完成，县、镇规划的编审工作，在 1985 年年底以前完成"。

七月

28 日，北京土建学会住宅组和规划委员会联合召开有关住宅层数、密度问题座谈会。会议认为，我国人多地少，必须大力节约用地；住宅层数问题对城市建设的经济合理性以及城市总体规划与发展关系很大，但在这方面存在不同的看法。一种意见认为高层能够做到高密度，充分利用有限的土地，留出更多空地供居民活动。另一种意见反对大量修建高层住宅，首先是一次投资大、平面利用系数低，住人少；其次是经常费用高、能源消耗大；第三是建设速度慢。有专家指出，目前浪费土地的不是住宅区而是单位占地，体制问题不解决，人口控制不住，靠提高层数、密度是徒劳的。有专家强调城市应有层数分区规划，要因地制宜，大城市可以搞些高层住宅，但要控制，要避免破坏城市传统风貌。

八月

4 ~ 10 日，城乡建设环境保护部办公厅和国家档案局在青岛市召开城市建设档案工作座谈会。12 个省、自治区及 25 个市档案局、建委、城建局、规划局干部共 85 人出席会议。会议交流了城建档案工作经验，讨论了"城建档案馆暂行通则"。

上旬，城乡建设环境保护部城市规划局在北京召开座谈会，研究讨论省一级城市规划设计研究工作和城市规划技术人员培养问题，各省（区）城市规划设计研究机构和大专院校的院系负责人共 48 人出席了会议。截至目前，全国已有 17 个省（区）建立了省一级的规划设计研究机构，有 13 个院校建立了城市规划专业和专门化，部分院校招收了有关城市规划学科方面的研究生。

10 ～ 15 日，东北三省第三次城市规划学术交流会在大连召开。出席代表 90 余人，共收到各类论文近 50 篇，其中 13 篇在会上宣讲。

20 日，城乡建设环境保护部和南京大学联合举办的第一期"城市规划研究班"完成了在山西省晋东南地区的调研实习任务，在山西省太原市结业。

28 日，中国自然辩证法研究会召开"城市发展战略思想"座谈会，研究会副理事长钟林主持会议，城乡建设环境保护部城市规划局陈为邦就我国城市发展中的成就、问题、产生问题原因以及解决问题的设想作了发言，清华大学吴良镛、全国美协刘开渠、中共中央书记处研究室李宝恒、国家体委政研室张采珍、公安部政研室张元宣等也在会上发言，会议成立了城市研究会筹备组。会议认为"城市发展战略思想"的探讨十分必要。

31 日，城乡建设环境保护部颁发《市政工程设施管理条例》，对城市道路、桥涵、排水、防洪、照明等设施的管理，作出了明确的规定。

本月，中国城市规划设计研究院组建成立。该年度全国还有 17 个省、市成立了城市规划设计研究院、所。

九月

4 日至 10 月 3 日，应德意志联邦共和国国际开发基金会的邀请，中国城市管理代表团赴联邦德国访问考察。考察团共 26 人，由城乡建设环境保护部顾问曹洪涛任团长。代表团参加了 9 月 6 ～ 16 日在西柏林举行的"大城市和人口密集地区行政管理问题讨论会"，并对西柏林、汉堡、波恩等所在的 8 个州的 12 个大中小城市进行了实地考察。

10 日，西北有关省、自治区召开城乡规划学术协作会议。

15 日，"《城市规划》杂志通讯"创刊（后改名"城市规划杂志通讯"、"城市规划通讯"），编辑工作由《城市规划》编辑部负责。

17 ～ 21 日，中国建筑学会窑洞及生土建筑第二次学术讨论会在河南省巩县召开。会议认为，对于窑洞及生土建筑的调查研究是村镇规划与建设中的一件大事。会议通过了关于进一步开展窑洞及生土建筑科学研究的《报告书》。

21 ～ 26 日，中国地理学会在厦门召开城市气候专题学术会议。会议认为城市气候是城市选址、布局、设计、建设和改造的重要依据之一，城市气候的研究有助于增强城市规划的科学性、预见性。

27 日，城乡建设环境保护部、国家经委、国家计委、财政部发出《关于印发〈二十五个城市用水会议纪要〉的通知》。

十月

29 日，国务院发出《关于城乡建设环境保护部机构编制的批复》，批准内设机构包括城市规划局、市政公用事业局、市容园林局、乡村建设局等 19 个厅、局。

29 日，中共中央办公厅、国务院办公厅转发《关于切实解决滥占耕地建房问题的报告》，要求严格控制占用耕地建房，坚决刹住干部带头占地建房风。

本月，公安部与城乡建设环境保护部联合颁布《城镇消防站布局与技术装备配备标准》，1983 年 1 月 1 日开始试行。

本月，由贝聿铭设计的香山饭店建成，这一设计引起建筑界的关注和讨论。

十一月

19 日，全国人大批准公布了《中华人民共和国文物保护法》。

23 ～ 27 日，城乡建设环境保护部城市规划局、文化部文物局在西安市召开历史文化名城规划和保护座谈会，讨论了如何做好历史文化名城规划、反映地方特色和不同的城市风貌以及保护文物古迹和旅游事业结合等问题。

30 日，在五届全国人大第五次会议上，有关第六个五年计划的报告中，赵紫阳指出：所有建设项目必须严格按照基本建设程序办事，没有进行可行性研究和技术经济论证，没有做好勘察设计等建设前期工作，一律不得列入年度建设计划。

本月，国务院批转城乡建设环境保护部等部门《关于审定第一批国家重点风景名胜区的请示报告》。第一批重点风景名胜区包括八达岭—十三陵风景名胜区等共 44 处。

本月，华东六个省会市际规划交流活动在福州、厦门举行，会议就城乡建设环境保护部城市规划局下发征求意见的《中华人民共和国城市规划法》（修改稿）进行了逐条讨论。

十二月

4 ～ 10 日，城乡建设环境保护部城市规划局在湖南湘乡召开南方县镇规划座谈会，会议研究了县镇的特点、规划的方法和要求，指出"积极发展小城镇，这是一个战略方针"，在城镇建设上要走"人民城市人民建"的道路，"今后各个城镇都应注意保持自己的特色和传统风貌"。

19 ～ 24 日，全国城市发展战略思想学术讨论会在北京召开，这是我国第一次讨论城市在国家发展中的战略地位的大型学术会议。这次会议是中国自然辩证法研究会在城乡建设环境保护部的大力支持和有关部门的赞助下发起召开的。与城市发展有关的知名学者、专家、实际工作者、理论政策研究工作者，以及部分地方主管城市工作的领导等共 180 多人济济一堂，对我国城市发展战略方面的一系列问题进行了热烈的讨论。参加会议的有于光远、费孝通、吴良镛、张光斗、任震英、李铁映、李宝恒、朱厚泽、袁启彤、张百发、曹洪涛、储传亨、周永源、周干峙等专家和领导。会议的特点是战略性、宏观性、综合性很强，大家从全局的角度来研讨城市发展问题。《人民日报》在头版头条发表了重要新闻，在全国产生了积极影响。会议倡议并产生了中国城市科学研究会筹备委员会，推选曹洪涛为主任委员，吴良镛、周永源为副主任委员。23 日下午，国务院代总理万里同志和中央书记处书记胡启立同志接见了部分代表，就我国城市发展的理论和政策问题发表了重要讲话。大会闭幕时，城乡建设环境保护部李锡铭部长到会讲话。

22 日，国务院批准建立上海经济区，由上海、苏州、无锡、常州、南通、杭州、嘉兴、湖州、宁波、绍兴 10 个城市组成（1984 年 12 月扩大为上海、江苏、浙江、安徽、江西 4 省 1 市，1986 年 3 月福建省加入）。

23 日，在与中国城市发展战略思想学术讨论会部分代表的谈话中，万里指出：当前要使更多的人懂得城市规划学、建筑学，搞规划、建筑的人才，要参加农村的规划、建设，小城镇的规划、建设。

本月，城乡建设环境保护部颁布《城市园林绿化管理暂行条例》、《城市市容环境卫生管理条例（试行）》。

本月，城市规划学术委员会区域规划学组在南京召开学术会议，首次主题讨论我国的城市化问题。

本年，国务院先后决定在江苏省常州市、重庆市进行综合经济体制改革试点。

本年，为适应外资建设的国际惯例要求，上海虹桥开发区规划编制了土地出让规划，首先采用 8 项指标对用地建设进行规划控制，此后控制性详细规划在我国逐步发展起来。

本年，《城市规划》杂志公开出版。

至本年底，国务院审批了唐山、兰州、呼和浩特、沈阳、长沙、武汉、南宁、合肥、西宁、拉萨等 10 个城市的总体规划。各省、自治区已审批了 80 个城市的总体规划和 153 个县城和镇的总体规划。杭州、南京、济南、青岛、西安、西宁、银川市的城市总体规划完成编制工作，经省人民政府审查同意，呈报国务院待批。另外，本年度国务院审定了 44 处国家重点风景名胜区，分布于 22 个省、市、自治区内，面积约 5000km^2。

本年度出版的城市规划类相关著作主要有：《城市规划资料集》（国家城市建设总局城市规划局城市规划手册编写组编）、《中国城市建设史》（同济大学城市规划教研室编）、《建筑师与城市规划》（［苏］Н·В·巴拉诺夫著，张叔君编译）、《世界大城市》（［英］霍尔著，中国科学院地理研究所译）。

1983 年

一月

31 日至 2 月 6 日，"评议北京市总体规划专家座谈会"在京举行。北京市的总体规划已上报国务院审批，根据国务院指示，为了做好北京市总体规划的审批准备工作，城乡建设环境保护部主持召开此次座谈会。与会的 39 位知名专家和有关负责同志根据中央书记处对北京市建设的四条指示精神，按照"首都"、"社会主义"、"现代化"、"民族传统"的特点和要求，对北京市规划建设提出了许多宝贵建议。

本月，上海建筑学会城市规划学术委员会举办年会，就城市旧区改建规划进行了讨论。

二月

1 日，城乡建设环境保护部党组召开大会提出建筑业改革大纲，进行动员。

28 日，中央领导对城乡建设环境保护部《关于召开全国建筑工作会议的报告》批示指出，同意改革方案，逐步推广，及时总结经验，不断完善。在报告中，城乡建设环境保护部对建筑业体制改革提出十条改革意见。

三月

5 日，城乡建设环境保护部在济南召开全国建筑工作会议。会议讨论了建筑业改革大纲，研究落实改革的步骤和方法，并制定了相应的政策措施。

9 日，城乡建设环境保护部发出《关于加强历史文化名城规划工作的通知》和《关于加强历史文化名城规划工作的几点意见》。文件对历史文化名城的规划工作提出要求，要求各省、市、自治区城建规划部门和 25 个历史文化名城所在地的人民政府加强历史文化名城规划工作。

14 ~ 21 日，第一次全国城市环境卫生、园林绿化先进集体、先进个人代表大会在京召开。会议提出将要在全国 236 个大中城市中大规模地开展植物和绿化活动。

23 日，城乡建设环境保护部在苏州召开高等工业学校建筑类专业教材编审委员会会议，决定恢复和建立"建筑学"、"城市规划"等五个专业教材编审委员会。

本月，国家重点科研项目"现代海港城市规划和港区合理布局"专家评议会在大连召开。该项目由辽宁省城市建设研究院负责，中国城市规划设计研究院、交通部水运规划设计院等单位参加，通过对我国 16 个主要海港城市的分析，在总结海港城市建设经验的基础上，从城市规划角度就港区和城市两个方面论述了海港城市的合理布局问题。

四月

1 日，中共中央、国务院批转《关于加快海南岛开发建设问题讨论纪要》，决定加快海南岛的开发建设，在政策上放宽，给予海南行政区较多的自主权。《纪要》提出了加快海南岛开发建设的具体方针、政策、措施和改革海南行政区计划体制、财政体制、金融体制、劳动工资体制的方案等。

9 日，国务院批准西宁市城市总体规划。

13 日，国务院批准拉萨市城市总体规划。

中旬，城市规划学术委员会居住区规划学组在厦门召开（第二次）"居住区详细规划科研成果"交流会，期间交流了"居住区规划的研究"课题成果。

下旬，四川省召开城镇规划工作座谈会，会上提出四川省详细规划的审批权限：大中城市中心区的详细规划、风景城市主要风景区的详细规划和省指定城镇的详细规划，报省城市规划主管部门审批；其余均由所在市、县人民政府审批，报省城市规划主管部门备案。

本月，城市规划学术委员会在四川省乐山市召开南方部分省、区小城镇讨论会。会议认为积极发展小城镇是一个战略问题。

本月，我国派员参加 1983 年慕尼黑国际园艺展的"中国园"正式展出，受到各界人士欢迎。

五月

3 日，国家科委批准成立城乡建设环境保护部城市规划设计研究院。

9 日，国务院批准太原市城市总体规划。

16 日，国务院批准杭州市城市总体规划。

19 日，国务院批准太原市城市总体规划。

24 日，《人民日报》发表社论：《笔下一条线，投资千千万——谈搞好重点建设项目的勘察设计工作》。

28 日，城乡建设环境保护部、文化部发出《关于在建设中认真保护文物古迹和风景名胜的通知》，要求将各级文物保护单位和风景名胜区的保护措施纳入规划，分别确定其保护范围和控制建设用地，必须注意保护环境风貌。

本月，城乡建设环境保护部和水电部发出《关于做好城市防洪工作的通知》。

六月

3 日，城乡建设环境保护部发出关于编写《当代中国城市建设》的通知，要求各省、市、自治区城建部门立即组织力量，总结当代中国城市建设的成就和经验。

6 日，国务院批准重庆市城市总体规划。

10 日，国务院批准济南、石家庄两市的城市总体规划。

上旬，山东省城市规划学术委员会在青岛召开了山东省居住区规划学术讨论会。

21 日，城乡建设环境保护部决定将中国建筑科学研究院调整分设为中国建筑科学研究院、中国建筑技术发展中心、城乡建设环境保护部建筑设计院和建设综合勘察设计院等四个单位。

21 日，美国海华市交通工程局局长张秋赴中国城市规划设计研究院开展学术交流，重点讨论了国外城市交通规划的问题和新趋势。

中下旬，山西省召开"山西能源重化工基地建设综合规划论证会"。城乡建设环境保护部城市规划局和中国城市规划设计研究院派人参加了本次会议，并就规划中的一些问题发表意见：要加强区域规划工作，搞好城镇布局；加强城市建设，为人民提供良好的生产、生活环境；切实做到严格控制太原市的城市规模。

本月，中国建筑学会城市规划、园林绿化、建筑设计、建筑历史及理论、建筑经济等 5 个学术委员会共同在福建省武夷山召开风景名胜区规划与建设学术讨论会。会议从不同学科的角度，对我国风景名胜区的规划、建设和管理等问题进行了探讨。

本月，城乡建设环境保护部城市规划局在石家庄召开座谈会，29 个省、市、区和部分市的代表出席。会上交流了城市规划工作的情况和经验，研究了新形势下的问题和面临的主要任务。

本月，城乡建设环境保护部在广东省顺德县召开全国县（区）环境保护工作经验交流会。

本月，全国村镇建设学术讨论会在上海嘉定县举行。

本月，经国务院批准，城乡建设环境保护部颁发施行《城镇个人建造住宅管理办法》。

七月

14 日，中共中央、国务院原则批准《北京城市建设总体规划》并作重要批复。批复指出，北京是我们伟大社会主义祖国的首都，是全国的政治中心和文化中心，北京的城市建设和各项事业的发展，都必须服从和充分体现这一城市性质的要求；要为党中央、国务院领导全国工作和开展国际交往，为全市人民的工作和生活，创造日益良好的条件，要在社会主义物质文明和精神文明建设中，为全国城市作出榜样。为了加强对首都规划建设的领导，中共中央、国务院决定成立了首都规划建设委员会。委员会的主要任务是：负责审批实施北京城市建设总体规划的近期计划和年度计划，组织制定城市建设和管理的法规，协调各方面的关系。委员会由北京市人民政府、国家计委、国家经委、城乡建设环境保护部、财政部、国务院办公厅、中央军委办公厅、解放军总后勤部、中直机关事务管理局、国家机关事务管理局等单位的负责人组成，北京市市长任主任。中共中央、国务院强调指出，中央一级党、政、军、群驻京各单位在建设上必须服从首都规划建设委员会的统一领导，这是一个改变长期习惯的新的重要决定。为此，8 月 3 日的《人民日报》和《北京日报》分别发表了题为《开创首都建设的新局面》和《坚决按总体规划建设伟大祖国的首都》的社论。

18 日，城乡建设环境保护部颁发《加强县镇规划工作的意见》，强调县镇是联系大、中城市和农村集镇的纽带，要求做好县镇规划的编制、审批和管理工作。

28 日，国家计委、财政部、劳动部、劳动人事部联合发出关于勘察设计单位试行技术经济责任制的通知，勘察设计单位由国家拨付事业费改为向建设单位收取勘察设计费。设计部门内试行"技术经济承包责任制"。

30 日，城乡建设环境保护部经中共中央办公厅同意，印发《中共中央、国务院关于对〈北京城市建设总体规划方案〉的批复》，要求各地结合具体情况，抓紧城市规划的编制、审批和实施管理工作。

八月

29 日至 9 月 16 日，比利时建筑代表团来华访问。这是中比科技合作协议的一项内容，代表团共 10 人，在广州、上海、武汉、西安、北京、天津、唐山等城市进行了参观、技术座谈和学术报告等活动，中比双方重点就城市规划与住宅建筑、医院建筑、古建筑保护与修复、建筑科研与教育等进行了交流。

九月

8 日，国务院批转城乡建设环境保护部《关于对国民党军政人员的出走弃留的代管房屋处理意见》。

本月，城乡建设环境保护部市容园林局在鞍山市召开全国风景名胜区工作座谈会。

本月，中国古都学会在西安成立。

本月，中山大学地理学系与香港大学城市研究及城市规划中心联合举办城市规划教育研讨会，参加会议的有中外学者 70 余人。

十月

5 日，首期市长研究班在北京开学。1983 年年初，上海的殷体扬老先生致函万里副总理，建议举办短期研究班，培训全国在职的市长、副市长。万里同志批交城乡建设环境保护部李锡铭部长办理。后经协商，研究班由中共中央组织部、城乡建设环境保护部和中国科协联合举办。研究班重点研究城市建设和管理问题。第一期研究班共 58 名学员，至 12 月 8 日结业。

6 ～ 10 日，城乡建设环境保护部、国家经委、全国总工会联合召开全国城市节约用水会议，总结交流了节约用水经验；讨论制定了节约用水的具体政策、城市地下水资源管理规定和工业用水定额；表彰了节约用水的先进单位和个人。

12 日，中共中央、国务院发出《关于实行政社分开，建立乡政府的通知》。《通知》指出：当前农村改变政社合一体制的首要任务是把政社分开，建立乡政府；同时按乡建立乡党委，并根据生产的需要和群众的意愿逐步建立经济组织。《通知》规定乡的规模一般以原有公社的管辖范围为基础，要求各地有领导、有步骤地搞好农村政社分开的改革，争取在 1984 年年底以前大体上完成建立乡政府的工作，改变党不管党、政不管政和政企不分的状况。

14 ～ 19 日，城乡建设环境保护部在河北省廊坊市召开城建科技工作座谈会。部分省、市、自治区城建部门主管科技领导及城建设计、科研单位负责同志 120 余人参加会议。座谈会回顾了自十一届三中全会以来我国城建领域取得的科研成果，总结交流了组织开展科研工作的经验，讨论了今后城建科研的方向和任务。据不完全统计，城市规划方面已完成和正在进行的重点科研项目有 40 余项，包括列入国家 38 项攻关项目的华北水资源调查研究（其中子课题），国家计委主持的京津唐地区国土规划研究，国家科委、经委攻关项目"发展我国城市交通的技术政策"，城乡建设环境保护部攻关项目"住宅发展战略及技术经济政策"等。还有"城市规划定额指标"、"改善现有城市道路提高通行能力"、"现代海港城市规划和港区合理布局"等 6 项课题完成最终成果。

24 日，国务院批准银川、抚顺两市的城市总体规划。

28 日，城市货流调查组对天津市区域内（包括郊县）各交通小区间以及区域内外的货物流动进行了调查，这次调查就其规模和深度来说在国内尚属首次。城市货流调查系国家科研项目之一，在津调查主要由中国城市规划设计研究院城市交通研究所和天津市规划设计管理局共同负责，调查旨在摸清天津市区域内及输入、输出天津市的货流在时空上的动态变化规律，掌握货流的结构，并在此基础上作出相应的预测，为进行天津市综合交通规划以及制定城市交通运输技术政策提供依据。

本月，中国建筑学会城市规划、建筑设计、园林绿化、建筑历史与理论、建筑工程等 5 个学术委员会，在江省扬州召开中小历史文化名城规划与建设学术讨论会，会议通过《扬州建议书》。

本月，国务院授权杭州市人民政府下令冻结正在西湖风景区施工的一切违章建筑。

至本月止，全国已批准 262 个各种类型的自然保护区，总面积约 15.6 万 km^2，占国土总面积的 1.62%。

十一月

2 日，中共中央办公厅、国务院办公厅转发国务院侨务办公室和城乡建设环境保护部《关于落实华侨私房政策情况的报告》，要求各地认真检查这项工作的进展情况和存在的问题，于 1984 年上半年完成这一工作。

3 日，由城市规划学术委员会居住区规划学组、中国城市规划设计研究院总体规划所和湖南省建设厅联合举办的"分区规划学术讨论会"在长沙召开，有关省市和长沙市共 60 余人参加会议。会议指出，许多城市在总体规划编制完成后，为了有效地实施规划，有的在总体规划之后、详细规划之前插入一个分区规划阶段，这是总体规划的深化，但又不是代替详细规划或城市设计；有的把分区规划当做详细规划的前期工作来抓；也有的认为分区规划就是详细规划的一个组成部分。为此，会议邀请了部分省市有实践工作经验的同志和专家，重点就分区规划的范畴、内容、阶段、步骤、设计原则和指导思想等问题，从理论和方法论上进行了研究和探讨。

5 日，国务院同意并批转城乡建设环境保护部《关于重点项目建设中城市规划和前期工作意见的报告》。国务院文件指出，重点项目建设的前期工作与城市规划工作相结合，是保证重点项目建设顺利进行，并取得良好的经济效益、社会效益和环境效益的重要条件，各部门、各地区，要认真抓好重点建设前期工作与城市规划的结合，使重点项目建设和城市统一规划，协调发展。报告提出如下意见:1)基本建设前期工作应补充和增加城市方面的有关内容;2)统一规划城市基础设施的建设;3)凡与城镇有关的建设项目的选址和可行性研究工作,应分别有各级城市规划部门以及环境保护部门参加,建设项目可行性研究报告的审批,应分别征求各级城市规划和环境保护部门的意见;4)对重点项目实行联合选址。建议采取"一五"时期的做法,由国家计委牵头,中央和地方有关部门(包括城市规划和环境保护部门)参加,对工业、交通等重点建设项目进行联合选址;5)各类建设项目的选址工作要同城市规划工作密切结合,保证城市的合理布局。

6~10日,国家计委重点科研项目"京津唐国土规划纲要之城市课题"研究成果讨论会在唐山市举行。该课题由中国城市规划设计研究院主持,自1982年10月开题,下设4个分题报告,在此基础上完成总报告,为京津唐国土规划作必要准备。

8日,国务院批准南京、西安两市的城市总体规划。

12日,首都规划建设委员会正式成立并召开第一次会议,国务院副总理万里出席会议并作重要讲话。万里讲话指出,《北京城市建设总体规划方案》是搞好首都城市规划、建设、管理的重要决定,是总结了新中国成立34年来城市建设正反两方面经验的一个重要文件;为了保证规划的实施,中央决定成立首都规划建设委员会,这是协调各方关系、具有高度权威的统一领导机构,"新官上任三把火",新的机构应当把"治乱"、"治散"、"治软"三把火烧起来;实施城市规划,要强调高度的集中统一,只有统一认识,步调一致,敢于碰硬,才能解决"老大难"问题。

15日,中国园林学会成立大会在南京举行。

19日,国务院发出《关于制止买卖、租赁土地的通知》,要求各地对买卖、租赁土地等非法活动,进行一次认真检查、清理,并将情况报告国务院。

19~22日,中国建筑学会成立三十周年大会在南京召开。开幕式由副理事长陈植主持并致开幕词,代理事长、城乡建设环境保护部副部长戴念慈作了《中国建筑学会建会三十年的工作报告》,讲了三个问题:三十年的历史回顾;三十年的基本经验;对学会今后工作的建议。学会城市规划学术委员会召开学术年会。

本月,中美房屋建筑与城市规划技术讨论会在北京举行。

本月,中共中央办公厅、国务院办公厅联合发出通知,任何部门和单位都不得在庐山风景名胜区内搞新的建筑,正在施工的建筑必须立即停止,各地区和各部门在庐山风景名胜区的现有建筑和管理机构,由地方统一领导、统一管理。

十二月

月初，城乡建设环境保护部城市规划局在杭州召开上海经济区城镇规划工作座谈会。

5日，国务院副总理万里在北京接见首届市长研究班学员，并作重要讲话。

9日，中国城市住宅问题研究会在北京成立，同时举行中国城市住宅问题讨论会。

15日，国务院颁布《关于严格控制城镇住宅标准的规定》。规定主要针对近两年来许多地方和部门擅自制定住宅标准，扩大新建住宅面积的倾向，要求各级领导机关带头严格执行国家的住宅建筑面积标准和设备标准，不搞特殊化。规定明确了要认真贯彻"一要吃饭，二要建设"和在发展生产的基础上逐步改善人民生活的方针。

17日，国务院发布《城市私有房屋管理条例》。《条例》规定，国家依法保护公民城市私有房屋的所有权。任何单位或个人都不得侵占、毁坏城市私有房屋。城市私有房屋所有人必须在国家规定的范围内行使所有权，不得利用房屋危害公共利益、损害他人合法权益；城市私有房屋因国家建设需要征用拆迁时，建设单位应当给予房屋所有人合理的补偿，并按房屋所在地人民政府的规定对使用人予以妥善安置。被征用拆迁房屋的所有人或使用人应当服从国家建设的需要，按期搬迁，不得借故拖延。

18日，城乡建设环境保护部颁发《建筑设计人员职业道德守则》。

中旬，西北五省（区）小城镇规划经验交流会在咸阳市举行。

31日至1984年1月7日，全国第二次环境保护会议在北京举行，李鹏副总理代表国务院作报告，万里副总理就环境治理问题作重要讲话，薄一波同志讲了话。

月底，国家在河北涿县召开了"三峡库区城镇规划工作会议"，水电部长江流域规划办公室和两省有关市县的同志出席了会议，研究讨论了三峡库区城镇规划工作的部署和分工。

本月，原国家城建总局城市规划局组织编写的《城市规划资料集》第2册正式出版。本册主题为城市总体规划，系统地介绍了总体规划中布局规划的工业、仓库，对外交通，生活居住等各项用地要素及其综合协调的规划原理、原则、方法、相关的技术经济指标和国内外实例；归纳分析了城市总体布局的不同形式；列举了30余个国内外城市总图实例，插图近600幅，具有工具书的特色。

本年度国务院共审批了西宁（4.9）、拉萨（4.13）、杭州（5.16）、太原（5.19）、重庆（6.6）、石家庄和济南（6.10）、北京（7.14）、银川和抚顺（10.24）、南京和西安（11.3）、鞍山（12.26）等 13 个城市的总体规划。至 1983 年年底，全国共有 226 个市完成了总体规划的编制工作，占全国设市城市的 78%；其中 124 个市的总体规划已经过批准（国务院批准 21 个，省、自治区人民政府批准 103 个）。全国共有 800 个县城完成了总体规划的编制工作，占全国县城的 38%。

本年度出版的城市规划类相关著作主要有：《城市防洪工程规划》（邓瑞海、王波编）、《城市规划的任务与编制方法》（赵士绮编）、《城市集中供热规划》（章庭笏编）、《市镇设计》（[英] 吉伯德等著，程里尧译）。

1984 年

一月

4 日至 2 月 17 日，邓小平同志考察了深圳、珠海、厦门 3 个经济特区，充分肯定了经济特区取得的成绩，在深圳的题词是："深圳的发展和经验证明，我们建立经济特区的政策是正确的。"

4 ~ 10 日，中国建筑学会城市规划学术委员会在山东省烟台市召开各省（区）市城市规划学术委员会秘书和《城市规划》杂志通讯员会议，期间就"城镇合理规模"科研成果进行了讨论。

5 日，国务院颁发《城市规划条例》。这是我国城市建设和城市规划方面的第一部基本法规，包括总则、城市规划的制定、旧城区的改建、城市土地使用的规划管理、城市各项建设的规划管理、处罚、附则等 7 章内容。《条例》规定，城市是指国家行政区域划分设立的直辖市、市、镇以及未设镇的县城，按照其市区和郊区的非农业人口总数，划分为三级：大城市，是指人口 50 万以上的城市；中等城市，是指人口 20 万以上不足 50 万的城市；小城市，是指人口不足 20 万的城市。中华人民共和国的一切城市，都必须依照本条例的规定，制定城市规划，按照规划实施管理；任何组织和个人，在城市规划区内进行与城市规划管理有关的活动，必须遵守本条例，并服从城市规划和管理。《条例》规定，城市规划分为总体规划和详细规划两个阶段。城市总体规划的规划期，一般为二十年，内容应当包括：确定城市的性质、规模；选定有关建设标准和定额指标；确定城市区域的土地利用和各项建设的总体布局；编制各项工程规划和专业规划；进行必要的综合经济技术论证；拟定实施规划的步骤和措施，并与国民经济和社会发展计划相衔接，编制城市近期建设规划，确定城市近期建设的目标、内容和具体部署。直辖市和市的总体规划，应当把市的行政区域作为统一的整体，合理部署城镇体系。城市详细规划应当对城市近期建设区域内，新建或改建地段的各项建设作出具体布置和安排，作为修建设计的依据。《条例》规定，城市人民政府编制城市规划时，应当按照合理布局和有利于规划管理的原则，划定城市规划区的范围；城市规划区，是指城市建成区和城市发展需要实施规划控制的区域。城市规划区内的土地由城市规划主管部门按照国家批准的城市规划，实施统一的规划管理；在城市规划区内进行建设，需要使用土地的，必须服从城市规划和规划管理。《条例》还明确了建设项目的规划许可证和竣工验收基本制度：任何组织和个人在城市规划区内进行各项建设，需要使用属于国家所有的土地或者征用属于集体所有的土地，都必须持经国家规定程序批准的建设计划、设计任务书或者其他有关证明文件，向城市规划主管部门提出建设用地的申请。申请建设用地的组织和个人，经城市规划主管部门审查批准其用地位置、用地面积和范围，并划拨土地，发给建设用地许可证后，方可使用土地。在城市规划区内的建设项目，建成竣工后，必须编制竣工图，并在建设项目竣工验收后六个月内，将竣工图报送城市规划主管部门，作为城市规划档案保存。

5 日，国务院批准青岛市城市总体规划。

5 日，国务院经济研究中心和城乡建设环境保护部联合召开第四次城市建设经济政策座谈会。在座谈会上，城乡建设环境保护部城市规划局的同志以贵溪和秦皇岛电厂建设为例，剖析了我国城市发展中存在的城市规划不能发挥综合职能的严重问题。座谈会认为：要从根本上解决上述问题，就要统一认识，要真正承认城市规划工作的综合性，要在实际工作中，要在体制机构、力量安排上真正体现规划工作的综合性。

8 ~ 11 日，城乡建设环境保护部在北京召开建设厅（局）长座谈会，讨论研究了部 1985 年工作要点。

10 日，国务院批准昆明市城市总体规划。

11 日，国务院批准郑州、成都两市的城市总体规划。

14 ~ 19 日，国家科委、计委、经委在北京联合召开全国城乡建设技术政策论证会。会议讨论了我国社会主义现代化城市和乡村建设的奋斗目标，并提出了需要采取的相应的技术政策，包括十个方面的内容：形成合理的城镇体系；控制大城市规模，合理发展中等城市，积极发展小城市；城市各项建设要统筹兼顾、合理布局；保证城市发展建设的用地，节约用地，合理用地；逐步改造旧城区；保证基础设施先行，逐步实行综合开发、统一建设；保护水资源，提高净水技术，积极处理城市污水；加快城市交通、道路建设和通信建设，优先发展城市交通；加快城市环境卫生设施建设和管理；大力发展绿地、园林；开发风景资源，保护风景名胜区等。

17～22日，中国城市科学研究会成立大会在北京举行。370名代表参加了大会，与会人员畅谈了城市科学研究会成立的必要性，交流了各地进行城市工作的经验，讨论了研究会章程，选举了理事和理事长。万里同志任研究会名誉会长，李锡铭任理事长。城市科学研究会第一次学术讨论会同时举行，会上收到论文和资料120余篇。

20日，李鹏副总理会见中国城市科学研究会成立大会和参加城乡建设技术政策论证会的全体代表，就加强城市科学研究问题作了重要讲话。李鹏指出，十一届三中全会以来，城乡建设出现了空前的繁荣，但问题也不少，主要是城市的建设还缺少总体规划的指导，城市的市政公用设施跟不上发展需要，主体建筑和配套建设不够协调，很多地方环境恶化、污染严重，许多城市缺电、缺气、缺水，严重限制了生产的发展，影响了人民的生活。造成这种情况的原因，第一是城市缺乏总体规划；第二是缺乏适合我国国情的比较完整的技术政策；第三是城市建设和管理还没有纳入科学管理的轨道，有盲目性。希望中国城市科学研究会在党和国家制定城市建设和发展的方针政策、建设和管理城市中起参谋作用，提出咨询意见。李鹏指出，研究解决城市的问题，单靠一两门学科是不行的，需要城市科学来发挥综合的作用，统一规划，统一命题，组织多个专业分别研究，集思广益，出综合成果，做到经济效益、社会效益、环境效益的统一。要注意学习国外的先进经验，更重要的是要注意研究我国城市在建设和发展中出现的需要解决的实际问题，促进城乡健康发展。

22～23日，举行了中国建筑学会城市规划学术委员会年会。

本月，《市长研究班讲稿选编》由城乡建设环境保护部市长研究班办公室组织编辑出版、内部发行。全书共收入讲稿30多篇，约65万字，分上下两册。著名专家马洪、钱学森、吴良镛、李铁映等应聘为市长研究班讲课，讲稿内容广泛而丰富，涉及城市规划、城市建设、环境保护、领导科学和管理科学等方面的内容。

本月，根据胡乔木同志的建议，中共中央宣传部组织有关部门全面启动《当代中国》大型丛书的编写工作，其中《当代中国城市建设》分卷由城乡建设环境保护部承担组织编写工作。

二月

10～14日，城乡建设环境保护部城市规划局主持的上海经济区城镇布局规划工作第二次会议在江苏省常州市召开。

13～20日，城乡建设环境保护部在昆明召开全国村镇规划竞赛评议表彰大会。

18日，在印度新德里举行的亚洲人口和发展论坛首届大会讨论了移民和人口城市化问题，中国代表团荣誉顾问费孝通就中国人口的合理安排问题发了言。

20 日，城乡建设环境保护部城市规划局委托南京大学地理系举办的第二期城市规划进修班在南京开学。

24 日，邓小平就办好经济特区和增加对外开放城市的问题同中央几位负责同志谈话。邓小平说：我们建立经济特区，实行开放政策，有个指导思想要明确，就是不是收，而是放。特区是个窗口，是技术的窗口，管理的窗口，知识的窗口，也是对外政策的窗口。除现在的特区之外，可以考虑再开放几个港口城市，如大连、青岛。我们还要开发海南岛。要让一部分地方先富裕起来，搞平均主义不行。这次谈话是在邓小平于 1 月 24 日至 29 日视察了深圳、珠海两个经济特区，2 月 7 日至 10 日视察了厦门市和正在建设中的厦门经济特区，2 月 15 日视察了上海宝山钢铁总厂之后进行的。

下旬，加拿大科技华人团成员姚程辉、黄伯新二人访问了城乡建设环境保护部，与城市规划界有关人员进行了座谈。22 日，姚程辉先生介绍了当代西方城市规划的一些新趋势，以及埃德蒙顿市唐人街的规划和严寒地区的一个规划实例。

三月

1 日，中共中央、国务院转发农牧渔业部和部党组《关于开创社队企业新局面的报告》并发出通知，同意《报告》提出的将社队企业名称改为乡镇企业的建议。

2 日，城乡建设环境保护部、国务院上海经济区规划办公室联合向上海、江苏、浙江人民政府发出《关于开展上海经济区城镇布局规划工作的通知》。

7 日，上海经济区江苏四市市域规划工作会议在南京召开，会议就市域初步规划的工作提纲、基础资料的表格内容、深度要求等问题作了具体安排。

26 日至 4 月 6 日，中央书记处和国务院在中南海怀仁堂召开了沿海部分城市座谈会，研究沿海部分城市如何进一步开放的问题，形成了会议纪要。根据邓小平的建议，会议确定：进一步开放由北至南 14 个沿海港口城市即大连、秦皇岛、天津、烟台、青岛、连云港、南通、上海、宁波、温州、福州、广州、湛江和北海，作为我国实行对外开放的一个新的重要步骤。会议着重讨论了这些沿海城市如何放开步伐，更好地引进外资和先进技术以及有关的政策问题，并提出了一些建议。4 月 30 日，中央政治局讨论了这份纪要，并作出了决定。5 月 4 日，中共中央、国务院下发《关于批转〈沿海部分城市座谈会纪要〉的通知》（中发[1984] 13 号文)。《纪要》指出：我国在新的历史时期实行对外开放政策，有一个逐步发展的过程。沿海港口城市由于其地理位置、经济基础、经营管理和技术水平等条件较好，势必要先行一步。进一步开放沿海港口城市和办好经济特区主要是给政策，一是给前来投资和提供先进技术的外商以优惠待遇，二是扩大沿海港口城市的自主权，让它们有充分的活力去开展对外经济活动。14 个沿海城市，有些可以划定一个有明确地域界限的区域，兴办新的经济技术开发区。经济技术开发区内，利用外资项目的审批权限，可以进一步放宽，大体上比照经济特区的规定执行。经济技术开发区便于集中举办中外合资、合作、外商独资经营的各类企业和事业，是开放政策的一个重要内容。

本月，我国 500 多万个村镇已有近三分之一完成了编制建设规划的工作。

本月，城乡建设环境保护部举办的我国首次村镇规划竞赛结果揭晓，79 份蓝图获奖，其中有江南水乡村镇、北国村舍、牧区集镇、海岸渔村和国营农场场部规划，充分表现了多层次、多类型的新型村镇建设面貌。

本月，中国城市规划设计研究院举办了二期微型计算机学习班，对本院职工进行培训，学习内容以 BASIC 语言和 CP-1500 袖珍机的操作为主。

四月

6 日，国务院发布《中华人民共和国居民身份证试行条例》。《条例》规定居民身份证具有证明公民身份的法律效力。

7 日，《人民日报》发表评论员文章《愿城市早日绿化美化》。

10 ~ 14 日，城乡建设环境保护部与农牧渔业部联合召开的"城市固体废物农业应用座谈会"在上海举行。

13 ~ 19 日，第六次全国抗震工作会议在河南省郑州市举行。

16 ~ 25 日，国家体改委在常州市召开城市经济体制改革座谈会。会议认为，沙市、常州、重庆等城市的实践表明，搞好城市综合改革试点，对于推动整个经济体制改革具有重要意义。根据改革形势的需要，会议提出加快城市经济体制改革试点的步伐，简政放权、搞活企业、开放市场、搞活流通；探索城市新的计划管理体制，完善市领导县的新体制，增加一批改革试点城市等项措施和建议。

22 ~ 28 日，城乡建设环境保护部在京召开全国建设厅局长会议，讨论关于建筑业体制改革问题。李锡铭部长在会上传达了赵紫阳总理和中央其他领导同志在国务院常务会议上关于进行改革的重要讲话，代表们讨论了城乡建设环境保护部提出的《发展建筑业纲要》和城市建设方面的有关改革文件。

29 日，城乡建设环境保护部、文化部、中国美术家协会联合举办的首届全国城市雕塑设计方案展览会在北京中国美术馆开幕，展出了 364 件方案模型作品和 70 多幅建成的雕塑图片。

五月

6 ~ 10 日，城乡建设环境保护部组织的第二次城市建设系统优秀设计初评会议在天津召开。参加评选的有城市规划等九个专业的 91 项工程。

8 日，国务院作出关于环境保护工作的决定。决定指出：保护和改善生活环境和生态环境，防治污染和自然环境破坏，是我国社会主义现代化建设的一项基本国策。根据决定成立了国务院环境保护委员会，李鹏任主任。环境保护委员会办公室设在城乡建设环境保护部，由环境保护局代行其职。

4 日，中共中央、国务院批转《沿海部分城市座谈会纪要》宣布进一步开放大连、秦皇岛、天津、烟台、青岛、连云港、南通、上海、宁波、温州、福州、广州、湛江、北海等 14 个沿海港口城市，并提出逐步兴办经济技术开发区，同时宣布开放海南岛。

15 ~ 21 日，中美城市改建与保护讨论会在北京召开。

15 ~ 31 日，六届全国人大二次会议在北京举行。会议通过了《中华人民共和国民族区域自治法》和《中华人民共和国兵役法》，决定设立海南行政区，并设立海南行政区人民代表大会和人民政府。海南行政区人民政府归广东省人民政府领导。

29 日，城乡建设环境保护部发出《关于加强城市土地管理工作的通知》。

30 日，《人民日报》报道：文化部、城乡建设环境保护部、中国美术家协会联合在北京召开全国城市雕塑第二次规划会议。

六月

3 日，《人民日报》报道：国务院正式作出决定，在武汉进行经济体制综合改革试点。武汉市的经济计划今后单独开列，并要求有关地区和部门尽快制定出相应措施，简政放权。根据国务院的决定，武汉市人民政府已经拟定出改革试点的十条实施方案，主旨是以"两通"（商业流通和交通）为突破口，发挥中心城市的优势。7 月 11 日，国务院决定在沈阳进行经济体制综合改革试点；7 月 13 日，国务院决定在南京、大连进行经济体制综合改革试点，并赋予大连市省级经济管理权限。

4 日，沿海城市经济开发研讨会在深圳召开，国务委员谷牧在开幕式上讲了话。

4 ~ 8 日，中国建筑学会与城乡建设环境保护部城市规划局、设计局联合举办的"城市与建筑设计学术讲座"报告会在北京举行，报告会的主题是城市设计及建筑和城市的协调，中国、日本、澳大利亚的 6 位专家、学者分别作了学术报告。

5日，《人民日报》发表评论员文章《加快小城镇建设的步伐》，指出："发展小城镇需要有科学的规划，有计划地进行。"

7～14日，全国城市环境规划学术讨论会在太原市召开，全国各地从事环保、规划、城建、经济、农林、医学等方面工作的近百名专家、学者参加了会议。会议分两个阶段进行，第一阶段对太原市环境污染综合防治规划进行了科学论证，第二阶段，各地代表就城市环境规划的基本内容、制定城市环境规划的原则与方法、城市环境规划与城市总体规划的关系等问题发表了各自的意见。代表们一致认为保护环境和合理利用自然资源应是我国的一项基本国策，应作为一件具有战略意义的事来抓。我国环境污染和生态破坏的根本原因，从认识上讲，主要是在建设中只注意生产的发展，忽视生态的平衡，注重眼前，忽视长远，未能正确解决好发展生产与保护环境的关系。因此，开发建设必须特别强调环境规划，坚持"经济建设、城乡建设和环境建设同步规划、同步实施、同步发展"，实现经济效益、社会效益和环境效益的统一。城市环境规划的内容应该包括对城市环境现状的定性、定量分析；预测城市经济、社会发展对环境产生的影响并提出具体的环境目标和切实可行的对策；还应包括环境污染防治规划、自然保护规划和其他方面的专题内容。

8～13日，城乡建设环境保护部城市规划局在湖北省沙市召开了城市土地规划管理座谈会。湖北、辽宁、北京等十余个省、市规划管理部门和规划设计研究单位的同志参加了会议。会议总结交流了城市土地规划管理的经验，围绕当前城市土地规划管理工作中带有普遍性的问题展开了讨论。座谈会的同时进行了"城市土地管理政策和方针"科研课题的协调工作。30日，城乡建设环境保护部以（1984）城规字第376号文印发座谈会纪要。纪要指出：我们面临着城市加快改革步伐的新形势，对城市规划管理工作提出了许多新的课题，在大部分城市已经完成总体规划并正在深入开展详细规划工作的基础上，以加强城市土地规划管理为中心环节，认真实施城市规划，促进城市合理布局、生产生活设施协调发展，是当前城市规划战线一项紧迫的任务。纪要指出，当前城市土地规划管理工作应认真研究解决以下几方面的问题：1）进一步明确城市土地规划管理的范围和基本内容；2）加强城市土地的统一管理；3）实行统一征地；4）加强法制，并运用经济办法管理城市土地；5）加强城市规划管理队伍的建设。

11日至8月14日，第二期市长研究班在北京开班。

19日，国务院发出《关于大力开展城市节约用水的通知》。

本月，长江三峡库区城镇迁建规划工作启动。该规划是三峡水利枢纽工程的一项前期工作，由中国城市规划设计研究院及湖北、四川两省城市规划院三个单位负责进行。这次迁建规划要求提出一个库区城镇迁建规划纲要，其中包括迁建城镇选点、定址，规划方案示意和投资估算。同时，在调查研究的基础上，还要提出一份全库区性的城镇总体布局方案。

本月，由城乡建设环境保护部派出的赴藏规划设计咨询组完成了西藏自治区成立 20 周年工程建设项目规划设计的咨询工作。咨询组由中国城市规划设计研究院、中国建筑西南设计院和北京城市规划委员会派员组成。工作组于 4 月进藏，了解了拉萨市的城市规划，踏勘了拟在拉萨市建设的 20 周年工程项目的选址，参与了部分重点工程方案设计的审查，并对概预算定额和取费标准情况进行了调查，还参加了日喀则五项建设工程的选址工作，于 5 月底向自治区指挥部提出咨询报告。

七月

7 日，全国人民代表大会常务委员会决定芮杏文为城乡建设环境保护部部长。

14 日，国务院批转商业部《关于当前城市商业体制改革若干问题的报告》并发出通知。通知指出：我国商品生产正在迅速发展，商业体制与之不适应的矛盾越来越突出，必须从根本上进行改革；要在深入改革农村商品流通体制的同时，采取积极态度，有领导有步骤地改革城市商业流通体制。

23 日，中共中央办公厅和国务院办公厅就切实加强风景名胜区管理问题发出通知。

23～27 日，第二次全国城建系统优秀设计项目评选会议在山东省烟台市召开，参加这次评选的设计项目共 150 项，有 76 项获奖。

24 日，城乡建设环境保护部、国家计委联合发出通知：为了加强对城市规划工作的领导，使城市规划与国民经济紧密结合，经国务院领导同志批准，决定将城乡建设环境保护部城市规划局改由城乡建设环境保护部和国家计委双重领导（以城乡建设环境保护部为主）。

本月，城乡建设环境保护部和国家统计局发出城镇房屋普查的通知和办法，将于 1985 年组织开展全国城镇房屋普查。

八月

2 日下午，城乡建设环境保护部在市长研究班召开有 20 多个城市市长、副市长参加的座谈会。座谈会由芮杏文部长主持，会上市长们对城市建设、城市改革等问题发表了建设性意见。

6～10 日，城乡建设环境保护部在北京召开了由大连、秦皇岛、天津、烟台、青岛、福州、厦门、广州、深圳等 9 个城市参加的部分沿海开放城市规划建设座谈会。参加会议的 9 个城市的建委、开发办和城市规划局、院的领导同志，国务院特区办、国家计委地区局、城乡建设环境保护部有关各局、院的负责同志也出席了会议。会上，深圳、厦门市介绍了特区建设的经验和体会，大连等 7 市作了经济技术开发区建设的筹措介绍；国家计委地区局提出了对经济技术开发区条件的要求，国务院特区办介绍了目前正在制定的开发区若干问题的规定。国家计委、城乡建设环境保护部城市规划局局长王凡和中国城市规划设计研究院院长周干峙就以上问题发了言，他们指出：开发区的规模不宜过大，开发区的规划要与社会经济规划相结合，开发区特别要搞好近期建设，由小到大，逐步发展。城乡建设环境保护部储传亨副部长在会议小结中强调了城市规划工作的重要性，对规划的审批、执行规划条例、用地指标、住房标准、市政公用设施、规划工作和计划工作相结合等问题讲了许多具体意见。

7 ~ 11 日，城乡建设环境保护部在北京召开了公用事业局局长座谈会，北京、上海、天津、沈阳、广州、哈尔滨、武汉、南京、重庆、西安等 10 个城市公用事业局的负责同志参加了会议。会上，大家对城市公共交通中存在的问题及其对策进行了热烈的讨论，提出了很多建议。城乡建设环境保护部芮杏文部长、储传亨副部长到会讲了话。

12 ~ 19 日，以日中友协会长、日中友协全国青年委员会委员长柳木嘉昭为团长的日本都市建设考察团一行三人，在北京、天津、秦皇岛等城市进行了学术交流和参观访问。在华期间，与我国有关专家就城市交通、城市土地利用、环境规划等问题进行了座谈。郑孝燮、吴良镛、周干峙、胡序威等同志参加了座谈。

中旬，城乡建设环境保护部城市规划局在辽宁省丹东市召开座谈会，研究城市规划设计单位试行技术经济责任制，承担规划设计实行收费的问题。参加座谈会的有辽宁、陕西、四川、湖南、浙江、安徽等省市规划设计院和丹东、太原、武汉、抚顺市规划设计单位的同志，共 16 人。座谈会上，大家研究了当前城市规划设计工作所面临的许多问题，指出城市规划设计单位迫切要求改革，"打破大锅饭，试行技术经济责任制"。关于试行技术经济责任制的具体办法，多数同志主张规划设计院的事业单位性质不变，实行事业单位企业管理，国家按人头数拨给事业费，必须保证完成主管部门下达的指令任务，或与主管部门签订任务合同，有奖有罚。座谈会上初步起草了《城市规划设计单位改革意见（讨论稿）》和《关于城市规划设计单位试行技术经济责任制的若干规定（讨论稿）》，并将两个讨论稿发到各省市规划设计单位征求意见。

22 ~ 28 日，由民政部主持的全国 13 省、市、自治区小城镇政权建设座谈会在北京召开。民政部邹恩同副部长在发言中指出：要适当放宽建镇的标准，要解决镇的合理布局问题，把小城镇逐步发展成为农村政治、经济、文化中心，实行镇管村的体制。

25日，经国务院批准，城乡建设环境保护部发布《中华人民共和国城乡建设环境保护部关于外国人私有房屋的若干规定》。

28日至9月1日，"东北三省城市规划学术交流第四次会议"在黑龙江省牡丹江市举行。

月底，全国城建系统优秀设计评选揭晓，76项优秀设计获奖。城市规划专业共有18项优秀设计获奖，其中，上海嘉定城厢镇规划（上海规划院）和辽阳石化总公司居住区规划（中国东北建筑设计院）获得部一等奖（一级），并推荐为国家优秀设计。

本月，万里副总理在接见北京市和城乡建设环境保护部主要负责同志时作出重要指示：企业要下放，城市管理要高度集中，不能都"松绑"，有些还要绑紧，城市管理松不得。北京市和城乡建设环境保护部要共同研究，怎样按照中央的批示，把北京建设好，拿出一个方案来。

本月，谷牧同志在江苏南通市听取南通、连云港两市工作汇报时，谈到了沿海城市进一步开放的问题。

九月

17～25日，由中国基本建设经济研究会和内蒙古自治区党委研究室联合召开的重点建设与区域经济发展学术讨论会在呼和浩特市举行，有关部门领导和各地专家60多人出席。

18日，国务院批准福州、广州两市的城市总体规划。

22～30日，华东六省省会第二次城市规划交流座谈会在合肥市举行。出席会议的除六省会建委的代表外，还邀请了上海市规划设计院、城乡建设环境保护部城市规划局和中国城市规划设计研究院等单位派代表参加。

25日，国务院批转《关于大连市进一步对外开放和能源、交通建设等问题的会议纪要》，《纪要》对大连市的进一步对外开放工作作出了12点决定。

26日，国务院办公厅转发《关于秦皇岛市进一步对外开放问题的会议纪要》。

27日，国务院作出《关于加强乡镇、街道企业环境管理的规定》。

本月，城乡建设环境保护部城市规划局召开部分省、市、自治区规划局处负责人座谈会。会议在两个城市举行，南片在南昌，北片在银川。主要内容是汇总、研究各地城市规划工作的情况和今后改革的意见。这次会议主要是为了进一步落实不久即将召开的全国城市规划工作会议的准备工作。

本月，为了适应城乡建设迅速发展和人才培养的需要，吉林省城乡建设环境保护厅和省建筑职工大学联办吉林省城乡规划中专班。这个规划班现已通过全省统一考试，择优录取学员46名。该班脱产学习，学制为3年，学员主要来自县、乡的规划管理人员，他们毕业后将返回原工作岗位。

十月

4日，国务院批转国家计委《关于改进计划体制的若干暂行规定》并发出通知。通知指出：为了适应对内搞活经济、对外实行开放的需要，我国现行计划体制必须进行改革。要根据"大的方面管住管好，小的方面放开放活"的精神，适当缩小指令性计划的范围，扩大指导性计划和市场调节的范围。对关系国计民生的重要经济活动，实行指令性计划；对大量的一般经济活动，实行指导性计划；对饮食业、服务业和小商品生产等方面，实行市场调节。

11日，国务院批转城乡建设环境保护部《关于扩大城市公有住宅补贴出售试点的报告》，并发出通知说：城市公有住宅补贴出售给个人，是逐步推行住宅商品化、全面改革我国现行住房制度的重要步骤。

13日，国务院发出《关于农民进入集镇落户问题的通知》。指出：我国现有县以下集镇近六万个，这些集镇是城乡物资交流和集散的中心，农民进入集镇务工、经商、办服务业，对促进集镇的发展，繁荣城乡经济，具有重要的作用。《通知》要求各级人民政府积极支持有经营能力和有技术专长的农民进入集镇经营工商业，公安部门应准予其落常住户口，统计为非农业人口。

15～19日，中国建筑学会城市规划学术委员会历史文化名城规划设计学组成立暨学术讨论会在江西景德镇召开，安永瑜任学组组长。

18日，国务院批复浙江省人民政府转报的《关于宁波市进一步对外开放规划的报告》。

20日，中共十二届三中全会在北京举行。全会一致通过《中共中央关于经济体制改革的决定》，明确提出：进一步贯彻执行对内搞活经济、对外实行开放的方针，加快以城市为重点的整个经济体制改革的步伐，是当前我国形势发展的迫切需要。改革的基本任务是建立起具有中国特色的、充满生机和活力的社会主义经济体制，促进社会生产力的发展。《决定》认为：改革计划体制，首先要突破把计划经济同商品经济对立起来的传统观念，明确认识社会主义计划经济必须自觉依据和运用价值规律，是在公有制基础上的有计划的商品经济。商品经济的充分发展，是社会经济发展不可逾越的阶段，是实现我国经济现代化的必要条件。会议对开展以城市为重点的经济体制全面改革进行研究和部署，要求进一步充分发挥城市的中心作用，逐步形成以城市特别是大中城市为依托的、不同规模的、开放式网络型的经济区，并继续扩大进行综合体制改革试点的城市。《决定》指出："城市政府应该集中力量做好城市的规划、建设和管理，加强各种公用设施的建设，进行环境的综合整治"。党的十二届三中全会后，改革逐步深入到各个领域。从农村到城市，从政治、经济到各项事业，从对内搞活到对外开放，各方面改革相互促进，推动着经济建设迅速发展，我国社会面貌发生了深刻变化。

20 日，国务院批复山东省《关于青岛、烟台两市进一步开放、兴办经济技术开发区规划方案的报告》。青岛市经济技术开发区的规划建设面积为 15km^2，近期开发范围 2km^2；烟台经济技术开发区的规划建设面积为 10km^2，近期开发范围 2km^2。《批复》指出，两市对开发区的建设，要在进一步论证的基础上作出具体规划，根据需要与可能，分期分批进行。

23 ~ 25 日，城市规划南方片信息中心在安徽省屯溪市召开首次会议，并决定出版《城市规划信息》刊物。

23 ~ 28 日，中国城市科学研究会、中国建筑学会城市规划学术委员会在湖南省岳阳市联合召开全国第三次"中国城镇化道路问题学术讨论会"，会议的主题是"农村经济发展和小城镇建设"问题。

29 日，由中央绿化委员会组织的京、津、沪城市绿化检查团在经过 20 天检查、参观之后，举行了总结、交流会。

本月，《深圳经济特区总体规划》编制工作启动，该规划于 1986 年 3 月完成，对市场经济条件下的城市规划理论和实践进行了有益探索。

十一月

1 日，中国花卉协会在北京成立。

5 ~ 7 日，政协全国委员会文化组和经济建设组联合举行的保护北京历史文化名城座谈会在北京举行。

6 ~ 8 日，有 100 多位中国和法国建筑学专家参加的"中法住宅学术讨论会"在京召开。

13 ~ 17 日，骊山风景名胜区总体规划评议会在西安市临潼县召开。骊山风景名胜区位于陕西省临潼县境内，主要包括姜寨原始聚落区、秦始皇帝陵区和唐华清宫苑区。其文物古迹数量之多，居 44 个风景名胜区之首。

22 日，国务院下发《批转民政部〈关于调整建镇标准的报告〉的通知》。通知指出，为了适应城乡经济发展的需要，适当放宽建镇标准，实行镇管村体制，对于加速小城镇的建设和发展，逐步缩小城乡差别，进行物质文明和精神文明建设，具有重要意义。现在对已具备建镇条件的地方，地方政府要积极做好建镇工作，成熟一个，建一个，不要一哄而起。要按照建镇标准，搞好规划，合理布局，使小城镇建设真正起到促进城乡物资交流和经济发展的作用。通知对 1955 年和 1963 年中共中央和国务院关于设镇的规定作如下调整：1）凡县级地方国家机关所在地，均应设置镇的建制。2）总人口在 2 万以下的乡，乡政府驻地非农业人口超过 2000 的，可以建镇；总人口在 2 万以上的乡，乡政府驻地非农业人口占全乡人口 10% 以上的，也可以建镇。3）少数民族地区、人口稀少的边远地区、山区和小型工矿区、小港口、风景旅游、边境口岸等地，非农业人口虽不足 2000，如确有必要，也可设置镇的建制。4）凡具备建镇条件的乡，撤乡建镇后，实行镇管村的体制；暂时不具备设镇条件的集镇，应在乡人民政府中配备专人加以管理。

24 ~ 30 日，"大城市人口问题和对策讨论会"在成都召开，这次会议是由北京、天津、上海、成都四市人民政府和中国城市科学研究会、北京大学社会学系联合发起的，全国 25 个百万人口以上的城市和一些大专院校、科研机构的 167 名代表参加了会议。会上大家就大城市发展的基本方针、区域内人口合理分布和流动人口等问题进行了讨论。会议认为，"控制大城市人口规模"的方针仍要继续坚持，但是在理解和贯彻上应有新的补充和发展，应把人口迁移纳入城市建设规划和计划中，根据城市需要，做到有宽有严，改革现行户籍管理办法，逐步推广居民制度。对于日益增多的流动人口，会议认为应采取积极引导、区别对待、加强管理的方针，近期内做到进得来、住得下，远期应该积极发展城市之间和城乡之间的人口合理对流。会议形成了上报国务院的《关于"大城市人口问题和对策讨论会"的报告》。

25 日，《人民日报》报道：中国园林"燕秀园"参加英国利物浦国际园林节（5 月 2 日开幕）展出，获得"大金奖"金质奖章、"最佳亭子奖"奖状和"最佳艺术造型永久保留奖"奖状。"燕秀园"是由中国建筑总公司园林建设公司北京分公司建造的。

26 日至 12 月 1 日，中国古都学会第二次学术讨论会在南京召开，会议就古都名城的保护与现代化城市建设的关系问题进行了专题讨论，会上通过了关于保护六大古都和历史名城文物古迹的倡议。

27 日，国务院批复广西壮族自治区人民政府关于《开发建设北海、防城港的规划报告》。

29 日，国务院对广东省人民政府转报的《湛江市对外开放工作的报告》作了批复。

十二月

5 日，国务院批复广东省人民政府《关于做好广州市对外开放工作的报告》。

6 日，国务院批复天津市《关于进一步实行对外开放的报告》。

7 日，经国务院批准，我国设立国家环境保护局。这个机构由城乡建设环境保护部领导，同时也是国务院环保委员会的办事机构。

10 ~ 13 日，中国建筑学会城市规划学术委员会居住区学组第四次会议暨昆明市城市科学研究会成立大会在昆明市召开，大会以"居住区环境规划"为主题进行了学术交流。昆明城市科学研究会成立大会亦同时召开。

16 日，经国务院批准，上海经济区的范围由上海市及浙江两省市的九个市扩大为四省一市，即江苏、浙江、安徽、江西四省全部及上海市。

16 ~ 20 日，城乡建设环境保护部在京召开全国城市煤气工作会议，李鹏副总理在闭幕式上讲了话。

19 日，国务院批复江苏省人民政府《关于南通、连云港两市进一步对外开放的方案》。

26 ~ 30 日，城乡建设环境保护部科学技术局在济南召开"科研改革座谈会"，这次会议是为贯彻中央关于经济体制改革的决定，推动城乡建设环境保护部系统科研改革的深入发展而召开。戴念慈副部长到会并讲了话。科技局负责同志在座谈会总结发言中，传达了中央首长和国家科委关于科技改革的指示，今后科研工作改革要以技术商品化为突破口，要逐步实现政研分开，使研究单位成为独立的实体，不再隶属于政府部门，面向社会，放开手脚，自主地开展科技工作。

27 日，城乡建设环境保护部在合肥召开全国旧城改建经验交流会，研究推广合肥市在旧城改建中实行社会集资及进行统一规划、综合开发的经验。

本月，国家计委国土局主持召开全国国土规划工作讨论会。

到本月为止，国务院已经批准了重庆、武汉、沈阳、大连、哈尔滨、广州、西安等七个城市在国家计划中单列户头，并赋予其相当于省一级的经济管理权限。

本年，由国家科委、经委、计委下达的《城市交通运输的发展方向问题》的综合报告通过国家鉴定。综合报告就我国城市交通技术政策开展了城市客运交通现状和发展预测，城市交通的合理结构、自行车交通等 10 个专题研究。

本年度出版的城市规划类相关著作主要有:《居住区详细规划》(王仲谷、李锡然编)、《苏联城市规划设计手册》([苏] В·Н·别洛乌索夫主编，詹可生译)。

1985 年

一月

月初,万里副总理到深圳作了为期三天的视察。万里反复强调,城市规划是城市建设的根本问题。当他听说有些单位不服从市规划局统一规划,自作主张,乱建乱盖之后,诙谐地说:"城市里要有一个土地庙,土地庙里要有个土地爷。规划局长就是土地爷,市长也是土地爷。不要怕得罪人,怕得罪人当不了规划局长。"他风趣地对市委领导说:"我当你们的后台,支持你们搞好城市规划。"中旬,国务院副总理万里在福建省厦门市进行了视察,并对厦门的规划建设提出一些意见。他说:要搞好城市建设总体规划,还要搞分区规划,搞一些好的单体设计。并且强调指出:城市规划制定后,人代会通过了,任何人都不能违反。

10 日,中国建筑学会邀请规划建筑专家、学者 30 余人,就首都的城市建设规划问题在北京举行学术座谈会。学会理事长戴念慈主持会议。与会代表指出:城市规划和建设要反映出中华民族的历史文化、革命传统和社会主义国家首都的独特风貌,努力提高城市的建筑艺术水平。

16 日,赵紫阳总理听取城乡建设环境保护部关于住房租金改革方案汇报。22 日,成立了以芮杏文为组长的住房租金改革领导小组。

19 日,经城乡建设环境保护部和经贸委批准的"大地"建筑事务所在人民大会堂举行成立大会。这是北京第一家中外合作经营的建筑设计单位。董事长为高级工程师金瓯卜,副董事长为加拿大华人、清华大学副教授彭培根。1984 年 11 月 26 日城乡建设环境保护部还批准试办"北京建筑设计事务所"。这是由中年高级建筑师王天锡为首组成的小型全民所有制的建筑设计事务所。北京、内蒙古、广西等 15 个省、自治区、直辖市,1984 年下半年新批准成立的集体设计单位共 54 个。

20 ~ 29 日,国际建筑师协会第 15 届大会和第 16 届代表大会在开罗举行。以吴良镛、何广乾为正、副团长的中国建筑师代表团 4 人,参加了本次大会。第 15 届大会讨论的主题是"建筑师现在和将来的使命"。吴良镛代表亚洲大区作了题为《亚洲简况与中国近几年建筑事业的发展》的报告。吴良镛教授当选理事。

23 ~ 27 日,由中国城市规划设计研究院总体规划研究所主持召开的第二次分区规划学术讨论会在山西太原、榆次举行。会议的内容是结合实例讨论分区规划的做法、内容、深度,集中探讨规划工作与当前建设的衔接问题,即研究规划如何指导建设,规划工作如何为当前建设服务。来自全国各地的近 30 名青年规划工作者,利用参加第二次分区规划学术讨论会的机会,举行了一个别开生面的青年联谊会。

25～31 日，国务院召开长江三角洲、珠江三角洲和闽南厦（门）漳（州）泉（州）三角地区座谈会，建议将这三个"三角"地区开辟为沿海经济开放区。2 月 18 日，中共中央、国务院批转《长江、珠江三角洲和闽南厦漳泉三角地区座谈会纪要》并发出通知，指出：这三个经济开放区应逐步形成贸—工—农型的生产结构，建立以外向型为主的经济。要围绕这一中心，合理调整农业结构，认真搞好技术引进和技术改造，使产品不断升级换代，大力发展出口，增加外汇收入，成为对外贸易的重要基地。同时又要加强同内地的经济联系，共同开发资源，联合生产名牌优质产品，交流人才和技术，带动内地经济的发展，成为扩展对外经济联系的窗口。这一决策的实施，使我国的对外开放形成了从经济特区到沿海开放城市再到沿海经济开放区的多层次、由外向内逐步推进的新格局。

26 日，在北京举行全国第二次城建系统优秀设计授奖大会，有 76 个项目获奖，其中有城市规划 18 项。

本月，中共中央、国务院发布的一号文件《关于进一步活跃农村经济的十项政策》中要求，进一步扩大城乡经济交往，加强对小城镇建设的领导，文件还要求各地增强县级政策管理和协调经济的能力。

本月，全国国土规划办公室召开工作会议，我国第一部全国国土总体规划纲要开始编制。为了实现 2000 年的战略目标，加快发展经济，合理开发利用国土资源，对全国的重大生产建设布局，需要作出一个全国国土总体规划，使中央的决策在规划上得到集中，使之进一步系统化、具体化。此项工作由国家计委负责，成立全国国土规划办公室，具体组织领导工作。1986 年开始编制省、市、自治区的国土规划。

二月

8 日，国务院发布《中华人民共和国城市建设维护税暂行条例》，从 1985 年 1 月起开征城市建设维护税，这是国家集中资金用于城市建设的一项重要措施。

8 日，国务院批转上海市人民政府、国务院改造振兴上海调研组《关于上海经济发展战略的汇报提纲》，并发出通知指出：改造、振兴上海是关系我国"四化"建设的大事。在新的历史条件下，上海的发展要走改造、振兴的新路子，充分发挥中心城市多功能的作用，力争到本世纪末把上海建成开放型、多功能、产业结构合理、科学技术先进、具有高度文明的社会主义现代化城市。

11～13 日，中国城市科学研究会第一届理事会第二次常务理事会在京召开，会议由副理事长储传亨同志主持。

25 日，国务院批复了辽宁省人民政府和城乡建设环境保护部关于规划和开发兴城的请示报告。

本月，我国首次利用遥感技术完成全国土地资源调查，编制了 1：200 万的土地利用现状图。

本月，由中国社科院社会学研究所、中国社会学会和江苏省社科院、省社联、省小城镇研究会联合举办的小城镇研究学术讨论会在江苏无锡市举行，参加会议的有 130 多人。会议的议题是：城乡改革与小城镇建设的关系，不同地区、不同类型、不同层次的小城镇的发展特点及规律，疏通小城镇流通渠道，建立合理的城镇体系及如何以镇带村等。

本月，吉林省已经举办了三次详细规划训练班，学员们在短训班上可学到建筑设计、居住区规划和道路管线综合等方面的基本知识，并要进行详细规划的实践。

三月

2 ~ 7 日，全国科学技术工作会议在北京召开。会议对科技体制的改革问题进行了讨论。邓小平在会上发表重要讲话，指出：经济体制，科技体制，这两方面的改革都是为了解放生产力。新的经济体制，应该是有利于技术进步的体制。新的科技体制，应该是有利于经济发展的体制。双管齐下，长期存在的科技与经济脱节的问题，有可能得到比较好的解决。

4 日，中共中央、国务院发出《关于成立三峡省筹备组的通知》。为了保证三峡工程顺利建成，妥善安排库区移民，加快三峡地区的经济开发，中共中央、国务院认为有设立三峡省的必要。1986 年 5 月 8 日，中共中央、国务院决定撤销三峡省筹备组，改设三峡地区经济开发办公室。

4 日至 6 月 18 日，第三期市长研究班在北京开学。自本期研究班开始，主办单位增加中共中央党校，即由中共中央组织部、中共中央党校、城乡建设环境保护部和中国科协联合举办。

5 日，国家经济体制改革委员会和中国科学技术协会批准中国城市科学研究会成立，并接纳为中国科协团体会员。

6 ~ 13 日，全国城市经济体制改革试点工作座谈会在武汉市召开。会议认为，1984 年我国城市经济体制改革在理论上、实践上都取得了突破性进展，综合改革试点城市已经发展到 58 个。1985 年城市经济体制改革的行动方针应该是：在改革的方向、目标上坚定不移、积极进取，在改革的方法、步骤上谨慎从事、稳扎稳打，把继续搞活同加强宏观管理统一起来，确保改革初战的胜利。

15 日，《城市规划》（英文版）第一次编委会在京举行。随着国际交往的增加和开放政策的执行，经有关部门批准，决定筹备出版《城市规划》（英文版），由中国建筑学会城市规划学术委员会和中国城市规划设计研究院联合主办，陈占祥任主编。会上，陈占祥介绍了办刊方针和筹备经过，编委们畅谈国内外城市规划形势，肯定了办刊的重要性，并对办刊方针进行了认真的讨论。编委们认为，《城市规划》（英文版）作为一个窗口，应能使读者更好地了解中国的城市、城市规划和城市建设；作为一座桥梁，应能加强国际间学术交流；作为一条渠道，应能沟通国际的科学技术信息。

26 日，国务院环境保护委员会第三次会议在京召开，国务院副总理兼国务院环境保护委员会主任李鹏主持了会议并讲了话。

26 ~ 30 日，由《城市规划》编辑部和太原、济南两市规划局联合主办的"城市干道及步行街规划建设座谈会"在太原举行。会上交流了各地城市街道建设的经验，共同探讨了有关的理论问题。

28 日，国务院批转《关于广东、福建两省继续实行特殊政策、灵活措施的会议纪要》并发出通知。

本月，《苏联大百科全书有关城市规划的条目选译》出版。

本月，国务院召开长江三角洲、珠江三角洲和闽南厦（门）、漳（州）、泉（州）三角地区座谈会，三个"三角"地区将辟为沿海经济开放区。这是我国对外开放的重要战略部署，不但可以加快沿海经济的发展，而且可以带动内地，使内地和沿海的优势相得益彰，振兴全国经济。赵紫阳总理在座谈会结束时说：在对外开放问题上，要"坚定不移"、"谨慎从事"、"务求必胜"。

本月，城乡建设环境保护部城市规划局在武汉召开城镇布局规划座谈会，全国城镇布局规划纲要编制工作开始展开，该工作是根据国家计委关于 1985 年提出的全国国土总体规划纲要要求而进行的，由城乡建设环境保护部城市规划局负责组织，会同各省、自治区、直辖市的建委、城乡建设厅、城市规划局共同研究提出。规划的方针原则是：1）城镇布局规划要紧密结合生产布局，特别是"七五"计划建设的大中型项目布局，同步协调进行。2）认真贯彻对原有企业进行技术改造和改建、扩建的建设方针，城镇布局规划自东而西按三大地带分别考虑，要依靠沿海地带城市的经济、社会、技术优势，带动中部、西部地带城市的发展。3）规划要体现控制大城市规模、合理发展中等城市、积极发展小城市的方针；反映经济改革和农村商品经济的发展对城镇分布的影响，体现中国特色的城市化道路。4）城镇布局规划工作，应以上述三类中心城市为核心，大中小城镇相结合，组成不同规模、不同职能分工的多层次的城镇体系。

本月，《关于"大城市人口问题和对策讨论会"的报告》经国务院发文批转各地和中央各部门。万里同志对报告的批示："完全赞成这个讨论会的结论及建议。"这一报告的基本精神是要求国务院重申"控制大城市规模的方针是正确的，在对外开放、对内搞活经济的新形势下，对大城市的常住人口仍应从严控制，否则将遗患无穷。"

本月，北京市开始着手进行首都发展战略的研究，重点放在如何认识首都发展的优势、基本矛盾和存在的问题，首都发展面临的新形势、新任务和战略对策的选择，以及战略阶段的划分等问题上。

四月

5日，国务院办公厅转发国家统计局《关于建立第三产业统计的报告》。《报告》对三类产业作出如下划分：第一产业为农业（包括林业、牧业、渔业等）；第二产业为工业（包括采掘业、制造业，自来水、电力、蒸汽、热水、煤气等业）和建筑业；第三产业是除上述第一、第二产业以外的其他各业。

17～19日，首届全国交叉科学讨论会在北京召开。会议是在中国科学技术协会领导下，由中国城市科学研究会等17个交叉学科的学术团体联合召开的。

19日，国务院批转城乡建设环境保护部关于《改革城市公共交通工作的报告》，要求对各种车辆严格管理，大力发展公共交通，增加客运车辆；加快道路网的改造和改建，修通必要的环路，形成通畅的干道系统。

19～21日，中国城镇供水协会在京召开成立大会，大会选举储传亨为协会理事长，聘请顾康乐为名誉理事长。

23日，改革城建指标体系座谈会在武汉市举行，武汉、沈阳、大连、哈尔滨、广州、重庆、西安等七个计划体制改革的重点城市的负责人参加了座谈会。

29日，中国环境战略研究中心在京成立，于光远任中心的主席。

五月

4日，国务院批准长春、大连两市的城市总体规划。

4～10日，城乡建设环境保护部在苏州召开了部分省市经济发达地区村镇建设工作座谈会。江苏、浙江、福建、广东、山东、山西、辽宁、北京、上海、天津共十个省市的代表参加了会议。会议讨论了《村镇建设管理暂行规定》、《关于集镇实行统一开发综合建设的几点意见》等文件，总结了近年来村镇建设的经验教训，并提出了目前还存在的一些问题。

6日，由中国建筑学会城市规划学术委员会、中国城市规划设计研究院、武汉城市建设学院联合举办的第一届全国开放城市规划研究班在武汉开学。来自沿海、沿江及边境 30 个城市（州、县）的 40 位从事规划和建设的专业技术干部参加了学习。研究班围绕开放城市、经济开发区的规划特点、现代城市的交通运输、开放城市的风景旅游和文化古迹保护、经济中心城市的规划和综合开发、经济技术开发区建设的前期工程以及开放城市和特区的建设与管理等专题进行讲课和讲座，同时还介绍国内外有关城市的规划和建设。城市规划的基础工作，是城市规划的科学依据，基础工作越全面，城市规划的随意性越小，城市规划实施越强有力。

7 日，福建省城市规划学术委员会和福建省城市规划信息中心在泉州市召开了有厦门经济特区、福州开放港口城市以及闽南厦漳泉三角地带各市县代表 30 余人参加的"对外开放与城市规划"学术讨论会。大家认识到：对外开放是一项长期的国策，但要分阶段、分步骤地实行；经济特区、港口开放城市、开放地带以及其他地区的开放方式、开放程度是有区别的，我们要掌握这种区别，从各自的实际出发采取具体的有针对性的而又富有实效的措施。

10 日，国家科委批准设立城乡建设环境保护部城市建设研究院。

11 ～ 16 日，中国土地学会第二次全国代表大会暨学术讨论会在西安举行。

15 日，《人民日报》、《经济日报》发表 1980 年 4 月邓小平关于建筑业和住宅问题的谈话。

16 日，赵紫阳 5 月 15 日在全国人大所作政府工作报告发表，报告以大量篇幅阐述改革建筑业和基本建设管理体制的意义、目标，宣布建筑业可以首先进行全行业改革。在谈到设计时指出，在工程建设中，设计是灵魂。

20 日，世界大城市首脑会议在东京开幕，北京市领导介绍了控制人口增长的经验。

20 ～ 26 日，城乡建设环境保护部在北京召开了住房制度改革试点城市座谈会。锦州、镇江、佛山、邢台、石家庄、武汉、重庆等城市及有关部门的代表出席了会议。

24 ～ 27 日，由《城市规划》编辑部和济南、太原两市规划局联合举办的"城市干道及商业街规划学术报告会"在济南举行。整个报告会围绕一个主题，就是怎样建设好城市的客厅——城市干道和商业街。就干道及商业街的规划进行了深入的探讨，并对由此而带来的城市绿化、交通、商业、建筑及小品、文物保护等问题有了更进一步的认识，并结合实际，为济南、邯郸、安阳、株洲、大庸等地的七项工程开展了义务技术咨询。

25 日，国务院批复了辽宁省人民政府和城乡建设环境保护部《关于规划和开发兴城的请示报告》。

29 日，城乡建设环境保护部就当前村镇工作取得的成就和存在的问题向国务院进行了报告。《报告》指出，经济发展推动了村镇建设，但也带来了一些新的问题，如建设规模超过了原来的设想，使已有的规划满足不了需要；不少规划深度不够；技术人才缺乏，为此，城乡建设环境保护部在《报告》中提出，要尽快改变村镇规划落后于建设的状况，村镇建设要量力而行，不能强令大拆大建，要抓紧人才培养，搞好综合开发，加强基础设施的建设和环保工作，建立健全管理体制。

29 ~ 30 日，全国城市青年结婚住房座谈会在武汉市召开。

六月

4 日，国务院批复了南昌市的城市总体规划。

4 日，新华社报道：全国农村人民公社政社分开，建立乡政府的工作已经全部结束。建乡前全国共有 5.6 万多个人民公社、镇，政社分开后，全国共建有 9.2 万多个乡（包括民族自治乡）、镇人民政府，同时建立村民委员会 82 万多个。

6 日，城乡建设环境保护部发出《关于进一步抓好建筑勘察设计改革试点工作的通知》，要求建筑勘察设计单位实行企业化经营，并试行建筑师和结构师项目负责制。

7 日，国务院发布《风景名胜区管理暂行条例》，这是我国第一部有关风景名胜区的规范性文件。《条例》对风景名胜区的规划、土地，以及景物、文物古迹的管理等作了规定。

10 日，城乡建设环境保护部颁发《城市煤气工作暂行条例》和《发展城市煤气的技术政策》。

11 ~ 15 日，城乡建设环境保护部城市规划局和国务院上海经济区规划办公室在安徽省芜湖市召开上海经济区城镇布局规划纲要汇编工作讨论会。《上海经济区域城镇布局规划纲要》提出，上海经济区城镇布局以上海市为中心，通过长江、沿海和沪宁、沪杭、津浦、浙赣等几条交通动脉向外辐射，形成沪宁杭城镇密集地区和几条城镇密集带，依托这些城镇，发展星罗棋布的小城镇，逐步实现全经济区城市化。

12 日，城乡建设环境保护部颁发《城市规划设计单位注册登记管理暂行办法》。

17 ~ 22 日，由浙江省科协、省国土经济研究会、省海岸带和海涂资源综合调查领导小组组织的"杭州湾综合开发治理学术讨论会"在杭州举行。会议就杭州湾的开发、两岸的生产力布局和城镇发展提交了一批科研成果及论文。

18～21 日，日本国际博览会"科学城"学术讨论会在日本京都举行，我国派专家组参加。

19 日，上海市委宣传部召开了上海城市文化发展战略研讨课题发布会。研究课题包括上海文化事业的现状调查与对策研究、文化发展预测与远景规划、历史回顾、文化交流与比较以及基础理论研究等五个方面的内容。

20 日，全国房地产汇报会在重庆召开。

21～25 日，第四届国际建筑与城镇规划会议在民主德国魏玛和德绍举行。

22 日，国务院批准了南昌市城市总体规划。

28 日，城乡建设环境保护部颁发 1984 年全国优秀建筑设计奖名单。全国计有 26 个省、市、自治区和部属设计单位，推荐了 158 个项目参加了这次评选，其中有 37 项获奖。

28 日，城乡建设环境保护部科技局根据国家科委、国家体改委《关于开发研究单位由事业开支改为有偿合同制的改革试点意见》和《关于当前整顿自然科学研究机构的若干意见》精神，要求各地及部属科研单位、高等院校研究、贯彻。

29 日，国务院批复福建省人民政府《关于报审厦门经济特区实施方案的报告》，批准把厦门经济特区的范围扩大到厦门全岛和鼓浪屿全岛，并在该特区逐步实行自由港的某些政策。

本月，深圳市政府颁布《深圳经济特区暂住人员户口管理暂行规定》。

七月

1 日，首次全国城镇房屋普查登记工作全面展开。普查人员在全国 310 多个市、3900 多个县镇、1800 多个工矿区，对房屋、居住情况进行逐幢逐户的测绘登记。

5～10 日，中国建筑学会城市规划学术委员会历史文化名城规划学组在开封召开全国六大古都保护规划学术研讨会。

9～14 日，"城市基础设施经济问题讨论会"在北京举行。讨论会是由中国城市科学研究会和中国城乡经济研究所召开的。全国人大副委员长朱学范、城乡建设环境保护部副部长储传亨、国务院发展研究中心常务干事季崇威在大会开幕式上讲话。

13 日，公安部颁发《关于城镇暂住人口管理的暂行规定》。

18～23 日，四川省建筑学会城市规划学术委员会在雅安市召开了 1985 年年会，同时召开了中小城市总体规划实施问题座谈会。

26 日，全国政协文化、经济建设组在京讨论了第二批历史文化名城名单问题。

下旬，应日本建设省的邀请，由城乡建设环境保护部副部长廉仲率领的中国城市发展与管理考察团在日本的筑波、大阪、京都、神户、东京都、横滨等城市进行了访问，并就有关问题与日本建设省、国土厅官员及专家进行了座谈。考察团认为，日本在城市发展与管理上有一些值得我们注意和借鉴的内容和做法，主要有以下几点：1）把城市建设纳入国家经济与国土开发计划，使城市与经济、社会协调发展；2）促使城市由单一中心结构向多中心型结构转变，更好地适应经济的发展；3）大力推行城市再开发事业，有效地改变城市面貌，提高土地利用率与合理性；4）优先进行城市基础设施的建设；5）使城市建设具有稳定的资金来源；6）对古建筑等历史文化遗产的保护；7）建设与时代发展相适应的新城市。

本月，城乡建设环境保护部在南京召开全国城乡建设勘察设计工作会议，讨论如何贯彻建筑业改革精神，提出设计工作的十条改革要点，自此全国勘察设计单位以企业化经营为中心的改革进入高潮。

八月

20～23日，城乡建设环境保护部在南京召开南京、重庆、沈阳、南昌四市建筑业改革座谈会。

23～29日，城乡建设环境保护部城市住宅局在锦州召开全国城镇房屋普查第三次工作汇报会。

24日，首都规划建设委员会全体会议通过了《北京市区建筑高度方案》，《方案》规定：故宫周围为绿地和平房地区，旧皇城根以内的新建筑，由中间向东西两侧，高度依次不得超过9m和18m。旧皇城根以外的新建筑，依次不得过18m、30m、45m；东部、东北部的三环路以外，经批准方可兴建超高层建筑。9月17日《北京日报》刊发了方案全文。

27日，中国近代建筑史座谈会在北京举行，十几名专家学者交流了20世纪五六十年代及近期国内外开展中国近代建筑史研究的情况，总结了经验教训，围绕着在新的形势下如何进行研究的问题进行了广泛深入的讨论。鉴于中国近代建筑在我国建筑史上所占有的重要地位，专家们认为应立即对典型的、有代表性的中国近代建筑进行保护，决定向全国发出《关于立即开展对中国近代建筑保护工作的呼吁书》。

28日，国务院发出《关于不再扩大一九八五年基本建设投资规模的通知》。

28日至9月4日，全国市政工程经济研究会成立大会在京举行，城乡建设环境保护部副部长储传亨到会讲了话。

29日至9月2日，中国建筑学会城市交通规划学术委员会筹备会暨深圳特区交通规划讨论会在深圳市召开。会议决定成立城市交通规划学术委员会，推选郑祖武任主任委员。

30 日，国家计委和城乡建设环境保护部联合发出《关于加强重点项目建设中城市规划和前期工作的通知》。通知要求：1）各级人民政府批准的城市总体规划，是保证城市各项建设协调发展的基本依据。凡在城市规划区范围内建设项目的选址，都必须符合城市规划要求，由于工程建设需要对城市总体规划进行重大修改时，必须报请原规划审批单位批准。2）凡与城镇有关的建设项目，应按照《城市规划条例》的有关规定，在当地城市规划部门的参与下共同选址。3）各级城市规划部门要积极配合国家重点工程建设，提供有关规划资料，做好工程区位与城市规划的衔接工作。

31 日，山西省建设厅举办的第一期城市详细规划培训班举行了开学典礼。培训班从 9 月 1 日正式上课，共三个半月。教学共分三个阶段：9 月 1 日至 10 月 20 日讲课，21 日到 10 月底参观学习，11 月初到 12 月中详细规划设计实习。培训班共有学员 50 名。

31 日，新疆维吾尔自治区计委和建设厅联合召开"新疆建筑民族形式和地方特色讨论会"，10 月在南疆喀什市召开全区的学术讨论会。

本月，北京市委、市政府采纳市系统工程学会的建议，决定开展首都发展战略的研究工作。首都发展战略总体研究部副主任刘歧在科协召开的会议上指出：研究制定首都发展战略的根本任务，是贯彻落实中央书记处关于北京建设方针的四项指示和党中央、国务院对北京规划的批复。研究工作首先要确定首都发展的战略目标，还要研究经济、社会、城乡建设、科技、人才教育、体制改革六个方面的分战略。在"中华振兴，首都战略对策何在"的总题目下，总体研究部提出了十个分题目。其中包括"首都发展的优势是什么"、"贯彻四项指示、首都发展遇到的主要矛盾是什么"等。

本月，城乡建设环境保护部城市规划局组织有关部门编写"城市规划设计单位试行技术经济责任制的若干规定（草案）"。

九月

1 日，城乡建设环境保护部公布 1985 年度 80 个部级科学技术一、二、三等奖授奖项目。

2 ~ 7 日，城乡建设环境保护部教育工作会议在北京举行。

3 日，戴念慈就国家允许开办个体建筑设计事务所问题，对《经济日报》记者发表谈话，指出：建筑设计上，允许全民、集体、个人三种所有制并存。

3 日至 1986 年 1 月 20 日，第四期市长研究班在北京举行。

4 日，全国市政工程经济研究会在京成立。

5 日，对外开放城市领导干部第一期培训班在南开大学开学。来自经济特区、沿海开放城市和沿海经济开放区 27 个城市的 29 位副市长或地、市主管部门领导干部参加了这个培训班。

9～16 日，由城乡建设环境保护部、中国建筑学会、中国建筑技术发展中心、文化部、国家体委联合组织的全国村镇建筑设计竞赛评比会议在大连召开。共评出住宅设计方案二等奖 9 名，三等奖 9 名，佳作奖 25 名；住宅实例优秀奖 13 名；集镇文化中心设计方案二等奖 6 名，三等奖 8 名，佳作奖 21 名。

15 日，《人民日报》报道:国务院批准国家科委制定的《关于抓一批"短、平、快"科技项目，促进地方经济振兴》的发展计划，即"星火计划"。

18 日，北京市菜市口胡同小学成立少年城市规划学习班。同年 9 月 5 日，北京市副市长张百发同志在该校参加活动时提出了这个建议，并要求有关部门在教学设备、图书资料等方面给予支持。张副市长主管北京市的城建工作，他在看了赵总理转来的该校三（1）中队同学们绘制的北京城市规划方案后，高兴地说，孩子们这样关心首都建设，长大要当规划师、建筑师，这是一种很可贵的小主人翁精神。为了培养孩子们的业余兴趣，北京市菜市口胡同小学决定试办少年城市规划学习班，并聘请了两位校外辅导员，准备跟中学、大学挂钩，为祖国输送城市规划设计人才。

19 日，世界第二次北方城市会议在沈阳召开。

19～21 日，城乡建设环境保护部城市规划局和文化部文物局在京召开"审议第二批历史文化名城专家座谈会"。

20～24 日，中国房地产业协会筹委会首届会议在山东省烟台市召开。

21 日，《人民日报》发表评论员文章《设计是工程建设的灵魂》，同时报道设计改革打破两个"大锅饭"体制，勘察设计工作向企业化、社会化转型，以全民所有制单位为主体，允许集体和个体所有制并存，成立开放型、竞争型的体制。

23 日，中共中央在《关于制定国民经济和社会发展第七个五年计划的建议》中指出：应当根据我国实际情况，城市发展的结构和布局进行合理规划。坚决防止大城市过度膨胀，重点发展中小城市和城镇。鉴于我国地域广阔，交通不便，信息不灵，中小城市的发展也不应当过于分散，应当以大城市为中心和交通要道为依托，形成规模不等、分布合理、各有特色的城市网络。

23 日至 10 月 8 日，城乡建设环境保护部城市建设局组织部分城市的专家讨论《中华人民共和国市政管理法》(第三稿)。

25～27 日，城乡建设环境保护部城市规划局邀请部分专家在银川市召开"加强城市规划管理改进城市风貌座谈会"。

30 日，国务院发布《关于中外合资建设港口码头优惠待遇的暂行规定》。

本月，由城乡建设环境保护部、国家计委规划局负责编制的《2000 年全国城镇布局战略设想要点》发往全国各地征求意见。《要点》提出三条战略设想：以各级中心城市为核心，大中小城市相结合，组成不同规模、不同职能分工的多层次的城市体系。可分为五级，第一级为全国性的和具有国际意义的中心城市，如北京、上海、香港；第二级是跨省区的中心城市，如广州、武汉、重庆、天津等；第三级是省域中心城市，多为省会；第四级为省下经济区的中心城市，一般一个省三四个；第五级为县域中心城市。沿海、中部、西部三个地带在本世纪内经济发展的任务不同，在城市布局和城市发展政策上应有所区别。沿海地区应逐步形成一个开放经济地带，从战略上讲，对这个地带的一、二级城市和四块城市密集区，主要是加强城市多功能的作用，控制老市区，发展新市区，发展技术密集型产业。中部地区是本世纪内以开发能源和各种矿产资源，发展基础工业为主的重点建设地带，应积极发展一批新城市，以推动能源建设、矿产资源的开发和中度加工，以及地方性中心城市的形成。西部地区本世纪内是准备条件的待开发地区，局部地区可相对集中地发展少数新城市，主要的是应加强现有城市自身的建设，提高城市设施的水平，扩大对外交流。《要点》提出，继续贯彻"控制大城市规模，合理发展中等城市，积极发展小城市"的方针，结合各地具体条件，对全国城市进行分类指导。第一类是严格控制市区规模，向远郊扩散发展的城市，这主要是百万人口以上的特大城市、城镇高度密集地区的城市、水资源缺乏的城市和重要的风景旅游城市；第二类是有控制地发展的城市，主要是指现有 50 万到 100 万人口的大城市、水资源比较紧缺或用地等其他制约条件较多的现有中等城市和一般的风景旅游和历史文化名城；第三类是促进发展的城市，主要是指发展条件较好的现有中等城市、现有小城市、县城和重要建制镇以及资源条件优越、本世纪内将有重点建设的新兴城市；第四类是重点保护的城市，主要是指重点的风景旅游城市和历史古城。

本月，国务院召开了三次常务会议，讨论通过了能源、交通运输、通信、材料工业、建筑材料工业、城市建设、村镇建设、城乡住宅建设、环境保护等 12 个领域的技术政策要点。编制技术政策在我国尚属首次，这是从宏观上解决经济建设和科学技术相结合的一项开创性工作。

其中，《城市建设技术政策要点》的设想是：到本世纪末，为实现我国工农业总产值翻两番和人民生活达到小康水平的需要，应根据不同地区的发展条件，建设一大批与国家经济社会发展水平相协调的现代化城市。这就需要努力实现以下主要目标：初步建立起城乡发展比较协调、各类城镇分布比较合理的城镇体系；城市有比较科学合理的规划布局，有较好的经济、社会和环境效益；具有同社会经济发展相适应的、比较完备的工程设施；科学技术、文化教育、体育卫生、金融贸易、商业服务和旅游娱乐事业设施比较完善；居住水平较高，基本上每户有一套经济实用、舒适方便的住宅，平均每人有 $8m^2$ 居住面积，并有良好的居住环境；城市绿化良好、生态平衡、有较高的环境质量；具有反映社会主义精神文明、体现民族传统和地方特色的城市风貌；采用先进的科学技术成果和现代化的管理手段，使城市交通便捷、信息通畅、防灾应变能力强，适应各项事业的发展需要。

《村镇建设技术政策要点》总的设想是：在乡村经济发展的基础上，充分调动集体和农民的积极性，在统一规划指导下逐步把我国现在还比较落后的村镇，建设成为现代化的高度文明的社会主义新村镇。具体体现在：广大村镇有个合理布局和分工，形成了内在联系的村镇体系；每个村镇都有科学的建设规划，都严格按照规划进行建设；多数集镇要建设成为适应商品经济发展，各具特色的现代集镇；广大村庄建设成为农业生产基地和农民聚居的文明新村；多数村镇的文化生活福利服务设施比较齐全、完善，能够适应农民物质文化生活的需要；每个农户有一所适合家庭生活和家庭经营农副业生产需要的庭院式的住宅；集镇居民户基本上有一套经济适用、舒适方便的住宅；多数村镇的公用工程设施基本配套，能够满足工农业生产、商品流通和农民生活的需要，都有符合卫生要求的给水设施，比较方便的交通运输和邮电通信设施；乡村多种能源得到应有的开发利用，生产用电能够基本解决，农民生活能源严重短缺的局面得到根本扭转；大部分村镇都有一个生态平衡、安全卫生、绿树成荫、优美舒适的居住环境。

《城乡住宅建设技术政策要点》的主要内容是：严格控制新建住宅标准和用地标准；提高规划设计水平，保证居住环境质量；实行住宅区综合开发和配套建设；加速现有住宅的改造；因地制宜选用综合经济效益好的住宅建筑体系，提高建筑工业化的水平；发展建筑构配件和制品专业化、社会化生产和商品化供应；加强建筑标准化，积极实现多样化；降低住宅建筑的能源消耗；重点发展以钢筋混凝土为主的结构材料；采用多种途径改革和发展墙体材料及各种配套材料；加强城乡住宅建设的综合研究和科学预测。

《环境保护技术政策要点》的主要内容是：区域开发建设中的环保技术政策。区域的开发建设，要进行经济与社会发展、资源、环境承载能力的综合平衡，并按"三同步"的原则加以实施。在编制区域规划和城市总体规划时，必须编制环境规划；工业交通企业的环保技术政策；城市建设中的环保技术政策。根据环境目标的要求，用系统方法统筹城市规划和环境规划，严格按照规划进行建设，通过调整不合理的规划布局，降低过高的人口密度和经济密度，大力加强城市基础设施建设和绿化建设，进行环境污染的综合防治，是城市建设中环保技术政策的中心一环。城市规划与环境规划要同步进行，互相渗透；保护乡镇农业环境和自然环境的技术政策；环保装备的技术政策。

十月

5～9 日，由国务院体制改革委员会和城乡建设环境保护部共同组织的"关于改革城镇现行住房制度试点座谈会"在北京举行。会议邀请了武汉、石家庄、重庆、兰州、锦州、邢台、镇江、佛山八个城市的有关部门参加，座谈会上提出了"关于改革城镇现行住房制度试点方案"并上报国务院。

7～8 日，20 余位专家对无锡清扬二村实验住宅小区建设方案进行了讨论和评议。《实验住宅小区建设方案》是国家经委重大技术开发项目之一。该项目要求在吸取现有住宅小区建设经验，综合应用已有科技成果的基础上，做到规划布局合理，公用设施配套，建筑功能合理，形式多样化。《实验住宅小区建设方案》要求达到 20 世纪 80 年代末、90 年代初可以推广的水平。《实验住宅小区建设方案》分别在南方和北方选定试点。无锡清扬二村住宅小区是被选定的南方地区的试点。

9 日，由城乡建设环境保护部设计局、科技局、教育局和中国建筑学会联合举办的"电脑在建筑设计中的应用"学术交流会在北京举行。

10～13 日，全国环境保护工作会议在洛阳召开。国务院副总理李鹏在会上作了总结报告，会议讨论通过了《关于加强城市环境综合整治的决定》。

14 日至 11 月 27 日，在联合国教科文组织资助下，波兰科学院院士、什切青工业大学彼得·萨伦巴教授一行 3 人应城乡建设环境保护部邀请，来我国进行讲学，并访问了青岛、宁波两市，对两市的城市规划进行了咨询。萨伦巴教授一行认为，中国目前城市规划工作中存在的主要问题是规划方法陈旧，与城市地域规划脱节，对环境和生态问题重视不够，对新的交通技术缺少认识等。期间，17 日至 11 月 12 日，城乡建设环境保护部在山东省烟台市举办"沿海开放城市区域与城市规划讲习班"，由彼得·萨伦巴教授授课。来自 14 个沿海开放城市及部分省市的 31 名学员参加了学习。讲习班着重学习了整体规划的理论与方法，即：地域规划与部门规划在功能上的结合；城市规划、乡村规划和区域规划在地域上的结合；空间、经济、环境和社会因素的结合；远景规划、总体规划与近期实施规划在时间上的综合。

15～22日，以日中建筑技术交流会常务理事、明治大学教授浦良一为团长的日中建筑技术交流会与山西省合作研究访华团，在山西省进行城市规划、古建筑技术交流及合作研究。

16日，国务院批复了乌鲁木齐市的城市总体规划。

23日，国务院批复了桂林市的城市总体规划。

25日，国务院批准广东省广海港口岸对外籍船舶开放，并将开辟广海至港澳的客运航线。

25日，世界银行在华盛顿总部和驻北京代表处同时发表了《中国：长期发展的问题和方案》的专题报告。这份报告讨论了中国今后20年可能面临的主要问题，同时结合国际经验探讨了解决这些问题的可供选择的办法。主报告约37万字，还有六份附件和九份背景参考材料。

27日，《经济日报》报道：中国十大风景名胜评选揭晓。万里长城、桂林山水、杭州西湖、北京故宫、苏州园林、安徽黄山、长江三峡、台湾日月潭、承德避暑山庄、秦陵兵马俑被选为中国十大风景名胜。

27日至11月1日，长江沿岸七城市港口经济讨论会在南京召开。

29日，为进一步完善和推进城乡建设系统勘察设计的改革，城乡建设环境保护部在合肥召开全国城乡建设勘察设计会议。12月11日城乡建设环境保护部发出通知，印发会议文件《关于推进城市建设勘察设计改革实施要点》，提出要进一步繁荣设计创作，适量、适度开展业余设计，要确保设计质量，加强设计质量管理，并大力提倡设计人员遵守职业道德守则。

本月，国家科委在扬州召开会议，讨论和提出了科学技术支援乡镇企业发展和振兴地方经济的建议，简称"星火计划"，并作了具体部署。中央领导同志对这个"计划"给予高度评价，国务院批准了该计划的有关安排。"星火计划"在"七五"期间的具体目标有三：第一，为乡镇每年短期培训20万农村知识青年和基层干部，使每人学会1～2项本地区适用的技术。第二，动员中央和省市研究部门开发100种适于农村的成套技术装备，组织大批量生产供应农村。第三，帮助建立500个技术示范性的乡镇小企业，为他们提供全套工艺技术、管理规范、产品质量控制方法和加工方法等。组织科技力量为提高农村住宅和集镇建设的技术水平服务。目前，农村住宅建设量很大，但普遍存在设计陈旧、占地、毁地较多，采光、卫生设施落后，集镇建设缺乏规划和计划的问题。"星火计划"拟组织研究设计机构和企业，为提高和改善农村住宅条件，节约耕地，提供新的设计、新型建筑材料、新的预制构件和小型化的施工装备。

本月，为加强对外籍人员参加城市规划的管理，城乡建设环境保护部城市规划局提出了三条建议，并得到城乡建设环境保护部领导的原则同意。1）在城市规划工作中应当积极吸取国外先进经验，采用先进手法，也需要取得国外规划设计专家的帮助，但城市总体规划涉及城市发展的全局，属于机密性质文件；编制规划需要了解城市大量的经济、社会统计资料。因此，城市总体规划不宜委托国外设计单位或有外籍人士参加的国内设计单位编制，应采取在具体问题上的咨询或局部地段征集规划方案等多种方式。2）局部地段的详细规划任务如果需要委托国外设计单位或有外籍人士参加的国内设计单位承担，应当符合城乡建设环境保护部《关于城市规划设计单位资格审查登记办法》的规定。要加强对拟委托单位的技术力量和资格的调查工作，凡不具备某种专业设计力量的国外设计机构，不宜委托专业的规划设计，凡承担规划任务，应当遵守我国《城市规划条例》等有关法规和技术要求。3）今后凡申请委托国外设计单位作城市规划设计，要经过一定的程序审查批准，避免盲目委托；凡批准委托的合同书或协议书也要经过审查，力求委托任务目标明确，要求明确，避免国内外对某些规划术语的不同理解或不同做法造成被动和损失。

本月，为加强北京市新建居住区公共服务设施的配套建设，提高住宅区建设的社会效益，北京市人民政府颁发了《关于新建居住区公共设施配套建设的规定》。《规定》同意北京市建委编制的《北京市新建居住区公共设施配套建设定额指标》，要求凡集中开发新建的居住区、居住小区和住宅组团，必须按此配套设施配套建设。

十一月

5日，国家科委批准成立城乡建设环境保护部城镇住宅研究所。

9日，全国村镇建设展览会在京开幕。这个展览会是由城乡建设环境保护部乡村建设局主办的。

11～15日，在无锡举行了城市地理（人文地理）学术讨论会。

12～15日，苏州市人民政府在城乡建设环境保护部城市规划局和江苏省建委协助下，邀请部分专家对苏州城市总体规划进行咨询。

18～26日，城市发展与人力资源国际学术讨论会在京召开。会议由清华大学主办，国家教育委员会和城乡建设环境保护部支持，香港培华教育基金会赞助。学术讨论议题包括城市设计与发展，城市更新，土地使用规划与财政，城市环境美化与防治污染规划等。

19～23日，全国沿海开放城市卫生改革座谈会在深圳召开。

20～24日，全国房地产开发公司管理工作座谈会在南宁召开。

22日，全国人民代表大会常务委员会决定，叶如棠任城乡建设环境保护部部长。

本月，在上海城市科学研究会成立大会上，城乡建设环境保护部副部长廉仲就城市建设管理体制的改革谈了设想。廉仲副部长提出：城市建设管理体制改革总的方向是，以提高经济效益、社会效益、环境效益为中心，为城乡人民创造良好的生产、生活条件。改革的具体设想是：1）改变那种计划与规划脱节的现象，充分发挥城市总体规划对城市建设和发展的综合指导作用，搞好城市经济社会发展计划与城市规划的衔接。2）改变那种按条条分配投资和材料、分散征地，各搞各的小而全、大而全的城市建设体制，大力推行城市的综合开发、配套建设，开展房地产经营。办法是，在城市规划的指导下，制订综合的开发建设计划。3）推行住宅商品化。4）改变市政公用事业的福利性质;逐步调整公用企事业的价格。5）贯彻"人民城市人民建"的方针，开辟城市维护建设的多种资金渠道，加快城市的建设和发展。

十二月

3～5日，南方片城市规划信息中心1985年年会在襄樊召开。来自19个省市有关单位的34位代表参加了会议。会上交流了规划管理、设计情况。

3～7日，由中国建筑学会城市规划学术委员会和《城市规划》编辑部联合召开的首届全国"科学城学术讨论会"在广州市举行。来自北京、上海、武汉、广州等十多个大中城市规划设计、管理部门、高等院校及有关单位的50余名代表参加了会议。随着改革开放进程的推进，国家科委向国务院提出支持发展新兴技术、新兴产业的请示报告并获重要批示；同年6月，我国一个以规划师、建筑师为主要成员的代表团赴日本参加了"科学城"国际学术讨论会，这个会议称科学城是"由传统城市通向未来城市的桥梁"。为了探讨科学城建设给城市规划带来的新课题，在有关部门和领导的支持下特举办本次学术讨论会。与会代表回顾和总结了我国科学城建设发展的历史经验，对科学城的概念、定义，科学城与社会经济、政治发展的关系，科学城对城市规划的要求，科学城的功能、模式，我国科学城的发展道路等问题进行了热烈的探讨。会议认为：发展我国的科学城，应当借鉴国外先进经验，结合我国国情和本地实际条件，在现有文教区的基础上，进行改造建设；充分挖掘和发挥其潜力，改变不合理的科研、教育体制，打破城市的封闭性，克服以往科学城功能的单一性，建成各具特色的，多功能、多模式、多层次的，开放型的科学城。

4～9日，湖北省小城镇建设理论与实践问题讨论会在孝感市召开。

7～13 日，城乡建设环境保护部城市规划局主持在合肥召开全国城市土地规划管理会议。会议主要研究了如何理顺城市土地管理体制的问题。

16～18 日，全国建设厅长、建委主任座谈会在京召开。叶如棠部长主持会议，廉仲副部长作工作报告。

19 日，中央领导与参加援藏工程建设工作会议代表进行座谈。自 1984 年 3 月中央确定援藏建设 43 个项目后，4、5 月份即组成一万多人的援建队伍开进西藏，经 8 个多月奋战已有 22 项完成主体工程。

20～25 日，六城市规划管理工作会议在昆明召开。六城市规划管理工作研究会是由成都、重庆、贵阳、南宁、拉萨和昆明等六城市的规划管理部门组成的，研究会通过一年一度的工作研究会探讨带有共性的问题。本次会议除上述六城市的代表外，还邀请了个旧、大理、曲靖、玉溪等市的同志参加。

23～25 日，城乡建设环境保护部在无锡召开全国首次城市公厕建设管理工作座谈会。

23～27 日，中国建筑学会城市规划学术委员会年会在西安举行。第三届学术委员会主任委员郑孝燮在大会上作了《1981 年至 1985 年会务工作报告》。年会上通过无记名投票选举了第四届学术委员会的常务委员共 13 名。常务委员会第一次会议上推举吴良镛为主任委员。年会上传达了中国科协和上级学会决定：城市规划学术委员会对外称"中国城市规划学会"，主任委员、副主任委员、常务委员、委员对外称理事长、副理事长、常务理事和理事。

本月，城乡建设环境保护部城市规划局在合肥召开城市土地规划管理座谈会。会上，各地代表强烈要求城市规划区内的土地必须由城市规划部门统一管理，否则刚刚批准的城市规划就有落空的危险。截至 1985 年年底，全国 95% 以上的城市和 80% 以上的县城都制订了城市总体规划，75% 以上的城市总体规划已经国务院或省、自治区人民政府批准，55% 以上的县城总体规划已经各省、市人民政府批准。进入"七五"以后，我国城市规划工作的重心将转向规划实施。城市规划主管部门对城市土地实施统一的规划管理，是保证城市规划得以实施的最基本条件。

本年度，城乡建设环境保护部编制完成了《2000 年全国城镇布局发展战略要点》。

截至本年底，全国 324 个设市城市中已有 319 个（占 98%）编制完成了总体规划，其中 247 个（占 76%）已报经国务院或省、自治区人民政府批准；全国

2014 个县城中，已有 1710 个（占 85%）编制完成了总体规划。

据本年初的调查统计，全国县以上的规划机构中，从事规划设计、科研、管理工作的人员共约 12000 人，其中具有专业学历和技术职称的技术人员约有 9000人。按 1984 年年末全国 1.6 亿城市人口计，每万城市人口只有规划技术人员 0.56人。全国 26 个省、自治区的省（区）级规划机构（包括管理和设计两部分）中共有技术人员约 800 人，平均每万城市人口仅有 0.08 人。在现有 9000 名规划技术人员中，具有城市规划专业学历的只有 1400 人，其中大专生和中专生各占一半。在 700 名大学毕业的城市规划专业人员中，60% 集中在中央、省级和大城市的规划单位，中小城市和广大县城只占 40%。设置城市规划专业的高等院校（包括大专班、短期大学、职工大学、职工业余大学）有：重庆建工学院、西北建工学院、武汉城市建设学院、同济大学。设置城镇规划专业的中等专业学校、中专部（包括职工中专、中专部）有：黑龙江省建工（城市建设）学校、安徽省建工学校、郑州建工学校。设置城镇建设专业的高等学校有：重庆建工学院、哈尔滨建工学院。设置村镇建设专业的中等专业学校有：黑龙江省建工学校、山西省建工学校、浙江省建筑工业学校。另外，有一些学校也培养城市规划方向的人才，如：清华大学、中国人民大学、中山大学、南京大学、杭州大学、北京大学。

本年度出版的城市规划类相关著作主要有：《城市和区域规划》（彼得·霍尔著，邹德慈、金经元译）《城市与城市规划》（中国地理学会编）、《城市气候与城市规划》（中国地理学会编）、《中国新园林》（中国城市规划设计研究院编）、《现代海港城市规划》（科研成果汇编组编）、《城市规划与古建筑保护》（李雄飞编著）、《中国历史文化名城词典》（文化部文化局、中国城市规划设计研究院主编，刘家麒等编）、《城市发展史》（张承安编著）。

1986 年

一月

5 日，全国经济特区工作会议在深圳结束。会议提出：经济特区在"七五"计划期间要更上一层楼，朝着建立外向型经济的目标奋力前进，确实成为"技术的窗口、管理的窗口、知识的窗口、对外政策的窗口"，进一步发挥向国内外两个扇面辐射的枢纽作用。

13 ~ 17 日，西安、桂林、苏州、杭州四个旅游城市市长座谈会在杭州召开。

19 日，国务院副总理万里、李鹏在人民大会堂接见第四期市长研究班学员，强调要把城市基础设施搞上去。

二月

5日，国务院环境保护委员会第六次会议召开。国务院副总理李鹏主持会议并就当前环境保护工作的几个重要问题作了总结发言。

6日，国务院批准城乡建设环境保护部、国家计委《关于加强城市集中供热管理工作的报告》。

7日，国务院在《关于批转经济特区工作会议纪要的通知》中指出，特区在"七五"期间应当坚决贯彻中央和国务院的指示精神，努力建立以工业为主、工贸结合的外向型经济，进一步发挥"四个窗口"、"两个扇面"的作用。

21日，北京市成立了亚运会工程指挥部。亚运会工程是国家和北京市"七五"计划重点项目，为了确保工程如期完成，北京市成立了工程指挥部，并对工程进行了全面细致的规划。此后开展的亚运会工程总体规划，主要采取分散布局原则，优先考虑利用现有各项设施，适当建设新建筑，除帆船比赛安排在河北省秦皇岛市进行外，其他项目都在北京市范围内进行。

28日至3月2日，全国住宅设计研究网在广州召开首届理事会。

本月，城乡建设环境保护部城市规划局的机构进行了调整，规划一、二处合并为规划设计处，除了原有区域处和综合处外，又新成立了规划管理处和科技教育处。

三月

1日，城乡建设环境保护部发出《关于城镇公房补贴出售试点问题的通知》。

2～5日，中国城市科学研究会在武汉召开全国城市科学研究会秘书长工作会议。

4～6日，全国市政工程定额工作第一次会议在无锡市召开。

10～16日，国务院在北京召开第一次全国城市经济体制改革工作会议。会议要求：本年度的城市经济体制改革要贯彻"巩固、消化、补充、改善"的方针，继续搞活和开拓市场，加强和完善市场管理，加强和改善宏观控制，把发展横向经济联合作为一项重要工作。

11日，城乡建设环境保护部和国家计委联合发布《关于商品住宅建设问题的通知》，要求今后建造商品住宅采取先建后卖的办法。

21日，中共中央、国务院发出《关于加强土地管理、制止乱占耕地的通知》。

26日，国家环境保护委员会、国家计委、国家经委颁布《建设项目环境保护管理办法》。

四月

3～10日，国家环保局在四川省成都市召开全国建设项目环保管理工作会议。

6日，城市交通规划学术委员会在上海召开工作会议。

6日，国务院发布《民用机场管理暂行规定》。

6～8日，华东地区环卫科技情报网第二届年会在厦门召开。

6～11日，由城乡建设环境保护部城市规划局主持的全国城市规划工作座谈会在湖南长沙市召开。会议总结了"六五"的工作，交流了经验，研究了"七五"的工作方针和任务，安排了1986年的工作。参加这次会议的有全国各省、自治区、直辖市及其他有关城市建设厅（建委）、规委、规划局、规划院，常州、昆明、太原、徐州、长沙、济南等市人民政府，国务院各有关部委以及新闻单位的代表170余人。城乡建设环境保护部副部长储传亨、周干峙分别主持了会议。储传亨在会上作了报告，他在报告中围绕城市规划工作如何适应新形势、研究新问题、开创新局面的主题，回顾了"六五"期间的工作，分析了形势，总结了经验，提出了"七五"的设想和今年工作的要点。针对大家关心的国家成立土地管理局后城市规划部门的职责问题，储传亨副部长指出，城市要实行规划管理与用地管理相统一，城市土地的管理仍要坚持按《城市规划条例》办，城市规划部门对城市土地的管理不能因国土管理局的成立而改变；要依照城市规划，在各项建设用地的选址、审查、核拨等环节严格把关，切实把城市建设用地使用好、管理好，保证规划的实施。周干峙副部长在大会上就总体规划编制工作完成后如何开展今后的工作讲了话。会议进行了小组讨论和大组座谈。讨论了《关于加强城市规划工作的几点意见（讨论稿）》、《关于加强省一级城镇规划设计机构管理工作的意见（讨论稿）》等会议文件。座谈会上提出，编制城市规划要很好地体现三个观点，即区域的观点、发展的观点、综合的观点。

7～10日，全国城市交通规划学术委员会主任委员扩大工作会议在上海召开。

15～18日，城乡建设环境保护部城建局和中国城镇供水协会联合在武汉召开全国第二次城市节约用水会议。会议讨论和初步制定了《城市节约用水奖励试行办法》、《城市地下水资源管理规定》和《工业用水量定额》。21日，城乡建设环境保护部和中国城镇供水协会与世界卫生组织西太平洋区域环境规划和应用研究促进中心在湖北省武汉市举办"城市供水漏损控制讲习班"。

19日，国务院批转民政部《关于调整设市标准和市领导县条件的报告》。《报告》指出，由于城乡经济的蓬勃发展，现行的设市标准和市领导县体制，已不适合城乡变化，为了适应新情况，作了一些调整。《报告》要求各地认真总结设市和市领导县工作的经验，搞好规划，合理布局。

23～28 日，城乡建设环境保护部规划局和国家体委计划司在重庆召开体育用地定额指标审定会。

27 日，国务院批准《中外合作设计工程项目暂行规定》。

下旬，四川省城市规划学术委员会在大足县城召开了城镇详细规划成果观摩、交流和学术讨论会。

五月

2～7 日，历史文化名城经济社会发展研究会在扬州召开。会上共同商讨新的历史时期内文化名城的保护与建设问题。会议总结了协调保护名城与发展经济两者关系的五条经验：1）名城布局结构要与经济结构相结合。首先要从宏观上研究布局问题，要在保护古城基本格局和风貌的前提下，积极为经济社会的发展提供合理的空间。2）城市的多功能要与经济建设重点相结合。3）名城保护要与开发相结合。4）旧城区改造要与新建区建设相结合。5）旅游业的发展要与其他行业相结合，以旅游促进其他产业的发展，逐步把旅游热点引向腹地。会后，国务院办公厅转发了《全国历史文化名城扬州会议纪要》，并指出，扬州会议对促进历史文化名城的保护与建设的协调发展，提出了一些带有普遍意义的问题和建议。

8～14 日，城乡建设环境保护部在长沙召开《中外合资经营企业用地管理条例》的修改讨论会。会议讨论了有关中外合资经营企业用地的问题，并对起草的《条例》进行了深入细致的研究和修改。《中外合资经营企业用地管理条例》主要根据我国有关法律，为加强中外合资经营企业的用地管理，合理、节约用地，促进国外客商在我国境内直接投资经营工业、交通运输业、商业、旅游业、服务业、农牧业以及合资建设住宅、公寓、办公楼等而制定的。《条例》对土地的所有权、使用权以及有关申请、批准用地的程序，用地的具体管理和收费，用地年限等都有明确规定。《条例》的执行将有利于我国对外开放、搞活和引进外资政策的进一步落实。

12～14 日，城乡建设环境保护部城市规划局在湖南长沙召开长江沿江地区城镇布局规划座谈会。沿江各省、上海市及有关城市的城市规划主管部门的负责人出席了会议，南京大学、清华大学的有关学者、教授也应邀出席。长江沿江地区城镇布局规划是长江综合利用规划的一个组成部分。搞好沿江城镇布局规划对于充分发挥长江优势，建设强大的沿江经济走廊，实现我国经济由东向西推移的战略目标，有重要意义。与会同志对长江沿江地区城镇布局规划要点进行了深入研究，提出了很多重要的意见，待修改补充后将提交国家有关部门纳入长江综合利用规划。

15～20日，国家体改委、劳动人事部在广东省江门市召开中等城市机构改革试点工作座谈会。会议指出：中等城市机构改革试点将为全国机构改革探索道路。改革的指导原则是：紧密结合经济体制和其他管理体制的改革，以调整经济管理部门为重点，相应地调整科技、教育、文化、卫生等行政管理部门。要转变政府机构的管理职能和管理方式，理顺部门之间的关系，合理确定党政分工。

24日，中国城市经济学会在上海成立。城乡建设环境保护部副部长周干峙在成立大会上发言时，强调了城市经济研究的重要性。他指出：长期以来，作为城市规划工作者，有一条经验就是城市规划做不好、实现不了，往往不是工程技术问题，而是城市经济问题。由于城市经济问题没有研究解决好，城市规划就成了无本之木，无源之水，只能"纸上画画，墙上挂挂"。城市中面临的种种改变，最终都要归结到城市的经济发展变化。而且这些改革、变化相互关联、相辅相成，要成为一个动态的、协调的系统工程。他希望规划部门要加强对城市经济的研究。

26～29日，14个环渤海市（地区）市长联席会议在天津举行，确定建立环渤海经济区，开展多方面、多层次、多种形式的经济联合，促进经济发展和繁荣。这14个市（地区）是：丹东、大连、营口、盘锦、锦州、秦皇岛、唐山、天津、沧州、惠民、东营、潍坊、烟台、青岛。

28～30日，深圳市人民政府召开深圳市城市规划委员会成立大会，并评议了深圳特区总体规划。城乡建设环境保护部副部长周干峙在深圳市城市规划委员会第一次会议上，结合深圳规划委员会的工作，谈到了城市规划应该注意的几个问题：1）规划要充分吸取各方面的要求和意见，做好集中汇总的工作，即要民主集中。规划要尽可能听取各方面的意见，要有人民群众的参加。所以规划工作者不抱一孔之见，不执一时之得，虚怀若谷，兼容并包是非常重要的。2）要放眼长远，立足现实，既要相对稳定，又要不断完善变化。城市的发展是百年大计，必须有长远考虑（甚至因而受到眼前的批评）。许多长远问题一时不可能看准，规划必须随着发展和认识的提高不断补充。3）要充分留有余地，抓好建设时机。对于特区城市，不可预见的因素很多，要根据情况进行不断修正，这就要有一个为后人留有余地的问题。4）注意文化因素，建设有文化特色的城市。城市的历史面貌，这是过去的文化信息的表现，要认真加以保护，要使城市真正成为一个天然的历史博物馆。深圳市市长李灏认为，要使城市规划建设科学化，在指导思想方面，有几个关系要认真处理好：一是全局与局部的关系，二是城市规划与经济、社会发展的关系，三是当前和长远，需要和可能的关系。

28日至6月6日，由中国城乡建设经济研究所和城乡建设环境保护部城市住宅局共同组织的城市土地使用费研讨会在大连召开。来自北京、上海、武汉、广州、大连等地从事理论研究和土地管理工作的18位代表参加了会议。1986年3月中共中央、国务院发出的《关于加强土地管理、制止乱占耕地的通知》中指出："国家要区别土地的不同用途和不同等级，征收不同数量的土地税和土地使用费。"研讨会围绕收取城市土地使用费的必要性、级差地租的测算方法、全国收费暂行标准的设计和收费总量的预测及与收费有关的其他问题进行了广泛的探讨。最后，与会同志共同撰写了《关于收取城市土地使用费的研究报告（讨论稿）》及有关的四个附件，为以后的深入研究奠定了基础。

下旬，中国城市科学研究会与首都发展战略研究总体部联合邀请了在京的各方面专家20余人举行讨论会，初步形成了以下几点意见：1）不能把一般大城市的共性矛盾当做北京的基本矛盾。2）首都发展战略的制定必须走"高层次、大区域"的途径。战略仅由北京市主持研究，仅仅就市区论战略是不行的，而必须是"高层次"的决策，着眼于"大区域"的规划。专家们提出，统筹京、津、唐（冀）整个大区的生产力布局，进行功能的合理分配，制定一个切实可行的区域规划，必将有助于首都战略目标的实现。3）要着重研究产业结构的合理化和建设资金问题。

下旬，城乡建设环境保护部叶如棠部长到桂林市进行了四天的视察，在桂林期间，他谈到城市规划建设中的一些问题。叶部长将城市建设和经济建设形象地比喻为母鸡和公鸡，强调城市政府应该把城市建设作为首要任务来抓。据他介绍，万里同志曾问李瑞环，要怎样才能搞好城市建设，李瑞环同志说："依我看，城市建设搞不好，问题不是下面，而是在市政府大楼里。市长、书记一定要支持主管城市建设的副市长。可以说，城市建设好不好，关键在书记和市长。"万里同志说："你说的是真理。"

本月，中共中央顾问委员会委员、中国城市科学研究会顾问赵武成同志，在结束了对内蒙古、宁夏、甘肃、青海和新疆5省区15个城市的视察之后，对城市建设资金来源的问题提出了自己的看法。他认为：一个城市光有好的规划不行，还必须有相应的建设资金才能保证规划的实施。多年来，我国的城市建设计划未被列入国民经济发展计划，城市建设投资在基本建设总投资中占的比例过低。城建资金不足的问题，必须从指导思想上加以解决。必须提高对城市基础设施建设重要性的认识。同时，在经济体制改革过程中，应确认城市规划工作的综合性质，树立起城市中心的观念，真正以城市为中心来组织经济、社会的各项建设。为了落实和扩大城建资金来源，应将城市基础设施建设纳入国民经济发展计划；提高城建投资比例；提高城建维护税税率；征收市政公用设施配套建设费；征收土地使用费；实行市政设施有偿使用。还要继续贯彻"人民城市人民建"的方针，鼓励受益者自愿集资和积极吸引外资进行建设。

本月，英国皇家城市规划学会前主席沃尔特·波尔先生应邀对我国北京、上海、杭州、武汉、厦门、深圳等城市进行了考察访问。

六月

2～7日，首届全国"智密区（智力密集区）问题学术讨论会"在北京召开。这次讨论会是由中国科技促进发展研究中心、中国科学院科技政策与管理科学研究所、中国科协科技培训中心、中国科学学与科技政策研究会、中国城市科学研究会、中国技术经济研究会、中国智密区问题研究所及北京科技管理研究中心八个单位联合发起和共同组织的。著名科学家钱三强、国家科委副主任吴明瑜、中国科学院谷羽同志、科技政策与管理科学研究所所长罗伟、中国科协书记李宝恒、清华大学教授吴良镛等出席会议，并作了重要讲话。智密区是近几十年来出现的一种新的社会现象，与历史上各种类型的密集区不同，智密区是大学、研究所和知识分子相对比较集中的地区。会议通过总结国内外智密区经验，广泛探讨了我国智密区的建议与开发问题，特别是围绕智密区开发、发展高技术产业有关的理论、对策和政策等问题进行热烈讨论，提出了许多有价值的思想和建议。

3日，城乡建设环境保护部召开建筑业改革理论与实践讨论会，总结和探索建筑业演化改革的理论与实践，中国建筑学会建筑学术委员会1986年年会同时举行。

3～6日，国家计委和城乡建设环境保护部联合在北京召开全国集中供热工作会议。

6日，城乡建设环境保护部和国家计委联合发出了《关于加强城市规划的几点意见》，对"七五"期间如何加强城市规划工作提出了具体要求。

9～12日，华东地区城市规划学术交流会在济南召开。这次会议既是华东六省市规划交流会的第三次会议，又是城市规划学术委员会华东地区学术委员会交流会的第二次会议。会上，代表们交流了各城市开展分区规划的做法，介绍了在城市经济体制改革的形势下，如何深化城市规划，实施城市总体规划的经验，并就城市规划的工作方法等问题进行了有益的探讨。代表们在讨论中认为：改革的形势对城市规划的内容、方法、体制及组织管理等方面提出了新的要求，要求我们变封闭型工作方法为开放型工作方法，加强横向联系，扩大视野，不仅看到市区、建成区，而且看到市域甚至更大的范围。

10日，国务院办公厅转发《国务院贫困地区经济开发领导小组第一次全体会议纪要》。《纪要》指出：目前全国仍有一部分地区生产条件很差，社会生产力发展缓慢，经济文化落后，部分农民的温饱问题尚未完全解决。各级党政领导部门必须下大的决心，争取在"七五"期间解决大多数贫困地区人民的温饱问题。并在这个基础上，使贫困地区初步形成依靠自身力量发展商品经济的能力，逐步摆脱贫困，走向富裕。

13 日，国务院批准苏州市总体规划。

22～26 日，中国城市住宅问题研究会暨住宅社会学术委员会首届学术讨论会在成都召开。

25 日，第六届全国人民代表大会常务委员会第十六次会议通过《中华人民共和国土地管理法》，1987 年 1 月 1 日起正式实施。该法明确了土地使用权的征用及有偿使用制度。

七月

月初，谷牧同志到西安市进行调查研究，考察中谈到一些古城保护方面的问题。在考察期间，谷牧同志多次强调，现代建筑要与古都风貌相协调。

1 日，国家计划委员会和对外经济贸易部联合发布《中外合作设计工程项目的暂行规定》。规定：中国投资或中外合资、外国贷款工程项目的设计，需要委托外国设计机构承担时，应有中国设计机构参加，进行合作设计。香港、澳门设计机构与内地设计机构进行合作设计时，参照本规定执行。

1 日，《中华人民共和国消防条例》开始实施。

5～8 日，辽宁省分区规划经验交流会在锦州举行。

6～10 日，长江沿江地区城镇布局规划第二次工作座谈会在岳阳市召开。

11～15 日，城乡建设环境保护部在河北省承德市召开《中华人民共和国市政管理法》座谈会。

18 日，国家科委、城乡建设环境保护部和公安部联合举办的全国 15 个城市交通发展政策与管理讨论会在广州举行。

26～30 日，东北三省在吉林市召开第五次城市规划学术交流会。会议的议题是城市规划如何适应城市发展与改革的新形势。主要内容包括：城市总体规划的调整和修订；新区开发与旧区改建规划；城市规划如何适应第三产业的发展；城市分区规划问题。

28 日至 8 月 1 日，城乡建设环境保护部在唐山召开唐山地震十周年抗震防灾经验交流会暨第八次全国抗震工作会议。

30 日，国务院办公厅转发城乡建设环境保护部、中央爱国卫生运动委员会

《关于处理城市垃圾改善环境卫生面貌报告》。

31 日至 8 月 14 日，城乡建设环境保护部在长春举办全国村镇建设乡镇长学习班。

八月

1 日，国家土地管理局正式成立。国家土地管理局是根据中发〔1986〕7 号文件的精神，为了加强对全国土地的统一管理而成立的。它负责全国土地、城乡地政的统一管理，其主要职能包括：贯彻执行国家有关土地的法律、法规和政策；主管全国土地的调查、登记和统计工作；组织有关部门编制土地利用总体规划；管理全国土地征用和划拨工作，负责需要国务院批准的征、拨用地的审查、报批；调查、研究、解决土地管理中的重大问题；对地方各部门的土地利用情况进行检查、监督，并做好协调工作；会同有关部门解决土地纠纷，查处违章占地案件等。

4 日，国务院批准天津市总体规划。

11 ~ 17 日，西南地区建筑学会（四川、云南、贵州、西藏三省一区）第四次学术交流会在拉萨召开。中心议题是：历史文化名城的保护和规划建设问题。1986 年全国城市规划学术委员会历史名城学组会议同时举行。参加会议的有西藏、四川、贵州、云南、广西和重庆市五省区六方的代表，会议还特邀了历史文化名城规划设计学组部分成员参加。

15 ~ 19 日，城乡建设环境保护部城市规划局在兰州市召开全国城市规划设计经验交流会。这次会议是根据 1986 年 4 月全国城市规划工作座谈会上提出的"进一步提高城市规划设计水平"的要求召开的。会议认为：进一步提高规划设计水平，就是要从宏观和微观两个方面加强规划的科学性，促进规划工作向广度和深度发展，体现区域观点、发展观点和综合观点。会议除交流了各地城市规划设计经验外，还讨论了《城市规划编制办法（讨论稿）》和《城市规划设计单位工程设计证书分级标准（讨论稿）》。城乡建设环境保护部储传亨和周干峙两位副部长出席了会议并讲了话。

18 ~ 20 日，中共中央政治局委员、国务院副总理万里同志到甘肃视察工作，视察了兰州和敦煌，对兰州城市规划建设、对敦煌文物保护作了重要指示。万里副总理在兰州视察了西固福利区、滨河路和南北两山，十分重视兰州市规划的执行情况。他说：搞规划一定要有战略眼光，给职工创造一个文明的环境。

26 ~ 30 日，中国城市科学研究会首届年会暨第一届理事会第二次全体会议在天津举行。会上传达了万里、李鹏两位副总理对大会的指示。万里同志指出，城市科学内容是广泛的，要向纵深发展。李鹏在给大会的信中指出：城市学是一门重要的学科，也是我们的薄弱环节；希望你们结合中国的国情，大力开展城市建设和管理这门科学的研究和讨论，摸索出一条中国式社会主义城市的路子来。城乡建设环境保护部叶如棠部长、储传亨副部长、周干峙副部长在会上分别作了报告。

28 日，全国城市规划学术委员会在天津召开第四届学术委员会第二次常委会。常委会由主任委员吴良镛同志主持，首先听取了学会工作情况的汇报，然后对下一阶段的工作作了安排。

本月，城乡建设环境保护部和国家计委联合发文，要求各地、各部门在"七五"期间进一步加强城市规划工作。

九月

1 日至 1987 年 1 月 17 日，第五期市长研究班在中央党校举行。

1 ~ 4 日，全国城乡建设档案工作会议在呼和浩特市召开。会上研究修订了全国城乡建设档案工作"七五"规划和几个法规。

6 日，中国城市住宅问题研究会第二届委员代表大会在兰州结束。

6 ~ 12 日，中国建筑学会代表团一行 28 人，出席了在日本召开的亚洲建筑交流国际会议，团长为吴良镛。会议的中心议题是：外来文化的吸收与亚洲各地建筑的发展；地区的传统与建筑；近代化与城镇建设；大学建筑教育；建筑技术与社会等问题。

7 ~ 9 日，由费孝通同志提议，江苏省委研究室和省社科院、社科联在南京举行"江苏小城镇研究"汇报会。费孝通教授在汇报会上谈了有关我国城市化道路的问题，他指出，发展大城市和发展小城镇这两者并不是对立的，小城镇建设问题要研究，大城市的改造和发展问题也要研究。从城市、小城镇到农村是一个大网络，小城镇的发展受城市辐射作用的影响，并依托于大中城市，起着纽带作用。目前强调发展小城镇是实际的需要，也是最经济、最合乎中国条件的办法。

12 ~ 15 日，南方片城市规划信息中心在湖南大庸市召开年会。会上，交流了各省市在本年度的城市规划工作以及城市建设、管理方面的工作情况。来自 15 个省（市）的近 60 名代表一致认为对土地管理权的掌握仍然是城市规划实施的生命线，必须引起高度的重视。大会修改了信息中心的章程，改选了领导机构，强调了必须加强各成员单位间的学术、情报、信息的交流，搞好技术情报站以及《城市规划信息》刊的编辑发行工作。南方片城市规划信息中心是由南方各省城市建设、管理和规划部门自发组织起来的，1984 年成立。

13 日，酝酿已久的北京市城市规划管理局和北京市规划设计研究院的机构和人员组成正式宣布，将过去两块牌子一套机构的做法改为两块牌子两套机构，从而使规划和管理两部分的工作都能得到加强。

15 日，国务院发布《中华人民共和国房产税暂行条例》。

18 ~ 24 日，城乡建设环境保护部城市规划局在承德召开全国城市规划优秀设计评选会。申报这次评选城市规划优秀设计的共有 101 个项目，36 个规划设计项目分获一、二、三等奖和表扬奖。其中，一等奖共两项，分别是：山东东营孤岛新镇规划（编制单位：同济大学孤岛新镇工程设计组）和深圳经济特区总体规划（包括交通规划）（编制单位：中国城市规划设计研究院、深圳市规划局）。

20 ~ 24 日，中国城市交通规划学术讨论会暨年会在成都举行。会议主要交流和讨论了"城市交通调查"、"道路新建"、"快速轨道交通系统"、"交通控制系统"等内容。

22 ~ 27 日，由 14 个沿海开放城市及四个经济特区规划界人士自发组织的"沿海开放城市规划技术协作组"在厦门举行成立大会。会上，代表们就以下问题进行了交流：1）城市规划如何适应开放的形势。开发区的建设节奏快，不定因素多，过去的规划方法很不适应。2）城市交通问题。特区小汽车的增长比内地快，交通堵塞严重。3）城市建设标准问题。特区与开发区的建设标准较高，如何遵循客观规律。目前，特区的一些高层住宅和高级宾馆已发生"闲置"的现象。该协作组是一松散的学术团体，旨在加强沿海开放城市之间在城市规划、建设和管理工作方面的横向联系，共同探讨沿海开放城市规划理论问题。协作组决定今后每年轮流在各城市举行一次年会，就两个迫切需要解决的问题进行探讨、交流。

23 ~ 25 日，中国城市规划设计研究院与香港大学城市研究及城市规划中心共同在北京举办"沿海开放城市与发展讨论会"。参加这次会议的有内地和香港地区的 32 位专家。中国城市规划学会理事长吴良镛先生主持了开幕式，城乡建设环境保护部副部长周干峙出席了开幕式并讲了话。会上，代表们各抒己见，内地的专家重点探讨了如何进一步促进沿海开放城市发展的问题，香港专家则对 1997 年以后的问题十分重视，对内地今后对香港城市中长期规划可能产生的影响较为关心。

25 日，城乡建设环境保护部公布了 1986 年度优秀设计、优秀工程评奖结果。共评出优秀设计一等奖 6 个，二等奖 24 个，三等奖 51 个，新疆维吾尔自治区建筑勘察设计院获少数民族地区建筑创作进步奖，城市住宅设计创作奖 7 项；优秀勘察二等奖 9 项，三等奖 9 项；优秀城市规划一等奖 2 个，二等奖 4 个，三等奖 14 个；优秀工程二等奖 4 个，三等奖 10 个。

26 日，城乡建设环境保护部主办的《建设报》试刊。

本月，《城市规划法》起草工作领导小组在京成立。自从 1984 年国务院颁布《城市规划条例》以来，城市规划工作开始走上有法可依、依法治城的轨道，但实践中各地反映，《城市规划条例》与规划工作的地位、作用很不适应，为此，城乡建设环境保护部征得国务院法制局的同意，成立了《城市规划法》起草领导小组，统一领导《城市规划法》的起草工作。领导小组由城乡建设环境保护部周干峙副部长任组长，副组长由城乡建设环境保护部政研室主任李梦白、城市规划局局长赵士修担任，小组成员包括国家土地局副局长陈业、北京市规划局局长刘小石、国家计委国土局杨邦杰和中国城市规划设计研究院院长邹德慈。

本月，城乡建设环境保护部城市规划局编制完成《长江沿江地区城镇发展和布局规划要点》（送审稿）。沿江地区是指上海至四川渡口长达 3590 多公里的沿江带状地区，包括云南、四川、湖南、湖北、江西、安徽、江苏、上海等七省一市沿长江干流的地、市行政辖区范围，总面积约 49 万 km²。《规划要点》提出，沿江地区城市发展的战略是在综合开发利用长江水能、航运、沿江各省农矿资源和旅游资源的基础上，形成长江综合经济走廊和多种运输方式协调的运输走廊，同时建设沿江城镇带。沿江城镇带的发展，下游以上海、南京为中心，着重发展技术、智力密集型产业，面向国内外市场，借助江海运输之便，发展滨海、滨江大运量大耗水工业；三角洲地区依托乡镇企业的发展，积极发展小城镇；中游以武汉为中心，重点加强从九江到宜昌的大耗能、大耗水、大运量的工业带和城市带建设，积极发展两湖平原地区小城镇；上游以重庆为中心，结合攀西工业基地和川南的开发，重点发展以冶金、水电、机械、造纸、化工为主的工业带和城镇带。

十月

6 日，同济大学成立建筑与城市规划学院。学院下设建筑系、城市规划系、城市规划与建筑研究所等。城市规划系有城市规划与风景园林两个专业，并有城市规划、城市设计和风景园林三个教研室。

7 日，国务院发出《关于改革道路交通管理体制的通知》，决定改革我国的道路交通管理体制，由公安机关对城乡道路交通的管理统一负责。

7 ~ 10 日，城乡建设环境保护部城市规划局在武汉召开规划收费会议。

14 ~ 16 日，在城乡建设环境保护部科技局的支持下，由清华大学建筑系教授汪坦先生主持的"中国近代建筑史研究讨论会"在北京召开，这是我国举行的第一次全国性研究中国近代建筑史的学术会议。

22 日，城乡建设环境保护部、中央爱卫会决定，将无锡市城市生活垃圾无害化处理实验工程定为全国中等城市生活垃圾无害化处理的样板工程。

24～25日，中国建筑学会、北京市建筑学会、清华大学建筑系在清华大学联合举办纪念梁思成教授诞辰85周年、创办清华大学建筑系40周年活动。在24日的纪念大会上，吴良镛教授作了"继承和发扬梁思成学术和教育思想"的报告，高度评价了梁先生的学术和事业上的成就。清华大学建筑系是由著名建筑学家梁思成教授于1946年创建的，1952年院系调整后原北京大学工学院建筑系与清华大学建筑系合并。梁思成教授是我国建筑系的先驱。他博通中西文化，终身献身于中国建筑的研究和建筑教育。他勇于开拓、严于治学，对清华的学生有很大的感染力。早在新中国成立初期，梁思成教授领导系里师生组成设计组就为我国国徽设计和人民英雄纪念碑设计作出重要贡献。梁思成教授于1972年去世。

下旬，深圳市邀请深圳市规划委员会顾问、日本东京大学教授日笠瑞和铃木信太郎来深考察，并进行学术交流。在深圳期间，两位顾问参观了城市建设情况，对有关问题进行了讨论，并就城市交通和高层建筑问题作了专题学术报告。

十一月

10日，国务院批准宁波市和贵阳市城市总体规划。

13日，国务院对《上海市城市总体规划方案》作了批复，原则上同意该规划。批复指出，上海是我国最重要的工业基地之一，也是我国最大的港口和重要的经济、科技、贸易、金融、信息、文化中心，应当更好地为全国的现代化建设服务。同时，还应当把上海建设成为太平洋西岸最大的经济贸易中心之一。批复要求上海市调整好城市布局，要逐步改变单一中心的城市布局，积极地、有计划地建设中心城、卫星城、郊县小城镇和农村集镇，逐步形成层次分明、协调发展的城镇体系；要重点发展金山卫和吴淞南北两翼，加速若干新区的建设。当前，特别要注意有计划地建设和改造浦东地区。

14～17日，第四次中国城镇化学术讨论会在石家庄市召开，会议由中国建筑学会城市规划学术委员会区域和城市经济学组主持召开。会议的中心议题是"不同地域类型的城镇体系规划问题"，来自有关大学地理系、城市规划院、地理研究所等单位的70多名代表参加了会议。

16日至12月10日，全国城市建设成就展览会在北京展览馆举行。这次展览会是新中国成立以来，特别是党的十一届三中全会以来我国城市建设成就的一次大检阅，宣传了党和政府关于城市建设方针、政策及城市建设和国民经济的地位和作用。

21日，重庆建筑工程学院城市科学研究会在重庆成立。首批会员共137人，黄光宇任理事长。

22 日，国务院环境保护委员会颁布《关于防治水污染技术政策的规定》。

24 日至 12 月 20 日，由城乡建设环境保护部、广东省建委、珠海市规划局联合主办，联合国开发计划署资助的第二届区域与城市规划研究班在广东省珠海市正式开学。本届研究班对如何改变传统的规划理论和方法来规划城市，以适应现代社会、经济、环境发展需要等方面的问题进行了研究。研究班由城乡建设环境保护部邀请波兰科学院院士、著名教授彼得·萨伦巴及其助手 W·佩斯基博士、小彼得·萨伦巴工程师主讲。

25 ~ 30 日，国务院在北京召开全国城市建设工作会议。这是继 1978 年第三次全国城市工作会议以来，国务院召开的专门研究城市建设问题的又一次重要会议，研究了在改革、开放的新形势下进一步搞好城市规划、建设、管理工作问题。国务院副总理万里在会上作了重要讲话，他着重讲了四个问题：1）总结经验，提高认识。2）要重点建设好一批城市，首先是大城市、沿海开放城市、风景旅游城市，要按规划加速建设，以适应开放、搞活的需要，给生产和人民生活创造良好的环境，给外资、外商创造一个良好的投资环境，给旅游者创造一个方便的条件。3）人民的事业，要大家来办。城市建设是人民的事，要和人民讨论。4）城市要支援农村搞好建设。城市要从规划、科学、技术、教育等方面支援农村，把农村建设好。城乡建设环境保护部部长叶如棠在会议上作了报告，在谈到我国城市化道路问题时，叶如棠指出，有计划的城市化是我国城市发展的必由之路。城市太大了不好，要发挥社会主义制度的优越性，走有计划的城市化的道路，建立起合理的城镇体系。1980 年全国城市规划工作会议提出了"控制大城市规模，合理发展中等城市，积极发展小城市"的城市发展基本方针。这一方针是符合我国国情的，执行的效果是好的，城镇体系正朝着合理化的方向发展，大城市的规模是可以做到有控制地发展的。国务院副总理李鹏在 30 日的闭幕会上作了总结讲话，强调指出，不能把城市基础设施都看做非生产性建设。城市基础设施，不仅是居民生活的基本条件，也是发挥多功能作用的必要条件。压缩基建规模，不能只压城市建设，否则就会影响生产的发展和效益的提高。这个教训是很深刻的，应引起各级计划部门的重视。经济建设、城市建设、环境建设三者必须同步规划、同步实施、同步发展，以取得经济效益、社会效益、环境效益的统一。李鹏副总理总结了合肥市旧城改造经验，指出旧城改造要"统一规划，合理布局，综合开发，配套建设"。

25 ~ 30 日，在江苏、安徽两省城市规划学术委员会的倡议下，苏皖沿江六市城市规划学术研讨会在芜湖召开。苏皖沿江六市位于长江下游中段，绵延 300

多公里，资源丰富，城镇密集，交通便利，是我国沿海、沿江生产布局的重要结合部，城镇建设任务很大。南京、镇江、扬州（含仪征市）、马鞍山、芜湖、铜陵六市城市规划院（处、室），江苏、安徽两省城乡规划设计研究院及有关大专院校的50多名代表参加了本次会议。会议采用讨论与现场踏勘相结合的方法进行。到会专家对六市规划部门在联合开发利用长江，搞好规划和建设方面所需共同解决的诸如以长江为中轴发展的综合交通问题，城市区域交通线路的衔接问题，合理保护岸线、发挥港口城市优势的问题及协调上下游城市发展等有关问题展开了热烈的讨论。

本月，农牧渔业部农垦局与中国农业工程设计研究院共同主持，在海南岛召开15省市农场小城镇规划工作经验交流会。这是农垦系统首次召开的小城镇规划建设专业会议。

十二月

1~4日，城乡建设环境保护部和国家人民防空委员会在厦门市联合召开全国人防建设与城市建设相结合工作座谈会。

2日，城乡建设环境保护部、国家统计局发布第一次全国城镇房屋普查成果新闻公报。普查表明，全国28个省、市、自治区的323个市、1951个县、5270个镇和工矿区的房屋建筑面积已达46.76亿m^2。

8日，国务院批转城乡建设环境保护部、文化部《关于请公布第二批国家历史文化名城名单的报告》，公布了上海等共38个城市为第二批历史文化名城。国务院要求各地区、各部门要切实做好历史文化名城的保护、建设和管理工作。报告还建议，历史文化名城可分为国家和省市两级。省、市、县各级人民政府可核定公布"历史文化保护区"，着重保护整体风貌、特色。

17日，城乡建设环境保护部和国家统计局公布城镇住宅普查数据，全国城镇人均使用面积达10m^2。

19日，上海市商品住宅基金会成立，这是全国首家商品住宅基金会。

20日，国务院批准哈尔滨市城市总体规划。

23~28日，城乡建设环境保护部城市建设局召开全国公园工作会议。

25~29日，深圳市政府召开"深圳经济特区发展新阶段目标、体制、政策研讨会"，会议邀请了全国政协、国务院经济技术社会发展中心、特区办、国家经委、经贸部、城乡建设环境保护部以及香港方面的有关经济、财贸专家50余人，认真讨论了深圳特区发展新阶段的设想和任务。会议由深圳市市委书记、市长李灏主持。他介绍了当前深圳的情况和面临的形势。在座谈中，专家们对如何完善特区的经济体制模式，加强投资环境的建设和管理，以及有关的进出口贸易和财政体制、金融货币管理等问题进行了充分的讨论。

截至本年底，以 2000 年为期的城市总体规划在全国范围内已基本完成，以此为标志，我国的城市规划工作进入了一个新的历史发展阶段。

本年度出版的城市规划类相关著作主要有：《小城市总体规划》（同济大学城市规划教研室编）、《香港城市规划》（香港城市规划院编）、《城市规划经济工作》（赵瑾编）、《城市规划》（［日］ 秋山政敬著，孙继文译）、《城市规划基础知识》（周瑞涛、陶家旺编）、《现代城市建设》（［波］ 奥斯特罗夫斯基著，冯文炯等译）、《城市：它的发展、衰败与未来》（［美］ 沙里宁著，顾启源译）。

1987 年

一月

1 日，《中华人民共和国土地管理法》施行。

1 ~ 5 日，由中国城市科学研究会和中国地理学会联合举办的"东部沿海地区开发建设学术讨论会"在广州召开。代表们主要讨论了下面几个问题：1）我国东部沿海地区开发建设的形势、经验、问题和对策。2）如何正确处理沿海窗口和腹地的关系。3）经济技术开发区与老城区的关系。4）东部沿海开放城市、经济特区如何互相协作，加强横向联系。

2 日，《建设报》正式创刊。

5 日，国家环境保护局在京召开全国环境保护厅、局长会议。

15 日，全国勘察设计工作会议在京召开，提出坚持正确设计指导思想，把设计工作重点转移到提高效益上来。

16 日，中共中央政治局扩大会议在北京举行。会议决定：接受胡耀邦辞去党中央总书记职务的请求，推选赵紫阳代理党中央总书记。

19 ~ 20 日，中国城市规划设计研究院举行了院第一届青年规划师学术讨论会。25 名青年科技人员宣讲了论文。会议评选出了 3 个一等奖和 15 个二等奖。

本月，四川省人民政府审定公布了第一批省级风景名胜区，开创了地方风景名胜区保护工作的先例。首批公布的省级风景名胜区共 12 个。

二月

6 ~ 10 日，经济特区工作会议在深圳举行。会议总结了上一年特区工作的成绩。据初步统计，1986 年我国四个经济特区的工农业总产值达 76 亿元，其中工业总产值达 68 亿多元，出口创汇近 10 亿美元，都比上年增长 20% 以上。会议提出，1987 年度特区工作的中心任务是：继续坚持抓生产、上水平、求效益的方针，深化改革，加强管理，提高对外资的吸引力和产品外销的竞争力。4 月 11 日，国务院批转了《1987 年经济特区工作会议纪要》。

9 日，城乡建设环境保护部发文通知各级城乡建设保护部门，要抓好 1987 年度的各项工作。

16 ~ 22 日，城乡建设环境保护部在广州召开全国集镇建设试点工作经验交流会。会议的主要任务，是贯彻 1986 年 11 月中央农村工作会议精神，交流集镇建设试点经验，研究加快集镇建设体制改革和加强集镇规划、建设、管理工作的措施，推动以集镇建设为重点的整个乡村建设工作，并对今年的乡村建设工作作出安排。城乡建设环境保护部叶如棠部长在会上讲话。

23 日，国务院批准《中华人民共和国消防条例实施细则》。

三月

月初，国家土地管理局与国家计委在大连市联合召开了全国非农业建设用地计划工作会议，就对非农业建设占用耕地实行计划管理的有关情况进行了认真研究。

7 日，合肥市召开了城市分区规划编制工作会议，就合肥市城市分区规划的承担单位、规划内容、工作进行等问题进行了讨论。

9 日，苏州市召开了小城镇建设政策研讨会，就小城镇建设中存在的一些政策性问题进行了讨论。

14 日，加拿大建筑师、天津大学建筑系教授乔·卡特（Joe Carter）应中国城市规划设计研究院情报所的邀请，来中国城市规划设计研究院讲学。

16 ~ 18 日，四川省建委规划处在古城资中召开了"历史文化保护区规划编制工作座谈会"。

中旬，美国康奈尔大学的瑞溥思（John W. Reps）教授在北京大学作了关于"华盛顿和北京城市发展规划比较研究"的学术报告，对北京和华盛顿两市的选址、规划和发展过程作了详细的分析和论证。

30 日至 4 月 3 日，美国哈佛大学研究生院院长卡尔·斯坦尼兹（Carl Steinits）教授在北京林业大学讲学。卡尔先生是美国著名的风景规划设计专家（Landscape Architecture & Planning），被聘为北京林业大学名誉教授。应国家教委和北京林业大学邀请，卡尔教授来我国进行了为期三周的讲学访问。在北京林业大学讲学期间，他介绍了美国风景规划研究的发展概况、工作方法、研究范围以及他们在工作中所面临的问题。

本月，城乡建设环境保护部部长叶如棠在《建设报》发表署名文章，提出城乡建设工作总的方针，是以改革为中心，广泛开展增产节约、增收节支活动，推动城乡建设与经济建设协调发展。文章指出：要努力提高城乡建设的效益。一方面，要逐步改革城乡建设的管理体制。改变过去那种分散投资、分散建设、配套不足，盖起房子住不进人，马路挖了又填、填了又挖，效益不高的做法，实行"统一规划、合理布局，综合开发、配套建设"，在城市和村镇规划的指导下，把生产、流通、市政、公用、生活服务等各项设施配起套来进行综合的开发和建设，最大限度地发挥投资效益。另一方面，要把有限的资金首先用于搞好供水、排水、道路、交通、煤气、热力等基础设施的建设。坚决压缩楼、堂、馆、所，不搞形式主义的东西。

本月，国家计委在北京召开全国勘察设计工作会议。宋平同志在会上讲话指出，在目前资金、外汇短缺，而建设任务又很重的情况下，必须坚持正确的设计指导思想。努力搞好项目设计。设计中要考虑我国是一个人口众多、底子薄弱的国家，不能盲目地向国外的高标准攀比。一切设计工作，都要尊重科学，尊重实际，实事求是，保证设计的科学性，做设计必须以效益为中心，注意技术和经济的统一。应在合理、先进的要求下，节省投资，搞好建设，做到少花钱，多办事。

本月，"北京航空遥感综合调查应用"项目成果在北京通过鉴定。这是在国内首次将高精度磁航技术应用于城市深部地质构造的研究。这次成果的获得，为首都发展战略的研究提供了科学的依据，也为我国城乡规划、管理和决策利用遥感技术进行综合调查提供了范例，新技术在城市规划中的应用等方面起到积极的推动作用。

四月

1 日，国务院发布《中华人民共和国耕地占用税暂行条例》，自即日起施行。条例规定，耕地占用税以纳税人实际占用的耕地面积计税，按照规定税额一次性征收；占用耕地建房或者从事其他非农业建设的单位和个人均应纳税。

3 日，李鹏副总理在北京主持召开国务院环境保护委员会第 9 次会议。会议原则通过了《国家环境保护"七五"计划》。

6 ～ 16 日，国际住房年纪念大会暨联合国人类居住委员会第 10 届大会在肯尼亚首都内罗毕召开。中国派观察员朱毅等一行 3 人前往参加，会议期间介绍了中国城乡住宅建设发展趋势，并放映录像片。

9～11日，由国家科委主持召开的"中国城市化道路"学术研讨会在河北新城县高碑店举行。这次会议旨在对"中国城市化道路"研究课题阶段性成果作出评议。该课题是国家科委"技术进步与经济、社会发展"研究课题的一个子课题。会上着重对大城市问题、农村城市化道路及对策、城市基础设施与城市化及我国的城市化四个方面进行了研讨。

10日，中国建筑业联合会决定从1987年起设立建筑工程鲁班奖。鲁班奖是全国建筑行业工程质量的最高荣誉奖，授予创出第一流建筑工程的企业。每年颁发一次。

10～14日，城乡建设环境保护部政策法规局、城市规划局在江西省召开《城市规划法》专家论证会，国家计委、国家土地管理局和全国人大常委会法工委、国务院法制局的同志参加了会议。

11日，国家计委聘任一批重点建设项目联络员，以监督检查国家有关基本建设方针、政策、法规在各个重点建设项目中的贯彻执行情况。

16日至6月27日，第六期市长研究班在北京市委党校举办。

23日，城乡建设环境保护部发出《关于贯彻〈土地管理法〉进一步加强城市用地规划管理的通知》。

23日，日本著名城市规划专家、东京大学特级教授井上孝先生应北京市城市发展战略研究所邀请，在北京科学会堂作了题为"东京的过去、现在和将来"的学术报告。报告论述了政治变动情况、战争、地震等因素对城市形态产生的影响。

24～26日，中国城市规划设计研究院主持召开"计算机在城市规划中的应用"座谈会。代表们交流了各单位开展计算机在城市规划中应用的工作情况、经验和问题，讨论了今后如何推动这项工作。代表们认为，为搞好计算机的应用，建议注意如下几个方面的问题：研究规划方案应采取定性与定量相结合的方法；数学、计算机专业人员与城市规划人员相结合；普及与提高相结合；还要开展宣传工作，使规划界的各级领导和规划人员对计算机应用有个正确的认识。

25日，城乡建设环境保护部发出《关于把城市环境卫生设施的建设纳入城市总体规划的通知》。

五月

5～7日，南方片城市规划信息中心学术讨论会在福州举行。此次会议围绕着旧城改建、居住区规划及重要地段的改建规划等议题进行了讨论交流。

6～11日，全国煤炭城市经济社会发展问题研讨会在安徽淮南市召开。

7～8日，万里同志在桂林考察时强调要重视桂林的风景旅游建设。万里着重指出：桂林市工作的重点是发展旅游，桂林的所有建设都要为"山水甲天下"的美誉增色生辉，把桂林建成一个与桂林山水相称的美丽城市。

中旬，城乡建设环境保护部城市规划局在武汉城建学院召开了城市规划管理专业座谈会，来自各地的 13 名规划部门的专家和领导参加了座谈。会议历时三天，着重对学科发展及人才培训问题进行了探讨。参加会议的代表一致认为，"三分规划、七分管理"是我们多年工作的重要总结，实践证明，再好的规划没有科学的管理也无法实施，只能成为一纸空文。目前，全国的城市总体规划设计工作大部分已经完成，有的正在审批，城市规划管理工作已经提到了重要的议事日程。现有规划管理人员的数量和素质都远不能满足需要。因此，高等院校除了培养管理方面的大学毕业生外，还应针对实际需要，举办各种培训班、进修班和研究班，有条件的地方也应积极组织培训班，以加速培养出多层次的规划管理人员。

21 日，国务院发出《关于加强我国城市建设工作的通知》，为加强我国的城市规划工作进一步指明了方向。该《通知》是继 1978 年中共中央发布《关于加强城市建设工作的意见》以来，有关我国城市建设工作的又一重要指导性文件。《通知》明确肯定了"控制大城市规模，合理发展中等城市，积极发展小城市"的基本方针。《通知》指出："城市规划与城市的国民经济社会发展计划互为依据，相辅相成，要切实搞好两者的衔接。与城市有关的建设项目，其项目建议书、设计任务书的审查，建设地址的选择，要有城市规划部门参加。根据城市规划确定的城市基础设施等建设项目，要纳入城市中长期或年度计划"。《通知》指出："城市内各项建设的布局、定点和选址都要以城市规划为依据，城市规划区范围内所有单位（包括中央和部队所属单位）和居民的建设活动，都必须服从城市规划安排，不允许各自为政和自行其是。城市规划的管理要同城市土地管理紧密结合起来，重点解决好合理用地、节约用地，严格进行各项建设用地的规划与审查，坚决制止违法用地和违章建设"。这就明确了城市规划管理部门与土地管理部门之间的职责分工和相互配合的关系。《通知》强调："城市政府的主要职责是把城市规划好、建设好、管理好，市长要把主要精力转到这方面来"。

23～28 日，由重庆建工学院研究生会、中国建筑工业出版社《建筑师》杂志联合主办的首届全国建筑研究生以"城市·建筑·文化"为主题的学术讨论会在重庆建工学院举行。

25～28 日，中等城市经济发展研讨会在安徽芜湖市召开。

26 日，国务院办公厅转发《城乡建设环境保护部关于加强城市环境综合整治的报告》。《报告》指出，城市是环境保护工作的重点。近几年来，各地在开展城市环境综合整治方面做了大量工作，取得了一定成绩，有些城市的环境质量有所改善，但从总体来看，当前我国城市的大气、水体、固体废物及噪声等方面的污染仍很严重，已成为影响社会主义现代化建设的一个突出问题。为此，必须进一步加强城市环境的综合整治工作，争取在"七五"期间使我国城市的环境质量进一步改善，逐步为人民创造安全、清洁、安静、优美的工作环境和生活环境。

本月，天津市举行了"天津城市环境美的创造学术讨论会"，建筑、规划、园林、经济、哲学、美术、社会学、心理学等诸多学科的研究人员和从事实际工作的同志从各个不同学科的角度，探讨了创造城市环境美的意义、城市环境美的内涵及评价标准、城市环境美的创造与经济水平的关系、城市环境美的创造中现代化与民族传统的关系、城市环境美的创造方法等问题。

本月，联邦德国亚琛高专的斯特利尔教授在宁波担任顾问期间，到余姚市进行考察，并对余姚市城市总体规划发表咨询意见。

六月

3～7日，由中国建筑学会城市规划学术委员会主办的"旧城改造规划学术讨论会"在沈阳市召开。会议还就我国旧城改造规划的主要原则问题（如重点、效益、标准、保护等）及旧城改造的途径问题等专题进行了深入的讨论和研究。会议普遍认为，旧城改造应当是在城市总体规划的指导下，对旧城区范围内原有的建筑、基础设施等城市物质要素进行更新改造。在会议期间，城乡建设环境保护部副部长、城市规划学术委员会副主任周干峙同志到会作了学术发言，就目前旧城改造规划方面的工作谈了他个人的看法。首先，他认为旧城改造应与城市经济发展相适应，要处理好需要与可能的关系；城市中大批的拆旧建新一定要考虑经济效益，目前形势下，城市建设还不能以旧城改造为主；"改造"、"改善"、"改建"、"整治"几个概念各有不同的含义，在目前旧城改造的概念不十分明确的情况下，这几种不同模式都可以提倡，不一定全都推倒重来。

8～12日，中国城市住宅问题研究会住宅社会学学术委员会第二次学术讨论会在上海召开。会议围绕着解决城镇居民住房、城镇住房制度改革的社会学研究及住宅社会学的学科研究等议题进行了广泛的探讨。

9～15日，由中国城市规划设计研究院与《城市规划》编辑部联合主办的"国外城市规划理论与实践研讨班"在北京举行。研讨班特聘请加拿大昆斯大学的梁鹤年先生主讲，并组织讨论和质疑。梁先生运用对比研究方法介绍了美国、英国、加拿大等国城市规划的理论、方法与实例。

10日，国务院批转国家体改委、商业部、财政部《关于深化国营商业体制改革的意见》和《关于深化供销合作社体制改革的意见》。

10日，城乡建设环境保护部发布《风景名胜区管理暂行条例实施办法》，自发布之日起施行。《实施办法》指出，风景名胜区管理机构必须把风景名胜区的保护工作列为首要任务，配备必要的力量和设备，建立健全规章制度，落实保护责任；风景名胜区规划是切实地保护、合理地开发建设和科学地管理风景名胜区的综合部署。经批准的规划是风景名胜区保护、建设和管理工作的依据。《实施办法》还包括"风景名胜区调查评价提纲"、"关于申请列为国家重点风景名胜区申报材料的规定"和"关于风景名胜区规划内容和上报材料的规定"等三个附件。

10～15日，由城乡建设环境保护部和联合国人类居住中心联合召开的住房讨论会在昆明举行。

11日，《中华人民共和国大气污染防治法（草案）》提交六届全国人大常委会第21次会议审议。

11～13日，长春城市问题研讨会在长春市召开。会议以研究长春城市问题为主，对长春市的历史和现状进行了重新认识，分析了长春市发展的有利条件和不利因素，提出了振兴长春的多种途径和设想。

18日，全国城市住宅设计研究网住宅设计开发奖励基金会在京成立。

20日，中国城镇供热协会在唐山市举行成立大会。

25日，国务院发布《中华人民共和国建筑税暂行条例》。

25～28日，应江苏省对外交流中心邀请，美籍埃及裔建筑师瑞飞特在南京讲学。瑞飞特以其主持设计的美国约瓦克改造规划与埃及谢姆斯新城、意大利某城学校与开罗某街坊为例，分别说明了旧城改造与新城规划在方法上的差异及新建筑与旧城环境如何保持协调的设计手法。

26日，全国第一次装配式大板住宅设计方案竞赛在京揭晓。

29日，由同济大学和美国伊利诺伊大学联合举办的"中美居住形态比较国际学术讨论会"在上海召开，这次讨论会围绕着美国城市化及居住建筑的发展、中美两国居住现状的比较和上海旧城的改造等问题，广泛开展了讨论和交流。

本月，为了加强城市规划设计的管理，城乡建设环境保护部于上半年在全国范围内对城市规划设计单位进行了资格审查工作，甲级单位由城乡建设环境保护部审批发证，乙、丙、丁级单位由各省、自治区、直辖市的勘察设计主管部门审批发证。审批结果，全国甲级规划设计单位共37个，乙、丙、丁级规划设计单位共200多个。自1987年7月1日起，各规划设计单位按证书资格规定范围承揽规划设计任务。

七月

1 日，深圳市政府提出以土地所有权与使用权分离为指导思想的改革方案。改革方案确定可以将土地使用权作为商品转让、租赁、买卖。凡具有法人资格的国内单位及外国、港澳地区的经济组织与个人均有权参加深圳特区土地的公开竞投和招标。需要土地的单位必须在指定的时间、地点，在公开场合采取公开竞投，即国外习惯称之为公开拍卖的方式参加角逐，出价高者方能取得土地的使用权。一些大型或关键性的发展项目在指定期限实行招标承投，而市政公用设施和一些特殊用地，则仍由行政划拨。新的土地管理办法将按照城市规划建设的要求与经济发展计划统一组织土地开发。

1 日，国家标准《住宅建筑设计规范》颁布实施。

1 ~ 4 日，由中国城市规划设计研究院主持，北京市城市规划设计研究院和上海市城市规划设计院参加的《居住区规划设计规范》第一次工作会议在北京举行。这个《规范》是我国居住区规划设计方面的第一个规范。

2 日，城乡建设环境保护部、文化部、中国美术家协会联合举办的全国首届城市雕塑优秀作品奖评选揭晓。

3 ~ 6 日，全国首届城市管理学术研讨会在南京召开。

11 日，由国务院住房制度改革领导小组召开的城镇住房制度改革试点工作座谈会在京结束。

11 ~ 31 日，中国农房公司在京举办农房建设成果展览会。

13 日，国务院学位委员会批准中国城市规划设计研究院为硕士学位授予单位，使该院成为全国城市规划科研设计单位中第一个具有招收硕士研究生资格的单位。该院授予硕士学位的专业为"城市规划与设计"，其下设三个研究方向：城市规划历史理论、风景及历史名城规划设计和城市设计。1988 年开始招生。

13 ~ 17 日，国际建筑师协会第 16 次大会在英国伦敦召开。中国 3 名建筑师应邀参加会议并宣读论文。会议通过了《建筑师布赖宣言（1987 年）》，改选了主席和部分副主席。我国吴良镛教授当选为副主席，分管亚、澳Ⅳ区工作。

16 日，国务院常务会议对发展建筑业和加强城市基础设施建设作出指示。

17 日，《人民日报》发表文章:《关于城市化道路问题的几种意见》。

18 ~ 20 日，由中国城市科学研究会主持的"全国部分小城市建设和发展座谈会"在安徽屯溪市召开。与会同志强烈呼吁：要重视小城市在经济社会发展中的地位和作用，加快小城市管理体制的改革，简政放权，打破条块分割、城乡分割的状况，为小城市的发展创造条件。

20 日，国务院批复《烟台市人民政府关于烟台市城镇住房制度改革试行方案正式出台的请示》，同意烟台市城镇住房制度改革试行方案，该方案于 1987 年 8 月 1 日起试行。烟台市城镇住房制度改革的指导思想，是从我国国情和烟台市实际情况出发，通过把住房租金标准提高到准成本租金水平，同时发给职工相应数量住房券的办法，将住宅由实物分配转向货币分配。

20 日，国家计委召开国务院各部门有关负责人会议，安排部署下半年全国基本建设工作。

20 ~ 23 日，城乡建设环境保护部政策法规局、城市规划局在京召开第二次《城市规划法》专家论证会。

26 ~ 29 日，城乡建设环境保护部规划局、科技局、中国建筑学会城市规划学术委员会在昆明召开"遥感、计算机技术在城市规划中的应用交流会"。这个会议是对近年来在城市规划中应用新技术（遥感、计算机）所得成果的一次检阅，在规划学术界当属首次。

31 日，由中国城市规划设计研究院详细规划研究所承担的"不同规模城市解决居住困难户的住房途径与政策研究"课题的最终成果在北京通过部级鉴定。

本月，城乡建设环境保护部部长叶如棠在全国城乡设计会议上强调，不允许个人私自搞业余设计。他指出：工程设计是一项列入国民经济计划的、与人民生命财产密切相关的重大经济活动，因而不应按照一般的业余兼职、业余科研咨询这种个体的业务来对待。

本月，中国城市科学研究会小城市委员会正式成立。

本月，东北三省城市规划工作协作会第三次会议在辽宁省本溪市和丹东市召开。与会同志通报了各自的工作情况和今后打算，重点介绍了深化规划设计、加强规划管理的做法和经验。对当前城市土地管理中出现的新情况和规划设计单位如何进行管理体制改革等普遍关心的问题展开了热烈讨论。

八月

5 日，城乡建设环境保护部发出《关于贯彻国务院加强城市建设工作的通知精神，切实加强城市规划实施管理的通知》。

11 ~ 14 日，联合国人口活动基金会组织（UNFPA）在日本神户市召开"亚洲中等城市人口与发展会议"。中国代表团一行 7 人出席了会议。本次国际会议的目的是通过研讨和交流，使亚洲各国认识中等城市在人口与城市发展中的地位和作用，并帮助各国政府拟定发展中等城市的政策措施，提出相应的建议。会议最后通过了《亚洲中等城市人口与发展会议宣言》。会议认为：中等城市是具有中间地位和联结作用的一类城市，它介于大城市和小城市之间，把一个国家的大城市同小城镇和农村地区联系在一起，形成一个有机的整体。它的发展，既可以减少大城市人口过度集中的弊端，又可以带动和促进其腹地小城镇和农村地区经济和城市化的发展，在国家这个综合体中起平衡的作用。鉴于中等城市的重要性往往被忽视这一现实，会议呼吁各国政府和国际组织，重视中等城市的发展，加强对中等城市的特点和作用的研究，积极为中等城市的经济和其他方面的发展创造条件，以增强其吸引力。

11 日，由中国城市规划设计研究院风景名城研究所承担的"承德避暑山庄、外八庙风景名胜区规划"在承德市进行了评议。

12 日，北京市城市规划管理局颁布《北京市城市建设工程规划管理审批程序暂行办法》和《关于审定城市建设工程设计方案和核发建设工程许可证工作周期的规定》，自 1987 年 10 月 1 日起施行。

18 ~ 21 日，"建筑科学的未来研讨会"在北京清华大学举行。这次会议是由国家科委自然科学基金会委托清华大学建筑系召开的。经济、社会的飞速发展促进了建筑的发展，迫切需要展望建筑学科发展的未来。吴良镛教授在会上作了"广义建筑学论"的发言，他说：广义建筑学不是终极真理，而是动态开放体系，他从聚居论、区域论、文化论、科技论、法律论、人才论和方法论等七个不同角度论述了广义建筑学的构想。

19 日，全国城市规划情报网在银川宣告成立。全国城市规划情报网是由全国与地方城市规划情报网组成的二级情报网，中心组成员由中国城市规划设计研究院、中国城市科学研究会、城市规划学术委员会以及六大协作区的代表单位各一名组成。日常工作由中心组领导下的联络部负责，联络部设在中国城市规划设计研究院情报研究所，并通过各网员单位的联络员进行工作并进行情报信息的交流。

21 日，中国城市经济学会首届年会暨第四次全国中心城市经济理论讨论会在兰州召开。

24 日，城乡建设环境保护部、国家工商行政管理局发出关于加强城市建设综合开发公司资质管理工作的通知。

25 ~ 27 日，国际城市交通工程与规划学术会议在北京科学会堂召开。美国交通运输管理局局长埃尔佛莱德·爱·戴力波维、北京市副市长张百发、城乡建设环境保护部副部长储传亨参加了大会，并发表了重要讲话。

本月，武汉测绘科技大学与荷兰国际航天测量与地学学院合作，建立了武汉测绘科技大学城乡测量、规划与管理教育中心。

本月，北京市人民政府召开动员大会，部署开展县域规划工作。

九月

2 日至 11 月 15 日，第七期全国市长研究班在北京举行。城乡建设环境保护部储传亨副部长在开学典礼上发表讲话。

2～3 日，辽宁省建设厅在鞍山市主持召开了辽宁省城市规划志编撰研讨会。会议认为，作为专业志、科技志的城市规划志编撰工作本身，就是重要的学术、科研工作，是项软科学，是城市规划学科的基础工程之一，应给予充分的重视。会议提出了"存史、资治、教化"的修志宗旨。

8 日，深圳市以协商议标形式出让有偿使用的第一块国有土地，这是中华人民共和国成立后的首次土地拍卖活动。该用地最后以每平方米 200 元的价格出让，合同书规定这块有偿使用的土地使用年限为 50 年。此后，深圳市于 9 月 11 日以招标形式出让第二块国有土地；12 月 1 日又以拍卖形式出让第三块国有土地使用权。

8～15 日，全国"风景旅游城市及风景区的规划和建设"学术讨论会在山东石岛举行。参加会议的有城乡建设环境保护部规划局顾问郑孝燮、美籍华人烟台大学访问教授黄耀群先生以及专家、学者共 40 名。会议期间，学者们讨论最热烈的是风景名胜区的管理体制和立法问题。与会者认为，风景名胜是国家的遗产，是精神文明的组成部分，但由于管理体制问题没解决，政出多门，渠道多条，各部门、各单位争相在风景名胜区建宾馆、盖疗养院，个体户也挤进去设摊点，造成风景名胜区脏乱差局面，使风景资源遭到严重破坏。代表们提出，对风景名胜区应该统一管理，代表们还强烈呼吁，要加强对风景名胜的立法，立法不是粗线条的，而是细则性的，具体的。这样才有利于对风景名胜的保护和开发。国务委员谷牧接见了代表。

14～27 日，应中国城市规划学会及中国城市规划设计研究院的邀请，日本城市规划师代表团对中国进行了访问。在华期间，日方代表团与中国城市规划学会共同召开了"中日城市问题讨论会"，就两国在旧城改造、人口与土地利用及城镇布局形态、环境政策、住宅、大城市交通、小城镇的建设等方面的经验和问题进行了广泛的交流和探讨。此外，日方代表团还与北京、青岛、上海等地的城市规划部门的同行举行了座谈。

15～16 日，由城乡建设环境保护部规划局主持的"省域城镇体系规划的内容及编制办法的研究"开题论证会在合肥召开。该课题为全国城乡建设"七五"科技攻关项目之一，由城乡建设环境保护部规划局区域处负责具体协调。与会专家们同意将课题的研究重点放在城镇体系规划的原则、任务、内容和编制方法，城镇体系的规模等级标准，城镇功能分析及优化方法，城镇合理布局的理论与方法，城镇区域性基础设施合理组合的原则与方法及省内城镇经济区划分原则与方法等方面。专家们建议加强省域城镇体系规划与国土规划关系的研究以及不同类型地区城镇体系各级城镇用地标准的研究。

16日至10月7日，宁波市城乡建设规划局聘请的外籍顾问——加拿大规划建筑师哈德罗·海南先生在宁波市进行了短期的工作，写出了"宁波市老市区交通运输规划"和"中山路规划"两份报告。

17日至10月1日，应苏中友协邀请，中苏友协派出中苏友协积极分子建筑专业（城市规划）代表团访问了莫斯科、明斯克、塔什干、塔林等四个城市。

21日，城乡建设环境保护部规划局委托武汉城市建设学院举办的首期城市规划管理干部进修班在武汉举行开学典礼。进修学员来自全国14个省、自治区、直辖市的38个城市的规划管理部门，入学前绝大多数从事城市建设用地划拨、建筑方案审核及工程管线综合等技术性行政管理工作。

21日至10月31日，第七期市长研究班在北京市委党校举行。城乡建设环境保护部副部长储传亨、周干峙及中共中央组织部、北京市委党校的领导同志参加了10月31日的结业典礼。

26日，中共中央、国务院发出《关于建立海南省及其筹建工作的通知》。《通知》说，考虑到海南发展的重要性和必要性，国务院提议将海南行政区从广东省划出，成立海南省。

十月

6～9日，中国土地学会和深圳特区经济研究中心联合在深圳召开城市土地管理体制改革理论研讨会。

7～10日，中美联合举办的中国住房问题国际研讨会在深圳召开。

7日至12月26日，受城乡建设环境保护部干部局和规划局委托，同济大学建筑城规学院干部培训中心在同济大学举办了第一期城市交通规划干部进修班。来自全国18个省31个城市的42名学员参加了学习。在近3个月的学习期间，培训中心先后聘请了14位教师，为学员们开设了11个门类的基础理论及相关课程，自编了讲义20余本，举办了13次专题讲座，安排了一周多的交通调查实习和15次计算机上机操作实践，并组织了5次市内外交通参观。通过学习，学员们基本掌握了搞城市交通调查与规划所必须具备的基础理论、方法与手段。

8～12日，国际住房年——中国"七五"城镇住宅设计经验交流会在京召开。

12～17日，1987年沿海开放城市规划技术协作会议在浙江宁波市召开。代表们就开发区的规划建设和城市规划管理方面介绍了许多值得借鉴的经验。

13日，国务院发布《中华人民共和国公路管理条例》。

13日，波兰科学院院士、波兰建筑和城规学术委员会主席、梯赫新城总设计师 K·维海尔携夫人——波兰华沙工业大学城市规划研究所教授、梯赫新城总设计师 H·阿达姆契夫斯卡在中国城市规划设计研究院作学术报告。维海尔一行是应同济大学的邀请来华讲学的。在京期间，波兰专家就居住区建设多样化和城市交通等问题与城乡建设环境保护部规划局、中国城市规划设计研究院的领导同志交换了看法。在中国城市规划设计研究院的学术交流活动中，维海尔作了题为"波兰城市规划动向和梯赫新城建设"的学术报告，他以华沙等城市的二战后重建和发展为例，指出，今天城市规划和建设的动向，趋向于改变过去那种单调的手法，而要求与传统的联系和空间处理上保持构成城市空间构图的特征。对那些使城市定型的基本因素——"城市结晶体"，如古老的市中心广场、中轴线等，在新区建设中应予以保持和发展，使城市具有自己的特色，在城市建设中，要考虑到不同的空间变化给人的不同感受，分析不同的空间组合要素的作用；阿达姆契夫斯卡以丰富的材料介绍了梯赫新城的规划构思和建设情况。

15～19日，由城乡建设环境保护部主持的全国城市规划管理工作会议在山东威海市召开，这是新中国成立以来第一次专门研究城市规划管理工作的重要会议。会议是在十三大前夕，改革、开放进一步发展的形势下，是在国务院召开城市建设工作会议以后各地大力加强了城市建设的情况下，是在各地城市的总体规划编制工作基本完成、规划实施管理越来越重要，而管理工作又面临一些新问题、新要求的情况下召开的。会议的主要任务，是贯彻国务院《关于加强城市建设工作的通知》精神，进一步明确在改革开放搞活的新形势下城市规划管理工作的方针和任务，重点研究如何理顺管理体制，加强法制，改善管理队伍素质，提高管理水平等问题。会上讨论了城乡建设环境保护部起草的《关于加强城市规划管理工作的若干规定》和《城市规划工作人员职业道德准则》两个文件，表彰了58个全国城市规划管理先进单位。城乡建设环境保护部储传亨、周干峙两位副部长出席了会议，并作了重要讲话。储传亨副部长讲话指出，目前，一般大城市都设区的建制，不少城市还实行了市带县的管理体制。为了处理好集中统一和分级管理的关系，应当逐步建立、健全市—区（县）—街道（乡镇）的规划管理体系，形成上下结合、城乡结合的规划管理网络；原则上建设项目的审批权应当高度集中，实行统一的规划管理。周干峙副部长讲话指出，规划管理工作就是要贯穿于建设的全过程，要超前服务，批后管理。"超前服务"大体上应该包含下列内容：1）要及时地掌握建设的信息；2）要做好建设选址的预安排，建立"规划储备"；3）要通过规划反馈，把规划意图事先反映到建设项目的决策中去。规划管理工作，不能仅仅做到定点放线、审批发证为止，对于后一段的建设监督和竣工验收也要加强管理。

18～24 日，全国市政工程经济研究会在成都召开。

25 日至 11 月 1 日，中国共产党第十三次全国代表大会在北京举行。邓小平主持大会开幕式，赵紫阳作题为《沿着有中国特色的社会主义道路前进》的报告。报告阐明当代中国正处在社会主义初级阶段，规定了党在这个阶段"一个中心、两个基本点"的基本路线，即"领导和团结全国各族人民，以经济建设为中心，坚持四项基本原则，坚持改革开放，自力更生，艰苦创业，为把我国建设成为富强、民主、文明的社会主义现代化国家而奋斗"。明确提出把是否有利于发展生产力，作为党在社会主义初级阶段考虑一切问题的出发点和检验一切工作的根本标准。

26～29 日，河流污染综合治理国际学术讨论会在上海召开。

26～31 日，城市化和城市人口问题国际会议在天津举行。

29 日至 11 月 1 日，全国试点集镇经验交流会在北京大兴县黄村卫星城召开。

月底，南京工学院建筑系集会庆祝建系 60 周年暨纪念刘敦桢先生诞辰 90 周年。

本月，云南省人民政府公布了第一批省级历史文化名城。

本月，第一批城镇住房制度改革的试点城市确定，共有 5 个：烟台、蚌埠、唐山、沈阳、常州。

本月，城乡建设环境保护部在北京召开试点集镇建设经验交流会，会议印发了城乡建设环境保护部、国务院农村发展研究中心、农牧渔业部、国家科学技术委员会《关于进一步加强集镇建设工作的意见》。

十一月

1～5 日，第二次历史文化名城发展研讨会在山东曲阜召开。中国城科会历史文化名城研究会正式成立。

5 日，城乡建设环境保护部印发《关于加强城市规划管理工作的若干规定》。

5 日，城乡建设环境保护部规划局和国家计委国土局联合在南京大学主办的"区域城镇体系规划研讨班"结束。研讨班是为了适应我国国土规划工作和城市规划改革和发展的需要，以培训省域城镇体系规划技术干部为目的举办的。研讨班以区域城镇体系规划的理论与方法，国土规划概论为主课，同时涉及中国城市发展中及城市历史研究法，现代数学及新技术在区域城镇体系规划中的应用，以及城市经济效益评价的原则与方法等，为期一个半月时间。城乡建设环境保护部周干峙副部长以"当前我国城市建设的发展与城市土地有偿使用及其对规划的影响"为题在研讨班上授课。

12～24日，第六届全国人大常委会第二十三次会议在北京举行。会议决定同意赵紫阳辞去国务院总理职务，由李鹏任国务院代总理，行使总理职权，领导国务院的工作。

13日，北京市文物事业管理局和北京市城市规划管理局联合颁发《北京市文物保护单位保护范围及建设控制地带管理规定》，自1987年12月1日起施行。

16日至12月16日，《城市规划》编辑部和武汉大学建筑学系在武汉举办首届"城市规划理论研究班"。研究班回顾了我国城市规划事业的发展历程，并广泛涉及了城市历史、城市交通、城市土地、城市空间理论、城市经济和社会发展、城市景观、城市基础设施以及国外城市规划等各方面，重点探讨了我国城市和城市规划理论的发展趋势。

17日，中国城市科学研究会小城市委员会领导小组会议在京召开。

17～21日，全国首届建筑教育思想讨论会在南京召开。31名高等院校的建筑专家、教授以及建筑院系的负责人60人参加了会议，会议在中国新时期的建筑教育观、人才观、建筑观、教育体制、学制、招生办法、教学内容、教学方法等问题上进行了讨论。一致认为，建筑教育必须面向现代化，面向世界，面向未来。

中旬，应海南建省筹备组的邀请，由城乡建设环境保护部周干峙副部长率领的专家组和由中国城市规划设计研究院派出的一个咨询组一起就海口、三亚两市的总体规划修订问题，以及海南全岛的城镇规划，对海南进行了短期的考察和咨询。专家组和咨询组在对海南全岛进行了4天的考察以后，向海南建省筹备组提出了在海南进行城市规划和城镇规划的几点建议：1）海口和三亚两个城市的规划目标应该是高水平的，应建设成为具有现代化标准的国际城市；2）海口市的城市布局结构不宜采取集中的"摊大饼"的形式，而应采用"组团式"的布局结构；3）三亚市具有极为优美的城市自然地理环境，城市规划应突出并保持其自然环境之美；4）为了搞好三亚市的规划建设，建议举行国际和国内的三亚市规划设计竞赛，以使其开发建设建立在最好的规划基础之上；5）在城市规划中，除了要做好城市总体规划、分区规划、详细规划和城市设计之外，还要将土地有偿使用的新概念引入规划过程中，并做好土地利用规划。

24～26日，安徽、江苏两省城市规划专业学术委员会共同发起的苏鲁皖豫四省毗邻地区煤矿城镇规划研讨会第一次会议在徐州市举行。会议就煤矿城镇规划问题从不同角度进行了学术交流。

24～28日，联邦德国城市修葺协会柏林公司委托中国城市规划设计研究院举办的"柏林克罗茨贝克城谨慎修葺法图片展览"在北京中国城市规划设计研究院五楼会议室展出。

本月，全国市长研究班学友联谊会在厦门成立。

十二月

1 日，经国务院同意并经中国人民银行批准，我国第一家住房储蓄银行在烟台市成立。

6 日，17 个城市的市长和副市长赴香港考察香港的城市建设。

7 日，城乡建设环境保护部与中央电视台联合摄制的电视专题片《在同一屋顶下》在北京试映。这是我国第一部比较全面、系统地介绍我国近年来城市建筑创作面貌的大型电视专题片。专题片共分为五集，第一集：时代的呼唤；第二集：建筑现代潮；第三集：建筑与生活；第四集：建筑和我们；第五集：建筑与创造。全片共放映 100min。专题片通过近年来我国建筑界传统与现代的对话，城市公共建筑的变化，住宅建设的发展，建筑对人的影响，建筑创作如何繁荣这五个不同的层次、不同的侧面，在进一步普及建筑文化知识的同时提高人们的鉴赏水平，在大众、建筑师、决策部门之间铺架理解的桥梁。

7 ~ 20 日，城市交通规划学术委员会与深圳市规划管理局、中国城市规划设计研究院交通研究所和情报研究所、香港大学在深圳联合举办了"城市土地使用和交通规划技术讲习班"，学员 76 人。

11 日，中国建筑学会在北京为从事建筑科技 50 周年的老专家和学会干部颁发荣誉证书。

11 ~ 15 日，中国建筑学会第七次代表大会暨 1987 年学术会议在京举行。

12 日，城乡建设环境保护部城市规划局为城市规划专家任震英同志从事城市规划工作 50 周年举办庆贺会，庆祝他投身革命 55 周年，庆贺他从事兰州城市规划建设事业 50 周年，庆贺他与一起参加革命的侯竹友同志结婚 50 周年。中国城市规划设计研究院也于 12 月 15 日为我国城市规划界的前辈任震英同志举行了"3个 50 周年"庆贺会，我国城市规划界元老曹洪涛、王文克参加了庆贺会并向任震英同志表示祝贺。

14 ~ 15 日，受云南省城乡建设委员会和丽江县人民政府委托，云南省城乡规划设计研究院与丽江县城乡建设环境保护局在丽江联合召开了丽江古城保护规划评议会。

17 ~ 19 日，农牧渔业部农垦局和中国农业工程研究设计院举办农场小城镇规划及住宅设计评优活动。评选活动旨在交流农场小城镇规划工作的经验，提高规划水平，配合住房制度改革，为农场职工提供设计良好的住宅。在各省市初选上报的 38 项小城镇规划和 42 项住宅设计中，最后评出小城镇规划二等奖 3 项、三等奖 7 项、表扬奖 9 项，住宅设计二等奖 3 项、三等奖 7 项、表扬奖 11 项。

19 日，国家计委发布《城市规划设计收费标准（试行）》，从 1988 年 1 月 1 日起试行。这是我国首次发布全国统一的城市规划收费标准。该标准是根据国家计委、劳动人事部联合颁发的《关于勘察设计单位试行经济责任制的通知》及城乡建设环境保护部、国家计委、财政部联合颁发的《关于城市规划设计单位按工程勘察设计单位办法试行技术经济责任制的通知》（[86] 城规字第 485 号）的精神和规定，由城乡建设环境保护部编制的。该收费标准内容包括：城市规划设计收费标准说明及有关文件，明确规定出城市总体规划设计（包含分区规划设计）、详细规划设计、风景区规划设计、市政工程规划设计的收费标准，并对各类规划设计应达到的深度提出了原则要求。

19 ~ 25 日，国家标准规范《城市用地分类与标准》编制组在四川成都市召开了第一次会议。该标准由中国城市规划设计研究院主编，北京、上海、四川、辽宁、湖北、陕西等省、市城市规划设计研究院、同济大学建筑城规学院城市规划系等单位参编，1987 年 8 月成立规范编制组并开展工作。本次会议就规范编制工作中的几个关键问题进行了深入的讨论：编制目的和适用范围；规划区的概念；如何划分大类和中类；用地分类与标准的关系；用地分类与规划布局的关系；如何借鉴国外经验；如何体现改革和开放的精神；如何从实际情况出发既保持历史延续性，又有所创新和提高；如何适应不同地区、不同规模、不同发展水平的城市使用需要等，会议基本取得了一致看法。会议对中国城市规划设计研究院提出的用地标准初步方案进行了讨论，认为结合城市用地现状，分档次确定用地标准的办法是符合我国国情的。会议确定在该方案基础上，由各地区先拟定地区标准，然后汇总，统筹协调制定国家标准。

19 日，我国目前规模最大、设备最先进的现代城市交通控制系统——北京交通指挥中心建成。

23 ~ 26 日，由城市规划学术委员会和《城市规划》编辑部联合主办的全国青年城市规划论文竞赛评选会在南宁召开。《城市规划》创刊于 1977 年，十年间，杂志推出了近千篇文章，《城市规划》为广大读者提供了城市规划的新思潮、新观点、新信息，对我国城市规划学科的发展作出了贡献。《城市规划》编辑部在杂志创刊十周年之际，与中国建筑学会城市规划学术委员会举办了全国首届青年城市规划论文竞赛。此次竞赛论文奖次的产生采取了初评入选的论文作者现场宣讲论文，就评委提问进行答辩，评委根据论文本身及答辩情况综合评分的方法，最终选出获奖论文 24 篇。其中，一等奖空缺，二等奖共 3 篇，分别为《规划中的相悖现象》（作者：华晨）、《中国古代城市规划发展的启示》（作者：沈亚虹）、《试论北京旧城道路体系的改造与更新》（作者：余宜）。

25 日，经城乡建设环境保护部批准，城乡建设设计行业开发基金会城市规划设计分会发函宣告成立，并定于 1988 年 3 月 8 日至 11 日在北京召开 1988 年年会。

本月，由京、津、沪、穗、汉、渝、郑等市人民政府和中国城市科学研究会联合发起的"大城市流动人口问题与对策讨论会"在广州召开。到会的 24 个市及有关部门的 90 位代表就会议议题进行了交流和探讨。代表们认为，目前城市，特别是大城市的流动人口出现一些新特点：1）数量急剧增长；2）占城市常住人口（或总人口）的比重增加；3）其构成发生了很大变化，由因公出差、探亲访友为主转变为从事经济活动为主；4）在城市中居留时间长，显示出长住的特点。这些特点产生的根本原因是改革、开放政策实行以后，大批农村剩余劳动力进入城市务工经商，他们对于城市经济的繁荣起了不可替代的作用，但同时也加重了城市特别是城市基础设施的负担，并且在社会治安、计划生育和城市管理上带来了新问题。

本月，城乡建设环境保护部重点课题"我国城市土地管理体制改革的研究"通过了部级评审。该课题是由中国城乡建设经济研究所承担的，研究工作从动态城市经济出发，提出了"土地所有权和使用权分离，实行土地限期有偿使用，允许国有土地的使用权有偿出让和转让以及逐步建立完善的城市土地市场"等观点和"收取土地使用费、发展土地市场"的理论以及实施途径的政策措施。

本月，城市规划学术委员会居住区学组在南宁召开题为"建筑、环境及新型住宅"的学术会议。代表们认为，当前在居住区中，公建多集中在地段的几何中心，这样既不能为居民购物提供很大方便，又影响了居住区的安静和卫生；实践证明，顺路购物很受居民欢迎。由于经济的飞速发展，居住区的公建规划指标需要重新修订。另外，随着生活水平的提高，部分自行车有转化成摩托车和小汽车的趋势，因此，有必要对居住区内的交通组织进行研究，考虑在住宅底层停车及建设公共停车场。

本月，南开大学主办召开了"人口城市化和城市人口国际问题讨论会"。

本月，中国土地学会、深圳特区经济研究中心在深圳联合召开城市土地管理体制改革理论研讨会。与会代表对涉及城市土地管理体制改革的一系列理论问题进行了探讨。

本月，《中国国家历史文化名城》编写会议在国家历史文化名城四川省阆中市召开。会议是由国家文物局、城乡建设环境保护部城市规划局和中国青年出版社联合举办的。

本月，城乡建设环境保护部城市规划局主编的《优秀城市规划设计汇编》由天津科技出版社出版发行。本书汇编收录了 1986 年度全国城乡建设优秀设计优质工程评选中城市规划设计的全部获奖项目，荟萃了目前在国内领先的城市规划思想、方法和手段，反映了近年来我国城市规划与设计的水平。

本月，由中美双方专家共同编写的《住房、城市规划与建筑管理词汇》出版发行。该书是根据我国城乡建设环境保护部和美国住房与城市发展部的科技协作协定而编写的，编写工作始于 1983 年，历时 4 年，选入 1000 余条难译或一般词典中难以解释清楚的软词汇，中文词汇同时注有汉语拼音，并附有 21 幅插图。该书的编写目的在于为使用汉语和英语的科技人员在使用住房、城市规划、城市环境和建筑施工管理等领域的专业词汇方面提供方便。

本月，市长研究班与香港有关部门联办了"现代管理研讨班"，内地有 16 位市长参加了研讨班。同年还成立了"全国市长研究班学友联谊会"，志在加强各城市之间的联系与经验交流。

本年底，中国建筑学会城市规划学术委员会历史文化名城规划设计学组在四川阆中召开历史文化名城保护规划学术讨论会。这次会议是在新的形势下，深化对历史文化名城的认识，交流名城保护规划的经验，讨论《历史文化名城保护规划编制办法的意见》（讨论稿），以达到从理论上探讨具有中国特色的历史文化名城保护规划，推动第二批公布的历史文化名城保护规划工作。

本年底，《全国国土总体规划纲要》的送审稿上报国务院。

至本年底，共有 14 个省审定公布了 107 处省级风景名胜区。

本年度出版的城市规划类相关著作主要有:《城市规划与现代建筑》（[日] 菊竹清训著，安怀起译）、《城市港口规划》（潘云章、钱汉书编著）。

1988 年

一月

月初，温州市控制性规划编制工作开始启动。该规划编制工作历时 11 个月，同年 11 月经温州市人民政府审查通过，颁布施行。

1 日，我国首次颁发全国统一的《城市规划设计收费标准》试行。

1 日，《上海市土地使用权有偿转让办法》施行。

1 日，《广州市城市规划管理办法实施细则》施行，这是我国当时比较全面、系统和详细的一部地方性的城市规划管理方面的综合性法规。

6 日，《城市规划（英文版）》第二次编委会在北京举行。会议由主编陈占祥同志主持，会上编辑部向编委会汇报了工作。会议认为刊物应该扩大报道的内容，城市规划与城市研究并重，论文与信息兼顾。会议决定，《城市规划（英文版）》从今年起改为季刊，并向国内外发行。

8～12 日，中国建筑学会城市交通规划学术委员会在广州召开了城市交通规划学术研讨会。会议讨论了城市交通规划、大城市道路的改建与新建、地铁规划与建设以及有关方针、政策和发展战略等问题。

13 日，国务院公布第三批全国重点文物保护单位 258 处。连同已公布的前两批，全国重点文物保护单位共有 500 处。

15～18 日，国务院召开住房制度改革工作会议。赵紫阳指出，住房制度改革不仅可以正确引导和调节消费，促进消费结构趋向合理，在经济上有很大意义，而且在住房这个领域的不正之风也会大大减少，因此，在政治上也有很大意义。这是国务院召开的第一次专门讨论住房制度改革问题的全国性会议，重点讨论了在全国分期分批实施住房制度改革的规划。

20～24 日，城乡建设环境保护部人防办、规划局在北京召开城市人防建设规划编制座谈会。

28～30 日，城乡建设环境保护部城市规划局和乡村建设管理局在北京市怀柔县召开县域规划工作座谈会。会议邀请了国务院农村发展研究中心、国家计委国土局等六个部委有关司局和北京、江苏、四川等部分省市建委的同志及有关专家参加。座谈会就我国目前县级经济社会发展形势交换了看法，与会的一些单位分别介绍了近年来为指导县级经济社会发展所开展的有关规划工作情况和经验，并对开展县域规划工作的意义、目的、任务和工作重点进行了研究。与会同志对有关部委联合开展县域规划问题进行了研究。随着经济体制和政治体制改革逐步深入，通过制定规划和相应的政策对经济建设与社会发展进行宏观管理，已成为各级政府职能转变的重要内容。近年来，按部门布置的规划工作越来越多，而这些规划都要以县域经济社会发展的全局为基础。为避免各部委规划多头布置，造成不必要的重复和人力、物力的浪费，与会同志建议应在县政府的统一领导下，由县内各有关部门共同参加开展县域规划。会议对城乡建设环境保护部城市规划局和乡村建设管理局起草的《关于开展县域规划工作的若干意见》进行了认真的讨论，一致要求作适当修改后，由国务院几个有关部委共同颁发，以推动县域规划工作的开展。与会者还建议尽早建立自上而下的国家规划系列，并赋予各层次规划以法律地位，这样既可以避免规划名目繁多的问题，也有利于保持规划的连续性和严肃性。城乡建设环境保护部副部长储传亨同志在座谈会上讲了话。他认为有关部委共同研究开展县域规划是一个良好的开端，体现了中央政府领导部门职能转变到为地方服务上来的新特点。他认为县域规划要从实际出发，选好试点。如东部沿海几个三角洲地区，人多地少，经济发展快，对合理布局要求强烈，可以选些县先搞起来。

本月至 5 月，应美国加利福尼亚州伯克利大学的邀请，中国城市规划设计研究院原顾问总工程师陈占祥同志赴伯克利大学讲学，在该大学任摄政教授（UC Berkeley Regent's Professor）。摄政教授由摄政团提名（摄政团由加州大学下属各学院院长组成），经州长批准作为一种较高的荣誉，邀请国际上著名的学者担任。之后，受中国人民对外友好协会的委托，陈占祥又赴美国密苏里大学任"斯诺"教授，任期一个学期。斯诺教授是由斯诺纪念基金会提供资金邀请中国各界知名人士到美国讲学，目的是为了增进中美两国人民之间的了解与友谊以及两国之间的科技交流。

本月，北京市政府召开县域规划动员大会，部署县域规划工作。大会强调，首都郊区的县域规划已到了非搞不可的程度，各区县主要负责人必须下大决心，从长远着想，通过县域规划安排长远大计。

二月

4 日和 5 日，《城市规划》编辑部召开了两次"深化城市规划改革"专家座谈会。到会的近 30 名著名专家学者一致认为，要使城市规划适应改革开放，必须首先改革我们的观念。到会的一些专家指出，城市经济体制改革的不断深入，使城市中的经济要素变得异常活跃，城市的工作也正向以经济建设为中心转移。这样，我们的城市规划也必须以此为中心，为城市经济发展提供最大限度的方便。目前，我国正在深化经济体制改革，由单一的计划经济向有计划的商品经济体制转化，这就向我们提出了严峻的挑战，要求我们加强这方面的探索。专家们认为，以前的城市规划理论是建立在单纯计划经济体制的基础上的，是一种僵化的理论体系，它注重物质的规划，而忽视城市各要素间固有的本质联系，忽视对事物发展变化的客观规律的探索，同时规划囿于某些长官意志而放弃规划的科学性，使得某些局部利益得到了保护，却使整体利益受到损害。这对长远的经济发展是十分不利的。因此，新的规划理论的产生必须建立在"有计划的商品经济"的经济体制的基础之上。在商品经济条件下，土地也应当作为一种商品，实行有偿使用，以此为基点，城市规划的理论也必须建立在土地的有偿使用的基础上。建设现代化的城市，一要发展物质生产，二要加强流通，三要保护城市生态环境，这三者是矛盾的统一。这就要求城市规划扩大视野，在现在的基础上向广度和深度进军，使规划具有良好的综合效益，即经济效益、社会效益和环境效益的统一。为了使城市规划能在城市建设中真正地、完全地起到宏观控制、微观指导的作用，必须建立健全城市规划法规体系。

25日，由中国城市规划设计研究院承担编制的唐山市市区2000年城市总体规划经国务院正式批准实施。该规划是在唐山市区地震后恢复规划的基础上编制的，起点水平较高，规划思想的继承性强，需要解决的实际问题多，难度大。在规划编制过程中，规划人员除严格按照《城市规划条例》和《城市规划编制审批暂行办法》要求的内容深度进行外，还增加编制了抗震防灾规划、地貌整治规划、土地利用规划和环境分区规划。

28日，为迎接新中国成立40周年和第11届亚运会，北京市开始整治全长48km的三环路。

29日，城乡建设环境保护部副部长周干峙在部分地区抗震防灾会议上指出，各地要研究制定并组织落实抗震防灾措施。

29日，北京市政府发布《北京市城市建设临时用地和临时建设工程管理暂行规定》及《北京市城市建设工程许可证执照费暂行办法》。

三月

4日，国务院召开沿海地区对外开放工作会议。田纪云副总理在会上指出：贯彻执行沿海经济发展战略，关键是必须把出口创汇抓上去，要两头在外、大进大出、以出保进、以进养出、进出结合。3月18日国务院发出《关于进一步扩大沿海经济开放区范围的通知》，决定适当扩大沿海经济开放区，新划入沿海经济开放区的有140个市、县，包括杭州、南京、沈阳等省会城市，人口增加到1.6亿。

7～9日，由北京发展战略研究所和美国全美规划协会联合举办的国际城市经济与规划讨论会在北京召开。会议采取大会、小会相结合的方式，就区域经济发展、城市发展战略、城市化道路、城市基础设施建设、历史文化名城的规划与保护、生态环境等方面的问题进行了交流探讨。

7～10日，国务院发展研究中心、国家体改委、城乡建设环境保护部共同在京召开了房地产产业政策研讨会，对发展房地产业的政策理论基础、运行机制、立法内容及其与金融、价格、市场、城市规划、城建资金、住宅商品化等方面的关系进行了探讨。

8 日，新中国成立以来我国首次公房拍卖在上海进行。

8 ~ 11 日，城市规划基金会 1988 年年会在北京召开，26 个成员单位的代表出席了会议。这次会议讨论通过了基金会章程，选举产生了基金会的领导机构，研究了 1988 年基金会的活动计划，交流了各规划院实行技术经济责任制的情况。经与会各成员单位代表民主选举，产生了基金会理事会，邹时萌任理事长。城市规划基金会是城乡建设行业开发基金会的一个分会，是一个进行行业性开发的协商组织。目前，已有 27 个甲级城市规划设计单位参加了规划基金会。城市规划基金会年会期间，城乡建设环境保护部储传亨、周干峙两位副部长到会看望参加会议的代表，并讲了话。储传亨同志指出，城市规划行业是一个服务性行业，要为经济发展、经济建设服务。目前，规划行业面临两大冲击。一是沿海地区进一步开放搞活，加入国际大循环带来的冲击。规划工作如何适应这一形势的变化，值得很好地研究。另一个冲击是房地产业的崛起，它将成为我国国民经济的一个重要的行业，必然会对规划工作产生一定的影响。规划部门应在房地产市场的建立中起积极作用。只有规划部门做好前期工作，才能有土地的批租和招标，才能有土地的有偿使用。周干峙副部长在讲话中强调城市规划要注重经济内涵。他说：过去经济问题考虑得太少，那样是不行的，我们不仅要规划上合理，而且要让规划促进经济发展。

9 日，国务院发布《中华人民共和国道路交通管理条例》。

10 日，国务院印发国务院住房制度改革领导小组《关于在全国城镇分期分批推行住房制度改革实施方案》，决定从今年起，用三五年时间在全国城镇分期分批把住房制度改革推开。

中旬至 4 月中旬，为了贯彻和落实沿海地区经济发展战略，研究城市规划工作如何为发展外向型经济服务，城乡建设环境保护部城市规划局先后派调查组赴广东、山东、辽宁三省进行调查研究，重点开展了沿海地区城镇布局和城市规划的研究，就珠江三角洲、山东半岛和辽东半岛如何实施沿海地区经济发展战略，发展外向型经济以及城市规划工作如何为沿海地区经济发展战略服务等问题与三省的有关部门进行了座谈。

22 日，遵照国务院指示，国家计委向各省、自治区、直辖市及各部门发出《关于清理楼堂馆所项目的通知》。

25 日至 4 月 13 日，中华人民共和国第七届全国人民代表大会第一次会议在北京举行。大会通过了《中华人民共和国全民所有制工业企业法》、《中华人民共和国中外合作经营企业法》和《宪法》修正案。根据宪法修正案，《宪法》第十一条增加规定："国家允许私营经济在法律规定的范围内存在和发展。私营经济是社会主义公有制经济的补充"。《宪法》第十条第四款修改为："任何组织或者个人不得侵占、买卖或者以其他形式非法转让土地。土地的使用权可以依照法律的规定转让"。大会选举杨尚昆为中华人民共和国主席，万里为第七届全国人民代表大会常务委员会委员长，邓小平为中央军委主席；决定李鹏为国务院总理。大会还审议和原则批准国务院机构改革方案，通过设立海南省和建立海南经济特区的决议；决定撤销城乡建设环境保护部，组建建设部。

四月

月初，中国城市规划设计研究院评选本院优秀规划设计。这次评选申报项目有 25 个，约为 1983 年至 1987 年年底该院已完成的规划设计项目的 25%。包括有总体规划、详细规划、风景区规划、交通规划、园林设计等项目。经院科技委员会认真评议，评选出苏州寒山寺风景名胜区规划、唐山市总体规划、贵州西线风景区规划、深圳华侨城详细规划、黑龙江省药物园设计、福建永安旧城改建规划等 15 个优秀规划设计。该院自 1982 年正式建院以来，共完成科研和规划设计任务 170 多项，其中有 13 项获得国家或建设部的表彰和嘉奖。

6 日，全国城市土地有偿使用学术讨论会在汉口召开。

7 日，第 8 期市长研究班在北京举行开学典礼。建设部领导于志坚、周干峙和市长研究班领导小组有关领导参加了开学典礼。这期市长研究班共有学员 55 名，来自 26 个省（市、自治区）的 53 个城市。

15 日，经国务院批准，国家计委决定对各地在建和准备开工的楼堂馆所项目进行一次严格清理。经清理审定不同意建设的基本上一律停止或筹建、银行停止拨款。今年一律不安排新建楼堂馆所项目。

19 日，首届中国城市科学研究会小城市委员会全体委员会暨学术交流会议在河北省衡水市闭幕。60 位小城市市长呼吁：尽快采取政策性措施，把"积极发展小城市"的战略方针落到实处。

20~30 日，有云、贵、川、藏 4 省（区）12 个国家历史文化名城和云南省 4 个省级名城参加的西南地区首次历史文化名城发展研讨会在云南丽江、大理举行。代表们交流了名城保护的经验和做法，探讨研究了名城保护发展的学术问题，并对丽江、大理的名城规划、保护工作提出了咨询意见。这种区域性的名城研讨会议在全国还是首次。

24 日，清华大学校庆日期间，正式宣布将原建筑系改为建筑学院。北京市委书记李锡铭，中国建筑学会理事长戴念慈，建设部副部长叶如棠、周干峙以及许多校友前来参加庆祝建筑学院成立大会并讲了话。原建筑系由我国著名的建筑学家梁思成教授创建于 1946 年。建系 42 年来，共培养了建筑学专业人才约 1800 名。

26 日，中共海南省委员会和海南省人民政府正式挂牌。8 月 25 日，海南省人民政府成立。

28 日，首都 20 万群众投票选出的北京 20 世纪 80 年代十大建筑，正式举行发奖仪式，中央、北京市、建设部有关领导同志向获奖建筑的设计、施工和建设单位颁发了特制奖杯。这次评选的十大建筑是：北京图书新馆、中国国际展览中心、中国彩色电视中心、首都机场候机楼、北京国际饭店、大观园、长城饭店、中国剧院、中国人民抗日战争纪念馆、地铁东四十条车站。

五月

1 日，经国家计委批准，由公安部新修订的《建筑设计防火规范》实施。

3 日，国务院批准建设部"三定"方案（定职能、定机构、定编制）。

4 日，国务院发布《关于鼓励投资开发海南岛的规定》的通知，对海南经济特区实行更加灵活开放的经济政策，授予海南省人民政府更大的自主权，其中包括土地有偿使用、矿产资源有偿开采、经中国人民银行批准设立外资银行、中外合资银行等政策。

7 日，继洛阳、西安、开封、北京、南京、杭州之后，河南安阳被列入中国古都之一，并被确认为七大古都之首。

10 日，国务院批准《北京市新技术产业开发试验区暂行条例》。

11 日，全国城市规划高级研修班开学典礼在北京举行。建设部、北京市人大常委会、国家科委的有关领导同志及城市规划界的领导及专家出席了典礼。此次研修班是由建设部、国家科委委托北京市科技干部局、北京市城市规划管理局、北京市城市规划设计研究院联合举办的。研修班的 40 名学员来自全国 23 个省、市、自治区及五个计划单列市，都是大学毕业 20 年以上、从事城市规划工作多年的业务领导及骨干。

15 ~ 20 日，国际住房及规划联盟（IFHP）第 39 届世界代表大会在荷兰海牙举行。这届大会是为庆祝该联盟成立 75 周年而召开的。中国城市规划设计研究院邹德慈院长应邀作为代表参加了大会，并在第一分会上作了题为"中国城镇住宅发展的概况和特点"的报告。

17 日，中国城市科学研究会华东城市建设计划经济研究会在厦门经济特区宣告成立。

23 日，建设部颁发《新建居住区和旧区民用建筑防空地下室建设规划编制办法》。

24～30 日，中国建筑学会城市规划学术委员会和中规院在湖南省湘潭市联合举办了"全国城市生活居住区规划与建设经验交流会"，同时召开了《城市生活居住区规划设计规范》第三次编制工作会议。本次会议的主要议题是围绕创造良好的居住环境与经济合理地开发利用土地这一当前较突出的矛盾，就小区规划的理论和实践，从社会学、经济学、生理学和心理学以及工程技术等不同角度进行了探讨。

30 日至 6 月 2 日，由江苏省建委、江苏省城市规划学术委员会联合主持的江苏省小城镇规划学术讨论会在无锡市召开。

下旬，两项具有法律效力的地方城建法规《丽江纳西族自治县城镇规划建设管理暂行规定》《丽江古城保护规划建设管理办法》，由丽江县人大常委会审议通过并颁布实施，这是丽江县首次制定地方城建法规，它标志着丽江县的城建环保工作已被纳入法制轨道。

本月，《中国大百科全书·建筑、园林、城市规划卷》出版。《中国大百科全书》是中国出版的第一部综合性百科全书，《建筑、园林、城市规划卷》是中国第一部综合介绍建筑学、园林学、城市规划三个同源的、相互联系的学科于一卷之中的专科全书。全书共收条目 863 条，220 万字，插图 1000 多幅，其中彩色插图 437 幅。全国建筑界、园林界、城市规划界约 600 位专家学者参加了撰稿编纂工作，并由中国的建筑、园林、城市规划著名专家杨廷宝、童寯、戴念慈、吴良镛、吴景祥、汪菊渊等为首的编辑委员会编辑，由中国大百科全书出版社出版。建筑部分包括中国建筑史、外国建筑史、建筑设计、建筑构造、建筑物理、建筑设备等 6 个分支学科。园林部分包括中外园林史、园林艺术、园林工程、园林植物、园林建筑、城市绿化、风景名胜等内容。城市规划部分包括城市及城市化、中外城市规划史、城市规划设计、城市规划管理等内容。

本月，武汉城建学院城市管理系从参加 1988 年 5 月全国成人高考的合格考生中录取第一届函授新生 300 名。这是全国广大规划管理工作者在职继续学习深造的一条新途径。

本月，总参工程兵部和建设部人防办公室在南京举办了为期十天的人防建设与城市建设相结合的规划训练班。这次训练班的主要目的是进一步落实 1986 年 12 月召开的厦门会议精神，使人防建设与城市建设更好地结合，训练班重点解决相结合的规划编制工作中，应采取的基本程序、方法和内容，明确编制的指导思想、基本原则和深度要求。

本月，国务院在《关于进一步加强文物工作的通知》中明确指出，要把文物的保护管理纳入全国和各地区的城乡建设总体规划。《通知》说，要根据实际情况，分别确定为历史文化名城、各级文物保护单位和重点文物保护区，逐步形成一个反映中华民族光辉灿烂古代文化和光荣革命传统的文物史迹网。

本月，上海市政府召开"开发浦东新区国际研讨会"，国内外专家共商开发浦东大计。

本月至 6 月，建设部城市规划司委托武汉测绘科技大学举办"遥感技术在城市规划中的应用"培训班。培训班学习时间 4 ~ 5 周，旨在推动遥感技术在城市规划中的应用工作，培训从事城市规划实际工作的技术骨干。

六月

7 ~ 11 日，为使科研项目和国家标准编制工作相关课题更好地结合和衔接，并对相关问题的研究情况进行交流和探讨，建设部城市规划司请"上海土地使用区划法规的研究"、"城市规划编制阶段、内容、深度的研究"、"城市用地分类及标准"这三个科研和标准课题组及部分城市、大专院校代表在常州市召开了一次协调研讨会。

8 ~ 12 日，由中国城市科学研究会和《城乡建设》杂志社共同主办的"全国部分风景旅游城市建设管理座谈会"在杭州召开。建设部、14 个风景旅游城市的代表 65 人出席了会议。代表们认为，健全、改革风景旅游城市的经济体制、管理体制和法制对开发、利用、管理、保护风景旅游资源有着极其重要的意义。建议旅游事业的管理体制应以城市为主，实行全行业的统一管理。随着我国旅游事业的迅速发展，由国务院批准的风景旅游城市已有 150 多个。如何处理好旅游业与城市发展的关系，进一步开发、建设和保护风景旅游资源，调动风景旅游城市发展旅游业的积极性，是这次座谈会的中心议题。代表们指出，在风景旅游城市的旅游业上存在着条块分割、责权利相脱节的现象，地方政府没有相应的管理权限，责大、权小、利微。

13 日至 7 月 4 日，由联合国开发署资助，美国堪萨斯大学建筑与城市规划研究生院的 D·S·邓君诺斯教授来华，为武汉市城市规划管理局提供城市交通规划与城市规划管理计算机系统等方面的咨询；并在武汉城建学院城市管理系主持"城市设计与城市规划管理计算机系统研修班"，讲授国际城市设计趋势及美国在规划管理中运用计算机的实际情况。

15 日，新的国家计委（国家计划委员会）正式成立。新的国家计委实行委员会制，其职能主要是进行宏观调控、平衡、协调、服务，诸如研究提出经济、科技、社会发展战略和重大的经济技术政策，从经济总量和结构上做好计划综合平衡与宏观调节和控制，对经济决策和经济运行提供服务和必要的协调等。

15 日，美国国家公园管理局西部地区局欧伯特局长、美国国家公园管理局约瑟米提国家公园总监莫尔河、美国国家公园丹佛规划设计中心柯波尔先生一行四人，应四川省建委邀请来川考察访问。美国客人表示愿意与四川省在风景资源保护、规划设计及管理方面进行合作并签署了协议书。

16 日，国务院向各地发出《国务院关于清理楼、堂、馆、所项目的通知》，要求各地把清理楼堂馆所工作列入议事日程。

18～24 日，中国建筑学会城市规划学术委员会、中国城市规划设计研究院和唐山市规划处联合在唐山举办"分区规划与规划实施比较研究班"。来自全国各地的 120 余名专业技术人员参加了学习。研究班上，加拿大昆斯大学的梁鹤年教授及国内专家分别介绍了国外城市用地分区管理及北京、深圳、桂林等城市分区规划与规划实施的经验及做法。除这些正式课程外，还增加了由曾出访国外的专家介绍荷兰、韩国、英国的城市规划与建设情况的内容，并放映了录像《世界建筑在十字路口》。研究班期间，建设部城市规划司的有关领导同志到会征求了大家对《城市规划编制办法（讨论稿）》的意见。

25 日，国务院发布《中华人民共和国私营企业暂行条例》。《条例》确定私营经济是社会主义公有制经济的补充，宣布国家保护私营企业的合法权益。

25 日，建设部完成组建。建设部的职责范围是：负责全国工程建设、城市建设、村镇建设以及建筑业、房地产业和市政公用事业。

28 日，河北省建委在全省范围内开展优秀城市规划设计方案评选活动，在 41 个参赛方案中，评出二等奖 5 个、三等奖 7 个、鼓励奖 17 个。

本月，国务院公布了第二批国家级森林和野生动物类型自然保护区名单，共计 25 处。

本月，波兰著名城市规划专家萨伦巴教授再次来中国，在山东胶州市举办区域与城市规划研讨班。他参观了山东省的一些城市并对改进中国的城市规划工作提出了建议。

七月

4 日上午，美国麻省理工学院教授李天河先生在北京发展战略研究所作了关于发展战略规划的报告。李先生是世界知名的战略规划、管理、系统工程方面的专家，他引用美国企业管理中应用战略规划获得巨大成功的事实，说明战略规划在当今社会发展中前程远大。李先生说，总结战略规划有三个特点：简单、易懂、利大。战略规划目标非常明确，扼要，不能面面俱到，若实现了其效益非常巨大，而且对社会的进步、环境的改善都是有益的。虽然战略规划的表述很简单，但它的确是件很困难的工作，是个大的系统工程。首先要把有关问题分解，进行专门的论证并进行交流，其成果是告诉决策人怎样做会产生怎样的结果。

9 日，上海市第一次以国际招标方式出让虹桥开发区内 26 号地铁共1.29 万 m² 土地 50 年的使用权，日本孙臣氏企业有限公司一举中标，支付了相当于 1.0416 亿元人民币的美元。

10 日，合理利用水资源和城市节约用水问题座谈会在郑州市召开。

14 日，在中共中央、国务院对《北京城市建设总体规划方案》作出重要批复五周年之际，首都规划界、建筑界专家、学者集会，回顾五年来北京城市建设取得的成就，展望未来北京的城市风貌。

15 日，由中国当代建筑文化沙龙主办，美籍华人王泽副教授在北京作了学术报告。在 1987 年 5 月联邦德国举办的国际建筑设计竞赛中，他的作品获头奖。王先生在学术报告中介绍了他在设计中的构思。

中旬，城市规划学术委员会和城市规划科技情报网在抚顺举办了城市土地有偿使用与城市规划的深化和改革问题专题学术讨论会。建设部副部长周干峙在会上论述了土地有偿使用的理论根据，并就土地有偿使用对城市规划的影响进行了分析。他强调指出，现在城市规划正面临如何从适应单一的计划经济转向适应有计划的商品经济的根本转向问题。与会者指出，当前我国正在深入进行经济体制的改革，将要逐步建立社会主义商品经济新秩序。面对这一形势，城市规划观念的根本转变，就是要树立商品经济观念，要运用经济手段促进城市规划的实施。要改变一种规划模式、一种定额标准、一种规划程序的做法，要考虑多种多样的社会需求。

26 日，国务院召开第 14 次常务会议，审议并原则通过了《楼堂馆所建设管理暂行条例（草案）》和《中华人民共和国土地管理法修正议案（草案）》。

本月，建设部批准中国城市规划设计研究院以团体会员的身份加入"国际住宅与规划联盟"。1987 年 1 月该组织总秘书长赖昂斯（J. H. Leons）先生致函周干峙副部长，表示愿与中国住房与规划研究机构建立联系，1987 年和 1988 年中国城市规划设计研究院曾两次派专家出席该组织 38 届、39 届年会，并在大会上发言。最近该组织总秘书长赖昂斯先生应中国城市规划设计研究院邀请访问了该院。该院正式提出将于 1989 年加入"国际住宅与规划联盟"。

八月

月初，中国与美国"东西方研究中心"合作召开的"中国城市化国际会议"在天津召开。建设部副部长周干峙到会并发了言。会上，中美学者宣读了各自的关于中国城市化问题的研究成果，并进行了讨论。会议涉及的主要内容有："中国的城市化道路"，"中国的城市化与城市基础设施"，"中国城市化过程中的环境问题"，"中国的城市化水平与经济发展"等。

1日，国务院公布了第二批40个国家重点风景名胜区，使国家重点风景名胜区总数达到84个。

1日，《中华人民共和国道路交通管理条例》实施。

4日，建设部和国家工商行政管理局联合发出通知，对房地产开发企业进行资质复审。

5～8日，国家科委召开全国第一次"火炬"计划工作会议，以此为标志，全国"火炬"计划正式开始实施。"火炬"计划是将国家"七五"科技攻关计划中的高技术、新技术成果，高技术研究发展计划即"863"计划的成果，其他基础研究、应用研究成果和技术引进中消化、吸收、创新的成果以及科技发明、专利等，经过进一步开发，形成在国内外市场上具有竞争能力的高技术、新技术产业、产品。

6日，全国城市道路桥梁专业高研班、城市道路与交通工程学术交流会在大连结束。

6日，我国著名园林规划设计学家、中国城市规划设计研究院教授级高级工程师、中国共产党党员程世抚同志因病医治无效，不幸逝世，享年81岁。程世抚，四川云阳人，1907年7月出生，新中国成立后历任上海市政建设委员会委员兼规划处长、建筑工程部城市设计院研究室主任、建筑工程部城市建设局副总工程师、国家建委建筑科学研究院、国家城建总局城市规划设计所、中国城市规划设计研究院顾问、总工程师等职。第三届全国人大代表，第五、六届全国政协委员。

8～11日，由亚洲城市研究协会、国际地理学会联合会城市化小组和南京大学共同举办的"第二次亚洲城市化国际会议"在南京召开。专家们对中国、日本、印度、新西兰等国家的城市化过程以及所产生的问题，从社会学、地理学等方面进行了探讨。并采用定量与定性的方法对城市化问题进行了分析和研究。专家们对我国农村经济体制改革后，带来的3亿农村剩余劳动力的转移及其对我国小城镇所产生的巨大影响表示了浓厚的兴趣。他们认为，客观地承认大城市在国家经济发展中的重要作用，区别情况合理地发展和控制；同时积极发展小城镇，有计划、有重点地建设一批有一定实力的中心城镇，使之成为带动农村发展的基地，是符合中国国情的。"亚洲城市研究协会"是由专家、学者自发组织的松散的学术团体，专门研究亚洲城市问题。1986年1月在美国正式成立，总部设在美国俄亥俄州立阿克伦大学，每三年举行一次国际性会议。1985 年 4 月在美国召开了"第一次亚洲城市化会议"。

8 ~ 13 日，全国市长联谊会首次会议在太原市召开。来自全国的 100 多位市长参加了会议。

8 ~ 14 日，建设部与世界银行经济发展学院在天津联合召开"中国城市建设资金政策研讨会"。14 日，建设部副部长周干峙在中国城市建设资金政策研讨会上说，城市建设资金是城市化的前提条件和物质基础。对城市的认识应具有矛盾的、动态的、综合的三个基本观点。我们研究城市建设资金政策的总目标，就是尽可能充分合理地利用资源，尽可能公平合理地满足全社会的需求。

10 日，建设部、国家物价局和工商行政管理局联合发出通知，要求各地各部门采取措施加强对房地产交易市场的管理，维护交易市场秩序，保护合法的房地产交易活动，促进我国房地产业健康发展。

上旬，由吉林大学政治学系、中国行政管理学会（筹）学术部、中国社会科学院政治学研究所《政治学研究》编辑部共同发起的"全国城市政府职能研究学术讨论会"在长春举行。

16 ~ 19 日，中国城市化国际会议在天津召开。

22 ~ 24 日，中国城市住宅问题研究会受国务院房改办委托，在山东胶南县召开小城镇住房制度改革研讨会。

23 ~ 30 日，1988 年度华北三省城市规划学术会议在太原举行。这次学术活动以旧城改造为主题，由山西省太原、阳泉两市重点介绍了该市旧城改造的经验。会上还聘请专家作了学术报告。该组织成立于 1986 年，参加的有河北、山西、内蒙古等省（区）的城市规划管理、设计机构，每年轮流在一个省（区）进行一次学术交流活动。1986 年和 1987 年分别在内蒙古海拉尔和河北南戴河举行。

24 日，建设部召集沿海各省市的有关领导在广州举行沿海开放城市房地产工作座谈会。

25 ~ 30 日，中国建筑学会城市交通规划学术委员会在昆明市召开全国城市交通规划学术讨论会暨第八次年会。会议讨论了城市交通规划在城市规划中的作用、以城市为中心的区域交通规划问题、城市道路交通规划设计规范问题、新技术在城市交通中的应用、交流编制城市规划的经验和旧城改造规划等问题。

30 日，城市规划和环境保护研讨班在上海开办。研讨班是由上海市对外文化交流协会和《世界经济导报》联合主办的。这次活动受到联合国开发署的资助。

31 日至 9 月 6 日，由中国城市规划设计研究院海南分院承担的海口、三亚两市总体规划及三亚风景旅游区域规划在海南省召开的专家评议会上通过。这三个规划是发展海南经济建设的一项重要前期工作。

本月，国家标准《城市用地分类与标准》的建议草案由中国城市规划设计研究院编制完成。

九月

2 日，为执行中瑞科技合作协议，瑞典斯德哥尔摩市城市规划局局长、建筑师汉斯·沃林先生等 5 名专家，应建设部科技司的邀请来华访问。代表团在北京、承德、西安等地访问后，9 月 17 日回国。瑞典代表团此次来华的目的是履行中瑞城市规划合作协议，对承德双塔山小区总体规划方案进行技术讨论，并就中瑞两国下一年度城市规划技术合作交换了意见。双方专家对 1989 年度合作事项进行磋商，双方签订了《中瑞城市规划合作 1988 年工作会议纪要》。

5～18 日，西南师范大学地理系在重庆北碚举办了首次全国城市地貌学研讨班。来自全国各高校、科研机构和城建部门的 20 名学者参加了研讨班。英国著名城市地貌学家、第一届国际地貌学会议主席伊恩·道格拉斯（Ian Douglas）教授应邀作了专题讲学，研讨班还邀请国内专家作了专题报告。城市地貌学是近 20 年才兴起的一门新兴学科。它从城市地貌环境和人类活动这两个系统的矛盾运动中，研究城市化与城市地貌环境的相互联系和作用，揭示其规律，使城市环境进一步协调。

6 日，《全国 2000 年环境保护规划纲要》通过评审。

13 日，中国城市住宅问题研究会第 2 次常务理事会在北京举行。会议传达并学习中央、国务院关于住房私有化，实现居者有其屋的指示精神。

13～22 日，在美台湾学者赖尚龙、欧风烈、张涤身和楼建中等四人在北京大学讲学，主要内容是城市和区域经济学、交通和土地利用规划、环境保护规划与管理、大气污染控制分析等。这是海峡两岸的城市和环境规划学者之间的第一次学术交流活动。这次交流是由北京大学地理系、建设部规划司和国家环境保护局联合主办的。

14 日，海峡两岸的城市规划学者、教授在北京大学进行了广泛而热烈的座谈。在美的台湾学者赖尚龙、欧风烈、张涤身、楼建中在北京大学讲学。联合国副秘书长办公室主任赖尚龙先生在会上介绍了规模经济、集聚经济、城市系统和城市发展不平衡性等理论。

15～19 日，第二届全国小城市经济社会问题研讨会在辽宁省瓦房店召开。

17 日，历时五天的"东北三省第六届城市规划学术交流会"在辽宁兴城结束。这是一次以交流三省城市规划论文为目的的学术性会议。会议主题是：探讨提高城市规划设计与管理的科学性与规范性。东北三省学术交流会每两年召开一次。

20 ~ 24 日，全国沿海地区城市规划工作座谈会在辽宁大连市召开，这次会议是由建设部城市规划司召开的。参加会议的除了沿海地区部分城市的城市规划局领导外，还有内陆部分省（区）和计划单列市城市规划主管部门的领导同志共80 余人。我国沿海开放地区辖 74 个市和 205 个县，面积 41 万 km²，人口 2.2 亿，1986 年工业总产值 4500 亿元，占全国工业总产值的 44%，是我国经济最发达的地区，经济实力和出口创汇在全国占有举足轻重的地位。目前沿海地区经济、社会发展正呈现着蓬勃的生机，城市规划工作面临着新的挑战和机遇。召开这次会议的目的，就是研究探讨如何进一步加强紧迫感和责任感，不断总结经验，勇于开拓，使城市规划的观念、内容、方法、手段适应商品经济和外向型经济发展的需要。会议提出：必须加强对沿海地区城市规划工作的领导，努力实践，不断探索，带动全国城市规划工作的改革不断深化，开创新的局面。

本次会议进行了大会发言和小组讨论，交流了各地在城市规划实践中努力探索改革路子的经验，并着重讨论了《关于加强沿海地区城市规划工作的意见（讨论稿）》、《城市规划工作纲要（1989—1993 年）》和《城市规划编制办法（讨论稿）》三个材料。建设部周干峙副部长在闭幕式上作了重要讲话。周副部长在回顾了十年来城市规划工作的巨大成绩后说：近十年是城市规划工作的第二个黄金时期。城市规划工作基本适应了高速度的城市化，由于城市发展能按城市规划进行，使城市建设高速度发展，城市面貌有了很大的改变。城市规划工作为了适应社会主义商品经济新秩序，正面临着重大的方向性转变。这不仅是规划方法和实施手段的转变，而且是规划目标和规划职能的转变。为了适应城市经营和开发的要求，近期建设规划要求更细、更具体，要求定量化，长远规划、总体规划则要求更灵活，更具有弹性，死守总图是不行的。规划实施要有法律保障。立法也要考虑得仔细、更具体，不仅在规划图纸上，还应该体现在管理条例上。城市规划工作要发展职能，不仅搞城市规划、建设、管理，而且还要成为市政府的参谋部门，不仅搞物质规划，而且还要参与城市发展战略的制订，更多地影响领导决策。规划部门要"挤"到参谋部的位置上去，规划部门改变自己的形象要靠规划方案的正确，靠自己的行动和效果。

22 日，国务院发布施行《楼堂馆所建设管理暂行条例》。

22 ~ 29 日，荷兰住房规划环境部部长来华访问，林汉雄部长与奈尹贝尔斯部长会谈并签署备忘录。

本月，云南省 11 个城市的市长，成立了云南省市长联席会，并在昆明首次聚会。

本月，经有关专家和学者反复论证、考察之后，国务院批准确定了 40 个国家重点风景名胜区。

十月

5 日，由 52 个小城市和有关科研单位共同组织的"中国小城市发展促进会"成立，这个组织以民间形式自愿开展多种形式的交流、协作与联合，为我国小城市的技术进步、经济繁荣和社会发展服务。

5 日，黑龙江省建设委员会颁布《城市建设用地规划审批公开化措施》。

7～10 日，海峡两岸建筑专家、学者首次在香港聚会，举行了近 40 年来的第一次座谈会。参加会议的专家、学者共 46 人，其中 15 人来自台湾的文化大学、淡江大学、中原大学；23 人来自大陆的清华大学、东南大学、天津大学、同济大学，以及北京市、天津市的建筑设计单位。大陆著名建筑师戴念慈、吴良镛参加了座谈会。吴良镛题词"精诚所至，金石为开"，赠予这次座谈会发起人赵利国先生。海峡两岸专家还商定，座谈会将在香港、北京、台北陆续举行。

7～13 日，河北省城市科学研究会宣告成立，并召开该会首届理事会 1988 年年会暨省辖市市长城市问题研讨会。

10～14 日，建设部在北京召开"全国建设系统情报工作会议"。

12 日，国务院发出《关于全面彻底清查楼堂馆所的通知》。

12～16 日，中国城市规划学会遥感与计算机学组在武汉召开"遥感与计算机技术在城乡规划领域中的发展策略研讨会"。这是由建设部城市规划司委托武汉测绘科技大学举办的。

15 日，建设部发出《关于印发房地产经营、维修管理行业经济技术指标（试行）的通知》。

15～31 日，由经贸部国际技术经济交流中心和中国城市交通规划学术委员会共同发起，城市交通规划学术委员会与北京市城市规划设计研究院等单位在北京共同主办了"中、英、美城市交通规划研讨班"。研讨班聘请了 5 位英、美城市交通规划专家，1 名香港学者和 3 名内地知名专家教授。在两个星期里共讲课 41 次，还参观了北京市交通设施，最后中外专家共同讨论并对北京市交通规划和建设提出系统的建议报告。

19～24 日，建设部在江苏省镇江市召开《房地产法》起草工作会议。

20～22 日，由中国城市住宅问题研究会主持召开的深化住房制度改革研讨会在山东省德州市举行。

22 日，全国风景名胜保护座谈会在杭州举行。

25 ~ 28 日，全国第四次园林旅游价格研讨会在厦门召开。

27 ~ 28 日，民政部在北京召开了"行政区划座谈会"，出席会议的有有关部委、大专院校、科研单位的专家学者共 30 余人。1983 年结合改革地区体制，党中央、国务院提出在经济比较发达的地区试行地市合并，实行市领导县体制，至 1987 年年底，全国有 152 个地级市领导 687 个县，分别占地级市总数的 89.4% 和县总数的 37.8%。会议认为近年来在行政区划工作方面增加了省一级、非省会的计划单列县级市，为小城市发展创造了条件，成绩是显著的。但是也存在着一些实际问题，例如省的面积过大；行政区划变更过于草率，一些地方出现了县改市热，建立自治县（乡）热；省县边界纠纷频繁；理论研究工作薄弱。会议一致认为，行政区划在国家活动和人民生活中地位重要，是国家政权建设的组成部分，今后在行政区划变更中应该遵循科学论证、相对稳定和循序渐进的原则。

本月，国务院批准安徽省九华山风景名胜区总体规划、天柱山风景名胜区总体规划和浙江省富春江—新安江风景名胜区总体规划。

本月，郑州市规划局在新郑县举办乡域村镇体系规划培训班。培训班还草拟了"郑州市乡域规划的编制方法和技术要求"，提出了四图一书（综合现状图、资源分布图、经济分区图、村镇体系规划图、规划说明书）技术成果的要求。

本月，江苏省城市规划专业学术委员会、无锡城建职工大学受省建委委托，联合举办城市规划进修班，轮训本省城市规划设计与管理技术干部。

本月至 12 月，波兰华沙开发集团规划师 / 建筑师享利克·罗勒和托马斯·马克洛维奇应中国城市规划设计研究院邀请参加了深圳市福田中心区规划（修改）和蛇口新居住区总体规划工作。

十一月

1 日，《中华人民共和国城镇土地使用暂行条例》施行。

1 ~ 3 日，安徽省土建学会城市规划学委会 1988 年年会在皖南屯溪召开。会上就当前规划工作、开发区规划建设及黄山旅游区的规划等问题展开了积极而热烈的学术讨论，对一些规划理论开始进行大胆的探索。

5 ~ 17 日，由英国皇家城市规划协会主席费朗西斯·蒂巴尔兹先生、英国 Keele 大学副校长丹尼斯·杜威耶教授、英国威尔士科技大学城市规划系主任巴蒂教授与英国谢菲尔德大学城市发展规划研究中心主任查尔斯·柯克博士组成的代表团，应中国城市规划设计研究院邀请来华对北京、昆明、广州、深圳进行了访问考察，并同有关单位进行了学术交流。在昆明期间举办了学术报告会，主要内容有："规划与城市设计"、"小城镇与经济发展"、"中国城市交通问题的解决"、

"中国未来城市规划"。

6 日在云南省临沧、思茅地区的耿马和澜沧地区发生了 7.6 级和 7.2 级的双主震叠加型强烈地震，给当地各族人民带来了严重灾难。这是我国继 1976 年唐山地震后的又一次强烈地震。党中央、国务院十分关怀灾区人民，随后派慰问团、建设部专家组和国务院所属 13 个部委组成的调查组前往灾区参加抗震救灾、重建家园、发展规划工作。中国城市规划设计研究院派出 3 名科技人员参加国务院专家组工作，从 12 月 5 日至 21 日午后到耿马、沧沅、澜沧等十几个重灾县、镇，进行灾情调查核实，对重点工程进行技术鉴定和制订加固方案以及对重点县城和乡镇的规划提出意见。经过认真的调查后决定，耿马县城不要搬迁，原地恢复重建并分别落实灾区城镇恢复建设的各项措施。

7 ~ 10 日，由意大利米兰建筑中心、中国建筑技术发展中心共同主办的"意大利城市与地区建设"展览，在中国建筑技术发展中心展览馆展出。

10 日，国家科委在北京召开"国家十二个重要领域技术政策"表彰大会。十二个重要领域技术政策中建设部系统参加完成的有："城市建设技术政策"、"村镇建设技术政策"、"住宅建设技术政策"，获奖者中突出贡献者共 29 人；重要贡献者共 25 人；积极贡献者共 48 人；受奖单位 5 个（中国城市规划设计研究院、建设部城市建设局、建设部乡村建设局、中国建筑技术发展中心、建设部科学技术局）。经过 3 年多的试行和实施，从各地反馈的资料表明，这些政策已取得了较大的效益。1987 年 7 月此项成果获国家科学技术进步奖一等奖。

10 日，建设部、文化部发出了《关于重点调查、保护优秀近代建筑物的通知》。要求各地城市规划部门要与文物部门和建筑学会密切配合，做好近代建筑物的调查、鉴定与保护工作。近代建筑的建筑时间是指 1840 ~ 1949 年之间，重点是在 1911 ~ 1945 年之间。优秀近代建筑要按照其历史、艺术、科学价值的大小，申报不同级别的文物保护单位。

10 ~ 11 日，广西壮族自治区部分沿江城市防洪规划学术讨论会在广西柳州市召开，这次会议是由广西城建规划学术委员会举办的。这次会议主要是总结广西防洪的经验教训，探讨城市防洪规划的有关问题，贯彻中央防汛指挥部及自治区有关要求。会议认为：城市规划是一门综合性的科学，牵涉水利、航运等部门，城市规划必须注意防洪问题。

14 ~ 16 日，应林汉雄部长邀请，由日本三菱重工株式会社常务董事大盛为团长的城市运输系统技术交流会在北京召开。交流会提出：我国应发展城市快速有轨交通。

14 日至 12 月 10 日，《城市规划》编辑部与武汉大学建筑学系联合主办的"详细规划、城市设计研究班"在武汉大学举行。

15 ~ 19 日，由城市规划学术委员会历史名城学组主办的"六大古都保护规划第二届学术研讨会"在洛阳召开。各地专家对洛阳古都保护规划给予了较高的评价。

本月，经民政部批复，"中国市长研究会"宣告成立。中国市长研究会由各城市的市长组成，挂靠在建设部。

本月，中国城市规划师代表团应英联邦都市规划师协会和香港都市规划师学会邀请，赴香港参加了东南亚地区 1988 年以"私人与政府在规划和发展上的合作"为主题的研讨会。

十二月

8 ~ 10 日，城市规划学术委员会区域规划和城市经济学组第五次年会在安徽省蚌埠市召开。在区域规划和城市经济学组、建设部城市规划司区域处、《中国城镇》杂志编辑部联合发起的"向中青年征集区域城镇体系规划论文"活动中获选的优秀论文作者参加了这次年会。建设部城市规划司司长赵士修同志在会上就我国城市规划、城镇体系规划、区域规划、市域规划的现状及今后的发展和工作重点作了讲话。

12 ~ 17 日，全国建设工作会议在北京召开，这次会议是建设部组建以来召开的第一次全国建设工作会议。会议的主要任务是贯彻落实党的十三届三中全会和全国计划会议的精神，安排好明后两年的工作。13 日，赵紫阳总书记在中南海听取了林汉雄部长关于建设工作会议和今后工作的汇报，并作了重要指示。

18 ~ 22 日，由城市规划学术委员会、城市规划情报网、中国城市规划设计研究院、北京社会科学院城市问题研究所、重庆建工学院建筑系联合举办的我国首届"外国城市规划、建设和管理学术讨论会"在重庆建筑工程学院举行。大会宣读的 13 篇论文较全面地介绍了世界 15 个国家和地区城市规划、建设和管理的概况和经验。这是 40 年来我国专家学者对外国城市规划、建设和管理研究成果的第一次大交流。

21 日，城市规划学术委员会小城镇规划学组在重庆成立。

21 ~ 22 日，"中国香港房地产经营管理研讨会"在深圳召开。

21 ~ 24 日，建设部在吉林省吉林市召开了第一次全国城市规划法规体系研讨会。这次会议的主要内容，一是北京市规划局介绍《北京市城市规划、规划管理法规体系研究报告》，大家评议；二是广州、吉林、上海、赣州、温州、齐齐哈尔等城市介绍加强城市规划法制建设的经验，相互交流；三是分组讨论城市规划司草拟的《关于建立和健全城市规划法规体系的意见》。这次会议首次提出建立我国包括有关法律、行政法规、部门规章、地方性法规和地方规章在内的城市规划法规体系。

28 日，建设部、全国农业区划委员会、国家科委和民政部联合发出《关于开展县域规划工作的意见》。县和县级市是我国经济社会发展和行政管理的基本地域单元。随着改革开放和商品经济的发展，我国城乡产业结构、就业结构都在发生重大变化。迫切需要对县域内经济、社会事业的发展与合理布局及早作出综合安排。县域规划就是根据社会经济发展的需要及资源条件，综合协调已有的各专项规划，对县域内经济、社会发展各主要方面进行综合部署，在空间地域上进行统筹安排。通过统一规划，合理布局，达到提高效益、节约用地、保护环境、协调发展、逐步建立社会主义商品经济新秩序的目的。《意见》认为适时推动县域规划的开展，既有重要的现实意义，又是一项关系我国经济社会长期稳定发展的基础工作。

29 日，《中华人民共和国土地管理法》经修正颁布。

29 日，深圳市召开了第三次城市规划委员会会议。会议有委员和顾问 30 余人参加。出席的顾问有建设部副部长周干峙、新加坡规划师学会、建筑师学会副会长陈青松、香港大学郭彦弘教授、薛凤旋教授以及内地知名专家 10 人。会议由市长、规划委员会主任李灏主持，主要内容是审议当前深圳规划中的重要问题。深圳市规划委员会是深圳市政府领导的一个高级咨询机构，按规定，凡属城市规划中的重大问题，均先由城市规划委员会审议后，再提交市政府决策定案。这次会议的议题有四项：①审议深圳市城市规划工作要点；②审议总体规划修改意见；③审议福田新市区规划方案；④审议罗湖口岸、火车站地区及新机场地区规划设计方案。

本年底，为了探讨沿海地区村镇规划如何适应乡村经济迅速发展的形势，研究村镇规划调整完善的方法，以及摸索城市技术力量支援村镇规划的经验，建设部村镇建设司及辽宁、山东、江苏、浙江、福建、上海等省（市）建委（建设厅）邀请了九个大专院校与当地村镇建设部门一起，用了四个月的时间，完成了 19 个镇（乡）的规划，在江苏省无锡市召开了评议会。会议评出了五个优秀奖：江苏省申港镇（南京大学规划）、上海市九亭镇（同济大学规划）、浙江省骆驼镇（浙江工学院规划）、辽宁省海洋乡（大连理工学院规划）、山东省垛庄镇（山东建工学院规划）。

本年度出版的城市规划类相关著作主要有:《北京市城市规划简介》(北京市规划管理局编)。

1989 年

一月

1 日,《停车场规划设计规则》(试行)和《停车场建设和管理暂行规定》施行。为了统一停车场的设计,加强停车场的建设和管理,公安部和建设部颁布了这两个文件。这些规定适用于城市和重点旅游区。

1 日,《城市节约用水管理规定》开始在全国施行,这是我国第一部节水法规。

6 日,经国务院批准,首都规划建设委员会经过调整,组成新一届委员会。

11 日,台北建筑师组团赴云南震区实地考察。

中旬,河北省地理学会、石家庄市地理学会和石家庄市城乡建设委员会联合召开石家庄城镇体系规划学术研讨会。

二月

15 日,北京市首批公开出售商品房开始登记。

17 日,《中长期科学技术发展纲要(建设)1990—2000—2020》在建设部科学技术委员会召开的纲要评审会上审议通过。《纲要》根据中国建设科技发展中长期基本法指导思想和总目标,就是通过改革,建立企业和行业依靠科学技术,科学技术面向经济建设的机制,逐步形成科技推动生产力发展的良性循环,使各个科技领域能适应建设事业的需要,在主要科技领域能跟上世界步伐,在一些科技领域达到世界先进水平。

17 日至 3 月 8 日,由上海市城市规划设计院和加拿大克里奥德国际规划开发咨询公司联合举办的"城市用地管理学术报告会"在上海召开。来自加拿大的 8 位专家在沪作了城市管理总报告和战略规划、计算机应用、用地区划、土地升值回收、基地规划应用及历史遗产保护等 6 个专题报告。

26 日,国务院致电中国南极考察队,热烈祝贺南极中山站落成。这座颇有中国传统庭院特色的中山站第一期建筑面积为 1654m²。其主楼由 28 个集装箱房拼装而成。邓小平写的"中国南极中山站"镀金铜质站标悬挂在主楼正门左上方。右厢是由 22 个集装箱组装而成的宿舍楼,左厢为二层楼的发电站。这座红色的建筑按设计可抗每秒 50m 的狂风。中山站是中国建成的第二个南极考察站。

27 日,《建筑与城市》创刊新闻发布会在北京召开。《建筑与城市》是第一本由海峡两岸、港澳和海外华人城市规划界、建筑界共同创办的专业杂志,在香港出版发行。

27 日至 3 月 7 日,三峡工程论证领导小组第十次扩大会议在北京召开。会议审议通过了三峡工程可行性报告。这个报告是由长江流域规划办公室,根据各专家组 1988 年 11 月提出的专题论证报告编写的。

本月底至 3 月上旬,由建设部城市规划司、全国城市规划基金会、国际科技工商管理交流中心联合举办的"全国城市规划高级管理人员研修班"在深圳举办。研修班邀请香港、广州、深圳的城市规划专家作专题讲座,并结合当前城市规划的深化改革进行研讨。

本月,云南省建委举办了首届城市详细规划评优活动。会上评出一等奖两个、二等奖三个、三等奖五个。

本月,《贵州省村镇区划》通过鉴定。村镇区划在国内尚无先例,这项研究成果具有一定的首创性和探索性。《贵州省村镇区划》是《贵州省农业区划》的一个组成部分。《贵州省村镇区划》提出了以村镇发育水平为划区的依据,选定了七项指标,各指标间按层次分析法确定各自权重,综合评价,分区中根据每个乡镇的指标值,由高至低排序,依序划分为 A、B、C 三区,并按经济特点和产业结构划分为四种类型(工业发展型、工业并进型、农工型、农业型)。村镇建设发展对策中,提出重点发展 500 个中心集镇和占自然村总数 1/8 的两万多个中心村的主张。

三月

月初,村镇建设司召开了《村镇规划标准》编制工作汇报会。会上,村镇建设司、标准定额司的负责同志,听取了主编单位村镇规划设计研究所对标准编制工作的准备情况、编写大纲的内容和技术要点以及关于加强编制工作的组织领导和人力、物力安排情况所作的汇报。

10 ~ 15 日,国际新城镇协会、上海市人民政府、中国城市科学研究会、中国城市经济学会等联合在上海召开太平洋区域城市研讨会,来自美国、法国、英国等 10 多个国家和国内的专家、领导 177 人参加会议,会议交流和探讨了太平洋地区在城市建设、改造、开发、规划等方面的经验和理论。

15 日至 3 月 17 日,山东城市科学研究会首届年会在济南召开。该会成立于 1987 年 3 月,并于 1988 年 4 月成立了"山东小城市研究会"、"山东沿海城市研究会"、"山东工矿城市研究会"、"山东历史文化名城研究会"四个专业委员会。

20 日,应安徽省城市规划学会邀请,台湾省都市研究学会总干事伍宗文博士，到安徽参观了合肥市区、环城公园、包公墓等地，并于 21 日下午同省建设厅领导、在合肥的安徽省城市规划学会部分委员及其他有关方面同志，就当前城市规划工作的思想理论、学术动态、发展趋势等进行了广泛的研讨。经协商，双方签订了《台湾省都市研究会、安徽省城市规划学会学术交流合作协议书》。

21 ~ 25 日，建设部设计管理司在深圳召开了全国设计处长会议。会议的主要内容是：研究分析当前勘察设计市场形势，讨论治理整顿勘察设计资格和市场的措施。

本月，李瑞环同志在天津城市协调发展研讨会上就"城市的协调发展问题"发表了重要讲话。讲话总结了新中国成立以来城市发展的历史经验，指出要正确处理好城市发展中的几个关系。1.协调生产与生活的关系。2.协调城市建设与经济建设的关系。3.协调城市与农村的关系。4.协调政治与经济的关系。5.协调领导与群众的关系。

本月，中国城市规划学会和香港都市规划师学会在深圳市联合举办"城市土地有偿使用与城市规划讲习班"。这次讲习班的主题是"城市土地有偿使用和城市规划的深化改革"，旨在帮助我国城市规划人员了解国内外城市规划、城市土地有偿使用和房地产开发方面的新动向、新经验，促进我国城市规划的深化改革。

四月

4 ~ 9 日，在建设部科技司的支持下，由清华大学建筑系汪坦教授主持的"第二次中国近代建筑史讨论会"在武汉大学召开，全国高校等数十个单位代表出席会议，提交论文 48 篇。

16 ~ 30 日，英国城市规划专家、威尔士大学副校长鲁顿教授及夫人，英国皇家城市规划学会前主席巴金逊先生及夫人来华讲学，并访问了北京、福州、厦门、广州、深圳等城市。

17 日，北京—东京城市问题学术讨论会在北京举行。中日双方有关专家就城市交通（包括道路设施、交通管理、自动化控制及交通安全教育）等问题进行研讨。

17 ~ 20 日，北京国际市长城市管理研讨会在北京开幕。会议交流了中外城市管理的经验，介绍了中国城市发展和管理体制改革情况，研讨了西方城市发展的人事管理和人员培训制度，探寻在我国建立职业管理新体制的可行办法和方式。

19 ~ 23 日，建设部城市规划司在济南市召开城市规划编制审批办法研讨会。参加这次研讨会的有 11 个省、市和三个院校的技术专家、教授和负责同志共 20 多人。这是自 1986 年 8 月在兰州召开的全国城市规划经验交流会上第一次讨论修订城市规划编制审批暂行办法以来的第四次讨论会。会上除讨论编制审批办法（讨论稿）和相应的编制城市规划的内容深度要求（即技术规定）外，还交流了分区规划、控制性详细规划的经验。

29 日，城市规划学术委员会 4 届 5 次常务委员扩大会议在京召开。会议决定中国建筑学会城市规划学术委员会改组为二级学会，简称"中国城市规划学会"。

29 日至 5 月 3 日，美国规划师协会（American Planner Association）1989 年年会在美国佐治亚州的亚特兰大市举行，3000 多名规划师参加了会议。美国科罗拉多大学的李育教授主持了关于中国城市规划与设计专题讨论会。会上伊利诺伊大学的学者介绍了北京市的高层建筑问题；广州中山大学地理学院院长许学强教授作了"关于广州市流动人口及城市发展问题"的报告。

30 日，"台湾首次建筑作品展"在清华大学主楼揭幕。展览由清华大学建筑学院、北京市建筑设计院主办。台湾中原大学、淡江大学、东海大学建筑系的学生作品以 113 块展板参展。此展览继而在天津大学等地展出。本月，乌鲁木齐市规划局利用基本建设压缩和城市建设淡季时间，举办了为期三个月的业务人员城市规划短训班。

本月，受国家土地管理局委托，中国城市规划设计研究院城市规划经济研究所承担了"全国村镇用地规模预测"课题任务。

五月

3 ~ 7 日，由建设部城市规划司组织的全国城市规划院管理工作座谈会在南京市召开，邹时萌副司长出席并主持会议。这次会议是一次全面质量管理研讨会，主要是总结研究如何推动城市规划设计单位的全面质量管理。全国各省的部分市城市规划设计单位的领导和主管管理工作的负责同志共 70 多人参加了会议。会上，东南大学杜训教授作了全面质量管理的学术报告，南京化工设计院、南京市规划设计院、大连市规划设计院和浙江省城市规划设计院介绍了他们推行全面质量管理的工作经验。四川、云南、湖北、山东四省城市规划院和北京、南京两市规划院分别介绍了他们在管理工作中的经验。与会代表还认真研究了城市规划设计单位的全面质量管理达标验收标准。在会议统一安排下，代表们进行了全面质量管理考核测试，颁发了结业证书。

10 日，台湾首次建筑系师生作品展在天津大学开始展出。

12 日，国家土地管理局、国家计委、财政部和农业部联合发出《关于落实土地开发利用计划的通知》。

12 ~ 16 日，美、英、意、联邦德国的专家、学者和中国的同行，在北京举行了以"历史名城与现代化建设"为主题的国际学术讨论会。中外学者呼吁在进行现代化建设的同时，加强对历史名城的文物、古迹及周围环境的保护，以保持历史名城的独特风貌。

13～17 日，全国城市市政建设综合开发研究会在上海举行。会议对城市市政建设新途径等问题进行了探讨。

15～19 日，由建设部城市规划司与中国城市规划学会遥感与计算机应用学组组织召开的"城市信息系统研讨会"在苏州召开。来自全国 12 个省市 19 个城市的 67 名代表参加了会议。建设部周干峙副部长到会作了重要讲话。

15～24 日，美国夏威夷大学社会学教授叶华国来华进行学术交流。叶先生曾担任新加坡及马来西亚总理住房顾问，对制定和执行住房政策具有丰富的经验。

23～25 日，建设部在河北省新城县组织交流近年来各地集镇建设的经验，研究新形势下我国村镇建设发展的新路子。

25～31 日，为了总结交流几年来全国国土规划工作的情况和经验，探讨在计划体制改革的新形势下，如何进一步加强国土规划工作，以适应计划体制改革和职能转变的需要，国家计委在武汉市召开全国国土规划工作座谈会。会议由国家计委综合开发规划司主持，国家计委副主任刘中一、顾问吕克白到会讲了话，各省、自治区、直辖市及计划单列市计委（经委）主管国土工作的计委主任、国土处处长等 100 多人参加了会议。

六月

6～9 日，中国城科会历史文化名城研究会第二次理事扩大会暨名城保护建设经验交流会在湖北江陵召开。会议交流了名城在保护和规划建设方面的经验，探讨了名城保护与发展经济的关系以及名城历史文化的价值等问题。代表们还列举了许多事实，说明保护历史城市的文化价值与讲求经济效益和城市现代化是不矛盾的，是可以统一的。城市的保护、更新和发展是互补的，需要通过规划设计这一途径把它们协调起来。很多代表认为城市保护，特别是较大城市的保护可以采用分区保护的方法，并根据不同的情况制定不同的保护政策。中国专家介绍了西安、洛阳、平遥和苏州等城市从整体上处理好新旧城市发展的经验。

16 日，国务院就批转国家防汛总指挥部、建设部、水利部《关于加强城市防洪工作的意见》发出通知。通知强调各级城市要实行市长负责制，建立统一的防汛指挥机构和相应的办事机构，抓紧抓好城市防洪排涝设施的规划、建设和管理。

23～24 日，中国共产党第十三届中央委员会第四次全体会议在北京召开。全会选举江泽民为中央委员会总书记。

30 日至 7 月 1 日，建设部设计管理司主持评选 1989 年国家工程建设（设计）QC 小组。评选出 8 个国家级优秀 QC 小组。

七月

3 ~ 8 日，1989 年全国优秀村镇规划设计评比揭晓，评出全国优秀村镇规划设计二、三等奖和表扬奖项目。这些项目的内容主要是：集镇规划、建筑群体和单体设计以及供水工程。它们基本反映了全国村镇规划的水平。

5 ~ 7 日，由浙江省建设厅召开的控制性详细规划研讨会在杭州市举行。会上介绍了温州、杭州、宁波开展控制性详细规划的情况。中国城市规划设计研究院、清华大学和广州市规划院分别介绍了苏州桐芳巷、桂林中心区和广州市开展控制性详细规划的经验。闭幕式上陶松龄、鲍世行、唐凯和胡理琛作了发言。会议对温州市开展控制性详细规划的经验作了充分的肯定。

11 日，国际给水排水学术会议在京开幕。专家、学者交流了水资源开发与利用的科研成果，探讨了水的利用技术和科学管理方面的问题。

19 ~ 23 日，1989 年度全国城市规划优秀设计评审会在辽宁鞍山市举行。这是继在烟台、承德举行的全国城市规划优秀设计评审会后的第三次全国性城市规划优秀设计评审会。与前两次城市规划评优相比，这次的申报项目新增加了控制性详细规划的内容，另外城市总体规划、分区规划在规划方法、手段和应用新技术等方面也有了进一步的发展。

27 日，1989 年度国家级科技进步奖评选结果在北京揭晓。建设部有 4 个项目获奖。

28 日，建设部"1989 年优秀建筑设计"评选工作结束。在报送的 240 项工程项目中，共评出部级一等奖 4 项、二等奖 23 项、三等奖 29 项、鼓励奖 79 项。

本月，由北京市对外文化交流协会、北京市文物局、规划局、社会科学院共同组织的"历史名城与现代化建设"国际讨论会在北京召开。会议热烈地讨论了历史名城、文化遗产的保护以及传统与城市发展之间的关系等诸多问题。中外专家还交流了各国历史名城保护的经验与教训，20 世纪 70 年代以来对待历史建筑的态度由大胆改建转向以修缮为主的历史背景以及有关立法和经济资助等情况。

本月，新疆维吾尔自治区规划学会受乌鲁木齐市规划局和文化局委托，举行了乌鲁木齐市优秀近代建筑鉴定会。乌鲁木齐市建城历史虽然只有 250 年左右，但作为边疆重镇、多民族聚居地、东西方文化交汇点，近代建筑的多样风格在不同程度上反映了当时的政治、经济、文化面貌，其中有不少优秀之作。规划和文物部门提出了初步名单，共 24 座建筑物。

本月，国务院批准普陀山风景名胜区总体规划，普陀山为四大佛教名山之一。

本月，国务院发出了《关于出让国有土地使用权批准权限的通知》，就各级政府行使出让国有土地使用权的批准权限作出了明确规定。

八月

4～7 日，中国城市科学研究会在合肥市召开全国城科会秘书长工作会议。研究中国城科会第一届理事会的换届工作，交流各地城科学会的学术活动情况。

13～15 日，建设部城市规划司在太原召开《中国城市地图集》编辑工作会议。

22～26 日，建设部在济南召开"城市住宅小区建设现场会"。会上林汉雄部长作了"搞好住宅建设，努力改善城市人民的居住条件"的书面发言，谭庆琏副部长作了"把城市住宅小区的建设提高到一个新水平"的报告。无锡、济南、天津三个新技术实验住宅小区作了经验介绍。会上讨论了"城市住宅小区建设管理暂行办法"和"依靠科技进步提高住宅建设水平的几点意见"。会上还表彰了三个实验小区的优秀成果。

25 日，中国城科会城建管理监察研究会第二次常委会议在京召开。

26 日，天津市为李瑞环同志著《城市建设随谈》一书举行了首发式。《城市建设随谈》是从李瑞环同志在天津工作八年间的大量讲话、文章中选编的，共 48 万字。全书按照城市科学的体系、次序编排，共分 10 大部分，47 个专题。内容涉及了城市科学的各个方面，是一部城市建设的"小百科"。

九月

16～19 日，建设部城市规划司在北京主持召开了《城市用地分类与建设用地标准》审查会。会议高度评价了本标准的编制工作，认为：本标准是城市规划行业的第一项国家标准，也是城市规划技术法规体系中第一项综合性很强、具有牵头作用的重要法规。本标准的制定使我国城市用地分类和规划标准有了统一的定性、定量依据，有利于城市规划设计和规划管理工作的科学化和规范化，有利于经济合理地使用城市土地，对提高城市建设的经济效益、社会效益和环境效益具有重要作用。

25 日，中国城市规划学术委员会副主任、城市交通学术委员会副主任、《城市规划》副主编王凡同志在北京逝世，终年 66 岁。王凡同志原任城乡建设环境保护部城市规划局局长。他从 20 世纪 50 年代起就从事城市规划工作，为开拓和发展我国的规划事业贡献了毕生的精力。王凡同志是河北省滦南县人，1947 年毕业于北洋大学土木系，1956～1958年赴苏联进修。曾任华北局直属设计公司、建工部民用建筑设计院、城市建设部城市设计院、国家计委城市设计院工程师；国家计委、经委、建委城市规划局和建设局副处长、高级工程师；城乡建设环境保护部城市规划局局长、研究员级高级工程师。

本月，《南京市主城分区规划图集》由南京市测绘院完成，以内部出版的方式供规划部门、建设部门和政府部门使用。这是继1981年《南京城市总体规划图集》后编制出版的又一部大型城市专题地图集。《南京市主城分区规划图集》是国内第一部分区规划图集。它系统地反映了分区规划的基本内容和实施措施。

本月，中国城市规划设计研究院与英国文化委员会合作，在华举办城市管理、城市规划方面的专业技术系列短训班。教员由英国选派的专家担任。短训班在广东省珠海市举办。

十月

6～7日，由建设部主持的"城市住宅小区建设试点工作会"在北京召开。会议要求在全国开展不同类型的小区建设试点，摸索出一套小区建设的规划、设计、施工、管理以及采用新技术等方面的经验，树立一批各具特色的住宅小区样板。

10～12日，中国—世界银行住房制度改革研讨会在北京召开。

12～15日，中国城市科学研究会在山东省建委、省城科会、威海市政府、市建委的大力支持下，在山东省威海市召开了城市环境美学问题研讨会。会议交流了学术论文31篇，这些论文不仅对城市环境美学理论作了较为系统的论述，而且就城市景观风貌规划、建筑风格特色、园林绿化美化、生态环境保护等方面的实际问题进行了研究探讨和经验交流。

17～20日，中国地理学会沿海开放地区研究所在连云港市举行了第二次学术研讨会。会议共交流了论文20多篇，内容涉及沿海开放地区的发展战略，城市化问题以及开发区的规划建设、经验总结等。

18～19日，中国城市规划设计研究院举办了第一届院学术报告会。建设部副部长周干峙、总规划师储传亨及有关司局负责同志到会祝贺；建设部城建院、勘察院和湖北、辽宁、北京、天津规划设计院，全国城市规划情报网和同济大学城规系的负责同志也参加了报告会。会议共收到论文24篇，会上宣读6篇。该院近几年的5项重大科研成果也在会上作了汇报。内容涉及：对城市历史的回顾，对传统规划的再认识，对规划理论、方法的新探索和新技术在规划领域的应用，以及具体的规划设计和专项规划的研究等，论文得到与会代表的肯定。会议期间，中规院还邀请规划界一些老专家和部分会议代表座谈。座谈中，代表们赞扬了近年来中规院在完成科研、设计及技术咨询任务中所取得的成绩。希望中规院在今后的发展方向上能充分发挥"国家队"的带头作用；并在规划理论、方法上，新学科的应用等方面进行更深的探索。

19～20日，亚洲建筑师协会第10次理事会在曼谷举行会议。会议决定接纳中国建筑学会为该协会的会员。

23日，"中国建筑创作四十年"交流评论会暨中国建筑学会建筑师学会成立大会在杭州召开。

31日，第七届全国人大常委会第十次会议通过《中华人民共和国集会游行示威法》。

中旬，中国城市住宅问题研究会房地产经济委员会在唐山市召开全国城市住房制度改革研讨会。会议交流了各地房改进展情况与问题。

十一月

4～8日，由建设部城市规划司主持召开的"全国县域和县城规划工作经验交流会"在苏州举行。19名代表介绍了各地县域和县城规划工作的经验与体会。这次会议是第一次全国性的县级规划经验交流会，也是对近几年来县域和县城规划的一次全面总结和汇报。建设部储传亨总规划师就县域和县城规划的重要意义；县级规划与大量小城市及农村经济发展的关系；当前小城镇发展中存在的问题；今后的任务与方针等问题作了重要发言。发言强调指出，今后县级规划工作的任务与方针是：认真贯彻治理整顿、深化改革方针，有计划、有重点地开展县域规划，适时调整和完善县城规划，大力加强规划实施管理，用二三年时间形成县内规划建设、管理与效益的良性循环机制。代表们结合各地的经验对《县域规划编制办法》及《关于进一步加强县域规划工作的意见》两个文件进行了热烈、认真的讨论，提出了修改意见。部城市规划司司长赵士修作了总结发言。会议期间代表们参观了昆山县城（属苏州市）及嘉定县城（属上海市）。会上放映了各先进县城建设的录像。这些县城的建设速度和城市化面貌给与会者留下了深刻印象。会议表扬了全国61个县城规划工作先进单位，颁发了奖状。

6～9日，中共十三届五中全会在北京举行。全会审议并通过《中共中央关于进一步治理整顿和深化改革的决定》。讨论并通过《中国共产党十三届五中全会关于同意邓小平同志辞去中共中央军事委员会主席职务的决定》，决定江泽民为中共中央军事委员会主席。

13日，工程勘察设计体制改革十周年理论研讨会在山东省泰安市召开。会议就勘察设计市场整顿、如何度难关和深化改革等问题进行了讨论。

13～17日，全国直辖市、计划单列市第四次村镇建设经验交流会在重庆市召开。代表们交流了各市村镇建设的经验，探索研究了治理整顿和深化改革中如何确保村镇建设长期持续、稳定、协调发展的措施办法。

23日，建设部1989年度科技进步奖的评选工作结束。共评出一等奖5项，二等奖14项，三等奖33项。

27～30日，"转变中的亚洲城市与建筑"国际学术讨论会在北京举行。该会系由国际建协亚澳区、中国建筑学会及清华大学联合主办，国际建协主席哈克尼博士、中国建筑学会理事长戴念慈、清华大学教授吴良镛等主持了会议。十余个国家和地区的代表共105人出席了会议。吴良镛教授在本次学术讨论会主题报告"面向地区现实的理论"中提出"建筑必须着眼于聚居地（Settlement）来考虑"的观点。他还进一步论述了"把城市、地区、国家、洲和世界作为整体去观察是大有用处的"。这次会议本着这个精神把城市与建筑结合在一起研讨。

本月，国家土地管理局委托中国城规院进行2000年城镇用地预测，该成果已于今年2月通过审定，并在补充了1988年的实际用地资料后，正式提交了综合报告。这是我国首次分省、市、自治区预测2000年全部城镇用地。

十二月

5～7日，全国行政区划研讨会在昆山市举行，民政部副部长张德江在会上指出"小城市的发展要坚定不移地走撤县设市的道路，走出一条有中国特色的设市路子"。

6日，中国人口迁移与城市化国际学术讨论会在京举行。

7日，江苏省城市科学研究会在南京成立。

7～11日，城市交通规划学术委员会在北京召开10周年年会暨学术讨论会。会议主要讨论了城市交通规划（交通设施）新技术开发的成就、城市道路网规划和建设的经验、计算机技术在交通规划中的应用等。

9～15日，"农村社区发展和农村人口产业转移"国际学术讨论会在北京召开。

12日，由联合国开发计划署、粮农组织和中国国家土地管理局合作进行的"中国土地人口承载潜力"项目开始在北京执行。

13～16日，"需要分析与城市规划"学术报告会在深圳市召开。这次会议由中国城市规划设计研究院、香港大学城市研究及城市规划中心和深圳市建设局联合举办。内地专家和香港同行就土地、房屋、交通、能源、人口、工业、商业、教育等方面的需求分析理论和实践，广泛地进行了交流讨论。大家认为：需求分析是城市规划必不可少的前期工作，尤其当前中国经济体制已由单一的计划经济转向有计划的商品经济，套用既定指标安排城建项目的传统做法，已不适合经济发展需要。为了缓解国内需求膨胀、供给不足的矛盾，促进城市全面协调发展，科学进行规划，必须运用需求分析的理论和方法。这次报告会是内地和香港城市规划专家自 1986 年以来第三次成功合作。来自全国各地的 60 多名专业人员听取了报告。

26 日，中华人民共和国第七届全国人民代表大会常务委员会第十一次会议审议通过《中华人民共和国城市规划法》，自 1990 年 4 月 1 日起施行。这是我国第一部城市规划的法律，标志着城市规划工作走上了法制化的新轨道。

26 ～ 29 日，全国流动人口问题研讨会在上海召开。专家们提出，对流动人口评估和趋势的分析，要从实际出发，既看到有利的一面，也看到不利的一面，同时建议制定政策，促使流入人口向高素质转化。

26 ～ 27 日，中国城市科学研究会第二届常务理事会在北京召开换届选举会议。大会一致推举万里、李瑞环为中国城市科学研究会名誉会长，廉仲为理事长。

本年度出版的城市规划类相关著作主要有:《城市规划与古建筑保护》(李雄飞著)、《外国城市建设史》(沈玉麟编)。

3.2 城市规划发展的建构期（1990 ～ 2007）

1990 年

一月

1 日，由建设部颁布的《城市危险房屋管理规定》、《国家优质工程评选与管理办法》和《城市异产毗连房屋管理规定》施行。

1 日，香港政府正式成立规划署，将规划环境地政科、屋宇地政署和拓展署的工作归规划署负责，使市政建设规划机构更具有权力和更有效地集中处理一切规划事务。今后，香港各区将设有规划专员，负责区内所有法定及非法定规划事宜。

6 日，建设部召开宣传《城市规划法》记者招待会，林汉雄部长号召各地采取多种方式广泛深入地宣传《城市规划法》

10 ～ 13 日，由中国城市规划学会国外城市研究学组举办的国外城市问题研究第二次会议在哈尔滨举行。本届会议的主要议题是苏联及东欧国家城市问题研究。参加会议的有来自全国 40 余家单位、院校的 70 多位代表，提交了论文 26 篇。

12 日，建设部城市规划司召集各省、自治区、直辖市规划处长在沈阳开会，安排今年的规划工作，特别是《城市规划法》的贯彻与实施。

23 日，中国城市规划设计研究院举行了第二届青年规划师学术讨论会，8 位青年作者宣读了他们的论文，内容涉及旧城发展规划、居住区规划、城市交通规划、旅游资源的保护与开发等。

中旬，安徽省建设厅在合肥市召开了全省县域和县城规划工作经验交流会。

本月，苏、鲁、豫、皖四省煤矿城镇规划建设学术研讨会在山东新兴煤矿城市邹县召开。代表们认为煤矿城市已成为我国城市的一种重要类型，它的发展建设越来越引起城市规划与管理、环境保护以及城市经济学、生态学界的重视。代表们就煤矿城市的规划、建设和管理中的共性和个性问题进行了讨论，涉及城镇布局、城镇体系规划、居住环境设计、景观资源规划、生活区发展趋势、矿区与城市的协调发展等问题，从不同角度总结了煤矿城镇建设发展的规律，交流了信息，探讨了对策。

二月

5～8 日，国务院经济特区工作会议在深圳召开。李鹏在会上指出：经济特区的发展方向是进一步发展外向型经济。党中央、国务院给予特区特殊的经济政策，允许特区实行某些特殊的经济管理办法，其目的就是要特区更好地发展外向型经济。据会议介绍：截至 1989 年年底，五个经济特区（深圳、珠海、汕头、厦门、海南）已批准外商投资项目 5700 多个，协议外资金额 94 亿美元，实际利用外资 41 亿美元，占全国的 1/4 以上；1989 年工业产值接近 300 亿元，是十年来中国经济实力增长最快的地区，外贸出口达 38.5 亿美元，占全国出口总额的近十分之一。5 月 28 日，国务院批转《一九九〇年经济特区工作会议纪要》并发出通知，充分肯定了进一步办好经济特区，对于推动改革开放、扩大国际影响具有的重要意义；要求经济特区在治理整顿和深化改革中求稳定、求提高、求发展，把外向型经济提高到新水平。

12～14 日，全国建设工作座谈会在京召开。会议回顾了 1989 年全国建设工作取得的成就，重点讨论了《建设部 1990 年工作要点》和《建设领域治理整顿和深化改革三年工作纲要》两个文件。

23 日，建设部颁发《关于统一实行建设用地规划许可证和建设工程规划许可证的通知》，建立了《城市规划法》所规范的在城市规划区内进行各类建设必须实行的"一书两证"规划管理制度。

三月

4 ~ 18 日，中国城市规划设计研究院、珠海市规划管理局、珠海市规划设计研究院与英国文化委员会在珠海举办"城市规划与城市管理研讨班"。以英国皇家城市规划学会前主席 E·巴金逊先生为首的五名英国规划专家应邀前来讲学。该研讨班所涉及的内容包括：英国城市规划体系；城市交通；中国城市交通；土地使用与土地规划；住宅；英国城市开发管理等。

5 ~ 9 日，建设部第二批住宅小区试点部分方案评议会在石家庄市召开。谭庆琏副部长在会上讲话强调，搞住宅小区试点的目的是，在当前国力允许的条件下，通过精心规划、精心设计、精心施工、科学管理，有效地提高住宅建设的质量和水平。

13 日，第 11 期全国市长研究班在北京举行开学典礼。

13 ~ 15 日，建设部科研单位科技工作会议在北京召开，会议传达了宋健等领导同志在全国科技工作会议上的讲话。建设部科技司徐正忠司长总结了部系统科技体制改革的成绩，对今后的工作进行了安排，他特别强调了在人才、设备和设计水平上加足后劲，叶如棠副部长到会并讲了话。

16 ~ 20 日，建设部在广州市召开大城市规划工作座谈会。议题有：1. 交流城市人民政府加强领导，发挥城市规划的综合指导作用，促进城市经济、社会协调发展的经验；2. 交流城市规划管理工作贯彻整顿，深化改革方针的经验；3. 研究贯彻实施《城市规划法》的有关问题。有关省、市主管部门的负责同志参加了会议，建设部副部长周干峙到会。这次会议是由建设部组织召开的一次工作会议，会上交流了各地宣传、贯彻《城市规划法》的经验，介绍了广州、天津、南京、北京、郑州、重庆、杭州、成都、武汉、唐山等城市在规划管理方面的具体做法，广州等城市进行的理顺管理体制、加强规划管理的探索引起了与会代表的兴趣。

本月，《〈中华人民共和国城市规划法〉解说》由群众出版社正式出版。

本月，建设部干部学院电教部、建设部城市规划司、中国城市规划设计研究院联合举办"城市规划系统工程学习班"。

本月，"深圳市城市发展策略规划"在深圳城市规划委员会第四次会议上评审通过。1989 年上半年，深圳市决定参照香港目前的城市规划体制，对深圳市的城市规划体制试行改革，同年 5 月，中国城市规划设计研究院深圳咨询中心与深圳市建设局开始着手编制"深圳市城市发展策略规划"。在研究过程中，项目研究人员就深圳市城市空间布局、重大基础设施的发展、特区和宝安县的协调以及生态环境的保护等重大问题进行了反复的论证，并形成了城市发展策略的多种方案。

本月,《当代中国的城市建设》由中国社会科学出版社出版发行。该书为《当代中国》丛书之一,由曹洪涛、储传亨担任主编。

四月

1日,《中华人民共和国城市规划法》正式施行。

2~5日,"中国水资源规划与管理国际研讨会"在京召开。会议探讨了解决中国水资源问题的原则和具体措施。为帮助解决我国华北地区水资源短缺问题,联合国开发计划署决定向中国提供300多万美元的援助。

10~13日,新疆、青海、宁夏、甘肃和陕西五省(区)在陕西汉中市召开城市规划经验交流会。代表们认为,我国幅员广大,每个城市所处的地理位置、自然条件、政治经济、历史文化等条件不尽相同,应该从城市自身的实际出发创造独具特色的城市风貌。

15~18日,国务院总理李鹏在上海视察。18日,李鹏在上海宣布:中共中央、国务院同意上海市加快浦东地区的开发,在浦东实行经济技术开发区和某些经济特区的政策。开发浦东、开放浦东,是中央为深化改革、扩大开放而作出的又一个重大部署。4月30日,上海市人民政府宣布开发浦东的十项优惠政策和措施。同年9月10日,国务院有关部门和上海市政府向中外记者宣布开发、开放浦东新区的九项具体政策规定。浦东的开发、开放随即进入实质性启动阶段。

五月

4日,建设部向全国各城市发出《关于认真做好当前城市防洪工作的通知》。

5~10日,中国风景园林学会园林规划设计学术委员会筹备组和园林设计协会在京联合开会,研讨《公园绿地设计规范》(征求意见稿)。

8日,第三届发展中国家混凝土国际学术会议在北京召开。来自加拿大、日本、美国、印度、牙买加、伊朗、利比亚等7国的专家学者参加了会议。

8~11日,建设部城市规划司在北京组织召开了中国城市规划行业思想政治工作研究会筹备会。来自北京、广州、安徽、四平等省、直辖市及城市的规划院、规划局、规划处的有关负责人参加了会议。会上,代表们交流了各自单位思想政治工作和廉政建设的情况,分析总结了目前城市规划行业在这方面的成就与不足,并对建设部城市规划司委托北京市规划局草拟的《中国城市规划行业思想政治工作研究会章程》(草案)作了修改补充。会上成立了研究会筹备组。此外,会议还研究了《城市规划行业职业道德标准》的起草工作。

9日,全国城镇房地产仲裁研究会在温州召开成立大会。会议通过了《城镇房地产研究会章程》；讨论修改了《城镇房地产仲裁条例》。

10～14日，城市规划科技情报网年会暨城市特色问题讨论会在浙江召开，总结了情报网的工作开展情况，会议收到讨论城市特色问题的论文85篇，有19篇作了大会发言。来自全国各地的专家学者就此进行了专题探讨，范围涉及城市特色的含义、特色的保护与特色的规划设计等。一些专家指出，城市特色是城市物质和精神结果的外在表现，城市的物质环境特色或建筑面貌特色仅是城市特色的一部分，不能以这个局部来代表整体；另一方面，城市特色是城市整体表现的客观现实，只要是客观存在，凡能足以代表这个城市特点的事物，无论美与丑，都是它的特色。

10～14日，能源部电力司在武汉主持召开了"全国城市电网工作座谈会"。会议强调，城市电网规划是城市专业规划之一，必须纳入城市总体规划，实行统一规划、同步实施。

19日，国务院颁布《中华人民共和国城镇国有土地使用权出让和转让暂行条例》，明确了土地使用权出让、转让、出租、抵押等基本制度。

19日，国务院批转《机构改革办公室对建设部、国家测绘局与国家土地管理局有关职能分工意见的通知》。《通知》指出，国家土地管理局主管全国土地的统一管理工作，负责制定土地政策、法规，统一管理土地资源和城乡地籍、地政工作，制定土地资源利用规划、计划和土地后备资源开发规划、计划，统一审核、征用、划拨建设用地，统一查处土地权属纠纷，实施土地监察。土地管理部门不参与土地经营活动。建设部主管城市建设工作，负责城市的规划管理、房政管理与房地产业的行业管理，并根据城市规划实施城市土地开发利用管理。关于城市规划与建设用地管理问题，城市规划管理和建设用地管理，都要坚持科学、合理、节约用地的原则；在城市规划区内开发利用土地，应当符合城市规划。建设用地先由城市规划部门选址定点，并划出用地范围，再由土地管理部门实地界定用地范围，提出用地审查意见，报政府批准后执行；项目竣工验收时，由规划部门会同土地管理部门对实际用地进行审核，认可后由土地和房屋管理部门核发土地使用证及房屋所有证。文件还对城市综合开发与建设用地管理问题、土地与房屋的权属问题、国有土地使用权的出让和转让问题、地籍管理和地籍测绘管理问题以及地方政府相应的机构设置和职能配置问题，作出了明确的规定。

24日，建设部、民政部、国家计委和中国残疾人联合会联合发出《关于认真贯彻执行〈方便残疾人使用的城市道路和建筑物设计规范〉的通知》。

25日至6月4日，建设部城市住宅小区建设试点办公室在南通市召开专家评议会，对申请参加全国第二批住宅小区试点的16个住宅小区规划方案进行了评议。

29 日至 6 月 2 日，建设部城市规划司在青岛市召开了全国城市规划设计全面质量管理经验交流会。有关单位介绍了他们的经验，共有 30 多个质量管理先进单位在会上受到表彰。会议还讨论了《城市规划设计管理办法》(讨论稿)。这个《办法》对加强规划设计的资格、质量、任务和队伍的管理以及有关法规和标准的编制工作提出了具体要求。

29 日至 6 月 5 日，国务院水资源领导小组在京主持召开了《长江流域综合利用规划要点报告》审查会。审查会是为国务院正式审批长江流域规划所做的准备工作。根据党中央、国务院 20 世纪 50 年代确定的"统一规划，全面发展，适当分工，分期进行的原则"和 1983 年国务院批准、国家计委下达的修订补充要求，长江流域规划对流域内 180 万 km² 面积的国土进行了包括水资源开发利用、防洪、治涝、水力发电、灌溉、航运、水土保持、中下游干流河道整治、南水北调、水产、干流沿岸城市发展规划布局、城市供水、水源保护等诸方面的全面规划。会议经小组和大会讨论，领导小组研究，原则同意了《规划要点报告》。

29 日至 6 月 6 日，中国城市规划设计研究院通过联合国开发署，邀请加拿大和美国的三位专家来华参加"城市土地开发和土地开发管理研讨班"的讲学。该班由中国城市规划设计研究院和福建省城乡规划设计研究院共同主办，地点在福州市。

下旬至 6 月上旬，应中国科协邀请，加拿大昆斯大学汤姆·勃朗开特 (Tom Plunkett) 教授和梁鹤年教授来中国访问、讲学。其间于 5 月 23 日至 28 日在南京市进行了一周的访问、考察。两位教授此次在南京的访问、考察是为了进行中、加城市规划比较研究。课题以加拿大多伦多和中国南京作为比较研究对象，研究重点是城市发展中的土地合理使用、基础设施的投资及资金的回收。在宁期间，他们访问考察了一些企业和秦淮风光带，与南京的规划界同行进行了座谈探讨。

本月，由辽宁省建委、沈阳市规划局、土地局与辽宁电影制片厂联合摄制的《城市规划法》8 集电视系列宣传片《城市之魂》摄制完成。全片以《城市规划法》为依据，以现实生活中的典型事例为素材，是一部以艺术形式宣传《城市规划法》的生动教材。

六月

5 日，全国高等学校建筑学专业教育评优委员会正式成立。它的成立为国际间相互承认学历创造了条件。

17 ～ 19 日，建设部科技司在苏州市主持召开"旧住宅区与旧住宅利用改造的研究——苏州古城桐芳巷街坊改造规划试点"课题成果鉴定会。该课题研究从

1988 年 4 月开始，经主持单位中国城市规划设计研究院规划二所与参与单位苏州市城市规划管理局、苏州市房地产管理局、建设部城乡住宅研究所两年的努力而完成。该课题包括一个总报告和四个分专题：旧住宅区改造规划前提条件研究；苏州古城桐芳巷街坊住宅改造的前提条件和相关政策的研究；旧住宅区改造规划的用地与空间布局研究；旧住宅区改造经济效益分析。这次鉴定活动邀请了国内的 10 名专家参加。建设部副部长周干峙出席了鉴定会。

24 ～ 27 日，中国城市规划学术委员会小城镇规划学组在岳阳市召开了年会。

25 ～ 27 日，建设部城市规划司主持召开建设部"七五"重点科研项目"上海市城市土地使用区划管理法规研究"课题成果鉴定会，该课题由上海市城市规划设计院承担。建设部副部长周干峙以及有关司、院、校领导、专家参加了鉴定会。该课题在对国外城市土地使用区域（Zoning）技术进行较为深入、系统研究的基础上，结合我国特别是上海市的实际情况和具体条件，经过大量实例的调查、分析和典型地区的试验，提出了《上海市土地使用区划管理法规的研究》《上海市土地使用区划管理条件》《城市土地使用区划管理法规编制方法》《上海现状建筑区划调查与分析》和《国内外城市土地使用规划和区划管理概况汇辑》等成果报告。该研究项目的选题适合了我国改革开放和城市规划建设发展的需要，正确地选择了适合我国情况的区划与规划相结合的模式和编制方法；该成果对城市土地使用区划技术的系统研究在我国尚属首次，对促进我国城市规划管理工作的科学化、法制化将发挥积极的作用。这次鉴定会是在上海举行的。

27 日，中国建筑师学会人居环境研究组成立。

28 日至 7 月 1 日，建设部房地产业司在沈阳召开全国住宅小区管理试点工作会议。

七月

1 日，国家统计局发布第四次全国人口普查结果；我国大陆人口为 1133682501 人。

2 日，建设部批准《城市用地分类与规划建设用地标准》（GBJ 137—1990）为强制性国家标准（自 1991 年 3 月 1 日起施行）。

3 ～ 14 日，由首都规划建设委员会办公室和北京市勘察设计协会主办的"首都规划勘察设计十年成就展览会"在北京举行。

6 ～ 14 日，国务院召开三峡工程论证汇报会。70 多位专家就工程可行性发表意见。会议决定，将可行性报告提请国务院三峡工程审查委员会审查，再报请党中央、国务院审议，最后报请全国人大审定。

7～10日，中国城科会华东城建计划经济研究会在井冈山市召开了以城建资金和住房"解困"为主要议题的研讨会。

14日，国务院以国发［1990］第41号文批准了建设部《关于进一步清理整顿房地产开发公司的意见》。

20日，民政部行政区划司召开《设市标准》（讨论稿）论证会。

本月，中国城市规划设计研究院在京主持召开了"城市规划标准规范体系研究"课题开题。

八月

3日，国家土地管理局确定自身职能、机构和编制的"三定"方案，由国家机构编制委员会批准实施。

7～9日，第四届苏鲁豫皖煤炭城镇规划学术研讨会在河南省永城县召开。代表们对煤炭城镇的规划设计与建设管理、矿区中心居住区的选址与规划、城镇搬迁和旧城改造等问题进行了讨论。

9日，建设部举行发布会，周干峙副部长宣布，建设部拟在今后一个时期内分期分批地开展城市居住小区建设综合试点工作。

13日，国际地理联合会亚太区域地理大会在北京开幕，来自40多个国家的近千名地理专家参加了会议。会议分设14个专题组，涉及地理学大部分分支学科。这次大会的主题是世界变化，包括自然环境的变化及社会文化、政治气候的变迁。其目的是促使地理工作者从理论和实践两个方面密切关注和积极参与解决全球性的现实问题。

15～19日，"历史城市的保护与现代化发展北京国际学术讨论会"在北京举行。来自亚洲、欧洲、北美、大洋洲共14个国家和地区以及国际组织的近30名官员、教授、学者出席，国内有6个城市28位学者参加。会议期间有17篇论文在会上交流。

30日，英国城市规划专家哈特博士（Dr.Patrick Hart）在中国城市规划设计研究院作了题为"英国村镇建设和规划"的学术报告。报告着重介绍了英国村镇规划的内容和法规与政策的作用。

本月，国务院批准了海口市城市总体规划。

九月

2日，全国首届期刊展览在中国工艺美术馆开幕，周干峙副部长代表建设部出席了开幕式。建设部所属在京26家期刊参展，其中有三种期刊获奖：《城乡建设》获印刷质量二等奖,《建筑学报》获整体设计二等奖,《城市规划》获整体设计三等奖。《城市规划》杂志是规划类刊物首次获得国家级奖励,《城市规划》杂志,是规划界唯一的获奖刊物。这次展览是新中国成立以来举办的第一次期刊展览。

10 日,上海市政府举行新闻发布会,宣布浦东开发开放九个法规文件。这标志着浦东的开发、开放将进入一个实质性的启动阶段。与城市建设有关的两个文件是《关于上海浦东新区规划建设管理暂行办法》、《上海市浦东新区土地管理若干规定》。

16 日,全国行政区划工作会议结束,民政部副部长张德江在会上强调,今后设置市镇要严格掌握标准,防止"建市热"重新抬头,以保持行政区划的相对稳定。张德江说,党的十一届三中全会以来,行政区划工作坚持为改革、开放服务,为发展社会主义有计划的商品经济服务,积累了不少有益的经验,但也存在一些问题:缺乏宏观战略研究,没有认真制定发展总体规划,导致了工作上一度出现盲目性、随意性,今后有必要对设市进行预测与规划。

20 ~ 22 日,江苏省城市规划学术委员会在常熟市召开了第三次历史文化名城与风景区规划学术交流会。

27 日,由建设部主持的"首次全国勘察设计大师评选活动"揭晓。100 名设计大师、20 名勘察大师成为我国 70 万名勘察设计工作者的优秀代表。推荐评选出的首批"大师",在消化、吸收、应用、推广国内外先进技术,解决重大技术难题等方面,有独到的见解,他们不仅有丰富的实践经验,而且有较高的理论水平,是各行业技术带头人,不少人还是国内专业技术的奠基者。他们硕果累累,德高望重,贡献很大,在行业内部和国内外都享有较高的声誉。评选"中国勘察设计大师"工作,将每 5 年举行一次。120 名勘察设计大师中,任震英、赵冬日和齐康等三位是中国建筑学会城市规划学术委员会委员。其中,任震英为城市规划行业唯一的一名勘察设计大师。城市规划学术委员会顾问任震英是高级规划师、高级工程师,曾任兰州市建设局及规划局局长,兰州市人民政府副市长,中国群落学会副理事长;现任兰州市人民政府顾问、总建筑师,中国城市规划设计研究院高级技术顾问,中国城市科学研究会常务理事,深圳市城市规划建设委员会顾问,海南省城乡规划特邀顾问,中国历史文化名城研究会顾问,哈尔滨建工学院、兰州大学兼职教授等。任震英在新中国成立初即亲自主持设计了兰州城市总体及详细规划。这是描绘共和国的第一份城市规划蓝图,1954 年得到国务院正式批准。1958 年代表国家参加了在莫斯科举办的世界城市规划展评会,博得好评,受到国家领导人及国家建委高度评价。"十年动乱"后,即主持并亲自执笔制定了修订的兰州市城市总体规划,于 1978 年秋完成,受到专家、学者、教授的一致好评,再次得到国务院批准。任震英以渊博的知识、丰富的经验、求实的科学态度,为北京、天津、上海、西安、深圳、太原、厦门、青岛、杭州、海口、三亚、泉州、十堰、曲阜等数十个城市的城市规划提出许多意见,得到专家和当地领导的重视。特别对深圳、桂林、大连(金石滩)、泰山的规划做了大量工作,避免了一些失误。

本月,东北三省第 7 次城市规划学术交流会在黑龙江举行。

十月

1 日,《北京市残疾人保护条例》施行。

6 日,建设部科技工作会议在郑州召开。与会代表对《建设科技进步"八五"计划和十年规划纲要》、《推进建设事业科技进步的几点意见》进行了研讨。

8 日,联合国教科文组织驻华代表泰勒到西安冶金建筑学院向 9 名学生颁发国际大学生建筑设计竞赛最高奖。

15 日,上海城市发展规划研讨会结束。与会专家认为,治理上海交通,从根本上说就是要建立包括浦东新区在内的、近期与远期结合、工程措施与科学管理结合的快速、高效的综合交通系统。

15 日,为搞好城市绿化远景规划,京津沪绿化协作区会议在上海举行。

16 ~ 20 日,中国城市交通规划学术委员会在河北省秦皇岛市召开了"全国城市交通规划学术讨论会"。讨论会的议题是:针对我国城市交通现状和治理途径,突出当前交通规划和建设中的新问题,探讨新的发展技术。

22 日,第 12 期全国市长研究班开学。

25 ~ 29 日,由建设部发起组织的国际水技术展览会在北京举办。

本月,《长江流域综合利用规划简要报告》获国务院批准。规划内容包括流域水资源开发利用、防洪规划、治涝规划、水利水电规划、航运规划、灌溉规划、水土保持规划、南水北调、沿江城镇布局、城市供水等。其中的南水北调方案共有西线、中线、东线及引江济淮线 4 条线。近期开始实施东线、中线和引江济淮线。

十一月

10 日,建设部、国家土地管理局联合发出《关于协作搞好当前调整完善村镇规划与划定基本农田保护区的通知》。

21 ~ 24 日,全国村镇建设会议在天津召开。会议总结交流了 10 年来村镇建设工作的经验,表彰了 100 个村镇建设先进单位。会议提出了今后 10 年内,我国村镇建设总的要求是：综合治理，上水平，上质量，使村镇建设更好地适应和促进农村两个文明的建设。

21～24 日，城市住宅小区规划设计国际研讨会在京举行。应邀参加这次研讨会的有来自苏联、日本、加拿大、印度和中国香港等国家或地区的建筑界同行和我国内地 23 个省、市、自治区的建筑科研、规划设计、高等院校、住宅开发及管理部门的近百名学者和专家。会议围绕城市住宅小区规划设计这一议题，对住宅小区规划设计的指导观念和发展趋势；改善住宅小区环境质量，实现住宅设计标准化和多样化的途径；提高住宅功能质量的措施以及住宅综合开发、配套建设、维护管理方面的经验进行了研讨和交流。

23 日至 12 月 6 日，根据中捷文化协定，由建设部、文化部共同组织的 5 人代表团就古建筑及古城保护问题，赴捷克斯洛伐克联邦共和国进行考察、访问。代表团共参观访问了布拉格、布拉迪斯拉发、卡洛维发利、赫勃、莱沃恰等 5 个城市，并与捷克和斯洛伐克的国家文物保护局和研究所等单位进行了座谈交流。

26 日，经国务院授权、中国人民银行批准，上海证券交易所正式成立。这是中华人民共和国成立以来在大陆开业的第一家证券交易所。

26～28 日，由建设部城建司和地铁办联合主持的全国城市地铁和轻轨发展研讨会在北京召开。

26～29 日，第三届"全国工程建设中智能辅助决策系统应用研讨会"在上海同济大学召开。

27 日至 12 月 1 日，建设部全国高校建筑学学科专业指导委员会城市规划、风景园林专业教学交流研讨会，在上海同济大学召开。会议认为，城市规划学科有其自身的特点，科学技术的发展和经济、社会、环境、心理等多学科的交叉与渗透，使城市规划学科具有了更大的活力与潜力，必须加强城市规划学科建设，促进学科的发展。风景园林是一门新兴的专业，有很大的发展潜力，有关部门及社会要给予积极的支持。会议注意到，城市规划和风景园林两个专业在各校的发展是不平衡的，各校要在提高教学质量的基础上，办出各自的专业特色。

本月，国家机构编制委员会召开第八次会议，建设部"三定"方案被审议并原则通过。建设部下设 15 个司厅，其中城市规划司的职责为：研究制定全国城市发展战略以及城市规划的方针政策和法规；指导、推动城市规划的编制、实施以及城市规划管理和建设用地管理；参与编制国土和区域规划以及重大建设项目的选址和可行性研究；组织、推动城市规划设计体制改革，负责全国城市规划设计、城市勘察和市政工程测量的管理工作；制订城市规划事业发展规划，组织、推动城市规划的技术进步、人才开发和国际交流；负责国务院交办的城市总体规划的审查并会同有关部门办理国家历史文化名城的工作。

本月，唐山市因地震灾害后成功地组织实施了大规模重建方案而获联合国颁发的 1990 年联合国人居荣誉奖。

十二月

5 日，国际科联环境问题委员会中国委员会 1990 年年会在京结束。代表们就全球环境变化背景下的中国重大环境问题进行了学术交流。

8 日，第二届青年城市规划论文竞赛评奖揭晓，刘博敏等 20 位作者的论文获奖。一等奖仍然空缺。

11 ～ 16 日，中国城市规划学会成立大会暨中国建筑学会城市规划学术委员会第八届年会在四川省什邡县召开，来自全国各地的 130 多名代表参加了会议。会议通过了第四届学术委员会工作报告，对今后学会工作提出了设想；讨论并通过了中国城市规划学会章程；中国城市规划学会宣布正式成立；会上表彰了学会优秀秘书和学会工作积极分子；还以"抓紧时机，总结反思，运筹未来"为题开展了学术活动。会议期间，召开了中国城市规划学会一届一次的常务理事会会议。这次会议标志着中国城市规划学会正式成立。中国城市规划学会是在原中国建筑学会城市规划学术委员会的基础上成立的二级学会。清华大学教授吴良镛当选为第一届理事长。大会经反复讨论，原则通过了《中国城市规划学会章程》。会上还进行了学术交流活动。针对过去有人提出规划还可以取消的论点，规划界老前辈，城市规划学术委员会第一届委员会主任委员王文克的回答是：城市规划万寿无疆。他说，只要人类存在一天，城市就存在一天，规划就存在一天，不能取消，也取消不了，这是一个永不衰退的行业。

13 日，建设部林汉雄部长在全国勘察设计工作暨表彰会议上提出，应该鼓励广大设计人员在坚持四项基本原则的前提下，敢于标新立异，充分发挥他们的智慧和创造才能，允许他们"树碑立传"。林汉雄说，建设有中国特色的社会主义，必然要求我们的城乡建设具有时代特征、民族风格和地方特色，不能搞成一副面孔，千篇一律。他要求各级领导重视设计工作，在决定设计方案和重大技术问题时，充分听取设计人员的意见，进行多方案比选，对于设计的技术问题和建筑风格、建筑艺术等问题，主要由设计人员来决定，尽量减少和避免行政干预。

13 ～ 15 日，经国务院批准，建设部在北京召开第 12 次全国勘察设计工作会议。会议表彰了我国首批 120 名勘察设计大师，总结了 10 年来工程勘察设计改革的经验。

15 日，成都市规划管理局为健全行政监察与群众监督相结合的监察机制，向首批聘请的 17 名监察员颁发了聘书和监察证。

15 ～ 16 日，辽宁省科学技术委员会在抚顺市城乡规划局召开了"抚顺市应用 GPS 卫星定位技术成果鉴定会"。

中旬，由 10 位专家组成的评审委员会在成都对中国城市规划设计研究院城市规划经济研究所承担的"重点项目建设与城镇建设协调发展的技术经济政策"进行了鉴定。该课题提出了十项技术经济政策。1. 重点项目建设的选址采取多元化战略；2. 重点项目的空间布局必须符合城市总体规划的要求，有利于城市的经济和社会结构合理发展，促进城市综合效益的提高；3. 结合重点项目，有计划地建设重点城市；4. 由重点项目建设已经形成的工矿城镇、卫星城应逐步建设成具有一定吸引范围的区域性城市和具有中等以上规模、相对独立的、多功能开放型的城市；5. 重点项目的建设投资应包括由于其建设所增加的城市建设费用；6. 重点项目的厂外设施应实行综合开发；7. 改变重点项目政企不分的状况，强化地方政府管理城市的职能，重点项目所需要的城市基础设施和公共服务设施，应由城市政府统一管理；8. 改变重点项目无偿使用土地和水资源的状况，向所在城市缴纳土地使用费和水资源费；9. 不缴纳地方税利或政策性亏损的重点项目要向城市缴纳城市建设维护税；10. 建立考核重点项目与城市建设协调状况的评价制度。课题的研究成果分为技术经济政策和城市效益评价两部分，该项研究涉及宏观与微观、政治与经济、生产与生活、条条与块块等复杂关系，对今后我国重点项目的宏观布局和选址，对城镇建设与重点项目建设协调发展，贯彻实施《城市规划法》，有着重要的现实意义与长远意义。

30 日，中共中央《关于制定国民经济和社会发展十年规划和"八五"计划的建议》提出：严格控制大城市的规模，合理发展中等城市和小城市，以乡镇企业为依托建设一批布局合理、交通方便、具有地方特色的新型乡镇。

本月，由北京土建学会规划学术委员会组织的城市设计研讨会在京召开。来自中央、北京市的规划、设计、管理及大学等部门的专家、学者 30 余人参加了会议。大家就城市设计的含义、范围、作用及如何运用城市设计的思想、方法做好规划工作这一问题展开了交流和讨论。会议认为：1. 城市设计是一种艺术和技术的结合。我国古代就有不少城市设计方面成功的范例，如明清北京城就是杰出的城市设计典范。城市设计有鲜明的时代性。城市设计应紧紧扣住以人为中心这一主题，从城市整体出发，创造出优美的城市景观，满足人的物质和精神两方面的需求。2. 城市设计的范围：大到总体规划，即城市大框架的设计，小到某一特定的城市环境如一幢房子、一个小品建筑的设计，一句话，应贯穿城市规划全过程。通过分析，大家感到，在我们所做的大量规划、设计工作中，事实上一直掺杂着城市设计的思想和方法，只是我们还没有更自觉、更有意识地运用城市设计的原理来指导自己的工作实践。讨论会有助于我们在规划设计工作中提高运用城市设计的思想和方法的自觉性。另外，好的城市设计方案应有相应的实施机制来保证，应该是从领导开始，规划、设计、施工、管理各司其职，同时要辅之以必要的法规、条文、细则，使之成为统一有序的整体。

至 1990 年，全国除西藏外，各地都不同程度地开展了国有土地使用权出让、转让工作。1990 年沿海已有 10 个省、直辖市在 28 个市、19 个县开展了出让试点工作，并初见成效。内陆地区有 17 个省确定在 34 个市、2 个县（州）确定了出让转让试点，其余 3 个省（自治区）处于调查摸底阶段。

本年度出版的城市规划类相关著作主要有:《跨世纪城市规划师的思考：青年规划师获奖优秀论文集》(鲍世行主编)。

1991 年

一月

1 日，由建设部发布的《城市房屋产权产籍管理暂行办法》、《城市公厕管理办法》施行。

8 ~ 12 日，建设部城市规划司在江苏省镇江市召开了全国贯彻实施《城市规划法》座谈会。会议交流了各地贯彻实施《城市规划法》的情况和经验，研究了当前贯彻实施《城市规划法》过程中需要解决的问题，讨论了城市规划司起草的《1991 年城市规划工作要点》和第二次全国城市规划工作会议的准备工作。

14 ~ 19 日，中国新兴城市发展战略市长研讨会在北京香山饭店举行。这次研讨会是由中国城市经济学会和中国城市规划设计研究院联合主办的。

18 日，国务院第七十六次常务会议通过《城市房屋拆迁管理条例》，自 1991年 6 月 1 日起施行。这是我国第一个有关城市房屋拆迁管理的行政法规，标志着我国城市房屋拆迁管理工作步入了一个新的阶段。

26 日，国务院办公厅批转了建设部、国家计委《关于进一步做好城市节约用水工作报告》。该报告提出要把供水保证程度作为调整产业结构和产品结构的重要依据，充分运用经济手段促进节水工作。

本月，云南省建委、云南省城科会在昆明主持召开了"云南省城镇体系规划"论证鉴定会。这是第一项研究云南城镇体系的成果。

二月

1 日，《中华人民共和国土地管理法实施条例》施行。

28 日，全国房地产管理局局长座谈会结束。来自全国 42 个城市的代表一致提出：为加快住宅建设，推动房地产业的发展，要在理顺体制、健全法制上下功夫。

28 日，建设部组织在北京对"大城市综合交通体系规划模式研究"专题进行了验收鉴定。专题系国家"七五"重点攻关项目"客运关键技术与装备研究"（代号 23）中"大城市交通合理结构和新型交通运输方式研究"（代号 23-3）的第二个专题（专题 23-3-2）。该课题由建设部主持，中国城市规划设计研究院承担，13 家单位参与了课题研究。该专题对土地利用与交通的关系、城市交通结构、交通规划综合评价、交通设施的布局与标准等子项作了深入研究，其成果形成了城市综合交通体系的各个层次，具有很强的系统性。

本月，国家计委发出了《关于在基本建设领域开展"质量、品种、效益年"活动的通知》。1991 年是国务院确定的"质量、品种、效益年"。通知就严格计划管理、加强项目管理、加强项目的设计管理和施工管理等方面工作提出了具体要求。在谈到加强项目的设计管理时，通知指出：1. 从 1991 年起，项目设计要选择符合认证等级并有信誉的设计单位，通过招标投标承担设计任务。2. 初步设计文件及概算必须严格按照批准的设计任务书、设计规范和国家规定的标准、定额编制。3. 设计单位要按设计合同提供设计文件和施工图纸，严格保证质量。4. 设计单位要按国家有关法规，严格把关。

本月，北京市将其行政辖区 16800km² 全部范围划为"城市规划区"。城区、近郊区和远郊区（县）的城镇以及农民新建住宅必须全部纳入统一规划管理。为保证各项建设按照统一规划实施，北京市政府发布了《关于郊区城镇和农村建设规划管理的若干规定》，《规定》指出，"本市的乡镇机关、乡镇企事业单位、新集镇、新农村和农民住宅等建设工程的选址定点，必须经城市规划管理部门审查批准，核发建设用地规划许可证和建设工程规划许可证后，方可建设。"

三月

1 日，建设部（1990）建标字第 322 号文批准的国家标准《城市用地标准》施行。这是我国城市规划行业的第一项国家标准。

1 日，建设部周干峙副部长在唐山住宅小区开工典礼上强调，要在现有条件下把上质量、上水平作为小区建设的工作重点。

2日，全国人大常务委员会任命侯捷为建设部部长。

3日，全国扶贫开发工作会议在北京举行。会议提出"八五"期间扶贫开发工作的目标，是在"七五"期间工作的基础上实现两个稳定：一是加强农田基本建设，提高粮食产量，使贫困地区的多数农户有稳定的解决温饱问题的基础；二是发展多种经营，进行资源开发，建设区域性支柱产业，使贫困户有稳定的经济收入来源，为争取到本世纪末贫困地区多数农户过上比较宽裕的生活创造条件。

4~6日，对国家"七五"重点科技攻关项目"大城市轻轨交通实验工程关键技术研究"进行了专题验收、鉴定。此项课题由建设部城市建设研究院承担。

8日，国务院发出通知，同意并批转建设部、农业部、国家土地管理局等《关于进一步加强村镇建设工作的请示》。通知包括6部分主要内容：1.坚持正确的指导方针，进一步加强领导；2.切实抓好村镇规划工作；3.以集镇建设为重点，逐步完善强化集镇的多功能和中心作用；4.努力提高农房设计质量和使用功能；5.抓好试点，分类指导，提高村镇建设总体水平；6.建立健全法规，强化村镇建设管理。通知强调村镇建设是我国社会主义现代化建设的重要组成部分，对于加强农业这个基础，促进农村经济与社会发展，实现亿万农民安居乐业，都具有重要意义。必须在努力发展农业生产，增加农村收入的基础上，本着勤俭节约的原则搞好村镇建设。认真贯彻"全面规划、正确引导、依靠群众、自力更生、因地制宜、逐步建设"的方针，推动村镇建设事业的健康发展。

8~9日，江苏省城乡规划设计研究院举行1990年度学术交流会。

18日，民政部、国家土地管理局发出了《关于制止丧葬滥占土地私建坟墓的通知》。

26日，建设部发出《关于加强古树名木保护和管理的通知》。

27日，北京城市建设总体规划方案修订工作启动。

28日，由《建设报》社等单位主办的纪念《中华人民共和国城市规划法》实施一周年暨城市规划法知识竞赛开奖大会在京举行。这次竞赛共收到各地寄来的答卷一万多份，答对的有3190份，其中的168份的答卷者成为幸运儿。这次竞赛共设一等奖3个，二等奖15个，三等奖150个。

29日，建设部机关团委和北京市城市规划管理局团委联合发起召开"首都青年规划师学习贯彻《城市规划法》座谈会"。

本月，建设部经过认真研究和筛选，确定12个村镇为建设试点村镇。试点的目标包括：统一开发；合理组织配套设施；改善投资环境和旧村镇改造等。12个村镇是：山西省晋城市郊区高都镇、内蒙古自治区赤峰市元宝山区建昌营镇、辽宁省营口县官屯乡青花峪村、辽宁省海城市牛庄镇、上海市奉贤县洪庙镇、浙江省鄞县邱隘镇、山东省济南市原城区仲宫镇、湖南省南县茅草街镇、四川省绵竹县玉郊镇、四川省温江县永胜镇、四川省新都县马永镇和贵州省仁怀县茅台镇。

本月，中国城市规划设计研究院 1990 年度院优秀规划设计评选工作结束。由院科学技术委员会评选出一等奖 1 项，二等奖 3 项，三等奖 1 项，鼓励奖 5 项。一等奖 1 项，为深圳皇岗口岸联检站详细规划设计（深圳中心）。

本月，国务院批准 26 个开发区为国家高新技术产业开发区，加上原已批准的北京新技术产业开发实验区，国务院批准建立的国家高新技术产业开发区已达 27 个。

四月

1 日，《中华人民共和国城市规划法》施行一周年。全国宣传贯彻《城市规划法》取得了显著成效。一是配套法规和地方法规的制定取得了进展。《城市规划法》的公布施行，从根本上改变了我国长期以来城市规划建设领域无基本法可依的状况。一年来，建设部抓紧了行政法规《城市规划法实施条例》和部门规章《城市规划编制办法》等的拟定工作。地方法规的制定取得了明显进展。江苏省、贵州省、新疆维吾尔自治区《实施〈中华人民共和国城市规划法〉办法》和《吉林省城市规划条例》已经所在省或自治区人大常委会通过，并公布施行。二是城市规划区的界定取得较大进展。全国 70% 以上的设市城市已经界定了城市规划区的具体范围。其中 10 个省的所有设市城市都已经界定了城市规划区。三是全国实行了统一的建设用地规划许可证和建设工程规划许可证。全国 80% 以上的设市城市、50% 以上的县使用了统一的"两证"。其中，有 11 个省、自治区在所有设市城市范围内使用了统一的"两证"。关于选址意见书，目前已在一些省、自治区、直辖市试行。四是城市规划机构和队伍建设不断加强。许多省、市的城市规划机构得到加强，队伍有所壮大。3 个直辖市、14 个计划单列市（除深圳外）都设有规划局或规划土地局。湖北省有 18 个市设置了规划局，黑龙江省有 13 个市设置了规划局。

1 ~ 5 日，中国城市规划学会居住区规划学组年会暨试点小区规划研讨会在杭州市召开。会上作了学组的工作报告；就如何提高城市居住区规划设计水平和如何完善试点小区规划设计编制要求等问题进行了学术交流，并宣布了 5 篇优秀论文名单；交流了第一批试点小区规划建设经验；讨论了《城市居住区规划设计技术要求》（讨论稿）；成立了居住区规划学术委员会。

2 ~ 4 日，江苏省规划管理工作研讨会在扬州市召开。

3 ~ 10 日，建设部城市规划司在温州市召开了控制性详细规划研讨会。会上，温州市规划局、上海市规划院、广州市规划局、涿州市建委的同志介绍了开展控制性详细规划的做法和工作体会，中国城市规划设计研究院的同志介绍了对控制性详细规划内容、深度和方法的认识。与会同志对控制性详细规划的性质、作用、内容、工作步骤以及它与相关规划的关系等问题进行了广泛的交流与深入的研讨。会议认为，控制性详细规划是中国的城市规划工作者总结了国内 40 年来城市规划工作的经验，吸取了国外"用地区划"（Zoning）方法中对我们有用的方面，经过实践，融会贯通，形成的一种适合中国情况的自己的规划方法，是城市规划改革的重要成果之一。会议深入讨论了在编制控制性详细规划中的几个关键性问题：①地块划分；②指标体系的确定；③用地功能分类和建筑类型的适建关系。大家认为，这是使规划能起到应有作用的核心，又是技巧性很强的问题，会议分析了这几个问题的影响因素，交流了各地编制工作的具体做法。

4～10 日，由建设部城市规划司主持召开的"全国部分城市规划设计单位巩固深化全面质量管理座谈会"在广西柳州市召开。这次会议有 3 项内容：一是由部分规划院介绍了达标后如何巩固、深化全面质量管理工作的经验和做法；二是讨论、修改了规划司起草的《关于城市规划设计单位巩固深化全面质量管理的意见》和《城市规划设计单位优秀质量管理奖评定方法及标准》；三是讨论了质量保证体系和工序管理。

9 日，第七届全国人民代表大会第四次会议批准《中华人民共和国国民经济和社会发展十年规划和第八个五年计划纲要》。提出：加强城乡建设的统筹规划。城市发展要坚持实行严格控制大城市规模、合理发展中等城市和小城市的方针，有计划地推进我国城市化进程，并使之同国民经济协调发展。城市新区的开发或旧区改造，要实行统一规划、合理布局、因地制宜、综合开发、配套建设的原则，继续加强城市供排水、公共交通、污染治理等公用设施的建设，进一步提高城市功能和环境质量。乡村建设继续贯彻"全面规划、正确引导、依靠群众、自力更生、因地制宜、逐步建设"的方针，以集镇为重点，以乡镇企业为依托，建设一批布局合理、节约土地、设施配套、交通方便、文明卫生，具有地方特点的新型乡镇。有步骤地加强农村能源、交通等基础设施的建设。

14 日，国务院发布了《城市房屋拆迁管理条例》。《条例》从 6 月 1 日起正式施行。

16 日，第三批村镇规划试点方案评议在京揭晓，获奖方案将作为本地区村镇规划的样板。湖南省花垣县茶洞镇规划（湖南大学建筑系等）、湖南省双峰县三塘铺镇村镇规划（湖南省建筑设计院等）、山西省平定县冶西镇规划（阳泉市规划设计处）等 3 个规划方案荣获优秀奖，闸坡镇总体规划等 10 个规划方案获佳作奖。

22 ~ 24 日，全国建设工作座谈会在京召开。各省、自治区、直辖市、计划单列市建委及建设厅的领导共商建设事业 10 年规划、"八五"计划纲要和 1991 年的工作要点。

25 ~ 27 日，由中国城市规划设计研究院和重庆市规划局合作完成的《重庆市综合交通规划》在渝通过重庆市科委组织的专家评审及项目验收。规划在总结国内城市交通规划经验的基础上，针对重庆市的组团布局结构和山城特点构成的交通特征，在国内首次进行和完成了货运系统的分析、预测及规划，其中通过多方案的路网规划比选和近、中、远期交通设施建设序列的优化比选，提出了符合重庆市实际的道路交通规划及建议。

本月，国务院原则批准了长江流域综合规划，其中包括由建设部城市规划司主持编制的《长江流域沿江地区城镇发展和布局规划要点》专业规划。国务院批文指出："长江沿岸地区是我国本世纪或长时期内重点开发地区之一。各有关部门、有关地区要根据综合规划抓紧编制区域规划和专业规划，并按有关法定程序审查批准。"

本月，中国城市规划设计研究院在院内统一控制性详规指标体系，将指标分为两类。一类是控制性指标、另一类为建议性指标。控制性指标包括：①用地性质；②用地面积；③建筑密度；④建筑高度（指最大或平均层数）；⑤容积率；⑥最大建筑面宽；⑦建筑退红线距离；⑧绿地面积；⑨绿地率；⑩人口容量。建议性指标包括：①建筑形式；②建筑色彩；③出入口位置；④停车车位；⑤公共服务设施配套要求；⑥保护要求；⑦环境景观要求；⑧环境要求（指对影响城市环境质量的有害因素的控制要求）。

本月，北京恩济里小区等我国第二批试点居住小区共 22 个已全部通过审批。

本月，经国家有关部门批准，我国第一个保税区将在天津建立。"天津港口保税区"位于天津市新港区内，面积 1.4km^2，其中有效面积 1.05km^2，共有保税仓库 4.2 万 m^2。保税区主要从事国际贸易、中转运输、加工出口和金融保险等业务，实施比现有经济特区和经济技术开发区更优惠的政策和更简便的管理方法。这些政策包括：免征进口物资关税、外汇自由汇兑、简化出入境手续、在保税区内从事加工及仓储的企业可享受税收上的优惠等。

五月

1 日，《大中型水利水电工程建设征地补偿和移民安置条例》施行。《条例》规定，水利水电工程建设单位，应当在工程建设的前期工作阶段，会同当地人民政府根据安置地的自然、经济等条件，按照经济合理的原则编制移民安置规划。

移民安置规划应当与设计任务书（可行性研究报告）和初步设计文件同时报主管部门审批。没有移民安置规划的，不得审批工程设计文件、办理征地手续，不得施工。经批准的移民安置规划，由县级以上地方人民政府负责实施，按工程建设进度要求组织搬迁，妥善安排移民生产和生活；工程竣工后，由该工程的主管部门会同移民安置区县级以上地方人民政府对移民安置工作进行检查和验收。因兴建水利水电工程需要迁移的城镇，应当按照有关规定审批。按原规模和标准新建城镇的投资，列入水利水电工程概算；按国家规定批准新建城镇扩大规模和提高标准的，其增加的投资，由地方人民政府自行解决。

10～14日，由建设部和国际贸易促进委员会主办的国际地铁与轻轨交通展览会在中国国际展览中心举行。

11日，国家"七五"重点攻关项目"长江三峡工程重大科学技术问题研究"在京通过了国家科委、水利部和能源部联合组织的验收。

13日，全国部分试点地区房改座谈会在成都结束。会上交流了烟台、上海、成都等部分试点城市、地区和单位的房改经验，研讨了一系列房改政策问题。

15日，《中华人民共和国残疾人保障法》施行。

15日，中国建筑业联合会在京举行颁奖仪式，向23项工程颁发了1990年度建筑工程鲁班金像奖和荣誉证书。

16日，加拿大昆斯大学梁鹤年教授在中国城市规划设计研究院就"容积率的确定及其相关因素"问题进行讲学。梁先生结合英、美、加等国的实践经验对容积率的作用、确定依据及城市用地结构发展趋势等问题作了论述。

17日，福建省颁发了《福建省鼓励外商投资开发经营成片土地的暂行规定》。《规定》对外商开发经营成片土地的含义，外商开发的内容、开发期限、开发区各种用地的比例、土地收费税收、审批手续及行政管理等方面进行了规范。

19～23日，由中国国际科技会议中心和北京交通学会联合主办的"第二届多国城市交通展览"在京举办。

20日，国务院召开会议部署加快发展第三产业。建设部归口管理的房地产业、市政公用事业列为重要组成部分。属第三产业范畴的还有：规划、设计；勘察、测绘；园林绿化、风景名胜管理等。

20～24日，夏威夷大学亚太学院郭彦弘教授，应邀在北京大学讲学，题目是："亚太地区的发展与城市化"。

23日，北美华人运输协会主席、美国堪萨斯大学土木系教授李珏先生访问了中国城市规划设计研究院。在与该院交通规划专家座谈中，李教授介绍了美国城市交通的发展变化过程。

24 日，国务院决定每年的 6 月 25 日为全国"土地日"。6 月 25 日，党和国家领导人为全国第一个"土地日"题词。

27 ～ 28 日，美国著名学者卡尔·托马斯在北京规划院介绍了"Zoning 在美国的起源、现状及前途"。

29 日至 6 月 5 日，武汉城市建设学院城市规划与建筑系等单位联合举办的"跨世纪的城市与建筑学术研讨会"在武汉城建学院举行。

30 ～ 31 日，由四川省建委主持，在崇庆县召开了"四川省级历史文化名城工作会议"。

本月，国务院发出了《关于继续积极稳妥地进行城镇住房制度改革的通知》。

六月

1 日，《城市房屋拆迁管理条例》施行。

10 日，"全国城市灾害暨城市防灾工作研讨会"在上海举行。

18 日，由中国城市经济学会和中国城市科学研究会主办的城市基础设施与经济、社会协调发展研讨会在上海召开。

18 ～ 19 日，发展中国家环境与发展部长级会议在京召开。会议通过了旨在推进环境与发展国际合作的《北京宣言》。《宣言》指出发达国家对环境恶化负有主要责任。

28 日，国务院常务会议原则通过了《中华人民共和国防汛条例（草案）》。

28 日至 7 月 3 日，经专家评议有 6 个居住小区被正式列入建设部第三批城市居住小区建设试点计划。

本月，山东省《淄博市人防建设与城市建设相结合规划》通过专家评审。

本月，应江西农垦共青城的邀请，建设部与农业部城市规划专家共同组成一个规划咨询小组，赴共青城对该城市发展规划进行咨询，并帮助制定了《共青城总体规划纲要》。

本月，应中国建筑学会的邀请，蒙古建筑家同盟代表团访问了北京、承德等地。

本月，第 13 期全国市长研究班在山东省烟台市开学。本期研究班 7 月 25 日结业。

本月，建设部发出《关于加强住宅小区建设管理，提高住宅建设质量的通知》。

七月

1 日，由国家环保局发布的《中华人民共和国大气污染防治法实施细则》施行。

3 日，深圳证券交易所正式开业，实现了股票的集中交易。1982 年 7 月，宝安联合投资公司发行了新中国第一张股票。1986 年 10 月，深圳市政府颁布了《深圳经济特区国营企业试点股份化暂行规定》，标志着国营企业股份化改造进入制度化、法制化的阶段，股份制企业的发展推动了以股票为主力的证券市场的建立。1988 年 4 月 7 日，深圳发展银行股票挂牌上市，揭开了深圳股票交易市场的序幕。

6 ~ 8 日，由中国城市规划学会和台湾都市研究学会共同主办的"海峡两岸城市建设开发研讨会"在北京召开，两岸 51 名同行首次聚会探讨海峡两岸的城市规划、建设与管理问题。全国人大副委员长费孝通为大会题词："建设城市、造福人民"。大陆代表介绍了大陆城市规划、区域规划、城市管理、城市环境保护、历史文化名城规划等方面的情况，探讨了城市化、住宅建设、城市基础设施建设等方面的最新进展。台湾省的同行就城市行政区划、城市景观、城市政策以及农村建设规划等问题进行了交流。

6 ~ 9 日，中国城市规划学会小城镇规划学组第四次年会在山东省海阳县举行。代表们分别介绍了浙江、福建、安徽、湖南等地小城镇规划中所遇问题和规划经验。着重对《小城镇规划编制办法》（讨论稿）进行了讨论，对其适用范围、编制深度、编制程序等方面，大家发表了不同意见。会上，小城镇规划学术委员会正式宣告成立。

9 日，《长沙市城市生态建设总体规划》在长沙通过国家级鉴定。规划包括城市人口、基础设施建设、城市环境污染综合治理、长沙历史文化名城特征及保护和建设的构思等内容。

13 日，建设部在京召开防汛抗洪救灾紧急会议，部署防汛抗洪救灾工作。

17 ~ 19 日，建设部住宅小区试点办公室与建设监理司在石家庄市召开试点小区工程质量现场会。

19 日，上海首次在市区有偿出让花园别墅土地使用权，香港仲盛公司和深圳万科公司联合以 1500 万美元出让金，获得古北新区三区第 24 号地块 70 年的土地使用权。

19 ~ 23 日，全国计划单列市第八次城乡建设改革协会会议在青岛举行。

23 日，国家防汛总指挥部、建设部和水利部发出紧急通知，要求各地切实加强城市防汛工作。

27 日，英国谢菲尔德大学举行邹德慈荣誉博士学位授予典礼。邹德慈同志为中国城市规划设计研究院院长，鉴于他本人在城市规划领域所做的大量工作和在国内外所取得的声誉，英国谢菲尔德大学决定授予邹德慈荣誉文学博士学位。邹德慈同志赴英接受了学位证书。谢菲尔德大学是一所有百年历史的综合性大学，与中国城市规划界有着友好的联系。该大学的城市与区域发展规划研究中心已为我国培训了 4 批青年规划师。

28 日，江泽民总书记在天津视察海河防汛工作时强调，要把水利建设作为百年大计抓紧抓好。

本月，由武汉测绘科技大学城乡测量规划与管理教育中心主办的"遥感与地理信息系统在城乡规划等方面应用的国际研讨会"，在武汉测绘科技大学举行。

本月，四川省政府决定在全省实行村镇建设监察员制度。

本月，《北京规划建设》杂志经国家新闻出版署和北京市新闻出版局批准公开发行。

八月

1 日，由建设部发布的《城市房屋修缮管理规定》和《城市房屋拆迁单位管理规定》施行。

1 日，《北京市人民政府关于严格限制在城市建设中分散插建楼房的规定》正式施行。

6 日，李鹏总理在哈尔滨视察汛情时说，城市建设与江堤建设同时进行，综合配套，还用基建残土修江堤，一举两得。这些经验很好，值得推广。

10 ~ 11 日，建设部村镇司召开灾后重建工作座谈会。会议明确提出，受洪涝灾害严重省份的村镇建设工作应把重点迅速转移到灾后重建工作上来。

上旬，根据建设部的扶贫工作安排，中国城市规划设计研究院派出规划小组完成了青海省民和县城的规划大纲，该大纲顺利通过了省、县领导的评议。

15 日，第二次全国城市环境保护工作会议在吉林市召开。

19 日，国家环保局和建设部公布了第一批全国城市环境综合整治优秀项目。

21 日，中国市长协会在京成立。市长协会的宗旨是为市长工作服务，为城市改革与发展服务。

23 日，为了保障建设项目的选址和布局与城市规划密切结合，科学合理，提高综合效益，国家计委和建设部联合颁布了《建设项目选址规划管理办法》。该办法明确规定，在城市规划区内新建、扩建、改建工程项目，编制、审批项目建议书和设计任务书，必须遵守本办法。城市规划行政主管部门应当了解建设项目建议书阶段的选址工作。各级人民政府计划行政主管部门在审批项目建议书时，对拟安排在城市规划区内的建设项目，要征求同级人民政府城市规划行政主管部门的意见。城市规划行政主管部门应当参加建设项目设计任务书阶段的选址工作，对确定安排在城市规划区内的建设项目从城市规划方面提出选址意见。设计任务书报请批准时，必须附有城市规划行政主管部门的选址意见书。该办法还对建设项目选址意见书的内容，对选址意见书的核发实行分级规划管理的权限等作了具体规定。该办法自发布之日起施行。

23日，根据建设部《关于无偿支援灾区重建工作提供无偿服务的指示》，中国城市规划设计研究院派出重建工作小分队，由王静霞副院长亲自带队，赶赴安徽省六安地区金寨县，进行规划方面的防洪措施研究，并为有关居民点进行灾后重建规划建设。

28日，万里委员长提出，要增强全民族水患意识，加快治理大江大河的步伐。他指出：三峡工程迟上马不如早上马；黄河小浪底工程需尽快兴建；太湖泄洪问题力争"八五"期间解决。

29日，国务院《关于继续严格控制固定资产投资新开工项目的通知》指出，各地区、各部门必须继续严格控制新开工项目。

本月，两年一次的建设部优秀城市规划设计评优工作在北京结束，共评出获奖项目18项，其中一等奖1项，二等奖4项，三等奖6项，表扬奖7项。北京市城市规划设计研究院完成的《第十一届亚运会工程建设总体规划》获得一等奖。

本月，建设部科技进步奖评审委员会结束了1991年度建设部科技进步奖评审工作，73项科研项目获得奖励，其中一等奖3项，二等奖20项，三等奖50项。由城市规划部门主持完成的获奖项目包括一等奖1项，二等奖3项和三等奖4项，中国城市规划设计研究院等完成的"大城市综合交通体系规划规模研究"获得一等奖。

本月，云南省建委在昆明主持召开了"昆明市城市规划管理图文信息系统"鉴定会。会议一致通过了该成果的鉴定。

到本月底，据不完全统计，全国开展有偿出让试点的市、县已达107个，出让国有土地使用权1071幅，总面积2500hm^2，收取出让金约24.7亿元。

九月

2日，《城市规划编制办法》由建设部批准颁布，从10月1日起正式施行。原国家建委1980年12月26日发布的《城市规划编制审批暂行办法》同时废止。新的《城市规划编制办法》共有5章31条，即总则、总体规划的编制、分区规划的编制、详细规划的编制和附则。与过去的《城市规划编制审批暂行办法》相比，具有以下几个特点：1）增加了新的内容。一是在编制总体规划前可以编制城市总体规划纲要；二是大、中城市可以在总体规划的基础上编制分区规划；三是详细规划分为控制性详细规划和修建性详细规划；四是对总体规划纲要、分区规划、控制性详细规划和修建性详细规划内容作了具体规定。2）提出了新的要求。规定总体规划、分区规划、控制性详细规划的文件包括规划文本和附件，规划说明及其基础资料收入附件。规划文本是对规划的各项目标和内容提出规定性要求的文件，规划说明是对规划文本的具体解释。3）注意了保证质量。一是规定承担编制城市规划任务的单位，应当符合国家关于规划设计资格的规定。二是规定编制城市规划应当对城市的国民经济与社会发展、自然环境、城市建设的历史与现状等情况进行深入调查研究，取得准确的基础资料。三是规定编制城市规划采用的勘察、测量图纸和资料，必须符合城市规划勘察主管部门的有关规定和质量要求。四是规定在编制城市规划的各个阶段，都应当运用城市设计的方法。五是规定编制城市规划应当进行多方案比较和经济技术论证，并广泛征求有关部门和当地居民的意见。

10 ~ 14 日，经国务院批准，第二次全国城市规划工作会议在北京举行。这次会议是继 1980 年由原国家建委主持召开的全国首次城市规划工作会议以来的又一次重要会议。开幕式上，国务院副总理邹家华亲自到会并作了重要讲话；建设部部长侯捷作了工作报告；谷牧、韩光、孙敬文等老同志也到会祝贺；国家科委、民政部、公安部、铁道部、水利部、农业部、化工部、能源部、国务院特区办、国务院法制局、国家土地局、国家计委、国务院办公厅等 17 个部门和北京市、山东省的负责同志及来自各地建委（建设厅）、规划部门的 200 多位代表出席了会议。闭幕式上，建设部副部长周干峙作了会议总结。这次会议总结交流了 10 年来城市规划工作的成绩和经验，研究落实进一步贯彻实施《城市规划法》的具体措施，部署了今后 10 年和"八五"期间城市规划工作的目标、方针和任务。

在第二次全国城市规划会议期间，建设部副部长周干峙和规划界的老前辈任震英同志专程前往万里同志住处，听取他对城市规划工作的指示。万里同志强调了城市规划工作的重要性，他说，"搞好城市规划实际上就是最大的经济"，"城市规划不合理，经济也上不去"，"现代城市不能只搞工业，要更多考虑如何为人民创造良好的生活环境，而且要考虑子孙后代的需要"，"搞好规划工作首先是培养好人才，要培养知识面广的人才"，"城市规划要有全局观点、长远观点、群众观点，要由具有全面知识的、富有远见的、最有群众观点的人来搞"，"城市管理一定要加强，要统一管理。规划部门不管用地管什么？城市用地不能搞条条专政。市领导对每一条街、每一幢建筑都要把关"。

国务院副总理邹家华 11 日在全国城市规划工作会议上讲话时指出：城市规划是一项综合性很强的工作，是搞好城市建设的牵头性的工作。城市规划工作是城市发展的空间布局计划，它具有计划工作的某些特性，是一项综合性很强的工作。

要使城市合理发展，要搞好城市的工业、交通、道路、商业、文化、医疗、卫生、体育、基础设施、居住环境、绿化以及各项管理设施的建设，离不开城市规划的统筹安排。合理的城市规划将能有效地引导和组织城市人民的生产和生活活动。这一点，凡是与城市发展有关的部门，尤其是工业交通部门、综合部门应当引起十分的重视。在制订或调整城市规划时，大家要共同配合；在城市规划确定之后，大家要共同执行。有关部门和有关单位要服从城市规划，城市规划部门也要主动与各有关部门联系，做好服务工作。在我国，城市的发展离不开农村的发展，农村的发展也离不开城市的发展。我们必须从我国的实际出发，加强城乡建设的统筹规划，协调发展，走有中国特色的社会主义城市化道路。

17日，国务院在京开会，总结治理淮河、太湖的经验和1991年水灾的教训，部署进一步治理淮河和太湖的方略，加快治理步伐。

20日，第七届中日河工坝会议在沪开幕。会议主题是交流江河湖泊的整治和大坝建设的理论研究成果和实践经验。

26日，中国城市发展与城市问题国际学术讨论会在上海召开。

本月，《上海历史文化名城保护规划》编制完成。这一保护规划分为中心城历史文化风貌保护区规划、郊区历史文化名镇及风景游览保护区规划和优秀历史建筑保护规划。其中，在中心城规划了11处历史文化风貌保护区，它们是外滩优秀近代建筑风貌保护区等。

十月

1日，由建设部发布的《城市规划编制办法》施行。

5～11日，京、津、沪、穗城市规划工作交流会在上海召开，讨论了修订总体规划、建设新区、改造旧区和强化城市规划管理等问题。

7日，侯捷部长就世界住房日发表谈话指出，"八五"期间，我国要把城镇住宅建设的重点放在解决住房困难户的住房问题和危旧住房的改造上。

7～11日，全国住房制度改革工作会议在京召开。会议提出了我国住房制度改革的"八五"目标、十年目标和长远目标，并对今明两年的房改工作作了部署。

8～11日，由中国城市规划学会华北片五省市（包括北京、天津、河北、山西、内蒙古）召开的"91华北地区青年规划论文研讨会"在天津市举行。

12日，第14期全国市长研究班在北京举行开学典礼。自1983年10月创办第一期以来，已培训了775名市长、副市长、直辖市的区长、副区长，以及其他领导干部。本期市长研究班是中国市长协会成立后的第一期，研究班聘请了中央有关部委的领导，知名的专家、学者和有实践经验的市长授课。建设部部长侯捷参加了开学典礼并讲了话。

12～13日，西安市旧城控制性详细规划和西市研究性规划评议会，在西安召开。西安市旧城控制性详细规划旨在总结旧城规划建设经验教训，指导和控制各项保护和改造工程；西市研究性规划是就如何在唐代国际商贸中心西市遗址上规划建设的超前可行性研究。

14～19日，由建设部城市规划司和中国城市规划学会遥感计算机应用学组联合举办的"第五届城市规划新技术应用研讨会"在郑州市举行。

16～19日，中国城市规划学会"历史文化名城规划学术委员会年会"在四川省都江堰市举行。会议主题是"历史地段的保护与更新"。会上成立了历史文化名城规划设计学术委员会。

17～18日，中国区域科学协会成立大会及第一次学术讨论会在北大举行。

21～27日，中国城市规划学会风景环境规划设计学术委员会在广西壮族自治区桂林市召开了成立大会及学术研讨会。

23～25日，中国城市规划学会国外城市研究学组在西安市召开了第三届国外城市研讨会，会上成立了中国城市规划学会国外城市规划学术委员会。该委员会挂靠中国城市规划设计研究院学术情报中心。

29日，由建设部主持召开的全国住宅小区和福州旧城改造研讨会在福州闭幕。

31日至11月5日，由建设部主办的首届国际城市建设技术交流暨展览会在京举办。

下旬，《重庆历史文化名城保护规划》通过专家评审。

本月，中共深圳市委决定，深圳发展方向不再提"以工业为主"，而以发展第三产业、高科技为主，基本采纳了《深圳市城市发展策略》所提出的深圳市发展方向。这是一件对深圳市未来发展具有重要意义和深远影响的大事。

本月，国家计委提出一份调研报告，拟将我国大陆30个省、市、自治区划分成10个大的经济区：一、东北经济区。包括黑龙江、吉林、辽宁和内蒙古东部地区，将建成大陆最大的重工业基地和重要的农、林、牧业生产基地。二、华北渤海经济区。包括北京、天津、河北、山东，该地区主要大力发展知识技术密集型产业，并建成重要的海洋捕捞、海水养殖和棉花生产基地。三、长江三角洲经济区。包括上海、江苏、浙江，将建成最大的经济核心区和对外开放的基地。四、南方沿海经济区。包括广东、广西、福建、海南，将大力发展外向型经济，成为出口基地。五、黄河中游经济区。包括山西、陕西、河南、内蒙古中西部，将建成最大的能源、重化工综合开发区。六、长江中游经济区。包括湖南、湖北、江西、安徽，将建成以大运输量、高耗水量的工业为主体的沿江经济走廊，以及重要的农业生产基地。七、黄河上游经济区。包括甘肃、青海、宁夏，建成以水电为龙头的能源和原材料生产基地。八、长江上游经济区。包括四川、贵州、云南，将建成以高耗能的重化工为主的重要工业基地。九、新疆经济开发区。将建成重要的农牧业及相应的加工业的基地，建成重要的石油及石油化工基地。十、西藏特殊经济区。

十一月

月初，在山西省建设厅的主持下，由中国矿业大学及晋城市共同完成的"工矿城市土地利用与生态环境的遥感研究"课题在太原市通过鉴定。

1 日，经国务院批准，汕头经济特区由原来的龙湖、广澳两个片区共 52.6km² 的面积扩大到整个市区 234km²，共成立 4 个市辖区。

2 ~ 4 日，内蒙古自治区工矿城镇规划管理现状问题与对策研讨会、城市规划学术委员会规划科技情报网年会在内蒙古伊盟伊金霍洛旗召开。

6 日，由 14 个对外开放港口城市和 5 个经济特区组成的房地产业协会会员大会在福州召开。

11 ~ 14 日，由上海市政府和联合国技术合作发展部联合主办的大都市城市和地区规划国际研讨会在上海召开。这次会议旨在交流、评论和借鉴各国大城市的规划和开发经验，浦东作为一个实例成为大都市发展规划的研究对象。

12 日，建筑大师戴念慈在北京逝世。戴念慈（1920 ~ 1991 年），无锡市锡山区东港镇陈墅村人，1938 年考入中央大学（重庆）建筑工程系，毕业后留校任教。新中国成立后，经梁思成推荐，被调到北京，担任中央直属机关修建办事处设计室主任。历任中央建筑工程设计院主任工程师和总建筑师、城乡建设环境保护部副部长、中国建筑学会理事长等职，第四至六届全国人大代表，1991 年当选中国科学院院士。新中国成立初期，朱德同志在审阅育英学校的设计方案时提出"设计要从新中国的国情出发，贯彻勤俭新中国成立的方针"，戴念慈根据这一建设方针，提出了"适用、经济、美观"的主张，上报中央办公厅，1955 年年初建工部明确"适用、经济、在可能条件下注意美观"正式定为全国性民用建筑的指导方针，在中国建筑设计史上写下了浓重的一笔。

13 ~ 14 日，国务院副总理、全国救灾工作领导小组组长田纪云到安徽省考察灾民住房建设，他强调：一要抓紧住房建设速度，二要注意住房质量，确保灾民安全过冬。

19 ~ 23 日，国际村镇建设学术研讨会在北京召开。参加会议的有来自日本、美国、加拿大等国家的 9 位专家、学者，以及来自我国 21 个省、市、自治区的 70 余位专家、学者和村镇建设实际工作者。这是由我国召开的第一次国际村镇建设研讨会。

20 ～ 24 日，"第三届国际水污染研究与防治协会区域水污染控制与发展会议"在沪召开。

21 ～ 23 日，四川省城市建设经济研讨会在达县市召开。会议主要研究了城市建设经济管理体制改革；城市建设经济管理法规建设和"八五"期间城市建设面临的形势与对策。

21 ～ 25 日，中国城市交通规划学术委员会在无锡市召开了第十二届年会暨学术讨论会。本次年会的中心议题是交流城市交通工程学科在"七五"国家攻关课题中的主要成果，总结一年来城市交通规划建设的经验，讨论实施交通规划的方法、措施和政策保证。

27 日，长江葛洲坝水利枢纽第二期工程在湖北宜昌通过国家正式验收。至此，这一当时中国最大的水利水电工程宣告全部竣工。葛洲坝水利枢纽工程分两期建设，一期工程于 1981 年基本建成，1985 年通过了国家验收。

本月，全国城市市容达标工作经验交流会在湖南省长沙市闭幕，与会代表交流了开展城市综合整治和市容达标活动的经验，并认真讨论、修改了《城市市容达标验收方案》和《城建监察规定》。1984 年，《中共中央关于经济体制改革的决定》指出："城市政府应该集中力量做好城市规划、建设和管理，加强各种公用设施建设，进行环境的综合整治"（1987 年，原城乡建设环境保护部起草了《关于加强城市环境综合治理的报告》，由国务院办公厅转发各地执行。1986 年，原城乡建设环境保护部颁布了《城市容貌标准》）。

十二月

1 日，由建设部、国家工商行政管理局联合颁布的《建筑市场管理规定》施行。

8 日，国务院发出《关于进一步贯彻实施中华人民共和国民族区域自治法若干问题的通知》。《通知》指出：民族地区要继续贯彻自力更生、艰苦奋斗、勤俭办一切事业的方针，发挥资源优势，增强自我发展能力。国家要大力支援、帮助民族地区加速发展经济文化事业，逐步改变其相对落后的状况，使之与全国的经济和社会发展相适应，促进各地区的协调发展和各民族的共同繁荣。

9 ～ 12 日，建设部全国高校建筑学科专业指导委员会城市规划、风景园林学组 1991 年度教学讨论会，在重庆建工学院召开。会议主要讨论了：城市规划、风景园林两个专业五年制、四年制教学目标，培养规格，教学计划，课程设置，各校学生作业成果交流展览和教材编写计划。会议认为：两个专业各校教学不强求一律，要各有特色。风景园林专业要强化，要让社会理解。

11～13日，西南片青年城市规划学术研讨会在重庆召开。来自各地的40多位青年规划工作者聚会重庆建筑工程学院，围绕"城市现代化与现代化城市规划"这一主题进行了学术交流与热烈的讨论。正在重庆建工学院参加全国城市规划与风景园林指导组会议的全体中老年专家和知名学者，也被邀请到会与青年同志们欢聚一堂。会议代表经过热烈的讨论，通过了给全国青年规划工作者的倡议书。

11～14日，由中国建筑学会建筑师学会组织的"建筑理论与创造研讨会"在上海举行。研讨的主题是：建筑与城市环境。

16日，海峡两岸关系协会在北京人民大会堂台湾厅举行成立大会。这是一个以促进海峡两岸交往，发展两岸关系，实现祖国统一为宗旨的民间团体。汪道涵当选为会长，荣毅仁任名誉会长。

16～20日，全国建设工作会议在北京隆重举行。会议总结过去10年建设事业取得的成就及经验，研讨今后10年和"八五"时期建设事业的发展规划，部署明后两年的工作重点。开幕式上，国务院副总理邹家华发表了重要讲话，他在谈到城市规划、建设和管理时指出：城市的现代化，主要是通过城市的规划、建设和管理来实现的。要搞好城市的规划、建设和管理，必须正确处理好内部的和外部的、宏观的和微观的各种关系问题。邹家华认为，当前应当着重处理好十个方面的关系：一、正确处理城市发展与经济发展的关系。二、正确处理城市规划、建设和管理的关系。三、正确处理城市建设的近期需要与长远目标的关系。四、正确处理城市发展与周围地区发展的关系。五、正确处理城市现代化与保持传统风貌的关系。六、正确处理新区开发与旧区改建的关系。七、正确处理重点建设与一般建设的关系。八、正确处理房屋设施建设与环境建设的关系。九、正确处理硬投入与软投入的关系。十、正确处理物质文明与精神文明建设的关系。

全国建设工作会议期间，国务院总理李鹏接见了参加会议的代表，并对城市规划建设问题发表了重要指示。关于城市规划，李鹏说：搞城市建设要有规划。一个城市搞建设，有无规划、能否按规划建设，现在一下看不出问题，十年八年后就能看出问题来了。我建议大中小城市，包括小城市、小城镇在内，都应该有规划。按蓝线进行规划、按红线进行施工，任何人都不得随便在红线之外搞违章建筑。这样就便于城市发挥其总体功能。

17～21日，建设部在北京举办中国"八五"新住宅设计竞赛。

22 ~ 25 日，建设部城市规划司、人防工程办公室在昆明市联合召开了城市地下空间开发利用研讨会。这次研讨会是我国第一次召开的全面探讨地下空间综合开发利用的会议。自 1986 年国家人防委与建设部在厦门召开全国人防建设与城市建设相结合工作座谈会以来，我国的城市已发展到逐步走向地上、地下综合规划和开发建设的新阶段。

24 日，成都市城镇体系规划通过专家评审。该规划是成都市在新中国成立以来第一次进行城镇体系规划的研究。

26 日，人大常委会听取三峡工程考察情况汇报。

27 日，全国高等学校建筑学专业评估工作会议在南京结束。清华大学、同济大学、天津大学、东南大学四所高校建筑系的建筑学专业获得优秀资格，有效期为 6 年。香港地区、英国等的专家学者作为观察员观察了评估。

29 日，中共中央总书记江泽民听取了关于北京西客站规划设计方案的汇报后指出，西客站要在保证质量的基础上加快建设。

本月，由建设部主持召开的全国住宅小区和福州旧城改造研讨会在福州闭幕，代表在住宅开发、设计和管理服务等方面进行了广泛的探讨和交流。

本月，在江苏、安徽、山东三省的共同努力下，陇海兰新地带东段城镇体系规划完成。

本月，建设部、国家文物局印发了部规划司、国家文物局、中国建筑学会联合召开的"近代优秀建筑评议会"会议纪要，要求做好对近代优秀建筑的保护和管理工作。

本月，由中国城市科学研究会与中国城市经济学会主办的"城市基础设施与经济、社会协调发展研讨会"在广州市召开。

据国家土地管理局统计，截至本年底，全国共有开发区 117 个。至 1992 年年底为 2700 多个，是历年总数的 20 多倍，其中，国家级经济技术开发区共 95 个，国家各部委审批的高新技术开发区 52 个，国家旅游局审批的旅游度假开发区 11 个，海关总署审批的保税区 13 个。

本年度出版的城市规划类相关著作主要有:《世界大城市交通研究》(北京市城市规划设计研究院、北京市科学技术情报研究所课题组编)、《"抄"与"超":建筑设计及城市规划散论》(钟华楠著)、《中国东部沿海城市发展规律及经济技术开发区的规划》(董鉴泓主编)、《城乡规划设计与研究》(王凤山、汤士安主编)、《城市中心规划设计》(亢亮编著)。

1992 年

一月

5 ~ 7 日，万里委员长在哈尔滨考察时强调，城市建设要有长远和发展观点。

12 日，国务院办公厅批转了国务院住房制度改革领导小组《关于全面推进城镇住房制度改革的意见》。

14 ~ 18 日，中共中央、国务院共同召开的中央民族工作会议在北京举行，会议提出，搞好民族工作，增强民族团结的核心问题，就是积极创造条件，加快发展少数民族和民族地区的经济文化等各项事业，促进各民族的共同繁荣。

16 日，建设部印发了《关于统一印发建设项目选址意见书的通知》。为了切实加强建设项目选址规划管理工作，建设部决定制定全国统一的建设项目选址意见书，自 1992 年 4 月 1 日起施行。《通知》明确了申请建设项目选址意见书的程序，凡计划在城市规划区内进行建设、需要编制可行性研究报告（设计任务书）的，建设单位必须向当地市、县人民政府城市规划行政主管部门提出选址申请。建设项目选址意见书应当包括建设项目地址和用地范围的附图，以及明确有关问题。

18 ~ 21 日，邓小平南巡武昌、深圳、珠海、上海等地，发表了重要讲话，对中国 20 世纪 90 年代的经济改革、城市建设与社会进步起到了关键的推动作用。邓小平指出，革命是解放生产力，改革也是解放生产力；要坚持党的十一届三中全会以来的路线、方针、政策，关键是坚持"一个中心、两个基本点"，基本路线要管一百年，动摇不得；改革开放胆子要大一些，看准了的，就大胆地试，大胆地闯；抓住时机，发展自己，关键是发展经济，"发展才是硬道理"；经济发展得快一点，必须依靠科技和教育，科学技术是第一生产力。

21 日，国务院批转了建设部《关于进一步加强城市规划工作的请示》（国发 [1992] 3 号），提出了五个方面的具体要求。一、进一步提高对城市规划工作重要性的认识。在城市的建设和发展过程中，城市规划是"龙头"，要把城市建设好、管理好，首先要把城市规划搞好。城市规划是一项战略性、综合性很强的工作，是国家指导城市合理发展和建设、管理城市的重要手段。各级人民政府尤其是城市人民政府应当高度重视城市规划工作，充分发挥城市规划对城市建设和发展的综合指导作用。二、城乡统筹规划，协调发展，走有中国特色的社会主义城市化道路。城市发展应当本着城乡一体化的原则，统筹安排，综合部署，认真贯彻"严格控制大城市规模、合理发展中等城市和小城市"的方针。要加强城乡建设的统筹规划，促进生产力和人口的合理布局，有计划地推进我国的城市化进程。各级人民政府要根据我国国民经济和社会发展十年规划和"八五"计划的要求，按照不同地区经济和社会发展的特点，组织制定全国和跨省、省域、市域、县域的城镇体系规划。三、依靠科技进步，把城市规划设计提高到一个新的水平。要坚持依靠科技进步，有计划地开展城市规划的科学研究，逐步形成具有中国特色的城市规划理论体系，推动城市规划工作实际水平的提高。地方各有关部门要进一步重视新技术在城市规划领域中的应用，作出发展规划，适当增加投入，争取在 20 世纪 90 年代取得更大进展。四、认真贯彻实施《城市规划法》，完善法规体系，加强城市规划管理。各地区、各部门要以《城市规划法》为依据，建立和完善包括法规、规章和行政措施在内的城市规划法规体系。五、进一步加强对城市规划工作的领导。搞好城市规划工作，关键在于加强领导。各级人民政府，特别是城市人民政府应当认真贯彻落实国务院通知精神，加强对城市规划、建设工作的领导。要重视在职干部的继续教育工作，采取多种方式有计划地对在职干部进行培训，不断提高规划队伍的政治素质和业务素质。

21 ～ 24 日，黑龙江省城市规划学术委员会在伊春市举办了"全省城市规划学术交流会"。会议以城市设计和城市特色研究为主题，对城市规划的宏观与微观设计、科研与管理等问题进行了交流。

29 日，建设部部长侯捷、副部长周干峙、总规划师储传亨及有关领导在中国城市规划设计研究院总结大会上作了重要讲话。侯捷指出：规划工作是龙头，城市建设是否合理，投资效益如何，均取决于规划的质量。规划得不好，建设就会出问题，这是举足轻重的事。现在各地都很重视城市规划工作，规划的担子将比以前更重。今后城市建设应做到规划一片，建设一片，不要到处铺开，形不成面貌。在建设和管理中要严格执行规划法。周干峙指出：城市建设发展很快，但是缺乏特色，关键是城市设计这一环节薄弱。要从加强城市设计入手，提高城市建设水平。当前城市规划工作还存在着规划不够深入细致、管理不严等问题。譬如容积率的确定是否有充分依据，这将影响到规划管理的水平。今后规划工作应重视土地的开发问题，规划要参与土地开发的全过程，要研究土地的分等分级，为规划的实施提供有力的保证。今后 10 年应把如何提高城市规划水平作为重要研究课题，否则规划工作将跟不上经济发展的要求。储传亨提出对规划工作的三点要求：1. 要密切注视国内外形势的变化，特别是经济形势。目前规划工作已深入经济领域，今后改革开放步子会更大，规划工作要抓住机遇，如要考虑沿海开发区的发展动向；港、澳与深圳、珠海之间的经济联系对规划工作产生的影响等。经济技术开发区及保税区的规划应由规划部门承担。2. 积极置身于国家建设的前沿。规划部门要积极参与如三峡工程、欧亚大陆桥等重大项目的规划设计。3. 注重规划理论的研究，加强规范标准体系研究工作。

二月

14 日，在成都市规划委员会下属建筑艺术委员会和城镇建设规划技术委员会召开的第一次会议上，专家们畅谈了成都市高层建筑的现状和前景。

18 ~ 19 日，由清华大学、锦州规划设计院合作编制的锦州风貌特色规划在锦州通过了专家评议。与会专家一致认为，城市风貌特色规划是社会主义经济发展的必然产物，是与人们审美意识加强及社会主义精神文明建设的要求相适应的，该成果在推动风貌特色规划理论的发展上有重要意义。

本月，"全国城市测量 GPS 应用研究中心"在北京成立。

本月，全国优秀工程勘察设计评选委员会公布"第五次优秀工程设计、第三次优秀工程勘察"获奖项目名单。共有 261 个项目分获国家工程勘察设计金、银、铜质奖，其中金奖 56 项，银奖 85 项，铜奖 120 项。榜上有名的城市规划设计项目有三项，它们是：金质奖项目：第十一届亚运会总体工程规划；银质奖项目：山东曲阜五马祠步行街规划；铜质奖项目：山东省胶州市城市总体规划。全国优秀工程勘察设计评优是我国工程勘察设计行业目前最高级别的评比活动。

三月

2 ~ 9 日，田纪云副总理在考察长江三峡时强调，一旦三峡工程决定要上，必须坚持开发型移民方针，加快库区移民步伐。

5 日，建设部发出《关于认真贯彻执行国务院〔1990〕31 号文件若干问题的通知》，强调各级建设行政主管部门和房地产管理部门要按照国务院有关规定，切实执行城市土地经营管理职能，加强城市土地开发利用和土地使用权转让、出租、抵押等经营活动的管理。

8 日，国务院颁布《国家中长期科学技术发展纲领》，阐明了中国中长期自然科学技术发展的战略、方针、政策和发展的重点。

9 日，全国住宅小区管理试点第二次工作会议结束。建设部房地产司司长张元端说，小区管理部门应该转变观念，大胆改革，跳出行政管理型模式，走经营服务型的路子。近期目标是实现小区管理规范化、标准化。

11 日，国务院决定进一步对外开放黑龙江省黑河市、绥芬河市、吉林省珲春市和内蒙古满洲里市等 4 个边境城市，加强与周边国家经济技术的交流与合作，加快边境地区经济发展。我国已形成跨东部 11 个省的对外开放"黄金海岸"和中西部陆疆对外开放带，形成了以梯度结构为特征的对外开放基本格局。改革开放以来，我国在辽东半岛、渤海湾、山东半岛、长江三角洲、闽南三角地区、珠江三角洲 6 大经济圈中，开辟了深圳、珠海、汕头、厦门、海南五大经济特区，开放了大连、秦皇岛、天津、烟台等 14 个沿海城市，建立了南通、宁波、福州、上海浦东等 15 个经济技术开放区，形成了一个月牙形的面向太平洋，辐射其他大洋、大洲的海岸经济带。近年来，随着国际形势的发展变化及改革开放的进一步深化，我国中西部地区逐步形成了 3 大开放区：以俄罗斯、蒙古、东欧诸国为对象的北部开放区；以巴基斯坦、西亚诸国为对象的西部开放区；以印度、尼泊尔、缅甸、老挝、越南、孟加拉国为对象的南部开放区。在这些开放区内，设立了 32 个国家重点陆边口岸和约 200 个地方口岸。

20 日至 4 月 3 日，七届全国人大五次会议在北京召开。李鹏向大会作《政府工作报告》，《报告》指出：要进一步扩大对外开放的范围，注重效益的提高，把对外开放提高到一个新的水平。上海浦东新区是今后十年开放开发的重点。大会通过关于兴建长江三峡工程的决议，决定批准将兴建长江三峡工程列入国民经济和社会发展十年规划，由国务院根据国民经济发展的实际情况和国家财力、物力的可能，选择适当时机组织实施。

24 ~ 25 日，来自北京、云南、广西、吉林等地的 50 多名专家在昆明聚会，探讨滇桂边境口岸城镇发展战略问题。与会专家认为，进一步实行改革开放，积极发展沿边地区的经济，加强边境口岸城镇建设，对于缩小沿海与内地的差距，增进民族团结，巩固国防，都具有重大意义。根据滇桂两省区边境地区的特点，应采取不同于沿海地区的开放战略，要利用本省区与周边国家经济水平的差距，积极发展出口产业，组织边境贸易，实行"三去一补"（去劳动力、技术、投资，实行短缺商品互补）。这次边境口岸城镇发展战略研讨会是由中国城市科学研究会和云南、广西两省区城市科学研究会共同组织召开的。

26 日，占地 1.8km² 的"上地"信息产业基地成为首都第一块有偿出让和转让其使用权的土地。"上地"信息产业基地的土地使用权由北京市人民政府土地管理部门，出让给"北京实创高科技发展总公司"，这家公司可以向中外投资者进行土地使用权有偿转让，时间为 50 年。根据不同的地段、容积率和产业项目，使用权转让金浮动在每平方米 660 ~ 1280 元人民币之间。"上地"基地地处北京市西北郊，是中国第一个电子信息产业基地，它位于以智力密集为特征的北京市新技术产业开发试验区之中。进入"上地"信息产业基地的新技术企业均享受新技术产业开发试验区的一切优惠待遇。

四月

2 ~ 5 日，由建设部城市规划司主持召开的《城市居住区规划设计规范》（送审稿）审查会，在河南省安阳市举行，这是继 1990 年发布城市规划行业的第一部国家标准《城市用地分类与规划建设用地标准》后，城市规划标准主管部门对又一部城市规划国家标准进行审查。该规范的编制工作自 1987 年开始，历时五年。中国城市规划设计研究院为规范的主编单位。专家们还对该规范处理居住区规划组织结构、公建配套和日照间距方面给予了较高评价。

7 ～ 10 日，江苏省城市规划学术委员会在高邮市召开了"第四届历史文化名城及风景区学术研讨会"。

16 日，建设部、对外经济贸易部联合颁布《成立中外合营工程设计机构审批管理的规定》。

21 日，国务院副总理邹家华同广西、贵州、云南、四川、广东、海南等省区及成都、重庆市的领导，国家计委、国家体改委、铁道部等 11 个部委的负责人在广西钦州市进行了考察，听取了中国城市规划设计研究院关于"钦州港开发及钦州市（港）总体布局"的汇报。汇报中，邹家华副总理仔细询问了钦州港及城市规划中的主要问题，并强调指出：城市用水问题是城市规划中必须重视的重大问题，城市规划不仅要解决好城市生活用水，还要解决好城市工业用水及发展用水。

22 ～ 26 日，经国务院批准，建设部在山东省泰安市召开了全国风景名胜区工作会议。这是新中国成立以来第一次专门研究风景名胜区工作的全国性会议。我国风景名胜区事业起步较晚，但发展很快。1982、1988 年国务院先后审定公布了两批 84 处国家重点风景名胜区，各地还公布了省级风景名胜区 256 处，县（市）级风景名胜区 137 处，这样我国风景名胜区总数达到了 477 处。其中，泰山、黄山还被联合国教科文组织列为世界自然与文化遗产。侯捷部长在会上强调，要把风景名胜区资源的保护作为工作重点；广开维护建设资金渠道；尽早使风景名胜区事业全面走上法制轨道。

23 日，国家物价局、建设部下发《关于发布〈城市规划收费工日定额〉（试行）的通知》。《定额》是在国家计委 1987 年颁发的《城市规划设计收费标准》（试行）的基础上考虑到物价上涨等因素修订的。城市规划收费按直接生产人员所需的工日计算，收费标准为每工日 85 元。外资和中外合资建设项目的城市规划设计收费，参照国际有关收费标准，由承包方与委托方具体协商确定。城市规划设计单位必须持有国家统一颁发的城市规划设计证书，并经工商登记后，方可进入市场，收取城市规划设计费。《定额》自 1993 年 7 月 1 日起执行。

26 日，建设部、财政部联合发出《关于城市规划设计单位实行技术经济责任制的通知》，决定自 1992 年 7 月 1 日起执行。《通知》指出，1986 年城乡建设环境保护部、国家计委、财政部联合发出了《关于城市规划设计单位按工程勘察设计单位办法试行技术经济责任制的通知》，实施五年来，促进了城市规划事业的发展，加强了城市规划设计队伍的建设，为了根据城市规划设计单位自身的特点进一步深化改革，对原规定进行修订。《通知》指出，实行技术经济责任制的城市规划设计单位，必须政事分开，机构独立，具有承担规划设计任务的能力，并按有关规定进行资格认证，领有统一的《城市规划设计证书》。经济上实行独立核算，承担规划设计任务按国家规定标准收费。城市规划设计单位的事业费，由城市规划行政主管部门掌握，用作下达指令性规划设计任务的经费，不足时可从城市维护建设资金中补助解决。实行技术经济责任制的城市规划设计单位为事业单位性质，按事业单位的财务制度和职工福利待遇实行。城市规划设计单位在保证完成规划设计任务的前提下，可利用自身的技术和设备条件，开展有关城市规划、建设的技术咨询和工程设计。实行技术经济责任制的城市规划设计单位，工作仍以政府指令性任务为主，其事业单位性质不变，隶属关系也不变。

27 日，国家物价局、建设部联合发出《关于解决在房地产交易中国有土地收益流失问题的通知》。

27 ~ 29 日，第 10 次全国抗震工作会议暨第 2 次全国抗震系统先进集体、先进个人表彰大会在北京开幕。会议强调，要抓好抗震防灾工作，全面减轻地震灾害。

28 日，东南大学、南京市规划局、南京市规划设计院合作完成的"南京市控制性规划理论与方法研究"通过了专家评审。与会专家认为该课题的大量资料剖析了国内控制性详细规划成果，引介了国外土地使用控制和区划管理的有益经验，结合课题研究还进行了试点工作，这样的科研成果为南京市控制性详细规划的全面开展和规划理论研究的进一步深入，提供了技术手段和理论依据。该课题由高校、规划设计、规划管理三方面的科技人员共同配合，将理论研究和实际管理有机结合起来，使研究成果具有较强的系统性、针对性和可操作性。

本月，世界银行住房考察组在经过两年调研以后，提出《中国城镇住宅改革：问题与可供选择的方案》的研究报告。

五月

7 ~ 10 日，建设部城市规划司在无锡市召开了全国城市规划工作座谈会。参加这次座谈会的有各省（厅、委）城市规划部门负责同志，省会城市、计划单列市、特大城市和部分中小城市的城市规划局（处）负责同志和各省及部分城市的城市规划设计院负责同志共 150 余人。会议由建设部城市规划司司长赵士修主持，周干峙副部长参加会议并作了重要讲话。广州、温州、北京、上海、天津等 12 个城市的代表在大会上交流了经验。这次会议是在小平同志讲话精神巨大鼓舞下，全国正在掀起新的深化改革开放和社会主义经济建设高潮的重要时刻召开的，座谈会的主题是城市规划如何适应改革开放和经济建设发展新形势的需要，进一步加深城市规划工作。赵士修在会上作了题为《转变城市规划观念，提供超前服务，促进改革开放和各项建设协调发展》的发言。他在发言中谈了五个方面的问题：一、进一步转变观念，树立为改革开放服务，为经济建设服务，为改善人民群众的生活环境服务的思想；二、改革和完善城市规划的内容、方法，主动参与决策，为建立城市建设良性循环机制作贡献；三、抓住重点，深化规划，为改革开放和经济建设提供超前服务；四、以改革的精神，加强和完善规划管理；五、深化改革城市规划设计管理体制，城市规划设计单位继续推行技术经济责任制。周干峙副部长在会上，就城市规划与房地产业发展、进一步深化城市规划设计和加深规划管理等三个方面内容作了重要讲话，深刻地阐明了城市规划在深化改革开放、迎接经济建设高潮、适应商品经济加快发展形势下面临的主要问题，指出了城市规划改革发展的方向。周干峙副部长指出，在当前城市规划遇到的许多新问题中，核心的问题是如何主动适应商品经济和房地产业加速发展的需要。他从三个方面谈了这个问题。1. 城市规划要积极参与房地产开发，超前做好开发规划，在开发工作中起"龙头"作用。2. 要进一步深化城市规划设计，在原有城市总体规划的基础上做好分区规划和控制性详细规划。3. 要加强规划管理。

18 日，温州市隆重举行旧城改建房地产开发项目发布会。会上，共推出温州市旧城十六条街（段）改建控制性规划，总用地面积 117.98hm²，总拆迁面积 136.92 万 m²。当天市土地管理局即和法国、香港地区等的 8 名企业家签订了一批国有土地使用权出让协议书，揭开了旧城十六条街（段）改建房地产项目开发的帷幕。

20～23 日，中国城市规划学会小城镇规划学术委员会 1992 年年会在四川省江油市举行。会议主题是："改革开放与小城镇规划"。与会者认为，小城镇规划在理论、观念、技术和方法上都面临着更新，应改变过去采用单一指令性指标，以大中城市规划为模式的小城镇规划编制办法，制定出适合小城镇实际的规划编制办法和指标体系，并提出了初步设想。

22 日，北京市城市规划学会成立。

27 日，全国发展城市小商品市场研讨会在浙江省义乌市召开。

30 日，城市规划标准规范技术归口单位中国城市规划设计研究院受主管部门委托，举办的首届"城市规划标准规范编制组学习班"在北京圆满结束。参加学习班的学员主要是 1992 年度新下达的 6 项城市规划专业标准的编制组成员。会上，中规院规范归口办公室还系统地介绍了《城市规划标准规范体系》以及对编制工作各阶段的管理要点等。

六月

1 日，《中央在京党政机关住房制度改革实施方案》施行。

4 ～ 7 日，第四次苏皖沿江城市规划学术研讨会在江苏省南通市召开。会议期间，代表们就沿江产业带与城镇群体的发展、城市总体规划的调整和修改、港口规划建设、开发区规划建设、旧城改造以及历史文化名城的保护等议题进行了广泛的研讨。

6 日，国家环保局局长曲格平在里约热内卢接受 1992 年联合国环境最高奖——笹川国家环境奖。12 日，国务院总理李鹏出席在巴西里约热内卢召开的联合国环境与发展大会首脑会议。

8 ～ 14 日，经国务院批准，在全国首次开展"全国城市节约用水宣传周"活动。

22 日，国务院颁布《城市绿化条例》（同年 8 月 1 日施行），规定"城市绿化规划应当从实际出发，根据城市发展需要，合理安排同城市人口、城市面积相适应的城市绿化用地面积"。

24 ～ 27 日，国务院在北京召开长江三角洲及长江沿江地区经济规划座谈会。中共中央总书记江泽民、国务院总理李鹏出席了会议，并就如何贯彻落实邓小平同志南巡讲话及党中央关于"以上海浦东开发为龙头，进一步开放长江沿岸城市"的决策发表了重要讲话。

25 ～ 28 日，全国房地产工作会议在京召开。会议的主要议题是：总结、交流20 世纪 80 年代以来房地产改革与发展的目标和工作任务，对 1992 年及 1993 年两年的工作进行安排和部署。

28 日，国务院公布《城市市容和环境卫生管理条例》。该条例自 1992 年 8 月 1 日起施行。

本月，国家决定实行建筑师注册制度，建筑师只有通过考试才能获得注册资格，有了资格才能有主持工程的设计权、签字权。注册建筑师是我国建筑设计界的最高国家职业称号。

七月

1 日，建设部、财政部联合发出的《关于城市规划设计单位实行技术经济责任制的通知》正式施行。

2～4日，建设部城市规划司在京召开了陇海兰新地带城镇体系规划工作汇报会。陇海兰新地带，按照建设部和国家计委的划分，共包括10省、自治区，1个计划单列市，2亿多人口、200多万平方公里面积和90多个城市，是我国重要的能源和有色金属资源富集地带。根据1991年2月建设部和国家计委的通知，为了适应资源开发和经济、社会发展的需要，迎接沿大陆桥城市的对外开放，地带内有关省、区和计划单列市普遍成立了规划领导小组，分阶段地开展了工作。会上，到会省市汇报了规划的编制情况和规划的内容，提出了水资源、交通运输、矿产资源开发、大型项目建设以及城市发展方面存在和需要协调的问题。

6～8日，受中国城市交通规划学术委员会委托，由上海市城市综合交通规划研究所主办，建设部城市建设研究院、中国城市规划设计研究院城市交通研究所协办的"全国城市交通规划青年科技人员学术交流会"在上海召开。

7～10日，"全国房地产开发经验交流会"在珠海市举行。国务院副总理邹家华到会并作了重要讲话。他强调，加快改革、促进房地产业健康发展，重要的是心要热，头脑要清醒，既要放开，又要管好。

28～30日，《城市用地出让、转让规划管理办法》论证会在温州市召开。建设部城市规划司司长赵士修、体改法规司司长张启成分别主持了会议并讲了话。为保证城市规划实施，合理地利用和开发土地，促进城市国有土地有偿使用和城市房地产业的发展，加强对城市用地出让、转让的规划管理，根据《中华人民共和国城市规划法》、《城镇国有土地使用权出让和转让暂行条例》和《外商投资开发经营成片土地暂行管理办法》等有关法律、法规的规定，建设部城市规划司、体改法规司和温州市规划局、广州市规划局1992年5月共同起草了《城市用地出让、转让规划管理办法》（讨论稿）。经过几天的紧张讨论和反复修改，会议产生了《城市用地出让、转让规划管理办法》（修改稿）。

本月，首都规划委员会、北京市城市规划设计院的城市规划专家一行10人到唐山港考察，对唐山市"建港兴市"和"筑巢引凤"的经济发展战略以及城市规划的超前介入表现了浓厚的兴趣。他们表示，结合北京城市总体规划的修订，唐山港有理由作为北京经济发展对外交通的出海口之一。

本月，中国城市规划设计研究院规范办公室组织编写完成《城市规划相关标准规范汇编》。全书共分三册，约210万字，收集了国家颁布的城市规划专业相关标准规范237个，其中国家标准94个，行业标准143个，包括建筑、工业、仓库、道路、交通等。

八月

1 日，由国务院发布的《城市市容和环境卫生管理条例》《城市绿化条例》施行。

7 ~ 10 日，全国房地产开发经验交流会在珠海市举行。国务院副总理邹家华到会并作了重要讲话。他指出，国家必须在城市建设统一规划下垄断国有土地的出让权，即垄断房地产交易的一级市场，实行统一规划、统一征地、统一开发、统一管理、统一出让的"五统一"政策，避免国有土地收益流失，使之发挥出生财聚财的作用。在这个前提下，允许将土地使用权转让、交易，放开搞活地产二、三级市场。

11 日，中国房地产及住宅研究会与台湾省都市研究学会联合主办的"海峡两岸城市综合开发研讨会"在京举行。研讨会就两岸城市房地产开发、地价评估、房地产经营和管理进行了探讨交流。

11 ~ 13 日，"沿江和内陆开放城市座谈会"在合肥召开。

11 ~ 14 日，国务院在北京召开了"三峡工程库区移民对口支援工作会议"。

11 ~ 14 日，辽宁、吉林、黑龙江三省城市规划学会联合在吉林省白城市召开了"东北三省第八次城市规划学术交流会"，议题是"控制性详细规划与依法行政加强城市规划管理"。

13 日，国务院发出通知，决定继沿海、沿边城市相继对外开放之后，进一步对外开放重庆、岳阳、武汉、九江、芜湖等 5 个长江沿岸城市，哈尔滨、长春、呼和浩特、石家庄等 4 个边境、沿海地区省会（首府）城市，太原、合肥、南昌、郑州、长沙、成都、贵阳、西安、兰州、西宁、银川等 11 个内陆地区省会（首府）城市，实行沿海开放城市的政策。到此，我国全方位对外开放的新格局已初步形成。这次中央、国务院决定开放的沿江和内陆省会城市，涉及 12 个省、自治区和 16 个市，横跨我国中、西两个经济带，是我国重要的经济腹地。经过 13 年的改革探索，我国对外开放已形成了经济特区—沿海开放城市—沿海经济开放区—内地，这样一个包括不同开放层次、具有不同开放功能的梯度推进格局。

20 日，天津市城市规划学会在天津市规划土地局举办"CBD 研讨会"。研讨会从 CBD 的概念、特征、规模及国外 CBD 发展情况等方面进行了广泛的探讨，并对天津规划建设 CBD 的必要性及其位置等问题提出了很好的建议。

本月，湖南省在郴州市召开了城市规划学术研讨会，会议的主题是"旧城改造"、"城市风貌和城市特色"。

本月，"炎帝陵"风景区资源调查评价会在湖南省株洲市召开。炎帝神农氏为中华始祖之一。

本月,《烟台市城市地理基础信息遥感研究》评审会在烟台召开。

本月,宁夏回族自治区建设厅发出通知,允许规划设计人员利用业余时间,有偿承担村镇规划设计任务,并作出具体规定。

九月

1日,建设部、人事部委托北京市城市规划管理局、北京市城市规划设计研究院举办的第六期全国城市规划专业高级研修班,在北京开学。谭庆琏副部长在开幕式讲话中指出,这期高研班的课题"城市设计的理论与实践"选得很好,这是当前城市规划建设中迫切需要研究的课题之一。要把规划设计、城市设计、建筑设计有机地结合起来,在旧城改造和新区建设中,为经济建设创造良好的投资环境,为人民群众创造良好的居住环境。这期高研班的23名学员来自14个省市,研究班聘请吴良镛、周干峙和新加坡的刘太格先生等国内外城市规划专家作学术报告,并组织学员们在北京、天津实地考察,进行论文交流。

3日,第16届全国市长研究班开学。本期研究班的课题是"市长应当抓好市场"。

13 ～ 19日,全国法院"两庭"(人民法院审判法庭和人民法庭)建设会议在贵州省召开。最高法院副院长华联奎强调,法院"两庭"建设要纳入城乡建设规划。

16日,"全国住宅小区建设与管理研讨会"在桂林市召开。本届研讨会主要研讨住宅小区的规划设计和住宅小区管理经验。

16 ～ 18日,四川省城市规划学术委员会与省建委在达县市联合召开了"热点问题研讨会"。会议以各类开发区为重点,就规划如何引导城市综合开发,如何通过土地出让、转让和房地产开发来实现城建资金的基础平衡进行了研讨。

中旬,河北省在廊坊市召开了全省控制性详细规划座谈会。

24 ～ 26日,中国建筑学会在哈尔滨召开"建筑设计综合效益研讨会"。

26日,天津市城市规划学会(一级学会)在津成立。

下旬,经国务院批准,中国又有45个市、县列入对外国人开放地区。至此,中国已有799个市、县对外国人开放。

十月

月初,建设部城建司在成都召开了全国部分城市公用(城建)局长座谈会,讨论城市公用企业转换经营机制和政府主管部门转变职能问题。

2日,钱学森复信中国建筑学会顾孟潮,就城市规划建设问题谈了自己的看法。之前,顾孟潮曾赠给钱学森同志《奔向21世纪的中国城市》一书。钱老在复信中说:"现在我看到北京市兴起的一座座长方形高楼,外表如积木块,进去到房间则外望一片灰黄,见不到绿色,连一点点蓝天也淡淡无光。难道这是中国 21 世纪的城市吗? 所以我很赞成吴良镛教授提出的建议:'我国规划师、建筑师要学习哲学、唯物论、辩证法,要研究科学的方法论'。也就是要站得高、看得远,总览历史、文化,这样才能独立思考,不赶时髦。对中国城市,我曾向吴教授建议:要发扬中国园林建筑,特别是皇帝的大规模园林,如颐和园、承德避暑山庄等,把整个城市建成为一座超大型园林,我称之为'山水城市',人造的山水! 当时吴教授表示感兴趣。我看书中也有好几篇文章似有此意。所以,中国建筑学会何不以此为题,开个'山水城市讨论会'? "

9 日,全国人大常委会委员长万里视察北京地铁西单站时指出,北京城市交通的出路在地铁。

上旬,由湖北省建设厅和省城市规划学会联合组织的湖北省首次经济技术开发区规划工作研讨会在黄石市召开。

上旬,由建设部标准定额司主持,在北京对中国城市规划设计研究院负责主编的《新建工矿企业住宅及配套项目建筑面积指标》和《新建工矿企业生活区建设用地指标》两项国家标准召开了审查会议。

12 ~ 18 日,中国共产党第十四次全国代表大会在北京举行。江泽民代表党的第十三届中央委员会向大会作题为《加快改革开放和现代化建设步伐,夺取有中国特色社会主义事业的更大胜利》的报告。报告指出:我国经济体制改革确定什么样的目标模式,是关系整个社会主义现代化建设全局的一个重大问题,其核心是正确认识和处理计划与市场的关系。报告明确提出,我国经济体制改革的目标是建立社会主义市场经济体制。我们要建立的社会主义市场经济体制,就是要使市场在社会主义国家宏观调控下对资源配置起基础性作用,使经济活动遵循价值规律的要求,适应供求关系的变化;要通过价格杠杆和竞争机制的功能,把资源配置到效益较好的环节中去,并给企业以压力和动力,实现优胜劣汰;要运用市场对各种经济信号反应比较灵敏的优点,促进生产和需求的及时调节。同时,也要看到市场有其自身的弱点和消极方面,必须加强和改善国家对经济的宏观调控。国家计划是宏观调控的重要手段之一。大会经过充分的讨论,作出三项具有深远意义的决策:一是抓住机遇,加快发展;二是明确我国经济体制改革的目标是建立社会主义市场经济体制;三是确立邓小平建设有中国特色社会主义理论在全党的指导地位。

13 ~ 14 日,第三届中日建筑住宅交流会在京召开,会议内容包括:住宅科研;住宅生产、供给及管理体制;旧住宅改造经验;城市旧区更新及环境改善;房地产开发等课题。

13 ~ 20 日，由联合国经社发展部与北京市政府联合举办的"联合国城市信息系统及其在发展中国家的应用国际研讨会"在京召开。会议回顾与评价了发达国家与发展中国家在城市发展过程中面临的各种问题；讨论了在经济发展过程中地理信息系统应用的现状与未来趋势。

14 ~ 16 日，中美城市规划与经济研讨会在北京召开。这次会议是由北京发展战略研究所、北京城市经济学会、中国科协国际会议中心同美国人民与人民交流组织共同发起的。在大会上，北京发展战略研究所名誉所长纽德明同志介绍了改革开放给中国城市带来了新的活力和成就的情况；北京市城市规划设计研究院柯焕章院长谈了关于北京城市发展的规划思考。美方介绍了首都华盛顿的规划与社会发展历史，以及华盛顿州提高管理水平的经验。

15 日，贵州省人民政府批复省建设厅、财政厅、物价局，批准《贵州省城市规划区内违法建设行政处罚暂行规定》。

中旬，由重庆建工学院城市规划设计研究所、中国城市科学研究会与中国科学院成都山地灾害与环境研究所等 9 个单位共同发起，经过近两年准备的全国首届山地城镇规划与建设学术讨论会在重庆建工学院举行。会上，黄光宇教授作了《关于建立山地城市学的思考》的报告。与会人士就建立山地城市学、平原城市与山地城市比较研究、山地城镇旧城改造、山地城镇的问题及对策开展了热烈的讨论。

20 ~ 22 日，"中国土地有偿使用和发展房地产业国际研讨会"在北京召开，来自美国、泰国、韩国、印度、香港地区及内地各省市、各部委的有关专家和学者共 70 多人出席了会议。

21 ~ 22 日，中国城市规划学会在北京组织召开了"城市规划专家座谈会"。会议议题是：1.高层建筑的建设与旧城保护的关系；2.城市规划管理权的下放；3.国有土地使用权的出让与开发区的建设。通过研讨，与会人士提出了当前城市规划和城市管理中值得注意纠正的若干重大问题：1. 全国性的开发区热和圈地热；2. 城镇国有土地出让过多过快，价格太低；3. 不少地方把不该下放的规划管理权下放了，严重干扰了城市规划的实施；4. 有些历史文化名城发展经济的同时，不重视生态环境和历史文化遗产的保护。建设部副部长周干峙在会上呼吁要及早整理开发区过多、过大的问题，规划管理权不能下放。他强调，规划人员一定要迅速转变思想，尽快确立社会主义商品经济观念，规划工作一定要细、要深。规划不仅是约束别人，也是约束自己。他赞扬了温州市在进行控制性详细规划和土地出让规划方面的做法。他希望规划部门对新条件下的社会利益机制进行研究。

23～25 日，中国城市环境卫生协会成立大会在济南市举行。

24～31 日，三峡库区移民规划工作座谈会在三峡地区召开。

27 日，"中国城市投资环境国际研讨会"开幕，联合国开发计划署驻北京首席代表贺尔康先生在会上提醒与会的中国市长建设"开发区"莫过热。中国应继续改进和调节宏观经济管理，防止再出现 1988 年那种因经济过热而导致的停滞。

28 日，李鹏总理在人民大会堂会见出席中国城市投资环境国际讨论会的全体代表时说，中国的城市建设要做到：第一，控制大城市发展，重视中小城市发展；第二，搞好城市规划，城市建设要按规划进行；第三，要重视集镇的建设发展；第四，坚持住房制度改革，发展房地产业和建筑业，改善人民群众的居住条件；第五，必须重视城市的基础设施建设。

31 日，深圳被联合国授予人居奖。深圳市从 1980 年到 1991 年城市人口增长了 50 多倍，住房面积却增长了 190 多倍，人均居住面积从 2.74m² 提高到 11.34m²。

下旬，首届全国土地管理科技工作会议在福州召开。

本月，京津冀晋蒙村镇建设经验交流会在石家庄市举行。

本月，湖北省城市规划学术委员会与省建设厅在黄石市联合召开了"湖北省首次经济技术开发区规划工作研讨会"。

本月，四川省城市规划学术委员会在达县市召开了"全省详细规划研讨会"。

十一月

1 日，由建设部发布的《城建监察规定》施行。

2 日，中国城市规划设计研究院与西南市政院合作主持召开第四次部直属科研设计单位档案协作会议。

3～6 日，全国住宅小区建设质量管理研讨会在无锡市举行。

4～8 日，全国第二次土地监察工作会议在福州召开，会议提出建立土地市场监督机制。

6 日，《城市国有土地使用权出让转让规划管理办法》经建设部第 17 次部常务会议通过，自 1993 年 1 月 1 日起施行。

7～14 日，以香港规划师学会会长陈鸿锟先生为团长的香港规划师学会访问考察团一行 20 人来内地访问考察。9 日，中国城市规划学会接待了香港规划师学会内地考察访问团一行 20 人。在京期间，访问团参加了在中国城市规划设计研究院举行的交流座谈会，参观了北京市二环路建设和菊儿胡同居住区改造工程及亚运村。

9 日，建设部批复了中国建筑学会城市规划学术委员会晋升为中国城市规划学会（一级学会）的报告。

10 日，建设部发出了《关于搞好规划加强管理正确引导城市土地出让转让和开发活动的通知》，要求加强对城市土地出让转让和开发活动的规划管理。《通知》要求，出让、转让城市国有土地必须符合城市规划，在城市规划的指导下进行。城市国有土地出让的投入量要与城市土地资源、经济社会发展和市场需求相适应，土地开发一定要和建设项目结合起来，有步骤、有计划地进行，防止大量圈地和投入量失控现象的发生。各地城市规划行政主管部门应参与国有土地使用权出让计划的编制。出让城市国有土地，出让前要制定控制性详细规划。出让的地块，必须具有城市规划部门提出的规划设计条件及附图，方可进行出让。要加强对城市国有土地使用权出让、转让的规划管理。城市土地的出让、转让，要严格执行《城市规划法》所规定的由城市规划行政主管部门核发《建设用地规划许可证》和《建设工程规划许可证》的制度。《通知》还将温州市土地出让和转让规划的图纸及其内容说明以附件形式印发各地，作为各地城市提高城市土地出让、转让规划工作科学性、规范性的参考。

14 ~ 18 日，中国城市规划学会风景环境学术委员会与中国风景园林学会风景名胜专业委员会在杭州主持召开了"第二次风景环境学术研讨会"。会议主题是"风景环境与建筑"。与会者经过起草、讨论、修改，提出了《国家风景名胜区宣言》。

23 ~ 27 日，中国城市交通规划学术委员会第十三次年会暨学术讨论会在西安市召开。

本月，针对当前出现的某些破坏性建设现象，建设部与国家文物局联合发文，要求各地进一步加强城市的规划管理与文物保护工作。

本月，山东省举办了城市规划与土地有偿使用研讨班。

十二月

1 日，东起江苏连云港、西至荷兰鹿特丹的新亚欧大陆桥开通运营。全程10800km、横穿亚欧大陆的新亚欧大陆桥，连接太平洋和大西洋，辐射 30 多个国家和地区。

2 日，全国第四期土地使用制度改革市长研讨班在上海闭幕。市长们就土地使用制度改革问题进行了认真的研究和讨论。

4 日，建设部颁发了《城市国有土地使用权出让转让规划管理办法》，自 1993年 1 月 1 日起施行。

9 ~ 10 日，建设部城市规划司主持的"居住区详细规划 CAD 系统鉴定会"

在广州举行。

9 ～ 11 日，全国部分小城市城市规划工作交流会在四川省大邑县召开。这次会议总结交流了小城市城市规划工作的经验，研究了在当前进一步改革开放、加快经济发展步伐的新形势下，小城市城市规划的主要任务。

11 ～ 13 日，中国城市规划学会计算机与遥感应用学术委员会和广州市城市规划局联合主办的"计算机与遥感技术在城市规划与管理中的应用学术研讨会"在广州举行。

15 ～ 19 日，经国务院批准，全国城市建设工作会议在济南召开。会议主要内容：贯彻落实党的十四大精神，总结交流 14 年来城市建设改革开放的经验；研究确定今后一个时期城市建设、管理工作的指导思想、目标和主要任务；表彰城市环境综合整治市政公用事业目标管理考核先进城市。

16 ～ 17 日，由扬州市人民政府、上海机械学院、德国斯图加特大学区域规划研究所三方合作进行的"扬州市区域综合发展规划——城镇体系发展战略研究"（YASS）课题，在江苏省扬州市通过了国内专家的鉴定。

17 日，民政部批准中国城市规划学会由二级学会晋升为一级学会。

25 ～ 26 日，内蒙古自治区满洲里城市总体规划论证会在满洲里市举行。

28 ～ 29 日，中国城市规划设计研究院第二届学术讨论会在京举行。建设部城市规划司负责人邹时萌、规划界的前辈领导、专家郑孝燮、王文克、吴良镛及中国城市规划设计研究院的在京领导及工作人员 100 余人参加了会议。会上，中规院的十位同志宣读了他们的学术论文，分别对人作为城市规划的中心主题，城镇国有土地使用权出让对城市规划的影响，清东陵的保护及历史文物环境的修复，开发区规划，控制性详规的若干经济问题，控制性详规的内容、深度、成果，城市附属绿地的建设，运用统筹主义进行城市规划与城市设计，我国地理信息系统的发展及城市规划中计算机系统的开发等问题进行了探讨。此外，中国城市规划学会理事长吴良镛教授，全国政协委员、中国城市规划设计研究院高级顾问郑孝燮先生，建设部政策研究中心研究员、中国城市规划设计研究院高级顾问林志群先生分别在会上或书面介绍了他们的研究、考察成果。会议期间，还为中国城市规划设计研究院顾问总工郑孝燮和余庆康先生从事城市规划专业工作 50 周年举行了庆贺仪式。

31 日，国务院批复了修改后的长沙市城市总体规划。

本月至 1993 年 12 月，中国城市规划设计研究院副总工程师林秋华应美国辛辛那提大学的邀请，以访问学者的身份在该校进行了为期一年的关于室内环境污染问题的合作研究。

本年度出版的城市规划类相关著作主要有：《城市规划理论·方法·实践》（清华大学建筑与城市研究所编）、《市域规划编制方法与理论》（中国城市规划设计研究院编）、《当代集镇建设》（黄光宇著）、《城市规划概论》（郭彦弘著）、《城市规划管理》（赵士绮、任致远编著）、《现代城市规划》（赖维著，张阳生、惠泱河译）、《城市规划与建筑施工基础知识》（田承春、吕忠荣编著）、《现代区域城市规划综论》（李树声编著）、《造福人类的一项战略任务：论中国的环境保护和城市规划》（万里著）。

1993 年

一月

月初，城市规划界前辈，全国政协委员、中国城市规划设计研究院高级顾问郑孝燮先生，新年伊始写信给建设部副部长周干峙、总规划师储传亨及城市规划司的负责同志，认为"旧城改建"的提法，虽然沿用已久，但仍不够完善，有很大的片面性；建议改为"旧城改建与保护"，特别对于历史文化名城而言，这个提法尤为重要，因此建议研究改进"旧城改建"（或"旧城改造"）的提法，引起了领导同志的重视。周干峙副部长批示指出"郑老的建议好，在不少场合应提'改建与保护'，就像讲文明，要讲物质和精神两个文明一样。"储传亨总规划师认为："这个建议很有意义，应很好议一议，明确其概念、范围。"

4 日，在中国城市规划设计研究院 1992 年工作总结会上，周干峙副部长指出，在 1992 年各项建设从压缩走向高潮的过程中，城市规划工作取得了很大成绩，也暴露出了不少问题。要重视一些能够开阔视野、提高水平的项目的工作，要搞一些大动作。规划不能做完以后就不再管，规划人员应向所规划城镇的政府提出具体的建设，包括具体实施的建议。为适应目前的信息社会，城市规划设计一定要注重应用新技术，应用电子计算机技术。

上旬，国务院总理李鹏在广东省考察工作时强调，珠江三角洲人多地少，土地很珍贵，开发区建设要很好地规划，真正办成高新技术园区。

13 日，英国约克大学教授查尔斯·科伯恩教授来中国城市规划设计研究院作了"英国古城保护概况"的学术报告。

本月，获国家科委"七五"科技攻关先进工作者称号的中国城市规划设计研究院高级工程师朱俭松应邀赴美，参加北美华人运输协会第六届年会。年会在华盛顿度假村召开，出席会议的代表共 200 多人，其中有大陆应邀代表 3 人，在美的大陆访问学者和留学生 10 余人和台湾学者 10 余人。朱俭松在会上作了《中国大陆城市交通现状及发展对策》的学术发言，武汉城建学院赴美高级访问学者作了《中国大陆公路现状及发展趋势》的学术报告。

二月

11 日，三峡工程坝上库首第一县城湖北秭归新县城已开始待建。新县城建设位于原县城以东的茅坪剪刀峪。规划近期占地 4km²，人口 4 万。

23 ~ 27 日，由重庆建筑工程学院人居环境研究所与加拿大麦吉尔大学低造价住宅研究中心合作，在重庆建工学院举行了"城乡结合部住宅规划与设计国际学术研讨会"。

27 日，根据钱学森同志的建议及建设部领导同志的批示，中国城市科学研究会、中国城市规划学会和中国建设文协环境艺术委员会联合在京召开了"山水城市讨论会"。建设部副部长周干峙、建设部总规划师储传亨、中国城市科学研究会理事长廉仲和中国城市规划学会理事长吴良镛等 50 余名城市科学、城市规划、园林、地理、旅游、建筑、美术、雕塑方面的领导、专家、学者以及作家、记者出席了会议。讨论会上，钱学森同志以书面发言进一步阐述了他"山水城市"的构想，27 位专家作了现场发言，深圳、成都、长春等地寄来了书面发言。与会专家学者认为，应全面理解"山水城市"的内涵，所谓"山水城市"，即是具有中国特色的社会主义现代化城市，是融自然与现代化于一体的城市。周干峙、储传亨在总结发言中指出：我国迅速城市化的时期已经来到。中国的城市不能再重复西方国家走过的老路。钱学森同志提出的"山水城市"的理想和建议有深远的意义，是适时的，它将激励我们城市规划、建设工作者去创造属于中国、属于我们这个时代的优美怡人的城市环境。

下旬至 3 月中旬，建设部城市规划司分别在西安、大连、武汉召开了城市规划工作调研会。各省、自治区建委（建设厅）规划处长，直辖市、计划单列市、省会城市、自治区首府城市和部分城市规划局长，中国城市规划设计研究院，各省、自治区、直辖市规划设计院院长参加了会议。根据调研提纲，与会代表就邓小平同志南巡讲话以来城市规划工作面临的形势，城镇体系规划、总体规划、控制性详细规划的进展，开发区的规划、建设和管理，城市国有土地使用权出让、转让以及房地产开发的情况，贯彻执行《城市规划法》等进行了广泛交流和认真讨论，并就新形势下进一步加强城市规划工作提出了许多很好的意见。

本月，由中国城市规划学会举办的第三届全国青年城市规划论文竞赛在北京落下帷幕。20 篇论文分获二、三等奖和佳作奖。阳建强《城市规划控制体系研究初探》、张兵《关于城市住房制度改革对我国城市规划若干影响的研究》、周岚《第三产业发展与城市规划》、周建军《走向新时代——转变中的中国城市规划》获得二等奖。

三月

5日，江苏省首家城市规划巡回法庭在扬州市成立。该法庭是司法审判机关为适应经济发展和城乡建设的需要而派出的一个专业性的审判组织，它的主要职能是根据法律法规有关管辖的规定，对辖区内的一审诉讼案件开展审判活动。其主要工作职责是：开展城市规划法律法规的宣传、咨询，受理城市规划行政案件和执行案件，以及与规划管理有关的民事案件，为规划部门提供其他法律服务等。巡回法庭将以诉前的依法调处为工作侧重点，以支持、维护规划部门依法行政、保护公民、法人和其他组织的合法权益为宗旨，力求使实施城市规划过程中遇到的纠纷和矛盾得到妥善解决，巡回审判，就地办案，方便审理，方便诉讼。

15日，"中国科学院、建设部山地城镇与区域环境研究中心"在重庆建工学院正式成立。

15～31日，中华人民共和国第八届全国人民代表大会第一次会议在北京举行。大会选举江泽民为中华人民共和国主席、中华人民共和国中央军事委员会主席，乔石为全国人大常委会委员长；大会决定李鹏为国务院总理。

四月

1日，被誉为东方夏威夷的亚龙湾国家旅游度假区通过了由国家13个部门组成的专家组的评审。度假区占地 $18km^2$。

7日，为期5天的"现代化国际大都市：迈向21世纪的广州"国际研讨会在广州市开始举行。

20～22日，由海口市人民政府与联合国地区开发中心主办、中国城市规划学会等单位协办的"海口市城市设计国际研讨会"在海口市举行。会议的主题是热带滨海城市的塑造。为了达到建设一个世界级的热带海滨城市的目标，会议发表了宣言。

24日，国务院第二次常务会议通过《国家公务员暂行条例》，自同年10月1日起施行。这是适应建立社会主义市场经济体制的需要，使中国政府机关人事管理逐步走向科学化、法制化的总章程。

24～28日，全国建设工作会议在北京举行。国务院副总理邹家华出席开幕式并作了重要讲话。建设部部长侯捷作了题为《把握历史机遇，加大改革力度，推进建设事业又快又好地向前发展》的工作报告，报告总结了1991年全国建设工作会议以来建设战线取得的成绩和经验，并对今后一个时期的工作进行了部署。邹家华强调：要强化房地产规划管理。不管是新区开发还是旧区改建，也不论是土地的出让、转让还是划拨，都要坚持以规划为依据，严格按照规划的要求组织实施，决不能先批地后作规划。同时，规划工作也要搞好超前服务，切实发挥好龙头的作用。他强调，建设部与国家土地管理局要密切合作抓好房地产业，并同时宣布，建设部副部长兼任国家土地管理局局长。侯捷部长指出，要认真研究建设跨世纪的现代化城市的发展战略和发展目标，开展跨世纪的城市总体规划修订和编制工作，搞好城镇体系规划，促进我国的生产力布局、城镇体系和人口分布趋向合理化，推动城乡建设与经济、社会协调发展。要积极探索和建立与社会主义市场经济体制相适应的城市规划和管理的运行机制，充实、完善和深化城市规划的内容，改进城市规划方法和手段，不断提高城市规划的科学性。全面推广控制性详细规划，指导城市新区开发、旧区改建和各类开发区的建设。严格执行《城市规划法》，切实加强城市规划管理，城市规划管理权不得随意下放，保证城市各项建设活动协调有序地进行。要突出抓好经济特区、沿海、沿江、沿边开放地区的城市和内陆省会城市的规划和建设。同时，大力扶持中西部地区的城镇建设，加快地区经济的发展。努力搞好历史文化名城的保护。要把加快小城镇发展提到战略高度上来抓，带动和加快村镇建设，促进农村经济乃至整个经济的发展。从全国建设工作会议上获悉，国家决定由建设部副部长兼任国家土地管理局局长，从组织上加强两个部门今后在工作上的合作关系。

27～29日，经过半年多的酝酿和准备，海峡两岸关系协会会长汪道涵和台湾海峡交流基金会董事长辜振甫在新加坡举行会谈。双方就两岸经济合作、两岸科技文化交流、海协会与海基会的会务等问题交换了意见，并签署了《汪辜会谈共同协议》等有关两岸关系的四份协议。汪辜会谈是两岸授权的民间团体的最高负责人之间首次进行的民间性、经济性、事务性、功能性的会谈。

本月，由山东省建委与建设部城市规划司联合举办的"山东省城市控制性详细规划高研班"在浙江温州市举行。在高研班上，学员们听取了温州市的领导同志和有关专家就控制性详细规划在管理中的法律地位、发展走势、控制性详细规划的理论基础、编制方法及在规划管理中的应用等问题所作的讲授，并对此进行了研讨，实地考察了控制性详细规划在温州城市建设中的应用。

本月，以"热带滨海城市塑造"为主题的城市设计国际研讨会在海口市召开，会议发表了《海口城市设计国际研讨会宣言》。

五月

7 日，国务院第三次常务会议审议通过《村庄和集镇规划建设管理条例》。6 月 19 日，国务院总理李鹏签发中华人民共和国国务院第 116 号令:《村庄和集镇规划建设管理条例》自 1993 年 11 月起施行。

10 日，国务院批准新建七个经济技术开发区，其所在城市为沈阳、杭州、武汉、哈尔滨、重庆、长春、芜湖。这些开发区的规划面积都不超过 10km^2。至此，国务院批准建立的经济技术开发区已有 27 个。

上旬，"93 国际城市生态规划研讨会"在天津举行。这次研讨会由联合国教科文组织支持，中国科学院生态环境研究中心和天津市城市土地管理局承办。来自中国大陆、德国、中国台湾省台北市的 50 多位城市生态和城市规划专家应邀出席会议。会议研究讨论了城市生态规划的理论和方法，城市生态规划的评价、模拟，城市生态规划的信息系统以及旧城发展的体制与资金筹措等问题。

17 日，国务院同意并批转民政部《关于调整设市标准的报告》，对 1986 年颁布试行的设市标准进行调整。调整后的标准从人口、综合经济指标和城市基础设施水平等方面对撤县设市、撤镇设市、县级市升地级市作了具体的规定。为了适应经济、社会发展和改革开放的新形势，适当调整设市标准，对合理发展中等城市和小城市，推进我国城市化进程，具有重要意义。各地要认真总结设市工作的经验，坚持实事求是的原则，搞好规划，合理布局，严格标准，有计划、有步骤地发展中小城市。已经设市和拟设市的地方，都要十分重视农村工作，十分重视农业生产，以使城乡经济协调发展。

17 ~ 19 日，中国炎帝陵风景名胜区规划大纲评审会议在湖南省株洲市举行。

20 日，经中国城市规划学会批准，中国城市规划学会区域规划与城市经济学术委员会在广东省新会市正式成立。胡序威当选为主任委员。

本月，为发展综合学科在区域规划、城市规划和交通规划领域的应用技术研究，推进学科发展，培养综合研究人才，加强技术互补和国际合作，中国城市规划设计研究院和上海机械学院联合成立了上海区域规划和交通运输系统研究所。该研究所所务委员会由 9 人组成，中国城市规划设计研究院院长邹德慈任主任委员，上海机械学院常务副院长陈康民任副主任委员。研究所下设区域规划研究中心和交通运输系统研究中心，研究所特邀德国斯图加特大学区域规划研究所所长 P. Treuner 教授为区域规划研究中心名誉主任，加拿大蒙特利尔大学交通中心前主任 J. M. Pousseau 教授为交通运输中心名誉主任。

六月

6 日，由北京市海淀区和全国城市街道工作委员会联合主办的全国首届街道城市管理工作的研讨会在北京召开。

6 日，国务院批准设立的 11 个国家旅游度假区的规划、论证工作完成，成为国内外投资者瞩目的热点。

21 ~ 22 日，远东地区地理信息系统研讨会在新加坡召开。来自日本、韩国、新加坡、澳大利亚、马来西亚、菲律宾、中国等国家和地区的代表参加了会议。会议就地理信息系统的建立及其在应用方面取得的成果进行了广泛的交流。中国代表团是建设部城市规划司、科技司、综合勘察研究院、信息中心以及北京市、山西省长治市等单位派员组成的。

本月，建设部城市规划司在西安市召集北京、石家庄、南京、杭州、洛阳、昆明、西安等市从事总体规划编制工作的负责同志，交流各自城市总体规划编制情况，座谈跨世纪大城市总体规划编制需要注意的问题。到会同志认为，跨世纪大城市总体规划编制工作目前要注意的问题主要有以下几点：一、对经济基础变化要有全面的认识。要充分认识社会主义市场经济性质与作用及其对城市发展的作用。城市经济发展的原动力由单一国家计划趋向多元化和多样性；市民收入与消费层次拉开，城市功能多样化；按经济规划办事，行政干预弱化，要求城市全方位开放的压力增大；市场经济将加速我国工业化、城市化和现代化进程。二、要有区域的观念。城市的区位和基础设施水平对资源的近期配置起到明显的作用。应从一定范围内的经济、地理因素分析入手，协调基础设施规划，根据需要（城市客观发展规模）和可能（区域环境极限容量），从大到小，平衡和考虑城市分布形态、各自规模、发展方向和建设程序。要避免受行政范围的限制。三、应探讨下世纪中叶本地区最终城市化之后的人口规模和城市空间布局形态，结合区域环境容量，由远及近地安排分期城市发展空间。四、按照环境、社会、经济三个效益统一的原则，结合本地实际，建立和完善现代化城市的规划体系，包括用地、供水、环保、基础设施和公共服务设施等。五、要十分重视交通规划，预测我国汽车时代到来产生的规划建设问题，寻找对策。六、要重视对城市传统历史文化的保护。要划定保护地段和不同层次的保护区，避免建设性破坏。七、要十分重视生态环境的保护与建设。八、应加强对实施规划措施的研究，并应列入总体规划文本。

本月，由中国城市规划设计研究院组织、济南市规划院和曲阜市建委参加的 5 人考察团，应英国文化委员会邀请，对英国伦敦、约克、利兹、布来德 4 个历史文化名城进行了为期 14 天的访问考察。考察期间，就历史文化名城的保护与规划建设问题与英国同行进行了交流。

七月

6 日，中国建筑学会建筑史学会在北京召开了中国建筑学会史学分会成立暨第一次年会。建筑史学分会的前身是建筑历史与理论学术委员会，于 1983 年停止活动。

6～9 日，国家科委火炬计划办公室、建设部城市规划司联合主持的国家高新技术产业开发区跨世纪工程规划研讨会在古都西安召开。国家科委火炬办主任李肇杰，建设部城市规划司司长邹时萌等领导同志出席会议开幕式并讲了话。李肇杰主任在讲话中指出，这次会议实质上是国家高新技术产业开发区的规划工作会议。他在阐述了火炬计划十年规划的总任务和总目标后指出，办好高新技术产业开发区，努力发展我国高新技术产业，是推动我国经济和科技发展，推动我国传统产业发展和结构调整，提高我国综合国力的重要战略措施。在谈到制定高新技术产业开发区建设规划时，李肇杰指出，建设规划要符合火炬计划十年发展规划的总任务和总目标的要求；要体现开发区的七种功能，立足当前，着眼于长远，突出和发挥地方的特点和优势；要有利于市场经济的形成和发展，按照经济规律办事；要符合所在城市的总体规划，合理利用土地。邹时萌在讲话中简要回顾了我国开发区建设和发展的情况后指出，目前由国家审批的各类开发区有 100 多个。这些开发区经过一段时间的建设，已初步形成了城市经济新的增长点和高起点、高水平、现代化的新城区的雏形。在这些开发区中，国家高新技术产业开发区有 52 个，说明了国家对发展我国高新技术产业的重视。邹时萌强调了这次会议要着重研究的两个问题，一是要研究国家高新技术产业跨世纪的发展战略和与之相适应的空间发展规划；二是要研究如何依法加强对开发区的规划管理，以保证规划的实施。邹时萌在会议结束时强调，开发区的建设要有规划、有计划、有步骤地进行，要统一规划，分步实施，小步走动，滚动发展，要加强法制建设，依法加强管理，保证开发区建设的健康发展。研讨会就开发区的规划建设进行了广泛的交流和讨论。青岛、西安、长沙、威海、苏州等高新技术产业开发区的代表在大会上介绍了开发区的规划和建设情况。

16 日，建设部下发了建设部建标〔1993〕542 号文——《关于发布国家标准〈城市居住区规划设计规范〉的通知》，批准《城市居住区规划设计规范》（GB 50180—93）为强制性国家标准（1994 年 2 月 1 日施行）。该规范的编制工作自 1987 年开始，历时 5 年，主编单位是中国城市规划设计研究院。

18日，应台湾省5个学术团体联合邀请，中国大陆建筑师赴台学术交流访问团于7月18日赴台参加在台北举行的1993年海峡两岸建筑学术交流会，并到台中、台南和高雄市访问。

30日，《山东省城市控制性详细规划技术规定（试行）》正式实施。《规定》共为5章17条，对控制性详细规划的编制程序、编制内容以及控制性详细规划的成果作了详细的规定。《规定》的出台，标志着山东省控制性详细规划编制工作已进入规范化的轨道。

本月，中国城市规划设计研究院院长、教授级高级城市规划师邹德慈被英国《Habitat International》（《国际城乡建设》）杂志聘为编委。

本月，为适应科技发展的需要，中国城市规划设计研究院决定聘请建设部周干峙教授、北京大学侯仁之教授、同济大学徐循初教授为该院高级技术顾问。至此，该院已聘请了八位国内著名的城市规划专家为高级技术顾问，他们是：吴良镛、侯仁之、周干峙、郑孝燮、任震英、齐康、林志群、徐循初。其中，吴良镛、侯仁之、周干峙为科学院学部委员，任震英、齐康为设计大师。

本月，三峡库区淹没处理和移民安置规划大纲经国务院三峡工程建设委员会批准正式试行。

本月，中国城市规划设计研究院1992年度院优秀规划设计项目揭晓，共评出二等奖2项、三等奖3项、鼓励奖2项。获得二等奖的项目是：重庆市综合交通规划、清东陵总体规划。

本月，"93国际熊猫节"开幕前夕，我国第一个珍稀专项动物保护基地——"中华熊猫城"，由成都市规划设计研究院完成总体规划设计。规划中的"中华熊猫城"地处成都市北郊，西接北郊风景区，占地6000余亩，是集大熊猫繁育、保护、科研和旅游为一体的观赏旅游区。

八月

2～5日，上海市城市综合交通规划研究所和美国COMSIS公司联合主办的"上海城市交通规划技术讲座研讨会暨计算机软件展示会"，在上海华东师范大学举行。担任主讲的是美国COMSIS公司的五位专家。

26日，受国家科委和火炬计划办公室的委托，由中国城市规划设计研究院城市规划经济研究所承担的"国家级高新技术产业开发区（27）基建投资宏观决策研究"课题在北京通过了专家鉴定。第一批国家批准的27个国家级高新技术产业开发区大部分是在1991年经国家科委审核认定的，总占地面积480.5km^2，其中成片开发建设的集中新建区93.5km^2。

下旬，东北三省第六次城市规划协作会暨第三届联谊会在辽宁省锦州市和北镇县举行。会议认真讨论了在深化改革的新形势下，城市规划面临的新的挑战和机遇，城市规划如何适应市场不断发展的需要，为经济建设服务等问题。

本月，由中国城市规划学会理事长、清华大学教授吴良镛先生主持设计建设的北京菊儿胡同四合院工程荣获 1992 年度的"世界人居奖"。颁奖大会于 1993 年的世界住房日（10 月 4 日）在联合国总部举行。"世界人居奖"是英国建筑和社会性住宅基金会于 1985 年设立的，其宗旨是表彰人类住房计划中有创新的突出项目。

九月

10 ~ 12 日，由深圳市规划国土局、香港规划师协会和英国谢菲尔德大学区域与城市规划系联合举办的"深圳—香港—英国城市规划讨论会"在深圳市召开。此次会议的主题是城市规划编制的政府原则与规划的实施。

24 ~ 25 日，为加强开发区城市规划管理，促进城市建设和开发区建设的协调，山东省建委在潍坊市召开了全省开发区城市规划管理工作会议。会议期间代表们还讨论了《山东省开发区城市规划管理办法》。

27 日，上海市人类居住科学研究会经过一年多酝酿、筹建，在上海市科学会堂召开成立大会暨第一届会员大会。

本月，建设部根据《村庄和集镇规划建设管理条例》规定，印发了《关于印制和使用〈村镇规划选址意见书〉的通知》，在全国实行村镇建设用地规划审批制度。

本月，吴良镛先生当选为世界人类聚居学会（The World Society of EKISTICS）的新一届主席。世界人类聚居学会成立于 20 世纪 60 年代，是一个国际性、多学科的学术组织。围绕人类居住环境进行多学科、多侧面的研究。学会总部设在希腊，其创始人同时也是联合国人居中心的发起人。该学会的主席为选举产生，每届任期约为 3 年。吴良镛先生是第一个当选为该学会主席的中国人。

十月

6 ~ 9 日，由建设部和国家文物局联合召开的全国第一次历史文化名城保护工作会议在湖北省襄樊市举行。建设部常务副部长叶如棠作了题为《正确处理发展与保护的关系，努力开创历史文化名城保护工作新局面》的主报告，回顾总结了十几年来的名城保护工作，分析了新的历史条件下名城保护工作面临的新问题、新困难，提出了当前名城保护的主要任务：一、稳妥审慎地进行旧城改造，保护好名城风貌。二、精心组织力量，制定和完善历史文化名城保护规划。三、加快立法步伐，依法加强历史文化名城的保护管理工作。四、广开门路，多渠道筹集保护建设资金。五、抓住重点，做好历史文化保护区的保护工作。六、开展人才培训工作，提高队伍素质。七、加强宣传工作，强化名城人民爱名城的思想意识。周干峙、张柏同志也发表了重要讲话。与会代表交流了各地名城保护工作的经验，着重讨论了建设部和国家文物局起草的《历史文化名城保护条例》（讨论稿）。

6～11日，中国城市规划设计研究院与武汉城建学院城市规划设计研究院在武汉举办了"城市规划与城市土地租让制度"研讨班。来自国内12个省、21个市的49名学员参加了研讨班。研讨班围绕城市规划工作如何面临在国有土地使用权实行出让制度和房地产业迅速发展的形势下出现的新问题展开讲学和讨论，讲课内容侧重于研究控制性详细规划在实施和管理过程中的效果和经验，包括城市规划与土地租让的现行政策；控制性详细规划内容、深度与成果；控制性详细规划中的经济分析与控制原则、效益原则，以及容积率研究等问题。

13日，加拿大大温哥华地区规划委员会高级城市规划师Joe Scott先生及夫人到中国城市规划设计研究院进行了学术交流。Joe Scott先生介绍了大温哥华地区的总体规划及其历史背景，加拿大规划师的地位及作用等。

13～14日，"93皖苏沿江城市规划研讨会"在安徽省安庆市召开。

19～22日，由上海市规划局系统团委组织发起的七城市"首届城市规划青年'白玉兰'奖论文交流会"在上海市松江举行。上海、北京、天津、广州、武汉、重庆、芜湖参加了此项活动。参加评选的论文共33篇，从中评选出18篇为优秀论文。

20日，美国华盛顿州规划协会会长、华盛顿州斯诺霍尔什镇公共事务部负责人禹如斌博士来到中国城市规划设计研究院，与该院的专业人员进行了学术交流。在交流中，禹博士重点介绍了美国综合规划（Comprehensive Planning）和土地利用控制体系。

23～25日，受建设部城市规划司和中国城市科学研究会的委托，南京市规划局和南京城市科学研究会在南京举办了首届"中心商务区学术研讨会"。会议重点研讨了：①中心商务区（CBD）的概念、作用和发展趋势；②中心商务区建设与旧城改建的关系；③中心商务区的空间形态；④中心商务区规划、建设、管理的理论和方法。会议还讨论了当前各地开展中心商务区规划、建设的动态，并就南京市中心商务区的发展发表了意见和建议。与会专家认为，现代概念上的中心商务区是伴随市场经济的发展，在城市中逐渐形成的综合性中心区。它以金融、贸易、信息、管理等办公业务为主要职能，是城市经济发展的重要场所之一。针对目前我国城市普遍存在的商务功能不健全的实际情况，有专家强调，在当前中心商务区的研究中，既要积极研究市场经济国家中心商务区的现状、特征、实例，吸取必要的经验，更要注重研究中心商务区形成与发展的历史过程，以及促使中心商务区功能演进的经济和社会背景，以寻求更符合我国国情的发展途径和发展形式。与会者一致认为，为了适应社会主义市场经济发展的需要，迫切要求完善和强化城市的商务功能。

26～28日，1993年华北地区城市规划学术交流会在山西省太原市召开。

29日，建设部、人事部委托北京市城市规划管理局、北京市城市规划设计研究院、温州市规划局承办的第七期全国城市规划专业高级研修班在温州结业。全国15个省市的34名学员参加了学习研讨。全体学员认真听取了周干峙等八位领导和专家的专题讲座，考察了温州市的城市规划建设，对建立社会主义市场经济体制的新形势下，城市国有土地出让、转让和房地产开发过程中城市规划工作面临的新课题进行了认真的研讨，并形成了高研班研讨纪要。纪要指出，温州市规划部门转变观念，在城市规划工作中及时引入了市场机制，运用控制性详细规划和经济杠杆等新手段，找到了解决市场经济发展过程中出现的旧城改建与新城建设所存在的资金短缺、征地难、拆迁难、安置难等问题的新途径，规划工作在招商引资、土地有偿使用、房地产开发、旧城改造等方面起到了超前服务的"龙头"作用。纪要提出了在市场经济条件下城市规划管理工作的初步思路。1. 树立社会主义市场经济观念，将市场经济观念纳入到城市规划工作的各环节之中，充分发挥城市规划在市场经济体制下的宏观调控和引导的职能。2. 进一步加强城市规划法制建设，抓紧出台《城市规划法》实施条例以及与之相配套的可操作性强的行政技术规章与细则，使我国城市规划工作真正走上法制的轨道。3. 理顺内外关系，进行体制改革，创造良好的城市规划工作环境。要进一步密切协调规划部门与城建、计划、土地、房管等部门及城市规划部门内部之间的关系，适时推进体制改革，应进一步强化城市规划部门在市场经济发展过程中重要的"龙头"作用。4.进一步加强城市规划科学研究工作，建立、健全城市规划信息和技术进步网络，及时进行调查研究，加强微观的具体性研究，以适应市场经济发展的全面需要。5.不断提高规划人员素质，要进一步加强市场经济、土地经济等方面知识的学习，增强规划人员的综合观点和经济观点，培养和提高规划人员的超前意识和自觉运用市场经济手段解决规划问题的能力。纪要强调，在社会主义市场经济条件下，应进一步强调规划工作的权威性，克服随意性；增强科学性，减少盲目性；体现公平性，真正使经济、社会、环境三效益有机结合。纪要还对如何确定容积率、制定土地出让计划、编制控制性详细规划等当前普遍关心的问题提出了很好的意见和建议。

29 ～ 31 日，中国城市规划学会国外城市规划学术委员会在京召开了外国城市问题研讨会，来自法国、澳大利亚、墨西哥的 8 位外国专家及国内规划界、地理界的学者和一些学术刊物的代表共 60 余人参加了会议。此次会议的主题是城市与环境。来自政府部门、大学、科研单位的外国专家就城市中心区的现代化和旧城保护，给市民以切实的参与权，城市的发展与环境保护，特大城市的控制与发展，住房问题的解决等方面作了学术报告。

31 日，由贵州省建设厅与省规划院联合举办的为期 2 个月的"贵州省城镇详细规划培训班"圆满结束。

本月，全国政协主席李瑞环在全国市长研究班创办十周年纪念会上说：建好中国的城市，功德无量，城市建设一定要规划好，切莫急功近利。我们不能只顾眼前利益，急功近利，不好向后人交待。

本月，国家科委、建设部联合发出了《关于印发"国家高新技术产业开发区'跨世纪工程'规划研讨会"会议纪要的通知》。《通知》要求，各地根据《纪要》精神，进一步加强对高新技术产业开发区规划工作的领导，做好开发区规划的制定和实施工作，促进高新技术产业开发区的健康发展。

本月，国务院负责同志批复建设部《关于全国和省域城镇体系规划审批问题的请求》，文件规定：1. 全国和跨省区的城镇体系规划由建设部会同有关部门组织编制，报国务院审批；2. 省、自治区域的城镇体系规划由省、自治区人民政府组织编制，报经国务院批准同意后，由建设部发文批复。根据《城市规划法》的规定，设市城市和县级人民政府所在地镇的总体规划，应当包括市或者县的行政区域的城镇体系规划，并随总体规划报批。这样，我国已基本上形成了包括全国、跨省区、省域、市域和县域城镇体系规划在内的完整的规划编制和审批体系。

本月，由北京大学、中国区域科学协会和国家自然科学基金会联合发起和组织的"发展中国家区域科学暨城市与区域开发国际会议"在北京举行。来自世界近 30 个国家和地区的 40 多位国外著名学者及我国的专家学者参加了会议，就区域科学中经济增长的理论和方法、区域发展和规划、东亚的经济发展、中国的农业发展与乡村工业化、中国的开发区、城市经济发展等问题进行了充分的讨论。

十一月

1 ～ 2 日，由辽宁省建设厅主办、沈阳市政府协办的"辽宁中部城市群规划研讨会"在沈阳召开。

2 日，全国政协教育文化委员会、国家文物局、光明日报社在京主办了三峡文物保护座谈会。

4日，国务院印发《九十年代中国农业发展纲要》。提出：加强对农村小城镇建设的引导。农村小城镇建设，要依托现有集镇，科学规划，合理布局，分步实施，以带动农村第三产业的发展和剩余劳动力的转移。要引导乡镇企业在地域上相对集中，与小城镇建设相结合。要制定优惠政策，吸引农民进入小城镇，从事工业、商业、建筑、运输、服务等行业的工作。

6～9日，中国城市规划学会（一级学会）成立大会暨中国城市规划学会1993年年会在湖北省襄樊市召开。学会理事、各地代表150余人参加了会议。香港城市规划署署长潘国城先生、香港土地发展公司经理陈鸿馄先生、台湾省都市研究学会理事长仁宗文先生应邀出席了会议。会议产生了中国城市规划学会（一级学会）第一届常务理事，并由常务理事选举出了理事长、副理事长，吴良镛先生当选理事长。香港城市规划署署长潘国城先生作了题为《香港市场经济下的城市规划》的学术发言，介绍了市场经济条件下香港城市规划的制度和方法。在本次年会上，与会的城市规划界的领导、专家、学者对浙江省和杭州市领导置前不久12位专家的呼吁信及中央、国务院领导同志的多次指示于不顾，继续坚持在紧靠葛岭的原西湖饭店旧址上利用外资建造高层旅游饭店的违反规划、破坏景观的行为非常忧虑。包括吴良镛、朱畅中、王文克、赵士修、董鉴泓、胡序威、王健平、宣祥鎏、柴锡贤等著名学者在内的100多名与会专家、代表再一次联名发出强烈呼吁，要求制止这一不文明、不负责任的行为。

11～14日，中共十四届三中全会在北京举行。全会审议并通过《中共中央关于建立社会主义市场经济体制若干问题的决定》。《决定》指出：社会主义市场经济体制是同社会主义基本制度结合在一起的。建立社会主义市场经济体制，就是要使市场在国家宏观调控下对资源配置起基础性作用。为实现这个目标，必须坚持以公有制为主体、多种经济成分共同发展的方针，进一步转换国有企业经营机制，建立适应市场经济要求，产权清晰、权责明确、政企分开、管理科学的现代企业制度；建立全国统一开放的市场体系，实现城乡市场紧密结合，国内市场与国际市场相互衔接，促进资源的优化配置；转变政府管理经济的职能，建立以间接手段为主的完善的宏观调控体系，保证国民经济的健康运行；建立以按劳分配为主体，效率优先、兼顾公平的收入分配制度，鼓励一部分地区、一部分人先富起来，走共同富裕的道路；建立多层次的社会保障制度，为城乡居民提供同我国国情相适应的社会保障，促进经济发展和社会稳定。这些主要环节是相互联系和相互制约的有机整体，构成社会主义市场经济体制的基本框架。加强规划，引导乡镇企业适当集中，充分利用和改造现有小城镇，建设新的小城镇。逐步改革小城镇的户籍管理制度，允许农民进入小城镇务工经商，发展农村第三产业，促进农村剩余劳动力的转移。

10日，国务院批准北京市跨世纪城市规划，要求将北京建成世界一流水平的历史文化名城和现代化国际城市。

12～14日，全国高校学科专业指导委员会第三届城市规划与景园建筑专业（专门化）教学研讨会在武汉城建学院召开。

19日，中国建筑学会成立40周年庆祝大会在京召开。

22日，美国全国房地产协会前执行副总裁、房地产专家威廉·诺斯（William North）教授应邀在北京与中国房地产协会的部分专家，就市场经济条件下的房地产业进行了座谈。

23日，南水北调中线工程设计完成，该工程供水目标是京、津、冀等华北地区，主要解决引水干渠沿线工业及城市用水问题，同时改善和发展农业灌溉。

29日，建筑前辈座谈会在杭州举行。按照《建筑学报》1993年5月份召开的编委会的提议，"1993年建筑前辈座谈会"于11月29日至12月2日在杭州、绍兴召开。出席这次座谈会的前辈建筑师有：张镈、汪定增、莫伯治、赵冬日、方鉴泉和严星华。

本月至1994年3月，《北京日报》以"把古都风貌夺回来"为题，开辟专栏，就保护古都风貌问题展开群众性讨论。

本月，由建设部负责编制的《工矿企业生活区建设用地指标》和《新建工矿企业项目住宅及配套设施建筑面积指标》被国家有关部门批准为全国统一指标，分别自今年10月1日和11月1日起施行。以上两项指标由中国城市规划设计研究院主编，编制组于1990年11月成立，1993年3月完成报批。

十二月

2～3日，"发展社会主义市场经济过程中的中国城市规划"研讨会在北京清华大学举行。此次研讨会由清华大学建筑学院、美国纽约公共管理研究所、日本东京市政研究所、日本都市计划学会联合发起。

14～17日，中国城市发展与规划教育研讨会在中山大学召开。这次研讨会是由中山大学城市与区域研究中心、香港大学城市规划与环境管理中心和加拿大不列颠哥伦比亚大学人类聚落中心联合召开的。研讨会就中国建立社会主义市场经济体制的新形势下，中国城市的发展战略、城市规划工作面临的形势和任务、城市规划教育的改革等专题进行了广泛交流和深入研讨。

15日，国务院作出《关于实行分税制财政管理体制的决定》，确定从1994年1月1日起改革现行地方财政包干体制，对各省、自治区、直辖市以及计划单列市实行分税制财政管理体制。分税制改革的原则和主要内容是：按照中央与地方政府的事权划分，合理确定各级财政的支出范围；根据事权与财权相结合的原则，将税种统一划分为中央税、地方税和中央地方共享税，并建立中央税收和地方税收体系，分设中央与地方两套税务机构分别征管；科学核定地方收支数额，逐步实行比较规范的中央财政对地方的税收返还和转移支付制度；建立和健全分级预算制度，硬化各级预算约束。

19～23日，中国城市交通规划学术委员会第14次年会暨学术讨论会在武汉市召开。

20日，第八届全国人大常委会第五次会议通过《公司法》。这是中国第一部公司法，将于1994年7月1日起施行。

本月，《建设部职能配置、内设机构和人员编制方案》获国务院批准。

本年底，中国城市规划协会获民政部批准，并登记注册，成为国家行业一级协会。

本年度出版的城市规划类相关著作主要有：《城市规划新概念新方法》（鲍世行主编）。

1994 年

一月

1日，经国家教委批准，重庆建筑工程学院、哈尔滨建筑工程学院自1994年1月17日更名为重庆建筑大学和哈尔滨建筑大学。

4日，国务院发出批转《建设部、国家文物局关于审批第三批国家历史文化名城和加强保护管理请示》的通知，公布了第三批37个国家历史文化名城（以下简称名城）名单，全国历史文化名城的数量由前两批的62个增加到99个。

7～10日，中国城市规划学会小城镇规划学术委员会1993年年会在浙江省椒江市举行。会议以"改革开放和发展社会主义市场经济与小城镇规划"为主题。

10日，国务院下发《关于发布第三批国家重点风景名胜区名单的通知》，公布了第三批国家重点风景名胜区35处。加上1982年和1988年公布的两批，使我国国家重点风景名胜区增至119处。《通知》指出，风景名胜资源是不可再生的自然和文化遗产，保护工作是第一位的，只有在保护好资源的前提下，才能永续利用。地方各级人民政府要加强对风景名胜区工作的领导，搞好保护和利用的统一规划和管理，组织协调好有关部门的关系，保持风景名胜区内各单位的业务渠道不变，维护其合法权益。

14日，财政部代表中国政府正式向美国证券交易委员会注册登记发行10亿美元全球债券。这是中国政府发行的第一笔全球债券，也是中国政府第一次进入美国资本市场。

20～23日，经国务院批准，全国建设工作会议在北京召开。建设部副部长叶如棠在会上就城市规划工作作了重要讲话。叶如棠说，加强宏观调控，是建立社会主义市场经济体制的重要内容。市场经济并不排斥宏观调控，改革不是放弃宏观调控，而是要改进和加强宏观调控。城市规划管理是政府职能，是城市政府建设城市和管理城市的基本依据。因此，城市规划是城市政府对城市建设和发展进行宏观调控的主要手段，只能加强，不能削弱。城市规划不仅要考虑当前各项建设的需要，更重要的是要考虑城市未来的发展，要为改革开放创造良好的投资环境，为人民群众创造良好的生活环境。

23日，国家科委、建设部在京联合召开"中国2000年城乡小康住宅示范工程新闻发布会"，建设部副部长叶如棠在会上宣布，我国将建设以科技示范为先导，以改善城市和农村居住环境，推动住宅建设产业化发展为目的的城乡小康型住宅示范工程。

24日，经国家教委批准，重庆建筑工程学院更名为重庆建筑大学。

本月，两年一次的建设部全国优秀城市规划设计评选揭晓：建设部以建设[1993] 864号文公布了获奖的35项城市规划项目及其编制单位名单。其中：一等奖1项；二等奖8项；三等奖18项；表扬奖8项。沈阳市规划设计研究院完成的《沈阳市南湖科技开发区规划设计》获得一等奖。

本月，郑州黄河旅游度假区总体规划经河南省人民政府批准，进入实施阶段。黄河沿岸是我国古文明发祥地，分布有大量的人文景观和自然景观资源。郑州黄河旅游度假区是郑州市城市总体规划的组成部分，其基础设施建设将与郑州市城市基础设施统一考虑。

二月

23日，全国建筑师管理委员会成立，负责承办注册建筑师制度的各项事宜。管理委员会决定，1994年10月在辽宁省进行一级注册建筑师考试试点。

三月

8日，建设部在北京召开的加强国家风景名胜景区资源保护新闻发布会上发布《中国风景名胜区形势与展望》绿皮书，提出中国风景名胜区的发展方向及对策。

8～10 日，中国城市规划学会与建设部城市规划司在北京清华园联合召开了第一次"中国女城市规划师联谊会"。会议期间，成立了中国女城市规划师联谊会理事会。会议决定编辑出版《中国女城市规划师》。

12 日，国务院同意国家计委会同国家经贸委、机械工业部等有关部门制定的《汽车工业产业政策》并发出通知，国务院要求通过实施《汽车工业产业政策》，使我国汽车工业在本世纪末打下坚实的基础，力争到 2010 年成为国民经济的支柱产业，并带动其他相关产业迅速发展。《政策》明确："国家鼓励个人购买汽车，并将根据汽车工业的发展和市场消费结构的变化适时制定具体政策"；"逐步改变以行政机关、团体、事业单位及国有企业为主的公款购买、使用小汽车的消费结构"；"任何地方和部门不得用行政和经济手段干预个人购买和使用正当来源的汽车，应采取积极措施在牌照管理、停车场、加油站、驾驶培训学校等设施和制度方面予以支持和保障"。

22～25 日，全国高新技术产业开发区工作研讨会（中南片）在湖南省株洲市召开。

23 日，国家计委召开了制定《我国小城镇中长期发展规划大纲》的研究讨论会，农业部、社科院、人民大学、中国城市规划设计研究院等单位的有关同志参加了会议。

25 日，国务院第十六次常务会议审议通过《90 年代国家产业政策纲要》，提出 90 年代国家产业政策要解决的重要课题是：不断强化农业的基础地位，大力发展农业和农村经济；切实加强基础设施和基础工业；积极振兴支柱产业；合理调整对外经济贸易结构；加快高新技术产业发展的步伐；大力发展第三产业。同时，优化产业组织结构，提高产业技术水平，使产业布局更加合理。会议还讨论通过了《中国 21 世纪议程——中国 21 世纪人口、环境与发展白皮书》。白皮书提出了促进经济、社会、资源、环境以及人口、教育相互协调、可持续发展的总体战略和政策、措施方案。4 月 12 日，国务院发布关于印发《90 年代国家产业政策纲要》的通知。

本月，我国城市和人文地理研究领域获得国家自然科学基金资助的第一个重点项目——"沿海城镇密集地区经济、人口集聚与扩散的机制和调控研究"第一次协调会在北京召开。沿海城镇密集地区是我国经济发展的核心区，相对中西部地区有超前性和样板作用。深入研究我国沿海城镇密集地区的经济与人口的集聚与扩散的内在机制及其在空间的具体表现形态，不仅对我国的社会经济发展和现代化建设有重要意义，而且将进一步充实和丰富有关城市与区域发展、城镇体系与空间结构演化的理论和方法，促进我国区域与城市规划体系的完善与发展。这项研究由中国科学院地理所、北京大学、南京大学等9个单位联合承担，中科院地理所胡序威研究员任项目负责人，北京大学周一星教授负责项目总设计。

　　本月，由天津市建委软科学发展中心和天津市规划土地管理局共同主持的"控制性详细规划研究"研讨会在天津市召开。该研究课题是天津市建委软科学研究课题，由天津市城乡规划设计院承担课题研究。该课题成果从分析我国"控制性详细规划"和国外"区划"（zoning）的关系和区别入手，对控制性详细规划的意义作用、内容深度、编制程序等方面进行了研究，并对天津市编制控制性详细规划的几个主要指标，如建筑密度、建筑高度、容积率、绿地率等提出了具体意见。该课题成果已通过鉴定。

四月

　　4～8日，由建设部城市规划司主持召开的"全国部分城市总体规划修编座谈会"在陕西省西安市举行。四川、湖北、江苏、广东4省的城市规划院院长，北京、天津、上海、广州、南京、西安等14个城市的规划局长、规划院长及中国城市规划设计研究院的负责人共40余位出席了会议。建设部顾问、中国城市规划学会常务副理事长周干峙到会并作了重要讲话。80年代初期，我国各级城市都编制了城市总体规划。进入90年代以来，随着社会经济体制改革的不断深化，城市规划受到了极大的冲击与挑战，原规划的一些方面已不适应社会主义市场经济发展的需要，尤其是城市发展的性质、规模、发展方向和总体布局等一些重大战略问题，必须按照社会主义市场经济的要求，用新的观念、新的思路、新的理论与方法重新审视。因此，立足于迅速变革的社会经济背景，适应社会主义市场经济发展的需要，探讨规划面临的新问题，从宏观上研究跨世纪的城市建设和发展战略，就显得十分迫切和必要。此次座谈会也正是在这种形势下应运而生。会上，北京、南京、西安等已经完成和正在进行总体规划修编的城市介绍了他们各自的经验，中国城市规划设计研究院结合其所做规划，就新形势下的规划编制发表了意见。会议着重讨论了当前我国在向市场经济体制转变的过程中及市场经济体制下城市规划所面临的主要问题，并提出了相应的对策。一、如何在目前的总体规划修编中正确体现社会主义市场经济的影响与要求，会议提出：深入研究市场经济发展的要求，结合产业结构的优化调整以及市场体系的建立，调整城市用地结构与布局，为经济发展提供空间，并引导经济的发展。突出规划的宏观调控作用，加强对城市性质、用地布局、人口分布、建设容量、环境容量的控制等方面的分析研究，综合协调各方面的利益，为政府对经济发展进行宏观调控提供手段。加强环境规划和城市设计，建立"持续发展"的观点，控制超强度的旧区改造和新区开发，保障公共事业和公众利益，保护历史文化遗产，维护生态环境的平衡。深入研究房地产与土地批租问题，做好土地分等定级，尤其是近期建设规划中的地价评优，指导房地产与土地批租的合理、有序发展，避免盲目性和国家土地效益流失。二、面对经济的高速发展，城市规划如何适应其影响和需要，会议建议：要重视区域规划问题，突破城乡与地区行政界限，把中心城市的发展与区域城镇体系的发展联系起来考虑。增强规划的弹性。人口规模的预测要有一定的幅度，要考虑流动人口因素；用地扩展、土地开发和人口分布，要进行多方案比较与选择，着重搞好发展方向的确定；对用地性质要考虑互换与兼容的可能性；对基础设施标准和建设强度，要重在宏观控制、总量控制与供需平衡。要改进方法，提高效率，缩短规划周期。总体规划要粗细结合，文本要突出法律规定性；专业规划工作要做细，但表达可以简化、实用。要对经济高速发展过程中出现的短期行为提出制约措施。开发区是城市的重要组成部分，一定要纳入总体规划，进行统一规划与管理；对城乡结合部的用地，不仅要规定建设用地，还要特别注意规定不能建设的用地要明确界限，严格控制，避免土地的盲目开发，城区蔓延，危及合理布局。三、我国已确定了在 21 世纪到来之际，社会经济发展达到小康水平、城市现代化建设取得相当程度发展的工作目标，为实现这些目标，应做到：1.认真研究确立现代化城市的发展目标；2.研究人们生活进入小康水平时对城市基础设施现代化的需求。此外，鉴于我国东、中、西三大地带与大、中、小不同规模与类型的城市的发展阶段、水平不同，本次规划的修订还要因地制宜，区别对待，分类指导。

5 日，建设部以第 35 号部令发布《高等学校建筑类专业教育评估暂行规定》，自发布之日起实施。"暂行规定"包括城市规划专业在内的教育评估制度逐步建立。专业教育评估制度的建立旨在客观地、科学地评价我国高等学校建筑类专业的办学水平，保证和不断提高建筑类专业教育的质量，适应国际相互承认学历的需要。

15 日，国务院发出关于印发《国家八七扶贫攻坚计划》的通知。这个计划力争在 20 世纪内最后 7 年（从 1994 年到 2000 年），集中力量，基本解决目前全国农村 8000 万贫困人口的温饱问题。该计划指出：20 世纪 80 年代中期以来，国家在全国范围内开展了有组织、有计划、大规模的扶贫工作，实现了从救济式扶贫向开发式扶贫的转变。以该计划的公布实施为标志，我国的扶贫开发进入攻坚阶段。

16 日，国家计委和国家科委联合举行中外记者招待会，公开发布了《中国 21 世纪议程》。

21～26 日，由中国城市规划设计研究院和英国约克大学高级建筑研究所联合主办的"中英合作历史古城保护规划研讨班"在北京举行。研讨班就中英两国的保护规划思想理论面临的问题及东西方文化的差异、历史古城保护的立法和管理、历史古城和地段的保护规划、古建筑的新利用、绿化环境和旅游开发等方面，进行了充分而富有成效的交流和探讨。

25～27 日，"中国地理信息系统成立大会暨技术与管理经验交流大会"在北京召开，中国地理信息系统协会（简称中国 GIS 协会）在会上宣布成立。

27 日，全国城市土地价格理论研讨会在上海举行。来自全国的 70 多位专家学者指出：完善土地资源的宏观调控，必须科学地确定土地价格，防止国有土地收益流失。

27 日，"我喜爱的具有民族风格的新建筑"评选活动在首都规划建设委员会第 13 次会议上揭晓。民族文化宫、人民大会堂等 50 座建筑荣获"群众喜爱的具有民族风格的新建筑"的称号。

本月，湖南省长沙、株洲、湘潭区域规划通过省内外专家评审。长沙、株洲、湘潭是湘江流域成三角毗邻的三个城市，是湖南经济发达的核心区域，被称为湖南的"金三角"。湖南省政府组织有关单位的 200 多人经过一年多的努力，制定了《长株潭区域开发总体规划》，提出要把这个城市群建成全省工业、交通、金融、信息和商品流通中心，成为湖南改革开放示范区。

本月，北京大学出版的《中文核心期刊要目总览》公布，《城市规划》杂志被我国有关图书期刊研究部门评为建筑科学类专业的全国中文核心期刊。

本月，由中国城市规划设计研究院海南分院编制的《琼北沿海地区城镇群结构规划》在海口市通过专家评审。

五月

1～8 日，根据 1993 年 9 月台湾都市计划学会访问大陆期间签署的"纪要"，中国城市科学研究会派出以理事长廉仲为团长、北京市城市规划设计研究院院长柯焕章为副团长的 8 人代表团，赴台湾参加了"首届海峡两岸城市发展研讨会"，会议以"海峡两岸都市发展变迁与展望"为主题，对城市化、城市规划体系及管理体制、科学工业园区及新区的建设等问题进行了研讨，100 多人参加了会议。

6～9 日，经建设部常务会议批准，全国城市规划工作座谈会在上海召开。各省、自治区建委（建设厅）规划处长，直辖市、副省级市、部分省会城市规划局长等 70 多名代表参加了会议，建设部副部长叶如棠、上海市政府副秘书长吴祥明出席会议。建设部城市规划司司长邹时萌在会议开始时作了工作报告。会议主要就加强组织领导，推动城市总体规划修编工作，依法加强统一的规划管理和规划设计市场管理，加强城市规划机构、队伍和行业精神文明建设等进行了认真的交流和讨论。叶如棠副部长在会议结束时作了重要讲话，重点谈了对当前城市规划工作的几点意见：一、进一步提高对城市规划工作重要地位和作用的认识。党的十四大提出建立社会主义市场经济体制以来，城市规划工作的地位不断提高，城市规划的作用已被越来越多的人所认识。但是，在建立社会主义市场经济体制，国民经济持续快速发展的形势下，城市规划工作也受到多方面的冲击，面临着来自两个方面的新的挑战：一方面是大规模建设的挑战，有些地方规划编制工作的状况停留在 80 年代，广度和深度都不够。另一方面是房地产飞速发展的挑战。房地产业是一个新兴的产业，房地产法制建设和市场机制还不健全，这就必然给城市规划工作带来很大的冲击。要解决这个问题，一是要使房地产业尽快走上法制轨道，提高房地产企业素质，保证在规划的指导下搞房地产开发，二是城市规划要适当超前，不能让开发企业牵着规划走。二、提高城市规划的科学性，是确立城市规划权威地位的基础。城市规划权威性的基础是科学性，有科学的规划，才有规划的权威。如果规划编得不科学，就无法树立规划的权威。发展社会主义市场经济，对我国城市规划工作者来讲是一个新课题，需要对原来的城市规划理论、内容和方法认真加以研究，以适应社会主义市场经济发展的需要。再一个重要问题，就是城市规划要高度重视城市的环境问题，包括健全的生态环境和良好的历史文化环境，能够有效地指导近期建设的主要是控制性详细规划。各地在制定控制性详细规划时，要在科学性和可操作性上下功夫，确定的指标要考虑到适度的灵活性。三、加强城市规划管理，依法行政。加强城市规划工作，必须有一支人员齐备、政治素质和业务素质较高的规划队伍，否则，城市规划的权威地位就得不到保障。要进一步加强城市规划法制建设，依法行政。开发区规划的制定和实施必须执行《城市规划法》，必须符合城市总体规划。城市规划要实行集中统一管理，规划审批权不能层层下放。四、进一步推动城市规划科技的进步和新技术在城市规划领域中的应用。

10～11 日，中英城市规划教育评优交流研讨会在上海同济大学召开。英国皇家规划师协会规划教育评估委员会主席等 4 位高等院校有关城市规划专业的专家、教授参加了会议。建设部城市规划司、人事教育劳动司派员参加了交流研讨会。英方专家详尽地介绍了英国皇家规划师协会的机构设置情况和规划教育评估经验。

16 日，第四届世界大城市首脑会议在柏林市举行，北京市市长李其炎率团参加了会议。

16～22 日，应"中华海峡两岸文化资产交流促进会"会长吴永成先生邀请，由罗哲文任团长，单士元、郑孝燮为高级学术顾问的中国文物学会传统建筑园林研究会一行 13 人赴台参加了"中华海峡两岸传统建筑技术观摩研讨会"。

20 日至 6 月 27 日，应美国环境系统研究所（ESRI）的邀请，中国城市规划设计研究院罗成章副院长，院宇坤规划建设信息工程公司经理张志勇赴美参加了该公司第十四届全球用户大会，并进行了产品发布。

26 日，国务院环委会确定了淮河流域水污染防治方案。

本月，由山东城市科学研究会组织的山东省跨世纪城市发展战略研讨会在青州市召开。

本月，全国优秀工程勘察设计评选委员会以建设［1994］204 号文公布了第六届优秀工程设计获奖项目名单，共 190 项，其中金质奖 42 项，银质奖 58 项，铜质奖 90 项。城市规划行业共有 9 个项目获奖，其中银质奖 3 项，铜质奖 6 项。3 项银质奖为：沈阳市南湖科技开发区规划、天津电视塔区规划、常州丽华二村小区规划。

本月，云南省第八届人大常委会审议通过《云南省丽江历史文化名城保护管理条例》并正式颁布实施。这是云南省第一个名城保护地方法规。

六月

1 日，建设部与国家质量技术监督局共同颁布的《村镇规划标准》开始施行。

3 日，中国工程院成立。以工程技术专家为主体的最高荣誉性、咨询性学术机构"中国工程院"于 1994 年 6 月 3 日诞生。中国工程院院士首批有 96 位，其中来自建设系统的有 6 位，他们是王光远、刘先林、李德仁、张锦秋、周干峙、傅熹年。6 月 7 日召开中国工程院全体院士大会，选举朱光亚为院长。

3 日，建设部科技司聘请 9 名专家、教授组成鉴定委员会，对中国城市规划设计研究院主持的建设部"八·五"重点科研课题"陇海—兰新地带城镇发展研究"成果进行鉴定并给予了较高评价。该项研究历时三年。陇海—兰新地带东自连云港，西至阿拉山口，绵延 4000 余公里，涉及我国 10 个省区，92 个城市，面积 244.66 万 km²，人口 2.2 亿，该地带位于我国中部，地理位置重要，具有双向对外开放的优势，并且是我国能源、原材料的重要产地。课题通过研究地带区域发展条件、城市发展条件、地带重大建设项目建设与布局对城市发展的影响、地带综合交通运输条件和发展趋势、水资源状况和开发前景、地带生态环境和城市发展的关系等内容,结合国际政治经济形势的变化、全国经济发展战略和该地带内各省区的发展战略,提出了整个地带的发展战略目标和城市发展战略。发展战略是:以地带产业布局为依据,能源、原材料开发为动力,经济协作为纽带,"大陆桥"为发展轴,大城市为核心,节点枢纽城市为增长极核,相对集中成片地发展城市组团,逐步形成若干个城镇等级规模结构有序、布局合理、职能分工协调互补、城市环境良好的适应市场经济的城镇群。

10～17日,应朱镕基副总理的邀请,澳大利亚副总理兼住房和地区发展部长布赖恩·豪一行11人对我国进行了访问。在京访问期间,布赖恩·豪副总理于6月11日上午在钓鱼台国宾馆会见了中国城市规划设计研究院院长邹德慈、顾问总规划师陈占祥、副院长李兵弟、院长助理王凤武等8人。双方在热烈友好的气氛中就我国住房建设与城市发展问题交换了意见,并对今后的进一步交流与合作提出了建议。

12日,建设部颁发《风景名胜区建设管理规定》。

15日,建设部颁发《城镇体系规划编制办法》。

17～18日,国家土地管理局在广州召开"全国土地使用制度改革座谈会"。会议的议题是大力宣传土地基本国策,加强耕地资源保护,深化土地使用制度改革,培育和规范地产市场,促进国民经济发展。

18日,建设部发布《关于结合民用建筑修建防空地下室的若干规定》,自1994年7月1日起开始施行。

20～24日,风景环境规划设计学术委员会年会在辽宁省丹东市召开。会议以"改革开放与风景环境建设中的新问题"为主题。

本月,中共中央总书记、国家主席江泽民在广东、福建两省考察时指出,要高度重视和加强经济特区建设的总体规划,总体规划不仅必须有,而且要科学,要切实可行。有了科学的总体规划,才能防止、减少建设中的盲目性和损失。一个科学的总体规划本身就是财富,总体规划制定好了,就可以迅速转化为新的财富。

七月

5日,第八届全国人民代表大会常务委员会第八次会议审议通过《中华人民共和国城市房地产管理法》,自1995年1月1日起施行。

6日,中共中央政治局常委、全国政协主席李瑞环在长沙考察工作时提出:"长沙很有希望建成一个漂亮的山水城市。要严格把长沙规划好,把湘江两岸建设好、管理好。"

11 日，中国城市规划设计研究院科技委员会主持召开国家标准《城市规划术语标准》（送审稿）评审会。中国城市规划设计研究院为该国家标准的主编单位。

12～14 日，西南片区城市规划部门规划研讨会在贵阳市花溪风景名胜区召开。

13 日，"建设部城市住宅试点工作会议"在上海隆重召开。城市住宅小区试点是建设部 1987 年推出的一项旨在全面提高城市住宅建设质量的重要举措。会上，代表着我国城市住宅建设先进水平的 15 个住宅小区分获金、银、铜牌，受到建设部的嘉奖，有 14 个住宅小区获规划设计单项奖。综合奖中获得金牌奖的 8 个住宅小区分别是：上海市康乐小区、北京市恩济里小区、合肥市琥珀山庄南村、青岛市四方小区、成都市棕北小区、常州市红梅西村、济南市佛山苑小区、石家庄市联盟小区。规划设计单项奖中获得一等奖的 7 个住宅小区分别是：上海市康乐小区、北京市恩济里小区、合肥市琥珀山庄南村、青岛市四方小区、成都市棕北小区、常州市红梅西村、石家庄市联盟小区。

14～17 日，烟台市政府邀请美国、英国、日本、波兰、新加坡、中国香港 6 个国家和地区及国内的知名规划专家 14 人，参加了以"21 世纪的烟台"为主题的城市规划国际研讨会。

18 日，国务院发布《关于深化城镇住房制度改革的决定》，明确了城镇住房制度改革的基本内容，其中包括将住房实物福利分配的方式改变为以按劳分配为主的货币工资分配的方式，建立住房公积金制度等。

19 日，以日本建筑学会会长内田先生为团长的日本建筑学会代表团在建设部举行仪式，授予叶如棠副部长和吴良镛教授日本建筑学会荣誉会员证书和证章。据日方介绍，能够被授予日本建筑学会荣誉会员，对于日本人，须是在建筑学术理论方面有突出贡献的人士；对于外国人，则须是在国际建筑界有很高声誉，在建筑理论方面有突出成就的人士。

19～22 日，中国城市规划协会成立大会暨新技术应用经验交流会、城市规划行业职工政治思想工作研究会成立大会在北京举行。会上，中国城市规划协会宣告正式成立。建设部部长侯捷，副部长叶如棠、李振东，建设部特邀顾问、全国政协副秘书长周干峙，中国城市科学研究会理事长廉仲，建设部科技委主任储传亨，规划界的老领导曹洪涛等出席了开幕式。开幕式上，侯捷部长、叶如棠副部长发表了讲话。侯捷部长在讲话中阐明了城市规划协会的性质、任务、作用。中国城市规划协会是面向全国的、跨地区的城市规划行业的社团组织。叶如棠副部长提出了当前城市规划工作应着重抓好的几项工作：一、提高城市规划的科学性，做好城市总体规划的修编工作和控制性详细规划的编制工作。二、要进一步加强城市规划管理工作。三、加强对规划设计和城市勘测市场的管理，提高规划设计和城市勘测的成果质量。会议选举产生了中国城市规划协会第一届常务理事、理事长、副理事长。常务理事会研究决定成立七个分支机构作为协会的二级机构，即：①新技术应用学术委员会；②城市规划行业职工政治思想工作研究会；③城市规划设计协会；④城市规划管理委员会；⑤城市勘测分会；⑥规划教育委员会；⑦女规划师联谊会。闭幕式上，城市规划司司长邹时萌作了总结发言，协会当选理事长周干峙作了重要讲话。

八月

9～11日，两年一度的东北三省城市规划学术交流会第九届会议在大连举行。

11日，《城镇体系规划编制审批办法》经建设部常务会议通过，自1994年9月1日起施行。该办法所称城镇体系是指一定区域范围内在经济社会和空间发展上具有有机联系的城镇群体。城镇体系规划的任务是：综合评价城镇发展条件；制定区域城镇发展战略；预测区域人口增长和城市化水平；拟定各相关城镇的发展方向与规模；协调城镇发展与产业配置的时空关系；统筹安排区域基础设施和社会设施；引导和控制区域城镇的合理发展与布局；指导城市总体规划的编制。

12日，北京市城市规划学会在亚运村国际会议中心召开成立大会。

本月，陕西省建设厅颁布《陕西省村镇规划技术要点》。

本月，继1989年评出第一批全国勘察设计大师之后，又有120人被建设部授予工程勘察设计大师称号，这些人分别来自28个行业，其中有100名工程设计人员、20名工程勘察人员。

九月

2日，国务院第24次常务会议讨论通过《中华人民共和国自然保护区条例》，自1994年12月1日起实施。

7日，建设部城市规划司在北京召开了全国城镇体系规划编制工作座谈会。周干峙、吴良镛等区域与城市规划方面的著名专家和建设部副部长叶如棠，国家计委、科委、体改委等有关部门的代表参加了会议。与会专家认为，当今中国城市的发展正处于深刻的变革中：一方面，国家宏观经济体制的改革，使当今中国城市与区域的发展方式和空间格局发生了很大的变化；另一方面，国民经济的持续高速增长，大大加快了城市化的进程。在这种形势下，城市的规划、建设与发展出现了许多新问题：譬如相当一部分城市脱离自身实际条件把建成"大城市"、"国际化城市"作为自己的发展目标；城市间的产业结构重复，重要的基础设施布局不合理等。专家们认为，要从根本上解决这些问题，尽快制定一部具有指导意义的跨世纪的全国城镇体系规划是非常必要的。会议以建设部城市规划司提出的《"全国城镇体系规划"内容框架》（征求意见稿）为参考，对全国城镇体系规划的基本思路与内容框架进行了认真的研讨。

8 日，经国务院原则同意，建设部、国家计委、国家体改委、国家科委、农业部、民政部联合发出《关于加强小城镇建设的若干意见》，要求各地切实加强小城镇建设工作，按照发展社会主义市场经济的客观要求，规划、建设、管理好新城镇。《意见》指出，小城镇建设必须首先搞好规划，按照逐步实现农村现代化的要求，规划和建设小城镇。在规划的基础上，本着梯次推进的原则，明确发展小城镇的重点，并充分利用和改造现有的基础设施，增强其社会服务能力。有条件的地方先搞一两个试点，试点上的经验在面上开花结果。《意见》强调，小城镇建设管理体制，绝不能再走以往城市规模越大，政府包袱越重和城市人口越多、财政补贴越多的老路，切实按照统一规划、合理布局、综合开发、配套建设的精神和政企分开、政事分开、精兵简政的原则进行改革，实现精简、统一、高效的目标。

12 日，全国历史文化名城保护专家委员会成立暨第一次全体会议在北京举行。由建设部和国家文物局联合组织的这个专家委员会将对名城的保护与发展等关键问题提供决策意见。全国政协委员、中国工程院院士周干峙当选为主任委员。

15 日，国务院批准建立长江三峡经济开放区，并实行沿海经济开放区的政策。被列为长江三峡经济开放区的 17 个县市都属于三峡工程库区，包括湖北的宜昌、秭归、兴山、巴东，四川的巫山、巫溪、奉节、云阳、石柱、丰都、武隆、长寿、江北、巴县、开县、忠县和江津市。国务院还决定将宜昌市、万县市、涪陵市列为沿江开放城市，实行沿海开放城市政策。

16 ~ 18 日，第 14 届 EAROPH 世界规划与住房大会在北京国际会议中心召开。大会由中华人民共和国建设部、东部地区规划与住房组织、中国科学技术协会、联合国开发计划署等主办，有 17 个国家、地区和国际组织的 200 多名代表出席了会议。本届大会"以迈向 21 世纪的人类住区——问题和挑战"为总议题，就规划、住房与房地产开发的政策措施及实施战略、人类住区的可持续改善等五项议题进行了广泛的交流。

24 ~ 25 日，山东省建委在潍坊市召开了全省开发区城市规划管理工作会议。

27 日，由湖北省襄樊市城市规划局委托襄樊大学和西安冶金建筑学院联合举办的襄樊市城市规划大专班在襄樊大学举行开学典礼。

28 日，中国主办 1999 年国际建筑师大会的协议在马德里签字。中国建筑学会理事长叶如棠和国际建协主席杜罗在西班牙签订了《1999 年北京国际建筑师协会大会和代表会议协议》。

本月，四川省城市规划学术委员会与省建委规划处在新都县联合召开了"城市与开发区规划管理研讨会"。

十月

6日，《中国建设报》公布建设部制定的《建筑事业体制改革总体规划（1994—2000）》，《规划》共分9个部分66个条款。

6～8日，中国城市规划学会区域规划与城市经济学术委员会城镇体系规划学组成立会在浙江省绍兴县举行。城镇体系规划学组由北京大学周一星教授任组长，会议同时围绕在市场经济体制下区域规划和城镇体系规划的新任务、新理论和新方法以及如何规范区域规划术语等问题进行了学术讨论。

10日，中国城市规划协会规划管理委员会成立大会暨规划管理经验交流会在古城西安召开。建设部社团办批准并报民政部社团司备案，中国城市规划协会规划管理委员会正式成立。

10～13日，注册建筑师考试（试点）在沈阳建筑工程学院举行，有700多人参加考试，美国、英国、中国香港的观察团到现场观察。10月13日，美国全国注册建筑师注册管理委员会与中国方面就双方互相承认对方注册建筑师资格、互派人员考察事宜达成会议纪要。

17～19日，上海市规划工作会议在上海召开。中共中央政治局委员、上海市委书记、市长黄菊在会议上作了题为"新阶段、新起点、新蓝图：修订好迈向21世纪的城市总体规划"的重要讲话。这是上海第五次全市性的规划工作会议，也是市规划委员会成立以来的首次会议。

18日，中国城市规划设计研究院建院40周年庆祝大会在政协礼堂举行。中规院党委书记张启成主持了大会。院长邹德慈回顾了中规院40年的历程，总结了1983年重新建院以来的工作情况。建设部部长侯捷，副部长叶如棠、谭庆琏，建设部总规划师宋春华，总经济师杨思忠参加了大会。叶如棠副部长在会上发表讲话，他提出中规院应该成为国家一流的、现代化的城市规划设计研究院，希望大家为此而奋斗。参加庆祝大会的还有中规院高级技术顾问任震英、侯仁之、吴良镛、徐循初、赵士修，国家建委、建设部、城建总局不同时期的老领导孙敬文、邵井蛙、曹洪涛、秦仲芳、王文克、周干峙，建设部各司局和直属单位的领导，深圳市副市长李传芳，中规院各时期的老领导、老院友和老专家。

19日，中国城市规划学会、中国城市科学研究会、中国园林学会联合在京召开专家座谈会，以"立交桥——现代城市一景"为主题展开了热烈的讨论。周干峙院士主持了会议。专家们认为，立交桥的设计与建设，应以其功能性为主要目标。在满足其功能要求的前提下，首先要考虑它的造型与节约投资，还应充分考虑桥址地区的绿化。

19 ~ 22 日，全国建设系统精神文明建设工作会议和中国建设职工政研会第四次年会在九江召开。

20 ~ 22 日，建设部村镇建设司在河南省南阳市主持召开了"南阳、襄樊地区小城镇建设研讨会"。

27 日，建设部发出《关于加强城市地下空间管理的通知》。《通知》要求，各地城市规划部门必须加强对城市规划区内地下空间和各地下工程建设（包括人防地下工程）的规划与管理工作，使城市地下空间与地面建设协调配合，构成一个有机整体。目前个别城市由两个部门对地上和地下空间的开发建设分别进行规划和管理的做法，是不妥的，应予以调整。

下旬，来自 22 个省的 80 多个中小城市的市长汇聚湖北随州市，参加了"全国小城市经济社会发展研讨会"。会议以"走向 21 世纪的中国小城市"为题。

下旬，全国政协副主席钱伟长在结束对福州等 4 个历史文化名城的考察时指出，在发展社会主义市场经济的新形势下，各级领导同志应肩负起历史赋予的责任，切实保护好历史文化名城，促进现代化建设。在这次为期半月的考察中，钱伟长率领全国政协教育文化委员会、建设部、国家文物局等部门的 10 位专家学者先后考察了苏州、杭州、泉州和福州 4 个历史文化名城。钱伟长对这 4 个历史文化名城正在规划或开始实施的"建设新区，保护古城"的做法和经验给予肯定，认为这是名城保护的一条可行之路。

本月，由建设部、人事部委托烟台市规划局、北京市规划局、北京市规划院举办的第 8 期全国城市规划高级研修班在烟台结束。参加本期研修班的有来自山东等 10 个省、直辖市的 29 个城市的规划局长、院长、总工、高工等共 32 名学员。建设部邹时萌司长、汪德华助理巡视员和人教劳动司李竹成副司长分别出席了开学与结业典礼。本期高研班的主题是跨世纪城市发展战略与城市总体规划修订。

本月，《城市发展研究》杂志创刊。

十一月

2 ~ 4 日，国务院在北京召开全国建立现代企业制度试点工作会议。

4 日，北京市召开坚持"分散集团式"布局，制止城市带状发展研讨会，北京市领导在会上强调，《北京城市总体规划》十分重要，关键是要贯彻、执行、落实规划，保证规划的实现。

5 日，中国城市规划学会新技术应用学术委员会主任会议在京举行。

7 ~ 12 日，由英国园林学会、美国园境师规划学会和日本园景规划师学会联合举办，汇聚世界 30 个国家的环保专家于一堂的盛会——"城市发展与环境"世界大会，在香港会议展览中心举行。这次大会的主要目的是探讨世界城市发展对环境迅速增长的影响，交流在环境污染的总监控方面的经验和技术发展，鼓励各国政府、非政府组织和社团更紧密合作处理环境问题等，因而被国际环保界视为1992 年巴西里约热内卢地球高峰会的延续。这次会议得到了各国政府和知名人士的支持，英国威尔士亲王、菲律宾总统夫人均出席会议并致辞。来自中国 20 个省市的近 200 名代表出席了会议，全国人大环境保护委员会会长曲格平博士、建设部顾问周干峙院士担任大会副主席并作了重要学术报告。北京、上海、重庆、广东等省市的代表亦在大会上发言。

8 ~ 11 日，京、津、沪、穗、渝、芜六城市规划系统青年"红棉杯"科技论文交流会在穗举行。

15 ~ 18 日，中国城市规划学会历史文化名城规划学术委员会和衢州市人民政府，在浙江省衢州市联合召开了历史文化名城保护研讨会暨历史文化名城学委会 1994 年年会。会议以"历史地段保护和当前面临的问题"为主题进行了学术讨论和经验交流。

16 日，上海浦东新区规划工作会议召开。

18 ~ 26 日，应澳大利亚政府和经济发展合作组织的邀请，中国城市规划设计研究院院长邹德慈等一行两人前往墨尔本参加了"城市与新全球经济国际大会"和"亚太城市展览会"。邹德慈院长在大会上作了题为"中国改革开放及其对城市规划的影响"的报告，并在展览会上展示了近几年来中国城市规划设计研究院所承担的重要项目及中国城市近几年来的发展。

25 ~ 29 日，中国城市规划设计研究院城市规划设计所和中国房地产及住宅研究会联合举办的"我国社会主义市场经济条件下的城市规划专题研讨班"在北京举行，来自黑龙江、辽宁、内蒙古、天津、江苏、湖南、广东、山西、新疆等省、市、自治区的 20 多位从事城市规划设计、管理、研究的专业人员参加了学习、研讨。

27 日至 12 月 8 日，应英国约克大学邀请，中国城市规划设计研究院院长邹德慈等人赴英参加了在英国伍尔弗汉普顿市召开的关于中国保护及发展课题的国际大会。邹德慈在会上作了《中国历史文化名城保护问题》的报告。大会对中国目前经济快速发展带来的一些问题进行了讨论。

28 日至 12 月 1 日，全国城市规划科技情报网 1994 年年会暨中国城市规划学会秘书工作会议在广西壮族自治区北海市召开。

十二月

13 ~ 17 日，中国城市交通规划学术委员会在上海市召开"94 年会暨学术交流讨论会"。

14 日，世界上最大的水利枢纽工程——长江三峡工程正式开工。三峡工程是一项具有防洪、发电 、航运等巨大综合效益的工程，经过长达 40 年的论证，由七届全国人大五次会议批准，又进行了近两年的施工准备，才最后开工。库区移民及城镇迁建规划逐步实施。

16 ~ 18 日，中国城市规划协会规划设计分会在北京国际会议中心召开成立大会。大会讨论了"关于规划设计市场情况的调查报告"，大会讨论并原则同意发表《走向 21 世纪的规划师宣言》。

本月，中国城市规划协会女城市规划师联谊会成立。

本年度出版的城市规划类相关著作主要有：《天津市城市规划志》（天津市城市规划志编纂委员会编著）、《城市建设规划管理法规文件汇编》（北京市城市规划管理局编）、《城市规划中的工程规划》（王炳坤编）、《反吸引体系：现代城市规划理论》（张承安著）、《新兴中小工业城市规划》（华揽洪著）。

1995 年

一月

4 日，四川省长江三峡库区的丰都、万县、云阳等 10 个需要搬迁的城镇新址已全部选定。

8 日，北京经济技术开发区已被批准为国家级开发区。开发区位于北京东南郊，京津塘高速公路两侧，总体规划面积 30km^2，一期开发 15km^2，起步区 3.25km^2。

14 日，国务院批转《中国计划生育工作纲要（1995—2000）》，并发出通知，指出：实行计划生育是我国的基本国策，也是一项长期、艰苦的战略任务。

14 日，建设部批准《城市道路交通规划设计规范》（GB 50220—1995）为强制性国家标准（1995 年 9 月 1 日施行）。

16 日，我国第一部大型综合性城市图集《中国城市地图集》首发式在京举行。《图集》收编了 1949 年至 1989 年全国 450 个设市城市的市域图、市区图、城址变迁和用地扩展图、鸟瞰图片和中英文对照情况简介（暂未包括台湾省和香港、澳门地区），形象地反映了城市的自然环境和人文地理特征。

17 日，全国建设工作会议在北京召开，侯捷部长在会上作了题为"统一认识，扎实工作，确保建设事业持续稳定协调发展"的报告。侯部长在报告中强调指出：要集中力量搞好跨世纪城市规划的修订工作。在城市总体规划的修订、调整工作中，既要面对现实，又要面向未来，按照与经济社会发展"九五"计划和 2010 年发展规划相协调，逐步实现现代化的要求搞好规划编制。要进一步搞好控制性详细规划，制定土地使用的相应法规和控制指标，引导房地产开发进一步规范化、科学化。城市设计要体现民族传统、地方特色和时代精神的有机结合，重视单体建筑的造型、体量、色彩、艺术风格与整个街景和城市风貌的协调。

18 日，建设部与人事部联合颁布了《一级注册建筑师考试大纲》。《大纲》共 9 个部分，包括了设计前期工作，场地设计（知识），建筑设计（知识），建筑结构，环境控制与建筑设备，建筑材料与构造，建筑经济，施工与建筑业务管理，建筑设计与表达（作图），场地设计（作图）等。

26 日，南京城市总体规划（1991—2010）获国务院正式批准。

本月，全国历史文化名城专家委员会在京召开会议。会议讨论通过了《全国历史文化名城保护专家委员会章程》和《中国历史文化名城保护白皮书》框架。

本月，黑龙江省建委在肇东、阿城两市召开了"小城市风貌特色研讨会"。

本月，中国城市规划设计研究院与韩国国土开发研究院签署了合作协议书。协议商定两院将进行最新学术信息的交流，在资金可能的情况下在相关领域内开展合作研究，针对共同感兴趣的课题，联合组织学术研讨会等。

本月，第四届全国青年城市规划论文竞赛的评选工作在北京结束，共评出一等奖 2 名、二等奖 3 名、三等奖 5 名和佳作奖 5 名。南京市城市规划院周岚的《走向新秩序——转轨期中国城市规划的现实与展望》和武汉城建学院洪亮平的《创造明日的山水城市——山水城市空间意象探索》获得一等奖。

二月

2～24 日，应美国北美华人运输协会的邀请，中国城市规划设计研究院交通规划设计研究所所长李晓江等一行两人，赴美参加了亚太交通发展会议，并对美国的 5 个主要城市进行了考察。

13 日，建设部科学技术委员会主持召开了城市防灾对策座谈会。与会者就我国应如何从日本阪神大地震中吸取教训和经验进行了座谈讨论。

16日，国务院办公厅下发《关于转发国务院住房制度改革领导小组国家安居工程实施方案的通知》（国办发〔1995〕6号），标志着国家安居工程正式启动。

24～28日，建设部在福建省召开全国村镇建设管理工作会议。

27日，中共中央、国务院发出《关于深化供销合作社改革的决定》。

28日至3月2日，全国城市规划工作座谈会在天津市召开。各省、自治区建委（建设厅）规划处、首规委办公室、直辖市规划局的负责同志参加了会议。这次会议的主要内容是：研究并安排今年的城市规划工作；具体部署将于今年召开的全国城市规划管理工作会议的有关事宜；部署4月1日前后纪念《城市规划法》施行五周年宣传活动。建设部城市规划司邹时萌司长在会上讲了话。

本月，在《中华人民共和国城市规划法》实施五周年之际，建设部常务会议决定将1995年4月至1996年4月定为"城市规划年"，把抓好城市规划工作列为建设部的首要任务。

三月

1日，国务院发出《关于深化企业职工养老保险制度改革的通知》。

1～8日，由建设部村镇建设司主持的全国乡村城市化试点县（市）乡镇长研讨会在厦门市召开。会议主要就小城镇如何按照城市化、现代化、社会化的要求来规划建设以及在当今形势下乡镇长怎样抓好村镇规划及管理工作进行了研讨学习，交流了经验。

16日，来自不同行业的近30位专家汇聚在建设部，专题研讨了私人小汽车发展与城市发展的问题。这次座谈会是由中国城市科学研究会组织召开的。中国城市科学研究会理事长廉仲出席了会议，并在最后作了发言。

19～24日，经国务院批准，应建设部部长侯捷邀请，联合国助理秘书长、联合国第二届人类居住大会秘书长恩道博士一行对我国进行了正式访问。

29日，《中华人民共和国城市规划法》实施5周年之际，建设部在人民大会堂湖北厅召开了有关领导、专家和学者等参加的纪念座谈会。到会的有全国人大副委员长李沛瑶，全国政协副主席钱伟长，全国人大常委会委员、财经委员会委员莫文祥，全国人大法律委员会副主任邹福肇，国务院办公厅石秀诗，国务院法制局副局长徐玉麟，建设部部长侯捷，副部长李振东，全国人大法工委房维廉，中科院院士、全国政协副秘书长、建设部特邀顾问周干峙，中科院院士、清华大学教授吴良镛，北京市政府秘书长范远谋，副秘书长陈书栋，首都规划建设委员会办公室主任赵知敬，国家文物委员会委员、建设部、国家文物局历史文化名城专家委员会副主任郑孝燮。此外，建设部、首规委、北京市规划局、北京市规划设计研究院、中国城市规划设计研究院、中国城市规划协会、中国城市规划学会等有关单位的领导、专家共 70 多人出席了座谈会。座谈会由李振东同志主持，侯捷等领导和专家畅谈了过去 5 年《城市规划法》对我国城市建设和管理所起的巨大作用，同时对目前存在的实际问题提出了有建设性的建议。侯捷指出，《城市规划法》是指导城市建设的重要手段。在过去的 5 年里，全国依法审定用地项目、房地产开发项目等共 400 万件，同时也查处了一批违法用地或占地案件，可以说我国的城市建设活动已基本走上了法制的轨道。《城市规划法》实施 5 周年之际，我们要好好回顾一下过去 5 年走过的路，认真检查一下执法情况，并严肃处理那些违法行为和案件。

李沛瑶指出，我们正处在计划经济向市场经济过渡时期，管理上也由过去的政策手段即人治向法治转变，作为城市管理部门，今后首先要严格执法。现在全国各地乱占耕地，乱搞开发区的现象比比皆是，应依法进行整顿。第二，法要随发展不断完善。只有完善法律，才能保证城市更好、更健康地发展。第三，要提高规划管理的科学性。钱伟长在发言中指出，《城市规划法》实施的 5 年，正是国家经济建设飞速发展的时期，一些错误的观念也带到了城市中来。之所以观念不清，是因为新任的领导没学过或没学好这个"法"。今后要加强《城市规划法》的宣传与学习。其次，要追究过去 5 年违法行为或事件的责任者。对于法盲者，只要认错改错，可以从宽，对于那些知法犯法者，要从严处理。要动员人大、政协及地方来追究违法责任，运用法律武器来解决问题。周干峙在会上谈了四点感想：第一，《城市规划法》对我国城市建设的顺利进行起了重要作用。第二，城市规划所起的宏观调控作用不能忽视。第三，目前许多城市的规划面临着失控的危险。第四，为迎接 21 世纪，贯彻持续发展的全球目标，必须深化规划，强化管理，进一步完善《城市规划法》。吴良镛认为，5 年前颁布的《城市规划法》是几十年痛苦教训和宝贵经验的结晶，得之不易。它是建立在科学基础上的，应该捍卫和推行它。其次，《城市规划法》是规划思想、实践和管理的综合产物，需要不断完善，但它是一个漫长的过程。再者，我国城市化正处在加速发展时期，各种体制也处在转轨时期，面临新的混乱状况，不少人钻法律的空子，并且有法不依，执法不守法，对此不能听之任之，必须强调法律面前人人平等。邹福肇指出，《城市规划法》与全国城市、建制镇的建设关系重大，在过去 5 年，取得的成就是很大的，但还应该继续研究市场机制下如何搞好规划和建设。与其他法相比，《城市规划法》的宣传工作做得不够，还应花点力气。目前最大的也是普遍的问题还是必须做到有法必依，执法必严。郑孝燮认为，当前，"护法"是个主要问题。针对现状有法不依，以权代法的状况，可参照《文物保护法》的做法，制定国家级的"城市规划法实施细则"。仅有"母"法是不够的，还应逐步形成一个体系。此外，进行《城市规划法》实施5周年执行情况的调查，必要的话请人大、政协参与，最后将调查报告上呈中央，并让宣传媒介介入评论，形成自觉守法、执法的意识。

30日，为加强风景名胜区保护和管理工作，制止在风景名胜区内违章建设等行为，国务院办公厅发出《关于加强风景名胜区保护管理工作的通知》。《通知》要求，风景名胜资源是珍贵的、不可再生的自然文化遗产，要正确处理好经济建设和资源保护的关系，把保护风景名胜资源放在风景名胜区工作的首位，坚持严格保护、统一管理、合理开发、永续利用的原则，保障风景名胜区事业健康发展。风景名胜区是风景名胜资源集中、环境优美、供广大群众游览的场所，其性质不得改变，并不准在风景名胜区景区设立各类开发区、度假区等。

30日，北京市城市规划学会城市设计与古都风貌保护规划专业学术委员会、城科会、历史文化名城委员会和市文物局在北京国子监街联合召开了"国子监街历史文化保护区整治规划工作研讨会"。

31日至4月2日，由江苏省规划院和南京市规划院赞助、中国科学院南京地理研究所发起并组织的"城市现代化与国际化1995国际学术讨论会"在南京市召开。专家们预测，上海、北京、广州在21世纪中期有可能成为亚太地区的国际性城市。

31日至4月2日，建设部城市规划司在郑州主持召开了国家标准《城市规划术语标准》（送审稿）审查会。

四月

10日，建设部副部长叶如棠出席了第20期全国市长研究班结业典礼并讲话。叶如棠同志在讲话中重点强调了城市规划的重要性。

17日，1995年全国土地利用计划正式下达。开发区新征用地和土地使用权出让新征用地正式纳入国家计划的"大盘子"。

18～20日，中国城市规划协会规划设计分会东北地区1995年年会在沈阳市举行。这次会议的主要内容是探讨规划设计单位体制与发展方向以及《规划设计收费标准》的修改问题。在讨论设计单位的体制改革问题时，代表们有三种意见：一是维持事业单位编制不变，主要经费靠政府拨给；二是完全变成企业，积极参与市场竞争；三是实行"一院二制"既能较好地完成指令性任务，又有参与市场竞争的能力。代表们认为，《规划设计收费标准》应进行调整和修改。会议建立了东北片组织机构。

20～21日，东北三省《城市规划法》实施情况汇报会，在沈阳召开。

25日，中国政府代表团团长、中国建设部副部长毛如柏在肯尼亚首都内罗毕联合国第二届人居大会第二次筹备会议上发表讲话指出，解决人居问题需要国际社会的通力合作。

本月，西北五省区《城市规划法》实施五周年座谈会在兰州召开。

本月，中国城市规划设计研究院理论与历史文化名城研究所所长赵中枢赴菲律宾参加了由联合国教科文组织世界遗产中心、菲律宾联合国教科文组织全国委员会等单位组织的"亚洲稻梯田文化景观专题研究国际会议"。

五月

3～4日，建设部城市规划司在京召开了注册城市规划师制度研讨会。出席研讨会的有来自北京、天津等市规划局、院，同济大学、清华大学以及建设部的有关教授、专家和官员。建设部叶如棠副部长听取了大家的讨论并对在中国实行注册城市规划师制度作了讲话。建设部人事司、设计司有关领导介绍了建设领域实行注册制度以及建设部实行注册建筑师的情况。在城市规划领域实行注册制度，是深化城市规划体制改革，提高城市规划管理、设计水平，强化城市规划严肃性的一项重要工作，同时也是贯彻中共中央关于经济体制改革决定的一个重要步骤。大家认为，针对城市规划领域目前的状况以及对实行注册制度的客观要求，争取用4至5年左右的时间完成注册城市规划师制度的建立是可行的。这次研讨会标志着建立有中国特色的注册城市规划师制度的工作已经起步。

5～8日，小城镇规划学术委员会1995年度学术研讨会在河北省正定县举行。这次学术研讨会的主题是社会主义市场经济体制下县（市）域的城市化进程和城镇规划建设问题。

6日，中共中央、国务院作出《关于加速科学技术进步的决定》，提出科教兴国的战略。5月26日至30日，中共中央、国务院在北京召开全国科学技术大会。江泽民在大会上指出：党中央、国务院决定在全国实施科教兴国战略，是总结历史经验和根据我国现实情况所作出的重大部署。

7～11日，由西北大学城市建设与区域规划研究中心和中德企业管理研究所联合召开的"中国乡镇企业发展与小城镇建设研讨会"在西北大学国际文化交流中心举行。

10～12日，中国城市规划学会部分资深会员联谊会在广东中山市召开，会上听取了中山市介绍的该市的城市规划建设管理经验和城市总体规划。老专家们对中山市、珠海市城市规划、建设情况进行了考察，并进行了中肯的座谈。

17日，由广东省建委主持编制的《珠江三角洲经济区城市群规划》通过了专家评审。《珠江三角洲经济区城市群规划》是以"高起点、高标准规划，加快珠江三角洲经济区现代化建设"为指导思想，立足于协调城市的职能、规模结构和空间组织，构造合理城镇体系的规划目标，按照突出重点，提高科学性、超前性和可操作性的要求进行编制的。《珠江三角洲经济区城市群规划》对珠江三角洲城市发展的现状、特点及存在的问题进行了回顾、分析，提出了建设"一个整体——珠江三角洲城镇体系，二个核心——广州核心和深圳核心，三个大都市地区——大广州和珠江口东岸、西岸都市地区"的城市群空间发展战略。

19日，为了纪念中国城市规划专业的创建人、我国第一代城市规划师、著名的城市规划教育家金经昌教授，弘扬金经昌先生严谨治学、教书育人的精神，促进我国城市规划教育水平的提高，推动城市规划学科的发展，我国第一个城市规划教育基金组织——"金经昌城市规划教育基金会"在同济大学校庆88周年之际正式宣告成立。金经昌教授是我国著名城市规划专家。1946年底，"二战"的硝烟刚刚散去，金先生即离开生活多年的德国返回祖国，参与编制了著名的"大上海都市计划一、二、三稿"，并出任同济大学工学院教授，在国内首先开出了"都市计划"课，介绍当时一些新的规划理论。新中国成立不久，金先生预见了新中国大规模建设的需要，为筹办中国城市规划专业四处奔走，终于在1952年在同济大学建立了我国第一个城市规划专业，40多年来为我国培养了数千名城市规划和风景园林规划的专业人才。现在，同济大学城市规划专业已成为我国城市规划教学与科研的重要基地，1989年获得了国家教委颁发的"优秀教学成果国家级特等奖"的嘉奖。"金经昌城市规划教育基金会"将致力于推动我国城市规划理论与实践的发展。

20～22日，长江中、下游沿江省、市第七次城市规划学术研讨会在九江市召开。江西、江苏、安徽三省及上海市的城市规划学会和规划管理、设计单位的代表41人参加了会议。会议以市场经济体制下城市总体规划修编及规划文本的编写为主题，进行了研讨。

25日，"云南历史文化名城特色与保护"研究课题通过了云南省科委主持的专家评审。该课题对云南的名城分布及其在全国名城中的地位进行了比较研究，较为准确地把握了各名城的特色、地位和作用；对名城保护的概念、意义、内容和对策作了全面的阐述，并有针对性地提出了保护云南名城的10条建议。

本月，经建设部人事劳动司批准，中国城市规划设计研究院国际合作与培训中心成立。该中心的主要任务是根据国家和建设部对城市规划的要求，组织全国各地城市规划部门的专业技术人员和管理人员开展国际培训，举办城市规划及相关领域的各种国内、外培训班（会）。中国城市规划设计研究院是建设部直属单位中目前唯一取得国务院外国专家局授予"事业单位、社会团体组织派遣团组和人员赴国（境）外培训工作资格证书"的单位。

本月，建设部发出了《关于开展城市规划设计资质年检及城市规划设计管理调查的通知》。

本月，建设部发出《关于开展"城市规划年"活动的通知》，通知要求集中力量做好以下几方面的工作：1）加强领导，切实保证"城市规划年"活动的实施；2）进一步做好《城市规划法》的宣传工作，提高各级领导和全社会的规划意识和法制观念；3）抓紧做好城市规划的编制；4）统一行动，加大执法力度，开展清查处理违法建设活动；5）要依法加强对于城市郊区特别是城乡结合部统一的规划管理；6）健全规划机构，充实规划队伍，进一步提高规划管理水平；7）开好全国城市规划管理工作会议。

六月

8日，建设部颁布实施《城市规划编制办法实施细则》，该细则是各级规划设计、管理部门必须遵循的部门技术行政法规，它统一了城市规划技术文件的内容和深度，是和《城市规划编制办法》配套的具体规定。该细则的实施统一了各个城市在编制各阶段规划时的深度，使规划设计部门在规划工作中有章可循，另外，也为规划的审批和管理部门提供了一部技术行政法规。

27日，《中国设市预测与规划》课题通过民政部组织的科技成果鉴定。《中国设市预测与规划》总报告，依据国家经济社会发展的跨世纪战略，系统分析了我国城市发展的历史、现状以及设市工作的经验与教训，提出了设市工作的指导思想和基本原则，预测、规划了设市时序、空间布局，展望了城市体系。根据报告提出的设市规划方案，我国城乡行政区划结构将发生显著变化，市占市县总数的比重将由1994年的26.3%上升到2010年的42.6%。今后设市空间战略布局是：近中期在适当照顾中西部的同时，将东部地带作为设市的重点，远期设市重点逐步向中部地带转移，西部地带设市重点是扶持一些条件较好的地方中心城镇、大型自然资源开发区和边贸城镇。

27～28日，中国城市规划学会区域规划与城市经济学委会城市经济学组成立大会，在广西北海市召开。

29日，建设部部长侯捷签发第44号部令，发布《建制镇规划建设管理办法》，自1995年7月1日起施行。

八月

1 日，"中日合作环渤海地区城市发展学术讨论会"在日本举行，中国城市规划学会副理事长兼秘书长夏宗玕、常务理事刘诗峋应邀参加了会议，夏宗玕在会上作了题为"中国环渤海地区城市发展宏观介绍"的特别报告。由日本北九州都市协会组织的为期三年的中、日、韩环渤海（黄海）城市发展、规划比较研究课题顺利结束。

9 ～ 10 日，由建设部城市规划司、中国城市规划协会和清华大学联合组织的城市规划职业体制建设国际研讨会在清华大学建筑学院举行。应建设部邀请，美国城市规划协会（APA）现任主席理查德·科德（Richard Codd）先生，美国公共关系研究所李晓全先生以及日本城市综合研究所加藤源先生，日本富士综合研究所市川宏雄先生作为外国专家参加了研讨会。建立注册城市规划师制度是为城市规划行业深化职业体制改革的一项主要内容，参加会议的 4 位外国专家分别介绍了美国、日本注册规划师的情况和行业协会状况，并对中国建立注册规划师制度提出了有益建议。

14 ～ 16 日，由国家计委产业经济与技术经济研究所、中国科学院地理研究所和日照市人民政府联合举办的港口、城市、区域发展国际研讨会在山东省日照市召开，来自美国、澳大利亚、加拿大、日本、韩国、中国香港等国家和地区的 11 位专家及国家、省有关部门的专家和大陆桥沿线晋、豫、鲁有关市地负责人共 60 多人出席了会议。随着侯（马）月（山）铁路的建成，新亚欧大陆桥的北通道日照—西安铁路正式开通。国家计委、科委外经贸部联合批复，正式确立日照市为继连云港之后我国又一新亚欧大陆桥的东方桥头堡，这一地位的确立，为日照市的发展带来了历史性机遇。会议就国际上港城及区域发展的新理论、新经验，面向 21 世纪的中国海港、城市及区域发展问题，发挥新亚欧大陆桥的作用及陆桥经济带的开放开发问题进行了论文宣读和研讨。

16 ～ 21 日，建设部城市规划司主办，中国城市规划设计研究院和北京市城市规划设计研究院协办的"1995 年城市交通发展与规划研讨会"在北京举行。研讨会按内容分三个阶段进行：第一阶段进行了城市交通发展与规划学术讨论；第二阶段为各层次城市交通规划项目技术交流；第三阶段就《城市交通规划编制办法（讨论稿）》进行了讨论。

29 ～ 31 日，由民政部和中国行政区划研究会组织的中国国际都市化研讨会在广东顺德市召开。会议主要就"国际都市化比较研究"、"中国城市化模式"、"中外都市化管理体制的比较"、"大都市管理的基本经验与方法"及"珠江三角洲都市圈的问题"等进行了探讨。

本月，1995 年度甲级规划设计单位资质年检工作结束，全国 74 个甲级城市规划设计单位全部参加了资质年检。中国城市规划设计研究院、北京市城市规划设计研究院、上海市城市规划设计研究院、四川省城乡规划设计研究院等 4 个单位技术评分和综合评分为优秀，65 个单位被评为年检合格单位；有 3 个单位年检不合格，被责令限期整改，一年后复检；有 2 个单位被降为乙级规划设计单位。

九月

5 日，中英合作历史古城保护规划比较研究课题在山东济南市召开研究成果交流会。该课题自 1993 年开始，分别由中国城市规划设计研究院和英国约克大学高级建筑研究所牵头进行。

9 ~ 13 日，应中国城市规划设计研究院邀请，加拿大 INRO 公司副总裁、加拿大著名交通规划专家费洛里昂博士一行 3 人对该院进行了访问。

9 月 14 日，以日本都市计划学会副会长户沼幸市先生为团长一行 14 人在中国考察访问期间来到中国城市规划学会，副理事长邹德慈、夏宗玕，副秘书长戴新芳等接见。

18 ~ 21 日，为推动“城市规划年”活动的深入开展，中南部分城市规划研讨会在郑州市召开。来自上海、南京、杭州、苏州、海口、肇庆、重庆、成都、武汉、长沙、贵阳、昆明、北海以及郑州、洛阳、开封等 16 个城市的 40 多名城市规划界的领导、专家参加了会议。

18 ~ 19 日，河北省建委和唐山市政府联合主持召开了“唐山市城市总体规划纲要评审会”。这是唐山继 1976 年“唐山市震后恢复建设规划”和 1985 年“唐山市城市建设总体规划”之后进行的城市总体规划修编工作，其修编的直接背景是：京唐港的兴建、市域“新三角”格局的初步形成以及军用机场决定搬迁，为中心区发展提供了新的开拓空间。修编的重点是含机场用地在内的城市中心区。

25 ~ 28 日，中共十四届五中全会在北京举行。全会审议并通过了《中共中央关于制定国民经济和社会发展“九五”计划和 2010 年远景目标的建议》。全会强调，实现“九五”计划和 15 年远景目标，关键是实行两个具有全局意义的根本性转变：一是经济体制从传统的计划经济体制向社会主义市场经济体制转变；二是经济增长方式从粗放型向集约型转变。

十月

9 日至 11 月 4 日，受建设部城市规划司与人事教育劳动司委托，南京大学城

市规划研究所举办了首期城镇体系规划培训班，来自 18 个省、市、自治区的 38
名学员参加了首期培训。培训班的授课内容包括城镇体系规划的基础理论、我国
城镇体系规划的实践及问题、城镇体系规划编制的内容和方法、规划文本的编写、
规划图件的编绘等。

10 日，全国小城镇地改座谈会在湖北监利召开。国家土地管理局副局长刘文
甲在会上要求各地土地管理部门抓紧落实签发的小城镇综合改革试点意见精神，
尽快制定出与小城镇综合改革相配套的土地使用制度改革试点方案。

12 ~ 13 日，第一届区域规划国际学术会议在上海浦东新区召开。这次会议
是由中国外国专家局、德国大众基金会、中国城市规划设计研究院、德国斯图加
特大学以及中国华东工业大学联合举办的。这次会议的主题是"区域发展的多方
案的研究方法及经验"。会上共宣读了 11 篇论文。一些欧洲国家的专家介绍了本
国的区域规划方法和经验，欧共体官员介绍了欧洲 2000 年的展望。

17 日，中国城市规划学会在古城西安召开了"旧城更新"座谈会。与会代表
分析了当前形势，针对我国当前旧城更新的政策利弊、规模大小、进度快慢、标
准高低、与古城保护的关系乃至建设资金、管理体制等问题作了深入探讨。代表
们认为，城市更新是一个长期持久的过程，研究领域极为广泛，涉及政策法规、
城市职能的转变、产业结构调整、土地利用、交通组织、环境治理、城市特色的
创造、历史文化古迹的保护及改造更新过程中经济效益、环境效益、社会效益统
一等各方面，是一个需要长期系统研究的重要题目。

19 ~ 20 日，由中国城市规划学会和标旗环境企业集团主办的"走向生态文
明的人居环境——纪念刘易斯·芒福德诞辰 100 周年学术讨论会"在中国城市规
划设计研究院召开。美国著名学者刘易斯·芒福德（Lewis Mumford，1895.10.19—
1990.1.26）是一位久负盛誉的城市理论家、社会哲学家，是人本学术思想的优秀
传统的继承者和现代环境保护事业的理论先驱之一。会议在中国城市规划学会副
理事长邹德慈博士致开幕词后，宣读了索菲娅·芒福德夫人给大会的感谢信、大
会致索菲娅·芒福德夫人的贺信和美国纽约州立大学芒福德研究中心主任雷·布朗
利教授的书面发言《我个人对刘易斯·芒福德的纪念》。会上共 17 人作了学术报
告，其中直接介绍芒福德学术思想的论文有中国城市规划学会理事长吴良镛院士
的《芒福德学术思想对于人居环境学的启示》，北京城市规划管理局离休干部倪
文彦的《捍卫人类的勇士》和中国城市规划设计研究院高级城市规划师金经元的
《刘易斯·芒福德——杰出的人本主义城市规划理论家》。此外，还有重庆建筑大
学黄光宇教授的书面论文《城市之魂》。会议向为介绍芒福德思想做出贡献的人员
颁发了荣誉证书。获得证书的有芒福德的名著《城市发展史》的两位译者倪文彦、

宋俊岭，中国建筑工业出版社的编审吴小亚，台湾建筑与文化出版社的总编辑戴吾明，《芒福德和他的学术思想》的作者金经元。

22 日，全国城市地下空间规划建设研讨会在西安召开。与会代表讨论了《全国城市地下空间规划建设管理规定》（草稿），交流了各地地下空间综合开发利用的经验，探索了适应现代化城市发展需要的地下空间利用的新路子。

22 ~ 26 日，中国传统建筑园林研究会第八届学术研讨会在历史文化名城曲阜市召开。

24 日至 11 月 7 日，中国城市规划学会与中国城市规划设计研究院计算信息所合作在河北省涿州市举办了首期计算机辅助城市规划设计培训班。培训内容：计算机系统简介和 DOS 操作系统的基本命令；DOS 操作系统的外部命令和计算机病毒常识；AUTOCAD 的安装、配置和基本实体绘图；AUTOCAD 图形编辑及修订；AUTOCAD 图形的输入、输出；三维绘图。

28 日，清华大学人居环境研究中心（以下简称中心）在清华大学召开成立大会。中心由清华大学领导与水利、土木、建筑、环境等学科的负责人共同酝酿并组织发起，中心将自觉从事广义综合学科的探索，使原有学科领域得到丰富、拓展、交叉和综合。大会决定中心主任由吴良镛同志担任。

十一月

7 ~ 14 日，全国城市勘测航空遥感信息学术研讨会在海口市召开。

8 ~ 10 日，由建设部、财政部、中国人民银行、世界银行和亚洲开发银行等 5 个单位联合主办的"中国城市交通发展战略国际研讨会"在北京举行。本次研讨涉及以下专题：城市机动车化、交通运输管理体制、公共交通、自行车交通、大众快速客运系统、公交企业改革、交通基础设施民间融资、交通基础设施使用收费、土地利用—交通模式、交通规划的作用等。

11 ~ 14 日，首次全国一级注册建筑师考试于 11 月 11 日至 14 日在全国 31 个考场进行，参加考试者 9100 人。来自美国、英国、日本、韩国、新加坡、中国香港等国家和地区的考试观摩团，观摩了考试工作。

13 日，《中美注册建筑师合作协议（草案）》在深圳签署。《协议（草案）》规定，双方将在 1998 年之前相互承认注册建筑师的执业任职资格。

13 ~ 17 日，由国家经济体制改革委员会、世界银行、建设部、瑞士政府和中国农业银行联合主办的中国小城镇发展高级国际研讨会在北京举行。与会人士分为技术组和体制组进行了讨论。技术组讨论了生产要素的流动和聚集，包括劳动力的转移、非农用地的有偿出让，建设规划、布局及管理，基础设施建设，环境保护和污染治理等问题。体制组讨论了政府经济和行政管理体制、财政管理体制、户籍管理体制、投资体制、社会保障体制、农村耕地的有偿流转机制等问题。据会议透露的消息，我国小城镇户籍管理制度改革的基本框架已定：在小城镇逐步实现以居住地划分城镇人口和农村人口，以职业划分农业人口和非农业人口，使户籍登记能够准确反映公民的居住和身份状况，为政府提供准确的人口信息，促进小城镇综合改革的进行和农村经济的发展。

14~17 日，中国城市规划学会和全国城市规划科技情报网联合组织召开了"城市规划期刊编辑出版工作会议"。

18 日，国务院调整了首都规划建设委员会组成人员，并将其列为国务院议事协调机构。

18~19 日，由中国城市科学研究会等七家单位联合发起主办的城市科学研究会期刊编辑工作座谈会在天津举行。

本月，国务院发出通知：为了进一步搞好特区城市的城市总体规划，国务院正式指定深圳、珠海、汕头、厦门 4 个特区城市的城市总体规划由省人民政府审查同意后，上报国务院审批。截至目前，城市总体规划由省（自治区、直辖市）人民政府审查同意后上报国务院审批的城市，总数已达到 47 个。

十二月

1~6 日，北京、天津、广州、上海四城市规划工作交流会在上海召开，会议主要讨论了在改革开放、社会主义市场经济逐步建立的形势下，如何做好城市规划管理工作问题。

5 日，中国城市规划学会邀请台湾中华营建基金会潘礼门先生、邹启骎先生来京作学术报告。潘礼门先生介绍了台湾地区土地使用与保育，邹启骎先生介绍了台湾地区实施的市地重划政策与实例。

12 日，民政部区划地名司主持召开了有城市规划界、地理界、中国城科会及有关方面专家参加的座谈会，专题研讨市领导县的体制问题。民政部副部长刘宝库到会听取了专家的意见。

12~14 日，中国城市规划学会工程规划学术委员会成立大会在河北省石家庄市正定县举行。

13~15 日，全国住房制度改革经验交流会在上海举行。

29 日，国家土地管理局和国家体改委联合发布了《关于小城镇土地使用制度改革若干意见的通知》。《通知》指出，小城镇土地使用制度改革是小城镇综合改革的重要组成部分，是土地有偿使用制度在小城镇土地管理中的具体实施，是依据我国土地国情，稳定和发展农业战略的需要。《通知》要求，小城镇建设要通过科学的规划和土地有偿使用，有效地保证土地资源的合理利用和优化配置；小城镇土地开发和建设用地必须按照土地利用总体规划、城镇建设规划和年度建设用地计划进行；妥善解决被征地农民的安置问题，对被征地农民应采取多种途径进行安置，安置方案不落实的，不得征用土地。

本月，辽宁省召开勘察设计工作会议，建设部副部长叶如棠在会上提出，要增强城市设计观念。他说，我们一些城市建了不少公共建筑，挺高，相互之间没有关系，无论从外观还是从城市空间的组织上来看都没有联系，这是因为缺乏城市设计。城市设计有很多理论，最重要的一条是要以人为中心。在谈到规划与设计的关系时，叶如棠强调，城市设计是规划设计、建筑设计、环境设计的有机结合。现在规划和设计脱节的问题是比较普遍的。搞建筑设计的同志对规划了解得不深，把规划管理当作一种干预，想摆脱规划的束缚，爱怎么做就怎么做，这种心理状态是不正确的。一个城市要形成整体的面貌，要形成一个合理的城市空间组织，没有城市规划是做不到的。如果没有建筑师自觉的城市设计观念，自觉地服从规划的指导，也是做不到的。只靠规划部门，即使外观上管了一点，也解决不了城市空间的组织问题，也不能形成一个好的城市面貌。

本年度出版的城市规划类相关著作主要有:《规划审批申报手册》(北京市城市规划管理局编)、《东京城市规划百年》(海外中文图书)(东京都厅生活文化局国际部外事课编)、《城市规划与管理》(王洪芬、刘锡明主编)、《城市规划与设计原理》(王惠岩、刘学铭著)、《地理信息系统及其在城市规划与管理中的应用》(宋小冬、叶嘉安著)、《规划探索与展望》(姜国祥、汤士安主编)。

1996 年

一月

3 日，日本都市计划学会副会长、早稻田大学教授户治幸市等在京访问。访问期间与中国城市规划学会进行了座谈。

8 日，国务院发展研究中心城市管理问题研究组和中国城镇开发投资研究会联合在京举行"中国城市研讨会"。与会专家认为当前中国城市发展和管理有十大突出问题：一、住房问题；二、交通通信问题；三、外来人口管理问题；四、城市垃圾处理问题；五、公共设施管理问题；六、市民教育与参与管理问题；七、城市用水排水问题；八、城市灾害预防与治理问题；九、城市旧城改造问题；十、城市社会治安问题。

16 ～ 19 日，中国城市规划协会女城市规划师委员会第二次会议在温州市召开。

24 ～ 26 日，全国建设工作会议在北京召开。国务院总理李鹏在会议期间接见了与会代表。邹家华副总理 25 日出席会议并作了重要讲话。

二月

6 ～ 8 日，中国城市规划学会青年工作委员会成立大会暨首届青年城市规划师学术讨论会在深圳市召开。这次会议是我国青年城市规划工作者的首次聚会，来自全国各地的近 50 名青年代表出席了会议并围绕"资源短缺型城市规划"这个主题发表了论文或交流了各自的学术观点。会议通过了青年工作委员会给全国青年城市规划工作者的一封信《迎接新世纪的曙光》。

本月，中国城市规划设计研究院举行了 1995 年度业务经验交流会。

三月

17 日，第八届全国人民代表大会第四次会议批准了《国民经济和社会发展"九五"计划和 2010 年远景目标纲要》，提出：统筹规划城乡建设，严格控制城乡建设用地，加强城乡建设法制化管理，逐步形成大中小城市和城镇规模适度、布局和结构合理的城镇体系，加快市政公用事业发展。2000 年，城市自来水普及率达到 96%，村镇自来水普及率达到 42%，城市燃气普及率达到 70%。加快城市住宅建设，实施安居工程，大力建设经济实用的居民住宅。推进城镇住房制度改革，促进住房商品化，发展住房金融和保险，培育住房建设、维修、管理服务市场。加强乡村基础设施建设，有序地发展一批小城镇，引导少数基础较好的小城镇发展成为小城市，其他小城镇向交通方便、设施配套、功能齐全、环境优美的方向发展。

19 日，北京城市规划学会卫星城镇及地域规划学术委员会成立。

26 ～ 28 日，中国城市规划学会居住区规划学术委员会在北京召开工作会议。会议经过民主协商，选举产生了五位常务委员。刘德涵任主任委员。

本月，1995 年度城乡建设部级优秀设计、勘察项目评选结果揭晓，共评出一等奖 15 项，二等奖 54 项，三等奖 120 项，表扬项目 91 项。其中，城市规划类一等奖包括北京市城市规划设计研究院完成的北京城市总体规划等共 4 项。

四月

8 日，清华大学教授，中国科学院和中国工程院院士吴良镛荣获了国际建筑师协会 1996 年度"建筑评论和建筑教育奖"。这是我国建筑学家首次获此奖励。

8～11 日，国务院办公厅在镇江召开全国职工医疗保障制度改革扩大试点工作会议，决定将试点工作由镇江、九江扩大到全国。会议提出为城镇全体劳动者提供基本医疗保障等建立职工社会医疗保险制度的十项基本原则。

9～12 日，中国城市规划学会在无锡市举行了 1996 年学术年会。建设部城市规划司司长邹时萌在会上代为宣读了建设部副部长叶如棠的书面发言。学会理事长吴良镛向大会提交了题为"迎接新世纪的来临"的论文。学会常务副理事长周干峙向大会作了题为"切实而不表面、均衡而不畸形、高效耐用而不勉强凑合、可持续发展而不停停打打，搞好我们中国特色的现代化城市"的学术报告。这次学术年会的中心议题是：提高城市规划的科学性，迎接 21 世纪。

11 日，城市更新学术委员会在无锡市成立，会议选举王健平同志为首届委员会主任委员。

14～18 日，山东省建委在淄川区举办了全省城市规划培训班，邀请美国圣何塞州立大学罗斯帕拉迪教授前来讲学。罗斯帕拉迪教授针对大都市规划、交通规划和居住环境规划三个课题，对美国的城市规划设计、管理、机构、立法和新技术应用进行了系统介绍，并就大家关心的城市规划热点问题与学员进行了讨论。培训班还邀请了中国城市规划设计研究院的专家讲授了城市规划编制办法。

23 日，1996 年北京大城市发展国际学术会议在北京举行，会议的主题是"面向持续发展的城市未来——特大城市区域发展和规划"，并专门研讨了有关北京的城市规划发展问题。加拿大不列颠哥伦比亚大学社区和区域规划学院院长威廉·里斯教授，清华大学建筑与城市研究所所长吴良镛教授作了大会主旨报告。

23～26 日，建设部城市建设司在郑州市召开了部分省市城市配套建设问题工作研讨会，会议旨在进一步贯彻落实"统一规划、合理布局、综合开发、配套建设"的城市建设方针，加强城市市政公用设施的配套建设，研究、交流、探讨市政公用设施配套建设及配套费的征收使用和管理方面的情况和问题。

五月

7～9 日，建设部在安徽省马鞍山市召开了"全国园林城市工作座谈会"。会上，马鞍山市、威海市、中山市被建设部命名为"园林城市"，这是建设部命名的第三批"园林城市"。前两批分别是：1992 年命名的北京、合肥、珠海，1994 年命名的杭州、深圳。会议总结了开展创建"园林城市"活动的经验，制定了"园林城市评选办法"和"园林城市评选标准"。

8 日，国务院发出《关于加强城市规划工作的通知》。《通知》包括三部分内容：一、充分认识城市规划的重要性，加强对城市规划工作的领导；二、切实节约和合理利用土地，严格控制城市规模；三、加大执法力度，保障城市规划的实施。《通知》明确："城市规划工作的基本任务，是统筹安排城市各类用地及空间资源，综合部署各项建设，实现经济和社会的可持续发展"，"城市规划是指导城市合理发展，建设和管理城市的重要依据和手段，应进一步加强城市规划工作"，"城市人民政府应当集中精力抓好城市的规划、建设和管理……切实发挥城市规划对城市土地及空间资源的调控作用"，"城市规划应由城市人民政府集中统一管理，不得下放规划管理权"。

13 日，中国城市规划学会副理事长邹德慈、夏宗玕，副秘书长石楠等会见了来华访问的联合国东部地区规划与住宅组织秘书长约翰·K·苏先生和新西兰规划院院长李·A·奥顿先生。

20 日，"大都市周边小城镇发展国际研讨会"在同济大学举行，20 余位国内外专家从经济、社会以及行政等方面探讨了大都市地区小城镇发展的规律。

21 日，国务院总理李鹏会见出席中国市长协会代表会议的代表时，发表了重要讲话，要求对全国城市的发展规模重新加以核定，适当控制城市规模，充分利用城市已有的土地，进一步做好城市各方面的工作，建设人民满意的城市。

26 日，《江西省庐山风景名胜区管理条例》颁布实施。

本月，1995 年度建设部主持的全国优秀设计、优秀勘察项目评选活动，申报项目总计 598 项。其中，城市规划专业参选项目有 91 项，占总数六分之一强，获奖项目共计 37 项，其中一等奖 4 项、二等奖 11 项、三等奖 16 项、表扬奖 6 项。

本月，中共中央政治局常委、全国政协主席李瑞环在重庆考察工作期间，对城市规划建设工作发表了重要意见。他说，现在全国城市建设中存在三个普遍问题：一是城市中心区密度过大，城市交通拥挤。二是高楼偏多，拼命地盖高楼，把这看成是现代化的标志，这是个观念问题。特别是有些历史文化名城也这样搞，使老城不像老城，新城不像新城，街景很难形成。三是全国的城市大都一个样，缺乏特色。

本月，由中国政府组织撰写的《中华人民共和国人类住区发展报告》在京宣告完成。报告提出了"1996—2010 年中国人类住区发展行动计划"，是今后 15 年中国提高人类住区水平的跨世纪的纲领。

六月

3～15 日，联合国第二次人类住区大会在土耳其伊斯坦布尔举行。会议通过了《伊斯坦布尔宣言》和《人居议程》。国务院副总理邹家华在会议上发表讲话，他说，这次大会提出的"人人享有适当的住房"和"城市化进程中人类住区可持续发展"两个主题，充分体现了人类生存最基本的条件和需求。居住条件的改善是人类文明进步的最重要的标志。"人人享有适当的住房"是一项生存权和发展权的重要内容。安徽省灾后重建等 12 个项目获"改善生活环境最佳范例奖"，这 12 个最佳范例是由国际评选团从 80 多个国家推荐的 600 多个项目中评选出来的。安徽省 1991 年遭受特大洪涝灾害，全省 278 万间房屋倒塌。但灾后不久，中央和地方政府积极实施抗灾与改善居民生活和居住环境并行发展的战略。在广大受灾群众的积极参与下，这一战略成效显著，仅用 5 年时间，当地 95% 的受灾群众便迁入了新居。

5 日，两院院士大会闭幕，会上中国工程院向 14 位工程技术专家颁发了第二届中国工程科学技术奖。此次获奖的工程科技专家有 14 位。95 岁高龄的中国著名建筑师陈植先生为建筑界获此殊荣者。在这次"两院"大会上，国务院决定从 1998 年 7 月 1 日起，在中国科学院、中国工程院院士中实行"资深院士"制度，对年满 80 周岁的中国科学院院士或中国工程院院士，授予"中国科学院资深院士"或"中国工程院资深院士"称号。

11 ~ 16 日，中国城市交通规划学术委员会在太原市召开了第二届委员会议及 1996 学术研讨会。

17 ~ 19 日，1996 年度中国城市规划学会小城镇规划学术委员会年会在河南省南阳市举行。这次年会学术交流的中心命题是跨世纪的小城镇规划。

21 日，国务院副总理邹家华在全国土地管理厅局长会议上指出：保持耕地动态平衡涉及国民经济可持续发展的全局，各地要严格控制城乡建设用地规模。各级政府要加强对农村集体土地的管理，结合基本农田保护区的划定，做好村镇建设规划。

23 ~ 26 日，由建设部城市规划司、中国城市规划学会、中国建筑学会联合主办的"历史街区保护国际研讨会"在安徽省黄山市举行。建设部常务副部长叶如棠到会并发表了重要讲话。叶如棠指出，保护历史街区现在已成为保护历史文化遗产的重要一环，是保护单体文物、历史街区、历史文化名城这一完整体系中不可缺少的一个层次。当前要将保护历史街区的工作放在突出的地位。

24 ~ 26 日，由中国科学院自然科学史所和国家科委高技术中心等单位组织的"中国传统文化与当代科学技术"讨论会在北京香山举行。本次会议是香山科学会议第 58 次学术讨论会。会议从中国传统文化天人合一的思想出发，讨论了中医、高产农业、城市防灾，城市发展、区域观念与区域开发、可持续发展与新的科学增长点等方面的问题。

24 日至 7 月 5 日，由广东省城市规划协会和广州市城市规划设计研究院共同举办的"控制性详细规划与城市设计研讨班"在广州市举行。

25 日，国务院总理李鹏在全国土地日发表电视讲话指出：经济发展一定要以保护耕地为前提，只有切实保护耕地，才能真正实现国民经济持续、快速、健康发展。我们要处理好保护耕地与城镇建设的关系。根据我国的基本国情，一定要严格控制大中城市建设的规模，适度发展中小城镇和卫星城市。

25 ~ 30 日，中国城市规划学会在北京举办了"城市规划设计培训班"，邀请上海市规划院黄富厢教授介绍了国内的城市规划设计，特邀新加坡的孟大强先生和日本的吕斌先生分别介绍了新加坡、日本等国家的城市规划设计。

七月

3 ~ 8 日，新中国成立以来第一次全国性的大型城市规划展览在北京国际展览中心举行。为此，建设部 6 月 28 日在京举行了新闻发布会。建设部副部长叶如棠在会上发表了讲话。展览旨在充分展示改革开放以来在城市规划指导下，我国城市建设和发展所取得的巨大成就，宣传城市规划在经济社会发展中的重要地位和作用，提高全社会对城市规划重要性的认识，展望未来城市现代化的美好前景。

3 日，中国城市规划学会配合全国城市规划成就展览在北京举行了"21 世纪中国城市规划的理论与方法座谈会"。到会的有来自科研设计单位及大专院校的20 位专家。建设部总规划师陈为邦及城市规划司有关领导同志出席了会议。与会人士就我国城市规划的现状问题及发展对策进行了热烈发言。与会人士认为，城市规划所面临的现状问题主要有五个方面：①城市（要绿地、环境）与农村（要房子、产值）发展之间的冲突使城乡结合部的矛盾尖锐化。②规划（维护社会整体效益）与开发商（追求利润）的冲突使违反《城市规划法》的现象屡屡出现。一些领导急于求成，片面追求经济效益及短期效益，要求放宽城市规划的约束。③开发建设过度超前，造成城市基础设施严重短缺。④经济发展与城市风貌保护的矛盾。⑤城市规划管理条块分割及部门利益、地方利益的矛盾。造成这些问题的原因，既有体制方面的（房地产开发、市场经济的一些负面效应，农村土地集体所有制，财政分灶吃饭及部门之间的条块分割），也有理论研究（如对城市化规律、城市发展规律的研究）相对滞后的问题。专家们认为我国城市规划的发展方向与对策，应注重以下几个方面：1. 要强化城市规划的地位与作用。市场经济具有盲目性、滞后性，需要政府宏观调控。规划是蓝图，是政府宏观控制的必要手段，是宏观调控与微观管理的主要手段。城市规划要达到长远与近期、局部与整体、经济效益与社会效益、环境效益的统一。规划要适应市场经济，但不是修改规划去适应，而是强化规划去适应。规划一旦批准后就不能随意否定。发展政策本是政府部门的事，但规划部门要参与，要有一定的责权、一定的地位，方能监督规划的实施。2. 要加强城市规划的理论研究。对城市规划的理论研究，要研究历史及国外经验，不要走人家失败的老路。城市规划有多种理论，是有机体，各部分有一定比例，也就是梁思成先生讲的要平衡。规划体系应加强协调。今后规划面临的问题可能不是技术问题，而是领导违反《城市规划法》的问题。主要措施是要加强管理，要使领导、法人、执法者对规划有统一的认识。今后要重视对城市化规律及城市发展阶段的规律的研究。城市规划要遵循城市发展的客观规律。3. 城市规划应从实际出发，要正确掌握城市发展的度。各城市应视具体情况，实事求是，防止一窝蜂，相互攀比，要正确掌握城市发展的度，定位要合适。起点可高一些，但起步要脚踏实地。要摸清我国土地资源的家底；重视资源对城市规划的制约作用。要保护历史文化名城。要保护生态环境及文态环境。

4 日，中共中央政治局常委、全国政协主席李瑞环在参观全国城市规划成就展时指出，经济的发展给城市规划和建设带来机遇，也带来挑战，一定要把实施规划作为一种重要的、严肃的事情来对待，使我国的城市建设和发展经得起历史的检验。一个城市的规划是经过许多专家反复论证并由各级人大和政府批准的，具有法律的严肃性和科学性，因而不能随着城市领导的更换而随意变更。城市领导必须认真学习和掌握规划这门科学。

6 日，建设部城市规划司在北京召开全国部分省、市规划部门负责同志座谈会，具体贯彻落实国务院 18 号文件，进一步加强城市规划工作。规划司陈晓丽副司长概要介绍了国务院 18 号文件出台的背景，提出了具体落实文件要求的几个问题及规划司的初步想法供代表们展开讨论。王景慧副司长发言说，国务院 18 号文件是 80 年代以来，国务院首次就加强城市规划工作专门发文。这不仅是规划界的一个大喜讯，也是今后城市建设和管理的重要依据。要充分认识 18 号文件的重要意义。建设部总规划师陈为邦还传达了中央领导同志在参观"迈向新世纪的中国城市——全国城市规划成就展览"时的重要讲话。

17 ~ 20 日，辽宁、吉林、黑龙江三省城市规划学会在伊春市召开了东北三省第十届城市规划学术交流会。本次学术会的主题有三：跨世纪的城市规划；市场经济体制下的城市规划；新技术在城市规划中的应用。

20 日，辽宁省市长协会在大连正式成立。

23 ~ 24 日，第五届国外城市问题学术研讨会暨中国城市规划学会国外城市规划学术委员会正式成立大会在北京召开。代表们就国际化城市的理论与建设问题、城市土地利用、城市交通、城市经济、历史名城的改造以及国内外旅游城市的规划与设计等问题进行了热烈的讨论。

本月，由美国南加州中国城市规划专业人士组成的美国南加州中国城市规划协会在洛杉矶宣告成立。

本月，兰州市召开城市特色研讨会，建设部顾问周干峙院士就城市特色问题进行了论述，他说：城市特色就是地方特色，由地理位置、自然环境、经济基础、物质资源、历史文化等多种因素汇聚形成的外在表现形式。由于各个城市的制约因素不同，所以特色也就不同。城市建设关键在于有自己的特色，要走自己的路，不要模仿别人，最有地方特色的东西，才是最具世界性的。

八月

1日，山东省政府颁布了《山东省开发区规划管理办法》。

13～16日，建设部村镇建设司同公安部户政局联合在山东荣成市召开了乡村城市化试点县（市）工作研讨会。会议讨论修改了乡村城市化《指标体系》和《工作要点》。

30～31日，河南省县级市加快城市化进程座谈会在巩义市召开。

九月

18日，为了贯彻"十分珍惜和合理利用每寸土地，切实保护耕地"的基本国策，国家计委和国家土地管理局联合制定了《建设用地计划管理办法》。该《办法》强调建设用地计划实行统一计划、分级管理的原则，进行总量控制，分中央和地方两级管理。

18～20日，中国城市规划学会工程规划学术委员会能源与通信学组第一次学术研讨会在重庆市召开。

21日，陈衡同志在合肥逝世。陈衡同志是杭州市人，是著名的城市规划专家，为城市规划、建设和城市规划理论研究做出了贡献。1979年由他主持设计的合肥城市总体规划方案，奠定了合肥市城市总体规划的基础。曾任安徽省土木建筑学会、城市科学研究会副理事长，城市规划学会副主任，中国建筑学会第二届、第三届、第四届城市规划学术委员会顾问，中国城市规划学会组织工作委员会委员，中国城市规划学会资深会员。

21日，由建设部村镇建设司主办的"大京九"沿线小城镇建设乡镇长研讨班在山东省聊城市开班，来自冀、鲁、豫、皖四省的80多位乡镇长、建委主任参加了研讨班。

25～27日，国家"星火"计划工作会议在北京举行。会议总结"星火"计划实施十年来的经验，强调要以求实创新的精神大力推动"星火"计划再上新台阶。会议确定了2000年"星火"计划发展的目标、战略和重大措施，决定启动《星火计划"九五"发展纲要》。

十月

1～6日，中国城市规划协会规划管理委员会第三次年会在广西北海市召开。建设部城市规划司司长陈晓丽、副司长陈锋参加了会议。与会代表紧紧围绕城市规划管理如何适应"两个根本性转变"、公众如何参与城市规划管理、违法建设及其查处等中心议题，结合城市规划管理工作中的具体问题进行了广泛而深入的研讨和交流。

7～9日，中国城市规划学会工程规划学术委员会在广州市召开了水和环境学组第一次学术研讨会。

10～11日，中国城市规划学会风景与环境规划学委会在成都市召开了以"山水城市"和风景区的规划为主题的学术年会。

19日，全国中小城市发展研讨会暨中国城科会小城委第七次年会在贵州黔东南苗族侗族自治州首府凯里市隆重举行。

下旬，一年一度的京、津、沪、穗四市规划工作交流会在天津市召开。会议主要内容是贯彻落实国务院18号文件精神，研讨交流在城市规划工作中如何坚持可持续发展的原则，适应两个根本性转变；如何控制大城市发展规模，节约土地；如何加大执法力度，保障城市规划的实施及加强服务意识，为社会做好服务。

本月，中国城市化和城市发展战略座谈会在京召开。会议由建设部城市规划司司长陈晓丽主持。建设部总规划师陈为邦出席了会议。这次会议的主要议程是听取专家们对跨中国城市化和城市发展战略及发展政策的意见和建议；征求专家们对中国科学院地理研究所提出的"跨世纪中国城市发展战略研究"（建设部"八五"科技项目）初步成果的意见。

本月，建设部召集福州、昆明、西安、郑州、石家庄、沈阳、哈尔滨等七城市规划局领导及总规修编技术负责人在北京座谈。之前，国务院办公厅发函要求这7个城市按照国务院18号文件精神，修订总体规划再行上报，座谈会是为了配合此项工作，研究具体落实事宜。建设部副部长叶如棠及总规划师陈为邦参加了会议。经过研究，会议提出了总规重新修订工作的基本原则和具体措施，主要有：一、坚决贯彻执行18号文件，加强土地及空间资源的宏观调控，以科学的态度实事求是地确定城市整体发展目标、方向和城市规模。二、控制城市规模重点是控制人口规模。从多方面、多层次校核城市人口发展规模，使其与经济社会的增长相适应。三、要严格执行国家有关城市规划建设用地的标准。四、现状与规划的城市人口规模统计、计算的口径、范围要一致。五、严格控制开发区用地规模。一些开发区规模过大要重新审核。各类开发区的规划和建设均应纳入城市的统一的规划和管理。六、切实做好近期规划。

十一月

4～7 日，全国城市规划处（局）长工作会议在珠海市召开，建设部叶如棠副部长，陈为邦总规划师，城市规划司陈晓丽司长，王景慧、陈锋副司长出席了会议。会议的主题是进一步学习领会《国务院关于加强城市规划工作的通知》（国务院 18 号文件）的精神，研究讨论贯彻 18 号文件的方法、措施和今后的工作重点。

12～15 日，"96 中国小康住宅国际研讨会"在北京召开。

中旬，由中国城市经济学会和湖南省城市经济学会共同举办的"在战略转移中加速中西部城市发展研讨会"在湖南省张家界市举行。围绕国家实现宏观战略重点转移后，如何促进中西部城市的加速发展这一主题，与会代表就中西部城市发展战略、空间布局和城市体系、如何通过加速城市发展带动中西部经济发展、结合区位特点正确选择中西部城市发展生产点、中西部城市发展中的资金对策、中西部在两个转变中如何发挥城市作用、如何借鉴东部沿海少数城市发展经验以及湖南城市发展相关问题进行了深入研讨。

26～29 日，由建设部城市建设司、光明日报社、湖南省建委、长沙市人民政府共同举办的"96 长沙——中国迈向 21 世纪城市管理研讨会"在湖南长沙召开。

27 日，"建筑物日照分析软件"通过了专家的鉴定。建筑物日照分析一直是规划管理部门审核建设工程项目的重要内容之一，上海市规划局规划信息管理处开发了"建筑物日照分析软件"，在经过半年多试用后，完成该项成果。

27 日，"96 中韩交通运输国际研讨会"在北京召开。会议围绕中韩两国调整铁路的发展和城市交通的现状及对策两个主题进行。

本月，中国城市规划学会青年工作委员会在北京组织了青年规划师学术沙龙。与会者以"迎接 21 世纪城市规划的新思维"为题，就转轨时期中国城市规划的新形势进行了座谈。

本月，建设部发出《关于撤销建设部村镇建设试点办公室的通知》，通知决定撤销村镇建设试点办公室，将村镇建设试点的管理职责全部划归村镇建设司。

十二月

8～9日，全国建设科技信息工作发展计划暨表彰会在上海召开。

12～15日，"中国乡村—城市转型与协调发展"国际学术会议在广州召开。这次会议由中国地理学会城市地理专业委员会发起。与会者就乡村—城市转型时期的大都市发展与规划、区域与城市发展、行政区划与城市发展、城市住房建设与城市发展、城市郊区发展、小城镇发展与城乡关系等议题进行了广泛而热烈的讨论。

15日，郑祖武同志逝世。郑祖武同志于1944年从北京大学土木工程专业毕业后即留校任教。新中国成立后，他投身首都规划建设事业，曾任北京市城市规划设计研究院总工程师、中国城市交通学术委员会主任委员、北京市人民政府专业顾问等职。郑祖武同志是新中国培养起来的第一代城市规划专家、知名学者，是我国城市交通规划的学科领导人。他创始并领导中国城市交通规划学术委员会10多年，为中国的城市交通规划学术研究和发展做出了卓越的贡献。

18日，建设部城市规划司受科技司委托，对"城市规划图计算机制图制印一体化"课题进行了专家鉴定。本课题由南京市测绘研究院承担。

本月，建设部干部管理学院，中国城市科学研究会和金华市委、市政府在浙江省金华市联合举办了"全国城市形象设计研讨会"。与会者探讨和交流了城市形象设计的理论和经验。日本专家介绍了日本及世界一些国家城市形象设计理论研究和实际操作的概况。

本月，国务院公布第四批全国重点文物保护单位，这次公布的全国重点文物保护单位共250处。

本年，浙江省启动《浙江省城镇体系规划（1996—2010）》编制工作，并于1999年9月经国务院批准实施，这是全国第一个批准实施的省域城镇体系规划。

本年，《城市规划》杂志获建设部优秀科技期刊一等奖，在城市规划领域中，该刊是唯一获此殊荣的刊物，同时该刊再次被国家主管部门列为建设科技领域"中文核心期刊"，是城市规划类期刊中唯一的中文核心期刊。该刊还被列为地理学科和经济学科的中文核心期刊。

本年度出版的城市规划类相关著作主要有：《社会、人和城市规划的理性思维》（金经元著）、《城市规划理论与管理》（阎整主编，山东省城乡建设委员会组织编写）、《上海城市的更新与改造》（郑时龄主编）、《城市规划问题研究》（王凤山著）、《中国石油城市规划与建设》（杨宏烈主编）、《跨世纪城市规划的探索》

（昝龙亮主编）、《城市规划方法》（[法] 让 – 保罗·拉卡兹著，高煜译）、《北京城市规划研究论文集》（左川、郑光中编）。

1997 年

一月

14 ～ 16 日，全国建设工作会议在北京召开。建设部部长侯捷在会议开始时作了题为"把握大局，奋力开拓，做好 1997 年建设工作"的工作报告。建设部领导叶如棠、谭庆琏、毛如柏、郑坤生、车书剑、姚兵、陈为邦等出席了会议。会议召开前夕，中共中央政治局常委、国务院副总理朱镕基，中共中央政治局委员、国务院副总理邹家华分别听取了建设部领导的汇报，并作了重要指示。邹家华指出，规划是城市建设和管理的"龙头"，要抓好跨世纪城市规划的编制，既要少占地，又要建好城镇，规划是个关键，希望进一步重视规划。

10 ～ 14 日，全国城市规划管理信息系统建设实施研讨会暨中国城市规划协会规划管理委员会办公自动化专业组第三次会议分两个阶段在上海和常州两市召开。会议的主要议题是研讨城市规划管理信息系统建设实施。

14 ～ 20 日，越南城乡计划代表团一行 11 人到中国城市规划设计研究院进行访问交流。代表团由越南国家城乡计划院院长黎红计教授率领，代表团成员包括越南建设部、工业部和地矿局的高级职员。

15 ～ 17 日，由国家体改委、建设部等 11 个部委联合召开的全国小城镇综合改革试点工作会议在温州市苍南县龙港镇召开。

16 ～ 18 日，中国城市规划学会与中国城市规划设计研究院"城市用地结构与人口规模的研究"课题在北京召开了"总体规划中城市人口规模与用地问题研究"学术研讨会。会议围绕城市总体规划中如何计算人口规模、如何确定城市建设用地规模和关于《城市用地分类与规划建设用地标准》的意见和建议三个议题进行了讨论，并达成共识。

二月

17 ～ 18 日，来自中国、美国和日本等国的风景园林师聚集北京中国城市规划设计研究院，出席由中国公园协会、中国园林设计协会、中国城市规划设计研究院风景园林规划设计研究所共同举办的"97 现代风景园林研讨会"。会议重点研讨交流了现代风景园林发展状况与趋向。

19 日，邓小平在北京病逝，享年 93 岁。

月底，由北海市人民政府主办的北海市"美化工程"规划高级研讨会在北海市召开。30 余名专家学者，对北海市"美化工程"的规划与实施进行了广泛而深入的研讨。建设部城市规划司副司长王景慧强调：在市场经济条件下，塑造美好的城市形象是城市政府的一项重要职责，是城市规划和建设的一项重要任务。

本月，国务院提请全国人大常委会审议设立重庆直辖市。李鹏总理在议案中说，为了有利于三峡工程建设和库区移民的统一规划、安排、管理，进一步推动川东地区以至西南地区和长江上游地区的经济和社会发展，同时解决四川省由于人口过多和所辖行政区域过大、不便管理的问题，拟将四川省的万县市、涪陵市和黔江地区所辖行政区域划入重庆市，设立重庆直辖市。重庆直辖市总面积为 8.2 万 km²，总人口 3002 万人。

本月，福建省镇长协会在三明市成立。

三月

1 ~ 14 日，八届全国人大五次会议在北京举行。会议通过了《关于批准设立重庆直辖市的决定》等重要法律文件。重庆市市域面积从 2.31 万 km² 增加为 8.24 万 km²，人口从 1512 万人增加为 3002 万人，其社会经济发展目标、生产力布局、重大基础设施和社会设施配置、城镇规模和结构都将随之发生变化。因此，重庆市政府决定对重庆市主城主要发展方向——北部城区进行规划调整，并且着手编制新的城镇体系规划，从而进一步补充和完善城市总体规划，争取国务院尽快批准《城市总体规划》。

8 ~ 9 日，中国城市规划协会城市规划管理委员会规划管理研究专业组成立暨第一次会议在海南省三亚市召开。

四月

15 日，中共中央、国务院发出《关于进一步加强土地管理切实保护耕地的通知》，要求加强土地的宏观管理，进一步严格建设用地的审批管理，严格控制城市建设用地规模，加强农村集体土地的管理，加强对国有土地资产的管理，加强土地管理的执法监督检查，加强对土地管理工作的组织领导。

19 日，天津市规划学会、土地学会、规划协会在天津大港区联合召开了工作会议暨年会。

21 ~ 23 日，第一届中国历史文化名城市长论坛在洛阳举行。论坛的主题为"中国名城走向世界"。与会者就城市发展与历史文化遗产保护等问题进行了探讨与研究。

23 日，李鹏主持召开国务院第五十五次常务会议，讨论并原则通过《小城镇户籍制度改革试点方案》、《关于完善农村户籍管理制度的意见》和《中华人民共和国契税暂行条例（修订草案）》。其中《小城镇户籍制度改革试点方案》规定，试点城镇具备条件的农村人口有权办理城镇常住户口。至此，新中国成立以来四十多年严格的传统户籍管理体制发生了松动，使户籍管理制度向前迈出了变革性的一步。这是为适应小城镇发展新形势的需要，促进农村剩余劳动力就近有序地向小城镇转移，推动小城镇和农村的全面发展，减缓大中城市的压力而采取的一条符合中国国情的农村城市化发展政策。

24 ~ 25 日，国家小康住宅第七次规划设计方案评审会在北京召开。经专家的认真评议，评出优秀方案 3 项，良好方案 3 项，通过方案 1 项，不通过方案 1 项。

26 ~ 29 日，重庆主城北部新城规划和重庆市市域城镇体系规划（大纲）论证会在重庆市召开。

26 日至 5 月 2 日，应台湾地区中华营建基金会会长潘礼门先生的邀请，中国城市规划学会组成由学会常务理事岳忠超为团长的 12 人代表团访问了台湾。访问期间，代表团参加了在台北市举行的"两岸营建事业学术交流会"，并随后考察了台北、高雄、新竹等地的规划建设以及阳明山、太鲁阁"国家公园"的规划和管理。在台湾期间，两岸规划建设专家就城市规划体制、区域规划、土地使用、住宅建设、新市镇规划建设、生态保护等议题坦诚地交换了意见。

本月，第五届全国青年城市规划论文获奖名单揭晓。本届论文竞赛得到全国各地规划界广泛的响应和支持，共收到论文 92 篇，最后评出二等奖 3 篇、三等奖 4 篇、佳作奖 10 篇。深圳城市规划设计研究院陈荣的《城市规划控制层次论》、清华大学建筑与城市研究所武廷海《追寻城市的灵魂》、同济大学建筑城市规划学院童明《科学的，还是理性的？——关于城市规划理论基础思想的思辨》等获得二等奖。

五月

4 ~ 6 日，中国县级市现代化城市管理研讨会在优美富庶的江南小城吴江市举行。全国人大常委会副委员长，87 岁高龄的费孝通到会，并发表了热情洋溢的讲话。

5 ~ 7 日，由中国城市规划设计研究院、上海理工大学、德国斯图加特大学区域发展研究中心联合主办的第二届区域规划研讨会在北京召开。

11 ~ 12 日以及 5 月 26 ~ 27 日，在《国务院关于加强城市规划工作的通知》颁布一年之际，建设部在烟台市、武汉市分别组织召开了华东地区、中南地区贯彻《国务院关于加强城市规划工作的通知》（国发［1996］18号）文件情况汇报会。建设部副部长赵宝江参加了两次会议并作了重要讲话。

13～15日，中国城市规划学会青年工作委员会第二次全体会议在北京举行，由该委员会和《城市规划》杂志联合主办的第五届全国青年城市规划论文竞赛（CRADS杯）颁奖大会也同时举行。中国城市规划学会理事长、《城市规划》杂志副主编吴良镛，学会副理事长、《城市规划》杂志副主编周干峙，建设部总规划师陈为邦，建设部城市规划司司长陈晓丽等出席了开幕式并向获奖作者颁奖。

21～24日，全国城市综合配套改革试点工作会议在上海召开。

21～25日，中国城市规划协会城市规划设计专业委员会第三次代表大会在重庆、武汉召开。经过广泛的调查研究，完成了关于加强规划设计单位建设的调研工作，向本次大会提交了《关于加强规划设计单位建设的意见》；协助部城市规划司研究、草拟了《关于城市规划设计单位执行事业单位财务规则有关问题的通知》，完成了修订的《全国城市规划设计行业公约》并提交本次会议审议；会议代表经过认真审议，通过了《关于加强规划设计单位建设的意见》、《全国城市规划设计行业公约》。建设部副部长赵宝江出席会议，并作了重要讲话。

本月，西安市城市规划局在各有关部门支持协助下，经过近四年努力，于近期完成了《西安市城市规划志》的编纂工作。本着尊重历史、记述事实的原则，志书记述了从周朝建都到公元1990年的西安市城市规划建设状况，重点突出了中华人民共和国成立以后西安城市规划建设管理取得的成就。

六月

10日，国务院批转公安部《小城镇户籍管理制度改革试点方案和关于完善农村户籍管理制度意见》。提出：改革开放以来，特别是在发展社会主义市场经济的形势下，现行的户籍管理制度已经不能完全适应形势发展的需要。根据党的十四届三中全会确定的关于逐步改革小城镇户籍管理制度，允许农民进入小城镇务工经商、发展农村第三产业，促进农村剩余劳动力转移的精神，应当适时进行户籍管理制度改革，允许已经在小城镇就业、居住并符合一定条件的农村人口在小城镇办理城镇常住户口，以促进农村剩余劳动力就近、有序地向小城镇转移，促进小城镇和农村的全面发展，维护社会稳定。同时，继续严格控制大中城市特别是北京、天津、上海等特大城市人口的机械增长。

10～11日，由淄博市规划局发起的"全国较大的市规划局长联谊座谈会"在山东省淄博市召开。全国十几个较大的市规划局的领导共22人参加了座谈会。与会者各自介绍了近几年来，围绕改革开放、市场经济这一大前提，进行城市规划管理的经验；围绕较大的市城市规划现状和未来发展进行了探讨。

25～26日，全国大城市停车场规划政策及管理经验交流会在北京召开，建设部城市交通工程技术中心主任、中国城市规划设计研究院院长王静霞作了《我国大城市停车问题与对策》的学术报告，对大城市停车问题作了比较全面的阐述。

30日午夜至7月1日凌晨，中英两国政府香港政权交接仪式在香港会议展览中心五楼大会堂隆重举行。1997年7月1日零时，中华人民共和国国旗和中华人民共和国香港特别行政区区旗在香港升起。

七月

1日，中华人民共和国香港特别行政区政府成立。1时30分，中华人民共和国香港特别行政区成立暨特区政府宣誓就职仪式，在香港会议展览中心七楼隆重举行。香港特别行政区首任行政长官董建华第一个宣誓就职，国务院总理李鹏监誓。

7日，由中国科学院地理研究所主持的，北京大学、南京大学、南京湖泊与地理所、华东师大、杭州大学、中山大学、广州地理所等单位参加的国家自然科学基金重点项目"沿海城镇密集地区经济、人口集聚与扩散的机制与调控研究"在北京通过国家自然科学基金委员会地球科学部组织的专家组的评审验收。

18日，建设部发出关于认真贯彻执行中共中央国务院《关于进一步加强土地管理切实保护耕地的通知》的通知。

20日，应日本都市计划学会邀请，以副理事长邹德慈为团长的中国城市规划学会代表团一行9人，对日本进行了为期10天的访问，其间访问了东京和大阪。

20～23日，中共中央政治局委员、国务院副总理姜春云在重庆考察时指出，重庆是大城市、大农村并存，必须坚持将农业放在经济工作首位，实施城乡结合、以城带乡、以乡促城、城乡一体的发展战略，实现城乡共同发展、繁荣。

八月

28日，中日城市（大连市—北九州市）发展与管理对比研究成果汇报会在风景如画的海滨城市大连举行。中日城市发展与管理对比研究课题是中国建设部与联合国区域发展中心合作计划中的一个重要项目，始于1995年。中国和日本分别选定了大连和北九州市作为对比城市，互派人员进行实地调查研究。

九月

1日，第24期全国市长研究班开学。侯捷、储传亨、宣祥鎏等出席了开学典礼。研究班将重点研究大家关心的问题——怎样筹措城市建设资金和怎样搞好旧城改造。

3 日，国务院召开全国电视电话会议，部署在全国建立城市居民最低生活保障制度的工作，决定从 1997 年起到 1999 年底以前，在全国逐步建立起这种制度，使城市居民的基本生活得到保障。

4 日，山东省海阳市规划处为了提高规划设计人员的业务素质，成功地举行了首届规划设计竞赛。本次竞赛以"海阳市中心区 1.6 平方公里控制性详细规划设计"为主题，共有 12 人参加，最后评出一等奖 1 名、二等奖 2 名、三等奖 3 名。

10 日，建设部公布了 1997 年度科技进步奖和科技成果推广应用奖授奖项目名单，分别评出科技进步奖 74 项，其中一等奖 6 项，二等奖 20 项，三等奖 48 项，科技成果推广应用奖 14 项，其中一等奖 1 项，二等奖 2 项，三等奖 11 项。由郑州市城市规划管理局等完成的《城市规划实施管理软件》，中国建筑技术研究院完成的《城市地价评估方法研究与城市土地受益流向分析》获科技进步二等奖。

12 ～ 14 日，由中国城市规划学会组织的第三届中国女规划师联谊会在山东省招远市召开。

16 ～ 18 日，"97 山地人居环境可持续发展国际研讨会"在重庆市召开。会上，"乐山市绿心环形生态城市发展模式"得到了与会专家教授的高度赞誉。

22 ～ 25 日，建设部、有关高等院校、科研机构及全国 30 多个大中城市的领导、专家和城管干部聚焦湖南常德市，举行全国第七届城市管理理论研讨会。与会人士就我国城市管理体制、立法、城市管理现代化与社会主义市场经济建设等理论问题进行了深入探索。

下旬，华北地区城市规划院工作座谈会在石家庄市召开。探讨城市规划工作在市场经济条件下的定位与走向、稳定与发展以及高新技术在规划设计中的应用等问题。建设部城市规划司副司长陈锋参加了为期三天的座谈会。

本月，"中国区域经济学会 97 年会"暨南阳市发展战略研讨会在南阳市召开。会议讨论了我国区域经济发展的成就和经验、当前经济发展中存在的主要问题、区域经济协调发展的途径与政策等问题。

本月，由中国科学院、建设部山地城镇与区域研究中心、重庆建筑大学建筑学院主办的"97 国际山地人居环境可持续发展研讨会"在山城重庆闭幕。联合国副秘书长恩道先生特别致电大会。本次会议还发布了经过中外专家多次酝酿、讨论和修改的《中国山地人居宣言》。

十月

4 日，联合国"全球城市可持续发展计划 97 年会"在沈阳市闭幕。会议讨论并通过了《沈阳宣言》。

6～8 日，江西省建设厅主持召开"瑞金城市总体规划"评审会。瑞金是中国第一个红色政权——中华苏维埃临时中央政府所在地。这里留下了沙洲坝、叶坪等相对集中的革命遗址群和大批革命历史文物。1994 年瑞金撤县设市，受瑞金市人民政府委托，中国城市规划设计研究院承担了瑞金市总体规划修编工作。该项目为扶贫项目。

7～8 日，全国高等学校城市规划专业教育评估委员会成立大会暨第一届评估委员会第一次全体会议在上海同济大学建筑与城规学院举行。建设部人事教育劳动司有关负责同志及来自全国各地的 18 位代表与会。会上，陈秉钊等 21 位同志被聘为评估委员会委员。与会委员认真讨论了《全国高等学校城市规划专业教育评估委员会章程》及与评估工作相关的视察小组工作指南、督察员指南、本科及研究生评估标准、评估程序和方法、城市规划本科（五年制）教育培训方案、专业设置基本条件等 9 个文件，并就城市规划专业教育的发展达成了共识。

7～10 日，由甘肃省建委组织的"西北五省（区）城市规划经济交流会"在甘肃省敦煌市召开。

8 日，建设部下发"关于发布行业标准《城市道路绿化规划与设计规范》的通知"，批准《城市道路绿化规划与设计规范》为行业标准，编号 CJJ75—97，自 1998 年 5 月 1 日起施行。

12 日，第 23 届国际人口科学大会在北京举行。国务院总理李鹏出席了开幕式，并作了题为"发展人口科学研究，促进社会全面进步"的重要讲话。

14～16 日，全国大城市第四次村镇建设研讨会在成都市召开。这次会议的议题是大城市城郊结合部的村镇规划建设管理问题。

19～21 日，由地矿部倡议并与建设部联合举办的"全国矿业城市发展研讨会"在河南省平顶山市举行。会议总结了我国矿业城市的成绩和在国民经济中的地位、作用，对当前矿业城市发展、建设、管理中存在的问题进行了归纳与分析。

26～28 日，建设部城市规划司与科学技术司在武汉联合召开了"全国城市规划应用新技术经验交流会"。这次会议是继 1987 年 7 月城乡建设环境保护部在昆明召开"遥感、计算机技术在城市规划中应用交流会"之后的又一次全国性的城市规划新技术应用交流会。

28 日，黄河小浪底水利枢纽工程成功实现大河截流。中国对黄河的治理开发翻开了新的一页。

29 日至 11 月 1 日，第九次苏皖赣沪三省一市城市规划学术研讨会在镇江举行，会议就城市化进程及城市可持续发展进行了探讨。

本月，建设部党组书记、副部长俞正声在第 24 期市长研究班结业典礼上讲话。关于规划问题，俞正声说，第一条是要有远见，千万不要急功近利。规划方面的第二条是一定要把规划局长选好。规划局长一定要敢讲真话，要坚持原则，一定不能只看着市长的脸色办事，当然规划局长一定要执行市长的意见。第三条就是规划一定要高度集中统一。规划权无论如何不能下放。规划的失误是城市建设、经济建设中最大的失误。

十一月

3 日，"97 中美土地规划国际研讨会"在京开幕，会议以"土地管理：区域规划与发展"为主题，旨在为我国土地管理工作探索借鉴经验。

4 ~ 6 日，由中国城市规划学会和中国城市规划设计研究院主办，温州市人民政府和北京决策咨询中心协办的"迈向 21 世纪的城市国际会议"在北京召开。代表们分别从规划、经济、交通、环境、生态、建筑及技术等多方面论述了 21 世纪城市发展的趋势和将面临的问题及相应的对策。"21 世纪的城市应当是可持续发展的城市"成为与会者的共识。会议围绕"城市可持续发展"这个中心主题，进行了六个专题发言：城市可持续发展、城市交通、城市财政、城市管理与信息技术、城市规划与土地利用、城市住宅与公共空间。

5 日，全国加强城市建设和管理经验交流会在成都召开，建设部部长侯捷在会上指出，要搞好现代化城市建设，根本出路在于转变观念。

6 ~ 9 日，风景与环境规划学术委员会 1997 年年会在福建省厦门市召开。会议主题为"山水城市及城市山水"。

7 ~ 13 日及 11 月 24 日至 12 月 21 日，受香港特别行政区政府规划署委托，建设部城市规划司、中国城市规划学会、中国城市规划协会、北京市城市规划学会和广州市城市规划局等单位联合举办了题为"规划香港放眼未来"的展览会，展示香港特别行政区城市规划及发展远景。展览分别在北京和广州展出。7 日，香港城市规划及发展的展览在北京全国政协礼堂隆重开幕。展览回顾了香港的规划历史，展示了香港的规划成就，同时介绍了香港特别行政区政府规划署的组织机构与规划工作。开幕式上由港方主办了报告会。

8 日，长江三峡水利枢纽工程实现大江截流。

8 ~ 9 日，由广州市城市规划自动化中心自行研制的"广州市地下管线信息系统"和"广州市城市规划办公自动化系统"在广州通过部级鉴定，标志着高新技术在我国特大城市的规划工作中的应用已进入实用化阶段。

11 ~ 13 日，西北地区城市发展战略研讨会在陕西省铜川市召开。召开这次研讨会的目的在于交流西北地区城市发展的经验，按照十五大精神探讨西北地区城市发展战略，促进地区经济的合理布局和协调发展。会议着重研究讨论了中国城科会于会前下发的《关于加快我国西北地区城市发展的若干建议》（征求意见稿）。

16 ～ 17 日，国家自然科学基金会"八五"重点项目"发达地区城市化进程中建筑环境的保护与发展研究"鉴定验收暨学术讨论会在江苏省锡山市举行。该课题由两院院士、清华大学教授吴良镛主持，清华大学、东南大学、同济大学合作完成。这项新中国成立以来我国高等院校城市规划学科规模最大的合作研究项目，结合我国国情和地区特点，建立了从地区城市化进程、区域发展研究、区域城市群形态、城市形态、农村聚落形态到地方建筑文化逐层次深入的研究体系，提出了许多针对发达地区城市化进程中建筑环境保护与发展等诸多问题的新观点和解决途径，并进行了系统的理论总结。

19 ～ 24 日，由联合国教科文组织驻亚太地区首要办事处主持召开的"亚太地区遗产地官员会议"在泰国曼谷召开，中国丽江古城的代表出席会议，并就丽江古城保护问题作了 3 个专题发言。

22 ～ 24 日，"中国历史文化名城第八次研讨会暨 97 年会"在徐州市召开。这次研讨会以名城保护与建设协调发展为主题。

24 ～ 28 日，中国风景园林学会和法国华夏建筑研究会在北京联合召开了中法历史园林研讨会。

26 日，赵宝江副部长在城市规划司陈晓丽司长的陪同下，参观了北京市区中心地区控制性详细规划汇报展。赵宝江同志对展览给予高度评价，并称赞北京市控制性详细规划，为全国城市榜样。控制性详细规划对保障总体规划的实施、保障城市各项建设的协调意义重大。要切实发挥控制性详细规划的作用，还必须进一步做好规划立法工作，强化和完善规划实施管理机制，理顺管理体制。本月，从 1995 年开始的北京市区中心地区控制性详细规划编制工作已告完成。此次控制性规划的主要内容是：一、进一步调整土地使用功能，在强化首都政治、文化中心的城市性质的前提下，结合产业结构和布局的调整，扩展商务中心区，外迁部分工业及仓储用地，适当增加居住用地，完善城市配套设施，提高城市环境质量和园林绿化水平。二、对城镇建设用地提出综合控制指标，特别是对建筑高度和容积率控制，在科学分析的基础上作出了更详尽的规定，有利于城市整体风貌的维护。三、落实各项城市基础设施站点，调整与加密道路网系统，为城市基础设施的现代化保留必要的用地。

本月，建设部正式颁发了《建筑技术政策（1996 ～ 2010）》。其中对建筑设计与城市规划在城市设计中的关系做出了明确规定。《政策》指出：建筑创作应本着时代精神、民族传统、地方特色的原则，鼓励多种建筑风格的存在和不同流派的发展，要配合城市规划，积极做好城市设计，使建筑设计和环境设计有机地结合起来，创造优美的整体环境。《政策》还要求：加强城市设计的观念，在进行单体建筑设计时，注意与周边地段建筑与环境的协调，从提高城市整体环境质量和城市生活环境质量上考虑，配合城市规划，探索有中国特色的城市设计体系。

本月，我国第一部《城市地下空间开发利用管理规定》正式颁布，将于今年12月1日起实施。

本月，上海市土地发展中心组织的"土地收购、储备、出让机制研究"课题通过专家评审，该课题借鉴土地储备机制的国际经验，在国内首次提出了建立土地储备机制的总体目标、机制的运行模式和机构的体系设计，并提出了政策建议。

本月，三峡坝区远景规划制定完成。规划确定在 15.28km² 规划区内不再建设与上海宝钢、石化那样的附属城镇。工程完工后，仅留 2 万维护电路正常运行的工作人员，加上当地 3 万居民，整个坝区生活人员控制在 5 万左右。

本月，建设部就贯彻《国务院关于加强城市规划工作的通知》（国发［1996］18 号）的情况向国务院做出报告。《报告》中说，《通知》发布一年多来：1.城市规划工作日益受到重视，全社会的城市意识普遍增强。2.抓紧编制城市规划，全面开展规模审核工作，为城市发展和建设提供科学合理依据。3.节约和合理利用土地，加强城市用地管理，广泛开展城市土地清理清查工作，城市土地利用进一步走向集约。4.加大执法力度，开展执法检查，使违法占地和违法建设行为得到遏止。《报告》在陈述取得成效的同时，也如实反映了在《通知》贯彻过程中出现的一些亟待解决的问题：管理体制矛盾突出，城市规划工作难度增大；城市总体规划审查、规模核定工作协调困难，进展缓慢；违法建设屡禁不止，难于根治，使国家蒙受巨大损失；城市规划部门职能、机构不健全，缺少资金渠道和经费。针对上述存在的问题，建设部在《报告》中还提出了旨在进一步加强城市规划工作的建议。

本月，由济南市规划设计研究院承担的"山东省城市用地置换研究"软课题技术成果通过鉴定。

本月，由联合国社会发展研究所发起，上海市城市规划管理局协办的"97 公众参与城市规划研讨会"在复旦大学美国研究中心召开。

十二月

1 ~ 4 日，区域规划与城市经济学术委员会年会在河南省许昌市召开，会上进行了换届选举。推选胡序威任主任委员。决定学术委员会下设"区域规划"、"城市经济"两个学组。

8～10 日，由中山大学城市与区域研究中心、加拿大不列颠哥伦比亚大学人类中心联合举办的"珠江三角洲与乔治亚盆地可持续发展研究"国际学术研讨会在中山大学召开。参加会议的近百名专家学者针对广东省珠江三角洲与加拿大乔治亚盆地两大地区的社会、经济、环境、人口、城市与住宅等要素的可持续发展主题，对实现整体可持续发展的经验教训、战略与政策、协调手段、计算机辅助技术等专题进行了广泛的探讨和交流。

9 日，首都规划建设委员会办公室遵照贾庆林市长和建设部领导的指示，邀请吴良镛、周干峙、陈为邦、赵士修、罗哲义、邹德慈等首都知名城市规划专家，审查并讨论了"北京市区中心地区控制性详细规划"。专家们就北京古城的历史和现实价值、控制性详细规划对保护北京历史文化风貌及调控城市建设和发展重要作用等发表了重要意见，并对北京中心地区控制性详细规划如何得到切实执行提出了建议。专家们指出，北京旧城的城市设计将城市规划、建筑设计、园林设计等集于一身，创造了世界文化史上辉煌的一页。虽然近年来北京城市建设在一定程度上破坏了旧城原有的空间形态，但绝不能因此而无所作为，对北京旧城应采取"保护为主、审慎改造"的方针，尤其是内城，不能大拆大改。"北京市区中心地区控制性详细规划"作得非常及时和必要，这是古城传统特色保护的最后一道防线。只有做好控制性详细规划，才能更有效地、更具体地调控城市建设和发展。

27～28 日，建设部城市规划司在北京召开了部分青年城市规划师座谈会，邀请了全国部分规划设计、管理单位及清华、北大、同济的青年城市规划工作者参加。与会人士以学习贯彻党的十五大文件精神，改造和完善我国城市规划工作的理论与方法以适应社会主义市场经济体制的要求为主题，进行了热烈的讨论。

28 日，由中国建筑学会民居专业学术委员会、中国文物学会传统建筑园林研究会、云南工业大学建工学院主办的"97 海峡两岸传统民居理论（青年）学术讨论会"在丽江闭幕，会议依次在昆明、大理、丽江举行。在丽江古城刚被列入《世界遗产名录》之际，这么大规模、高层次的民居学术会议在丽江召开，具有重要意义。

30 日，中共中央政治局常委、全国政协主席李瑞环参观了北京市中心地区控制性详细规划汇报展，指出：城市规划十分重要，必须加强管理，严格执行。北京的城市规划必须按照首都的城市性质，从政治中心、文化中心和各项服务功能出发。严格控制城市的人口和用地规模，不能任意膨胀。必须认真研究城市的布局，下决心保护好城市中心区，对建筑密度、高度进行合理控制。

本月，由北京市城科会与北京市西城区什刹海研究会、北京市城市规划学会联合召开的"保护历史文化名城与精神文明建设研讨会"在北京召开。会议以保护历史文化名城必须与精神文明建设相结合为主题，不但讨论了什刹海地区的保护与发展，而且对北京其他历史文化保护区的保护、发展以及对全市的文化建设及其与经济发展的关系，都提出了较精辟的观点和积极的建议。

本月，《山东省历史文化名城保护条例》由山东省第八届人大常委会审议通过，并于 1997 年 12 月 13 日公布施行。这是我国第一部关于历史文化名城保护的地方法规。

本月，国务院总理李鹏在天津考察时说，国务院经认真研究提出，天津市是环渤海地区的经济中心，要努力建设成为现代化港口城市和我国北方重要的经济中心。

本年度出版的城市规划类相关著作主要有：《建筑园林城市规划名词：1996》（建筑园林城市规划名词审定委员会编）、《香港城市规划检讨》（海外中文图书）（黎伟聪著）、《〈园冶〉研究：兼探中国园林美学本质》（魏士衡著）、《西欧城市规划理论与实践》（郝娟著）、《城市规划管理》（耿毓修主编）、《中国古代城市规划文化思想》（汪德华编著）、《城市规划哲学》（孙施文著）。

1998 年

一月

1 日，《丽江县城规划区地震小区划》成果正式提交使用，并发布了《地震安全性评价管理暂行规定》。1996 年 2 月 3 日，丽江发生 7 级大地震，损失惨重。为了确保震后恢复重建工作顺利进行，并指导今后长期的防震减灾工作，由省建设厅、地震局进行"丽江县城规划区地震小区划"研究，70 多位专家、学者经过一年多的努力，对丽江县城规划区 $21.7 km^2$ 的局部地质条件、地震动参数等进行了认真的调查研究，确定丽江县城内的基本设防烈度为 8 度。

11 日，中国旅美交通协会在美国首都华盛顿中国驻美大使馆教育处举办了首次中国交通运输发展研讨会暨协会的 1998 年年会。会议共有来自美、加地区八十余位交通运输专业人员参加。应协会的邀请，建设部城市交通工程技术中心赵波平副主任和孔令斌工程师，在美国堪萨斯大学访问的清华大学交通研究所缪立新教授等参加了会议。这次研讨会侧重讨论了目前中国交通运输发展战略问题。讨论了随着中国改革开放及经济腾飞，交通需求迅速增长而带来的交通运输建设、投资、规划、管理、环保、安全、就业等诸方面的问题。

13～16日，全国建设工作会议在北京国谊宾馆举行。建设部副部长赵宝江在会议上发表讲话，阐述了1998年城市规划行业要着重抓好的几方面工作：1.进一步学习贯彻党的十五大精神，深入开展我国社会主义城市化问题的研究，引导城市健康发展；2.继续加强城市规划编制工作，在做好总体规划的同时，积极开展控制性详细规划工作；3.积极推进城市规划的改革，探索社会主义市场经济条件下城市规划的新体制和新机制；4.分清职责，理顺关系，加强机构队伍建设。邹家华副总理出席会议并讲话，阐述了改革、发展、稳定的关系，指出：改革是动力，稳定是前提，发展是目的。邹家华在讲话中还特别强调规划在建设工作中的重要性。他指出：规划是建设工作的"龙头"，各个城市的功能、城市规模的大小、各种功能的科学布局，都要通过规划来体现。因此，规划要经过严格审批，一经批准的规划就具有法律效应，不能随便更改。只有保证规划的严肃性，才能使城市建设健康发展。在谈到搞好规划工作时，邹家华提出三点要求：一、要科学地确定城市功能。二、确定城市规模不能有越大越好的倾向。建设是不能不占土地的，但用地一定要科学合理，要珍惜土地。三、在规划中要解决好四个大家关心的问题：一是交通问题，城市一定要发展公共交通，要注意公共交通的多样性。二是污染问题，城市污染较突出的是水和空气污染。城市大量处理污水废气要花钱，在经济发展中要包括这些因素，规划中要考虑到。三是城市绿化，凡是能种的地方都要种上植物，提倡"土不见天"。四是文明城市。

15～18日，"98哈尔滨国际北方城市会议"在冰城哈尔滨市隆重举行。这次国际会议以"让我们共同创造多姿多彩的北方世界"为主题，由第八届国际北方城市市长会议、第七次国际北方城市论坛会、98国际北方城市博览会这三个部分组成。与会代表围绕北方城市规划、建设、管理与发展问题广泛交换了意见，会议还围绕"老人、儿童与冬季"，"冬季旅游资源的开发与利用"，"冰雪文化、艺术开发"这三个专题进行了深入研讨。

17日，第一次全国城建档案工作会议在北京闭幕。

20日，建设部城市交通工程技术中心成立大会在北京举行。会上发布了《我国城市交通发展状况与亟待研究的问题（报告）》。

本月，"中国人口、资源、环境与可持续发展学术讨论会"在北京举行。

本月，全国1∶25万地形图数据库建成。这是我国第一个大型地形数字信息工程，标志着我国地图生产进入数字化阶段。

本月，建设部第四批城市住宅小区建设试点验收评比工作结束，11个试点小区受到表彰和奖励。

本月，淄博市规划局召开城市规划监督员座谈会，听取了监督员对该市城市规划编制、实施及监督检查等方面的意见和建议。

本月，《长江三峡水利枢纽建筑规划方案设计报告》由水利部长江水利委员会完成。对综合水利工程进行建筑规划设计在我国尚属首次。整个设计报告突出了"三峡、大坝、水利、光明"等设计要素。设计方案将三峡水利枢纽工程一带划分为三大景区、三个标志性制高点及多个题名景点。三大景区为枢纽主体游览区、近坝游览区及水上游娱区。三个标志性制高点为长江右岸的坝头纪念塔塔顶观景厅，左岸下游临江观景塔及坛子岭制高点观景台。题名景点则分散于枢纽区内，形成新的反映长江及三峡工程的历史传统文化的人文景观。

二月

17 日，由建设部组织召开的中国城市化与城市发展战略座谈会在北京举行，国家计委、建设部的有关领导和国务院研究室、民政部、公安部、国家环保局、中国科学院、中国社会科学院、清华大学以及北京市的专家出席了会议，会议就我国城市化的现状、所面临的问题及相应的对策等问题进行了讨论。据介绍，截至目前，全国有设市城市 671 个，其中，直辖市 4 个，地级市 225 个，县级市 442 个，还有建制镇 16702 个。1996 年城镇人口已经占全国总人口的 29.4%。这意味着从现在起我国的城市化进程将进入加速发展的时期。与此同时，我国目前的城乡发展还存在着空间失控的问题，加强宏观调控已经成为当务之急。这次会议由建设部副部长赵宝江主持，国家计委副主任郭树言、原建设部副部长储传亨、周干峙等出席了会议。建设部党组书记俞正声在会议结束前作了讲话。他在讲话中强调指出，城市化问题是我们部非常关注的三个问题之一。这三个问题：第一个问题是建设体制的改革问题，第二个问题就是城市化问题，第三个问题是住宅建设问题。在城市化方面，我想要突出解决的，有 4 个问题：认识问题，制度问题，城市建设资金问题，城市领导人的素质问题。城市化问题是关系到国家长远发展的大问题，其重要性绝不亚于水资源问题、粮食问题和土地问题。如果我们对这个问题的紧迫性没有正确的认识，前些年暴露出来的城市问题还将存在，并且可能进一步恶化。他呼吁全社会要进一步加强对于这一问题的重视。

25 日，建设部支援张家口震区重建工作组一行 26 人启程奔赴张北，开展灾后重建工作。1 月 10 日，河北省张家口地区发生 6.2 级地震，地震灾害的范围涉及张北、尚义、康保、万全 4 个县的 37 个乡镇。灾后，建设部和河北省建委领导两次率有关部门及规划设计、建筑设计单位赴灾区进行实地考察，对重建规划、建设工作提出具体要求，并决定由中国城市规划设计研究院等单位无偿为灾区编制 13 个乡（镇）规划、5 个村庄规划。

26～27 日，世界银行、财政部与建设部在北京香格里拉饭店共同举办了"1998 年中国城市发展政策研讨会"。自 80 年代中期以来，世界银行一直向中国经济社会部门提供财政技术援助。世行城市发展部和中国部希望通过这次会议，了解中国各城市管理人员对城市发展和环境问题及世行在这些方面工作的意见，以便继续提供有效的财政、技术援助，支持中国的经济发展和对外开放。代表们分析了当前我国城市建设的形势及发展趋势，认为目前还存在着基础设施、环境保护滞后，价格机制、行政管理体制与市场经济发展不相适应，政府投资不足、融资渠道不畅等制约城市发展的问题。与会代表一致认为，今后的几年是我国城市发展的重要阶段，要使我国的基础设施建设管理走向良性循环的轨道，必须建立符合市场经济规律的投融资体制和运行管理机制，提高城市管理水平。

本月，国务院批复太湖水污染防治规划。规划提出：1998 年年底全流域工业企业等单位排放的废水达到国家规定的标准，2000 年实现太湖水变清；2010 年基本解决太湖富营养化问题，湖区生态系统转向良性循环。

三月

1 日，《国有企业改革中划拨土地使用权管理暂行规定》施行。《暂行规定》共规定了 4 种土地使用权处置方式，即：国有土地使用权出让、国有土地租赁、国家以土地使用权作价出资（入股）和保留划拨用地方式。

3 日，中国城市规划学会特邀新加坡孟大强先生举行了题为"城市环境的素质与特色"及"一条街的故事"的小型座谈会。

3～4 日，"城市化进程与城市可持续发展学术研讨会"在南京召开，会议重点围绕江苏省城市化发展战略与城市中持续发展问题组织跨部门、多学科、综合性的学术讨论，为指导该省城市发展提供科学决策的依据。

3～5 日，建设部人防工程办公室在广东省汕头市召开了"城市地下空间开发利用研讨会"。会议讨论、修改了由建设部人防工程办公室起草的《城市地下空间规划编制办法》和《城市地下空间开发利用管理规定实施细则》。

8 日，清华大学建筑学院教授、中国城市规划学会资深会员、中国城市规划学会风景环境规划学术委员会主任委员朱畅中先生在北京逝世，享年 77 岁。朱畅中先生于 1921 年出生于浙江省杭州市。1941～1945 年在重庆中央大学建筑系学习。1947 年 9 月，他以出众的才华得到梁思成先生的赏识，受聘到清华大学建筑系任教。1950 年，清华大学建筑系参加中华人民共和国国徽设计竞赛，并中奖获选。朱畅中先生是国徽设计小组的主要成员之一。1950 年 6 月 20 日，因梁思成先生临时生病，朱先生曾代表梁先生向由周总理主持的全国政协国徽评选小组汇报清华方案。作为新中国建筑界首批留苏学生，他于 1952～1957 年在莫斯科建筑学院城市规划系学习，获副博士学位。归国后，在清华大学任教，1959 年起担任城市规划教研室主任。1980 年，他受万里同志和张劲夫同志邀请，主持了黄山风景区总体规划，这是我国首次编制的大型风景名胜区总体规划。1992 年在"风景环境与建筑学术讨论会"上，朱畅中先生组织起草并正式制定了《国家风景名胜区宣言》，成为保护风景名胜区的重要文献。

10 日，九届人大一次会议决定，由地质矿产部、国家土地管理局、国家海洋局和国家测绘局共同组建国土资源部，其主要职能为土地资源、矿产资源、海洋资源等自然资源的规划、管理、保护与合理利用。原国家计划委员会制定国土规划和与土地利用总体规划有关的职能、原国家土地管理局的行政管理职能等被划入国土资源部的职能。

18～20 日，由辽宁带状城市群规划发展研究中日联合委员会主办的"辽宁带状城市群规划发展研究第二次国际会议"，在日本川崎市高科技园举行。这次会议深入地研究了沈大城市带在东北亚的地位和发展潜力，对 2000 年以及 2010 年的发展规划进行了深入研究，提出了一系列设想。

20～23 日，规划设计单位财务培训研讨班在南京市举行。这次培训研讨班是在财政部、建设部财工字〔1998〕22 号文《关于城市规划设计单位执行〈事业单位财务规则〉有关问题的通知》（以下简称《通知》）下发不到一个月时举行的。这次培训研讨班，对贯彻《通知》精神，加强和完善城市规划设计单位的财务管理，促进规划设计单位的改革和建设的健康发展有重要意义。

23 日，英国古城保护考察团一行 4 人访问了建设部，就中英古城保护的经验、做法和应注意的问题进行了交流。

25～26 日，城市综合减灾与可持续发展研讨会召开，会议由北京市科协主办，北京减灾协会承办，在北京召开。会议提出，未来国际型、现代化大城市的衡量尺度一定要增加城市应付意外事故及突发自然巨灾的安全保障能力。

26 日，《山东省城镇体系规划（1995—2010）》在济南市通过评审，标志着山东省跨世纪现代化城镇发展战略全面确立。

27～29 日，建设部城市规划司在山东省淄博市召开了城镇体系规划工作座谈会。城市规划司王景慧副司长出席会议并分别在会议开幕和结束时作了重要讲话。会议的主要议题是讨论当前在加速城市化过程中，区域城市化与城市发展中存在的主要矛盾和问题以及省级城市规划行政主管部门的主要任务，研究如何进一步加强省域城镇体系规划工作，与会专家就城镇体系规划的地位与作用，实施管理与编制的技术及程序作了发言。与会者认为，省域城镇体系规划是当前城镇体系规划工作的重点，编制和实施省域城镇体系规划是省级城市规划行政主管部门的主要职责。建议加强城镇体系规划立法工作，建立和完善实施省域城镇体系规划的权威机构，注重各部门之间的协调，确保城镇体系规划的实施。

本月，张家口地震灾区恢复重建规划、民房设计方案评审会在张北县召开。

本月，重庆市规划局举办城市形象设计讲座。继重庆市总体规划上报国务院待批后，今年重庆市将规划设计的重点放在搞好城市片区规划及重点地段的城市设计上，提出从 9 个方面来搞好重庆城市形象设计：1. 用轴线组织城市形象。2. 用入口处理来丰富城市形象。3. 用广场突出城市形象。4. 用绿化铺垫城市形象。5. 用街道景观丰富城市形象。6. 用新颖建筑塑造城市形象。7. 用山水衬托城市形象。8. 用独具一格的旅游设施提升城市形象。9. 用小品点缀城市形象。讲座指出，在进行城市设计的同时，对区内重要的山脊线要进行景观控制，并做好景观控制规划。

四月

1 ~ 3 日，中国城市规划学会工程规划学术委员会在杭州淳安县召开了第二次水和环境学术研讨会。会议主要围绕水资源、环境保护和给水排水规划三个方面的问题进行了热烈讨论。

7 ~ 9 日，由建设部和联合国教科文组织共同主办的"中国—欧洲历史城市市长国际会议"在苏州召开。会议的主题是"历史城市的保护与发展"。会议通过了《保护和发展历史城市国际合作苏州宣言》。《宣言》强调，要制定保护政策，通过城市规划措施保护历史城镇、历史街区；要改善城市基础设施，动员群众参与，调整建筑功能，发展步行街；要使旅游尊重当地居民的生活方式，旅游收入的一部分要用于古城保护等。

8 日，建设部部长俞正声在第 25 期全国市长研究班开学典礼上讲话指出，市长们学习城市规划、建设和管理，应该特别注意城市规划问题。市长最重要的职责就是要把好城市规划这个关。我们现在正处于经济高速发展时期和城市快速发展时期，如果市长的素质及规划、建设的眼光不够水准，城市盲目地建设发展起来，其后果是十分严重的。

15 ~ 17 日，中国城市规划学会居住区规划委员会在北京召开会议。会议研究讨论了当前居住区规划设计及建设中亟待总结、引导、调整与发展的重要政策性和技术性问题。与会人士认为：要重新认识居住区规划的作用、内涵与使命；贯彻居住区规划设计以人为本的原则；居住区规划要建立市场观念；要树立生态环境质量就是居住区规划的生命的观念；要继承与发展中华民族的居住文化。

20～28日，由中国城市规划协会、中国城市规划设计研究院主办的"城市设计的理论与实践"培训研讨班在上海市举行。在研讨中，大家提出，城市设计应是一个能将城市规划与建筑设计较好地结合起来的阶段。城市设计应是一个管理政策，而非一个项目。城市设计应是政府行为与市场行为相结合的一种行为。目前，城市设计应注意避开几个误区，即：城市设计仅停留在理论研究阶段，而缺乏真正切实的实施；城市设计只定性，不定量，可操作性差，限制了其在实践中的应用；城市设计不具备法律地位，在城市规划设计中没有相应的工作阶段，在时间和资金上没有保证。学员们认为，必须采取适当措施，使城市设计真正起到对城市体形环境的创造引导作用，为此建议：一、进一步深入研究发展城市设计的理论框架和设计方法，在全国范围内建立城市设计的理论框架和设计方法，在全国范围内建立城市设计的研究与交流机制；二、加强对城市设计的宣传，使各级领导、设计人员、社会公众各方都有所了解；三、应确立城市设计的法定图则地位，改革城市规划工作制度，使规划师乐于，并且有时间、有精力、有条件进行城市设计；四、城市规划师应努力提高自身素质，学习经济、社会、心理等各学科知识，做到心中有城市设计，这样才可能将城市设计的思想贯穿于城市规划的工作过程之中；五、改革目前不利于城市设计的城市规划设计收费标准。

23～24日，第九次小康住宅示范小区规划设计方案评审会在北京召开。

本月，中国城市规划学会同意参与中国建筑学会与俄罗斯建筑师联盟之间的国际合作与学术交流。

本月，建设部发出通知，要求各省、自治区加强省域城镇体系规划工作。通知包括三部分内容：（一）加强对城镇体系规划的领导，加快工作步伐。（二）省域城镇体系规划必须面向实际，突出重点，注重实效。（三）充实力量、完善管理机制，保障城镇体系规划的实施。

本月，建设部发出《关于做好城市规划工作促进住宅和基础设施建设的通知》。《通知》要求各地尽快制定住宅和基础设施近期建设规划，抓紧组织居住区详细规划的编制和审批工作。

五月

1日，温家宝副总理对省域城镇体系规划审批工作作出重要批示：城镇体系规划的审查是一项十分重要的工作，建设部要切实负起责任。审查工作要采用领导与专家相结合的方式，充分听取各方意见。要从中国国情和各地实际出发，统筹考虑城镇与乡村的协调发展，正确处理经济建设、社会发展、环境保护之间的关系，特别要注意控制人口和保护耕地。要有全局和长远观念，照顾地方特点，避免重复建设。请建设部根据《城市规划法》，抓紧制定审批的具体办法。

18 日，中国城市规划学会响应全国人大的号召，组织京津地区有关专家召开了"关于《中华人民共和国土地管理法（修订草案）》专家座谈会"。参加座谈会的专家对"草案"提出了许多意见和建议：一、法律的定位问题 1.《中华人民共和国土地管理法》是我国的一部十分重要的法律，作为国家大法，必须具备应有的全面性和权威性。该"草案"在这方面尚有较大欠缺。目前这部"草案"从总体思路、结构体系和内容上看，更像一部"耕地保护法"，在体现土地管理层次的全面性方面，尚有较大差距。2.《土地管理法》应突出对土地的宏观管理。《土地管理法》重点应放在宏观的资源管理上而非微观的资产管理上。二、《土地管理法（修订草案）》与国家早已经实施的《城市规划法》有较大的冲突，必须认真加以协调。该"草案"在城市建设用地的申报、审批程序，城市用地规模的确定及土地利用总体规划与城市规划的关系等方面与《城市规划法》存在着较大的冲突。如果照此实施，必将造成国家和地方在城市土地管理和执法上的全面混乱。三、应全面体现可持续发展战略。可持续发展应是城、乡的协调发展而不是只强调保护耕地；保护耕地是必须和必要的，但机械地要求总量的不变可能对整体的经济和社会可持续发展是有害的。四、行政划拨地及临时用地审批口子不可大开。在社会主义市场经济条件下，应取消划拨土地。五、其他意见：1. 本"草案"对于保护耕地的针对性不强，据国土资源部领导提供的数据，近十年来，造成我国耕地减少的因素中，70% 是农业内部结构调整和自然损毁造成的，30% 是非农建设占用的，其中大部分是乡镇企业用地和农民宅基地，城市发展占用耕地只占了很小的一部分。城市是人类最节省土地的一种生活方式。因此，这部"草案"应该更加重视对于造成耕地流失主要原因的管理。2. 土地利用总体规划只是国土规划、区域规划和城市规划中的一个专项规划，我国应该建立健全由国土规划、区域规划和城市规划构成的综合性的空间地域规划体系。在目前国家还没有国土规划、区域规划的情况下，编制土地利用总体规划缺乏依据。会后，组织专家在《光明日报》等多家新闻媒体上发表文章，阐述了对该法的意见。

21 ~ 22 日，为严格实施《城市规划法》，加强对违法用地、违法建设的查处，山东省建委在济南市召开了省内部分市、地城市规划"双违"典型案例汇报分析座谈会。与会人员总结了《城市规划法》实施以来各地查处违法用地、违法建设的经验，解剖"双违"典型案例，分析"双违"查处中存在的突出问题，并提出了加大"双违"查处力度的措施、对策。

26 ~ 29 日，"联合国亚太经社理事会中国北京 98 老龄问题地区讨论会"在京召开。本次会议是为贯彻 1992 年联合国第 47 届大会通过的《联合国老龄问题宣言》中，将1999年确定为"国际老年人年"后开展的一次重要活动。会上，交流了本国或本地区有关老年政策的经验与方案、庆祝活动等工作状况，研讨了《亚太地区老龄问题行动计划》（草案）。

28日，全国城市地下空间开发利用经验交流会在西安召开。建设部副部长叶如棠在会上提出要求，今后城市地下空间的开发利用要抓好以下重点工作：①建立健全城市地下空间的开发利用建设过程中的各项法规、标准。②抓好城市地下空间规划。③要完善管理体制，密切协同配合。④加强地下空间开发利用相关工程技术问题的科学研究工作。⑤坚持典型引路，推动全国城市地下空间利用工作的开展。

29～30日，建设部和科技部联合在北京召开了全国小康住宅科技产业工程工作会议。

本月，由《城市规划》编辑部，中国城市规划协会规划管理委员会联合主办的"全国城市规划管理论文竞赛"揭晓。本次论文竞赛共收到来自全国各地的有效论文56篇，经专家评定：共有16篇论文获奖，其中一等奖1名，二等奖4名，三等奖6名。

六月

1～5日，建设部高等教育城市规划专业评估委员会分别派出专家组对同济大学、清华大学、东南大学、重庆建筑大学和哈尔滨建筑大学等五所高等学校的城市规划专业进行了评估实地视察活动。此前，五所学校已经向评估委员会提出了评优申请并作了认真的自评工作，向评估委员会提交了自评报告。6月7日至8日，评估委员会在重庆召开了1998年全体委员会议，并邀请前来观察此次评估的英国和美国的7位专家列席了会议。建设部人事教育劳动司李先逵副司长、梁俊强处长出席了会议。通过学校自评和专家组的实地视察，评估委员会全体委员投票表决，做出决议：上述五所学校评估通过，合格有效期均为六年，即1998年6月至2004年6月。此次评估是我国首次进行城市规划专业的评估工作，为我国正在筹备的注册城市规划制度做好了准备。当前世界大多数国家对从事涉及个人生命财产安全和公共利益的职业，如医生、律师等职业都制定了严格的资格审查制度、注册制度和相应的管理制度。其中对城市规划师、建筑师等实行注册已经成为国际上的一种惯例。由于注册师承担着重要的社会责任，各国都对注册师的职业资格制定了严格的条件，即需具有经过评估的高等专业教育学历、获得专业工作经验、通过职业资格考试，高等教育专业评估制度是注册师制度的一个重要组成部分。为了与国际接轨，此次评估视察期间，邀请了英国和美国相应的评估及注册机构的专家作为观察员参加了我国的评估视察活动，并列席最后的评估委员会全体委员会议。通过访问，英美专家一致认为，我国的城市规划专业评估工作起点高，标准严格，执行认真，能够确保我国的城市规划专业教育水平。

8 日，城市规划司在京举办了一次有关城市规划执业资格制度的讲座，讲座邀请美国持证规划师协会（AICP）主席 William W.Bowdy 先生一行 3 人、香港规划署署长潘国城先生，分别介绍了国外和香港特别行政区实施城市规划执业资格制度的有关情况。

9 ～ 11 日，由城市规划司主办的"98 中国城市规划执业资格制度国际交流会"在上海召开。1994 年，建设部城市规划司正式向建设部提出建立中国城市规划执业资格制度的申请。1997 年 3 月，建设部正式向人事部报送了"关于申请《建立城市规划职业资格证书和注册制度》的立项报告"。

21 ～ 23 日，中国城市交通规划学术委员会 1998 年年会暨学术讨论会在天津市召开。会议的中心议题是"新形势下的城市公共交通发展和相关问题"。

本月，重庆市人大审议通过《重庆市城市规划管理条例》。

本月，《长江三峡水利枢纽建筑规划方案设计报告》通过专家评审。规划旨在使三峡工程在满足工程防洪、发电、航运三大功能要求的前提下，实现合理的建筑布局和功能分区，并通过对生态环境的恢复与改造，创造出一个山清水秀的坝区环境。

七月

1 日，《重庆市风景名胜区管理条例》施行。该条例是重庆直辖后颁布的有关风景名胜区管理方面的第一部地方性法规，标志着重庆市风景名胜区管理走上了法制轨道。

3 日，中国第一份人类发展报告《中国人类发展报告 1997》在北京发表，这份报告是由联合国开发计划署聘请 11 位中外专家，历时一年半时间编写完成的。《报告》着重从收入分配、医疗保健、教育和营养、人口和人口流动、妇女状况、就业、社会保障以及自然环境状况等方面进行详尽讨论。

13 ～ 15 日，东北三省第十一次城市规划学术交流会在吉林省延吉市召开。会议对东北三省城市规划的现状和发展、城市规划管理和规划设计中所遇到的问题进行了广泛、深入的交流与探讨。

21 日，由重庆建筑大学完成的四川乐山城市总体规划通过专家评审。四川省乐山市 1987 年进行城市总体规划时将乐山规划成了"山麓中的城市，城市中的山林"，使乐山形成绿心城市环、江河环、山林环，城景交融共生的绿心环形生态型山水城市。"绿心"规划范围 9.16km^2，其性质是以保护和改善城市生态环境为目的，以科学利用自然资源，开展生态旅游的城市生态绿地。绿心是城市的组成部分。

本月，国务院发出关于进一步深化城镇住房制度改革加快住房建设的通知。通知要求：1998 年下半年开始停止住房实物分配，逐步实行住房分配货币化。通知指出，对不同收入家庭实行不同的住房供应政策。最低收入家庭租赁由政府或单位提供的廉租住房；中低收入家庭购买经济适用住房；其他收入高的家庭购买、租赁市场价商品住房。

本月，建设部在原城市规划司和村镇建设司的基础上组建了城乡规划司（城镇建设办公室）。城乡规划司的主要职责包括：研究制定全国城市发展战略及城市、村镇规划的方针、政策和规章制度；组织编制和监督实施全国城市和村镇体系规划；负责国务院交办的城市总体规划、省域城镇体系规划的审查报批；参与土地利用总体规划的审查；承担对历史文化名城相关的审查报批和保护监督工作；指导全国城市规划执法监督；指导城市和村镇规划、城市勘察和市政工程测量工作；提出城镇规划建设的方针、政策、规章；承担建设部城镇建设指导委员会的日常工作；拟定规划单位的资质标准并监督执行；提出城市规划专业技术人员执业资格标准。城乡规划司由陈晓丽任司长。

八月

3 日，建设部下发关于印发《城市总体规划审查工作规则》的通知。为贯彻《国务院关于加强城市规划工作的通知》和《中共中央、国务院关于进一步加强土地管理切实保护耕地的通知》的精神，加强对国务院审批的城市总体规划的审查工作，规范工作程序，提高工作质量和效率，建设部制定印发了本规则，对城市总体规划审查的主要依据、审查的重点、审查的程序与时限做出了具体规定。

4 ~ 10 日，以韩国大韩国土·城市规划学会会长金英模教授为团长的考察团一行 30 人访问了我国，这是韩国规划学会首次派出如此规模的访华团。考察团此次重点考察了北京、西安、上海和苏州的经济开发区规划建设和历史文化保护的情况。在北京期间，金英模一行与中国城市规划学会举行了座谈会。建设部主管领导赵宝江副部长、陈为邦总规划师、城乡规划司陈晓丽司长和中国城市规划学会吴良镛理事长、夏宗玕副事长兼秘书长、石楠副秘书长等人出席了座谈会。

5 ~ 6 日，浙江省建设厅在杭州召开了城市规划工作座谈会。会议重点围绕"如何把市场机制引入城市规划"进行研讨。

7 ~ 10 日，湖南省城市规划学会在长沙市举办了学术讲座。讲座的主题是城市化和可持续发展。中国城市规划设计研究院教授级高级规划师邹德慈、金经元分别以"城市发展与城市规划"和"访美纪实"为题作了讲座。

13 日，建设部以建标〔1998〕1 号文件发出《关于发布国家标准〈城市规划基本术语标准〉的通知》，批准《城市规划基本术语标准》GB/T50280—98 为推荐性国家标准，自 1999 年 2 月 1 日起施行。该标准是继《城市用地分类与规划建设用地标准》、《城市居住区规划设计规范》、《城市道路交通规划设计规范》、《城市用地分类代码》、《城市道路绿化规划设计规范》之后，城市规划方面第六部被批准实施的标准规范。

18 ~ 21 日，标志中国建筑史学走向世界的"第一届中国建筑史学国际研讨会"在北京举行。大会的主题为"人为环境与自然环境的融合"。出席大会的有 11 个国家和地区的 96 位代表，大会论文 69 篇。这次大会的召开实现了老一辈学者多年的夙愿，成为中国建筑走向世界的标志之一。

20 日至 9 月 11 日，按照国务院、建设部"把重建家园工作放在各项工作的首位，优先安排"的指示，中国城市规划设计研究院派副院长李兵弟、高级规划师朱文华参加了建设部灾后重建工作组，随部长前往湖北、江西灾区进行考察。建设部按照国务院灾后重建家园的要求，指派中规院帮助江西省承担灾区恢复建设规划设计工作。

25 ~ 28 日，中国城市规划学会在深圳组织召开了"全国城市设计学术交流会"。来自全国 38 个城市的科技人员计 230 人出席了会议。会上交流了国内近年来不同城市和设计单位设计、实施的 33 个优秀设计项目，内容涉及城市整体形象设计，城市居住环境设计，中心区、广场、步行街、滨水地带城市设计以及旧城更新、历史地段保护等，基本涵盖了我国近年来城市设计的不同层面，反映了国内城市设计的发展水平。

25 日，中国城市科学研究会召开"城市可持续发展"专家座谈会。与会专家发言涉及可持续发展概念的起源、可持续发展环境、可持续发展示范区建设、可持续发展的政策措施及现行政治体制对可持续发展的影响等。有专家指出，邓小平同志所讲"发展是硬道理"是十分正确的，但由于历史上形成的"赶超发展观"没有彻底改变，在实际操作中，很多人往往将速度等同于增长，增长等同于发展，只重速度、不重效益的现象层出不穷。与会专家认为，如果这种发展观不及时改变，长此以往，可持续发展将成为一句空话。专家呼吁，发展经济必须考虑环境成本、生态成本，领导干部任期内政绩考核也应有生态环境变化指标，这样才能从根本上杜绝领导干部的短期行为，从体制上保证可持续发展的实现。会上，专家们还就城市规划如何体现可持续发展的方法进行了讨论，认为规划中应该贯彻节约资源，充分利用、循环利用的原则。

25～27日，全国城市规划管理信息系统建设实施研讨会暨中国城市规划协会规划管理委员会办公自动化专业组第五次会议在南宁市规划局召开。本次会议主要议题是研讨城市规划管理信息系统建设与实施问题。与会代表就各城市在规划管理信息系统开发、建设和实施过程中所取得的新成果、新经验、新问题进行了广泛交流和深入探讨。

29日，《中华人民共和国土地管理法》由第九届全国人民代表大会常务委员会第四次会议修订通过，自1999年1月1日起施行。新修订的《土地管理法》突出了保护耕地的主题，将"十分珍惜、合理利用土地和切实保护耕地是我国的基本国策"写入总则中。《土地管理法》修改的重点是将土地管理方式由以往的分级限额审批制度改为用途管制制度，强化土地利用总体规划和土地利用年度计划的效力，通过土地用途管制，加强对农用地特别是耕地的特殊保护。

31日，由中国城市规划设计研究院承担的国家高技术研究发展计划（863计划）课题"对地观测技术用于城市规划示范工程总体技术研究"通过国家验收。经过近两年的辛勤工作，课题组完成了对地观测技术应用于城市规划示范工程的总体技术方案和有关工程设计报告；结合示范城市北海市和邹城市的城市规划目标，在国内首次组织实施应用全数字技术进行大比例尺地形图测绘，首次采用成像光谱技术用于用地分类和建筑物分类制图，展现了这项技术良好的应用前景；初步建立了针对城市规划需求目标的信息获取、处理与分析制图的生产技术体系。该项研究是建设行业首次承担并完成的国家高技术研究发展计划项目。

下旬至9月初，受江泽民总书记委托，中共中央政治局常委、国务院总理朱镕基赴东北洪涝灾区考察灾后重建工作。朱镕基指出，要抓紧解决住房问题。要把灾区建房规划落实到户，能够一次建成永久性住房的就不搞临时简易房。灾区建房，重建家园，要同小城镇建设结合起来。行蓄洪区、低洼地带被洪水冲毁、淹没的村庄，不再旧地重建，要迁出原址，适当集中，移民建镇。这既有利于从根本上解决水患威胁，又有利于促进小城镇发展，长远安排受灾群众生产和生活。建设小城镇，首先要抓紧搞好规划，对受灾群众住房、卫生院、学校以及其他公共设施等，统筹规划，合理布局，一次规划分步实施，对乡镇领导干部要组织培训，普及城镇建设规划的基本知识。

本月，为了做好灾后重建的准备工作，建设部俞正声、叶如棠、郑坤生等部领导分别率工作组深入水灾严重的地区，了解灾情，指导工作。俞正声强调，移民建镇是当前建设部门的头等大事。灾区各级建设行政主管部门的领导都要抓几个新建村镇的典型，要深入实际，现场指导。当前要抓紧做好三件事：编制重建村镇规划纲要和重建村镇规划设计图；编制本省的村镇住宅设计通用图集；制定移民建镇实施预案，为省委、省政府移民建镇决策提供科学依据。

本月，陇海兰新地带中部城市发展研讨会暨新郑市城市发展战略规划纲要论证会在河南省新郑市召开。与会代表认为，在改革开放的新形势下，特别是新欧亚大陆桥贯通后，中部地区在客观上起着承东启西和通贯南北的作用，是今后东部地区持续发展的基础，是支援西部地区开发建设的基地，在全国经济发展中具有极其重要的战略地位和作用。这次会议是中国城市科学研究会与有关单位共同召开的又一次以中西部地区为研究对象的学术研讨会。

本月，科技部与建设部在北京联合召开"动员科技力量，为灾区重建家园做好技术准备工作座谈会"，科技部副部长韩德乾、建设部副部长郑一军出席会议并发表了讲话。建设部组织全国建设系统规划、设计、科研部门和大专院校的力量，对口支援重建工作。

九月

2 日，建设部在安徽省合肥市召开灾后重建座谈会。会议目的在于学习和借鉴安徽省 1991 年灾后重建的成功经验，交流各省（区）灾后重建工作的初步设想，研究部署灾后重建工作。遭受严重洪涝灾害的湖南、湖北、江西、安徽、吉林、黑龙江和内蒙古 7 个省（区）的建设部门负责人及有关部门领导共同讨论了灾后重建工作。建设部副部长赵宝江在会上指出，今年灾后重建，要坚持统一规划，立足于新起点，防止原地、原貌的简单恢复，彻底改变淹了建、建了淹、年年倒房、年年建房的恶性循环。同时，还要借鉴安徽省 1991 年灾后重建"一步到位、分步实施"的成功经验，即规划要一步到位，建设上要量力而行，分步实施。

5 日，第六届海峡两岸都市交通学术研讨会在重庆召开。会议的主题是"都市交通运输——新的挑战与对策"。

7 ~ 11 日，北京市城市规划学会与北京市城科会联合在山西平遥举办了"世界历史文化名城保护规划与建设管理（平遥）研究班"，共 60 余人参加，清华大学朱自煊教授主讲"名城保护和历史保护与更新"。山西省建委副主任曹昌智作了"平遥历史文化名城是怎样走向世界的"报告。

9 ~ 11 日，中英城市环境改善与可持续发展研讨会在京举行。会议主要议题是环境综合评价、环境健康、水污染与水管理、交通及其环境影响、环境技术。会议由中国科学院、中国工程院和英国伦敦大学联合举办。

14 日，我国成都市府南河综合整治项目和沈阳市市长荣获 1998 年联合国人居奖。除以上两项奖外，今年，珠海市还荣获联合国改善居住环境最佳范例奖。

16～19日，河北省建委邀请建设部领导和部分国内知名专家在唐山市召开了河北省城市设计研讨会。会议在审查秦皇岛市景观风貌规划、唐山市整体城市设计以后，围绕省建委组织起草的《河北省城市设计技术导则》及当前全省城市设计的工作思路、工作方法进行了研讨，并在后期安排了两次城市设计学术讲座。

17～18日，湖北省潜江市召开了全省移民建镇和宣传贯彻《湖北省实施〈中华人民共和国城市规划法〉办法》工作会议。会议对各地宣传贯彻落实《湖北省实施〈中华人民共和国城市规划法〉办法》作了具体安排部署。同时，根据中共中央、国务院关于抗洪救灾重建家园的指示精神，进一步讨论研究了本省大灾之后的移民建镇规划实施工作。

22日，由中国城市规划设计研究院城市交通研究所承担的国家高新技术研究发展计划（863计划）课题"GIS支持下的城市需求分析系统软件开发"[课题编号：863—308—13—04（01）]，顺利通过了国家验收。

23～25日，"组群式城市规划理论研讨会"在山东省淄博市召开。会议对组群式城市的形成、特点及发展作了深入的分析，探讨了组群式城市的规划编制与管理。与会人士认为，组群式城市在协调区域经济健康发展，促进城乡一体化和城市可持续发展，避免人口过度集中，减轻交通压力，创造良好的城市环境和城市风貌等方面，有其独特的优势。它的城市规划的编制，必须从区域范围及城乡一体化分析入手，研究影响其发展的各种因素，统筹安排、合理部署城市各类用地、空间资源和各项建设。组群式城市的规划管理，首先应建立城乡一体、上下垂直、高度集中的管理体制，建立、健全机构，实施城乡一体化的管理，强化和突出中心城区，以发挥其辐射和凝聚作用。要注重城乡结合部的规划管理，保护好城区的绿色空间，做好基础设施配套，完善法规体系，依法进行规划管理。

25日，首届"城市规划部际联席会"在北京召开。为加强中央政府对城市和区域空间发展的宏观调控，经国务院批准，立足于城市总体规划和省域城镇体系规划的审查工作环节的"城市规划部际联席会"制度正式建立。建设部副部长、"联席会"主任赵宝江在会上指出，为适应我国城市快速发展的形势，必须提高规划审批工作的科学性、政策性和时效性。建立"城市规划部际联席会"制度正是适应这一需要的新举措。"联席会"的主要职责：一是研讨城市和区域发展中的重大问题，向国务院提出政策建议；二是根据国务院有关规定，讨论、协调国务院有关部门对上报的城市总体规划和省域城镇体系规划的意见；三是协调城市总体规划和省域城镇体系规划在实施中需要协调的重大问题；四是协调、讨论成员单位认为需要提交讨论协调的问题。"联席会"成员包括国务院有关部门及解放军总参谋部的有关领导。会上，建设部会同国家计委、国土资源部等有关部、委、局，对重庆市、郑州市和抚顺市的城市总体规划进行协商、评议。重庆市城市总体规划在会上获得好评。重庆市城市总体规划的编制历时四年，于 1997 年 8 月正式上报国务院，国务院秘书局于同年 12 月 22 日在北京召开了一个部、委、局协调审查会，专门征求各有关部门对重庆市城市总体规划的意见。经过讨论，与会成员单位认为：重庆市城市总体规划符合中央和国务院的方针政策，规划成果符合建设部关于城市总体规划编制及审查工作的要求，并达到了较高水平。会议同意该规划，并呈报国务院审批。新修编的重庆市城市总体规划，深入研究了重庆市城市规划和建设，特别是重庆直辖市成立以后城市发展的新形势，提出了合理的城市发展目标和规划原则，确定了市域、都市圈和主城三个空间层次和符合重庆实际的"组团式"城市布局结构。

本月，根据建设部机构改革情况和实际工作需要，建设部决定成立建设部村镇建设指导委员会，国务院办公厅已批准的建设部内设机构村镇建设办公室（与城乡规划司一个机构两块牌子）为建设部村镇建设指导委员会的日常工作机构。

十月

8 日，第 26 期全国市长研究班在京开学。

10 日，全国土地管理工作会议召开。国土资源部领导在会上指出，目前我国土地乱占滥用、耕地锐减的状况日趋严峻。去年在冻结非农建设项目占用耕地的情况下，全国仍净减耕地 203 万亩。

14 日，十五届三中全会通过《中共中央关于农业和农村工作若干重大问题的决定》，提出：发展小城镇，是带动农村经济和社会发展的一个大战略，有利于乡镇企业相对集中，更大规模地转移农业富余劳动力，避免向大中城市盲目流动，有利于提高农民素质，改善生活质量，也有利于扩大内需，推动国民经济更快增长。要制定和完善促进小城镇健康发展的政策措施，进一步改革小城镇户籍管理制度。小城镇要合理布局，科学规划，重视基础设施建设，注意节约用地和保护环境。

14 ~ 18 日，亚太地区议员环境与发展大会第六届年会在广西桂林市召开。深入讨论了亚太地区环境和资源保护与旅游业可持续发展所面临的挑战及相关的战略行动，达成一系列重要共识，并于 18 日下午通过并签署了《桂林宣言》。

15 ~ 17 日，全国城建工作座谈会在河南濮阳市召开。

16 日，北京城市科学研究会与首都规划建设委员会办公室、北京城市规划学会召开了北京城市发展座谈讨论会。本年 6 ~ 9 月，北京城市科学研究会与首都规划建设委员会办公室、北京城市规划学会联合举办了关于北京城市可持续发展八讲系列讲座。在讲座和讨论中，专家们提出了许多内容广泛、针对性较强的意见和建议：一、加强全国政治中心、文化中心的城市功能。北京最大的优势是文化。要走一条优先发展高新技术产业和文化产业带动经济全面腾飞的道路。二、把基础资源的最大承载能力作为城市发展的硬约束。在对城市发展进行综合调控中，要对北京的土地、淡水、环境、道路交通等不可替代的紧缺基础资源的开发利用模式以及相应的占用量、消耗量进行硬性规定。三、深入开展环境综合整治，尽快改善环境质量：一是调整产业结构和布局；二是增加投入，加强环境建设；三是加强法制建设，强化环境管理；四是加强宣传教育，努力提高全民环境意识。四、城市规划贯彻可持续发展战略：一要考虑城市发展的后劲和城市容量；二要优化城市布局，为高新技术产业和第三产业的发展创造条件；三要捍卫分散集团式布局，改善首都的生态和工作、居住环境；四要在控制性详细规划的编制和实施中，充分考虑可持续发展的要求。五、进一步加强城市基础设施的建设。六、实行环境与发展综合决策。七、加强城市的科学管理。

20 日，针对长江发生了继 1954 年后的又一次全流域性大洪水，嫩江、松花江也发生了超历史纪录的特大洪水，中共中央、国务院印发了《关于灾后重建、整治江湖、兴修水利的若干意见》，指出：移民建镇，实行统一规划、统一设计。这次被洪水冲毁的江河干堤外、湖区内、行蓄洪区、低洼地带的村庄，要通过论证，统筹规划，不再就地重建。要有计划、有步骤地采取各种不同的方式，或就近迁移，或易地重建，以恢复这些地方的行蓄洪作用。新建小城镇的人口规模一般控制在 1 万至 5 万人。城镇布局要有利于发展生产、方便生活。通过招标评审等形式，选择一些经济适用、适合当地生产生活需要的民居户型结构设计。同时，结合移民建镇，清理宅基地，搞好土地整理，尽可能增加一些耕地。

22 日，建设部副部长赵宝江出席了第 26 期全国市长研究班城市规划建设经验交流会，并就当前全国城市规划建设工作作了即席发言。

25 ～ 27 日，建设部在杭州市召开了 1998 年全国城市规划、村镇建设处局长会议。这次会议是建设部机构改革之后、城乡规划司新成立之后的第一次有城市规划、村镇建设行政主管部门负责人参加的全国性会议，城乡规划司 4 位负责人全部到会。这次会议的内容，一是通报建设部的改革情况，二是研究今年年底前的几项主要工作和 1999 年的工作思路。会上，建设部城乡规划司司长陈晓丽作了工作报告，建设部副部长赵宝江作了重要讲话。

25 ～ 27 日，中国城市规划学会在贵阳市召开了第二届城市规划编辑出版工作会议。全国 17 种杂志的代表共 34 人出席了会议，《城市规划》杂志常务副主编徐巨洲教授和《城市规划汇刊》主编董鉴泓教授分别主持了会议。与会代表总结了 1995 年首届编辑出版工作会议以来取得的长足发展，分析了当前城市规划编辑出版工作面临的形势和任务，探讨了存在的问题和困难。

27 日至 11 月 1 日，江苏省城市规划学术委员会承办了江苏省建委主办的"城市规划编制规范化与技术管理培训班"。培训班在南京举办，培训对象是省内各市县有关单位的行政、技术负责人及业务骨干。

28 日，国家"九五"重点科技攻关专题"大城市停车场系统规划技术"（96-A15-03-02）通过了建设部科学技术司主持的成果鉴定会。该专题由中国城市规划设计研究院主持，是建设部系统第一个通过鉴定的"九五"科技攻关研究课题。该专题在建设部、公安部主管部门的支持下，开展了国内首次部分大城市停车场发展规划、政策及管理调研活动，统计了部分大城市有关停车场现状和规划的数据，绘制了大量图表，通过对调查资料的分析，提出了关于停车政策和法规的建议；深入研究了停车需求预测和停车场规划布局技术，提出了停车系统规划程序和大城市建筑物配建停车指标制订的方法、步骤；探讨了城市中心区停车需求管理的策略及对策。此外还研究了停车场选址与停车场出入口的交通设计问题。

30 日，城市规划部际联席会第三次会议在北京召开。会议讨论、协调了各有关部门对武汉、南宁、开封三市城市总体规划的意见。

30 日至 11 月 3 日，中国城市规划协会城市规划管理委员会法制专业组在成都召开会议，专题研讨《城市规划法》修改工作。《城市规划法》实施 9 年来，为我国城市建设和城市经济的发展作出了巨大贡献。但是随着我国改革的不断深入，现行的《城市规划法》已经显现出一些不足，需要补充和完善。建设部对此给予了高度重视，已将《城市规划法》的修改工作列为建设部 1998 年度法制工作的重要内容。研讨会上，中国城市规划协会和建设部有关的领导介绍了《城市规划法》修改的进展情况，全国人大和国务院对修改的一些具体要求，建设部门相关法规的颁布实施情况以及我国现阶段和未来城市经济发展对城市规划的新要求。13 个城市的代表结合《城市规划法》在本市的实施情况，工作中遇到的具体问题及下一步需要完善补充的内容，分专题和章节对《城市规划法》进行讨论，并提出了许多建设性的修改意见。

31 日，温家宝副总理在听取建设部工作汇报时指出：城镇化是衡量一个国家工业化、现代化水平的重要标志。随着现代化进程的加快，我国进入了城镇化相对发展较快的时期。城镇化问题必须认真对待。我国是一个人口多、耕地少的国家。在制定城镇化发展战略上，要处理好城镇化与保护土地资源、保护环境的关系。这不是一个部门的问题，而是关系到国家的可持续发展和现代化方向。中央关于城市发展的方针是"严格控制大城市规模、合理发展中等城市和小城市"。因此，城镇化的重点应放在发展中小城市，放在发展小城镇上。这符合我国人多地少的国情，也是解决城镇化过程中人口过分集中到大城市的问题的有效途径。小城镇建设要贯彻既要积极又要稳妥的方针。小城镇是经济发展的产物，而不是人为的产物。乡镇企业发展到一定阶段，要集中解决运输、供水、供热等服务问题。如果没有乡镇企业发展对各项事业的需要，人为地搞小城镇，长久不了。要结合实际情况，先进行调查研究，对新时期如何促进小城镇的健康发展，提出指导思想，不然就会一哄而起。如户籍改革问题，十四大以后，写进了中央规定，就出现了卖户口的情况。我担心小城镇建设一哄而起。不要讲小城镇，有的村庄马路搞到几十米、上百米。没有几辆车，搞那么宽干什么？一位建筑学家对我说，路不在宽而在通，再宽的路，路口堵住了，也走不通。不能只注意干道的宽度，要注意道路系统。小城镇同样存在这个问题。

本月，新一届首都规划建设委员会成立，北京市市委书记、市长贾庆林任主任，建设部部长俞正声等任副主任。

本月，建设部1998年度科技进步奖评审工作结束。经建设部科技进步奖评审委员会评审，共评出科技进步奖81项，其中一等奖3项、二等奖17项、三等奖61项。在授奖项目中，涉及城市规划专业的9项，其中二等奖1项、三等奖8项。建设部勘察研究设计院、广州市城市规划局、北京市遥感信息研究所等完成的"广州市大比例尺数字正射影像图制作及在城市规划中的应用"获得二等奖。

本月，第二届21世纪中国城乡一体化战略研讨会在江苏省昆山市周庄镇召开，来自建设部的专家和全国几十个城镇的市长、镇长参加了会议。与会者就我国名城名镇的城乡一体化问题进行了探讨。与会者将我国的名城名镇分为两类讨论：一类是历史文化名城；第二类是在改革开放中，随着经济社会的快速发展而崛起的著名城镇。专家们认为，这些名城名镇都在区域经济社会发展中颇具影响力，名城名镇的保护和建设是推动城乡一体化健康发展的重要环节。

十一月

3～9日，"98京津沪渝穗城市规划工作交流会"在重庆市召开。代表们相互交流城市规划工作经验及成果，共同探讨当前城市规划发展趋势及规划管理、人员队伍建设等新问题，探讨《土地管理法》修订颁布实施后给城市规划管理工作带来的影响及对策。

6日，建设部住宅产业化研讨会暨第十次小康住宅示范小区规划设计方案评审会在宁波召开。

15～18日，香港特别行政区政府规划考察团在规划署署长潘国城先生的率领下，到重庆市考察城市规划工作。港、渝两城市在地理条件上极其相似，山地起伏，江海环抱，在规划领域里的相互帮助与合作具有十分广阔的前景。交流会上，考察团成员和与会代表分别就规划编制、规划管理、法规监察诸方面展开深入探讨。

16日，全国住宅建设工作会议在京召开。这次会议的主题是提高住宅质量，适应住房供应、分配体制的改革，推动住房建设体制的改革和增长方式的转变。会议对《关于推进住宅产业现代化、提高住宅质量的若干意见（初稿）》进行了讨论。

23日，"面向21世纪的首都绿化学术研讨会"在北京市科技活动中心开幕。

24～26日，历史文化名城规划学术委会员与安徽省合肥市城市规划学会联合召开了"历史街区保护与整治学术研讨会"。安永瑜主任委员回顾了该学术委员会成立以来的学术活动情况。王景慧作了"深化研究，推动历史街区保护整治的实施"的主题发言。会议重申了要贯彻"抢救为主，保护第一"的方针。

26日，由国家科委成果办和建设部城乡规划司联合主办，广州市城市规划局自动化中心和广州英迪实业有限公司承办的"城市地下管线信息系统、城市规划CAD系统、城镇规划建设管理信息系统应用成果推广会"在广州大厦举办，建设部城乡规划司、国家科委成果办以及广州市有关领导在会上讲了话。建设部城乡规划司司长陈晓丽指出：本次会议标志着城市规划领域高新技术的应用进入了一个新的阶段，标志着全国规划领域信息产业的诞生。

本月，中国城市科学研究会和所属西南城市联系中心在四川省绵阳市召开了"西南地区城市发展研讨会"。会上，对西南地区跨世纪城市发展战略，城市建设管理中的难点问题与成功经验，城市可持续发展等问题进行了交流和讨论。

本月，重庆市、郑州市城市总体规划获国务院批准实施，这是1996年国务院《关于加强城市规划工作的通知》（国发［1996］18号）颁发之后，城市总体规划获国务院批准的首批城市。

本月，中国城市规划学会小城镇规划学术委员会的专家聚会北京，就深入领会党的十五届三中全会提出的"发展小城镇是带动农村经济和社会发展的一个大战略"的深刻意义，抓住有利时机，加快小城镇发展进行了座谈讨论。建设部副部长赵宝江、总规划师陈为邦到会听取了专家意见。大家一致认为，中央的这个决定对促进我国小城镇建设，进而加快我国的城市化进程，实现国家的现代化意义重大。小城镇要科学发展，必须规划先行，合理布局，严格管理。首先要编制市域、县域城镇体系规划，在城镇体系规划的指导下，有重点地发展小城镇。小城镇的规划建设要因地制宜，从实际出发，十分注意节约用地和保护环境。乡镇企业要尽量集中到小城镇，科学布局。小城镇发展一定要符合地域经济发展实际，规划建设的标准要适当，切不可照搬大城市标准，不可盲目求大求新。

十二月

7 日，建设部发出通知，批准《城市工程管线综合规划规范》为强制性国家标准，自 1995 年 5 月 1 日起施行。《城市工程管线综合规划规范》主编单位是沈阳市规划设计研究院，参编单位是昆明市规划设计研究院。该规范自 1992 年 10 月开始编制至 1996 年 8 月完成报批稿。

7 ~ 10 日，建设部城乡规划司委托中国城市规划协会在北京举办了"历史街区保护规划培训班"。

10 日，建设部办公厅向夏季遭受洪涝灾害的省区及有关部属院校发出通知，就部属院校对口联系受灾地区进行灾后重建工作做出安排。各院校负责联系的地区是：哈尔滨建筑大学对黑龙江省；沈阳建筑工程学院对吉林省；西北建筑工程学院对内蒙古自治区；重庆建筑大学对湖南省；武汉城市建设学院对湖北省；南京建筑工程学院对江西省；苏州城建环保学院对安徽省。

14 ~ 16 日，受山西省平遥县人民政府委托，全国市长培训中心在平遥组织召开了"世界遗产平遥保护与发展问题专家座谈会"。会议认为，平遥古城列入《世界遗产名录》，标志着平遥不仅是我国历史文化名城中的佼佼者，而且已经成为全人类共同拥有的文化财富，作为世界文化遗产，平遥古城面临的首要问题是保持声誉，永续利用。对平遥的保护与发展工作，专家们提出如下几点意见和建议：一、要继续拓宽宣传领域，加大宣传力度。二、要深入研究平遥发展取向问题。平遥的发展要立足于古城保护，保护原有价值，充分利用原有价值，在此基础上，优化第一产业，有挑选地发展第二产业，大力发展以旅游业为主导的第三产业，谋求城市社会经济的可持续发展。三、要确实加强古城保护工作。四、要加强文物古迹保护。五、要高度重视新城规划建设。六、要大力加强生态环境建设。七、要充分利用名城优势积极发展区域经济和旅游产业。八、要从城市建制上提高名城管理的权威性与力度。有必要撤县改市。九、要大力加强保护与发展的法制建设。专家们建议做好以下几项工作：开展世界遗产文化古城在保护与发展方面的比较研究；编制世界遗产平遥古城保护与发展的城市规划；及早考虑平遥古城发展的城市道路交通问题；加强历史街区的详细规划和城市设计；培养自己的城市规划、建设和管理人才。

14 ~ 18 日，根据国务院要求，中组部和国家环保总局在深圳举办了"城市可持续发展战略能力研讨班"。全国 23 个环保重点城市的主管副市长、秘书长、环保局长参加了研讨学习。研讨班授课题目为"市场经济条件下的环境管理"、"城市生态规划与环境管理"、"可持续发展的理论与实践"。学员们就城市规划新趋向、城市生态系统设计与重建、环境管理手段的新变化等问题进行了热烈讨论。学员们一致认为：经济的增长、社会的发展，不仅依赖于科学技术的进步，还取决于环境资源的支撑能力。从这个意义上讲，保护环境就是保护生产。亚洲开发银行的一位官员在研讨班发言说：许多环境问题是可以通过合理的城市规划和环境管理来解决的。

16～18 日，由建设部科学技术司主持，建设部科技信息研究所承办的"建设科技信息事业发展战略研讨会"在北京怀柔召开。此次会议是为纪念我国建设科技信息（情况）事业创建 40 周年，为推进全国建设科技信息事业的深入发展，总结经验，研讨发展战略而召开的。会议讨论了《建设科技信息事业发展纲要》和《全国建设系统省市区情报中心站和专业情报网管理办法》，交流了各情报网站的工作经验，研究了今后的任务。代表们一致认为，要以迎接知识经济挑战的新视角来重新认识科技信息后勤工作的重要性。会议表彰了 32 项全国建设系统科技信息优秀成果，表彰了全国建设系统科技信息先进工作者。

24 日，建设部召开专家座谈会，认真听取意见和建议，研究小城镇建设的有关问题。建设部副部长赵宝江、部纪检组组长郑坤生出席了座谈会。与会者一致认为，十五届三中全会提出的发展小城镇是一个大战略，是符合我国国情的。我国的国情是城市和农村的劳动力都过剩，在城市无力吸纳过多的农村富余劳动力，因此，应把发展小城镇作为实现乡村城市化的重要途径，采取切实可行的政策吸引农村富余劳动力向小城镇转移。与会者提出和探讨了许多在小城镇发展建设中遇到的问题，并提出了建议。专家指出，目前小城镇发展存在无序状况，表现在区域布局、城内布局、建筑个体三个方面，要通过加强规划，提高规划的权威性来改变这种状况。现阶段要抓好县域规划，在县域规划的指导下发展小城镇。来自公安部的专家介绍了户籍管理制度改革试点工作的情况，并透露要有计划地把试点工作中取得的成熟经验推广到面上去。户籍管理制度改革的方向是"二元统一"，可使我国的户籍管理制度适应市场经济发展的需要。针对我国土地资源少的国情，专家们探讨了农民进镇定居后，原来在农村的宅基地、承包土地怎样处理的问题，指出目前我国的社会制度还不健全，农民进镇后仍保留承包土地带有一种保险的意义，是留有后路，因此，只有在小城镇建立健全了社会保障制度，才能解除农民退地的后顾之忧。有专家认为，可以考虑人在镇中定居，从事农业生产的方式。专家还强调，小城镇的建设发展必须与农业发展布局相协调。

25 日，建设部在京召开了"纪念改革开放 20 年"座谈会，建设部政策法规司司长赵晨主持会议。俞正声部长在座谈会上说，改革开放 20 年来，我国发生了翻天覆地的变化，其根本原因是有了邓小平理论的正确指引。回顾 20 年的发展历程，最重要的经验有三条：第一，要坚持改革。第二，要正确处理好改革、发展与稳定的关系，把解放思想与实事求是结合起来。第三，要认真地、全心全意地坚持贯彻中央的方针、政策和各项指标。建设部下一步将主要抓三个方面的改革：一是要继续深化城镇住房制度改革。二是要加快建设体制的改革。三是要加快城市规划和管理的改革，要加快对城市规划体制的改革，强化群众对规划的监督、上级对下级的监督。

27 日，《中华人民共和国土地管理法实施条例》以国务院令第 256 号发布，自 1999 年 1 月 1 日起施行。1991 年 1 月 4 日国务院发布的《中华人民共和国土地管理法实施条例》同时废止。

28 ~ 30 日，由建设部组织召开的全国城市园林绿化工作座谈会在广东佛山市召开。建设部副部长赵宝江在会上指出，要坚持把改善城市环境作为一种历史责任，作为一种长期义务，尽职尽责去实现、去完成。今后城建工作就是要以创园林城市为重点，搞好城市环境综合整治。

本月，由中国城市规划设计研究院完成的建设部科技计划攻关项目"我国城市地理信息系统应用现状与发展战略研究"通过建设部级验收、评审。该课题首次全面、系统地对我国城市地理信息系统（UGIS）应用现状进行了科学的分析，总结了系统建设和运行的经验，提出了我国城市地理信息系统的基本发展战略和实施建设意见，对促进我国城市地理信息系统健康有序地发展具有重要的指导意义。

本月，为期两天的台湾海峡隧道学术研讨会在厦门市举行。设想中的台湾海峡隧道全长 150 多海里，是一项艰难复杂又有重大效益的长远计划。研讨会期间，与会专家学者就台湾海峡隧道工程可行性研究、岛屿间隧道桥梁方案的比较、海峡隧道的发展及技术关键、海底隧道工程地质、隧道建设对两岸社会经济的影响等方面问题进行了探讨、论证。

本年，国家林业局启动了黄河流域、长江流域、重点风景区等 6 个重点治理项目及国有林区天然林资源保护工程。

本年度出版的城市规划类相关著作主要有：《资源短缺条件下的城市规划探索》（中国城市规划学会主编）、《城市规划师常用规范选》（中国建筑工业出版社编）、《城市规划与小区建设管理》（赵旭编）、《城市规划法学》（王毅著）、《城市生态与城市环境》（沈清基编著）、《中国近现代城市的发展》（曹洪涛、刘金声著）、《区域研究与区域规划》（彭震伟主编）、《城市规划实效论：城市规划实践的分析理论》（张兵著）、《城市规划法规读本》（孙施文编）、《中国大都市的空间扩展》（姚士谋主编）、《香港城市规划导论》（海外中文图书）（卢惠明、陈立天著）。

1999 年

一月

1 日，福州市颁布的《建设工程规划跟踪管理办法》开始施行。

11 ~ 14 日，首届中日城市规划交流会在苏州召开。本次会议是中日双方以城市规划为主题的首次政府官方交流会。以日本建设省都市局局长山本正尧为团长的日方代表团，中国建设部城乡规划司、外事司领导等参加了会议。1998 年年初，日本建设大臣应中国建设部侯捷部长邀请访华时，提出了与我国在城市规划、城市建设领域进行交流与合作的设想。经协商，建设部外事司与日本建设省都市局于 1998 年 4 月正式签署了相互交流的协议，并确定首届中日城市规划交流会在苏州市举行。此次合作交流项目计划为期五年，前两年以城市规划为主题，后两年以市政基础设施建设为主题，最后一年进行总结。首届中日城市规划交流会的交流内容包括中日城市的历史沿革、城市规划法规、基础设施规划以及苏州、大阪两市的旧城改造与新区开发实际经验。会后，中日代表还参观了苏州园林、古城保护与更新地区、苏州工业园区及周边胜浦镇和水乡古镇同里、周庄。

12 ~ 14 日，全国建设工作会议在北京召开，建设部部长俞正声作了工作报告。建设部部长俞正声在讲话中将城乡规划工作作为要着重抓的三件大事之一，特别强调了城乡规划工作的重要性。对于 1999 年的城乡规划工作，俞正声要求具体抓好五个方面：一是继续抓好城市总体规划的审批工作。二是要加快小城镇规划的编制、调整、完善和村庄建设规划的编制工作，努力提高规划质量。三是加强组织领导，完成省域城镇体系规划的编制，继续组织编制全国城镇体系规划。四是要开展新时期城乡规划行政管理方法改革的研究。要组织和完成城乡规划行政管理专题调研和"社会主义市场经济条件下城市规划管理框架研究"，提出改进城乡规划行政管理的意见和建议，向国务院汇报。五是进一步搞好《城市规划法》执法检查。

19 日，由四川省城乡规划设计研究院承担的《峨眉山风景名胜区总体规划》修编在成都市通过了建设部和四川省建委共同主持的专家评审。峨眉山于 1996 年被列入世界自然和文化遗产名录，总体规划确定的风景区范围是 256 平方公里，外围保护地带范围是 184km²。规划确定了不同功能区的保护措施和开发强度，提出了风景区社会经济发展的目标和方向。风景区定性为：世界自然和文化遗产，是以地质博物馆、动植物王国和佛教名山而闻名的，具有观光、朝圣、科考、度假和健身等多种功能的山岳型国家重点风景名胜区。

本月，陕西省省长程安东主持召开省政府常务会议，审议并原则通过了《延安市城市总体规划（包括历史文化名城保护规划）》。《规划》以突出圣地特色、弘扬延安精神、加快城市建设、全面振兴经济为指导思想，将延安的城市性质确定为中国革命圣地，国家历史文化名城，进行爱国主义、革命传统、延安精神教育的基地，以发展石化能源、旅游产业、生态农业为主的陕北现代化中心城市之一。

本月，全国生态环境建设规划出台，国务院为此发出通知，要求各地结合本地区具体情况，因地制宜地制定当地生态环境建设规划，组织全社会力量投入生态环境建设。

本月，根据国务院要求，为确保灾后重建，特别是移民建镇（村）工作的顺利进行，建设部发出《关于进一步搞好灾后重建村镇规划和房屋建设工作的通知》，要求不断加强工程质量监督检查，适当控制住房建设标准，提高规划设计水平。

本月，定名为"公路二环"的北京市第一条环城调整公路破土动工。公路二环设计时速为每小时 100km 至 200km，全长约 200km，建成后它将连通京石、京津塘、京沈、京哈等国家干线公路。

本月，国家初步确定西气东输规划，被列入国家重点基础建设项目的天然气东输工程建设的初步规划分三步走：第一，把四川的富余天然气送到武汉，然后与陕甘宁天然气连接起来送到上海，将青海天然气送到兰州；第二，建设兰州至西安输气管道，形成柴达木、陕甘宁、川渝三大气区向长江中下游联合供气的格局；第三，塔里木的天然气参与东输。

本月，全国生态环境规划部际联席会议制建立。

本月，抚顺市、南宁市、武汉市城市总体规划获国务院批复。

二月

1 日，《城市规划基本术语标准》开始施行。

8 日，中国工程院院士周干峙、钱七虎、杨秀敏等工程技术专家就"21 世纪中国城市地下空间开发利用战略及对策"咨询项目召开结题会议。该项目提出，开发利用城市地下空间是解决城市人口激增、地域规模迅速扩大、交通紧张、拥堵以及大城市环境问题的有效途径。

8日，建设部城乡规划顾问委员会成立会议暨第一次会议在北京召开。会议由建设部副部长赵宝江主持，建设部部长俞正声出席会议并给首任顾委会委员颁发了聘书。第一届建设部城乡规划顾问委员会委员由城乡规划领域内著名的专家学者以及在管理第一线工作多年的实际工作者共18位委员组成。他们是：吴良镛、周干峙、储传亨、郑孝燮、胡序威、李德华、魏心镇、邹德慈、赵士修、戴蓬、柯焕章、方鸿琪、洪立波。会上，赵宝江副部长传达了朱镕基总理在海南视察时对城市规划、建设与发展的重要指示和温家宝副总理几次对城乡规划工作的重要批示。他指出，部里成立城乡规划顾问委员会，目的是要发挥有关专家学者对城乡规划工作的积极作用，为部领导在城乡规划领域中的重大决策提供咨询意见，以推动城乡规划事业的发展。今后凡涉及重大问题和重要决策，要尽可能听取顾问委员会的意见，要切实发挥好顾委会的作用，提高决策的科学性。各位委员在发言中指出，当前城乡规划工作正处于关键时期，部里成立城乡规划顾问委员会是必要和非常及时的。委员们还就顾委会更好地发挥作用，做好工作等提出了切实可行的意见和建议。会议还对提交讨论的《城乡规划管理体制调研报告》（征求意见稿）进行了认真地发言，提出了进一步修改和完善的意见。

11日，中国城市规划学会一届六次常务理事会议在北京召开。会议原则通过了《中国城市规划学会章程》（修改稿），建议提交理事会审议通过。会议研究了换届事宜，并作出了具体安排。

本月，建设部召开风景名胜专家座谈会，与会的近20位专家一致强调，风景名胜是不可再生资源，必须把资源保护工作放在首位，在保护的前提下合理利用。

本月，中国城市规划设计研究院举行一年一度的业务交流会。

三月

5～16日，九届全国人大二次会议在北京召开。朱镕基总理在政府工作报告中指出，要制定支持小城镇发展的投资、土地、房地产等政策。小城镇建设要科学规划、合理布局，注意节约用地和保护生态环境，避免一哄而起。

11日，中国城市规划设计研究院与台湾研华公司在中国城市规划设计院联合召开了"海峡两岸住宅小区智慧化新技术研讨会"。在会上，中国城市规划设计研究院院长王静霞就我国住宅小区智慧化的发展方向发表了讲话，建设部住宅产业化办公室主任聂梅生向与会代表介绍了我国住宅小区智慧化发展现状、技术范畴、分级及标准问题。台湾研华公司向代表们介绍了建筑／生活自动化（BA/HA）系统构架及实施思路，并配有生动的DEMO演示。报告结束后，大家从不同角度探讨了住宅小区智慧化的发展方向，并就海峡两岸智慧化小区发展差异及有关技术问题展开了热烈的讨论，一致认为住宅小区智慧化势在必行，而制定技术准则和开发出适合中国国情的产品则是目前十分紧迫的任务。

13 日，中共中央在人民大会堂举行中央人口、资源、环境工作座谈会。中共中央总书记、国家主席江泽民主持座谈会并发表重要讲话。他指出，促进我国经济和社会的可持续发展，必须在保持经济增长的同时，控制人口增长，保护自然资源，保持良好的生态环境。这是根据我国国情和长远的战略目标确定的基础国策。党和国家领导人李鹏、朱镕基、李瑞环、胡锦涛、尉健行、李岚清等出席座谈会。

17 日，中央文明办、教育部、建设部等 11 个部门联合召开电话会议，决定联合开展"保护生态环境、倡导文明新风"活动，并对活动进行部署。建设部副部长赵宝江在会上要求各地要重点抓好以下几个工作：一、深入开展创建园林城市活动，加强城市绿化和园林建设，提高城市绿化整体水平。二、深入开展城市环境综合整治活动，加大城市环境建设和管理力度。三、深入开展创建文明风景名胜区活动，进一步提高风景名胜区环境保护和服务质量与管理水平。四、深入开展创建文明工地活动，改变施工现场脏乱差的状况。五、深入开展创建节水型城市活动，搞好城市水资源的利用和保护，为水资源的永续利用创造条件。

17 日，第六届世界大都市市长会议在西班牙巴塞罗那市开幕。60 多个世界大城市的近千名代表出席会议，并就如何解决大城市日益严重的空气污染和交通拥堵等问题展开讨论。中国的广州、沈阳、重庆、武汉、杭州五大城市的市长级代表出席了本届大会。

22 日，首规委全体会议审议并原则通过了《北京市区中心地区控制性详细规划》和《北京旧城历史文化保护区保护和控制范围规划》。北京市委书记贾庆林在会上讲话，他说：市中心地区 62 平方公里的旧城是北京城市的核心和精华，是历史与现实的交汇点。控制性详细规划所覆盖的 324 平方公里范围，又是关系首都城市未来发展的重要地区和关键。有了两个规划作指导，就可以使城市建设各方面的工作有所遵循、有所依据，也有利于我们集中力量解决城市建设中的突出问题。这样就为首都城市规划建设和管理工作提供了最基本的依据。另外，《北京旧城历史文化保护区保护和控制范围规划》划定了位于北京明清古城的 25 片历史文化保护区的保护范围，总占地约 558 公顷。这次划定的保护区范围，体现了总体规划的原则，囊括了旧城历史街区的主要精华，基本形成了历史文化名城点线面的保护框架。其中，从天安门广场以北至钟鼓楼地区，东至东皇城根、南锣鼓巷、北锣鼓巷，西至中南海、北海、什刹海，形成了连片的北京旧城保护的核心区。

27 日，建设部在安徽合肥市召开风景名胜区工作座谈会。赵宝江副部长在听取了安徽、浙江两省关于风景名胜区工作情况的汇报后指出，风景名胜区工作的关键，就是如何处理好风景名胜资源保护和开发利用的关系。赵宝江要求各级政府和建设行政主管部门要以对历史、对人民高度负责的态度，按照客观规律，加强对风景名胜区工作的领导和业务指导，保护好风景名胜资源，努力使全国的风景名胜区真正实现可持续发展。对风景名胜区股票上市一事，他传达了部党组的意见：一律暂停。

本月，由中国科学院地理研究所、建设部城乡规划司共同承担的部"八五"科技攻关项目"跨世纪中国城市发展战略研究"在京通过评审。课题研究也是建设部正在着手编制的全国城镇体系规划的基础性研究工作之一。历时三年的研究从新时期我国城市化与城市发展所面临的郊区化、国际化都市、大城市连绵带、大都市区等重大的理论和实际问题入手，通过借鉴、分析发达国家城市化过程中的经验、教训、演变规律，结合经济全球一体化和信息社会化倾向和我国对外开放成就，将我国城市体系放到世界城市体系背景下进行研究，提出了适合我国城市发展的若干新战略及实现这些战略的政策措施，为编制全国城镇体系规划、城市总体规划提供了新的理论和方法。

本月，国务院办公厅发文，以国办函［1999］24号和国办函［1999］25号，批准了河南省新乡、开封两市的城市总体规划。

本月，《城市快速轨道交通工程基础建设标准》（试行本）经建设部、国家计委批准发布，于1999年5月1日起施行。

本月，"城市用地结构和人口规模的研究"科研课题，通过了由国家计委国土司、社会发展司、国土资源部规划司、建设部等七个单位的专家组成的评审委员会评审。该课题研究分为两部分：一是城市建设用地现状及发展趋势研究，二是城市规划中人口统计和预测方法的研究。在研究中，课题研究人员收集了国内外有关城市用地和城市人口方面的资料，阅读了许多城市的规划数据，通过对这些数据进行定量分析、对比分析和相关分析，得出了如下结论：一、近十几年来耕地减少的根本原因是农业内部结构调整占用耕地。二、全国城市数量的急剧增长，特别是小城市数量的急剧增长及盲目设立和建设开发区是造成90年代以来人均城市建设用地增长加快的主要原因。三、随着改革开放的深入，国家经济发展水平的不断提高，城市现代化进程必将加快，城市的各类用地及其比例亦必将发生显著的变化。四、按照人地对应的原则，划定城市建设用地范围，也就是城市建设基本连接成片，将享有较为完善的城市基础设施和公共服务设施的城市区域，作为城市人口统计的地域范围，以规划城市建设用地范围内的非农业人口、农业人口和暂住人口（居住一年以上）为城市人口的统计口径。专家们认为，该课题比较系统地分析研究了城市建设用地和城市人口统计的现状特点、存在问题，提出了许多有价值和明确的观点。这些成果和观点对于城市规划、建设和管理工作，对于相关国家规定的修订或补充，都具有重要的参考价值。

本月，第 20 届世界建筑师大会首项活动——国际大学生建筑设计竞赛题目揭晓，此次竞赛的题目是"21 世纪的城市住区"。共有 446 个方案参赛，创 UIA 世界大学生设计竞赛最高纪录。

四月

2 日，建设部新一届科学技术委员会第一次全体会议在北京召开。建设部科技委委员、顾问 28 人出席会议。会议首先由科技委主任俞正声部长向各位委员、顾问颁发聘书，并对新一届科技委的工作作了重要指示。

7 日，人事部、建设部发出通知，印发了《注册城市规划师执业资格制度暂行规定》及《注册城市规划师执业资格认定办法》。广受规划界关注的注册城市规划师制度进入实施阶段。

14 ～ 15 日，"内地与香港工程建设管理体制及城乡规划研讨会"在北京召开，会议就两地建设领域广泛的议题进行了交流。在城乡规划领域，既有对两地的体制、立法等全面的介绍，也有就规划中某一个专题，如住宅、市区重建、新市政建设等的探讨；不仅有 21 世纪城市发展的战略思考，也有具体城市的实际安全研究。这次会议是由建设部城乡规划司和香港特别行政区政府规划环境地政局等联合主办的，来自内地和香港的 170 多位官员、学者和企业代表参加了会议，建设部副部长叶如棠、城乡规划司司长陈晓丽等出席了会议。

15 日，中国建设文协环境艺术委员会与《建筑报》社在北京举办了"中国建筑百年与营造学社 70 周年"学术研讨会。

20 ～ 22 日，建设部城乡规划司在成都召开了全国城市规划村镇建设处局长会议。这次会议的主要任务是传达贯彻中央领导同志关于城市规划、城乡建设方案的讲话和指示，部署今年的城乡规划和村镇建设工作。建设部副部长赵宝江到会并作了重要讲话，首先介绍了建设部贯彻中央领导同志讲话和批示精神所采取的几项具体措施：一要加强领导，建议把市长的责任写入《城市规划法》中；二要加强城市规划编制工作，做好城镇体系规划，控制县域内中心镇数量；三要改善城乡规划审批工作，建立评审人制，谁审批的规划，谁要签字画押，负责到底。赵宝江还分析了当前城乡发展建设中存在的主要问题，提出了加强和改进城乡规划工作的意见。城乡规划司副司长陈锋代表城乡规划司部署了 1999 年的城乡规划和村镇建设工作，提出从 5 月开始在部分省、市开展城乡规划管理体制改革试点工作，包括：区域城镇体系规划的实施机制；适应城市动态发展对总体规划进行经常的滚动调整的机制；完善详细规划（特别是控制性详规）的审批制度；城乡结合部的城市规划与村镇规划管理的衔接与协调；县域规划的编制与实施；实行城市规划的公众参与；建立城市规划实施的监督机制（包括上级对下级，人大对同级政府）；完善城市规划监察制度，建立城市规划执法检查制度等 10 个试点课题。城乡规划司司长陈晓丽作了会议小结。这次会议是建设部机构改革后，也是城市规划司与村镇建设司合并后召开的第二次全国性会议。

22 日，国务院办公厅发出通知，《城市总体规划审查工作规则》已经国务院批准，由建设部组织实施。该《规则》对审查的组织形式、审查的主要依据、审查的重点内容及审查的程序和时限都作了严格规定。这将进一步加强报国务院审批的城市总体规划的审查工作，规范审查工作程序，提高审查工作质量和效率。

29 日，中国城市规划学会在京召开控制性详细规划学术研讨会，北京、上海、天津、南京、广州、深圳、江苏、四川等省市的 20 多位专家，就这一课题展开了热烈的讨论。与会人士一致认为，改革开放以后，我国的政治体制和经济体制都发生了很大变化，建立了社会主义市场经济体制。在当前呼唤依法治国、依法治市的大形势下，城市规划工作也必须在立法上做文章，依法管理。需要制定一个法规，对土地使用和建设项目管理进行控制，像美国的土地使用分区管制（Zoning）那样，使规划管理工作的过程大大简化，管理人员的权力得到明确限定。具体到控制性详细规划能否法律化及其法律化后的一些问题，与会人士的意见不尽相同。有代表认为，总体规划经审批后成为法规，对城市建设具有约束力，但其意图的贯彻，还需要一个能落实到地上的法规，而控制性详细规划可以承担这一角色。控制性详细规划在编制过程中应强化法律概念的引入，成果完成后将其演变转化为法规，成为修建性详规和建筑设计的规划设计条件。实施管理中应有相应的条例，防止权力的滥用。控制性详细规划上升为法规，条文宜粗不宜细，宜少不宜多。另一部分代表认为，城市的开发建设必须有法规来管理，但把立法放在控制性详细规划阶段，将控制性详细规划法律化，这个提法值得商榷。拿我们的控制性详细规划与美国的 Zoning 比较来看，美国的 Zoning 不是规划，规划也不是 Zoning，标准是有目标的，而 Zoning 没有；我国的控制性详细规划吸收了一些美国的 Zoning 的方法、做法，两者在控制土地开发用途及容量等内容上有相似之处，但控制性详细规划绝不是 Zoning。因为美国的 Zoning 与规划是两张皮，而我们的控制性详细规划只是总体规划、分区规划、控制性详细规划、修建性详细规划等所组成的规划体系中的一个部分，一个阶段；美国的 Zoning 有很大的弹性，而我们的控制性详细规划却缺乏弹性，一旦实行法律化，具有强制性，那么科学性如何保证就成了大问题。从目前情况看，我们的控制性详细规划还很不成熟，难以承担法律化后的重任。有代表认为，规划法律化定在哪个层次，要从规划应该管什么和能够管什么出发。规划应该管好土地使用性质和土地的兼容性，控制土地使用强度。从这一点出发，结合目前的规划工作实际，规划立法定在分区规划阶段比较合适，较之控制性详细规划更有科学性，易于实施。在我国，应以整个规划体系作为技术支撑，将某规划阶段的技术成果通过立法转化成法律成果。根据深圳、香港等地的经验，可考虑将分区规划转化为法定图则，将控制性详细规划转化为政府内部图则。建设部总规划师陈为邦和城乡规划司司长陈晓丽到会听取了讨论。陈为邦最后说，目前我国规划中的问题不仅仅是控制性详细规划一个层面的问题，而是我国整个规划制度改革的问题。城市的管理不是依靠某一个法律就可以管好的。城市管理的实践要求有对土地使用、建筑活动进行控制的行之有效的法律，要求我们城市规划界好好研究，为《城市规划法》的修改做好技术上的准备。

本月，由四川省城乡规划设计研究院主编的《城市用地竖向规划规范》由建设部批准为强制性行业标准，编号 CJJ83－99，自 1999 年 10 月 1 日起施行。

本月，重庆市规划局在经过广泛调查研究和反复论证后，制定出台了《关于公众参与城市规划管理试行办法》。

本月，《全国土地利用总体规划纲要》出台，《纲要》确定了土地利用的目标、方针，规定未按要求编制、修订土地利用总体规划或土地利用总体规划未经批准的地方，不得批准建设项目用地。

本月，由《城市规划》杂志、中国城市规划学会青年工作委员会联合举办的第六届全国青年城市规划论文竞赛评选揭晓，共有19篇论文分获一、二、三等奖及佳作奖。重庆建筑大学建筑城规学院毛刚的《广东高品位住区的城市学反思与研究》获得一等奖。

本月，俞正声部长在青岛考察时说，要切实制定好详细规划，实行严格的控制，谁也不允许变，必须改变的一定要依照法定程序解决。这样可以避免长官意志办事、追求短期效益行为的发生。为此，他建议：所有城市的市长、副市长都要经过城市规划知识培训，不培训的不能上岗；乡镇长也如此。

五月

1 日，《城镇廉租住房管理办法》施行。

11 日，浙江省政府召开了全省推进城市化工作会议。会议分两种形式举行：上午召开了全省推进城市化工作电视电话会议，下午召开了座谈会。下午的座谈会上，卢副省长强调，加快城市化，规划是关键。当前要郑重抓好四件事：一是要抓紧制定浙江省推进城市化发展的纲要。二是要深化、细化城镇体系规划。三是要进一步调整完善城市总体规划。四是要高水平地编制好城市中心区和重要地段的详细规划及城市交通、防洪、绿化等专业规划。

12 日和 14 日，国务院以国函 [1999] 35 号、36 号、37 号，分别批复了福州、长春、西安三市的城市总体规划。

13 日，建设部发文公布了 1998 年度全国甲级城市规划设计单位资质年检工作的结果：中国城市规划设计研究院等 81 家甲级规划设计单位年检合格并准予登记；唐山市规划建筑设计研究院受到了不予登记的处理；中国对外建设总公司城市规划部等七家单位被要求整改。

14～16 日，深圳市沿海地区概念规划国际咨询评议会在该市五洲宾馆举行。深圳市规划国土局于 1998 年 7 月至 1999 年 5 月组织进行了深圳市沿海地区概念规划国际咨询工作。

19～21 日，"99 中国城市地下空间学术交流会"在上海市隆重召开。会议的主题是"面向 21 世纪的中国城市地下空间发展展望"。建设部地下空间管理办公室林选才主任到会讲话并就今后我国地下空间开发利用的学术研究工作提出了四点建议：1. 提高对开发利用城市地下空间重要性的认识；2. 搞好地下空间规划，落实规划的实施工作；3. 健全完善配套法规和标准；4. 加强地下空间开发利用领域的学术研究工作。

24 日，为进一步提高报国务院审批的城市总体规划材料的质量，确保总体规划审查工作的顺利进行，建设部发出通知，就前一段总体规划审查过程中发现的问题，对改进和完善总体规划提出了要求。主要有：一、总体规划上报材料要严格按照《关于报送城市总体规划有关事项的通知》（建办规 [1998] 30 号）的要求印制。二、进一步规范规划文本和图纸的内容和格式。三、目前正在编制的总体规划，规划期限近期应调整为 2005 年。总体规划成果已经审查的，远期可维持不变；总体规划成果未经审查的，远期应调整为 2020 年。四、确定城市发展目标要从实际出发，实事求是。五、要规范地域空间层次名称。六、市域城镇体系规划应重视区域性基础设施、环境保护、风景旅游区规划的内容。七、城市性质要与城市的职能、城市在区域中的地位与作用相适应，不能与城市发展目标混淆。八、城市人口与用地规模计算口径要统一。九、各类开发区应划入城市规划区，在总体规划中统筹规划。十、要深化城市土地利用规划，优化用地布局。十一、各项专业规划要注意相互间的协调并服从城市的整体利益。十二、城市近期建设规划要进一步深化细化，要与国民经济和社会发展五年规划相一致，合理确定土地投放量，落实项目，进行投资估算，增强指导性。

本月，由建设部组织开展的1998年度城乡建设部级优秀勘察设计评选工作结束。各地、各部门共申报参评项目669项，经各专业委员会评选，部评审委员会最终审定，共评出一等奖20项，二等奖65项，三等奖110项，表扬项目90项。城市规划设计共获奖46项，其中一等奖6项，二等奖15项，三等奖25项，表扬项目11项。

本月，"21世纪城市可持续发展战略研讨会"在珠海举办，会议由中国环境科学研究院、中国国际友好联络会主办。

本月，1999年国际建协金奖与专项奖揭晓，中国的深圳市获城市规划荣誉奖，香港住房部开发与建设局获人居质量改善荣誉奖，香港的王埃德获人居质量改善提名奖。

本月，建设部召开灾后重建座谈会，建设部部长俞正声、副部长赵宝江在讲话中强调：灾后重建要按照中央领导的指示精神，因地制宜，量力而行，确保工程质量，多办实事，把好事办好。要进一步完善规划设计，该修改的规划要按程序及时修改，较大的镇要补编详细规划，批准的规划必须严格执行，不得随意变更。

本月，为了规范政务管理，保证城市规划、测绘管理职权的依法行使，防止和纠正违法、不当的具体行政行为，重庆市规划局出台《重庆市规划局城市规划、测绘管理行政责任追究实施暂行办法》。

六月

3日，国务院以国函〔1999〕42号、43号、44号文批复了合肥、呼和浩特、青岛三市的城市总体规划，原则同意这三个城市修订后的城市总体规划。

4日，第27期市长研究班结业座谈会在市长之家举行。建设部副部长赵宝江主持会议，建设部部长俞正声作了重要讲话。俞正声在讲话中指出，近年来，违反规划、搞破坏性建设的情况非常严重，一定要下大力气纠正和改进，以减少失误。搞好规划是市长第一位的工作。市长们一要讲学习：市长，特别是主管城市建设的副市长，一定要多学一些城市规划方面的知识，同时还要向专家学习，向主管过城市建设的老同志学习，多听各方面的意见；二是要讲政治：讲政治体现在规划中就是要有长远观点，不要只追求眼前利益，图表面政绩，要对群众负责，对城市的长远利益负责；三要讲正气：搞规划很难，讲正气就是要有原则性，在工作中要敢于坚持原则，还要善于坚持原则。关于坚持，不是要把个人负责的行为变成法律行为和集体行为。

5 日，国务院对北京市人民政府、科技部《关于实施科教兴国战略加快建设中关村科技园区的请示》作出批复，同意加快建设中关村科技园区的意见，要求将其建成有中国特色的科技园区，为全国高新技术产业的发展发挥示范作用。按照《中关村科技园区发展规划》，中关村科技园区的用地功能分为三个部分，即：中心区、发展区、辐射区。中心区大体范围是南起西外大街，北至规划公路一环，西起京密引水渠，东至八达岭高速公路，总占地面积约 75 平方公里。核心区包括中国科学院、北京大学、清华大学和中关村西区（科技商务中心、市场销售中心、商业文化服务中心），用地约 10km²。

10 ~ 12 日，中国城市规划学会青年工作委员会第三届年会暨第六届全国城市规划论文竞赛（CARDS 杯）颁奖大会在上海同济大学召开。

17 ~ 18 日，中国城市规划学会国外城市规划学术委员会在北京召开了 1999 年工作会议。中国城市规划学会副理事长兼秘书长夏宗轩到会作了《在新形势下加强城市学会工作》的报告，中国城市规划设计研究院王静霞院长作了题为《美国城市规划管理》的访美考察报告。与会者经过热烈讨论，就以下几个问题达成了共识：1. 进一步加强有针对性的国外城市问题的研究。2. 保持综合研究国外城市问题的特点。3. 采取措施逐步与国外的城市规划学术机构建立起经常性的学术交流关系。4. 积极参与和支持"中国城市规划行业信息网络系统"的建设。5. 支持和利用好国外城市规划学术园地。6. 加强学委会的组织建设，筹备明年的领导机构改选。7. 筹备第六届国外城市问题学术研讨会，以"中外城市可持续发展比较"为主题。

23 ~ 26 日，国际建筑师协会第二十届大会在北京召开，来自世界各地 100 多个国家的 6000 多位代表欢聚一堂，围绕这次大会的学术主题"21 世纪的建筑学"广泛地交流思想。本次大会经过 6 年筹备，被誉为建筑师的"奥林匹克运动会"。吴良镛教授和哥伦比亚大学弗兰姆普敦教授的大会主旨报告高屋建瓴，纵论人类在 20 世纪的大发展与大破坏，审视了 21 世纪将会出现的大转折和亟待解决的问题。大会通过了《北京宪章》。

本月，国务院和国务院办公厅分别以国函〔1999〕63 号和国办函〔1999〕34 号文批准了成都、淮南两市的城市总体规划。

本月，《城市规划》杂志与中国城市规划协会规划管理委员会联合举办的"全国城市规划管理论文竞赛"活动结束。这是全国第一次城市规划管理专题论文竞赛，共收到来自全国各地的有效论文 56 篇，有 16 篇论文获奖，其中一等奖 1 篇，二等奖 4 篇，三等奖 6 篇，佳作奖 5 篇。

七月

2日，国务院分别以国函［1999］78号文和［1999］79号文，批准了唐山市、宁波市的城市总体规划。

5日，建设部和国家文物局在北京组织召开了第二届历史文化名城保护专家委员会全体会议。委员们在谈到当前名城保护工作面临的严峻形势时指出，现在名城所受到的冲击是历史上少有的。在名城发展中，"建设性"破坏日益严重，必须加以制止。委员们提议，要变目前名城保护工作的被动局面为主动，即尽快调查、掌握名城中文化遗产的状况及被破坏的情况，并提出保护措施。

7日，经国务院批准，国务院办公厅发出国办函［1999］47号通知，原则同意修订后的《荆州市城市总体规划（1995—2010）》。

10日，国务院以国函［1999］81号文，批准了昆明市城市总体规划。

24～27日，建设部科技委智慧建筑开发推广中心在北京召开了"全国住宅小区智慧化技术研讨会"。与会专家、代表就"住宅小区的网络与管理"等问题进行了广泛热烈的讨论。

29日，建设部发出《关于中小城市总体规划中规划人口与建设用地规模核定工作的补充通知》。

30日，国务院以国函［1999］89号文，批准了拉萨市的城市总体规划。

30日，赵宝江副部长听取了城乡规划司和中国城市规划设计研究院关于编制全国城镇体系规划筹备工作情况的汇报。陈为邦总规划师，综合计划财务司的有关负责同志和赵士修、赵瑾等专家出席了汇报会。汇报会上，城乡规划司汇报了1985年编制的《2000年全国城镇布局发展战略要点》实施的情况和"关于全国城镇体系规划的设想和建议"。中国城市规划设计研究院汇报了"全国城镇体系规划编制工作计划"。与会同志就开展全国城镇体系规划工作的必要性和迫切性以及工作的基本思路和方法进行了认真的讨论。1.编制全国城镇体系规划是建设部的重要职责，全国城镇体系规划编制工作意义重大，加快编制工作的进度非常必要。2.规划必须强调科学性和实用性，必须突出重点，应紧紧扣住全国城镇发展的目标和方针、城镇发展的总体布局和措施、与城镇发展布局要求相适应的基础设施建设布局、实施规划的重大措施等核心内容。3.要充分运用行政手段，加快规划的编制进度。

八月

4～6日，中德合作的"中国地铁与轻轨技术标准研究"第一次项目工作会议在北京召开，项目正式启动。

5 日，国务院以国函［1999］94 号文，批准了天津市的城市总体规划。

5 ～ 7 日，建设部外事司、城乡规划司与建设部台办、中国城市规划协会等单位，与台湾大学在昆明联合举办了"海峡两岸城市规划、美化研讨会"。参加会议的大陆专家、代表 19 人，台湾城市规划代表 15 人。大陆代表团团长由建设部城乡规划司司长陈晓丽担任。大陆和台湾的学者专家交流了各自在规划管理、城市管理、塑造城市特色以及保持城市可持续发展方面的经验和体会。

10 日，建设部副部长赵宝江就全国城镇体系规划工作计划征求城乡规划顾问委员会部分专家的意见。专家们指出，在规划的指导思想上，要根据现有条件，着眼于解决实际问题，要抓住重点。规划要勇于提出问题，不能回避矛盾。对于当前普遍存在的重复建设、区域发展缺乏指导等深层次的矛盾和问题，要明确指出，即使对有些矛盾一时没有能力解决，也要将问题提出来以引起国务院领导的重视。在规划方法上，不要简单套用原有的方法，要跳出旧有的模式。关于规划的内容和重点，专家们认为：全国城镇体系规划应当研究城市化进程中的有关问题，但是不能等同于城市化研究，应着重体现国家对全国城镇布局和发展的战略和政策。

23 日，由中国建设部、联合国教科文组织世界遗产中心、中国教科文全委会共同举办的"中国自然遗产国家战略研讨会"在峨眉山结束。我国政府自 1985 年加入《保护世界文化和自然遗产公约》后，与联合国教科文组织在遗产保护领域展开了富有成果的合作。我国已有 21 处文物古迹、历史名城及文化、自然景观被列入《世界遗产名录》，其中，文化遗产有 15 处，自然遗产 3 处，文化和自然遗产 3 处。峨眉山已于 1996 年被联合国教科文组织世界遗产委员会列为世界文化和自然双重遗产地。代表们一致认为：在新世纪即将来临的时刻，面对全球普遍的自然环境问题和中国现实的发展状况，要进一步完善风景区保护的法律法规，在发展的同时，执行优先保护政策，进一步强化规划管理手段，在做好资源调查的基础上，科学、准确、客观地编制好规划，监督实施好规划。

九月

4 ～ 5 日，全国中小城市发展研讨会暨城市科学研究会中小城市委员会第十次会议在湖南省浏阳市召开。会议对"城市经营"这一新概念进行了广泛的交流和探讨。与会人士围绕"城市经营"这一国际上通行的规划、管理、建设模式进行了广泛的交流和研讨。

12 ～ 14 日，作为"99 中国沈阳国际友好月"重大活动之一的"东北亚城市历史与环境国际研讨会"在沈阳召开，会上发表了《沈阳宣言》。

13～15日，中国城市交通规划学术委员会在兰州组织召开了1999年年会暨学术研讨会。学委会在会前组织了以"迈向21世纪的中国城市交通"为主题的论文征集活动。

14日，经国务院审查同意，建设部行文批复了《浙江省城镇体系规划（1996—2010）》。这是依据《城镇体系规划编制审查办法》经国家批复的第一个省域城镇体系规划。浙江省城镇体系规划于1996年7月开始正式编制，1997年9月编制完成。规划工作受到了国务院的肯定。

19～22日，中国共产党第十五届中央委员会第四次全体会议在北京举行。全会审议通过了《中共中央关于国有企业改革和发展若干重大问题的决定》。全会认为，推进国有企业改革和发展是一项重要而紧迫的任务。国有企业是国民经济的支柱。保持国民经济持续快速健康发展，必须大力促进国有企业的体制改革、机制转换、结构调整和技术进步。

中旬，中国社会科学院城市发展与环境研究中心、邓小平理论研究中心、深圳市政府、中国（深圳）综合开发研究院、中国城市发展研究会、中国城市经济学会在深圳联合举办了"具有中国特色的城市理论与实践学术研讨会"。

21日，中国城市规划设计研究院组织了"中国城市发展的回顾与展望"学术报告会，邀请中国科学院地理研究所胡序威教授作了学术报告。胡序威教授认为，城镇体系的区域划分应从政治、经济功能方面来考虑。行政区划非常重要，但是完全根据行政区划来确定城镇体系也不完全合适，应从城市经济区来考虑，最好是经济区与行政区相结合，以大区范围为基础。胡序威教授认为，不应把沿海地区作为一个经济区，可提出划分为行政区与经济区兼用的七个区，即：①东北地区；②华北地区，包括京津、河北、山东、河南和内蒙古的一部分，而不要使用"环渤海地区"的概念；③华东地区，包括上海、江浙、安徽等；④华南地区，包括福建及两广；⑤华中地区，包括湖北、湖南和江西；⑥西北地区；⑦西南地区。

28～30日，第八届国际城市地下空间学术交流会议在西安建筑科技大学召开。与会专家、学者就国内外城市地下空间开发利用的现状、未来发展趋势中的系列论题，进行了交流与讨论。

本月，受建设部城乡规划司委托，中国城市规划设计院承担了"2000—2020年全国城镇体系规划"的编制任务。按照委托要求，中国城市规划设计研究院将在1999年12月底以前完成规划纲要，2000年5月底以前完成规划成果。此次规划的主要任务是：提出全国城镇发展的战略目标和方针政策，确定城镇发展的总体布局和措施，确定与城镇发展相适应的区域基础设施布局，提出实施规划的重大措施。

本月，由中国城市规划学会和武汉测绘科技大学联合举办的"全国城市规划管理现代化学术研讨会"在武汉召开。会议就城市规划管理现代化中的高新技术开发应用、城市规划管理的理论方法的变革与现代化、面向我国改革开放和 21 世纪的教育现代化进行了研讨。会议特别关注在改革开放和高技术推动下城市规划管理体系实现现代化的整体变革与进步，认为在当前的科技创新时代中，GIS 技术、遥感和 Internet 是正在对城市规划管理产生影响的重大技术方向。

十月

4 日，"1999 年世界人居日庆典"活动在大连举行。本年世界人居日的主题"人人共有的城市"是为那些被排斥在外、不能享受生活便利的人提出的。

5 ～ 7 日，全国城市建设工作会议在大连召开。赵宝江副部长作了工作报告，俞正声部长作了总结讲话。10 月 5 日，国务院副总理温家宝致信全国城市建设工作会议，希望会议认真研究有关城市建设和管理的重大问题，学习大连等省市的先进经验，努力探索适应社会主义现代化要求的城市建设路子。

12 日，"99 大河流域可持续发展国际研讨会"在武汉大学召开，中外学者专家 80 余人参加了会议。大会交流了国内外关于大河流域可持续发展的经验和教训，一致认为，大河流域的可持续发展是 21 世纪人类面临的重要课题。我国的黄河、长江、珠江、黑龙江、淮河等大河流域都面临着严峻的挑战，可持续发展是我们唯一的明智选择。强化流域的规划和管理，重视制度创新，重视立法保护已是当务之急。

25 ～ 27 日，经建设部领导同意，部城乡规划司和西安市人民政府在西安市联合召开城市总体规划实施研讨会。西安、北京、上海、天津、重庆、济南、南京、广州、深圳市规划局的主要负责同志出席会议。此次会议的主旨是：总结交流各地实施城市总体规划的经验，研究当前影响城市总体规划实施的基本矛盾和问题，探讨社会主义市场经济体制下保障城市总体规划实施的管理体制和工作机制。

26 ～ 30 日，中共中央政治局常委、全国政协主席李瑞环在大连考察时强调指出，城市建设第一位的工作是搞好规划，城建工作最基本的方法是具体抓、抓具体，城建工作是一门科学，必须学习理论、借鉴经验、开拓创新，努力为人民创造一个美好的生活环境。李瑞环说，规划是城市建设的蓝图，是城市管理的依据，也是城市发展的方向和目标。没有好的规划，就不可能把城市建设好、管理好。搞好城市规划关键在领导，领导要关心、重视和支持规划工作。搞城市建设的人，就怕遇上"主观、不懂、有权"的领导，不懂不要紧，懂得太多不可能，就怕不懂又不虚心听取意见，他又有权说话算数，这非误事不可。

本月，国务院总理朱镕基在甘肃、青海、宁夏考察时强调，要不失时机地实施西部大开发战略。朱镕基指出，实施西部地区大开发战略，是一项复杂的系统工程，要有步骤、有重点地推进。当前和今年一个时期，最重要的是抓好以下几个方面：第一，进一步加快基础设施建设。这是实施西部地区大开发的基础。第二，切实加强生态环境保护和建设。这是实施西部地区大开发的根本。第三，积极调整产业结构。这是实施西部地区大开发的关键。第四，大力发展科技和教育。这是实施西部地区大开发的重要条件。

十一月

15～17日，中央经济工作会议在北京举行。会议指出，实施发展小城镇的战略，要走出一条在政府引导下主要通过市场机制建设小城镇的路子。

19～21日，"中国城市规划学会99年会暨换届大会"在北京举行。会议举行的学术交流中，内容涉及城市化、城镇体系规划、城市规划体制改革、城市住宅建设、城市可持续发展、城市生态文明建设、城市的污染治理等一系统热点问题。建设部副部长赵宝江发表了讲话，赵宝江说，目前规划工作面临的形势很好，可以用"第三个春天"来形容。11月22日将在北京举办的副省级城市和省会城市规划专题研究班和将于下月以国务院名义召开的全国城市规划工作会议，面对着知识经济的兴起、全球经济一体化的趋势及我国经济体制的转轨，旧有的城市规划模式已难以适应，必须加以变革。

21～22日，中国城市规划学会区域规划与城市经济学术委员会年会在北京召开。会上进行了学术交流，讨论了全国城镇体系规划的编制思路，研究了学委会的工作。

22日，民政部发出《关于调整地区建制有关问题的通知》。为了减少行政层次，避免重复设置，《通知》要求：与地级市并存一地的地区，实行地市合并；与县级市并存一地的地区，所在市（县）达到设立地级市标准的，撤销地区建制。对达不到调整后地改市标准的地区，将原地区所辖县划归相邻地级市或由省直辖。

22日，为期5天的"副省级城市和省会城市城市规划专题研究班"在北京开班。32名副省级城市和省会城市的市长参加了这次由中组部和建设部联合举办的研究班。建设部部长俞正声、北京市市长刘淇出席了11月22日举行的开班典礼，并发表了重要讲话。俞正声在讲话中指出，中央领导同志十分重视城市规划，多次强调城市规划的重要性。作为行政首长的市长，懂规划和不懂规划对当地经济的发展、城市的建设、人民生活水平的提高，大不一样。一定要抓好城市规划这个"龙头"。北京市市长刘淇结合北京市的情况，就如何加强城市规划和管理、加大治理城市违章建设力度等发表了讲话。研究班安排了多位著名专家授课，主要授课人及其授课题目是："适应新时候社会经济发展，扎扎实实提高城市化规模水平"（中科院、工程院院士周干峙），"城市规划的制定和实施管理"（建设部总规划师陈为邦），"城市历史文化遗产的保护与弘扬"（中国城市规划设计研究院总规划师王景慧），"城市建设要以可持续发展为立足点"（北京市副市长汪光焘），"注重城市形象，塑造城市特色"（工程院院士张锦秋），"'城市世纪'、《北京宪章》与人居环境"（中科院、工程院院士吴良镛）。研究班安排有大会交流和中央领导同志与学员座谈。中组部副部长王旭东，建设部副部长赵宝江、刘志峰等领导同志也参加了开班典礼。温家宝副总理与省会城市和副省级城市城市规划市长研究班学员进行了座谈。他强调，城市是国家经济、政治、科学技术、文化教育的中心，城市建设和发展关系着经济社会发展的全局，城市政府要把城市规划工作摆到重要位置，花更多的精力做好城市规划工作。城市规划是城市建设和发展的蓝图，是实现城市经济社会发展的重要手段。城市规划和建设必须与经济发展紧密结合，协调发展。温家宝强调，要认真总结我国城市规划工作正反两方面的经验教训，学习借鉴古今中外各种成功的做法，从实际出发，不断探索城市规划工作的规律，努力提高城市规划工作水平。他还强调，城市规划、建设和管理是市长的主要职责，市长要加强学习，掌握管理城市的现代化知识，不断提高政治和业务素质，当一名合格的市长。

22～24日，由建设部城乡规划司和联合国区域发展中心联合主办，广州市城市规划局、广州市城市规划自动化中心承办的"99GIS在城市规划管理中的应用国际研讨会"在广州召开。会议对GIS在城市规划管理中的应用的各关键问题和热点进行了广泛讨论。

27～29日，中－俄－芬地铁建设及地下空间开发与利用工程技术国际研讨会在广州召开。会议由中国工程院土木、水利与建筑工程学部和广州市地下铁道总公司主办。会议的主题是交流国内外城市地铁建设和地下空间开发与利用的经验，通过学习和借鉴国际先进的工程技术和经验，推动我国地铁建设和地下空间开发与利用工程技术的发展。中国工程院土木、水利与建筑工程学部将综合各位专家的建议和研究成果，向国务院提出有关"中国地铁建设的问题与对策"的建议报告。

本月，为总结和积累我国城市规划近几十年来发展的技术轨迹，介绍国内外先进的规划设计理论、手法与优秀实例，为广大城市规划从业人员提供一本大型资料性工具书，中国建筑工业出版社决定出版《城市规划资料集》。该资料集作为我国城市规划行业重要的基础性工程，中国城市规划设计研究院和建设部城乡规划司为本次资料集的编写单位，国内 17 家规划设计院、高等院校和有关单位作为分册主编单位参加编写工作。本次资料集将分为 11 个分册编写，包括：总论；城镇体系规划与城市总体规划；小城镇规划；控制性详细规划；城市设计；城市公共活动中心；城市居住区规划；城市历史保护与城市更新；城市生态、城市旅游规划，风景区、园林绿地系统规划；城市交通与城市道路；工程规划。

本月，建设部 1999 年度科技进步奖评审工作结束。经建设部科技进步奖评审委员会评审，共评出建设部科技进步奖 81 项，其中一等奖 5 项、二等奖 13 项、三等奖 63 项。在 81 项得奖中，涉及城市规划专业的 9 项，其中一等奖 1 项、二等奖 2 项、三等奖 6 项。广州市城市规划局、广州市城市规划自动化中心完成的"广州市地下管线信息系统"获得一等奖。

十二月

月初，根据省政府指示精神，河南省建设厅在济源市召开了黄河小浪底风景名胜区规划建设会议。专家及有关部门人士认为，黄河小浪底的首要问题是保护，其次才是合理开发利用。要重点保护好黄河小浪底的水域及周边的生态环境，对历史文化遗产进行深入挖掘、研究，正确处理保护与开发的关系，有选择地恢复历史文物景点。

9 日，建设部公布了第二批全国小城镇建设示范镇名单，58 个镇榜上有名。加上第一批 17 个示范镇，全国小城镇建设示范镇已达到 75 个。

13 日，"21 世纪澳门城市规划纲要研究"项目报告研讨会在清华大学举行。该项目由清华大学和澳门大学合作主持，由澳门发展与合作基金会资助，在澳门即将回归祖国之际完成。建设部总规划师陈为邦、中国城市规划学会理事长吴良镛等参加了报告研讨会。

18 日，国务院办公厅转发建设部、国家计委、国家经贸委、财政部、劳动和社会保障部、中编办联合制定的《关于工程勘察设计单位体制改革的若干意见》。《意见》提出，我国勘察设计单位的体制将由现行的事业性质改为科技型企业，成为适应市场经济需要的法人实体和市场主体，改制将参照国际通行的工程公司、工程咨询设计公司、设计事务所、岩土工程公司等模式进行，逐步建立现代企业制度，并同时进行管理体制的改革。

19 日，步行街国际研讨会在上海举行。会议主题为"步行街的功能与效应"，来自英、法等国的专家介绍说，步行街在国外十分流行，英国伦敦、法国巴黎、荷兰阿姆斯特丹，几乎每个城市都有一条或几条步行街，国外城市开辟步行街的主要出发点是保护环境、保护历史遗存。步行街的发展，对商品零售业、旅游、办公楼及其他相关行业具有明显的拉动作用。

20日，澳门回归祖国。

27～29日，全国城乡规划工作会议和全国建设工作会议在北京国谊宾馆交叉举行。参加会议的有各省、自治区、直辖市、省会城市建委（建设厅）主要负责人、规划处长、村镇处长，各直辖市、省会城市、计划单列市规划局的负责人，建设部各司局负责人，有关设计研究单位、新闻出版单位及有关院校的负责人。国务院办公厅和有关部委负责同志也出席了会议。建设部部长俞正声在会上作了工作报告和会议总结报告。国务院副总理温家宝出席了27日召开的全国城乡规划工作会议，在会上作了题为"切实加强城乡规划工作推进现代化建设健康发展"的报告。报告分析了城乡规划的现状，总结了多年来城乡规划工作的经验，指出了当前城市规划工作中存在的问题，对城乡规划的重要性和城乡规划工作应把握的十个方面的问题作了深刻阐述：一、统筹兼顾、综合布局；二、合理和节约利用土地和水资源；三、保护和改善城市生态环境；四、妥善处理城镇建设和区域发展的关系；五、促进产业结构调整和城市功能的提高；六、正确引导小城镇和村庄的发展建设；七、切实保护历史文化遗产；八、加强风景名胜区的保护；九、精心塑造富有特色的城市形象；十、把城乡规划工作纳入法制化轨道。

28日，国务院批准哈尔滨市城市总体规划。

本月，由天津市政府有关职能部门组织天津大学等院校和建筑设计院等设计单位开展的"天津城市风貌与地域性建筑风格之演变与建立研究"课题通过了专家评审。该课题深入地调查了天津市城市与建筑近百年的发展与变化的史实，全面系统地探索研究了过去、当今与未来影响天津城市风貌与建筑风格的主要因素，提出了天津城市风貌与建筑风格发展的趋势与方向，界定了天津城市风貌与地域性建筑风格的内涵。

本年度出版的城市规划类相关著作主要有：《五十年回眸：新中国的城市规划》（中国城市规划学会主编）、《城市·建筑一体化设计》（韩冬青、冯金龙编著）、《现代城市更新》（阳建强、吴明伟编著）、《城市规划与城市发展》（赵和生著）、《城市规划管理现代化》（蓝运超主编）、《城市规划历史与理论研究》（董鉴泓主编）、《城市系统工程》（程建权编著）、《城市广场设计》（王珂编著）、《城市交通规划》（王炜等著）、《历史文化名城保护理论与规划》（王景慧编著）、《城市设计》（王建国编著）、《城市规划建设管理监察执法实务全书》（王庚绪主编）、《中国居住实态与小康住宅设计》（李耀培主编）、《城市工程系统规划》（戴慎志主编，上海市教育委员会组编)、《城市环境规划》(徐肇忠编著)、《城市住宅区规划原理》(周俭编著)、《城市中心区规划》(吴明伟编著)、《村镇规划》(金兆森、张晖编)、《区域开发与城乡规划》(廖赤眉、郝革宗主编)、《总体设计》([美] 凯文·林奇、加里·海克著,黄富厢等译)。

2000 年

一月

1 日,由建设部和国家技术质量监督局联合发布的强制性国家标准《风景名胜区规划规范》开始实施。

1 日,《中华人民共和国招标投标法》出台,此法于 2000 年 1 月 1 日起开始施行。

10 日,国务院批准苏州市和沈阳市城市总体规划。

10 日,应日本建设省都市局邀请,建设部外事司司长李先逵、城乡规划司副司长陈锋率十二人代表团赴日本东京参加了由日本建设省都市局主办的第二届中日城市规划交流会。本届会议是建设部与日本建设省整体合作项目的一部分,会议主题是城市规划、旧城改造及历史街区的保护。中方详细介绍了目前中国由于城市化进程加快所带来的问题和相应对策,日方介绍了日本城市化的发展过程及教训等。其中,规划与环保、城市发展与传统建筑物、街区的保护问题成为热门话题。

19 ~ 20 日,由中国城市规划设计研究院旅游规划研究中心编制完成的《珠海万山海洋开发试验区旅游规划》通过了专家评审。万山海洋开发试验区是广东省第一个省级海洋开发试验区。

19 ~ 22 日,国务院西部地区开发领导小组在北京召开西部地区开发会议。中共中央政治局常委、国务院总理朱镕基出席会议并发表讲话。朱镕基在会上强调,各部门、各地区要站在我国现代化建设全局和战略的高度,把思想和行动统一到党中央的重大决策上来,不失时机推进西部地区大开发。

24 日,国务院以国函 [2000] 9 号文,批复了《深圳市城市总体规划(1996—2010)》。

24 日,江泽民总书记和随同的国务院副总理李岚清、书记处书记曾庆红,在北京市市委书记贾庆林、市长刘淇的陪同下,在北京市进行考察。在谈到北京市的城市建设和管理时,江泽民说,北京是世界历史文化名城,城市的规划和建设,既要保持古都风貌,又要富有现代气息。要加快城市基础设施建设、市政建设和住宅建设，增强城市综合服务能力，同时要不断提高城市现代化管理水平、服务水平和文明水平。改善北京市的环境质量极为重要，任务紧迫，国内外人们都在关注，望再接再厉，加大治理力度，目标就是要尽快建设一个空气清新、环境优美、生态良好的首都。

31日和2月8日，建设部城建司王晓娟同志，城乡规划司赵永革同志经有关部门考核选拔，分别被任命为负责市政建设和城乡规划业务的民事官员，赴东帝汶参加联合国东帝汶过渡行政当局工作。联合国东帝汶过渡行政当局（UNTAET）是东帝汶成为独立国家特别设立的托管机构。UNTAET准备用两年半至三年时间为东帝汶独立建立一套完整的行政管理框架，同时培训相应的行政管理人员。中国此次共派出8名人员参加，包括外交部2人、建设部2人、卫生部1人、水利部1人、民政部1人、联合国中国代表团1人。他们分别在UNTAET的不同部门工作。

本月，厦门市出台了《鼓浪屿历史风貌建筑保护条例》，自2000年4月1日起施行。

本月，重庆市委书记贺国强在重庆市规划委员会第一次全体会议上讲话时谈到，要从重庆实际出发做好规划，突出城市的个性和特色。重庆以"山城"、"江城"著称于世，又是一个错落有致、起伏较大的组团式结构城市，要突出这个特色。重庆市的规划与平原城市搞的平面规划不一样，是个立体规划，我们需要考虑规划的立体效果。要加强城市景观的规划和建设，努力塑造城市形象。

二月

14日，《村镇规划编制办法》（试行）发布施行。

27日，经国务院批准，国务院办公厅转发民政部等十一部门联合制定的《关于加快实现社会福利社会化的意见》。

28日，建设部科学技术委员会和中国城市规划学会联合召开"西部大开发与空间布局问题"研讨会。中国社会科学院、中国科学院地理所、中国国际工程咨询公司、国土资源部规划司和中国城市规划设计研究院的专家出席了会议。会上，大家就西部大开发与空间布局和城市发展等问题进行了热烈的讨论。

29日，经国务院批准，国务院办公厅以国办函〔2000〕23号文发出《国务院办公厅关于批准襄樊市城市总体规划的通知》，原则同意修订后的《襄樊市城市总体规划（1996—2010）》。

29日和3月1日，重庆市规划局、重庆市城市规划学会、重庆市城市规划协会联合举办"重庆市城市生态环境建设规划研讨会"。

本月，国务院第一次会议批准启动"西气东输"工程。"西气东输"工程将建设 4200 公里左右管道，将塔里木盆地的天然气东送，经甘肃、宁夏、陕西、山西、河南、安徽、江苏到上海，供应长江三角洲地区和沿线各省（区）的工业和居民用气。这是仅次于长江三峡工程的又一重大投资项目，是拉开西部大开发序幕的标志性建设工程。

本月，来自建设部、中国城市规划设计研究院等部门和单位的专家就修编《城市居住区规划设计规范》的问题召开研讨会。

三月

3～4 日，建设行业实施西部大开发战略座谈会在兰州召开，会议提出，把加快城镇化进程作为实施西部大开发战略的突破口。与会代表强调，加快推进西部地区城镇化进程，必须规划先行。建设部门必须加快编制城镇规划，引导生产力布局。要高度重视城镇化质量。在推进城镇化过程中，一定要数量与质量并举。建设部政策法规司、综合财务司、城乡规划司、城市建设司、中国城市规划设计研究院及西部十省（市、区）建委（建设厅）有关负责同志共 30 余人参加了会议。

9 日，《圆明园遗址公园规划方案》通过专家评审。《方案》对建筑遗址清理整治以及山形水系、园林植被景观、园路桥涵、园墙园门和古建等恢复、三园外规划绿地建设等做出了统筹安排，提出了近期规划内容与实施建议，为在统一规划指导下搞好圆明园遗址公园的保护、整修、利用及管理工作奠定了基础。

13 日，国务院办公厅发出《关于加强和改进城乡规划工作的通知》。《通知》包括 4 项内容：一、充分认识城乡规划的重要性，进一步明确城乡规划工作的基本原则；二、切实加强和改进规划编制工作，严格规范审批和修改程序；三、加强城乡规划实施的监督管理，推进城乡规划法制化；四、加强对城乡规划工作的领导。《通知》指出："城乡规划是政府指导和调控城乡建设和发展的基本手段，是关系我国社会主义现代化建设事业全局的重要工作……各地区、各部门要充分认识城乡规划的重要性，高度重视城乡规划工作，切实发挥城乡规划对城乡土地和空间资源利用的指导和调控作用，促进城乡经济、社会和环境协调发展。""各级人民政府要把城乡规划纳入国民经济和社会发展规划，把城乡规划工作列入政府的重要议事日程，及时协调解决城乡规划中的矛盾和问题。城市人民政府的主要职责是抓好城市的规划、建设和管理。地方人民政府的主要领导，特别是市长、县长，要对城乡规划负总责。对城乡规划工作领导或监管不力，造成重大失误的，要追究主要领导和有关责任人的责任。"

20 ～ 21 日，全国历史文化名城保护专家委员会第二届二次会议在北京召开。

23 ～ 30 日，由建设部和联合国教科文组织世界遗产中心主办，中国城市规划设计研究院承办的"文化遗产保护培训班"在北京、平遥举行。

28 日，中国城市规划学会区域规划与城市经济学术委员会在北京召开西部大开发问题座谈会。参加会议的有胡序威、吴万齐、周一星、顾文选、刘仁根、张文奇、夏宗玕、石楠等。会议由夏宗玕主持。

31 日，建设部在人民大会堂召开座谈会，纪念《城市规划法》实施十周年。受中共中央政治局委员、全国人大常委会副委员长田纪云的委托，全国人大常委会副委员长周光召出席座谈会并讲话。全国政协副主席张思卿，建设部部长俞正声，副部长叶如棠、赵宝江，全国人大财经委员会委员周道炯，天津市副市长王德惠，重庆市政府副秘书长雷尊宇及周干峙、谭庆琏、储传亨等出席了座谈会。俞正声、周道炯、王德惠在座谈会上发言。赵宝江主持座谈会。俞正声部长在讲话中说，在纪念《城市规划法》实施十周年的时候，我们要认真贯彻全国城乡规划工作会议精神，继续推进城市规划的法治化。建设部将重点抓好以下几项工作：（一）加强城市规划法制建设，要在认真总结《城市规划法》、《村庄和集镇规划建设管理条例》实施以来的经验和问题的基础上，为修改《城市规划法》积极创造条件；（二）从严治政、切实加强规划管理；（三）加强城乡规划实施的监督检查；（四）加强和改进城乡规划的编制工作；（五）抓好规划队伍建设。

本月，国务院西部开发领导小组办公室正式成立并开始工作，国家计委主任曾培炎兼任西部开发办主任。

本月，辽宁省政府发展研究中心和沈阳、大连等地 44 个单位历时 4 年联合攻关完成的重大课题"辽宁带状城市群开发战略研究"通过论证并开始实施。

本月，应福州市建委和泰禾（福建）集团邀请，德国人居研究中心主任、柏林工大教授、联合国发展计划署项目顾问海尔勒（Herrle）先生带着 21 位德国青年设计师在福州参加中德城市住宅发展交流会。

四月

6 日，建设部为贯彻《国务院办公厅关于加强和改进城乡规划工作的通知》精神，加强县域城镇体系规划的编制工作，下发了《县域城镇体系规划编制要点》（试行）通知，并要求在乡村城市化试点县（市）认真实施，其他县（市）可结合当地情况参照执行。

7 日，建设部发出通知，就贯彻落实《国务院办公厅关于加强和改进城乡规划工作的通知》做出全面部署。《通知》包括十项内容：一、要认真组织城乡规划系统的广大干部深入学习、深刻领会温家宝副总理在全国城乡规划工作会议上的讲话和《通知》精神，切实提高对城乡规划重要性的认识，增强规划系统广大干部的责任心和使命感。二、要抓住地方政府机构改革的机遇，力争建立健全高效、精干的城乡规划管理机构。三、要采取多种方式有计划地开展培训，提高领导干部和规划管理人员的素质。四、要抓紧做好城镇体系规划、城市规划、村镇规划等各项规划的编制与审批工作，根据《通知》提出的时间要求和实际工作进度，制订切实的编制与审批工作计划。五、建立城市总体规划修改的认定制度和备案制度。六、要组织大中城市的技术力量帮助地方政府搞好县（市）域城镇体系规划工作，提高村镇规划的整体水平，切实改变小城镇和村庄建设散乱的状况。七、进一步完善建设项目选址意见书分级管理制度。八、加强对城市规划区内建设用地的规划管理。九、要加强对建设项目规划审批后的跟踪监督和管理。十、要根据新形势的需要抓紧制定城乡规划地方法规，完善规划实施的监督制约机制，推进城乡规划依法行政。

7～9日，全国城市规划学会工作会议在山东省潍坊市召开。来自全国22个省、自治区、直辖市、市城市规划学会的36名代表出席了会议。

8～16日，联合国教科文组织、挪威政府、尼泊尔政府联合召开的"文化遗产管理与旅游业"国际会议在尼泊尔古城巴克特普举行。受丽江县委、政府的派遣，大研镇副镇长段松廷等人代表中国丽江古城出席会议，并在会上作了60分钟的交流发言，介绍了丽江古城保护与旅游业所取得的成就、面临的困难和下一步的行动计划。

10～12日，建设部城乡规划司在合肥市召开了"城市勘测工作座谈会"。会议的主要内容是贯彻全国城乡规划工作会议精神，进一步统一思想认识，明确工作职责，研究在新形势下城市勘测如何更好地为城市规划、建设、管理服务。建设部城乡规划司陈锋副司长在会上作了题为"进一步加强城市勘测工作，提高城市规划建设和管理的服务水平"的报告。与会代表以对城市勘测工作高度负责的态度认真分析了城市勘测工作面临的形势、存在的主要问题，研究了今后的任务。

12～14日，由建设部和香港特别行政区政府工务局主办，中国城市规划学会等单位协办的"内地与香港城市建设与环境研讨会"在重庆召开，建设部副部长叶如棠、香港工务局局长李承仕及重庆市的领导参加了会议并致辞。

15～20日，经国务院批准，全国村镇建设工作会议在成都召开，建设部副部长赵宝江主持会议并作了工作报告，俞正声部长发表了重要讲话。赵宝江副部长在工作报告中向各地提出了要求，他说，由于地区间差异大，经济发展不平衡，各地要注意加强分类指导，因地制宜地抓好小城镇建设工作。东部经济较发达地区，小城镇建设要纳入城镇密集发展规划，与城镇群协调发展，重点要放在提高设施的现代化水平，提高生态质量，提高文明程度方面。中部地区小城镇要以中心城市和重要交通干线为依托加快发展，重点建设一批卫星小城镇。西部地区的小城镇建设，要结合国家中西部发展战略的实施，认真做好发展规划，重点搞好具备区位优势、资源优势和经济发展潜力的小城镇或县城关镇，着力健全和完善小城镇的功能，带动和促进周边地区经济更快发展。俞正声部长在会议上强调，小城镇建设一定要突出重点：一是在村镇建设工作中，要继续坚持以小城镇建设为重点。二是小城镇建设要以中心镇为重点。三是建设工作中，要以抓好县（市）域城镇体系规划为重点。

18 日，中国城市规划学会给建设部科技委、城乡规划司及赵宝江副部长报送了"关于提请注意城乡规划学科地位下降的函"。

26～27 日，中国城市经济学会和成都市人民政府在北京联合召开了"西部大开发与中心城市作用研讨会"。经过两天的发言与讨论，与会代表提出许多有学术价值意义的观点：1. 以城市为中心推动西部大开发；2. 加强现有的中心城市的自身建设，形成西部大开发的前进基地；3. 努力缩小东西部城镇差异，促进西部城镇化进程；4. 及早制定西部地区城市发展战略和城市总体规划；5. 西部大开发应坚持走城乡可持续发展的道路；6. 西部城市发展应选择培养、招揽人才和走科技赶超之路。

28 日，建设部发出《关于加强风景名胜区规划管理工作的通知》。

本月至 5 月，由建设部城乡规划司、中国城市规划协会和有关专家组成的复检小组，对 1998 年度全国甲级城市规划设计单位资质年检中被要求限期整改的清华大学城市规划设计研究院等单位的情况进行了实地检查，并根据复检情况提出了处理意见。根据复检情况，建设部经研究决定：清华大学城市规划设计研究院等 4 家单位复检合格，予以登记。中国对外建设总公司城市规划设计所等 3 家单位的整改期延长一年，至 2001 年 5 月 30 日。

五月

8～10 日，由国家计委、建设部和世界银行共同主办的中国城市化战略高级国际研讨会在京举行。10 个国务院相关部门，11 个省、市计委、建委（建设厅）的领导，国务院发展研究中心、中国社会科学院等国内科研单位及世界银行、亚洲开发银行和国外一些大学的专家学者约 80 人参加了会议。建设部副部长赵宝江在大会开幕式上致辞。国家计委副主任汪洋和农业部副部长刘坚出席了会议。本次研讨会的主题是"中国城市化战略——机会、问题和政策"。会议就中国城市化战略的道路、农村人口转移和劳动力市场、经济结构调整与城市规模的拓展、城镇建设的融资、城乡结合部的管理、城市在区域经济发展中的作用等六个方面内容进行了深入的探讨。赵宝江指出，我们必须重视和加强对城市化政策的研究，加强对城市化进程的引导。要认真研究社会主义市场经济下城市化的机制，客观、准确地认识城市化对国民经济和社会发展的作用，制定符合中国国情的城市化战略。要建立健全政策体系，促进城市化与经济和社会发展水平相协调，与资源和环境条件相适应，保障城市化的健康发展。国家计委发展规划司副司长杨伟民在主题发言中阐述"十五"期间和今后更长一段时间中国城市化发展的重点是：加快发展小城镇，培育国际性大都市，充实提高区域性中心城市，建设发展新城市，规划引导城镇密集区。

9 日，国务院以国函〔2000〕39 号文批复了《银川市城市总体规划（1996—2010）》。

11 日，建设部制定印发《创建国家园林城市实施方案》和《国家园林城市标准》。

16 ~ 18 日，全国城市建设管理工作会议在南京召开。俞正声部长到会作了重要讲话，赵宝江副部长主持大会并作了工作报告。会议紧紧围绕贯彻中央领导同志的重要批示和讲话精神，加强城市建设管理工作的主题，总结了全国城市环境综合整治工作、城建监察工作，对开展"中国人居环境奖"的评选和创建园林城市工作进行了部署，进一步明确了城市管理综合执法工作的指导思想和工作内容。与会代表还就当前城市建设管理工作中存在的主要问题进行了认真的讨论，交流了各地在城市建设管理工作中的经验。

23 ~ 25 日，由成都市政府、市规划委员会主办的成都市城市规划研讨会在成都召开。这次规划研讨会是成都市政府为了发挥成都市的西部战略高地作用，提升城市整体形象而举行的。

24 ~ 26 日，中国城市规划学会主办、都江堰市规划管理局协办的"城市设计实施制度构筑的框架"研讨会在都江堰市举行。"城市设计实施制度构筑的框架"是由建设部下达，中国城市规划学会组织国内有关城市设计方面的专家学者完成的部级科研项目。研究从总体、片区、重点地段三个层次详细论述并提出了我国城市设计的编制体系。并建议与现行规划体制相一致。建设部城乡规划司将制定一份"关于城市设计工作的管理规定"。

25 日，中国城市科学研究会历史文化名城委员会就印发《昆明宣言》向各历史文化名城发出通知：1999 年 10 月 30 日 "中国城市科学研究会历史文化名城委员会 99 年会暨第九次研讨会"原则通过的《昆明宣言——保护、建设、利用好历史文化名城，迈入 21 世纪》（简称《昆明宣言》），经反复修改并于 2000 年 3 月我委四届一次常务理事会最后审定，在征求国家有关主管部门意见后已正式定稿，特予印发。

29 ~ 31 日，第六届国外城市问题学术研讨会暨中国城市规划学会国外城市规划学术委员会年会在大连举行。这次会议是由中国城市规划学会国外城市规划学术委员会主办的。本次研讨会作为一次综合研究国外城市问题的学术活动，研讨的主要内容有以下四个方面：1. 新世纪城市设计、城市规划和城市发展面临的主要问题及趋势；2. 关于国外生态城市及城市可持续发展的研究；3. 中外城市化模式比较研究；4. 历史文化名城及城市文化研究。

30 日，为适应建立和实施注册城市规划师执业资格制度工作的需要，经过地方推荐，全国注册城市规划师执业资格认定领导小组审核，建设部、人事部批准，建设部、人事部以建规函 [2000] 208 号予以公布单兰玉等 148 人为全国注册城市规划师特许人员。

本月，由中国城市规划设计研究院承担的建设课题"市场经济条件下我国跨世纪城市化发展态势与对策"，通过了由建设部"十五"计划前期研究领导小组成员单位——建设部综合财务司组织的专家评审。该课题紧密结合当前经济形势，从机制分析入手研究我国城镇化发展的态势，提出了推进城市化发展的一系列对策措施。

本月，21 世纪初期大城市可持续发展水资源保障国际研讨会在天津召开。各国专家就水资源的统一管理、统一规划、节水技术的应用、防止水体污染、水资源的保护、开发利用海水资源、农业水利现代化、创建节水农业、城市污水处理和利用等各方面的问题进行了广泛的研讨，并就水资源的有效保障问题达成了一定共识，发布了《天津宣言》。

本月，为适应联合国人居委员会所设立的"联合国人类居住环境奖"和"迪拜国际改善居住环境最佳范例奖"的需要，建设部决定设立"中国人居环境奖"。设立"中国人居环境奖"的目的，是为了表彰在城乡建设和管理中坚持可持续发展战略，努力改善城乡环境质量，提高城镇总体功能，创造良好的人居环境方面做出突出贡献的城市、村镇、单位和个人。建设部将从获得"中国人居环境奖"的项目中选择部分优秀项目，向联合国人居中心推荐申报"联合国人居奖"和"迪拜国际改善居住环境最佳范例奖"。

六月

1 日，中国城市规划学会与全国市长培训中心组织召开座谈会，就有关编写

《领导干部城乡规划知识读本》事宜进行研讨。参加会议的有：赵宝江、陈为邦、陈锋、吴良镛、周干峙、王静霞、邹德慈、朱华、任致远、夏宗玗、石楠等。会议由赵宝江副部长主持。会议讨论并初步确定了该书的编写班子。俞正声部长任主编，并任编委会的主任委员。

2 日，国务院以国函 [2000] 57 号批复了《贵阳市城市总体规划（1996—2010）》。

4 日，按照建设部和人事部的统一安排，全国统一的注册城市规划师执业资格认定考试在各省会城市举行。全国共 1000 多人参加考试。

6～7 日，由中国房地产及住宅研究会、日本国际居住福祉学会联合主办的中日韩国际住宅问题研讨会在北京举行。会议就中国、日本的住房问题和住房观念，住房建设与环境的关系，住房与人民的健康和福利，少子女、老龄化的住房，住宅建设的土地问题和土地政策，如何处理住房建设与城市再开发的关系，住房市场化，国土规划如何考虑住房建设，住房和社区发展规划、管理中的居民参与，住房的金融政策，发展自有住户和出租住房的政策等十多个方面的问题进行了热烈的探讨。

13 日，中共中央、国务院出台了《关于促进小城镇健康发展的若干意见》。《意见》强调：发展小城镇要以党的十五届三中全会确定的基本方针为指导，遵循尊重规律、循序渐进，因地制宜，科学规划，深化改革，创新机制，统筹兼顾，协调发展的原则。《意见》要求，各级政府要按照统一规划、合理布局的要求，抓紧编制小城镇发展规划，并将其列入国民经济和社会发展计划。重点发展现有基础较好的建制镇，搞好规划，逐步发展。在大城市周边地区，要按照产业和人口的合理分布，适当发展一批卫星城镇。在沿海发达地区，要适应经济发展较快的要求，完善城镇功能，提高城镇建设水平，更多地吸纳农村人口。在中西部地区，应结合西部大开发战略，重点支持区位优势和发展潜力比较明显的小城镇加快发展。要严格限制新建制镇的审批。

13～14 日，中国城市科学研究会在北京召开了城市形象建设研讨会。会议认为，城市形象是一个客观存在。只要是城市，就会有自己的城市形象特征。城市形象是有形的，看得见、摸得着、感受得到的，是城市的内在素质和文化内涵在城市外部形态上的直观反映，是该城市有别于其他城市的深刻印象。美好的城市形象是城市发展到一定阶段和水平的必然追求。每个城市都应当根据自己的地方、民族、历史、文化的特点，塑造具有自己特色的城市形象。会议指出，城市形象的内容非常宽泛。我们讲城市形象，主要讲的是城市的空间形象。构成城市形象的要素主要包括城市布局形态、城市自然空间形象、城市历史文化特征、标志性建筑与街区、地方民族传统特色等。好的城市形象是不懈努力和艺术创造的结果，是得到人们的认同、历史的检验并经过不断完善取得的，不是仅仅靠几个长官意志的城市形象工程就能够凸显出来的。城市形象建设不能主观臆断，不能急于求成。会议提出，要搞好城市形象建设，必须抓好六个环节：一是抓好城市规划和城市设计，城市形象要通过科学、合理的城市规划和城市设计的手段来实现。二是抓住历史文化和风景名胜做文章，这是城市建设的优越条件和制胜环节。三是抓好绿化广场和城市景观，它们能给城市创特色、添魅力、提精神，画龙点睛，勾画出城市的形象美。四是抓好标志性建筑和构筑物以及街区，以之建构城市的突出形象。五是抓好民族传统和地方风采，以奠定城市形象的基础、底蕴和基调色彩。六是抓好市容市貌和文明环境，这是加强城市形象建设不可缺少的不能忽视的基本条件。

14 日，国务院分别以国函［2000］74 号、75 号文对山东省人民政府《关于报请审批淄博市城市总体规划的请示》和山西省人民政府《关于上报太原市城市总体规划的请示》作出批复。

24 ~ 29 日，由中国城市规划学会、深圳市规划国土局主办，深圳市城市规划设计研究院、深圳市城市规划学会承办的"法定图则研讨班"和"城市发展与规划改革研讨会"在深圳市举办，这两项活动是为庆祝深圳特区成立 20 周年及深圳市规划设计研究院建院 10 周年而举办的系列活动之一。

28 日，由中国城市规划协会、中国城市规划学会、全国城市规划科技情报网、中国城市规划设计研究院、江苏省城乡规划设计研究院联合主办的"中国城市规划行业信息网"（http://www.china-up.com）正式开通，网站开通仪式在深圳市举行，建设部副部长赵宝江为网站题字。

28 ~ 30 日，中国城市规划协会与中国城市规划设计研究院在深圳市联合举办了"全国部分城市规划设计研究院院长座谈会"。建设部科技委副主任陈为邦、城乡规划司司长唐凯、勘察设计司司长林选才、中国城市规划协会副理事长兼秘书长邹时萌及来自全国各地的 40 多位规划院的院长及建设部相关部门的领导参加了会议。会议期间，与会代表根据当前国务院关于科研机构体制改革的指示精神，就城市规划设计行业的特点和问题进行了讨论，对规划院体制改革的方式及有关问题进行了研究，并提出了有关规划院体制改革的若干建议。建设部城乡规划司司长唐凯总结发言指出，规划院的改革是难度非常大的，这是城市规划工作的特点决定的。各地规划院应采取积极的态度面对体制改革的问题，但改革的步伐一定要稳，各地应根据各自的特点制定相应的对策。一定不能搞"一刀切"，这次改革的原则是一定要有利于规划事业的发展，要有利于规划队伍的稳定，要有利于设计水平的提高，规划设计单位是我国规划行业一支非常重要的队伍，它的发展凝聚了规划界几代人的努力。

30日，建设部发出通知，就贯彻《中共中央办公厅、国务院办公厅关于加强青少年学生活动场所建设和管理工作的通知》（中办发〔2000〕13号）和江泽民总书记的有关批示，切实对青少年学生活动场所建设和管理工作做出部署。

本月，建设部副部长赵宝江在第29期全国市长研究班上说：当前的城市规划跟过去的城市规划相比，在五个方面更强化、更突出了：一是强化区域的观点。二是强化环境的意识。三是要做详细规划。四是要做县域城镇体系规划。五是强化依法行政的观点。

本月，国务院批复安徽省城镇体系规划，这是继去年9月国务院批复浙江省城镇体系规划以来，批复的又一个省域城镇体系规划。

本月，广州市政府组织开展广州城市总体发展概念规划的咨询工作，此后全国各主要大中城市积极开展战略规划、概念规划的编制，以期作为提高中心城市竞争力、带动城市地区快速发展的手段之一。

本月至12月，中国城市规划学会与中央电视台新影制作中心和中国电视艺术家协会合作拍摄大型电视系列片《地图上的故事》。赵宝江副部长担任该片的总顾问，夏宗玕、石楠担任该片策划，学会秘书处的曲长虹担任该片编导。

七月

4日，中共中央、国务院出台《关于促进小城镇健康发展的若干意见》。《意见》指出，当前，加快城镇化进程的时机和条件已经成熟。抓住机遇，适时引导小城镇健康发展，应当作为当前和今后较长时期农村改革与发展的一项重要任务。《意见》指出，要改革小城镇户籍管理制度。从2000年起，凡在县级市市区、县人民政府驻地镇及县以下小城镇有合法固定住所、稳定职业或生活来源的农民，均可根据本人意愿转为城镇户口，并在子女入学、参军、就业等方面享受与城镇居民同等待遇，不得实行歧视性政策。对在小城镇落户的农民，各地区、各部门不得收取城镇增容费或其他类似费用。对进镇落户的农民，可根据本人意愿，保留其承包土地的经营权，也允许依法有偿转让。

4～7日，全国城乡规划标准规范工作会议在广东番禺召开。

5～6日，全国控制性详细规划研讨会暨城市规划资料集第四分册编委会第二次会议在南京召开。

5～7日，联合国教科文组织、中国建设部、世界银行和中国国家文物局在北京联合召开了"中国文化遗产保护和城市发展：机遇与挑战"国际会议。会议闭幕时通过了《北京共识》。

5～7 日，由中国城市规划学会和江苏省城乡规划设计研究院联合主办的全国控制性详细规划研讨会在南京召开。该研讨会是应《城市规划资料集》控制性详细规划部分编写单位的要求召开的。本次会议是我国首次对控制性详细规划这一规划编制层次举行的专题研讨会。会议就控规的有关问题进行了专题研讨，介绍了各地的优秀控规实例，交流了控规编制、审批与实施方面的经验。

11 日，国务院副总理温家宝主持会议，听取中国工程院组织的"中国可持续发展水资源战略研究"成果汇报。研究报告提出了以水资源的可持续利用支持我国经济社会可持续发展的总体战略和相应的八个方面战略性转变的要求以及为实现战略转变所必须进行的改革。

13～15 日，"沿海五城市功能与设施比较研究"课题第一次协调会在宁波市召开。该项目由宁波市规划局委托，由中国城市规划学会牵头。

17～19 日，建设部在京举办了全国建设厅长城镇化政策高级研讨班，共有19 个省、自治区的建设厅厅长或副厅长参加了学习。研讨班采取专家讲课与讨论相结合的形式，专门请了北京大学、国家计委、财政部和农业部等单位的专家就城镇化发展的一般规律、我国城镇化发展的战略重点和政策措施、城镇建设投融资体制、农村经济发展和农村人口转移等四个专题作了讲座。厅长们结合各自省区城镇化的特点，对城乡规划管理中面临的新问题及采取的措施进行了认真的讨论和交流。俞正声部长出席了开班仪式并讲话。赵宝江副部长主持了开班仪式，参加了讨论，并在结业式上就建设行业在促进城镇化积极有序发展中的责任和任务作了部署。

18 日，全国历史文化名城保护专家委员会、国家文物局以及城市规划界、法律界的近 30 位专家学者召开定海古城保护座谈会。"建筑考究，古朴别致"的定海古城在有关部门提出警告、当地居民诉诸法律和媒体强烈关注下仍然未能逃脱被毁命运。与会专家一致认为：定海古城被毁是违法事件，应当追究有关人员责任。全国历史文化名城保护专家委员会委员郑孝燮激动地说：定海古城历史街区和历史建筑遭到强制拆毁，是近年来破坏历史文化名城登峰造极的严重事件，于情不通，于理不顺，于法不容。定海是鸦片战争中两次血战抗敌的英雄城市，是中国近代史开篇的历史见证，是不可多得的爱国主义教育的大课堂。定海又是宁波商帮的发祥地之一。与会专家一致呼吁，在历史文化遗产保护中，各级政府应当对民族和历史负责，明确承担起应有的职责，因渎职造成历史文化遗产重大损失者必须追究其法律责任。

本月，北京市规划委员会召开了北京市历史文化保护区保护规划编制工作动员大会，北京市首批 25 片历史文化保护区保护规划工作开始全面展开。

本月，中央文明办、建设部、国家旅游局、国家宗教事务局联合发出《关于坚决制止在风景旅游区封建迷信活动的通知》。

八月

1 日，北京市长办公会议通过了《圆明园遗址公园规划方案》。

7 ～ 8 日，在中国城市经济学会会长汪道涵的倡议下，中国城市经济学会等十家单位在北京人民大会堂联合召开了"城市发展世纪论坛"高级研讨会。作为"城市发展世纪论坛"的第一次高级研讨会，此次会议的主要议题是"新经济时代的城市"，涉及的问题有：新经济的基本内涵和主要特征；新经济在中国城市发展中的端倪；网络经济、创新经济、高科技产业、智能交通等；新经济对城市理念、形态、规划、设计、形象、结构、建设、管理等产生的影响；新经济给城市带来的新问题和新矛盾等。

8 ～ 9 日，东北三省城市规划第十二届学术交流大会在辽宁省丹东市召开。

9 日，2000 年度全国注册城市规划师执业资格考试工作会议在北京举行。

30 日，建设部就贯彻落实《中共中央国务院关于促进小城镇健康发展的若干意见》发出通知。

本月，广州市向公众展示珠江新城规划检讨方案，这一方案引起广州市民极大的关注。珠江新城前一轮规划于 1992 年编制，广州市规划局于去年决定对该方案进行检讨，检讨方案的制定本着保持规划延续性、保持利益平衡及提出配套建设标准三大原则，就空间形态进行了城市设计，就公共服务体系进行了改进，对规划控制体系进行了调整，提出了一套可作为未来管理工作依据的控制性规划成果。

九月

1 日，建设部发布《城市古树名木保护管理办法》。

1 ～ 3 日，"广州市总体发展战略规划研讨会"召开。在此之前，广州市邀请中国城市规划设计研究院、广州市城市规划勘测设计研究院、同济大学、清华大学、中山大学等五家单位，开展"广州市城市总体发展概念规划"。以概念规划的形式进行城市发展战略的研究，这在国内规划界尚属首次。各单位在短短两个月的时间里，以参加竞赛的工作热情，按时完成规划工作，并对概念规划做了各具特点的探讨。在研讨会上，各家汇报了规划的思路和方案。会议最终认为，广州的发展应与珠三角的发展作统一的考虑，广州作为区域中心城市的功能和地位应当不断完善和加强。在各家的方案中，中国城市规划设计研究院提出将广州市未来的发展重点集中在南部番禺地区，通过建设广州的"浦东"，来强化广州的区域服务职能，改善老城的居住环境，促进历史名城的保护，他们所建议的"北抑南拓 东移西调"的发展策略得到大会的高度重视和肯定。

13 ~ 15 日，中国城市规划学会工程规划学术委员会水与环境第三次学术研讨会在大连举行。会议对中水回用等问题进行了比较深入的研究讨论。

14 ~ 19 日，中国科技情报学会在无锡召开了全国信息服务业发展与信息资源开发学术研讨会。会议呼吁，信息服务业必须加大改革力度，在信息资源开发上有所创新，既要跟踪时代，更要加强自主创新能力。一定要开发独具特色的信息产品和提供适应市场需求的信息服务。

17 日，由国际企业创新论坛、《经济日报》理论部、桂林市政府联合举办的"中国西部城市开发战略研讨会"在京召开，与会者对西部大开发，尤其是城市化发展在西部开发中的作用进行了讨论。

19 日，经国务院原则同意，建设部以建规 [2000] 206 号文对山东省人民政府报请审批的《山东省城镇体系规划（1996—2010）》作出批复。

20 ~ 24 日，中国城市规划学会小城镇规划学术委员会第 12 次年会暨换届大会在安徽省合肥市和舒城县举行。年会围绕着发展小城镇大战略和西部大开发战略等重要议题展开了热烈讨论，并交流了学术研究成果。

22 日，新疆石河子市荣获"联合国人居环境改善最佳范例奖"。

25 日，"中—德磁悬浮列车技术交流会"在上海召开。

26 ~ 28 日，由中国风景园林学会、日本造园学会和韩国造景学会共同主办的第三届中、日、韩风景园林学术研讨会在日本冈山市举行。研讨会的主题为：运用园林艺术和技术手段营造城市风貌特色。

本月，哈尔滨市举办"哈尔滨市城市雕塑与环境艺术研讨会"。

十月

11 日，中共中央组织部、建设部和中国科学技术协会联合举办的第 30 期全国市长研究班，在北京全国市长培训中心开学。全国市长培训工作领导小组副组长、建设部副部长赵宝江等领导出席开学典礼并发表了讲话。

11 日，2000 年国际工程科技大会在北京人民大会堂召开。国家主席江泽民到会并在开幕式上致辞。中国城市规划设计研究院王静霞院长应邀出席了会议，并向大会提交了《中国城市地下空间开发利用与规划》的论文。

14 ~ 15 日，九千余人参加首次注册城市规划师执业资格考试。考试科目包括《城市规划原理》、《城市规划管理与法规》、《城市规划相关知识》和《城市规划实务》。

15 日，中共中央政治局常委、国务院总理朱镕基在中南海主持召开会议，听取国务院有关部门领导和各方面专家对南水北调工程的意见。朱镕基指出，南水北调工程是解决我国北方水资源严重短缺问题的特大型基础设施项目。朱镕基强调，必须正确认识和处理实施南水北调工程同节水、治理水污染和保护生态环境的关系，务必做到先节水后调水、先治污后通水、先环保后用水，南水北调工程的规划和实施要建立在节水、治污和生态环境保护的基础上。

16 ～ 18 日，由联合国人居中心、中国建设部、成都市人民政府共同举办的"21 世纪城市建设与环境成都国际大会"在成都召开。会议以"21 世纪城市建设与环境"为主题。

16 ～ 21 日，中国文物学会传统建筑园林委员会第十三届学术研讨会在深圳举行。

25 ～ 27 日，建设部城乡规划司在北京组织召开了"全国城镇体系规划"北方片区座谈会。会议听取了北京、河北、山西、辽宁、吉林、黑龙江等北方各省市建设厅规划主管部门及部分规划设计研究院的领导和专家对建设部城乡规划司委托、中国城市规划设计研究院承担的《全国城镇体系规划》初步成果的意见，并就省域城镇体系规划编制工作的进展情况、编制和实施的经验进行了广泛的交流和讨论。

27 ～ 29 日，以"保护与发展"为主题，以"继承优秀文化传统、再创古城新的辉煌"为目的的 2000 年中国古城会在浙江临海市召开。会议由中国城科会历史文化名城委员会、《文汇报》和临海市政府共同举办。大会通过了《2000 年中国古城会议纪要》。

27 ～ 31 日，中国城市规划学会青年工作委员会在重庆大学建筑城规学院举行了"西部大开发与城市的作用"学术研讨会。到会的西南、西北片的委员及代表就西部开发中的城市化问题、城市发展模式、开发与环境保护问题以及项目策划在城市建设中的作用等问题作了主题发言。

29 日至 11 月 3 日，由中国城市规划学会主办的"城市生态环境问题研讨会"在湖北省襄樊市召开，会议采取了学术交流与专业考察相结合的方式。

31 日至 11 月 2 日，第九届长江沿岸城市建委主任联席会在重庆雾都宾馆隆重召开。

本月，党的十五届五中全会通过了《中共中央关于制定国民经济和社会发展第十个五年计划的建议》，《建议》在党的文献上第一次鲜明地提出积极稳妥地推进城镇化。

十一月

1 日，第五次全国人口普查登记工作在 31 个省、自治区、直辖市同时展开。

1 日，国务院以国函 [2000] 113 号和 114 号文，分别批复了厦门市城市总体规划和包头市城市总体规划。

3 日，第二期全国城市规划管理人员培训班在烟台圆满结束。建设部城乡规划司与中国城市规划协会共同组织。培训采取授课、交流、研讨、参观等方式进行。期间，建设部城乡规划司副司长陈锋、中国城市规划协会副理事长邹时萌、上海市城市规划管理局顾问总工耿毓修分别为学员讲授了城乡规划工作面临的形势、城市规划法规体系、城市规划实施管理和监督等内容。

14 日，全国大城市市委书记城市规划专题研究班在北京全国市长培训中心举行了开学典礼。建设部部长俞正声、副部长赵宝江、北京市副市长翟鸿祥等领导同志和来自全国各大城市的 56 位市委书记参加。俞正声部长讲话指出，城市建设反映了城市领导的素养、眼界和视野。要想把城市建设好，必须在规划上下功夫。作为城市领导干部，懂城市规划，非常重要。城市规划是城市建设、发展的龙头，而城市化是经济发展的必然。我国正值城镇化快速发展时期，如果不重视规划，就会带来一系列问题。城市建设、发展甚至会南辕北辙。城市规划必须公开接受群众监督，才能从根本上遏制腐败。政府对规划应该更多地进行"指标化管理"，而不是对建筑物的色彩和形状等具体的规划指手画脚。城市管理者若陷入"方案管理"的误区，就限制了设计师的积极性，不利于城市多样化风格的凸显。目前在城市规划中战略性和方向性的东西、弹性与刚性的东西之间缺乏严格的区分，总体规划的编制过程繁琐，审批时间长，而更为重要的区域性的详细规划却没有得到足够的重视。城市规划是一个城市建设和发展的龙头，一旦错了，即使付出很大代价也难以挽回，各地领导干部尤其是党政一把手应该多学点城市规划方面的知识。

15 ~ 16 日，建设部城乡规划司在湖南省浏阳市召开了全国小城镇建设示范镇（部分）工作座谈会。

17 ~ 19 日，中国城市规划学会和南京市规划局在南京市联合举办了"县域城镇体系规划研讨班"。研讨班根据建设部颁布的《县域城镇体系规划编制纲要》，结合国内先进实例，就县域城镇体系规划的编制、审批、实施机制等内容进行了培训、交流与研讨。

19 日，中共中央办公厅、国务院办公厅下发关于转发《民政部关于在全国推进城市社区建设的意见》的通知。

21 ~ 22 日，全国乡村城市化试点（部分）工作座谈会在重庆市大足县召开。

会议期间，代表们就建设部开展乡村城市化试点工作 6 年来的经验和教训、城镇化进程、小城镇建设和城乡协调发展等问题进行了广泛交流和热烈讨论。

22 日，国家旅游局制定的《旅游规划设计单位资质认定暂行办法》发布施行。

27 ~ 29 日，由建设部城市交通工程技术中心、国家计委综合运输研究所、中国城市交通规划学术委员会、台湾中华运输学会主办的中国城市绿色交通研讨会在北京举行。海峡两岸及美国、新加坡的华人专家和国际能源基金会代表作了专题报告。本次研讨会是中国城市绿色交通行动的一个重要组成部分。

28 ~ 30 日，由北京市规划委员会组织编制的北京 25 片历史文化保护区保护规划在北京通过专家评审。早在 80 年代，北京就提出了 25 片历史文化保护区，并于 1990 年得到北京市政府批准。当时 25 片历史文化保护区分布于市区范围内，包括颐和园—圆明园片区和牛街片区。1998 年北京市再次提出旧城区中的 25 片历史文化保护区，对 1990 年的 25 片保护区作了一些调整，并提出了 25 片历史文化保护区的范围和四至。旧城区的 25 片历史文化保护区 1999 年由北京市政府批准公布。北京旧城中的 25 片历史文化保护区，其中 14 片位于旧皇城内，7 片位于旧皇城外的内城，4 片位于外城，总占地面积 957hm^2，加上旧城内市级以上 177 处文物保护单位的占地面积 1345hm^2，总计达 2302hm^2，占旧城总面积的 37%。2000 年 7 月，北京市规划委员会组织中国城市规划设计研究院、清华大学、北京市规划院等 12 家单位开始按片分工，编制 25 片历史文化保护区保护规划。评审专家组对规划成果给予高度评价。

本月，北京奥运场馆建设规划初定。2008 年奥运会预计设立 28 个比赛大项，根据需要，将设有 37 个比赛场馆和 58 个训练场馆。届时，主要比赛场馆将建在北京，共 32 个。其中 13 个是利用现有场馆，11 个要进行改建，8 个是专为奥运会兴建的场馆。奥运会场馆设施要求既集中又合理分散，以利于比赛的组织和管理。所有场馆都分布在 4 个区域内，中心区位于奥林匹克公园内，规划总占地 12km^2，将建有 14 个比赛场馆，并建有运动员村、记者村、主新闻中心等。

本月，由中国城市规划设计研究院承担的国家高技术研究发展计划（863 计划）信息获取与处理技术主题（308 主题，简称 86–308 主题）"对地观测技术用于城市规划示范工程"（以下简称"示范工程"课题中的"对地观测用于城市规划示范工程总体技术研究（第二阶段）"和"城市机载对地观测生产应用体系"两个项目，在北京示范基地通过了由科技部和建设部组织的专家组评审验收。

本月，厦门市城市规划设计院进行总面积约 1km^2 的集美学村风貌建筑的认定和保护规划工作。集美学村是爱国华侨领袖陈嘉庚先生留下来的宝贵遗产，被统称为嘉庚风格建筑。为使编制出来的集美学村风貌建筑保护规划方案真正体现民意，并较好地得到贯彻执行，厦门市规划院邀请 12 位在集美学村工作、生活过的市民全程参与规划编制，包括集美学村风貌建筑保护规划前的意见咨询、规划编制讨论、规划评审。这些编制外的"规划师"分别来自集美中学、集美大学校友会、集美老人协会、尚南居委会，也有正在集美大学读书的学生。

十二月

1 ~ 2 日，2000 年全国城乡规划工作处、局长会议在广州举行。建设部城乡规划司长唐凯在会上作了工作报告，建设部副部长赵宝江在会上作了重要讲话。

4 ~ 10 日，"中法城市可持续发展——城市环境与形象论坛"在北京中国建筑文化中心举办。

6 日，"南水北调"工程总体格局正式确定为东、中、西 3 条线路。目前东、中线工程实施方案基本敲定。东线规划为：从长江下游的扬州江都段引水，通过 13 级抽水台阶和黄河河底隧道，将长江水引到天津及河北地区，每年调水 150 亿 m³，届时这一地区的水危机可望全面缓解。中线工程引湖北丹江口水库水，向北经河南南阳、平顶山，再由郑州西侧穿过黄河顺京广线输往北京，全线长 1240km。

14 日，《城市规划编制单位资质管理规定》经第 35 次建设部常务会议通过。2001 年 1 月 23 日建设部部长俞正声签署建设部令（第 84 号）予以发布。

16 ~ 17 日，全国建设技术创新大会在北京召开。建设部部长俞正声、副部长叶如棠出席大会并作了重要讲话。

20 日，国务院以国函 [2000] 129 号文对河北省人民政府《关于批准石家庄市城市总体规划（1997—2010）的请示》作出批复。

22 日，国务院以国函 [2000] 134 号文批复了《济南市城市总体规划》。

24 ~ 25 日，重庆市人民政府组织召开了重庆市城市消防规划（主城）国家级专家评审会。来自公安部消防局、建设部城乡规划司、北京市消防局、重庆大学、重庆市规划局、重庆市公安消防局的专家参加了评审。会议听取了规划编制单位重庆市规划设计研究院和重庆市公安消防局关于规划编制情况、消防规划方案的详细介绍，实地勘察了规划编制过程中消防站的实施情况。与会专家一致认为，该规划达到了国内消防规划编制的领先水平，对其他城市的消防规划编制工作将起到很好的借鉴和示范作用。

25 ~ 26 日，全国风景名胜区工作会议在广州召开。俞正声部长在会上讲话，赵宝江副部长作工作报告。俞正声在会上要求大家要统一思想、统一认识，坚决贯彻执行温家宝副总理在去年全国城乡规划工作会议上提出的风景名胜区的工作"前提是规划、核心是保护、关键是管理"的指示，以此来指导和推动风景名胜区的工作。赵宝江在讲话中要求，要提高规划编制水平，加强风景名胜区规划管理。要严格控制风景名胜区人口增长和各类建设活动，要进一步强调风景区规划的权威性和严肃性。大会期间，与会人员还就《风景名胜区管理条例》（草案）和《国家重点风景名胜区规划编制审批和实施管理规定》（草案）进行了讨论，提出修改意见。

27日，《国务院关于实施西部大开发若干政策措施》正式出台，标志着我国实施西部大开发战略迈出实质性的步伐。

本月，由中国城市规划设计研究院承担的国家高技术研究发展计划（863计划）信息获取与处理技术主题"基于空间信息的小城镇规划、建设与管理决策支持系统"[课题编号863-308-13-02（7）]通过了由科技部、建设部和863-308专家组联合组成的验收组的评审验收，并受到好评，验收结论为A。

本月，建设部颁布《国家康居示范工程管理办法》。

本月，建设部公布2000年度建设部部级城乡建设优秀勘察设计评选结果。经各专业专家评选，部评审委员会审定，共评出一等奖32项，二等奖95项，三等奖137项，表扬项目120项。其中，城市规划类一等奖9项、二等奖18项、三等奖29项。深圳市总体规划（深圳市城市规划设计研究院）、浙江省城镇体系规划（浙江省城乡规划设计研究院）、99昆明世界园艺博览会场馆规划设计（昆明市规划设计研究院）、北京旧城历史文化保护区保护规划（北京市城市规划设计研究院）、南京东路商业步行街详细规划（上海市城市规划设计研究院）、苏州古城控制性详细规划（苏州市规划设计研究院）、武汉市城市总体规划（武汉市城市规划设计研究院）、深圳市罗湖旧城规划及东门步行街环境设计（中国城市规划设计研究院深圳分院）、王府井商业街整治城市设计及王府井商业中心区交通规划暨一、二期实施规划（北京市城市规划设计研究院）获得一等奖。

本年度出版的城市规划类相关著作主要有：《城市规划实务》（全国城市规划执业制度管理委员会编）、《城市规划相关知识》（全国城市规划执业制度管理委员会编）、《城市规划管理与法规》（全国城市规划执业制度管理委员会编）、《城市规划法规文件汇编》（全国城市规划执业制度管理委员会编）、《城市规划原理》（全国城市规划执业制度管理委员会编）、《城市规划执业制度文件汇编》（全国城市规划执业制度管理委员会编）、《城市规划法规文件汇编》（全国城市规划执业制度管理委员会编）、《城市规划与发展建设研究》（全国市长培训中心城市发展研究所编）、《城市规划概论》（陈友华、赵民主编）、《城市规划理论与实践概论》（[德]

G·阿尔伯斯著，吴唯佳译）、《城市规划设计手册》（郑毅主编）、《百年城市变迁》（赵永革、王亚男著）、《澳大利亚城市规划管理研究：以布里斯班市为例》（罗蒙编著）、《城市夜景观规划与设计》（王晓燕编著）、《城市地下空间规划与设计》（王文卿编著）、《城市学基础》（段汉明著）、《环境心理学》（林玉莲、胡正凡编著）、《城市社会心理学》（杨贵庆编）、《城市规划行政诉讼解析·判例·参考》（李国光主编）、《城市规划信息技术开发及应用》（徐建刚著）、《城市规划中的地价评估方法研究》（张协奎著）、《城市与区域规划模型系统》（张伟、顾朝林著）、《城镇群体空间组合》（张京祥著）、《21 世纪城市规划管理》（任致远编著）、《明日的田园城市》（[英] 埃比尼泽·霍华德著，金经元译）。

2001 年

一月

8 日，美国著名水资源保护工作者贝茜·达蒙（Betsy Damon）女士一行 3 人与中国城市规划学会、中国城市规划设计研究院有关专家就生态保护等问题进行了座谈。贝茜·达蒙女士向中方专家介绍了她对中国进行生态保护的看法。

8 ~ 9 日，全国旅游发展工作会议在北京召开。

12 日，城市规划部际联席会议第十二次会议在北京召开。会议由部际联席会主任、建设部副部长赵宝江主持。会议讨论、协调了各有关部门对福建、贵州和云南三省的省域城镇体系规划以及南昌、本溪和锦州三市城市总体规划的意见；讲述了由建设部代拟起草的国务院关于上述三省省域城镇体系规划和三市城市总体规划批复稿中的主要内容。

12 ~ 17 日，联合国教科文组织亚太地区办公室主任理查德·恩格哈特博士及挪威政府代表一行 4 人到云南丽江进行了工作访问。他们在实地检查评估后，高度评价了丽江古城保护所取得的成就。

19 日，朱镕基总理在北京考察工作时对首都建设提出了新的要求，他说：在实现新世纪宏伟目标的进程中，北京市加快了建设现代化国际大都市的步伐，不断向全国和全世界人民展现经济繁荣、管理先进、环境优美、社会安定的新风貌。

本月，根据国务院关于做好第四次西藏工作座谈会筹备工作的指示精神，建设部成立了以建设部副部长赵宝江为组长的援藏工作领导小组。领导小组成员由建设部相关司局及中国城市规划设计研究院的负责同志组成。领导小组办公室设在建设部城乡规划司，办公室主任由城乡规划司司长唐凯兼任。

本月，由中国国土经济学研究会和北京六合休闲文化策划中心联合主办的"21世纪中国旅游论坛"在北京举行。

二月

2日，公安部、建设部联合召开了"畅通工程"总结部署电视电话会议，建设部副部长赵宝江在会上要求：巩固成果，认识差距，推动"畅通工程"向广度深度发展。

8日，中国城市规划设计研究院就"南京城市总体发展战略与空间布局规划研究"的工作向建设部赵宝江副部长，两院院士吴良镛、周干峙，城乡规划司唐凯司长等有关专家领导进行了汇报。建设部领导和有关专家对该项目在战略规划方法方面所进行的积极探索给予了充分的肯定。这是中国城市规划设计研究院城市规划理论与历史文化名城研究所继在《广州总体发展概念规划》中对战略规划进行初步探索后，对有关战略规划内容和方法的又一新的研究。1月17日，"南京市城市总体规划调整专家咨询委员会"曾对该项目进行了研讨。

8日，国务院总理办公会审议并原则通过了青藏铁路建设方案。青藏铁路东起青海格尔木，西至西藏拉萨，全长1118km，其中多年冻土地段约600km，海拔高于4000m的地段960多公里，青藏铁路将成为世界上海拔最高和最长的高原铁路。

12～14日，中国城市规划设计研究院一年一度的业务交流会在北京举行。在业务交流会之前，北京市副市长汪光焘应邀作了"北京市城市交通与可持续发展"的学术报告，从"重新审视北京交通、北京城市交通的特殊性和难点、解决交通问题的基本对策"三个方面介绍了北京市交通的现状与未来的发展。

23日，建设部副部长赵宝江在建设系统援藏工作会议上说，援藏工作重在基础设施建设。结合建设系统自身的条件和特点，要做好以下几件事：1.帮助完成西藏自治区城镇体系规划的编制工作。2.指导和帮助重点县城和小城市总体规划及详细规划的编制工作。3.帮助做好重点城镇部分基础设施项目的论证工作。4.帮助培训规划建设管理人才及部分县市领导。5.组织规划院所及专家技术人员给予必要的技术支持。

26～27日，国务院在京召开全国城市绿化工作会议。国务院副总理温家宝出席会议并讲话。温家宝说，要着力做好以下几个方面的工作：第一，加强和改进城市绿地系统规划工作。第二，着力提高城市中心区绿化水平。第三，切实保证城市绿化用地。

27日，国务院以国函〔2001〕20号和国函〔2001〕21号，分别批复了吉林市、齐齐哈尔市的城市总体规划。

三月

8～9 日，建设部城乡规划司在北京主持召开了国家标准《城市居住区规划设计规范》（修编送审稿）审查会。专家们认为，该规范的修编送审稿提出的修编重点基本反映了我国由计划经济向市场经济转轨时期在居住区规划和建设中应注意的问题，指导思想明确，重点突出，提出的标准基本适度，达到了规范要具有权威性、科学性、先进性和可操作性的要求。

11 日，中央人口资源环境工作座谈会在北京召开。国家主席江泽民在会上讲话指出，人口资源环境工作是强国富民安天下的大事，这项工作只能加强，不能削弱。

14～15 日，建设部城乡规划司在南京召开了"部分大城市规划管理座谈会"。来自北京、上海、天津、重庆、广州、南京、长春、沈阳、武汉、成都、杭州、宁波、合肥、厦门、深圳等市的城市规划局局长、主管人事的负责人参加了会议。城乡规划司副司长陈锋，结合当前城市规划执法和行政管理工作的实际，就加强和规范城市规划立法，严格城市规划行政执法，加强城市规划监督机制，认真履行行政复议、行政应诉责任，切实转变职能，增强服务意识，加强城市规划行政执法机构和队伍的建设等方面提出了意见。

16 日，国土资源部在北京为首批 11 家国家地质公园授牌。

30 日，国务院批转了公安部《关于推进小城镇户籍管理制度改革的意见》，对办理小城镇常住户口的人员，不再实行计划指标管理。《意见》指出，小城镇户籍管理制度改革的实施范围是县级市市区、县人民政府驻地镇及其他建制镇。凡在上述范围内有合法固定的住所、稳定的职业或生活来源的人员及与其共同居住生活的直系亲属，均可根据本人意愿办理城镇常住户口。已在小城镇办理的蓝印户口、地方城镇居民户口、自理口粮户口等，符合上述条件的，统一登记为城镇常住户口。对经批准在小城镇落户的人员，不再办理粮油关系手续；根据本人意愿，可保留其承包土地的经营权，也允许依法有偿转让。

30 日，首都规划建设委员会召开了第 20 次全体会议。首规委主任、市委书记贾庆林在会上讲话。首规委副主任、秘书长、副市长汪光焘代表首规委作工作报告。贾庆林在讲话中指出，首都的城市规划工作必须适应新世纪的要求。贾庆林强调，要最大限度地做好北京历史文化名城的保护工作。首都北京，既应当是现代化的、开放的国际都市，又应当是充满中华民族传统魅力和京城特色的历史文化名城。

本月，依据《土地管理法》规定，需国务院批准的 31 个省、自治区、直辖市和 81 个城市的土地利用总体规划，已全部经国务院批准实施。从 1999 年 6 月批准浙江省土地利用总体规划至今，国务院已全部完成了有关的规划审批工作。

本月，国家环境保护总局批准建设一批国家级生态功能保护区试点。阴山北麓科尔沁沙地、三江平原、鄱阳湖、洞庭湖、若尔盖 – 玛曲、秦岭山地、黑河流域、长江源、黄河源和塔里木河 10 个重点区域被列为试点。

本月，沈阳翔凤华园等 12 个居住小区获"国家小康住宅示范小区"称号。

本月，建设部发出加强城市规划部际联席会议工作的通知。

四月

5 日，"城市管理世纪论坛"在沪举行。会议以"探索以被管理者为本和可持续的城市发展战略"为主题，专家指出，城市发展应注重以被管理者为本，应让执行者和受益者、管理者和被管理者共同参与、达成共识。

11 日，国务院正式下发了《国务院关于进一步加快旅游业发展的通知》。

20 日，建设部发出《关于发布〈国家重点风景名胜区规划编制审批管理办法〉的通知》。

21 ~ 23 日，中国城市规划学会历史文化名城规划学术委员会在浙江省临海市召开，中国城市规划学会历史文化名城规划学术委员会主任委员王景慧致开幕辞。学术年会的议题是历史街区保护利用成功实例以及历史名城保护的世纪回顾与反思。

28 日，梁思成先生诞辰 100 周年纪念会在清华大学举行。

本月，广西以身份证制度代替户籍管理制度，逐步取消"农转非"限制。

五月

1 日，为支持联合国"伊斯坦布尔 +5"大会的召开，和继续推动我国人居水平的提高，我国政府发表了《中华人民共和国人类住区发展报告》（1996—2000）（简称"新国家报告"），并将报告提交"伊斯坦布尔 +5"人居特别联大。"新国家报告"概括地反映了"人居二"大会以来，中国在城镇化进程中坚持可持续发展，为提高人类住区水平，在城乡住房发展、城镇化与城乡规划、城乡基础设施建设与环境管理、经济发展与社会保障方面所做的主要工作、取得的成就、采取的政策、存在的问题。

11 日，国务院以国函〔2001〕48 号批复了上海城市总体规划。

12 日，国务院办公厅转发了国土资源部、建设部《关于加强地质灾害防治工作的意见》。《意见》指出，各地区、各有关部门在编制和实施城市总体规划过程中，要加强地质灾害防治工作，要将地质灾害防治规划作为城市总体规划必备的组成部分。

12 日，首次亮相北京高新技术产业国际周的"国际环境保护论坛"在北京闭幕。建设部副部长赵宝江发表了题为"加强城市生态环境建设，促进经济社会可持续发展"的演讲。

24 日，为实施好云南省政府与美国大自然保护协会的合作项目"滇西北地区保护与发展行动计划"，为项目的全面启动做好准备和示范，美国大自然保护协会云南办事处与丽江行政公署在丽江古城举办了"保护区管理规划研讨班"。

24 ~ 27 日，中国城市规划学会青年工作委员一届四次全体会议暨第七届全国青年城市规划论文竞赛（CARDS 杯）颁奖大会在成都举行。

本月，上海改"户籍制"为"居住地制"。领到居住证的外来人员可享受与上海市民同等的待遇。申领上海居住证的首要条件是"能力"，要求具有本科以上学历或者特殊才能。"居住证"制度的运用，将实现从"引入"到"引智"的转变，促进上海人口素质、人口构成的国际化。

六月

6 日，建设部印发了《甲级城市规划编制单位技术装备及应用水平的基本要求》。

6 日，国务院第 40 次常务会议审议通过《城市房屋拆迁管理条例》，自 2001 年 11 月 1 日起施行。

6 日，"伊斯坦布尔 +5"人居特别联大在纽约联合国总部召开。中国政府代表团团长、建设部部长俞正声在首日全体大会上发表演讲，介绍了中国政府实施《人居议程》所作的努力和取得的主要成就，阐述了中国政府对新世纪进一步落实《人居议程》的主张。

20 ~ 22 日，中国城市规划学会小城镇规划学术委员会在武汉华中科技大学建筑与城规学院召开学术年会。

23 日，国务院副总理温家宝在中国市长协会第三次代表大会上强调，必须充分认识城市的重要地位和作用，要高度重视城市规划工作，按照现代化建设的总体要求，立足当前，面向未来，统筹兼顾，综合布局。特别要认真实施可持续发展战略，促进经济和人口、资源、环境协调发展。

25 日，国务院公布第五批全国重点文物保护单位。国务院已经先后于 1961 年、1982 年、1988 年和 1996 年公布了四批全国重点文物保护单位，这次公布第五批全国重点文物保护单位后，我国的全国重点文物保护单位已达 1268 处。

七月

5 日，为了规范评标委员会的组成和评标活动，国家计委、国家经贸委、建设部、铁道部、交通部、信息产业部、水利部等七部委联合制定了《评标委员会和评标方法暂行规定》。

5～7 日，"历史文化名城保护与水乡城市建设论坛"在浙江嘉兴南湖举行。

6～7 日，新疆维吾尔自治区测绘学会组织召开了"数字新疆"与空间数据基础设施建设高级研讨会。

10 日，建设部发出《关于加强地质灾害防治的规划管理工作的通知》。建设部在《通知》中要求各地：一、抓紧开展对涉及城乡规划安全的内容进行检查；二、加强城乡规划编制管理，进一步规范城乡规划编制和审批工作；三、严格建设工程项目的规划审批。

15 日，由上海同济大学主办的、以"21 世纪的城市规划：机遇与挑战"为主题的首届世界规划院校大会，在经过四天丰富多彩的学术研讨、交流之后，在同济大学圆满地落下了帷幕。会议使来自 60 多个国家的近千名城市规划学者首次汇聚申城，共同思考探讨了 21 世纪的城市规划与发展。中共中央政治局常委、国务院副总理李岚清给大会发来了贺信，建设部副部长郑一军、教育部副部长章新胜、上海市副市长韩正出席会议开幕式并发表了讲话。李岚清副总理在信中指出，中国正在进入一个快速城市化的发展阶段，希望来自世界各地的城市学家和规划学者能够利用这个机会更多地了解中国，关注中国，为中国的城市化问题出谋划策，为中国的城市规划和城市建设教育共同探索新的思路，培养更多面向新世纪的优秀人才。首届世界规划院校大会是由世界上最有影响的地区性城市规划组织 ACSP（北美）、AESOP（欧洲）、APSA（亚洲）、ANZAPS（大洋洲）共同发起召开的全球性规划大会。突破以往各大洲规划院校联合会年会因地域限制所导致的研讨课题不够广泛的局限，本次世界规划院校大会以新世纪全球规划学界所面临的共同课题作为探讨对象，在规划学界历来关注的人类居住、城市管理等经典论题之外，增加了一些充满时代性和全球性的新论题，如城市与区域在全球化中的地位、城市与区域可持续发展、信息化与信息技术在规划中的应用等专题，其中尤以可持续发展和全球化问题受到的关注最为广泛。大会收到来自世界六大洲 60 多个国家的 700 余篇论文，与会的千名专家在一百多场讨论会中就与全球性城市发展与城市建设相关的重大课题进行了深入探讨，其中 45 场报告是以中国城市的发展为主题。本次大会同时举办了 5 项展览：首届世界规划院校大会城市规划设计文献展、首届世界规划院校大会城市建设展、首届世界规划院校大会规划设计概念展暨世纪规划论坛、首届世界规划院校大会规划院校国际组织展及首届世界规划院校大会国际书展。会议的另一重大成果是宣告了"全球规划教育联合会网络组织"的成立。

26 日，全国抗震工作会议在北京召开。建设部部长俞正声主持会议并讲话，建设部副部长刘志峰作工作报告。

八月

3 日，素有"中国第一水乡"美誉的江苏古镇周庄在北京举办了"古镇周庄保护与发展"研讨会。

5 日，经国务院同意，民政部、中央机构编制委员会办公室、国务院经济体制改革办公室、建设部、财政部、国土资源部、农业部等七部委联合下发《关于乡镇行政区划调整工作的指导意见》，要求在乡镇行政区划调整中，必须切实加强对被撤并乡镇政府驻地的土地管理，防止借机擅自非法转让或转卖土地。

24 日，建设部印发《关于建设系统实施西部开发的工作意见》。

27 ～ 29 日，由中国城市规划协会发起，贵阳市规划局主办的"城市规划管理信息系统建设实施研讨会暨中国城市规划协会规划管理委员会办公自动化专业组第八次会议"在花溪召开。代表们在为期三天的会议上，就城市规划信息如何面对政府机构改革、政务公开、新技术挑战等问题进行了热烈讨论。

28 ～ 29 日，建设部在京召开了"三河三湖"流域城市污水处理工程"十五"计划审查会，会上就淮河、海河、辽河、太湖、滇池、巢湖流域城市污水处理工程"十五"计划的编制和成果进行了汇报，与会领导和专家审议并通过了"三河三湖"流域城市污水处理工程"十五"计划。

29 日，建设部下发关于批准《城市规划工程地质勘察规范》强制性条文的通知。

九月

2 ～ 6 日，建设部城乡规划司与联合国区域发展中心在甘肃省建设厅和兰州市规划局的配合下，在兰州市联合举办了"省域城镇体系规划培训研讨班"。培训研讨班结合中国西部省域城镇体系规划的编制与实施的现实，组织中外专家就有关省域城镇体系规划的制定和实施、区域开发的政策法规、欠发达地区的经济振兴等内容进行授课，同时对甘肃省正在编制的省域城镇体系规划进行了技术咨询。

7 日，由国家计委地区经济发展司、日本国际协力事业团等主办的"中国城市化论坛——大城市群发展战略"研讨会在广州举行。专家们认为，21 世纪是经济全球化的世纪，经济全球化不仅意味着全球性的经济分工合作，还意味着全球性的竞争，更意味着全球资源的再配置和全球财富的再分配。大城市群将成为经济全球化国际竞争的基本单位。

7～8日，国际古迹遗址理事会世界遗产协调员亨利·克利尔博士在中国古迹遗址理事会秘书长郭旃、云南省建设厅有关负责人的陪同下，到云南丽江古城进行了工作访问。

17～18日，全国建设信息工作会议在广州市举行，建设部部长俞正声、副部长郑一军、总规划师陈晓丽全程参与了会议。会议期间，代表们还分组对《全国建设信息工作会议工作报告》《建设部关于加快建设系统信息化进程的若干意见（征求意见稿）》《推进建设系统企业信息化工作指导意见（征求意见稿）》《关于建设系统政务信息化工作指导意见（征求意见稿）》等文件进行了讨论，并提出了很多具有建设性的意见和建议。

18～21日，由建设部、科技部、中国新闻社、中国科学院和广州市人民政府共同主办的首次"中国国际数字城市建设技术研讨会暨21世纪数字城市论坛"在广州隆重举行。

本月，北京市政府公布了《北京商务中心区综合规划方案》及《加快北京商务中心区建设暂行办法》。

本月，根据朱镕基总理关于南水北调工程要"先节水后调水，先治污后通水，先环保后用水"的重要指示和《国务院关于加强城市供水节水和水污染防治工作的通知》的精神，建设部决定组织编制《南水北调工程（东线、中线）受水区城市节水及污水再生利用规划》。

本月，杭州市政府荣获了2001年联合国人居奖，表彰其通过大规模的住房及基础设施投资使城市环境得到了根本改善。

本月，由浙江省海峡两岸经济文化发展促进会等单位主办的海峡两岸"人·水·环境·发展"研讨会在千岛湖畔召开。海峡两岸的学者专家就"水资源的保护与利用"、"山林保护与水源涵养"、"湖泊旅游开发与环境保护协调发展"等课题展开了广泛的交流与探讨。

十月

8～18日，由联合国教科文组织、挪威王国政府与中国丽江县政府联合主办的"亚太地区文化遗产管理第五届年会"在世界遗产地丽江古城举行。本次会议的主题是：文化遗产管理与旅游业——遗产地管理之间的合作模式。会议旨在探索解决旅游发展与文化遗产管理之间的矛盾。丽江文化遗产保护和文化旅游可持续发展的合作模式受到了会议的肯定。

11日，在河北廊坊召开的"京津冀北（大北京地区）城乡空间发展规划研究"项目总结暨成果评审会上，专家们提出了"规划大北京地区，建设世界城市"的总体目标。"京津冀北（大北京地区）城乡空间发展规划研究"是国家自然科学基金重点项目和建设部重点科技研究项目，由清华大学教授、两院院士吴良镛主持，分经济、交通、环保等 8 个专题小组进行，历时两年，终告完成。这项研究项目中提出的京津冀北地区包括了北京、天津、唐山、保定、廊坊等城市所统辖的京津唐和京津保两个三角形地区以及周边的承德、秦皇岛、张家口、沧州以及石家庄等城市部分地区，中心面积近 7 万 km²，人口约 4000 万人。此项研究确定了大北京地区规划的基本思路，提出以北京、天津"双核"为主轴，以唐山、保定为两翼，疏解大城市功能，调整产业布局，发展中等城市，增加城市密度，构建大北京地区组合城市。

13 日，第二届中国环境与发展国际合作委员会第五次会议在北京开幕，国务院副总理温家宝代表中国政府作重要讲话。他指出，我国不仅要继续保持国民经济较快发展，而且要把生态建设和环境保护摆到更加突出的位置。

14 日，由中组部、建设部和中国科协举办的第 32 期全国市长研究班在北京举行开学典礼。全国市长培训工作领导小组副组长、建设部副部长郑一军到会并作重要讲话。

15 日，国务院办公厅以国办函 [2001] 54 号文，批准了《锦州市城市总体规划（2000—2020）》。

17 日至 11 月 2 日，由建设部和联合国教科文组织世界遗产中心主办，中国城市规划设计研究院承办的"文化遗产保护培训班"赴拥有世界遗产数量位列世界遗产名录前列的意大利和西班牙进行考察，中国城市规划设计研究院原总规划师王景慧担任考察培训团团长。该培训班分为国内培训和国外考察交流两部分内容。国内培训于 2000 年 3 月 23 日至 30 日在北京、平遥举行，主题是历史地段的保护，由在文化遗产保护领域具有丰富理论和实践经验的国内学者和教科文组织指派的外国专家授课。

18 日，四川省人大常委会举行了《四川省世界遗产保护条例》首次地方立法听证会。四川风景名胜资源具有数量大、类型多、品位高、景观独特的特点，全国有世界遗产 27 处，四川就有 4 处。四川省人大常委会为加快立法工作，广泛听取地方立法意见，增加立法透明度而举行了本次立法听证会。

18 日，中国建筑设计研究院（集团）正式成立。根据国务院有关改企转制精神，该院由原建设部建筑设计院、中国建筑技术研究院为母体，以中国市政华北设计研究院、建设部城市建设研究院为所属单位组建，隶属中央企业工委管理。

21 日，2001 中小城市发展国际论坛在威海市闭幕。论坛以加入 WTO 后我国中小城市如何迎接挑战走向世界为主题。参加论坛的我国中小城市市长和国内外知名专家、学者形成的共识是：入世后受冲击最大的不是国内企业，而是各级城市政府，即城市政府职能的不适应；不仅仅是大城市政府，中小城市政府也都必须及早更新观念，调整思路，转变政府职能，各级城市政府要以更加开放的心态迎接入世的挑战。

27～28 日，东南大学隆重纪念杨廷宝诞辰 100 周年。

30 日至 11 月 1 日，全国中心镇（重点镇）建设经验交流会在青岛市召开。建设部城乡规划司司长唐凯在会上指出，发展中心镇是解决"三农"问题的基本途径之一。

本月，中国城市规划学会居住区规划学术委员会在天津召开"全国居住区规划学术委员会全会暨新世纪居住区规划设计研究会"。

十一月

1 日，《城市房屋拆迁管理条例》正式施行。

3 日，第二届"中德现代建筑技术研讨会"在武汉召开，专家们指出，由于科技应用水平的提高以及改造生态环境的迫切，生态建筑将成为我国新一轮城市规划的主题。

5 日，建设部部长俞正声在"中国人居环境发展研讨会"上指出，随着新世纪的到来，我国在人居环境建设方面，必须更加注重环境保护和资源永续利用，大力加强城镇生态环境建设，实现我国人类住区建设资源利用方式的根本转变，切实增强我国人居建设的可持续发展能力。

5～9 日，中国城市规划协会规划管理委员会中小城市规划管理专业组第五次年会在江西省赣州市召开。

10 日，世界贸易组织第四届部长级会议在卡塔尔首都多哈以全体协商一致的方式，审议并通过了中国加入世贸组织的决定。在中国政府代表签署中国加入世贸组织议定书，并向世贸组织秘书处递交中国加入世贸组织批准书 30 天后，中国将正式成为世贸组织成员。

10～12 日，中国城市规划学会区域规划与城市经济学术委员会 2001 年年会在北京举行。与会同志就"全国城镇体系规划纲要"各抒己见，进行了热烈的讨论，提出了许多中肯的意见。委员们认为，"全国城镇体系规划纲要"主要是解决全国城镇如何发展的宏观战略性规划，意义重大，重点应放在全国城镇发展方针、政策、战略的制定上。

17 日，由中国建筑学会主办的"超高层建筑的发展和建设"专家论证会在京举行，与会专家呼吁重新审视超高层建筑。

26 日，金门县前任参议张金成、台湾大学教授王鸿楷一行 19 人做客厦门市规划局，两岸同仁共同探讨厦门—金门城市规划的课题，就厦门海湾城镇群体系的规划和建设，展开热烈讨论。厦门海湾城市群是两岸同行共同关注的题目，厦门湾将以厦门岛为中心城市，环海湾周边的岛屿和城镇构成"众星拱月"的城市圈的城市形态。

27 ~ 29 日，中共中央、国务院召开的中央经济工作会议在北京举行。会议提出要积极稳步发展小城镇，把小城镇的发展同乡镇企业的改造提高结合起来，以城镇化促进农村剩余劳动力的转移，实现城乡劳动力资源的合理配置。

28 日，中国城市规划设计研究院、北京城市空间数据科技有限公司与日本 NTT DATA 公司合作的城市建设信息化标准项目——《城市车载 GPS 导航图制图标准》技术合作签约仪式在中规院举行。

28 ~ 30 日，全国人防工程建设与管理工作会议在广州召开。

本月，国务院对四川省《关于报批〈绵阳科技城发展纲要〉的请示》作出批复，原则同意《纲要》中关于绵阳科技城发展的指导思想、功能定位、发展重点及总体规划的意见。

本月，南水北调工程东线工程修订规划通过专家审查，至此，南水北调东、中、西三线工程规划全部通过专家审查。

本月，中国生态城市建设理论前沿报告会及研讨会在长沙召开。2001 年 8 月，国家环保总局批准长沙市为全国省会城市中第一个生态示范城市。在长沙市中长期发展战略和长沙新一轮的城市总体规划修编中，将生态理念贯穿始终，把城市的生态建设摆到了重要位置。

十二月

10 ~ 13 日，中国城市规划学会在杭州召开年会，此后每年定期举办该项学术活动（2006 年起正式定名为"中国城市规划年会"），参会人数逐年增加，成为我国城市规划领域参会人数最多、学术水平最高、影响最大的全国性盛会。

12 日，受 863（308）专家组委托，建设部科技司在杭州主持召开了国家 863 计划"小城镇规划、建设与管理决策支持系统"暨浙江省玉环县"珠港镇规划建设管理信息系统"项目验收会。验收委员会经认真讨论，同意通过验收。

15 日，国务院办公厅发文批复了《本溪市城市总体规划（2000—2020）》。

25 日，我国小城镇"九五"重点研究项目"小城镇规划标准研究"课题，分别通过了科学技术部农村与社会发展司和建设部科学技术司主持组织的验收和鉴定。

27～29日，全国城镇化试点县（市）工作研讨会暨全国村镇建设处长座谈会在湖北省仙桃市召开。

30日，北京市下发关于试行《北京市区中心区控制性详细规划实施管理办法》的通知，自2002年1月1日起施行。

本月，《广州大学城发展规划》获得省政府常务会议通过。广州大学城位于广州南部新造小谷围岛及南岸地区，方圆43.3km²，规划人口为35万至40万人。

本年度出版的城市规划类相关著作主要有：《城市发展和城市规划的经济学原理》（赵民、陶小马编著）、《城市休闲空间规划设计》（荆其敏、张丽安著）、《东京的商业中心》（胡宝哲著）、《滨水地区城市设计》（中英文本）（王蒙徽主编，广州市城市规划局编）、《城市规划中的工程规划》（王炳坤编）、《现代城市设计理论和方法》（王建国著）、《城市规划与建设强制性标准实施手册》（杨建中主编）、《城市规划原理》（李德华主编）、《城市交通与道路系统规划》（文国玮著）、《中国城市群》（姚士谋著）、《生态与可持续建筑》（夏云编著）、《城市空间美学》（周岚编著）、《中国古代城市规划、建筑群布局及建筑设计方法研究》（傅熹年著）、《现代城市经济》（丁健著）、《城市意象》（[美]凯文·林奇著，方益萍、何晓军译）。

2002 年

一月

7日，国家计委、建设部发布关于《工程勘察设计收费管理规定》的通知。《规定》自2002年3月1日起施行。与1992年颁布的有关收费标准相比，这次勘察设计收费由政府定价改为政府指导价，调整后的勘察收费比现行标准提高120%，设计收费比现行标准提高56%。

7～8日，全国建设工作会议在北京召开。会议总结交流了2001年的建设工作，研究了我国加入WTO后建设事业面临的形势和任务。汪光焘部长在全国建设工作会议上的工作报告中指出：城乡规划要起到经济社会发展的指导作用，促进经济结构调整，必须加快转变观念和方式，建立符合社会主义市场经济规律、适应城乡建设高速发展的城乡规划管理新体制。1）把保护资源与环境放在突出位置，防止城乡建设大发展中的短期行为。2）更新规划观念，增强市场意识，改进规划管理方式。3）建立城乡规划行政责任追究制度。4）建立城乡规划的社会监督制约机制。

11 日，经国务院审查同意，建设部行文批复了《云南省城镇体系规划（2000—2020）》。

14 ~ 16 日，中国城市交通规划学会在广州召开了 2001 年年会暨第 19 次学术研讨会。在 3 天的会议期间，组织了以"新世纪的城市与交通发展"为主题的学术交流，并考察了广州市城市发展与交通建设。

21 日，联合国教科文组织亚太地区文化事务专员理查德·英格哈特先生专程来到泉州，为在联合国教科文组织评选的 2001 年文化遗产保护竞赛中荣获优秀奖的泉州中山路项目颁奖。

21 日，由中国城市规划设计研究院负责编制的《三星堆遗产保护规划》论证会在北京宝利大厦举行。三星堆遗址，是四川省境内迄今发现的范围最大，延续时间最长，文化内涵最为丰富的古文化、古城、古国遗址，是我国"七五"期间十大考古新发现之一，被举为"世界第九大奇迹"。

30 日，中共中央总书记、国家主席、中央军委主席江泽民到北京市考察工作。在考察中江泽民指出，搞好城市规划、建设和管理，是广大市民的利益和愿望所在。要按照科学规划、科学建设、科学管理的原则，充分考虑历史，立足现实，着眼未来，努力使城市现代化建设与历史文化遗产浑然一体、交相辉映。

30 日，国务院办公厅转发文化部、国家计委、财政部《关于进一步加强基层文化建设指导意见》。

本月，北京开放规划设计市场。除关系城市发展长远大计的城市总体规划、城市土地利用规划等少数几项重要规划外，北京市其他各项规划将完全放开，其中包括城市重点地区详细规划、卫星城市总体规划以及城市交通、供水、燃气、热力、污水处理等专项规划。

二月

1 日，中国城市规划设计研究院 2001 年度工作总结大会在北京召开。建设部副部长仇保兴，建设部前副部长储传亨、周干峙、赵宝江，部总规划师陈晓丽出席会议并讲话。到会部领导对中规院去年的工作给予了高度评价，并为其下一步工作指出了努力方向。仇保兴副部长在讲话中指出，中规院是建设部的主要智囊团，是人才库，是信息中心，也是城市规划决策的技术咨询机构。中规院要进一步围绕建设部的中心工作，加快自身发展。要着眼未来的挑战，培养核心竞争力，即提高和发展自己独特的、可以系列化延伸的、可持续的、别人无法模仿和跟进的竞争力。中规院要成为城市规划学科的研究中心、国际交流合作中心，成为城市规划新模式的创造中心，成为城市规划人才集聚、培训、研习、交流的中心。

4日，中国城市规划设计研究院负责编制的《广汉市旅游发展总体规划暨三星堆古蜀文化旅游区规划》成果顺利通过专家评审。此次评审会在成都召开。

7日，经国务院原则同意，建设部以建规函〔2002〕29号文，对《江苏省城镇体系规划（2001—2020年）》作出批复。

7日，经国务院审查同意，建设部行文批复了《贵州省城镇体系规划（2001—2020）》。

三月

11日，建设部组织有关单位对《城市居住区规划设计规范》局部修订的条文进行了共同审查，并发布了局部修订公告。局部修订工作由中国城市规划设计研究院会同有关单位完成。修订后的规范于2002年4月1日起实施。

12日，全国历史文化名城保护专家委员会第二届四次会议在北京召开。会议由周干峙主任委员主持。建设部城乡规划司和国家文物局文物保护司的领导参加了会议。

22～23日，由中国社会科学院环境与发展研究中心及文化研究中心共同主办的"文化遗产保护与经营研讨会"在北京举行。会议议题有"文化遗产科学"、"遗址与名城保护"、"博物馆学"、"文化遗产与旅游"等。

28日，《北京奥运行动规划》在京正式公布。该规划强调，为举办奥运会进行的大规模的城市建设，将不会与保护北京古都历史风貌发生矛盾。北京将为2008年奥运会提供一流的城市交通环境。

29日，经国务院原则同意，建设部对《福建省域城镇体系规划（2001—2010）》作出批复。

四月

3日，国务院发文批复了《鞍山市城市总体规划（2001—2010）》。

8日，针对皖、赣、鄂、湘四省移民建镇工作中存在的问题，建设部发出了《关于进一步加强移民建镇规划提高工程质量的通知》。《通知》要求确保移民建镇的规划科学合理和顺利实施。移民建镇的规划要依据国家现行的有关规范和标准编制。各地要对将要实施和正在编制的规划进行一次全面检查，包括规划选址、布点的科学性、水源点选择与道路交通的组织、耕作半径与移民生计问题的解决、土地的转换、地形与地质勘探等，既要因地制宜，又要保证规划的科学性。移民建镇规划一定要按程序进行审批，并严格按照批准的规划实施，不能擅自变更规划。

11 ~ 12 日，新疆维吾尔自治区人民政府召开全区城市规划工作座谈会，专题研究加强城市规划工作的有关问题。自治区主席阿不来提·阿布都热西提在座谈会上作了重要讲话。他强调：在新形势下，各级人民政府要把工作的重点从抓具体的经济项目转移到加强和改进城市规划、建设和管理上来。要从社会经济发展的全局出发，高度重视城市规划工作，加强对城市规划工作的领导。城市建设必须坚持"规划一张图、审批一支笔、建设一盘棋"的原则，先规划后建设，要把保护环境资源和公共利益放在突出位置，防止城市建设大发展中的短期行为。

17 日，由国家开发银行、中国城市科学研究会、经济日报社联合主办的"城镇化战略与城建融资体制研讨会"在北京召开。建设部副部长傅雯娟在会上发言指出，城市建设要注重发挥投资效益和使用效益，商品住宅的开发建设要适应市场的效益，避免形成新的房地产过热。城市基础设施建设投资额大，回收周期长，应科学规划，精心设计，量力而行，讲求实效。中国城市科学研究会理事长周干峙在谈到城市建设资金运用时说，城建资金要在原有的多渠道筹集政策基础上进一步发展，但多渠道并不是越多越好，关键是要有保证，可以连续地运转。

19 ~ 20 日，中国城市科学研究会与上海市发展信息研究中心共同举办了吴良镛先生学术思想专题论坛——人居环境与城市景观研讨会。该年 5 月 7 日，是我国著名建筑学家、城市规划学家、两院院士吴良镛先生的 80 寿辰。建设部部长汪光焘、全国人大环境与资源保护委员会副主任委员叶如棠、中国城科会理事长周干峙出席了会议并作了讲话，中国城科会副理事长赵宝江主持了会议。汪光焘在简短的讲话中对吴良镛的广义建筑学作了高度评价，他认为此次论坛对我国城市人居环境的建设将起到积极的指导和推动作用。周干峙认为在吴良镛的众多著作中，《广义建筑学》和《人居环境科学导论》最具代表性，两书奠定了人居环境大学科的学术思想基础，具有重要意义。

19 ~ 23 日，受建设部城乡规划司委托，中国城市规划协会主办，上海城市规划设计研究院协办的历史文化名城保护工作专项培训班在上海举行。该培训班的主要目的是为了使以后三年可能接受国家历史文化名城保护专项资金补助的市县有关人员正确了解历史街区保护的原则、方法，正确使用好保护资金。

25 日，文化部、国家文物局、国家计委、财政部、教育部、建设部、国土资源部、国家环保总局、国家林业局等九部门联合发出《关于加强和改善世界遗产保护管理工作的意见》。《意见》强调对于我国拥有的世界遗产的一切开发、利用和管理工作，都必须首先把遗产的保护和保存放在第一位，都应以遗产的保护和保存为前提，以有利于遗产的保护和保存为根本，各地各部门要明确责任，各司其职，全方位做好世界遗产的保护管理工作。

27～28日，中国城市规划学会和香港规划师学会联合主办的"WTO与中国城市发展研讨会"在深圳召开。内地和香港的200余位规划界人士与会，会议对WTO与中国城市发展、WTO与中国城市规划、规划师及规划设计市场等问题进行了深入探讨。建设部副部长仇保兴在贺信中说，中国加入世界贸易组织，给我国的城市发展和城市规划行业带来了新的机遇和挑战。如何根据各个城市的优点，做好城市的规划、建设和管理工作，是摆在全国每一位市长和全体市民面前的任务。同时，我国城市规划行业迫切需要加强理论建设和对一些现实问题的研究，以适应国内经济社会发展和国际竞争的需要。建设部总规划师陈晓丽以"WTO与中国的城市规划"为题，探讨了加入世贸组织对我国城市规划工作的影响，提出了相应的对策。陈晓丽认为，加入世贸组织对我国城市规划工作的影响至少有几个方面：一、对城市规划设计市场的影响：1.规划设计队伍多元化。规划设计单位将会由单一的国内事业单位逐渐发展为事业单位与私营企业、合营（合资）单位及外资企业共存。2.随着竞争的出现和加剧，可能会在一定范围内一定程度上出现规划设计队伍的重组，会涌现出一批通过主动迎接挑战，努力提高自身能力而变得实力强大的规划设计单位，形成品牌效应。二、对城市规划管理的影响：1.对政府城市规划部门来讲，首先需要对开放规划设计市场做出相应的反应，制定相应的市场规则。2.更大、更深也是更重要的是城市规划作为政府职能而受到的影响。三、人才的影响。市场开放后，人才的竞争将更加激烈。四、对规划观念、方法的影响。境外城市规划设计单位和人才的进入不仅将带来市场的竞争，同时也会带来新的规划理念、新的规划方法和新的规划技术，对我们加快规划体制的改革和规划工作的改进提出了更为迫切的要求。陈晓丽提出，当前我们必须做好以下几项工作：一、认真学习世贸组织的有关知识和规则，客观分析自身的状况，研究应对的措施。二、深化改革，建立适应市场经济规律要求的政府管理体制和管理机制。三、完善法律法规，加强法治，坚持依法行政。四、注重人才培养，加快推行注册城市规划师制度。中国城市规划学会副理事长陈为邦认为：首先，我们要深刻理解、全面把握WTO规则的本质特征和具体内容。其次，我们学术界应当为政府入世提供应有的学术支撑。第三，应对入世，我们应当全面地大力提高我国城市规划的质量和水平，提高我们的国际竞争实力。

本月，由上海市城市规划管理局委托上海市高等教育自学考试委员会开展的城市规划专业（独立本科段）自学考试在上海首次开考。

本月，为促进城市规划工作的公开、民主、规范、廉洁，山东省建设厅制定实施了《关于全省城市规划行业推行"阳光规划"的意见》，要求全省城市规划行业对城市规划的各项工作实行"六公示一监督"，推动城市规划由封闭操作向阳光政务转变。

本月，首都规划建设委员会审议通过了北京历史文化名城保护规划和北京商务中心区规划。

五月

1 日，国务院办公厅以国办函［2002］36 号，批复了《邯郸市城市总体规划（2000—2010）》。

9 日，国土资源部颁布《招标拍卖挂牌出让国有土地使用权规定》，规定指出，从 2002 年 7 月 1 日起，全国范围内的商业、旅游、娱乐和商品住宅等各类经营性用地，必须以招标、拍卖或挂牌方式出让土地使用权。

10 日，建设部部长汪光焘出席了第 33 期全国市长研究班开学典礼并讲话。汪光焘在讲话中提出，要高度重视城镇化过程中的城乡规划工作，要注重城乡规划的宏观指导作用，城市规划要兼顾不同地区的特点，要坚持因地制宜、分类指导的原则。

14 ～ 15 日，建设部控制性详细规划座谈会在重庆召开。与会单位代表就控制性详细规划的工作程序，控制的法制化，控规编制的重点、内容、深度，控规的实施以及当前存在的主要问题，广泛而深入地交换了意见。各单位分别介绍了本地控规编制的情况和经验。会议经过深入讨论，对当前控规实践中各地存在的一些普遍性问题达成共识：1.应提高控规的法律地位，增强控规编制成果的严肃性、灵活性和可操作性，作为规划管理的有力支持；2.经济分析作为控规编制的佐证很有必要，但宜与其他因素相结合；3.控规的公众参与是增加规划透明度的重要手段，也是控规发展的必然趋势，是规划编制、管理的重要依据；4.控规的全覆盖非常重要，可为土地批租，招标和规划管理提供依据，但应结合城市发展时序，分阶段完成；5.强调规划时效的重要性，应着重突出指导近期建设，在一定的时期结合具体情况进行调整；6.强调控规与总规、分规及修建性详规的衔接，在控规阶段应突出城市设计意图，突出规定城市土地开发和公共设施配套。7.控规及控规调整应体现管理要求，为管理带来方便，提高效率。

14 ～ 15 日，由南京市规划设计研究院主编的国家标准《城市和村镇老龄设施规划设计规范》开题会暨第一次工作会议在南京市召开。

15 日，为加强城乡规划监督管理，国务院下发《国务院关于加强城乡规划监督管理的通知》（国发［2002］13 号文）。《通知》指出，改革开放以来，我国城乡建设发展很快，城乡面貌发生显著变化。但近年来，在城市规划和建设中出现了一些不容忽视的问题：一些地方不顾当地经济发展水平和实际需要，盲目扩大城市建设规模；在城市建设中互相攀比，急功近利，贪大求洋，搞脱离实际、劳民伤财的所谓"形象工程"、"政绩工程"；对历史文化名城和风景名胜区重开发、轻保护；在建设管理方面违反城乡规划管理有关规定，擅自批准开发建设等。这些问题严重影响了城乡建设的健康发展。城乡规划和建设是社会主义现代化建设的重要组成部分，关系到国民经济持续快速健康发展的全局。为进一步强化城乡规划对城乡建设的引导和调控作用，健全城乡规划建设的监督管理制度，促进城乡建设健康有序发展，提出如下要求：一、端正城乡建设指导思想，明确城乡建设和发展重点。城乡规划建设是一项长期而艰巨的任务，要实事求是，讲求实效，量力而行，逐步推进。当前城市建设的重点，是面向中低收入家庭的住房建设、危旧房改造和城市生活污水、垃圾处理等必要的市政基础设施建设以及文化设施建设，改善人居环境，完善城市综合服务功能。二、大力加强对城乡规划的综合调控。城乡规划是政府指导、调控城乡建设和发展的基本手段。各类专门性规划必须服从城乡规划的统一要求，体现城乡规划的基本原则。区域重大基础设施建设，必须符合省域城镇体系规划确定的布局和原则。市一级规划的行政管理权不得下放，擅自下放的要立即纠正。行政区划调整的城市，应当及时修编城市总体规划和近期建设规划。城市规划由城市人民政府统一组织实施。在城市规划和建设中，要坚持建设项目选址意见审查制度。各类重大项目的选址，都必须依据经批准的省域城镇体系规划和城市总体规划。要严格控制设立各类开发区以及大学城、科技园、度假区等，城市规划区及其边缘地带的各类开发区以及大学城、科技园、度假区等的规划建设，必须纳入城市的统一规划和管理。要发挥规划对资源，特别是对水资源、土地资源的配置作用，注意对环境和生态的保护。三、严格控制建设项目的建设规模和占地规模。坚决纠正贪大浮夸、盲目扩大城市占地规模和建设规模，特别是占用基本农田的不良倾向。特别要严格控制超高层建筑、超大广场和别墅等建设项目，不得超过规定标准建设办公楼。城市建设项目报计划部门审批前，必须首先由规划部门就项目选址提出审查意见；没有规划部门的"建设用地规划许可证"，土地部门不得提供土地；没有规划部门的"建设工程规划许可证"，有关商业银行不得提供建设资金贷款。四、严格执行城乡规划和风景名胜区规划编制和调整程序。规划方案应通过媒体广泛征求专家和群众意见。规划审批前，必须组织论证。审批城乡规划，必须严格执行有关法律、法规规定的程序。总体规划和详细规划，必须明确规定强制性内容。任何单位和个人都不得擅自调整已经批准的城市总体规划和详细规划的强制性内容。各地要高度重视历史文化名城保护工作，抓紧编制保护规划，划定历史文化保护区界线，明确保护规则，并纳入城市总体规划。风景名胜资源是不可再生的国家资源，严禁以任何名义和方式出让或变相出让风景名胜区资源及其景区土地，也不得在风景名胜区内设立各类开发区、度假区等。要按照"严格保护、统一管理、合理开发、永续利用"的原则，认真组织编制风景名胜区规划，并严格按规划实施。五、健全机构，加强培训，明确责任。各级人民政府要健全城乡规划管理机构，把城乡规划编制和管理经费纳入公共财政预算，切实予以保证。设区城市的市辖区原则上不设区级规划管理机构，如确有必要，可由市级规划部门在市辖区设置派出机构。要加强城乡规划知识培训工作，重点是教育广大干部，特别是领导干部要增强城市规划意识，依法行政。全国设市城市市长和分管城市建设工作的副市长，都应当分期、分批参加中组部、建设部和中国科协举办的市长研究班、专题班培训。城乡规划工作是各级人民政府的重要职责。市长、县长要对城乡规划的实施负行政领导责任。对于地方人民政府及有关行政主管部门违反规定调整规划、违反规划批准使用土地和项目建设的行政行为，除应予以纠正外，还应按照干部管理权限和有关规定对直接责任人给予行政处分。对于造成严重损失和不良影响的，除追究直接责任人责任外，还应追究有关领导的责任，必要时可给予负有责任的主管领导撤职以下行政处分；触犯刑律的，依法移交司法机关查处。六、加强城乡规划管理监督检查。要加强和完善城乡规划的法制建设，建立和完善城乡规划管理监督制度，形成完善的行政检查、行政纠正和行政责任追究机制，强化对城乡规划实施情况的督查工作。

17 日，国务院下发关于发布第四批国家重点风景名胜区名单的通知，审定北京石花洞风景名胜区等第四批国家重点风景名胜区共 32 处。

19 ～ 21 日，国家标准《历史文化名城保护规划规范》（送审稿）审查会在北京召开。

20 日，重庆主城区山水园林城市规划在重庆市政府常务会议上通过。规划的范围为 2600km^2，绿地布局以"两山为屏障，南北浅围"为主要绿地背景，具体以主城区的 89 个大小公园、街心绿地为重点，并以嘉陵江、长江沿岸滨河绿地为纽带，大量建绿、扩绿，使之成为城市绿色的园林环带；以山脊和溪河绿化为绿楔，形成环、带、楔、点相连的园林绿色体系，通过显山露水，突出重庆的山城、江城特征。

29 日，建设部发布第 47 号公告，公布了甲级城市规划编制单位资质核定结果：中国城市规划设计研究院等 101 家城市规划编制单位经核定审查合格，予以换证；中国对外建设总公司城市规划设计院等 8 家单位限期整改；另有 5 家单位被认为核定不合格，不予换证。

29日，国务院以国函［2002］42号文件对新疆维吾尔自治区人民政府关于乌鲁木齐市城市总体规划报批的请示作出批复。

六月

7～8日，由中国四维测绘技术总公司、中国城市规划学会新技术应用学术委员会和韩国亚洲空间影像公司联合组织的中韩高分辨率卫星遥感应用研讨会在韩国首尔现代汽车集团总部大楼举行，参加研讨会的中韩专家及技术人员共30多人，其中来自中国的有16人。中韩两国专家和技术人员围绕高分辨率卫星遥感影像的应用进行了交流和讨论。

15～16日，"全国城市规划信息建库技术与管理研讨会"在江苏省江阴市举行，与会代表就城市规划信息建库所涉及的技术方法、管理措施、规范标准制定、政策法规建设等方面进行了广泛而深入的探讨和交流。

19～21日，建设部城乡规划司和中国城市规划协会在北京联合召开了全国甲级城市规划设计院院长工作会议暨中国城市规划协会规划设计专业委员会年会，一百多位甲级院院长到会。中国城市规划协会理事长赵宝江、建设部城乡规划司副司长李兵弟、中国城市规划协会常务副理事长邹时萌、秘书长王燕出席了会议。赵宝江主持会议并作了重要讲话。李兵弟在会上作了"当前城市规划工作形势"的报告。赵宝江针对当前城市规划设计行业普遍遇到的体制改革、加入WTO后的人才竞争、设计收费、规划设计质量等问题提出五点要求：1.要组织职工认真学习、贯彻、落实国务院13号文件，进一步端正规划设计的指导思想。2.加强自身建设，依照建设部颁发的甲级院标准，加强技术队伍的素质建设，更新技术手段，提高技术水平，多出优秀作品。3.注重提高规划设计质量，规划设计要加强原则性、科学性和可操作性。4.加快规划院的体制改革，调动广大基层干部的创造性、积极性，处理好与政府、与甲方的关系。5.加强行业内的协调和自律。

24日，建设部经国务院同意，对黑龙江省报送的《黑龙江省城镇体系规划（2001—2020）》作出批复。

24日，国家旅游局发布公告称，中国城市规划设计研究院、中国科学院地理科学与资源研究所等9家规划设计单位成为首批甲级旅游规划设计单位。

26～27日，建设部标准定额司委托部标准定额研究所组织编制的《城乡规划、城镇建设、房屋建筑工程技术标准体系》（草案）专家论证会在北京召开。

25～27日，国家标准《城市公共设施规划规范》开题会暨第一次工作会议在天津召开。

本月，广州市荣获 2002 年联合国改善人居环境最佳范例（迪拜）奖。广州市的申报项目为"广州城市环境综合整治五年行动"。

本月，长沙市生态示范市建设规划通过了专家评审。2001 年 8 月，长沙市在制定新的中长期发展战略时，明确提出建设全国生态示范市，得到国家环保总局的支持和批准，成为全国省会城市中第一个"全国生态示范市"建设试点城市。

七月

1 日，《行政区域界线管理条例》施行。我国省县行政区域界线已全部勘定。条例的公布施行是为了巩固行政区域界线勘定成果，加强行政区域界线管理，维护行政区域界线附近城区稳定。

2 日，建设部印发《建设系统"三下乡、五服务"工作方案》。为了贯彻落实 2002 年中央 2 号文件和经济工作会议精神，推进建设系统两个文明建设，建设部党组决定，在全国建设系统开展实施科技、规划、设计三方面下乡和为农民建房、修路、改水、改厕、改善人居环境等五方面服务的活动（简称"三下乡、五服务"）。目的在于进一步提高建设系统对农业、农村、农民工作的关注和支持，推进农村城市化和村镇建设健康发展，建设社会主义文明村镇，推动全国建设系统精神文明建设的发展。

11 日，建设部公布了《建设领域违法违规行为举报管理办法》，自 2002 年 8 月 1 日起施行。

14 日，国务院以国函［2002］61 号文，批复了《黄河近期重点治理开发规划》。

17 日，应西藏自治区建设厅和拉萨市人民政府的请求，建设部在北京组织召开了有城市规划、历史文化名城保护、文物保护专家参加的拉萨市老城区危房改造工程专家论证会。与会专家听取了拉萨市老城区危房改造工程今年计划进行的 31 处院落的设计方案介绍，提出了一些建议和意见。根据国务院的有关规定，结合专家们提出的意见，建设部对拉萨市老城区危房改造提出如下意见：一、拉萨市老城区是历史文化名城的精华所在，对其建筑的改造必须建立在对原风貌保护的基础上，建筑形式与外观应充分考虑尊重历史状况，有进有退，高低错落，防止千篇一律。二、原则同意今年计划内 31 处院落改造工程继续进行。但鉴于拉萨市提出的改造设计方案与总体规划提出的要求不完全相符，必须按照要求对 31 处院落改造工程设计方案进行修改，严格按修改后的方案实施。三、老城区危房改造工程必须严格按照《城市规划法》的规定，办理法定规划许可手续，并按国务院国发［2002］13 号文件的要求，报建设部备案。四、拉萨市目前尚未编制历史文化名城保护规划和历史文化保护区详细规划。建议拉萨市人民政府加强对规划编制组织的领导。建设部将就此事向国务院专题报告，并从技术上给予必要协助。

25 日，建设部、文化部发出《关于进一步做好基层公共文化设施规划和建设工作的通知》。《通知》提出：一、进一步提高对基层公共文化建设重要性的认识，加强基层公共文化设施规划和建设工作的领导。二、认真做好基层公共文化设施的规划与建设。三、加强城市居民住宅区的配套公共文化设施建设。四、保证公共文化设施的用地并严格管理。五、合理安排公共文化设施的布局。六、搞好文化设施的设计工作。七、严格市场准入，确保公共文化设施建设的质量。

31 日，第十三届东北三省城市规划学术交流会在牡丹江市召开。

本月，西北地区城乡规划交流会召开。来自西北五省（区）以及内蒙古自治区的近百位主管城乡规划的领导和专家就城乡规划编制和管理改革等方面问题进行了交流和探讨。

本月，由中国城市规划学会、全国市长培训中心主编的《城市规划读本》正式出版，这是我国正式出版的第一本针对领导干部的知识性读物。

八月

1 日，《新疆维吾尔自治区历史文化名城街区建筑保护条例》施行。《条例》作为制度性措施，详细规定了文物古迹的主管部门的职责、管理原则和奖励方法以及违反该条例的主管部门和个人应承担的法律责任。

2 日，建设部、中央编办、国家计委、财政部、监察部、国土资源部、文化部、国家旅游局、国家文物局联合下发《关于贯彻落实〈国务院关于加强城乡规划监督管理的通知〉的通知》，就贯彻落实国务院 13 号文件精神要着重抓好的十二项工作作出部署。

2 日，由北京市城市规划设计研究院编制的《北京皇城保护规划》，在京通过了专家论证。北京明清古城共有四重城，中心是紫禁城，往外是皇城，然后是内城、外城。环绕紫禁城的皇城位处北京古城中央，东起东皇城根，西至西皇城根，南至天安门红墙一线，北至今平安大街。举世瞩目的天安门城楼，就是皇城的南门。皇城内除紫禁城、北海、中南海外，还包括太庙、社稷坛、景山等著名建筑。皇城面积约 6.8km^2。在皇城范围内，集中了各个类型民族建筑的精华，体现了鲜明的规划理念和功能布局，而且现状保存基本完好，弥足珍贵。专家们经过认真讨论，认为《北京皇城保护规划》的编制指导思想明确，调查深入，分类详细，内容全面具体，规划措施比较得力，是一个很好的保护规划。

5 日，北京市人民政府下发《关于印发本市新建改建居住区公共服务设施配套建设指标的通知》，自 2002 年 9 月 1 日起施行。

12 ~ 13 日，全国城乡规划工作会议在北京召开。这次会议的主题是研究如何贯彻落实《国务院关于加强城乡规划监督管理的通知》，交流加强城乡规划管理的先进做法和经验，讨论修改建设部拟订的贯彻落实国务院通知的相关文件。建设部副部长仇保兴在会上作了题为"狠抓落实，强化城乡规划的调控和监督"的讲话，讲话分析了城市规划发展的趋势，阐述了贯彻落实国务院通知精神的工作重点。建设部总规划师陈晓丽作会议总结，原建设部副部长、中国城市规划协会会长赵宝江出席了会议。会议分组讨论了建设部拟订的《省域城镇体系规划的编制与实施》、《近期建设规划的编制要求》、《规划强制性内容的编制要求》、《城市规划实施行政监督办法》、《小城镇建设工作方案》、《名镇评选方案》等 6 个文件。浙江、江苏、安徽、广东、湖南、广州、上海、青岛的代表在大会上作了经验交流发言。仇保兴指出，我们只有充分认识到城镇化的大背景和城镇化的功能、作用，把握城乡规划工作面临的形势和任务以及城市规划本身变革的趋势，才能真正充分领会《通知》的精神。规划变革的趋势主要表现在以下六个方面：一是城市规划的功能从限制大城市的扩张转向引导、调控和促进大、中、小各类城市协调健康发展。二是规划编制和实施的重点从确定开发建设项目转向各类资源保护利用和空间管制。三是规划调控目标从明确城市性质、规模和功能定位转向控制合理的环境容量和科学的建设标准。四是规划调控和管理的范围要从局限于城市规划区之内甚至是建成区范围转向城乡一体化协调发展。五是规划编制、审批和调整的过程要从行政手段为主转向依法治理、社会监督、全民参与。六是规划的实施机制要从政府为主导转向利用市场机制、调动各类经济主体建设、管理和发展城市的积极性。仇保兴强调，贯彻落实好国务院《通知》和九部委联合下发的204 号文件（建规〔2002〕204），有八个方面要认真加以把握：一、认真学习《通知》，带头严格执行政策。二、结合本地实际，制定好贯彻落实《通知》的地方性政策。三、抓紧做好近期建设规划和其他各类规划的修编工作。四、加快建立对违法违规建设的监督检查和反馈处理制度。五、健全各级规划机构设置和落实经费。要重点检查规划管理权下放的纠正情况。六、要进一步完善正常性建设项目的审批程序，提高办事效率。七、全面提高"两证一书"的覆盖面。八、积极探索，大胆创新，改革规划编制管理体制。

14 日，建设部发出通知，要求立即制止在风景名胜区开山采石，加强风景名胜区的保护。

20 ~ 23 日，第五届国际生态城市大会在深圳召开，会议发布了《生态城市建设的深圳宣言》。

26 日，建设部、国家计委、财政部、国土资源部、中国人民银行和国家税务总局联合发出《关于加强房地产市场宏观调控促进房地产市场健康发展的若干意见》。《意见》提出，要充分发挥城市规划对房地产开发的调控和引导作用。所有列入建设用地范围的土地，必须严格按照城市规划的要求进行建设。市、县人民政府城市规划主管部门要及时将近期拟开发建设区块的规划条件向社会公开，接受社会监督。未按规划要求完成配套设施建设的住房，不得交付使用；商业银行不得提供个人住房贷款。

26 日，全国城乡规划和风景名胜区保护工作电视电话会议召开。建设部部长汪光焘在会上讲话，要求各地区各部门要从实践"三个代表"重要思想的高度和国民经济与社会发展的全局出发，认真领会《国务院关于加强城乡规划监督管理的通知》的精神实质，充分认识其重大意义，增加紧迫感和责任感，采取有效措施，确保《通知》部署的各项工作落到实处。

29 日，建设部印发了《近期建设规划工作暂行办法》和《城市规划强制性内容暂行规定》。

29 日，第九届全国人民代表大会常务委员会第二十九次会议修订通过《中华人民共和国测绘法》，自 2002 年 12 月 1 日起施行。

下旬，西部地区城市园林绿化工作座谈会在新疆石河子市召开，仇保兴副部长在会上指出，必须从提高城市的竞争力，加快西部大开发的角度来认识城市绿化工作。

本月，第二届海峡两岸当代城市建筑发展研讨会暨海峡两岸青年建筑师研习营在泉州举行。研讨会由泉州市与东南大学共同主办，与会者就海峡两岸乡土建筑文化的保护、建筑与城市规划的地域特征等问题进行了探讨。

九月

7 ~ 12 日，国际住房与规划联合会第 46 届世界大会在天津举行，会议主题为"21 世纪的城市发展"。来自 45 个国家的近 600 位城市规划、城市经济、城市建设和房地产业领域的专家学者和政府官员及 400 余名世界各国大学生代表出席了会议。

12 ~ 13 日，全国城市房屋拆迁工作座谈会在北京举行。建设部副部长刘志峰讲话要求要充分认识做好拆迁工作对于促进经济发展、维护社会稳定的重要意义，增强紧迫感和责任感。城市房屋拆迁涉及老百姓切身利益，是影响社会稳定的重要因素。据建设部信访办统计，投诉、上访暴露的问题集中反映在长官意志强，法律意识薄，形象工程多，财政能力弱等方面。城市规划调整随意，造成大量不必要的拆迁，是主要问题之一。有的城市换一届政府，调整一次规划，刚刚竣工不久的房屋被列入拆迁范围，甚至有的房屋还处于在建过程中就又面临拆迁，对此，被拆迁人很难接受，意见很大。有些地方甚至出现了被拆迁人集体抵制的现象。还有一些城市在推进城市化进程中，不切实际地加快城市基础设施建设，超越经济承受能力，建设劳民伤财的形象工程，降低补偿标准，侵害被拆迁人的合法权益，导致上访不断，甚至出现大规模的群体上访事件。刘志峰在讲话中还提出，要加快低价位住房建设，满足被拆迁居民的住房需求。

13 日，建设部以第 112 号部令颁布了《城市绿线管理办法》，2002 年 11 月 1 日起施行。

18 日，经建设部原则同意，北京市委市政府向社会公布了编制完成的《北京历史文化名城保护规划》。

25 日，全国风景名胜区保护工作会议在湖南张家界市召开。建设部部长汪光焘在会上强调发挥风景名胜区的优势，发展旅游事业，带动当地人民致富，保护好风景名胜资源，实现经济和社会可持续发展。全社会对风景名胜区的关注程度越来越高，同时，在风景名胜区事业发展的过程中，风景名胜区城市化、人工化、商业化问题也比较突出。汪光焘重点阐述了风景名胜区发展中的 6 个认识问题：一是决策与决策机制问题。要处理好近期与长远的关系，决策要有制度保证，要有一个约束机制。二是要科学有效地编制规划。规划应突出稳定性、长期性、强制性，并按规划做好相互关系的衔接。三是做好干部培训，提高干部素质。四是风景区的经营利益关系问题。要根据市场经济的规律研究风景名胜区保护与发展的关系，旅游发展是利用风景名胜资源，保护资源永远是第一位的，经营活动要注意保护。五是政府职能问题。风景名胜区管理机构要定位，要明确管理范围、层面、内容。六是要依法管理，强化对资源的监督管理，要充分利用现代化管理手段。会议宣读了国务院审定命名的第四批国家重点风景名胜区名单，并向其单位颁发了标牌。

26 日，国内首家规划设计有形市场在青岛正式挂牌运行，实现了规划设计招标"一站式"服务，为规划、建筑设计单位提供公开、公平、公正的竞争平台。

本月，建设部公布 2001 年度部级优秀勘察设计评选结果。81 个项目获得优秀城市规划设计奖，20 个项目获得了优秀村镇规划设计奖。优秀城市规划设计 81 项，其中一等奖 9 项，二等奖 27 项，三等奖 45 项；优秀村镇规划设计 20 项，其中一等奖空缺，二等奖 7 项，三等奖 13 项。广东奥林匹克中心详细规划（广州市城市规划勘测设计研究院）、江苏省城镇体系规划（江苏省建设厅、江苏省城乡规划设计研究院）、琶洲地区控制性详细规划（广州市城市规划自动化中心）、上海市城市总体规划（上海市城市规划管理局、上海市城市规划设计研究院）、江汉大学新校修建性详细规划（武汉市建筑设计院）、重庆磁器口历史街区保护规划设计（重庆大学城市规划与设计研究院）、荆门市竹皮河综合整治规划（荆门市规划勘测设计研究院）、嘉兴市城市中心区城市设计（中国城市规划设计研究院）、北京25片历史文化保护区保护规划（景区八片）（中国城市规划设计研究院）等获得一等奖。

十月

1～4日，城市规划国际研讨会在北京召开。建设部副部长仇保兴提出，要充分关注并尽快解决我国在城市化进程中出现的规划失效、历史文化遗址遭破坏及污染等问题。

10日，建设部部长汪光焘出席第34期市长研究班开学典礼并讲话。汪光焘在讲话中说，市长们要认清自己所肩负的历史责任。城市市长面临着建设好城市、管理好城市的重大的历史责任。为此，城市市长首先要科学决策。城市规划一旦失误，短期内难以纠正，所以决策的科学性是市长面临的关键问题。其次要依法管理。依法不仅要遵守国家的法律、行政法规，也要遵守技术标准和规范。总之，要依靠科学的规划、科学的标准、国家的法律来建设管理城市。

16日，建设部制定并印发了《城市绿地系统规划编制纲要（试行）》。

17日，北京市人大常委会通过了《北京市公园条例》，2003年1月1日起施行。

19日，英国规划大师彼得·霍尔爵士（Sir Peter Hall）在清华大学发表演讲，纵论全球化背景下的城市发展模式。报告会由两院院士吴良镛教授主持。霍尔爵士认为世界城市可以分为三种类型，不同的类型有不同的问题。第一种类型的城市为面对世界发展潮流没有根本的政策改变，政府的作用偏离发展趋势。这样的城市会有如下表现：城市非常规高速增长（中东、拉美主要靠资源）；人口快速增长，经济依靠非主流产业；贫穷扩展，市区出现大量非正规的房屋，拥挤、破旧；主要问题是在环境、公众健康、基础设施等方面，政府管理和干预比较困难。第二种类型的城市为经济持续快速增长（中国属于这一类）。人口增长率降低，前景是老龄化。经济快速增长的同时，又面临新的挑战。有利的方面有：人口自然增长趋缓，需要更多的劳动人口；城市可以吸收大量外资和有竞争力的劳动力；经济增长刺激国内市场。但是也面临来自低成本国家和地区的竞争，尤其是廉价劳动力的竞争，这时就要掌握国际的标准，在贸易方面推出高技术的产品，尤其是先进的服务理念和产品。以新加坡为例，其发展阶段是农业—初级工业品—高级工业品—服务业。香港的发展阶段：制造业（后来多数转移到珠江三角洲地区）—服务业。第三种类型的城市可被称为成熟城市，北美、欧洲、日本、澳大利亚等国家和地区的城市属于这一类型。这类城市人口稳定并减少，经济增长缓慢。霍尔爵士指出，巨型城市地区（The Mega-City Region）将是一种新的城市形态，而高质量的城市生活将是人们普遍追求的目标。吴良镛院士用"博大精深"四个字高度评价了霍尔爵士的演讲。

28 日，第九届全国人民代表大会常务委员会第三十次会议通过《中华人民共和国环境影响评价法》，自 2003 年 9 月 1 日起施行。该法共有 5 章 38 条，规定了对各种发展规划和建设项目进行环境影响评价的内容、程序以及相应的法律责任。

30 ~ 31 日，北京旧城的未来、保护与发展研讨会在北京清华大学举行。来自联合国教科文组织、法国、德国、美国、马来西亚等国家与国际组织的专家学者与中国同行 200 多人，共同探讨了北京的保护与发展问题。

31 日，建设部、民政部、全国老龄工作委员会办公室、中国残疾人联合会联合召开了"全国无障碍设施建设工作电视电话会议"。

31 日，第三届大城市防震减灾国际研讨会在上海举行，研讨会的主题是"降低易损性——增强世界大城市可持续发展的能力"。

本月，南水北调总体规划获党中央国务院原则通过，东线和中线工程将获优先实施。

十一月

1 日，国务院办公厅以国办函〔2002〕87 号文，批准洛阳市城市总体规划。

6 日，建设部下发《关于加强城市生物多样性保护工作的通知》，要求各地开展生物资源调查，制定和实施生物多样性保护计划，突出重点，做好城市生物多样性保护管理工作。

7 ~ 8 日，第二届中国城市规划协会女规划师委员会第二次年会在上海召开。

8 日，江泽民同志在中国共产党第十六次全国代表大会上所作的报告，提出了全面繁荣农村经济，加快城镇化进程。要加强农业基础地位，推进农业和农村经济结构调整，要逐步提高城镇化水平，坚持大中小城市和小城镇协调发展，走中国特色的城镇化道路。

23 ~ 25 日，"两岸四地城市发展论坛"在杭州市举行。论坛由中国城市科学研究会主办，主题学术报告内容包括城市密集地区的发展、高密集连绵网络状大都市地区、全球化区域化与城市发展、全球网络中的都会区域、改革开放条件下中国大陆的经济区、中国大陆的城市发展战略等。

本月，西藏自治区建设厅、人事厅在拉萨举办了全区首期城镇规划管理县级领导干部培训班，全区各地、市、县分管城镇规划的局长县长共 80 多人参加了培训。

本月，安徽省建设厅制定了《安徽省城市规划管理岗位合格证书管理办法》。

本月，建设部副部长仇保兴到贵州检查规划工作，在当地以"城市竞争力培育、城市经营与规划调控"为题作了专题讲座。

本月，受赤道几内亚国政府委托，中国城市规划设计研究院承接了赤道几内亚新首都规划设计任务。这是该院在国外开展的首个有相当规模的规划设计项目。

本月，由中国城市规划设计研究院和建设部城乡规划司总主编的大型丛书《城市规划资料集》第四分册"控制性详细规划"率先出版，该丛书共 11 分册，截至 2008 年 4 月全部正式出版。

本月，为规范城市建筑色彩建设与管理，提升城市形象，提高城市文化品位，武汉市规划局组织开展武汉城市建筑基本色调研究工作。

十二月

3 日，国务院办公厅以国办函 [2002] 94 号文批准《丹东市城市总体规划（2001—2020）》。

3 日，上海市获得 2010 年世博会举办权，这是发展中国家首次获得世博会承办权。世博会是展示世界各国社会、经济、文化、科技成就和发展前景的大型舞台，被誉为"经济、科技、文化领域内的奥林匹克盛会"。世博会园区建设启动。

3～4 日，建设部在武汉召开了城市总体规划工作座谈会（华中、华东片区），上海、江苏、湖北等 10 个省市建设厅（规划局），37 个城市的规划局负责人参加了会议。建设部城乡规划司孙安军副司长和规划处负责人出席会议。会上，与会代表就本省、市上一轮城市总体规划编制审批情况作了回顾，对城市总体规划的实施情况进行了总结，对新形势下总体规划实施过程中出现和面临的问题进行了交流和探讨。与会代表认为，上一轮城市总体规划总体上有效地指导了城市建设，为促进城市经济社会发展发挥了积极作用。但是由于经济社会快速发展和受规划编制历史条件等因素影响，也出现了一些问题，如城市规模突破、城市建设用地不足、规划面临频繁调整的压力等。针对这些问题，他们对下一轮总体规划修编工作及城市规划管理工作提出了意见和建议。建设部城乡规划司副司长孙安军在会上讲了以下几点意见：一是要坚持解放思想，实事求是，与时俱进，积极探索适应全面建设小康社会的规划工作机制。他说，建设部正在积极研究建立一系列管理制度，如土地招标拍卖的规划管理规定、城乡规划技术责任追究制度、规划督察员制度等。二是要科学制定城市总体规划，严格实施经国务院批复的城市总体规划，保持其严肃性和权威性。各地开展的发展战略规划研究的内容要纳入法定层次的规划，不能以战略规划取代法定规划。三是要明确城市总体规划的强制性内容。四是要规范城市总体规划的修编和调整程序。

5 日，公安部和建设部联合发出《关于进一步加强小城镇消防规划建设工作的通知》。

7 ~ 9 日，中国城市规划学会 2002 年年会在福建省厦门市召开。会议以"高速城镇化进程中的规划建设问题"为主题。建设部副部长仇保兴在给大会的贺信中指出，认清我们所处的时代特征，与时俱进，开拓创新，建立健全适应社会主义市场经济发展需要的城市规划理论体系，强化城乡规划的综合调控，实现城市的可持续发展，是从事城市规划工作的全体人员的历史任务。吴良镛、周干峙、邹德慈、王静霞、陈秉钊、李晓江、何兴华、王富海、谢扬等专家学者及政府官员，在全体大会上分别作了题为"城市地区理论与中国沿海城市密集地区发展研究"、"贯彻十六大精神，推进城镇化健康发展"、"论城市规划的科学性"、"团结奋进　勇于创新——探索具有中国特色的城市规划理论与实践"、"从远景规划到概念规划"、"关于城市空间发展战略研究的思考"、"论城镇体系规划的三个层面——因地制宜编制浙江城镇体系规划"、"城市规划管理的困境与出路"、"调整总体规划的焦距，建立以近期规划为核心的新操作体系"、"中国城镇化战略发展研究"的学术报告。

9 日，建设部致函湖南省建设厅，就落实国务院领导对凤凰古城保护工作所作批示的精神，切实加强对凤凰古城保护整治工作的监督，提出了三项要求：一、凤凰县人民政府要认真处理好保护与发展的关系，做好历史文化名城保护工作。要特别注意保护好凤凰古城，充分借鉴平遥古城保护的经验，下决心逐步做好古城保护范围内用地功能的调整。二、要切实加强凤凰古城保护范围内文物古迹保护的管理工作，防止任何形式的破坏。古城保护范围内的建设，必须与古城风貌保持协调，坚决制止在古城保护范围内进行一切与古城保护规划不符的建设。在古城核心区范围内新、扩建建设项目，应当报省建设厅审查，并报建设部备案。三、要充分用好国家专项补助资金，按照《凤凰历史文化名城保护规划》，抓紧对古城核心区的整治工作。省建设厅应当对该项资金的使用进行监督。凤凰古城2002 年经国务院批准，成为第 101 个国家级历史文化名城。

11 日，中国城市规划协会主办的 2001 年度全国优秀城市规划设计颁奖大会暨优秀城市规划设计经验交流会在上海召开。

20 日，全国文物工作会议在京召开。

21 ~ 22 日，中国城市规划学会区域规划与城市经济学术委员会在广东省东莞市虎门镇组织召开了"城市化与行政区划"学术研讨会，来自全国 10 个省市的科研、规划、管理部门的 60 余位代表参加了会议。中国城市规划学会副理事长、中国科学院地理所研究员胡序威先生代表中国城市规划学会向研讨会的召开表示祝贺并作了关于城镇化的主旨发言。中国行政区划研究中心副主任、华东师范大学教授刘君德先生就"中国城市型政区改革的基本思路"发表了自己的见解。东莞市虎门镇钟淦泉书记结合虎门镇实际情况作了题为"是什么在阻碍城市化进程"的发言。与会人士畅所欲言，就中国经济体制改革转型时期出现的行政区经济现象从各个方面阐述了自己的见解和建议。北京大学周一星教授作了总结发言，提出了三个建议：一是尽快建立并明确"城镇地域"的概念及范围，以便动态地考察城镇化变动情况；二是应重新审视中国的行政区划体制；三是要加快政治体制改革，淡化城镇等级制度，按城市的实际情况管理城市。

26 日，建设部下发《关于加强国有土地使用权出让规划管理工作的通知》。随着土地有偿使用制度改革的深入，国家相继实行了国有土地使用权出让制度、土地收购储备制度、经营性土地使用权招标拍卖和挂牌出让制度，土地供给的市场化程度日益提高。土地供给方式发生的深刻变化，对城乡规划管理工作提出了新的更高的要求。为适应土地使用制度改革的需要，切实加强和改进国有土地使用权出让的规划管理，《通知》要求：一、充分认识实施土地收购储备制度、经营性土地招标拍卖和挂牌出让制度的重要意义；二、切实加强对土地收购储备、国有土地使用权出让的综合调控和指导。要充分发挥城乡规划的综合调控作用，加强对土地收购储备、国有土地使用权出让的综合调控和指导。城市规划行政主管部门要根据城市发展建设的需要和城市近期建设规划，就近期建设用地位置与数量及时向城市政府提出土地的收购储备建议。要依据城市总体规划加快编制控制性详细规划，提高控制性详细规划的覆盖率，以适应土地供给市场化情况下的规划管理工作的需要。三、严格规范土地收购、国有土地使用权出让规划管理程序。城市规划行政主管部门应当对拟收购土地进行规划审查，出具拟收购土地的选址意见书。国有土地使用权出让前，出让地块必须具备由城市规划行政主管部门依据控制性详细规划出具的拟出让地块的规划设计条件和附图。国有土地使用权招标拍卖和挂牌时，必须准确标明出让地块的规划设计条件。没有城市规划行政主管部门出具的规划设计条件，国有土地使用权不得出让。四、切实加强已出让使用权土地使用监督管理。

本年度出版的城市规划类相关著作主要有：《小城镇规划标准研究》（中国城市规划设计研究院编著）、《城市规划相关知识》（全国城市规划执业制度管理委员会编）、《城市规划读本》（中国城市规划学会、全国市长培训中心编著）、《城市规划原理》（全国城市规划执业制度管理委员会编）、《城市规划实务》（全国城市规划执业制度管理委员会编）、《城市规划管理与法规》（全国城市规划执业制度管理委员会编）、《城市规划城市发展》（天津市城市科学研究会编）、《生态城市理论与规划设计方法》（黄光宇、陈勇著）、《城市空间理论与空间分析》（黄亚平编著）、《城市闲暇环境研究与设计》（马建业编著）、《城市社会学》（顾朝林编著）、《房屋建筑学与城市规划导论》（陆可人编著）、《城市规划实务》（郝之颖著）、《城市规划导论》（邹德慈主编）、《当代美国城市环境》（边放编著）、《城市规划读本》（谢志平主编）、《城市规划行政与法制》（耿毓修、黄均德主编）、《从蓝色盐田到黄金海岸：城市规划、土地市场与经济发展研究》（袁晓江著）、《奇特新世界：世界著名城市规划与建筑》（[英] 诺曼·穆尔编，李家坤译）、《城市公共空间的系统化建设》（王鹏著）、《城市公共空间环境整治》（王佐著）、《大都市地区快速交通和城镇发展：国际经验和上海的研究》（潘海啸编著）、《中国山水文化与城市规划》（汪德华著）、《城市流通空间研究》（汤宇卿著）、《城市规划资料集·第四分册·控制性详细规划》（中国城市规划设计研究院、建设部城乡规划司总主编，江苏省城市规划研究院分册主编）、《城市设计运行机制》（扈万泰著）、《环境心理学：环境、知觉和行为》（徐磊青、杨公侠编著）、《城市规划相关知识》（张文奇著）、《中国城市发展与建设史》（庄林德、张京祥编著）、《城市形象设计》（吕文强编著）、《大都市郊区住区的组织与发展：以上海为例》（卢为民著）、《城市生态规划理论与方法》（刘贵利著）、《快速干道与城镇体系的区域整合研究》（侯学钢著）、《追求繁荣与舒适：转型期间城市规划、建设与管理的若干策略》（仇保兴著）、《交往与空间》（[丹麦] 盖尔著，何人可译）、《现代国外城市中心商务区研究与规划》（王朝晖等著）、《城市设计新理论》（[美] 亚历山大等著，陈治业、童丽萍译）。

2003 年

一月

1 日，山东省出台了《山东省城市设计指引（试行）》，对城市设计技术文件的内容、深度，城市设计的编制与审批作出了统一规定。改革开放以来，山东省城市建设取得了前所未有的巨大成就。但是，建设中也存在许多问题：一是城市面貌雷同，缺乏特色；二是在历史文化名城中超强度开发建设，对城市的传统历史风貌造成破坏；三是缺少精心的整体设计。城市设计是对城市体形和空间环境所作的整体构思和安排，其目的在于提高城市的环境质量、城市景观和城市整体形象的艺术水平，创造和谐宜人的生活环境。由于当前各级领导和广大市民越来越关注城市空间环境建设和城市特色建设，山东省的德州、威海、烟台、青岛、临沂等市对城市设计工作已经进行了若干实践和探索。但由于城市设计在我国是一门新兴学科，有关法律、法规尚无具体规定，各地在开展城市设计工作中对城市设计的文件编制的内容和深度看法不一，普遍感到难以下手。因此，制定一部城市设计指引，规范和指导全省的城市设计工作，是非常必要的。1998年11月山东省建设厅开始编制《山东省城市设计指引》，1999年3月完成初稿，于4月至5月向全国10位知名专家进行了书面咨询，2001年11月10日进行了专家咨询论证会议。

3日，建设部主办的"近期建设规划工作研讨会"在广州召开，我国4个直辖市、15个副省级城市及广东省所有地级以上城市规划局局长与会进行了热烈探讨。

20日，四川省人民政府办公厅转发《省公安厅关于推进城市户籍管理制度改革意见》的通知，开始实行居住地登记户口制度。根据新的规定，凡在地级以下城市（含地级市，成都市五城区和高新区除外）有合法固定的住所、稳定的职业或生活来源的人员，均可根据本人意愿办理城市常住户口，与其共同居住生活的直系亲属可以随迁。

24日，国家经贸委发出《关于加强城市商业网点规划工作的通知》。

27日，北京市规划委员会下发关于发布《〈北京市城市规划条例〉行政处罚办法》处罚细则（试行）的通知。《细则》自2003年3月1日起试行。

二月

13日，为加强对外商投资城市规划服务企业从事城市规划服务活动的管理，建设部和对外贸易经济合作部联合制定发布了《外商投资城市规划服务企业管理规定》。该规定自2003年5月1日起施行。规定指出，外商投资城市规划服务企业可以从事除城市总体规划以外的城市规划的编制、咨询活动。

13日，北京市副市长刘敬民在北京市市区（县）两级规划管理体制改革动员会上指出，加强城乡规划的集中统一管理是发挥城乡规划的"龙头"作用，有效指导城市建设的需要，是提高规划编制水平，规范行政管理行为，优化发展环境的需要，也是提高规划管理队伍素质，提升城乡规划管理水平的迫切需要。

18日，国土资源部发出紧急通知，就清理各类园区用地，加强土地供应调控要求如下：一、清理违规设立的各类园区。对违反土地利用总体规划批准设立的园区，必须撤销，并追究批准者的责任。二、严禁违法下放土地审批权。各类园区用地必须纳入当地政府的统一计划，统一供应、统一市场管理。三、严禁任何单位和个人使用农民集体土地进行商品房开发。严禁任何单位、个人与乡村签订协议圈占土地。对于签订这种协议，要求办理用地手续的，要进行认真清理，所签协议一律无效。四、严格控制土地供应总量，特别是住宅和写字楼用地的供应量，优化土地供应布局和结构，防止楼市动荡带来风险。停止别墅类用地的土地供应。五、各级国土资源管理部门要加强土地的统一规划、统一征用转用、统一开发、统一供应的管理，健全土地交易管理的各项制度。六、各级国土资源管理部门要加大土地出让后的监管力度，防止少数开发商圈占大量土地浪费资源和冲击市场。

20 日，建设部公布了 2002 年中国人居环境奖获奖名单，授予青岛市等 3 个城市"中国人居环境奖"；授予北京市"菖蒲河改造—皇城保护"等 34 个项目"中国人居环境范例奖"；授予昆明世界园艺博览园"中国人居环境特别奖"。

24 日，建设部城乡规划司组织召开了"城市中央商务区研究阶段性成果研讨会"。中央商务区在英文中称为"Central Business District"（简称"CBD"），是现代城市中的重要地区。这一概念最早出现于 20 世纪 20 年代的美国，到 20 世纪末 21 世纪初，在我国的大中城市开始了规划建设"CBD"的热潮，除北京、上海、天津、重庆四个直辖市外，很多省会城市、计划单列市和一些中等城市已经开始实施和计划开展 CBD 的建设。CBD 的规划建设已经成为目前我国城市发展中的一大热点问题，在备受社会、舆论和学术界等各方关注的同时，也引起了中央领导和政府部门的高度重视。2002 年 11 月，建设部城乡规划司委托深圳市城市规划设计研究院开展了国内中央商务区规划建设情况的专题调研，目的是全面把握国内各城市 CBD 的发展规划和建设实施状况，总结经验，发现问题；深入研究国外 CBD 发展的历史沿革、现状与未来发展趋势，从理论上明确 CBD 发展核心理念和客观规律；从规划建设角度研究提出我国 CBD 发展的政策、措施建议。参加研讨会的专家学者就 CBD 的规划建设进行广泛、深入研讨，形成了如下共识和建议：一、CBD 的建设已经成为我国城市当前发展的热点问题，在发展上还很不成熟、不规范，因此建设部专题研究 CBD 的规划建设非常及时，也十分必要。二、目前各城市对 CBD 的概念、核心功能、发展理念认识不一，有些城市对 CBD 和城市中心区的概念理解混乱，存在着认识上的误区和偏差，有必要加以澄清，统一认识。避免炒作概念，乱喊口号。三、CBD 的发展有其历史发展的客观经济规律，有其合理的发展时机和必要的发展条件，与不同社会经济发展阶段的需求密切相关，并不是每个城市都需要发展 CBD。对需要发展 CBD 的城市也要结合自身条件，立足市情，合理定位，按规律办事，不可头脑过热，人为创造，一哄而上，盲目发展。四、CBD 的规划建设关系城市整体发展，关系到城市规划建设、土地开发与历史文化资源保护等全局性问题，应坚持统筹规划，按规划办事。五、作为国务院建设行政主管部门，建设部高度关注当前城市中 CBD 规划建设的动向，关注对城市可持续发展的作用，关注对经济建设的宏观影响，防止和纠正脱离实际，脱离人民群众，单纯追求城市形象的政绩工程。

25 日，建设部城乡规划司在京组织召开了"国内大学城研究阶段性成果研讨会"。大学城是指在大学发展过程中，若干大学聚集在一起，大学周围或大学校园本身成为了具有一定规模的城镇。世界上比较著名的大学城有英国的牛津大学城、剑桥大学城，美国的哈佛和麻省理工大学城等。近年来，国内很多城市为适应高等院校扩招和自身发展的需要，陆续开始策划兴建大学城（部分城市称为高教园区），并很快形成一股热潮，在全国范围内蔓延，引起了建设部、各城市规划行政主管部门和教育部门的极大关注。2002 年底，建设部城乡规划司委托广州市规划局和广州市规划编制研究中心进行国内大学城规划建设的专题研究。会上大家畅所欲言，对项目的开展和建设部的后续管理工作提出了很多建设性的意见和建议，主要包括：一、"大学城"与"高教园区"是不同的概念，二者有着本质的区别，在各城市的发展中要严格区分。目前国内很多城市提出的"大学城"在提法上不够规范，从严格意义上讲是高教园区，二者不能混淆。二、大学城的形成与发展有其客观的社会背景、文化背景和经济背景。

27 日，在北京市文物工作会议上，市文物局联合市规委公布了《北京皇城保护规划（报审稿）》，今后皇城保护区内的建筑物将限高 9m，大约有 40% 至 60% 的居民将从保护区内迁出。

28 日，建设部发出《关于加强省域城镇体系规划实施工作的通知》，要求各省、自治区建设厅做好省域城镇体系规划的制定和实施工作。《通知》指出，省域城镇体系规划是省、自治区人民政府协调省域内各城镇发展，保护和利用各类自然资源和人文资源，综合安排基础设施和公共设施建设的依据。制定和实施省域城镇体系规划是加强区域发展宏观调控，引导和协调区域城镇合理布局，促进大中小城市和小城镇协调发展，积极有序地推进城镇化的前提和保障，是实现建设小康社会目标的基本要求。《通知》要求，各省、自治区建设行政主管部门要认真做好省域城镇体系规划的制定工作，要把制定规划与综合调控区域城乡发展的具体任务紧密结合起来，把保护各类自然资源和人文资源，合理布局基础设施作为规划的重点。目前尚未编制完成省域城镇体系规划的省、自治区，必须在 2003 年 6 月 30 日以前完成规划编制工作。2003 年 9 月 30 日以后，省域城镇体系规划未经批准的省、自治区，不得进行省、自治区内的城市总体规划和县域城镇体系规划的修编，不得新上各类开发区，大学城、科技园区和度假园区。

本月，我国首次建成20世纪90年代1：10万比例尺土地利用数据库。该成果表明，我国土地利用变化的基本时空特征是：1990～2000年的10年间，耕地总面积增加2.2%，增量主要来自对北方草地和林地的开垦；城乡、工矿和居民建设用地总面积增加10.5%，整体上表现为持续扩张态势。

三月

1日，北京市各区县规划局改为市规划委的派出机构，成为"北京市规划委员会××分局"，由市规划委垂直管理。这意味着北京城市规划工作从多头管理变为集中统一管理。调整后，市规划委负责派出机构的业务领导。派出机构领导班子的正职和副职任免，由市规划委征求区县意见后确定。必要时派出机构领导班子的正职与副职可在各派出机构之间或市规划委内各处进行轮岗交流。区县政府负责派出机构的人员、财务和固定资产管理。

10日，建设部印发了《注册城市规划师注册登记办法》。

21日，建设部下发关于印发《建设部专家委员会管理办法》的通知。《办法》规定，专家委员会的宗旨是发挥多学科、多专业的综合优势，在研究制订科技发展战略、研讨技术发展途径、确定技术攻关重点等工作中，发挥决策咨询作用，提高决策水平，加速科技成果产业化进程，促进传统产业技术升级，推动建设事业科学技术发展。专家委员会分为专业性专家委员会和综合性专家委员会。专业性专家委员会由部内主管业务司局负责提出组建方案。综合性专家委员会由综合性司局提出组建方案。部科学技术司审核有关司局提出的组建方案，分别报部人事教育司备案和部领导审定后统一发布，统一制作证书，并由提出组建方案的司局分别组织实施。专家委员会的主要职责是：（一）了解、掌握和研究建设领域科学技术发展动态，及时向相关管理部门提供信息和工作建议；（二）参与研究和制定建设事业科学技术发展战略、技术政策、发展规划、年度科技计划以及重大科技项目的选题论证；（三）参与重大工程项目及其规划设计方案、重大科技成果等的审查；（四）承担部委托的专项工作。

28日，建设部和广东省政府联合召开了珠江三角洲城市群规划工作会议，部署开展珠江三角洲城市群协调发展调研的有关工作。建设部部长汪光焘、广东省省长黄华华出席会议并作了重要讲话。建设部副部长仇保兴和广东省副省长许德立就开展珠江三角洲城市群协调发展调研工作作了具体的部署。28～31日，由建设部和广东省政府联合组织的珠江三角洲城市群规划调研组专家，在广州、佛山、东莞、中山、珠海、深圳等市进行实地调研。31日下午，调研组在深圳市召开第一阶段调研小组会议，总结了珠三角面临的问题并提出建议。专家们总结出，珠三角目前面临诸多"疑难杂症"。杂症之一："拦路虎"——发展腹地受限。杂症之二：中心城市产业带动能力不强。杂症之三：中小城市与小城镇数量悬殊。杂症之四：小城镇发展散乱，管理落后。杂症之五：城镇区域一体化发展"先天不足，后天失调"。杂症之六：城镇扩张"摊大饼"。

本月，北京市公布并试行了《北京地区建设工程规划设计通则》。《通则》对旧城的保护提出了十大方面规划细则，对在保护范围内的城市建设、建筑设计、工程施工都将进行严格管理。

四月

11日，由全国人大环境与资源保护委员会、全国政协人口与资源环境委员会共同主办的中国城市森林建设研讨会暨经验交流会在北京人民大会堂举行。会议通过了致全国市（县、镇）长的倡议书，倡议全国所有的市（县、镇）长积极行动起来，切实推进城市森林建设。

17日，国务院对广东省上报的珠海市城市总体规划作出批复，原则同意修编后的《珠海市城市总体规划（2001—2020）》。

五月

1日，国务院以国函〔2003〕55号批复同意《汕头市城市总体规划（2002—2020）》。

9日，建设部发出《关于外商投资企业办理城市规划服务资格证书有关事项的通知》。

10日，水利部、国土资源部、中国气象局、建设部、国家环保总局联合下发《全国山洪灾害防治规划编制技术大纲》。为贯彻落实温家宝总理关于编制全国山洪灾害防治规划的重要指示，五部委于2002年12月成立了全国山洪灾害防治规划领导小组，统一领导和组织全国山洪灾害防治规划的编制工作。

13日，《中华人民共和国文物保护法实施条例》经国务院第8次常务会议通过，自2003年7月1日起施行。

21日，国务院办公厅以国办函〔2003〕36号批复了《保定市城市总体规划（2001—2020）》。

21日，国务院办公厅以国办函〔2003〕37号文对《黄石市城市总体规划（2001—2020）》作了批复。

本月，福建省政府出台《福建省开展城市联盟工作总体框架》，启动城市联盟试点工作。城市联盟是以经济、社会、自然、资源等联系密切的区域为基础单元，以区域经济一体化为目标，通过构建城市协商、对话、沟通、交流、合作和协调的多层次平台，逐步实现特定区域的城乡规划统一实施、生产要素有机结合、基础设施共享共建和各类资源优化配置，从而实现城市和区域的共同发展。为了指导城市联盟工作的开展，福建省建设厅在调研的基础上，制定了《福建省开展城市联盟工作总体框架（试行）》，明确了城市联盟的组织形式、总体思路、工作体制机制以及试点启动等方面的框架性意见。

本月，《城乡规划法》（修订送审稿）上报国务院。温家宝同志在 1999 年 12 月召开的全国城乡规划工作会议上明确提出加快修改《城市规划法》的要求。

六月

11 日，国土资源部公布《协议出让国有土地使用权规定》。这是我国第一次用规章的形式为协议出让土地使用权定规矩。规定明确了协议出让土地的范围及协议出让最低价的确定标准。

12 日，建设部新一届村镇建设指导委员会召开第一次会议，建设部部长、村镇建设指导委员会主任汪光焘出席了会议。

13 日，北京市代市长王岐山签署第 126 号政府令，《北京市长城保护管理办法》自 2003 年 8 月 1 日起正式施行。这是中国出台的第一个关于长城保护的专项规章。

25 日，建设部下发关于印发《国家重点风景名胜区总体规划编制报批管理规定》的通知。

27 日，中国城市科学研究会和北京城市科学研究会联合举办了主题为"SARS与城市"的专家座谈会。与会专家从不同层面，研究、探讨、总结了我们在思想观念、规划理念、法规和标准、建设与管理等方面的经验与教训。一、通过 SARS重新审视我们的发展观；二、要进一步端正城市发展的指导思想，完善城市规划；三、应把改善城市人居环境，加强城市社区建设作为城市工作的重点和首要任务。

本月，经国务院原则同意，建设部以建规 [2003] 124 号文批复《四川省城镇体系规划（2001—2020）》。

本月，中国城市规划学会等单位联合主办"中国近代第一城"研讨会，指出近代实业家张謇先生在城市规划和建设领域的贡献与世界现代城市规划实践完全同步。

七月

2 日，国务院办公厅以国办函 [2003] 45 号文对《阜新市城市总体规划（2001—2020）》作了批复。

8 日，国家防汛抗旱总指挥部印发了《关于加强山洪灾害防御工作的意见》。《意见》要求建设部门要全面掌握山洪灾害易发地区群众居住分布情况，加强城乡居民点的规划建设和管理，进一步强化城乡规划编制和审批工作，严格对山洪灾害易发地区工程项目的规划审批，使各类设施建设尽可能避开山洪灾害危险区域。

11 日，四川省建设厅、省监察厅和成都市政府联合组织召开了全省加强城市规划管理工作现场会，并对成都市迎宾大道规划违规审批的两幢建筑物实行了定点爆破。

11 日，广东省政府出台了《关于加快中心镇发展的意见》。

24 日，国务院以国函 [2003] 78 号文对广西壮族自治区人民政府《关于要求审批桂林市城市总体规划（1995—2010）的请示》作了批复。

30 日，国务院办公厅发出了《关于清理整顿各类开发区加强建设用地管理的通知》，就清理整顿各类开发区，加强建设用地管理有关问题通知如下：一、清理整顿开发区要依据国家有关法律法规、土地利用总体规划和城市总体规划，纠正越权审批、违规圈占土地、低价出让土地等行为，促进各类开发区健康发展和土地资源的可持续利用。二、要对各级人民政府及其有关部门批准设立的各类开发区进行全面清查。清查的重点是省及省级以下人民政府和国务院有关部门批准设立的各类开发区以及未经批准而扩建的国家级开发区。三、要在检查清理的基础上进行整顿规范。四、加强对开发区建设用地的集中统一管理。开发区建设用地必须符合土地利用总体规划并纳入土地利用年度计划，选址必须纳入城市统一规划管理。协议出让的土地改变为经营性用地的，必须先经城市规划部门同意，由国土资源行政主管部门统一招标拍卖挂牌出让。根本上将以征用方式取得的农民集体所有土地用于农业园区开发。各省、自治区、直辖市人民政府要对种植、养殖等农业园区的建设用地标准（或比例）作出规定，防止将农用地转为建设用地，变相搞房地产。五、今后要更严格控制设立以成片土地开发为条件的开发区。鼓励工业项目向依法设立的国家级和省级开发区集中。六、加强对开发区清理整顿工作的组织领导。

31 日，国务院召开了全国进一步治理整顿土地市场秩序电视电话会议，就清理整顿各类开发区用地、加强土地管理作出部署。中共中央政治局常委、国务院总理温家宝对会议作了重要批示。中共中央政治局委员、国务院副总理曾培炎出席会议并讲话。温家宝指出，土地是民生之本。保护土地是一项基本国策。实行最严格的土地管理制度：一要完善土地产权与征地制度，健全土地管理法律体系；二要加强土地审批管理，杜绝乱批滥占地现象；三要清理整顿各类开发用地，强化对土地使用的监督；四要加强宏观调控和政策引导，防止盲目投资和低水平重复建设。

本月，建设部经过认真研究，提出了进一步推进建设事业西部开发的工作意见。拟开展的主要工作主要是：（一）积极推进城镇化，加强区域引导，促进大中小城市和小城镇协调发展；（二）加强西部地区水污染防治和城市节水工作，进一步改善城市生态环境；（三）做好西气东输工程中城市利用天然气的工作；（四）继续做好西部地区人才培训和干部交流工作。

本月，国家文物局、中央编办、国家发展改革委、财政部、建设部、文化部、国家税务总局联合发出《关于进一步做好文物保护"五纳入"的通知》。《通知》要求各地、各部门将文物保护纳入经济和社会发展计划，纳入城乡建设规划，纳入财政预算，纳入体制改革，纳入各级领导责任制，把各级政府保护文物的责任进一步具体化。

本月，中国科学院完成《中国西部开发重点区域规划前期研究》。

本月，受重庆市规划局委托，中规院规划所承担了重庆市江北城（CBD）规划设计，同年，该项目荣获了中规院优秀规划设计一等奖、建设部优秀规划设计一等奖。

八月

1 日，经国务院原则同意，建设部批复了修订后的《湖北省城镇体系规划（2003—2020）》。

1 日，为坚决纠正各种乱评比活动，建设部办公厅发出了《关于不得开展商业性评比活动的通知》。

5 日，由中国城市规划设计研究院、清华同方光盘股份有限公司联合承担的"城市规划知识仓库（CCPD）开发研究"项目，通过了由建设部城乡规划司、中国城市规划协会等 8 家单位的 9 位专家组成的专家鉴定委员会的鉴定。

6 日，国务院常务会议研究加强城市快速轨道交通建设管理。会议提出，要合理把握城市快速轨道交通建设的规模和速度，使之与国家财力和城市经济社会发展水平相适应，防止盲目建设，要加强城市快速轨道交通建设规划的编制、审批工作，严格控制城市快速轨道交通建设标准。

8 日，中共中央政治局常委、国务院总理温家宝在考察北京市城市建设工作时指出，要把抗击非典展现出的伟大精神，转化为促进改革和发展的强大动力，加快首都现代化建设步伐。

10 ~ 11 日，沈阳经济区暨沈阳市基础设施建设规划及对策国际研讨会在沈阳举行。

12 日，国务院发出《关于促进房地产市场持续健康发展的通知》（国发 [2003] 18 号）。通知就以下问题提出要求：一、提高认识，明确指导思想。二、完善供应政策，调整供应结构。完善住房供应政策，加强经济适用住房的建设和管理，增加普通商品住房供应，建立和完善廉租住房制度。控制高档商品房建设。三、改革住房制度，健全市场体系。继续推进现有公房出售，完善住房补贴制度，搞活住房二级市场，规范发展市场服务。四、发展住房信贷，强化管理服务。五、改进规划管理，调控土地供应。制定住房建设规划和住宅产业政策，充分发挥城乡规划的调控作用，加强对土地市场的宏观调控。六、加强市场监管，整顿市场秩序。充分发挥城乡规划的调控作用。在城市总体规划和近期建设规划中，要合理确定各类房地产用地的布局和比例，优先落实经济适用住房、普通商品住房、危旧房改造和城市基础设施建设中的拆迁安置用房建设项目，并合理配置市政配套设施。对房地产开发中各种违反城市规划法律法规的行为，要依法追究有关责任人的责任。

16 ~ 18 日，"纪念宋代《营造法式》刊行 900 周年暨保国寺大殿建成 990 周年"国际学术研讨会在宁波召开。

18 日，建设部办公厅发出《关于认真做好拆迁管理维护社会稳定的紧急通知》。《通知》指出，各地城市规划行政主管部门在审批建设工程时，要严格依据经批准的城市规划审批。对涉及拆迁的，在规划审批前应当以适当形式公示建设项目的情况，充分考虑被拆迁居民等利害关系人的意见，在公示时要告知公众反馈意见的方式，要指定专人负责收集整理群众意见、建议。建设工程规划方案一经批准，建设单位不得擅自变更；确需变更的，必须经规划部门批准；城市规划行政主管部门在批准其变更前，应重新进行公示。对于依据规划、依据法定程序审批的建设项目，群众如有不同意见，规划管理部门要认真耐心做好解释和说明工作，充分保障公民的知情权。要坚持量力而行，充分考虑当地财力、物力，合理安排拆迁规模，防止搞脱离实际的"形象工程"、盲目拆迁。

19 日，建设部发布《建设部关于发布行业标准〈城市规划制图标准〉的公告》（第 174 号）。《城市规划制图标准》为行业标准，编号为 GJJ/97—2003，自 2003 年 12 月 1 日起实施。

22 ~ 25 日，由中国城市规划设计研究院规范办公室和中国建筑科学研究院科技干部培训中心共同举办的"城市居住区规划与提高城市居住品质研讨会暨培训班"在北京举行。

27 日，建设部制定印发了《工程勘察设计大师评选办法》。《评选办法》指出，全国工程勘察设计大师是勘察设计行业的国家级荣誉奖。工程勘察设计大师每两年评选一次。每次评选名额一般不超过 30 名。工程勘察设计大师应当具备坚实的专业理论知识和丰富的实践经验，在勘察设计领域取得卓著成绩，在国内外享有较高声誉。

29 日，"安徽省城镇群（带）布局规划研究"专家论证会在合肥召开。

九月

1 日，南京市规划局制定的《规划管理审批技术复议规定》开始施行。

2 日，建设部发出《关于进一步加强与规范各类开发区规划建设管理的通知》。《通知》对强化开发区的规划管理工作提出要求：（一）开发区所在地方政府要按照城市总体规划，组织编制开发区规划，作为指导开发区建设和发展的基本依据。开发区规划与城市总体规划不符的，要依据城市总体规划进行调整，并按照规定程序报批。（二）要抓紧制定开发区控制性详细规划。自 2004 年 1 月 1 日起，凡开发区规划控制性详细规划未按法定程序批准的，各地不得新批准建设用地和建设项目。（三）城市规划区内及其边缘地带的各类开发区的规划建设，必须纳入城市的统一规划和管理。开发区所在城市的城乡规划行政主管部门统一负责开发区规划的组织制定，选址意见书、建设用地规划许可证、建设工程规划许可证的审批。（四）开发区不得设立独立的规划管理机构。各类开发区已设立的规划管理机构，都应作为所在城市城乡规划行政主管部门的派出机构，行使委托的建设项目建议权和规划实施监督检查权。（五）开发区所在地县以上人民政府城乡规划行政主管部门，应当依法参与组织编制开发区国有土地使用权出让规划和年度计划，明确出让地块数量、面积、位置、出让步骤等，并纳入城市近期建设规划，作为土地使用权出让的基本依据。

4 日，国土资源部发出《关于加强城市建设用地审查报批工作有关问题的通知》，要求各地加强土地审批管理，杜绝乱批滥占耕地现象，对城市建设用地特别是房地产开发从严控制，制止一些城市出现的违规设立各类园区、非法圈占土地、盲目扩大建设用地规模的现象。

15 日，经国务院原则同意，建设部批复了修订后的《辽宁省城镇体系规划（2003—2020）》。

18 日，中国城市规划协会规划管理专业委员会办公自动化专业组第十次会议在武汉召开。

19 日，建设部发布《城市抗震防灾规划管理规定》，自 2003 年 11 月 1 日起施行。

19～22 日，中国城市规划学会历史名城规划学术委员会年会在国家历史文化名城漳州举行。会上代表们进行了热烈的讨论，提出必须扩大历史文化名城保护的研究范围和内容。历史文化名城的保护应当将名镇、名村纳入其保护体系。城市保护的内容也是多方面的，比如从居住建筑到产业建筑的保护，从保护对象扩大到环境要素的保护，从物质实体的保护扩展到对无形文化遗产的保护等。历史街区保护的方法应该多样化，同时探索名镇、名村不同的保护方法与管理措施。名城保护必须发挥领导、专家和老百姓三个积极性，三者缺一不可。作为学术机构，应当与政府建立良性互动的关系。

22 日，国务院以国函〔2003〕01 号文对甘肃省人民政府《关于报请审批兰州市城市总体规划的请示》作出批复。

23～25 日，全国城乡规划标准规范工作会议在深圳召开。建设部副部长黄卫出席会议并讲话。会上，与会代表交流了标准规范编制工作经验，学习了有关标准化文件，研究讨论了未来五年新立项标准规范编制计划、标准规范管理细则、在编标准规范进展及存在的问题。

26～27 日，中西部地区加强和完善城乡规划管理座谈会在贵阳召开。建设部仇保兴副部长在会上讲话提出，推进城乡规划管理体制的改革必须抓好几项重点工作。各省、自治区、直辖市要建立规划委员会，要明确城乡规划对各类不可再生资源的强制保护作用，健全省域城镇体系规划的管理，做好省一级规划委员会下派规划监督员工作，保护好历史文化名镇、名村，建立风景名胜区、历史文化名城的动态监测系统。各地市要搞好近期规划，推行规划的阳光工程，提高控制性规划的覆盖率和质量，市辖的各类开发区规划要实行统一管理，要严格执行"一书两证"制度，严格管理好规划中的各类实线。

26～28 日，由中国城市规划协会、吉林省建设厅、吉林市人民政府主办的中国吉林·滨水地区城市设计国际博览会在北国江城吉林市隆重举行。博览会主题是"以水为源、以人为本、追求魅力、享受生活"。

29 日，国务院办公厅发出《关于加强城市快速轨道交通建设管理的通知》。

本月，建设部办公厅对山西省建设厅《关于对劳教场所规划、设计及招标等有关问题的请示》作出批复。批复指出：一、劳教场所的规划建设必须遵守国家有关城乡规划管理法律、法规。在城市规划区内的劳教场所的建设，必须到城市规划管理部门依法办理有关批准手续。承担劳教场所内部规划编制任务的单位必须取得城市规划编制资质。二、劳教场所是否属涉及国家安全、国家秘密的场所，按照《中华人民共和国保守国家秘密法》的有关规定，应由省级以上保密工作部门确定。如劳教场所属国家秘密，则应执行《招标投标法》第十六条的规定。但不管劳教场所建设项目是否进行招标投标，均应按照《建筑法》、《建设工程质量管理条例》和《建设工程勘察设计管理条例》的有关规定，由取得建设行政主管部门颁发的资质证书的勘察、设计、施工、监理企业，在其资质证书等级许可的范围内承担。

本月，2003 年城市绿线管理工作研讨会在石家庄召开，近 200 位来自全国各地的园林工作者就如何搞好城市绿线管理工作，严格执行城市绿地系统规划进行了研讨。

本月，经国务院原则同意，建设部以建规 ［2003］ 195 号文对修订后的《内蒙古自治区城镇体系规划（2003—2020）》作出批复。

十月

6 日，世界人居日庆典暨联合国人居奖颁奖仪式在巴西里约热内卢举行。山东省威海市由于"在改善人居和城市环境方面的突出贡献"，荣获 2003 年度"联合国人居奖"。

8 日，建设部、国家文物局下发《关于公布中国历史文化名镇（村）（第一批）的通知》，并公布《中国历史文化名镇（村）评选办法》。为更好地保护、继承和发展我国优秀建筑历史文化遗产，弘扬民族传统和地方特色，建设部、国家文物局决定，从 2003 年起在全国选择一些保存文物特别丰富并且具有重大历史价值或革命纪念意义，能较完整地反映一些历史时期的传统风貌和地方民族特色的镇（村），分期分批公布为中国历史文化名镇和中国历史文化名村。《通知》公布山西省灵石县静升镇等 10 个镇为第一批中国历史文化名镇，北京市门头沟区斋堂镇川底下村等 12 个村为第一批中国历史文化名村。

14 日至 11 月 1 日，根据建设部与埃塞俄比亚联邦事务部签订的协议，建设部派出 5 人专家组赴埃塞俄比亚开展了为期两周半的城市规划和土地管理培训。两国开展城市规划技术交流与合作是建设部汪光焘部长在 2002 年访问埃塞俄比亚时倡导的，这次培训活动是我国政府第一次开展城市规划对外技术援助，是中国在城市规划方面对埃塞俄比亚进行援助的开端。对埃塞俄比亚规划人员的培训内容主要包括城市总体规划编制、城市规划中各专项规划的编制、城市规划管理、城镇体系规划编制和实施、城市土地管理政策与法规等五大部分。

14 日建设部转发了贵州省人民政府《关于深化我省城市规划管理体制改革有关问题的通知》。

26 ～ 30 日，全国中小城市发展研讨会暨中国城市科学研究会（中）小城市委员会第十四次年会在湖南省郴州市召开。会议以"生态城市建设"为主题。

27～28日，由中国城市规划学会主办的"数字时代城市规划政务公开与公众参与论坛"，在山西省太原市召开。

本月，辽宁省城市规划协会出台了《辽宁省城市规划设计行业收费标准》。国家计委在2001年下发1218号文，取消了1993年制定的"规划设计收费标准"，规定"城市规划不再实行国家定价，可由甲乙双方议定"，之后，全国各地的规划设计市场出现了无章可循的局面。为了规范城市规划设计收费行为，建立和完善城市规划设计市场体系，同时也为物价部门在收费工作中提供收费依据，2002年辽宁省城市规划协会组织专门人员在全国进行了调研。调研报告形成后，积极与省物价局沟通，协调出台了该收费标准。

十一月

1日，广东省建设厅主持编制的《广东省区域绿地规划指引》颁布试行。

3日，国务院发出《关于加大工作力度进一步治理整顿土地市场秩序的紧急通知》（国发明电［2003］7号）。

3日，由联合国人居署、建设部和山东省威海市政府联合主办的"2003可持续发展城市化战略国际会议"在威海市召开。会议的主要议题是商讨可持续城市化与经济、社会、环境管理的关系问题。

3日，2003年度中国城市规划设计研究院优秀规划设计项目评选工作结束。评出获奖项目30项（其中一等奖6项、二等奖10项、三等奖14项），此外，还评选出鼓励奖7奖。珠海市城市总体规划、竹子林换乘枢纽综合规划、重庆市江北城规划设计方案、里耶镇总体规划及历史文化名镇保护规划、哈尔滨城市空间发展战略研究、汕头市城市总体规划共6个项目获得一等奖。

4～6日，由中国岩石力学与工程学会主办的"2003年北京城市地下空间国际学术报告会"，在北京隆重召开。

6～8日，中国城市规划学会小城镇规划学术委员会在四川省乐山市召开第15届学术年会。

9日，湖北省委、省政府主持召开了"推进武汉城市圈建设"研讨会。探讨武汉城市圈的建设与发展以及武汉城市圈对中部地区发展的影响等问题。

10日，国务院以国函［2003］117号文对湖南省人民政府《关于审批〈长沙市城市总体规划（2001—2020）〉的请示》作了批复。

15日，国家自然科学基金委员会工程与材料科学部在清华大学主持召开了国家自然科学基金重点项目"可持续发展的中国人居环境的基本理论与典型范例研究"结题验收会。项目承担单位为清华大学和昆明理工大学。

15 日，《城市紫线管理办法》经建设部第 22 次常务会议审议通过，自 2004 年 2 月 1 日起施行。"城市紫线"是指国家历史文化名城内的历史文化街区和省、自治区、直辖市人民政府公布的历史文化街区的保护范围界线以及历史文化街区外经县级以上人民政府公布保护的历史建筑的保护范围界线。

17 日，广州市举行城市总体发展战略规划实施总结研究会。

18 日，建设部发出《关于印发〈四川省派驻城市规划督察员试行办法〉的通知》，要求各地学习、借鉴。

20 ～ 21 日，建设部城乡规划司在北京召开了省域城镇体系规划经济交流会。会议交流了近年来各地制定和实施省域城镇体系规划的经验，分析了当前存在的问题，并对下一步的工作作了部署。仇保兴副部长到会并作了重要讲话。目前，各省的省域城镇体系规划编制工作基本完成，省域城镇体系规划工作的重点已由规划的编制、审批转向规划的实施和深化。截至 2003 年 11 月底，全国已有 13 个省、区的规划经国务院同意批复。规划编制日趋成熟和完善，已初步形成了以省域城镇体系规划为主导，以各类专项规划和城镇密集地区、城市群、都市圈发展规划为补充的城镇体系规划编制系列。会议要求各省区抓紧研究制定省域城镇体系规划实施管理办法，推动制度建设，做好规划的实施和深化工作，建立省域城镇体系规划定期检查和调整的工作制度，加强规划编制过程中的部门合作，增强管理和协调意识，要把选址意见书的实施与省域城镇体系规划的区域空间开发管制、强制性内容实施相结合，积极配合城乡规划动态监测系统的应用工作，对省域城镇体系规划中确定的重点地区和重大项目进行有效监管。

24 日，国务院正式公布了《地质灾害防治条例》，自 2004 年 3 月 1 日起施行。《条例》要求，地质灾害防治规划应包括以下内容:地质灾害现状和发展趋势预测；地质灾害的防治原则和目标；地质灾害易发区、重点防治区；地质灾害防治项目；地质灾害防治措施等。《条例》规定，县级以上人民政府应当将城镇、人口集中居住区、风景名胜区、大中型工矿企业所在地和交通干线、重点水利电力工程等基础设施作为地质灾害重点防治区中的防护重点。

24 日，大城市市长城市规划专题研究班在京举办。全国市长培训领导小组组长、建设部部长汪光焘，在讲话中就加强城乡规划工作对市长们提出了三点要求：首先必须高度重视城乡规划工作，其次要用科学的发展观认真做好城乡规划的编制工作，第三要维护城市规划的权威，认真组织实施规划。

本月，2003 年"中联重科杯"华夏建设科学技术奖评审工作结束。通过专业评审组织和评审委员会两级评审，并经华夏建设科学技术奖励委员会审定，本年度共评出授奖项目 74 项，其中一等奖 8 项，二等奖 19 项，三等奖 47 项。建设部根据国务院 1999 年 5 月发布的《国家科学技术奖励条例》终止了"建设部科学技术进步奖"的评审工作。考虑到现阶段科技奖励仍是促进科技进步、调动科技人员积极性的一种手段，建设部依照科技部《社会力量设立科学技术奖管理办法》，于 2002 年 10 月以社会力量办奖的形式设立了建设行业科学技术奖——华夏建设科学技术奖。本次评奖是"华夏建设科学技术奖"首届评奖活动。与城市规划行业相关的一等奖授奖项目包括中国建筑设计研究院完成的"中国古代城市规划建筑群布局和建筑设计方法研究"、中国建筑科学研究院等共同完成的"国家标准《建筑抗震设计规范》（GB50011—2001）"和国家城市给水排水工程技术研究中心等完成的"城市污水处理技术集成与决策支持系统建设"。

本月，建设部致函与治淮工作有关的安徽、江苏、江南、山东四省建设厅，提出《关于加强淮河流域灾后重建工作的意见》。

十二月

3 日，建设部制定了《城市房屋拆迁估价指导意见》，自 2004 年 1 月 1 日起施行。

6 日，由中国城市科学研究会主办的"2003 年中国城镇建设发展论坛"在绍兴开幕。论坛旨在探讨在新的条件下加快小城镇健康持续发展的具体措施。中国城科会理事长周干峙就城市化中的农民迁移问题作了题为"要规划好三种农民的城市化"的论坛主题报告。他说，城市化不只是城市方面的事情，对城市化要有全民的观念。农民和农村也是城市化的重要对象。目前有三种农民在规划发展时应当考虑：市内农民——生活在市域范围内的农民；流动农民——已经出来打工的农民工；暂时或长远留乡务农的农民。打工、移民是中国城市化的重大特色。由半城市化到城市化，由隐性城市化到显性城市化，完全符合社会经济发展规律和传统习惯，农村移民，包括梯度移民、西民东移，应是城市化发展中的重大政策。我们应因势利导，大力支持和积极提倡。

10 日，《环杭州湾地区城市群空间发展战略规划》在杭州通过专家评审。建设部副部长仇保兴在评审会上指出：加强区域统筹规划，加快构筑区域城市群，促进区域协调发展，在国内已成共识。

12 日，"山东半岛城市群发展战略研究"在济南通过了由山东省人民政府和建设部召开的省部联合论证。

12 日，受建设部科技司委托，由中国城市规划设计研究院城市交通研究所承担的"城市公共交通与防治流行性传染病相关问题及对策研究"课题通过了专家评审。课题立足于处置突发的传染性疾病等公共卫生事件，研究探索城市如何从控制传染性疾病等公共卫生事件的角度规划布局，选择适宜的城市公共交通系统；研究探索公共交通系统如何保证事件发生时安全、卫生的运输需要；研究探索在突发事件发生时的应急处置预案、应急处置机制的建立等。该课题研究内容主要有两个方面：一、在"特殊时期"，立足于当前形势需要，对城市公共交通系统如何处置突发的传染性疾病等公共卫生事件，进行全面分析、总结，提出保障措施。针对城市公共交通的三大系统，即轨道、常规公交和出租车，通过分析国内各个疫区城市防治"非典"的经验教训，分别归纳总结了许多有借鉴意义的防治"非典"措施。同时针对三大公交系统之间的密切关系，提出防治"非典"的综合措施：1.各城市公共交通相关部门和企业，应建立完善的多层次、密切协调的防控"非典"组织体系，成立领导小组和工作小组，设置预防、监控、应急、检查、信息等专业小组，建立有效的"非典"防控网络。2.改善交通车辆和地下车站设施的通风条件，促进新鲜空气流通。疫区的城镇，对于不具备通风条件的空调车辆应禁止上路。3.加强对车辆及场站设施的清洁和消毒工作。车辆应定期清洁和消毒，并对车厢内座椅、扶手和门进行擦洗消毒。建立职工洗手制度，职工不许将工装穿回家。4.轨道车站、公交首末站等地应设置观察留验室。5.对重要车站、枢纽出入口实施监控，阻止传染源进入，尤其是疫区开往城市近、远郊和乡镇的轨道和公交线路。6.加大宣传力度，增强乘客和工作人员的自我防护意识。7.针对乘客、司乘人员、调度人员等不同类型人员感染"非典"后，制定紧急情况下的应急处理预案，并进行预演。二、在"常规时期"，由"非典"而引发的是我们对城市现行整个交通系统安全的思考，因此中长期必须从公共交通系统的服务标准、规范以及管理法规等方面考虑，逐步建立城市交通系统公共安全保障体系，提出今后的研究方向。

16 日，全国部分地区城市建设和土地管理工作座谈会在西安召开，会议听取了对《国务院关于加强城市建设促进城市健康发展的决定（讨论稿）》的意见。国务院副总理曾培炎出席会议并讲话。曾培炎强调，用科学的发展观指导城市建设和土地管理，妥善解决违规拆迁、滥占耕地、拖欠农民工工资等突出问题。一是切实做好房屋拆迁管理工作。在城市建设中，要坚持量力而行，合理确定拆迁规模。严格依法办事，完善房屋拆迁政策。二是进一步治理整顿土地市场秩序。要严格控制城市建设新增用地，认真解决农民失地失业问题，继续清理整顿开发区，加大土地违法案件查处力度。三是抓紧清理拖欠农民工工资和建设企业工程款。

30 日，建设部颁布了《城市房屋拆迁行政裁决工作规程》。该规程将于 2004 年 3 月 1 日开始执行。规程明确要求建立拆迁听证制度，规定房屋拆迁管理部门在受理申请时，应当进行听证。规程要求，如果拆迁中没有达成安置协议的户数较多或比例较高，房屋拆迁管理部门在受理申请前，应当邀请有关管理部门、拆迁当事人代表以及具有社会公信力的代表，对强制拆迁的依据、程序、补偿安置标准的测算依据等内容进行听证。规程规定，未经仲裁，不得实行强制拆迁。

30 日，《宁夏城市化发展纲要（草案）》经自治区人民政府第 23 次常务会议审定，原则通过。

本月，重庆市人大常委会表决通过了《重庆市人民代表大会常务委员会关于重庆渝中半岛城市形象设计方案的决定》。这意味着渝中半岛城市形象设计有了法制保障。《决定》要求，市政府应根据设计方案抓紧详细规划的编制，按规划期限，提出分步实施计划，定期对实施情况进行检查，并适时向市人大常委会专题汇报。

本月，成都市重点研究课题"成都都市圈战略规划研究"正式结题。

截至 2003 年底，全国 27 个省、区已有 25 个编制完成省域城镇体系规划，近半数的省域城镇体系规划得到批复，规划从重视编制和审批到注重实施。建设部城乡规划司于 2003 年 11 月召开了省域城镇体系规划经验交流会，总结交流地方在开展省域城镇体系规划工作方面的经验，部署下一阶段的工作。仇保兴副部长到会并作了"按照五个统筹的要求，强化城镇体系规划的地位和作用"的重要讲话（已发）。江苏、贵州等省的有关同志在会上介绍了制定和实施省域城镇体系规划的经验。

本年度出版的城市规划类相关著作主要有：《城市中心区与新建区规划》（中国城市规划学会主编）、《城市总体与分区规划》（中国城市规划学会主编）、《小城镇规划》（中国城市规划学会主编）、《全国注册城市规划师执业资格考试辅导教材·第 1 分册·城市规划原理，第 2 分册·城市规划相关知识，第 3 分册·城市规划管理与法规，第 4 分册·城市规划实务》（本书编委会编）、《住区规划》（中国城市规划学会主编）、《城市环境绿化及广场规划》（中国城市规划学会主编）、《名城保护与城市更新》（中国城市规划学会主编）、《城市规划决策概论》（建设部城乡规划司编）、《城市设计》（中国城市规划学会主编）、《城市规划原理》（最新版，靳东晓编著）、《走向制度化的城市规划决策》（雷翔著）、《当代城市规划导论》（陈秉钊著）、《城市建设中的可持续发展理论》（陈易编著）、《城市设计概论：理念·思考·方法·实践》（邹德慈著）、《社区发展规划：理论与实践》（赵民、赵蔚编著）、《城市再开发》（[日] 谷口汎邦著，马俊译）、《城市总体规划》（董光器编著）、《城市规划管理与法规》（王国恩编著）、《拼贴城市》（[美] 柯林·罗、弗瑞德·科特著，童明译）、《城市规划与历史文化保护》（李其荣编著）、《城市规划相关知识》（最新版，张文

奇著)、《城市开发导论》(夏南凯、王耀武编著)、《城市规划资料集 . 第二分册，城镇体系规划与城市总体规划》(中国城市规划设计研究院、建设部城乡规划司总主编，广东省城乡规划设计研究院、中国城市规划设计研究院分册主编)、《城市规划资料集·第一分册·总论》(中国城市规划设计研究院、建设部城乡规划司总主编，同济大学建筑城规学院分册主编)、《城市规划资料集·第六分册·城市公共活动中心》(中国城市规划设计研究院、建设部城乡规划司总主编，北京市城市规划设计研究院分册主编)、《城市规划管理与法规》(最新版，尹强、苏原编著)、《城市经济与城市开发》(夏南凯主编)、《变革中的城市规划理论研究与实践》(周安伟著)、《城市防灾学》(万艳华编著)、《现代城市规划》([美] 约翰·M·利维著，孙景秋译)、《城乡规划与城镇建设全书》(《城乡规划与城镇建设全书》编委会编)、《新城市空间》([丹麦] 扬·盖尔等著，何人可等译)、《多解规划 [北京大环案例]》(俞孔坚等著)、《城市设计 [修订版]》([美] 埃德蒙·N·培根著，黄富厢、朱琪译)、《城市形态》([美] 凯文·林奇著，林庆怡等译)。

2004 年

一月

1 日，自即日起，根据国家统计局的要求，各地区要统一用常住人口计算人均 GDP。按户籍人口计算的人均 GDP 将退出历史舞台，GDP 的中文名称改为地区生产总值。业内人士认为，此举将解决一些地方因为大量外地打工者不被计入户籍人口，造成人均 GDP 不能真实反映实际情况的问题。

1 日，四川省城市规划督察员派驻试点工作正式启动。在省委、省政府的重视和领导下，在建设部的关心和指导下，经过精心准备，向成都、德阳、宜宾、泸州、乐山五个试点城市派驻了规划督察员。

4 ~ 9 日，中国城市规划协会在北京主持了 2003 年度部级优秀勘察设计（城乡规划专业组）评选。全国各地报送来 295 个项目参加评选。共评出一等奖 10 个，二等奖 30 个，三等奖 60 个，表扬奖 22 个。

7 日，建设部、国家发改委、财政部、国土资源部、中国人民银行、国家税务总局、国家统计局等七部门联合发出通知，进一步加强协作，加快建立健全房地产市场信息系统和预警报体系。

9 日，中国工程院发文（中工发 [2004] 3 号）宣布，按照中国工程院严格的评选程序，2003 年院士增选工作顺利完成。中国城市规划设计研究院邹德慈、王瑞珠同志当选为中国工程院院士。

9 日，建设部发出《关于开展城乡规划监督检查的通知》（建规函（2004）5号），决定 2004 年继续开展全国范围的城乡规划监督检查。此次检查的重点是地方各级人民政府贯彻落实国发 13 号文件和九部委 204 号文件情况。主要内容包括：1. 国务院批复的省域城镇体系规划实施情况。2.2002 年 5 月以来，地方政府利用财政资金建设的楼堂馆所以及道路、广场等基础设施情况。3. 城乡规划编制和调整情况。4. 各级人民政府及其有关部门批准设立的开发区清理整顿情况。5.2002年 5 月以来，城市建设用地增加以及批准和使用情况。6. 城乡规划执行情况。7. 历史文化名城保护情况。8. 违法案件处理情况。

13 ~ 14 日，全国建设工作会议在北京召开。会议由建设部副部长刘志峰主持。全国人大常委、环资委副主任委员叶如棠，人事部副部长尹蔚民，建设部副部长仇保兴、傅雯娟，中纪委驻建设部纪检组组长姚兵，办公厅主任齐骥等出席了会议。会上，有 12 家单位进行了经验交流。大会还向建设系统先进集体和劳动模范、先进工作者代表及国家园林城市、中国人居环境范例奖获得城市颁奖。在会议召开前夕，中共中央政治局委员、国务院副总理曾培炎对建设部部长汪光焘在全国建设工作会议上的报告作了重要批示，提出了当前和今后一个时期建设工作的主要任务，并对全国建设工作提出了明确的要求和目标。

20 日，国务院以国函 [2004] 9 号文件对辽宁省政府报请审批的《大连市城市总体规划》作出批复。

本月，为表彰在创造良好人居环境方面做出突出贡献的城镇政府和单位，建设部决定授予"北京市海淀区元代土城遗址保护"等 27 个项目"中国人居环境范例奖"。

本月，国家发改委确定 6 个全国规划体制改革试点城市，江苏苏州市、浙江宁波市、广西钦州市、四川宜宾市、大连庄河区和福建安溪县成为首批试点。规划体制改革的重点是：强化总体规划的功能，做实做深专项规划，增强总体规划对专项规划的指导性；建立规范的规划编制程序，加强各部门规划的衔接和协调；健全规划实施机制，将规划与政府任期目标、年度目标等挂钩。同时要用新的发展观指导规划编制工作，突出以人为本，注重空间协调，扩大规划视野，强化市场分析；创新规划编制方式，鼓励委托权威中介机构编制规划，广泛征求公众意见，并逐渐提高规划的法律效力。

本月，建设部研究决定，命名上海市、宁波市、福州市、唐山市、吉林市、无锡市、扬州市、苏州市、绍兴市、桂林市、绵阳市、荣成市、张家港市、昆山市、富阳市、开平市、都江堰市等 17 个城市为"国家园林城市"。

本月，建设部、国家发改委、国土资源部、商业部联合发出通知，提出清理整顿现有各类开发区的具体标准和政策界限。

本月，为了促进内地与香港、澳门经贸关系的发展，鼓励香港服务提供者和澳门服务提供者在内地设立城市规划服务企业，根据国务院批准的《内地与香港关于建立更紧密经贸关系的安排》和《内地与澳门关于建立更紧密经贸关系的安排》，建设部和商业部就《外商投资城市规划服务企业管理规定》（建设部、对外贸易经济合作部令第 116 号）做出补充规定：自 2004 年 1 月 1 日起，允许香港服务提供者和澳门服务提供者在内地以独资形式设立城市规划服务企业；香港服务提供者和澳门服务提供者在内地设立城市规划服务企业的其他规定，依照《外商投资城市规划服务企业管理规定》执行。

本月，为了适应城市规划管理工作面临的新形势，北京市规委对规划管理工作内部运行机制进行了改革。按照精简、统一、效能的原则和决策、执行、监督相协调的要求，研究确定了内部机制调整要坚持"两个统一"、"两个分离"、"两个加强"的思路。"两个统一"：一是指城乡规划组织编制和宏观问题研究职能的集中统一，二是指规划管理监督职能的集中统一，既要确保权力的集中统一，又要政事分开、权责分明。"两个分离"：一是指实现决策、执行、监督三项行政职能适当分离，委机关主要是决策层，分局主要是执行层，同时在各个环节上加强监督。二是指从建设项目审批程序上，用地管理和工程管理分离，建立相互监督制约和协调工作的机制，从制度上保证廉政建设更好地进行。"两个加强"：一是在规划审批工作方面，加强对机关各管理处室的督查和对各分局的督导，确保政令统一，行为规范。二是在规划管理政策和技术方面，加强综合研究与协调，切实提高规划业务工作水平。

本月，山东省临沂市规划局决定将 2004 年作为"城市规划编制年"，加快规划编制步伐，完善城市规划体系。

二月

1 日，经国务院原则同意，建设部以建规 [2004] 19 号文件对《宁夏回族自治区城镇体系规划（2003—2020）》作出批复。

5 日，建设部、国家发改委、国家环保总局联合发出《关于进一步加强三峡库区及其上游水污染防治规划项目前期工作有关问题的通知》。

11 日，中国城市规划设计研究院召开了院 2003 年度工作总结大会。

12 日，建设部、国家发改委、国土资源部、财政部联合发出《关于清理和控制城市建设中脱离实际的宽马路、大广场建设的通知》。

12 日，建设部召开村镇建设指导委员会会议。建设部部长汪光焘在会上指出，小城镇与村庄建设作为农业、农村和农民工作的重要组成部分，是党和国家赋予建设部门的重要职责，是新时期、新阶段各级建设部门的中心工作之一。各级建设行政主管部门要从实践"三个代表"重要思想的高度，按照五个统筹，努力开创小城镇与村庄建设工作的新局面。

12～13日，建设部城乡规划司在北京召开了《城乡规划法》研究成果评审会，对"城乡规划与相关规划的关系研究"、"城镇体系规划研究"、"国外城市规划法编译与比较研究"、"城乡规划许可制度"四个课题研究成果进行了评审。会议由城乡规划司副司长李兵弟主持。评审组专家以及部政策法规司、城乡规划司的有关同志参加了会议。

本月，北京市交通委员会举行的年度工作会议明确指出，北京当前交通的根本问题是城市规划问题。自去年SARS之后，北京交通拥堵问题日益突出，"摊大饼"式的城市格局时常令内城交通捉襟见肘，公共交通出行率亦不足30%，"行路难"成为困扰民众的主要问题之一。目前北京交通需求总量的大幅增长已远远超过了交通供给的增长，市区道路网以及城市运输服务系统长期处于高负荷运行状态，已逐渐失去应有的整体调节能力。会议认为北京当前的交通问题是在城市化、现代化、机动化进程中的多重矛盾产生的，根本问题是城市规划的问题，而缓解交通难题将是长期过程。

本月，新的《杭州西湖风景名胜区管理条例》明确拒绝标志性建筑。《条例》明确区内一切建设项目都应当和风景名胜有关，整个西湖风景区不建标志性建筑。

本月，第五批国家重点风景名胜区命名授牌会议在北京举行。国务院审定公布了第五批国家重点风景名胜区名单，重庆天坑地缝等26处风景名胜区榜上有名。此前，国务院已经审定公布了四批国家重点风景名胜区151处，到此，我国国家重点风景名胜区总数已达177处。

本月，国务院办公厅下发了《国务院办公厅关于暂停新建高尔夫球场的通知》。

本月，在"水电工程的经济、社会、生态影响"研讨会上，与会专家提出，搞好水电工程的科学决策，不但要搞好事先的研究与评估，也要搞好事后的研究与评估，特别应对水电工程产生的负面影响予以认真研究与评估。西部生态系统的脆弱性和难以恢复性要求对于那些可能产生重大生态影响的项目持慎重态度。

本月，联合国教科文组织在巴黎总部举行专家评审会，在世界范围内评选出首批共28处地质公园，中国安徽黄山、江西庐山、河南云台山、云南石林、广东丹霞山、湖南张家界、黑龙江五大连池和河南嵩山等8处地质公园榜上有名。

本月，考古工作者在位于郑州市闹市区的商代早期都城遗址——郑州商城内找到了它的外郭城、护城壕，确认其面积约达 13km²。新的考古钻探资料表明，这是我国迄今发现的第一座具有一定规划布局的都城遗址，并且拥有完整的防御体系。

本月，按照《中共中央、国务院关于做好农业和农村工作的意见》（中发〔2003〕3 号）和《国务院办公厅关于落实中央、国务院做好农业和农村工作意见有关政策措施的通知》（国办函〔2003〕15 号）的要求，建设部会同国家发展改革委、民政部、国土资源部、农业部、科技部开展了确定全国重点镇工作。经六部委研究，决定将北京市昌平区小汤山镇等 1887 个镇列为全国重点镇。

本月，安徽省制定了《城市控制性详细规划管理办法》，《办法》明确了城市控制性详细规划应当作为城市规划建设管理的依据和城市国有土地使用权出让、转让的规划管理依据。

本月，北京市为了加强城市规划管理工作，制定了《〈北京市城市规划条例〉行政处罚办法》处罚细则（试行）。

本月，《北京城市总体规划》修编工作正式启动。以《北京城市空间发展战略研究》为主要依据，《北京城市总体规划》修编工作明确了 4 个重点内容：新城规划及功能布局调整；交通及基础设施规划；生态环境保护规划；历史文化名城保护规划。

本月，建设部出台了《关于优先发展城市公共交通的意见》。

本月，国务院派出 10 个督查组，分赴全国 20 个省（自治区、直辖市），对各地贯彻中央经济工作会议精神，清理和控制城市建设中脱离实际的宽马路、大广场建设等情况进行专项督查。

三月

1 日，由建设部、财政部、民政部、国土资源部、国家税务总局联合下发的《城镇最低收入家庭廉租住房管理办法》正式实施。新的管理办法进一步强化了政府的保障职能，明确了廉租住房资金来源，明确建立起住房补贴为主的三种保障方式。

4 日，建设部、商务部发出通知，决定开展《外商投资城市规划服务企业管理规定》的执法检查。

6 日，建设部以建规〔2004〕36 号文，发布《关于加强对城市优秀近现代建筑规划保护工作的指导意见》。

10 日，中央人口资源环境工作座谈会在京举行。中共中央总书记、国家主席胡锦涛主持座谈会并发表重要讲话。要深刻认识科学发展观对做好人口资源环境工作的重要指导意义，切实做好新形势下的人口资源环境工作。

10 日，根据"两会"和国务院领导讲话精神，中国城市规划协会受建设部城乡规划司委托，在京举办了城市规划科学发展观座谈会。来自北京、上海、天津、重庆、河北、辽宁、湖北、四川、哈尔滨、广州、深圳等地和中国城市规划设计研究院的有关规划方面的领导和专家出席了会议。会议就我国城市规划编制与实施中存在的主要矛盾和问题，如何以科学发展观推进城市规划设计的科学化进行了热烈的讨论。中国城市规划协会常务副会长邹时萌主持会议，城乡规划司副司长李兵弟作了总结。

14 ~ 16 日，"第一届建筑保护的理论与实践"国际会议在阿联酋著名城市迪拜举行。会议主题是：建筑保护的空间多样性的理论层面探讨和应用战略及可持续发展的政策法规。会议就上述议题进行了认真的讨论，并探讨了遗产真实性及阿拉伯世界城市的特殊性以及宗教在城市保护中的作用。应邀参加大会的中国代表团由建设部城乡规划司、中国城市规划设计研究院和中国建筑技术院的人员组成。城乡规划司傅爽作了"中国的历史名城保护政策与实践"的会议发言。

24 ~ 27 日，中国城市规划协会在合肥隆重召开"全国城市勘测五十周年庆祝大会"，建设部副部长仇保兴给大会发来贺信，中国城市规划协会会长、原建设部副部长赵宝江作了主题报告，建设部城乡规划司副司长李兵弟在会上讲话。会上宣读了建设部《关于表彰全国城市勘测工作先进单位和先进个人的通报》。赵宝江在报告中强调，城市勘测工作是城乡规划的前期和基础性工作，城市勘测工作的质量，直接关系到城市规划编制、城市建设与管理水平。要充分认识城市勘测工作的重要地位和作用，要适应市场经济规律、加快行业发展。及早研究和做好体制改革的准备。建设部通报表彰了在城市勘测工作中做出突出成绩的 50 个先进单位和 100 名先进个人。

30 ~ 31 日，建设部在成都召开城市规划管理体制改革座谈会。

31 日，经国务院原则同意，建设部以建规 [2004] 53 号文对《新疆维吾尔自治区城镇体系规划（2004—2020）》作出批复。

本月，商务部、建设部联合发出《关于做好地级城市商业网点规划工作的通知》。

本月，为了认真贯彻《中共中央国务院关于进一步加强和改进未成年人思想道德建设的若干意见》，建设部就建设系统加强和改进未成年人思想道德建设问题发出关于认真贯彻"意见"的通知。

本月，国家发改委规划司司长杨伟民在中国规划体制改革国际研讨会上表示，我国的"十一五"规划将把区域规划的编制和实施放在重要位置。

本月，建设部印发了《建设事业技术政策纲要》。

本月，建设部公布 2003 年度部级优秀勘察设计评选结果。本次评选包括优秀建筑设计、城镇住宅和住宅小区设计、市政工程设计、城市规划、村镇规划设计、工程勘察等。共评出优秀勘察设计项目 336 项。在获奖的项目中，优秀城市规划设计 100 项，其中一等奖 10 项，二等奖 30 项，三等奖 60 项；优秀村镇规划设计 17 项，其中二等奖 7 项，三等奖 10 项。10 个项目获得优秀城市规划设计一等奖，包括珠海市城市总体规划（2001—2020）（中国城市规划设计研究院、珠海市规划设计院）、深圳市总体规划检讨与近期建设规划（深圳市城市规划设计研究院）、上海市人民广场地区综合交通枢纽规划（上海市城市规划设计研究院）、江苏省都市圈规划（苏锡常都市圈规划、徐州都市圈规划、南京都市圈规划）（江苏省城市规划设计研究院）、北京历史文化名城保护规划（北京市城市规划设计研究院）、南京老城保护与更新规划（南京市规划设计研究院）、重庆市江北城（CBD）规划设计方案（中国城市规划设计研究院）、东湖新技术开发区控制性详细规划（武汉市城市规划设计研究院）、湖北省城镇体系规划（湖北省城市规划设计研究院）、广东省区域绿地规划研究（粤科城市与区域规划研究中心、佛山市城市规划勘测设计研究院）等。优秀村镇规划设计一等奖空缺，二等奖共 7 项，包括湖州市织里镇水系及滨河绿地规划（湖州市城市规划设计研究院）、灵石县静升镇总体规划、历史文化名城保护规划（山西省城乡规划设计研究院）、新疆生产建设兵团农业建设第六师一零三团团部骆驼井镇总体规划（新疆昌吉市建筑规划设计院）、武进遥观镇总体规划（江苏省城市规划设计研究院）、富顺县仙市镇规划（自贡市城市规划设计研究院）、鹿泉市大河镇规划（河北农业大学城镇规划设计研究院、上海同济城市规划设计研究院）、北京顺义区北郎中村总体规划（中国建筑设计研究院）。

本月，安徽省从今年开始在全省实行城市规划执行情况报告制度。实行城市规划执行情况报告制度是加强城市规划监督管理的重要措施之一。通过实行城市规划执行情况报告制度，各地城市规划行政主管部门能够准确掌握本地区的城市规划编制、执行情况和城市建设进度，上级主管部门也能够及时汇总全省的相关情况，发现城市规划执行中的问题，并针对实际情况，采取有效措施，加大对各地城市规划管理监督的力度，确保安徽省城市能够实现统筹、协调的发展。城市规划执行情况报告制度采取半年填报一次"城市规划执行情况统计表"、年终进行工作总结并填报"城市规划执行情况汇总表"的形式进行。

本月，为进一步规范国家重点风景名胜区申报审查工作，建设部制定了《国家重点风景名胜区审查办法》。《办法》规定，申报国家重点风景名胜区必须经省

（自治区、直辖市）人民政府审定公布为省（自治区、直辖市）级风景名胜区二年以上，风景名胜区面积必须在 10km² 以上。凡批准建立的国家重点风景名胜区必须在一年内编制完成风景名胜区总体规划，并按规定程序报国务院审批。

四月

1～2 日，在中国城市规划设计研究院召开了十五科技攻关课题"居住区及其环境的规划设计研究"中期成果研讨会。

6 日，中共中央政治局常委、中央纪委书记吴官正，中共中央政治局委员、国务院副总理曾培炎，中共中央书记处书记、中央纪委副书记何勇等领导同志到建设部视察中央纪委第三次全会及国务院第二次廉政工作会议精神落实情况，听取了建设部、农业部、财政部、劳动保障部关于坚决纠正城镇拆迁中分割居民利益的问题、坚决纠正拖欠和克扣农民工工资问题的汇报，并作了重要讲话。

14 日，历史文化名城专题研究班在京举行了开学典礼，来自 51 个历史文化名城的市长参加了由市长培训中心承办的专题研究班的学习。全国市长培训工作领导小组组长、建设部部长汪光焘，副组长、中国市长协会副会长赵宝江等出席了开学典礼。

本月，由北京市规划委和市文物局、市规划院共同组织开展的"第二批历史文化保护区保护规划"编制工作已经基本完成。北京又有 15 片历史文化保护区将得到全面保护。目前北京的历史文化保护区有 40 片。其中，旧城内有 30 片，总占地面积约 1278hm²，占旧城总面积的 21%。

本月，《北京旧城历史文化保护区房屋风貌修缮标准》出台，该标准对保护区内房屋修缮作出了详细规定。《标准》将文保区内的房屋分为一般房屋和重点房屋并制定了修缮标准。

五月

1 日，由建设部、文化部、国家文物局、联合国教科文组织中国委员会主办，首届南京世界历史文化名城博览会在南京举行了开幕式。建设部部长汪光焘在开幕式上讲话强调，历史文化遗产具有不可再生性和不可替代性，保护好城市的历史文化遗产，使之流传后世，是市长义不容辞的历史责任。

4 日，建设部副部长刘志峰在南京召开的"历史文化名城保护与居住文化论坛"上强调，要高度关注住宅的综合品质，要通过推动居住文化的创新和发展，提高住宅建设水平。

13 日，经国务院同意后，建设部会同国家发展和改革委、国土资源部、人民银行共同制定的《经济适用住房管理办法》颁布施行。

19 ~ 20 日，由国务院法制办公室、建设部与德国技术合作公司共同举办的中德城市规划法律中的公民参与国际研讨会，在北京召开。德国联邦议会副议长福尔默女士、建设部刘志峰副部长出席会议并讲话，国务院法制办公室郜风涛司长主持会议。会议就城市规划法律和城市规划程序中的公民参与问题，中德双方专家、学者分别介绍了各自的看法和工作经验以及南京、波茨坦的范例，任致远副会长还介绍了中国城市规划协会的工作及在规划程序中对政府行政的影响。大家一致认为，公民参与是一项十分重要的法律制度和民主程序，是体现以人为本，搞好城市规划和城市发展建设必不可少的重要步骤。

19 ~ 20 日，全国城市公共交通工作会议在京召开。建设部部长汪光焘在会上提出，要明确城市公共交通的性质地位和作用，充分重视城市公共交通工作。

21 日，国土资源部发出通知，要求认真贯彻落实国务院办公厅《关于深入开展土地市场治理整顿严格土地管理的紧急通知》。

21 日，为贯彻落实《国务院办公厅关于开展资源节约活动的通知》的精神，建设部发出通知，就进一步做好建设系统资源节约工作提出指导意见。

24 ~ 27 日，中国城市规划协会规划管理委员会法制专业组在武汉召开《行政许可法》施行的准备工作情况交流会。建设部法规司刘昕处长介绍了建设部关于贯彻实施《行政许可法》的意见。

29 ~ 30 日，《规划师》杂志社理事会 2004 年年会暨旅游规划与民居保护研讨会在桂林召开。

31 日至 6 月 1 日，由建设部主办、青岛市规划局协办的"中国—瑞士城市规划研讨会"在青岛举行。来自全国 15 个地市的规划部门负责人、相关专家近 30 人参加了会议。本次研讨会会议主题是"城市特色风貌的保护与继承"。

本月，国务院办公厅发出通知，决定在全国范围内深入开展土地市场治理整顿。

本月，全国第四批勘察设计大师评选揭晓。经过各单位的推荐和各行业的初审，并在全国公示、广泛征求意见后，报部常务会审定，授予徐瑞春等 6 名同志为全国工程勘察大师，刘力等 54 名同志为全国工程设计大师。

本月，上海市有关部门首次披露了调整后的世博园区规划范围方案。调整后，规划红线范围向浦西卢浦大桥西侧作了适当拓展，形成了"一区、一范围"方案。一区是指世博会场馆及配套设施区，规划范围总面积约 5.53km^2；一范围是指规划控制指导范围，在此范围内的新开发建设行为须在世博会整体规划控制指导下进行，同时将有步骤地改造该区域内原有建筑。据悉，调整后，世博会范围内的黄浦江岸线长度由 6.2km 增加到了 8.3km，将形成新的城市滨江景观线。

本月，北京市国土房屋管理局公布《关于鼓励单位和个人购买北京旧城历史文化保护区四合院等房屋试行规定的通知》。

本月，《北京市城市规划公示管理暂行办法（修订稿）》出台。

本月，建设部下发《关于加强对城市优秀近现代建筑规划保护工作的指导意见》，明确城市优秀近现代建筑是指 19 世纪中期至 20 世纪 50 年代建设的能反映城市发展历史、具有较高历史文化价值的建筑物和构筑物以及重要的名人故居和曾经作为城市优秀传统文化载体的建筑物。《意见》要求加强城市优秀近现代建筑的保护，编制专门的保护规划。

六月

6 日，国务院办公厅发出《关于控制城镇房屋拆迁规模，严格拆迁管理的通知》（国办发 [2004] 46 号），就进一步加强城镇房屋拆迁工作的有关问题作出如下通知：一、端正城镇房屋拆迁指导思想，维护群众合法权益；二、严格制定拆迁计划，合理控制拆迁规模；三、严格拆迁程序，确保拆迁公开、公正、公平；四、加强对搬迁单位和人员的管理，规范拆迁行为；五、严格依法行政，正确履行职责。《通知》指出，拆迁许可证的发放必须符合城市规划及控制性详细规划。

8 日，国土资源部、国家发展和改革委员会联合下发《关于在深入开展土地市场治理整顿期间严格建设用地审批管理的实施意见》，明确了暂停农用地转用审批和须报国务院审批的建设项目用地的范围、重点急需建设项目的确认程序、用地审查报批程序、遗留建设用地项目的清理等四个方面的规定。

10 日，建设部副部长仇保兴在第 37 届全国市长研究班结业式上提出，要认真对待中国城镇化高速发展期面临的若干挑战。

11 ~ 17 日，中国城市规划协会在西安市举办了学习贯彻《行政许可法》的研讨培训班。

15 日至 7 月 10 日，由香港大学城市规划与环境管理研究中心倡议、中国城市规划设计研究院深圳分院协助，为香港城市规划师学习内地规划体制举办了工作坊活动，先后在香港和深圳两地进行。

17 ~ 18 日，中国城市规划协会规划设计专业委员会在山东省青岛市召开了规划设计行业改革与发展研讨会。会议的主题是：体制改革、加强队伍建设、吸引人才、增强城市规划的科学性以及提高规划设计水平。

27 日，第一届世界地质公园大会在北京开幕。会议宣布了首批 25 个世界地质公园。安徽黄山、江西庐山、河南云台山、云南石林、广东丹霞山、湖南张家界、黑龙江五大连池、河南嵩山八家地质公园榜上有名。

28 日至 7 月 7 日，第 28 届世界遗产委员会会议在苏州召开。中国国家主席胡锦涛给大会发了贺信。7 月 1 日会议决定将中国高句丽王城、王陵及贵族墓葬等世界各地 16 个遗产地列为世界文化遗产，沈阳故宫、盛京三陵分别作为明清皇宫、皇家陵寝的扩展项目成为世界文化遗产。

29 日，新疆维自治区首次历史文化名城保护工作现场会在特克斯召开，会议的主题是进一步宣传贯彻《自治区历史文化名城街区建筑保护条例》，安排部署自治区历史文化名城街区建筑保护工作任务。与会者交流了各地历史文化名城街区建筑保护工作经验。

本月，由建设部城建司、中国风景园林学会主办的全国城市绿地系统规划研讨会在宁波召开。

本月，国务院发展研究中心发展战略和区域经济研究部部长李善同表示，中国"十一五"区域发展的思路脉络年底将确定，其政策制定的基础可能改变以往太粗的东中西划分方法，而以八大经济区域来取代。这八大经济区域是：南部沿海地区（广东、福建、海南）、东部沿海地区（上海、江苏、浙江）、北部沿海地区（山东、河北、北京、天津）、东北地区（辽宁、吉林、黑龙江）、长江中游地区（湖南、湖北、江西、安徽）、黄河中游地区（陕西、河南、山西、内蒙古）、西南地区（广西、云南、贵州、四川、重庆）、西北地区（甘肃、青海、宁夏、西藏、新疆）。

七月

1 日，《中华人民共和国行政许可法》正式施行。建设部为此制定了《建设行政许可听证工作规定》、《建设部机关行政许可责任追究办法》和《建设部机关对被许可人监督检查的规定》等配套制度，于 7 月 1 日与《行政许可法》同步施行，另外，《建设部机关实施行政许可工作规程》对建设部机关直接实施的行政许可项目从受理到送达以后的监督变更、撤销等一系列工作，作出了统一的规定和规范。

1 日，《北京居住建筑节能新标准》实施。

1 日，国务院副总理曾培炎主持召开会议，对全国地质灾害防治工作作出部署，他指出，要把三峡库区作为地质灾害防治的重中之重，切实维护人民群众的生命财产安全。

6 日，由中国城市规划设计研究院承担，沈阳建筑大学、广东省城乡规划设计研究院主要协作完成的小城镇规划标准体系研究课题通过科技部、建设部组织的验收与鉴定。

8 日,建设部在北京召开了全国村镇建设工作会议。温家宝总理对会议的主题作了重要指示,明确要求:"现在召开这个会议,主题要与贯彻中央宏观调控政策措施相衔接。"曾培炎副总理对大会批示指出:"搞好村镇规划建设工作,对于推进全面建设小康社会具有重要意义。要加强对村镇建设的规划指导和实施管理,集约使用土地,保证建设质量,为统筹城乡发展,解决'三农'问题做出新的贡献。"建设部部长汪光焘,副部长刘志峰、仇保兴、傅雯娟、黄卫,中纪委驻部纪检组组长姚兵出席了会议。汪光焘、仇保兴在会上作了重要讲话,部分省、直辖市的代表在会上交流了经验。

16 日,国务院发布《关于投资体制改革的决定》,将城市规划纳入"企业投资监管体系"。

25 日,由北京安邦咨询公司主办的"与彼得·霍尔爵士对话:交通与世界城市"国际研讨会,在上海举行。被誉为"世界级城市规划大师"的彼得·霍尔爵士(Sir Peter Hall),是英国城市地理学家,英国剑桥大学博士,任著名的英国伦敦大学巴特列特建筑与规划学院教授,英国社会研究所所长。他为英国副首相城市发展行动小组提供特别顾问,同时,他也指导多个国家和地区的城市及区域发展战略。

26 日,建设部、公安部、民政部、中央社会经济治安综合治理委员会办公室、农业部就加强农村消防安全工作发出通知,要求加强村镇消防规划和消防基础设施建设,努力从根本上改善农村消防安全条件。

27 日,建筑界 10 名院士上书温家宝总理,质疑部分奥运工程"崇洋奢华"。王岐山表示要树节俭办奥运的观念。

本月,《海河流域防洪规划》通过评审,海河流域 2001—2020 年的防洪建设蓝图已定。

本月,国务院常务会议通过了《地震监测管理条例》,9 月 1 日起施行。

本月,上海市政府通过《上海市土地储备办法》,决定从今年 8 月 1 日起建立土地储备机制,以加强政府对土地一级市场的调控力度。

本月,广东省政府常务会议通过《广东省城市控制性详细规划管理条例》草案。

本月,新华社授权发布了《国务院关于投资体制改革的决定》。

本月,《珠江三角洲城镇群协调发展规划》通过了专家组论证。广东省委书记张德江、省长黄华华,建设部部长汪光焘、副部长仇保兴,两院院士周干峙等出席了论证会。

本月,建设部下发了《关于贯彻〈中共中央、国务院关于进一步加强人才工作的决定〉的意见》,明确了建设人才工作的指导思想和总体目标。

八月

1 日，国家发改委、建设部、铁道部、交通部、信息产业部、水利部和民航总局七部门联合制定的《工程建设项目招标投标活动处理办法》施行。

7 日，建设部高等城市规划学科专业指导委员会第一届第六次年会在北京大学召开。建设部高等城市规划学科专业指导委员会全体委员、国家城市规划主管部门的有关领导和全国几十所设置城市规划专业的高等院校的领导及教师代表参加了会议。建设部人事教育司司长李秉仁、北京大学副校长林建华、中国城市规划协会副理事长邹时萌、中国城市规划学会秘书长石楠、北京大学环境学院院长江家驷等出席会议并致辞。两院院士吴良镛在会上作学术报告，指出：城市是个复杂系统，城市规划是个复杂学科，需要融汇多种学科，需要总结经验教训，不断开拓。我国的规划师应有思想者的智慧、政治家的谋略，要敢于打破陈规。城市规划学科专业指导委员会成立于 1998 年 8 月，当时全国开设城市规划专业的高等院校不足 30 所，截至 2004 年，据不完全统计，开设城市规划专业的院校已经发展到了 108 所。会上，建设部向今年通过城市规划专业教育评估的同济大学、清华大学、天津大学、东南大学、哈尔滨工业大学、重庆大学、山东建工学院、华南理工大学颁发了全国高等院校城市规划与设计专业教育质量评估合格证书。通过评估的院校的老师介绍了办学经验，与会人士就城市规划学科建设及专业教学展开了热烈的交流与探讨。会议期间，专业指导委员会对高等院校城市规划专业学生的社会调查作业进行了评审。

9 日，建设部发出通知，决定在建设系统实施六项办事公开制度（试行）。即：城市规划办事公开制度、企业资质管理办事公开制度、城市市政公用行业办事公开制度、房地产交易与房屋权属登记办事公开制度、住房公积金办事公开制度以及城市房屋拆迁办事公开制度。

24 日，建设部制定印发了《城镇房屋拆迁管理规范化工作指导意见（试行）》。《指导意见》对拆迁管理机构及人员规范化服务提出了具体要求，包括健全管理机构、配备专职管理人员、健全管理规范化的相关制度、实现房屋拆迁管理信息化、建立健全拆迁档案管理制度、公开办事制度、服务行为规范、建立拆迁初信初访责任制以及拆迁纠纷调处机制等 8 项要求。

28 日，十届全国人大常委会第十一次会议通过了《土地管理法》修正案，使这部法律与今年 3 月通过的《宪法》修正案保持一致。根据《宪法》修正案第二十条关于"国家为了公共利益的需要，可以依照法律规定对土地实行征收或者征用并给予补偿"的规定，有必要对《土地管理法》中有关土地"征用"的内容作出修改。《土地管理法》第二条第四款"国家为公共利益的需要，可以依法对集体所有的土地实行征用"中的"征用"主要是改变土地所有权，也有的并不改变土地所有权。为了区别两种不同的情况，与《宪法》相一致，这一款修改为："国家为了公共利益的需要，可以依法对土地实行征收或者征用并给予补偿。"根据《宪法》修正案说明中关于"征收主要是所有权的改变，征用只是使用权的改变"的内容，将《土地管理法》第四十三条第二款、第四七五条、第四十六条、第四十七条、第四十九条、第五十一条、第七十八条、第七十九条中的"征用"修改为"征收"。

本月，国务院五部委对全国土地市场治理整顿阶段性检查验收结束。1～7月，全国共清理出各类开发区 6866 个，规划用地面积 3.86 万 km^2。据不完全统计，全国已撤销各类开发区 4813 个，占开发区总数的 70.1%；核减开发区规划用地面积 2.49 万平方公里，占原有规划面积的 64.5%。

本月，山东省建委出台了指导意见，进一步规范全省城市规划设计市场。指导意见要求，不同层次的规划应选择相应的规划设计单位。城市发展战略规划研究提倡委托大院名校与省内规划设计单位等多家单位同台竞技，拓宽思路，进行多方案比选和整合，做到优中选优。城市总体规划、控制性详细规划提倡委托规划设计院，以保证规划成果质量。按照《外商投资城市规划服务企业管理规定》严禁将有关城市总体规划的任务委托给外商投资企业。修建性详细规划（城市设计）应按照《山东省城市详细规划设计方案征集办法》（试行）的要求，全面推行方案征集制度，放开规划市场，引入外商投资企业、大院名校与省内规划设计单位进行竞争，营造一个公开、公正、公平竞争的市场环境。意见强调，各级城市规划行政主管部门要严格把关，做好规划设计前期工作及规划成果的论证、审查工作。

九月

9 日，建设部委托中国建筑学会召开"新时期建筑方针座谈会"，"实用、经济、美观"方针被肯定。

16～17 日，由中国城市规划协会、上海城市规划行业协会、同济大学建筑与城市规划学院联合举办的"全国日照规划管理研讨会"在上海召开。与会代表在工作经验基础上，对建筑日照问题进行了总结和讨论，提出改进、完善的建议，在就此问题进行国内外比较研究的基础上，提出了新的见解。

19～21 日，2004 城市规划年会暨中国城市规划学会换届大会在北京召开，共话"面向小康社会的城市规划"。建设部部长汪光焘向会议提交了题为"贯彻落实科学发展观　改进城乡规划编制"的书面交流材料，副部长仇保兴致信表示祝贺。规划界资深人士曹洪涛、郑孝燮、储传亨、吴良镛、赵宝江、周干峙等参加了开幕式。建设部城乡规划司司长唐凯到会致辞。会议由中国城市规划学会副理事长王静霞主持。

26 日，首届世界大城市带发展高层论坛在江苏南通举行，论坛由博鳌亚洲论坛、中国市长协会和江苏省南通市人民政府主办，全国人大常委会副委员长顾秀莲出席。来自 26 个国家和地区的 43 个城市的市长或市长代表以及长江三角洲 16 个城市的市长或市长代表出席了论坛。博鳌亚洲论坛理事长、菲律宾前总统拉莫斯，新西兰前总理希普莉，韩国前总理李寿成与会并致辞。出席论坛的中外市长举行了圆桌会议，就工业化、信息化、城市化与大城市带，大城市带形成中的行政区划和经济区划，大城市带中的文化、生态、人文和社会问题，大城市带的城市规划等主题进行了交流，讨论通过了《首届世界大城市带发展高层论坛南通宣言》。

29 日，建设部以建规［2004］167 号文，要求各地进一步加强和改进未成年人活动场所的规划建设工作。通知要求：在城市总体规划（包括县城关镇总体规划）、详细规划、居住区规划的编制、审批中必须严格执行《城市规划法》、《城市规划编制办法》、《城市用地分类与规划建设用地标准》（GBJ137—1990）、《城市居住区规划设计规范》（GB50180—1993）等法规和标准的规定，保证未成年人活动场所的建设用地。要把包括未成年人活动场所在内的文化、教育、科技、体育等公共设施的规划内容，作为城市总体规划、详细规划的强制性内容；在城市的旧区改建或新区开发中心须配套建设包括未成年人活动场所在内的文化、教育、科技、体育等公共设施。

30 日，建设部以建综［2004］169 号文，发出《建设部关于贯彻落实〈中共中央国务院关于实施东北地区等老工业基地振兴战略的若干意见〉的意见》的通知。《意见》强调，要加强规划指导和服务，发挥城乡规划的综合调控作用。要强化东北地区城市建设与发展的区域协调。重视发挥城乡规划对老工业基地经济建设和社会发展的综合调控作用，加强城乡规划的编制和实施监督，为落实振兴战略的各项政策措施和战略部署提供规划服务。

本月，建设部下发了《关于创建"生态园林城市"实施意见的通知》，要求各级建设行政主管部门准确把握"生态园林城市"的基本内涵。生态城市是城市生态化发展的结果，是人类住区发展的高级阶段。把创建"生态园林城市"作为建设生态城市的阶段性目标。

本月，英国伦敦大学教授《大伦敦规划》的主要编制者、欧盟规划委员会前主席罗宾·汤普生先生在考察我国江苏省城市土地利用状况和城市规划后，对该省城市用地和规划提出建议。

本月，国庆节、中秋节来临之际，中国城市规划协会在京举办了老同志"双节"座谈会。参加座谈会的主要是曾经在建设部城市规划司、中国城市规划设计研究院、北京市城市规划设计研究院工作过的部分退休老同志，赵士修、赵士绮、邹时萌、陈为邦、汪德华、严仲雄、柯焕章、任致远、迟顺芝等参加了座谈会。

本月，由河南省城乡规划设计研究院承担的建设部援藏项目《西藏自治区城镇体系规划》通过了部级技术评审。参与评审的专家对此项规划给予了较高的评价，认为规划成果基本符合国家要求和西藏发展的实际，对西藏的地方特点和城镇发展条件作了较深入的分析评价。规划重视并加强了突出西藏地方特色、重视生态环境保护两个方面内容，并作为规划的强制性内容，使规划成果更加突出重点和富有特色。规划在城镇发展战略上，把以拉萨为核心的"一江三河"中部地区作为城镇发展的重点区域，"生态优先、交通带动、强化中心、分区组织、展开两翼、开放口岸"的空间组织构想，对西藏重点发展市、镇的发展方向和功能定位等方面的确定符合西藏的实际，对制定因地制宜、分类指导的城镇发展方针有重要的作用。《西藏自治区城镇体系规划》编制工作历时4年，期间建设部、西藏自治区政府及河南省建设厅始终予以大力支持。建设部领导曾亲率专家赴西藏考察并指导工作，大纲完成后，建设部及时联合有关部委在北京召开部际联席会议，对大纲进行论证，这在全国省域规划工作中是绝无仅有的。

本月，2008年北京奥运主会场国家体育场"鸟巢"设计方案作优化调整，扩大屋顶开口，取消原设计方案中可开启屋顶。

十月

1日，《上海市居住证暂行规定》实施。《居住证》具有下列主要功能：（一）作为持有人在本市居住的证明；（二）用于办理或者查询卫生防疫、人口和计划生育、接受教育、就业和社会保险等方面的个人相关事务和信息；（三）记录持有人基本情况、居住地变动情况等人口管理所需的相关信息。《居住证》的持有人符合一定条件的，可以申请转办上海市常住户口。

8日，中国气象局、建设部发出《关于加强气象探测环境保护的通知》。《通知》要求建立和完善相关备案制度和相关协作沟通机制。各级气象部门要主动加强与当地建设规划部门联系，建立、健全相关的备案制度，及时将相关法律、法规、规章规定的气象探测环境和设施的保护范围和标准报当地建设规划部门备案；各地在制定和实施城乡规划时，要严格依据有关法律法规，切实保护气象探测环境和设施，减少或者避免因城市或者乡镇规划建设项目导致气象探测环境和设施受到影响和破坏。建设规划部门应当与气象部门建立和完善城市建设规划协作沟通机制。建设规划部门应当在制定城市发展规划和审批可能影响已建气象台站探测环境和设施的建设项目时，主动听取气象部门的意见，并事先征得具有行政审批权限的气象主管机构的同意，新建、改建、扩建气象台站和设施，应当符合气象设施建设规划和城乡规划。

10 日，中国城市规划协会发布全国城市规划行业优秀规划工作者及资深规划工作者的评选活动结果。经建设部批准，中国城市规划协会于 2004 年 6 月启动全国城市规划行业优秀规划工作者及资深规划工作者的评选活动。通过各省、直辖市、自治区建设厅、省规划协会初步审查推荐，中国城市规划协会进行综合评定，评选出 190 人获优秀规划工作者荣誉奖，860 人获资深规划工作者贡献奖。

11 ～ 13 日，由吉林省建设厅组织的东北三省第十四次城市规划学术论文交流会，在吉林省集安市隆重召开。

13 日，温家宝总理主持召开国务院常务会议，讨论《国务院关于深化改革严格土地管理的决定》，部署加强和改进土地管理工作。

16 ～ 20 日，全国大遗址保护规划现场研讨会在西安举行。会上有 12 家文物保护工程甲级资质单位介绍了编制大遗址保护规划的经验，交流和探讨了大遗址保护规划编制与管理过程中应注意的问题。会议还考察了汉长安城遗址和唐大明宫遗址复原工程。

18 日，中国城市规划设计研究院建院 50 周年庆典仪式在中规院新办公大楼隆重举行。会议由中规院党委书记陈锋主持，李晓江院长致辞。建设部部长汪光焘、副部刘志峰对院庆 50 周年表示祝贺，建设部副部长黄卫代表建设部到会并讲话。庆典仪式上，院领导为中规院资深职工颁发了证书。庆典仪式结束后，代表们参观了中规院为院庆 50 周年举办的展览。建设部副部长黄卫在庆祝会上发表了讲话，他对中规院所取得的成绩给予了充分肯定和高度评价，并对中规院的工作提出了要求。他希望作为国内重要的城市规划设计研究单位，要增强历史责任感和紧迫感，把提高规划水平始终作为全院工作的重中之重，要志存高远，创建国际一流的规划院，尽快跻身于国际一流的规划院、所行列。19 ～ 20 日，中规院在北京京西宾馆举行了大型学术报告会，来自国内外有关专家学者共 1100 余人参加了会议。会上有 25 位专家、学者宣读了论文。

23 ～ 26 日，中国城市规划协会城市规划管理专业委员会二届三次年会在河南郑州召开。与会代表就贯彻实施《行政许可法》、精简审批程序、转变政府职能的情况，改革规划管理体制、加大宏观调控力度、实行优质服务的情况以及新一轮总体规划的修编情况进行了广泛交流和深入研讨。

29～31日，中国城市规划学会历史名城规划学术委员会年会在历史文化名城扬州举行。

本月，国务院南水北调工程建设委员会出台《南水北调工程建设管理的若干意见》，这标志着南水北调工程建设管理有了基本制度，也为对工程建设依法管理奠定基础。

本月，建设部下发关于贯彻《国务院关于深化改革严格土地管理的决定》的通知。《通知》要求切实做好土地利用总体规划与城乡规划的相互衔接工作。（一）依法做好土地利用总体规划、城市总体规划、村庄和集镇规划的相互衔接工作。城市总体规划、村庄和集镇规划中建设用地规模不应超过土地利用总体规划确定的城市和村庄、集镇建设用地规模。在城市规划区内、村庄和集镇规划区内，城市和村庄、集镇建设用地必须符合城市规划、村庄和集镇规划。（二）在城乡规划制定工作中加强基本农田的保护。城市总体规划、村庄和集镇规划要把规划区内基本农田保护范围作为强制性内容，在图纸上详细标明。凡调整城市总体规划、村庄和集镇规划涉及基本农田的，调整前必须报请原审批机关认可，经认可后方能调整；（三）充分发挥近期建设规划的综合协调作用。近期建设规划与经济社会发展五年规划、房地产业和住房建设发展中长期规划要相互衔接，统筹安排规划年限内的城市建设用地总量、空间分布和实施时序，合理确定各类用地布局和比例。各地要依据近期建设规划，结合土地利用年度计划，确定城市建设发展的年度目标和安排。要优先安排危旧房改造和城市基础设施中拆迁安置用房、普通商品住房、经济适用住房建设项目用地，保证近期建设规划中确定的国家重点建设项目和基础设施项目用地。

本月，建设部根据《行政许可法》和《国务院对确需保留的行政审批项目设定行政许可的决定》（国务院令第412号）的有关规定，就国务院决定所列涉及建设部职能的十五项行政许可条件作出规定。城市规划方面主要包括：城市规划执行资格注册条件；城市规划编制单位资质认定条件；外商投资企业城市规划服务资格证书；风景名胜区建设项目选址审批条件；改变绿化规划、绿化用地的使用性质审批条件。

十一月

1日，"2004年中国市长论坛"在广州市花都区举行，建设部部长汪光焘作主题报告时指出，中国特色的城镇化本质上是城乡协调发展、城乡居民共同富裕。

论坛以"城乡统筹规划与协调发展"、"城乡统筹管理与建设"、"投融资与城乡经济"三个专题进行研讨。

2 日，国土资源部印发《关于加强农村宅基地管理的意见》，要求各地切实落实国发［2004］28 号文，进一步加强农村宅基地管理，正确引导农村村民住宅合理建设，节约使用土地，切实保护耕地。《意见》从规划、审批、农地整理和法制等 4 个方面提出了 13 条意见。在规划方面，《意见》要求各地要结合土地利用总体规划修编工作，抓紧编制完善乡（镇）土地利用总体规划，按照统筹安排城乡建设用地的总要求和控制增量、合理布局、集约用地、保护耕地的总原则，合理确定小城镇和农村村民点的数量、布局、范围和用地规模。

2～6 日，国家文物局在石家庄召开了全国文物保护工程汇报会。会议就"故宫保护维修工程"，"三峡文物保护工程"，"漳州文庙保护工程"，"西藏三大文物保护工程"和"开善寺保护维修工程"进行了交流。

6 日，中国循环经济发展论坛在上海举行，国务院副总理曾培炎出席会议并讲话。国际城市可持续能源发展市长论坛在昆明举行。中国工程院院长徐匡迪在讲话中指出，在日益加速的城市化进程中，要优先发展快速公交系统，积极推动建筑节能，以确保城市实现可持续发展。

6～8 日，中国城市规划协会成立十周年庆祝活动暨会员代表大会在武汉市隆重举行。来自 28 个省、市、自治区城市规划行业的与会代表 709 人，加上其他来宾和大量工作人员，参会人员近千人。建设部部长汪光焘亲临会议作重要讲话，中共中央政治局委员、湖北省省委书记俞正声看望了与会代表并作了重要讲话，给予大家很大的鼓舞。6 日上午，"共铸辉煌——全国城市规划行业十年发展成就展"剪彩仪式在国际会展中心四楼举行，为庆祝活动拉开了帷幕。在全体大会上，首先由中国城市规划协会会长赵宝江作了题为"充分发挥协会的桥梁和纽带作用，促进城市规划行业建设和健康发展"的工作报告。接着，会议举行了颁奖仪式。协会副秘书长赵云伟宣读了获奖名单。共计 100 个项目获得了"2003 年度建设部部级优秀城市设计奖"，其中一等奖 10 项，二等奖 30 项，三等奖 60 项；共计 190 位优秀工作者获得了"全国城市规划行业优秀工作者荣誉奖"；共计 866 位资深工作者获得了"全国城市规划行业资深工作者贡献奖"。随后举行的"中国城市规划行业改革与发展报告会"，两院院士、清华大学吴良镛教授和两院院士、原建设部副部长周干峙首先作了主旨报告。另外 8 位国内外人士也作了精彩报告。会议还举办了"城市规划管理"、"城市规划设计"、"城市勘察测绘"三个专题论坛。建设部部长汪光焘不仅作了题为"树立和落实科学发展观　推进经济和社会持续健康发展——充分认识城乡规划的作用地位"的重要讲话，还召集部分省建设厅厅长、市规划局局长和省、市城市规划设计研究院院长座谈。大会还听取了协会秘书长王燕和副秘书长暴玉林分别对《中国城市规划行业自律公约》、《中国城市规划协会二级专业委员会管理办法》的起草说明。《中国城市规划行业自律公约》自发布之日起执行，《中国城市规划协会二级专业委员会管理办法》自2004年12月1日起施行。

15日，国务院在沈阳召开振兴东北地区等老工业基地工作座谈会，国务院总理温家宝发表重要讲话。

16～21日，中国城市规划协会规划管理专业委员会对外交流组2004年年会在广州召开。会上来自南京、杭州、广州、天津、西安、长春、武汉、重庆和桂林的代表分别就各自单位在对外活动中取得的经验和遇到的问题进行了广泛地交流，并就大家关注的"引进境外规划设计专业力量参与城市规划"问题进行了热烈的讨论。会议期间对外交流组参观考察了香港、澳门城市规划与建设，与香港规划署交流了城市规划工作，参观了香港城市规划展览。期间，中国城市规划协会秘书长王燕和对外交流组组长、南京市规划局原局长何惠仪还应邀出席了香港规划师学会二十五周年庆典活动。

25～26日，中国城市规划学会小城镇规划学术委员会在广东省中山市召开了第16届年会。

25～26日，中国城市规划协会女规划师委员会第二届第三次年会在宁波召开。

本月，国土资源部印发《关于完善农用地转用和土地征收审查报批工作的意见》，要求各地进一步严格建设用地审查报批。

本月，国土资源部会同有关部门，按照土地利用总体规划和城市总体规划，对各省（区、市）经过清理整顿后上报保留的开发区进行了审核，共有52个国家级经济技术开发区首批通过审核，可以恢复正常的建设用地供应。

本月，劳动和社会保障部、建设部印发《建设领域农民工工资支付管理暂行办法》。

本月，广东省人大审议通过《广东省城市控制性详细规划管理条例》。

本月，建设部、民政部联合发出关于进一步做好社区未成年人活动场所建设和管理工作的意见。就进一步做好社区未成年人活动场所建设和管理工作，提出具体意见，要求各地统筹规划，明确责任，积极配合，狠抓落实。

本月，针对目前存在的越权减免、应缴未缴新增建设用地土地有偿使用费等突出问题，财政部、国土资源部、中国人民银行联合下发通知，提出了新增建设用地土地有偿使用费征收、使用管理的新规定。

十二月

1 日，国土资源部新修订的《建设项目用地预审管理办法》施行，中国将实行建设项目用地分级预审。

7 日，国土资源部下发了《关于开展全国城镇存量建设用地情况专项调查工作的紧急通知》，决定从 2004 年 12 月 10 日至 2005 年 3 月 31 日开展全国城镇存量建设用地情况专项调查工作。此次调查的基本目标是全面查清城镇存量建设用地的基本情况，分析土地集约利用潜力，研究鼓励盘活存量建设用地的政策措施。

本月，为进一步扩大对外开放，开发利用我国丰富的旅游资源，促进我国旅游业由观光型向观光度假型转变，加快旅游事业发展，国务院决定在条件成熟的地方试办国家级旅游度假区，鼓励外商投资开发旅游设施和经营旅游项目。目前，经国务院批准设立的国家级旅游度假区有：三亚亚龙湾旅游度假区、昆明滇池旅游度假区、北海银滩旅游度假区、广州南湖旅游度假区、湄洲岛旅游度假区、武夷山旅游度假区、横沙岛旅游度假区、杭州之江旅游度假区、太湖旅游度假区、大连金石滩旅游度假区、青岛石老人旅游度假区。

本年度出版的城市规划类相关著作主要有：《城市规划与城市化》（高毅存编著）、《面向未来的城市规划和设计：可持续性城市规划和设计的理论及案例分析》（黄琲斐编著）、《城市规划建设与管理散论》（赵晶夫著）、《紧缩城市：一种可持续发展的城市形态》（[英] 迈克·詹克斯编著，周玉鹏译）、《中国城市建设史》（董鉴泓主编）、《城市规划管理与法规》（耿毓修编著）、《现代城市规划》（程道平编著）、《城市规划的保护与保存》（[美] 纳赫姆·科恩编著，王少华译）、《区域研究与规划》（杜宁睿编著）、《新都市主义宪章：区域·邻里街区廊道·街块街道建筑》（[美] 新都市主义协会编，杨北帆译）、《城市规划社会调查方法》（李和平、李浩编著）、《城市生态安全导论》（曹伟著）、《城市规划研究丛书》（张春祥主编）、《城市规划与城市设计》（宋培抗主编）、《城市规划管理信息系统》（孙毅中编著）、《城市绿地系统规划与设计》（刘骏、蒲蔚然编著）、《城市形态的整合》（刘捷著）、《基于区域整体的郊区发展：巴黎的区域实践对北京的启示》（刘健著）、《美国城镇规划——按时间顺序进行比较》（[美] 凯勒·伊斯特林著，何华、周智勇译）、《城记》（王军著）、《生命的景观：景观规划的生态学途径》（[美] 斯坦纳著，周年兴等译）、《街道与广场》（[英] 克利夫·芒福汀著，张永刚、陈卫东译）、《黑川纪章城市设计的思想与手法》（[日] 黑川纪章著，覃力等译）。

2005 年

一月

5 日，建设部发出《关于加强城市总体规划修编和审批工作的通知》。《通知》要求：一、充分认识做好城市总体规划修编工作的重要性；二、切实加强城市总体规划与土地利用总体规划的协调和衔接；三、认真做好城市总体规划修编的前期论证工作；四、改进和完善城市总体规划修编的方法与内容；五、严格执行城市总体规划审批制度。《通知》要求，各地在修编城市总体规划前，要对原总体规划实施情况进行认真总结，前瞻性研究城市的定位和空间布局等战略问题，要客观分析资源条件和制约因素，解决好资源保护、生态建设、重大基础设施建设等城市发展的主要环节。目前正在修编的由国务院审批城市总体规划的城市，应当按照合理限制规模、防止滥占土地、与土地利用总体规划协调和衔接以及完善城市总体规划修编方法和内容的要求，对总体规划修编工作进行检查。

9～10 日，由建设部主办的全国城市总体规划修编工作会议在合肥召开。会议主题是总结历史，更新观念，示范带动，抓住战略机遇期，确立正确的方针，指导总体规划的修编。汪光焘部长提出总规修编必须注意几点：1. 要认真研究城市前瞻性、综合性、战略性的发展目标，为经济社会各项事业发展提供可选择的空间布局；2. 认真研究本地区的资源（土地、水、能源）、环境问题，体现城市可持续发展；3. 强调城乡统筹、区域协调是城市总体规划编制的重要理念；4. 适应社会主义市场经济体制改革的要求，城市总体规划才会适应历史机遇期；5. 要充分体现"以人为本"，实现公开、公正、公平，加强公众参与；6. 大城市城市总体规划修编要先期研究城市交通改善，突出城市公共交通优先战略的落实；7. 应用现代科技手段和成果，改进规划修编和实施监督。

12 日，国务院总理温家宝主持召开国务院常务会议，讨论并原则通过了《北京城市总体规划（2004—2020）》。会议认为，这次规划修编采取"政府组织、依法办事、专家领衔、部门合作、公众参与、科学决策"的方式，突出了首都发展的战略性、前瞻性，抓住了若干重大问题，形成的总体规划比较成熟，符合北京市的实际情况和发展要求。新规划将北京城市发展的目标确定为国家首都、世界城市、文化名城和宜居城市，对北京市的空间布局作了大的调整。提出构建"两轴—两带—多中心"的新城市空间格局。

26 日，国务院总理温家宝主持召开国务院常务会议，审议并原则通过了《国家突发公共事件总体应急预案》。

27 ~ 29 日，国务院副总理曾培炎在陕西考察时强调，要全面落实科学发展观，搞好城市规划和土地规划修编，并提出五点要求：一是加强科学论证，合理确定城市规模和性质；二是突出节地、节水、节能，促进城市可持续发展；三是优化空间布局，促进区域协调发展；四是改善人居环境，统筹城市基础设施建设；五是严格规划程序，提高规划的权威性。

二月

19 日，国家主席胡锦涛在中共中央举办的省部级主要领导干部提高构建社会主义和谐社会能力专题研讨班上作了重要讲话。他指出，构建社会主义和谐社会，是我们党从全面建设小康社会、开创中国特色社会主义事业新局面的全局出发提出的一项重大任务，适应了我国改革发展进入关键时期的客观要求，体现了广大人民群众的根本利益和共同愿望。胡锦涛指出，实现社会和谐，建设美好社会，始终是人类孜孜以求的一个社会理想，根据新世纪新阶段我国经济社会发展的新要求和我国社会出现的新趋势、新特点，我们所要建设的社会主义和谐社会，应该是民主法治、公平正义、诚信友爱、充满活力、安定有序、人与自然和谐相处的社会。

28 日，环保总局副局长潘岳宣布绿色 GDP 核算试点工作在 10 省市启动。试点主要包括三方面内容：建立地区环境核算框架；开展污染损失调查，建立地区污染经济损失估算模型和估算方法，确定估算技术参数；在污染损失调查、污染实物量核算和环境污染治理成本调查的基础上开展环境核算。

三月

12 日，中央人口资源环境工作座谈会在北京举行。国家主席胡锦涛主持座谈会并发表重要讲话，强调全面落实科学发展观，进一步调整经济结构和转变经济增长方式，是缓解人口资源环境压力、实现经济社会协调可持续发展的根本途径。

16 日，国务院总理温家宝主持召开国务院常务会议，审议并原则通过《长三角地区、环渤海京津冀地区、珠三角地区城际轨道交通网规划》。

28 日，人民日报以"圆明园湖底正在铺设防渗膜保护还是破坏"为题，率先报道了圆明园防渗工程事件，引起了社会各界的强烈反响。3 月 31 日，环保总局发出停工令；4 月 13 日，环保总局就防渗工程举行了环评听证会；此后，清华大学就防渗工程展开环境影响评价；7 月 7 日，环保总局要求防渗工程进行全面整改；8 月中旬，圆明园管理处按要求进行了整改。

四月

本月，建设部以"保持共产党员先进性教育活动"为契机，开始组织《全国城镇体系规划（2006—2020）》的编制工作，该规划于 2007 年 1 月上报国务院。

五月

3 日，在上海"中法建筑与城市发展论坛"上，法国驻上海总领事代表法国政府向王景慧、阮仪三、周俭颁发"艺术与文学骑士勋章"。法国政府将"艺术与文学骑士勋章"授予 3 位中国专家是为表彰他们在中国历史文化名城保护及中法学术交流方面所作出的杰出贡献。

19 日，建设部发布《关于建立派驻城乡规划督察员制度的指导意见》。我国将建立派驻城乡规划监督员制度，通过上级政府向下一级政府派出城乡规划督察员，依据国家有关城乡规划的法律、法规、部门规章和相关政策以及经过批准的规划、国家强制性标准，对城乡规划的编制、审批、实施管理工作进行事前和事中的监督，及时发现、制止和查处违法违规行为，保证城乡规划和有关法律法规的有效实施。

28 日，建设部副部长仇保兴在南京大学"部长论坛"作的《中国城镇化的机遇和挑战》的报告指出，中国加快城镇化是大势所趋，面临着空前且绝后的机遇。但城镇化是一把双刃剑，城镇化进入良性的发展轨道，会促进经济的快速增长，反之则会带来很多的负面影响。

31 日，建设部向社会公布《关于发展节能省地型住宅和公共建筑的指导意见》。

六月

2 日，在国务院新闻办公室举行的新闻发布会上，国家环境保护总局首次发布了《中国的城市环境保护》报告。

8 日，国家发改委在唐山召开京津冀都市圈区域规划工作座谈会，就做好区域规划的研究和编制工作进行交流。这标志着京津冀都市圈区域规划工作由前期准备阶段进入了实质性工作阶段。这次规划涉及河北省 8 个设区市的 80 多个县（市），面积占京津冀都市圈规划区的 85% 左右，人口占 63%。

11 日，建设部村镇建设办公室在北京召开三农问题与村镇建设——"两个趋向"重要论断理论与实践高层研讨会。胡锦涛总书记在党的十六届四中全会上提出了"两个趋向"重要论断："纵观一些工业化国家发展的历程，在工业化初始阶段，农业支持工业、为工业提供积累是带有普遍性的趋向；但在工业化达到相当程度以后，工业反哺农业、城市支持农村，实现工业与农业、城市与农村协调发展，也是带有普遍性的趋向。"本次研讨会明确认为，"两个趋向"重要论断明确了新形势下的工农关系和城乡关系，指明了通过城乡统筹支持农业、农村发展与村镇建设的方向，对解决我国"三农"问题、推进城镇化、农村全面建设小康社会和构建和谐社会具有重大的理论与现实意义。

17 日，刘志峰副部长在"节能省地生态——住宅产业可持续发展高峰论坛"上发表讲话，主题为"大力推进住宅产业化，加快发展节能省地型住宅"。

23 日，中国市长协会在京举行《中国城市发展报告（2003—2004）》首发式暨报告会。该年度《报告》集中探索了中国城市化如何落实统筹城乡发展的基本思考，即必须把统筹城乡发展，城市反哺农村，工业支援农业，形成区域经济一体化，作为今后整个城镇化发展的方向。研究了中国城市化在统筹城乡发展中的粮食安全、土地管理、就业问题、城市开发、区域经济一体化等方面，并提出了新的研究成果。

30 日，中共中央政治局常委、国务院总理温家宝在全国做好建设节约型社会近期重点工作电视电话会议上强调，加快建设节约型社会，事关现代化建设进程和国家安全，事关人民群众福祉和根本利益，事关中华民族生存和长远发展，要从全局和战略的高度，迅速行动起来，近期要着力抓好以下几个方面的重点工作：1. 大力节约能源；2. 大力节约用水；3. 大力节约原材料；4. 大力节约和集约利用土地；5. 大力推进资源综合利用；6. 大力发展循环经济。

七月

1 日，《公共建筑节能设计标准》实施。该标准标志着我国建筑节能工作在民用建筑领域全面铺开，是大力发展节能省地型住宅和公共建筑、制定并强制执行更加严格的节能、节材、节水标准的一项举措。

6 日，国务院出台《国务院关于做好建设节约型社会近期重点工作通知》，从节能、节水、节材、节地和资源综合利用五个方面提出了 2005 ～ 2006 年建设节约型社会的重点工作，并提出了加快节约资源的体制机制和法制建设七个方面的措施。

12 日，全国土地利用总体规划修编前期工作座谈会在北京召开，国土资源部部长孙文盛对外表示，为了适应经济社会发展的需要，我国将开展第三轮土地利用总体规划修编工作。新的规划将成为 2020 年以前我国城乡建设、土地管理的纲领性文件。在规划修编中全面落实科学发展观，合理确定规划主要指标和空间布局；完善土地利用规划体系、规划内容和规划方法，提高规划的科学性；加强土地利用规划对建设用地的控制和引导，促进土地集约利用；完善土地利用规划实施机制和管理制度，促进规划的实施。新一轮全国土地总体规划将修编至 2020 年的土地规划，重点将解决两个问题：一是要符合市场经济发展需要，二是对超规模开发进行压缩和控制。关键是要研究如何处理社会经济发展和土地保护的关系。

20 日，国务院部署城市总体规划修编工作。曾培炎强调，要按照全面落实科学发展观、构建社会主义和谐社会的要求，端正城市总体规划指导思想，切实转变城市发展模式，做好新形势下城市规划修编工作，促进城市健康发展。要向六个方向转变：一是坚持走中国特色的城镇化道路，从片面追求数量扩张转向更加注重质量提高，逐步提升城镇化水平；二是坚持以人为本，从单纯考虑人的物质需求转向逐步满足人的全面需求，不断改善人民群众的生活质量；三是坚持全面发展，从片面追求经济效益转向更好地兼顾经济效益和社会效益，全面建设社会主义物质文明、政治文明、精神文明；四是坚持协调发展，从就城市论城市转向统筹城乡和区域发展，促进城乡互动、区域互动，实现共同进步；五是坚持可持续发展，从大量消耗资源，排放污染转向大力节约资源，保护环境，保持人与自然和谐相处；六是坚持改革开放，从传统的规划管理体制转向适应社会主义市场经济要求的规划管理体制，为城市健康发展提供制度保障。

21 日，建设部在北京召开"全国城市总体规划修编工作会议"，汪光焘部长强调，城市总体规划修编工作要根据依法办事的原则，区别不同情况，坚持突出重点、分类指导，全面分析评价现行城市总体规划的执行情况，综合分析评价城市现有功能，深入分析本地区的资源环境承载能力，认真研究省域城镇体系规划中对城市的评估。对规划期限没有到期的城市总体规划，除因国家重大发展战略决策，确实对城市定位和发展布局提出新的要求等特殊情况，原则上还应考虑进行修编；对规划期限已经到期的城市总体规划，要抓紧按照法定程序组织修编新的总体规划；对于城市行政区划已经调整的，原则上应当继续实施已经批准的城市总体规划，同时研究加强和改善规划实施管理体制和工作机制，以适应加强统一规划管理的要求。仇保兴副部长在会议总结讲话中指出：一是城市总体规划的作用越来越明显；二是一些地方在总体规划修编过程中存在着一定的盲目性；三是纠正此类盲目性的基本策略。

21 日，为及时发现问题，减少违反规划建设带来的消极影响和经济损失，建设部将规范和引导各地派驻城乡规划督察员制度。国务院已经批准了监理稽查办公室，城乡规划督察员将被纳入行政体系，享受国家公务员待遇。

八月

8 ~ 12 日，由中国城市规划协会主办的"中国·潍坊生态城市规划建设博览会"在山东潍坊市召开。会议内容包括大型展览，"生态城市与循环经济"专题报告会，"生态城市与可持续发展"论文大奖赛和"规划师眼中的生态城市"摄影作品大奖赛颁奖大会等。展览主要展示了当今国内外城市在生态规划建设方面所取得的成就以及近两年来获省部级以上优秀奖的人居环境范例成果、城市规划设计作品和优秀摄影作品等，宣扬了人与自然和谐共存的生态城市规划建设理念。

11日，国务院在大连召开东北地区资源型城市可持续发展座谈会。温家宝总理作出重要批示：解决资源枯竭城市存在的贫困、失业和环境问题，是落实科学发展观、构建和谐社会、实现小康目标的一项重要而不可忽视的任务。曾培炎强调，要认真贯彻温总理的批示，进一步落实中央关于东北地区等老工业基地振兴的战略部署，加快资源型城市结构调整，积极探索新思路、新办法、新机制，促进经济转型和可持续发展。

16日，建设部部长汪光焘在建设系统行政领导干部节能省地型住宅和公共建筑（绿色建筑）专题研修班上讲话强调，以发展节能省地型住宅和公共建筑为重点，大力推广建筑"四节"，努力建设节约型城镇。

17日，建设部发出《关于抓紧组织开展近期建设规划制定工作的通知》，《通知》旨在配合国民经济与社会发展"十一五"规划，保持城市总体规划与"十一五"规划的衔接和协调，强化城市总体规划对城市发展建设的控制和引导作用。《通知》要求：1.加强领导，精心组织近期建设规划的制定工作；2.统一思想，明确近期建设规划制定的基本任务和原则；3.按照分类指导的原则，坚持突出近期建设规划制定工作。

22日，国家发展和改革委员会主任马凯提出节约型社会的四大全局性转变：构建节约型的增长方式；构建节约型的产业结构；构建节约型的城市化模式；构建节约型的消费模式。

23日，国家林业局颁布实施"国家森林城市"评价指标。指标规定：城市森林建设必须纳入城市总体规划，评价指标包括十项综合指标。

26～27日，"城乡统筹规划高层论坛"在湖州举行。仇保兴副部长就城乡统筹规划的原则、方法和途径作了重要讲话。城乡统筹规划坚持的原则是：一要尊重普通农民的利益，按照他们的愿望，引导和帮助他们去完善农村生活环境；二要尊重地方的历史文化，重在建立一种适应现阶段的农村和农民需要的工作机制；三要尊重自然生态环境。基本要求是：一是系统性；二是预警性；三是综合性；四是可操作性。方法和途径是：一是扩大管制区域的城市总体规划；二是深化市域的城镇体系规划；三是把原有的区域规划空间化；四是城乡一体化的规划；五是专项的城乡统筹规划。

27 日，建设部发出《关于做好 2005 年度国家重点风景名胜区综合整治工作的通知》，《通知》明确了 2005 年度综合整治工作的内容：进一步完善风景名胜区的标志、标牌；加快风景名胜区监管信息系统建设；进一步理顺风景名胜区管理体制，健全管理职能，强化统一管理，有条件的地方要积极推行政企分开，试行综合执法管理；加快风景名胜区总体规划编制报批进度，加强规划实施情况的监督管理，重点加快完善核心景区科学划定及其保护规划编制和实施；依法查处风景名胜区各类违规违章建设项目，特别是对造成不良影响的违规违章建筑，要严格依法查处并追究有关责任人的责任。

28 ~ 29 日，由中国市长协会和义乌市政府共同主办了"2005 中国市长论坛"，论坛主题是"发展·节约·效益"。建设部汪光焘部长提交了主题为"城镇化进程当中应当努力建设节约型的城镇"的报告，指出在城镇发展中要坚持走中国特色的城镇化道路，从片面追求数量扩张，转向更加注重质量提高，逐步提升城镇化水平。

九月

1 日，国务院发展研究中心发展战略和区域经济研究部研究员刘勇透露："十一五"期间，中国将按照统筹城乡发展的要求，坚持大中城市和小城镇协调发展的方针，适时启动行政区划试点改革。

6 日，建设部、监察部联合下发《关于开展城乡规划效能监察的通知》。《通知》明确了开展城乡效能监察的指导思想、总体目标、基本原则、监察重点对象、主要内容、工作要求以及时间进度安排。原则：坚持依法监察的原则；坚持过程控制与重点监察相结合的原则；坚持效能监察与效能建设有机结合的原则；坚持及时调查、严肃查处的原则。效能监察的重点对象是地（市）、县（市、区）、乡镇人民政府，地（市）、县（市、区）城乡规划主管部门及其工作人员，行使城乡规划管理职能的事业单位及其工作人员。主要内容包括城乡规划依法编制、审批情况、城乡规划行政许可的清理、实施、监督情况。城乡规划政务公开情况，城乡规划廉政、勤政情况。

8 ~ 10 日，由中国城市规划协会主办的"全国城市规划院长会"在大连召开。唐凯司长结合国务院近期召开的总体规划修编工作会议精神，针对经济全球化，尤其是我国经济快速发展、城镇化快速发展的背景及城市规划编制工作面临的问题和挑战，提出具体要求：一是在城市规划工作中要认真贯彻科学发展观，高度重视节能与环境保护，坚持可持续发展的原则，在节约能源方面尤其要珍惜土地和水资源。二是要努力建立良性互动的城乡关系，避免就城市论城市。三是要有开阔的视野，要站得高，要符合国家有关国民经济发展目标和要求。四是要实事求是，因地制宜地推动城镇化的健康发展。全国各城市规划设计单位在未来发展中要重视以下工作：一是要高度认识城市规划作为公共政策的特性，从政府角度出发思考问题。二是要保证单位集中一定的人员和时间研究城市规划中存在的问题和解决问题的办法。三是要在地方政府的领导下，不断完善单位体制改革，建立良好的机制。四是在工作中要率先开展新技术应用工作。会议原则通过了《21世纪构建和谐城市中国城市规划师共同行动书》。

9 日，国土资源部下发了《关于做好土地利用总体规划修编前期工作中"四查清、四对照"工作有关问题的通知》，《通知》进一步严格了"四查清，四对照"工作的基本要求：一是对照、查清新增建设用地总量。二是对照、查清闲置土地和低效用地数量。三是对照、查清耕地和基本农田保有量。四是对照、查清违法用地数量及处理情况。

13 日，粤港城市规划及发展专责小组专家组第一次会议在深圳召开，这次会议标志着大珠三角城市规划发展研究工作全面启动。"大珠三角规划研究"将在现有各级各类规划的基础上，借鉴先进经验，"协调规划"为核心理念，形成一份以粤港澳三地为统一研究对象的纲领性文件，借此制定城市与区域（重点是香港、澳门、广州、深圳）的发展策略和目标，通过三地的分工协作、功能互补，提高大珠三角整体的国际竞争力，建设充满生机和活力的世界级城镇群。

15 ~ 20 日，建设部汪光焘部长率团赴伦敦参加欧洲交通周活动。欧洲交通周活动已历时 5 年，举办欧洲交通周活动的目的是宣传可持续城市交通战略，倡导步行、自行车以及公共交通等绿色交通理念，以减少小汽车对城市和社会造成的影响。

22 日，建设部在黄山召开全国风景名胜区综合整治暨纪检监察工作会议。会议对黄山风景区等 38 个 2004 年度重点风景名胜区综合整治先进单位进行了表彰。建设部副部长仇保兴对下一步风景名胜区综合整治工作进行部署。

23 日，国务院办公厅转发建设部等部门关于优先发展城市公共交通意见的通知，并就优先发展城市公共交通作出重要批示：优先发展城市公共交通是符合中国实际的城市发展和交通发展的正确战略思路，建设部要进一步采取措施，引导各地优先发展公共交通，促进城市健康发展。

25 ~ 28 日，2005 年城市规划年会在西安召开，会议的主题是健康城镇化。讨论的议题包括：城市化与城乡统筹发展、区域规划与区域协调发展、规划改革与制度创新、城市规划管理、城市总体规划、城市复兴、近期建设规划、详细规划与城市设计、城市历史文化保护、城市规划与社区发展、政治文明建设与城市规划、城市可持续发展与城市生态规划等。

26日，国务院对发改委《关于报送建设节约型社会部门协调机制方案的请求》作出批复，同意建立由发改委牵头的建设节约型社会部际联席会议制度。

29日，中共中央政治局举行第25次集体学习，这次集体学习安排的内容是"国外城市化发展模式和中国特色的城镇化道路"。同济大学唐子来教授、北京大学周一星教授就这个问题进行讲解，并谈了他们的有关看法和建议。胡锦涛总书记在主持学习时发表了讲话。他指出，城镇化是经济社会发展的必然趋势，也是工业化、现代化的重要标志。我国正处在城镇化发展的关键时期，坚持大中小城市和小城镇协调发展，逐步提高城镇化水平，对于扩大内需、推动国民经济增长，对于优化城乡经济结构、促进国民经济良性循环和社会协调发展，都具有重大意义。坚持统筹城乡发展，在经济社会发展的基础上不断推进城镇化，可以加强城乡联系，在更大范围内实现土地、劳动力、资金等生产要素的优化配置，有序转移农村富余劳动力，实现以工促农、以城带乡，最终达到城乡共同发展繁荣。提高城镇化水平，增强大城市以及城市群的整体实力，可以更好地配置各种资源和生产要素，进一步发挥城市对经济社会发展的重要推动作用，提高我国经济发展的水平和整体竞争力。

胡锦涛强调，我国人口多、底子薄，发展很不平衡，推进城镇化的同时面对着实现经济增长、社会发展和解决人口众多、资源紧缺、环境脆弱、地区差异大等许多问题和矛盾。这就决定了我们必须贯彻落实科学发展观，坚持走中国特色的城镇化道路。一是要坚持保护环境和保护资源的基本国策，坚持城镇化发展与人口、资源、环境相协调，合理、集约利用土地、水等资源，切实保护好生态环境和历史文化环境，走可持续发展、集约式的城镇化道路。二是要全面考虑经济社会发展水平、市场条件和社会的可承受程度，发挥市场对推进城镇化的重要作用，通过市场实现城镇化过程中各种资源的有效配置，吸引各类必需的生产要素向城镇集聚，同时发挥政府的宏观调控作用，加强和改善政府对城镇化的管理、引导、规范。三是要坚持走多样化的城镇化道路，推进各级各类城镇协调发展，形成合理的城镇体系，提高城镇综合承载能力，发挥各级各类城市和小城镇在一定区域范围内的职能作用。四是要根据各地经济社会发展水平、区位特点、资源禀赋和环境基础，合理确定各地城镇化发展的目标，因地制宜地制定城镇化战略及相关政策措施，加强城市之间的经济联系和分工协作，实现城市以及地区优势互补和共同发展。五是要通过深化改革，研究制定适合我国国情、符合社会主义市场经济规律的政策措施和体制机制，营造城镇化发展的良好环境。

胡锦涛强调，推进城镇化健康有序发展，必须坚持以规划为依据，以制度创新为动力，以功能培育为基础，以加强管理为保证。要深入认识和全面把握城镇化的发展规律，认真听取专家的意见，研究制定科学合理的规划，保证规划经得起实践和时间的检验。要加快全国城镇体系规划的编制。要通过全国城镇体系规划、城市总体规划、村庄和集镇规划以及土地利用规划等，合理引导城镇化发展的规模、速度、节奏，优化结构和布局。要维护规划的权威性、严肃性，明确规划实施的主体和责任，加强对规划实施的领导和管理。要完善法律法规，依法加强对规划实施的监督管理，及时发现和纠正规划实施中的偏差，保证规划全面实施。

十月

8～11日，中国共产党第十六届中央委员会第五次全体会议在北京召开。会议审议通过《中共中央关于制定国民经济和社会发展第十一个五年规划的建议》。《建议》指出："坚持大中小城市和小城镇协调发展，按照循序渐进、节约土地、集约发展、合理布局的原则，促进城镇化健康发展"，"建设社会主义新农村是我国现代化进程中的重大历史任务"，"有条件的区域，以特大城市和大城市为龙头，通过统筹规划，形成若干用地少、就业多、要素集聚能力强、人口分布合理的新城市群"，此后各地广泛开展新农村规划和城市群规划工作。《建议》还首次确立了"四个功能定位"：不同的区域要实行优化开发、重点开发、限制开发和禁止开发，并首次把推进天津滨海新区的开放开发放在与上海浦东新区等地同等重要的位置。

14～18日，第九次中德城市与建筑学术研讨会暨第二届中国滨水城市规划国际论坛在宁波举行。论坛以"滨水城市的城市设计与可持续发展"为主题展开学术研讨。

15日，青藏铁路实现线下工程的全线大贯通。青藏铁路从西宁至拉萨全长1956公里，是世界上海拔最高、线路最长、穿越冻土里程最长的高原铁路，建设工作面临世界性三大难题，即多年冻土、生态环保、高寒缺氧等问题。

19日，作为国内首个内陆城市群区域规划，《长株潭城市群区域规划》经湖南省政府批准正式公布。

21日，国务院发布《关于深化改革严格土地管理的决定》，要求地方政府将城市规划区内因征地而导致无地的农民"纳入城镇就业体系，并建立社会保障制度"。

22日，国务院发布《国务院关于加强国民经济和社会发展规划编制工作的若干意见》。

24～27日，由中国城市规划协会主办的"中国城市规划法治建设研讨会"在南昌召开。会议首次为规划管理一线工作者们提供了与法学界面对面交流的机会，为规划管理过程中遇到的各种难题和解决方案寻找到相应的法律和理论依据，为完善和推进城市规划法制建设迈出了关键性的一步。建设部法规司徐宗威副司长在会上介绍了建设系统"十五"期间法制建设取得的突出成绩和面临的主要挑战。他强调，城市规划法制建设是一项实实在在的工作。一定要用法律的眼光来看待城市规划，用法律的语言来规范城市规划，用法律的手段来实施城市规划，全面加强城市规划的法制建设。针对城市规划建设中凸现的问题，会议表示，必须对城市规划的法制进行进一步科学、理性的整合与完善，才能体现社会的公平性与正义性，维护城市规划法制的权威性。要推进城镇化健康有序发展，就必须坚持以法律为依据，以制度创新为动力，以加强管理为保证，把保护资源、保护环境贯穿到城市规划建设管理的全过程，充分发挥城乡规划对构建和谐社会和进行现代化建设的引导和推动作用。

26 日，全国精神文明建设工作表彰大会在北京人民大会堂举行。大会授予 12 个全国文明城市（区）、494 个全国文明村镇荣誉称号。这是创建文明城市活动 20 多年来第一次评选全国文明城市。张家港市、厦门市、青岛市、大连市、宁波市、深圳市、包头市、中山市、烟台市等获得文明城市称号，天津市和平区、上海市浦东新区、北京市西城区获得文明城区称号。

十一月

1 日，国家统计局开展全国百分之一人口抽样调查，这项调查样本量约 1300 多万人，这是继首次全国经济普查后又一重要的国情国力调查。

1 日，国家启动编制《国家重大文化自然遗产地保护"十一五"规划》，这是我国首次由国家组织编制遗产地保护的中长期规划。

8 日，建设部审议通过《城市黄线管理办法》。28 日，建设部审议通过《城市蓝线管理办法》。

15 ~ 16 日，首届世界建筑史教学与研究国际研讨会在东南大学召开。

15 ~ 16 日，建设部组织上海市规划局、浙江省、江苏省、安徽省建设厅以及中国城市规划设计研究院在杭州召开了长江三角洲城镇群规划编制工作座谈会，研究部署长江三角洲城镇群规划编制工作。

18 ~ 19 日，"中国城镇密集地区小城镇发展"学术研讨会在昆山举行，会上对中国城镇密集地区，特别是沿海三个比较发达的城镇密集地区以及中部安徽的城镇密集地区进行了系统全面的分析。

23 日，国务院总理温家宝主持召开国务院常务会议，研究加强环境保护工作，讨论并原则通过《国务院关于落实科学发展观加强环境保护的决定》。会议提出了未来五年和十五年环境保护的目标。

26 日，我国首届城市应急联动系统建设高层论坛在广西南宁召开。会上就建设中国城市应急系统有关政策支持、建设管理等问题进行了深入研讨，一致认为我国亟须建立联动式的城市应急系统。

十二月

1 ～ 2 日，中国城市交通学术委员会 2005 年年会暨第 21 次学术研讨会在北京举行。会议的主题是"建设节约型城市交通系统"。

3 ～ 4 日，武汉大学经济发展研究中心、武汉大学经济与管理学院、德国杜伊斯堡大学经济与管理学院联合主办的"区域差距、经济一体化与经济发展"国际研讨会在武汉大学举行。

5 日，国务院召开"十一五"规划座谈会。

6 日，《深圳 2030 城市发展策略》出台。这是深圳从战略高度对今后的长远发展进行科学预测和分析论证，历时 3 年完成，它将成为深圳市政府今后决策和各区发展的重要决策依据，也是指导即将开展的城市总体规划修编的纲领性文件。《深圳 2030 城市发展策略》明确表达了"与香港共同发展国际都会"的合作愿望，在规划中与《香港 2030》在城市功能定位、产业、基础设施方面实现对接，并预测，2030 年深圳将逐步形成与香港一体化的国际性枢纽城市。这也是深圳自建市以来，第一次在城市发展策略方面进行深港对接。

15 日，在广东珠海市召开"粤港城市规划及发展专责小组第二次会议"，批准了"大珠江三角洲城镇群协调发展规划研究"的工作计划，举行了大珠三角规划研究《合作协议书》的签字仪式，广东省政府副秘书长唐豪先生和香港房屋及规划地政局局长孙明扬先生参加了签署仪式。"大珠江三角洲城镇群协调发展规划研究"委托北京大学和广东省城乡规划设计研究院承担。

19 日，建设部城乡规划司与中国城市规划学会共同举办了专家座谈会，围绕如何强化城市安全意识，加强城市规划对城市公共安全的综合协调作用展开了广泛深入的探讨。专家强调，加强城市规划对城市安全的综合协调作用，突出城市规划在城市防灾减灾方面的重要性刻不容缓。

23 日，建设部和监察部联合举行"城乡规划效能监察电视电话会议"。建设部部长汪光焘在这次会议上历数了当前城乡规划中存在的一些不可忽视的问题。汪光焘认为，确保城乡规划有效实施，加强事前和事中监督尤其重要。目前，城乡规划监督以事后监督为主，事前和事中监督比较薄弱。对规划实施过程中出现的问题虽在事后予以纠正和处理，往往已经造成严重损失。他说，开展规划效能监察能有效保障城乡规划发挥综合调控作用，维护城乡规划的严肃性。同时，开展规划效能监察也是强化惩治城乡规划中腐败的重要手段。汪光焘表示，建设部、监察部已经正式成立城乡规划效能监察领导小组办公室，这次城乡规划效能监察工作将分三个阶段进行，计划用两年半的时间，到2007年底取得实质性成效。

26～27日，全国建设工作会议在南京召开。国务院副总理曾培炎向大会发了贺信。建设部部长汪光焘在会上作了题为"全面落实科学发展观，实现城乡建设持续健康发展"的工作报告。

31日，中共中央、国务院发布《关于推进社会主义新农村建设的若干意见》，指出推进新农村建设"必须坚持科学规划，实行因地制宜、分类指导，有计划有步骤有重点地逐步推进"。

本年度出版的城市规划类相关著作主要有：《城市规划法规文件汇编·续》（全国城市规划执业制度管理委员会编）、《小城镇规划与建设管理》（骆中钊、李宏伟、王炜主编）、《城市开发策划》（马文军著）、《概念规划：理论·方法·实例》（顾朝林主编，姚鑫编著）、《图说城市区域规划》（[日]青山吉隆编，王雷、蒋恩、罗敏译）、《中国城市化快速发展期城市规划体系建设》（郝寿义主编）、《区域空间结构重组：理论与实证研究》（陈修颖著）、《都市圈规划》（邹军、王学锋主编，陈小卉编著）、《营造21世纪的家园：可持续的城市邻里社区》（[英]大卫·路德林、尼古拉斯·福克著，王健、单燕华译）、《城市规划与城市发展》（赵和生著）、《历史文化村镇的保护与发展》（赵勇、骆中钊、张韵编著）、《城市规划》（谭纵波著）、《城市社会地理学导论》（[美]保罗·诺克斯、史蒂文·平奇著，柴彦威、张景秋译）、《城市风景规划：欧美景观控制方法与实务》（[日]西村幸夫、历史街区研究会编著，张松、蔡敦达译）、《城市发展史：起源、演变和前景》（[美]刘易斯·芒福德著，宋俊岭、倪文彦译）、《面向实施的城市设计》（王世福著）、《城市规划新视角》（王爱华、夏有才主编）、《中国城市规划史纲》（汪德华著）、《城市规划系统工程与信息技术》（曹永卿、汤放华著）、《大城市老工业区工业用地的调整与更新：上海市杨浦区改造实例》（李冬生著）、《城市规划资料集·第十一分册·工程规划》（中国城市规划设计研究院、建设部城乡规划司总主编，中国城市规划设计研究院、沈阳市城市规划设计研究院册主编，朱思诚编写）、《城市边缘区（带）生态规划建设》（徐坚、周鸿编著）、《城市规划与管理》（彭文英、周琳主编）、《西方城市规划思想史纲》（张京祥编著）、《城市公园设计》（孟刚编著）、《新城规划的理论与实践：田园城市思想的世纪演绎》（张捷、赵民编著）、《城市规划与设计》（中英文本）（[美] Jonathan Barnett、William Kornblum 著，程锦译）、《控制性详细规划》（夏南凯、田宝江编著）、《城市公共空间建设的规划控制与引导：塑造高品质城市公共空间的研究》（周进著）、《制约下的实践：多样性城市特征下的规划务实研究》（周建军著）、《城市规划：应对城市的增长与转型》（世界银行、国家行政学院、建设部编，吴江、谢剑、王满船主编，张天明编译）、《城市旅游规划原理》（吴志强、吴承照著）、《小城镇规划建设与管理》（冷御寒编著）、《城市规划资料集·第七分册·城市居住区规划》（中国城市规划设计研究院、建设部城乡规划司总主编，同济大学建筑城规学院册主编）、《城市规划资料集·第三分册·小城镇规划》（中国城市规划设计研究院、建设部城乡规划司总主编，华中科技大学建筑城规学院、四川省城乡规划设计研究院册主编）、《城市规划资料集·第五分册·城市设计》（中国城市规划设计研究院、建设部城乡规划司总主编，上海市城市规划设计研究院册主编）、《城市规划管理》（何奇松、刘子奎编著）、《透视城市与城市规划》（任致远著）、《中国城市化进程中的城市规划变革》（仇保兴著）、《城市规划与空间结构：城市可持续发展战略》（丁成日著）、《现代城市经济》（丁健著）、《美国大城市的死与生》（[加] 简·雅各布斯著，金衡山译）、《城镇体系规划：理论方法实例》（顾朝林著）、《中小城市总体规划解析》（刘贵利等著）、《反规划途径》（俞孔坚等著）、《营造亲和城市：城镇公共环境的改善》（[英] 弗朗西斯·蒂巴尔兹著，鲍莉、贺颖译）、《形态完整：城市设计的意义》（王富臣著）。

2006 年

一月

6 日，民政部、国家测绘局、中国地图出版社在北京举行了《中华人民共和国行政区划图集》发布会暨首发式。该图集是第一部标准权威的国家行政区划专题地图集。

6 日，建设部决定在各省（区）深入开展创建省级园林县城活动的基础上，开展创建国家园林县城的活动并下发了《关于开展创建国家园林县城活动的通知》。

8 日，国务院发布了《国家突发公共事件总体应急预案》。总体预案共 6 章，分别为总则、组织体系、运行机制、应急保障、监督管理和附则。总体预案是全国应急预案体系的总纲，明确了各类突发公共事件分级分类和预案框架体系，规定了国务院应对特别重大突发公共事件的组织体系、工作机制等内容，是指导预防和处置各类突发公共事件的规范性文件。

9～11日，全国科学技术大会部署实施《国家中长期科学和技术发展规划纲要（2006—2020）》，"城镇化与城市发展"被列为11个重点领域之一，并确定了5个方面的重点任务：城镇区域规划与动态监测，城市功能提升与空间节约利用，建筑节能与绿色建筑，城市生态居住环境质量保障，城市信息平台。

12日，建设部下发了"关于公布首批《中国国家自然遗产、国家自然与文化双遗产预备名录》的通报"，五大连池风景名胜区等30处符合国家自然遗产、国家自然与文化双遗产预备名录标准的申报单位列入首批《中国国家自然遗产、国家自然与文化双遗产预备名录》。

12日，国家统计局公布了国家统计局主办的中国综合实力百强城市的评选结果，位居前十强的依次是，上海、北京、深圳、广州、天津、大连、南京、杭州、沈阳和哈尔滨。

21日，建设部下发了关于印发《中国城乡环境卫生体系建设》的通知，希望各省、自治区、直辖市建设厅结合本地区实际，加强城乡环境卫生体系建设，强化环境卫生管理，提高环境卫生质量，把我国城乡环境卫生事业推进到一个新的阶段。

21日，"中国城市规划协会会长工作会议"在武汉召开。建设部城乡规划司司长唐凯到会介绍了城乡规划司2006年的工作思路，并对协会工作提出了新的要求和希望。

25日，建设部和监察部联合下发了关于成立城乡规划效能监察领导小组办公室的通知，办公室设在建设部城乡规划司，为临时性专门机构，由建设部城乡规划司、监察部执法监察司、监察部驻建设部监察局抽调一定数量的人员组成。办公室在城乡规划效能监察领导小组的领导下，负责城乡规划效能监察的日常组织实施、综合协调、督促检查等工作。

二月

6日，建设部、监察部决定成立城乡规划效能监察领导小组办公室。办公室设在建设部城乡规划司，为临时性专门机构，由建设部城乡规划司、监察部执法监察司、监察部驻建设部监察局抽调一定数量的人员组成。

7日，中国科学院中国现代化研究中心在京发布了《中国现代化报告2006——社会现代化研究》。该报告是《中国现代化报告2005——经济现代化研究》的姐妹篇。

8日，国务院下发《关于加强文化遗产保护工作的通知》，要求进一步加强文化遗产保护，决定从 2006 年起，每年六月的第二个星期六为我国的"文化遗产日"。

21 日，建设部发布了新修订的《城市规划编制办法》，原《城市规划编制办法》是建设部于 1991 年 9 月颁发的。建设部规划司司长唐凯在建设部举行的新闻发布会上说，原来的办法对城市无序蔓延发展的控制性不强，而且城乡二元分割色彩较浓，不适应区域统筹和城乡统筹发展的需要。而新的《城市规划编制办法》明确了城市规划强制性内容，加强了对城市发展建设的适度控制。新办法的城市总体规划对城市规划区范围、城市建设用地、城市基础设施和公共服务设施、城市防灾工程以及基本农田保护区，风景名胜区，湿地、水源保护区等生态敏感区，地下矿产资源分布地区等市域内应当控制开发的地域等七项内容作了强制性规定。新修订的《城市规划编制办法》自 2006 年 4 月 1 日起施行。

24 日，"十五"期间国家基础测绘最大的工程项目——国家基础地理信息系统 1∶50000 数据库建成。该数据库是我国覆盖全国的比例尺最大、数据量最大、内容最丰富、精度最高的基础地理信息数据库。

26 日，"中国区域发展论坛暨《中国区域发展蓝皮书》发布会"在中国科技会堂举办。

23 日，国务院办公厅转发建设部《关于加强城市总体规划工作意见》的通知。

三月

1 日，建设部下发了关于做好《住宅建筑规范》、《住宅性能评定技术标准》和《绿色建筑评价标准》宣贯培训工作的通知。

7 日，建设部城乡规划司司长唐凯表示，在编制城市总体规划时要"提出土地使用强度管制区划和相应的控制指标，控制指标包括建筑密度、建筑高度、容积率、人口容量等"。唐凯说，尽管建设部提倡各地建设节能省地型建筑，但绝不是鼓励这种对土地资源的"超强度"使用，今后各地规划部门在进行城市规划，特别是中心城区规划时，要先期提出土地使用强度管制区划，详细确定规划用地范围内各类用地的界线和性质，提出容积率、建筑密度、绿地率、建筑高度等控制指标，而且这些控制指标将确定为强制性内容，各方在执行时不得轻易更改。

7 日，建设部办公厅下发了《关于做好 2006 年国家重点风景名胜区综合整治工作的通知》和《关于做好 2006 年国家重点风景名胜区监管信息系统建设工作的通知》。

10 日，建设部和监察部联合下发了关于印发《建设部、监察部城乡规划效能监察领导小组办公室 2006 年度工作计划要点》的通知。

16 日，广东省建设厅组织专家经过评审，《深圳市近期建设规划（2006—2010）》被通过。此次规划以"紧约束条件下的城市和谐发展"为主题，注重了与国民经济和社会发展五年规划等其他规划的衔接，提出与"十一五"规划共同构成城市综合调控的"双平台"思路。此外，将空间政策作为规划的重要内容之一，促进规划成果由技术文件向公共政策转变，顺应了城市规划政策化的发展方向。

20 日，2006 年《城市竞争力蓝皮书：中国城市竞争力报告 No.4》在中国社会科学院发布。

22 日，国务院召开常务会议，审议并原则通过《天津市城市总体规划（2005—2020）》，会议指出，将把滨海新区的发展作为重点，努力把天津建设成为国际港口城市、北方经济中心和生态城市。

27 日，中共中央政治局召开会议，研究促进中部地区崛起工作。中共中央总书记胡锦涛主持会议。会议指出，促进中部地区崛起，是党中央、国务院继作出鼓励东部地区率先发展、实施西部大开发、振兴东北地区等老工业基地战略后，从我国现代化建设全局出发作出的又一重大决策，是落实促进区域协调发展总体战略的重大任务。

30 日，由建设部、监察部城乡规划监察办公室委托中国城市规划协会举办的全国城乡规划效能监察培训在浙江省温州市拉开帷幕。中纪委驻建设部纪检组组长姚兵在讲话中强调：城市规划效能的提高事关城市建设的全局，城市规划的浪费是城市建设的最大浪费，城市规划的失误是城市建设的最大失误。我们要充分肯定规划取得的成绩，认真总结经验，进一步明确方向，为下一步规划工作的深入开展提供指导意见。同时，也要清醒地认识到，城市规划工作的各个环节上还存在很多问题，要深刻反省，及时发现问题，认真总结、找出原因，加强对规划实施全过程的监督监察，从源头上进行预防，把可能发生的问题消灭在萌芽状态。通过对规划行政行为的监察，来监督城市规划的编制、实施及项目管理的情况，能促进城市规划的有效实施，保证规划工作人员的清正廉洁，最终达到保障城市的有序、健康发展，达到社会、经济、环境三大效益的统一。

30 日，建设部下发了《关于命名国家园林县城的决定》。北京市延庆县、重庆市铜梁县、河北省滦县、山东省长岛县、浙江省安吉县、湖北省秭归县、湖南省长沙县、甘肃省阿克塞哈萨克族自治县、宁夏回族自治区贺兰县、新疆维吾尔自治区布尔津县县城为国家园林县城。

四月

2 日，建设部通报全国城镇廉租住房制度建设和实施情况，总体评价是取得了初步成效，但仍存在突出问题：部分地区对廉租住房制度建设重视不够；没有建立稳定的廉租住房资金来源渠道，部分城市财政预算安排资金不足；廉租住房制度覆盖面小，一些符合条件的最低收入家庭不能及时得到保障；部分城市廉租住房制度不完善，有 122 个地级以上城市没有建立严格的申请审批程序。建设部提出三点要求：1. 尚未建立廉租住房制度的市（区）、县，应在年内建立，并纳入省级人民政府对市（区）、县人民政府工作的目标责任制管理；2. 各市（区）、县要积极落实以财政预算安排为主、多渠道筹措资金的规定，确保必要的财政预算资金及时到位，建立稳定规范的资金来源；3. 要抓紧对调查结果的分析和建档工作，完善政策，逐步扩大廉租住房制度覆盖面，满足城镇最低收入家庭基本居住需求。

4 日，国土资源部公布 2005 年全国土地利用变更调查结果。截至 2005 年 10 月 31 日，我国耕地面积为 18.31 亿亩，比上年度净减少 542.4 万亩，全国人均耕地由上年的 1.41 亩降为 1.4 亩。2005 年减少的耕地面积中，建设占用 318.2 万亩，其中当年建设占用 208.1 万亩，灾毁耕地 80.2 万亩，生态退耕 585.5 万亩，因农业结构调整减少耕地 18.5 万亩，4 项共减少耕地 1002.4 万亩，同期土地整理复垦开发补充耕地 460 万亩。数据显示，2005 年当年新增建设用地 427.4 万亩，比上年增加 6%。2005 年，东、中、西部当年新增建设用地分别为 242.4 万亩、57.2 万亩、127.8 万亩，各占当年全国新增建设用地的 57%、13% 和 30%。

5 日，为贯彻落实科学发展观，促进大中小城市与小城镇协调发展，加强对小城镇建设技术发展的指导，建设部和科技部组织编制了《小城镇建设技术政策》，为地方建设行政主管部门指导小城镇规划、建设和管理提供了政策性依据。

6 日，建设部公布 2005 年中国人居环境奖获奖城市（项目）名单。根据《中国人居环境奖申报和评选办法》，经建设部常务会议研究决定，授予山东省威海市"中国人居环境奖"，授予"北京市南中轴路生态保护和绿化建设工程"等 34 个项目"中国人居环境范例奖"。

12 日，建设部下发《关于加强区域重大建设项目选址工作，严格实施房屋建筑和市政工程施工许可制度的意见》，提出健全制度，规范程序，加强区域重大建设项目选址的规划管理；严格实施房屋建筑和市政工程施工许可制度。

17 ~ 18 日，第六次全国环境保护大会在北京举行。

18 日，"首届中国工业遗产保护论坛"在无锡举行，大会原则通过注重城市化加速进程中的工业遗产保护的《无锡建议》。《无锡建议》希望通过"转变观念，尽快开展工业遗产的普查和认定评估，将重要工业遗产及时公布为文物保护单位，编制工业遗产保护专项规划并借鉴国外保护利用的经验教训"等方法，强化对我国工业遗产的制度性保护。这标志着中国正式步入工业遗产保护的新阶段。

28 日，国土资源部下发《关于下达〈2006 年全国土地利用计划〉的通知》，"通知"要求，要严格执行计划，切实加强农用地转用问题控制和分类管理。

29 日，为了进一步规范"中国人居环境奖"的申报和评选工作，建设部修改完善了《中国人居环境奖申报和评选办法》，同时制定了《中国人居环境奖参考指标体系》、《中国人居环境范例奖评选主题及内容》两个附件，还调整了"中国人居环境奖"工作领导小组和办公室部分人员，原《中国人居环境奖申报和评选办法》（建城〔2002〕127 号）同时废止。为了保证"中国人居环境奖"评选工作的规范性和权威性，各省、自治区、直辖市不宜再设立省一级的"人居环境奖"。

五月

9 ~ 11 日，建设部在中国杭州组织召开了"城镇和风景区水环境治理国际研讨会"，大会设"城镇水环境治理国际研讨会"和"湖泊型风景资源可持续利用国际研讨会"两个分会场。"城镇水环境治理国际研讨会"的主题是人水和谐与城市发展，目的是进一步贯彻落实科学发展观，树立"人水和谐"的理念，交流城市水环境治理的经验，研讨城镇水系治理与可持续发展、水景观建设、水环境治理等问题。仇保兴副部长指出我国风景区和城镇水系统建设存在十大误区，在风景区水系方面主要体现在：过度人工化、城市化，原有的自然风光和独特的水景观遭受破坏；拦河筑坝，开发水电，原有的生态系统严重失衡、物种消失；乱搭私建，占水建房，造成水体和水景观严重受损；乱弃垃圾，污水失控，毁坏可永续利用、不断增值的自然遗产；填湖搭台，拍摄电影，使成千上万年前逐渐形成的自然人文环境发生剧变。

10 ~ 11 日，国土资源部耕地保护司司长潘明才在由国务院发展研究中心和世界银行联合组织的"中国土地政策改革国际研讨会"上强调指出，要在工业化、城市化进程中，坚持实行最严格的耕地保护制度。

12 日，建设部下发了《关于严格限制在风景名胜区内进行影视拍摄等活动的通知》。

16 日，在福州举行的"2006 中国（福州）城市规划建设与发展国际论坛"上，两院院士、中国城市规划学会及中国城市科学研究会理事长周干峙针对当前中国城市化中存在的一些问题，提出中国必须根据自己的社会、经济、历史、文化等情况，走具有自己特色的城市化道路。第一是城市化率不必太高，也不能太高，达到 60% 多就可以了。第二是对中国的城市化要有全面的观点，农业和农村的发展也是城市化的重要内容。第三是城市化要面向未来，也要尊重自己的历史。第四是要做好城市规划，特别是地区性的规划和城市群的规划，同时要做好城市设计，树自己的城市风貌。

17 日，国务院总理温家宝主持召开国务院常务会议，正式提出促进房地产业健康发展的六项措施（"国六条"）。国务院这次推出的六条措施，更多地是针对消费者、买房人，强调要解决最低收入者的住房问题，着力解决房产市场信息不透明、销售欺诈等行为。此次国务院出台六条措施的主要内容是：一、切实调整住房供应结构。重点发展中低价位、中小套型普通商品住房、经济适用住房和廉租住房。二、进一步发挥税收、信贷、土地政策的调节作用。三、合理控制城市房屋拆迁规模和进度，减缓被动性住房需求过快增长。四、进一步整顿和规范房地产市场秩序。五、加快城镇廉租住房制度建设，规范发展经济适用住房。六、完善房地产统计和信息披露制度。

24 日，国务院办公厅转发建设部等九部门《关于调整住房供应结构稳定住房价格的意见》（又称"国十五条"），作为近期出台的"国六条"的配套细则，《意见》加大了房地产市场宏观调控力度，并出台了土地政策、税收、信贷等一系列相关的"硬指标"。意见包括：一、切实调整住房供应结构。制定和实施住房建设规划；明确新建住房结构比例。二、进一步发挥税收、信贷、土地政策的调节作用。调整住房转让环节营业税；严格房地产开发信贷条件；有区别地适度调整住房消费信贷政策；保证中低价位、中小套型普通商品住房土地供应；加大对闲置土地的处置力度。三、合理控制城市房屋拆迁规模和进度。严格控制被动性住房需求；四、进一步整顿和规范房地产市场秩序；加强房地产开发建设全过程监管；切实整治房地产交易环节违法违规行为。五、有步骤地解决低收入家庭的住房困难；加快城镇廉租住房制度建设；规范发展经济适用住房；积极发展住房二级市场和房屋租赁市场。六、完善房地产统计和信息披露制度；建立健全房地产市场信息系统和信息发布制度；坚持正确的舆论导向。

24 ~ 26 日，建设部、国家旅游局在云南大理联合召开了全国旅游小城镇发展工作会议。建设部部长汪光焘在会上讲话，他要求，各地应根据自身的特点和条件，重视旅游特色小城镇的发展，要遵循客观规律促进旅游与小城镇健康发展。他提出在发展旅游小城镇当中要做到以下几点：一是以城乡规划为龙头，引导旅游特色小城镇稳步发展。二要以农民增收为目标，让农民利用自己的资产和劳动直接参与。三要立足于可持续发展，正确处理资源保护与旅游开发的关系。四是多渠道增加投入，完善小城镇基础设施。五要加强部门协调，推动旅游与小城镇协调发展。

26 日，国务院下发《推进天津滨海新区开发开放有关问题的意见》，此后广西北部湾、长三角、珠三角、海峡西岸、江苏沿海及辽宁沿海等地区的发展规划也相继通过国务院审议，纳入新一轮沿海地区开放开发的国家战略部署。

30 日，建设部下发关于编制《全国城市饮用水供水设施改造和建设规划》的通知，就《全国城市饮用水供水设施改造和建设规划》编制工作做出安排。此次规划范围包括全国所有设市城市和县级政府所在镇。

30 日，国土资源部下发《关于当前进一步从严土地管理的紧急通知》（国土资电发〔2006〕17 号）。

31 日，国土资源部下发了关于印发《招标拍卖挂牌出让国有土地使用权规范》（试行）和《协议出让国有土地使用权规范》（试行）的通知。规范自 2006 年 8 月 1 日起试行。

六月

2 日，首届"泛珠三角区域城市规划院院长论坛"在广州隆重开幕。

8 ~ 10 日，"2006 世界遗产国际高层学术研讨会"在上海同济大学举行。

10 日，中国第一个"文化遗产日"，主题为"保护文化遗产，守护精神家园"。统计显示：中国目前有 2351 处重点文物保护单位。第一批国家非物质文化遗产名录推荐项目共 518 项。中国大陆已登记的不可移动文物近 40 万处，馆藏各类可移动文物约 2000 万件（套）。中国拥有 4 项被联合国教科文组织认定的"人类口头和非物质遗产代表作"。在《文物保护法》的指导下，中国制定了 30 余项规范性文件和管理规定并加入 4 个与文化遗产保护有关的国际公约。

10 日，以"城乡一体的中国城市化道路"为主题的第三届城市竞争力国际论坛在成都举行。由中美两国学者牵头、8 个国家专家携手研究完成的第一部《全球城市竞争力报告（2005—2006）》在论坛上发布。

13 日，建设部和国家发改委联合下发了《关于印发〈节水型城市申报与考核办法〉和〈节水型城市考核标准〉的通知》。

14 ~ 16 日，"首届中国城市发展与规划国际年会暨第三届 China Planning Network 年会"在北京举行，会议由建设部、国家开发银行、中国城市科学研究会、中国城市规划设计研究院、麻省理工学院、美国规划协会等单位联合举办，本届大会以"汲取先行国家城市化的经验教训，促进资源节约型、环境友好型社会的构建"为主题。

19 日，《江苏省沿江城市带规划》在南京通过专家论证。江苏沿江地区是指拥有长江岸线的地区，包括宁镇扬泰通和常州 6 个市，15 个县（市）。沿江地区以占全省约 1/3 的人口、1/4 的土地，创造了江苏约 1/2 的生产总值，在全省发展大局中具有举足轻重的地位。

27 日，由中国城市规划学会组织召开的"规划 50 年老专家座谈会"在京召开，中国城市规划学会理事长、两院院士周干峙主持会议，建设部副部长仇保兴到会现场看望了与会专家。曹洪涛、郑孝燮、吴良镛、罗哲文、宣祥鎏、刘小石、赵士修、李准、陈为邦、王健平等 11 位规划界老专家共聚一堂，回顾中国城市规划 50 年。专家们认为，回顾 50 年的发展历程，城市规划取得了一定的成绩，并面临着新的发展机遇，但问题也不容忽视：现在看起来各地对城市规划工作都很重视，但重编制、轻执行的现象依然存在，城市领导对规划干预过多、过细，规划没有发挥实际应有的"龙头"作用；规划权下放带来诸多弊病，在政绩观、经济利益的驱动下，开发商往往成为城市的主导；部分城市在发展中割裂传统、割断历史，城市规划盲目崇洋，成为外国人的"实验场"。专家们提出，要总结具有中国特色的城市规划体系和经验教训，就市场经济下的城市规划如何运作展开研究，找出解决问题的适当对策，使城市规划真正发挥"龙头"作用。规划师要回到规划的灵魂上来，关注公共利益，为广大人民群众服务。专家们建言，城市规划权要集中、统一，不能分散、下放。

27 日，国土资源部下发了关于《地籍管理"十一五"发展规划纲要》的通知。

30 日，国土资源部下发《关于当前进一步从严土地管理的紧急通知》。

七月

1 日，世界上海拔最高、线路最长的高原铁路青藏铁路全线通车。该工程项目攻克多年冻土、高寒缺氧和生态脆弱"三大难题"的严峻挑战。

3 日，建设部公布的"2005 年城镇房屋概况统计公报"显示，2005 年我国城镇住房建设继续较快发展，人均住宅建筑面积升至 $26.11m^2$，户均住宅建筑面积升至 $83.2m^2$。

6 日，建设部向各地印发了《关于落实新建住房结构比例要求的若干意见》，就落实新建住房结构比例要求提出具体意见，意见如下：一、明确新建住房结构比例。自 2006 年 6 月 1 日起，各城市年度新审批、新开工的商品住房总面积中，套型建筑面积 $90m^2$ 以下住房（含经济适用住房）面积所占比重，必须达到 70%以上。二、妥善处理已审批但未取得施工许可证的商品住房项目。三、严肃查处违法违规行为。四、加强监督检查，落实责任追究制度。

10 日，建设部下发《关于对贯彻落实城市绿线管理办法情况进行监督检查的通知》，旨在贯彻落实《国务院关于加强城市绿化建设的通知》精神，推进城市绿线管制制度全面贯彻与实施，从源头上防止侵占绿地和随意改变绿地性质的行为，切实保护城市绿化成果。

11日，经国务院同意，建设部、商务部、发展改革委、人民银行、工商总局、外汇局联合发布了《关于规范房地产市场外资准入和管理的意见》（"171号文"）。

11日，建设部下发了《关于推荐中国人居环境奖（水环境治理优秀范例城市）的通知》，通知决定，对近年来在水环境治理方面取得突出成绩的城市进行表彰，授予"中国人居环境奖（水环境治理优秀范例城市）"称号。"中国人居环境奖（水环境治理优秀范例城市）"属于"中国人居环境范例奖"范畴的专门奖项。要求各省级建设行政主管部门在已获得"中国人居环境奖"和以"水环境治理"为主题的"中国人居环境范例奖"的城市中予以推荐。

13日，国务院办公厅下发了《关于建立国家土地督察制度有关问题的通知》，为切实加强土地管理工作，完善土地执法监察体系，决定设立国家土地总督察及其办公室，并向地方派驻九大国家土地督察局，全国省（区、市）及计划单列市的土地审批利用全部纳入严格监管。

14日，按照《建设部、监察部效能监察领导小组办公室关于建立城乡规划效能监察工作联系点的通知》的要求，各地推荐了一批具有示范作用的城乡规划效能监察工作联系点。经研究，建设部、监察部、城乡规划效能监察领导小组办公室决定将天津市北辰区等23个市（区）、县为第一批全国城乡规划效能监察工作联系点并以公布。

14～15日，建设部在北京召开了全国建设科技工作会议。汪光焘部长以"坚持科技创新 促进城乡建设健康发展"为题作了重要讲话。仇保兴副部长作了"加快创新能力建设 促进建设事业持续健康发展"的工作报告。

18日，建设部部长汪光焘在全国建设厅局长会议上强调，各级建设行政主管部门要抓好"国六条"文件的贯彻落实，同时，进一步研究深化住房制度改革的思路。

20日，由中国城市规划学会、江苏省城市规划学会主办的"城中村改造中的问题与对策"研讨会在南京召开，与会专家就"城中村"改造中的若干政策问题、"城中村"矛盾冲突的理论探索、"城中村"改造中的土地制度分析、"城中村"——和谐社会的组成、"城中村"规划设计实践、二元规制环境中"城中村"发展及其意义的分析、城市化背景下的外来工自发聚居现象考察、多元化的"城中村"更新模式等谈了自己的看法。南京市建委及南京、西安、徐州、常州等市规划局的有关负责同志，结合当地实践，对"城中村"改造的探索进行了交流。

21日，南京市十三届人大常委会第二十三次会议审议通过《南京市重要近现代建筑和近现代建筑风貌区保护条例》。

21日，建设部下发了关于编制《全国重点镇供水设施改造和建设规划》的通知。

25日，国务院总理温家宝主持召开国务院常务会议，部署进一步加强土地调控工作。

25日，为了进一步加强县域村镇体系规划的编制工作，建设部印发《县域村镇体系规划编制暂行办法》。

26～28日，第一届全国城市与工程安全减灾研讨会在唐山市召开。

27日，在北京市2008年环境工程指挥部第二次会议上，《北京重点大街重点区域清洗粉饰建筑物外立面工作方案》、《北京胡同环境整治指导意见》出台。《北京市重点大街重点地区环境建设概念规划方案》大胆提出彩色北京、五色之都的设计方案。

27日，国务院印发《关于天津市城市总体规划的批复》国函〔2006〕62号，同意修编后的《天津市城市总体规划（2005—2020）》。

28日，由建设部批准立项、中国城市科学研究会组织专家编写的《宜居城市科学评价指标体系》编制完成。

八月

1日，国土资源部制定的《招标拍卖挂牌出让国有土地使用权规范》和《协议出让国有土地使用权规范》正式施行。

3日，国务院致函浙江省人民政府（国函 [2006] 69号文）对宁波市城市总体规划做出批复，原则同意修订后的《宁波市城市总体规划（2006—2020）》。

8日，第七届亚太城市首脑会议在乌鲁木齐召开，本次会议的主题是"和谐城市发展"，13个城市的代表就社会福利事业、城市基础设施建设、促进新型工业等方面的问题进行讨论。

11日，国家环保总局发布消息说，我国首个城市总体规划战略环评——"武汉市国民经济和社会发展第十一个五年总体规划纲要战略环评"通过专家评审。环评报告认为，武汉市"十一五"规划与国家"十一五"期间的总体发展战略相协调，规划的实施整体上有利于武汉市向资源节约型、环境友好型城市转变。武汉成为首批规划环评试点城市之一。战略环评由武汉市政府委托南开大学战略环评研究中心完成，国家环保总局主持评审会。

13日，建设部城乡规划司在安徽召开的中部地区城市规划工作座谈会上透露，为落实党中央提出的"中部地区崛起"战略，适应我国区域经济增长格局新变化规律，中部地区将重点规划武汉城市圈、中原城市群、长株潭城市群和皖江城市带四大城市群。中部地区将以省会城市和资源环境承载力较强的中心城市为依托，编制沿干线铁路和沿长江城镇带规划，规划以武汉城市圈、中原城市群、长株潭城市群、皖江城市带为重点，形成支撑经济发展和人口集聚的城市群，带动周边地区发展。四大城市群规划将积极采用"政府组织、专家领衔、部门合作、公众参与、科学决策、依法办事"的方式，通过咨询、论证、交流、公示，充分听取社会各方面的意见和建议。

13 日，青藏铁路沿线旅游规划中期专家咨询会在西宁召开。

14 日，建设部、监察部、国土资源部发布《关于制止违规集资合作建房的通知》。

16 日，国务院常务会议审议并原则通过了《全国沿海港口布局规划》，这是继《国家高速公路网规划》、《中长期铁路网规划》之后，具有宏观指导性的全国交通运输规划。

19 日，建设部印发了《城镇廉租住房档案管理办法》的通知。该办法自 2006 年 10 月 1 日起施行。

22 日，中国市长协会第四次市长代表大会暨"2006 中国市长论坛"在北京召开。中共中央政治局常委、国务院总理温家宝对会议做出重要批示。温家宝强调，要以科学发展观为指导，统筹做好城市规划、建设和管理的各项工作。城市规模要合理控制，城市风貌要突出民族特色和地方特色。城市发展要走节约资源、保护环境的集约化道路。中共中央政治局委员、国务院副总理曾培炎出席开幕式并讲话。建设部部长汪光焘提出满足绝大多数人合理改善住房条件的需求，要把住房价格控制在合理的水平，建立符合中国国情的住房建设模式和消费模式，最根本的一条就是立足于人多地少的基本国情和多数家庭购买或承租普通商品住房的发展阶段。

22 日，深圳市国土房产局和市规划局联合举行专家评审会，对《深圳市住房建设规划（2006—2010）》进行评审。该规划是根据《国务院办公厅转发建设部等部门关于调整住房供应结构稳定住房价格意见的通知》要求进行编制的，目的是切实调整住房供应结构，加强保障性住房供应，稳定市场预期。深圳市是广东省第一个完成规划，并组织专家评审的城市。经过评审，专家认为深圳市住房规划提出的 5 年建设 5700 万平方米住房（69 万套）的总体目标是合理可行的，政策性住房与商品房 2:8 的供应结构充分体现了对中低收入人群的关注，规划的制定将有利于促进深圳房地产的平稳发展，会议决定原则通过该规划。专家也对规划提出了一些有益的建议，如深圳市快速交通体系的建设进度能否支撑特区外住房的集中供应，"限地价、限房价"出让方式是否合理，有关调控指标是否刚性太大等问题。

22 日，在中国市长协会第四次市长代表大会上举行了《中国城市发展报告（2005）》首发式。

26 日，全国 1% 人口抽样调查总结表彰会在乌鲁木齐召开，对此次调查的初步分析表明，自 2000 年第五次全国人口普查之后 5 年间，我国人口发展的特点主要体现在六个方面：1. 人口总量平稳增长。2. 流动人口继续增加。3. 老龄化进程明显加快。4. 城市化快速推进。5. 人口素质进一步提高。6. 出生人口性别比居高不下。2005 年全国出生人口性别比略高于 2000 年人口普查数据，出生婴儿男女性别比例失调。

27 日，"2006 年全国人居经典建筑规划设计方案竞赛"颁奖大会在北京人民大会堂新闻发布厅举行。全国人居经典竞赛是由建设部中国城市规划学会、中国风景园林学会、中国建筑学会共同主办的国内最具影响力的学术活动，今年已是第六届。今年的竞赛主题是"保护生态、节约资源，发挥民族特色，促进可持续发展"，将节能、节水、省地、环保以及追求新技术的应用作为当前国内建筑开发和建设的发展方向。本次竞赛活动今年全国共有 78 个项目获奖。

28 日，经国务院批准，国务院办公厅向湖南省人民政府发出《国务院关于批准株洲市城市总体规划的通知》（国办函〔2006〕65 号），原则同意修订后的《株洲市城市总体规划（2006—2020）》。

28 日，建设部、国家发改委、国家工商行政管理总局联合发布《房地产交易秩序专项整治工作方案》。

30 日，《上海市城市地下空间建设用地审批和房地产登记试行规定》经上海市政府常务会议通过，将于 2006 年 9 月 1 日起正式实施。这是国内首个涉及地下空间建设用地审批和权属管理的规定。

31 日，建设部第 478 号公告公布了 2005 年度部级优秀勘察设计评选结果，共评出优秀勘察设计项目 525 项。其中优秀城市规划 110 项（一等奖 11 项、二等奖 32 项、三等奖 67 项），优秀村镇规划设计 34 项（一等奖空缺、二等奖 12 项、三等奖 22 项）。

31 日，由北京大学编制，涉及济南、淄博、泰安、莱芜、聊城、德州、滨州等 7 个地级市的《济南都市圈规划》通过了专家评审。

31 日，国务院发布《国务院关于加强土地调控有关问题的通知》。重点强调：1. 进一步明确土地管理和耕地保护的责任；2. 切实保障被征地农民的长远生计；

3.规范土地出让收支管理；4.调整建设用地有关税费政策；5.建立工业用地出让最低价标准统一公布制度；6.禁止擅自将农用地转为建设用地；7.强化对土地管理行为的监督检查，严肃惩处土地违法违规行为。

九月

6日，国务院审议通过《风景名胜区条例》（2006年12月1日施行）。

21～23日，2006中国城市规划年会暨中国城市规划学会成立50周年庆典在广州市召开，会议通过了以"科学规划促和谐发展"为主题的《中国城市规划广州宣言》，提出了"建设健康安全、人人享有的城市"的目标。

6日，为进一步加强县域村镇体系规划的编制工作，建设部下发了《县域村镇体系规划编制暂行办法》的通知。

7日，国家环保总局和国家统计局向媒体联合发布了《中国绿色国民经济核算研究报告2004》。这是中国第一份经环境污染调整的GDP核算研究报告，也是第一份基于全国32个省份和41个部门的环境污染核算报告，标志着中国的绿色国民经济核算研究取得了阶段性成果。

7日，中国最高人民检察院和建设部在北京联合公布全国建设系统20起商业贿赂违法犯罪典型案例，并分析了这个系统商业贿赂违法犯罪的特点，决心继续严厉惩治建设领域的商业贿赂行为。建设部副部长、建设部治理商业贿赂领导小组副组长刘志峰分析说："案例中的受贿者大多是政府机关工作人员，他们利用手中的权力，在工程发包、规划审批、城市建设配套费减免、企业资质审批等环节，非法受贿，为他人谋取私利。"刘志峰说："目前全国建设系统商业贿赂行为仍处于易发、多发时期。一定要完善相关法律法规，堵塞漏洞。另外，政务公开和办事公开也有待加强。"

8日，针对大型公共建筑工程建设工作，国务院总理温家宝作出重要批示，强调要从管理和制度上解决大型公共建筑工程建设中存在的问题，采取综合措施控制城市建设中贪大求洋、浪费资源、缺乏特色等问题。受温家宝委托，中共中央政治局委员、国务院副总理曾培炎主持召开座谈会，听取有关专家意见，并就《关于加强大型公共建筑工程建设管理的若干意见》进行了讨论。

10日，第五届世界水大会在北京召开。会议以"可持续水管理"为主题。

10日，中国建筑与文化研究会成立大会暨首届当代中国建筑与文化论坛在西子湖畔举行。

15日，建设部在京召开第一批城乡规划督察员培训暨派遣会议，正式启动城乡规划督察试点工作。建设部部长汪光焘寄语规划督察员：要学习、探索、谨慎。

建设部副部长仇保兴为规划督察员颁发聘书并作动员讲话。建设部党组成员齐骥、总规划师陈晓丽、总工程师王铁宏等参加了会议。

15 ～ 17 日，"城市规划与城市特色论坛暨中国城市规划协会规划管理专业委员会二届五次年会"在宁夏银川市召开。

16 ～ 17 日，2006 中国科协年会——"城市色彩与和谐居住环境"论坛在北京西郊宾馆和清华大学建筑学院举行。来自高等院校、建筑研究院所、房地产业的相关专家学者就城市色彩规划、环境色彩管理、旧城色彩改造等话题展开了研讨与交流，共同探讨我国城市建设规划与建筑色彩的新战略，以期消除因色彩应用不当而造成的视觉污染，创造更和谐更美丽的新城市。

18 日，国土资源部下发《关于做好报国务院批准建设用地审查报批有关工作的通知》，按照通知的要求各地要对已向国务院报批的建设用地项目进行清理，分类抓紧补做有关工作。

19 日，《风景名胜区条例》经 2006 年 9 月 6 日国务院第 149 次常务会议通过，自 2006 年 12 月 1 日起施行。1985 年 6 月国务院公布施行的《风景名胜区管理暂行条例》废止。

21 ～ 23 日，由中国城市规划学会主办、广州市人民政府和广东省建设厅协办、广州市城市规划局承办的"2006 中国城市规划年会暨中国城市规划学会成立五十周年庆典"在广州举行。汪光焘部长在开幕式上作了"解放思想、开拓创新，编制好新时期的城市规划"的主旨报告，建设部副部长仇保兴博士、周干峙院士、吴良镛院士分别在大会上作了"紧凑度和多样性：我国城市可持续发展的核心理念"、"用科学规划开创城镇建设的新局面"、"通古今之变，识事理之常，谋创新之道"的学术报告。会议期间发布了《中国城市规划学术研究进展年度报告 2006》，会议通过了《中国城市规划广州宣言》，会上第一次表彰了德高望重的 9 位专家，吴良镛、侯仁之、李德华、曹洪涛、郑孝燮、储传亨、赵士修、宋春华和胡序威获得突出贡献奖。会上还向 5 位作者颁发了求是理论论坛奖证书及奖金，向 37 位 2006 年杰出学会工作者颁奖。题为"辉煌 50 年"的城市规划专题展同期举行，展览涵盖了中国城市规划学会 50 年历史展、"规划 50 年"主题回顾展、城市规划教育专题展、"城市足迹"专题展和规划设计成果展等内容。

22 ～ 28 日，"2006 中国南京世界历史文化名城博览会"在南京举行，来自国内外 53 个历史文化名城的市长和市长代表参会，达成"促进文化发展，构建和谐社会"的共识，共同发表了《南京宣言》。

25 日，"十五"全国无障碍建设先进城市表彰会暨"十一五"全国无障碍建设城市标准工作会在山东省东营市召开。

27 日，国务院总理温家宝主持召开国务院常务会议，严肃处理郑州市违法批准征收占用土地建设龙子湖高校园区问题。

27 日，北京大学联合国内外相关权威机构在深圳举办了"首届中国城市设计论坛"，论坛以系列讲座方式，邀请 10 名在国内最有影响力的学者和设计师，就目前中国城市设计学科的理论与实践进行学术交流。本论坛分为十讲，主题是"城市设计学科在中国的发展"，议题包括城市设计新理念与新方法、城市设计与旧城改造、城市设计与新城规划、城市设计与古镇复兴等。

十月

8 ~ 11 日，中国共产党第十六届中央委员会第六次全体会议通过《中共中央关于构建社会主义和谐社会若干重大问题的决定》，决定指出：落实区域发展总体战略，促进区域协调发展。继续推进西部大开发，振兴东北地区等老工业基地，促进中部地区崛起，鼓励东部地区率先发展，形成分工合理、特色明显、优势互补的区域产业结构，推动各地区共同发展。继续发挥经济特区、上海浦东新区作用，推进天津滨海新区等条件较好地区开发开放。建立健全资源开发有偿使用制度和补偿机制，对资源衰退和枯竭的困难地区经济转型实行扶持措施。

11 日，国务院办公厅以国办发〔2006〕85 号文向各地发出《关于开展全国主体功能区划规划编制工作的通知》，要求开展全国主体功能区划规划编制工作。《通知》指出，编制全国主体功能区划规划，就是要根据资源环境承载能力、现有开发密度和发展潜力，统筹考虑未来我国人口分布、经济布局、国土利用和城镇化格局，将国土空间划分为优化开发、重点开发、限制开发和禁止开发四类主体功能区，并按照主体功能定位调整完善区域政策和绩效评价，规范空间开发秩序，形成合理的空间开发结构，实现人口、经济、资源环境以及城乡、区域协调发展。

12 日，经国务院批准，国务院办公厅向山西省人民政府发出《国务院办公厅关于批准大同市城市总体规划的通知》（国办函〔2006〕81 号），原则同意修订后的《大同市城市总体规划（2006—2020）》。

13 日，"首届城市轨道交通关键技术论坛"在南京举行，会议期间建设部还组织了"城市轨道交通关键技术研究"课题和国家科技支撑项目"新型城市轨道交通技术"的工作研讨会，组织专家对中国城市轨道交通新技术项目进行了评审。

14 日，"2006 全国强镇发展论坛"在萧山举行，论坛由国家统计局主办。

17 日，国务院专门召开会议，听取房地产市场调控措施落实情况检查的汇报。国务院副总理曾培炎出席会议并讲话。

18 日，建设部公布专家委员会第二批专家委员会名单。建设部决定：扩大第一批 12 个专家委员会和 16 个专家组（专业委员会）的规模；增设住房政策、房地产估价与房地产经纪、村镇建设、城市建设防灾减灾专家委员会；在"建设部建筑节能专家委员会"中增设"新能源建筑应用技术专业委员会"；将建设部市政公用行业专家委员会的城镇供水专家组、排水和污水处理专家组合并为城镇水务专家组。

19 日，建设部向各地发文对山西省方山县违规出让北武当山风景名胜区管理权等问题进行了通报。

21 日，由清华大学吴良镛院士主持的"京津冀地区城乡空间发展规划研究二期"报告完成并正式对外发布。此次报告中提出了京津冀地区为"首都地区"概念，以"首都地区"的观念塑造合理的区域空间结构，构筑"一轴三带"的空间发展骨架。"一轴"是指以京、津两大城市为核心的京津走廊为枢轴；"三带"是指以环渤海湾的"大滨海地区"为新兴发展带，以山前城镇密集地区为传统发展带，以环京津燕山和太行山区为生态文化发展带，从而提高首都地区的区域竞争力、资源环境承载力和文化影响力，推动京津冀地区的均衡发展。

23 日，深圳新一轮城市总体规划修编正式启动。

27 ~ 28 日，中国建筑学会城市交通规划分会在南京召开了"中国城市交通规划 2006 年年会暨第 22 次学术研讨会"，会议的主题为"小汽车高速增长背景下城市交通发展对策"。

27 ~ 28 日，首届中国"创意城市与城市形象传播"市长论坛在昆明国际会展中心召开。

28 ~ 29 日，"2006 年（重庆）城乡规划论坛暨全国首届城市规划展示年会"在重庆市召开。仇保兴作了题为"转型期的城市规划变革"的主旨报告。

28 ~ 29 日，由金经昌城市规划教育基金会、《城市规划学刊》、同济大学建筑与城市规划学院及上海同济城市规划设计研究院共同主办了"第三届中国城市规划学科发展论坛"，本届论坛特邀请了以中国科学院、中国工程院院士为主导的十多位专家学者，以讨论区域发展规划为主题，交流重大项目设计，提出创新思维，积极推动中国城市规划学科的发展。同时还举办了金经昌城市规划教育基金会、《城市规划学刊》、《城市规划》、《规划师》联合主办的全国"金经昌城市规划优秀论文"的颁奖活动。

30 日，为了宣传贯彻和严格执行于 2006 年 12 月 1 日起实施的《风景名胜区条例》，切实做好风景名胜区的管理、保护和利用工作，建设部召开了《风景名胜区条例》宣传贯彻工作电视电话会议。会议由建设部部长汪光焘主持，建设部副部长仇保兴和国务院法制办副主任张穹分别作了讲话。

31 日，我国第一个环境卫生规划《全国城镇环境卫生"十一五"规划》正式颁布实施。规划范围重点是 661 个设市城市，并将全国划分为东北地区、东部地区、中部地区、西北地区和西南地区五个区域。

十一月

1 日，国务院办公厅发出通知（国办函〔2006〕88 号），经国务院批准，原则同意修订后的《鹤岗市城市总体规划（2006—2020）》。

3 日，四川省眉山市中级人民法院对眉山市原规划建设局长杨建中受贿案作出一审判决：杨建中犯受贿罪、巨额财产来源不明罪，数罪并罚判处有期徒刑 14 年。

3 ~ 5 日，在复旦大学举行了以"中国城市化：文化、认同和空间转型"为主题的"2006 国际城市论坛"。

4 日，由新华社《瞭望》新闻周刊、清华大学建筑学院、易道公司在北京清华大学联合举办了"改变与演变：城市的再生与发展"论坛，从改变到演变，关系我们对城市的根本认识以及由此派生的职业姿态，这正是举办本次论坛的意义。吴良镛作了"城市的再生与人居环境的构筑"的主题演讲。

7 日，财政部、国土资源部和中国人民银行联合发出《关于调整新增建设用地土地有偿使用费政策的通知》，调整的内容包括：进一步明确新增建设用地土地有偿使用费征收范围；调整新增建设用地土地有偿使用费征收等别和征收标准；调整地方新增建设用地土地有偿使用费分成管理方式；加强新增建设用地土地有偿使用费征收管理；认真做好新增建设用地土地有偿使用费清欠工作；改进和完善新增建设用地土地有偿使用费使用管理；强化新增建设用地土地有偿使用费收支管理监督检查。

10 日，联合国开发计划署、中国国际经济技术交流中心、中国城市规划设计研究院等机构在北京组织召开了"21 世纪城市规划、发展与管理"项目总结与成果推广会。项目的成果之一《中国城市发展问题观察》针对全球化、城市化、市场化背景下中国城市发展所面临的问题，提出了具体的政策建议和解决方案。

14 日，《世界文化遗产保护管理办法》经文化部部务会议审议通过，予以公布，自公布之日起施行。

14 ~ 15 日，中国城市规划协会信息管理工作委员会 2006 年年会在南京市召开。这次年会的主题是：城市规划信息的标准化、制度化建设。

16 日，全国十大城市个人合作建房发起人代表在温州签署了《全国个人合作建房温州宣言》，声称："通过推动个人合作建房解决城市中低收入者的住房问题应成为合作建房发起人的社会责任。"

17 日，国务院办公厅向湖南省人民政府发出通知（国办函［2006］94 号），原则同意修订后的《衡阳市城市总体规划（2006—2020）》。

18 ~ 19 日，在北京友谊宾馆召开了"国际地下空间学术大会"，本次大会是由中国城市规划学会和中国岩石力学与工程学会，中国土木工程学会，中国工程院土木、水利与建筑工程学部联合主办的。来自世界十多个国家的 100 多名专家学者围绕"节约型城市与地下空间开发利用"的主题展开了学术讨论。

19 日，《深圳市建立国家住宅产业化综合试点城市可行性报告》正式通过建设部组织的专家论证，深圳市被确定为首个国家住宅产业化综合试点城市。

22 日，国务院总理温家宝主持召开国务院常务会议，讨论并原则通过《中华人民共和国城乡规划法（草案）》。会议认为，为加强城乡规划管理，协调城乡空间布局，节约资源特别是土地资源，保护环境和历史文化遗产，促进城乡经济社会全面协调可持续发展，制定《中华人民共和国城乡规划法》十分必要。会议决定，《中华人民共和国城乡规划法（草案）》经进一步修改后，由国务院提请全国人大常委会审议。

22 日，位于沈阳北部、总面积 1098km² 的新的行政区——"沈北新区"经国务院批复正式挂牌成立，成为继上海浦东、天津滨海、郑州郑东后，国务院批准成立的中国第四个新区。

26 日，国务院办公厅向安徽省人民政府发出通知（国办函〔2006〕90 号），原则同意修订后的《淮北市城市总体规划（2006—2020）》。

27 日，北京市国土局发布公告称：北京市门头沟新城子地区 21—218 号用地和北京市石景山区南宫住宅小区土地将通过公开招标方式确定土地一级开发主体，这在全国还属首次。土地一级开发引入招标机制，将令土地的一级开发和二级开发市场各自独立，这意味着长期处于政府指派的土地一级开发驶入市场透明化运行轨道。

28 日，在"上海市土地管理工作会议"上传出消息，经国务院批准，我国将建立国家土地督察制度。国务院授权国土资源部代表国务院对各省、自治区、直辖市以及计划单列市人民政府土地利用和管理情况进行监督检查，由国土资源部向地方派驻 9 个国家土地督察局。国土资源部将成立国家土地督察上海局。根据《国务院办公厅关于建立国家土地督察制度有关问题的通知》，同时成立的还有国家土地督察北京局、沈阳局、南京局、济南局、广州局、武汉局、成都局和西安局。

29 日，"大城市交通拥堵学术研究中心"在北京交通大学落成，研究中心将全力以赴解决城市既有交通拥堵问题，其中北京的交通研究列在首位。

30 日，经国务院同意，全国房地产市场宏观调控部际联席会议向各省、自治区、直辖市人民政府以及国务院各部委、各直属机构印发了《关于各地区贯彻落实房地产市场调控政策情况的通报》。

30日，建设部通报了房地产交易秩序专项整治十大典型案例。

十二月

1日，建设部下发了《关于优先发展城市公共交通若干经济政策的意见》，提出以下优先发展城市公共交通的若干经济政策：1. 加大城市公共交通的投入；2. 建立低票价的补贴机制；3. 认真落实燃油补助及其他各项补贴；4. 规范专项经济补偿；5. 维护职工合法权益，稳定职工队伍；6. 加强领导，落实责任，确保行业稳定。

2～3日，"全国优先发展城市公共交通工作会议"在北京召开。建设部汪光焘部长、仇保兴副部长作了讲话。会议认为，我国能源和土地资源严重短缺，城市人口和城市机动车增长速度很快，群众收入水平总体还不高，优先发展城市公共交通是贯彻落实科学发展观，建设资源节约型、环境友好型和构建社会主义和谐社会的重要举措。要采取有力措施，加快发展步伐，通过科学规划和建设，提高线网密度和站点覆盖率，大力发展轨道交通和快速公交，形成干支协调、结构合理、高效快捷并与城市规模、人口和经济发展相适应的公共交通系统。要进一步放开搞活公共交通行业，完善支持政策，提高运营质量和效率，为群众提供安全可靠、方便周到、经济舒适的公共交通服务。要充分发挥公共交通运量大、价格低廉的优势，引导群众选择公共交通作为主要出行方式。建设部向地方城市人民政府发出了开展城市公共交通周及无车日活动的倡议。在每年的9月16日至22日期间，采取多种形式，宣传倡导绿色交通理念，号召市民尽可能选用步行、自行车、公共交通等交通方式出行，减少对小汽车的使用和依赖。

12日，为进一步加强宏观调控，促进节约集约利用土地和产业结构调整，依据《产业结构调整指导目录（2005年本）》（国家发展改革委令第40号）和国家有关产业政策、土地供应政策，国土资源部、国家发展改革委制定了《限制用地项目目录（2006年本）》和《禁止用地项目目录（2006年本）》，适用于新建、扩建和改建的建设项目。

19日，国土资源部第5次部务会议审议通过的《土地利用年度计划管理办法》施行。

23日，国土资源部发出《关于发布实施〈全国工业用地出让最低价标准〉的通知》，划定全国工业用地出让最低价标准。该标准自2007年1月1日起实施。通知中规定，全国工业用地被划分为15个等别，最低价标准从最高等别一等的840元／平方米递减到最低等别十五等的60元／平方米。

25 日，中共中央政治局进行第 37 次集体学习，内容是关于我国建设资源节约型社会。中共中央总书记胡锦涛主持并强调，全党全社会都必须按照科学发展观的要求，充分认识建设资源节约型、环境友好型社会的重要性和紧迫性，下最大决心、花最大气力抓好节约能源资源工作。国务院发展研究中心产业经济研究部部长冯飞研究员、国家发展和改革委员会宏观经济研究院能源研究所所长韩文科研究员就这个问题进行讲解，并谈了他们对我国建设资源节约型社会的意见和建议。

28 日，建设部确定深圳市为创建"国家生态园林城市"示范城市。

31 日，国务院总理温家宝签署第 483 号国务院令，公布《国务院关于修改〈中华人民共和国城镇土地使用税暂行条例〉的决定》，自 2007 年 1 月 1 日起实施。这一决定对 1988 年国务院发布施行的《中华人民共和国城镇土地使用税暂行条例》作出修改，提高了城镇土地使用税税额标准，将每平方米年税额在 1988 年暂行条例规定的基础上提高 2 倍。此外，还将城镇土地使用税的征收范围扩大到外商投资企业和外国企业。城镇土地使用税是我国目前在土地保有环节征收的唯一税种。我国此次修改城镇土地使用税暂行条例，目的是加大对建设用地的税收调节力度，抑制建设用地的过度扩张。

31 日，中国城市竞争力研究会公布了"2006 年（第五届）中国城市竞争力排行榜"，城市竞争力名列前十名的城市依次是：香港、上海、北京、深圳、台北、广州、澳门、天津、杭州、南京。

本年度出版的城市规划类相关著作主要有:《美国现代城市设计运作研究》（高源著）、《城市规划概论》（陈锦富编著）、《城市规划师实务手册》（韩景、刘立主编，《城市规划师实务手册》编写组编）、《城市规划概论》（陈双、贺文主编）、《中央商务区（CBD）城市规划设计与实践》（陈一新著）、《北京地下空间规划》（北京市规划委员会、北京市人民防空办公室、北京市城市规划设计研究院编，陈刚、李长栓、朱嘉广主编）、《城市历史街区的复兴》（[英] 史蒂文·蒂耶斯德尔等著，张玫英、董卫译）、《街道与城镇的形成》（[美] 迈克尔·索斯沃斯、伊万·本 – 约瑟夫著，李凌虹译）、《大规划：城市设计的魅惑和荒诞》（[美] 肯尼思·科尔森著，游宏滔、饶传坤、王士兰译）、《荷兰城市规划》（中英文本）（[荷] THOTH 编，王莹、刘晓涵、蒋丽莉译）、《城市规划与管理》（王庆海著）、《城市防灾学》（焦双健、魏巍主编）、《首都计划》（国都设计技术专员办事处编，王宇新、王明发点校）、《城市规划：2000—2005》（广州市城市规划勘测设计研究院编，王国恩、林超、王建军执行主编）、《城市机动性与可持续发展：中国、欧洲大学联合设计》（中英文本）（潘海啸、[法] 荷布瓦编著）、《1945 年后西方城市规划理论的流变》（[英] 尼格尔·泰勒著，李白玉、陈贞译）、《人口与城市空间》（武辉著）、《环境心理学》（林玉莲、胡正凡编著）、《城市园林绿地规划与设计》（李铮生主编）、《城市规划与管理》（李岚编著）、《构建和谐城市：现代城镇体系规划理论》（李秉毅著）、《全球化时代的城市设计》（时匡、[美] 加里·赫克、林中杰著）、《城市规划法的价值取向》（张萍著）、《城市规划应用手册》（张春祥编撰）、《城市空间发展自组织与城市规划》（张勇强著）、《都市可持续发展论》（张春祥著）、《城市发展中的历史文化保护对策》（张凡著）、《中国城市规划法规体系》（周剑云、戚冬瑾编著）、《中国城市理性增长与土地政策》（吴次芳、丁成日、张蔚文主编）、《建筑与城市规划导论》（刘维彬主编）、《快速城市化进程中的城市规划管理》（冯现学著）、《城市规划管理运行机制研究》（严薇著）、《城市转型时期的主动规划》（于亚滨、张建喜主编）、《中世纪的城市》（[比] 亨利·皮雷纳、陈国梁著）、《市政工程规划》（刘兴昌编）、《重建中国：城市规划三十年（1949—1979）》（华揽洪著，李颖译，华崇民编校）、《城市停车规划研究与应用》（贺崇明著）、《节地城市发展模式（JD 模式）：可持续发展城市论》（董国良等著）、《走向多元平衡：制度视角下我国旧城更新传统规划机制的变革》（郭湘闽著）、《城市建筑学》（[意] 罗西著，黄士钧译）、《城市空间设计》（第 2 版）（梁雪、肖连望著）。

2007 年

一月

5 日，建设部、国家发改委、财政部、监察部、审计署联合发布《关于加强大型公共建筑工程建设管理的若干意见》（建质 [2007] 1 号）。根据《意见》，大型公共建筑工程的数量、规模和标准要与国家和地区经济发展水平相适应，方案设计必须符合所在地块的控制性详细规划的有关规定，大型公共建筑设计要重视保护和体现城市的历史文化、风貌特色等。

8 日，建设部、国土资源部、铁道部联合发布实施《客运专线铁路建设项目用地控制指标（试行）》。《指标》要求加强对客运专线铁路建设用地的科学管理，最大限度地节约使用土地。该指标自 2007 年 1 月 8 日起试行。

9 日，国家环保总局在北京主持召开专家论证会，讨论通过了上海市莘庄工业区、青岛高新区市北新产业园、江苏扬州经济开发区、云南省开远市等四个国家生态工业示范园区建设规划。截至当时，已有 25 个国家生态工业园区建设规划通过了论证。

15 日，《珠海城市规划展（2007）》开幕。规划展展出的内容是珠海"135"行动计划公布半年以来数十项规划成果中的一部分，更多地侧重于展示与市民生活环境直接相关的近期建设项目规划。

15 日，建设部、监察部、城乡规划效能监察领导小组办公室发布了《关于开展城乡规划效能监察阶段成果统计工作的通知》（规效能办［2007］001 号文），要求各地对城乡规划效能监察工作的阶段成果进行统计。

15 日，建设部、信息产业部联合发出《关于进一步规范住宅小区及商住楼通信管线及通信设施建设的通知》（信部联规［2007］24 号）。《通知》要求，住宅小区及商住楼内的通信设施建设应符合城乡规划要求，与电信发展规划相适应。

20 日，"规划师海口论坛"在西海岸海南新国宾馆举行。论坛以"宜居城市规划"为主题，就城市居住环境展开深入探讨，以期推动我国的人居环境和宜居城市建设。

23 日，全国建设工作会议对 2007 年建设工作作出部署，建设工作的十大任务之一是加强城乡规划制度建设，推进科学制定和实施城乡规划。建设部部长汪光焘在全国建设工作会议上说，做好城乡规划工作，发挥城乡规划的调控作用，必须抓住科学编制和实施监督两个关键环节；城乡规划是指导城乡建设和管理的依据，体现建设资源节约环境友好社会、实现科学发展的要求，具有综合性、前瞻性；解决城乡规划编制问题的关键，是按照党中央要求，全面贯彻落实科学发展观，进一步转变发展观念，在方法上研究完善城乡规划指标体系，明确约束性指标和强制性内容，将其作为规划编制和实施的"铁律"。

27 日，中国现代化战略研究课题组发布了《中国现代化报告 2007》。《报告》建议，我国应建立生态补偿制度、关键岗位环境责任制和关键项目环境风险评价制度等三大生态制度，以促进我国生态现代化建设。

29 日，受建设部部长汪光焘委托，建设部副部长仇保兴和周干峙、邹德慈院士及周一星教授等一行 12 人来闽出席海西城镇群规划编制工作会议并开展规划调研，正式拉开了海西城镇群规划编制工作的序幕。2006 年初，建设部将海峡西岸城镇群列入了全国城镇体系规划，成为全国优先支持发展的八大城镇群之一。

29 日，建设部就加快推进数字化城市管理试点工作发出通知。

31 日，国务院总理温家宝主持召开国务院常务会议，审议并原则通过《西藏自治区"十一五"规划项目方案》。

二月

6 日，建设部发布了《关于公布第一批国家重点公园的通知》（建城［2007］34 号），决定批准北京颐和园等 20 个公园为第一批国家重点公园。

7 日，国家环保总局、建设部、文化部、国家文物局联合发出《关于加强涉及自然保护区、风景名胜区、文物保护单位等环境敏感区影视拍摄和大型实景演艺活动管理的通知》（环发〔2007〕22 号），禁止在自然保护区核心区和缓冲区、风景名胜区核心景区内，禁止进行影视拍摄和大型实景演艺活动。

15 日，中共中央政治局组织第 39 次集体学习，中共中央总书记胡锦涛强调，促进区域协调发展，是改革开放和社会主义现代化建设的战略任务，也是全面建设小康社会、构建社会主义和谐社会的必然要求。中共中央政治局这次集体学习安排的内容是国外区域发展情况和促进我国区域协调发展战略。国务院发展研究中心李善同研究员、中国科学院地理科学与资源研究所樊杰研究员就这个问题进行讲解，并谈了他们对促进我国区域协调发展的意见和建议。

16 日，国务院发布《国务院关于杭州市城市总体规划的批复》（国函〔2007〕19 号），批复原则同意修订后的《杭州市城市总体规划（2001—2020）》。

三月

1 日，《城市供水水质管理规定》经建设部第 113 次常务会议讨论通过，于 2007 年 3 月 1 日发布，自 2007 年 5 月 1 日起施行。

1 日，由北京市规划委员会、北京市城市规划设计研究院、北京城市规划学会联合编纂的《北京城市规划图志》（1949—2005）出版。该《图志》回顾了北京城市规划编制的历史，同时还回顾了 50 多年来北京城市规划编制和规划管理工作体制和机制不断完善的过程。

1 日，《镇规划标准》GB 50188—2007 由中国建筑设计研究院编制，中国建筑工业出版社出版，本标准由建设部和国家质量监督检验检疫总局联合发布，5 月 1 日实施。原《村镇规划标准》GB 50188—2006 同时废止。

5 日，国务院总理温家宝在十届全国人大五次会议上作政府工作报告时强调，一定要认真执行土地利用总体规划和年度计划，坚决控制建设占地规模，加强耕地，特别是基本农田保护，禁止擅自将农用地转为建设用地。

8 日，建设部颁布了《关于加强中小城市城乡建设档案工作的意见》（建办〔2007〕68 号）。

9 日，国务院发布《关于同意将山东省泰安市列为国家历史文化名城的批复》（国函〔2007〕25 号），同意将泰安市列为国家历史文化名城。

11 日，北京市社科院和社科文献出版社联合发布了 2007 年中国区域蓝皮书《2006—2007 年：中国区域经济发展报告》。

11 日，全国政协十届五次会议在人民大会堂举行集体采访活动，主题为"京杭大运河保护与'申遗'"。全国政协委员、国家文物局局长单霁翔总结了大运河的保护和"申遗"面临的九大问题。

13 日，国务院发布《关于同意将海南省海口市列为国家历史文化名城的批复》（国函〔2007〕26 号），同意将海口市列为国家历史文化名城。

16 日，《中华人民共和国物权法》由中华人民共和国第十届全国人民代表大会第五次会议通过（中华人民共和国主席令第 62 号），自 2007 年 10 月 1 日起施行。

18 日，中共中央办公厅、国务院办公厅发出《关于进一步严格控制党政机关办公楼等楼堂馆所建设问题的通知》。

18 日，国务院发布《关于同意将浙江省金华市列为国家历史文化名城的批复》（国函〔2007〕28 号），同意将金华市列为国家历史文化名城。

18 日，国务院发布《关于同意将安徽省绩溪县列为国家历史文化名城的批复》（国函〔2007〕29 号），同意将绩溪县列为国家历史文化名城。

19 日，国务院发布《关于加快发展服务业的若干意见》（国发〔2007〕7 号），根据"十一五"规划纲要确定的服务业发展总体方向和基本思路，为加快发展服务业，提出 10 条意见。

22 日，建设部部长汪光焘在建设部、中组部联合举办的"资源节约环境友好型城市市长研究班"上发表了"建立和完善科学编制城市总体规划的指标体系"，阐述了国家对城市总体规划的政策导向。

26 日，建设部、监察部、城乡规划效能监察领导小组办公室发布《关于开展城乡规划效能监察工作绩效考核的通知》（规效能办〔2007〕002 号）。为了深入扎实地开展城乡规划效能监察工作，决定对各地城乡规划效能监察工作的绩效情况进行考核。

27 日，在湖南省十届人大常委会第 26 次会议上，《长株潭城市群区域规划》正式提请人大审议。1997 年，该省省委、省政府作出了推进长株潭经济一体化的战略决策。

29 日，建设部发布《关于加强省域城镇体系规划调整和修编工作管理的通知》（建规〔2007〕88 号）。针对一些省（自治区）的省域城镇体系规划即将到期，已着手修编规划；一些省（自治区）根据规划实施中出现的新情况和新问题，需要通过调整和修编规划，进一步改进和完善规划内容，强化规划的约束力和可操作性。为维护已批准的省域城镇体系规划的严肃性和权威性，加强对规划调整和修编工作的管理，规范规划变更程序。

四月

3 日，建设部发出了《关于做好国家级风景名胜区综合整治全面验收工作的通知》（建办城函 [2007] 207 号）及《关于印发〈国家级风景名胜区徽志使用管理办法〉的通知》（建城 [2007] 93 号）。

9 日，建设部、监察部、城乡规划效能监察领导小组办公室发布《关于印发〈建设部、监察部城乡规划效能监察 2007 年工作要点〉的通知》（规效能办 [2007] 003 号）。

13 日，建设部公布《关于发布国家标准〈城市抗震防灾规划标准〉的公告》（建设部公告第 628 号）。批准《城市抗震防灾规划标准》为国家标准，编号为 GB50413—2007，自 2007 年 11 月 1 日起实施。

14 日，国家发改委下发了《国家级专项规划管理暂行办法》的通知，该办法自 2007 年 5 月 1 日起施行。

17 日，根据中芬双方商定的初步方案，在天津举行了以"居住明天——芬兰高科技生态城"为主题的大型研讨及展示会，会议由中国商务部和芬兰贸工部联合主办。

18 日，国务院总理温家宝主持召开国务院常务会议，会议要求：继续加强固定资产投资调控。认真执行禁止类、限制类项目用地的规定，抓紧完善和严格执行节约集约用地标准，进一步清理和查处违法违规用地行为。控制城市建设规模，深入清理和规范各类开发区。

19 日，建设部发出《关于做好治理自行车被盗问题专项行动有关工作的通知》。

19 日，建设部村镇办主任李兵弟在广东村庄整治工作现场会上指出，要保护农民的财产权益，不断改进工作作风；要做好村庄整治标准的编制、指导工作，抓好村庄整治的规划，在规划中间增加农民的参与面，把规划的决策权交给农民，增强规划的地区民族、民俗特色，增强规划的引导性；要切实保护农村的历史文化，保护好历史名镇名村。

19 日，建设部在北京国谊宾馆举办了"中国城市公共交通周及无车日活动工作培训"。参照国际经验和做法，建设部倡议各地城市人民政府在每年的 9 月 16 ～ 22 日定期举办城市公共交通周和无车日活动。

21 日，由中国城市规划学会居住区规划学术委员会、建设部政策研究中心、建设部执业资格注册中心联合主办的"2007 首届中国居住区规划与开发高峰论坛暨第六届中外建筑师创作与执业论坛"在北京中国职工之家召开。大会同期还举办了"2006 年度百年建筑优秀作品奖"颁奖典礼和"第二届百年建筑名家名作展"。

27 日，国务院发布《关于珠江流域防洪规划的批复》（国函〔2007〕40 号），原则同意《珠江流域防洪规划》。

27 日，国务院召开全国节能减排工作电视电话会议，动员和部署加强节能减排工作。

28 日，《城市生活垃圾管理办法》已于 2007 年 4 月 10 日经建设部第 123 次常务会议讨论通过，于 2007 年 4 月 28 日发布（中华人民共和国建设部令第 157 号），该办法自 2007 年 7 月 1 日起施行。

五月

9 日，第四届中国城市森林论坛发布了《中国城市森林论坛成都宣言》。

9 日，位于北京天安门广场正南的前门大街两侧修缮整治保护工程全面启动。

10 日，国家批准中国城市规划学会作为中国的正式代表加入国际城市与区域规划师学会（ISOCARP）。31 日，第二届"全国规划院长工作会议"在北京召开，会议通过《全国规划院院长共识》和《全国城市规划编制单位自律公约》。

10 日，为做好国家级风景名胜区综合整治验收考核工作，建设部制定了《国家级风景名胜区综合整治验收考核标准》（以下简称《验收标准》）（建办城函[2007] 291 号），建设部将对国家级风景名胜区综合整治工作进行验收考核，验收考核将严格按照《验收标准》进行。

11 日，深圳统计局公布的最新人口统计表示，深圳 2006 年常住人口为 846.43 万，比 2005 年增加了 18.68 万，其中非户籍人口占 76%。

11 日，《北京市限建区规划（2006—2020 年）》编制完成，本市将划定 55.5km^2 的绝对禁建区，7130.1km^2 的相对禁建区，4819.2km^2 的严格限建区，3878.2km^2 的一般限建区以及 527.1km^2 的适宜建设区，近 30 万个限建"斑块"把全市面积覆盖的严丝合缝。《北京市限建区规划》已报送市长办公会审批。

14 日，为掌握真实的土地基础数据，满足经济社会发展及国土资源管理的需要，国务院决定在全国范围内开展第二次土地调查。国务院副总理曾培炎主持召开会议，审议并通过了土地调查总体方案，对下一步工作作出了部署。

14 日，我国首个环境宏观战略研究项目在京启动。该项目根据我国目前环保现状，分析未来经济增长、人口增加、城市化、能源消耗、交通发展等活动可能产生的环境问题，提出我国环保的宏观战略构想，对策建议以及相关保障措施等。

16 日，上海市民政局、统计局公布了本市老年人口最新统计信息。数据显示，2006 年申城老人比前年增加 9.25 万人，目前，60 岁及以上老年人口达到 275.62 万人，占总人口比例首次突破 20%。

21 日，建设部公布《关于发布国家标准〈城市绿地设计规范〉的公告》（建设部公告第 642 号），批准《城市绿地设计规范》为国家标准，编号为 GB50420—2007，自 2007 年 10 月 1 日起实施。

21 日，在同济大学百年校庆期间同时召开了"亚太地区世界遗产培训与研究中心机制与运作"国际研讨会以及"亚太世界遗产培训与研究中心（上海）"的挂牌仪式。

22 日，重庆"1 小时经济圈"规划评审会在重庆市召开。

23 日，国务院发布《国务院关于印发节能减排综合性工作方案的通知》（国发〔2007〕15 号）。

23 日，在全国主体功能区规划编制工作座谈会上，国家发改委副主任陈德铭在会上透露，正在编制的我国第一个全国主体功能区规划，将把国土空间划分为优化开发、重点开发、限制开发和禁止开发四类主体功能区。这项工作将在两年内完成。编制全国主体功能区规划，目的是根据不同区域的资源环境承载能力、现有开发密度和发展潜力，统筹谋划未来人口分布、经济布局、国土利用和城镇化格局，将国土空间划分为四类主体功能区，确定主体功能定位，明确开发方向，管制开发强度，规范开发秩序，完善开发政策，逐步形成人口、经济、资源环境相协调的空间开发格局。规划完成后，将随之调整完善财政、投资、产业、土地、人口等相关政策。

29 日，国务院发布《中华人民共和国行政复议法实施条例》（国务院令第 499 号）。该条例已经 2007 年 5 月 23 日国务院第 177 次常务会议通过并公布，自 2007 年 8 月 1 日起施行。

30 日，由中国城市科学研究会研究编订的《宜居城市科学评价标准》正式对社会发布。《标准》将城市分为宜居城市、较宜居城市、宜居预警城市三类。通过社会文明度、经济富裕度、环境优美度、资源承载度、生活便宜度和公共安全度六大指标体系，对城市作出综合评价，并按百分制计算"宜居指数"。《标准》还提出四项综合评价否定条件，与"宜居指数"共同构成完整的评价体系。宜居指数在 80 分或以上且没有否定条件的城市，即可确认为"宜居城市"。

31 日，建设部部长汪光焘出席在北京召开的中国城市规划协会"全国规划院院长工作会议"时强调，要适应新形势要求，切实肩负起科学编制规划的责任，引导城镇化和城乡建设健康发展。

31 日，国务院发布《国务院办公厅关于违规修建办公楼等楼堂馆所案件调查处理情况的通报》（国办发〔2007〕41 号）。经国务院同意，将河南省濮阳县违规修建办公楼及领导干部住宅楼等 4 起案件的调查处理情况进行通报。

六月

1日，建设部下发了《关于同意设立江苏省南京市绿水湾等4处国家城市湿地公园的通知》（建城［2007］145号），批准江苏省南京市绿水湾湿地公园等4处湿地公园为国家城市湿地公园。

3日，在广西柳州市举行的"联合国工业发展组织2007年投资促进高峰论坛"上获悉，目前，经国务院批准设立的国家级开发区有54个，已由首批的14个沿海开放城市扩展至全国31个省、区和直辖市。截至2006年底，经国务院批准规划的国家级开发区面积达888平方公里。国家级开发区已成为中国现代制造业的重要基地。

6日，深圳市规划局主办"深圳城市转型和可持续发展国际论坛"。

7日，建设部发布了《关于公布国家生态园林城市试点城市的通知》（建城函［2007］196号），建设部研究确定青岛市、南京市、杭州市、威海市、扬州市、苏州市、绍兴市、桂林市、常熟市、昆山市、张家港市为国家生态园林城市试点城市。

7日，国家发改委发出通知，批准重庆市和成都市设立全国统筹城乡综合配套改革试验区。国家发改委要求重庆市和成都市要从两市实际出发，根据统筹城乡综合配套改革实验的要求，全面推进各个领域的体制改革，并在重点领域和关键环节率先突破，大胆创新，尽快形成统筹城乡发展的体制机制，促进两市城乡经济社会协调发展，也为推动全国深化改革、实现科学发展与和谐发展发挥示范和带动作用。

8日，重庆市首条地铁线路——重庆轨道交通一号线正式动工。重庆轨道交通一号线东起朝天门，西至大学城，全长约36.08km。

9日，建设部、国家文物局联合发布《关于公布第三批中国历史文化名镇（村）的通知》（建规［2007］137号），决定公布河北省永年县广府镇等41个镇为第三批中国历史文化名镇、北京市门头沟区龙泉镇琉璃渠村等36个村为第三批中国历史文化名村。建设部、国家文物局将对已经公布的中国历史文化名镇（村）保护工作进行检查和监督。对由于人为因素或自然原因，致使历史文化名镇（村）不符合规定条件的，建设部、国家文物局将撤销其中国历史文化名镇（村）的称号。授牌仪式在北京举行，建设部副部长仇保兴、国家文物局局长单霁翔为被命名的名镇名村代表授牌。

9～11日，由建设部、文化部、国家文物局主办的"城市文化国际研讨会暨第二届城市规划国际论坛"在北京召开。会议通过了《城市文化北京宣言》。

10日，第四届"泛珠三角省会城市市长论坛"在长沙举行。

13 日，《中部地区旅游发展规划》编制工作在京正式启动。

13 日，建设部发布《关于发布行业标准〈城市公共交通分类标准〉的公告》（中华人民共和国建设部公告第 658 号），批准《城市公共交通分类标准》为行业标准，编号为 CJJ/T114—2007，自 2007 年 10 月 1 日起实施。

13 日，由上海交通大学安泰经济与管理学院主办的"2007 国际都市圈发展论坛"在上海召开。

16 日，中国城市规划协会在武汉举办了"城市规划信息化建设·武汉论坛"。本次论坛的主题是"推进共享、提升服务"。会议发表了《武汉宣言》。

19 日，由北京大学中国区域经济研究中心编制的《青藏铁路沿线地区旅游发展总体规划（2006—2020）》终审会在京召开。《规划》方案于 2007 年 7 月 1 日对外公布。

22 日，由上海市城市科学研究会承担的市规划局科研项目《上海城市发展对地下空间资源开发利用的需求预测方法研究》通过评审。该研究成果结合国内外典型案例进行分析与对比，并结合上海城市地下空间开发利用概念规划分析了市地下空间开发利用的现状，对城市发展与地下空间开发利用的关联性、城市地下空间需求预测的理论与方法、上海中远期城市发展与地下空间的需求预测展望等方面进行了研究，提出了城市地下空间"和谐发展需求预测"新的理论与方法，初步构建了城市地下空间开发利用需求预测的指标体系框架。

25 日，是第十七个全国"土地日"，今年土地日的宣传主题是"节约集约用地，坚守耕地红线"。

26 日，建设部下发了《关于印发〈建设部关于落实〈国务院关于印发节能减排综合性工作方案的通知〉的实施方案〉的通知（建科〔2007〕159 号），建设部对方案中要求建设领域节能减排工作进行了认真研究，提出了此方案。

七月

1 日，由建设部副部长傅雯娟率领的考察团来到西藏自治区考察西藏城乡建设的工作情况。傅雯娟在座谈会上讲话，她转达了汪光焘部长对西藏建设工作的几点期望和要求：一要充分认识西藏城镇协调可持续发展的战略意义；二要充分体现和落实国家确定的西藏稳定发展的定位；三要深刻领会西藏跨越式发展的内涵；四要以西藏城镇协调发展战略研究为基础，加强自治区城乡规划工作。

3 日，广州市 2010 ~ 2020 年总体规划的编制工作正式启动。新一轮总规的编制内容将覆盖 10 个行政区和 2 个县级市，总面积 7434km²，将从区域、市域和市区层面进行编制。

4 日，山东省建设厅对外宣布，历时 3 年完成的《山东半岛城市群总体规划（2006—2020）》获批准实施。

5 日，中国环境科学研究院承担厦门市城市总体规划环境影响评价工作，这标志着根据国家环保总局的要求在厦门全市区域进行规划环评的工作全面展开。

5 日，深圳市政府四届六十六次常务会议批准了《深圳市城市总体规划（2007—2020）》。

7 日，由国家有关部门牵头的大运河申请世界文化遗产项目正式启动，江苏的苏州、无锡、常州、镇江、扬州、淮安、宿迁和徐州等八城市列入规划。

7 日，监察部、国土资源部联合下发了《关于进一步开展查处土地违法违规案件专项行动的通知》（监发〔2007〕5 号），2007 年要在全国继续深入开展专项行动，以有效惩治和遏制土地违法违规行为。

9 日，来自国家旅游局，重庆市园林局、规划局、文化局，重庆师范大学，重庆大学的有关专家组成的专家组听取了对《重庆长江三峡旅游总体规划》的规划汇报并进行了评议，同意通过该规划。

9 日，交通部下发了《关于印发公路运输枢纽总体规划编制办法的通知》（交规划发〔2007〕365 号）。

10 日，建设部发布《关于加强建设系统防灾减灾工作的意见》（建质〔2007〕170 号）。意见指出，当前建设系统防灾减灾工作的内容包括推动城乡建设防灾减灾的法规建设，编制和实施城乡建设防灾减灾五年规划；开展城市、村庄与集镇防灾规划的编制，并纳入城市总体规划和村庄与集镇规划一并实施；推动重点城市抗灾能力普查工作；加强灾前预警和信息报送工作；加强房屋建筑、市政基础设施和施工工地抢险、抢修、应急处置的组织和实施能力建设；加强对灾区恢复重建工作的技术指导和专业支撑；加强建设系统防灾文化建设，组织开展防灾教育。

11 日，国务院总理温家宝主持召开国务院常务会议，研究部署节能减排和应对气候变化工作。

12 日，江苏、浙江、上海三省市的旅游、质监、交通等部门在上海联合审定并通过了《长江三角洲地区主要旅游景区（点）道路交通指引标志设置规范》，这是三地联合制定的第一个区域性标准化规范。

16 日，《拉萨市城市规划条例实施细则》作为西藏自治区和拉萨市首部城市规划条例实施细则颁布，并于 8 月 1 日起施行。

23 日，建设部、监察部、城乡规划效能监察领导小组办公室公布《关于各地城乡规划效能监察绩效考核结果上报情况的通报》（规效能办〔2007〕005 号），截至 6 月底，共 25 个省、自治区、直辖市的城乡规划效能监察领导小组办公室上报了绩效考核自评结果。为切实将绩效考核工作做好，通过开展绩效考核工作，促进城乡规划效能监察工作扎实有效的开展，将未按照《通知》要求上报自评结果的单位予以通报。

24 日，广州市规划局公示的《广州市实施〈广东省城市控制性详细规划管理条例〉办法》（征求意见稿），就控制性详细规划的编制、审批、实施、修改、公示和法律责任作了详细的说明。《办法》提出，在广州市区域范围内将逐步实施控规全覆盖。作为控制性详规中的管理单元，将详细到用地规模，旧城中心区 $0.2 \sim 0.5 km^2$ 的范围就要作为一个单元，在控制性详规中体现，新区以 $0.8 \sim 1.5 km^2$ 为宜。

25 日，福建省建设厅发出通知，将在全省范围内开展城市近期建设规划和控制性详细规划编制情况专项检查。通知称，通过此次专项检查，将了解和掌握各市、县城市近期建设规划和控制性详细规划的编制情况，督促各级政府和规划主管部门高度重视城市近期建设规划和控制性详细规划编制工作，将主要检查"十一五"城市近期建设规划和城市近期建设地段控制性详细规划的编制情况。

25 日，广东省建设厅主持召开了珠江三角洲城镇群城乡规划局局长联席会议第一次全体会议。珠江三角洲 9 个地级（以上）市城市规划局主要领导参加了会议。会议审议通过了《珠江三角洲城镇群城乡规划局局长联席会议章程》。广州市规划局局长潘安在会议上作了"《珠江三角洲城镇群协调发展规划》指导下的广州城市总体规划编制与研究"的专题发言，各城市规划局局长进行了工作交流。

26 日，国务院发布《国务院关于编制全国主体功能区规划的意见》（国发[2007] 21 号）。《意见》认为，编制全国主体功能区规划，有利于打破行政区划，制定实施有针对性的绩效考评体系。《意见》称，全国主体功能区规划是战略性、基础性、约束性的规划，也是国民经济和社会发展总体规划、区域规划、城市规划等的基本依据。

26 日，国务院法制办公室下发了《历史文化名城名镇名村保护条例（草案）（征求意见稿）》公开征求意见的通知，制定这一条例旨在加强历史文化名城、名镇、名村的保护与管理，继承中华民族优秀历史文化遗产。

八月

2 日，国务院发布《国务院关于东北地区振兴规划的批复》（国函〔2007〕76号），原则同意《东北地区振兴规划》，提出将东北地区建设成为综合经济发展水平较高的重要经济增长区域及确立了"四基地一区"的目标定位，即具有国际竞争力的装备制造业基地，国家新型原材料和能源保障基地，国家重要的商品粮和农牧业生产基地，国家重要的技术研发与创新基地，国家生态安全的重要保障区。

2 日，"中国城市化与交通发展国际年会"（又名：CPN 首届中国城市交通国际年会）在人民大会堂召开，年会由中国发展与规划国际论坛（China Planning Network，CPN）联合麻省理工学院（MIT）、中国科学技术协会（CAST）、新华社《瞭望》周刊社（Xinhua News Agency Outlook）共同发起主办。本届会议旨在探讨中国城市交通持续健康发展的可行模式，深化中国城市管理及城市交通发展国际合作，引领城市交通领域世界最前沿技术解决策略的本土化发展方向，推动城市交通相关产业、技术、项目及投资的市场推广与整合，探索世界未来城市交通发展及由其引导的城市发展的模式范例。

5 日，国务院办公厅印发《国家综合减灾"十一五"规划》。

6 日，浙江省杭州市在国内率先出台《杭州市重要公共建筑拆除规划管理办法（试行）》，对重要公共建筑的拆除作出明确规定。对于什么是重要公共建筑，该《办法》作出了界定。

10 日，中华人民共和国质量监督检验检疫总局和中国国家标准化管理委员会联合发布了《土地利用现状分类》，标志着我国土地利用现状分类第一次拥有了全国统一的国家标准。《土地利用现状分类》国家标准确定的土地利用现状分类，严格按照管理需要和分类学的要求，对土地利用现状类型进行归纳和划分。

12 日，第二届中部六省城市规划会商会在郑州举行。

21 日，上海市交通局公布了《上海市 2007—2009 年优先发展城市公共交通三年行动计划》。

24 日，"全国城市住房工作会议"在北京召开。国务院副总理曾培炎出席会议并讲话。会议强调，要全面贯彻国办发［2005］26 号文件和国办发［2006］37 号文件的政策措施，进一步加强和改善房地产市场调控，调整住房供应结构，增加有效供给，促进房地产市场健康发展。会议重申，城市新开工住房建设中，套型面积在 90 平方米以下的住房必须达到 70% 以上，廉租住房、经济适用住房、中小套型普通商品住房用地供应量不得低于 70%。

25 日，建设部部长、中国市长协会执行会长汪光焘在包头举行的 2007 年中国市长论坛上指出，随着中国城市快速发展，不断加强管理保障城市正常运转和安全运行已显得越来越重要。城市政府要切实肩负起保障城市安全运行的责任，对保障城市安全运行负总责。

26 日，国务院发布《国务院关于修改〈物业管理条例〉的决定》（中华人民共和国国务院令第 504 号），该条例自 2007 年 10 月 1 日起施行。

29 日，由国家发改委、建设部组织有关科研、设计、项目审查和管理单位进行的《党政机关办公楼建设标准》修订工作全面启动。标准修订重点内容：1. 针对当前党政机关办公楼建设存在的问题，进一步明确办公楼建设应遵循的基本原则；2. 针对相同行政级别的不同机关实际办公业务功能差别的情况，细化标准的级别分类，分别给出面积指标；3. 对业务用房中共性部分的组成内容，规定相应的指标和标准，扩大定量指标的范围；4. 严格办公楼的选址规划，从严控制用地规模；5. 修订建筑标准、公共设备标准、装修标准，增强可操作性；6. 增加节能降耗与环保减排及建筑智能化系统等内容要求。

30 日，《全国人民代表大会常务委员会关于修改〈中华人民共和国城市房地产管理法〉的决定》已由中华人民共和国第十届全国人民代表大会常务委员会第二十九次会议于 2007 年 8 月 30 日通过（中华人民共和国主席令第 72 号）并予公布，自公布之日起施行。

30 日，建设部发布《关于建设节约型城市园林绿化的意见》（建城 [2007] 215 号）。

九月

1 日，"2007 中国城市规划年会"在哈尔滨开幕，本次会议的主题是"面向和谐社会的城市规划"。与会领导和专家围绕构建和谐社会，改变城乡二元体制，推进社会主义新农村建设，实现城乡协同发展中心工作等问题进行研讨交流。此外，年会还设立了多个分会场，围绕城市总体规划、区域规划、城市基础设施、城市生态规划、历史保护与城市复兴、城市居住与城市公共设施、产业规划与园区规划等专题展开讨论。相关专业人士还就快速城市化浪潮下的文化复兴、法制环境下的规划改革、资源短缺条件下的规划创新、城市规划职业发展机遇与挑战、社会公平视角下的城市规划等问题进行自由讨论。

1 日，由北京市规划委和市文物局共同组织编制的首批《北京优秀近现代建筑保护名录》完成，西直门火车站、原 798 厂等 75 处、199 栋优秀近现代建筑收入名录。

4 日，国家旅游局颁布了《旅游资源保护暂行办法》（旅办发 [2007] 131 号），旨在加强对旅游资源和生态环境的保护，促进旅游业的健康、协调、可持续发展。

5 日，全国海岛保护与开发规划编制组在山东烟台召开第一次会议，正式启动了全国海岛保护与开发规划编制工作。这也是中国首次从国家层面上对海岛保护、开发与利用进行全面的规划与部署。

5 日，全国节约型城市园林绿化经验交流会在甘肃嘉峪关市召开。

5 日，国土资源部下发《实际耕地与新增建设用地面积确定办法》(国土资发〔2007〕207 号)，该办法自发布之日起施行。

6 日，建设部、监察部、城乡规划效能监察领导小组办公室发布《关于进行城乡规划效能监察工作经验总结的通知》(规效能办 [2007] 006 号)，决定将自 2005 年 9 月开展城乡规划效能监察工作以来所取得的富有成效的做法和经验进行总结和提高，推动城乡规划效能监察工作扎实深入地开展。

7 日，第二届海峡西岸经济区论坛"海峡西岸城市群协调发展规划"专题研讨会在厦门召开。本次活动是第二届海峡西岸经济区论坛的重要组成部分之一，会议首先由规划编制单位——中国城市规划设计研究院介绍了海西城市群规划战略研究阶段的主要成果，与会领导和专家围绕海西城市群在全国发展格局中的地位和作用、规划的发展思路、区域协调合作机制的构建等方面内容进行了深入研讨。

11 日，《唐山港总体规划》获河北省政府批复，并开始正式实施。依据该规划，唐山港将分为曹妃甸港区和京唐港区，形成分工合作、协调互动、两翼齐飞的总体发展格局。

12 日，国土资源部下发了《关于印发〈全国土地执法百日行动方案〉的通知》(国土资发〔2007〕210 号)，决定集中开展以查处"以租代征"为重点的全国土地执法百日行动。

12 日，国家旅游局下发了《关于进一步促进旅游业发展的意见》(旅发〔2007〕51 号)。

13 日，2007 年中国科协年会系列论坛活动之一——"中部地区崛起和城市群发展论坛"在武汉举办。

13 日，国务院出台了《关于加强测绘工作的意见》。

15 日，国务院发布《关于同意将江苏省无锡市列为国家历史文化名城的批复》(国函〔2007〕89 号)，同意将江苏省无锡市列为国家历史文化名城。

16 日，全国首届中国城市"公交周及无车日活动"在国内 108 个城市同时举行。

16 日，由湖北省政府组织编制的《湖北省长江三峡国际旅游目的地发展与控制性规划》在北京人民大会堂通过了专家终期评审。

20 日，国务院发布《国务院关于重庆市城乡总体规划的批复》(国函 [2007] 90 号)，批复原则同意修订后的《重庆市城乡总体规划（2007—2020）》。批复首次明确重庆的五大定位：重庆市是我国重要的中心城市之一，国家历史文化名城，长江上游地区经济中心，国家重要的现代制造业基地，西南地区综合交通枢纽。

20 日，在成都召开了"中国城市规划协会第二届五次常务理事会暨 2007 年全国城市规划协会秘书长联席会议"。

21 日，建设部在北京隆重举行第二批城市规划督察员派遣仪式。部长汪光焘强调指出，好的制度要有好的人执行，要继续扩大城市规划督察员制度。仇保兴副部长出席派遣仪式并作重要讲话。总工程师王铁宏同志主持仪式。

22 日，在"中国城市轨道交通建设与运营安全国际研讨会"上，建设部副部长黄卫提出，应该按照科学发展观的要求，妥善处理好以下几个关系：一是需要与可能的关系；二是科学规划与适时建设的关系；三是社会效益与经济效益的关系；四是引进与自主创新的关系；五是城市中心区与郊区发展的关系。

24 日，国务院召开全国主体功能区规划编制工作电视电话会议。

26 日，国务院总理温家宝主持召开国务院常务会议，讨论并原则通过《国家环境保护"十一五"规划》。

28 日，国土资源部发布《招标拍卖挂牌出让国有建设用地使用权规定》（中华人民共和国国土资源部令第 39 号），该规定已经 2007 年 9 月 21 日国土资源部第 3 次部务会议审议通过，现予公布，自 2007 年 11 月 1 日起施行。

十月

4 日，广州市规划局公布《广州 2020：城市总体发展战略》。《发展战略》将历史文化名城的保护范围扩大到整个市域，对山水和优秀建筑进行"全盘"保护，提出构筑"一山一江一城八个主题区域"的整体保护空间战略。

8 日，联合国教科文组织官员理查德·恩哥哈特在丽江宣布，世界文化遗产丽江古城遗产保护民居修复项目荣获"联合国教科文组织亚太地区 2007 年遗产保护优秀奖"。

8 日，广西自治区首府南宁举行大会，庆祝南宁荣获全球人居领域最高荣誉——2007 年"联合国人居奖"。南宁市获得这次"联合国人居奖"的亮点之一是在中国率先建立了城市应急联动系统，建立数字化城市综合管理与指挥系统，对创建城市应急救助，非应急公共安全，公正、和谐的社会环境打下了良好的基础。

9 日，国土资源部公布了经过修订的《招标拍卖挂牌出让国有建设用地使用权规定》（国土资源部部长令 [2007] 39 号，简称 39 号令）。该法规于 2007 年 11 月 1 日起正式实施。

12 日，"2007 中国城市轨道交通关键技术论坛"在广州举行。

22 日，建设部举办了第二批城市规划督察员培训班。此次培训的内容主要涵盖四个方面：一是有关规划的法律法规及督察工作的基本依据；二是国内督察员制度建设情况和建设部城市规划督察员的工作规程；三是我国历史文化名城保护的现状、对策，我国风景名胜区功能的发展及保护；四是就督察工作的沟通技巧、发现问题的方法以及实际工作中可能遇到的问题及对策等进行讲解。

22 日，北京市规委公布了会同市地震局委托市规划院编制的《北京中心城地震及应急避难场所（室外）规划纲要》。根据避难场所用地的不同功能和性质，可以分为公园型、体育场型和小绿地型，紧急避难场所人均面积标准为 1.5 ~ 2.0m²，长期固定避难场所人均用地（综合）面积标准为 2.0 ~ 3.0m²。

24 日，财政部《关于印发〈国家机关办公建筑和大型公共建筑节能专项资金管理暂行办法〉的通知》（财建 [2007] 558 号），本办法自公布之日起施行。

25 日，建设部公布《关于发布国家标准〈城镇老年人设施规划规范〉的公告》（中华人民共和国建设部公告第 746 号），批准《城镇老年人设施规划规范》为国家标准，编号为 GB 50437—2007，自 2008 年 6 月 1 日起实施。本规范由建设部标准定额研究所组织中国建筑工业出版社出版发行。

26 日，建设部发布《关于印发〈国家级风景名胜区监管信息系统建设管理办法（试行）〉的通知》（建城 [2007] 247 号），这是建设部首次系统、规范地对国家级风景名胜区监管信息系统建设各项工作进行全面、详细的规定。

27 日，"第四届中国城市规划学科发展论坛暨《城市规划学刊》创刊 50 周年庆典"在上海同济大学召开。本次论坛特邀请了中国城市研究领域内的十多位权威专家学者，以讨论城市战略、城市文化、生态城市、数字城市为主题，提出创新思维，推动学科发展，同时还举办了"城市规划优秀论文金经昌奖"的颁奖活动。

28 日，《中华人民共和国城乡规划法》已由中华人民共和国第十届全国人民代表大会常务委员会第三十次会议通过（中华人民共和国主席令第 74 号）并予公布，自 2008 年 1 月 1 日起施行，原《中华人民共和国城市规划法》同时废止。《城乡规划法》建构了我国以城镇体系规划、城市规划、镇规划、乡规划和村庄规划为主要内容的城乡规划体系，标志着我国城市规划工作进入城乡一体化发展的新时代。

28 日，《中华人民共和国节约能源法》已由中华人民共和国第十届全国人民代表大会常务委员会第三十次会议于 2007 年 10 月 28 日通过（中华人民共和国主席令第 77 号）并予公布，自 2008 年 4 月 1 日起施行。

十一月

1 日，"2007 年中国城市规划学会国外城市规划学术委员会及《国际城市规划》杂志编委会年会暨第四届中国滨水城市规划国际论坛"在宁波召开。本次会议的主题是"更新城市规划理念、构建和谐社区"。

2日，由中国建筑学会召集的建筑设计体制改革研讨会在北京新世纪饭店举行。与会专家学者就 WTO 过渡期后我国建筑设计体制和今后的改革方向以及中国建筑设计行业目前存在的问题等议题广泛交流了意见。

8日，建设部、国家发改委、监察部、民政部、财政部、国土资源部、中国人民银行、国家税务总局、国家统计局联合签署了《廉租住房保障办法》（第162号）。《办法》的核心内容包括：将廉租房的保障范围由城市最低收入住房困难家庭扩大至城市低收入住房困难家庭；保障方式包括货币补贴和实物配租；提出了多渠道筹措保障资金，明确了土地出让净收益用于廉租住房保障资金的比例不得低于 10%；规定了新建廉租房主要在经济适用房、普通商品房项目中配套建设，单套的建筑面积控制在 50m² 以内，同时还对申请与核准、监督管理等内容作了具体规定。该办法自 2007 年 12 月 1 日起施行。

12日，中国第一个海岸带地貌国家地质公园——大连滨海国家地质公园正式开园。

13日，拉萨市柳梧新区管理委员会于 11 月 13 日挂牌正式成立，这意味着拉萨市城市市区面积将从现在的近 60km² 有望增加到 100km²。

14日，国务院发布《国务院关于徐州市城市总体规划的批复》（国函〔2007〕118 号），原则同意修订后的《徐州市城市总体规划（2007—2020）》。

15日，国务院发布《关于开展第二次全国经济普查的通知》（国发〔2007〕35号），根据《全国经济普查条例》的规定，国务院决定于 2008 年开展第二次全国经济普查。

15日，由建设部和天津市政府共同主办，中国城市科学研究会和天津市规划局承办的"2007 城市可持续发展国际市长高层论坛"在天津举行。

15日，建设部发布《关于开展创建全国无障碍建设城市工作的通知》（建标〔2007〕261 号），建设部、民政部、中国残疾人联合会、全国老龄工作委员会办公室决定组织 100 个城市开展创建全国无障碍建设城市活动。

17日，国务院批转《节能减排统计监测及考核实施方案和办法的通知》（国发〔2007〕36 号），国务院同意国家发改委、统计局和环保总局分别会同有关部门制定的《单位 GDP 能耗统计指标体系实施方案》、《单位 GDP 能耗监测体系实施方案》、《单位 GDP 能耗考核体系实施方案》和《主要污染物总量减排统计办法》、《主要污染物总量减排监测办法》、《主要污染物总量减排考核办法》。

19日，建设部、国家发改委、监察部、财政部、国土资源部、人民银行、税务总局印发了《经济适用住房管理办法》的通知（建住房〔2007〕258 号）。《办法》

规定，经济适用住房单套的建筑面积控制在 60 平方米左右。《办法》要求，房地产开发企业实施的经济适用住房项目利润率按不高于 3% 核定；市、县人民政府直接组织建设的经济适用住房只能按成本价销售，不得有利润。《办法》还对经济适用房的回购、上市，已经单位集资合作建房等内容作出了规定。

19 日，北京市规划委发布了《北京市"十一五"期间历史文化名城保护规划》。

19 日，国土资源部、财政部、中国人民银行联合制定发布了《土地储备管理办法》（国土资发［2007］277 号）。《办法》强调，储备土地必须符合规划、计划，应优先储备闲置、空闲和低效利用的国有存量建设用地。

20 日，农业部、国土资源部、监察部、民政部、中央农村工作领导小组办公室、国务院纠风办、国家信访局等七部门在北京召开了全国农村土地突出问题专项治理工作座谈会，会议证实经过 7 月至 10 月各省（区、市）的专项治理，农村土地突出问题专项治理工作取得初步成效，全国共处理土地问题超过 3 万件，其中纠正土地承包问题 18693 件，纠正征占地问题 5941 件，立案查处征占地案件 5778 件，追究责任 1070 人。

21 日，国家统计局发布了对 2000 ~ 2006 年小康社会进程的监测结果：2006 年，我国全面建设小康社会的实现程度达到 69.05%，比上年提高 3.28 个百分点。根据全面建设小康社会统计监测指标体系测算，2000 年全面建设小康社会发展指数为 57.05%（基本实现总体小康社会，完全实现总体小康社会指数为 60%），距离 2020 年完全实现全面建设小康社会 100 分还差 42.95 分。按此趋势，到 2020 年完全可以实现全面建设小康社会的奋斗目标。

22 日，两年一度的"全国规划院院长会议"在广州举行。本届大会突出了"深化规划改革、加强自律建设、推进行业发展"的主题，充分体现了会议的政策性、互动性和开放性。会议举办了主题报告会和院长论坛，并举行了 2005 年度部优规划设计获奖项目颁奖典礼和获奖项目点评，讨论和发布了《全国城市规划编制机构自律公约》和《2007 年全国规划院院长共识》。

22 日，国务院印发《国家环境保护"十一五"规划》的通知（国发〔2007〕37 号），国务院同意环保总局、国家发改委制定的《国家环境保护"十一五"规划》。

23 日，天津召开滨海新区控制性详规编制工作会议，滨海新区控规编制工作全面展开。据了解，此项工作将分三阶段完成。2007 年底完成 300km² 近期开发建设地区的控规编制，2008 年 6 月完成新区 510km² 城镇建设用地的控规编制，2008 年底实现新区 2270km² 控规全覆盖。

26 日，重庆召开了信息无障碍试点城市的专题研讨会。

30 日，国土资源部下发了《关于印发第二次全国土地调查成果检查验收办法的通知》。

十二月

1 日，国务院总理温家宝签发《中华人民共和国耕地占用税暂行条例》（国务院令第 511 号），该条例自 2008 年 1 月 1 日起施行。

1 日，在风景名胜区综合整治总结会议上，建设部副部长仇保兴表示，为了整治风景名胜区的环境，加强管理，从 2003 年开始，建设部对全国的国家级风景名胜区进行综合整治。截至目前，各地共拆除了 2000 多家位于风景名胜区的宾馆、饭店、度假村等楼堂馆所，涉及面积 189.7 万 m^2。

1 日，由上海市、江苏省、浙江省共同主办的"长江三角洲地区发展国际研讨会"在上海举行。

2 日，在北京市规划展览馆召开了"第十四届首都城市规划建筑设计方案汇报展"。此次汇报展是北京市规划委、北京市"2008"奥运工程建设指挥部办公室联合举办。本次展会主题是围绕奥运工程成果汇报及贯彻三大理念（科技奥运、绿色奥运、人文奥运），宣传奥运工程，继承和发扬奥运精神。

2 日，建设部副部长仇保兴赴山西调研期间出席了平遥古城申报世界文化遗产成功 10 周年纪念大会，并对历史文化名城的保护工作提出要求。

2 日，"首届中国小城镇发展高层论坛暨中国强镇镇长峰会"在绍兴举行，与会人员共同探讨了中国小城镇发展的新理念和新途径。会议明确提出把小城镇建设作为统筹城乡发展的着力点。

5 日，国家旅游局命名了 17 个县为"中国旅游强县"。

7 日，国家环保总局在京发布《国家重点生态功能保护区规划纲要》、《全国生物物种资源保护与利用规划纲要》。

8 日，国内首个城市地下交通环廊——北京海淀区中关村西区地下环廊开通。这条全长 1.9 公里的环廊将可引导车辆改走地下，实现人车分流，同时，有 10 个出入口与地面道路相通。地下环廊开通后将大大缓解中关村地区的交通压力。

9 日，国土资源部正式向社会发布《全国土地执法百日行动查处纠正工作的若干处理意见》。

10 日，国家监察部、国土资源部联合举行土地违法违规典型案件查处情况新闻发布会，强调严厉打击和惩治土地违法违规行为，守住 18 亿亩耕地的红线。

12 日，中国青少年研究中心、中国人民大学人口与发展研究中心发布的《当代中国青年人口发展状况研究报告》显示,2005 年我国 2.94 亿名 14 ~ 29 岁青年中,有 30.22% 生活在城市,17.22% 生活在镇,52.56% 生活在乡村地区,城镇化水平为 47.44%;在 4.297 亿名 14 ~ 35 岁青年中,有 30.75% 生活在城市,17.77% 生活在镇,51.48% 生活在乡村地区,城镇化水平为 48.52%。按照这两种年龄口径计算的青年人口的城镇化水平均高于全国总的水平 42.99%。

15 日,由首都经济贸易大学主办、北京市技术经济和管理现代化研究会协办的"京津冀合作发展高层论坛"在北京举行。

16 日,经国家发改委报请国务院同意,批准武汉城市圈和长沙、株洲、湘潭城市群为全国资源节约型和环境友好型社会建设综合配套改革试验区。

17 日,建设部提供的最新统计数字显示,中国风景名胜区总面积近 11 万平方公里,约占国土面积的 1.13%。1982 年以来,国务院先后审定公布了 6 批国家级风景名胜区。目前,全国国家级风景名胜区已达 187 个,省级风景名胜区约 480 处,基本形成了国家级、省级风景名胜区的管理体系。已有 144 个国家级风景名胜区完成了总体规划编制并已上报国务院审批;已有 183 个国家级风景名胜区划定了核心景区,划定率达 98%。尚未完成规划编制的 43 处国家级风景区,要在 2008 年 6 月底之前完成总体规划编制。

18 日,国务院下发《国务院关于促进资源型城市可持续发展的若干意见》(国发〔2007〕38 号)。《意见》指出,2010 年前,资源枯竭城市存在的突出矛盾和问题得到基本解决,大多数资源型城市基本建立资源开发补偿机制和衰退产业援助机制,经济社会可持续发展能力显著增强。2015 年前,在全国范围内普遍建立健全资源开发补偿机制和衰退产业援助机制,使资源型城市经济社会步入可持续发展轨道。

21 日,建设部部长汪光焘在贯彻实施《城乡规划法》座谈会中指出,贯彻实施好《城乡规划法》,应理解和把握六个方面的基本原则和要求:一是要坚持城乡统筹;二是要坚持先规划后建设;三是要坚持科学编制规划,要把维护公共利益、促进社会公平、关注和改善民生,作为编制城乡规划的重要目标;四是要坚持服务农业农村农民,认真研究改进镇、乡和村庄规划的内容与方法;五是要坚持强化规划实施监督,依法监督是城乡规划得到遵守和执行的重要保障;六是要坚持落实政府职责和责任。

本年度出版的城市规划类相关著作主要有:《城市规划资料集·第九分册·风景·园林·绿地·旅游》(中国城市规划设计研究院、建设部城乡规划司总主编,中国城市规划设计研究院册主编)、《小城镇区域与镇域规划导则研究》(中国城市规划设计研究院著）、《都市圈规划概论》（高文杰编著）、《当代城市规划法制建设研究：通向城市规划自由王国的必然之路》（郑文武著）、《城市总体规划》（董光器编著）、《居住区规划原理与设计方法》（胡纹主编）、《城市规划管理》（耿毓修编著）、《规划引介》（[英] 克莱拉·葛利德著，王雅娟、张尚武译）、《后现代城市主义》（[美] 南·艾琳著，张冠增译）、《中国都市区发展：从分权化到多中心治理》（罗震东著）、《亚太城市的公共空间：当前的问题与对策》（缪朴编著，司玲、司然译）、《理性增长：形式与后果》（[美] 特里·S. 索尔德、阿曼多·卡伯内尔编，丁成日、冯娟译）、《现代城市规划与管理》（王庆海著）、《景观生态规划原理》（王云才编著）、《无限与平衡：快速城市化时期的城市规划》（沈磊著）、《效率与活力：现代城市街道结构》（沈磊、孙洪刚著）、《城市生态系统空间形态与规划》（毕凌岚著）、《空间句法与城市规划》（段进著）、《基于可持续发展的城市规划及管理研究》（李金旺著）、《模式与动因：中国城市中心区的形态演变》（梁江、孙晖著）、《循环城市：城市土地利用与再利用》（[美] 罗莎琳德·格林斯坦、耶西姆·松古 – 埃耶尔马兹编，丁成日、周扬、孙芮译）、《城市规划与人的主体论》（李阎魁著）、《城市设计美学》（徐苏宁编著）、《六本木新城：城市的另一种可能》（中英文本）（朱文俊总编，中国城市规划学会居住区规划学术委员会、北京百年建筑文化交流中心主编）、《都市设计策略：全球化与快速城市化背景下的城市规划设计》（李晴、张建著）、《控制性详细规划的调整与适应：控规指标调整的制度建设研究》（李浩著）、《现代城市规划理论》（孙施文编著）、《城市文化遗产保护国际宪章与国内法规选编》（张松编）、《体制转型与中国城市空间重构》（张京祥、罗震东、何建颐著）、《城市规划资料集·第十分册·城市交通与城市道路》（中国城市规划设计研究院、建设部城乡规划司总主编，建设部城市交通工程技术中心册主编）、《城市规划中的计算机辅助设计》（庞磊编著）、《德国柏林工业建筑遗产的保护与再生》（左琰著）、《城市特色研究与城市风貌规划：世界华人建筑师协会城市特色学术委员会 2007 年会论文集》（吴伟主编）、《无边的城市:论战城市蔓延》（[美] 奥利弗·吉勒姆著，叶齐茂、倪晓晖译）、《共享空间:关于邻里与区域设计》（[美] 道格拉斯·凯尔博著，吕斌、覃宁宁、黄翙译）、《城市规划行政法》（刘飞主编，王万华撰稿）、《区域城市：终结蔓延的规划》（[美] 彼得·卡尔索普、威廉·富尔顿著，叶齐茂、倪晓晖译）、《城市规划中实证科学的困境及其解困之道》（何兴华著）、《历史文化风貌区保护规划编制与管理：上海城市保护的实践》（伍江、王林主编）、《追求繁荣与舒适：中国典型城市规划、建设与管理的策略》（仇保兴著）、《延伸的城市：西方文明中的城市形态学》（[美] 詹姆斯·E. 万斯著，凌霓、潘荣译）、《城市空间规划：理论、方法与实践》（丁成日著）、《城镇空间：传统城市主义的当代诠释》（［卢森堡］克里尔著，金秋野、王又佳译）、《城市空间规划设计》（［西班牙］阿瑞安·穆斯特迪著，曹娟译）、《都市滨水区规划》（［美］城市土地研究学会编，马青、马雪梅、李殿生译）、《大都市设计方法：网络城市》（［瑞士］奥斯瓦德、贝克尼著，孙晶、乐沫沫译）、《城市空间结构与形态》（周春山编著）、《城市结构与城市造型设计》（原著第 2 版）（［德］库德斯著，秦洛峰、蔡永洁、魏薇译）。

3.3 城市规划发展的转型期（2008 年至今）

2008 年

一月

1 日，《中华人民共和国城乡规划法》开始实施。该法共分 7 章 70 条。

1 日，《湖南省长株潭城市群区域规划条例》开始实施。《条例》共 21 条。

6 日，由中国国际城市化发展战略研究委员会主办的"首届中国城市化国际峰会"在北京召开。大会对"城市化进程中企业家的社会责任"以及"土地制度创新与中国城市化道路"等话题进行了主题交流

7 日，国务院向各地发出《关于促进节约集约用地的通知》（国发［2008］3号）。《通知》要求：审查调整各类相关规划和用地标准；充分利用现有建设用地，提高建设用地利用效率；发挥市场配置土地资源基础性作用，健全节约集约用地长效机制；强化农村土地管理，稳步推进农村集体建设用地节约集约利用；加强监督检查，全面落实节约集约用地责任。

7 日，全国城市抗震防灾规划审查委员会成立。该委员会在建设部领导下工作，受建设部委托，负责起草、修改有关城市抗震防灾规划审查的技术规定，参加各地建设、规划主管部门组织的城市抗震防灾规划技术审查。

13 日，建设部下发了《关于贯彻实施〈城乡规划法〉的指导意见》（建规［2008］21 号），对深入贯彻实施《城乡规划法》提出了具体的要求：（1）充分认识《城乡规划法》的重要意义；（2）坚持遵循《城乡规划法》的基本原则；（3）落实《城乡规划法》当前要做好的工作；（4）认真抓好《城乡规划法》的学习和培训工作；（5）有效开展《城乡规划法》执法检查。

16 日，国家批准实施《广西北部湾经济区发展规划》，这标志着广西北部湾经济区开放开发纳入国家发展战略。

18 ~ 19 日，第四届中国人居环境高峰论坛在武汉举办。本次论坛以"绿

色——建筑与城市的未来"为主题。会上建设部发布了科研课题《城镇规模住区人居环境评估指标体系研究》的研究成果。

31 日，国土资源部发布了新修订的《工业项目建设用地控制指标》（国土资发［2008］24 号）。新修订的《控制指标》由投资强度、容积率、建筑系数、行政办公及生活服务设施用地所占比重、绿地率五项指标构成，规定：工业项目的建筑系数应不低于 30%。工业项目所需行政办公及生活服务设施用地面积不得超过工业项目总用地面积的 7%。严禁在工业项目用地范围内建造成套住宅、专家楼、宾馆、招待所和培训中心等非生产性配套设施。工业企业内部原则上不得安排绿地。

二月

1 日，建设部、财政部联合发布的《住宅专项维修资金管理办法》（第 165 号令）2 月 1 日起实施。

1 日，由国土资源部发布的《土地登记办法》（第 40 号令）开始施行。《办法》共 10 章 79 条，包括总则、一般规定、土地总登记、初始登记、变更登记、注销登记、其他登记、土地权利保护、法律责任及附则。该办法所称土地登记是指将国有土地使用权、集体土地所有权、集体土地使用权和土地抵押权、地役权以及依照法律法规规定需要登记的其他土地权利记载于土地登记簿公示的行为。

1 日，建设部命名石家庄市等 34 个城市为"国家园林城市"，天津市塘沽区等三个城区为"国家园林城区"，北京市密云县等 20 个县城为国家园林县城，上海市青浦区朱家角镇等 10 个镇为国家园林城镇。

4 日，建设部公布了 2007 年中国人居环境奖获奖城市（项目）的名单。经中国人居环境奖领导小组办公室初审、现场考察和专家评审，中国人居环境奖工作领导小组研究批准，授予江苏省昆山市、山东省日照市、河北省廊坊市 2007 年"中国人居环境奖"，授予"北京市北二环城市绿化建设项目"等 25 个项目为 2007 年"中国人居环境范例奖"。

7 日，国务院发布《土地调查条例》（国务院令第 518 号）。《条例》共分 7 章 36 条，包括总则、土地调查的内容和方法、土地调查的组织实施、调查成果处理和质量控制、调查成果公布和应用、表彰和处罚以及附则。《条例》要求科学、有效地组织实施土地调查，保证土地调查数据的准确性和及时性。

15 日，建设部发布《房屋登记办法》（第 168 号令）。该《办法》共分 6 章 98 条，包括总则、一般规定、国有土地范围内房屋登记、集体土地范围内房屋登记、法律责任及附则。《办法》确认房屋的归属，明确房屋的所有权和他项权利，依法保护权利人的权益，意义重大。《办法》自 7 月 1 日起施行。

18 日，中国文化遗产研究院在京成立。

19 ～ 20 日，建设部召开"十一五"国家科技支撑计划"新型城市轨道交通技术"项目工作会议。

22 日，建设部出台《关于做好损毁倒塌农房灾后恢复重建工作的指导意见》（建村［2008］44 号）、《关于印发〈南方农村房屋灾后重建技术指导要点〉的通知》（建质函［2008］48 号）和《关于做好城镇市政公用设施灾后恢复重建工作的指导意见》（建城［2008］43 号）。要求做好农村损毁倒塌房屋的灾后加固和重建工作，尽快改善受灾农户居住条件，充分认识做好灾后农房恢复重建工作的重要意义，并提出灾后农房恢复重建工作的指导思想和基本要求。

25 日，建设部出台《关于做好住房建设规划与住房建设年度计划制定工作的指导意见》（建规［2008］46 号）。

25 日，针对 1 月上旬至 2 月上旬在我国南方连续发生的低温雨雪冰冻灾害，国务院批转煤电油运和抢险抗灾应急指挥中心《低温雨雪冰冻灾后恢复重建规划指导方案》的通知（国发［2008］7 号），明确：以电网为重点，加紧修复受损基础设施；以修复农田水利等设施为重点，尽快恢复农业生产；以修复倒塌民居为重点，尽快恢复灾区群众生活等方面的工作。各地灾区分别制定灾后重建规划。

26 日，国务院批复同意海河、太湖、辽河、松花江流域防洪规划。四大流域防洪规划的实施，将进一步提高大江大河防洪标准，完善城市防洪体系，对保障流域人民群众生命财产安全具有十分重要的意义。

29 日，建设部在上海召开"全国优先发展城市公共交通示范城市座谈会"。北京、上海、天津、深圳、沈阳、济南、合肥、杭州、郑州、贵阳、常州作为 11 个"国家优先发展城市公共交通示范城市"，围绕进一步优先发展城市公共交通，进行了交流发言。

三月

3 日，财政部、国家税务总局下发《关于廉租住房、经济适用住房和住房租赁有关税收政策的通知》。《通知》对支持廉租住房、经济适用住房建设以及住房租赁市场发展的有关税收政策作出具体规定。

6 日，建设部印发《南方雨雪冰冻灾害地区建制镇供水设施灾后恢复重建技术指导要点》。《要点》包括指导思想、取水工程、处理设施、输配设施、运行管理、应急预案等六部分，要求各地政府要充分发挥灾后恢复重建工作的主导作用，以供水单位为主体，积极利用国家支持政策，组织多方力量进行建制镇供水设施的恢复重建。各地要根据当地的经济社会发展水平，因地制宜，首先恢复现有供水设施供水能力，适当提高供水设施新建的建设标准，增强抵御雨雪冰冻等极端自然灾害和各种风险的能力。

10日，中国社会科学院发布2008年《中国省域竞争力蓝皮书（2006—2007）》。蓝皮书指出，在对全国31个省、自治区、直辖市的资料分析基础上得出的全国省域经济综合竞争力排名中上海、北京、广东居前三位。

11日，十一届全国人大一次会议通过国务院机构改革方案，组建住房和城乡建设部，下设城乡规划司主管全国的城乡规划工作，同时国家环境保护总局升格为环境保护部。

11日，住房和城乡建设部发出《关于做好2008年国家级风景名胜区监管信息系统建设暨推进数字化景区试点工作的通知》（建办城函〔2008〕116号）。

14日，由住房和城乡建设部组织的城乡规划执法工作座谈会在天津市召开。座谈会针对《城乡规划法》的行政执法和执法处罚的有关规定进行了交流，特别是对执法实践中出现的新情况如何适用法律的问题进行了探讨，并就规划执法体制、行政处罚标准、行政执法责任、执法方式方法、制定实施细则5个方面展开了深入的研究。来自北京、上海、天津、重庆4个直辖市的相关部门和建设部政策法规司、城乡规划司有关负责同志参加了座谈。

17日，国务院批复《滨海新区综合配套改革试验方案》和《天津市海洋功能区划》。《方案》包括金融改革试验、土地管理体制改革、行政管理体制改革、科技体制改革、涉外经济体制改革、土地管理制度改革、城乡规划管理体制改革、社会公共服务改革、农村体制改革、循环经济试验等。

18日，国家发展和改革委员会发布《可再生能源发展"十一五"规划》（发改能源〔2008〕610号）。

21日，住房和城乡建设部发出《关于加强廉租住房质量管理的通知》（建保〔2008〕62号）。《通知》指出，廉租住房制度是解决城市低收入家庭住房困难的主要途径。《通知》提出四项措施，（1）严格建设程序，加强建设管理;（2）落实有关方面责任，确保工程质量;（3）强化竣工验收工作，保证使用功能;（4）加强监督检查工作，建立长效机制。

22～24日，由国务院发展研究中心主办的"中国发展高层论坛2008年会"在北京召开。本届年会的主题为"中国2020：发展目标和政策取向"。

28日，国务院发布《关于促进残疾人事业发展的意见》。《意见》指出，我国新建改建城市道路、建筑物等必须建设规范的无障碍设施，已经建成的要加快无障碍改造。

四月

2 日，国务院审议通过《历史文化名城名镇名村保护条例》(2008 年 7 月 1 日施行)。

10 ~ 11 日，"2008 中国文化遗产保护无锡论坛"在江苏无锡召开。

11 日，国土资源部下发《关于在建设项目用地预审中做好实地踏勘和论证工作有关问题的通知》(国土资厅发 [2008] 41 号)。《通知》就明确论证范围、突出论证重点、规范论证程序、加强组织领导等四个方面作出明确规定。

12 日，"21 世纪展望，人与世界——中法文化遗产保护论坛"在浙江桐乡乌镇举行。该论坛以"经济社会发展中的文化遗产保护"为主题。

17 日，中华人民共和国住房和城乡建设部正式挂牌成立。

18 日，京沪高速铁路全线开工。京沪高铁纵贯河北、山东、安徽、江苏四省，途经北京、天津和上海三个直辖市，连接环渤海和长三角两大经济圈。

22 日，国务院通过《历史文化名城名镇名村保护条例》(国务院令第 524 号)。《条例》是切实保护历史文化遗产、保持民族文化传承、增强民族凝聚力的重要文化基础，也是建设社会主义先进文化、深入贯彻落实科学发展观和构建社会主义和谐社会的必然要求。《条例》将于 2008 年 7 月 1 日起施行。

22 日，由中华环境保护基金会、上海世博会事务协调局、杭州市人民政府共同举办的"2008 中华城市生态论坛"在杭州西溪国家湿地公园召开。今年主题是：城市生态和谐，让生活更美好。

23 日，住房和城乡建设部发布《关于贯彻落实〈中共中央、国务院关于促进残疾人事业发展的意见〉的通知》(建标 [2008] 77 号)。

25 ~ 26 日，住房和城乡建设部、监察部城乡规划效能监察领导小组办公室在山东省新泰市组织召开了全国城乡规划效能监察联系点工作经验交流会。住房和城乡建设部进一步扩大派出规划督察员试点的覆盖范围，陆续向国务院审批城市总体规划的所有省会城市派出城乡规划督察员。

五月

5 ~ 12 日，由中共中央组织部、住房和城乡建设部、中国科学技术协会联合举办的全国特大城市城乡规划专题研究班在北京开办。研究班针对 100 万人口以上特大城市的规划管理工作展开培训和座谈，以落实《城乡规划法》，强化规划意识，提高领导城市科学发展的能力。

6 日，中新天津生态城总体规划正式向外公告并征询公众意见。中新天津生态城总体规划确定了中新天津生态城具体选址在滨海新区海滨休闲旅游区内，位于汉沽和塘沽两区之间，距滨海新区核心区 15km、距天津中心城区 45km、距北京 150km，总面积约 30km²。

6 日，住房和城乡建设部要求加快推进数字化城市管理试点工作。

6 日，住房和城乡建设部下发《房屋登记簿管理试行办法》（建住房 [2008] 84 号）。《办法》的颁布规范了房屋登记簿管理，保障房屋交易安全，保护房屋权利人及相关当事人的合法权益。

6 日，国务院批复《西安市城市总体规划（2008—2020）》（国函 [2008] 44 号），原则同意修订后的《西安市城市总体规划（2008—2020）》。

11 ~ 17 日，2008 年"全国城市节约用水宣传周"活动举办，宣传周的主题是"加大节水减排力度，迎接绿色奥运"。

12 日，四川省汶川县发生里氏 8.0 级大地震，地震最大烈度 11 度，破坏特别严重的地区超过 10 万 km²。受灾最严重的地区是四川省北川、什邡、绵竹、汶川、彭州等地，地震波及的有感范围包括四川、宁夏、甘肃、青海、陕西、山西、山东、河南、湖北、湖南、重庆、江苏、北京、上海、贵州、西藏等 16 个省、自治区、直辖市。5 月 12 ~ 13 日，中共中央总书记胡锦涛召开中共中央政治局常务委员会会议，全面部署当前抗震救灾工作。

12 ~ 14 日，住房和城乡建设部迅速启动应急预案，研究部署抗震救灾工作。会议决定采取以下紧急措施：（1）迅速启动《建设系统破坏性地震应急预案》一级响应。（2）立即开展灾区灾情调查工作，建立信息报告制度。（3）抓紧组织做好技术支持准备工作。（4）加强组织领导和工作部署。（5）迅速开展市政公用设施的抢险抢修，确保供水、供气和城市道路畅通。（6）迅速开展应急评估和震害调查，防止发生二次人员伤亡。住房和城乡建设部城乡规划司、中国城市规划设计研究院的规划专家在重灾区察看受灾严重、建筑物受到破坏的学校、政府机关，为灾后重建规划组织方案的制定奠定基础。

20 日，住房和城乡建设部颁布《住房和城乡建设部城乡规划督察员管理暂行办法》。

六月

1 日，国家发展和改革委员会成立国家汶川地震灾后重建规划组。规划组主要负责组织灾后恢复重建规划的编制和相关政策的研究。规划组第一次全体会议研究讨论了《国家汶川地震灾后重建规划工作方案》，明确了灾后重建规划编制工作的主要任务、责任主体和进度要求。

1 日，环境保护部表示，在灾区重建的工作中要将生态环境指标作为灾区生产力布局的基础考量，推进规划环评，让灾区重建保证生态和谐。地震导致了山体滑坡、泥石流等次生地质环境灾害，同时产生了严重的水环境安全隐患。地震还破坏了当地生态系统的平衡，将改变部分珍稀动物的食物结构和生活习性，土壤和地下水污染隐患也已存在，生态系统的基础可能受到严重损害。

1 日，监察部、人力资源和社会保障部和国土资源部联合公布的《违反土地管理规定行为处分办法》（第 15 号令）开始施行。《办法》对应受处分的违反土地管理规定行为及其处分等作了明确规定，任免机关、监察机关和国土资源行政主管部门建立案件移送制度。该办法对防止、制止行政机关及其公务员行政不作为、行政乱作为，减少土地违规违法行为起到重要作用。

2 日，住房和城乡建设部召开全国住房和城乡建设系统电视电话会议，进一步部署过渡安置房建设工作。会议提出，目前过渡安置房建设开局良好，希望住房和城乡建设系统再接再厉、继续努力，确保完成首批 100 万套过渡安置房建设任务，让灾区人民尽快住有所居，恢复正常的生产与生活。

8 日，国务院公布《汶川地震灾后恢复重建条例》（国务院令第 526 号），自公布之日起施行。这是我国首个专门针对一个地方地震灾后恢复重建的条例，将灾后恢复重建工作纳入法制化轨道。《条例》共 9 章 80 条，确立了灾后恢复重建工作的指导方针和基本原则，规定了一系列制度和措施，是各地区各部门开展灾后恢复重建工作的行动指南和重要法律依据。

18 ~ 20 日，由中国民族建筑研究会主办的"全国城乡规划设计论坛"在南京召开。本次论坛的主题是"城乡统筹·和谐发展"。论坛对"搞好城乡规划统筹、保护自然资源、历史文化遗产，保持地方特色、民族特色和传统风貌"进行研讨，对如何加强民族建筑遗产的保护、开发和利用提出建议。

19 ~ 20 日，由住房和城乡建设部及河北省人民政府共同主办的"2008 城市发展与规划国际论坛暨首届河北省城市规划建设博览会"在河北省廊坊市召开。本届论坛的主题为"灾后重建——生态城市，我们共同的家园"。论坛就灾后重建、城市规划、生态城市、生态防灾减灾、绿色交通等重要议题进行研讨，旨在寻找解决保护生态环境与城市发展供应的良策，建设适宜人类生存发展的城市。

23 日，为学习和借鉴台湾"9·12"震后重建经验，加强两岸协作，为四川地震灾后重建制定行之有效的策略和实施计划，中国扶贫基金会"震后造家公益基金"在北京召开了"台湾'9·21'灾后重建经验分享研讨会"。

24 日，中国科协在北京人民大会堂举办了防灾减灾学术报告会。遵照中国科协的安排，中国建筑学会协助主办和组织了特邀报告，布置了抗震救灾板并安排了 70 多位专家学者参加了会议。会上分别由建筑、地震、气象、医学和电力方面的专家作了专题学术报告，深入分析了灾害的成因、影响及机理，提出了防灾减灾对策。

26日，温家宝总理主持召开抗震救灾总指挥部第22次会议。会议指出，灾后重建工作的六大任务是：（1）要把修复重建城乡居民损毁住房摆在突出位置；（2）基础设施的恢复重建，要把恢复功能放在首位；（3）重视优先安排与群众生活密切相关的学校、医院等公共服务设施的恢复重建；（4）要以市场为导向，根据环境承载能力、产业政策和就业需要，合理安排受灾企业的原地重建、异地迁建或关停并转，发展特色优势产业。加快恢复农业、林业、畜牧业生产，发展服务业；（5）优先恢复重建对保障灾区群众基本生活和恢复生产具有重要作用的市场服务设施；（6）坚持尊重自然、尊重规律、尊重科学，建立完善防灾减灾体系，加强生态保护和环境治理，促进人口、资源、环境协调发展。

26日，住房和城乡建设部批准吉林省镇赉县南湖、江苏省昆山市城市生态公园、江西省新余市孔目江和广东省湛江市绿塘河4处湿地公园为第五批国家城市湿地公园。至此我国国家城市湿地公园总数已达30个。

27日，国土资源部下发《城乡建设用地增减挂钩试点管理办法》（国土资发［2008］138号）。城乡建设用地增减挂钩，是统筹城乡发展、促进节约集约用地的重要制度创新。《办法》规定，项目区应在试点市、县行政辖区内设置，优先考虑城乡结合部地区；项目区内建新和拆旧地块要相对接近，便于实施和管理，并避让基本农田。项目区内建新地块总面积必须小于拆旧地块总面积，拆旧地块整理复垦耕地的数量、质量应高于建新占用耕地。拆旧地块整理的耕地面积，大于建新占用的耕地的，可用于建设占用耕地占补平衡。《办法》标志着挂钩试点工作已纳入依法管理的轨道。

七月

1日，我国开始采用2000国家大地坐标系。

1～2日，四川汶川大地震中日恢复重建合作研讨会在北京清华大学紫光国际交流中心成功召开。通过本次研讨会，有利于将日本有关地震灾后恢复重建的经验和技术广泛地介绍给中国各方面。

3日，国务院发出《关于做好汶川地震灾后恢复重建工作的指导意见》（国发［2008］22号）。《意见》明确灾后恢复重建工作的指导思想为：深入贯彻落实科学发展观，坚持以人为本、尊重自然、科学重建。优先恢复灾区群众的基本生活条件和公共服务设施，尽快恢复生产条件，合理调整城镇乡村、基础设施和生产力的布局，逐步恢复生态环境。坚持自力更生、艰苦奋斗，以灾区各级政府为主导、广大干部群众为主体，在国家、各地区和社会各界的大力支持下，精心规划、精心组织、精心实施，又好又快地重建家园。基本原则是：科学规划、有序推进。因地制宜、分类指导。自力更生、艰苦奋斗。一方有难、八方支援。《意见》保证国家和各级政府将有力、有序、有效地进行灾后恢复重建各项工作，力争用三年左右时间完成灾后恢复重建的主要任务。

10 日，国务院办公厅印发关于住房和城乡建设部主要职责内设机构和人员编制规定的通知（国办发［2008］74 号），确定住房和城乡建设部主要职责。18 日，住房和城乡建设部机构改革方案获批。机构改革后，住房和城乡建设部的主要任务是承担保障城镇低收入家庭住房、推进住房制度改革等责任，部门内机构设置增设房地产监管司、公积金监管司和村镇建设司。

21 日，国务院批复《长江流域防洪规划》（国函［2008］62 号）和《黄河流域防洪规划》（国函［2008］63 号）。两《规划》的实施对保障黄河流域和长江流域人民群众生命财产安全、促进经济社会又好又快发展、构建社会主义和谐社会，具有十分重要的意义。

22 日，环境保护部审议并原则通过《汶川地震灾后生态修复规划》。《规划》提出了修复重建的规划目标，到 2010 年完成灾区环境保护基础设施和企业治污设施恢复重建。

23 日，住房和城乡建设部召开全国住房和城乡建设系统电视电话会议。

25 日，国家发展改革委批准了住房城乡建设部房地产预警预报系统初步设计概算，标志着囊括全国 40 个城市的房地产预警系统迈出了关键性的一步。

28 日，在 2008 北京国际新闻中心举行的"中国文化遗产与自然遗产的传承和保护"新闻发布会上，文化部、国家文物局、住房和城乡建设部发布了关于非物质文化遗产保护工作、文化生态保护区、自然遗产保护工作方面的相关情况。

31 日，环境保护部和中国科学院在北京联合发布《全国生态功能区划》。该区划首次对中国的生态空间特征进行了全面分析，对生态敏感性、生态系统服务功能及其重要性进行了评价，确定了不同区域的生态功能，提出了中国生态功能区划方案。

八月

1 日，《村庄整治技术规范》（GB 50445–2008）实施。该规范是指导社会主义新农村建设村庄整治工作的国家标准，是村镇建设技术法规的基础成果，结束了村庄整治参照城市居住区规范执行，没有自己标准的历史，对推动村庄整治工作深入开展，把握改善农村人居环境工作的方向和力度，将起到十分重要的作用。

1日，我国第一条具有自主知识产权、具有国际一流水平的高速城际铁路——京津城际铁路正式开通运营。京津城际铁路连接北京、天津两大直辖市，全长120km，设计最高时速为350km/h。

2日，国务院发布《关于深入开展全民节能行动的通知》（国办发［2008］106号）。

4日，由陕西省建设厅组织编制的《关中城市群建设规划》、《西咸一体化建设规划》、《陕南地区城镇体系规划》获得原则通过。关中城市群为"一轴一环三走廊"的城镇空间格局，重点支持西安做大做强，加快推进西咸一体化进程，把西安都市圈建设成为关中率先发展的核心板块。

5日，交通运输部和辽宁省人民政府联合批复《大连港总体规划》。

8日，历经一年时间修缮整治的前门大街正式对外开放。

9日，天津市与国土资源部在天津签署《关于共同推进天津市国土资源工作，促进滨海新区开发开放合作备忘录》。

11日，辽宁省发布《沈抚连接带总体发展概念规划》。《规划》要求加速沈抚同城化进程，是全国第一个同城化总体发展概念规划。

13日，国务院审议并原则通过《全国土地利用总体规划纲要（2006—2020年）》。土地利用总体规划是落实土地宏观调控和土地用途管制、规划城乡建设的重要依据，是实行最严格土地管理制度的一项基本手段。《纲要》突出了对耕地的严格保护和对土地的节约集约利用，强调统筹土地利用与经济社会协调发展，不断提高土地资源对经济社会全面、协调、可持续发展的保障能力。

28～31日，中国城市科学研究会中小城市分会第十九次年会在新疆维吾尔自治区昌吉市召开。

29日，住房和城乡建设部、财政部、国土资源部联合发布《关于汶川地震灾区城镇居民住房重建的指导意见》（建法［2008］151号），要求四川、陕西、甘肃等受灾省份组织建设安居房，加大廉租住房保障力度，优先安排除险加固，积极推进原址重建，并确保灾后住房工程建设质量。

29日，十一届全国人大常委会通过《中华人民共和国循环经济促进法》（主席令第4号）。循环经济促进法共分7章59条，分别为总则、基本管理制度、减量化、再利用和资源化、激励措施、法律责任、附则。《循环经济促进法》有效结合开源、节流和保护环境三方面，既把握了我国资源和环境问题的实质，又创设了与经济、社会和环境保护规律相一致的综合性制度和机制，有效地缓解了我国的资源和环境问题。

九月

4 日，住房和城乡建设部发布通报，命名敦化市、淮安市、上虞市、赣州市、长沙市、宜都市、南充市、西宁市等 8 个城市为国家园林城市。

7 日，国务院原则通过《进一步推进长江三角洲地区改革开放和经济社会发展的指导意见》（国发〔2008〕30 号）。

10 日，《武汉城市圈资源节约型和环境友好型社会建设综合配套改革试验总体方案》获得国务院批复。

11 日，住房和城乡建设部嘉奖全国住房城乡建设系统抗震救灾先进集体、全国住房城乡建设系统抗震救灾先进个人。

11 日，住房和城乡建设部批准邯郸市丛台公园等 26 个公园为第二批国家重点公园。

16 日，住房和城乡建设部出台《关于加强城市绿地系统建设提高城市防灾避险能力的意见》（建城〔2008〕171 号）。《意见》指出要充分认识城市绿地系统在城市防灾避险中的重要作用，加快编制城市绿地系统防灾避险规划，尽快完善城市绿地系统防灾避险能力建设，努力做好城市绿地保护和防灾避险设施维护，切实加强对城市绿地防灾避险工作的组织领导。《意见》对进一步加强城市绿地系统建设，完善城市绿地系统的防灾避险功能，提高城市综合防灾避险能力起到推进作用。

19 日，国务院下发《国务院关于印发汶川地震灾后恢复重建总体规划的通知》（国发〔2008〕31 号），原则同意并公布《汶川地震灾后恢复重建总体规划》。《规划》提出，中国将用 3 年左右的时间，耗资 1 万亿元，完成四川、甘肃、陕西重灾区灾后恢复重建主要任务，使广大灾区基本生活条件和经济社会发展水平达到或超过灾前水平。《规划》共 15 章，涉及重建基础、总体要求、空间布局、城乡住房、城镇建设、农村建设、公共服务、基础设施、产业重建、防灾减灾、生态环境、精神家园、政策措施、重建资金、规划实施等。

19 ~ 21 日，由中国城市规划学会主办、大连市人民政府协办的"2008 中国城市规划年会"在大连举行。本届年会的会议主题是"生态文明视角下的城乡规划"，涉及城市可持续发展、城市化、城乡统筹发展、区域发展、城乡规划管理、城市历史文化保护、城市安全、住房建设规划、控制性详细规划、城市设计、空间发展、综合交通、风景环境规划、新技术应用等多个话题。

20 日，由世界华人建筑师协会城市特色学术委员会和太原市规划局组织的"世界华人建筑师协会城市特色学术委员会 2008 年太原学术研讨会"在太原市举行。本次会议主题是"历史文化名城与滨水城市特色"，旨在弘扬太原乃至山西的历史文化，突出城市风貌，传承中华民族的建筑特色。

20～22日，由国际城市与区域规划师学会（ISOCARP）、中国城市规划学会主办的第44届国际规划大会在大连举办。国际城市与区域规划师学会是一个全球性资深职业规划师组织，其主办的国际规划大会是国际规划界最高级别的会议，每年在不同的国家举行。这是国际规划组织第一次在我国召开国际规划大会。本届大会的主题是"集约增长——可持续的城市化之路"。大会就城市蔓延经济学、公共交通、抑制城市蔓延的理念和政策、大都市管理、生态管理与文化传承、介于城市蔓延和紧凑城市之间的城市形态6个方面的专题进行了研讨。来自世界各地的190多位规划师和国内的70多位规划师参加了此次学术盛会。由邵益生、石楠等编著的"Some Observations Concerning China's Urban Development"一书，获得了国际城市与区域规划师学会颁发的2008年度葛德·阿尔伯斯奖（Gerd Albers Award），这是我国学者首次获得该项国际大奖。

21日，国土资源部发出《关于加强建设用地动态监督管理的通知》（国土资发〔2008〕192号）。《通知》强调，对建设用地"批、供、用、补、查"等有关情况实行全面监管、全程监督，构建统一的网络监管平台，各级国土资源部门主要负责人是信息报备工作第一责任人。

23日，深圳市政府联合国务院多个部门编制的《深圳国家创新型城市总体规划（2008—2015）》完成，成为我国第一部国家创新型城市规划。深圳市是发改委批准的第一个创新型城市试点。《规划》明确了深圳创建国家创新型城市的总体目标：把自主创新作为深圳城市发展的主导战略，夯实创新基础，完善政策环境，增强创新能力，将深圳建设成为创新体系健全、创新要素集聚、创新效率高、经济社会效益好，辐射引领作用强的国家创新型城市。

26日，住房和城乡建设部在京召开部机关和部属单位抗震救灾工作总结表彰大会，表彰了在抗震救灾中涌现出的27个先进集体和131名先进个人。

十月

1日，《公共机构节能条例》（国务院令第531号）施行。这部法规旨在推动全部或者部分使用财政性资金的国家机关、事业单位和团体组织等公共机构节能，提高公共机构能源利用效率，发挥公共机构在全社会节能中的表率作用。《条例》要求公共机构加强用能管理，采取技术上可行、经济上合理的措施，降低能源消耗，减少、制止能源浪费，有效、合理地利用能源。

6日，"世界人居日"庆典暨"联合国人居奖"颁奖仪式在安哥拉举行。江苏省张家港市获得了2008年"联合国人居奖"荣誉奖，成为全国第一个荣膺"联合国人居奖"的县级市。南京市政府荣获本年度联合国人居奖特别荣誉奖，绍兴市获得联合国人居奖荣誉奖。

7 日，四川省政府召开专题会议，全面部署和启动汶川地震灾后城镇住房重建工作，力争通过 3 年努力，使城镇受灾群众住上符合国家居住区规划设计标准、安全可靠、经济适用、功能齐全、设施配套、环境优化的永久性住房，实现家家有房住的目标。

8 日，由全国人大环境与资源保护委员会牵头，中央宣传部、财政部、国土资源部等 14 个部门共同组织的"2008 年中华环保世纪行"活动启动。活动主题是"节约资源，保护环境"。

8 日，中国生态文化协会在北京成立。中国生态文化协会是经国务院批准成立的全国性社会团体。该协会的宗旨是弘扬生态文化，倡导绿色生活，共建生态文明。

13 日，由国际地震工程协会主办，中国地震工程联合委员会承办的"第十四届世界地震工程大会"在北京召开。本届大会以"创新、安全、应用"为主题，体现了当今世界地震工程科技发展趋势和防震减灾要求。大会推动世界地震工程学及相关领域的发展，促进地震科技创新，对于提升世界工程性抗御地震灾害能力发挥重要作用。

13 日，国务院总理温家宝主持召开国务院常务会议，审议并原则通过《全国土地利用总体规划纲要（2006—2020）》。《纲要》（规划范围未包括香港特别行政区、澳门特别行政区和台湾省）要求规划期内全国耕地保有量 2010 年和 2020 年分别保持在 18.18 亿亩和 18.05 亿亩，分为土地利用面临的形势、指导原则与目标任务、保护和合理利用农用地、节约集约利用建设用地、协调土地利用与生态建设、统筹区域土地利用、规划实施保障措施等七章。土地利用总体规划是落实土地宏观调控和土地用途管制、规划城乡建设的重要依据，是实行最严格土地管理制度的一项基本手段。

14 ~ 15 日，由中国城市规划学会、小城镇规划学术委员会主办、江苏省建设厅协办、江阴市人民政府承办的"可持续发展的小城镇规划、建设与管理"专题学术论坛暨 2008 年小城镇规划学术委员会年会在江阴召开。

21 日，国家"十一五"大遗址保护重点工程——西安大明宫国家遗址公园保护工程全面启动。大明宫国家遗址保护展示示范园区暨遗址公园保护工程规划占地面积 19.16km²，其核心区——大明宫国家遗址公园占地 3.2km²。

24 日，在国家文物局、联合国教科文组织下，由贵州省文化厅、北京大学、同济大学主办，贵州省文物局承办的"中国·贵州——村落文化景观保护与可持续利用国际学术研讨会"在贵阳开幕。这是一次以"村落文化景观"作为议题的国际学术会议。

25～26日，由金经昌城市规划教育基金会、《城市规划学刊》编辑部、同济大学建筑与城市规划学院、上海同济城市规划设计研究院联合主办的"第五届中国城市规划学科发展论坛"在上海同济大学举行。

28日，全国生态旅游发展工作会议在大连市召开。会议研究部署生态旅游发展工作，促进生态文明建设和环境友好型社会建设，出台了《全国生态旅游发展纲要》。

十一月

3～6日，由联合国人居署与中国住房和城乡建设部共同主办的"第四届世界城市论坛"在南京国际博览中心举办。本次论坛的主题是"和谐的城镇化：地区平衡发展面对的挑战"。论坛同期举办了世界各国的城市建设展览。来自全世界157个国家的万余名代表出席了会议。

5日，国家发改委会同多个部门联合发布7个汶川地震灾后恢复重建专项规划，涉及土地利用、市场服务体系、生态修复、农村建设和公共服务设施、城镇体系、城乡住房建设。这些规划包括《汶川地震灾后恢复重建土地利用专项规划》、《汶川地震灾后恢复重建市场服务体系专项规划》、《汶川地震灾后恢复重建生态修复专项规划》、《汶川地震灾后恢复重建农村建设专项规划》、《汶川地震灾后恢复重建城镇体系专项规划》、《汶川地震灾后恢复重建公共服务设施建设专项规划》和《汶川地震灾后恢复重建城乡住房建设专项规划》。根据上述规划，我国计划用3年左右的时间，耗资1万亿元，完成四川、甘肃、陕西重灾区灾后恢复重建主要任务，使广大灾区基本生活条件和经济社会发展水平达到或超过灾前水平，努力把灾区建设成为安居乐业、生态文明、安全和谐的新家园。

7～9日，住房和城乡建设部以及国际水协会（IWA）中国委员会联合主办的"第三届中国城镇水务发展国际研讨会暨水处理新技术与设备博览会"在北京召开。大会的主题是"进一步推进节水减排、改善水环境、保障水安全"。

14～16日，由中国城市规划协会主办，江苏省建设厅和南京市规划局承办的"中国城市规划协会第三届会员代表大会暨改革开放30周年纪念活动"在南京举办。本次会议举办"改革开放与城市规划"报告会，纪念改革开放30周年，展示城市规划行业成就，增强城市规划工作者使命感，并就行业共同关注的问题进行充分研究和探讨，促进广泛交流，加快行业建设与发展。

16日，温家宝总理听取北川新县城规划情况汇报，指出新县城要按照"安全、宜居、特色、繁荣、文明、和谐"的十二字标准进行建设，努力使新北川县城成为"城建工程标志、抗震精神标志和文化遗产标志"。

27 日，铁道部公布重新调整的《中长期铁路网规划》。规划到 2020 年，我国时速在 250km 以上的铁路里程将达 1.6 万 km，将新增 4 万多公里营业里程。届时，我国铁路运营规模将在现在基础上再增长约 50%，煤运通道年运输能力将达 25 亿吨以上。

十二月

15 ~ 16 日，由交通部科学研究院和中国交通运输协会主办的"中国城市交通可持续发展国际研讨会"在北京召开。本次研讨会旨在促进城市交通管理体制机制、公共交通优先发展、城乡交通一体化等方面的交流，推动中国城市交通的可持续发展。

17 日，国务院总理温家宝主持召开国务院常务会议，审议并原则通过《珠江三角洲地区改革发展规划纲要》。

20 日，国务院办公厅发布《关于促进房地产市场健康发展的若干意见》（国办发〔2008〕131 号）。《意见》提出，争取用 3 年时间基本解决城市低收入住房困难家庭住房及棚户区改造问题。一是通过加大廉租住房建设力度和实施城市棚户区（危旧房、筒子楼）改造等方式，解决城市低收入住房困难家庭的住房问题。二是加快实施国有林区、垦区、中西部地区中央下放地方煤矿的棚户区和采煤沉陷区民房搬迁维修改造工程，解决棚户区住房困难家庭的住房问题。三是加强经济适用住房建设，各地从实际情况出发，增加经济适用住房供给。意见明确，2009 年是加快保障性住房建设的关键一年。到 2011 年年底，基本解决 747 万户现有城市低收入住房困难家庭的住房问题，基本解决 240 万户现有林区、垦区、煤矿等棚户区居民住房的搬迁维修改造问题。2009 ~ 2011 年，全国平均每年新增 130 万套经济适用住房。

21 日，《北川新县城灾后重建总体规划》通过了住房和城乡建设部、四川省建设厅的联合技术审查。规划目标为"再造一座安全、宜居、特色、繁荣、文明、和谐新北川"。5 月 22 日，温家宝总理在北川老县城视察时曾提出"再造一个新北川"。

22 日，由住房和城乡建设部、国家文物局共同举办的"第四批中国历史文化名镇名村授牌仪式暨历史文化资源保护研讨会"在北京举行。北京市密云县古北口镇、天津市西青区杨柳青镇等 94 个村镇当选为历史文化名镇名村。至此，中国国家级历史文化名村名镇已达 251 个。

27 日，胡锦涛总书记视察北川，指示北川新县城的规划建设要坚持高起点、高标准，"一定要把北川建设好"，并为新县城命名为"永昌镇"。

30 日，住房和城乡建设部公布了第六批全国工程勘察设计大师名单。在被评选出的 26 位勘察设计行业的专家中，梅洪元、周恺、庄惟敏这 3 位建筑师被授予此称号。

30 日，由四川省环保局组织的专家评审组一致通过《北川羌族自治县新县城灾后重建总体规划环境影响报告书》的审查。这是四川省通过的首个地震重灾区重建总体规划环评。

本年度出版的城市规划类相关著作主要有：《北京、首尔、东京历史文化遗产保护》（北京市城市规划设计研究院、首尔市政开发研究院主编）、《城市和区域规划》（[英] 彼得·霍尔著，邹德慈、李浩、陈熳莎译）、《城市设计实效论》（金勇著）、《开发区蔓延反思及控制》（阎川著）、《中国历史文化名镇名村保护理论与方法》（赵勇著）、《城市规划管理教程》（耿慧志编著）、《地方城市规划法规文件选编》（耿慧志编）、《生态园林城市规划》（王浩、王亚军著）、《城市规划原理》（王克强、马祖琦、石忆邵主编）、《中国城市规划理念：继承·发展·创新》（汪光焘著）、《城市规划政治学》（杨帆著）、《环境工程概论》（李铌、何德文、李亮编著）、《寻找失落空间：城市设计的理论》（[美] 罗杰·特兰西克著，朱子瑜译）、《城市机动性和无障碍环境建设 [中法文对照]》（潘海啸、[法] 杜雷编著）、《城市规划资料集·第八分册·城市历史保护与城市更新》（中国城市规划设计研究院、建设部城乡规划司总主编，清华大学建筑学院册主编）、《打造全球化城市：合乐的城市规划和城市设计探索》（中英文本）[英] 阿萨德·沙西德、约翰·亚伍德著；汪蓓译）、《城市绿地系统规划》（李敏著）、《新城市艺术与城市规划元素》（[美] 安德鲁斯·杜安伊等编著，隋荷、孙志刚译）、《中国近代城市规划与文化》（李百浩、郭建著）、《城市设计：美国的经验》（[美] 乔恩·朗著，王翠萍、胡立军译）、《城市工程系统规划》（戴慎志主编）、《后现代城市规划思潮》（张晓艳主编）、《我们的遗产·我们的未来：关于城市遗产保护的探索与思考》（张松、王骏编）、《城市规划编制过程中的常用方法》（张军民、陈有川主编）、《集聚发展：城市化进程中小城镇的发展之路》（张俊著）、《全球化世纪的城市密集地区发展与规划》（张京祥、殷洁、何建颐著）、《非常城市设计——思想·系统·细节》（余柏椿著）、《法国城市规划与设计：150 名中国建筑师在法国研究报告》（乔恒利著）、《采访本上的城市》（王军著）、《新农村规划、整治与管理》（骆中钊等著）、《村镇规划》（崔英伟、邵旭著）、《设计理想城市》（刘亚波等编著）、《城乡规划法规概论》（耿慧志编著）、《寻找失落的空间：城市设计的理论》（[美] 特兰西克著，朱子瑜等译）、《中心城区开发设计手册》（原著第 2 版）（[美] 麦可比著，杨至德、李其亮、李旦译）、《区域分析与规划教程》（吴殿廷等编）、《城市形态结构设计》（[德] 库德斯著，杨枫译）、《城市设计》（[澳] 乔恩·兰著，黄阿宁译）、《城市规划学导论》（李伟国著）。

2009 年

一月

1 日，我国《工业项目建设用地控制指标》和《全国工业用地出让最低价标准》统一按国土资源部发布的调整后土地等别执行。

2 日，国务院同意将江苏省南通市列为国家历史文化名城。至此，我国的国家历史文化名城达到 110 个。

8 日，国家发改委发布《珠江三角洲地区改革发展规划纲要（2008—2020）》。

12 日，2009 年全国环境保护工作会议在京召开，强调要坚持以科学发展观为统领，积极探索中国特色环境保护新道路，为促进经济平稳较快发展做出更大贡献。

16 日，全国文物保护标准化技术委员会 2008 年年会在北京召开。会议审议并通过了由文标委 2008 年度工作报告及 2009 年工作要点，复议《文物运输包装规范》等 2 项国家标准和《馆藏文物保存环境质量检测技术规范》等 11 项行业标准。

26 日，国务院下发《关于推进重庆市筹城乡改革和发展的若干意见》（国发〔2009〕3 号），对重庆市统筹城乡改革和发展提出十大项，37 条意见和要求。

二月

1 日，《中共中央国务院关于 2009 年促进农业稳定发展农民持续增收的若干意见》公布。意见要求建立健全土地承包经营权流转市场。意见指出：土地承包经营权流转，不得改变土地集体所有性质，不得改变土地用途，不得损害农民土地承包权益。坚持依法自愿有偿原则，尊重农民的土地流转主体地位，任何组织和个人不得强迫流转，也不能妨碍自主流转。按照完善管理、加强服务的要求，规范土地承包经营权流转。鼓励有条件的地方发展流转服务组织，为流转双方提供信息沟通、法规咨询、价格评估、合同签订、纠纷调处等服务。

5 日，北川新县城建设征地拆迁工作动员大会在安昌镇举行，北川新县城建设征地工作正式拉开序幕。

11 日，国土资源部在其官方网站上发布了《土地利用总体规划编制审查办法》。该办法自发布之日起施行。1997 年 10 月 28 日，原国家土地管理局发布的《土地利用总体规划编制审批规定》同时废止。2009 年 1 月 5 日，国土资源部第一次部务会议审议通过了《土地利用总体规划编制审查办法》。

14 日，水利部部长陈雷在全国水资源工作会议上表示，我国将实行最严格的水资源管理制度，建立健全流域与区域相结合、城市与农村相统筹、开发利用与节约保护相协调的水资源管理体制，划定水资源管理的"三道红线"，以应对严峻的水资源形势，保障经济社会全面协调可持续发展。

9 ～ 13 日，中日文化遗产地震对策研讨会在成都举行。在联合国教科文组织的支持下，由东京文物研究所派遣 10 名日本国内著名专家，以培训的方式进行学术报告。

三月

1 日，江苏省环保厅正式公布《江苏省重要生态功能保护区区域规划》。

2 日，国土资源部正式颁布《城乡建设用地增减挂钩试点管理办法》并于即日起实施。该办法明确规定，挂钩试点项目区内建新地块总面积必须小于拆旧地块总面积，对于擅自扩大试点范围，突破下达周转指标规模的，将停止该省市的挂钩试点工作，并相应扣减年度用地指标。根据《办法》规定，建新拆旧项目区选点布局应当举行听证、论证，严禁违背农民意愿，大拆大建。对于擅自扩大试点范围，突破下达周转指标规模的，将停止该省（区、市）的挂钩试点工作，并相应扣减年度用地指标。《办法》规定，挂钩试点工作实行行政区域和项目区双层管理，以项目区为主体组织实施。项目区应在试点市、县行政辖区内设置，优先考虑城乡结合部地区；项目区内建新和拆旧地块要相对接近，便于实施和管理，并避让基本农田。《办法》指出，城乡建设用地增减挂钩周转指标，专项用于控制项目区内建新地块的规模，同时作为拆旧地块整理复垦耕地面积的标准，但不得作为年度新增建设用地计划指标使用。

5 日，据国家发展改革委介绍，为有效应对国际金融危机，促进资源型城市可持续发展和区域经济协调发展，国务院确定了第二批 32 个资源枯竭城市。包括 9 个地级市、17 个县级市和 6 个市辖区。此前，国务院确定的第一批资源枯竭城市共 12 个。

12 日，《拉萨市城市总体规划（2009—2020）》获得国务院批复。批复明确拉萨市是西藏自治区首府，国家历史文化名城，具有高原和民族特色的国际旅游城市。

16 日，《无锡市城市总体规划（2001—2020）》获得国务院批复。

23 日，环境保护部发布《2009—2010 年全国污染防治工作要点》。

23 日，国家旅游局公布了《中国国家旅游线路初步方案》，并公开征求意见。按照典型性强、知名度大、交通通达、跨越多省等条件，"丝绸之路"、"香格里拉"、"长江三峡"、"青藏铁路"、"万里长城"、"京杭大运河"、"红军长征"、"松花江—鸭绿江"、"黄河文明"、"长江中下游"、"京西沪桂广"、"滨海度假"12 条线路入选首批中国国家旅游线路的备选名单。

24 日，中央文明办、住房和城乡建设部、国家旅游局三部门联合公布了第二批全国文明风景旅游区和全国创建文明风景旅游区工作先进单位的名单，15 家单位获得"全国文明风景旅游区"称号，55 家单位获得"全国创建文明风景旅游区工作先进单位"称号。

26 日，《淮河流域防洪规划》获得国务院批复。《规划》确定，力争到 2015年，淮河干流上游防洪标准达到 10 年一遇以上，中游淮北大堤防洪保护区和沿淮重要工矿城市的防洪标准达到 100 年一遇，洪泽湖及下游防洪保护区的防洪标准达到 100 年一遇以上。

27 日，环境保护部与湖北省人民政府在武汉签署共同推进武汉城市圈"两型"社会建设合作协议。

28 日，《辽阳市城市总体规划（2001—2020）》获得国家批复。

28 日，由国家发改委小城镇改革发展中心、上海市发改委和宝山区人民政府联合主办的"2009 美兰湖中国城镇发展论坛"在上海举行。论坛主要探索小城镇和推进城乡经济社会一体化发展的新途径。

四月

10 日，住房和城乡建设部和监察部联合下发《关于对房地产开发中违规变更规划、调整容积率问题开展专项治理的通知》，要求各地要深入开展专项治理工作，坚决遏制房地产开发领域腐败问题易发多发势头。《通知》明确了专项治理的三项主要任务：（1）抓紧完善变更规划、调整容积率的相关政策、制度；（2）加强对控制性详细规划修改，特别是建设用地容积率管理情况的监督检查；（3）建立健全违法违纪行为的责任追究机制，加大查办案件力度。

五月

1 日，《中华人民共和国防震减灾法》修订案施行。修订后的《防震减灾法》确立了防震减灾领域的基本法律制度，主要体现在以下几个方面：一是完善防震减灾规划，二是强化地震监测预报，三是加强地震灾害预防，四是完善地震应急救援，五是规范地震灾后过渡性安置和恢复重建，六是明确了政府及其有关部门的监督检查职责。

11 日，国务院新闻办公室发表《中国的减灾行动》白皮书，介绍中国减灾事业的发展状况。

11 日，胡锦涛总书记在四川绵阳北川新县城规划建设展示厅现场听取了中国城市规划设计研究院所作的总体规划汇报，并亲切接见了全国各地参与汶川灾后重建规划和建设工作的有关代表。

13 日，住房和城乡建设部仇保兴副部长在 2009 年农村危房改造试点工作会上发表讲话，强调必须充分认识农村危房改造工作的重大意义，做好农村危房改造及试点工作。

13 日，国土资源部发出《国土资源部关于切实落实保障性安居工程用地通知》，要求各地从保增长、保民生、保稳定高度出发，加快保障性住房用地供应计划的落实，加强保障性住房用地的供应管理。

21 日，四川省政府新闻办举行新闻发布会，宣布国务院已正式批复了成都市上报的《成都市统筹城乡综合配套改革试验总体方案》。两年前的 6 月 7 日，成都正式获批"全国统筹城乡综合配套改革试验区"。《方案》明确成都在 9 个方面具有先行先试的任务：1. 建立三次产业互动的发展机制；2. 构建新型城乡形态；3. 创新统筹城乡的管理体制；4. 探索耕地保护和土地节约集约利用的新机制；5. 探索农民向城镇转移的办法和途径；6. 健全城乡金融服务体系；7. 健全城乡一体的就业和社会保障体系；8. 努力实现城乡基本公共服务均等化；9. 建立促进城乡生态文明建设的体制机制。

22 日，由中国城市规划学会和香港规划师学会联合主办，英国皇家规划师学会和澳门城市规划学会协办的"共建低碳都市"国际研讨会在香港举行。住房和城乡建设部副部长仇保兴出席会议并发表了"中国城镇化发展与低碳生态城规划建设的探索与实践"的演讲。他强调：中国内地城镇化发展迅速，采纳低碳发展策略尤为重要。仇保兴认为，当前迫切的问题是要反思城市的建设理念和发展模式，探索符合中国国情和生态文明建设要求的城市发展道路。低碳生态城是以低能耗、低污染、低排放为标志的节能、环保型城市，是一种在生态环境综合平衡制约下的全新城市发展模式。

22 日，住房城乡建设部、发展改革委、财政部向各地、各部门印发《2009—2011 年廉租住房保障规划》。《规划》称，从 2009 年起到 2011 年，争取用三年时间，基本解决 747 万户现有城市低收入住房困难家庭的住房问题。

26 日，获国务院批复通过的《深圳市综合配套改革总体方案》正式发布。

六月

3 日，中新天津生态城联合工作委员会举行第四次会议，中国住房和城乡建设部副部长仇保兴、新加坡国家发展部部长马宝山共同主持。同日，生态城科技园奠基。位于天津滨海新区的中新天津生态城，是中国与新加坡两国政府继苏州工业园区后又一重大合作项目。生态城规划面积 30km²，于 2008 年 9 月底开工，确定了以节能环保、高新技术研发和现代服务业为主导的产业发展方向，着力构建以高新技术、清洁生产、循环经济为主导的生态型产业体系，构成绿色企业之谷。

4 日，国土资源部在试点实践和调查研究基础上，制定了《市县乡级土地利用总体规划编制指导意见》。

10 日，国务院总理温家宝主持召开国务院常务会议，讨论并原则通过《江苏沿海地区发展规划》。

10 日，首批 "中国历史文化名街" 授牌仪式及高峰论坛在北京举行。在综合专家意见和公众投票的基础上，北京国子监街、平遥南大街、哈尔滨中央大街、苏州平江路、黄山市屯溪老街、福州三坊七巷、青岛八大关、青州昭德古街、海口骑楼老街、拉萨八廓街等 10 条街区被评为首批 "中国历史文化名街"。中国文物学会会长罗哲文在授牌仪式上指出，历史文化名街是历史文化名城、名镇、名村最重要的组成部分。把历史文化名街保护好，对于历史文化遗产的保护非常重要。同时，要把物质文化遗产的保护与非物质文化遗产的保护结合起来。

24 日，国务院总理温家宝主持召开国务院常务会议，讨论并原则通过《横琴总体发展规划》。会议决定，将横琴岛纳入珠海经济特区范围，逐步把横琴建设成为 "一国两制" 下探索粤港澳合作新模式的示范区、深化改革开放和科技创新的先行区、促进珠江口西岸地区产业升级的新平台。

25 日，国务院发布了《关中—天水经济区发展规划》。关中—天水经济区是《国家西部大开发 "十一五" 规划》中确定的西部大开发三大重点经济区之一。规划范围包括陕西省西安、铜川、宝鸡、咸阳、渭南、杨凌、商洛部分县和甘肃省天水所辖行政区域，面积 7.98 万 km²。

29 日，住房城乡建设部向无锡、珠海、大同等 17 个城市派驻城乡规划督察员，对国务院审批的城市总体规划的实施情况加强监督。加上此前分三批派遣的人员，目前中国已向包括全部省会城市在内的 51 个城市派驻了 68 名规划督察员，覆盖了由国务院审批的城市总体规划中的所有国家级历史文化名城。住房城乡建设部副部长仇保兴指出，违反建设规划的行为一旦发生，可能造成难以补救的损失。派驻城乡规划督察员制度实现了监督关口前移，督察员平时深入实际、积累情况，违规事项发生时能够快速反应、及时处置，多数违法违规问题被及时制止，有效维护了城乡规划的严肃性。据悉，住房城乡建设部将进一步扩大部派城乡规划督察员的工作范围，力争在 2 ~ 3 年时间内，覆盖国务院审批城市总体规划中的所有城市。

七月

1 日，国务院常务会议讨论并原则通过了《辽宁沿海经济带发展规划》。

12 ~ 13 日，由中国城市科学研究会、中国城市规划学会、哈尔滨市人民政府共同主办的 2009 城市发展与规划国际论坛 7 月 12 日至 13 日在哈尔滨举行，"和谐生态，可持续的城市"成为此次论坛主题。

14 日，全球最具知名度的建筑师学会之一——英国皇家建筑师学会公布了获得 2009 年建筑国际奖的名单，包括北京国家体育场（"鸟巢"）、"水立方"和首都国际机场 3 号航站楼在内的 15 个建筑项目榜上有名。

27 日，辽宁省阜新市海州露天煤矿国家矿山公园正式开园，从而使这个当年亚洲最大的露天煤矿变身为工业遗产主题公园。

八月

6 日，深圳市委市政府通过最新一期《市政府公报》正式发布《深圳市综合配套改革三年（2009—2011）实施方案》，明确了今后三年深圳市综合配套改革的主要内容和任务，确定了 2009 年要实施的 9 个重点改革项目。

12 日，国务院总理温家宝主持召开国务院常务会议，听取并审议了发展改革委关于应对气候变化工作情况的报告，研究部署应对气候变化有关工作，审议并原则通过《规划环境影响评价条例（草案）》。

14 日，国务院对《横琴总体发展规划》正式作出批复。

17 日，国务院召开会议，讨论并原则通过了《关于进一步实施东北地区等老工业基地振兴战略的若干意见》。

18 日，国土资源部和监察部联合发出了《关于进一步落实工业用地出让制度的通知》，以更好地发挥土地政策调控作用。《通知》细化了工业用地招标拍卖挂牌政策和协议出让政策的适用范围，提出：凡属于农用地转用和土地征收审批后由政府供应的工业用地，政府收回、收购国有土地使用权后重新供应的工业用地，必须采取招标拍卖挂牌方式公开确定土地价格和土地使用权人；划拨工业用地补办出让、承租工业用地补办出让、划拨工业用地转让等，符合规划并经依法批准，可以协议方式出让。《通知》明确，出让方应按照合同约定及时提供土地，督促用地者按期开工建设。受让人因非主观原因未按期开工、竣工的，应提前 30 日向出让人提出延建申请，经出让人同意，项目开竣工延期不得超过一年。《通知》要求，各市、县国土资源行政主管部门要及时向社会公布经批准的出让计划，要安排一定比例的土地用于中小企业开发利用。

23 日，西藏文物保护史上投资最多、规模最大、科技含量最高、技术要求最严的"西藏三大重点文物"——布达拉宫、罗布林卡、萨迦寺文物保护维修工程竣工。该三大重点文物保护维修工程是中央第四次西藏工作座谈会确定的国家重点文化建设项目，也是全国六大重点文物保护维修工程中的三大工程。

31 日，住房和城乡建设部在杭州市召开长三角地区城乡规划督察员座谈会。

九月

1 日，国土资源部发布《关于严格建设用地管理，促进批而未用土地利用的通知》强调，对取得土地后满 2 年未动工的建设项目用地，应依照闲置土地的处置政策依法处置，促进尽快利用。通知强调，严肃查处违反土地管理法律法规新建"小产权房"和高尔夫球场项目用地。通知要求，对在建在售的以新农村建设、村庄改造、农民新居建设和设施农业、观光农业等名义占用农村集体土地兴建商品住宅，必须采取强力措施，坚决叫停管住并予以严肃查处。

7 日，广东省政府召开珠三角一体化五个规划编制工作会议。在会议上，黄华华省长指出，编制好珠三角基础设施建设、产业布局、城乡规划、公共服务和环境保护等五个一体化专项规划，对贯彻落实《规划纲要》和推动珠三角发展至关重要，是当前全省工作的重点之一。

12 ～ 14 日，由中国城市规划学会主办、天津市人民政府协办，天津市规划局承办的"2009 中国城市规划年会"在滨海国际会展中心举行。本届规划年会以"城市规划与科学发展"为主题，探讨新形势下城市的科学发展，交流展示国内外规划设计先进理念和优秀成果。开幕式上，来自全国的规划专家就当前业界关注的热点问题进行深入探讨，总结了新中国成立 60 年以来城市规划事业的重要经验教训，反思城市规划的学科地位，分析当前面临的宏观形势，展现上海世博会的全新理念等。年会期间，与会人员分别就住房建设与社区规划、城市生态规划、区域研究与城市总体规划、法制建设与规划管理、历史文化保护与城市更新、小城镇与村庄规划、园林绿化与风景环境、城市土地与开发控制、工程规划与防灾减灾、详细规划与城市设计、产业发展与园区规划、城市交通规划等 12 个城市发展热点问题进行了专题研讨。开设了 5 个自由论坛，论坛内容包括什么是好的规划，城乡统筹怎么统，"低碳"对规划的冲击有多大，总体规划批什么，控制性详细规划应该控制什么等，增设了国际最新学术进展和城市密度与环境质量——香港经验两个特别论坛。年会的召开，对提升我国城市规划理论水平，促进城市科学发展具有十分重要的意义。

23 日，国务院批复《促进中部地区崛起规划》。《规划》共 11 章，围绕总体要求和全面实现建设小康社会宏伟目标，提出了到 2015 年中部地区崛起的 4 大目标及 8 个方面的重点工作。

26 日，国务院发布了一则《关于集约用地的通知》，针对开发商首次明确规定了相对严格的"闲置"费用标准，并指出将会很快对"闲置"土地征收增值地价。

27 日，广州召开了《广州城市总体发展战略规划（2010—2020）》专家研讨会，再开国内先河，首次将主体功能区规划、城市总体规划与土地利用总体规划"三规合一"。根据规划，广州将以科学发展观为统领，以世界先进城市为标杆，按照国家中心城市和综合性门户城市的定位，加快建设成为广东宜居城乡的"首善之区"，建成面向世界、服务全国的国际大都市。广州市市长张广宁代表广州市委、市政府致欢迎辞时表示，规划好广州、建设好广州、发展好广州，是历史赋予的重大使命，希望与会专家为广州的规划建设出谋献策。中国科学院院士、中国工程院院士、原建设部副部长周干峙以及来自国务院发展研究中心、住房与城乡建设部、香港特别行政区规划署、澳门特别行政区土地工务运输局城市规划厅、广东省委政策研究室、广东省人民政府发展研究中心、中科院生态环境研究中心、中国风景园林学会、香港大学、南京大学、同济大学、中山大学的专家学者，广州市领导苏泽群、李荣灿、徐志彪、许瑞生、刘平，各民主党派、工商联代表，各区（县级市）、市政府各有关部门负责人参加了研讨会。

30 日，联合国教科文组织保护非物质文化遗产政府间委员会第四次会议在阿布扎比召开，审议并批准了列入《人类非物质文化遗产代表作名录》的 76 个项目，其中包括中国申报的 22 个项目。列入名录的 22 个中国项目是：中国蚕桑丝织技艺、福建南音、南京云锦、安徽宣纸、贵州侗族大歌、广东粤剧、《格萨尔》史诗、浙江龙泉青瓷、青海热贡艺术、藏戏、新疆《玛纳斯》、蒙古族呼麦、甘肃花儿、西安鼓乐、朝鲜族农乐舞、书法、篆刻、剪纸、雕版印刷、传统木结构营造技艺、端午节、妈祖信俗。

十月

16 ~ 17 日，中国城市规划设计研究院 55 周年院庆报告会在北京举办。汪光焘、周干峙、邹德慈、王瑞珠分别作了题为"积极应对气候变化，促进城乡规划理念转变"、"扩大知识基础，深化细化工作"、"论证——城市规划的一项重要方法"、"城市设计，方法与实践"的学术报告。国土资源部总规划师胡存智、国务院参事陈全生、清华大学社会学系教授孙立平等也应邀在会上作学术报告。李晓江院长在致辞中说，回顾历史，感到欣慰。中规院按照国家科学发展战略，奋力拼搏，勇于创新，为我国城乡规划事业的发展作出了积极贡献。大会从国家乃至世界性的高度，从城市的层面出发，关切城市规划涉及的社会、政治、伦理、价值等系统，也关注了大灾难下或者复杂形势下规划师本身的价值观、责任和立场，对当前城镇化多方面现象和国家政策变化，涉及敏感的土地流转问题、农村土地转换和社会公平以及新出现的"超级城市体"等众多课题进行了广泛研究和深入思考。

19 日，中国城市科学研究会在北京召开了《中国低碳生态城市发展战略》成果新闻发布会。

31 日至 11 月 1 日，"大遗址保护高峰论坛"在历史名城洛阳举办，论坛通过了《大遗址保护洛阳宣言》。

十一月

16 日，国务院批复《中国图们江区域合作开发规划纲要》，标志着长吉图开发开放先导区建设已上升为国家战略，成为迄今唯一一个国家批准实施的沿边开发开放区域。图们江区域是我国参与东北亚地区合作的重要平台。

22 日，第三届中国城市化国际峰会在北京举行。住房城乡建设部村镇建设司司长李兵弟表示，中国的城镇化发展出路只能立足于现有的城乡建设用地，确保村庄整治节约出来的土地利益，绝大部分用于农民，防止单纯为解决城市发展的用地盲目撤并村庄。

25 日，国务院批复《关中—天水经济区发展规划》。关中—天水经济区是《国家西部大开发"十一五"规划》中确定的西部大开发三大重点经济区之一，《规划》提出，将把关中—天水经济区打造成为"全国内陆型经济开发开放的战略高地"。经济区规划范围包括陕西西安、咸阳、铜川、渭南、宝鸡、商洛部分县、杨凌农业高新技术产业示范区和甘肃省天水市所辖行政区域，总面积 7.98 万 km^2。

十二月

1 日，《海峡西岸城市群发展规划》获得国家住房和城乡建设部批复。《规划》指出，海西城市群总体上正向着加速城镇化、沿海化和网络化的方向发展。《规划》提出构建海峡城市群的战略构想：落实国家加快建设海峡西岸经济区的决策部署，充分发挥福建省比较优势，优化整合内部空间格局，联动周边省区，推进两岸合作交流，逐步形成两岸一体化发展的国际性城市群——"海峡城市群"，构筑我国区域经济发展的重要"增长区域"。

1日，《深圳市城市更新办法》正式实施。《更新办法》的出台是深圳城市发展转型的一个重要标志。它意味着深圳的城市发展正由过去的以增量土地开发为主向存量土地"再开发"为主转变迈出了重要一步。《更新办法》对城市更新予以了明确的定义："城市的基础设施、公共服务设施亟须完善；环境恶劣或者存在重大安全隐患；现在土地用途、建筑物使用功能或者资源、能源利用明显不符合社会经济发展要求，影响城市规划实施的。"《更新办法》在政策上有如下重大突破：一是明确原权利人可作为更新改造实施主体，改造项目无需由"发展商"实施，同时政府鼓励权利人自行改造；二是突破更新改造土地必须"招牌挂"出让的政策限制，规定权利人自行改造的项目可协议出让土地。《更新办法》突破了原有的框架范围，将更新改造范围扩大到旧工业区、旧商业区、旧住宅区、城中村及旧屋村等所有城市更新活动。《更新办法》还首次引入了"城市更新单元"这一概念。"城市更新单元"的划分可以不为具体的行政单位或地块所限，而是通过对零散土地进行整合，予以综合考虑，以此获取更多的"腾挪"余地，保障更新改造中城市基础设施和公共服务设施的相对完整性。

3日，国务院正式批复《黄河三角洲高效生态经济区发展规划》。国务院指出，要把《规划》实施作为应对国际金融危机、贯彻区域发展总体战略、保护环渤海和黄河下游生态环境的重大举措。

4～6日，中国城市规划学会国外城市规划学术委员会及《国际城市规划》杂志编委会2009年年会在重庆召开。以"跨界与融合"为主题，与会中外专家共同探讨了城市规划的时代转型问题。

12日，国务院正式批复《鄱阳湖生态经济区规划》，这标志着鄱阳湖生态经济区建设上升为国家战略。《规划》明确，鄱阳湖生态经济区包括南昌、景德镇、鹰潭三市以及九江、新余、抚州、宜春、上饶、吉安市的部分县（市、区），共38个县（市、区），国土面积为5.12万 km²。鄱阳湖生态经济区的功能定位总结起来讲，就是"三区一平台"，即全国大湖流域综合开发示范区、长江中下游水生态安全保障区、加快中部崛起重要带动区和国际生态经济合作重要平台。

14日，国务院总理温家宝主持召开国务院常务会议，研究完善促进房地产市场健康发展的政策措施，全面启动城市和国有工矿棚户区改造工作。

15日，北京市国土资源局正式公布了《北京市土地利用总体规划（2006—2020）》。

18日，住房和城乡建设部部长姜伟新在2010年全国建设工作会议上发言时

表示，住房和城乡建设部明年将继续大规模发展保障性住房建设，计划建 180 万
套廉租房和 130 万套经济适用房，希望 2010 年让大家"住有所居"。

24 日，全国首个跨区域综合规划《广佛同城化发展规划（2009—2020）》正
式出台。《规划》提出，广佛都市圈战略定位就是建设全国科学发展试验区。2008
年底，国务院批准《珠江三角洲地区改革发展规划纲要（2008—2020）》，将广佛
同城上升到国家战略层面。

本年度出版的城市规划类相关著作主要有:《城市规划与城市社会发展》(黄
亚平著)、《中国土地制度下的城市空间演变》(陈鹏著)、《小城镇规划及相关技术
标准研究》(中国城市规划设计研究院编)、《城市规划实务》(郝之颖编著)、《城
市发展与规划》(郑国编著)、《社会城市：埃比尼泽·霍华德的遗产》([英] 彼
得·霍尔、科林·沃德著，黄怡译)、《明日之城：一部关于 20 世纪城市规划与设
计的思想史》([英] 彼得·霍尔著，童明译)、《现代城市规划管理探索》(赵方
平、魏庆朝著)、《复杂：城市规划的新观点》(赖世刚、韩昊英著)、《城市总体规
划》(董光器编著)、《19 世纪与 20 世纪的城市规划》([德] 迪特马尔·赖因博恩
著，虞龙发译)、《社会转型期的城市社区建设》(王颖、杨贵庆著)、《城市更新手
册》([英] 彼得·罗伯茨、休·塞克斯主编，叶齐茂、倪晓晖译)、《城市规划设
计手册：技术与工作方法》(美国城市规划协会编，祁文涛译)、《城乡规划管理与
法规》(王国恩编著)、《人居环境绿地系统体系规划》(李晖、李志英编著)、《规
划生态学》(朱鹏飞、卿贵华编著)、《城市设计在中国》(朱雪梅主编)、《魅力城
市：生态城市理念与城市规划法律制度的变革》(朱春玉著)、《城市规划设计十二
讲》(曹伟编著)、《生态城市的规划与建设》([加] 怀特著，沈清基、吴斐琼译)、
《城市规划管理与法规》(尹强、苏原、李浩编著)、《城市发展与交通规划：新时
期大城市综合交通规划理论与实践》(孔令斌著)、《城市经济学》(吴启焰、朱喜
刚、陈涛编著)、《城市规划视角下的城市比较分析：建构比较城市学的基础框架》
(周善东著)、《城市特色：历史风貌与滨水景观》(吴伟主编，世界华人建筑师协
会城市特色学术委员会编)、《城市风貌规划：城市色彩专项规划》(吴伟主编)、
《城市规划中的社会规划：理论、方法与应用》(刘佳燕著)、《精确性：建筑与城
市规划状态报告》([法] 勒·柯布西耶著，陈洁译)、《社区规划：综合规划导论》
([美] 埃里克·达米安·凯利、芭芭拉·贝克尔著，叶齐茂、吴宇江译)、《城市规
划与市场机制》(丁成日著)、《明日之城市》([法] 勒·柯布西耶著，李浩译)、
《城市文化》([美] 刘易斯·芒福德著，宋俊岭等译)、《伟大的街道》([美] 雅各
布斯著，王又佳、金秋野译)、《走向城市设计》([英] 罗伯茨、格里德著，马航、

陈馨如译）、《人类三大聚居地规划》（［法］勒·柯布西耶著，刘佳燕译）、《中国古代城市二十讲》（董鉴泓编）、《村庄规划》（张泉等著）、《北京旧城改造振兴模式政策创新研究》（刘世能等著）、《都市圈战略规划研究》（宋迎昌著）、《回到土地》（俞孔坚著）、《中国城乡建设用地增长研究》（林坚著）、《城市设计与城市更新》（［英］理查德·海沃德主编，李韵、王新军等译）、《城市空间设计：社会·空间发展的调查研究》（［美］迈达尼普尔著，欧阳文、梁海燕、宋树旭译）、《NEW TOWN：新城规划与建设概论》（张捷编著）、《城市设计》（王建国主编）、《未来美国大都市：生态·社区·美国梦》（［美］卡尔索普著，郭亮译）、《区域规划导论》（聂华林、李光全著）。

2010 年

一月

4 日，国务院发布《关于推进海南国际旅游岛建设发展的若干意见》，将海南建设国际旅游岛上升为国家战略。海南国际旅游岛的战略定位是我国旅游业改革创新的试验区、世界一流的海岛休闲度假旅游目的地、全国生态文明建设示范区、国际经济合作和文化交流的重要平台、南海资源开发和服务基地、国家热带现代农业基地。

7 日，国务院办公厅发布《关于促进房地产市场平稳健康发展的通知》。《通知》强调：要加快中低价位、中小套型普通商品住房建设；增加住房建设用地有效供应，提高土地供应和开发利用效率。各地要根据房地产市场运行情况，把握好土地供应的总量、结构和时序。城市人民政府要在城市总体规划和土地利用总体规划确定的城市建设用地规模内，抓紧编制 2010 ~ 2012 年住房建设规划，重点明确中低价位、中小套型普通商品住房和限价商品住房、公共租赁住房、经济适用住房、廉租住房的建设规模，并分解到住房用地年度供应计划，落实到地块，明确各地块住房套型结构比例等控制性指标要求。

11 日，天津滨海新区政府揭牌成立，此举标志着天津滨海新区不仅是一个经济区，还是一个享有宪法赋予各种权力的行政区，天津滨海新区开发开放亦由此翻开新的一页。

12 日，国务院正式批准实施《皖江城市带承接产业转移示范区规划》（以下简称《规划》），这标志着皖江城市带承接产业转移示范区建设正式纳入国家发展战略。

12 日，国家发展和改革委员会继不久前批准深圳市创建国家创新型城市试点之后，扩大试点范围，原则同意大连、青岛等 16 个城市申报创建国家创新型城市总体方案，支持这些城市开展创建国家创新型城市试点。

16 日，住房和城乡建设部与深圳市人民政府共同签署了我国首个低碳生态示范市框架协议。作为住房和城乡建设部首个批准的国家低碳生态示范市，深圳将以"部市共建"的模式以全新的面貌向低碳生态城市起航。

20 日，上海市政府公布了最新制定完成的《崇明生态岛建设纲要（2010—2020）》，明确力争到 2020 年形成崇明现代化生态岛建设的初步框架。按照建设世界级生态岛的总体目标，《纲要》紧紧围绕生态环境建设，在上海市科委组织有关专家筛选的核心指标和上海市环保局确定的重点控制性指标的基础上，聚焦形成了 2020 年崇明生态岛建设的评价指标体系。

25 日，北京市长郭金龙代表市政府向人民代表大会报告政府工作，报告提出"着眼建设世界城市"，这也成为 2010 年政府工作报告的一个新亮点。

29 日，国务院法制办公布《国有土地上房屋征收与补偿条例（草案）》，并向社会公开征求意见。

30 日，"世界现代化 400 年暨《中国现代化报告 2010》专家座谈会"在中科院举行。《中国现代化报告 2010》是全球第一部世界现代化概览，是中国现代化报告的第十本报告，它是课题组十年潜心研究成果的一个集中体现。

31 日，新华社受权播发了《中共中央、国务院关于加大统筹城乡发展力度，进一步夯实农业农村发展基础的若干意见》。中央一号文件再度锁定"三农"，推出了一系列含金量高的强农惠农新政策，强力推动资源要素向农村配置是其最大亮点。

二月

5 日，国务院批复《湘潭市城市总体规划（2010—2020）》。

28 日，《中国省域经济竞争力发展报告（2008—2009）》蓝皮书由社会科学文献出版社出版发行。

三月

8 日，国务院批复《武汉市城市总体规划（2010—2020）》。

10 日，国土资源部公布了《关于加强房地产用地供应和监管有关问题的通知》，明确保障性住房用地供应、商品房用地出让、打击囤地等方面的具体要求，全方位加强土地市场监管，同时通过土地竞买人资格审查、严格规范土地出让底价等手段，进一步提高土地出让门槛。要求各地确保保障性住房用地供应，保障性住房、棚户改造和自住性中小套型商品房建房用地不低于住房建设用地供应总量的70%。保障性住房用地不得从事商业性房地产开发，因城市规划调整需要改变的，应由政府收回，另选地块供应。

15日，国务院批复《青海省柴达木循环经济试验区总体规划》。根据《规划》，试验区将遵循循环经济"减量化、再利用、资源化"的原则，重点规划建设格尔木工业园等四个循环经济工业园，构建以盐湖化工为核心的六大循环经济主导产业体系，形成资源、产业和产品多层面联动发展的循环型产业格局。

22日，广东珠三角绿道网建设启动仪式在广州亚运城举行。广东省委书记汪洋在仪式上宣布，珠三角绿道网建设正式启动。1月7日广东省委十届六次全会公布的最新的《珠三角绿道网总体规划纲要》提出，广东将在3年内建设6条长度不一的"绿色道路"，连接广佛肇、深莞惠、珠中江三大都市区，全长1690公里，服务人口超过2500万人。此前，广州、中山等城市已率先启动绿道网建设。

26日，在浙江嘉兴召开的长三角城市经济协调会第十次市长联席会议宣布，协调会成员由此前16个增至22个，即长三角核心城市群扩容，不仅吸收盐城、淮安、金华、衢州等4个苏浙城市为新会员，而且让泛长三角区域内的合肥、马鞍山两个安徽省的城市也正式"加盟"。

28日，历时近3年时间综合改造的百年上海外滩宣告竣工。此次上海外滩综合改造的核心工程是外滩地下通道工程，需要在滨江核心区从地下穿越33幢著名历史建筑。

29日，国土资源部公布《中国城市地价状况2009》，首次提到了与"租售比"相似的"租价比"概念，并明确表示从这一概念角度分析，国内热点城市的住宅市场已经出现了比较严重的泡沫。

四月

6日，辽宁省政府新闻办举行新闻发布会，宣布经国务院同意，国家发展改革委正式批复沈阳经济区为国家新型工业化综合配套改革试验区，这标志着沈阳经济区成为继上海浦东、天津滨海新区、成都、重庆、武汉城市圈、长株潭城市群和深圳等7个地区后，国务院批准设立的第八个国家综合配套改革试验区。

22日，中国社会科学研究院公布了评估低碳城市的新标准体系。该标准具体分为低碳生产力、低碳消费、低碳资源和低碳政策等四大类共12个相对指标。如果一个城市的低碳生产力指标超过全国平均水平的20%，即可被认定为"低碳"。

26日，中国社会科学院在京举办2010年《城市竞争力蓝皮书》发布会暨中国城市竞争力研讨会。蓝皮书对全国294个地级以上城市综合竞争力进行比较发现，中国最具竞争力的前 10 名城市依次是：香港、深圳、上海、北京、台北、广州、天津、高雄、大连、青岛。

27 日，住房和城乡建设部印发了《关于加强经济适用住房管理有关问题的通知》（建保［2010］59 号）。《通知》针对部分地方经济适用住房存在的准入退出管理机制不完善、日常监管和服务不到位等问题，作出了有关规定。《通知》提出，经济适用住房的建设规模由各地结合当地居民收入、住房状况等实际情况确定。商品住房价格过高、上涨过快的城市，要大幅度增加经济适用住房供应，并适当扩大供应范围。《通知》要求，经济适用住房申请人应当如实申报家庭收入、财产和住房状况，并对申报信息的真实性负责。

五月

1 日至 10 月 31 日期间，在上海市举行了中国 2010 年上海世界博览会。上海世博会以"城市，让生活更美好"（Better City，Better Life）为主题，总投资达 450 亿人民币，创造了世界博览会史上最大规模记录。被视为上海世博会思想成果的《上海宣言》，提出"和谐城市"的理念："和谐城市，应该是建立在可持续发展基础之上的合理有序、自我更新、充满活力的城市生命体；和谐城市，应该是生态环境友好、经济集约高效、社会公平和睦的城市综合体。""我们一致认为，通过创新来建设和谐城市，是城市可持续发展的解决之道。"

5 日，《横琴新区控制性详细规划》编制完成，获得通过。106 km² 的横琴岛，54% 的面积为绿色山体，横琴绿色生态系统将最大限度得到保护，半个岛都是"禁建区"；全岛将实行管道直供，长达 32 km 的共同管沟，将是上海世博园 6.6km 地下管沟系统的 5 倍。按照该《控规》，禁建区、限建区加上建设用地规划中的绿地面积，2020 年横琴新区绿地面积将达到 82.45 km²，而届时横琴人口规划为 28 万，人均绿地面积将达到 294 m²。

11 日，由中国市长协会主办、国际欧亚科学院中国科学中心承办的《中国城市发展报告（2009）》卷，在京举行首发式。

17 ～ 19 日，中央新疆工作座谈会在北京举行。中共中央总书记、国家主席、中央军委主席胡锦涛在会上发表重要讲话。强调做好新形势下的新疆工作，是提高新疆各族群众生活水平、实现全面建设小康社会目标的必然要求，是深入实施西部大开发战略、培育新的经济增长点、拓展我国经济发展空间的战略选择，是我国实施互利共赢开放战略、发展全方位对外开放格局的重要部署，是加强民族团结、维护祖国统一、确保边疆长治久安的迫切要求。

24 日，国务院正式批准实施《长江三角洲地区区域规划》，这是贯彻落实

《国务院关于进一步推进长江三角洲地区改革开放和经济社会发展的指导意见》（国发〔2008〕30号）、进一步提升长江三角洲地区整体实力和国际竞争力的重大决策部署，是深入实施区域发展总体战略、促进全国经济平稳较快发展的又一重要举措。

24日，国土资源部、监察部通报了清查出来的逾61万亩的"未报即用"违法用地，16个地级市被点名。据国土资源部部长徐绍史介绍，31个省区市不同程度存在"未报即用"违法用地现象，其中国家和省级重点项目超过三成。

27日，国务院转发了国家发改委《关于2010年深化经济体制改革重点工作的意见》，首次在国务院文件中提出在全国范围内实行居住证制度。

六月

2日，深圳市第五届人大一次会议举行。会上披露，国务院就广东省《关于延伸深圳经济特区范围的请示》作出批复，同意将深圳经济特区范围扩大到深圳全市，包括宝安、龙岗以及光明和坪山两个新区纳入到经济特区里面，特区总面积由395 km² 扩容为1948 km²，扩容5倍。

2日，中国社科院2010年《休闲绿皮书》新闻发布会在北京举行。这是国内第一本有关休闲发展的绿皮书。该书指出，2009年我国休闲相关产业在应对金融危机中，以较高的增长速度实现了逆势上涨，2009年我国休闲核心消费大约达到1.7万亿元。相当于社会消费品零售总额的13.56%，相当于GDP的5.07%。

2日，国务院新闻办举行发布会，文化部副部长王文章在会上介绍中国非物质文化遗产保护与传承取得的进展和成果等方面情况时表示，目前全国非物质文化遗产资源共有近87万项，中央和省级财政已累计投入17.89亿元用于非物质文化遗产保护。2007年6月至2010年5月，文化部先后设立了闽南文化、徽州文化、热贡文化、羌族文化、客家文化（梅州）和武陵山区（湘西）土家族苗族文化等6个文化生态保护实验区。

8日，国家发改委正式批复了《海南国际旅游岛建设发展规划纲要（2010—2020）》。规划纲要阐述了未来十年海南国际旅游岛建设发展的指导原则、发展目标、空间布局、主要任务和政策措施，是今后一个时期海南国际旅游岛建设发展的基本蓝图和行动纲领。

11日，住房和城乡建设部、发展改革委、财政部、国土资源部、农业部、国家林业局联合发出《关于做好住房保障规划编制的通知》，部署2010～2012年保障性住房建设规划和"十二五"住房保障规划编制工作。

12日，由住房和城乡建设部等七部门联合发布《关于加快发展公共租赁住房的指导意见》。

12 日，国务院总理温家宝主持召开国务院常务会议，审议并原则通过《全国主体功能区规划》。

18 日，重庆两江新区挂牌成立。

26 日，国土资源部下发《关于进一步做好征地管理工作的通知》，对提高征地补偿标准、补偿直接给农民等作出明确规定。按照规定，征地补偿款应在征地实施方案批复后三个月之内支付给农民，还有 3 项措施来确保补偿安置费准时到达农民的手中。

七月

1 日，国务院正式批复了北京市政府关于调整首都功能核心区行政区划的请示，同意撤销北京市东城区、崇文区，设立新的北京市东城区，以原东城区、崇文区的行政区域为东城区的行政区域；撤销北京市西城区、宣武区，设立新的北京市西城区，以原西城区、宣武区的行政区域为西城区的行政区域。

6 日，2010 年大运河保护和申遗工作会议在运河名城江苏省扬州市召开。

12 日，文化部、国家文物局发出《文化部办公厅、国家文物局办公室关于把握正确导向做好文化遗产保护开发工作的通知》。通知要求，各地在对名人故里、故居或文化遗址等进行合理适度的开发利用时，要加强监管，防止过度的商业开发和对文化遗产内涵的肆意歪曲和滥用。对历史文化遗产要进行科学甄别，对历史文化名人的故里、故居、重要文物所在地的认定，要本着积极有益、少而精的原则，由权威的学术机构和专家参与进行认定。对于有争议的、未经认定的，不宜命名或宣传。严禁利用历史或文学作品中反面或负面的人物形象建设主题文化公园、举办主题文化活动等。为保证命名的严肃性，各地不宜对文艺作品中虚构的人物进行命名故里等活动。

14 日，中国社会科学院在京发布《全球城市竞争力报告（2009—2010）》。通过比较竞争力指数及其具体构成指标数据，报告全面解析了全球 500 个城市的发展和竞争格局，其中，纽约、伦敦、东京位列全球城市综合竞争力排名前三甲。中国唯有香港挤进了前十，但排名最末。在经济增长率排名上，除了排名第五的巴库来自阿塞拜疆外，其余 9 个经济增长最快的城市均来自中国，依次是：鄂尔多斯、包头、烟台、呼和浩特、东莞、中山、日照、惠州和威海。

15 日，北京世界城市研究基地成立大会暨揭牌仪式在北京社科院举行。

17 日，北京市政协通过《关于促进首都人口与资源环境协调发展的建议案》。北京市政协建议尽快成立首都人口委员会，并建议北京市府向国务院申请对首都人口规模调控的特殊管理政策。同时，还建议多部门联动形成"全员人口信息管理系统"，逐步实现对全市人口的实时动态监测及预测预警机制。

18 日，北京唐家岭村正式启动宅基地腾退搬迁工作。随着腾退协议书的签订，首批 8 个村民宅院开始拆迁。

25 日，第三十四届世界遗产大会在巴西利亚开幕。这次大会审议和批准了 20 余处新的世界遗产。中国登封的"天地之中"历史建筑群和中国丹霞地貌分别被列入文化和自然遗产。中国"三江并流"也被批准扩大遗产保护区域。同时，马达加斯加阿钦安阿纳雨林、美国大沼泽地国家公园、格鲁吉亚巴格拉特大教堂及格拉特修道院、乌干达卡苏比王陵被列入《濒危世界遗产名录》。

28 日，厦门市十三届人大常委会举行第 23 次会议，决定从 8 月 1 日起，50 部涉及厦门民生的经济特区法规，将适用于岛外。这 50 部特区法规，涵盖经济建设、市政管理、科教卫生、环境保护等各个方面，将其正式适用于岛外，打破了"一市两法"的尴尬局面，使岛内外一体化有法可依。

28 日，中国科学院发布《中国科学发展报告 2010》，该报告是国内第一部以自然科学与人文科学的交叉研究为特征，探讨科学发展理论、总结科学发展实践、评估科学发展水平的综合研究报告。

28 日，重庆官方公布了中国首个大规模户籍制度改革计划，按计划，到 2020 年，重庆市 1000 万农村人群将转户为城镇人口。为稳妥推进改革，当地转为城镇居民的农民最长将在 3 年内保留其农村土地的收益权。此间公布的《重庆市人民政府关于统筹城乡户籍制度改革的意见》提出，要充分兼顾政府的承受力和城镇资源的承载力，防止农民流离失所，防止出现城市贫民窟现象。

29 日，"《2010 年城市蓝皮书》发布暨中国城市发展战略转型高层论坛"在中国社会科学院举办。

八月

12 日，珠三角基础设施、产业布局、基本公共服务、城乡规划和环境保护五个一体化规划正式公布。

12 日，为加强"中国丹霞"世界自然遗产地的保护管理，住房和城乡建设部下发了《关于加强"中国丹霞"世界自然遗产地保护管理工作的通知》。

16 日，国务院批复《深圳市城市总体规划（2010—2020）》。

19 日，国务院批复《郑州市城市总体规划（2010—2020）》。

26 日，在珠海迎来建立经济特区 30 周年纪念日的当日，经国务院批准，从 2010 年 10 月 1 日起，珠海经济特区范围正式扩大到全市。国务院在《关于扩大珠海经济特区范围的批复》中要求，广东省和珠海市要做好特区范围扩大后的统筹规划工作，要按照走集约化、内涵式发展道路的要求，切实做好特区城市管理、产业布局、土地利用和城市规划等工作，进一步发挥特区在改革开放中"窗口"和"试验田"作用，着力转变经济发展方式，逐步建立以创新为内在驱动力的发展模式。

九月

1 日，国务院正式批准杭州、南昌、郑州、武汉、南宁、平顶山、安阳、荆州、湘潭、柳州 10 个城市土地利用总体规划，标志着市级土地利用总体规划正式进入批准阶段。

2 日，全国国土规划纲要编制工作领导小组第一次会议在京召开，会议通过了《全国国土规划纲要编制工作方案》，《全国国土规划纲要（2011—2030）》前期研究和编制工作正式启动。

16 日，国家主席胡锦涛在出席第五届亚太经合组织人力资源开发部长级会议开幕式致辞中再次用较大篇幅论"包容性增长"。胡锦涛指出，中国是包容性增长的积极倡导者，更是包容性增长的积极实践者。中国既强调加快转变经济发展方式、保持经济平稳较快发展，又强调坚持把发展经济与改善民生紧密结合起来，以解决人民最关心、最直接、最现实的利益问题为着力点，大力推进以改善民生为重点的社会建设。在应对国际金融危机冲击的过程中，中国提出保增长、保民生、保稳定的方针，实施积极的财政政策和适度宽松的货币政策，既积极推动经济发展、提高经济发展质量，又加大社会领域投入，加强社会保障体系建设，着力解决民生问题。

17 日，加快保障性安居工程建设工作座谈会在北京召开。中共中央政治局常委、国务院副总理李克强出席会议并讲话。他强调，要坚持以人为本、执政为民，着力推进保障性安居工程，加快发展公共租赁住房，促进人民群众安居乐业。

20 ~ 23 日，在肯尼亚内罗毕举行的第四十六届国际规划大会上，广州市战略规划项目获"国际杰出范例奖"，成为我国首个获得全球规划最高级别奖项的城市。

21 ~ 23 日，在联合国成立 65 周年之际，总理温家宝出席联合国"千年发展目标"高级别会议和第六十五届联大一般性辩论，就进入"倒计时"阶段的"千年发展目标"进展与"后金融危机时代"的世界和平发展，向世界阐述中国的主张。此次高级别首脑会议以"我们能够在 2015 年前消除贫困"为口号，充分表明了国际社会的广泛共识与"集体决心"。

25 日，国家发展和改革委员会公布《促进中部地区崛起规划实施意见》，要求中部地区的山西、安徽、江西、河南、湖北、湖南六省人民政府和有关部门积极落实这份文件提出的各项任务要求，努力推动中部地区经济社会又好又快发展。《意见》指出，2015 年，中部地区要实现《规划》确定的主要目标，即人均地区生产总值达到 36000 元，城镇化率达到 48%，城镇居民人均可支配收入和农村居民人均纯收入分别达到 24000 元和 8200 元，耕地保有量不低于《全国土地利用总体规划纲要（2006—2020）》下达的指标。

26 日，国土资源部、住房和城乡建设部联合发布《关于进一步加强房地产用地和建设管理调控的通知》，通知明确，进一步加强房地产用地和建设的管理调控，积极促进房地产市场继续向好发展，将严格住房建设用地出让管理，强化住房用地和住房建设的年度计划管理，在房价高的地区，应增加中小套型限价住房建设供地数量。

十月

4 日，"2010 年世界人居日"庆典活动在沪发布了《中国城市状况报告 2010/2011》。

11 日，国家文物局公布了第一批国家考古遗址公园名单和立项名单。圆明园国家考古遗址公园等 12 个项目入选第一批国家考古遗址公园名单。

18 日，国务院下发《关于加快培育和发展战略性新兴产业的决定》，《规定》称，战略性新兴产业是引导未来经济社会发展的重要力量，发展战略性新兴产业已成为世界主要国家抢占新一轮经济和科技发展制高点的重大战略。

21 日，北京成立了历史文化名城保护委员会。

26 日，财政部、国家发展改革委、住房和城乡建设部下发《关于保障性安居工程资金使用管理有关问题的通知》。《通知》明确提出，从 2010 年起，各地在确保完成当年廉租住房保障任务的前提下，可从土地出让净收益中安排不低于 10% 的廉租住房保障资金，统筹用于发展公租房，包括购买、新建、改建、租赁公共租赁住房，贷款贴息，向承租公租房的廉租住房保障家庭发放租赁补贴。从 2010 年起，各地在完成当年廉租住房保障任务的前提下，可以将住房公积金增值收益中计提的廉租住房保障资金，统筹用于发展公共租赁住房。

十一月

4 日，联合国开发计划署发表了《2010 年人类发展报告》，对 1970 ~ 2010 年间的人类发展趋势进行了系统评价。报告中对全球 169 个国家和地区的人类发展指数进行了排名，中国在这份榜单上排第 89 位，在人类发展指数进步最快国家中排名第二。

9 日，国务院批复广西壮族自治区人民政府，同意将广西北海市列为"国家历史文化名城"。

10 日，国务院总理温家宝主持召开国务院常务会议，研究部署规范农村土地整治和城乡建设用地增减挂钩试点工作。会议称，近年来，一些地方开展城乡建设用地增减挂钩试点，对统筹城乡发展发挥了积极作用，但也出现了违背农民意愿强拆强建、侵害农民利益等问题。会议提出明确要求：要充分尊重农民意愿，涉及村庄撤并等方面的土地整治，必须由农村集体经济组织和农户自主决定，不得强拆强建。严禁违法调整、收回和强迫流转农民承包地。坚决防止违背农民意愿搞大拆大建、盲目建高楼等现象。会议强调，要严格控制城乡建设用地增减挂钩试点规模和范围。经批准开展城乡建设用地增减挂钩试点的地方要严格按照有关规定，坚持局部试点、封闭运行、规范管理，不得扩大试点范围。

12 ~ 27 日，2010 年广州亚运会暨第 16 届亚运会在中国广州进行。

16 日，中国工程院召集曾参与《新疆可持续发展中有关水资源的战略研究》项目组的主要成员召开发布会，公布研究成果。会上，10 多位院士、专家认为近期广受关注的引渤海水入新疆工程"不可行"、"没法想象"。

16 日，成都正式出台《关于全域成都城乡统一户籍实现居民自由迁徙的意见》。按照这一《意见》，成都市将彻底破除城乡"二元"结构，消除隐藏在户籍背后的身份差异和基本权利不平等，计划到 2012 年，将实现全域成都统一户籍，城乡居民可以自由迁徙，并实现统一户籍背景下的享有平等的基本公共服务和社会福利。

17 日，审计署发布了 19 个省市 2007 ~ 2009 年政府投资保障性住房审计调查结果。

十二月

1 日，经国务院同意，国家发改委以发改经体 [2010] 2836 号《国家发展改革委关于设立山西省国家资源型经济转型综合配套改革试验区的批复》，正式批复设立"山西省国家资源型经济转型综合配套改革试验区"，成为我国设立的第九个综合配套改革试验区，也是我国第一个全省域、全方位、系统性的国家级综合配套改革试验区。

1 日，住房和城乡建设部出台《商品房屋租赁管理办法》，住房城乡建设部房地产市场监管司副司长姜万荣表示，实践中，出租人将房屋分割出租的情况比较突出，已经成为一个各方面反应比较强烈集中的问题，因此考虑多方因素，在《办法》中作出了规范分割出租行为的规定。规范分割出租行为有其现实意义，合理的合租行为仍然受到保护，中低收入人群租房问题可通过保障性租赁住房解决。

10～12日，中央经济工作会议在北京举行。胡锦涛在会上发表重要讲话，深刻总结今年及"十一五"时期我国经济社会发展取得的成就，全面分析当前国际国内经济形势，明确提出明年经济工作的总体要求、重要原则、主要任务。温家宝在讲话中全面总结今年经济工作，阐述明年经济社会发展主要预期目标和宏观经济政策，对明年经济工作作出具体部署。

16日，国土资源部以国家土地督察机构的名义约谈土地违法情况严重的12名地方政府行政"一把手"，就土地违法问题进行通报，同时要求被约谈地方政府积极整改。相关县级以上地方政府主要领导人员可能被处以警告、记过、记大过、降级直至撤职处分。这标志着由国土资源部、监察部、人力资源和社会保障部联合进行的2009年度土地违法约谈和问责行动正式启动。

19日，国土资源部发出通知，要求各省区市国土资源行政主管部门及派驻地方的国家土地督察局采取有力措施，严格落实房地产监管和调控政策措施，打击囤地炒地闲置土地等违法违规行为，坚决抑制少数城市地价过快上涨趋势。

本年度出版的城市规划类相关著作主要有：《危机挑战区域发展：纽约—新泽西—康涅狄格三州大都市区第三次区域规划》（[美]罗伯特·D·亚罗、[美]托尼·西斯著，蔡瀛、徐永健译）、《基于公共政策导向的城市规划体系变革》（何流）、《城市规划决策学》（刘贵利）、《美国城市规划设计的对与错》（[美]亚历山大·加文著，黄艳等译）、《城市规划社会学》（吴晓、魏羽力）、《西方现代城市规划理论概论》（周国艳、于立）、《集约型发展：江苏城乡规划建设的新选择》（周岚）、《城市规划设计概论》（姜秀娟、李明、朱晓娟）、《生态城市前沿：美国波特兰成长的挑战和经验》（[美]康妮·小泽主编，寇永霞、朱力译）、《为谁保护城市》（张松）、《西方现代城市规划简史》（曹康）、《空间·符号·城市：一种城市设计理论》（朱文一）、《人性化的城市》（[丹]扬·盖尔著，欧阳文、徐哲文译）等。

2011 年

一月

4日，国务院批复《山东半岛蓝色经济区发展规划》，这是"十二五"开局之年第一个获批的国家发展战略，也是我国第一个以海洋经济为主题的区域发展战略。

16 日，财政部、文化部下发了《关于推进全国美术馆、公共图书馆、文化馆（站）免费开放工作的意见》，要求各级财政建立免费开放经费保障机制，确保美术馆、公共图书馆以及文化馆（站）免费开放工作的推进。

18 日，《成渝城镇群协调发展规划》由住房城乡建设部、重庆市政府、四川省政府共同编制完成并联合印发实施。

19 日，国务院总理温家宝主持召开国务院常务会议，审议并原则通过《国有土地上房屋征收与补偿条例（草案）》。21 日，国务院总理温家宝签署国务院令，公布《国有土地上房屋征收与补偿条例》，自公布之日起施行。

20 日，北京市编制的首个《低碳城市发展纲要》正式完成。《纲要》提出从个人到家庭、从社区到整个城市的低碳生产消费模式，按照《纲要》要求，长辛店将建设北京首个低碳社区示范项目。

26 日，国务院总理温家宝主持召开国务院常务会议，研究部署进一步做好房地产市场调控工作。会议推出八措施调控房市。

26 日，国务院下发房地产调控的"新国八条"政策，其中明确提出地方政府制定房地产价格控制的指标，并于一季度向社会公布；同时还提出，对于未能达标的城市，要求地方政府向国务院汇报，如果未能落实调控政策以及未完成保障性住房任务，主要行政领导将被约谈及至问责。在如此高考核、高压之下，地方政府调控楼市的行政色彩将愈发浓厚

26 日，河南省发展和改革委员会召开新闻通气会宣布"中原经济区"被正式纳入《全国主体功能区规划》，上升到国家战略层面。中原经济区作为国家层面重点开发区域，位于中国"两横三纵"城市化战略格局中陆桥通道横轴和京哈京广通道纵轴的交汇处，包括河南省以郑州为中心的中原城市群部分地区。该区域的功能定位是：全国重要的高新技术产业、先进制造业和现代服务业基地，能源原材料基地、综合交通枢纽和物流中心，区域性的科技创新中心，中部地区人口和经济密集区，支撑全国经济又好又快发展的新的经济增长板块。

二月

28 日，文化部命名第三批国家级文化产业示范园区和首批国家级文化产业试验园区授牌仪式在京举行。此前文化部先后命名了 2 批共 4 家国家级文化产业示范园区和 4 批共 204 家国家文化产业示范基地。

28 日，中国首部环境竞争力绿皮书《中国省域环境竞争力发展报告（2005—

2009)》以及第五部《中国省域经济竞争力发展报告（2009—2010)》蓝皮书在中国社会科学院发布。

三月

1 日，国务院常务会议讨论并原则通过了《中华人民共和国个人所得税法修正案草案》，被认为是调节收入分配、缩小贫富差距的重要举措。《草案》确定了提高工资薪金所得减除费用标准，调整了工资薪金所得税率级次级距。

2 日，中国社会科学院城市发展与环境研究所、湖南工业大学、经济杂志社等单位正式对外联合发布了《中国低碳城市发展绿皮书》。

5 ~ 14 日，在两会召开期间，九三学社中央建议在"十二五"期间采取有力措施，加强"短命工程"治理。对公共投资的范围从法律上予以界定，对公共投资的程序要用法律予以确定，对项目进行后期监管，对使用年限从法律上予以确定，避免"短命工程"。

11 日，国务院正式批复国家发改委上报的《海峡西岸经济区发展规划》。

13 日，北京大学和中国社会科学院联合发布《中国城乡统筹发展报告》。

16 日，国务院总理温家宝主持召开国务院常务会议，会议决定：（一）立即组织对我国核设施进行全面安全检查。（二）切实加强正在运行核设施的安全管理。（三）全面审查在建核电站。（四）严格审批新上核电项目。抓紧编制核安全规划，调整完善核电发展中长期规划，核安全规划批准前，暂停审批核电项目包括开展前期工作的项目。

16 日，《中华人民共和国国民经济和社会发展第十二个五年规划纲要》发布。

24 日，中央纪委、监察部发出通知，要求各级纪检监察机关按照十七届中央纪委第六次全会部署，切实加强对征地拆迁政策规定执行情况的监督检查，坚决制止和纠正违法违规强制征地拆迁行为。

26 日，"十二五"城镇化发展高层论坛举行。发展改革委秘书长杨伟民在论坛上表示，当前我国城镇化发展存在低密度和分散化的倾向，带来了耕地面积减少过多过快的问题。

26 日，由上海社会科学院与英国学术院合作的"全球的上海"学术研讨会在上海社会科学院闭幕。来自中英两国的二十多位学者在两天的时间内就上海的历史、文化、经济、卫生、人口等方面进行了学术研讨。

四月

2 日，《国务院关于严格规范城乡建设用地增减挂钩试点切实做好农村土地整治工作的通知》颁发。通知要求各地采取有力措施，坚决纠正片面追求增加城镇建设用地指标、擅自开展增减挂钩试点和扩大试点范围、违背农民意愿强拆强建等侵害农民权益的行为。

10 日，由国家文物局主办、无锡市人民政府和江苏省文物局承办、中国古迹遗址保护协会协办的第六届"中国文化遗产保护无锡论坛"在无锡举行。本届论坛以"运河遗产保护"为主题。

11 日，国务院派出 8 个督察组，对京、沪等 16 个省（区、市）开展房市调控政策落实情况专项督察。

11 日，发改委、监察部、国土资源部等 11 部委联合下发《关于开展全国高尔夫球场综合清理整治工作的通知》，针对一些地方无视国务院有关文件要求，违规建设高尔夫球场，占用大量耕地和林地资源等情况，在全国开展高尔夫球场综合清理整治工作。

20 日，海南离岛免税政策正式实施。根据财政部 3 月 24 日发布的《关于开展海南离岛旅客免税购物政策试点的公告》，海南离岛免税政策将首先在海口和三亚试行。

25 日，朝向管理集团发布 2010 年度《朝向白皮书——中国高尔夫行业报告》。数据显示，截至 2010 年底，中国（不包括港澳台地区）共有 490 个 18 洞球场。其中广东以 97 家，北京以 70 家，山东以 51 家的总数位列前三甲。

五月

1 日，汕头经济特区范围扩大至全市。此次扩容将使汕头特区覆盖全市 2064.4km^2 的土地，特区面积扩大近 9 倍。而在 2010 年下半年，深圳、厦门、珠海三个经济特区已先后将其范围扩大到全市。

6 日，我国第 10 个综合配套改革试验区——浙江省义乌市国际贸易综合改革试点全面启动。

13 日，国务院办公厅发出通知，决定立即在全国开展征地拆迁制度规定落实情况专项检查，强化监管，严肃问责，坚决制止违法强拆行为，切实维护群众合法权益。通知要求各地区、各有关部门要认真贯彻本年 1 月国务院公布施行的《国有土地上房屋征收与补偿条例》和《国务院办公厅关于进一步严格征地拆迁管理工作切实维护群众合法权益的紧急通知》等征地拆迁制度规定，严格依法按程序办事，切实落实地方政府责任，坚决制止违法强制拆迁、暴力拆迁，从源头防范化解矛盾，做到依法、文明、和谐拆迁。

18 日，国务院总理温家宝主持召开国务院常务会议，讨论通过《三峡后续工作规划》。要求妥善处理三峡工程蓄水后对长江中下游带来的不利影响，包括移民生活、生态污染、地质灾害以及对长江中下游航运、灌溉、供水等各方面的负面影响。中央要求各地合力，8 年内初步解决部分问题，实施生态修复，改善生物栖息地环境，保护生物多样性。

27 日，宁夏回族自治区中南部地区生态移民工程建设通报会召开。会上通告宁夏首批解决 14.24 万生态移民的 81 个移民安置区前期建设方案审批已完成，移民住房、农田水利、供水供电等基础设施建设全面展开。

27 日至 5 月 29 日，第二次全国对口支援新疆工作会议在北京召开。

30 日，《成渝经济区区域规划》正式获国务院批复。

六月

1 日，《非物质文化遗产法》正式施行，这是继《文物保护法》颁布近 30 年来文化领域的又一部重要法律。

1 日，中国社会科学院财政与贸易经济研究所、利丰研究中心和社会科学文献出版社共同发布了 2011 年《商业蓝皮书》。蓝皮书预计中国中产阶级人口在 2011 年将增加到 1.04 亿人，随着中高端消费人群增加，中国的奢侈品消费动力将维持。2015 年前中国或成为全球最大奢侈品市场。

2 日，国家文物局下发《关于开展全国重点文物保护单位和遗址类博物馆内经营活动调查工作的紧急通知》，要求各省、自治区、直辖市文物局对全国重点文物保护单位和遗址类博物馆的事业性收入、经营性收入、是否存在会所等情况进行调查。

4 日，住房和城乡建设部颁布《住房和城乡建设部低碳生态试点城（镇）申报管理暂行办法》。

6 日，中国第一份以"摩天大楼"数量来衡量城市竞争力的研究报告"2011中国摩天城市排行榜"在上海发布，这份排行榜由摩天城市网耗时近一年统计而出。香港、上海、深圳位列前三。当今中国正在建设的摩天大楼总数就超过 200座，这一数量相当于今天美国同类摩天大楼的总数。

8 日，上海市卢湾、黄浦两区行政区划调整方案获国务院正式批复。黄浦区、卢湾区两区建制撤销，设立新的黄浦区。调整后，新的黄浦区面积达 20.5km^2，户籍人口 90.9 万。

13 日，国家发改委和陕西省政府在京发布"西咸新区总体规划"，西咸新区成为继上海浦东、天津滨海新区、成渝经济区之后又一个"国家级城市新区"。

21 日，国土资源部有关负责人表示，在坚持群防群测、工程治理同时，国家将对各地搬迁避让地质灾害给予补助和支持。国土资源部地质环境司司长关凤峻在介绍《国务院关于加强地质灾害防治工作的决定》有关内容时说,《决定》强调各地区、各有关部门在编制城市总体规划、村庄和集镇规划、基础设施专项规划时,要加强对规划区地质灾害危险性评估,合理确定项目选址、布局,切实避开危险区域。

30 日,京沪高铁正式通车。沿线分布着中国三大直辖市、两座省会城市和 11 座人口超过 100 万的大城市。

30 日,全长 36.48 km 的世界最长跨海大桥——青岛胶州湾大桥和全长 7.8km 的中国最长海底隧道——青岛胶州湾海底隧道在青岛同时通车。

七月

1 日,扩建后的中国国家博物馆正式开放。体量增大为原来的 3 倍,总建筑面积从 6.5 万 m² 增加到近 20 万 m²,一跃成为全球建筑面积最大的博物馆。

4 日,《北京市房屋建筑抗震节能综合改造工作实施意见》公布。8 月起,北京启动最大规模旧房改造,由政府出资一百多亿元,对 1980 年前建成的老旧房屋全面启动抗震节能改造,符合条件的老旧楼房每套房屋可约增加 10% 的建筑面积,增加面积按每平方米 3000 元左右成本价,由个人支付。

4 日,全国保障性安居工程推进会在包头召开。

7 日,国务院正式批准设立浙江舟山群岛新区。这是继上海浦东新区、天津滨海新区和重庆两江新区后,党中央、国务院决定设立的又一个国家级新区,也是国务院批准的中国首个以海洋经济为主题的国家战略层面新区。

10 日,"2011 中国农村经济论坛"在渝开幕。

20 日,国务院总理温家宝主持召开国务院常务会议,研究部署加强土地管理的重点工作。会议指出,要制定并实施全国土地整治规划,加快建设高标准基本农田,力争"十二五"期间再建成 4 亿亩旱涝保收的高标准基本农田。

20 日,北京市交通委主任刘小明在北京市第十三届人大常委会第二十六次会议上报告了该市 28 项缓解交通拥堵综合措施实施半年来的总体情况。"一增一减"显现了北京市委市政府"建、管、限"组合拳治堵的初步成效。"在机动车保有量比去年同期增长 60 万辆的情况下,日均拥堵时间减少 65 分钟,降幅达 50%。"

23 日,在甬温线浙江省温州市瓯江特大桥上,由北京南站开往福州站的 D301 次列车由后方与杭州站开往福州南站的 D3115 次列车发生同向动车组列车追尾事故,后车 D301 次四节车厢从桥上坠下,造成中断行车 32 小时 35 分,直接经济损失 19371.65 万元。这起事故是中国高速铁路第一次发生重大伤亡事故,也是全球高速铁路继 1998 年 6 月 3 日艾雪德列车出轨事故之后发生的第二起重大伤亡事故。根据官方公布的名单，此次事故共造成 40 人死亡，至少 192 人受伤。国务院事故调查专家组调查结果颠覆了铁道部认为信号技术存在缺陷导致事故的说法，并提出组织和管理不善是动车事故形成的主因。

26 日，广州市财政局局长张杰明在向广州市人大常委会会议作相关报告时透露，广州亚（残）运会新建场馆 15 个，改、扩建场馆 63 个，并新建了海心沙开闭幕式场地，建设总投资 72.48 亿元。从 2005 年到 2010 年 6 年时间，广州投入城市重点基础设施建设资金 1090 亿元，用于改善城市环境面貌。

30 日，《中国科学发展报告 2011》出炉，该报告首次完成了中国各地区的国内生产总值（GDP）质量排名，其中北京居首。该报告由中科院交叉科学中心唐山科学发展研究院编纂，独立创制了"中国 GDP 质量指数"，采用了"经济质量、社会质量、环境质量、生活质量、管理质量"五大子系统。

八月

1 日，《重庆市统筹城乡户籍制度改革农村居民转户实施办法（试行）》施行，据此，自主城区到远郊区县，只要是符合条件的本市农业户籍人士，均可转为城镇户口。

2 日，《山东省国民休闲发展纲要》在济南发布。新华社称，这是我国首个以"纲要"形式颁布实施的全民休闲促进性文件。

5 日，住房和城乡建设部公布了 22 个省、市、自治区上半年保障房建设的数据。其中，辽宁省的开工率最高，达到 104.6%；陕西居第二，达 101.1%。根据住房和城乡建设部提供的数据，截至 6 月底，全国保障房建设开工率为 56.6%。

5 日，国家发改委联合国土资源部、住房和城乡建设部下发《关于暂停新开工建设主题公园项目的通知》。通知中要求：各地自通知印发之日起，至国家规范发展主题公园的具体政策出台前，一律不得批准新的主题公园项目；已办理审批手续但尚未动工建设的项目，也不得开工建设；各地规划、国土资源部门暂时办理有关主题公园建设项目的规划、用地手续。此次联合发文对国内主题公园市场进行摸底和规范，意在防止由于投资过热导致的重复建设，更主要的是通过"叫停"进一步调控房地产市场，防止部分企业以开发主题公园名义开发房地产项目。

10 日，国务院总理温家宝主持召开国务院常务会议，决定开展高速铁路及其在建项目安全大检查，适当降低新建高速铁路运营初期的速度，对拟建铁路项目重新组织安全评估。

11 日，广东省编办正式通报：省编委已经批准通过，东莞市和中山市两个经济发达的地级市，结合本地实际，全面开展市辖镇"联并升级扁平化改革"和"撤镇建区扁平化改革"，新设立的区一级政府不再下辖镇街，而直管社区，以构建更加灵活的现代城市管理体制，探索社区治理形式。

12 日，国务院办公厅发布《关于开展国务院高速铁路安全大检查的通知》。《通知》要求，通过高速铁路安全大检查，全面系统排查和彻底整治高速铁路安全隐患，增强铁路系统干部职工安全责任意识，促进高速铁路安全管理的制度建设和机制完善，进一步做好高速铁路建设、运营、管理等方面的安全工作，有效防范和坚决遏制重特大铁路交通事故发生，为高速铁路事业和经济社会发展创造良好条件。

15 日至 8 月 16 日，国务院高速铁路及其在建项目安全大检查动员部署会议在北京召开。

17 日，2011 年博鳌房地产论坛在海南举行，著名经济学家、建设部政策研究中心主任陈淮在演讲中表示，中国城市化成功与否、质量高低不取决于房价是否平稳，取决于最终能否解决农民工、农村人口向城市稳定的有序转移和定居落户，这才是中国城市化面对第一大挑战。

22 日，安徽省正式宣布经国务院批复同意，正式撤销地级巢湖市，其所辖的一区四县分别划归合肥、芜湖、马鞍山三市管辖。区域经济学家普遍认为，这一重大行政区划调将使中国中东部继南京城市圈、武汉城市圈和长株潭城市圈后诞生又一个特大城市圈——合肥经济圈。

28 日，由钱学森先生倡导创办的中国智慧工程研究会在北京发布中国智慧城市（镇）发展指数，首次提出用幸福指数、管理指数、社会责任指数等三个指标推动中国智慧城市标准建设、促进以人为本的智慧城市创建，中国智慧城市（镇）发展指数评估体系包含 3 个一级指标，就业和收入、医疗卫生、社会安全等 23 项二级指标以及信息和网络化水平等 86 项三级指标和 362 项四级细分指标。目前我国已有上百个地区提出建设智慧城市。

29 日，文化部在北京人民大会堂举行第三批国家级非物质文化遗产名录项目颁牌仪式，第三批国家级非物质文化遗产名录包括民间文学、传统音乐、传统舞蹈、传统戏剧、曲艺、传统美术、传统技艺、传统医药、民俗及传统体育、游艺与杂技等项目，项目总计 191 项、扩展项目总计 164 项。

30 日，《加快推进厦漳泉大都市区同城化工作方案》经福建省政府研究同意，正式下发实施。此次方案发展定位是：进一步发挥厦门经济特区龙头带动作用和泉州创业型城市的支撑带动作用，增强漳州的辐射带动能力，强化分工、合作和协调，加快厦漳泉城市联盟进程和同城化步伐，实现组团式发展，构建厦漳泉大都市区，提升参与国际竞争和两岸合作的能力，充分发挥厦漳泉大都市区在海峡西岸经济区乃至在我国东南沿海的辐射带动作用，构建祖国大陆对台交往合作的平台和门户。厦漳泉同城化的时间表同时公布。

30 日，英国经济学家信息社公布最新一期全球最适合居住城市报告，澳洲墨尔本击败常胜军加拿大温哥华，成为全球最适合人居的城市。中国大陆有 8 个城市上榜，排名最好的是北京的第 72 名；中国台北排名第 61 名，与前一次调查相同；中国香港排名第 31，在两岸三地城市中排名最高。经济学家信息社根据治安、基础建设、医疗水平、文化与环境及教育等指标，每年进行 2 次调查。

九月

1 日，修改后的《中华人民共和国个人所得税法》正式施行。新个税法实施后，全国约有 6000 万的工薪所得纳税人成为最主要的受益群体。

8 日，中国第一本人权蓝皮书《中国人权事业发展报告 NO.1（2011）》面世。人权蓝皮书指出，目前我国农村的最大人权问题是大量绝对贫困人口的温饱问题，同时呼吁我国政府应尽快制定《反贫困法》，实现由政策扶贫向侧重制度扶贫的转变。

9 日，最高人民法院在其官方网站发布《最高人民法院关于坚决防止土地征收、房屋拆迁强制执行引发恶性事件的紧急通知》，通知指出，必须慎用强制手段，凡在执行过程中遇到当事人以自杀相威胁等极端行为、可能造成人身伤害等恶性事件的，一般应当停止执行或首先要确保当事人及相关人员的人身安全。

16 日，《沈阳经济区新型工业化综合配套改革试验总体方案》正式获得国务院批复。

19 日，国务院总理温家宝主持召开国务院常务会议，研究部署进一步做好保障性安居工程建设和管理工作。

23 日，第二届中国（天津滨海）国际生态城市论坛暨博览会在天津滨海新区举行。

27 日，住房和城乡建设部举行第六批城乡规划督察员派遣仪式，将向烟台、株洲、潍坊、湛江等 18 个城市派驻城乡规划督察员，加强对国务院审批总体规划实施情况的监督。

28 日，国务院出台关于支持河南省加快建设中原经济区的指导意见。指导意见指出，中原经济区是以全国主体功能区规划明确的重点开发区域为基础、中原城市群为支撑、涵盖河南全省、延及周边地区的经济区域，地理位置重要，粮食优势突出，市场潜力巨大，文化底蕴深厚，在全国改革发展大局中具有重要战略地位。

30 日，《四川省人民政府关于贯彻成渝经济区区域规划的实施意见》（以下简称《意见》）发布。《意见》要求重点围绕《规划》提出的优化总体布局、提升城市功能、统筹城乡发展、夯实发展基础、深化内陆开放、建设生态屏障等要求，突出抓好 6 个方面的重大任务，具体细化为 76 个重点项目和 37 项重大政策，并逐一确定了任务实施的责任主体。

十月

11 日，广东省委、省政府在南沙召开南沙开发建设现场会，并公布了《广州南沙新区总体概念规划综合方案》。

11 日，国务院正式发布《国务院关于修改〈中华人民共和国资源税暂行条例〉的决定》（下称《决定》），并于 2011 年 11 月 1 日执行。

15 日至 10 月 18 日，中共十七届六中全会在北京举行。此次全会提出了建设社会主义文化强国的目标。

27 日，十一届全国人大常委会第二十三次会议举行联组会议，专题询问国务院关于城镇保障性住房建设和管理情况。

十一月

11 日，社会科学文献出版社在京发布《气候变化绿皮书：应对气候变化报告（2011）》。

15 日，全国开发区土地节约集约利用现场会在江苏省昆山市召开。国土资源部党组成员、副部长贠小苏出席并讲话，江苏省副省长徐鸣致辞。贠小苏在会上强调，要全面提升节约集约用地水平，着力推进经济发展方式和土地利用方式转变。

16 日，国务院总理温家宝主持召开国务院常务会议，决定建立青海三江源国家生态保护综合试验区。会议指出，三江源地区是长江、黄河、澜沧江发源地和我国淡水资源重要补给地，是青藏高原生态安全屏障的重要组成部分，在全国生态文明建设中具有特殊重要地位。为从根本上遏制三江源地区生态功能退化趋势，探索建立有利于生态建设和环境保护的体制机制，会议批准实施《青海三江源国家生态保护综合试验区总体方案》。试验区包括玉树、果洛、黄南、海南 4 个藏族自治州 21 个县和格尔木市唐古拉山镇。

16 日，国务院新闻办发表《中国农村扶贫开发的新进展》白皮书，全面介绍了近十年来中国农村扶贫开发取得的进展。白皮书指出，20世纪80年代中期以来，中国政府开始有组织、有计划、大规模地开展农村扶贫开发，先后制定实施《国家八七扶贫攻坚计划》（1994—2000）、《中国农村扶贫开发纲要（2001—2010）》、《中国农村扶贫开发纲要（2011—2020）》等减贫规划，使扶贫减贫成为全社会的共识和行动。中国的农村扶贫开发，促进了社会和谐稳定和公平正义，推动了中国人权事业的发展和进步。

22日，《中国应对气候变化的政策与行动（2011）》白皮书发布。白皮书全面介绍了中国"十一五"期间应对气候变化采取的政策与行动、取得的积极成效以及"十二五"期间应对气候变化的总体部署及有关谈判立场。国际社会对此高度关注并予以积极评价，认为中国始终在应对气候变化的政策执行中履行承诺，不断通过国内经济发展方式的变革，为全球应对气候变化做出积极贡献。

29日，中央扶贫开发工作会议召开。中国宣布进一步大幅上调国家扶贫标准线，从2010年的农民人均纯收入1274元升至2300元（2010年不变价）。此次80%的上调幅度为历史罕见，全国贫困人口数量和覆盖面也由2010年的2688万人扩大至1.28亿人，占农村总人口的13.4%，占全国总人口（除港澳台地区外）的近十分之一。会后正式发布《中国农村扶贫开发纲要（2011—2020）》。

十二月

1日，国土资源部发出紧急通知，严禁工商企业以各种名义圈占农地、擅自改变土地用途，违法违规进行非农建设。

7日，广东省委、省政府在广州市召开了全省提高城市化发展水平工作会议。会议深入贯彻落实十七届五中全会和省委十届八次全会精神，围绕"加快转型升级，建设幸福广东"的核心任务，研究部署推进广东特色新型城市化工作。

8日，中国社会科学院当代城乡发展规划院、社会科学文献出版社联合发布2011年《城乡一体化蓝皮书》。

8日至12月10日，在浙江省宁波市举行的全国非物质文化遗产保护工作会议透露，目前，我国入选联合国教科文组织非物质文化遗产名录项目总数已达36项，成为世界上入选"非遗"项目最多的国家。

9日，中国社会科学院财政与贸易经济研究所、社会科学文献出版社联合举办《住房绿皮书》发布会暨2011—2012年住房形势与政策研讨会"并发布中国住房发展报告（2011—2012）。

10日，"海上丝绸之路与世界文明进程"国际论坛举行。此次"海上丝绸之路与世界文明进程"国际论坛由中国社科院和宁波市人民政府主办、浙江省文物局协办。

12 日，环境保护部发布《环境保护部关于 2010 年度全国城市环境综合整治定量考核结果的通报》，从委托国家统计局采取电话调查方式对全国城市公众随机调查结果看，全国公众对城市环境保护满意率为 62.9%。其中，城市空气污染和噪声污染是公众最为关心、关注的环境问题。

12 日至 12 月 14 日，中央经济工作会议在北京召开。着力扩大国内需求，是中央经济工作会议作出的一项重要决策和部署。

15 日，国务院发布《国家环境保护"十二五"规划》。

19 日，《2011 年度中国社会状况综合调查》在京发布。调查结果显示，75.3%的公众认为，生活水平较 5 年前有所上升，同时也有近 70% 的公众感受到"物价上涨、影响生活水平"的压力。调查还显示，公众认为目前最为严重的社会问题前三项分别是"物价上涨"（59.5%）、"看病难、看病贵"（42.9%）和"收入差距过大贫富分化"（31.6%）。

26 日，《中共北京市委关于发挥文化中心作用加快建设中国特色社会主义先进文化之都的意见》正式公布。

27 日，中央农村工作会议在北京举行。中共中央政治局常委、国务院总理温家宝在会议上阐述了在推进工业化城镇化进程中继续做好"三农"工作需要把握好的若干重大问题。

28 日，云南省委九届二次全会召开，云南省委在会上明确提出，各地必须按照"守住红线、统筹城乡、城镇上山、农民进城"的总体要求，认真做好低山缓坡建设城镇试点工作，推进具有云南特色的城镇化进程。

30 日，深圳正式设立龙华、大鹏两个新功能区。至此，深圳市已形成 6 个行政区、4 个功能新区的新行政区划格局。深圳此举旨在深化基层行政管理体制改革，渐进实现"一级政府三级管理"目标。

本年度出版的城市规划类相关著作主要有：《城市设计概论》（冯炜）、《光辉城市》（[法] 勒·柯布西耶著，金秋野、王又佳译）、《近代青岛的城市规划与建设》（[德] 托尔斯藤·华纳著，青岛市档案馆编译）、《城市街区》（[德] 托尔斯藤·别克林、迈克尔·彼得莱克编著，张路峰译）、《城市形态：政治经济学与城市设计》（[澳] 亚历山大·R·卡斯伯特著，孙诗萌、袁琳、翟炳哲译）、《设计城市：城市设计的批判性导读》（[澳] 亚历山大·R·卡斯伯特编著，韩冬青译）、《英国城乡规划》（[英] 巴里·卡林沃思、文森特·纳丁著，陈闽齐等译）、《历史文化名城的积极保护和整体创造》（周岚）、《西方城市建设史纲》（张冠增）、《走向地方特色的城市设计》（李向北）、《六朝建康规画》（武廷海）、《紧凑型城市的规划与设计：欧盟·美国·日本的最新动向与事例》（[日] 海道清信著；苏利英译）、《伪满洲国首都规划》（越泽明著，欧硕译）、《城市规划决策中不确定性的认知与应对》（麦贤敏）、《生态型村庄规划理论与方法：以杭州市生态带区域为例》（王纪武）、《新农村规划与农村产业建设》（李淼、熊兴耀）、《村庄规划》（张泉）等。

4 主要参考文献

[1]《当代中国》丛书编辑部.当代中国的城市建设 [M].北京：中国社会科学出版社，1990.

[2]《当代中国的经济管理》编辑部.中华人民共和国经济管理大事记 [M].北京：中国经济出版社，1986.

[3]《住房和城乡建设部历史沿革及大事记》编委会.住房和城乡建设部历史沿革及大事记 [M].北京：中国城市出版社，2012.

[4] 曹洪涛.岁月长河 [R].内部发行，2011.

[5] 陈为邦.中国城市科学二十年（上篇）[N].中国建设报，2003-12-08.

[6] 房维中.中华人民共和国经济大事记 [M].北京：中国社会科学出版社，1984.

[7] 国家城市建设总局办公厅.城市建设文件选编 [M].北京：国家城市建设总局办公厅编印，1982.

[8] 国家科委人才资源研究所.中华人民共和国人事工作大事记 [M].北京：国家科委人才资源研究所编印，1985.

[9] 黄立.中国现代城市规划历史研究（1949—1965）[D].武汉：武汉理工大学博士学位论文，2006.

[10] 李浩.光辉的历程——新中国城市规划发展简史框架（1949—2009）[M]// 中国城市规划学会，中国建筑学会，中国风景园林学会.城市奇迹——新中国60年城市规划建设.北京：中国建筑工业出版社，2009.

[11] 万里.万里文选 [M].北京：人民出版社出版，1995.

[12] 汪德华.城市规划40年 [M].沈阳：东北城市规划信息中心，1990.

[13] 赵锡清 . 我国城市规划工作三十年简记（1949—1982）[J]. 城市规划，1984
　　（1）：42-48.

[14] 中共中央党史研究室 . 中华人民共和国大事记（1949—2009）——辉煌历程庆
　　祝新中国成立 60 周年重点书系［M］. 北京：人民出版社，2009.

[15] 中国城市规划设计研究院 . 城市规划通讯［R］，1982—2011.

[16] 中国城市规划设计研究院 . 中国城市规划设计研究院四十年（1954—1994）
　　［R］，1994.

[17] 中国城市规划学会 . 规划 50 年——中国城市规划学会成立 50 周年纪念文集
　　［M］. 北京：中国建筑工业出版社，2006.

[18] 中国城市规划学会 . 五十年回眸——新中国的城市规划［M］. 北京：中国建筑
　　工业出版社，1999.

[19] 中国城乡建设基金研究所，中国基本建设经济研究会 . 我国基本建设大事记
　　（1949—1983）［R］，1984.

5   大事记编撰人员名单

邹德慈　中国工程院院士，教授级高级城市规划师，中国城市规划设计研究
　　　　院学术顾问
刘仁根　教授级高级城市规划师，中国城市规划设计研究院顾问总规划师
李　浩　博士，高级城市规划师，中国城市规划设计研究院邹德慈院士工
　　　　作室

附录 A：课题组主要成员名单

● **课题顾问**

  周干峙　中国科学院院士，中国工程院院士，原建设部副部长

● **课题负责人**

  邹德慈　中国工程院院士，中国城市规划设计研究院学术顾问

● **课题主审人**

  陈　锋　教授级高级城市规划师，中国城市规划设计研究院原党委书记

● **《总报告》撰写人员**

  邹德慈　中国工程院院士，中国城市规划设计研究院学术顾问

  王　凯　博士，教授级高级城市规划师，中国城市规划设计研究院副院长

  刘仁根　教授级高级城市规划师，中国城市规划设计研究院顾问总规划师

  李　浩　博士，高级城市规划师，中国城市规划设计研究院邹德慈院士工作室

● **《大事记》负责人**

  邹德慈　中国工程院院士，中国城市规划设计研究院学术顾问

  刘仁根　教授级高级城市规划师，中国城市规划设计研究院顾问总规划师

  李　浩　博士，高级城市规划师，中国城市规划设计研究院邹德慈院士工作室

专题研究报告负责人

专题 1： 新中国社会经济发展及城市规划指导思想和管理体制、政策演变的历程

王　凯　博士，教授级高级城市规划师，中国城市规划设计研究院副院长

高世明　博士，高级城市规划师，中国城市规划设计研究院

专题 2： 新中国各时期的重大规划设计回顾

王　凯　博士，教授级高级城市规划师，中国城市规划设计研究院副院长

徐　泽　教授级高级城市规划师，中国城市规划设计研究院

专题 3： 新中国城市规划科学研究及重要论著的发展历程

石　楠　博士，教授级高级城市规划师，中国城市规划学会副理事长兼秘书长

李百浩　博士，教授、博导，东南大学建筑学院

专题 4： 新中国历史文化保护及发展的历程

张　兵　博士，教授级高级城市规划师，中国城市规划设计研究院总规划师

赵中枢　博士，教授级高级城市规划师，中国城市规划设计研究院

专题 5： 新中国城市规划教育事业的发展历程

侯　丽　博士，副教授、博导，同济大学建筑与城市规划学院

赵　民　教授、博导，同济大学建筑与城市规划学院

专题 6： 二战后西方城市规划发展与新中国城市规划发展的比较研究

于　泓　博士研究生，同济大学建筑与城市规划学院

附录 B：课题研究成果专家论证意见

2013 年 1 月 25 日，国家自然科学基金项目"新中国城市规划发展史（1949—2009）"（批准号：50978236）（以下简称"项目"）研究成果专家论证会在中国城市规划设计研究院 10 楼审图室举行。来自中国科学院、中国工程院、住房和城乡建设部等单位的十余位专家（名单附后）听取了项目组关于研究工作及成果内容的汇报，认真审阅了有关文件。经深入讨论，形成如下意见：

一、"项目"在对新中国城市规划发展史料进行广泛搜集、整理的基础上，从城市规划发展的社会经济背景、城市规划的指导思想与政策演变、重大规划设计、历史文化保护、规划科研与人才教育等方面阐述了新中国城市规划发展的历史轨迹及演化机制，研究成果内容丰富、资料翔实、论证充分，完成了国家自然科学基金项目所设定的目标和任务，同意结题。

二、"项目"的创新点主要集中在两个方面

1. 首次较为系统地梳理了新中国城市规划发展的历史脉络，在详尽地占有史料的基础上，提出了新中国城市规划发展的历史分期方案，并以各时期城市规划发展的重大事件为核心，初步建立起新中国城市规划发展的整体历史框架，研究工作具有开创性。

2. 对"三年不搞城市规划"等重大历史事实进行了深入剖析，归纳总结了新中国城市规划发展的历史经验和教训，提出深化城市规划改革的若干建议，对于推动我国城市规划事业的健康发展具有重要借鉴意义。

三、新中国城市规划发展的历史研究任务艰巨，应予长期坚持。建议国家自然科学基金委员会对该领域的研究项目实行连续资助。

专家组组长：

二〇一三年一月二十五日

专家组成员名单

姓名	单位及职称／职务
吴良镛*	中国科学院院士，中国工程院院士，清华大学教授
周干峙	中国科学院院士，中国工程院院士，原建设部副部长
王瑞珠	中国工程院院士，研究员，全国政协委员
赵宝江	中国城市规划协会会长，原建设部副部长
胡序威	研究员，原中国科学院地理所学术委员会副主任
陈为邦	教授级高级规划师，原建设部总规划师
陈晓丽	原建设部总规划师、全国城市规划执业制度管理委员会主任
赵士修	教授级高级规划师，原建设部城市规划局局长
邹时萌	原建设部规划司司长、中国城市规划协会常务副会长
赵知敬	北京城市规划学会理事长，原北京市城乡规划委员会主任
唐　凯	住房和城乡建设部总规划师

---

* 武廷海教授代表出席。

后　记

2009 年 10 月以来，在国家自然科学基金的资助下，由中国城市规划设计研究院牵头，中国城市规划学会、同济大学、东南大学等参加，开展了题为"新中国城市规划发展史（1949—2009）"的课题研究工作。研究工作经历 3 年，于 2013 年 1 月 25 日通过专家评议结题。课题成果约 100 万字，计划分两册出版。本册为总报告与大事记。另一册为 5 份专题报告（正在修改完善中，拟于近期出版）。

此成果内容丰富，涉及资料广泛，非本人一人能力所及。已故两院院士周干峙先生对此项目非常重视。研究过程中，本院参与工作的王凯、刘仁根、张兵、赵中枢、徐泽、高世明、李浩等同志做了大量工作。尤其是李浩博士在资料收集上有突出的贡献。学会石楠副理事长，东南大学李百浩教授，同济大学赵民教授、侯丽副教授均担任了专题负责人。本院陈锋教授担任本项目主审。在研究过程中，还得到众多专家、领导和有关机构的大力支持，在此一并表示衷心感谢。

需要说明的是，目前的课题成果只是对新中国成立以来 60 年城市规划历史的初步研究，希望得到广大读者的批评指正。我们正在国家自然科学基金的资助（批准号：51378476，51478439）下，作进一步的延续性研究。

邹德慈

2014 年 9 月 6 日